传统补间动画《变形金刚》

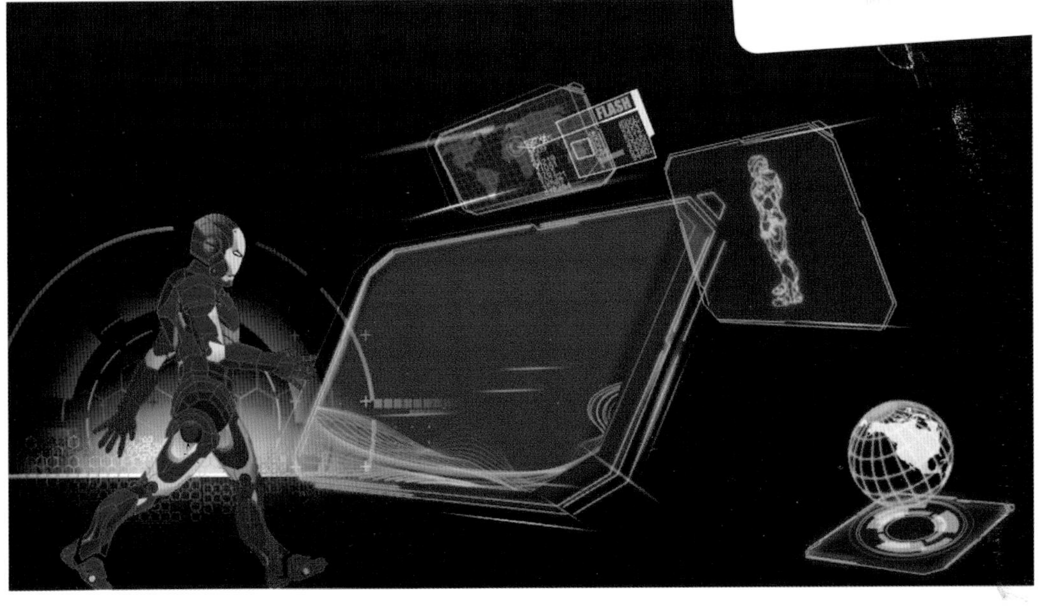

模板动画《行走的钢铁侠》

引导动画《飞过城市上空的千纸鹤》

遮罩动画《仿奥运卷轴》

中國旅游文化
Tourism Culture of China
之
蘭亭
首页
退出

片头动画

中國旅游文化
之
胜境古迹
HISTORIC SITE
历史沿革
EVOLUTION
旅游规划
TOURISM PLAN
书法圣地
CALLIGRAPHY
兰亭图赏
PHOTOGRAPHY
悠游兰亭
EASY TRAVEL
退出

主界面

王羲之書法
曲水流觴
蘭亭集序
蘭亭
Legend
蘭亭傳奇
返回

兰亭停奇

王羲之書法
落水兰亭图
趙孟堅，字子固，自號彝齋，宋
宗室子。酷嗜古法書名畫，能作墨
花，以水仙見長。關于落水《蘭亭》
的來歷，最早見于南宋周密《齊東野
语》記載：趙子固得到一定武蘭亭舊
拓本，喜甚，乘舟夜泛而歸，至升山
風作舟覆，幸值支巷，行李衣衾，皆
淹溺無餘。
落水蘭亭
下页
返回

落水兰亭

中国旅游文化之【兰亭】
悠游兰亭
LANTING
Virtual Tourism
悠游兰亭 虚拟体验
点击进入>>
悠游兰亭

悠游兰亭

Adobe Flash Player 11
兰亭景区游览图
御碑亭
王右军祠
流觞亭
兰亭碑亭
乐
俯仰亭
池
鹅
池
鹅池碑
关闭地图
俯仰亭
碑亭
流觞亭
缩略图

虚拟漫游系统

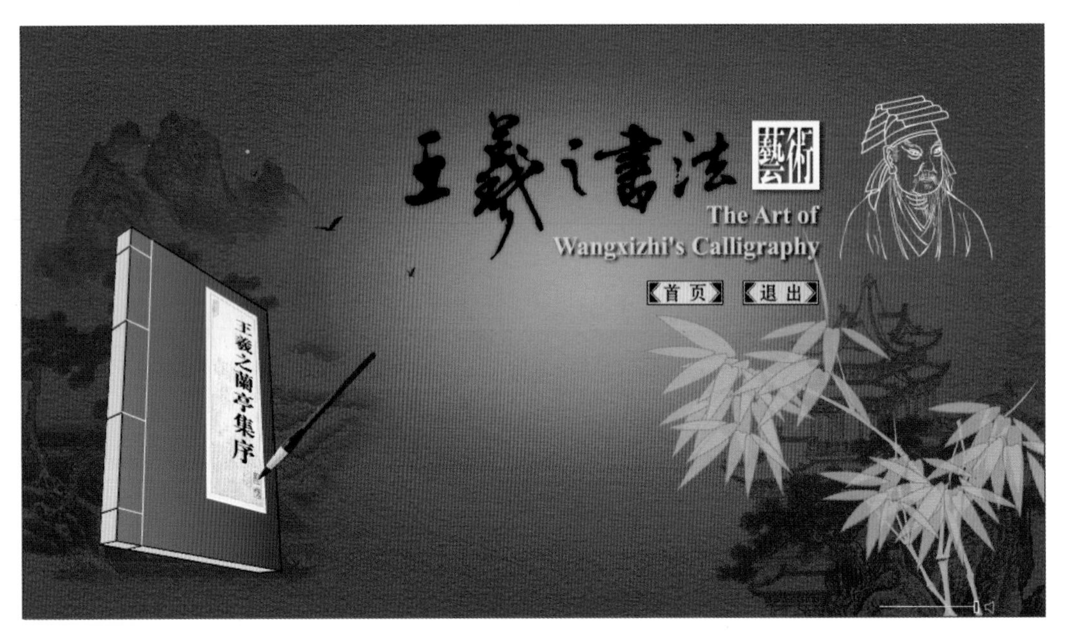
王羲之書法
藝術
The Art of
Wangxizhi's Calligraphy
首页
退出
王羲之蘭亭集序

片头动画

千古书圣
神乎其技
兰亭传奇
晋韵流衍
手摹心临
壬辰年五月於鹽城工學院
人文學院仁和樓
王羲之書法藝術
退出

主界面

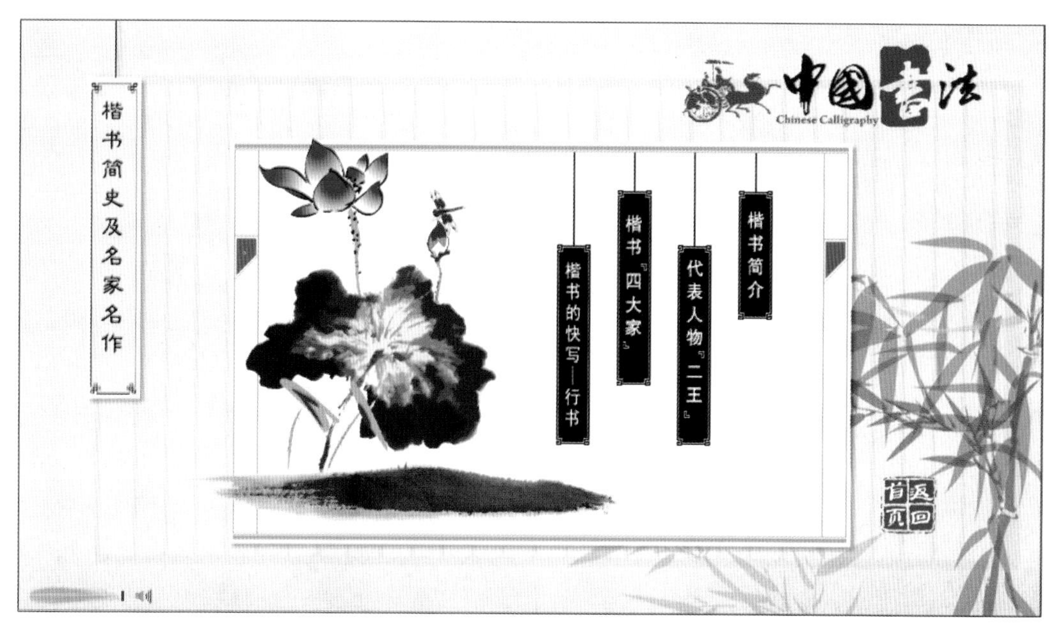

楷书简史及名家名作

片头动画

书史典故
中國書法
Chinese Calligraphy
傳奇
LEGEND OF CALLIGRAPHY
兰亭雅集
羲之爱鹅
一字千金
怀素书蕉
米芾拜石
六分半书
懷素學書圖
返回首页

书史典故

楷书
隶书
草书
篆书
中國書法
Chinese Calligraphy
课件简介
书史典故
碑帖图赏

主界面

普通高等教育“动画与数字媒体专业”规划教材

Flash交互媒体设计与制作

李 勇 主编
卢 静 李慧玲 副主编

清华大学出版社
北京

内容简介

本书以 Adobe Flash Professional CS6 为蓝本，从理论到实例都进行了较详尽的叙述，以精选案例作品为引导，向读者展现了 Flash 及相关辅助软件在交互媒体设计与制作方面的强大功能和文化创意魅力。全书共分为 12 章，主要内容包括交互媒体设计概述，Flash CS6 快速入门，图形绘制与图像处理，图层、元件、实例和库资源，文本的创建与编辑，多媒体对象的嵌入处理，快速制作简单动画，制作补间动画，制作引导动画和遮罩动画，制作脚本动画，Flash 动画的测试与发布；交互媒体设计综合实例等。

随书光盘提供优秀案例作品的素材文件、Flash 格式的源文件及完成文件，案例皆为原创全国大赛师生获奖作品。本书内容全面、图文并茂，适合作为高等院校数字媒体艺术设计及相关专业教材和参考书，也可供交互媒体设计人员、视觉传达设计人员和广大交互设计爱好者学习和阅读。

图书在版编目(CIP)数据

Flash 交互媒体设计与制作/李勇主编. —北京：清华大学出版社，2015 (2018.1 重印)
普通高等教育"动画与数字媒体专业"规划教材
ISBN 978-7-302-39978-0

Ⅰ. ①F…　Ⅱ. ①李…　Ⅲ. ①动画制作软件－高等学校－教材　Ⅳ. ①TP391.41

中国版本图书馆 CIP 数据核字(2015)第 086351 号

责任编辑： 白立军　薛　阳
封面设计： 常雪影
责任校对： 徐俊伟
责任印制： 沈　露

出版发行： 清华大学出版社
　　网　　址： http://www.tup.com.cn，http://www.wqbook.com
　　地　　址： 北京清华大学学研大厦 A 座　　**邮　　编：** 100084
　　社 总 机： 010-62770175　　**邮　　购：** 010-62786544
　　投稿与读者服务： 010-62776969，c-service@tup.tsinghua.edu.cn
　　质 量 反 馈： 010-62772015，zhiliang@tup.tsinghua.edu.cn
　　课 件 下 载： http://www.tup.com.cn，010-62795954
印 装 者： 清华大学印刷厂
经　　销： 全国新华书店
开　　本： 185mm×260mm　**印　张：** 35.25　**插　页：** 4　**字　　数：** 896 千字
版　　次： 2015 年 12 月第 1 版　　**印　　次：** 2018 年 1 月第 2 次印刷
印　　数： 2001～3000
定　　价： 59.50 元

产品编号：058545-01

Foreword

前言

当今社会，艺术繁荣与经济发展的直接联系集中体现在文化创意产业的兴起，而推动社会发展和丰富人类生活的各种新兴媒体的出现，为文化创意带来了无限的生机和表现空间，催生了以高新技术传播为支撑，以文化经济全面结合为特征的新型产业集群。而目前，国内对网络等新兴交互媒体设计方面的人才需求缺口较大。有鉴于此，我们编写了本书。

本书定位于技术与艺术相结合，注重文化创意思维培养和科学方法引导，贯彻案例式教学理念，由富含多年教学与实践创作经验的优秀高校教师共同编写，汇集了当前国内外业界先进的交互设计教学理念和优秀教师教学心得，旨在为学生提供专业、实用、符合学校课程实际的理想教材，实现技术与艺术、理论与案例的完美结合。李勇，卢静，李慧玲老师的作品和指导的学生作品屡次在全国性的大赛中获奖，包括全国多媒体课件大赛一等奖和中国大学生(文科)计算机设计大赛一等奖，作品特点是选取传统文化中的若干标本为创意设计来源，用中华民族五千年的灿烂文明和优秀的文化传统熔铸青少年学生的精神和品格。

本书由李勇主编，参与编写的还有盐城工学院的卢静老师、河套学院的李慧玲老师等。

由于编者水平有限，书中纰漏和考虑不周之处在所难免，恳请广大读者予以批评、指正。

编者

2015年1月

Contents

目录

Chapter 1

第1章 交互媒体设计概述

本章学习目标

- 了解交互媒体与交互设计的基本概念
- 了解交互设计的发展进程及其发展趋势
- 了解 Flash 动画及其发展历史与未来趋势

本章先给出交互设计的相关概念，再介绍交互设计的发展进程以及未来的发展趋势，最后介绍交互设计在中国的发展以及交互设计软件 Flash 的发展趋势及前景。

1.1 交互设计与交互媒体

1.1.1 交互的概念

“交互”作为一个动词，其历史可以追溯到早期人类原始社会活动中的方方面面。西汉时期的《京氏易传·震》中就有记载：“震分阴阳，交互用事”。《后汉书·左雄传》中也有记载：“自是选代交互，令长月易，迎新送旧，劳扰无已”。而依据《现代汉语词典》的解释，“交”的字义包括“相错、结合”，“一齐、同时”，“互”的字义是“彼此”。“交互”的字面释义为“互相、彼此”，“替换着”。如在《说文解字》中对“互”的解释：“互，可以收绳也，从竹象形，中象人手所推握也”。其意思是“互”是象形字，像绞绳子的工具，中间像人手握着正在操作的样子。除此之外，“交互”还包含着“和谐”的思想，主要是指适合、协调和恰当。

一般而言，“交互”泛指人与自然界一切事物的信息交流，表示二者之间的互相作用和影响。双方之间（包含人与人之间、人与机器之间、机器与机器之间）所发生的信息交换，用户可以做出单方面的反应，而另一方也须根据信息的输入做出相应的反应；交互也可指代双方之间涉及实物或服务的交换。现今社会，“交互”一词在计算机科学中有着广泛的应用，其意为“参与活动的对象可以相互交流，进行双方面互动”。

1.1.2 什么是交互设计与交互媒体

尽管交互设计常被看作一门新兴的设计学科，但实际上人类社会已经有着很长时间的交互设计历史。交互设计是一门从人机交互（Human Computer Interaction）领域分支并发展而来的新型学科，具有十分典型的跨学科（multi-disciplined）特征，涉及范围包括计算机科学、计算机工程学、信息学、美学、心理学与社会学等，代表着当代设计发展的前沿方向。

所谓交互设计，是指在人与产品、服务及系统之间创建一系列对话，它更偏向于技术性的设定和实现过程、交互设计协会(Interaction Design Association,IDA)认为“交互设计定义了交互产品和服务的结构和行为。交互设计师创造用户和他们使用的交互系统之间的令人信服的关系,包括从计算机到可移动设备到电器设备。”世界交互设计协会第一任主席雷曼(Reimann)对于交互设计提出了如下定义:“交互设计是定义人工制品(设计客体)、环境和系统的行为的设计”。

交互设计是信息社会的一种主流设计方向,与其他学科领域有着相互叠加和重合的关系。从技术层面而言,交互设计涉及计算机工程学、语言编程、信息设备、信息架构学的运用。从用户层面而言,交互设计涉及人类的行为学、人因学、心理学。从设计层面而言,交互设计还涉及工业设计、界面表现、产品语意与传达等。交互设计的主要构成包括信息技术和认识心理学。交互设计的设计原则延续了大部分人机交互领域的设计原则与知识,与传统的人机交互领域有所区别的是,交互设计尤其强调新的技术对用户的心理需求、行为以及动机层面的研究。通过对用户间的各种信息交流以及社会活动的关注,交互设计的目标是建立或促进人与人之间的交互关系或启发产生新的沟通可能。

交互媒体又称交互式多媒体(Interactive Multimedia),是在传统媒体的基础上加入了交互功能,通过交互行为并以多种感官来呈现信息。交互媒体可以简单理解为通过艺术家与作品、参与者之间的互动而完成的一种媒体形式。媒体的交互特性是随着数字技术的发展而成型、完善并朝着多重的方向发展。作为核心词的“交互”在交互媒体中有着不可替代的意义与价值。数字技术的发展成为了交互实现的前提,同时,数字技术的创新也带来了更多的交互形式。技术带来了新的交互媒体形式,全新的表现媒介拓展了艺术作品的表现形式。

交互媒体的定性可以从技术与艺术两个方面来讨论。

交互媒体是人与机器、人与人所创造出来的事物之间对话的新媒体样态。20 世纪 90 年代,随着数字技术的发展,数字技术催生出的新媒体形式逐渐进入了以交互为主导的新时代。互联网的全球化普及促进了文化思潮的传播,同时也给民众的思想提供了可以释放与交流的公共平台。互联网这一媒体作为新媒体的典范,给人们提供了交流的平台。互联网技术的普及带来了最初的交互平台,也形成了最初的交互媒体。随后,影像技术、成像技术等发展也同样从技术层面为交互带来了可能性。技术的进步是随着人们对其源源不断的渴求而来的,倘若技术的本质没有被赋予意义,那技术的进步也就显得毫无意义了。

交互是数字技术支撑下的现代艺术的一大特性。交互语境下,设计师与艺术家不需要将作品的全部信息填充完整,艺术作品的创作者已经延伸到了受众层面。艺术作品是藉由机器、艺术家与受众之“手”共同完成的。这种互动性赋予了交互媒体更多的人文关怀,这恰恰是传统媒体所无法给予受众的。交互媒体艺术作品体现了我们所处时代的文化思潮和审美风向。

1.1.3 交互媒体设计研究现状

国外对交互媒体设计的研究源于 20 世纪 80 年代,人机工程学、工业设计、人机界面设计和用户体验研究等领域取得重大进展并为交互媒体设计思想的诞生提供了契机。20 世纪 80 年代中期,美国工业设计师比尔·莫里奇(Bill Moggridge)提出了“交互设计”一词,关注如何通过了解人们的潜在需求、行为和期望来提供设计的新方向(包括产品、服务、空间、媒体和基于软件的交互)。2005 年 9 月,交互设计协会正式成立,交互媒体设计终于发展成为一个独立的学科和专业,开始受到世人的关注。2003 年,比尔·莫里奇出版了专著《设计交互》(英文版 *Designing Interactions*),系统地介绍了交互媒体设计发展的历史、重要性、方法以及如何设计交互体验模型。美国认知心理学家唐纳德·诺曼(Donald Arthur Norman)2004 年出版专著《情感化设计》(英文版 *Emotional Design*),着眼于从可用性到美学的过渡,强调用户体验,认为交互媒体设计是界面设计从设计的本能层上升到行为层乃至反思层的飞跃,其许多重要思想已经成为交互媒体设计的基础理论并拥有广泛的读者群。其他如(美)伯格斯腾的《Web 设计创新思维》,(美)亚当斯、波顿、克拉克三人合著的《交互式网站界面设计》,(美)泰德维尔的 *Designing Interfaces* 等书在理论应用层面介绍了人机交互的软件界面设计技术和方法。

1.2 交互媒体设计与文化传播

1.2.1 交互媒体设计在中国

交互媒体设计在我国起步较晚,对于交互设计的研究大概始于 2000 年前后。随着业界与学界对于交互媒体设计的深入研究和实践,大量的数字艺术实践与传播已经突破传统认识框架,出现许多前所未有的新景观新趋势。交互数字媒体艺术如同一枚多棱镜,从不同的观察角度折射出迥异的光芒。

曾耀农的《艺术与传播》运用现代艺术学与传播学理论,对艺术与传播的结合现象进行了比较深入的探讨。该书阐述了艺术传播的信息、策略、方法、管理与评估,分析了艺术传播与人际传播、大众传播、组织传播、网络传播的关系,并对后现代时期的艺术传播进行了预测。宋蒙在《知识经济时代的艺术及其传播》一书中将艺术传播放在知识经济的大背景下,首先提出后工业社会的知识经济时代是导致文化艺术实践发生巨变的客观条件。接着将宏观的时代视野聚集到直接影响文化艺术的因素上,这个直接因素就是知识经济背景下的文化产业。

廖祥忠的《数字艺术论》从数字化、技术到艺术、数字艺术的人文特征、数字时代的传统艺术、数字时代的电视艺术、数字艺术的未来等方面具体论述数字媒介与艺术的关系及特征。张朝晖、徐翎的《新媒介艺术》提出后现代艺术是信息社会的产物,它是经济全球化、人类一体化大趋势下,文明走向优化重建融合新创,艺术走向多元共生并存的一种超越界限、激进综合的全息文明形态。该书中作者以简要笔墨追溯新媒体艺术发生的艺术渊源和技术背景,主要包括新媒体艺术样式的特征、发展和多媒体艺术的整合及全球化的文化背景等,使读者得到一个相对深入全面的认识。李四达的《数字媒体艺术概论》从科学和艺术发展的角度,对数字媒体艺术的发展历史和现状、数字媒体艺术和创意产业、数字媒体艺术的学科知识体系等进行了深入和系统化的阐述,并通过大量的实例,阐明数字媒体艺术的发展规律,提出了数字媒体艺术与其他相关领域的联系和区别,有助于人们加深对数字艺术本质的了解。黄鸣奋的《新媒体与西方数码艺术理论》主要论述了赛伯主体性的建构、图灵测试与对话程序、新媒体革命与虚拟化、新媒体革命与艺术的流动化、虚拟现实及其艺术应用、混合现实的社会应用等内容。

1.2.2 情感化设计与用户体验

美国认知心理学家唐纳德·诺曼在其著作《情感化设计》中着眼于从可用性到美学的过渡，并强调一个完好开发的、有凝聚力的产品不仅应该看上去美观而且用起来舒心，并且人们应该以拥有它为自豪。唐纳德·诺曼非常强调用户体验。他认为一个良好开发的完整产品，能够同时增强心灵和思想的感受，能够使用户拥有愉悦的感觉去欣赏、使用和拥有。

唐纳德·诺曼把设计分为三个层次：本能层(visceral)、行为层(behavior)和反思层(reflective)。本能层就是能给人带来感官刺激的活色生香；而行为层是指用户必须学习掌握技能，并使用技能去解决问题，并从这个动态过程中获得成就感和愉快感；反思层是指由于前两个层次的作用，而在用户内心中产生的更深度的情感体验、意识、理解、个人经历、文化背景等种种交织在一起所造成的整体影响。唐纳德·诺曼认为交互媒体设计是界面设计从本能层上升到行为层乃至反思层的飞跃。

1.2.3 交互媒体设计中的文化结构层次

1. 文化结构层次模型

传播学者拉斯韦尔总结媒介的功能，其中最主要的一点就是媒介对文化的传承功能，而交互媒体设计作为媒介的一种新兴的表现形式，对于文化的传播与继承无疑是最为显现的。从文化延伸的角度出发，交互媒体设计与文化的关系可以用文化层次模型来描述，如图1-1所示。

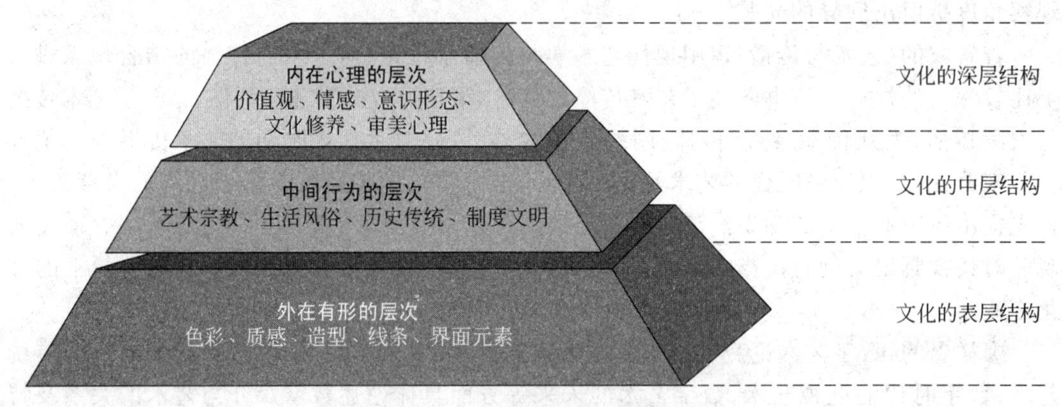

图1-1 文化结构层次模型

从文化结构层次模型中可以看出以下几点。

(1) 文化的表层结构，主要由交互媒体本身设计的外观要素来体现，一般主要表现在色彩、质感、造型、线条、表面纹饰、细节处理等元素。在外观视觉优先传达出可视的界面就是所谓的文化的表层结构。

(2) 文化的中层结构，一般表现出具有较强的时代性和连续性，主要通过受众的一些行为习惯、艺术宗教、生活风俗及历史传统、社会组织和制度文明等人文因素体现出来。这一层面具有相对稳定的艺术表现手段，也是在交互媒体设计时经常去捕捉文化表层元素的一个参考要素，当表层的文化蕴涵足够的时候，就开始向具有时代和连续性的文化行为靠近。

(3) 文化的深层结构，因意识形态、文化修养及审美心理来展示交互媒体设计的魅力，它反映的是设计师精神层面的文化价值观念，要求设计内容和形式的变化能使人的心理产生快感并引起共鸣。交互媒体设计理念文化的外延传播，是目前文化设计的最高层次，也是众多设计师一直追求的目标，它的设计基于文化的同时也在创造一些新的文化传播，让受众沉浸于共通的意义空间的同时，还在期待更多的惊奇与愉悦，从而达到心灵上的共鸣。

2. 交互媒体设计的文化韵味

交互媒体设计是技术与艺术紧密结合的典范，信息传播技术的飞速发展，使得创作主体和对象之间建立了更直接、真切的“无隙”、“沉浸式”的共通意义空间。事实上，当下大多数作品仍停留在外在有形的文化表层阶段，即使有那么一点文化韵味也只是在技术层面简单融入一些行为元素而已，并没有达到一个较高的文化传播层次。20 世纪伟大的哲学家、美学家本雅明在其《迎向灵光消逝的年代》一书中，对技术基本上持欢迎态度，认为技术对艺术的发展在根本上起正面、积极的作用，同时又对技术发展带来的艺术作品“韵味”的消失感到惋惜。本雅明提出的美学思想有助于我们理解数字媒体艺术设计所具有的技术性、可复制性、可编辑性、大众性、时间性和观念性等媒介艺术特征；同时也帮助人们思索在技术时代如何珍视和保存传统艺术价值的情感亲和力，特别是如何将传统艺术和现代数字技术有机地完美结合，使之能够在保存艺术“韵味”的同时，又能弘扬和创新，在更大程度上将情感亲和力和大众数字传媒结合，并保持艺术设计时代的创新性。

1.3 Flash 与交互媒体设计

1.3.1 Flash 概述

Flash 是美国 Macromedia 公司出品的一款二维动画软件，2005 年被 Adobe 公司收购。它是世界上第一款商用二维矢量动画软件，用于设计和编辑 Flash 文档。在十余年的发展中，Flash 版本以交互媒体设计为核心不断更新演进，目前最新版本为 Flash Professional CC。

图 1-2 乔纳森·盖伊

Flash 最初的设计者是美国人乔纳森·盖伊(Jonathan Gay，如图 1-2 所示)。乔纳森·盖伊是一位相当有天分的程序员，他在高中时就设计出了同步声音和平滑图像的游戏，并在游戏的开发过程中积累了丰富的声音、图像经验，这为他日后设计 Flash 软件打下了坚实的基础。1993 年乔纳森·盖伊成立了 Future Wave 软件公司，致力于图像方面的研究工作。

1995 年是互联网高速发展的一年，乔纳森·盖伊凭借其敏锐的市场观察力，设计出 Future Splash Animator 矢量动画软件，这就是 Flash 的前身，当时它仅仅作为交互制作软件 Director 和 Authorware 的一个小型插件。这个软件具有众多的优点，其中最为称道的是它的流式播放和矢量动画。一方面流式播放可以解决网络带宽的影响，一边下载一边播放；而另一方面，矢量图像解决了传统位图占用空间大的缺陷。在当时来说，这个软件从一出世，就带有浓重的互联网气息。直到现在，该特性仍然是 Flash 赖以生存并发展的主要优势。

成立于 1992 年的 Macromedia 公司一直是数码时代的领导者，在全球 50 多个国家设有经营机构并拥有 300 万开发和设计用户以及广大的行业合作伙伴网络，其丰富的客户机软件被98%的Web应用开发人员所广泛使用,是企业、政府和教育市场客户的战略性IT提供商。乔纳森·盖伊认为Future Splash Animator在Macromedia公司的经营下,才可以真正得到发展,双方促成了这场并购案,1996年11月,Future Splash Animator正式更名为Flash 1.0。

1999年6月,Macromedia公司推出Flash 4.0,并且推出了Flash Player 4.0播放器,带给了Flash无限广阔的发展前景。正是因为播放器的变革,使得Flash成为真正意义上的交互媒体设计软件。

2000年8月,Macromedia公司推出Flash 5.0,采用JavaScript脚本语法规范,发展出第一代Flash专用交互语言,并命名为ActionScript 1.0。这是Flash的一项重大革命,使得Flash成为交互媒体设计软件,这项重大的变革对今后Flash的发展,意义是相当深远的。

2002年3月,Macromedia公司推出了Flash MX(Flash 6.0),新增加了Freehand 10和Coldfusion MX。新增加的这两个软件中,FreeHand是矢量绘图软件,可以看作是补充Flash在绘画方面的不足,而Coldfusion MX是多媒体后台,Macromedia用它来补充Flash在后台方面的缺陷。从这一次软件产品的整合可以看出,Flash MX实际上已经成为MX Studio系列产品中的主打产品,Macromedia重点发展Flash似乎毋庸置疑了。

2003年8月,Macromedia推出了Flash MX 2004,从Flash MX开始,Flash陆续增加了动态图像、动态音乐、动态流媒体等技术,并且为Flash添置了组件、项目管理、预建数据库等功能,使Flash已经具备了挑战HTML成为网站主流技术的可能性。同时,Macromedia已经不局限于让Flash在网络上发展,Flash MX 2004实现了对手机等移动设备的支持,为Flash成为跨媒体播放软件,创造了条件。在另一方面,Macromedia公司对Flash的ActionScript脚本语言进行了重新整合,摆脱了JavaScript脚本语法,采用更为专业的Java语言规范,发布了ActionScript 2.0,使其成为面向对象的多媒体编程语言。

2005年9月,Macromedia推出了Flash 8.0,增强了对视频的支持。作品可以打包成flash视频(即*.flv视频文件),并根据用户反馈改进了动作脚本面板。

2005年是Flash发展历程中最为特殊的一年,在当年全球最大的图像编辑软件供应商Adobe宣布,以换股方式收购Macromedia,此项交易涉及金额高达34亿美元。从此,Flash便冠上了Adobe的名头,不久以Adobe的名义推出Flash产品,命名为Adobe Flash CS3(同时也发布了多款捆绑套装)。Flash CS3增加了全新的功能,包括对Photoshop CS3和Illustrator CS3文件的本地支持以及复制、移动功能,并且整合了ActionScript 3.0脚本开发语言。经过几年的发展,在经历了Flash CS4、Flash CS5和Flash CS5.5几个版本的更替后,2012年6月,Adobe公司推出了Flash的全新版本CS6。新版本中增加了许多实用的功能,并对一些时下流行的软件提供了支持。

2013年5月,Adobe官网公布了新一代Flash内容创作、交互开发工具Flash Professional CC。这个版本的最大改变就是与Adobe创意云的深度集成。另外,完全放弃原有结构和代码,基于Cocoa从头开始开发原生64位架构应用,极为显著地提升了Flash Professional的性能,特别是在Mac平台上的性能,也为Flash Professional未来的发展奠定了基础。

如今,Flash已经具备跨平台交互媒体的特性,被称为"最小巧的多媒体平台"。可以说,这一切的发展,是Macromedia公司和乔纳森·盖伊始料不及的,但Flash的取胜之道,却是乔纳森·盖伊在最初设计Flash时就已经奠定了,那就是矢量动画、关键帧技术和流式播放。Flash 版本的历史演变如表 1-1 所示。

表 1-1 Flash 版本的历史演变

版 本	发布日期	功 能 概 述
Future Splash Animator	1995 年	Flash 前身,由简单的工具和时间线组成
Macromedia Flash 1	1996 年 11 月	Macromedia 给 Future Splash Animator 更名为 Flash 后的第一个版本
Macromedia Flash 2	1997 年 6 月	引入库的概念
Macromedia Flash 3	1998 年 5 月	影片剪辑、JavaScript 插件、透明度和独立播放器
Macromedia Flash 4	1999 年 6 月	文本输入框、增强的 ActionScript、流媒体、MP3
Macromedia Flash 5	2000 年 8 月	JavaScript、智能剪辑、HTML 文本格式
Macromedia Flash MX	2002 年 3 月	Unicode、组件、XML、流媒体视频编码。此时的 Flash,已广为许多网站的首页动画与动态网站交互
Macromedia Flash MX2004	2003 年 9 月	文本抗锯齿、Actionscript 2.0、增强的流媒体视频、行为。更加强动态网站交互,通过简单方法与后端数据库沟通
Macromedia Flash MX Pro	2003 年 9 月	ActionScript 2.0 的面向对象编程,媒体播放组件
Macromedia Flash 8	2005 年 9 月	新增滤镜和层混合模式,增加了 BitmapData 类,使 Flash 拥有了全新的位图绘图方式
Macromedia Flash 8 Pro	2005 年 9 月	增强为移动设备开发的功能、方便创建 Flash Web、增强的网络视频
Adobe Flash CS3	2007 年 4 月	使用接口与其他的 Adobe Creative Suite 3 应用程序结合,并增强与 Photoshop 及 Illustrator 的应用功能。最重要的改动是增加了全新的 ActionScript 3.0 脚本语言,重新设计了命名空间的结构并增强了对面向对象的支持
Adobe Flash CS4	2008 年 9 月	极大地改变了以往的动画编辑方式,同时还增加了动画编辑器作为新动画方式的辅助工具。集成了 3D 变形和反向运动骨骼,增强了字体引擎,并可以直接发布 Adobe Air 文件
Adobe Flash CS5	2010 年 4 月	增加了对输出 iPhone 软件的支持,新增内容还包括全新的文字引擎(TLF)、针对逆运动学的改善,及代码片段(Code Snippet)面板
Adobe Flash CS5.5	2011 年 9 月	提供了数项新的要素,如改善移动设备软件开发上不同平台间的工作流(Workflow)
Adobe Flash CS6	2012 年 5 月	生成 sprite 菜单、锁定 3D 场景、3D 转换
Adobe Flash Pro CC	2013 年 5 月	具有模块化 64 位架构和流畅的用户界面,提供了对 HTML 5 的原生支持,导入可编程 C++ 结构,编译出 swc 供其使用

1.3.2 Flash 在中国的发展

Flash 首次在国内出现大概在 1997 年,当时尚属新生事物,有限的接触者都是靠翻译软件自带的英文帮助文件和在论坛上交流来促使自己进步。值得一提的是,有两个国外 Flash 网站 Eye4u.com(如图 1-3 所示)和 2Advanced Studios(如图 1-4 所示)被奉为 Flash

动画经典之作，着实影响了不少Flash爱好者。2Advanced Studios是一家位于美国加州阿里索维耶荷市的交互性设计公司，最为人所称道的是它开启了Flash革新设计的风潮，这个风潮深深影响了全球的交互媒体设计文化，同时也让2Advanced Studios成为被业界认可的全球最顶尖设计机构之一。Eye4u.com是一家德国公司网站，首页片头Flash动画特效动感十足，虽然只是简单的图形和颜色变化，但是搭配充满动感的音效，整体效果令人叹为观止。当时国内应用Flash技术的网页设计师还不多见，国外优秀的Flash网站似乎为他们打开了一扇窗。于是，有了感性的认识之后，越来越多的人加入到Flash爱好者的行列。1998年，在边城浪子等一批早期成名的网页设计师的推动下，国内很快便掀起了一股学习Flash应用的热潮。在随后一年左右的时间里，“闪客帝国”和“闪吧”等Flash网站相继上线，成了大家交流的园地。几乎与此同时，“闪客”这个颇带酷味的称呼也被边城浪子提了出来，并迅速成为业内人士引以为豪的称号。

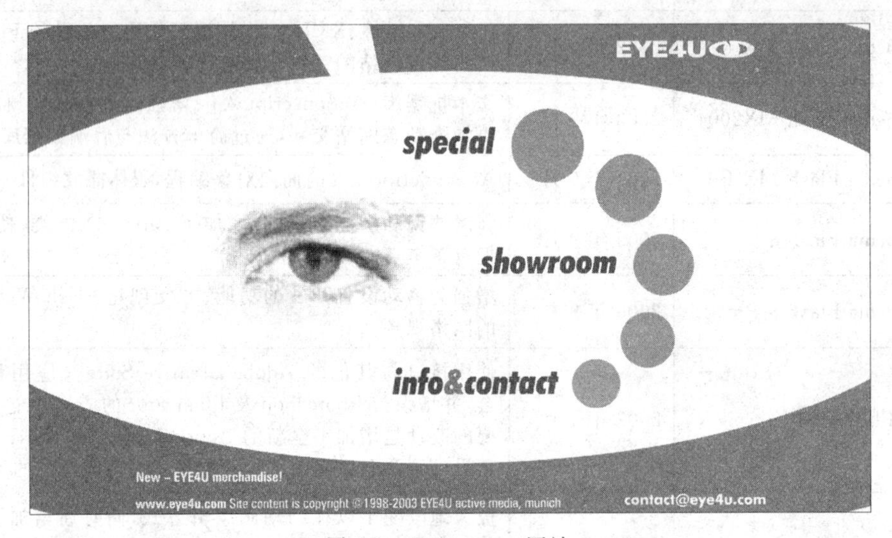

图1-3 Eye4u.com网站

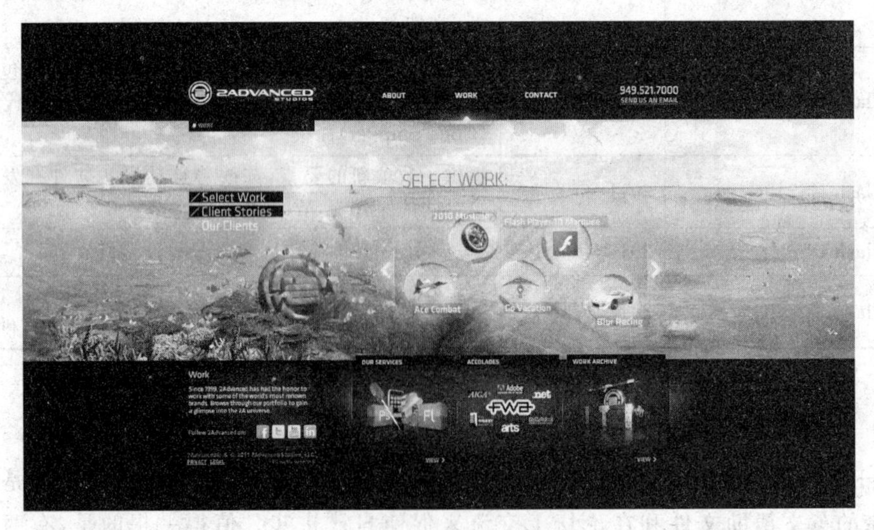

图1-4 2Advanced Studios网站

随后，Flash在中国的发展可以用如火如荼来形容，在Flash 3.0发布后，更多优秀的闪客和作品开始出现，由边城浪子一手创办的“回声资讯”亦成为我国最早的Flash普及站点之一(“回声资讯”后来成为中国最具权威的Flash网站“闪客帝国”，涌现出老蒋、Dean、飞翔、小小、白丁等一批出色的闪客)。闪客帝国的“原创作品排行榜”也成为我国最权威的Flash作品排行榜，汇集了国内众多的原创作品。邹润是Flash 3.0时代的闪客，其代表作品为“七种兵器网站”(如图1-5所示)，而邹润本人也并没有局限于制作网站，撰写了大量Flash相关的教程和书籍，对推动国内闪客的技术发展起到了奠基的重要作用。当时对人们影响较大的还包括Flash作品“阿贵”系列(如图1-6所示)和“大话三国”系列。“阿贵”是一个由台湾春水堂科技娱乐公司自1999年起所制作的一系列Flash动画，其题材源自日常生活，由于逗趣的人物造型和剧情，曾受大众欢迎，在代言和进军日本方面都有不俗成绩。故事围绕着主角阿贵身边小区发生的有趣小事，主人翁的名字“阿贵”源自春水堂科技娱乐的创办人兼负责人张荣贵之名。幽默风趣的创意除了带给人轻松的惬意，还在年轻人中掀起了一场学习Flash创作的热潮，Flash的商业价值也开始逐渐被挖掘出来。

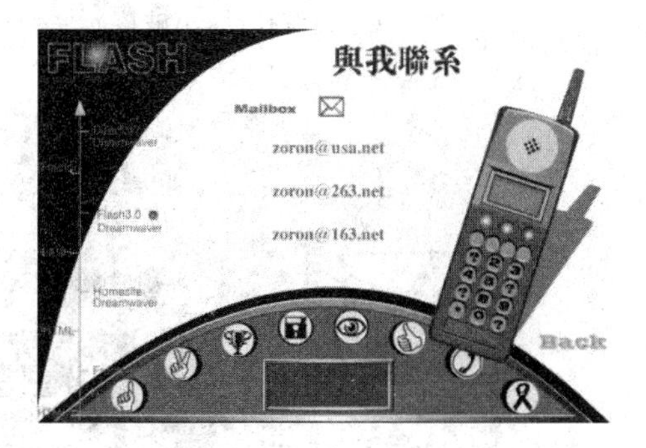

图1-5 邹润使用Flash 3.0制作的七种兵器网站

图1-6 台湾“阿贵”系列Flash短片

2000年底，音乐人小柯的《日子》以Flash MV的形式在电视台出现；2001年8月初，歌手孙楠的首张Flash音乐专辑面世；2001年10月，闪客皮三的Flash短剧出现在电影《像鸡毛一样飞》里。当时比较有影响的还有闪客老蒋的《强盗的天堂》和MTV作品《新长征路上的摇滚》(如图1-7所示)。这两部作品完全使用Flash的矢量工具来绘制，是纯粹的Flash动画作品，其风格以搞笑、另类为主。从此搞笑、另类风格的Flash动画迅速地发展起来。

2001年是Flash迅速发展的一年，涌现出大量具有代表性的优秀Flash动画作品。其中有小小的《小小三号》、林度的《重爱轻友》、ShowGood的《凤仪亭》、顾鉴的《绿色奥运》、小锋的《一夜激情》、阿芒的《直到永远》等。特别是阿芒的《直到永远》，试图在造型和镜头表现上探索一种全新的表现形式，在排行榜上占据第一的位置长达半年之久。

2002年优秀的Flash动画作品层出不穷，如千龙动漫城的作品《打电话记》，张磊的作品《绝望的生鱼片》，还有拾荒的系列动画片《小破孩》(如图1-8所示)。《小破孩》的横空出世，对Flash动画的创作起到了推波助澜的作用，这部系列动画片使用了中国传统的动画绘制手法，在加强动画效果渲染的同时，又很注重戏剧情节，直到现在这部系列动画依然是有口皆碑的优秀作品，其中小破孩与猪头的形象，更是深入人心。

2003年Flash动画成为中央电视台春节联欢晚会开场片头动画，从此Flash动画从互联网逐步走向电视屏幕。2003年以后，Flash动画一方面在不断地进行着自我完善，另一方面也在不断探索其发展的方向和应用领域，国内闪客大多结束了“散兵游勇”似的创作状态，许多优秀的动画创作团队开始出现，2004年的优秀动画作品，很多出自于动画团队之手。这期间的作品有卜桦的《猫》（如图1-9所示）、歪马秀的《自非所属》、白丁的《失落的梦境》、中华轩动画网的《云端的日子》、B&T的《大海（重生版）》、思妙文化的《大闹西游》、飞鸟动画的《豹子头》（如图1-10所示）、创梦数码的《大话李白》等。

图1-7　老蒋作品《新长征路上的摇滚》

图1-8　拾荒作品《小破孩》

图1-9　卜桦作品《猫》

图1-10　飞鸟动画作品《豹子头》

与个人创作彰显鲜明的个性有所区别，动画团队创作往往以系列短片入手，在剧情方面有专业的策划，很注重故事情节的延续性；在动画效果方面，不局限于Flash自身的特效，常常使用多种软件作为辅助，场景更加宏大，非常容易吸引观众。例如飞鸟动画的作品《豹子头》，这部作品取材于古典小说《水浒传》中的林冲形象，以童话剧情加以辅助，使之成为了一部具有观赏性的动画连续剧。可以想象类似这样的动画连续剧，不但可以创造出品牌形象，利于产品推广，也非常有利于动画作品的持续发展。当年媒体评出“中国十大闪客”如表1-2所示。

表1-2　中国十大闪客

网　名	真　名	简　　介
边城浪子	高大勇	1997年开始做个人网站，入选“年度十大个人主页”和“中国十大网民”。1999年正式将个人网站命名为“闪客帝国”，成为国内第一家大型、综合性闪客专业网站，并创建国内第一个闪客原创作品排行榜
老蒋	蒋建秋	成名作《新长征路上的摇滚》引发国内Flash创作热潮。2000年该动画作品被著名音乐人崔健的官方网站收录，2001年4月Flash作品《鲁迅先生》在正式演出剧场播放 代表作品：《新长征路上的摇滚》

续表

网 名	真 名	简 介
小小	朱志强	作品以独特风格获得广泛关注。其中《小小作品 3 号》在闪客帝国排行榜累计点击率达 200 多万，这个至今无人打破的记录奠定了小小的江湖地位，堪称 2001 年至今持续火爆持续进步的闪客典范 代表作品：《小小作品 3 号》
卜桦	卜桦	2001 年底开始创作 Flash，2004 年作品《猫》入围法国昂西动画节终评、作品《生之爱》入选法国 LESMAGIQUES 国际动画节。国内首位以单本剧网络动画《猫》出版绘本的闪客 代表作品：《猫》、《心》、《生之爱》
拾荒	田易新	早年参与多部国产及国外动画片制作，2002 年初开始着力实践 Flash 与传统动画片结合的探索，创建了自己的系列原创动画形象并组建动画公司。其创作的"小破孩"形象是国内最有希望产业化的 Flash 卡通形象之一 代表作品：《小破孩》系列
韦锋	邓伟锋	2000 年首创的网络动画《大话三国》成为经典，创作风格影响了一代闪客。多部作品有音像制品、动漫图书、服装玩具等衍生品问世，堪称中国闪客界系列动画作品种类、数目、衍生品最多的闪客之一 代表作品：《大话三国》系列
哎呀呀	孙雁	2000 年进入国内 Flash 设计制作行业，其创办的 ayychina. com 是国内最早强调以网络互动操作方法教授 Flash 的站点之一。2002 年打造国内知名艺人胡彦斌的电视 MTV《和尚》，2003 年打造王家卫的电影《地下铁》网络版官方站及 Flash 版前传 代表作品：《天使的地下铁》
Zoron	邹润	国内最早的闪客之一，著名个人网站"七种武器"的创建者。曾获得由 Macromedia 在中国主办的"通力杯"多媒体主页大赛一等奖。"七种武器"提供 Flash 教程、实例下载、Flash 游戏、音乐等，一度成为新一代"闪客"的入门指南 代表作品：《追忆》、《十字伤》
Tina	田甜	国内最具奋斗精神的闪客之一，也是被网络动画改变人生轨迹最大的闪客。12 岁时不幸失去了身体的行动能力，但凭借顽强的意志学习 Flash 动画制作。2001 年开始创作 Flash，多次获得大奖。2002 年创建田甜动画工作室，曾就读于北京电影学院动画学院 代表作品：《城市情话》系列
年轻的翅膀	杨格	早年专攻油画，1997 年开始转向数字艺术领域，将综合的象征和绘画的语言带入流动的影像里。2001 年开始接触 Flash，2002 年尝试"音乐动画"创作，作品透露出独特的自然神秘主义倾向 代表作品：《天国花园》

1.3.3 Flash 交互设计的发展趋势

Flash 不仅仅是一种基于交互的矢量多媒体技术，同时也是一种全新的流行艺术和文化表现形式。借助互联网迅猛发展的东风，以星星之火可以燎原之势，演绎了席卷网络和年轻一代的时代风暴。纵观其在中国近二十年的发展历程，大致可分为以下三个阶段。

1. 起步阶段

这一阶段可以划分为20个世纪90年代末到21世纪初期。这一时期，互联网在中国刚刚兴起，网络之于普罗大众尚属新生事物，只有少数社会精英人士能够参与其中。计算机软硬件爱好者出于各种原因和目的，依托林林总总的免费空间，孤芳自赏也好，呼朋唤友也罢，纷纷热衷于在网络空间建立属于自己的"个人主页"(homepage)。这一时期的Flash，也只是除了HTML静态页面之外的网页动画的一种形式，其特点往往是内容单一，画面简单，给人以粗糙、枯燥、可有可无的感觉。

2. 提高与成熟阶段

这一阶段可以圈定为21世纪的前十年。进入新世纪后，在一大批成熟闪客的积极推动下，Flash在中国的发展可谓风生水起，涌现出一大批优秀的闪客和作品，可以称为"闪客争雄、百花齐放"的时代。闪客按照发展方向可分为"技术派"和"美术派"，这一时期闪客在内部实现优化组合，技术派闪客以大公司的互动网站为突破，开始了使用Flash赢利的尝试；而美术派闪客则将更多的目光凝集在动画短片的产业化。

然而从2004年起，几乎毫无征兆地，所有Flash网站的流量都开始迅速萎缩。与此同时，随着各种Web 2.0应用的兴起，娱乐性更强、内容更大众化的博客和视频类网站开始瓜分Flash网站的用户。2009年，闪客帝国网站黯然关闭，标志着闪客的个人英雄时代结束了。曾经叱咤风云的闪客们或退隐江湖或转行或销声匿迹，Flash正如其中文含义"闪光"一样，在中国互联网的天空里犹如昙花一现，只留下些许唏嘘。

3. 转型阶段

由平凡走向辉煌，再由辉煌回归平淡，Flash在中国的发展用了差不多十年时间完成了一个轮回。尽管Flash已英雄末路，但谁也无法抹去它曾经有过的辉煌。即使在网络已成为人们的一种生活方式的今天，仍能在网络乃至其他媒体形式上看到Flash的身影，由其引发的"闪客文化"已经成为互联网行业和动画行业备受瞩目的文化新势力。Flash作为一种新的设计方式和娱乐方式，不仅有其实用功能，并且还有视觉和听觉上的双重享受，更因为它具有的交互性，被广泛用于交互媒体设计之中。从最初只用于网站片头，到现在已经大量运用于宣传企业产品的网络广告；另外，电视台也开始播放Flash制作的短剧和广告，将动画加上音乐及歌词就成了MTV形式，这也是Flash最擅长的工作。制作交互多媒体是Flash的优势所在，Flash制作的导航界面，随着鼠标的各种动作可以产生动画、声音，还能使网上游戏更具吸引力。随着动画在各个领域中的不断深入发展，已经无法简单地估计动画的前景将会怎样，但我们坚信动画将会带给我们无限的惊喜和激动。

那么，Flash可能的发展方向究竟如何，总结起来有三个方面：一是纯动画短片的制作；二是增值视频服务与游戏开发；三是交互媒体设计与应用。

1. 纯动画短片的制作

Flash动画短片制作以系列动画短片为主，区别于闪客时代个体随性的大包大揽创作风格，转向以团队与工作室专业运作的方式，走市场化商业运作道路。其中典型的案例是国内知名的动画团队B&T(彼岸天)。彼岸天(B&T)文化有限公司创立于2005年3月3日，是中国文化创意产业最具创意与品牌价值的公司之一，也是中国动画领域公认的高品质动画电影创意制作团队，该公司由两位清华大学男生梁旋与张春创立。梁旋(Tidus)21岁从清华大学热能动力专业退学，和清华美院好友张春(Breath)一起创立了彼岸天，创办初期以参加各种 Flash 比赛获得奖金维持运营，几乎囊括了国内各种 Flash 比赛大奖。2008 年获得联创策源百万美金的风险投资，启动了动画电影处女作《大鱼·海棠》(如图 1-11 所示)，创造的卡通品牌 BOBO&TOTO 被视为“爱与梦想”的代言并逐渐影响一代人。动画电影《大鱼·海棠》意境唯美，故事动人，自创意样片阶段已获得国内外众多大奖，并被法国蓬皮杜当代艺术中心收录，被称为中国动画产业里程碑式的作品。

时下网络最热门的动画系列短片《十万个冷笑话》，从分镜制作到动画出片皆采用 Flash 逐帧动画制作完成。《十万个冷笑话》是一部连载于有妖气原创漫画梦工厂的国产漫画，在原作者寒舞和有妖气原创漫画梦工厂的努力下被翻拍成动画，该动画由一系列吐槽短篇组成，短篇之间看似没关系但又非常微妙，语言也十分契合网民需求。目前已连载的篇章有《葫芦娃篇》、《世界末日篇》、《哪吒篇》(如图 1-12 所示)、《匹诺曹篇》、《一代宗师篇》、《光之国》、《超人篇》、《西游篇》以及一系列杂篇等。有妖气原创漫画梦工厂隶属于北京四月星空网络技术有限公司，作为新兴的互联网原创漫画平台，公司的主营业务“‘有妖气’中国原创漫画梦工厂”于 2009 年 10 月正式上线，网站以海量的用户积累、强势的市场行销，以及自发的活跃原创漫画工作者为后盾，从事原创漫画的互联网创作、营销、推广及商业化运作。

图 1-11 B&T 动画作品《大鱼·海棠》

图 1-12 十万个冷笑话《哪吒篇》

2. 增值视频服务与游戏开发

从苹果前 CEO 史蒂夫·乔布斯公开拒绝 Flash 在其移动终端上应用到 HTML 5 的逐渐普及，Flash 的发展似乎到了山穷水尽疑无路的地步，甚至连 Adobe 自己也宣布将停止为移动设备浏览器研发 Flash 插件，这实际上等于判了移动 Flash 应用的死刑。不过这对于 Adobe 来说也是好事，它可以集中精力用 Flash 为 PC 用户提供更好的网页浏览、游戏和视频体验。

2011 年有调查报告称，全球 81%的网络视频由 Adobe Flash 技术支持播放，98%的计算机上都安装有 Adobe Flash Player 软件。在移动平台上，Flash Player 也一度广受欢迎，有三分之二的用户在 Google Play 商店中为 Flash 打了最高分。Adobe 首席科技官凯文·林奇(Kevin Lynch)在 BBC 上透露，Adobe 对于 Flash 在个人计算机领域的未来十分自信，同时凯文表示，Adobe 不会放弃 Flash。他认为，Flash 最大的成功之处在于“可做的事情远远超越浏览器端”。今后，Adobe 将 Flash 的发展重点集中于电子游戏和增值视频服务。

2012年2月22日,Adobe官方发表了一篇非常重要的声明文档——Adobe Flash runtimes路线图。该路线图提供了对于Adobe Flash runtimes的开发路线概览,此概览的目的是提供一个清楚的指引,其战略专注核心将面向两个领域,即游戏和增值视频。从该篇路线图可以看出,其首要的目标是提供一流的、引人入胜的、游戏主机级别的图形交互内容和部署一系列的增值视频服务。这一战略计划不代表Flash runtimes不能支持以前的旧有内容,而是在未来的发展过程中,其研发的核心功能将高度优先支持游戏和增值视频领域。

Flash runtimes将允许Adobe满足游戏领域的全新功能需求,用户通过Flash制作的游戏将快于其他同类型技术,同时还能使游戏触及最广泛的用户群体。

Flash runtimes旨在游戏领域提供以下独一无二的优势:

(1) 通过Flash Player浏览器插件,触及几乎全球的互联网用户,游戏内容通过Adobe AIR也能交付在移动设备之上;

(2) 完全基于硬件加速的2D和3D渲染支持,提供游戏主机级别的图形渲染质量;

(3) 丰富的游戏开发者生态系统;

(4) 强壮的、面向对象的编程语言;

(5) 世界级的设计师与开发者工作流。

Adobe Flash满足在线视频市场的爆炸性增长态势,通过提供高质量的视频、安全保护机制、跨浏览器和操作系统的一致性来达到这一要求。Adobe Flash runtimes在在线视频增值内容上会提供以下方面的支持。

(1) 在多个平台上将Adobe视频流媒体服务和内容保护机制引入系统视频文件格式的支持;

(2) 支持增值视频内容拥有者的业务需求;

(3) 同硬件厂商密切合作,提供高质量的整合级别的视频体验服务;

(4) 通过Flash runtimes打造的一致性播放器,实现多种视频格式编码的跨系统播放支持;

(5) 支持DRM方案;

(6) 成熟的全功能视频广告植入及后台分析方案。

3. 交互媒体设计与应用

相较于上述两个发展方向,Flash在交互媒体设计与应用领域是最为广泛的。目前被广泛应用于网站设计、网络广告设计、多媒体教学与展示设计、电子杂志、电子相册、产品展示等。

(1) 网站设计:目前的网站设计中,Flash的应用多见于首页片头动画的制作,或者企业网站的形象宣传与产品展示,例如如图1-13所示的电影《画皮》官方宣传网站。近年来在房地产网站的建设中,90%的网站采用了Flash技术制作片头动画和宣传导航条,起到了非常好的信息传播效果。在电影官方网站的设计制作上,采用Flash技术搭建的网站也比比皆是,对电影的前期线上推广、中期的观影调查和后期的线下推广营销都起到非常

图1-13 电影《画皮》官方宣传网站

重要的作用。

（2）网络广告设计：在网络广告设计中，Flash动画具有交互、简短、表现力强的特点，有较强的视觉冲击力。在各大门户网站的首页，往往充斥着大量时尚动感的Flash网页广告。

（3）多媒体教学与展示设计：Flash所具有的独特AS编程交互功能，使其得到广大教育工作者的青睐，被广泛应用于多媒体教学课件、教育教学光盘的设计制作当中，这是其他制作软件所不能比拟的，例如图1-14所示的多媒体课件《王羲之书法艺术》。

图1-14　多媒体课件《王羲之书法艺术》

（4）电子杂志：又称网络杂志或互动杂志，是以Flash为主要载体独立于网络的纸质杂志延伸形式，兼具平面与互联网两者的特点，且融入了图像、文字、声音、视频、游戏等动态交互结合的方式呈现给读者。此外，还有超链接、及时互动等网络元素，是一种很享受的阅读方式，如图1-15所示。

图1-15　电子杂志

（5）电子相册：用Flash制作的电子相册内容不局限于摄影照片，也可以包括各种艺术创作图片。电子相册具有传统相册无法比拟的优越性，如图、文、声、像并茂的表现手法，随意修改编辑的功能，快速的检索方式，永不褪色的恒久保存特性，以及廉价复制分发的优越手段。

(6) 产品展示：虽然 Flash 是二维动画制作软件，但是利用摄影摄像设备对产品进行360°拍摄制作 Flash 动画，能实现产品的 3D 展示，是互联网产品展示的一种新型方式，能让消费者与之互动，更全面和直观地展示产品。该技术已用于电子商务领域，例如 B2C 网上商城、网店或者企业网站上的产品展示，也可用于样品邮件发送等，在社会很多行业包括医学界、教育界等众多领域也有广泛应用。

1.3.4 交互媒体设计的 7 种武器

工欲善其事，必先利其器。对于交互媒体设计，仅仅掌握 Flash 一种软件是远远不够的，一个成熟的作品往往需要多款软件共同配合协作才能最终完成。当然，软件的熟练掌握和运用只是外部条件，好的创意和积累有时更为重要。

对于交互媒体设计与制作所涉及的软件类型，主要归纳为以下 7 种。

1. 图形图像类

在各种类型的交互媒体设计制作中，会涉及大量的图形绘制和图片处理工作，尽管 Flash 具备一定的图形绘制与处理功能，但在涉及复杂图形绘制和细腻位图的处理上，往往就会显得力不从心。

(1) Adobe Photoshop：Photoshop 主要处理以像素所构成的位图图像，从功能上看，该软件可分为图像编辑、图像合成、校色调色及特效制作部分等，尤其是自带的强大滤镜和通道功能，能实现诸如油画、浮雕、石膏画、素描等常用的传统美术特效，在不同领域如网页设计、印刷、多媒体制作等方面应用十分广泛。

(2) Adobe Illustrator：与 Flash 一样，Illustrator 是同为 Adobe 出品的全球著名的矢量图形软件，以其强大的功能和体贴的用户界面，已经占据了全球矢量编辑软件中的大部分份额。据不完全统计，全球有 37%的设计师在使用 Adobe Illustrator 进行艺术设计。尤其是基于 Adobe 公司专利的 PostScript 技术的运用，使得 Illustrator 已经完全占领专业的印刷出版领域，其强大的功能和简洁的界面设计风格是 Flash 不能比拟的，其独有的 AI 文件格式能方便地在 Flash 中导入和使用。如图 1-16 所示为用 Illustrator 绘制的矢量图形。

图 1-16 用 Illustrator 绘制的矢量图形

2. 网站建设类

Adobe Dreamweaver 是 Adobe 公司出品的著名网站开发与制作工具，在 Macromedia 时期与 Fireworks、Flash 并称为“网页三剑客”，是集网页制作、编辑和网站管理于一身的“所见即所得”网页编辑器。它是第一套针对专业网页设计师特别开发的可视化网页开发工具，利用它可以轻而易举地制作出跨越平台限制和跨越浏览器限制的充满动感的网页。

对于 Flash 交互媒体设计来说，Dreamweaver 和 Fireworks 并不是必备的软件，但是在网站片头动画、电子杂志、产品展示等方面，都会涉及到在网页文件中应用 Flash 动画，所以网站建设类软件并不是毫无用武之地。

3. 三维动画类

Flash 作为二维矢量动画软件，本身 3D 功能十分有限，所以在制作三维动画效果方面不得不借助于其他三维动画软件。

(1) 3D Studio Max：简称 3ds Max 或 MAX，是 Discreet 公司开发的(后被 Autodesk 公司合并)基于 PC 系统的三维动画渲染和制作软件，其前身是基于 DOS 操作系统的 3D Studio 系列软件。在 Windows NT 出现以前，工业级的 CG(Computer Graphics，计算机图形学)制作被 SGI 图形工作站所垄断，“3D Studio Max + Windows NT 组合”的出现一下子降低了 CG 制作的门槛，并首选开始运用于电脑游戏中的动画制作，随后更进一步开始参与影视片的特效制作。图 1-17 显示了用 3ds Max 制作的三维文字效果。

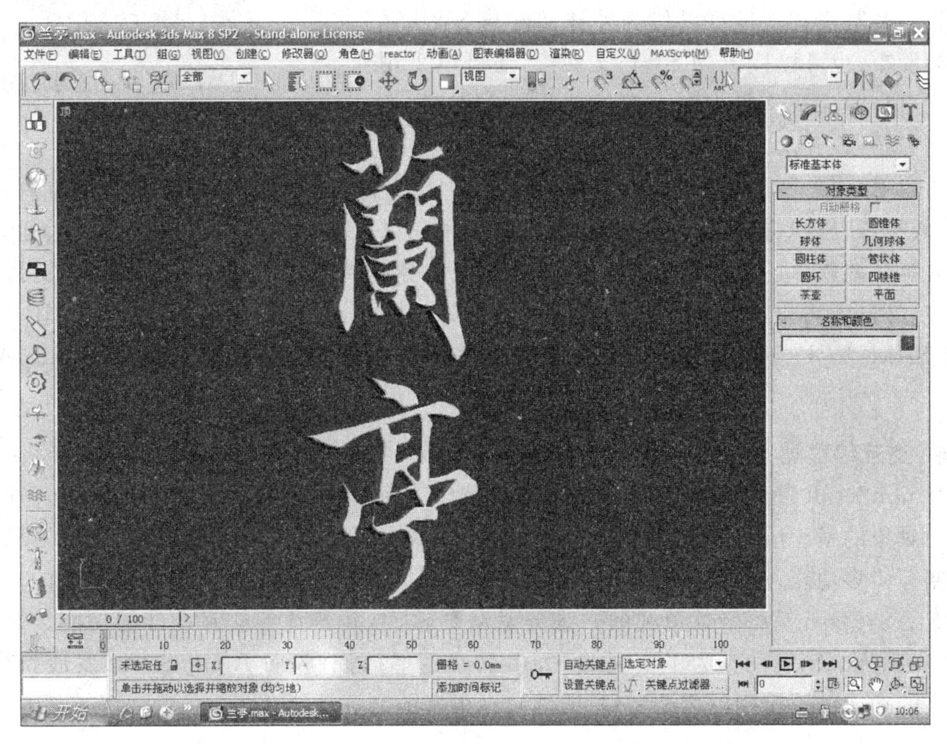

图 1-17 用 3ds Max 制作的三维文字效果

(2) Swift 3D：是一款由 Electric Rain 公司出品的非常优秀的三维 Flash 解决软件，能够构建模型，并渲染 SWF 文件，充分弥补了 Flash 在三维动画效果制作上的不足。Swift 3D 是专业的矢量 3D 软件，它的出现充分弥补了 Flash 在 3D 方面的不足。

4. 视频类

在制作一些特殊的动画效果或导入视频时，往往会借助专业的视频软件，在此推荐两款软件 Adobe After Effects 和 Adobe Premiere。

(1) Adobe After Effects：简称 AE，是 Adobe 公司开发的一个视频合成及特效制作软件。它借鉴了许多优秀软件的成功之处，将视频特效合成上升到了新的高度。层的引入使 AE 可以对多层的合成图像进行控制，能制作出天衣无缝的合成效果；关键帧、路径的引入，使用户控制高级的二维动画游刃有余；高效的视频处理系统，确保了高质量视频的输出；令人眼花缭乱的特技系统使 AE 能实现使用者的一切创意。图 1-18 显示了用 AE 制作的动态水墨效果。

(2) Adobe Premiere：由 Adobe 公司推出的一款常用的视频编辑软件。有较好的兼容性，且可以与 Adobe 公司推出的其他软件相互协作，目前这款软件广泛应用于广告制作和电视节目制作中。

图 1-18 用 AE 制作的动态水墨效果

5. 音频类

Flash 支持多种格式的音频文件，不仅支持最为流行的 WAV 和 MP3 两种声音文件格式，还支持许多其他格式。音频格式文件可以作为外挂文件与 SWF 文件一起发布，也可以嵌入到 SWF 文件内，还可以采用压缩比更高的流式文件发布。在处理音频文件时，通常采用 Cool Edit。

Cool Edit 是非常出色的数字音乐编辑器和 MP3 制作软件，提供有多种音频特效，如放大、降低噪音、压缩、扩展、回声、失真、延迟等。用它可以生成的声音有噪音、低音、静音、电话信号等。该软件还包含 CD 播放器，其他功能包括支持可选的插件、崩溃恢复、支持多文件、自动静音检测和删除、自动节拍查找、录制等。另外，它还可以在 AIF、AU、MP3、Raw PCM、SAM、VOC、VOX、WAV 等文件格式之间进行转换，并且能够保存为 RealAudio 格式。

6. 交互编程类

ActionScript 简称 AS，是 Macromedia(现已被 Adobe 收购)为其 Flash 产品开发的一种面向对象的编程语言，现在最新版本为 3.0。AS 实现了应用程序的交互、数据处理和程序控制等诸多功能，AS 的执行是通过 Flash Player 中的 ActionScript 虚拟机实现的。如果说没有 AS，Flash 只是一款单纯的二维矢量动画软件，并不具备交互设计的功能。最初在 Flash 中引入 AS，目的是为了实现对 Flash 影片的播放控制，而 ActionScript 发展到今天，其强大的功能已经应用到多个领域，能够实现丰富的交互功能。

7. 反编译工具类

他山之石，可以攻玉。有时我们需要借鉴、模仿优秀作品来提高自己的交互设计水平，而大部分 Flash 文件并不会提供 FLA 格式的源文件，所以需要反编译工具软件将 SWF 文件还原成 FLA 文件。

(1) 硕思闪客精灵：是一款先进的 Flash 影片反编译的工具，它不但能捕捉、反编译、查看和提取 Flash 影片(swf 和 exe 格式文件)，而且可以将 SWF 格式文件转化为 FLA 格式文件。它能反编译一个 Flash 的所有元素，并且能完全支持动作脚本 AS 3.0。硕思闪客精灵还提供了一个辅助工具——闪客名捕，它是一个 SWF 捕捉工具，当用户在浏览器中浏览网页的同时，可以使用它来捕捉 Flash 动画并保存到本机。

(2) Action Script Viewer：是一款 32 位的 Windows 平台下的 SWF 反编译软件，支持 AS 1.0、AS 2.0、AS 3.0。Action Script Viewer 是一个高级反编译应用程序，准确地说是一款调试、更新 SWF 文件的 XML 编辑器。利用 Action Script Viewer 能查看 SWF 文件里

面的 AS 动作脚本,能提取位图、音频、视频、字体等原始文件,能浏览 SWF 文件的内部架构,甚至能把 SWF 文件重建为 FLA 格式的源文件,是学习 AS 编程技术、深入了解 SWF 的好工具,其软件工作界面如图 1-19 所示。

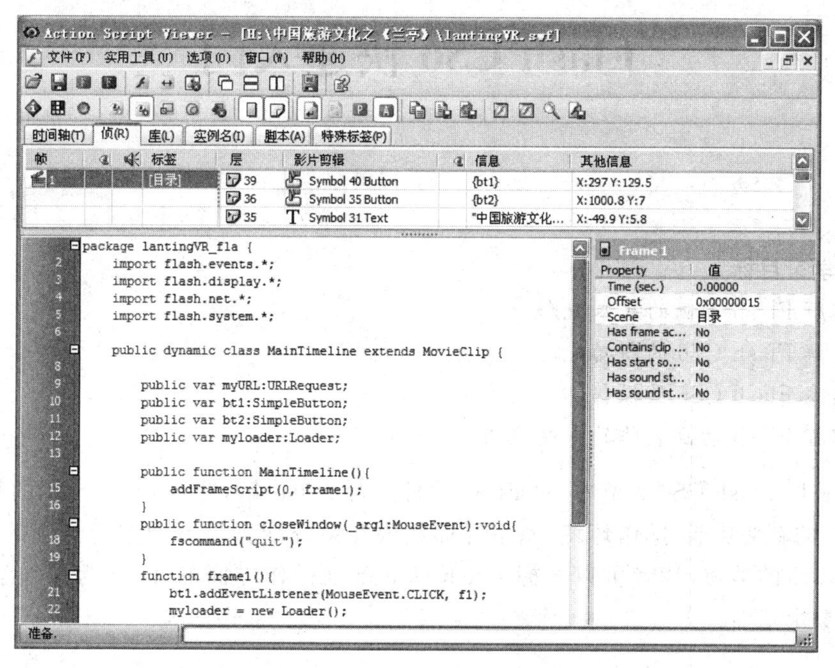

图 1-19 Action Script Viewer 软件工作界面

1.4 本章小结

本章着重介绍了交互设计与交互媒体的概念,梳理了国内外关于交互媒体设计的研究现状和未来发展趋势;介绍了交互多媒体设计软件 Flash 的发展历史,以及 Flash 在中国的发展历史和现状,对其主要应用领域做了介绍,最后对交互媒体设计软件工具做了分析、总结和介绍。

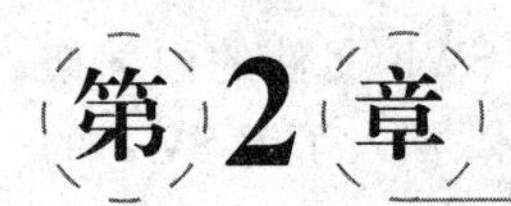

Chapter 2

Flash CS6 快速入门

本章学习目标

- 了解 Flash 动画的基本概念
- 了解 Flash CS6 的新功能
- 熟悉 Flash CS6 的操作环境及基本界面
- 掌握 Flash 动画制作的一般流程

本章是以 Flash CS6 为蓝本，对 Flash 软件进行初步讲解，针对 Flash 动画的基本概念、Flash CS6 的新增功能、操作环境、基本界面组成和系统配置等方面进行详细的梳理和介绍。通过本章的学习，读者可以掌握 Flash CS6 基础操作方面的知识，为深入学习 Flash CS6 知识奠定基础。

2.1 Flash 动画的基本概念

2.1.1 Flash CS6 简介

Flash CS6 全称为 Adobe Flash Professional CS6，是 Adobe 公司于 2012 年 6 月推出的官方版本代号(目前最新版本为 Adobe Flash Professional CC)，是交互媒体动画与特效制作最优秀的软件之一。Adobe Flash Professional CS6 为创建数字动画、交互式 Web 站点、桌面应用程序以及手机应用程序提供了功能全面的创作和编辑环境。使用 Flash 软件，用户不仅可以在 Flash 中创建原始内容，还可以从其他 Adobe 应用程序(如 Photoshop 或 Illustrator)导入素材，快速设计简单的动画，以及使用 Adobe AcitonScript 3.0 开发高级的交互式项目。

Flash 特别适合创建通过 Internet 提供的内容，因为它的文件体积非常小。Flash 是通过广泛使用矢量图形做到这一点的。与位图图形相比，矢量图形需要的内存和存储空间要小很多，因为矢量图形文件是以数学公式而不是大型数据集来表示的。位图图形之所以更大，是因为图像中的每个像素都需要用一组单独的数据来表示。要在 Flash 中构建应用程序，可以使用 Flash 绘图工具创建图形，并将其他媒体元素导入 Flash 文档。然后定义如何以及何时使用各个元素来创建设想中的应用程序。Flash 是一个非常优秀的矢量动画制作软件，它以流式控制技术和矢量技术为核心，制作的动画具有短小精悍的特点，所以被广泛应用于网页动画的设计中，成为当前网页动画设计最为流行的软件之一。

Flash CS6 作为创建矢量动画和多媒体内容的强大创作平台，给用户带来身临其境的设计体验，而且在台式计算机和平板电脑、智能手机和电视等多种设备中都能呈现一致效果的互动体验。

2.1.2 与 Flash 动画相关的几个概念

1. 时间轴(Timeline)

时间轴是 Flash 中的一个重要概念,可以说是动画的灵魂。时间轴由组织和控制文档内容在一定时间内播放的图层数和帧数组成,其作用相当于电影导演使用的摄影胶片。在实际电影拍摄中,导演通过摄影胶片来记录和控制整个影片的流程,包括什么时间、哪位演员上场、应该说什么台词、做什么动作以及各位演员之间应该如何配合等。时间轴记录了全部的动画信息,是控制动画流程最重要的手段。

2. 帧(Frame)

影片中的每个画面在 Flash 中称为一帧,是 Flash 中最小的时间单位。事实上,人们所看到的动画并不是画面上的物体真的在运动,生活中看到的所有的影视作品也都是由静止的画面组成的。在没有计算机之前,制作动画片都是通过手绘的方式来完成的。动画家们把原画一张一张地画在纸上,用录像机把它们一一录成画面,然后一张一张放映,在大屏幕上看到的连续画面就是动画片。电影放映,一秒钟 24 个画格,电影的一个画格相当于 Flash 时间轴中的一帧。在时间轴中,一般每 5 帧为一组,被使用的实帧为灰色,空帧为白色。

根据帧的作用区分,可以将帧分为关键帧、空白关键帧和普通帧三种类型。

(1) 关键帧:关键帧的概念来源于传统的卡通片制作。在美国早期的迪斯尼动画工作室,熟练的动画师设计通常绘制卡通片中的关键画面,即所谓的关键帧,然后由一般的动画师绘制中间帧。在 Flash 动画中,中间帧的生成由计算机自动生成。所以关键帧技术是计算机动画中最基本并且运用最广泛的方法,被用来定义动画在某一时刻的新的状态。

(2) 空白关键帧:与含有动画内容的关键帧不同,空白关键帧是不包含舞台上的实例内容的关键帧,空白关键帧在时间轴上以空心的圆点表示,在空白帧可以随时添加实例内容,在制作动画内容消失的时候经常会用到空白关键帧。

(3) 普通帧:在时间轴上能显示实例对象,但不能对实例对象进行编辑操作的帧。普通帧被用来延续关键帧的内容,也称为延长帧。

与帧相关的较为重要的另一个概念是“帧频”。帧频是指每秒钟播放画面的帧数。在 Flash CS6 中,默认的帧频为 24,也就是每秒播放 24 帧画面。Flash 之前的版本默认的帧频为 12。帧频的数值是可以改变的,帧频越大,播放速度越快,画面也越流畅。

3. 层(Layer)

层的概念在许多图形软件中都会出现。使用图层工具,用户可以在不同的层上创建图形对象和图形对象的动画行为,并且各层上的对象彼此之间不会产生影响,这样就可以简化动画的创作以及对动画中对象的管理。

“层”和“时间轴”是动画的两个维度。层建立的是空间维度,时间轴建立的是时间维度。层在动画中具有分离要素的作用,时间轴则在时间维度中控制要素的行为。

4. 场景(Scene)

场景相当于实际表演中的舞台,活跃在电影舞台上的人叫做角色,而出现在 Flash 场景中的对象则称为实例(Instance)。每增加一个场景就相当于增加了影片的一集或是一幕。场景以外的区域称为工作区,或者称为“后台”,除非将其中的对象移到场景中,否则是不会出现在最终导出的动画中的。

5. 元件(Symbol)和实例

元件是在Flash中可以被不断重复使用的一种特殊对象，就像剧组里的演员，这一场戏中可以用他来演角色甲，下一场戏中可以用他来演角色乙，每个演员可以用来演多个角色。每个元件被多次拖拽到舞台上，就可以创建多个实例，即角色。

Flash之所以引入元件的概念，主要是为了能够有效地减小输出文件的尺寸，因为在Flash里的对象，如果使用同一个元件的不同实例，则保存对同一元件的若干次引用所需的空间比单独绘制更加节省空间。其次可以使编辑电影更加简单化，因为如果元件修改了，那么应用于电影中的实例也将作相应的修改。再次Flash对制作动画作了很多限制，其中很大一部分动画只有制作成元件才能够完成。

Flash中的元件分为三种：图形(Graphic)、按钮(Button)和影片剪辑(Movie Clip)。它们之间可以通过调整行为(Behavior)选项来相互转换。

2.1.3 Flash CS6支持的文档格式

Flash CS6支持多种文档格式，良好的格式兼容性使得用Flash设计的动画可以满足不同软硬件环境和场合的要求。

(1) FLA格式：以FLA为扩展名的是Flash的源文档，也就是可以在Flash中打开和编辑的文档。

(2) SWF格式：以SWF为扩展名的是FLA文档发布后的格式，不仅可以使用Flash播放器直接播放，如果安装了对应的浏览器插件，也可使用包括浏览器在内的多种播放器直接播放。

(3) AS格式：以AS为扩展名的是Flash的ActionScript脚本文档，这种文档的最大优点就是可以外部调用并能重复使用。

(4) FLV格式：FLV流媒体格式是一种新的视频格式，目前被广泛应用于网络视频播放。

(5) JSFL格式：以JSFL为扩展名的是Flash CS6的Flash JavaScript文档，该脚本文档可以保存利用FlashJavaScript API编写的Flash JavaScript脚本。

(6) ASC格式：以ASC为扩展名的是Flash CS6的外部ActionScript通信文档，该文档用于开发高效、灵活的客户端—服务器Adobe Flash Media Server应用程序。

(7) XFL格式：以XFL为扩展名的是Flash CS6新增的开放式项目文档。它是一个所有素材及项目文档，包括XML元数据信息为一体的压缩包(XFL是创建的FLA文件的内部格式，在Flash中保存文件时，默认格式是FLA，但文件的内部格式是XFL)。

(8) FLP格式：以FLP为扩展名的是Flash CS6的项目文档。

(9) EXE格式：以EXE为扩展名的是Windows的可执行文档，可以直接在Windows中运行的程序。

2.2 Flash CS6的新增和增强功能简介

Adobe公司于2012年发布了Flash的新版本Flash CS6，在继承了原有版本优点的基础上，升级后的Flash CS6增加并增强了许多新功能和特性。

2.2.1 Text Layout Framework 文本引擎

在 Flash CS6 中，用户可以使用新文本引擎——Text Layout Framework（TLF）向 Flash 文件添加文本，如图 2-1 所示。

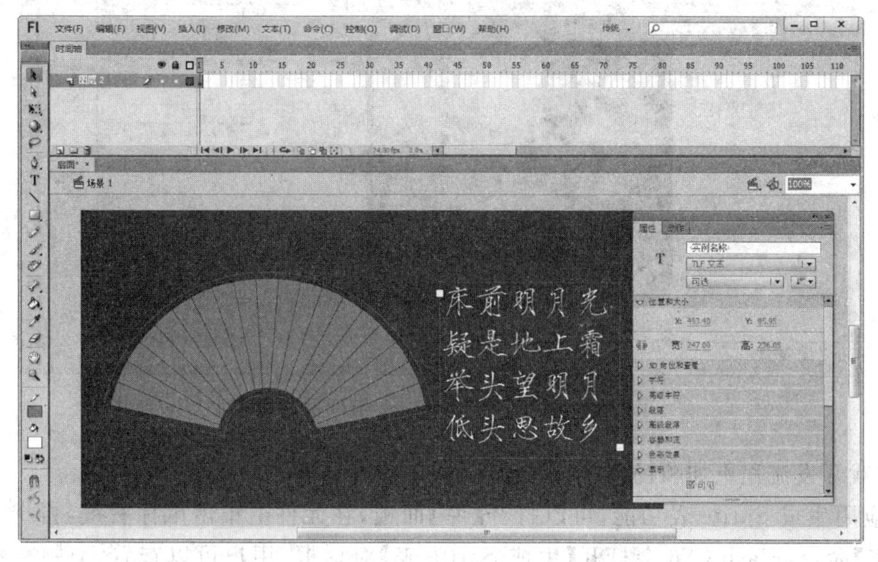

图 2-1 TLF 文本引擎

TLF 文本引擎支持更多丰富的文本布局功能和对文本属性的精细控制。与以前的文本引擎（现在称为传统文本）相比，TLF 文本可加强对文本的控制，并提供了更多的增强功能，如新增了打印质量排版规则，提供更多的字符样式、段落样式以及字体属性，用户还可以为 TLF 文本应用 3D 旋转、色彩效果以及混合模式等属性，而无需将 TLF 文本放置在影片剪辑元件中，如图 2-2 所示。

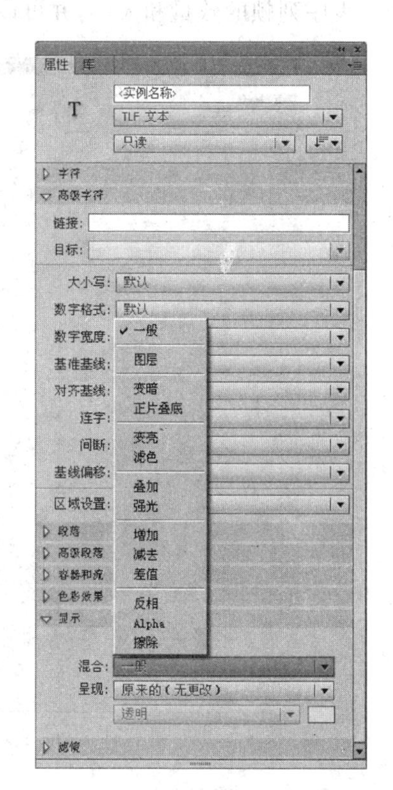

图 2-2 TLF 文本引擎提供的属性设置及文字的色彩和混合模式设置

2.2.2 FLVPlayback 实时预览

在 Flash CS6 中，FLVPlayback 组件在 ActionScript 3.0 版本中允许用户预览舞台上整个链接的视频文件。另外，FLVPlayback 组件还有视频提示点可用性功能，方便用户可以更轻松地为 Flash 中的视频添加视频提示点，如图 2-3 所示。

2.2.3 自动生成 Sprite 表

Sprite 表是一个图形图像文件，该文件包含所选择元件中使用的所有图形元素，在 Flash CS6 中，用户可以将元件和动画导出为 Sprite 表序列

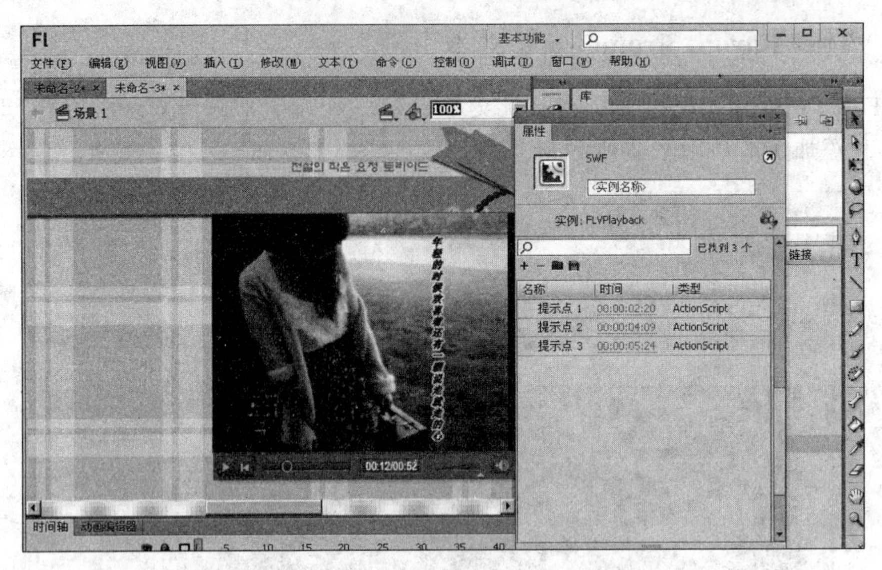

图 2-3 通过 FLVPlayback 组件预览视频

帧，使游戏开发流程更加顺畅，增强了游戏运行效率和体验。

要应用生成 Sprite 表功能，可以打开【库】面板，在元件上单击鼠标右键，再选择【生成 Sprite 表】命令，Flash CS6 会打开【生成 Sprite 表】对话框，用户可以查看元件信息和生成 Sprite 表序列帧的数量和大小，并可以对 Sprite 表进行输出设置，如图 2-4 所示。

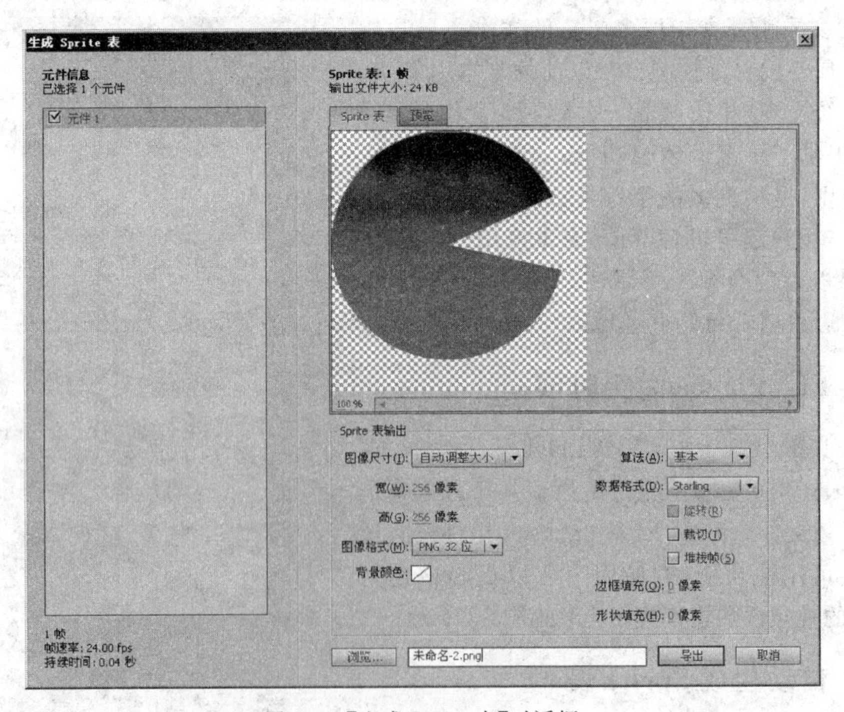

图 2-4 【生成 Sprite 表】对话框

2.2.4 导出 PNG 图像序列

Flash CS6 中新增了导出 PNG 图像序列的功能，使用该功能可以将 Flash 中制作的动画效果、影片剪辑等元素导出为一系列的 PNG 图像文件。

如果需要导出 PNG 图像序列，可以在【库】面板或者舞台中选择单个影片剪辑、按钮或图形元件，单击鼠标右键，在弹出的菜单中选择【导出 PNG 序列】命令，即可导出 PNG 图像序列，可以将导出的 PNG 图像序列应用到其他的程序中。

2.2.5 LZMA 压缩方法

Flash CS6 中提供了更加高效的 SWF 文件压缩选项，对于面向 Flash Player11 或更高版本的 SWF 文件，在 Flash CS6 中可使用一种新的压缩算法，即 LZMA。此新压缩算法效率会提高多达 40%，特别是对于包含很多 ActionScript 或矢量图形的文件而言，压缩效率更好。

2.2.6 增强的 Flash Builder 工作流程

Flash CS6 可以轻松和 Flash Builder 进行完美集成，可以在 Flash 中完成创意，用 Flash Builder 完成 ActionScript 的编码。Flash CS6 可以创建一个 Flash Builder 项目，让 Flash Builder 成为专业的 Flash ActionScript 编辑器。Flash CS6 增强了和 Flash Builder 4 之间的工作流程，能够在 Flash Builder 4 中编辑 ActionScript 3.0 并在 Flash CS6 中测试、调试或发布。要启用这些工作流程，计算机中必须已安装 Flash CS6 和 Flash Builder 4，并且要从 Flash Builder 4 中启动 FLA 文件。

2.2.7 新增 HTML 5 发布支持

在 Flash CS6 中，增强了对 HTML 5 发布的支持，以 Flash Professional 的核心动画和绘图功能为基础，利用新的扩展功能（单独提供）创建交互式 HTML 内容，导出 Javascript 来针对 CreateJS 开源架构进行开发。用户只需下载并使用扩展包（Toolkit for CreateJS），即可将动画导出为 HTML 5 交互内容。

2.2.8 增强的 ActionScript 编辑器

Flash CS6 中的代码编辑器有了很大的增强，包括自定义类的导入和代码提示、知识 ASDoc、自定义类等，如图 2-5 所示。

2.2.9 使用整套的高级绘画工具

Flash CS6 提供了整套的高级绘画工具，这些工具提供了创建动画所需的主要功能，使用者能够随心所欲地按照自己的构思进行创作。如配备的高级动画效果的装饰画笔，可轻松绘制出动态粒子特效（如云和雨），或绘出特殊样式的线条和多种对象组合图案，还可以轻松地从 Photoshop 或 Illustrator 导入内容并应用于动画制作。通过骨骼工具的运动属性，可以很轻松地向动画添加富有表现力、栩栩如生的属性，例如弹跳。使用强大的反向运动引擎可以在一个简单熟悉的界面上制作出真实的物理运动效果。

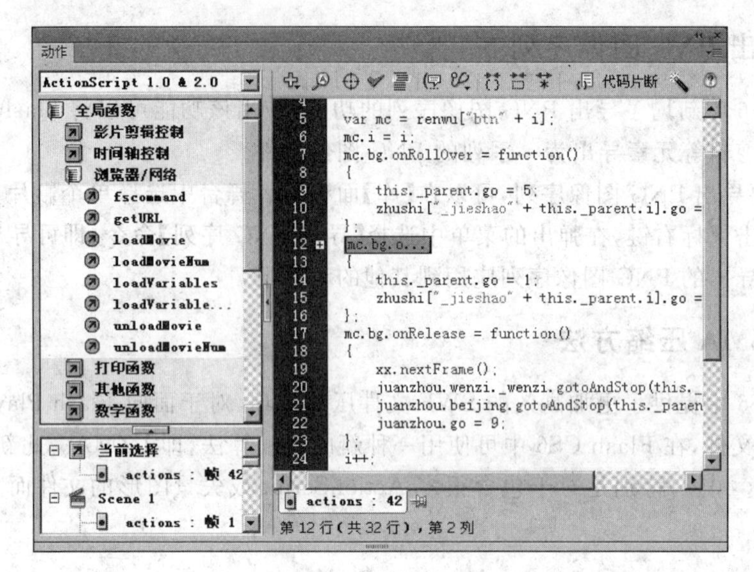

图 2-5 增强的 ActionScript 编辑器

Flash CS6 包含了骨骼工具和绑定工具,使用这两个工具,用户可以向单独的元件实例或单个形状的内部添加骨骼。在一个骨骼移动时,与启动运动的骨骼相关的其他连接骨骼也会移动。使用反向运动进行动画处理时,只需指定对象的开始位置和结束位置即可。通过反向运动,可以更加轻松地创建自然的运动效果,如图 2-6 所示。

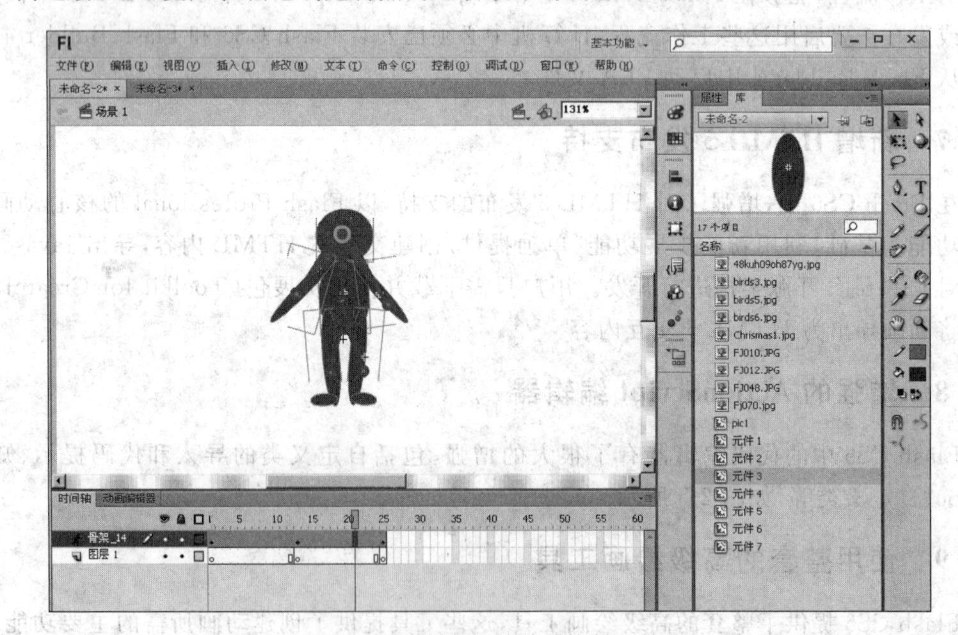

图 2-6 增强的骨骼动画控制工具

在骨骼动画中,还可以通过反向运动关节锁定功能,将反向运动关节锁定在场景中,设置选中骨骼的运动范围,可定义更复杂的运动,例如循环行走等动画效果。

2.2.10 Adobe AIR 发布设置 UI

Flash CS6 使用预先封装的 Adobe AIR captive 在运行时创建和发布应用程序，简化应用程序的测试流程，使终端用户无需额外下载即可运行内容。AIR 在跨操作系统运行时，可以利用现有 Web 开发技术生成丰富的 Internet 应用程序(RIA)并将其部署到桌面，为 AIR 远程调试选择网络接口。

Flash CS6 已重新组织【AIR 应用程序和安装程序设置】对话框，以便于在 Adobe AIR 发布时访问所需的设置。在将 AIR 应用程序发布到 Android 或 iOS 设备时，可以选择用于远程调试的网络接口。Flash Pro 会将选定网络接口的 IP 地址打包到调试模式移动应用程序中。当应用程序在目标移动设备上启动时，它会自动连接到主机 IP，开始调试会话。要访问设置，选择【文件】|【发布设置】，然后在【AIR 设置】对话框中选择【常规】选项卡。

设置 AIR 发布属性后，用户可以预览 Flash AIR SWF 文件，显示的效果与在 AIR 应用程序窗口中一样，图 2-7 为【AIR 设置】对话框。

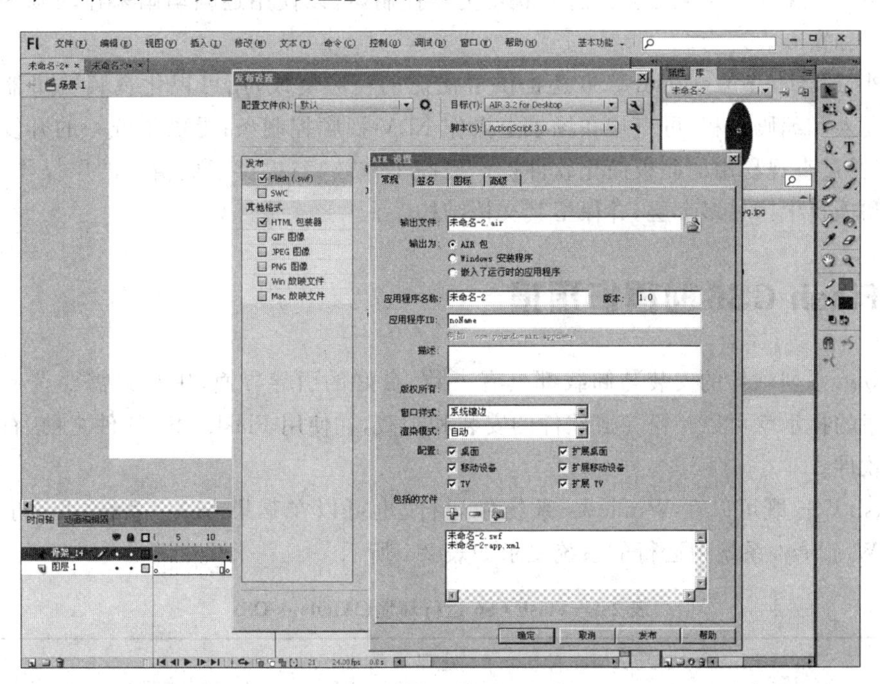

图 2-7 【AIR 设置】对话框

另外，Flash CS6 应用了 Adobe AIR 移动设备模拟，能够模拟移动应用中常见的互动方式，例如屏幕自动转向、触控手势、重力感应加速计等常用的移动设备应用互动来加速测试流程。

2.2.11 Toolkit for CreateJS 扩展

Adobe Flash Professional Toolkit for CreateJS 是 Flash Professional CS6 的扩展，它允许设计人员和动画制作人员使用开放源 CreateJS JavaScript 库为 HTML 5 项目创建资源。该扩展支持 Flash Professional 的大多数核心动画和插图功能，包括矢量、位图、传统补间、

声音和JavaScript时间轴脚本。只需单击一下，Toolkit for CreateJS即可将舞台上以及库中的内容导出为可以在浏览器中预览的JavaScript，这样有助于用户很快开始构建非常具有表现力的基于HTML 5的内容。

Toolkit for CreateJS旨在帮助Flash Pro用户顺利过渡到HTML 5。它将库中的元件和舞台上的内容转变为格式清楚的JavaScript，JavaScript非常易于理解和编辑，方便开发人员重新使用，可以使用为ActionScript 3用户所熟知的JavaScript和CreateJS增加互动性。Toolkit for CreateJS还发布了简单的HTML页面，以提供预览资源的快捷方式。

2.2.12 基于对象的动画

Flash Professional CS6还允许选择使用基于对象的补间或使用逐帧的补间，从而完全掌控动画呈现效果。直接将动画赋予元件而不依赖于关键帧，用曲线工具控制动画效果和独立动画属性。通过使用基于对象的动画，可以精细地控制各个动画属性，并且可以将补间直接应用于对象而不是关键帧。若要获得更多控制，可以使用逐帧动画来让动画内容更加栩栩如生和富有表现力。

此外，Flash Professional CS6还提供了便捷的视频集成，用可视化视频编辑器大幅简化视频嵌入和编码过程，可直接在场景上操作FLV视频控制条；提供了统一的开发套装界面，能够通过直观易用的面板简化软件操作提高工作效率；提供了更精准的层操作，可在不同文件和项目中拷贝多个层，并保留其文档结构。

2.3 Flash CS6的操作环境

Adobe系列软件的安装与卸载都具有一致、良好的引导界面，用户只需要按照安装或卸载程序的提示就可以轻松完成软件的安装和卸载，在使用Flash CS6软件之前，首先需要安装该软件。

Flash CS6既可以在Windows系统中运行，也可以在苹果MAC系统中运行。Flash CS6在Windows系统中运行的系统要求如表2-1所示。

表2-1 Flash CS6运行环境(Windows OS)

CPU	Intel Pentium 4或AMD Athlon 64处理器
操作系统	Microsoft Windows XP(带有Service Pack3)，Windows Vista Home Premium、Business、Ultimate或Enterprise(带有Service Pack1)，或Windows7以上版本
内存	2GB内存，推荐使用3GB以上内存
硬盘空间	3.5GB可用硬盘空间用于安装，安装过程中需要额外的可用空间(无法安装在可移动闪存设备上)
显示器	1024×768的显示分辨率，推荐使用1280×800的显示分辨率
光盘驱动器	DVD-ROM驱动器
多媒体功能	需要安装QuickTime 7.6.6软件
产品激活	在线服务需要宽带Internet连接

Flash CS6 在苹果机上运行的系统要求如表 2-2 所示。

表 2-2　Flash CS6 运行环境(Mac OS)

CPU	Intel 多核处理器
操作系统	Mac OS X 10.6 以上版本
内存	2GB 内存,推荐使用 3GB 以上内存
硬盘空间	4GB 可用硬盘空间用于安装,安装过程中需要额外的可用空间(无法安装在使用区分大小写的文件系统的卷或移动闪存设备上)
显示器	1024×768 的显示分辨率,推荐使用 1280×800 的显示分辨率
光盘驱动器	DVD-ROM 驱动器
多媒体功能	需要安装 QuickTime 7.6.6 软件
产品激活	在线服务需要宽带 Internet 连接

2.4　Flash CS6 的基本设置

应用 Flash 软件制作动画时,可以使用系统默认的配置,也可根据需要自己设定首选参数面板中的数值以及浮动面板的位置。

2.4.1　首选参数面板

应用首选参数面板可以自定义一些常规操作的参数选项。

参数面板依次分为【常规】选项卡、ActionScript 选项卡、【自动套用格式】选项卡、【剪贴板】选项卡、【绘画】选项卡、【文本】选项卡、【警告】选项卡、【PSD 文件导入器】选项卡、【AI 文件导入器】选项卡以及【发布缓存】选项卡,如图 2-8 所示。选择【编辑】|【首选参数】命令或按 Ctrl+U 键,可以弹出【首选参数】对话框。

1.【常规】选项卡

在【首选参数】对话框左侧的【类别】列表中选择【常规】选项,在对话框右侧可以对 Flash CS6 软件的常规选项进行设置,包括 Flash 的工作区、撤销功能、自动恢复等选项的设置。

(1) 启动时

在该选项的下拉菜单中可以设置启动 Flash 时执行的操作,它提供的选项有【不打开任何文档】、【新建文档】、【打开上次使用的文档】、【欢迎屏幕】4 个选项,默认选项为【欢迎屏幕】,用户可以根据自己的软件使用习惯选择对应选项。

(2) 撤销

该选项用于设置撤销的层级数,在该选项的下拉列表中可以选择【文档层级撤销】或【对象层级撤销】,在下拉列表下方的文本框中可以输入撤销的层级,值越大,【历史记录】面板保存的记录越多。【对象层级撤销】不记录某些操作,如选择、编辑和移动库项目,以及创建、删除和移动场景等操作。

(3) 工作区

在【工作区】选项区中可以设置有关 Flash CS6 工作区的相关选项。

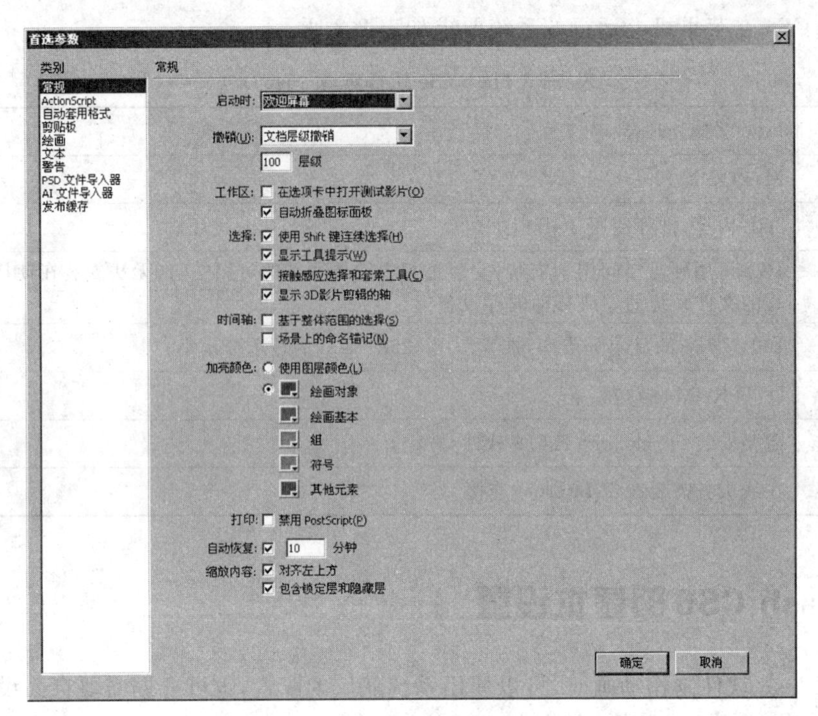

图 2-8 【首选参数】对话框

① 在选项卡中打开测试影片：选中该复选框，使得测试影片时不以弹出窗口方式打开影片，而是以选项卡窗口的方式打开。

② 自动折叠图标面板：默认选中该选项，在打开已经折叠为图标的面板后执行其他不在该面板中的操作时，该面板会再折叠回图标状态。

(4) 选择

在【选择】选项区中可以对 Flash 中选择对象的相关状态选项进行设置。

① 使用 Shift 键连续选择：默认选中该选项，则可以结合键盘上的 Shift 键，在 Flash 文档中连续选择多个对象。

② 显示工具提示：默认选中该选项，则光标移至 Flash 中的工具按钮上时，显示相应的工具提示。

③ 接触感应选择和套索工具：默认选中该选项，当使用“选择工具”或“套索工具”进行拖动时，如果选取框中包括对象的任何部分，则对象将被选中。

④ 显示 3D 影片剪辑的轴：默认选中该选项，在所有 3D 影片剪辑上显示 X、Y 和 Z 轴的重叠部分，这样就能够在舞台中轻松地标识它们。

(5) 时间轴

在【时间轴】选项区中可以对有关时间轴的相关选项进行设置。

① 基于整体范围的选择：如果选中该选项，则可以在时间轴上使用基于整体范围的选择，而不是默认的基于帧的选择。

② 场景上的命名锚记：如果选中该选项，则将文档中每个场景的第一帧作为命名锚记，命名锚记使用户可以使用浏览器中的“前进”和“后退”按钮，从一个场景跳转到另一个场景。

(6) 加亮颜色

在【加亮颜色】选项区中可以设置不同对象的轮廓颜色，如果选中【使用图层颜色】单选按钮，则对象的轮廓颜色与当前所在的图层颜色相同。

(7) 打印

默认情况下，该选项不被选中，如果打印到 PostScript 打印机有问题，可以选中【禁用PostScript】选项，但是该选项会减慢打印的速度。

(8) 自动恢复

该选项用于设置 Flash 文档的自动恢复时间，默认为 10 分钟。该设置会以指定的时间间隔将每个打开文件的副本保存在原始文件所在的文件夹中。如果尚未保存文件，Flash 会将副本保存在其 Temp 文件夹中。如果 Flash 意外退出，当重新启动 Flash 软件时，会弹出一个对话框，以打开自动恢复文件；如果是正常退出 Flash 软件，则会删除自动恢复文件。

(9) 缩放内容

在【缩放内容】选项区中可以对在 Flash 中的对象缩放时的选项进行设置。

① 对齐左上方：选中该选项，在对 Flash 中的对象进行缩放操作时，将保存对象与舞台左上角对齐。

② 包含锁定层和隐藏层：选中该选项，则可以对时间轴的锁定和隐藏图层中的项目大小进行调整。

2. ActionScript 选项卡

在【首选参数】对话框左侧的【类别】列表中选择 ActionScript 选项，在对话框右侧可以对 Flash CS6 软件的 ActionScript 选项进行设置，包括 Flash 的字体、编码、语法颜色等选项的设置。

3.【自动套用格式】选项卡

在【首选参数】对话框左侧的【类别】列表中选择【自动套用格式】选项，在 Flash 编程时格式的自动套用可在此开启或关闭。

4.【剪贴板】选项卡

在【首选参数】对话框左侧的【类别】列表中选择【剪贴板】选项，在对话框右侧可以对 Flash CS6 软件的剪贴板选项进行设置，包括颜色深度、分辨率和大小限制选项的设置。

(1) 颜色深度

该选项用于设置复制到剪贴板的图像数据的最大颜色深度。深度较高的图像在分辨率较低位置复制。在该选项的下拉列表中可以选择相应的颜色深度选项，默认选项为【匹配屏幕】。

(2) 分辨率

该选项用于设置复制到剪贴板的图像数据所使用的分辨率，可以在该选项的下拉列表中选择相应的分辨率选项，默认选项为【屏幕】。

(3) 大小限制

该选项可以设置将位图图像放在剪贴板中时所使用的内存量，可以直接在该选项的文本框中输入数值。

5.【绘画】选项卡

在【首选参数】对话框左侧的【类别】列表中选择【绘画】选项，在对话框右侧可以对 Flash CS6 软件的绘画选项进行设置，包括钢笔工具、连接线和平滑曲线等选项的设置。

（1）钢笔工具

在该选项区中用于设置“钢笔工具”的首选参数。

① 显示钢笔预览：选中该选项，在使用“钢笔工具”绘制图像的过程中，可以显示从上一次单击的点到指针的当前位置之间的预览线条。

② 显示实心点：选中该选项，可以将控制显示为实心的小正方形，而不是显示为空心的小正方形。

③ 显示精确光标：选中该选项，可以在使用“钢笔工具”时显示十字线光标，而不是显示钢笔工具的图标。

（2）连接线

该选项用于设置所绘制的线条的终点必须距现有线段多近，才能贴近到另一条线上的最近点。在该选项的下拉列表中可以选择相应的选项。

（3）平滑曲线

该选项用于指定当绘画模式设置为【伸直】或【平滑】时，应用以“铅笔工具”绘制的曲线的平滑度，在该选项的下拉列表中可以选择相应的选项。曲线越平滑就越容易改变形状，而越粗略的曲线就越接近原始的线条笔触。

（4）确认线

该选项用于设置使用“铅笔工具”绘制的线条必须有多直，Flash 才会确认它为直线并使它完全变直，在该选项的下拉列表中可以选择相应的选项。

（5）确认形状

通过该选项的设置可以控制绘制的圆形、椭圆形、正方形、矩形、90°和 180°弧要达到何种精度，才会被确认为几何形状并精确重绘。该选项的下拉列表包括【关】、【严谨】、【一般】和【宽松】4 个选项。

（6）点击精确度

该选项用于设置光标指针必须距离某个对象多近时，Flash 才能确认该对象，该选项的下拉列表包括【严谨】、【一般】和【宽松】三个选项。

（7）IK 骨骼工具

选中该选项中的【自动设置变形点】复选框，则在使用“骨骼工具”添加骨骼时会自动设置相应的变形点，如果没有选中该复选框，则需要用户手动设置相应的变形点。

6.【文本】选项卡

在【首选参数】对话框左侧的【类别】列表中选择【文本】选项，在对话框右侧可以对 Flash CS6 软件的文本选项进行设置，包括字体映射、垂直文本和输入方法等选项的设置。

（1）字体映射默认设置

该选项用于设置在 Flash 中打开文档时替换缺少字体的文字字体，可以在该选项的下拉列表中选择相应的选项。根据所选择的字体，决定是否可以设置其样式，如果字体默认包含样式，则可以在【样式】下拉列表中选择相应的样式。

（2）显示亚洲文本选项

默认选中该选项，在 Flash 中设置文字属性时，可以对亚洲文本的相关选项进行设置。

（3）显示从右至左的文本选项

在 Flash 中默认的文本流向是从左至右，选中该选项，则可以将文本的流向设置为从右至左。

（4）字体映射对话框

该选项用于设置在 Flash 中打开文档时如果缺少字体，是否弹出【字体映射】对话框，默认选中该选项，在打开 Flash 文档后，当缺少字体时，会弹出【字体映射】对话框。

（5）垂直文本

在【垂直文本】选项区中可以对垂直文本的相关选项进行设置。

① 默认文本方向：选中该选项，将垂直文本设置为默认的文本方向。

② 从右至左的文本流向：选中该选项，可以将垂直文本的流向设置为从右至左。

③ 不调整字距：选中该选项，可以关闭垂直文本的字距调整。

（6）输入方法

在【输入方法】选项区中可以选择适当的文本语言，在这里只需要保持默认的设置即可。

（7）字体菜单

在【字体菜单】选项区中可以对字体菜单的显示效果进行设置。

① 以英文显示字体名称：选中该选项，则在字体菜单中将显示各字体的英文名称。

② 显示字体预览：默认选中该选项，在字体菜单中显示各种字体的效果预览，在该选项的下拉列表中可以选择字体预览的大小，其中包括【小】、【中】、【大】、【特大】和【巨大】5 个选项。

7.【警告】选项卡

在【首选参数】对话框左侧的【类别】列表中选择【警告】选项，在对话框右侧可以对 Flash CS6 软件的警告选项进行设置，在【警告】的首选参数设置中，用户可以设置执行哪些操作后弹出警告提示，哪些操作不需要警告提示，默认情况下，在【警告】首选参数中列出的操作都会弹出警告提示，用户可以根据需要进行设置。

8.【PSD 文件导入器】选项卡

在【首选参数】对话框左侧的【类别】列表中选择【PSD 文件导入器】选项，在对话框右侧可以对 Flash CS6 软件的 PSD 文件导入选项进行设置，可以设置如何导入 PSD 文件中的特定对象，及指定将 PSD 文件转换为 Flash 影片剪辑，还可设置 PSD 插图在 Flash 中的默认发布设置。

（1）将图像图层导入为

在该选项区中可以设置如何处理导入的 PSD 文件中的图像图层。

① 具有可编辑图层样式的位图图像：选中该单选按钮，可以保持图像图层受支持的混合模式和不透明度，但是在 Flash 中不能重现的其他图层样式将会被删除。如果选择该选项，则必须将该对象转换为影片剪辑。

② 拼合的位图图像：选中该单选按钮，可以将任何文本栅格化为拼合的位图图像。

③ 创建影片剪辑：勾选该复选框，可以指定在将图像图层导入到 Flash 中时，将其转换为影片剪辑。如果用户不希望将所有的图像图层都转换为影片剪辑，则可以在【PSD 导入】对话框中逐个图层进行修改。

（2）将文本图层导入为

在该选项区中可以设置如何处理导入的 PSD 文件中的文本图层。

① 可编辑文本：选中该单选按钮，则可以将导入的 PSD 文件的文本图层创建为可编辑

的文本对象，为保持文本的可编辑性，文本外观会受到影响。如果选中该单选按钮，则必须将该对象转换为影片剪辑。

② 矢量轮廓：选中该单选按钮，则将文本矢量转换为路径，文本外观可能会改变，但是视觉效果会得到保留。如果选中该按钮，则必须将该对象转换为影片剪辑。

③ 拼合的位图图像：与【将图像图层导入为】选项区中的【拼合的位图图像】选项功能基本相同。

④ 创建影片剪辑：与【将图像图层导入为】选项区中的【创建影片剪辑】选项功能基本相同。

(3) 将形状图层导入为

在该选项区中可以设置如何处理导入的PSD文件中的形状图层。

① 可编辑路径与图层样式：选中该单选按钮，将创建矢量形状内带有被剪裁的位图的可编辑矢量形状。可以保持图像图层受支持的混合模式和不透明度，但是在Flash中不能重现的其他图层样式将会被删除。如果选择该选项，则必须将该对象转换为影片剪辑。

② 拼合的位图图像：与【将图像图层导入为】选项区中的【拼合的位图图像】选项功能基本相同。

③ 创建影片剪辑：与【将图像图层导入为】选项区中的【创建影片剪辑】选项功能基本相同。

(4) 图层编组

该选项用于设置如何处理导入的PSD文件中的图层组，选中该选项的【创建影片剪辑】复选框，可以将图层组转换为一个影片剪辑。

(5) 合并的位图

该选项用于设置如何处理导入的PSD文件中合并的位图，选中该选项的【创建影片剪辑】复选框，可以将合并的位图转换为一个影片剪辑。

(6) 影片剪辑注册

该选项用于为创建的影片剪辑指定一个全局注册点，该设置应用于所有对象类型的注册点。

(7) 发布设置

该选项区可以指定将Flash文档发布为SWF文件时应用到图像的压缩程度和文档品质。

① 压缩：该选项用于设置压缩方式，该选项下拉列表中包含"有损"和"无损"两个选项。

② 品质：该选项用于设置压缩的品质级别，可以使用发布设置，也可以使用自定义设置。

9.【AI文件导入器】选项卡

在【首选参数】对话框左侧的【类别】列表中选择【AI文件导入器】选项，在对话框右侧可以对Flash CS6软件的AI导入选项进行设置，可以设置AI文件导入时是否显示对话框、是否导入隐藏图层等。

(1) 常规

在该选项区中可以设置导入AI文件的一些常规选项。

① 显示导入对话框：该选项默认为选中状态，即在Flash中导入AI文件时将显示【导入】对话框。

② 排除画板外的对象：该选项默认为选中状态，即在Flash中导入AI文件时，只导入AI文件画板中的对象，而不导入画板外的对象。

③ 导入隐藏图层：选中该选项，则可以导入 AI 文件中隐藏的图层。

（2）将文本导入为

在 Flash 中导入 AI 文件时，可以将 AI 文件中的文本作为可编辑文本、矢量轮廓或平面化位图导入，在该选项区中可以对文本导入的选项进行设置。

① 可编辑文本：选中该单选按钮，则 AI 文件中的文本作为可编辑 Flash 文本导入。为了保持文本的可编辑性，导入后文本的外观可能会受到影响。

② 矢量轮廓：选中该单选按钮，则 AI 文件中的文本在导入到 Flash 后将转换为矢量路径，使用该选项可以保留文本的可视化外观。

③ 位图：选中单选按钮，则 AI 文件中的文本在导入到 Flash 后将转换为位图，并保留文本原有的外观。

④ 创建影片剪辑：勾选复选框，可以指定在将 AI 文件中的文本导入到 Flash 时，将其转换为影片剪辑。

（3）将路径导入为

在该选项区中可以对路径导入的选项进行设置。

① 可编辑路径：选中该单选按钮，将 AI 文件中的路径导入到 Flash 后，将保持路径的可编辑性。Flash 中支持的混合模式、特效和对象透明度将会保留，不支持的属性将会被删除。

② 位图：选中该单选按钮，将 AI 文件中的路径导入到 Flash 后，将会把路径栅格化为位图，不再具有可编辑性。

③ 创建影片剪辑：与【将文本导入为】选项区中的【创建影片剪辑】选项功能基本相同。

（4）图像

在该选项区中可以对图像导入的选项进行设置。

① 拼合位图以保持外观：选中该选项，将 AI 文件中的图像导入到 Flash 后，将会被栅格化为位图，不再具有可编辑性。

② 创建影片剪辑：与【将文本导入为】选项区中的【创建影片剪辑】选项功能基本相同。

（5）组

组是图形对象的集合，在该选项区中可以对组的选项进行设置。

① 导入为位图：选中该选项，可以将组栅格化为位图导入到 Flash 中，并保留对象的原有外观效果。

② 创建影片剪辑：选中该选项，可以将组中的所有对象封装在一个影片剪辑中。

（6）图层

在该选项区中可以对图层的选项进行设置。

① 导入为位图：选中该选项，可以将图层栅格化为位图导入到 Flash 中，并保留图层对象的外观效果。

② 创建影片剪辑：选中该选项，可以将图层中的所有对象封装在一个影片剪辑中。

（7）影片剪辑注册

该选项用于为创建的影片剪辑指定一个全局注册点，该设置可应用于所有对象类型的注册点。

10. 【发布缓存】选项卡

在使用【发布】或【测试影片】命令时，发布缓存可以存储字体和 MP3 声音，以便加快

SWF 文件的创建。在【首选参数】对话框左侧的【类别】列表中选择【发布缓存】选项，在对话框右侧可以对 Flash CS6 软件的发布缓存选项进行设置。

(1) 启用发布缓存

勾选该复选框，可以启用发布缓存设置，可以对发布缓存的相关选项进行设置。

(2) 磁盘缓存大小限制

该选项用于设置发布磁盘缓存的最大磁盘空间，用户可以直接在该选项后的文本框中输入数值。

(3) 内存缓存大小限制

该选项用于发布缓存最大磁盘内存，当缓存超过此数量时，会将最近没有使用的条目移动到磁盘。

(4) 内存缓存输入的最大大小

该选项用于设置可以添加到内存中的发布缓存的个别压缩字体 MP3 声音的最大大小，较大的项目将被写入磁盘。

首次从 FLA 文件创建 SWF 文件时，Flash 会将正在使用的任何字体和 MP3 声音的副本放入发布缓存中。在后续的测试和发布操作中，如果 FLA 文件中的字体和声音没有改变，则使用缓存中的版本创建 SWF 文件。如果需要清除发布缓存，可以执行【控制】|【清除发布缓存】命令或执行【控制】|【清除发布缓存并测试】命令。

2.4.2 设置浮动面板

Flash 中的浮动面板用于快速设置文档中对象的属性。可以应用系统默认的面板布局，用户可以根据需要随意地显示或者隐藏面板，调整面板的大小。

执行【窗口】|【工作区布局】|【传统】命令，系统将显示传统的面板布局，如图 2-9 所示。

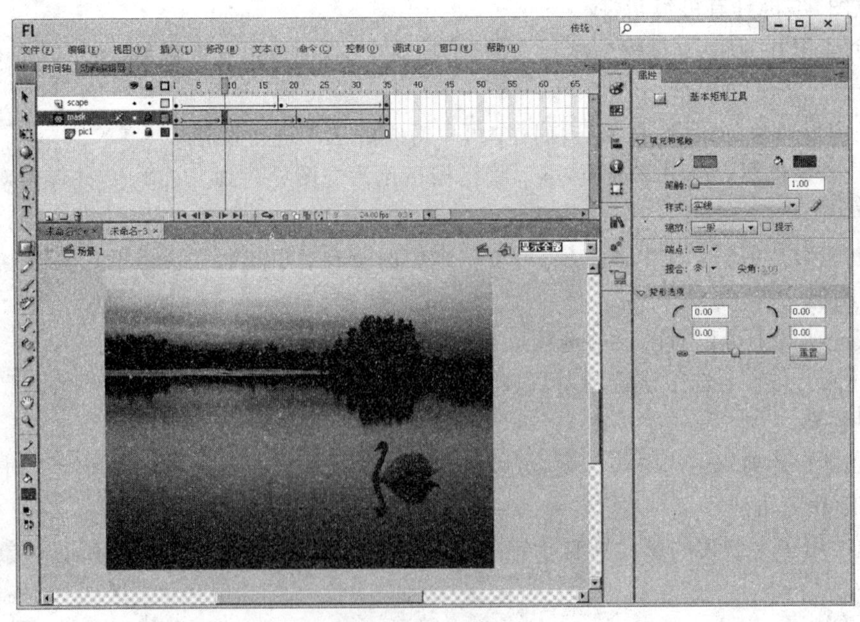

图 2-9　传统工作区面板布局

如需使用自定义面板布局，可以将需要设置的面板调出到操作界面中，再按需移动面板。

2.4.3 历史记录面板

历史记录面板用于将文档新建或打开以后进行操作的步骤一一进行记录，便于制作者查看操作的步骤过程。在面板中可以有选择地撤销一个或多个操作步骤，还可以将面板中的步骤应用于同一对象或文档中的不同对象。

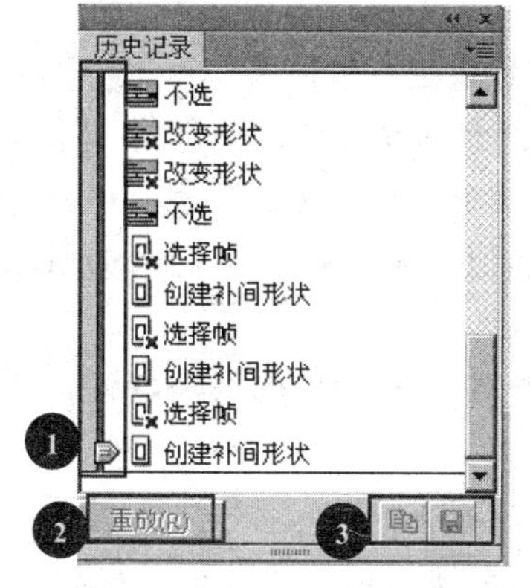

图 2-10 【历史记录】面板

首先通过菜单打开历史记录面板，执行【窗口】|【其他面板】|【历史记录】命令，打开 Flash 的【历史记录】面板。如图 2-10 所示。打开 Flash 的历史记录面板的快捷键为 Ctrl+F10。

打开了 Flash 的历史记录面板后，我们每操作一步，在历史记录面板的主要区域中都会出现相关操作的步骤。例如在 Flash 的舞台中改变一次对象形状，在 Flash 的历史记录面板主区域中就会出现一个"改变形状"操作。

【历史记录】面板左面的垂直三角滑块（如图 2-10 中的①）可以方便快捷地选择上一步操作，三角滑块可以向上或向下拖动，撤销之前的操作，Flash 历史记录面板默认撤销步骤数为 100。如果我们觉得 100 不够的话，还可以通过 Flash 的【首选参数】调整 Flash 的撤销层级，可以设置 2～300 之间的整数。

Flash 的【历史记录】面板左下角有一个【重放】按钮（如图 2-10 中的②），使用鼠标选择需要重复的步骤，然后单击【重放】按钮，可以对历史记录面板中的操作进行重复操作。

Flash 的【历史记录】面板右下角有两个较小的按钮，分别是【复制所选步骤到剪贴板】和【将选定步骤保存为命令】（如图 2-10 中的③）。两个按钮操作，分别需要选择一个步骤，然后单击相应的按钮，【复制所选步骤到剪贴板】按钮可以将选择的步骤复制到剪贴板，在其他 Flash 文档中可以用 Ctrl+V 键进行粘贴。【将选定步骤保存为命令】按钮可以将步骤以命令的方式复制到剪贴板，在【动作】面板中用 Ctrl+V 键可以将这段命令进行粘贴。

2.4.4 设置 Flash CS6 快捷键

使用快捷键可以大大提高工作效率，Flash CS6 本身已经设置了许多命令及面板操作快捷键，用户可以在 Flash CS6 中使用这些快捷键，也可以根据自己的需要自定义快捷键。执行【编辑】|【快捷键】命令，弹出【快捷键】对话框，如图 2-11 所示，在该对话框中可以自定义相应的快捷键。

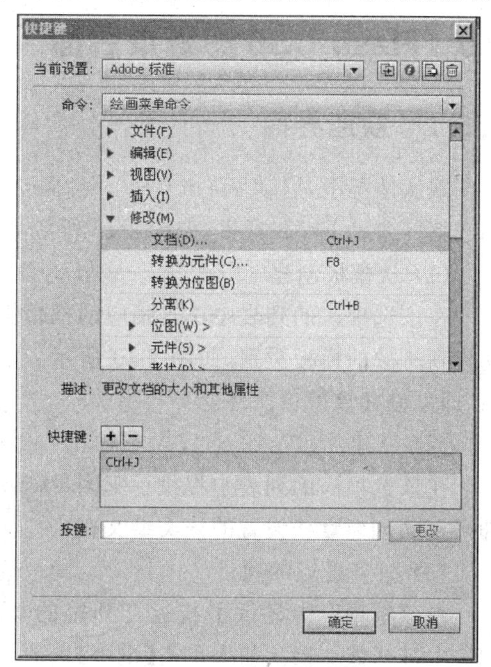

图 2-11 【快捷键】对话框

（1）当前设置

在该选项的下拉列表中提供了一系列预设的快捷键设置，默认选择【Adobe 标准】选项，使用 Adobe 系列软件标准的快捷键设置。

（2）操作按钮

①【直接复制设置】按钮：单击该按钮，可以直接复制当前的预设，并弹出对话框，在该对话框中可以对复制的预设进行命名。

②【重命名设置】按钮：单击该按钮，可以对当前选择的预设进行重命名。

③【将设置导出为 HTML】按钮：单击该按钮，可以将当前选择的预设导出为 HTML 表格的形式，可以在浏览器中打开该 HTML 文件，并打印快捷键以便参考。

④【删除设置】按钮：单击该按钮，可以删除快捷键预设，但不能删除当前使用的预设。

（3）命令

在该选项的下拉列表中可以选择需要编辑的快捷键的类别，选择相应的类别，在该选项下方的列表中将列出相应的选项。

（4）快捷键

在【命令】列表中选择某一个选项，在该选项中将显示该选项默认的快捷键，可以单击【添加快捷键】按钮，为所选中的选项添加相应的快捷键，也可以在列表中选择快捷键，单击【删除快捷键】按钮，删除所设置的快捷键。

（5）按键

该选项用于显示用户在添加或更改快捷键时输入的快捷键组合，单击【更改】按钮，可以将【按键】框中显示的按键组合添加到快捷键列表中，或将所选快捷键更改为指定的快捷键组合。

2.5 Flash CS6 的基本界面

2.5.1 欢迎界面

默认情况下，启动 Flash CS6 时会打开软件的欢迎界面，通过它可以快速创建 Flash 文档或打开各种 Flash 项目，如图 2-12 所示。

（1）从模板创建

在该选项区的列表中单击相应的模板类别选项，即可弹出【从模板创建】对话框，并自动切换到所选的模板类别，如图 2-13 所示，在【模板】列表中选择合适的模板，单击【确定】按钮，即可创建该模板文件。

（2）新建

在该选项区的列表中提供了 Flash CS6 所支持的所有文档类型，单击相应的文档类型即可自动创建默认设置的该类型文档。

（3）打开最近的项目

在该选项区中显示了最近打开过的 Flash 文档，单击相应的文档，即可快速在 Flash CS6 中打开该文档。如果单击【更多】选项，则会弹出【打开】对话框，可以在该对话框中浏览需要打开的 Flash 文档。

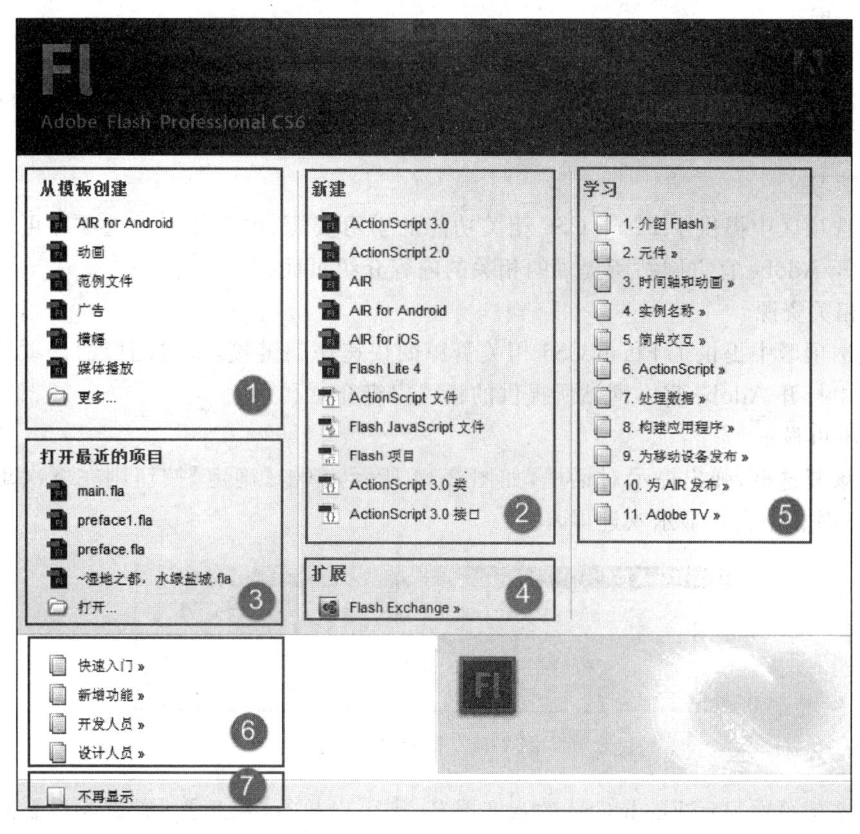

图 2-12 Flash CS6 欢迎界面

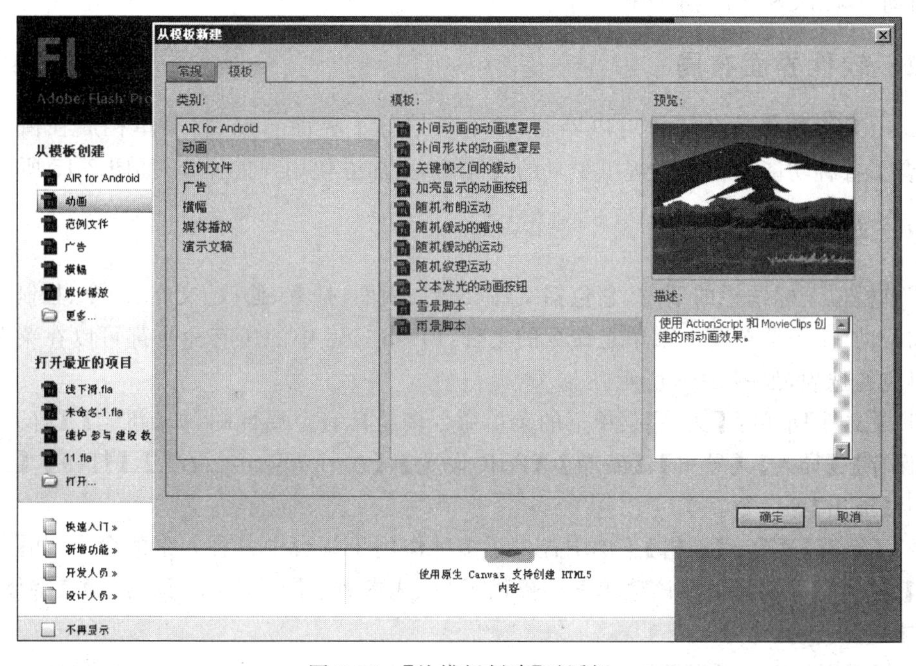

图 2-13 【从模板创建】对话框

(4) 扩展

在该选项区中提供了 Flash CS6 的扩展选项，单击 Flash Exchange 选项，将自动在浏览器窗口中打开 Adobe 官方网站的软件扩展页面，在该扩展页面中可以查找需要的扩展功能，并进行下载及安装。

(5) 学习

在该选项区中提供了 Flash CS6 相关功能的学习资源，单击相应的选项即可在浏览器窗口中打开 Adobe 官方网站所提供的相关的内容介绍页面。

(6) 相关资源

在该选项区中提供了 Flash CS6 相关资源的快速访问链接，单击相应的选项即可在浏览器窗口中打开 Adobe 官方网站所提供的相关内容介绍。

(7) 不再显示

勾选该复选框，弹出提示对话框，如图 2-14 所示，单击【确定】按钮则在下次重新启动 Flash CS6 时将不会再显示欢迎屏幕。

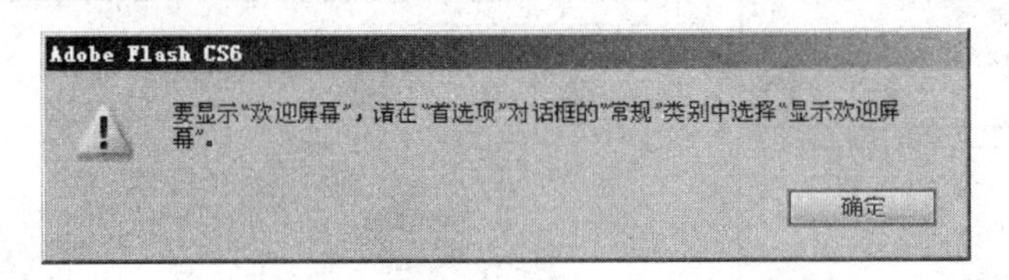

图 2-14　提示对话框

如果希望再次显示 Flash CS6 的欢迎屏幕，则可以执行【编辑】|【首选参数】命令，弹出【首选参数】对话框，在【启动时】下拉列表中选择【欢迎屏幕】选项，单击【确定】按钮，即可在再次启动 Flash CS6 时显示欢迎屏幕。

2.5.2　软件界面布局

Flash CS6 提供了全新的用户界面，并重新划分了界面布局，将菜单栏放在窗口栏之上，整合了各种功能面板并改进了工具的交互性，更加方便用户的操作，如图 2-15 所示。

2.5.3　菜单栏

菜单栏位于标题栏的下方，它包括文件、编辑、视图、插入、修改、文本、命令、控制、调试、窗口和帮助 11 个菜单项。菜单是命令的集合，Flash CS6 中的所有命令都可以在菜单栏中找到对应的选项，如图 2-16 所示。

(1)【文件】菜单：【文件】菜单下的菜单命令多是具有全局性的，如【新建】、【打开】、【关闭】、【保存】、【导入】、【导出】、【发布】、【AIR 设置】、【ActionScript 设置】、【打印】、【页面设置】以及【退出】等命令。

(2)【编辑】菜单：【编辑】菜单中提供了多种作用于舞台中各种元素的命令，如【复制】、【粘贴】、【剪切】等。另外在该菜单下还提供了【首选参数】、【自定义工具面板】、【字体映射】及【快捷键】的设置命令。

(3)【视图】菜单：【视图】菜单中提供了用于调整 Flash 整个编辑环境的视图命令，如【放大】、【缩小】、【标尺】、【网格】等命令。

图 2-15　Flash CS6 用户界面

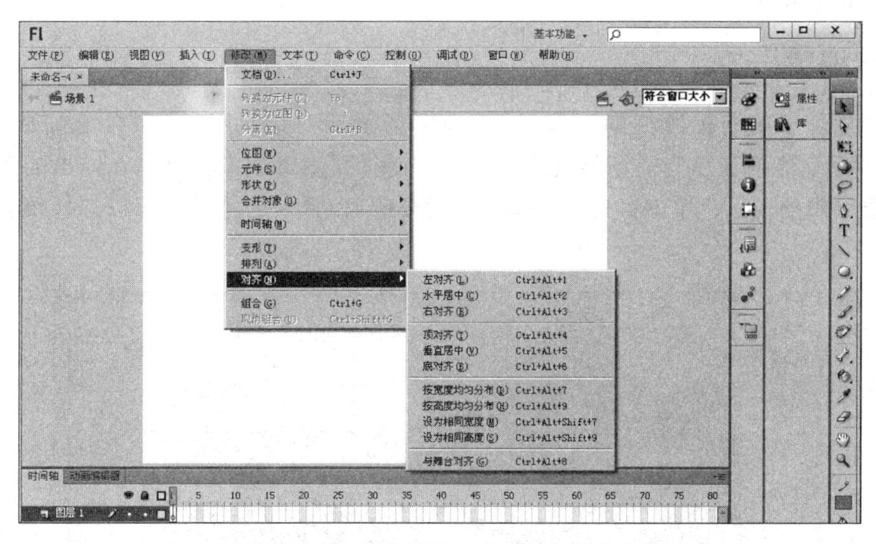

图 2-16　打开菜单项可获得对应的命令

(4)【插入】菜单：【插入】菜单中提供了针对整个文档的操作，例如在文档中新建元件、场景，在“时间轴”中插入补间、层或帧等。

(5)【修改】菜单：【修改】菜单中包括一系列对舞台中元素的修改命令，如【转换为元件】、【变形】等，还包括对文档的修改等命令。

(6)【文本】菜单：在【文本】菜单中可以执行与文本相关的命令，如设置【字体】、【样式】、【大小】、【字母间距】等。

(7)【命令】菜单：Flash CS6 允许用户使用 JSFL 文件创建自己的命令，在【命令】菜单中可运行、管理这些命令或使用 Flash 默认提供的命令。

(8)【控制】菜单：在【控制】菜单中可以选择【测试影片】或【测试场景】，还可以设置影片测试的环境，例如用户可以选择在桌面或移动设备中测试影片。

(9)【调试】菜单：【调试】菜单中提供了影片调试的相关命令，如设置影片调试的环境等。

(10)【窗口】菜单：【窗口】菜单中主要集合了 Flash 中的面板激活命令，选择一个要激活的面板的名称即可打开该面板。

(11)【帮助】菜单：【帮助】菜单中含有 Flash 官方帮助文档，也可以选择【关于 Adobe Flash Professional】来了解当前 Flash 的版权信息。

2.5.4 【文档窗口】选项卡

在【文档窗口】选项卡中可显示文档名称，当用户对文档进行修改而未保存时，则会显示 * 号作为标记。如果在 Flash CS6 软件中同时打开了多个 Flash 文档，可以单击相应的文档窗口选项卡，进行当前文档的切换。

2.5.5 搜索框

该选项提供了对 Flash 中功能选项的搜索功能，在该文本框中输入需要搜索的内容，再按 Enter 键即可。

2.5.6 编辑栏

编辑栏位于文档标题栏的下方，用于编辑场景和对象，并更改舞台的缩放比例，如图 2-17 所示。左侧显示当前场景或元件，单击右侧的【编辑场景】按钮，在弹出的菜单中可以选择要编辑的场景。单击旁边的【编辑元件】按钮，在弹出的菜单中可以选择要切换编辑的元件。

图 2-17　编辑栏(场景切换器、对象选择器、显示比例)

如果希望在 Flash 工作界面中设置显示或隐藏该栏，则可以执行【窗口】|【工具栏】|【编辑栏】命令，即可在 Flash CS6 工作界面中设置显示或隐藏该栏。

2.5.7 工具箱

工具箱默认位于 Flash CS6 主界面的右侧，是常用工具的集合。工具箱中的工具可分为选取工具、绘图工具、填充工具、辅助工具等几类，要选用这些工具，只需单击相应的工具按钮。长按右下角带有黑色小三角形工具图标按钮，可展开详细工具分类，如图 2-18 所示。

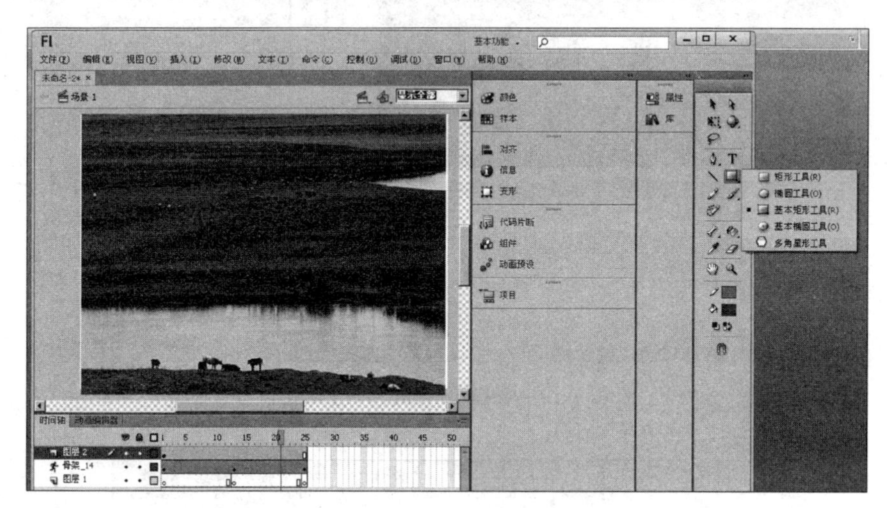

图 2-18 工具箱及展开的工具选项

工具箱提供了 Flash 中所有的操作工具，如笔触颜色和填充颜色，以及工具的相应设置选项，通过这些工具可以在 Flash 中进行绘图、调整等相应的操作。

2.5.8 属性面板

【属性】面板位于操作界面的右方，根据所选择的动画元件、对象或帧等对象的不同，会显示相应的属性设置内容。例如需要设置时间轴上某帧的属性时，可以单击选择该帧，然后在【属性】面板中设置其不同属性。图 2-19 展示了选择时间轴上的帧的【属性】面板。

2.5.9 时间轴面板

【时间轴】面板也是 Flash CS6 工作界面中的浮动面板之一，是 Flash 制作中操作最为频繁的面板之一，几乎所有的动画都需要在【时间轴】面板中进行制作。时间轴面板位于 Flash CS6 操作界面的下方，用于组织和控制图层和帧格(简称“帧”)。动画中的各个帧在时间轴中按照时间先后顺序进行排列，动画中的各个图层也以一定的顺序显示在时间轴中。在时间轴中对图层和帧进行调整，可以直观、方便地控制影片内容和动画播放的顺序。

时间轴用于组织和控制 Flash 动画内容在一定时间内播放的图层数和帧数。与电影胶片一样，Flash 文件也将时长分为帧。图层就像是堆叠在一起的多张透明的幻灯片，每个图层都包含一个或多个显示在舞台中的不同对象。时间轴的主要组件就是图层、帧和播放头，图 2-20 展示了【时间轴】面板。

图 2-19　选择帧后的【属性】面板

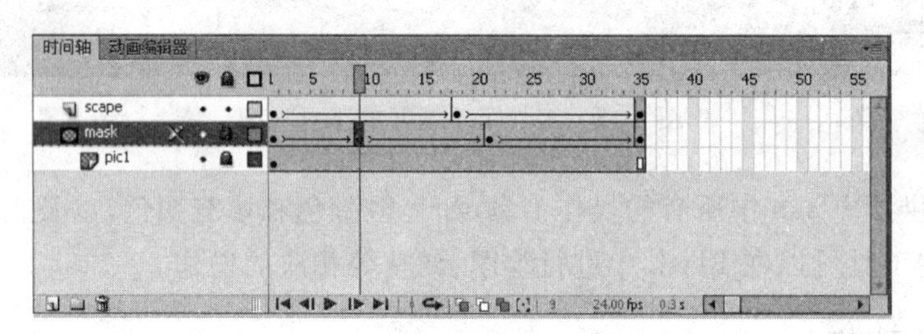

图 2-20　【时间轴】面板

文档中的图层列在【时间轴】面板左侧的列中，每个图层中包含的帧显示在该图层名右侧的一行中。【时间轴】面板顶部的时间轴标题指示帧编号，播放头指示当前在舞台中显示的帧。播放 Flash 文件时，播放头从左向右通过时间轴顺序播放。

时间轴状态显示在【时间轴】面板的底部，可以显示当前帧频、帧速率，以及到当前帧为止的运行时间。在播放 Flash 动画时，将显示实际的帧频。如果计算机运行速度慢，该帧频可能与文档的帧频设置不一致。

如果需要更改时间轴中的帧显示状态，可以单击【时间轴】面板右上角的三角形按钮，弹出【时间轴】面板的下拉菜单，如图 2-21 所示。

通过该下拉菜单，用户可以更改帧单元格的宽度和减小帧单元格行的高度。如果需要打开或关闭用彩色显示帧顺序，可以选择【彩色显示帧】命令。

如果需要更改【时间轴】面板中的图层高度，可以双击【时间轴】中图层的图标，或者在图层名称上单击鼠标右键，在弹出的菜单中选择【属性】选项，在弹出的【图层属性】对话框中对【图层高度】进行设置，再单击【确定】按钮，如图 2-22 所示。

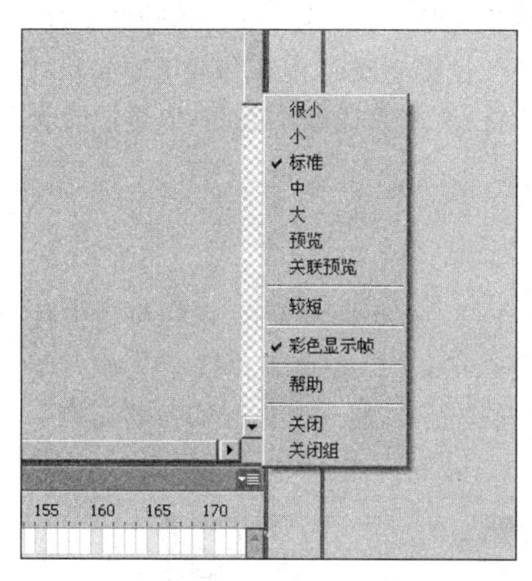

图 2-21 【时间轴】面板的下拉菜单

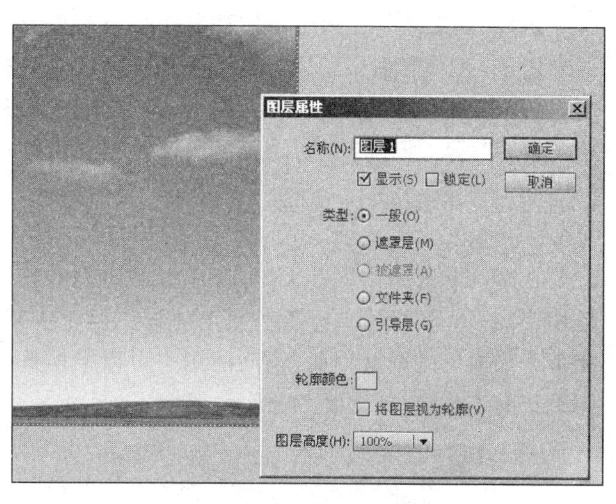

图 2-22 【图层属性】对话框

2.5.10 舞台和工作区

舞台是 Flash 中最主要的可编辑区域，是用户编辑和修改动画的主要场所，可以在舞台中绘制和创建各种动画对象，或者导入外部图形文件进行编辑。生成动画文件（SWF）后，除了舞台中的对象外，其他区域的对象不会在播放时出现。

工作区是菜单栏下方的全部操作区域。工作区包含了舞台和各个面板，以及文档窗口背景区。文档窗口背景区就是舞台以外的灰色区域，用户可以在这个区域处理动画对象，不过除非在某个特定时刻进入舞台，否则工作区的对象不会在播放影片时出现。

Flash CS6 的舞台和工作区如图 2-23 所示。

图 2-23 Flash CS6 的舞台和工作区

舞台是用户在创建 Flash 文件时放置图形内容的区域，这些图形内容包括矢量插图、位图、文本框、按钮、导入的音频或者视频等（导入音频文件时只能在时间轴中显示，舞台上并无显示)。如果需要在舞台中定位某个项目对象,可以借助网格、辅助线和标尺等辅助工具。

Flash 工作界面中的舞台相当于 Flash Player 或 Web 浏览器窗口中在播放 Flash 动画时显示 Flash 文件的矩形空间,在 Flash 工作界面中可以任意放大或缩小视图,以更改舞台中的视图显示,便于用户对动画的整体观察和掌控。

2.5.11 工作区切换器

在默认状态下,Flash CS6 以基本功能模式显示工作区,在此工作区下,用户可以方便地使用到 Flash 的基本功能来创作动画。但对于某些复杂的设计,在此工作区下工作并不能带来最大的效率。因此,不同的用户可以根据自己的操作需要,通过工作区切换器切换不同模式的工作区,如图 2-24 所示。

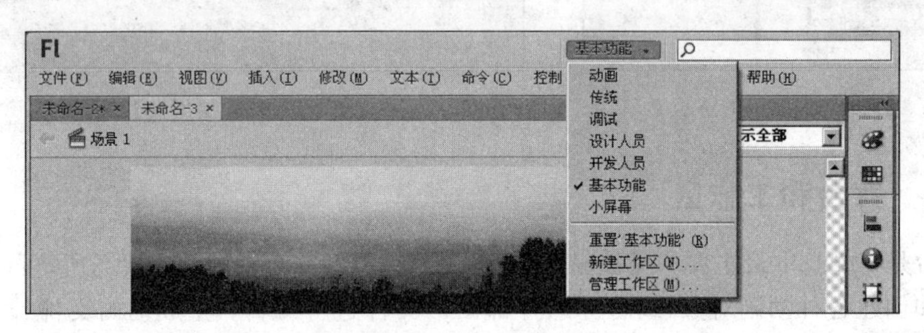

图 2-24 工作区切换器

Flash CS6 提供了多种软件工作区预设,在该选项的下拉列表中可以选择相应的工作区预设,如图 2-24 所示,选择不同的选项,即可将 Flash CS6 的工作区更改为所选择的工作区预设外观。在列表的最后提供了【重置'基本功能'】、【新建工作区】、【管理工作区】三种功能,【重置'基本功能'】用于恢复工作区的默认状态,【新建工作区】用于创建个人喜好的工作区配置,【管理工作区】用于管理个人创建的工作区配置,并可执行重命名或删除操作,如图 2-25 所示。

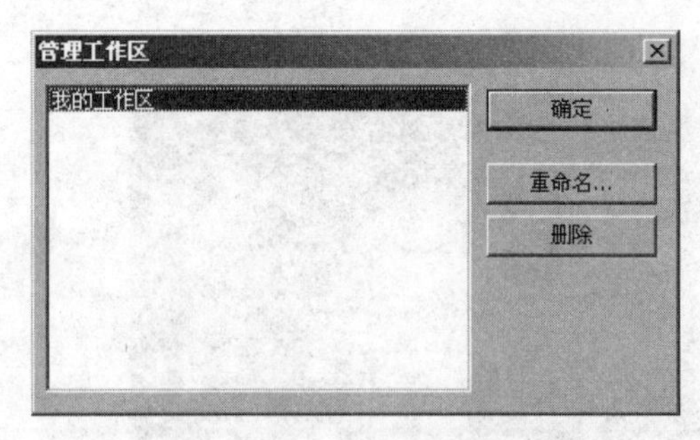

图 2-25 【管理工作区】对话框

2.6 Flash 动画的一般制作流程

要制作出优秀的 Flash 动画,需要经过很多的制作环节,其中的每一个环节都直接影响作品的最终质量。Flash 动画制作的一般流程大致可分为主题策划、素材搜集、动画制作、优化与调试、测试与发布几个步骤。

2.6.1 主题策划

在制作 Flash 动画之前，首先应确定动画的主题，它是动画内容的集中体现和概括，在整个动画制作过程中处于统帅和主导地位。所谓主题策划，是指要明确制作动画的目的、要制作什么样的动画、通过这个动画要达到什么样的效果、动画的风格是怎样的，以及要通过什么样的形式将它表现出来等。在明确了制作目的之后，就需要为整个动画作初步的策划。

对于 Flash 动画的初步策划一般包括对动画剧情、各个动画分镜头的表现手法、动画片段的衔接以及动画中出现的人物、背景和音乐等的设计。

2.6.2 素材搜集

在对动画主题进行初步的策划后，就可以开始对动画中可能用到的素材进行搜集。在搜集时应注意有针对性、有目的性地搜集素材。搜集素材最重要的一点就是应根据动画策划时所拟定好的素材类型进行搜集，这样不但能节约时间和精力，还能有效地缩短动画的制作周期。搜集动画素材的途径有网络收集、手动绘制和在日常生活中获取三种方法。

2.6.3 动画制作

在拥有独到的动画构思、精美的动画素材之后，动画的最终品质将在很大程度上取决于动画的制作过程。制作动画是 Flash 动画作品制作过程中最关键的一步，是指利用所搜集的动画素材来表现动画策划中各个项目的具体实现过程。

2.6.4 优化与调试

在下载和播放 Flash 动画时，如果速度很慢，容易产生停顿，这说明 Flash 动画文件很大。为了减少 Flash 动画的占用空间、加快动画的下载速度，可以对动画文件进行优化。优化动画主要包括在动画制作过程中的优化、对元素的优化和对文本的优化等。

将动画中相同的对象转换为元件，只保存一次，以后可以使用多次，这样可以很好地减少动画的数据量。制作动画时最好减少逐帧动画的使用数量，并尽量使用补间动画类型。如在制作类似的动画效果时，补间动画相对于逐帧动画的体积要小得多。

2.6.5 测试与发布

在动画完成之前，还需要对动画的效果、品质等进行最后检测。因为 Flash 动画的播放是通过计算机对动画中的各个矢量图形、元件的实时运算来实现的，所以动画播放的效果很大程度上取决于计算机的软硬件配置。

发布动画是 Flash 动画制作过程中的最后一步，用户可以对动画的生成格式、画面品质和声音效果等进行设置。在动画发布时的设置将最终影响到动画文件的格式、文件大小以及动画在网络中的传输速率。

在测试时应注意，应尽可能多地在不同型号、不同配置的计算机上测试动画。然后根据测试的结果进行调整和修改，以使动画在较低配置的计算机上也能取得很好的播放效果。

2.7 本章小结

本章用比较详尽的图文介绍了 Flash CS6 的新增和增强功能、不同的系统平台操作环境、基本的参数设置、基本界面组成和主要的菜单命令等知识内容，使读者对 Flash CS6 有一个初步的感性认识。其实无论是对于哪种应用软件，作为使用者不必掌握其全部的菜单命令和功能设置，但是对主要的功能和应用要烂熟于心，这样在今后的使用过程中才能事半功倍、举一反三。

Chapter 3

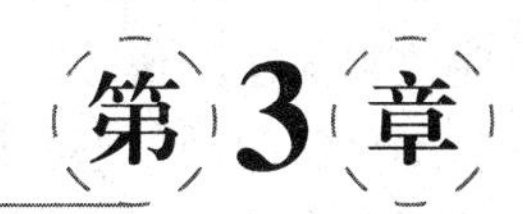

图形绘制与图像处理

本章学习目标

- 了解 Flash 的图形格式
- 掌握矢量图形绘制工具的使用方法
- 掌握填充图形工具的使用方法
- 熟练应用图形编辑工具进行图形编辑
- 能够综合应用各工具进行图形绘制与编辑

Flash CS6 是基于矢量图形的动画制作软件,具有强大的矢量图绘制与编辑功能。在 Flash CS6 中提供了一系列的矢量图形绘制工具,使用这些工具,就可以绘制出所需的各种矢量图形,并将绘制的矢量图形应用到动画制作中。

本章介绍 Flash CS6 工具箱中的各种工具的使用方法及各项属性的设置方法。通过本章的学习,读者可以全面了解 Flash CS6 中各种常用工具的功能,并熟练使用这些工具绘制各种各样的矢量图形以及对图形进行编辑、修饰等。

3.1 Flash 的图形格式

计算机中显示的图形一般可以分为两大类,即矢量图和位图。矢量图使用直线和曲线来描述图形,这些图形的元素是一些点、线、矩形、多边形、圆和弧线等,它们都是通过数学公式计算获得的。利用 Flash CS6 绘制工具所绘制的图形就是矢量图。

3.1.1 位图

位图是计算机根据图像中每一点(像素)的信息所生成的,要存储和显示位图就需要对每一个点的信息进行处理,所以位图又称为点阵图、像素图或栅格图像。位图的色彩丰富,主要用于对色彩丰富程度或真实感要求比较高的图像文件,其特点是善于表现颜色的细微层次,能够很细腻地表达图像的效果。位图文件大小与图形尺寸有直接的关系,不能任意放大或减少文件分辨率与尺寸,否则会影响图像质量,如果将位图文件进行任意放大,就会出现马赛克现象,即所谓的图像失真,如图 3-1 所示。

3.1.2 矢量图

矢量图形是计算机根据矢量数据计算后所生成的,它用包含颜色和位置属性的直线或曲线来描述图像，所以计算机在存储和显示矢量图时只需记录图形的边线位置和边线之间的颜色这两种信息。矢量图的特点是占用的存储空间非常小，而且矢量图无论放大多少倍都不会失真，如图 3-2 所示，它的文件大小与图形尺寸无关，但是图形的复杂程度直接影响着矢量图文件的大小。

图 3-1 位图放大情况

图 3-2 矢量图放大情况

3.2 矢量图形绘制工具

Flash CS6 中提供了 6 种矢量图形绘制工具，分别为线条工具、钢笔工具、铅笔工具、椭圆工具、矩形工具和文本工具。各工具及相关功能如表 3-1 所示。

表 3-1 各图形绘制工具介绍

工 具	名 称	快捷键	功 能
	线条工具	N	用于绘制各种长度和角度的直线
	钢笔工具	P	用于绘制精确、光滑的曲线，调整曲线曲率等
	铅笔工具	Y	绘制不规则的曲线或直线
	椭圆工具	O	绘制椭圆或正圆的矢量图形
	矩形工具	R	绘制矩形、正方形和多边形的矢量色块或图形
	文本工具	T	进行静态文本、动态文本或输入文本的编辑

3.2.1 线条工具

线条作为重要的视觉元素，在用 Flash CS6 绘制图形时，发挥着非常重要的作用，而且弧线、曲线和不规则线条能表现出轻盈、生动的画面。

单击【线条工具】按钮，在工作区中拖动鼠标即可绘制直线。如果要绘制水平、垂直或者 45°的直线，可在按住 Shift 键的同时，进行线条工具的拖动绘制。

当单击【线条工具】或选中一个已经绘制好的线条后，就可在工作区出现线条的【属性】

面板，如图 3-3 所示，使用属性面板可以对直线的一些属性进行设置，例如笔触大小、颜色、样式、缩放等。在设置直线的属性时，可以在选择线条工具后，直接在属性面板中设置线条的相关属性；也可以在绘制完直线后，再设置直线的属性。

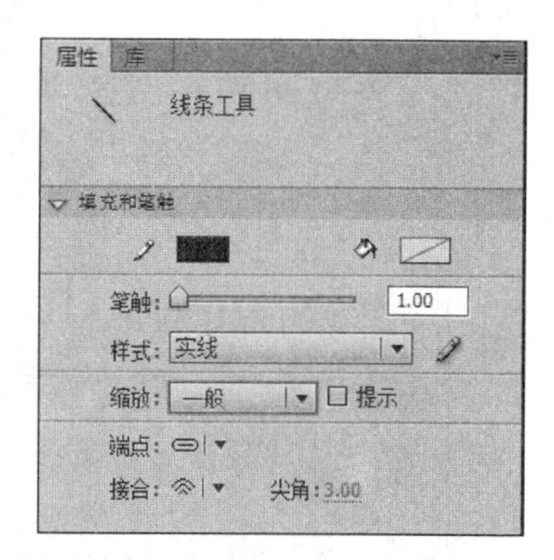

图 3-3 线条工具【属性】面板

【属性】面板中各主要选项的含义如下。

(1) 填充和笔触：单击色块，在弹出的颜色面板中可以选择相应的颜色，如果预设的颜色不能满足用户的需求，可以通过单击颜色面板右上角的按钮，弹出【颜色】对话框，在其中对【笔触颜色】进行详细设置，如图 3-4 和图 3-5 所示。

(2) 笔触：设置所绘制线条的粗细度，可以直接在文本框中输入笔触的高度值，也可以拖曳笔触滑块来设置笔触高度。

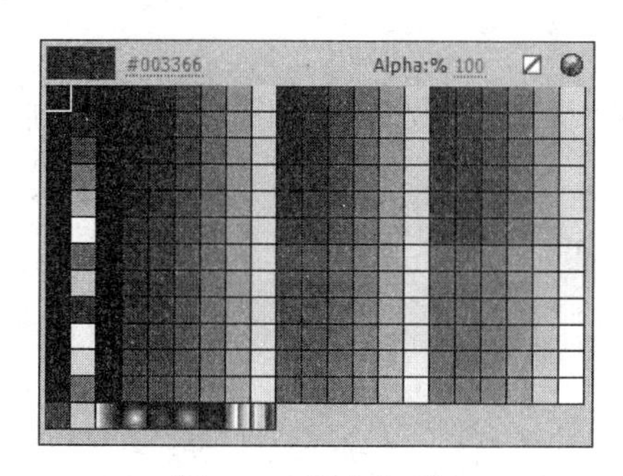

图 3-4 【颜色】面板

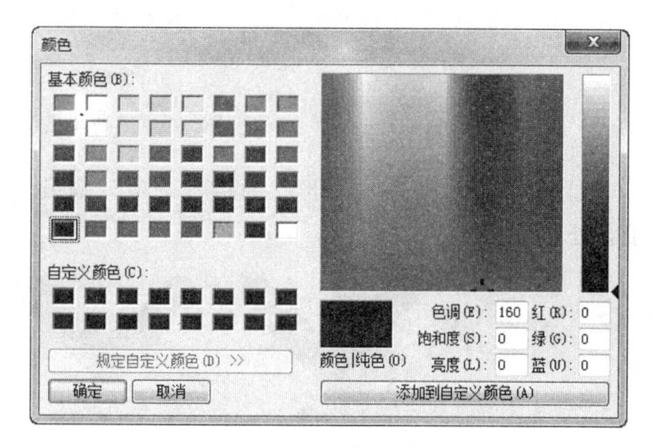

图 3-5 【颜色】对话框

(3) 样式：单击右侧的下拉按钮，可以在弹出的列表框中选择绘制的线条样式，系统内置了一些常用的线条类型，如图 3-6 所示。如果系统提供的样式不能满足需要，则可单击右侧的【编辑笔触样式】按钮，在弹出的【笔触样式】对话框中对选择的线条类型的属性进行相应的设置，如图 3-7 所示。

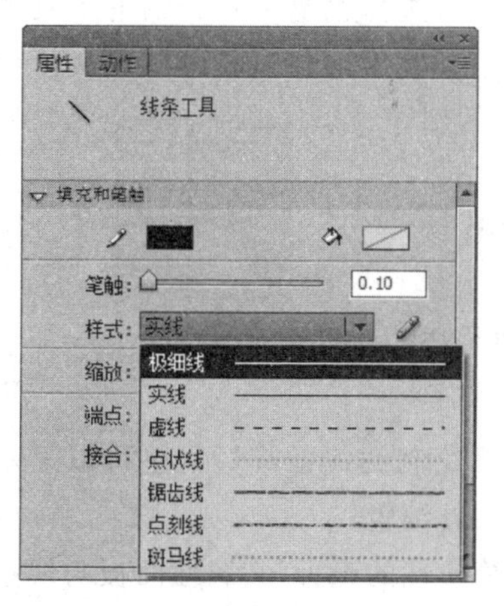

图 3-6 线条样式列表

线条样式中包含了极细样式，极细线条在任何比例的放大情况下，它的显示尺寸都保持不变。

(4) 端点及接合：设置多种线条和接合处的端点形状。端点分“圆角”、“方形”和“无”三种样式，接合有“尖角”、“圆角”、“斜角”三种样式，如图 3-8 所示。

如图 3-9 所示，三条属性相同的水平线段，分别设置端点形态选项为“无”、“圆角”和“方形”，似乎“无”和“方形”的外观形态并无分别，单击工具箱【部分选取工具】按钮框选三条线段，这时可以看出二者的区别，线段两端绿色锚点的位置是不一样的。

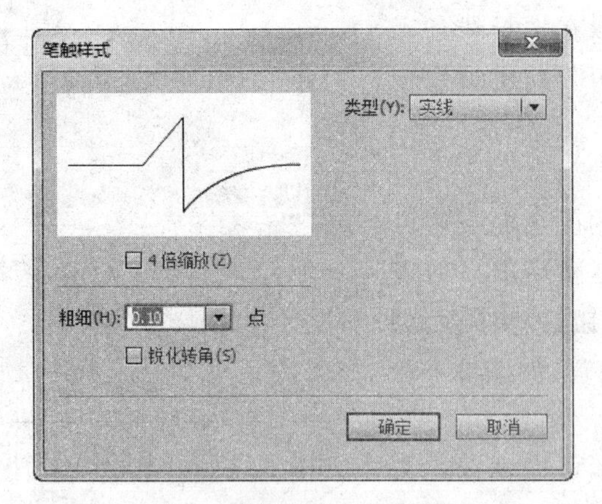

图 3-7 【笔触样式】对话框

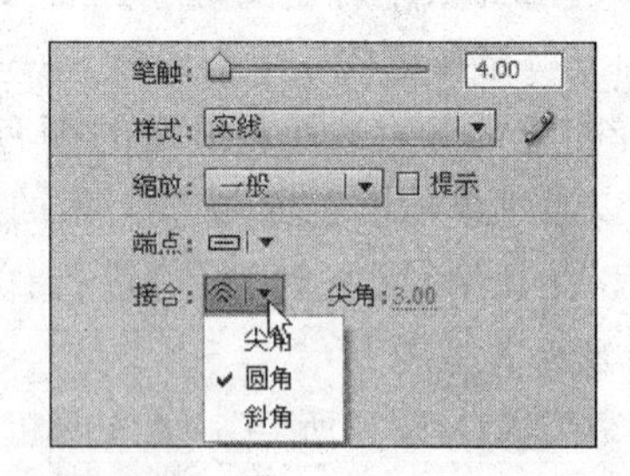

图 3-8 选择接合类型

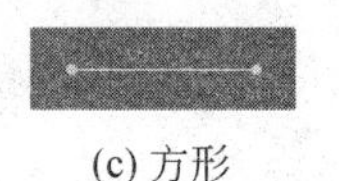

(a) 无 (b) 圆角 (c) 方形

图 3-9 三种端点形态

如图 3-10 所示,将同一形状的接合选项分别设置为“尖角”、“圆角”、“斜角”,可以看到接合处非常明显效果。

(a) 尖角 (b) 圆角 (c) 斜角

图 3-10 三种接合效果

3.2.2 钢笔工具

单击工具箱中的【钢笔工具】按钮,如图 3-11 所示,便可选择钢笔工具。钢笔工具可以绘制任意形状的图形及矢量线条,也可作为选取工具使用。使用这些路径可以定义可调整的直线段或曲线段,而且直线段的角度和长度与曲线段的斜度和长度,都可进行调整。

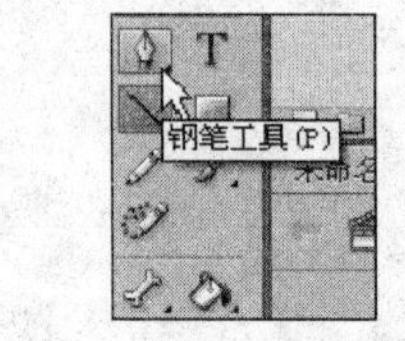

图 3-11 【钢笔工具】按钮

要使用钢笔工具绘制一系列直线段,只需移动光标并连续单击,每一次单击操作都会定义线条的端点。要使用钢笔工具绘制曲线段,只需单击并拖动,拖动的距离和方向决定了曲线段的斜度和形状。通过调整直线段和曲线段的锚点和切线手柄,可以对其进行修改和编辑。此外,使用其他 Flash 绘图工具绘制的线条或形状也可以显示为路径(线条上的点),并且可以使用钢笔工具或部分选取工具编辑。

利用钢笔工具绘制线条时同样可以先进行笔触、样式等属性的设置,其属性面板与线条工具的相仿。

例如使用钢笔工具绘制一条直线段的方法如下。

在舞台上单击,确定图形的起始点,将鼠标移到舞台中的其他位置并单击,确定图形的另一点,在这两点之间便会出现一条直线,如图 3-12 所示。

在舞台上的其他位置继续单击,确定另一条线的终点位置,便会在这两点之间出现一条直线,如图 3-13 所示。

以上操作是在舞台中绘制直线,下面介绍在舞台中绘制曲线的方法。在舞台中的其他位置按住鼠标左键并拖动便会出现控制柄,通过调整控制柄,可以调整出一条曲线,如图 3-14 所示。

图 3-12 绘制直线

图 3-13 绘制另一条直线

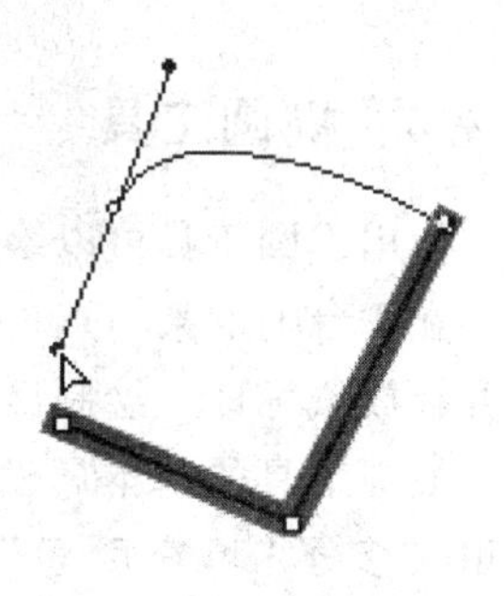

图 3-14 绘制曲线

在舞台中的其他位置单击并按住鼠标左键拖动,可以继续绘制直线或者曲线,如图 3-15 所示。在舞台中双击,完成图形的绘制操作,如图 3-16 所示。如果在图形的起始位置双击,可以绘制一个有填充色的封闭图形,如图 3-17 所示。

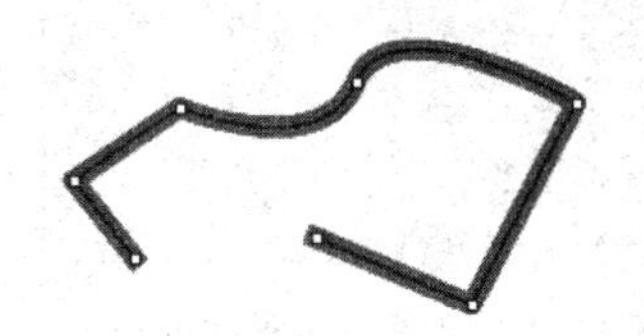

图 3-15 绘制线段

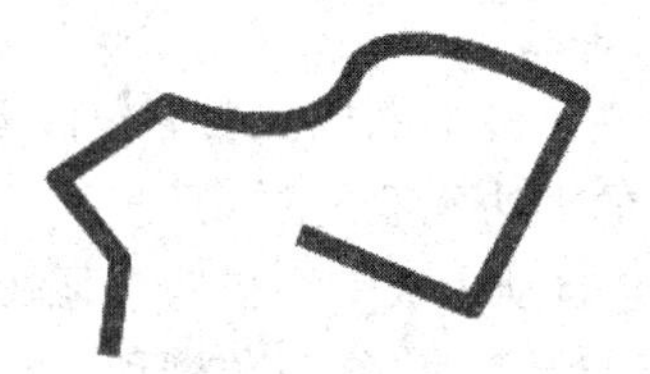

图 3-16 双击鼠标后效果

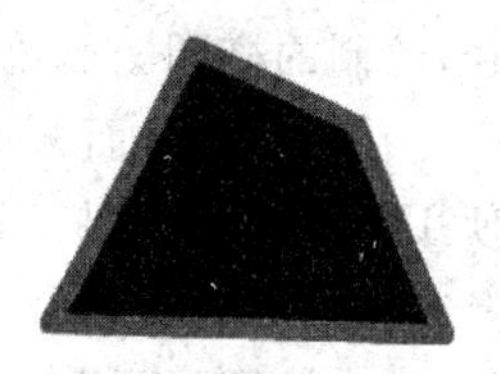

图 3-17 绘制封闭图形

3.2.3 铅笔工具

使用铅笔工具绘图和使用生活中的铅笔绘图非常相似,铅笔工具常用于在指定的场景中绘制线条和图形。使用铅笔工具不仅可以绘制不封闭的直线、竖线和曲线,而且还可以绘制各种规则和不规则的封闭图形。在应用铅笔工具进行绘图时,可以设置铅笔工具所绘线条的样式、颜色、粗细等属性,设置方法和线条工具相同,请参考线条工具属性设置。

应用铅笔工具时,还可以选取工具箱底部的【铅笔模式】按钮,即可以弹出绘图模式列表框,其中有以下三种模式。

(1) 伸直:主要进行形状识别,如果绘制出近似的正方形、圆、直线或曲线,Flash 将根据它的判断自动调整成相应的规则的几何形状。

(2) 平滑:对有锯齿的笔触进行平滑处理。

(3) 墨水:可以随意地绘制出各种线条,并且不会对笔触的大小进行任何修改。

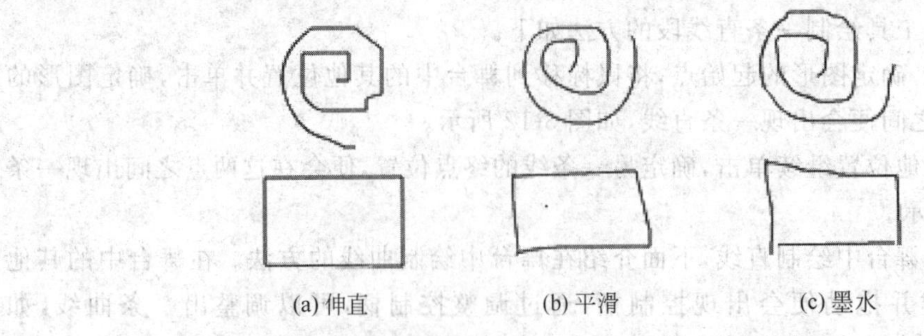

(a) 伸直　　(b) 平滑　　(c) 墨水

图 3-18　使用三种不同的铅笔模式绘制的线条

3.2.4　椭圆工具

使用椭圆工具可以绘制完全平滑的椭圆。利用椭圆工具在舞台上的某一点单击后拖动鼠标到舞台上的另一点并释放鼠标即可绘制出一个椭圆。

椭圆工具的基本属性项设置和线条工具的一样，但这里又多了“填充颜色”设置和“椭圆选项”设置，如图 3-19 所示。通过设置不同的属性项后，可绘制出不同效果的椭圆图形，如图 3-20 所示。利用椭圆工具在“非绘制对象”模式下所绘制的图形对象可以被拆分为两部分，即边框线和填充区。

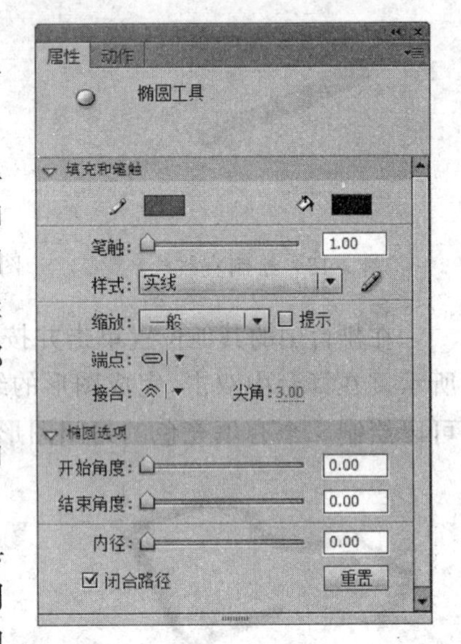

图 3-19　椭圆工具属性面板

通过设置【椭圆选项】中的开始角度、结束角度和内径，绘制的椭圆图形效果如图 3-21 所示。

在绘图工具面板中还有一个基本椭圆工具，该工具使用的方法和椭圆工具使用的方法完全一样，只是利用基本椭圆工具绘制出的图形会自动生成一个椭圆图元图形，选中该图形可以随时进行起始角度、结束角度和内径属性值的调整，但由椭圆工具所绘制的图形是不可以再改变这些值的。在两个工具的【属性】检查器中有一个【闭合路径】选项，默认情况下该选项为选中状态，以创建填充的形状，但是如果要创建轮廓形状或曲线，只需清除该复选框即可。

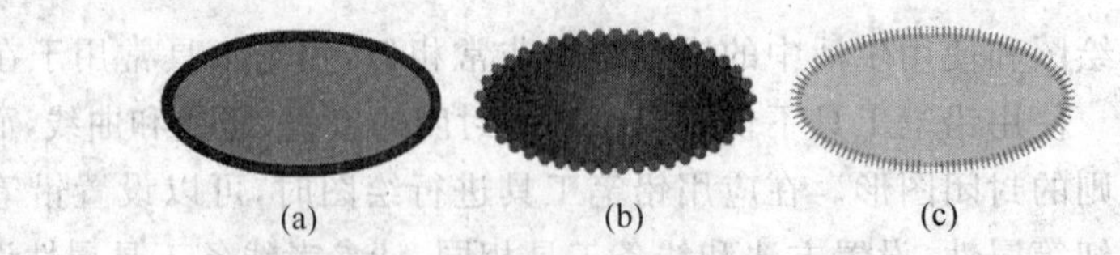

(a)　　(b)　　(c)

图 3-20　设置不同笔触、笔触颜色、填充颜色及不同线型样式后的图形效果

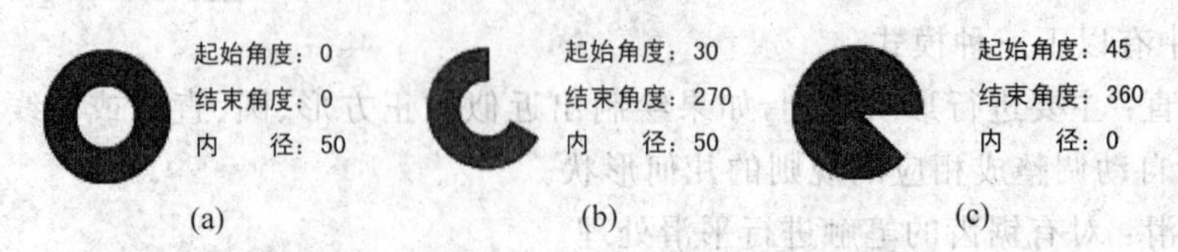

(a)　　(b)　　(c)

图 3-21　设置不同椭圆选项所绘制的图形效果

3.2.5 矩形工具

使用矩形工具可以绘制长方形和正方形图形。矩形工具的用法和椭圆工具的用法相同，只需选取该工具，在舞台上拖曳鼠标，确定矩形的轮廓后，释放鼠标即可。用户还可以通过矩形工具对应的【属性】面板设置矩形边框及填充区的相应属性。在矩形工具的【属性】面板里还有一个【矩形选项】的设置，该选项主要是用来设置矩形边角半径的，通过设置该值，可以得到不同边角半径效果的图形，如图 3-22 所示。

(a) 矩形选项：0 (b) 矩形选项：10 (c) 矩形选项：100 (d) 矩形选项：-10 (e) 矩形选项：-100

图 3-22 设置矩形选项的不同值后所绘制的图形效果

在绘图工具面板中还有一个基本矩形工具，该工具的使用方法和矩形工具的使用方法完全一样，只是利用基本矩形工具绘制出的图形会自动生成一个矩形图元图形，选中该图形可以重新进行边角半径值的设置。而利用矩形工具绘制的图形不可以再进行边角半径值的设置了。

当在【工具】面板中选中矩形工具后，按住 Alt 键并在舞台中单击，可打开【矩形设置】对话框，在这里可以设置所绘制矩形图形精确的宽度和高度，如图 3-23 所示。

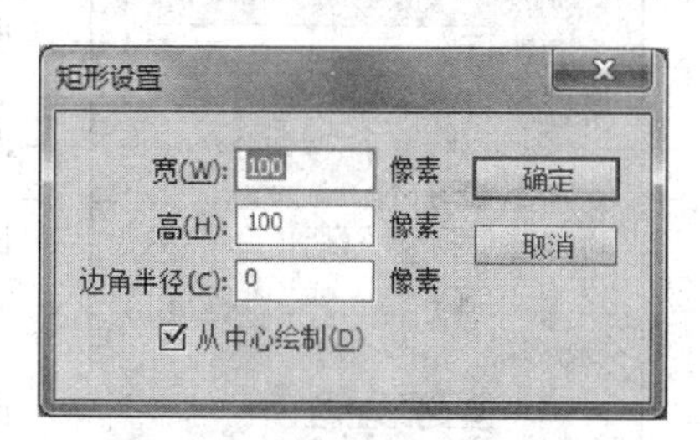

图 3-23 【矩形设置】对话框

绘图工具面板中的多角星形工具是用来绘制多边形或多角形图形的，其用法和矩形工具相同，只是在绘制图形之前，需要先单击【属性】面板中【选项】按钮，打开【工具设置】对话框，进行【样式】和【边数】的设置，如果样式为星形的话，还可以进行【星形顶点大小】的设置，如图 3-24 所示。图 3-25 为用多边形工具绘制的图形。

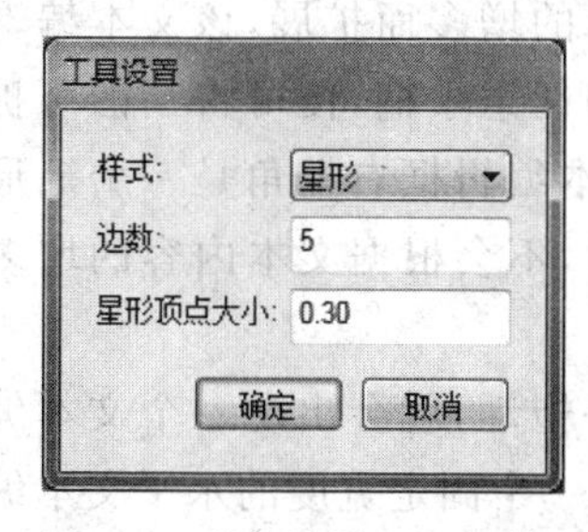

图 3-24 【工具设置】对话框

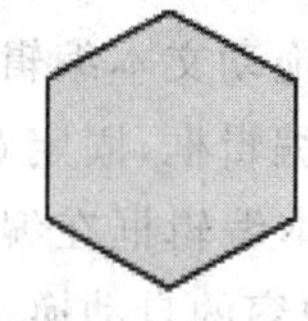

(a) 样式：多边形 边数：6

(b) 样式：星形 边数：5 顶点大小：0.5

(c) 样式：星形 边数：6 顶点大小：0.3

图 3-25 设置不同样式、边数及不同顶点大小后所绘制的图形

3.2.6 文本工具

使用文本工具可以创建文本框并输入和修改类型。在 Flash CS6 中,文本类型分为静态文本、动态文本和输入文本三类,所有文本字段都支持 Unicode。当在 Flash 中第一次创建文本框时,默认的文本类型是静态文本,但是随时可以在【属性】检查器中设定不同的文本类型。

(1) 静态文本:静态文本是 Flash 在运行时不会动态更改字符的文本。静态文本只能通过 Flash 文字工具来创建,用户无法使用 ActionScript 创建静态文本实例,但是可以操作现有的静态文本实例,默认情况下,使用文本工具创建的文本为静态文本。

(2) 动态文本:动态文本是 Flash 在运行时可以动态更改显示的文本,这些文本可以是从数据源生成的,也可以是动态更新的文本,如天气信息或比赛得分等文本的显示。

(3) 输入文本:输入文本是指 Flash 在运行过程中,用户进行输入而创建的文本,或者是用户可以编辑的动态文本。输入文本可以将文本输入到表单或数据库中,其格式可以通过设置样式表来设置。

图 3-26 显示的是文本工具的【属性】面板及其常用属性项。

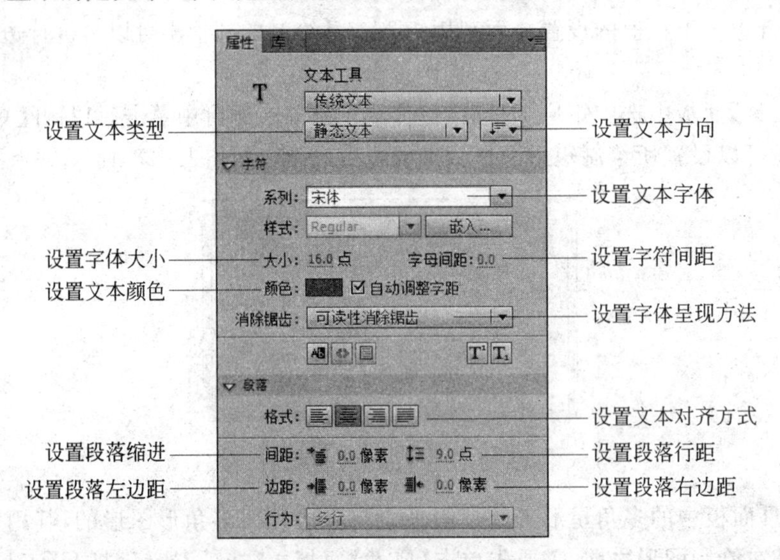

图 3-26 文本工具的【属性】面板

选中文本工具在舞台编辑区单击一下,便会出现一个文本编辑框,默认情况下为横向扩展文本编辑框,即当输入文本时,文本框的大小会根据文本编辑的增多而扩展,该文本编辑框的右上角是一个圆形手柄符号。如果拖动文本编辑框四周的任意手柄,便可将当前可扩展的文本编辑框转换为固定宽度的文本编辑框,固定宽度的文本编辑框右上角是一个矩形手柄符号,如图 3-27 所示。固定宽度文本编辑框在编辑文本时,不会根据文本内容的增多进行扩展文本框的宽度,而会实现文本内容的自动换行操作。

如果将文本工具在舞台编辑区按下鼠标不放直接进行水平拖动,就会出现一个文本编辑区域,待区域达到想要的宽度时释放鼠标,此时便会直接创建一个固定宽度的水平文本编辑框。如果想将该固定文本编辑框转换为可扩展的文本编辑框,只需双击右上方的矩形手柄图标即可。

(a) 编辑框扩展文本

(b) 固定宽度文本编辑框

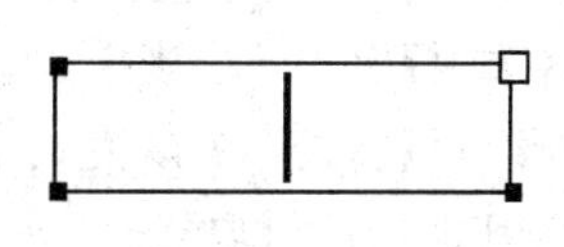

(c) 空的固定宽度文本编辑框

图 3-27　各静态文本框的手柄图标

默认情况下，所编辑的文本类型是静态文本，如果想更改文本类型，可直接更改属性检查器中的文本类型。

3.3　填充图形的工具

利用 Flash 绘图工具所绘制的矢量图形，其颜色设置包括两部分，分别为外部轮廓(即笔触)色和内部填充色。一般来说，对矢量图形填充颜色的设置可以借助于颜色工具栏或者属性面板中的调色板直接进行，在进行填充颜色时可以选用不同的填充图形工具进行填充。Flash CS6 中提供了 5 种填充图形的工具，分别为刷子工具、墨水瓶工具、颜料桶工具、渐变变形工具及滴管工具。

各工具及相关功能如表 3-2 所示。

表 3-2　各填充图形工具介绍

工具	名　称	快捷键	功　能
	刷子工具	B	绘制任意形状的色块矢量图形
	墨水瓶工具	S	改变矢量线段、曲线以及图形轮廓属性
	颜料桶工具	K	改变内部填充区域的颜色属性
	渐变变形工具	F	改变位图或渐变的形状填充
	滴管工具	I	将舞台中已有对象颜色属性赋予当前绘图工具

3.3.1　刷子工具

刷子工具能绘制出笔刷般的笔触，就好像在涂色一样，它有 5 种绘画模式，在应用时可以实现很多有用的效果。单击【刷子工具】按钮，使它处于选中状态，在工具栏中便会出现【刷子模式】、【刷子大小】和【刷子形状】等对象，如图 3-28 所示。

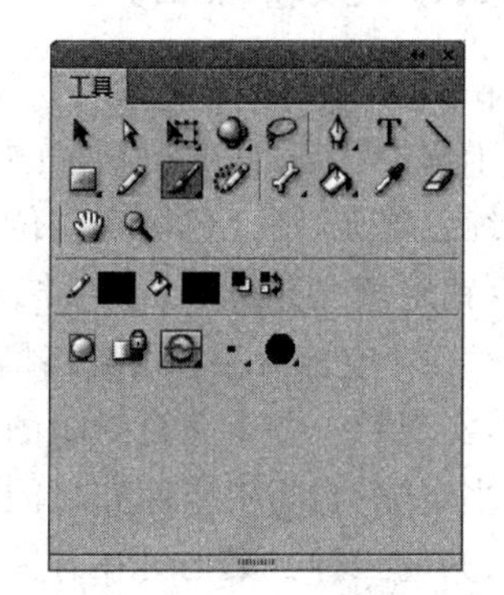

图 3-28　【刷子工具】及其选项

1. 刷子模式

(1)【标准绘画】模式：在该模式下，使用刷子工具绘制的图形位于所有其他对象之上。

(2)【颜料填充】模式：在该模式下，使用刷子工具绘制的图形只覆盖填充图形和背景，而不覆盖线条。

(3)【后面绘画】模式：在该模式下，使用刷子工具绘制的图形只覆盖舞台背景,而不覆盖线条和其他填充。

(4)【颜料选项】模式:在该模式下,使用刷子工具绘制的图形只覆盖选定的填充。

(5)【内部绘画】模式:在该模式下,使用刷子工具绘制的图形只作用于下笔处的填充区域,而不覆盖其他任何对象。

2. 刷子大小和刷子形状

【刷子大小】和【刷子形状】如图 3-29 所示。可以看出刷子从小到大共 8 种,可根据需要进行选择。刷子形状共有 9 种,不同形状的笔刷可绘制不同的对象。

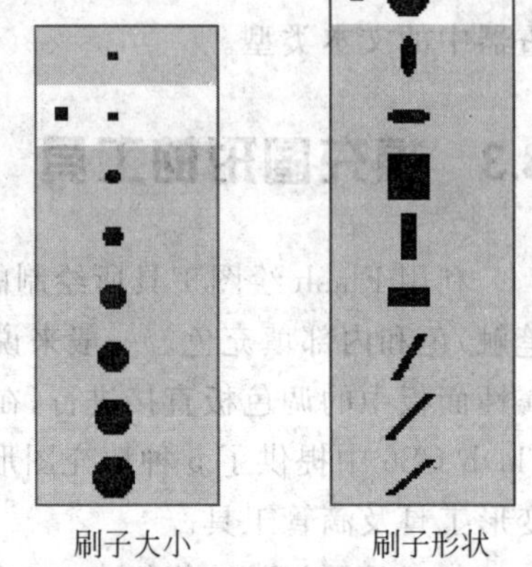

图 3-29 刷子大小及形状

3.3.2 墨水瓶工具

墨水瓶工具用于以当前笔触方式对对象进行描边,在属性面板中可以更改线条或形状的轮廓颜色、宽度和样式。

从工具栏中选择墨水瓶工具,然后在颜色工具栏中选择笔触色,从属性面板中选择笔触的样式和高度,接着在场景中对象的轮廓上单击,即可完成对对象轮廓属性的修改。一般情况下,当一个图像拥有轮廓线条时,也可以直接选中该图像在属性面板中对轮廓线条直接进行修改,如果一个图像没有轮廓线条,就可以应用墨水瓶工具为该图形添加轮廓线条。如图 3-30 所示,一个没有轮廓线条的五角形,通过应用墨水瓶工具,设置不同轮廓属性后,在该图形上单击即可为该图形添加一个相应效果的轮廓线条。

图 3-30 应用墨水瓶工具为图形添加轮廓线

3.3.3 颜料桶工具

颜料桶工具是用来改变图形内部填充区域颜色属性的。单击【颜料桶工具】按钮,使它处于选中状态,此时鼠标呈颜料桶形状,颜料桶工具以当前填充样式对对象进行填充,可以是纯色填充、渐变色填充或位图填充,如图 3-31 所示。同时在工具栏中会出现【空隙大小】和【锁定填充】两个选项按钮。

(1) 空隙大小:用颜料桶工具填充指定区域时,可以忽略未封闭区域的一定缺口的宽度,实现对一些未完全封闭的区域进行填充。在这里有 4 种选择方案,包括无封闭空隙、封闭小空隙、封闭中空隙和封闭大空隙。这 4 种方案,除了第一种方案在填充时需要完全封闭外,其他三种方案均可在有缺口的情况下完成填充,只是根据情况可以设置缺口的大小。

(2) 锁定填充:颜料桶工具和笔刷工具的选项工具栏中都有一个【锁定填充】按钮,它

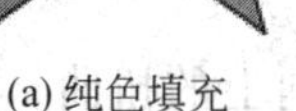

(a) 纯色填充　　(b) 位图填充　　(c) 渐变色填充

图 3-31　不同填充方法效果

的作用是确定渐变色的参照基准。当它处于锁定状态时，渐变色以整个舞台作为参考区域，用户填充到什么区域，就对应出现相应的渐变色，当处于非锁定状态时，渐变色以每个对象为独立的参考区域。

应用颜料桶工具还可定义填充颜色的突出显示点的确切位置。使用纯色或位图填充时该行为不会有显著的效果，但是当使用渐变填充时，它会影响填充在形状区域中的显示方式。如图 3-32 所示，其显示了渐变颜色突出显示点根据使用颜料桶工具应用渐变填充的位置变化的方式。

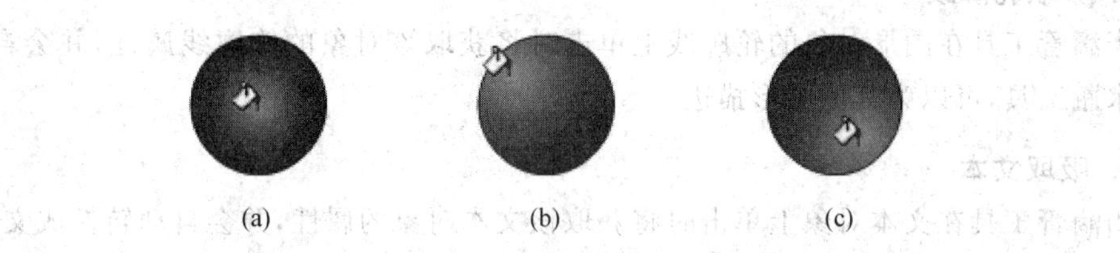

(a)　　(b)　　(c)

图 3-32　通过改变使用"颜料桶工具"将填充应用到形状的位置，可以定义渐变填充的突出显示位置

3.3.4　渐变变形工具

渐变变形工具用于修改位图或渐变的填充，不能应用于简单的颜色填充。要使用渐变变形工具，可以在【工具】面板中将其选中，然后只需单击已经存在的渐变或位图填充即可。根据填充的类型，会出现一组 3 个或 4 个调整手柄。以下三种变形可以应用于渐变或位图填充：调整填充的中心点、旋转填充方向和缩放填充范围。位图填充上会显示额外的调整手柄组，使用这些手柄可以进行扭曲操作。图 3-33 显示了三种填充类型的各种调整手柄，每种手柄类型都拥有指明其功能的图标。

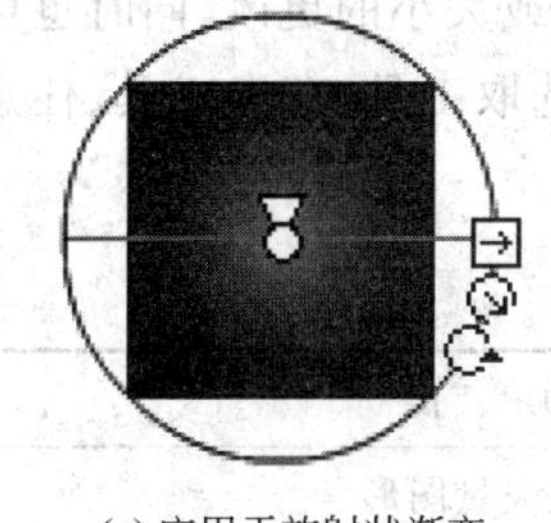 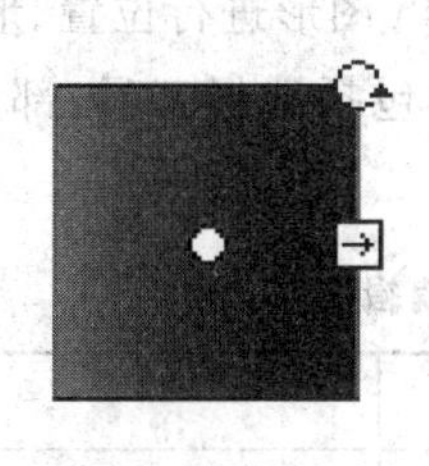 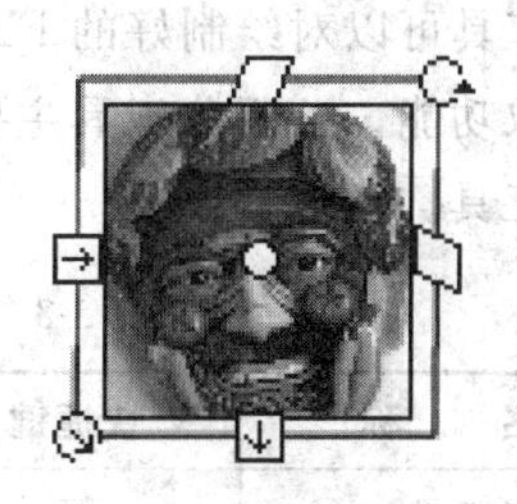 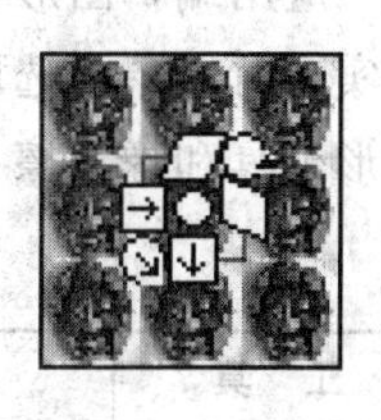

(a) 应用于放射状渐变　　(b) 线性渐变　　(c) 缩放的位图填充　　(d) 平铺的位图填充

图 3-33　填充类型与调整手柄

各手柄功能如下。

(1) 圆形的中心手柄可以移动中心点。

(2) 放射状渐变的额外的中心指针可以移动突出显示点。

(3) 带有短箭头圆形的边角手柄可以进行旋转。

(4) 边缘的方块手柄可以进行垂直或水平方向的缩放。

(5) 带有长箭头的圆形边角手柄可以进行对称缩放。

(6) 位图填充边缘上的菱形手柄可以进行垂直或水平方向上的扭曲。

3.3.5 滴管工具

滴管工具可以将舞台中已有对象颜色属性赋予当前绘图工具,它不仅可以吸取调色板中的颜色,工作区中任何位置的颜色都可以吸取。

1. 吸取填充

当滴管工具在填充区域中单击时,即可获取对象的填充属性,并自动转换成颜料桶工具,进行其他图形的填充。

2. 吸取轮廓线

当滴管工具在图形对象的轮廓线上单击时将获取该对象的轮廓线属性,并会自动转换成墨水瓶工具,可以为其他图形描边。

3. 吸取文本

当滴管工具在文本对象上单击时将获取该文本对象的属性,并会自动转换成文本工具。

4. 吸取位图

如图 3-31(b)所示的位图填充,就是利用滴管工具先将一个位图图形作为吸取颜色的对象对其进行单击,此时滴管工具即可吸取会自动转换成颜料桶工具,且将矢量图形的整体图形效果作为颜色属性赋到颜料桶上,然后利用颜料桶对六边图形进行填充,便可实现位图填充。

如要进行位图的吸取填充,需要先将一个位图对象导入到 Flash 中,然后对其进行“分离”操作(Ctrl+B)后,才可实现整图效果的吸取操作。当然,实现位图填充,还可利用【混色器】面板实现。

3.4 编辑图形的工具

应用编辑图形工具可以对绘制好的 Flash 图形进行位置、形状或大小的更改,同时也可以实现对对象的选取功能。这部分工具主要包括选择工具、部分选取工具、套索工具、任意变形工具和橡皮擦工具。

表 3-3 编辑图形工具

工 具	名 称	快捷键	功 能
	选择工具	V	绘制任意形状的色块矢量图形
	部分选取工具	A	改变矢量线段、曲线以及图形轮廓属性

续表

工　具	名　　称	快捷键	功　　能
	套索工具	L	改变内部填充区域的颜色属性
	任意变形工具	Q	改变位图或渐变的形状填充
	橡皮擦工具	E	将舞台中已有对象颜色属性赋予当前绘图工具

3.4.1 选择工具

选择工具是在舞台上最常用的选择和移动项目的工具，使用它可以拖动线条（或形状）的端点、曲线或拐角更改线条或形状，还可以使用它选择、移动和编辑其他 Flash 图形元素，包括组合、元件、按钮和文本。

1. 选取对象

单击笔触或填充颜色后，其表面会显示网格图案，表明它们已经被选中。如果单击的项目是元件、组合或绘制对象，那么选中后会显示细的彩色线条（称为突出显示），根据显示线条的颜色，可以区别当前选中的对象类型，如图 3-34 所示。

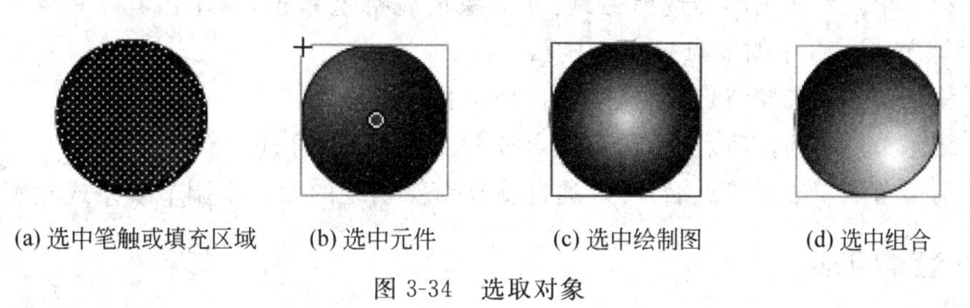

(a) 选中笔触或填充区域　(b) 选中元件　(c) 选中绘制图　(d) 选中组合

图 3-34　选取对象

2. 移动和调整对象

利用选择工具的三种箭头状态（移动选中的项目、调整曲线或线条和调整端点或拐角）调整和移动绘画部分，图 3-35 显示了各种箭头状态和应用这些状态时的外观或位置变化。其中图 3-35(c)是在调整曲线时同时配合了 Ctrl 键所达到的效果。

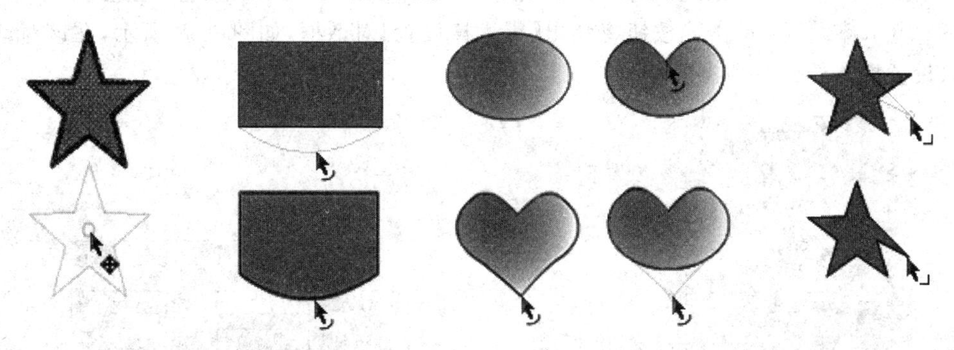

(a) 移动选中项目箭头状态　(b) 调整曲线箭头状态　(c) 调整曲线箭头形态　(d) 调整端点或拐点箭头状态

图 3-35　移动和调整对象

3.4.2 部分选取工具

部分选取工具是用于移动和编辑轮廓、轮廓上的节点、调节节点的切线方向以及调整贝赛尔曲线最有用的工具。

选择【部分选取工具】后，在对象的边缘单击，或利用工具进行拖动框选对象，即可在对象的轮廓边缘出现节点或节点切线，单击这些节点后，可以进行移动节点和删除节点操作，还可以通过调节节点端点来调节线条或轮廓的形状。图 3-36 是利用部分选取工具将“心”右侧的节点 a、b 逐一进行删除后的图形变化效果。

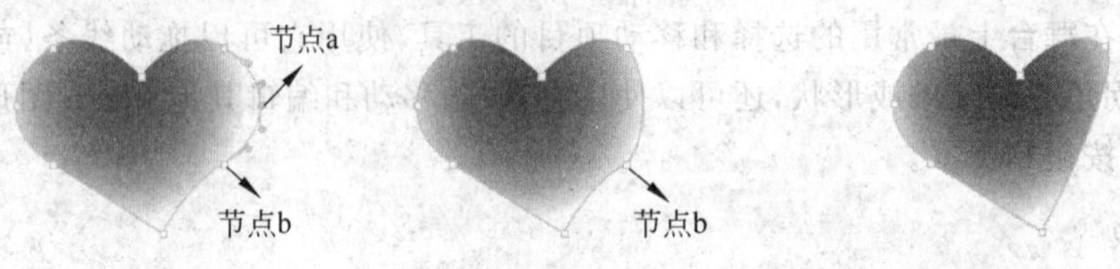

(a) 原图　(b) 图形(a)删除节点a后的图像　(c) 图形(a)删除节点a和节点b后的图像

图 3-36　部分选取工具效果

(1) 选择节点：使用部分选择工具，在对象的轮廓上单击，再单击其中的某一个节点，即可选择该节点。选中的节点呈实心显示。

(2) 移动节点：选择节点后，拖动鼠标即可移动节点。

(3) 删除节点：选择节点后，在键盘上按 Delete 键，即可删除节点。

(4) 调节节点：选择节点后，可以通过拖动节点切线的端点来调节线条或轮廓的形状。

3.4.3 套索工具

套索工具用于在舞台中创建任意形状的选择区域，并组合选中绘画中怪异的或不规则的形状。选中这类区域后，可以将它们作为单位，进行移动、缩放、旋转或更改操作，还可以使用套索工具分割形状或选择线条和形状的某些部分。如图 3-37 所示，套索工具在【工具】面板中有三种选项，即多边形模式、魔术棒设置和魔术棒。

(1) 多边形模式：在该模式下，将按照鼠标单击围成的多边形区域进行选择。

(2) 魔术棒设置：单击该按钮将弹出【魔术棒设置】对话框，如图 3-38 所示，在该对话框中可以设置魔术棒的各项参数值。

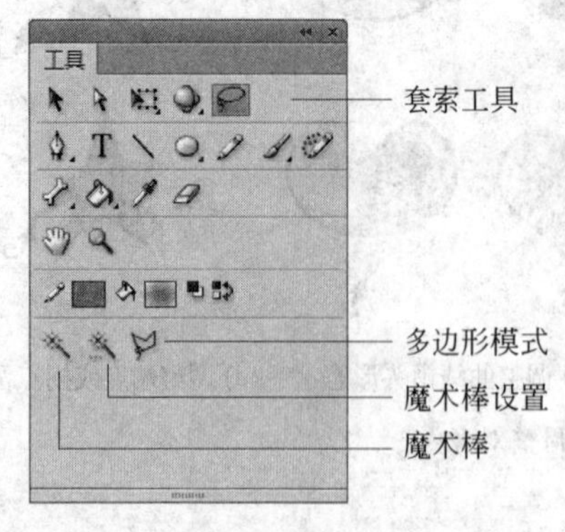

图 3-37　套索工具及其选项

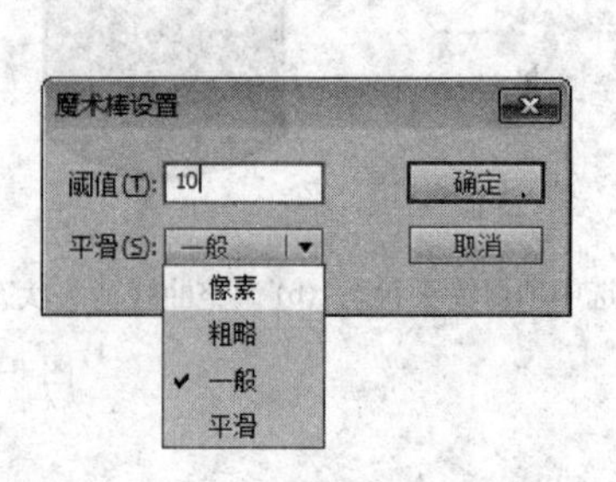

图 3-38　【魔术棒设置】对话框

① 阈值：用于设定判断为“相同”颜色的颜色界限的值，默认为10，设置该值越大，相近的颜色就越容易被判定为“相同”色。阈值设置的范围是0～200。

② 平滑：设置可以决定选区边缘的平滑程度，这与消除锯齿类似。【平滑】有像素、粗略、一般和平滑4个选项。

(3) 魔术棒：选择该模式时，在舞台上单击对象，选择被认为与单击处颜色相同的相邻区域，利用该工具经常处理一些纯色背景的抠图工作，如图3-39所示。

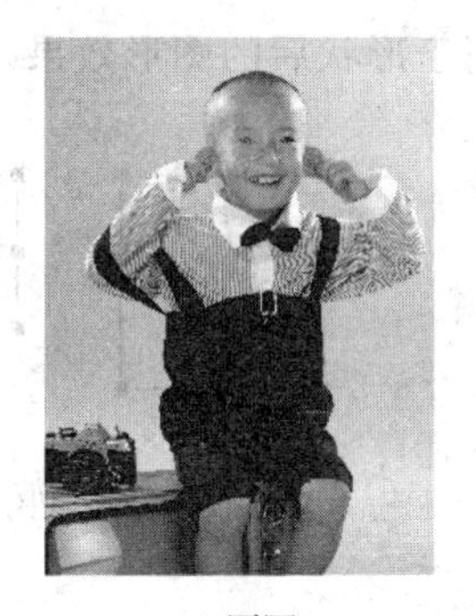

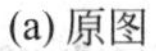

(a) 原图　　(b) 删除蓝色背景

图3-39　应用魔术棒删除背景效果

套索工具默认情况下为任意形状模式，在该模式下，可以使用包含多边形功能的混合模式。当使用任意形状的套索工具时，按Alt键可以暂时切换至多边形模式（只有不松开Alt键的情况下，多边形模式才会持续）。

需要指出的是，在Flash中如果要利用魔术棒工具进行图像的抠图操作，必须先将该图像进行“分离”操作(Ctrl+B)，然后应用魔术棒工具对相同颜色的部分选取后，按Delete键做删除操作，即可实现图像的“抠图”效果。在删除过程中，可根据颜色相同界限的范围设置相应的阈值，如果还会有零星的部分不能被完全选中并删除，可配合橡皮擦工具做相应的删除操作。

3.4.4　任意变形工具

任意变形工具是用来改变和调整对象的形状的，对象的变形不仅包括缩放、旋转、倾斜和反转等基本变形模式，还包括扭曲及封套等特殊变形形式。各种变形都有其特点，灵活运用可以做出很多特殊效果。选取工具箱中的任意变形工具后，会在工具箱底部出现【旋转与倾斜切换】、【缩放切换】、【扭曲】和【封套】按钮，各按钮如图3-40所示。

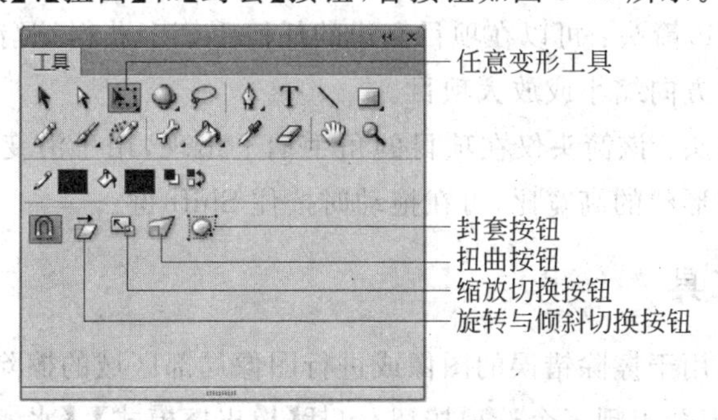

图3-40　任意变形工具及其选项按钮

(1)【旋转与倾斜切换】按钮：单击该按钮，可以对选择的对象进行旋转或倾斜操作。

(2)【缩放切换】按钮：单击该按钮，可以对选择的对象进行放大或缩小操作。

(3)【扭曲】按钮：单击该按钮，可以对选择的对象进行扭曲操作，该功能只对"分离"后的对象有效，即对矢量图有效，且对四角的控制点有效。

(4)【封套】按钮：单击该按钮，当前被选择的对象四角就会出现更多的控制点，可以对该对象进行更加精确的变形操作。

图 3-41 所示的图形就是将各功能选项应用于形状后的图形效果。

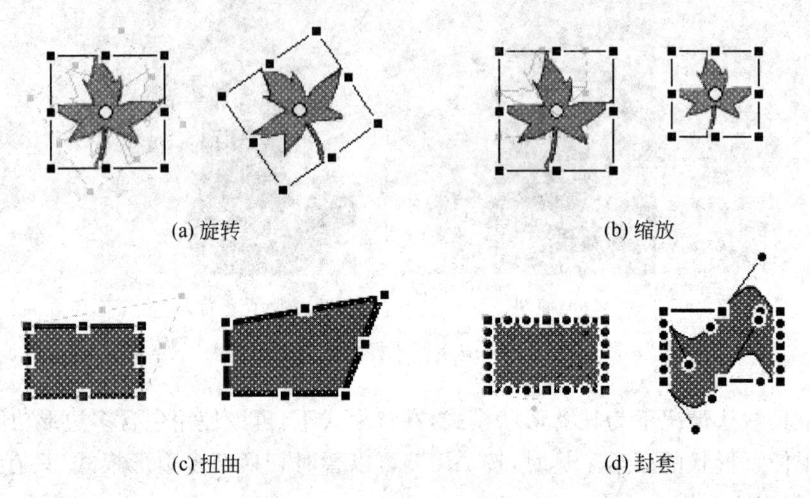

图 3-41　任意变形工具效果

使用任意变形工具可以通过各种鼠标图标动态地应用变形命令。当在选中项目的控制点或手柄上方移动鼠标指针时，鼠标图标会随鼠标指针的位置变化而发生形态的变化，各鼠标图标功能如下。

(1) 倾斜箭头：通常会在项目任何一侧的变形点之间显示。通过单击并拖动项目的轮廓，可以将形状向这些箭头指向的任何方向倾斜。

(2) 旋转箭头：通常会在项目的角附近显示。通过单击并拖动，可以将项目沿变形轴向顺时针或逆时针方向旋转。如果将该箭头直接移动到最近的角手柄上方，那么旋转箭头通常会被缩放中心箭头取代。要在不移动轴点的前提下沿对角点旋转项目，可在拖动时按住 Alt 键。要设定以 45°的增量进行旋转，可在拖动时按住 Shift 键。

(3) 缩放侧边箭头：可以在项目侧边的任何手柄上获得该箭头。通过单击并拖动可以相对于变形轴的方向缩小或放大项目。

(4) 缩放角箭头：该箭头仅在项目的角手柄上出现，用于沿变形轴的所有方向均匀地缩放项目。要限定形状的高宽比，可在拖动时按住 Shift 键。

3.4.5　橡皮擦工具

橡皮擦工具主要用于擦除错误的图像或进行图像局部区域的擦除操作。激活橡皮擦工具后，在【工具】面板上会出现三个选项按钮，包括【橡皮擦模式】、【水龙头模式】和【橡皮擦形状】，如图 3-42(a)所示。

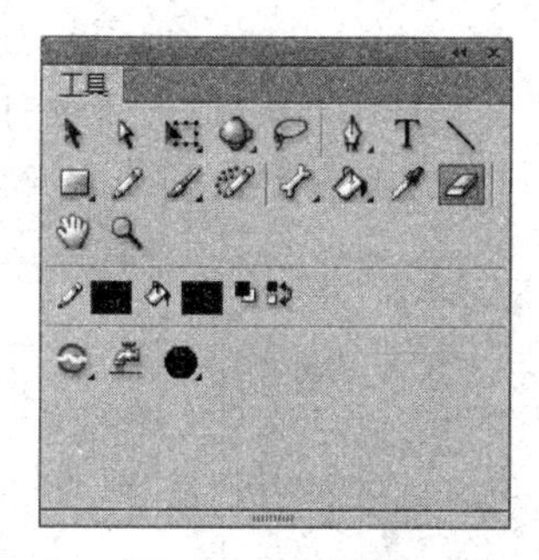

(a)【工具】面板

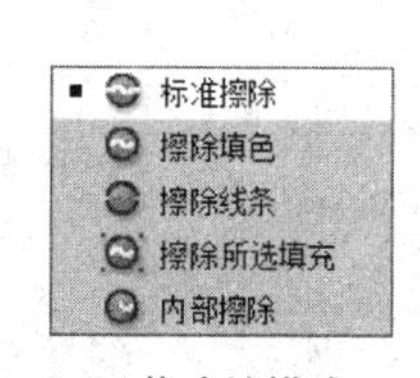

(b) 橡皮擦模式

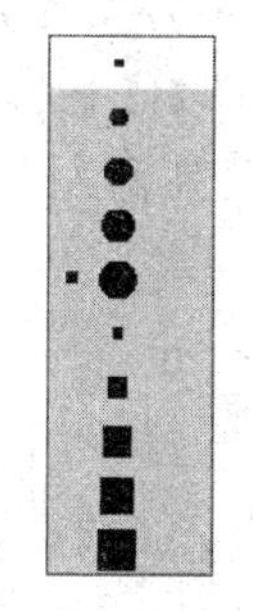
(c) 橡皮擦形状

图 3-42　【橡皮擦工具】选项

(1) 橡皮擦模式共提供了 5 种擦除模式，如图 3-42(b)，各模式功能如下。

① 标准擦除：选择该模式后，拖动鼠标光标所经过的图形区域都会被擦除掉。

② 擦除填色：选择该模式后，拖动鼠标光标所经过的图形区域的填充区域将被擦掉，而图形的轮廓线条不会受影响。

③ 擦除线条：选择该模式后，拖动鼠标光标所经过的图形区域的轮廓线将被擦除掉，填充区域不受影响。

④ 擦除所选填充：首先用选择工具选取要擦除的图形区域，然后选择橡皮擦工具，并选择该擦除模式，接着用鼠标在选择区域上拖动，就会擦除选择区域内的填充颜色。

⑤ 内部擦除：选择该模式后，在图形对象的一个封闭区域内拖动鼠标，会擦除封闭区域的部分颜色，但轮廓线不受影响。

(2) 水龙头模式：要擦除线条或填充区域，选择橡皮擦工具，单击【水龙头模式】按钮，可以把鼠标单击处的整片区域擦除。

(3) 橡皮擦形状：这里提供了由小到大两类(圆形和方形)十种形状，根据擦除的需要，可选择适合擦除区域大小的橡皮擦形状，橡皮擦大小在进行图形编辑过程中，不会随着图像显示比例的放大而放大。

3.5　实例制作

3.5.1　绘制规则图形——足球

案例参见配套光盘中的文件“素材与源文件\第 3 章\足球.fla”。

如图 3-43 所示，本案例通过多角星形工具、线条工具、颜料桶工具配合变形面板、任意变形工具绘制规则的足球表面纹理图案，利用形状之间的重叠与切割制作足球，利用混合模式、滤镜特效制作足球高光和投影效果，下面是具体制作步骤。

图 3-43　绘制规则图形——足球

(1) 打开 Flash CS6，新建一个 ActionScript 2.0 文档，设置舞台大小为 500×400 像素、舞台背景颜色为白色，其他参数保持默认,另存文件名称为“足球.fla”。

(2) 执行【视图】|【显示网格】命令,打开网格显示,按 Ctrl+Alt+G 键打开【网格】对话框,设置网格的宽、高皆为 20 像素,如图 3-44 所示,单击【确定】按钮。

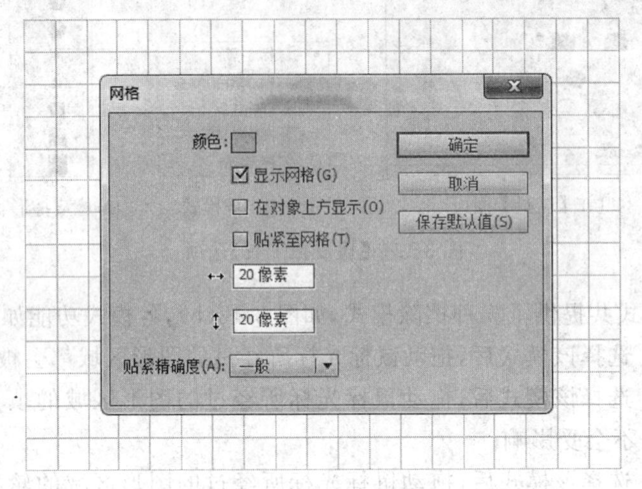

图 3-44 设置网格显示

(3) 选择工具箱中的【多角星形工具】,打开【属性】面板,设置笔触颜色为黑色、填充颜色为无色、笔触大小为 1,单击【工具设置】中的【选项】按钮,设置样式为多边形、边数为 5,单击【确定】按钮,如图 3-45 所示。

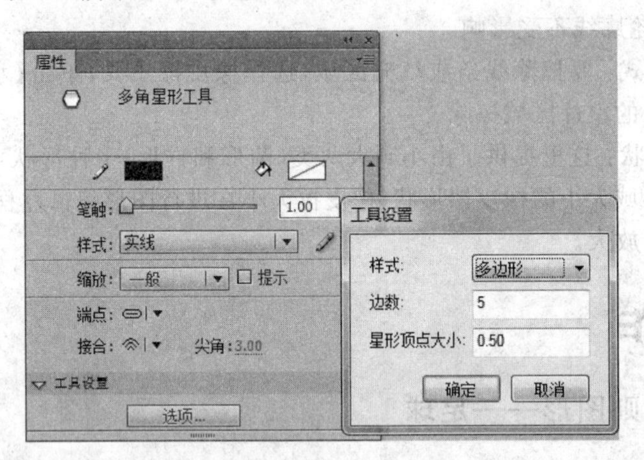

图 3-45 设置多边形参数

(4) 按住 Shift 键在舞台中拖动绘制一个五边形,在属性面板中设置该五边形宽度为 84.05 像素、高度为 80 像素,并移动五边形与网格边界对齐,如图 3-46 所示。

(5) 选中该五边形,同时按住 Alt 和 Shift 键向上拖动两个网格的距离,复制一个五边形,执行【修改】|【变形】|【垂直翻转】命令,将新复制的五边形垂直翻转,单击工具箱中的【任意变形工具】,调整五边形的形状至如图 3-47 所示的效果。

(6) 单击选中并移动新复制五边形的“变形点”至原五边形的中心处,如图 3-48 所示。

(7) 执行【窗口】|【变形】命令,打开【变形】面板,在【旋转】选项中输入旋转角度 72°,单击【重置选取和变形】按钮 4 次,复制出 5 个“压扁”的五边形,如图 3-49 所示。

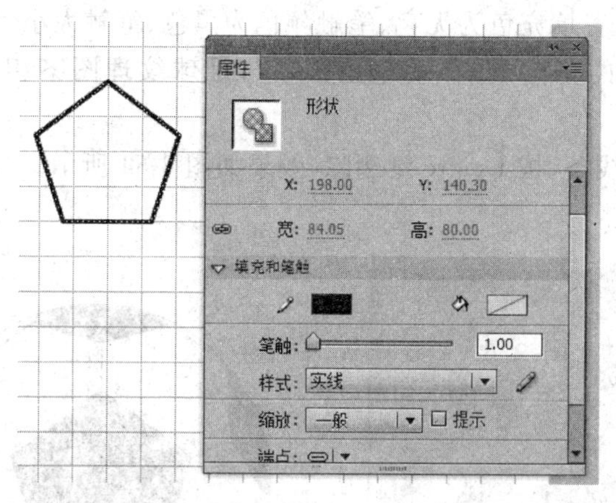

图 3-46 绘制五边形

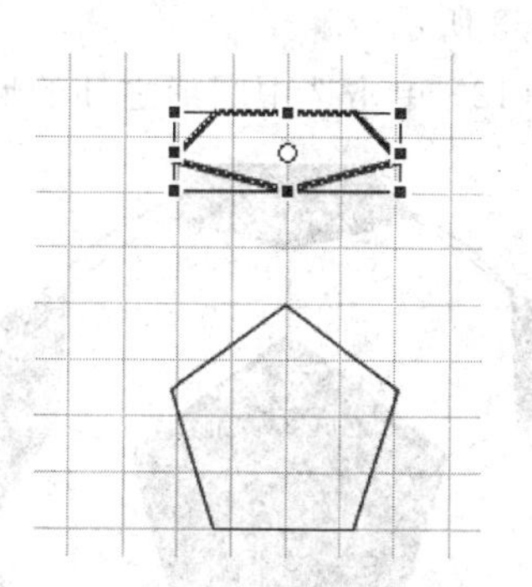

图 3-47 复制并变形五边形

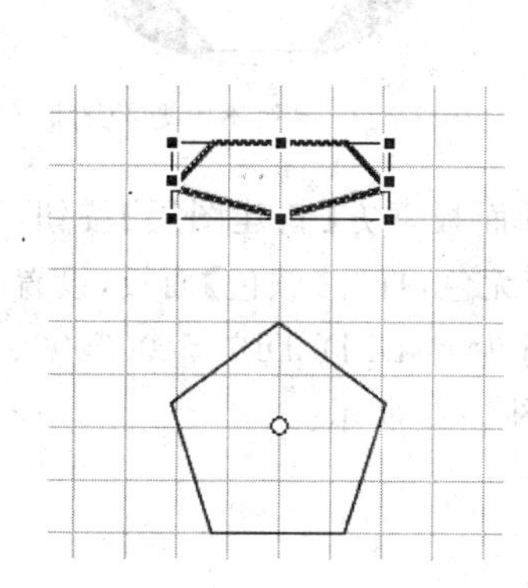

图 3-48 重新设置变形点

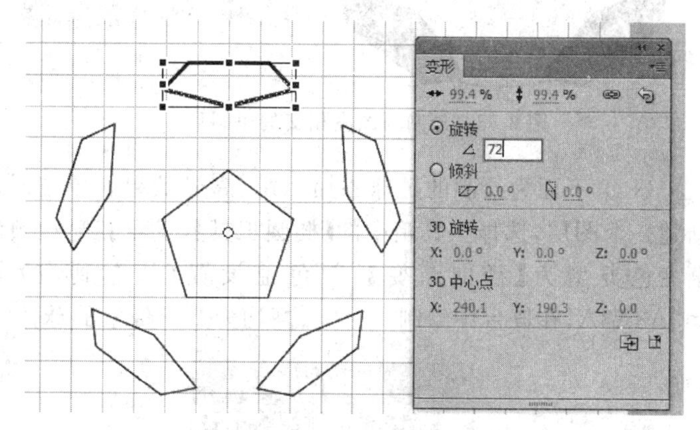

图 3-49 旋转并复制五边形

(8) 选择工具箱中的【线条工具】,设置笔触颜色为黑色、笔触大小为 1,单击选中工具箱中的【贴紧至对象】按钮,将图中的五边形用线段连接起来,取消网格显示,如图 3-50 所示。

(9) 选择工具箱中的【颜料桶工具】,设置填充颜色为黑色,单击将 6 个五边形填充成黑色,如图 3-51 所示。

(10) 单击选中中间的五边形,使用【任意变形工具】配合 Alt、Shift 键将其稍稍放大,使其与周围的五边形有所区别,如图 3-52 所示。

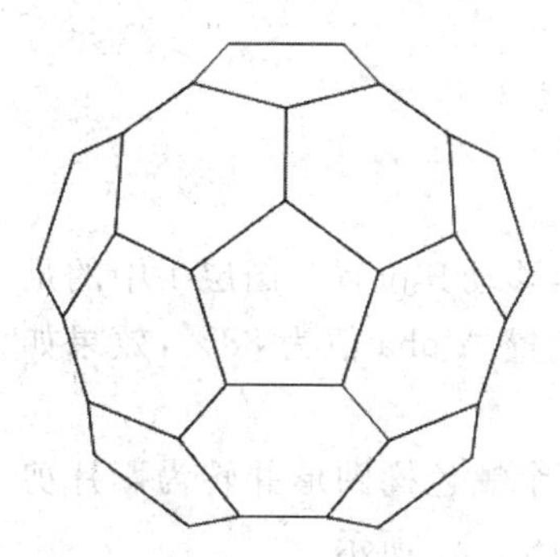

图 3-50 用线段连接五边形

图 3-51 设置五边形填充颜色

图 3-52 放大图案中间的五边形

(11) 单击工具箱中的椭圆工具,设置填充色为无色、笔触颜色为黑色、笔触大小为1,按Shift键绘制一个宽、高皆为206像素的正圆形,移动该正圆形与足球纹理图案相交,如图3-53所示。

(12) 单击选中圆形之外的形状和线条,按Delete键删除,效果如图3-54所示。

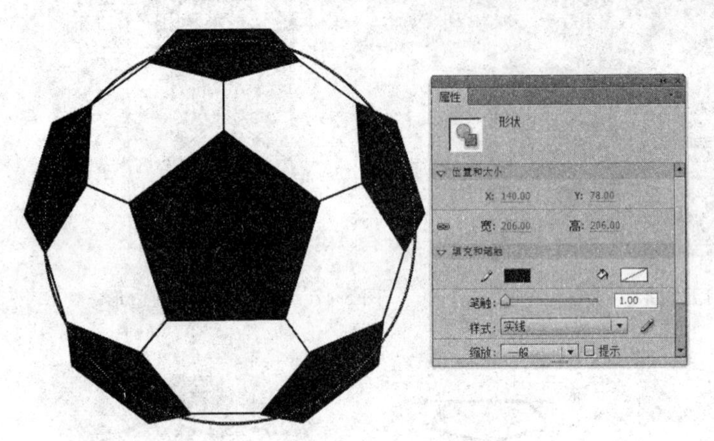

图3-53 绘制与图案相交的正圆形

图3-54 删除不需要的图形

(13) 下面为绘制的足球添加阴影、高光效果。单击时间轴面板下方【新建图层】按钮,新建一个图层,选择工具箱中的【椭圆工具】,设置其笔触颜色为无色,打开【颜色】面板,设置渐变色类型为【径向渐变】,颜色值设置(从左到右)分别为#DBDBDB、#000000、#3A3A3A,在舞台中绘制一个宽、高均为206像素的球体,如图3-55所示。

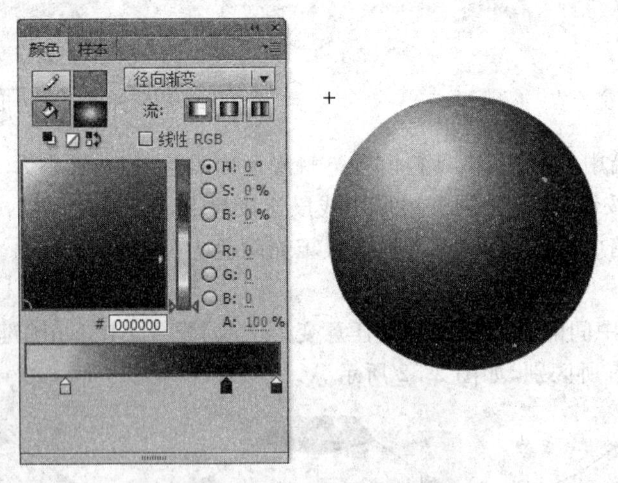

图3-55 绘制三维效果球体

(14) 选中该球体图形,按F8键转为影片剪辑元件"高光",移动其位置与图层1中的足球图形重合,打开【属性】面板,设置元件混合模式为【强光】,设置Alpha值为88%,效果如图3-56所示。

(15) 最后为足球加上投影效果。使用【椭圆工具】绘制一个黑色椭圆形并转为影片剪辑元件,为该元件应用【滤镜/模糊】效果,足球绘制最终效果如图3-57所示。

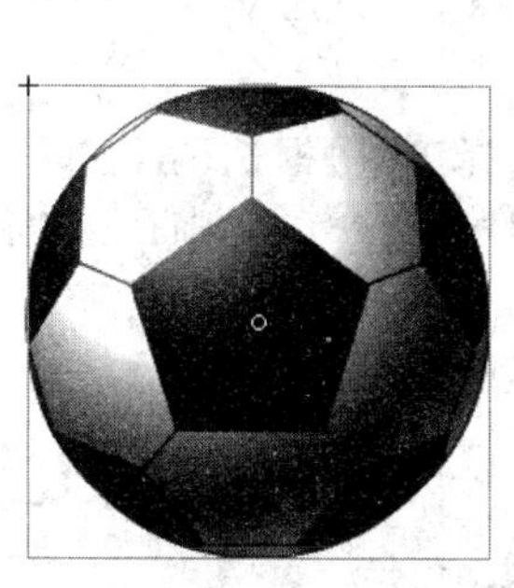

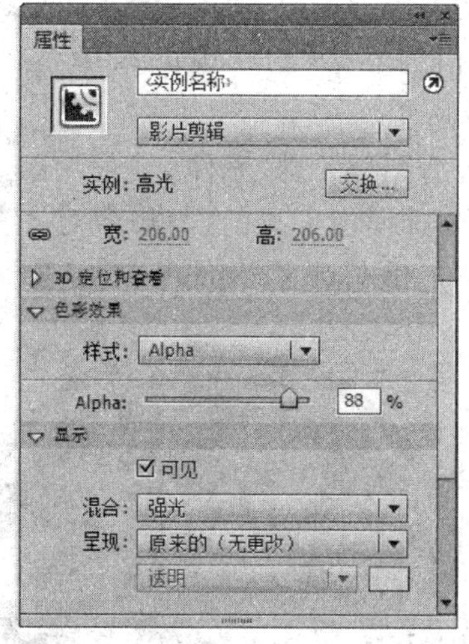

图 3-56 添加高光、阴影效果

图 3-57 添加投影效果

3.5.2 绘制标志图形——巴西世界杯徽章

案例参见配套光盘中的文件“素材与源文件\第 3 章\巴西世界杯徽章.fla”。

(1) 打开 Flash CS6,新建一个 ActionScript 2.0 文档,设置舞台大小为 550×400 像素、舞台背景颜色为白色,其他参数保持默认,另存文件名称为“巴西世界杯徽章.fla”。

(2) 选择工具箱中的【椭圆工具】,设置笔触颜色为 #043F4F、填充颜色为白色、笔触大小为 10,按住 Shift 键在舞台中拖动,在图层 1 中绘制一个直径为 325 像素的正圆形,如图 3-59 所示。

图 3-58 巴西世界杯徽章绘制效果

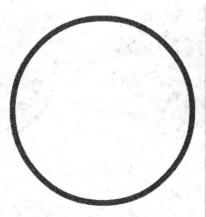

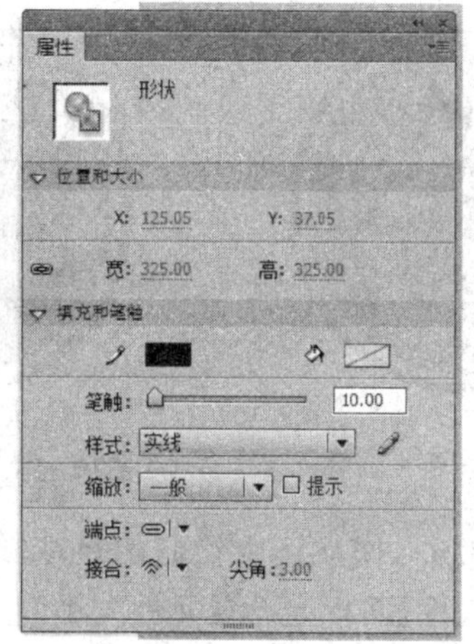

图 3-59 绘制无填充色的正圆形

(3) 选中该圆形，按 F8 键转为图形元件“元件 1”。更改【椭圆工具】的参数设置，设置其笔触颜色值为无色、填充颜色值为＃008F45，按住 Shift 键在舞台中拖动，绘制一个直径为 300 像素的正圆形，如图 3-60 所示。

(4) 选中该圆形，按 F8 键转为图形元件“元件 2”，使用【选择工具】框选两个图形元件，按 Ctrl＋K 键打开【对齐】面板，勾选面板下方的【与舞台对齐】选项，然后分别单击【水平中齐】和【垂直中齐】按钮，使两个图形中心对齐，如图 3-61 所示。

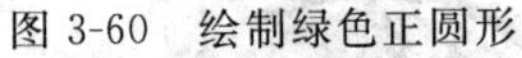

图 3-60　绘制绿色正圆形

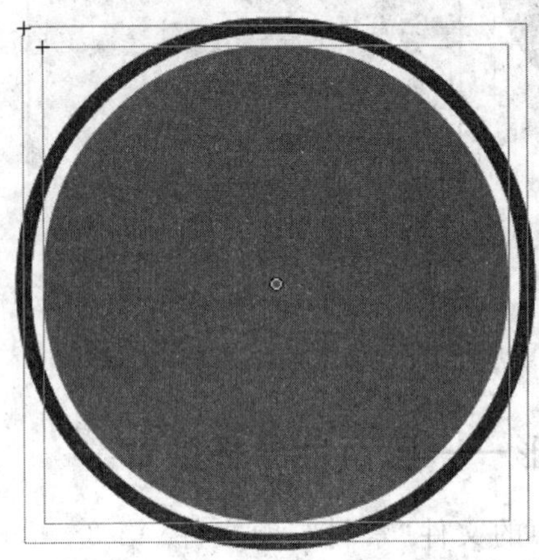

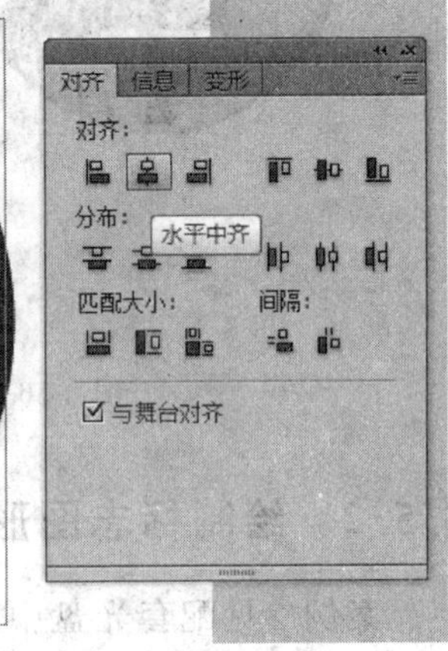

图 3-61　居中对齐两个图形元件

(5) 单击选中“元件 1”，按 Ctrl＋B 键将图形打散成形状。选择工具箱中的【线条工具】，设置笔触大小为 1、笔触颜色为黑色，在图形左侧绘制一条垂直的线段，如图 3-62 所示。

(6) 选中该线段，在【对齐】面板中，确认勾选了【与舞台对齐】选项，单击【水平中齐】按钮，使线段与绿色圆形中心对齐，如图 3-63 所示。

(7) 单击选中左侧半圆形，将其填充色改为＃01A451，双击选中线段按 Delete 键删除，选中两个半圆形，按 F8 键转为图形元件“内圆”，如图 3-64 所示。

图 3-62　绘制一条垂直线段

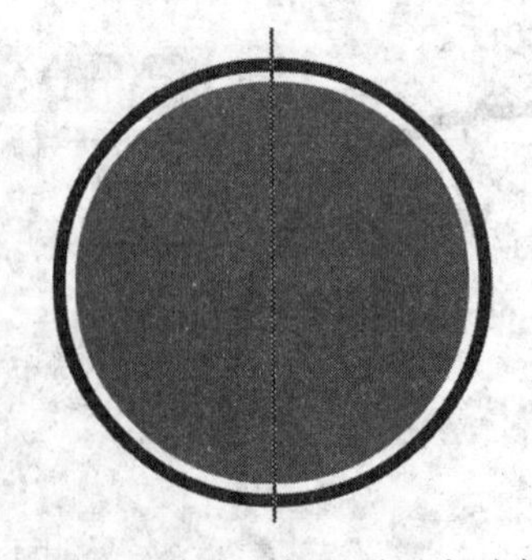

图 3-63　使线段与图形居中对齐

图 3-64　改变填充颜色

(8) 将 3.5.1 节实例中绘制的足球图形复制并粘贴到舞台中，按 F8 键转为图形元件“足球”，在【属性】面板上设置元件大小为 200×200 像素。按 Shift 键同时选中元件“足球”和“内圆”，在【对齐】面板中取消【与舞台对齐】选项的勾选，分别单击【水平中齐】和【垂直中齐】按钮，使两个图形对齐，如图 3-65 所示。

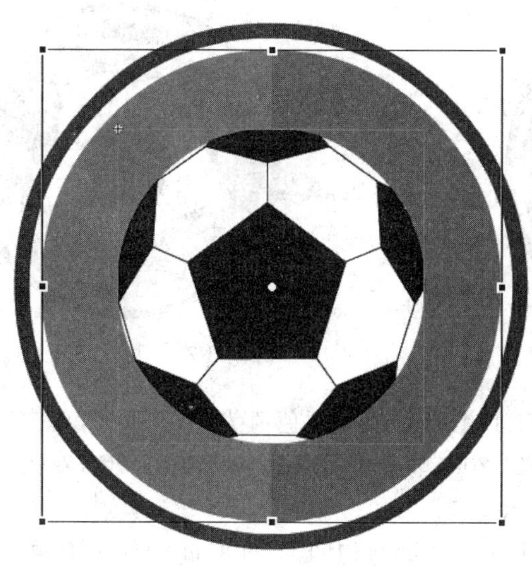
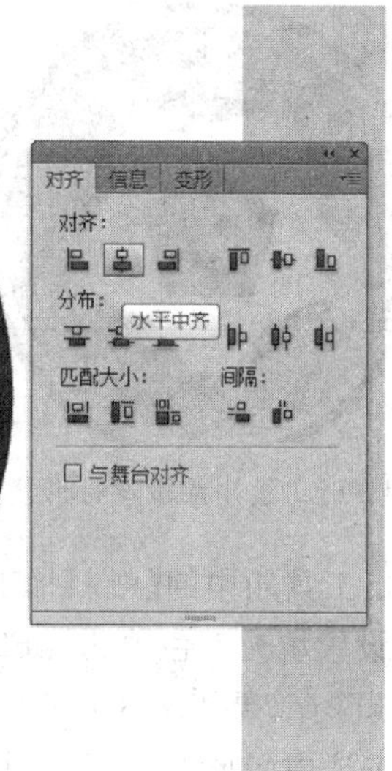

图 3-65 添加足球图案

(9) 单击锁定图层 1,单击时间轴面板上的【新建图层】按钮,新建图层 2,使用【矩形工具】绘制一个水平方向的矩形,按住键盘上的 Ctrl 键,使用【选择工具】调整矩形左边形状,如图 3-66 所示。

图 3-66 绘制丝带轮廓

(10) 按照相同的方法,调整矩形右边形状,单击工具箱中的【颜料桶工具】,设置填充颜色值为 #EDA90A,单击调整后的图形为其填充颜色,双击选中该图形轮廓线并按 Delete 键删除,效果如图 3-67 所示。

(11) 调整时间轴面板中图层的上下排列顺序,使图层 2 位于图层 1 的下方,形成黄色色带在后的效果,如图 3-68 所示。

图 3-67 为丝带形状填充颜色

图 3-68 调整丝带图形的排列顺序

(12) 新建图层 3,使用【矩形工具】和【线条工具】在该图层绘制如图 3-69 所示的线框图形效果。

(13) 单击工具箱中的【选择工具】,调整该图形下方两条直线成弯曲曲线,如图 3-70 所示。

图 3-69　绘制前段丝带形状

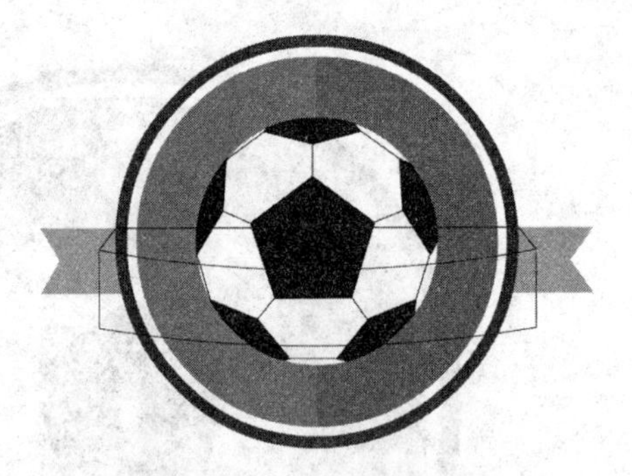

图 3-70　调整图形外观

(14) 单击工具箱中的【颜料桶工具】，设置填充颜色值为＃C98D00，单击图形为其上半部填充颜色；设置填充颜色值为＃F2D200，单击为图形下半部填充颜色，双击选中轮廓线并按 Delete 键删除，效果如图 3-71 所示。

(15) 单击选中图形上半部，按 Ctrl+X 键剪切图形，在时间轴面板上单击选中图层 2，执行【编辑】|【粘贴到当前位置】命令，效果如图 3-72 所示。

图 3-71　为图形填充深浅不同的黄色

图 3-72　调整后的丝带图形效果

(16) 单击工具箱中的【多角星形工具】，在【属性】面板中设置其填充颜色值为＃EDA90A、笔触颜色为无色，单击【选项】按钮，在样式中选择"星形"，单击【确定】按钮，在舞台中拖动鼠标绘制一个黄色五角星，大小和位置如图 3-73 所示。

(17) 复制两个五角星，使用【任意变形工具】稍稍缩小尺寸，并排列在大五角星的两侧，如图 3-74 所示。

图 3-73　绘制五角星图形

图 3-74　绘制其他五角星图形

(18) 最后一步是为徽章图形添加文字效果。该徽章图形上的文字包括黄色丝带与绿色背景上两部分文字内容,文字皆为环形排列效果。对于环形文字效果的制作,很多图形软件可以轻松实现,如在 Illustrator 中,利用“路径文字”功能可以很容易做出文字环形排列的效果,但是在 Flash 中没有这样的功能,所以实现起来有些不方便,但是可以使用【任意变形工具】中的【封套】功能来实现类似的效果。

插入新建图层并命名为“文字”,选中工具箱中的【文本工具】,在【属性】面板中,设置文本类型为【传统文本】中的静态文本类型,设置系列为 Impact、大小为 55 点、颜色值为 ＃126A8E、字母间距为 15,单击黄色丝带,输入 SOCCER,如图 3-75 所示。

图 3-75 添加文字效果

(19) 按 Ctrl＋B 键打散文字为矢量形状图形,单击工具箱中的【墨水瓶工具】,在【属性】面板中设置笔触颜色为白色、笔触大小为 2.5、样式为实线,分别单击每一个字母为其添加白色边框,如图 3-76 所示。

(20) 选中描边后的文字,单击工具箱中的【任意变形工具】,然后单击工具箱中下方的【封套】按钮,参照文字下方黄色丝带的形状,用鼠标拖动封套的控制手柄,调整文字的外形,如图 3-77 所示。

图 3-76 为文字添加描边效果

图 3-77 调整文字外观

(21) 按照相同的操作步骤,制作绿色背景上的环形文字内容,最终效果如图 3-58 所示。

3.5.3 绘制动漫人物——火影忍者

案例参见配套光盘中的文件“素材与源文件\第3章\火影忍者.fla”。

如图3-78所示，本实例绘制的是日本少年热血动漫《火影忍者》中的主角形象——漩涡鸣人。通过本例的学习，掌握综合使用Flash中的绘图工具和编辑工具的方法，领会图形绘制的规律，如通过图形的组合产生新的图形、先整体勾描后局部刻画的方法，能独立完成一幅完整的漫画人物图形绘制过程。下面是具体制作步骤。

图3-78 绘制动漫《火影忍者》人物——漩涡鸣人

(1) 打开Flash CS6，新建一个ActionScript 2.0文档，设置舞台大小为800×600像素、舞台背景颜色为白色，其他参数保持默认，另存文件名称为“火影忍者.fla”。

(2) 绘制人物整体草稿。双击图层1并修改其名称为“草稿”，选择【椭圆工具】，设置其笔触颜色为黑色、笔触大小为1、填充颜色为无色，在舞台中绘制两个椭圆形并叠加在一起，组成人物头部的大体轮廓。使用工具箱中的【选择工具】，单击选中相交的线段并删除，调整图形成人物头部轮廓形状，并绘制眼、鼻、口、耳朵五官的定位线，确定人物五官的位置，绘制步骤如图3-79所示。

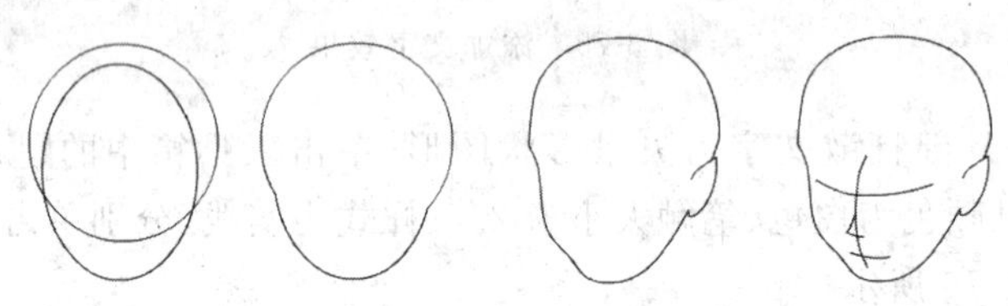

图3-79 头部草图绘制步骤分解

注意：在调整平滑曲线为弯曲曲线时，可用【选择工具】选择一小段线条并删除，再用【线条工具】连接，调整连接的线条即可。如果连接效果不理想，可选中该段线条，单击工具箱底部按钮使其平滑。

(3) 接下来用【铅笔工具】绘制人物头发、护额、飘带等部分大致形状，如图3-80所示。

(4) 绘制人物身体结构草图。在明确人物身体的动作、表情的基础上绘制身体的结构草图。单击工具箱中的【椭圆工具】，在舞台中绘制几个椭圆，代表人物身体的各个组成部分，将绘制的椭圆组合排列，确定人物动作与姿势，如图3-81所示。

至此，人物草稿便绘制好了，下面进行人物线稿的细部刻画。

(5) 单击锁定图层“草稿”，单击鼠标插入一个新建图层，命名为“头部”，以底层草稿图形为参考对象，使用【钢笔工具】进行人物头部细部刻画。首先是头发与护额的绘制。头发分两部分来绘制，分为忍者护额顶部的头发与下部的头发。护额也分两部分绘制，一部分是护额正面块状金属和系带，另一部分是脑后的两根飘带，如图3-82和图8-83所示。

接下来绘制人脸，包括眉、眼、鼻、嘴、耳等部分。日本动漫人物形象较注重眼睛质感的细节描写，如图3-84所示，在日式漫画人物脸部的刻画上，眼睛往往占据了整个面部的很大比例。相比较而言，日式漫画人物的鼻子和嘴的处理大多比较简单，寥寥几笔便可绘制完成。绘制完成的脸部细节的效果如图 3-85 所示。

图 3-80　添加头部细节

图 3-81　绘制身体结构草图

图 3-82　绘制头发及护额

图 3-83　绘制脑后护额飘带

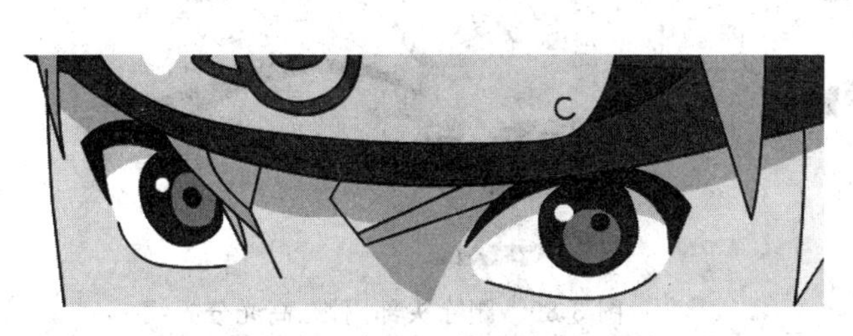

图 3-84　漫画人物眼睛特写

图 3-85　绘制脸部细节

日式漫画人物的眼睛一般由上下黑色的眼线、眼白及瞳孔组成。眼线由两条弧线构成，一般上面的眼线较粗、丰满。眼白则根据眼线的形状填充纯色即可，上部边缘往往会有一条浅色阴影。瞳孔往往是个圆形，包括高光、瞳仁皆可用大小不同的圆形来表现。

绘制人物口中咬着的忍者兵器——“苦无”、忍者的身份标志——“护额”及眼睛的细节刻画（画出高光的轮廓线及确定高光位置），如图 3-86 所示。

（6）至此人物的头部基本绘制完成，下一步绘制头部的阴影变化。由于光线照射的原因，会在物体表面形成高光和阴影，本实例中首先确定正面照射光源在左前方，所以会在人物的右后侧形成阴影，用【钢笔工具】在人物头部勾勒阴影与高光的边界，如图 3-87 所示。

图 3-86 绘制忍者兵器及其他细节

图 3-87 绘制阴影、高光边界线

(7) 给头部线稿填充基本色。使用【颜料桶工具】,按照阴影、光照的不同变化,有层次地为头部上色,如图 3-88 所示。

其中颜色设置如表 3-4 所示。

表 3-4 头部各部位填充颜色设置

颜色部位	颜色值	颜色部位	颜色值
头发(高光)	#F7FB32	飘带(高光)	#3D3327
头发(阴影)	#E3B12E	飘带(阴影)	#070604
脸部(高光)	#FFDCBC	护额(高光)	#FFFFFF
脸部(阴影)	#EAAF8F	护额(阴影)	#D4DDDC
瞳孔(深蓝)	#000066	苦无(高光)	#666666
瞳孔(浅蓝)	#0099FF	苦无(阴影)	#333333

上色完成以后,用【选择工具】选取阴影与高光分界线,逐一删除,头部上色最终效果如图 3-89 所示。

图 3-88 填充颜色

图 3-89 删除头部阴影、高光分界线

(8) 绘制人物身体。参照底层人物身体的结构草图,使用【钢笔工具】和【线条工具】绘制人物身体线稿,如图 3-90 所示。"画人难画手",该漫画人物的手部为写实风格,所以是比较难绘制的。手的结构可分为手掌和手腕两部分,要将手掌看成一个不规则的五边形,绘制时先要将这两部分看作一个整体,画出手的边线,再定出大拇指的位置,要明确每个手指的长度是各不相同的,手指的关节部位要适当弯曲,在特写画面中,要画出手指的两个关节,特别要强调一下拇指和小指的外轮廓线,这样会更有立

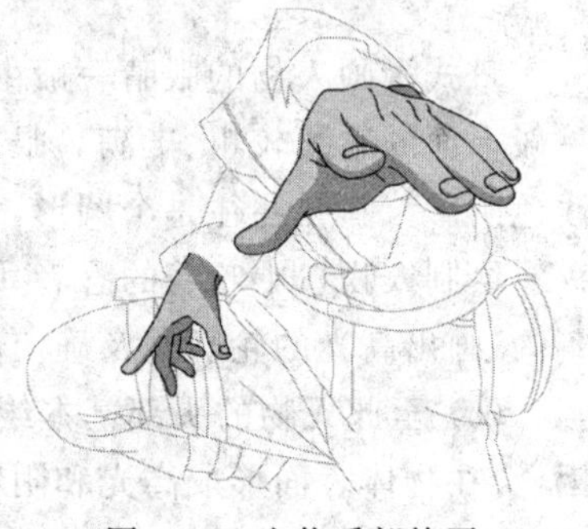

图 3-90 人物手部特写

体感。

画手的背面一侧应以硬线勾出，以表现骨骼的硬度，手掌一面要以软线来画，表现柔软的质感。而手指是很灵活的，所以，五个手指不要分开来观察，随着手的动势，角度的不同，形状也不一样。

(9) 先绘制身体线稿，如图 3-91 所示。然后为人物身体线稿绘制阴影、高光分界线，如图 3-92 所示。

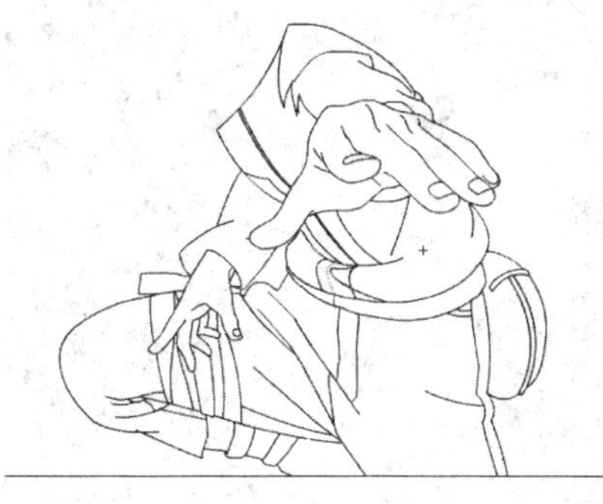

图 3-91 绘制身体线稿

图 3-92 绘制阴影、高光分界线

(10) 为人物身体线稿上色。其中手部高光与阴影颜色设置与脸部相同。人物服装是黄、黑相间的夹克衫，黑色高光与阴影颜色设置与头部飘带相同。夹克衫黄色高光部分颜色值为＃FC9514，阴影部分颜色值为＃C55902，鞋子颜色值为＃060603，背包高光颜色值为＃D2C5B3，背包阴影颜色值为＃867362。

(11) 删除阴影、高光分界线后的效果如图 3-94 所示。

图 3-93 为身体填充基本色

图 3-94 删除阴影、高光分界线

(12) 最后一步，将“头部”和“身体”组成完整漫画人物形象，如图 3-95 所示。

3.5.4 绘制游戏兵器——青龙偃月刀

案例参见配套光盘中的文件“素材与源文件\第 3 章\青龙偃月刀.fla”。

如图 3-96 所示，青龙偃月刀又名“冷艳锯”，虽然是古典小说《三国演义》中出现的第二把兵器，然而却成为整个三国故事中最为著名的兵器，甚至被尊崇为中国古代第一冷兵器，可谓威力无比，出神入化。青龙偃月刀的持有者是中国人长期顶礼膜拜的对象——武圣关羽，因而又被简称为“关刀”或“关王刀”。在以“三国”为题材的游戏中我们也经常看见它冷艳的身影，下面介绍如何利用绘图工具绘制一把青龙偃月刀。

图 3-95 人物整体效果

(1) 打开 Flash CS6,新建一个 ActionScript 2.0 文档,设置舞台大小为 300×550 像素、舞台背景颜色为米黄色,其他参数保持默认,保存文件名称为“青龙偃月刀.fla”。

(2) 绘制刀身。修改图层 1 的名称为“刀身”,单击工具箱中的【线条工具】,设置其笔触颜色为黑色、笔触大小为 1,在舞台上从右上方向左下方拖动绘制一条稍微倾斜的直线,如图 3-97 中的①所示。

图 3-96 青龙偃月刀绘制效果图

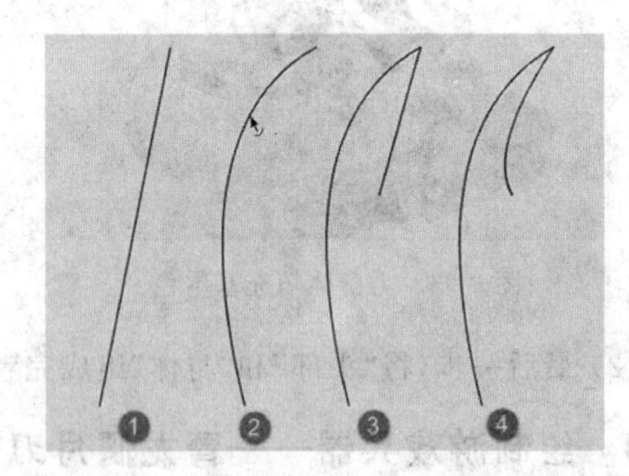

图 3-97 绘制刀身形状

(3) 选择工具箱中的【选择工具】,移动鼠标指针靠近该线段,按住鼠标左键不放向左上方拖动,调整该直线段为带有弧度的曲线段,作为刀刃的形状,如图 3-97 中的②所示。

(4) 单击并选中工具箱下方的【贴近至对象】按钮,按快捷键 N 切换到【线条工具】,从曲线顶点绘制一条短线,如图 3-97 中的③所示。

(5) 用【选择工具】调整该直线段为曲线段,作为刀尖的形状,如图 3-97 中的④所示。

(6) 按照同样的方法，用【线条工具】绘制刀背弯曲形状的锯刃，如图 3-98 所示。

(7) 选择工具箱中的【钢笔工具】，设置其笔触颜色为黑色、笔触大小为 1、填充颜色为无色，按照如图 3-99 所示的由左至右的分解步骤，绘制刀耳与刀背形状。

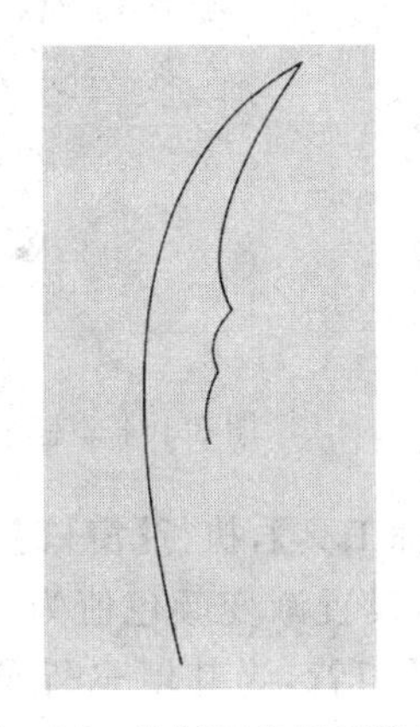

图 3-98　绘制刀身锯刃形状

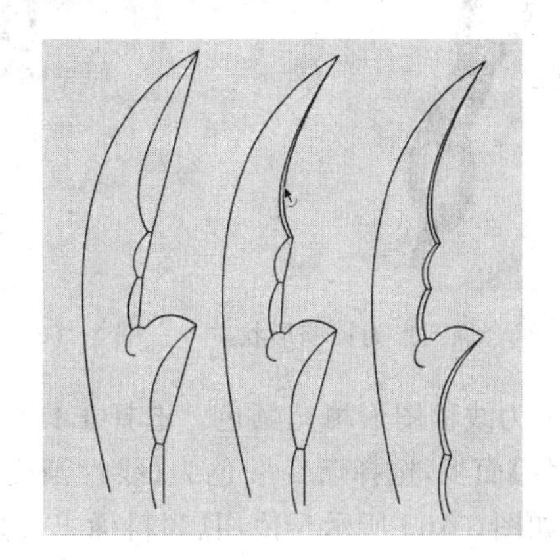

图 3-99　绘制刀耳与刀背形状步骤分解

(8) 绘制刀的兽首吞口与刀柄。参照古典吉祥图案，如图 3-100 所示为由左至右的分解步骤，绘制刀的兽首吞口和刀柄图形。

(9) 绘制刀身穿孔垂旌。“垂旌”即青龙偃月刀刃上穿孔而过的球形红缨飘丝，又名为“吹风”。首先绘制红缨飘丝的铁链。插入新建图层并命名为“红缨”，选择工具箱中的【椭圆工具】，设置笔触颜色为黑色、填充颜色为无色、笔触大小为 2，在舞台中绘制一个椭圆形，如图 3-101 所示。

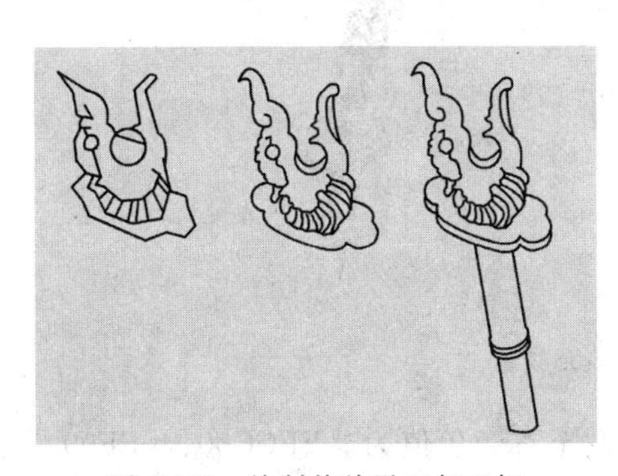

图 3-100　绘制兽首吞口与刀柄

图 3-101　绘制一个椭圆形

(10) 选择该椭圆形，按住键盘 Alt 键同时拖动复制三个椭圆形，使用【任意变形工具】对 4 个椭圆形进行变形并组合成铁链形状，如图 3-102 所示。

(11) 接下来绘制红缨飘丝。选择【钢笔工具】，设置笔触颜色为黑色、笔触大小为 1，在铁链下方绘制红缨飘丝图形，注意分层次绘制飘丝的形状，如图 3-103 所示。

(12) 将之前绘制的图形组合成一柄完整的刀，并导入一张“龙纹”矢量素材图片，使用【任意变形工具】缩放并旋转放置在刀身之上，效果如图 3-104 所示。

图 3-102　组合椭圆形为锁链形状

图 3-103　绘制红缨形状

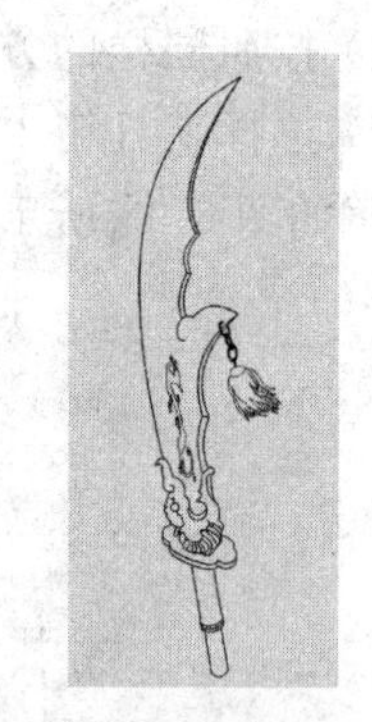

图 3-104　完整刀身图形效果

(13) 为线稿图形填充颜色。选择工具箱上的【颜料桶工具】，执行【窗口】|【颜色】命令，打开【颜色】面板，选择渐变颜色为【线性渐变】，由左到右设置渐变颜色值为＃B2CDDD、＃052030，如图 3-105 所示。使用【颜料桶工具】单击刀身及刀背，为其填充渐变颜色，并使用【渐变变形工具】调整渐变效果。

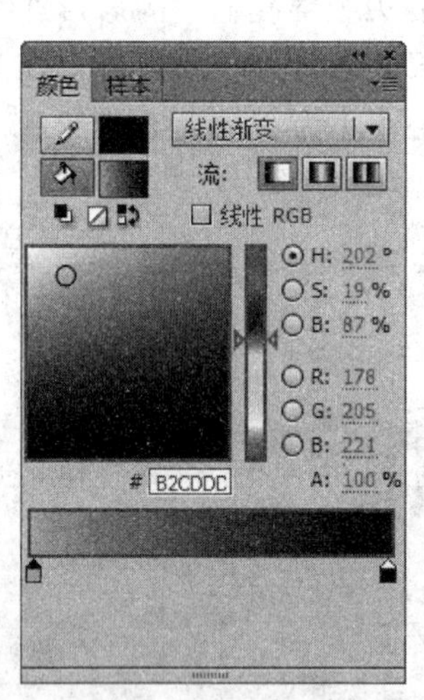

图 3-105　为刀身填充颜色

(14) 在【颜色】面板上设置线性渐变颜色，由左至右颜色值为＃FFCC00、＃FF0000，用【颜料桶工具】单击兽首吞口图形为其上色，双击选中刀身及兽首吞口图形的轮廓线，按 Delete 键删除，效果如图 3-106 所示。

(15) 使用如图 3-106 所示的渐变颜色设置，为红缨飘丝与刀柄部分图形填充颜色，并用【渐变变形工具】调整渐变效果，如图 3-107 所示。

(16) 用与刀身相同的线性渐变颜色设置为龙纹填充渐变颜色，如图 3-108 所示。

(17) 选择工具箱中的【渐变变形工具】，对龙纹图形的填充色进行调整，双击其轮廓线按 Delete 键删除，绘制的青龙偃月刀最终效果如图 3-109 所示。

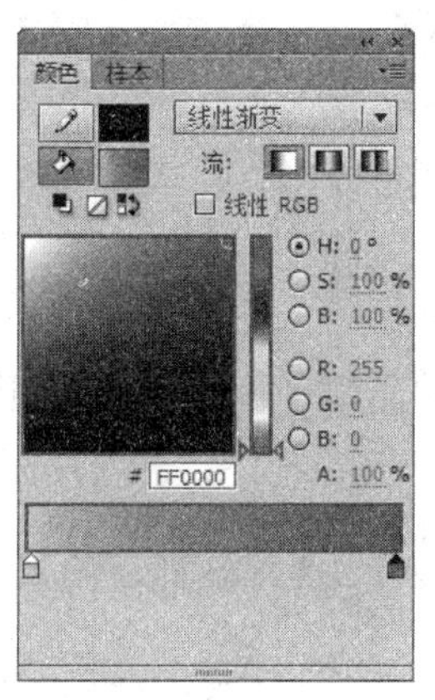

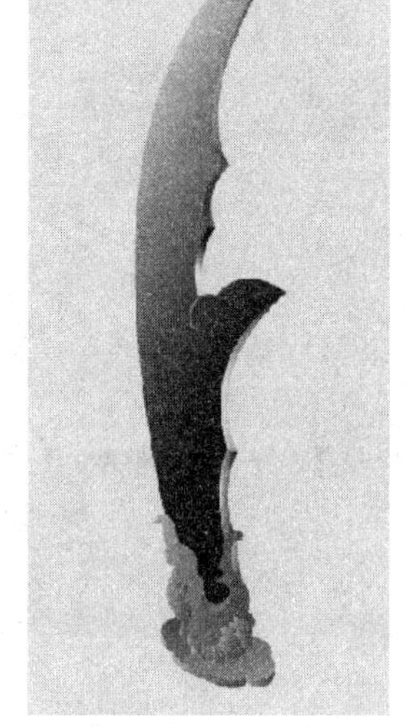

图 3-106　为兽首填充颜色

图 3-107　为红缨填充颜色

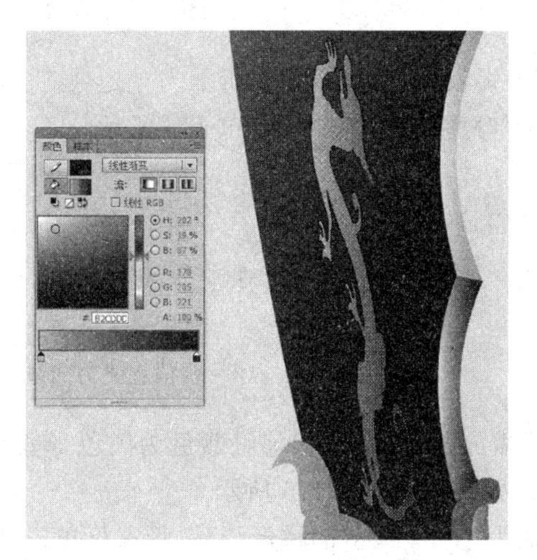

图 3-108　为龙纹填充颜色

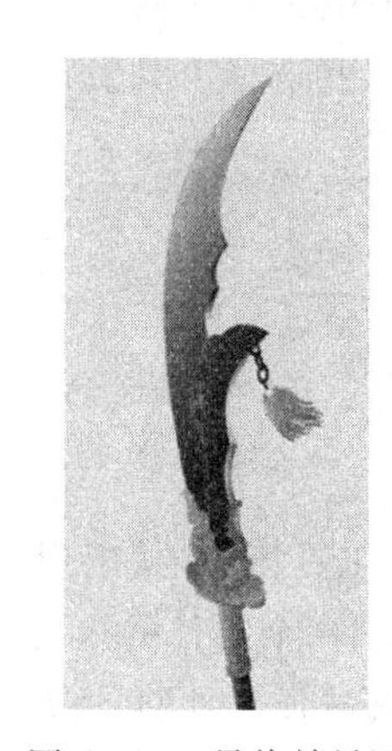

图 3-109　最终效果图

3.5.5　绘制动画场景——夏日海滩

案例参见本书配套光盘中的文件“素材与源文件\第 3 章\夏日海滩.fla”。

(1) 打开 Flash CS6，新建一个 ActionScript 2.0 文档，设置舞台大小为 980×600 像素、舞台背景颜色为白色，其他参数保持默认，保存文件名称为“夏日海滩.fla”。

(2) 绘制太阳伞，效果如图 3-110 所示。

① 修改图层 1 名称为“太阳伞”。选择工具箱中的【线条工具】，设置笔触颜色为黑色、笔触大小为 1，单击选中工具箱中的【贴紧至对象】按钮，从一点发散绘制 6 条线段，如图 3-111 所示。

② 继续用【线条工具】绘制 6 条线段将图形连接封闭起来，如图 3-112 所示。

图 3-110 夏日海滩绘制效果图

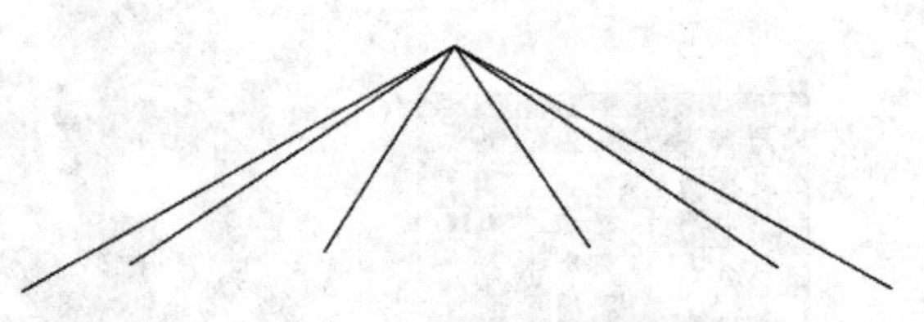

图 3-111 绘制六条线段

③ 按快捷键 V 切换到【选择工具】，分别调整每条线段的形状，形成伞盖图形，如图 3-113 所示。

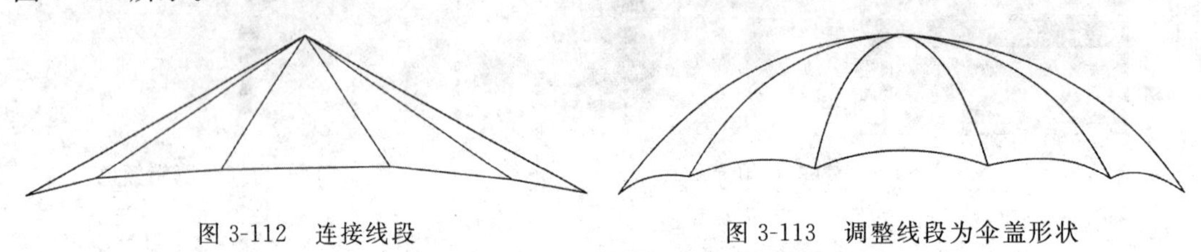

图 3-112 连接线段

图 3-113 调整线段为伞盖形状

④ 继续用【线条工具】在下方绘制 8 条短线段，如图 3-114 所示。

⑤ 同样用【选择工具】调整每条线段为弯曲曲线，效果如图 3-115 所示。

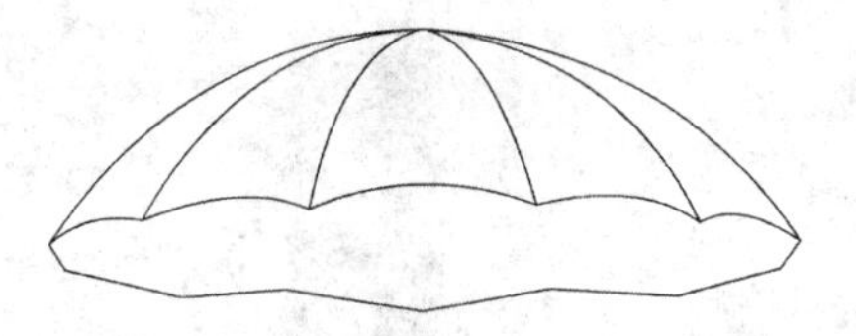

图 3-114 绘制另外一边 8 条短线

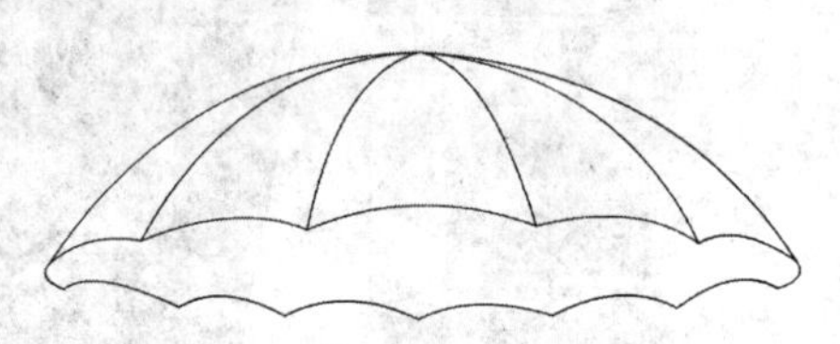

图 3-115 调整直线为曲线

⑥ 选择工具箱中的【矩形工具】，设置填充颜色为无色、笔触颜色为黑色、笔触大小为 1，从上至下绘制一个狭长的矩形，作为太阳伞伞柄，如图 3-116 所示。

⑦ 使用【选择工具】调整伞盖上方伞柄为"上小下大"的梯形形状，用鼠标单击选中被伞盖遮挡住的伞柄线条，按 Delete 键一一删除，太阳伞的线稿图形绘制完成，效果如图 3-117 所示。

图 3-116 绘制太阳伞伞柄

图 3-117 删除多余线条

(3) 绘制沙滩躺椅。

① 单击时间轴面板下方的【新建图层】按钮，新建一个图层并命名为“沙滩躺椅”。选择工具箱中的【矩形工具】，设置填充颜色为无色、笔触颜色为黑色、笔触大小为1，垂直方向拖动鼠标绘制的矩形，如图3-118所示。

② 选中该矩形，按Ctrl+T键打开【变形】面板，在【倾斜】选项中输入倾斜角度45°，使矩形发生倾斜变形，如图3-119所示。

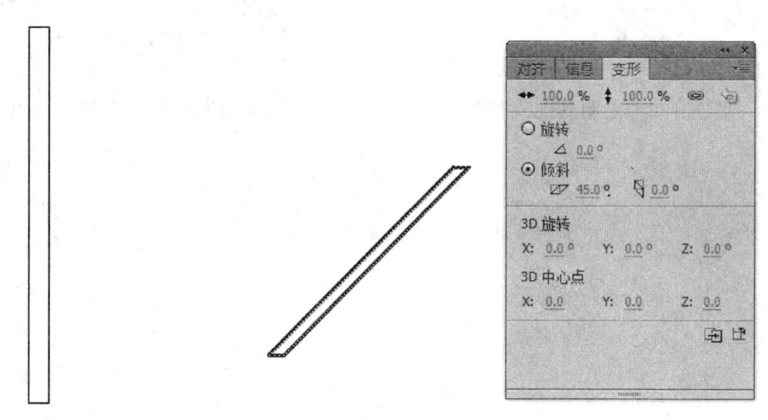

图3-118 绘制一个矩形　　图3-119 对矩形进行变形

③ 用【线条工具】绘制几条线段，绘制三维效果的躺椅支架形状，如图3-120所示。

④ 使用【选择工具】选中该支架图形，按Alt键的同时向左上方拖动，复制一个支架图形。此时注意，根据透视原理，新复制的支架应该略小于原支架，所以使用【任意变形】工具将新复制的支架图形稍稍缩小，如图3-121所示。

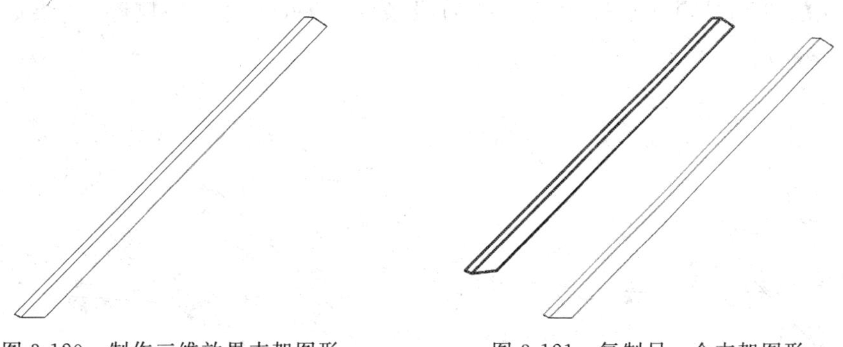

图3-120 制作三维效果支架图形　　图3-121 复制另一个支架图形

⑤ 按照同样的方法，绘制躺椅的其他支架图形，并组成沙滩的完整支架，如图3-122所示。

⑥ 根据空间透视原理，使用【选择工具】分别选中被遮挡住的支架图形线条，按Delete键一一删除，效果如图3-123所示。

⑦ 绘制躺椅上的布垫。为了便于绘制，可采用下面的办法：全部选中支架图形，设其线条笔触颜色为浅灰色，单击并锁定“沙滩躺椅”图层；新建一个图层，以底层躺椅图形为参照，用【线条工具】绘制一个平行四边形，如图3-124所示。

⑧ 使用【选择工具】调整图形，如图3-125所示。

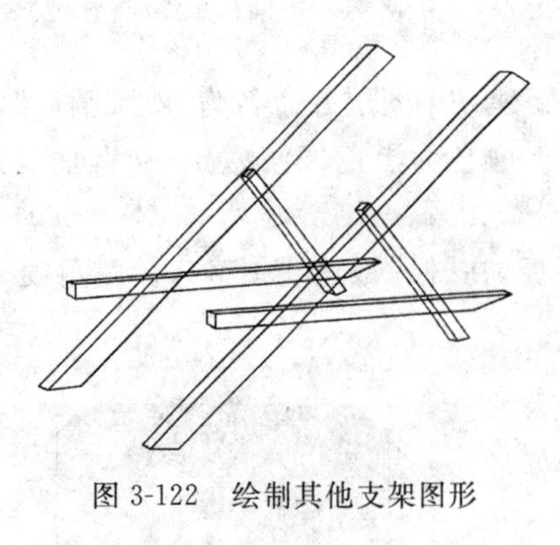

图 3-122　绘制其他支架图形

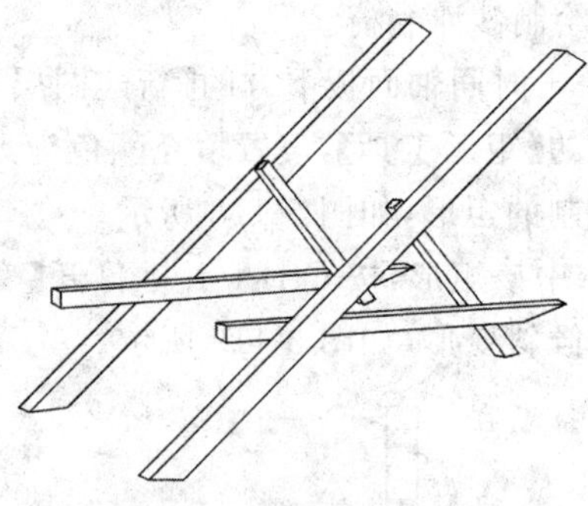

图 3-123　删除多余线条

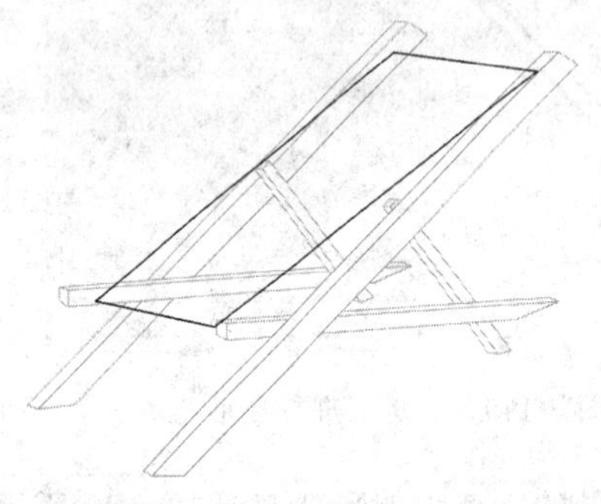

图 3-124　绘制一个平行四边形

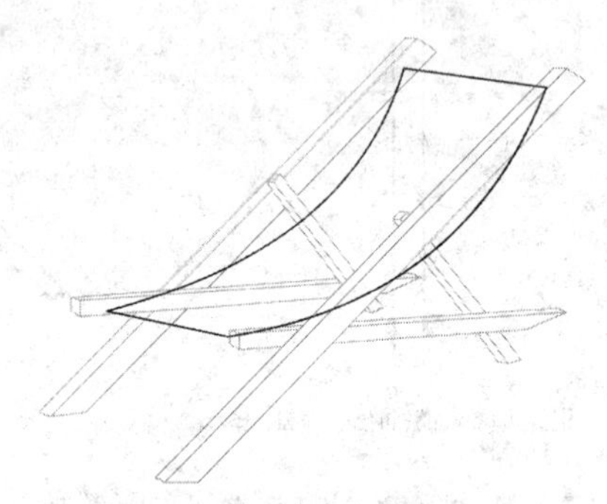

图 3-125　调整成布垫形状

⑨ 选中调整后的布垫图形，按 Ctrl＋X 键剪切该图形，单击解开“沙滩躺椅”图层的锁定，按 Ctrl＋Shift＋V 组合键执行“粘贴到当前位置”命令，如图 3-126 所示。

⑩ 使用【选择工具】分别选中被遮挡的线条，按 Delete 键一一删除，效果如图 3-127 所示。

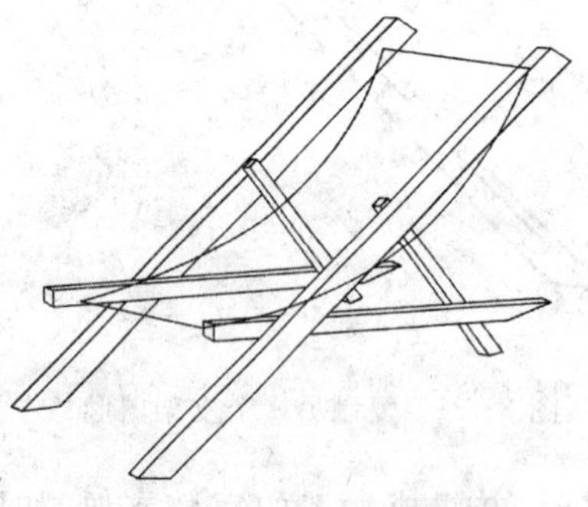

图 3-126　调整布垫图形的排列顺序

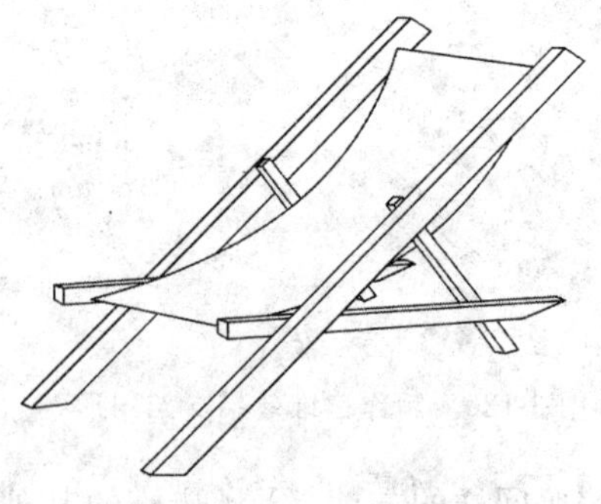

图 3-127　删除多余线条

⑪ 使用【线条工具】绘制一条线段，并用【选择工具】调整形状，增加躺椅的细节表现，如图 3-128 所示。

⑫ 调整后的图形效果如图 3-129 所示，至此，沙滩躺椅的线稿图形绘制完毕。

(4) 绘制背景。单击时间轴面板下方的【新建图层】按钮，新建一个图层并命名为“沙滩与海”，单击工具箱中的【钢笔工具】，设置笔触颜色为黑色、笔触大小为 1，在图层中勾勒出沙滩、海面、绿岛的图形，如图 3-130 所示。

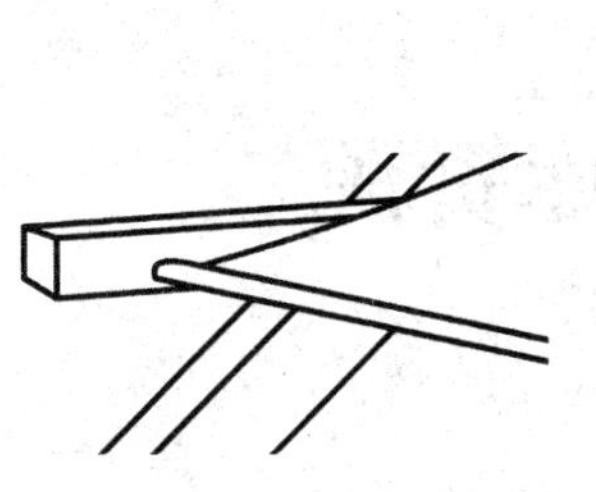

图 3-128　绘制躺椅细节

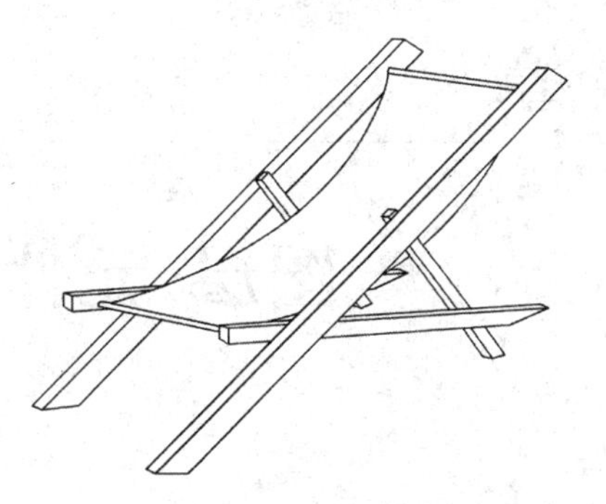

图 3-129　沙滩躺椅效果图

（5）为图形线稿上色。选择工具箱中的【颜料桶工具】为图形线稿上色，具体上色过程不一一详述，请参考源文件“夏日海滩.fla”。上色完成之后，用【选择工具】双击选中每个图形的轮廓线，按 Delete 键删除，最后为天空添加两朵云彩、为躺椅绘制阴影图形，最终效果如图 3-131 所示。

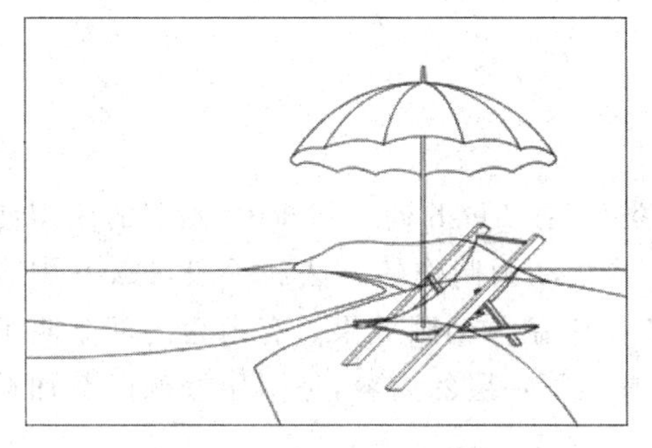

图 3-130　动画场景线稿图

图 3-131　动画场景最终效果图

3.6　本章小结

本章主要介绍了 Flash 图形的基本知识，认识工具面板、基本线条与图形的绘制方面的知识和技巧，同时还介绍了填充图形颜色的基本操作。通过本章矢量图形实例绘制的学习，读者可以掌握使用绘图工具绘制和编辑图形方面的知识，为深入学习 Flash CS6 知识奠定基础。

第4章 Chapter 4

图层、元件和库资源

本章学习目标

- 了解图层的基本概念,并掌握图层的基本操作方法
- 了解元件的概念及类型,并掌握元件的创建和转换的方法
- 熟练掌握元件的引用——实例的创建和应用
- 掌握库面板的组成和使用技巧并了解公用库的使用

4.1 Flash 中的图层及其应用

与图像处理软件 Photoshop 中的"图层"概念类似,在 Flash 动画制作中,图层的应用使得动画各个元件更加容易设置和管理。通过借鉴传统动画制作的方法和手段,Flash 中图层的应用就像在一张透明的纸上绘画,使元件独立出来制作动画效果。有内容的部分叫不透明区,没内容的部分叫透明区,通过透明区可以看到下一层的内容,把图层按顺序叠加在一起就组成了完整的图像。

4.1.1 图层的概念

图层就像透明的醋酸纤维薄片一样,在舞台上一层层地向上叠加。可以在某个图层上绘制和编辑对象,而不会影响其他图层上的对象。如果一个图层上没有内容,那么就可以透过它看到下面的图层内容。

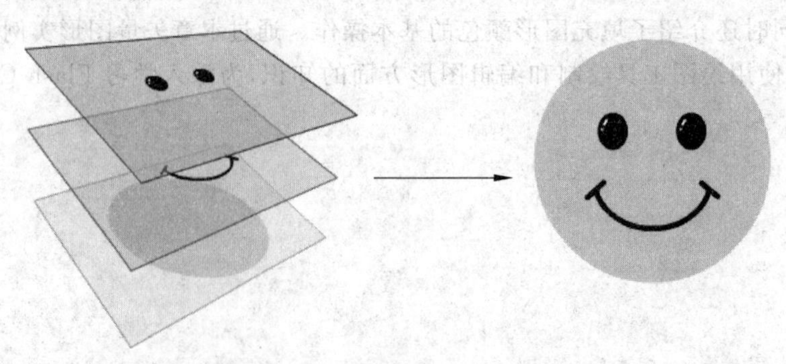

图 4-1 图层概念示意图

要绘制、上色或者对图层或文件夹进行修改,需要在时间轴中选择该图层以激活它。时间轴中图层或文件夹名称旁边的铅笔图标表示该图层或文件夹处于活动状态。一次只能有

一个图层处于活动状态(尽管一次可以选择多个图层)。

当创建了一个新的 Flash 文档之后,它仅包含一个图层,可以添加更多的图层,以便在文档中组织插图、动画和其他元素。图层数的创建只受计算机内存的限制,而且图层数量增加不会增加发布的 SWF 文件的文件大小,只有放入图层的对象才会增加文件的大小。

可以隐藏、锁定或重新排列图层,还可以通过创建图层文件夹,然后将图层放入其中来组织和管理这些图层。可以在时间轴中展开或折叠图层文件夹,而不会影响在舞台中看到的内容。对声音文件、ActionScript、帧标签和帧注释分别使用不同的图层或文件夹是个很好的习惯,有助于在需要编辑这些项目时快速地找到它们。

另外,使用特殊的引导层和遮罩层可以创建更为复杂的动画效果。

4.1.2　图层的类型

如图 4-2 所示,Flash 中的图层有三种类型,分别是普通层、遮罩层和引导层。

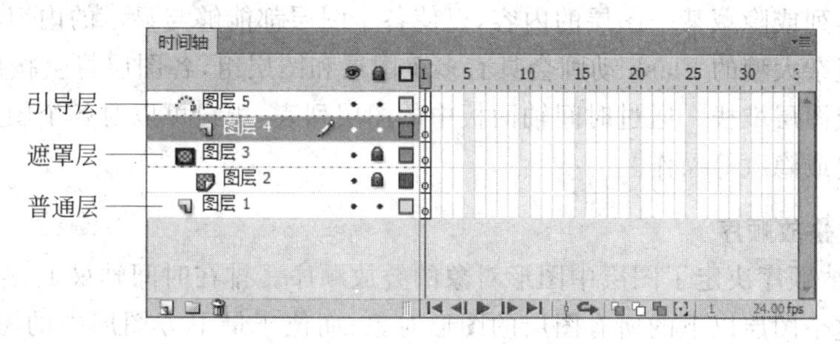

图 4-2　Flash 中的图层类型

(1) 普通层:启动 Flash CS6,默认情况下系统只有一个普通图层,单击时间轴面板中的【新建图层】图标可以新建一个普通图层。普通层是最基本和常用的图层类型,能放置所有的元件类型和进行动画的编排操作。

(2) 遮罩层:遮照层中的图形对象可以被看作是镂空透明的,其下被遮罩的对象在遮罩层图形对象的轮廓范围内可以正常显示。遮罩是 Flash 中常用的一种动画技术,用它可以产生很多特殊的效果,例如经典的探照灯、光芒闪烁、卷轴滚动、地球转动等动画效果。当定义某个图层为遮罩层时,其下的一层会自动定义被遮罩层,当然也可以通过图层属性进行修改。如图 4-2 所示,图层 3 为遮罩层,图层 2 则为被遮罩层。

(3) 引导层:其作用是辅助被引导图层对象的运动或定位,例如可以为一个元件对象指定其运动轨迹,另外也可以在引导图层上创建网格或对象,以添加注释或帮助对齐其他对象。引导层不从影片中输出,所以它不会增加文件的大小,而且它可以多次使用。

引导层又分为普通引导层和传统运动引导层,普通引导层的图标是 ,传统运动引导层的图标是 ,两者的区别是普通引导层只能起到辅助绘图和定位的作用,跟一般普通图层的属性类似,而运动引导层则至少与一个图层相关联,被关联的图层称为被引导层,被引导层中的元件对象可以按照引导层中的运动轨迹进行运动。如图 4-3 所示,右键单击图层 2,在弹出的菜单中选择【引导层】命令,此时图层 2 转变为普通引导层。

将普通层“图层 1”拖动到普通引导层“图层 2”的下方,如图 4-4 所示,此时普通引导层转变为运动引导层。反之亦然,向图层 2 左下方或上方拖动图层 1,运动引导层还会转换为普通引导层。

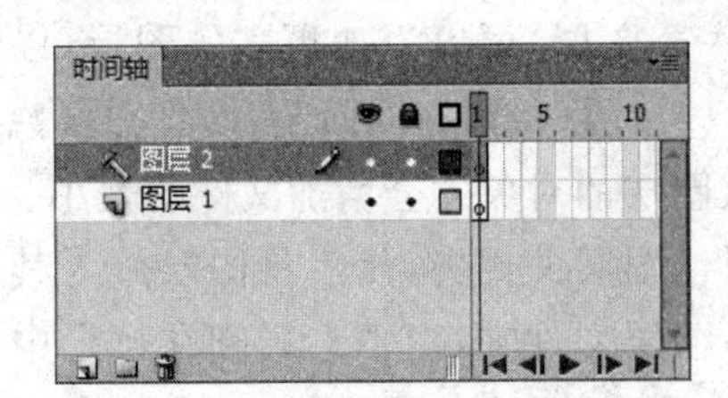

图 4-3　普通引导层

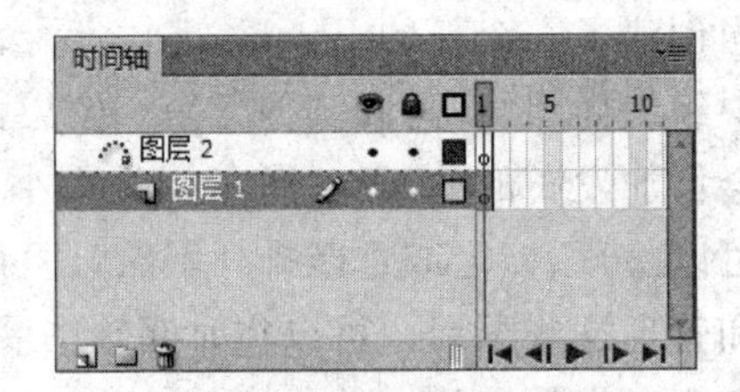

图 4-4　转换后的运动引导层

4.1.3　图层的操作与应用

1. 图层之间的相互关系

由于 Flash 图层的透明属性能够覆盖或显示下面的图层内容，所以在动画的制作过程中，经常需要排列或隐藏某一图层的内容，以使各个图层都能够与显示的内容相互搭配。一般来说，一个复杂大型的 Flash 动画会具有多个图层和图层组，各图层将会按照一定的顺序进行排列，形成图层堆栈。通过时间轴面板中的图层列表，用户可以对各个图层进行叠放顺序的调整、锁定或隐藏等操作。

2. 图层的叠放顺序

图层的叠放顺序决定了图层中图形对象的叠放顺序。排在时间轴最上方图层中的图形对象，会遮挡这个图层以下的所有图层的图形对象；而位于最下方图层中的图形对象，会被上方图层中的图形对象遮挡。

要改变图层的叠放顺序，可以利用鼠标拖放的方式，直接上移或下移图层。按住鼠标左键不放，将选取的图层拖放到其他适当的位置后松开鼠标就可以调整图层的上下叠放顺序。当然，也可以配合 Shift 或 Ctrl 键一次选取多个或某几个图层，实现多个图层顺序的同时改变。

3. 图层的锁定

为了防止在编辑某一图层时影响到其他已经完成的图层或其他图层中的图形对象，可以将其他当前不是编辑状态的图层锁定。

(1) 对一个图层锁定：单击图层窗口中某个图层锁定图标下的黑点，就可以看到黑点变成一个锁定图标，表示该图层已经锁定，如图 4-5 所示的图层 1 就是被锁定的图层。

(2) 对所有图层锁定：如果想要对所有的图层加锁，可单击图层窗口上方的锁定图标，就可以看到所有的图层标签上都有一个锁定图标，表明所有图层都被锁定，如图 4-6 所示。

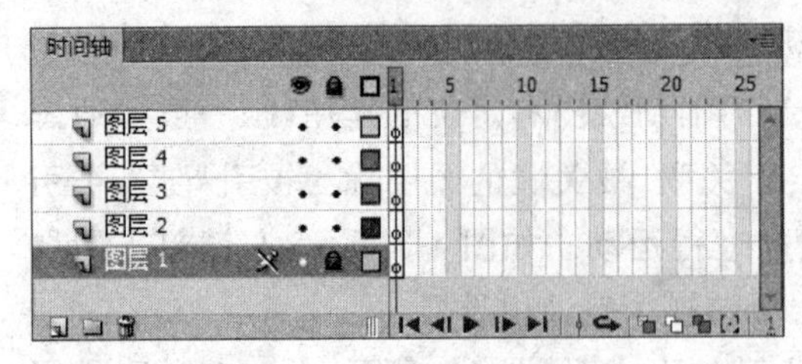

图 4-5　锁定一个图层

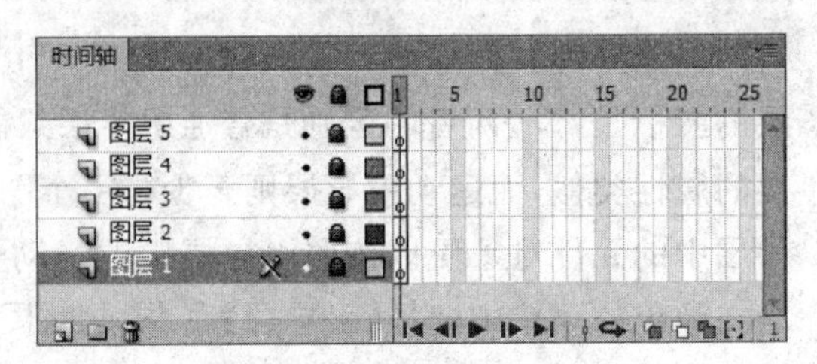

图 4-6　锁定所有的图层

(3) 对一个图层解锁：如果需要对某一锁定的图层进行解锁，只需单击该图层的锁定图标，就可以看到锁定图标变成黑点，表明图层已经解锁。

(4) 对所有图层解锁：如果要对所有加锁的图层进行解锁，只需单击图层窗口的锁定图标，就可以看到所有图层的锁定图标变成黑点，表明所有图层都已经解锁。

4. 图层的隐藏与显示

在动画制作过程中，由于舞台中图层比较多，每个图层中的图形对象叠加在一起会显得凌乱纷杂，这时为了便于编辑工作，可以将其他图层中暂时用不到的图形对象隐藏起来，被隐藏图层中的图形对象将不能进行编辑操作。

在图层窗口中单击某个图层眼睛图标下的黑点，可以看到黑点变成✕图标，表明该图层中的所有图形对象都已经被隐藏，如图 4-7 所示，图层 1 中的图形对象已经被隐藏。

如果需要隐藏所有的图层，只需单击图层窗口上方的眼睛图标，就可以看到所有图层眼睛图标下的黑点都变成叉号图标，表明所有的图层都被隐藏，如图 4-8 所示。

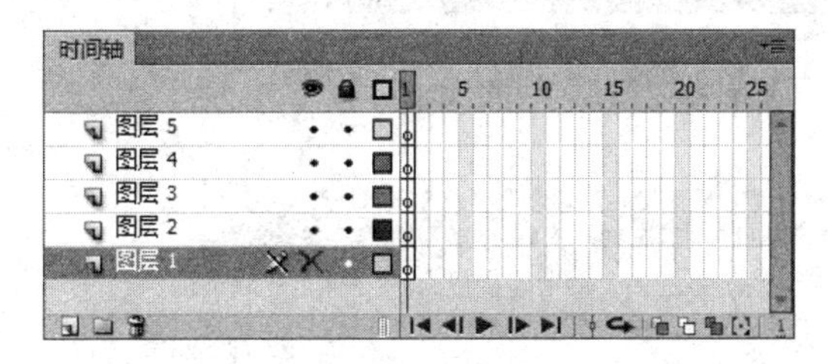

图 4-7 隐藏某一图层

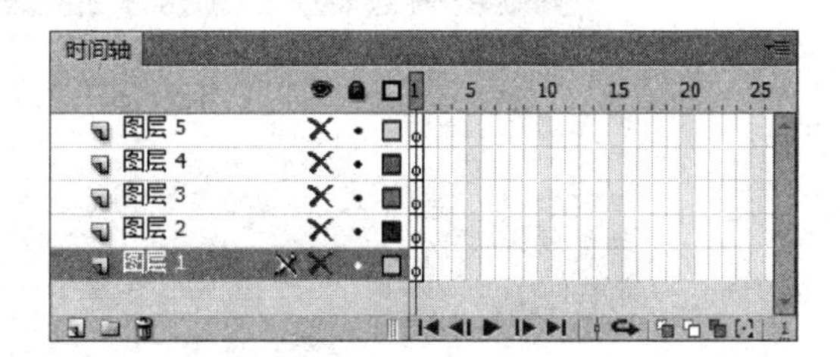

图 4-8 隐藏所有的图层

要隐藏除了当前操作图层外的所有图层，可在当前图层标签上单击鼠标右键，从弹出的快捷菜单中选择【隐藏其他图层】命令即可。完成这个操作后，可以发现除了当前图层外的所有图层中的图形对象都被隐藏起来了。

与隐藏图层的方法相似，再次单击图层窗口中某个已经隐藏图层的叉号图标，可以看到该图标会还原成黑点，表明该图层已经解除隐藏，在舞台上又可以看到该图层的图形对象。如果需要显示所有图层，可单击图层窗口上方的眼睛图标，则所有图层叉号图标都会变成黑点，表明所有图层中的所有图形对象都被显示出来。另外，选取任意图层作为当前操作图层，单击鼠标右键，在弹出的快捷菜单中选择【显示全部】命令，可以发现所有的图层都已显示。

Flash 还提供了显示图形对象轮廓的功能，在图层窗口单击某一图层的矩形框图标下的对应图标，就可以使该图层中的所有图形对象以特定颜色显示轮廓。如图 4-9 所示，图层“汽车人”中的标志图形以红色显示轮廓。

单击图层窗口上方的矩形框图标，可以使所有图层中的图形对象以不同的特定颜色显示轮廓，由于每个图层显示的图形对象轮廓是不同的，因此这样更便于区分图形对象，如图 4-10 所示。

再次单击某一图层对应的矩形框图标，可以使该图层中的图形对象不以图形对象轮廓显示。再次单击图层窗口上方的矩形框图标，可以取消所有图层的图形对象轮廓显示。

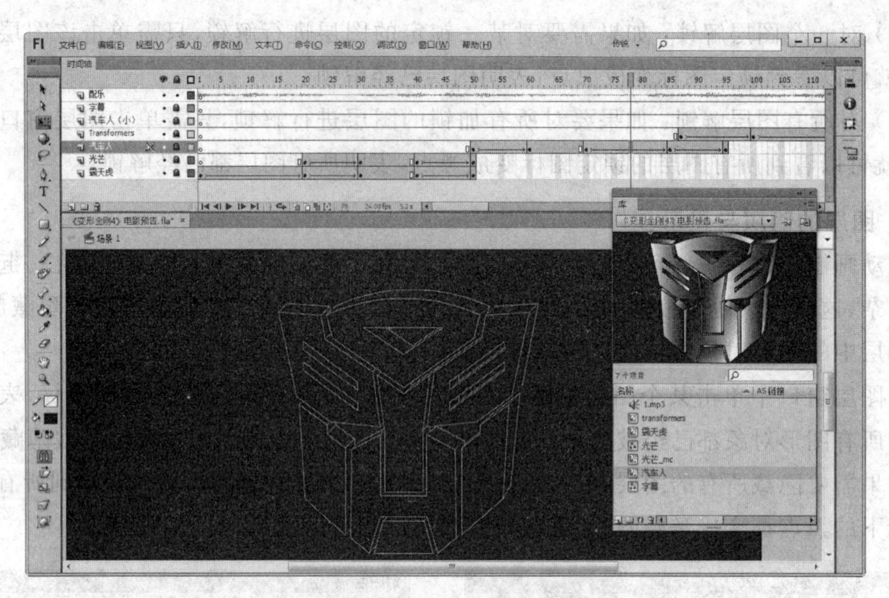

图 4-9 “汽车人”图层中的图形对象以颜色显示轮廓

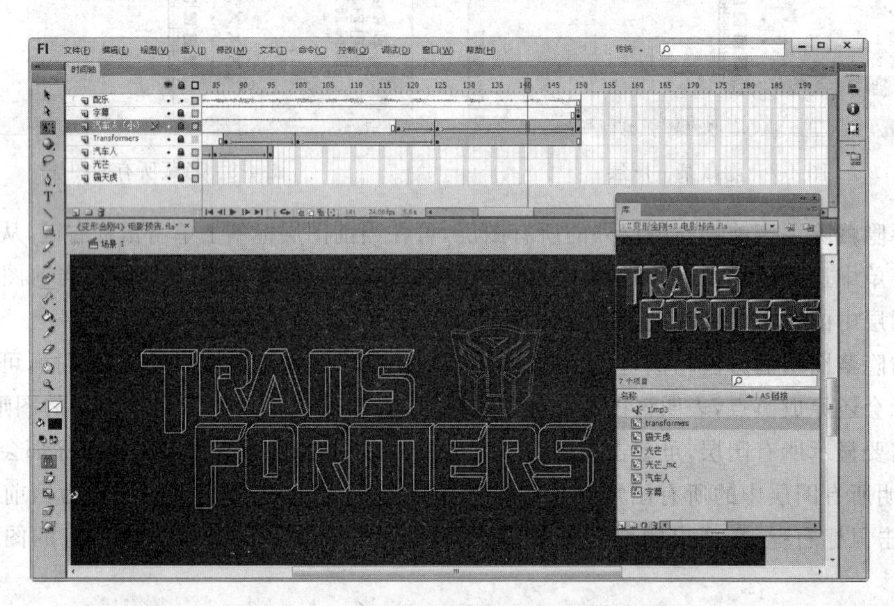

图 4-10 以不同颜色轮廓线显示的图层内容

4.2 元件及其应用

在 Flash CS6 中，元件起着举足轻重的作用。通过重复应用元件，可以提高工作效率，减少文件量。了解并掌握如何应用元件的相互嵌套及重复应用，就能够制作出变化无穷的动画效果。

4.2.1 元件、实例和库的概念

元件可以说是 Flash 当中一个非常重要的概念，它是在 Flash 软件中创建的图形、按钮或影片剪辑。一旦元件创建完成后，就可以在该文档或其他文档中重复使用。元件既可以是用 Flash 绘图工具绘制的矢量图形，也可以包含从其他应用程序中导入的位图。元件是 Flash 动画中最基本的元素，相当于 Flash 舞台中的"演员"，可表演不同的角色。

在制作 Flash 动画时，为了方便调用元件，需要将元件存放在一个场所，这个场所就是"库"。库相当于元件演员的休息室，演员从休息室走上舞台就是演出。同理，元件从"库"中进入"舞台"就被称为该元件的"实例"。

实例就是指位于舞台上或嵌套在另一个元件内的元件副本。实例可以与它的元件在颜色、大小和功能上有差别。编辑元件会更新它的所有实例，但对元件的一个实例应用效果则只更新该实例。如图 4-11 所示，只要建立 Flash CS6 文档，就可以使用相应的库资源。

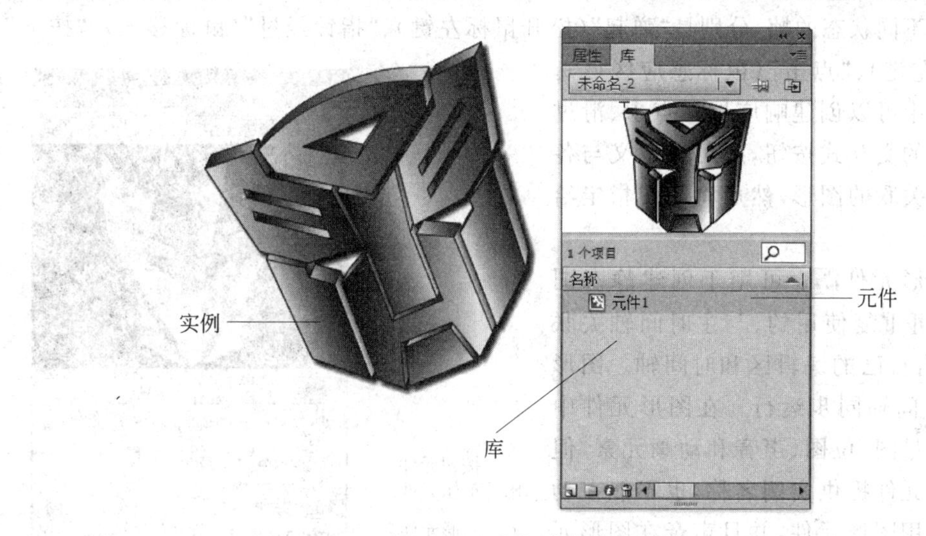

图 4-11 元件、实例和库资源

在文档中使用元件可以显著减小文件的大小，保存一个元件的几个实例比保存该元件内容的多个副本占用的存储空间小。例如，通过将诸如背景图这样的静态图形转换为元件后重新使用它们，可以减小文档的文件大小。使用元件还可以加快 SWF 文件的回放速度，因为元件只需下载到 Flash 播放器中一次。

在创作或运行时，可以将元件作为共享库资源在文档之间共享。对于运行时共享的资源，可以把源文件中的资源链接到任意数量的目标文档中，而无须将这些资源导入目标文档。对于创作时共享的资源，可以用本地网络上可用的其他任何元件更新或替换一个元件。

4.2.2 元件的类型

如同演员有主角、配角等不同类型一样，元件也有不同类型之分。执行【插入】|【新建元件】命令或按 Ctrl+F8 键可以新建元件，如图 4-12 所示，在创建元件时需要选择元件类型，元件的类型有以下三种，如图 4-13 所示。

(1) 影片剪辑元件：可创建可重用的动画片段。影片剪辑拥有各自独立于主时间轴

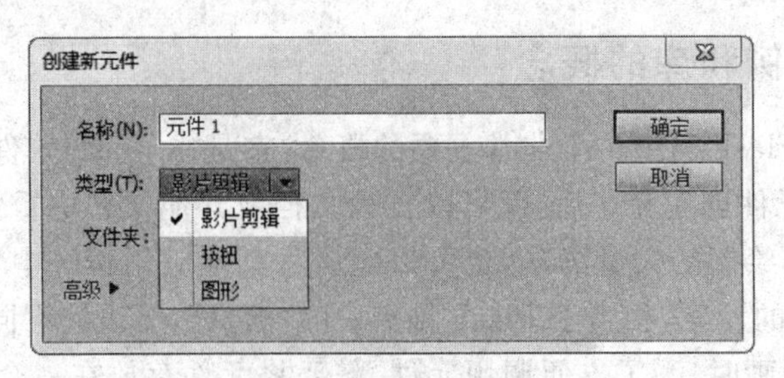

图 4-12 【创建新元件】对话框

的多帧时间轴。可以将多帧时间轴看作是嵌套在主时间轴内,它们可以包含交互式控件、声音甚至其他影片剪辑实例。也可以将影片剪辑实例放在按钮元件的时间轴内,以创建动画按钮。

(2) 按钮元件：按钮元件是创建能激发某种交互行为的按钮。创建按钮元件的关键是设置 4 种不同状态的帧,分别是"弹起"(松开鼠标左键)、"指针经过"(鼠标移入)、"按下"(按下鼠标左键)、"点击"(鼠标感应区域)。在按钮元件中可以创建响应鼠标点击、滑过或其他动作的交互式按钮,还可以定义与各种按钮状态关联的图形,然后将动作指定给按钮实例。

(3) 图形元件：可用于创建静态图像,或创建可重复使用的、与主时间轴关联的动画,它有自己的编辑区和时间轴。图形元件与主时间轴同步运行。在图形元件中可以使用矢量图、位图、声音和动画元素,但不能为图形元件提供实例名称,也不能在动作脚本中引用图形元件,并且声音在图形元件中失效。

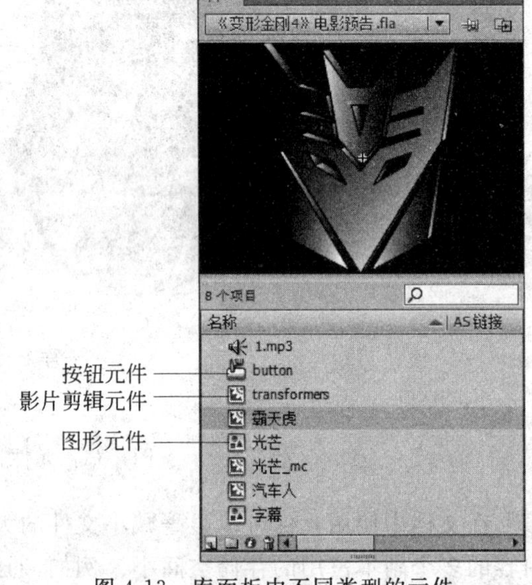

图 4-13 库面板中不同类型的元件

这三种元件都可以重复使用,且当需要对重复使用的元素进行修改时,只需编辑元件,而不必对所有该元件的实例一一进行修改,Flash 会根据修改的内容对所有该元件的实例进行更新。

这三种元件的区别及应用中需注意的问题如下。

(1) 影片剪辑元件和按钮元件的实例上都可以加入 AS 动作语句,图形元件的实例上则不能。

(2) 影片剪辑元件的关键帧上可以加入 AS 动作语句,按钮元件和图形元件则不能。

(3) 影片剪辑元件和按钮元件中都可以加入声音,图形元件则不能。

(4) 影片剪辑元件的播放不受场景时间轴长度的制约,它有元件自身独立的时间轴;按钮元件独特的 4 帧时间轴并不自动播放,而只是响应鼠标事件;图形元件的播放完全受制于场景时间轴。

(5) 影片剪辑元件在场景中敲回车键测试时看不到实际播放效果,只能在各自的编辑环境中观看效果；而图形元件在场景中可即时观看，可以实现所见即所得的效果。

(6) 影片剪辑元件中可以嵌套另一个影片剪辑元件，图形元件中也可以嵌套另一个图形元件，但是按钮元件中不能嵌套另一个按钮元件，但是三种元件可以相互嵌套。

4.2.3 元件的创建

可以通过舞台上选定的对象来创建元件，也可以创建一个空元件，然后在元件编辑模式下制作或导入内容，元件可以拥有 Flash 能够创建的所有功能，包括动画。

通过使用包含动画的元件，可以创建包含大量动作的 Flash 应用程序，同时最大程度地减小文件大小。如果一个元件中包含重复或循环的动作，例如鸟的翅膀上下翻飞，则应该考虑在元件中创建动画。

创建空元件的方法有多种，可参照下列方法之一执行。

(1) 执行【插入】|【新建元件】命令；

(2) 单击库面板左下角的【新建元件】按钮；

(3) 在库面板右上角的库面板菜单中选择【新建元件】命令；

(4) 按 Ctrl+F8 键。

下面按照不同的元件类型介绍各种元件的创建方法。

1. 创建图形元件

在菜单栏中选择【插入】|【新建元件】命令，在弹出的对话框中输入元件名称并选择元件类型为【图形】，单击【确定】按钮，Flash 会将该图形元件添加到库中，并切换到图形元件编辑模式。在元件编辑模式下，元件的名称将出现在舞台左上角的上面，并由一个十字光标指示该元件的注册点，如图 4-14 所示。

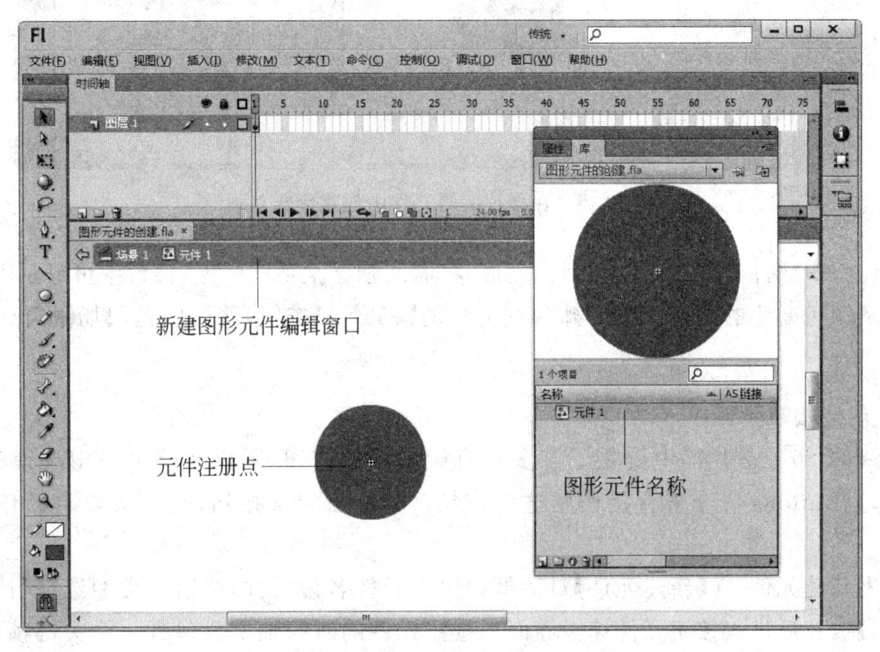

图 4-14 新建图形元件编辑界面

要创建图形元件内容，可以在元件编辑舞台上使用绘图工具绘制或导入素材并进行编辑。单击舞台左上角的【场景 1】按钮，则可返回场景舞台的编辑界面。

2. 创建影片剪辑元件

新建影片剪辑元件与新建图形元件一样，在【创建新元件】对话框中将影片剪辑元件命名为“形变动画”，确定后切换到影片剪辑元件的编辑窗口。窗口中间出现的“+”代表影片剪辑元件的中心定位点。同时在库面板的元件列表中也显示出该影片剪辑元件。

使用椭圆工具在元件编辑窗口中绘制一个红色圆形，选中时间轴第 20 帧，按 F6 键插入关键帧，并在该帧时刻将红色圆形删除并用【矩形工具】绘制一个绿色正方形；在时间轴第一帧上单击鼠标右键，选择【创建补间形状】，在时间轴上则会出现一条实线箭头，表示形变动画已创建成功，如图 4-15 所示。

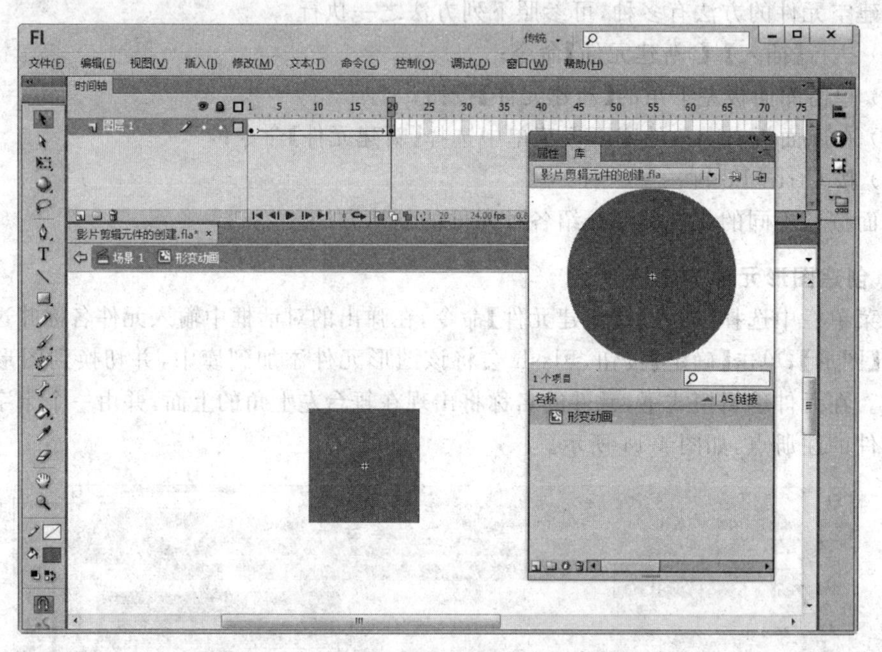

图 4-15 在影片剪辑元件中创建形变动画

影片剪辑元件中的形变动画制作完成，将时间轴移至不同帧上，舞台中可显示不同的对象形态及颜色变化的状态。单击舞台左上角的【场景 1】按钮，就可以返回场景舞台的编辑界面。

3. 创建按钮元件

Flash CS6 在公用库中提供了许多可直接使用的按钮，可以在菜单栏中选择【窗口】|【公用库】|Buttons 命令来直接调用这些按钮。如需自定义按钮内容，可以自己创建按钮元件。

首先新建元件，在【新建元件】对话框中输入元件名为“我的按钮”，类型选择【按钮】，单击【确定】按钮后进入按钮元件编辑界面。按钮元件的时间轴上只包含 4 个关键帧，分别是“弹起”、“指针经过”、“按下”和“点击”关键帧，如图 4-16 所示。

在第一个关键帧内绘制弹起状态的按钮形状。单击第二个关键帧并按 F6 键，添加关

图 4-16　按钮元件的时间轴和关键帧

键帧,并在原形基础上修改按钮,表示指针经过时的按钮状态,如该例为按钮添加投影效果。在第三个关键帧处按 F6 键添加关键帧,并在原形基础上修改按钮,表示指针按下时的按钮状态,为按钮添加内阴影效果;"点击"关键帧通常在制作热区响应按钮时才需要制作,绘制一个跟按钮大小相同的红色圆角矩形,颜色在测试影片时不输出显示,所以颜色的设置没有太大的意义。如图 4-17～图 4-20 所示为按钮元件的 4 个状态。

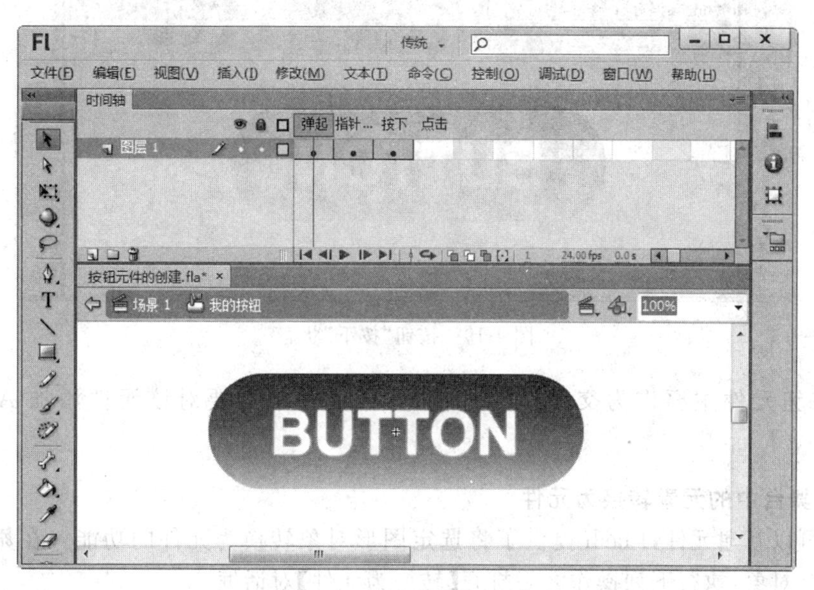

图 4-17　按钮"弹起"状态

返回舞台,从库面板中将"我的按钮"元件拖入舞台场景中,显示的是元件第一帧,执行【控制】|【测试影片】|【测试】命令,或者按 Ctrl＋Enter 组合键,即可测试按钮动画。在

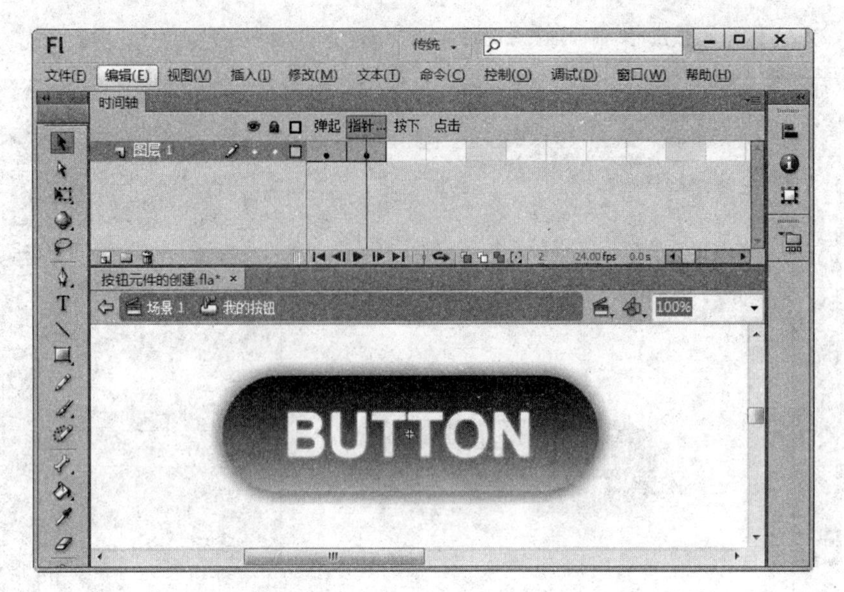

图 4-18　按钮"指针经过"状态

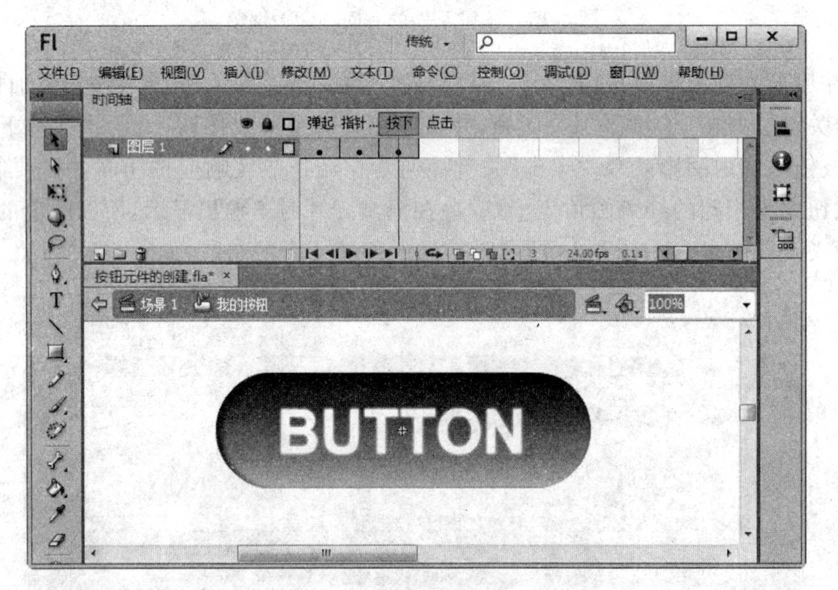

图 4-19　按钮"按下"状态

动画中，按钮元件主要作为交互性元件使用，因此一般需要对该元件添加 ActionScript 语句。

4. 将舞台中的元素转换为元件

除了可以新建元件，Flash 提供了将选定图形对象转换为元件的功能。在舞台上选择一个或多个对象，执行下列操作之一打开【转换为元件】对话框。

(1) 执行【修改】|【转换为元件】命令；

(2) 右键快捷菜单中选择【转换为元件】命令；

(3) 将选中对象拖到【库】面板上；

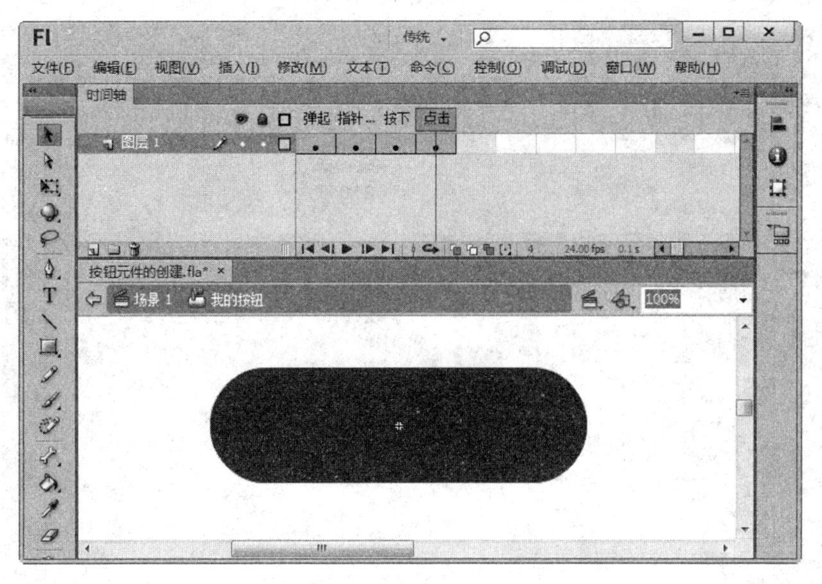

图 4-20　按钮“点击”状态

(4) 按快捷键 F8。

如图 4-21 所示。

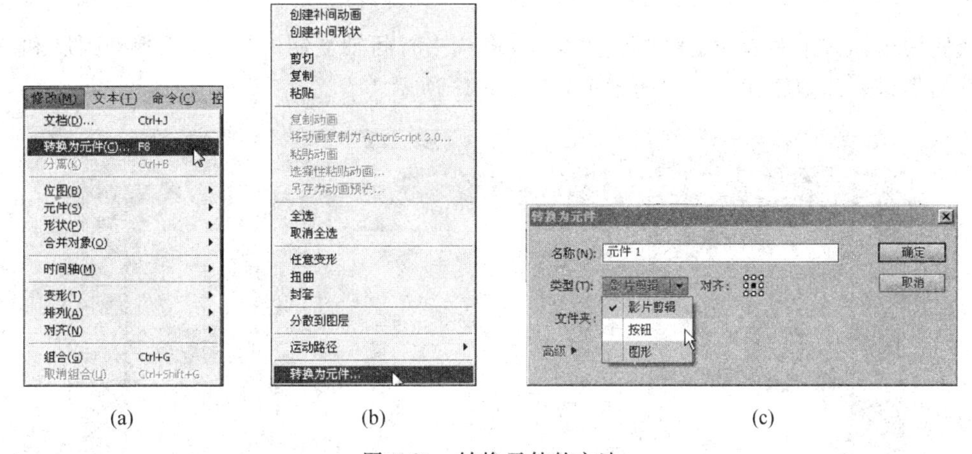

图 4-21　转换元件的方法

5. 将舞台动画转换为影片剪辑元件

影片剪辑是一个可以包含动画的元件，可以更好地编辑动画和创建动画。若要在舞台上重复使用一个动画序列或将其作为一个实例操作，应选择该动画序列并将其另存为影片剪辑元件。步骤如下。

第一步，在主时间轴上，选择想使用舞台上动画的每一层中的每一帧，在选中的帧范围内单击鼠标右键，在右键菜单中选择【复制帧】命令；或选中需要复制的帧，选择【编辑】|【时间轴】|【复制帧】命令，如图 4-22 所示。

第二步，新建元件，为元件命名并确定为【影片剪辑】类型元件，单击【确定】按钮。进入元件编辑界面，在时间轴上单击第 1 层上的第 1 帧，然后选择【编辑】|【时间轴】|【粘贴帧】命

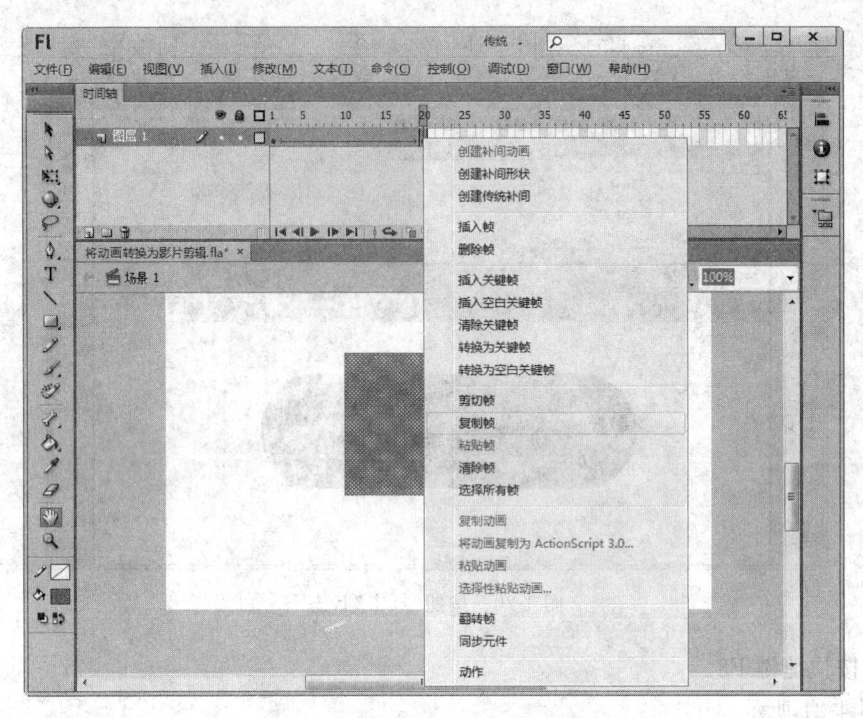

图 4-22　复制舞台上动画层的帧

令，或使用鼠标右键菜单中的【粘贴帧】命令，将从主时间轴复制的帧（以及所有图层和图层名）粘贴到该影片剪辑元件的时间轴上，如图 4-23 所示。

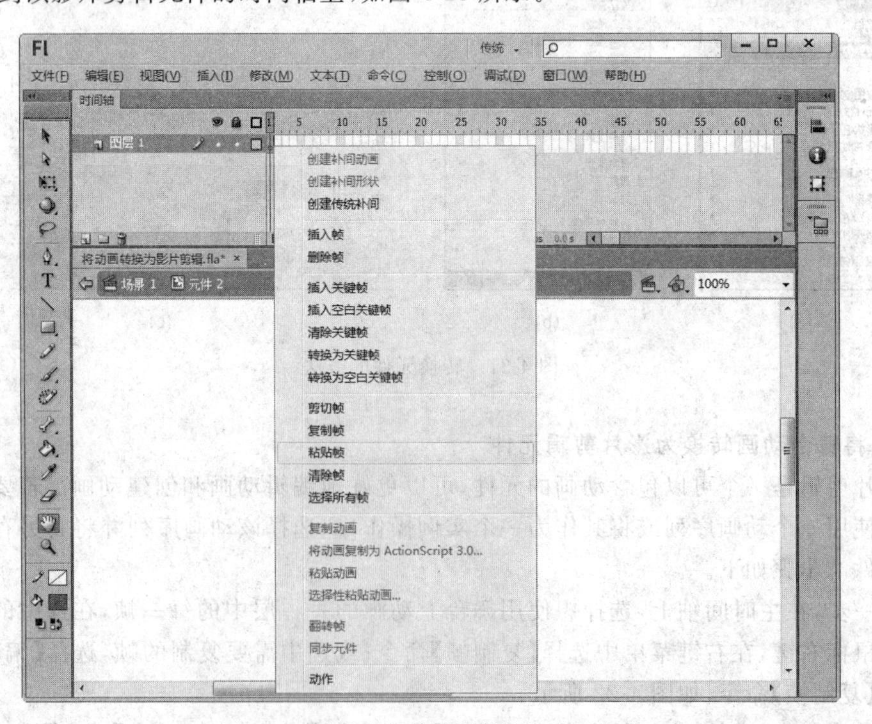

图 4-23　将舞台上的动画帧粘贴到元件中

在影片剪辑元件中已包含所复制的帧中的所有动画、按钮或交互性动作，在动画编辑时可重复调用该影片剪辑元件。若要返回到文档编辑模式，可单击舞台上方编辑栏内的场景名称，或在菜单栏中选择【编辑】|【编辑文档】命令返回场景。

4.2.4 元件的编辑

编辑元件时，Flash 会实时更新文件中该元件的所有实例，可以通过以下三种方式编辑元件。

1. 在当前位置编辑元件

当元件被作为实例放在场景中进行实例组合时，如果需要在当前位置编辑元件，可以选择元件实例，使用【编辑】|【在当前位置编辑】命令，或者直接双击元件，即可进入元件编辑界面。此时进入元件编辑模式，舞台上的其他对象以灰显方式呈现，如图 4-24 所示。

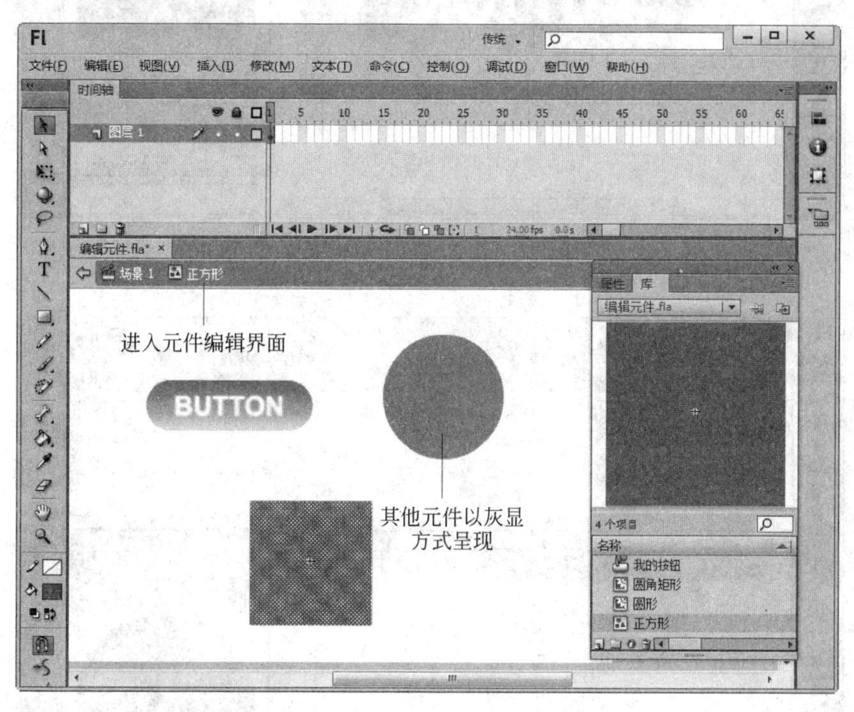

图 4-24 在舞台上的当前位置编辑元件

2. 在新窗口中编辑元件

在舞台上选择元件实例并单击鼠标右键，在弹出的右键菜单中选择【在新窗口中编辑】，则会打开新的文件窗口，元件可以在单独的窗口中进行编辑，且舞台上方仅显示该元件名称，如图 4-25 所示。

3. 在元件编辑模式下编辑元件

在舞台上选择元件并单击鼠标右键，在右键菜单中选择【编辑】命令；或在库面板中直接选择元件并双击，就可以进入元件编辑模式。在元件编辑窗口的舞台顶部会显示场景名称和正在编辑的元件名称，如图 4-26 所示。

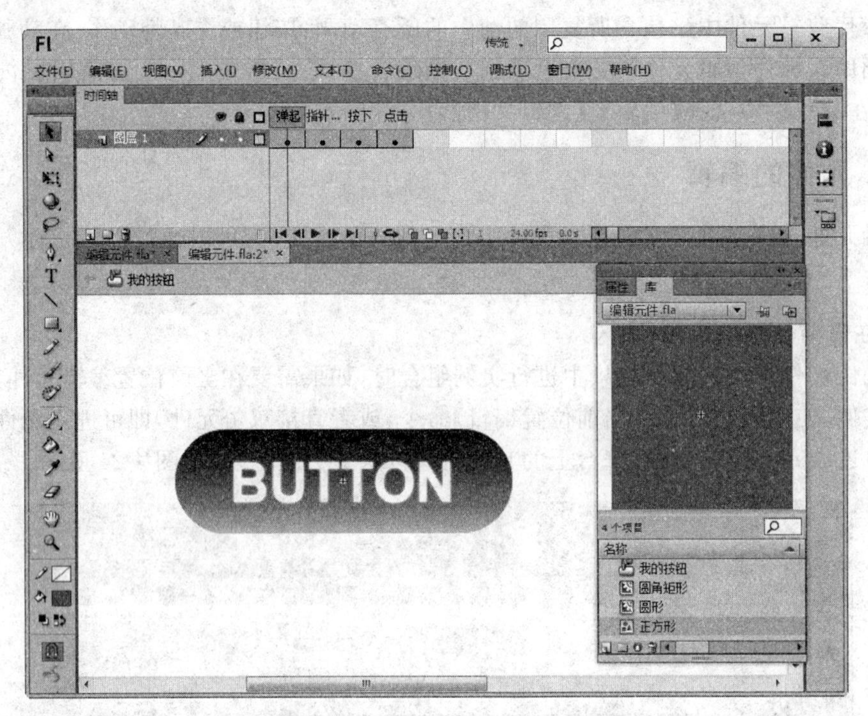

图 4-25　在新窗口中编辑元件

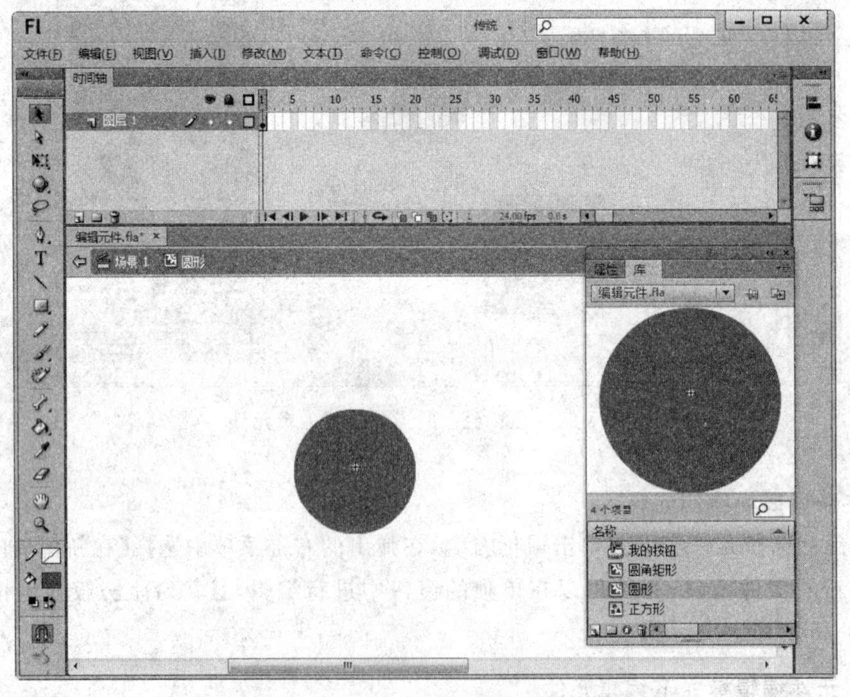

图 4-26　在元件编辑模式下编辑元件

4.2.5 复制元件

用户通过复制元件可以快捷地使用多个相同元件,或在现有元件的基础上快捷修改并创建新元件。在 Flash CS6 中,复制元件有以下两种方式。

1. 使用库面板复制元件

在【库】面板中选择元件,单击鼠标右键,选择【直接复制】命令;或在【库】面板的【选项】菜单中选择【直接复制】命令,即可复制元件。在【直接复制元件】对话框中可以修改新元件名称和类型等属性,按【确定】按钮后库面板中会出现被复制元件的副本。

2. 通过选择实例来复制元件

在舞台上选择一个实例,使用【修改】|【元件】|【直接复制元件】命令可复制元件。此时场景中被复制的元件实例则会被新复制出的元件所代替。选择场景中的实例并复制元件后,打开复制的元件副本并调整对象大小,回到场景中则可发现场景中的元件实例大小也发生了改变,如图 4-27 所示。

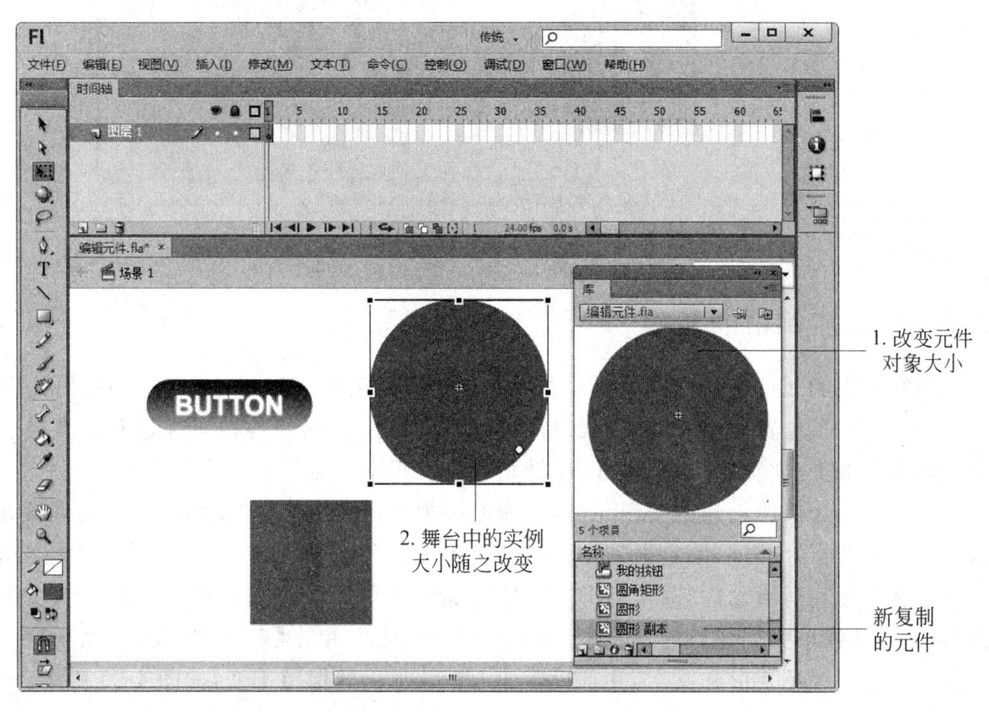

图 4-27 通过选择实例来复制元件

4.3 创建和编辑元件实例

创建元件后,用户可以在 Flash 文档中的任何地方,甚至在其他元件内,都可以调用该元件的实例。当修改元件时,文档中所有该元件的实例也会实时更新。

4.3.1 创建元件实例

创建元件后，元件会显示在【库】面板的元件列表中，在列表中选择该元件，并拖放到动画场景舞台中，则可直接创建该元件的实例。选择舞台上的实例，打开【属性】面板，可以设置元件实例的名称。如图 4-28 所示。对实例定义名称，就可以在 ActionScript 语句中使用该名称来引用实例。

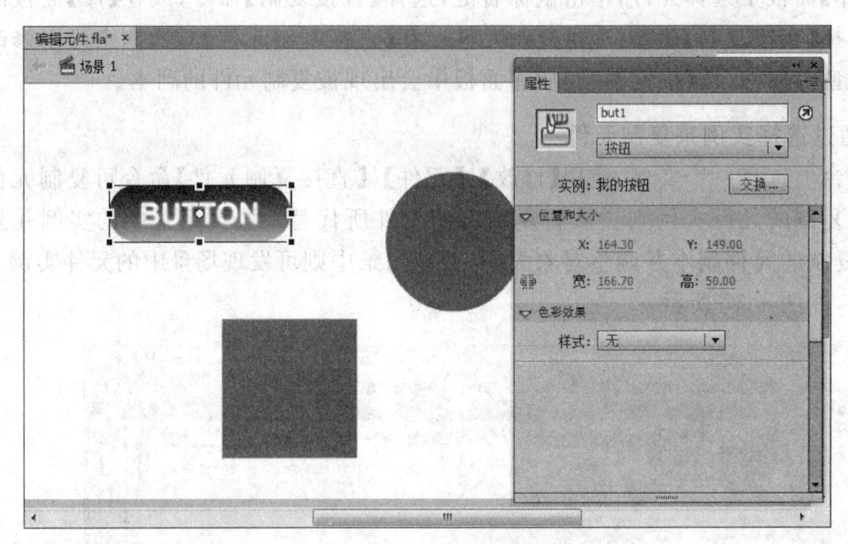

图 4-28 设置实例的名称

4.3.2 交换实例中的元件

交换实例中的元件就是在当前位置中，将选中的实例变成以另一元件为基础的实例。交换后的实例除了位置与原来的实例保持一致以外，原来实例的各种属性设置也会被应用于交换后的实例上，如实例颜色、尺寸、旋转角度以及脚本语言等。

如打开 4.2.3 节所创建的按钮元件，在库面板中双击按钮元件“我的按钮”，进入该元件的编辑窗口，其“指针经过”帧是由带投影滤镜效果的影片剪辑元件“圆角矩形”和文字组成的。单击选中影片剪辑元件“圆角矩形”，在属性面板中单击【交换】按钮，在弹出的【交换元件】对话框中选择事先创建好的绿色矩形图形元件“矩形”，单击【确定】按钮，会发现这一帧的内容已经变成绿色矩形和文字，并且投影的滤镜效果仍然保留不变，如图 4-29 所示。

4.3.3 更改实例的色彩效果

每个元件实例都可以有自己的色彩效果。在【属性】面板中可以设置实例的色彩效果。展开【属性】面板中的【色彩效果】，在【样式】后的下拉列表中可选择相应效果进行调整。当在特定帧内改变实例的颜色和透明度时，Flash 会在播放该帧时立即进行这些更改，如图 4-30 所示。

实例色彩效果的【样式】列表中包含亮度、色调、Alpha、高级这 4 种选项。

(1) 亮度：调整实例的相对亮度或暗度，度量范围从黑(－100％)到白(100％)。

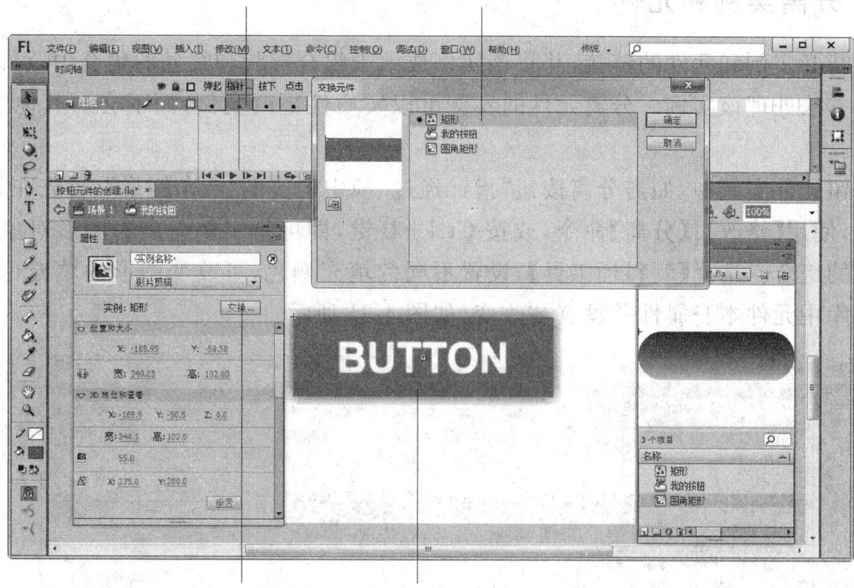

图 4-29 交换实例中的元件

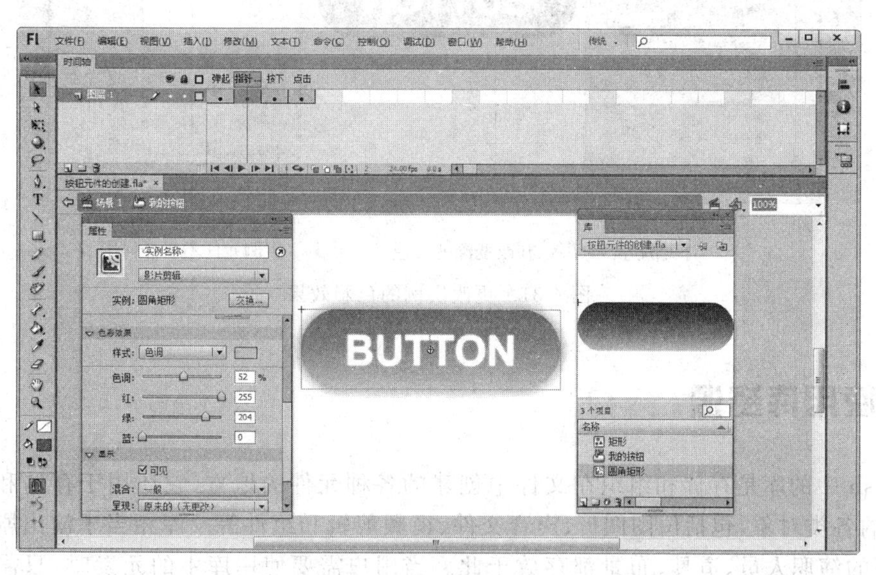

图 4-30 更改实例的色彩效果

(2) 色调：用相同的色相为实例着色。设置色调的范围从透明(0%)到完全饱和(100%)。若要调整色调，可以单击【色调】调整三角形滑块并拖动，或者在框中输入数值。若需更改颜色，可以调整红、绿、蓝三色的参数值。

(3) Alpha：调整实例的透明度，调整范围是透明(0%)到完全饱和(100%)。

(4) 高级：可以分别调整实例的红、绿、蓝三色的透明度。对于在由位图创建的对象上可以达到非常微妙的色彩效果。【高级】选项左侧的参数列可以按百分比改变颜色或透明度值，右侧的参数则可以按数值改变颜色或透明度的值。

4.3.4 分离实例和元件

如需断开实例和元件的链接，并将该实例放入未组合形状和线条的集合中，可以通过分离实例的方法处理该实例。分离元件的实例可以实质性更改实例，而不会对其他实例产生任何影响。

在按钮元件实例中，如需分离按钮"指针经过"帧中的实例"圆角矩形"，首先在舞台上选中该实例，使用【修改】|【分离】命令，或按 Ctrl＋B 键，即可将实例分离为图形对象，即填充色和线条的组合。选择【颜料桶工具】，设置不同的填充颜色，可改变图形的填充色，而与实例链接的库中元件本身属性并没有被改变，如图 4-31 所示。

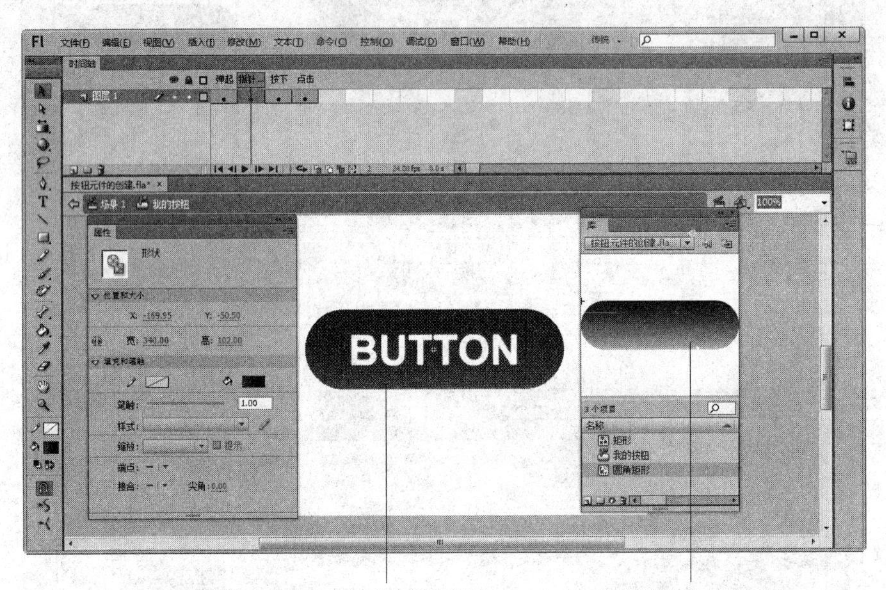
BUTTON
对实例进行分离，并改变渐变颜色
实例元件不受任何影

图 4-31 更改实例的色彩效果

4.4 使用库资源

Flash 中的库是存储和组织在文件中创建的各种元件的地方，它还用于存储和组织导入文件的各类对象，包括位图图形、声音文件、视频剪辑和组件等。库相当于演出剧场的后台，所有的演职人员、道具、布景都存放于此。当用户需要使用库中的元素时，只需将其从【库】面板拖到指定位置即可。从库中拖动元素到场景中以后，其实拖入元素本身还是在【库】面板中，拖入的元素只是一个镜像文件，就如同在操作系统中为某个应用软件创建了快捷方式图标一样。

4.4.1 库面板

选择【窗口】|【库】命令，或者按 Ctrl＋L 键，即可打开库面板，如图 4-32 所示。在库面板中可以组织文件夹的库项目，查看项目在文件中使用的频率，并按指定的类型对项目排序。

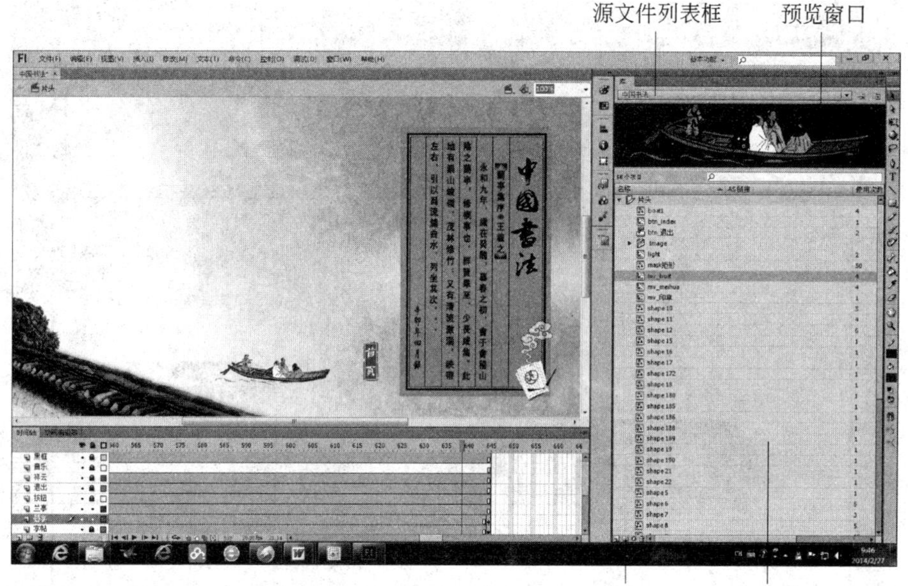

图 4-32 库面板的组成

库面板主要分为 4 个区域，最上方的源文件列表框用于选择当前打开的 Flash 文件；中间的预览窗口用于显示被选择的库资源；下方的库资源列表中列出了库中的所有对象，并显示对象的名称、类型、使用次数、链接等属性；面板底部为功能按钮组，包括【新建元件】、【新建文件夹】、【属性】、和【删除】按钮。

(1)【新建元件】按钮：用于创建元件。单击此按钮，弹出【创建新元件】对话框，可以创建新的元件。

(2)【新建文件夹】按钮：用于创建文件夹。当库中积累较多的元件时，可为它们分门别类地建立文件夹，将相关的元件调入其中，方便组织和管理。单击此按钮，在库面板中生成新的文件夹，可以设定文件夹的名称。将相应元件直接拖入文件夹中即可。

(3)【属性】按钮：用于查看或转换元件的类型。单击此按钮，弹出【元件属性】对话框，如图 4-33 所示。在【元件属性】对话框中可转换元件类型，如单击【编辑】按钮，则可进入元件的编辑界面对元件进行编辑。

如果库项目是从外部导入的位图，使用【属性】按钮查看时则会打开【位图属性】对话框，可以在该对话框内查看或修改位图名称、设置位图优化选项或查看设置 ActionScript 属性，如图 4-34 所示。

(4)【删除】按钮：删除库面板中被选中的元件或文件夹。单击此按钮，所选的元件或文件夹被删除。

4.4.2 内置公用库

Flash CS6 附带的内置公用库中包含一些元件范例，可以使用内置公用库向文档中直接添加按钮等元件，而不需要自行制作，大大提高了工作效率。使用内置公用库资源可以优化动画制作的工作流程和文件资源管理。

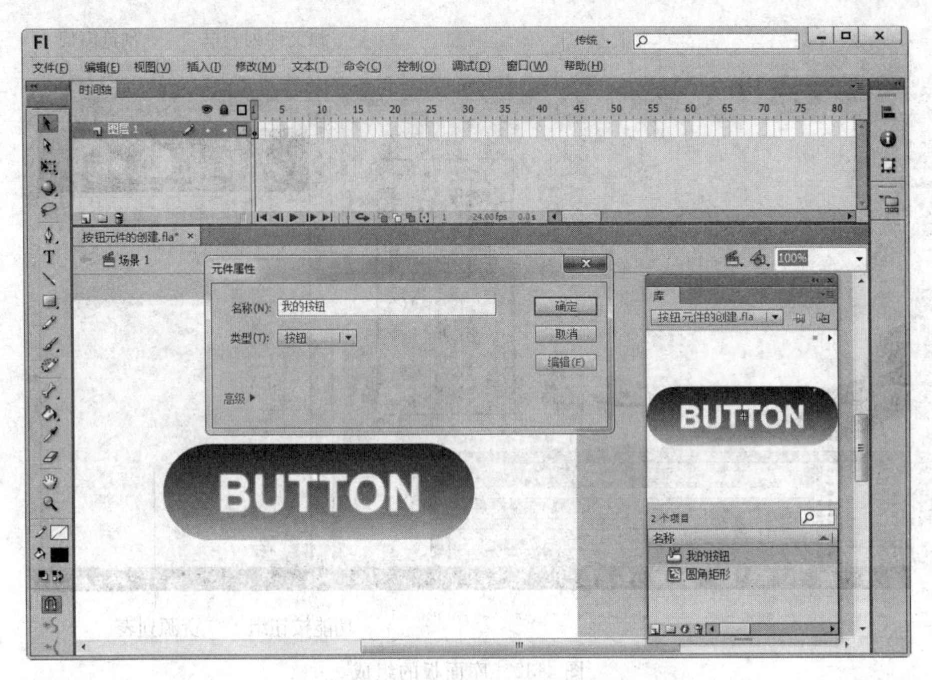

图 4-33 【元件属性】对话框

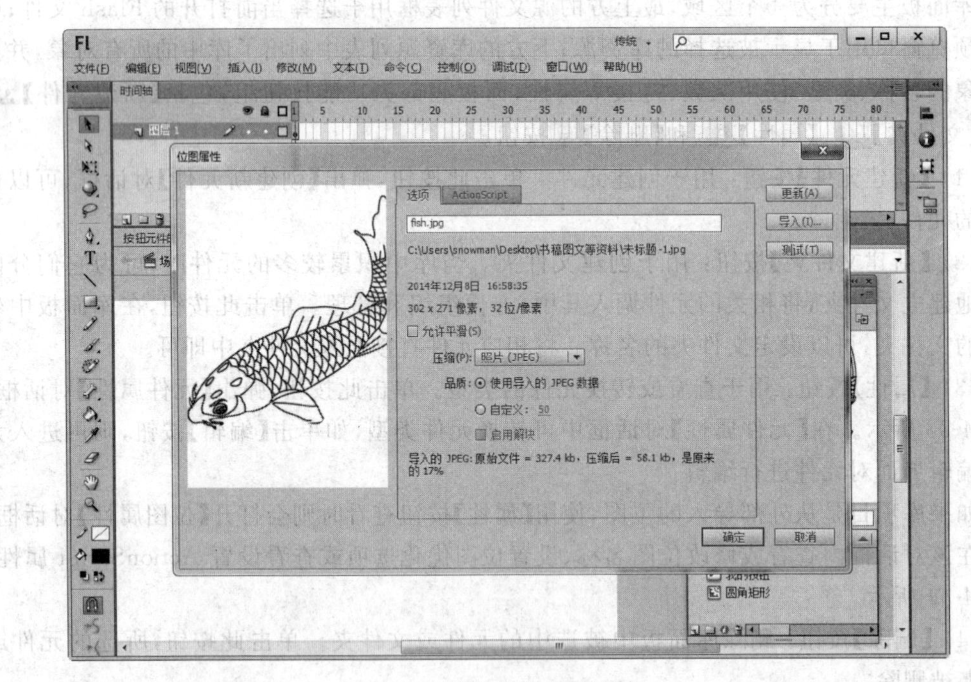

图 4-34 【位图属性】对话框

选择【窗口】|【公用库】命令，在弹出的列表中选择 Buttons 选项，弹出【外部库】面板，如图 4-35 所示。在【外部库】面板中，展开库元件列表文件夹，可发现软件提供了若干类型的按钮元件及组件，直接选择某一按钮元件，拖到舞台中即可进行应用。

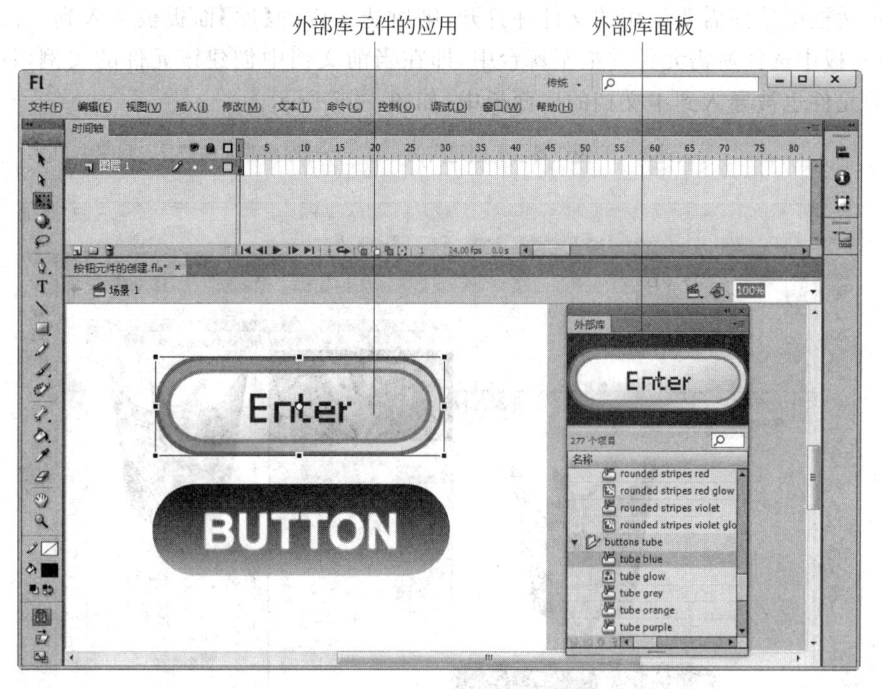

图 4-35　内置公用库元件的调用

4.4.3　外部库资源

可以在当前场景中使用其他 Flash 文档的库资源。

执行【文件】|【导入】|【打开外部库】命令，弹出【作为库打开】对话框，如图 4-36 所示。

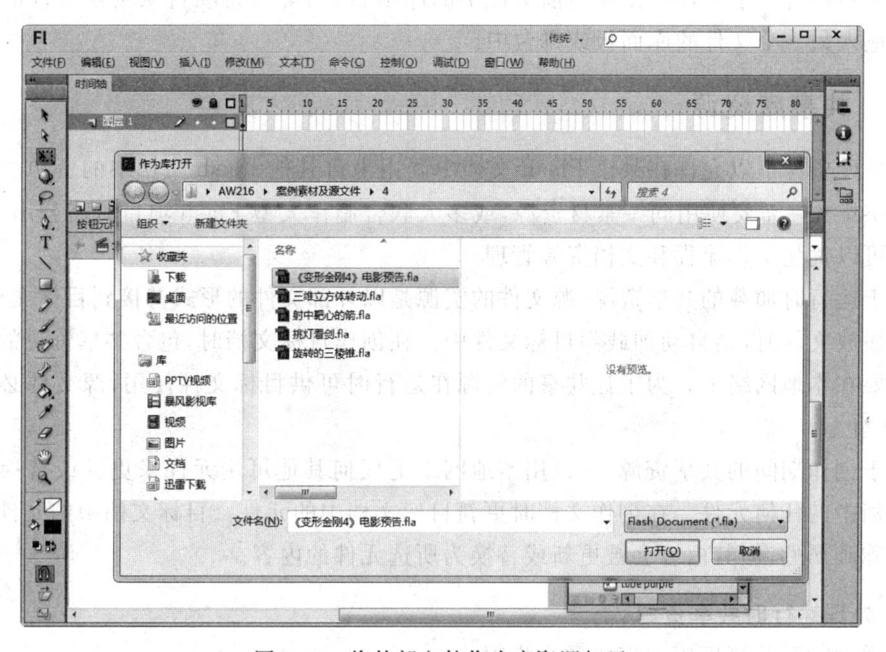

图 4-36　将外部文件作为库资源打开

在对话框中选择需要使用的文件并打开，则所选文件的【库】面板被调入到当前的文档中，从库面板中选择所需元件并拖至舞台中，即在当前文档中创建该元件的实例，且所选外部库中的元件也被导入到本文档的库面板中，如图4-37所示。

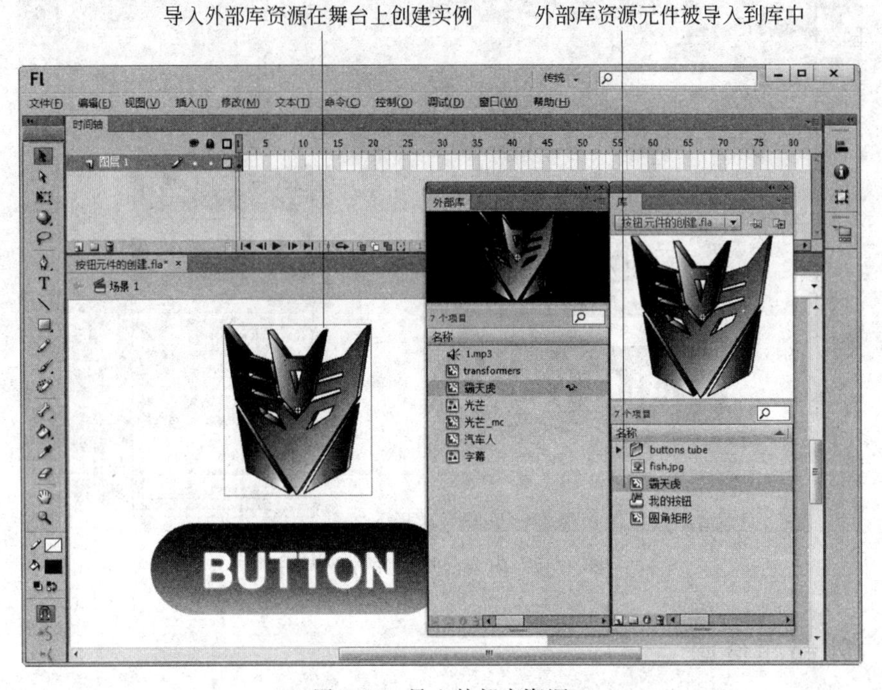
导入外部库资源在舞台上创建实例
外部库资源元件被导入到库中
BUTTON

图4-37 导入外部库资源

如果想在另一个文件内使用当前文件中的库项目，则可以将项目从当前文件的库面板或舞台拖入另一个文件的库面板或舞台中。

4.4.4 共享库资源

共享库资源可以允许在某个Flash文档中调用来自其他Flash文档中的资源。例如当多个Flash文件需要使用同一素材资源，或多人联合制作大型Flash项目时需公用资源时，该功能可以优化工作流程和文档资源管理。

对于运行时加载的共享资源，源文件的资源是以外部文件的形式链接到目标文档中的。运行或播放文件时，会自动加载到目标文件中。在创作目标文档时，包含共享资源的源文件并不需要在本地网络上。为了让共享的资源在运行时可供目标文件使用，源文件必须发布到URL上。

对于创作期间的共享资源，可以用本地网络上任何其他可用元件来更新或替换正在创作的文档中的任何元件。在创作文档时更新目标文档中的元件。目标文档中的元件保留了原始名称和属性，但其内容会被更新或替换为所选元件的内容。

1. 处理运行时共享资源

使用运行时共享库资源需要两个步骤。

首先，源文件的作者在源文件中定义共享资源并输入该资源的标识符字符串和源文件将要发布到的 URL(仅 HTTP 或 HTTPS)。

然后,目标文档的作者在目标文档中定义一个共享资源,并输入一个与源文件的那些共享资源相同的标识符字符串和 URL。或者,目标文档作者可以把共享资源从发布的源文件拖到目标文档库中。在【发布】设置中设置的 ActionScript 版本必须与源文件中的版本匹配。

在上述任何一种方案下,源文件都必须发布到指定的 URL 上,使共享资源可供目标文档使用。

2. 在源文件中定义运行时共享资源

若要定义源文件中资源的共享属性,并使该资源能够链接到目标文档以供访问,可使用【元件属性】对话框或【链接属性】对话框进行设置。

在源文件打开时,选择【窗口】|【库】命令,打开库面板,在库面板中选择所需元件并打开【元件属性】对话框,单击【高级】选项,展开高级设置,如图 4-38 所示。勾选【为 ActionScript 导出】选项,设置元件的标识符,这是 Flash 在链接到目标文档时用于标识资源的名称,以便于标识在 ActionScript 中用作对象的影片剪辑或按钮;勾选【为运行时共享导出】选项,使该资源可以链接到目标文档;输入将要张贴包含共享资源的 SWF 文件的 URL 并单击【确定】按钮。发布 SWF 文件时,必须将 SWF 文件发布到指定的 URL 上,这样共享资源才可供目标文档使用。

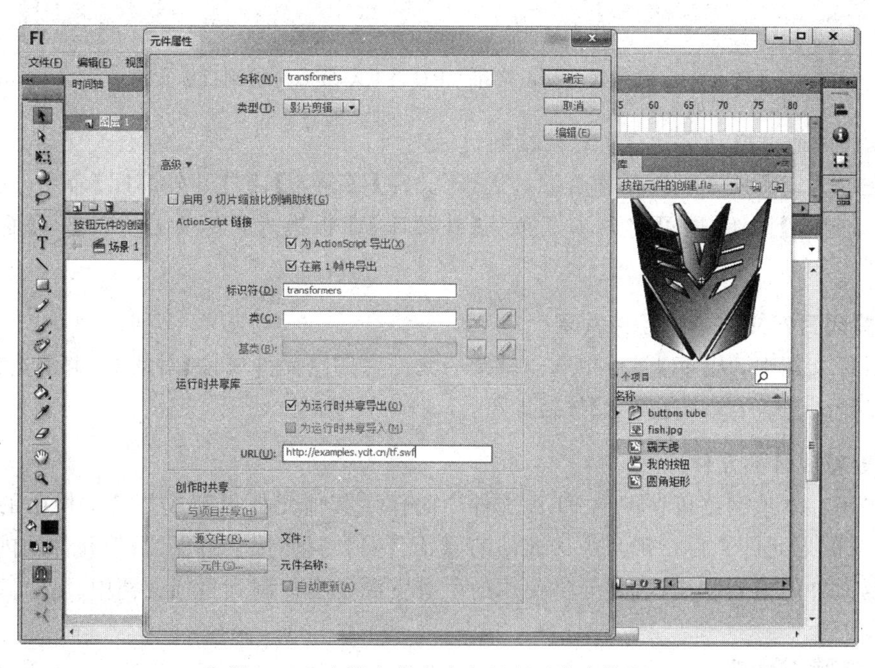

图 4-38 在源文件中定义运行时共享资源

3. 链接到目标文档的运行时共享资源

可以通过输入共享资源的 URL 或将资源拖动到目标文档来链接到共享资源。

方法一:通过输入标识符和 URL 将共享资源链接到目标文档。

在目标文档中,选择【窗口】|【库】命令,打开【库】面板,选择所需元件,打开【元件属性】

对话框，并展开高级选项；勾选【为运行时共享导出】选项，输入元件、位图或声音的标识符，这些标识符需与源文件中该元件使用的标识符相同；输入包含共享资源的 SWF 源文件的 URL，然后单击【确定】按钮，则可链接到源文件中的资源，如图 4-39 所示。

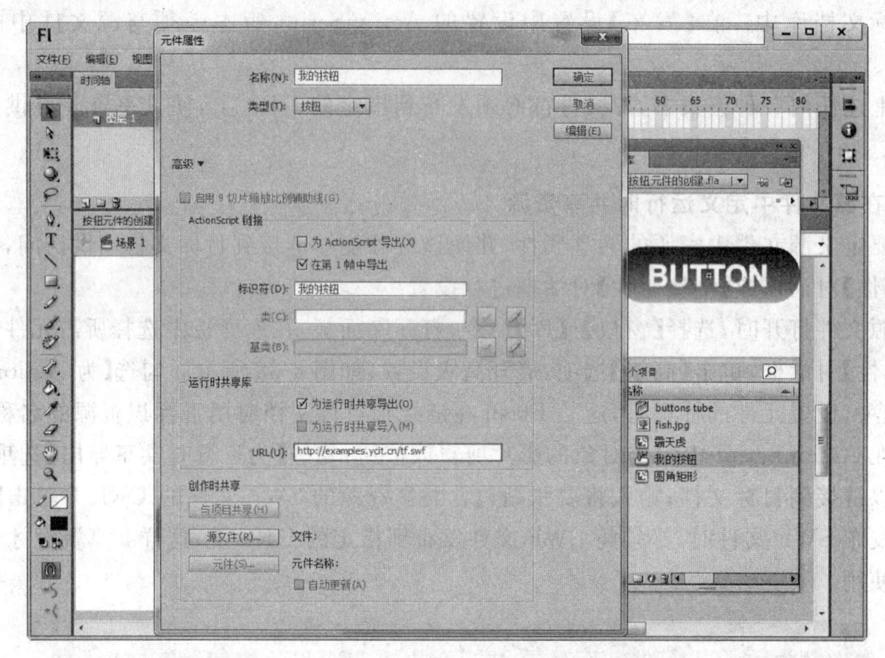

图 4-39 通过输入标识符和 URL 将共享资源链接到目标文档

方法二：通过拖动将共享资源链接到目标文档。

首先导入资源所在文件的库资源。选择【文件】|【导入】|【打开外部库】命令，选择源文件并单击【打开】按钮，即可将共享资源从【外部库】面板拖入目标文档中的【库】面板或舞台上。

4. 关闭目标文档中的元件共享

在目标文档中，从【库】面板中选择链接的元件，打开【元件属性】对话框，取消选择【为运行时共享导入】选项，单击【确定】按钮即可。

5. 更新或替换元件

可以用在本地网络可访问的 FLA 文件中的任何其他元件更新或替换文档中的影片剪辑、按钮或图形元件。目标影片中该元件的原始名称和属性都会被保留，但元件的内容会被所选择的元件的内容替换，选定元件使用的所有资源也会复制到目标文档中。

4.5 本章小结

本章主要介绍了图层的基本概念、图层的基本操作和编辑图层方面的知识与技巧，同时还介绍了理解元件、实例与库的概念，以及元件的创建与元件的引用等方面的知识与技巧。最后通过实例演示，讲解了库的管理、库面板的组成和创建库元素、调用库文件和使用公用库的方法。通过本章的学习，读者可以掌握使用图层、元件、实例和库方面的知识。

第5章

文本的创建与编辑

本章学习目标

- 了解文本的类型
- 掌握静态文字的处理与编辑
- 掌握动态文字的处理与编辑
- 掌握文本添加滤镜效果的方法
- 掌握文本转换为矢量图的方法

中国自古以来就有着“书画同源”的说法，意指文字与图形两者之间虽异体但同质，二者之间的表现技法、艺术审美等许多基本因素都是一脉相通的，且刚起源时俱是人们记载情感和思想的一种手段。文字作为传播信息的重要载体，是 Flash 动画制作中重要的组成元素之一，它能够突出表达动画的主题内容，使观众快速获取相关信息，可以起到帮助动画表述内容以及美化动画的作用。

5.1 Flash CS6 文本概述

Flash CS6 包括两种类型的文本引擎，一种是传统文本，一种是 TLF 文本，两种文本引擎中又分别包含不同的文本类型。传统文本是 Flash Professional 中早期文本引擎的名称，在 Flash Professional CS6 和更高版本中仍可用。传统文本对于某类内容而言可能更好一些，例如用于移动设备的内容，其中 SWF 文件大小必须保持在最小限度。不过，在某些情况下，例如需要对文本布局进行精细控制，则需要使用新的 TLF 文本。

TLF 文本，即 Text Layout Framework 文本布局框架，是从 Flash CS5 开始引入的。与传统文本相比，TLF 文本增加了更多字符样式和段落样式，添加更多的文字处理效果，文本可以在多个文本容器中顺序排列，控制更多亚洲字体属性，还增加了 3D 变换、色彩效果以及混合模式设置等功能，使用户能有效地加强对文本的控制。

单击工具栏中的【文本工具】T，或直接按 T 键，就可以切换到文本工具，打开【属性】面板，切换到文本工具的属性，如图 5-1 和图 5-2 所示。

传统文本可创建三种类型文本字段：静态文本、动态文本和输入文本。这三种文本的特点分别如下。

(1) 静态文本：该文本是用来显示不会动态更改的文本，例如动画的标题和说明文字等。尽管有人将静态文本称为文本对象，严格意义上的文本对象是指动态文本和输入文本。

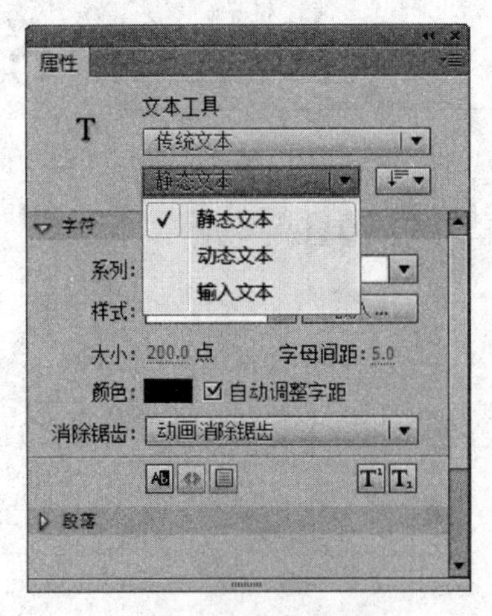

图 5-1 【传统文本】引擎

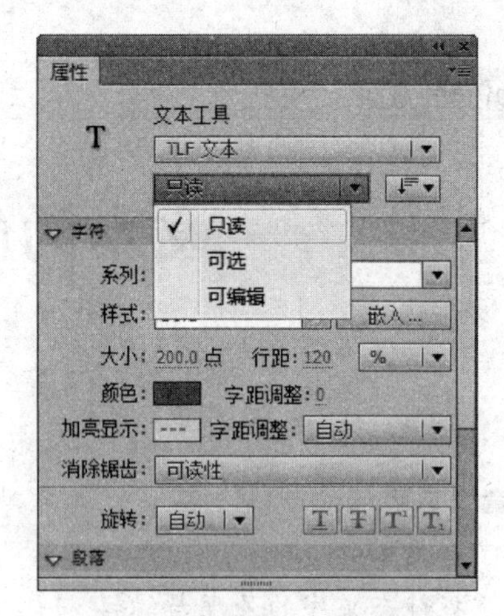

图 5-2 【TLF 文本】引擎

(2) 动态文本：显示动态更改的文本，如日期、时间、体育得分、新闻、股票报价或天气预报等。

(3) 输入文本：当涉及使用 Flash 开发在线提交表单这样的应用程序时，需要一些可以让用户实时输入数据的文本域，此时则需要用到输入文本，所以输入文本指可以在表单或调查表中输入的文本类型。

传统文本类型的使用比较方便、灵活，三种文本类型可以随时相互转换。当选择特定文本时，只需在【属性】面板顶部的下拉列表中选择一个新的文本类型即可。

TLF 文本也有三种类型，即只读、可选和可编辑，它们的区别如下。

(1) 只读：当作为 SWF 文件发布时，文本无法选中或编辑。

(2) 可选：当作为 SWF 文件发布时，文本可以选中并可复制到剪贴板，但不可以编辑，对于 TLF 文本，此选项是默认设置。

(3) 可编辑：当作为 SWF 文件发布时，文本不仅可以选中，还可以对其编辑。

5.2 文本的创建

5.2.1 创建传统文本

传统文本是 Flash 的基础文本模式，它在图文制作方面发挥着重要的作用。传统文本类型可分为静态文本、动态文本、输入文本三种。

1. 静态文本

静态文本即在播放动画时不能改变的文本，是在动画制作阶段创建的。在静态文本框中，可以创建横排或竖排文本。对于静态文本的输入，有两种输入模式，即无宽度限制的文本输入框模式和有宽度限制的文本输入框模式。

(1) 在无宽度限制的文本输入框模式下，输入框会随着用户的输入自动扩展，甚至会超出舞台的界限，如果需要换行，可按 Enter 键。这种文本输入框是 Flash 默认的输入框模式，这种方式输入的文本也称为“点文本”。

(2) 在有宽度限制的文本输入框模式下，输入框将会限定宽度，当输入文本超出限定值时，文本将自动换行，这种方式输入的文本也称为“区域文本”。

两种不同输入框可以通过单击或拖动输入框右上(或右下)角的手柄，无宽度限制的文本输入框模式呈空心圆形手柄，如图 5-3 所示；而有宽度限制的文本输入框模式呈空心方形手柄，如图 5-4 所示。

交互媒体设计

图 5-3　点文本

图 5-4　区域文本

2. 动态文本

动态文本是一种比较特殊的文本。此处“动态”的含义不是指一般视觉上的动态变化，而是在动画运行的过程中可以通过 ActionScript 脚本进行编辑、修改可以动态更新的文本，如动态显示日期和时间、天气预报和股票信息等内容。动态文本框里的内容一般都是程序中的变量，其值在程序动态执行过程中决定。

下面通过一个简单的“电子表”实例来说明动态文本的创建，如图 5-5 所示。

案例参见配套光盘中的文件“素材与源文件\第 5 章\电子表.fla”。

具体操作步骤如下。

(1) 打开 Flash CS6，新建一个 ActionScript 3.0 文档，舞台参数保持默认。在时间轴面板中单击图层 1 的第 1 帧，按 Ctrl+R 键导入一张“电子表”的背景图像文件，如图 5-6 所示。

图 5-5　动态文本显示

图 5-6　导入电子表素材图片

(2) 在时间轴面板上插入新建图层 2，并单击图层 2 的第 1 帧，在工具箱中选择【文本工具】，在属性面板中的【文本类型】下拉列表中选择【动态文本】选项，在文档中单击鼠标并拖曳出一个文本框，调整到合适位置。在属性面板中设置该文本输入框的属性，设置字体为 Impact、字号为 25 点、颜色值为 #333333，如图 5-7 所示。

(3) 接下来在【属性】面板上的【实例名称】文本框中输入变量名“time_txt”，单击时间轴中图层 2 的第 1 帧，执行【窗口】|【动作】命令，打开【动作】面板，输入以下 AS 语句：

```
addEventListener(Event.ENTER_FRAME,showTime);
function showTime(event:Event):void{
    var myTime:Date=new Date();
    time_txt.text=myTime.toLocaleTimeString();
}
```

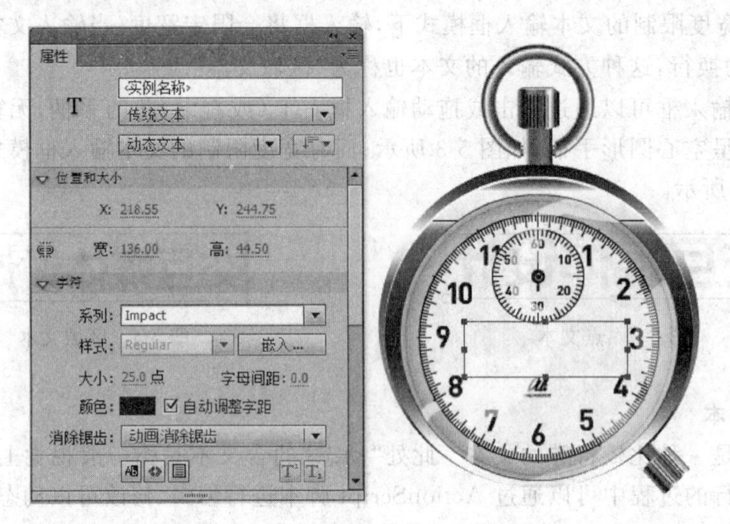

图 5-7　设置动态文本框

如图 5-8 所示。

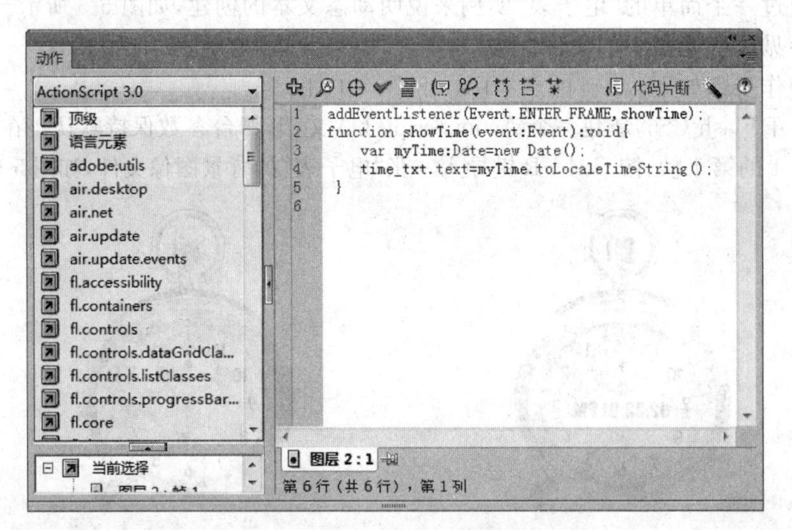

图 5-8　输入 AS 脚本代码

(4) 关闭【动作】窗口,按 Ctrl＋Enter 组合键测试动态文本的效果,如图 5-5 所示。

3. 输入文本

输入文本主要应用于交互式操作的实现,是用来接受用户输入的文本,在动画设计中作为一个输入文本框来使用,例如用户输入账户、密码等内容,以达到某种信息交互或收集的目的。与动态文本相比,输入文本框可以设置最多字符数,0 表示不限制字符数,一个确定的数值如 6 则表示只允许输入 6 个字符。除此以外,还可以将输入文本作为密码框,输入信息以“*”显示。

下面以一个“登录窗口”的实例说明【输入文本】类型的使用。

(1) 打开 Flash CS6,新建一个 ActionScript 3.0 文档,舞台参数保持默认。在舞台中间绘制一个“红黑”颜色径向渐变的背景,按 Ctrl＋R 键导入一个登录对话框素材图像文件“登录背景.png”(配套光盘中的文件“素材与源文件\第 5 章\登录背景.png)，如图 5-9 所示。

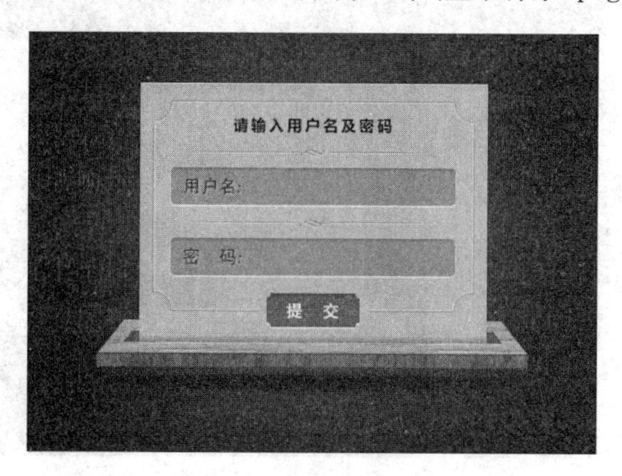

图 5-9　导入背景素材图片

案例参见配套光盘中的文件“素材与源文件\第 5 章\输入文本.fla”。

(2) 在时间轴面板中单击【新建图层】按钮，新建图层 2，在工具箱中选择【文本工具】，在属性面板中的【传统文本】下拉列表中首先选择【输入文本】选项，单击鼠标并拖曳出一个文本输入框，调整到合适位置。选中该文本输入框，在属性面板中，设置实例名称为 user，设置字体为黑体、字号为 16、颜色为黑色，在【清除锯齿】选项列表中选择【使用设备字体】，在【行为】选项列表中选择【单行】，如图 5-10 所示。

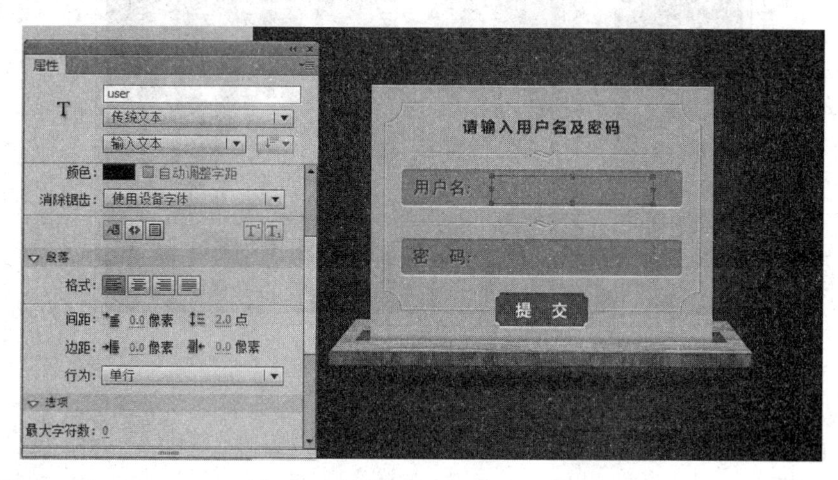

图 5-10　设置“用户名”输入文本框

(3) 单击选中“用户名”输入文本框，按住 Alt 键向下拖动复制一个一样的输入文本框，在属性面板中更改【实例名称】为 pass，在【行为】选项列表中选择【密码】，【最大字符数】设置为 6，其他参数保持不变，如图 5-11 所示。

(4) 保存该文档名称为“输入文本测试.fla”，按 Ctrl+Enter 组合键测试播放影片，在输入文本框中可以输入用户的登录名，效果如图 5-12 所示。

注意：该 SWF 文件只有在单独运行时才能输入“用户名”和“密码”，且在设置【清除锯齿】选项时应选择【使用设备字体】，选择其他选项可能不能正常输入文本内容。在按 Ctrl+Enter 组合键测试播放时也不能正常输入文本，这种情况属于软件本身有待修正的问题。

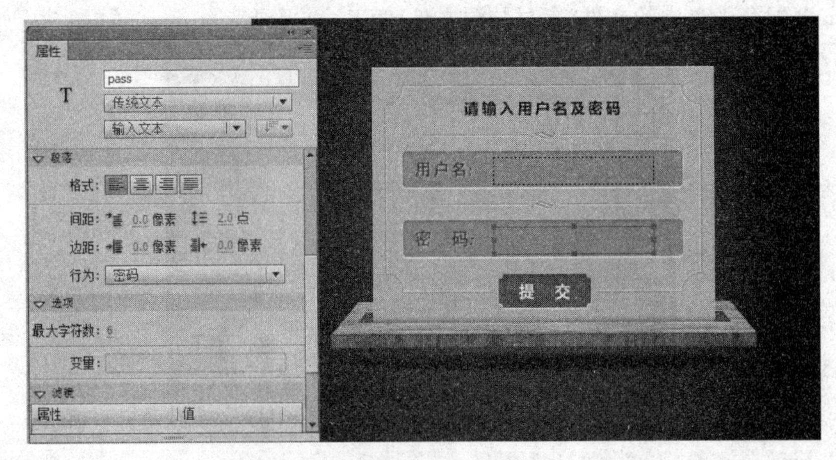

图 5-11 设置"密码"输入文本框

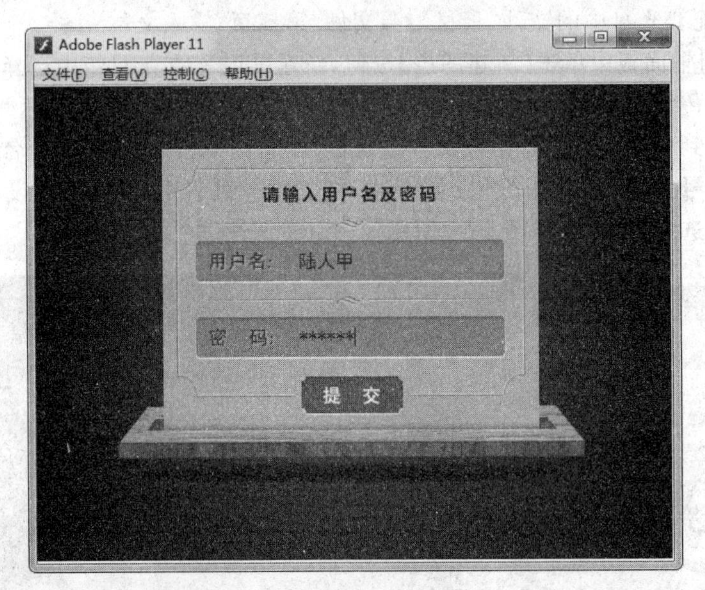

图 5-12 输入文本框效果

5.2.2 创建 TLF 文本

TLF 文本的出现,使得 Flash 在文字排版方面的功能大大增强,它支持更丰富的文本布局和对文本属性进行更加精细的控制。以往 Flash 的图文编辑功能一向为人所诟病,Adobe 收购 Flash 之后,逐渐对 Flash 的图文处理能力进行强化,使其与其他矢量图形软件的差距逐步缩短。

要创建 TLF 文本,可以在工具箱面板上选中【文本工具】,在其【属性】面板中选择【TLF 文本】选项,在舞台上单击即可创建 TLF 文本了。与传统文本一样,TLF 文本同样支持点文本和区域文本两种输入方式,如图 5-13 所示。

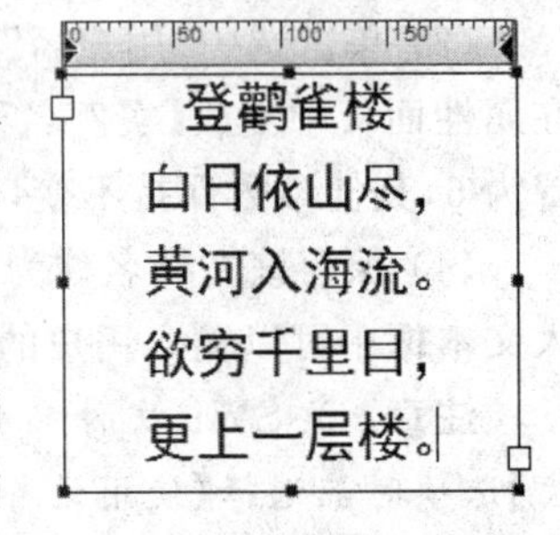

图 5-13 创建 TLF 文本

5.3　设置传统文本的样式

创建好文本后，可以对创建文本的属性进行设置，创建各种各样的文本样式。文本的基本样式包括消除文本锯齿、文本字体、字号大小、文本颜色和设置文本链接等。

5.3.1　消除文本锯齿

在使用文本做动画输出的时候，常常困扰用户的是动画中的文字往往变得模糊，尤其是字号较小的中文字体，这是因为早期 Flash 软件对磅值较小的字体支持力度不够，从而无法清晰地显示字体。从 Flash Player8 开始，Flash 增强了对字体呈现的支持，它可以控制高级的字体呈现方式，也称为"高级消除锯齿"，这种功能有助于文本在各种字体无论大小的情况下都能清晰显示，从而易于信息的传播和获取。使用消除锯齿功能可以使屏幕文本的边缘变得平滑，对于字号较小的字体尤其有效。

注意： 启用消除锯齿功能会影响到当前所选内容中的全部文本。如果用户使用的是 Flash Player 7 或更高版本，则消除锯齿功能可用于静态文本、动态文本和输入文本。如果用户使用的是 Flash Player 的较早版本，则此选项只能作用于静态文本。

消除文本锯齿的具体操作步骤如下。

(1) 在文档中输入相应的文本，并对文本对象进行相应的编辑。

(2) 选中输入的文本，执行【视图】|【预览模式】|【消除文字锯齿】命令，即可消除文字锯齿，如图 5-14 所示。

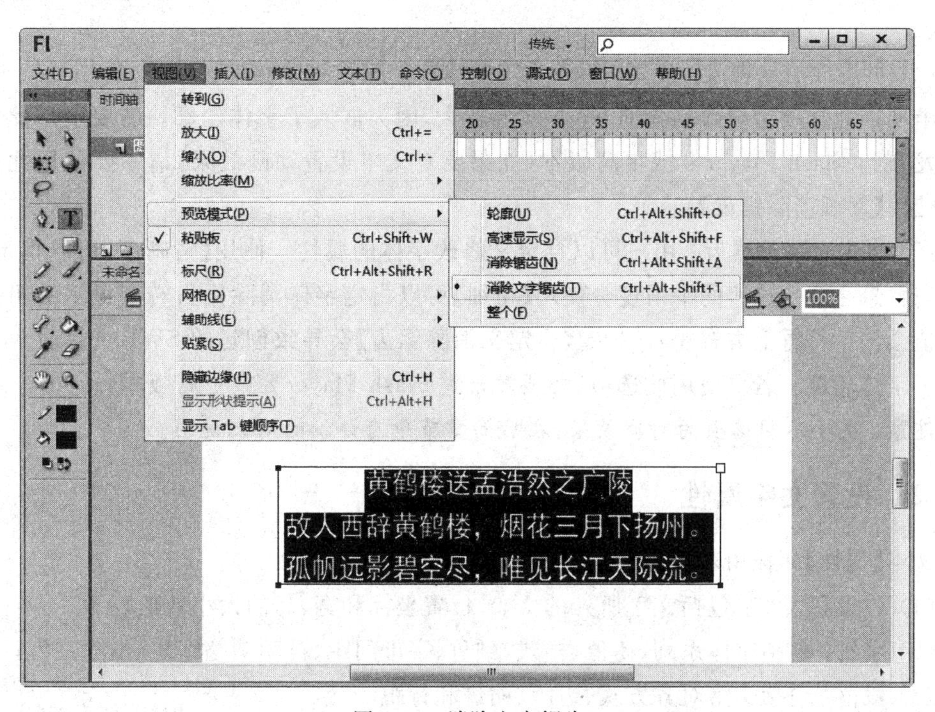

图 5-14　消除文字锯齿

也可以打开【属性】面板，从【消除锯齿】弹出菜单列表中选择以下选项之一，如图5-15所示。

(1) 使用设备字体：该选项将生成较小的SWF文件，因为指定了使用本地计算机上安装的字体来显示文字。通常，设备字体采用在大多数字体无论大小时都很清晰的字体类型。尽管此选项不会增加SWF文件的大小，但会使字体显示依赖于用户计算机上安装的字体类型。使用设备字体时，应选择最常安装的字体系列，如中文字体中的“宋体”、“黑体”等。

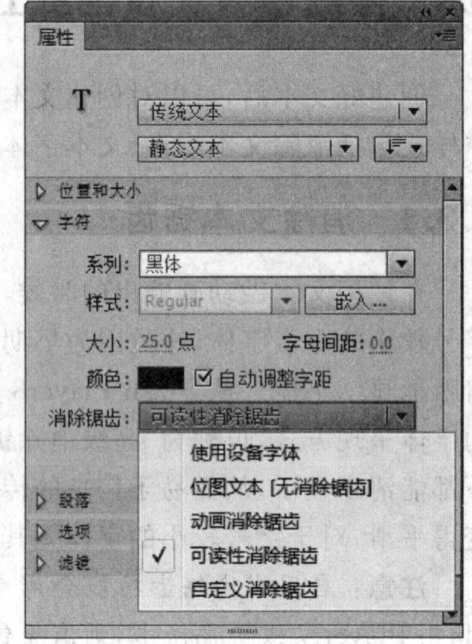

图5-15 利用属性面板消除锯齿

(2) 位图文本【无消除锯齿】：关闭消除锯齿功能，不对文本提供平滑处理。用尖锐边缘显示文本，由于在SWF文件中嵌入了字体轮廓，因此增加了SWF文件的大小。位图文本的大小与导出大小相同时，文本比较清晰，但对位图文本缩放后，文本显示效果比较差。

(3) 动画消除锯齿：该选项生成可顺畅进行播放的消锯齿文本。因为在文本动画播放时没有应用对齐和消除锯齿，所以在某些情况下，文本动画还可以更快地播放。使用带有许多字母的大字体或缩放字体时，可能看不到性能上的提高。因为此选项生成的SWF文件中包含字体轮廓，所以生成的SWF文件体积较大。

(4) 可读性消除锯齿：使用Flash文本呈现引擎来改进字体的清晰度，特别是较小字体的清晰度。此选项会导致创建的SWF文件较大，因为嵌入了字体轮廓。若要使用此选项，必须发布到Flash Player 8或更高版本(如果要对文本设置动画效果，请不要使用此选项，而应使用【动画消除锯齿】)。

(5) 自定义消除锯齿：用户可以自定义修改字体的属性。使用【清晰度】可以指定文本边缘与背景之间的过渡的平滑度。使用【粗细】可以指定字体消除锯齿转变显示的粗细(较大的值会使字符看上去较粗)。指定【自定义消除锯齿】会导致创建的SWF文件较大，因为嵌入了字体轮廓。若要使用此选项，必须发布到Flash Player 8或更高版本。

注意：关于不同选项的对比效果，在后面章节中有详细的对比说明。

5.3.2 设置文字属性

文本【属性】面板用来设置文字的各种属性。

(1) 位置和大小：包括文字所处的 X、Y 位置坐标和宽、高的大小数值；

(2) 字符：包括字体系列、磅值、样式、颜色、字母间距、自动调整字距、消除锯齿；

(3) 段落：包括文字对齐方式、边距、缩进和行距。

当创建新文本时，文本的属性使用当前文本属性。在创建完毕之后，若要对文本的属性进行修改，必须首先选中该文本，然后在属性面板中对其进行编辑。

执行【窗口】|【属性】命令(快捷键 Ctrl+F3),将【属性】面板打开,在【属性】面板中显示了文本的各种属性,如图 5-16 所示。

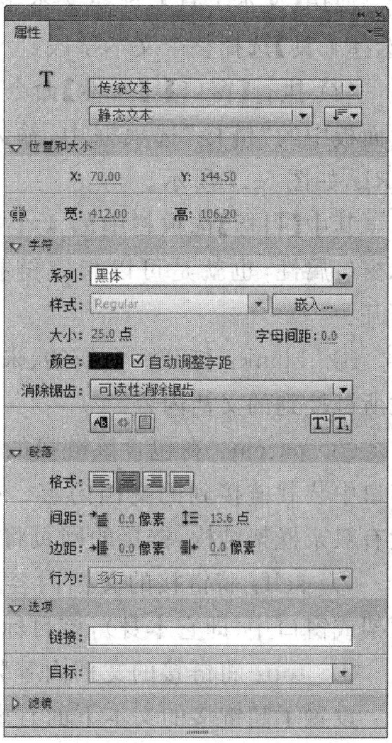

1. 设置字体、大小、样式和颜色

(1) 使用【选择工具】选择舞台上的一个或多个文本字段。

(2) 执行【窗口】|【属性】命令,在属性检查器中,从【字体】弹出菜单中选择一种字体,或者直接输入字体名称。

(3) 单击【大小】旁的值,输入字体大小值,或者按住鼠标左键不放左右拖动来确定一个值,文字大小变化效果会直接在舞台上显示。字体大小以磅值(点)设置,而与当前标尺单位无关。

(4) 要应用粗体或斜体样式,单击【样式】选项列表,选择【粗体】或【斜体】。

(5) 设置文字颜色与设置形状颜色原理相同,单击【颜色】选择器,在弹出的颜色面板中为文字设置颜色。

(6) 从【消除锯齿】弹出菜单中选择一种字体呈现方式。

图 5-16　文本【属性】面板

2. 设置字母间距和自动调整字距

字母间距功能会在字符之间插入统一数量的空格,使用字母间距可以调整选定字符或整个文本块的间距。

勾选【自动调整字距】选项后,就激活了所选文本的字体内置字距调整功能,软件会自动调整文本单个字符之间的间距。该功能选项并不能应用于所有字体,要求所选字体中必须包含字距调整信息。

3. 设置对齐、间距和边距

对齐方式决定了段落中的每行文本相对于文本字段边缘的位置。水平文本相对于文本字段的左侧和右侧边缘对齐,垂直文本相对于文本字段的顶部和底部边缘对齐。文本可以与文本字段的一侧边缘对齐,或者在文本字段中居中对齐,或者与文本字段的两侧边缘对齐(两端对齐)。

间距决定了段落中相邻行之间的距离。对于垂直文本,行距将调整各个垂直列之间的距离。边距决定了文本字段的边框与文本之间的间隔量。

说明:*传统文本与 TLF 文本的属性面板参数略有不同,在 TLF 文本属性面板中会有更多的文字属性设置,将会在后面说明。*

5.3.3 设置文本超链接

选中文字或者文本框,使用【属性】面板,可以为其设置超链接和目标,这与 HTML 超链接的功能一样,单击该文本,可以跳转到网页、网站或打开所链接的文档。

具体操作步骤如下。

(1) 选择文本或文本字段。

使用【文本工具】,选择文本字段中的文本。如要链接文本字段中的所有文本,需使用【选择工具】选择整个文本字段。

(2) 执行【窗口】|【属性】命令,打开【属性】面板,在属性面板中的“链接”选项框中,输入文本字段要链接到的URL,如图5-17所示。

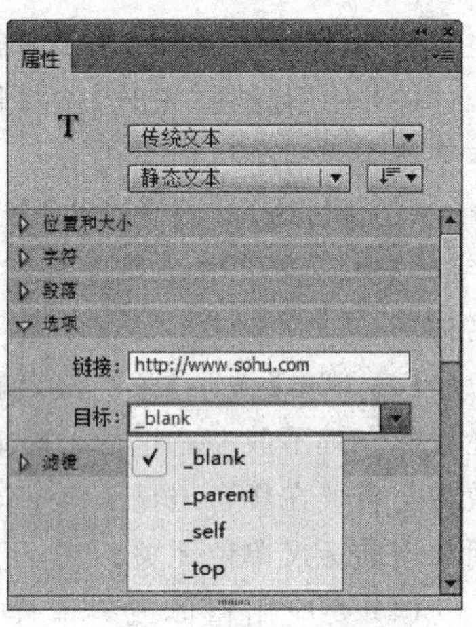

图5-17 定义文本超链接

其中【目标】选项栏中的4个选项规定了超链接的目标窗口属性,也就是可以指定链接的目标在哪个窗口中打开。

① _blank:打开一个新的、未命名的浏览器窗口中装载所链接到的文档内容。

② _parent:在包含该链接的框架的双亲框架结构或窗口中装载链接到的文档内容。如果包含该链接的框架没有双亲框架结构,链接的网页将装入整个浏览器窗口。

③ _self:将链接的文档内容装载到包含这个链接的框架或窗口中(即它本身),该目标是默认的,因此,不需要特别去指定它。

④ _top:将链接的文档内容装载到整个浏览器窗口,从而移除所有的框架。

设置了超链接的文本下面有虚线,但是不能为竖排文本创建链接。URL链接还可以链接电子邮件,可使用mailto:URL,如mailto:liyong@ycit.cn。

5.3.4 分离与打散文本

在Flash中有两种方式编辑文本标签和文本块,一种方式是将文本作为一个整体,对其进行移动、旋转、缩放或对齐等编辑操作;另一种方式是编辑文本块中的单独文本。分离可以把文本的每个字符置于一个独立的文本块中,经分离、打散处理的文字不能再按文本进行编辑。另外在Flash CS6中,可以将文本转换成矢量图形,并对文本进行特殊处理。

1. 分离文本

在Flash中,文本是有别于矢量图形的一种特殊对象,其属性设置与其他图形对象的属性设置不尽相同。如果要对文本进行渐变色填充、绘制边框路径等针对矢量图形的操作或制作形状渐变动画,首先要对文本进行“打散”操作,将文本转换成可编辑的矢量图形。但是要注意,一旦文本被打散转换为矢量图形,就不能再作为文本进行编辑,也就不能再进行字体改变、段落设置以及其他普通的文本设置。

对文本进行分离、打散成矢量图形有两种情况:如果是单独的文本,只需执行一次“分离”命令即可将文本打散成矢量图形,而对于两个以上的文本内容,第一次执行“分离”命令只是分离成单独的文本,需要再执行一次“分离”命令才能打散文本。

分离文本的操作步骤如下。

(1) 选取需要分离的文本,如图5-18所示。

(2) 执行【修改】|【分离】命令或按Ctrl+B键,原来的单个文本框会被拆分成多个文本框,即每一个文字各占一个文本框,如图5-19所示。

(3) 选取所有的文本,再次执行【修改】|【分离】命令或按Ctrl+B键,这时所有的文本

将会转换成网格状的可编辑矢量图形，如图 5-20 所示。

图 5-18 选择文本

图 5-19 分离文本

图 5-20 打散文本

2. 编辑矢量文本

文本转换成矢量图形后，可以对其进行路径编辑、填充渐变色、添加边框路径和编辑文本形状等操作。

(1) 为文本填充渐变颜色

为文本填充渐变色的操作步骤如下。

① 按照分离文本的方法，将文本打散成矢量图形。

② 使用【选择工具】框选需要填充渐变色的文本。

③ 执行【窗口】|【颜色】命令，打开【颜色】面板，在颜色面板中为文本设置渐变色，选择【线性渐变】类型，并分别调整红、蓝、绿的色彩渐变。

④ 选择的文本将自动添加渐变色，如图 5-21 所示。

图 5-21 为文本填充渐变色

(2) 编辑文本路径

编辑文本路径的操作步骤如下。

① 按照分离文本的方法，将文本转换成矢量图形。

② 单击工具箱中的【部分选取工具】按钮，选取要编辑文字对象，被选取的文字会显示出文本的路径点，如图 5-22 所示。

③ 用鼠标拖曳某个文本的路径点，就可以改变文本的形状，如图 5-23 所示。

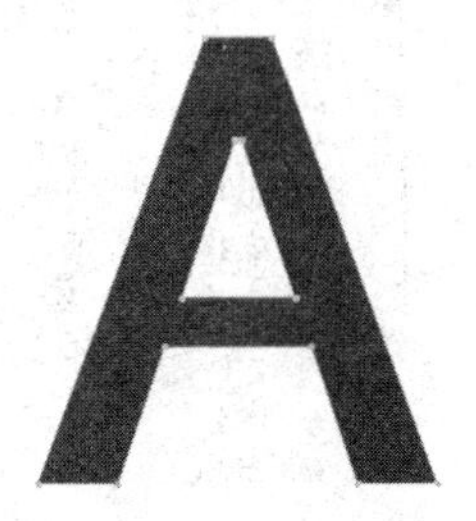

图 5-22 选取文本路径

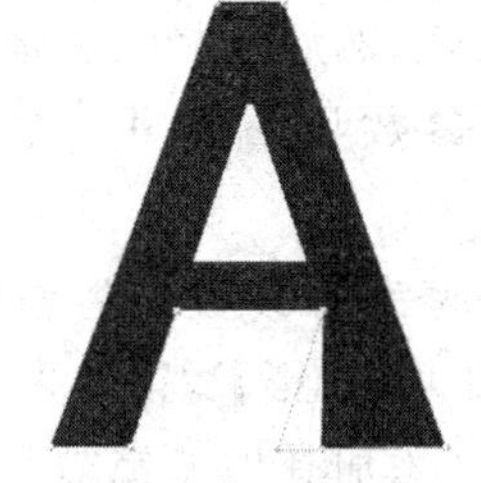

图 5-23 拖动路径点改变文字形状

(3) 为文本添加边框路径

为文本添加边框路径的操作步骤如下。

① 按照分离文本的方法，将文本转换成矢量图形。

② 单击工具箱中的【墨水瓶工具】按钮，然后在文档窗口单击每个文字对象，即可给文本添加边框路径，其效果如图 5-24 所示。

(4) 编辑文本形状

编辑文本形状的操作步骤如下。

① 按照分离文本的方法,将文本转换成矢量图形。

② 单击工具箱中的【任意变形工具】按钮,然后在文档窗口对文本进行变形操作,可以缩放、旋转、移动文字,按住 Ctrl 键的同时用鼠标拖动变形框上的黑色变形点,可以对文字图形做透视、斜切等变形操作,效果如图 5-25 所示。

图 5-24 为文本添加边框路径

图 5-25 任意变形文本

5.3.5 给文本添加滤镜

滤镜效果是从 Flash 8 开始新增加的功能,在其后的版本中该功能一直得到延续和保留。在没有滤镜功能之前,Flash 动画中的模糊效果往往是利用位图来实现的。例如利用 Photoshop 或者 Fireworks 等图像处理软件强大的滤镜功能,将位图应用"模糊"滤镜效果并输出 PNG 序列图像,然后再导入到 Flash 制作模糊动画,工序繁琐且制作周期较长。

在 Flash CS6 中,允许对文本、影片剪辑元件和按钮元件应用滤镜效果,内置了常用的 7 种滤镜效果,包括投影、模糊、发光、斜角、渐变发光、渐变斜角和调整颜色等,使动画表现形式变得更加丰富。

【属性】面板是管理 Flash 滤镜的主要工具,在滤镜属性面板下方有添加滤镜、预设、剪贴板、启用或禁用滤镜、重置滤镜以及删除滤镜等按钮,如需为文本对象增加滤镜只需要单击下方【添加滤镜】按钮,然后选择 7 种滤镜中的一种并进行相关参数设置即可,如图 5-26 所示。

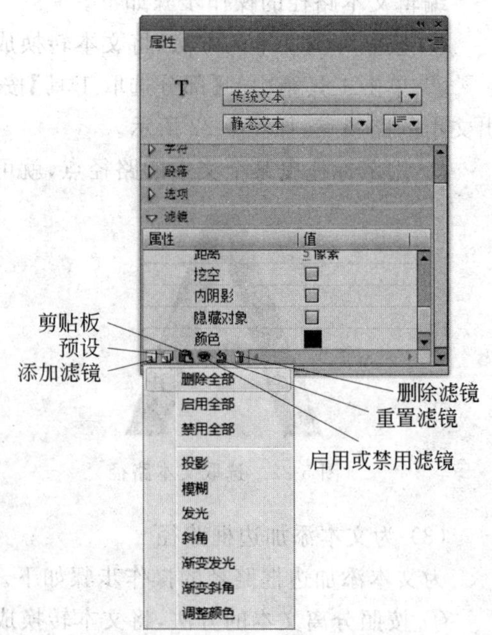

图 5-26 滤镜属性面板

Flash 中每种滤镜的参数设置都有所不同,下面以给文本添加【投影】滤镜效果为例,讲述滤镜的使用方法,添加其他滤镜效果的方法与此雷同。

具体操作步骤如下。

(1) 新建一个 Flash 文档,选择传统静态【文本工具】,在舞台上单击输入文本内容"ABC"。

(2) 执行【窗口】|【属性】命令,打开滤镜

【属性】面板，用【选择工具】选中文本对象“ABC”，在滤镜面板中单击【添加滤镜】按钮，在弹出的下拉列表中选择【投影】选项，并设置【投影】属性参数设置，如图 5-27 所示。

(3) 对文本【投影】属性参数设置完成后，按 Ctrl+Enter 组合键，对影片进行测试，其效果如图 5-28 所示。

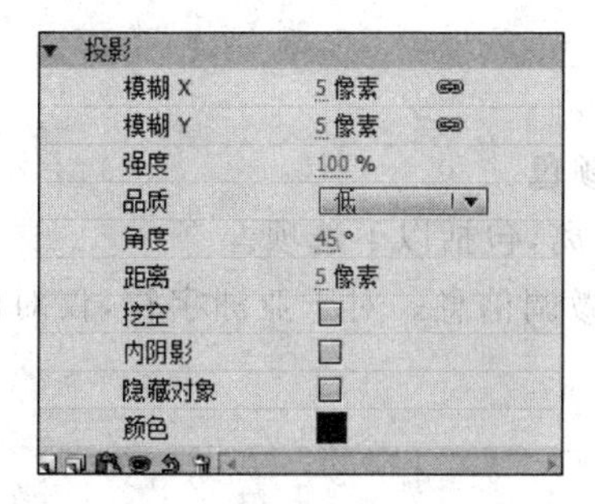

图 5-27　设置滤镜投影参数

图 5-28　文本的投影效果

提示： 滤镜功能只适用于文本、影片剪辑和按钮元件。当舞台中的对象不适合应用滤镜功能时，滤镜面板中的【添加】按钮将处于灰色不可用状态。

5.4　TLF 文本的编辑

5.4.1　TLF 文本的字符属性

TLF 字符样式是应用于单个字符或字符组(而不是整个段落或文本容器)的属性。要设置 TLF 字符样式，可使用文本【属性】查看器的【字符】和【高级字符】部分，与传统文本字符属性设置略有不同，如图 5-29 所示。

1. 字符属性

如图 5-30 所示，【字符】属性包括以下文本属性。

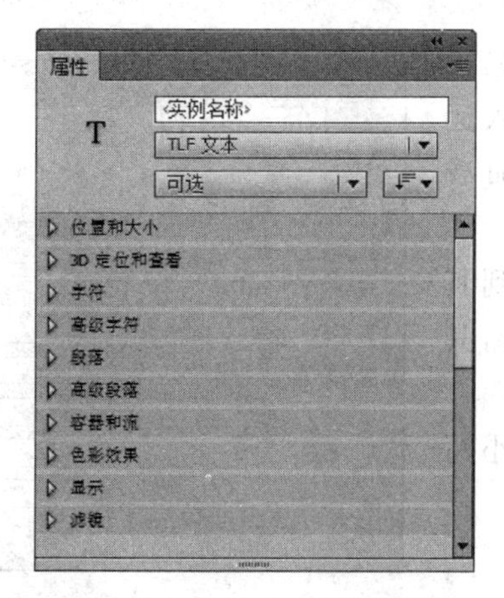

图 5-29　TLF 文本属性面板

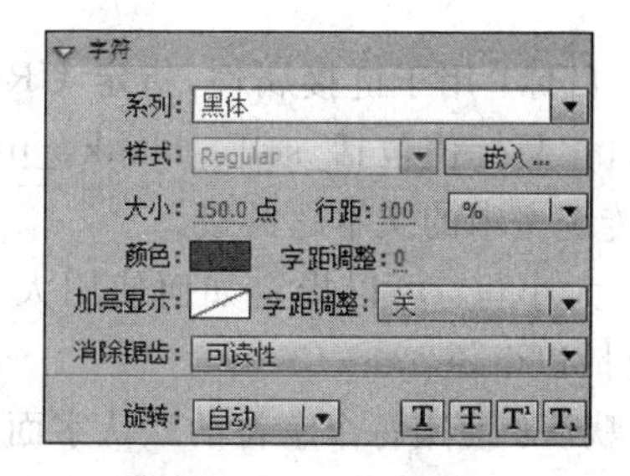

图 5-30　字符属性

(1) 系列：字体名称，TLF 文本仅支持 OpenType 和 TrueType 字体。

(2) 样式：常规、粗体或斜体。TLF 文本对象不能使用仿斜体和仿粗体样式。某些字体还可能包含其他样式，例如黑体、粗斜体等。

(3) 大小：字符大小以像素为单位。

(4) 行距：文本行之间的垂直间距。默认情况下，行距用百分比表示，但也可用点表示。

(5) 颜色：文本的颜色。

(6) 字距调整：可加大或缩小特定字符间的距离。

(7) 加亮显示：可为文本添加底色，加亮文本的颜色。

(8) 字距调整：在特定字符对之间加大或缩小距离，包括以下选项。

① 自动：为拉丁字符使用内置于字体中的字距微调信息。对于亚洲字符，仅对内置有字距微调信息的字符应用字距微调。

② 开：总是打开字距调整。

③ 关：总是关闭字距调整。

(9) 消除锯齿：有三种消除锯齿模式可供选择，与传统文本消除锯齿选项功能大体相同。

(10) 旋转：对特定字符进行旋转操作，包括以下值。

① 自动：仅对全宽字符和宽字符指定90°逆时针旋转。此值通常用于亚洲字体，仅旋转需要旋转的那些字符。

② 0°：强制所有字符不进行旋转。

③ 270°：主要用于具有垂直方向的罗马字文本。如果对其他类型的文本(如越南语和泰语)使用此选项，可能导致非预期的结果。

(11) 下划线：将水平线放在字符下。

(12) 删除线：将水平线置于从字符中央穿过的位置。

(13) 上标：将字符移动到稍微高于标准线的上方并缩小字符的大小。

(14) 下标：将字符移动到稍微低于标准线的下方并缩小字符的大小。

2. 高级字符属性

如图5-31所示，高级字符属性有如下文本属性。

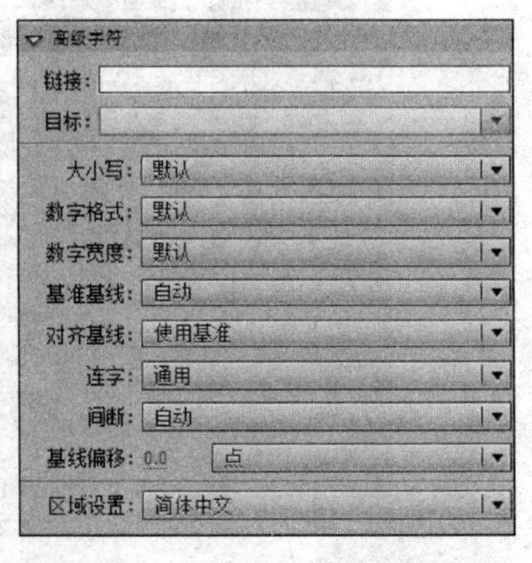

图5-31　高级字符属性

(1) 链接：使用此字段创建文本超链接。输入运行时在已发布的SWF文件中单击字符时要加载的URL。

(2) 目标：用于链接属性，指定URL要加载到其中的窗口。目标值包括_self、_blank、_parent、_top，其含义同传统文本的文本超链接。

(3) 大小写：可以指定如何使用大写字符和小写字符，包括以下值。

① 默认：使用每个字符的默认字面大小写。

② 大写：指定所有字符使用大写字型。

③ 小写：指定所有字符使用小写字型。

④ 大写为小型大写字母：指定所有大写字符使用小型大写字型。

⑤ 小写为小型大写字母：指定所有小写字符使用小型大写字型。

(4) 数字格式：包括以下值。

① 默认：指定默认数字大小写，结果视字体而定；字符使用字体设计器指定的设置，而不应用任何功能。

② 全高：全高(或“对齐”)数字全部是大写数字，通常在文本外观中是等宽的，这样数字会在图表中垂直排列。

③ 变高：变高数字具有传统的经典外观。这样的数字仅用于某些字样，有时在字体中用作常规数字，但更常见的是用在附属字体或专业字体中。

(5) 数字宽度：允许指定在使用 OpenType 字体提供等高和变高数字时是使用等比数字还是定宽数字。数字宽度包括以下值。

① 默认：指定默认数字宽度。

② 等比：指定等比数字。显示字样通常包含等比数字，这些数字的总字符宽度基于数字本身的宽度加上数字旁边的少量空白。

③ 定宽：指定定宽数字。定宽数字是数字字符，每个数字都具有同样的总字符宽度。字符宽度是数字本身的宽度加上两旁的空白。

(6) 基准基线：仅当打开文本属性检查器的面板选项菜单中的亚洲文字选项时可用。为明确选中的文本指定主体(或主要)基线(与行距基准相反，行距基准决定了整个段落的基线对齐方式)。基准基线包括以下值。

① 自动：根据所选的区域设置改变，此设置为默认设置。

② 罗马文字：对于文本，文本的字体和点值决定此值。对于图形元素，使用图像的底部。

③ 上缘：指定上缘基线。

④ 下缘：指定下缘基线。

⑤ 表意字顶端：可将行中的小字符与大字符全角字框的指定位置对齐。

⑥ 表意字中央：可将行中的小字符与大字符全角字框的指定位置对齐。

⑦ 表意字底部：可将行中的小字符与大字符全角字框的指定位置对齐。

(7) 对齐基线：仅当打开文本属性检查器的面板选项菜单中的亚洲文字选项时可用，可以为段落内的文本或图形图像指定不同的基线。

① 使用基线：指定对齐基线使用“主体基线”设置。

② 罗马文字：对于文本，文本的字体和点值决定此值。对于图形元素，使用图像的底部。

③ 上缘：指定上缘基线。对于文本，文本的字体和点值决定此值。对于图形元素，使用图像的顶部。

④ 下缘：指定下缘基线。对于文本，文本的字体和点值决定此值。对于图形元素，使用图像的底部。

⑤ 表意字顶端：可将行中的小字符与大字符全角字框的指定位置对齐。

⑥ 表意字中部：可将行中的小字符与大字符全角字框的指定位置对齐。

⑦ 表意字底端：可将行中的小字符与大字符全角字框的指定位置对齐。此设置为默认设置。

(8) 连字：主要针对英文效果，改善字母键重合相连的情况，如某些字体中的“fi”和

"fl",如图 5-32 所示。连字属性包括以下值。

① 最小值：最小连字。

② 通用：通用或标准连字,此设置为默认设置。

③ 不通用：不通用或自由连字。

④ 外来：外来语或历史连字,仅包括在几种字体系列中。

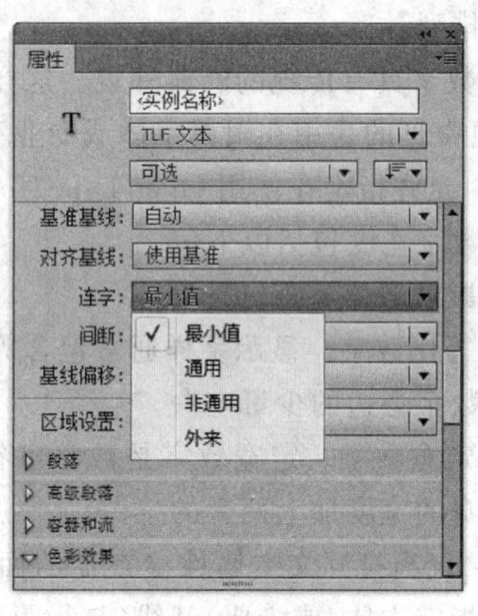

图 5-32 连字

(9) 间断：用于防止所选词在行尾间断,例如,在用连字符连接时可能被读错的专有名称或词。间断包括以下值。

① 自动：断行机会取决于字体中的 Unicode 字符属性,此设置为默认设置。

② 全部：将所选文字的所有字符视为强制断行机会。

③ 任何：将所选文字的任何字符视为断行机会。

④ 无间断：不将所选文字的任何字符视为断行机会。

(10) 基线偏移：此控制以百分比或像素设置基线偏移。如果是正值,则将字符的基线移到该行其余部分的基线下;如果是负值,则移动到基线上。在此菜单中也可以应用【上标】或【下标】属性。默认值为 0,范围是+/－720 点或百分比,如图 5-33 所示。

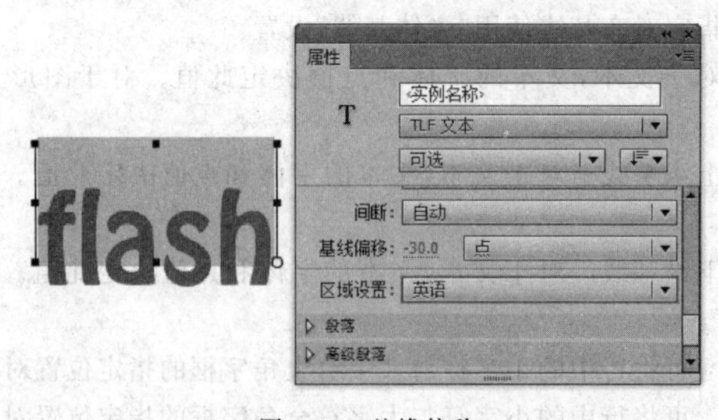

图 5-33 基线偏移

(11) 区域设置：作为字符属性,所选区域设置通过字体中的 OpenType 功能影响字形的形状。

5.4.2　TLF 文本的段落样式

要设置段落样式，则使用文本属性检查器的【段落】和【高级段落】部分。

1. 段落样式

如图 5-34 所示，【段落】部分包括以下文本属性。

(1) 对齐：此属性可用于水平文本或垂直文本。

(2) 边距：指定了左边距和右边距的宽度（以像素为单位），默认值为 0。

(3) 缩进：指定所选段落的第一个词的缩进（以像素为单位）。

(4) 间距：显示前后间距为段落的前后间距指定像素值。

(5) 文本对齐：指示对文本如何应用对齐，文本对齐包括以下值。

① 字母间距：在字母之间进行字距调整。

② 单词间距：在单词之间进行字距调整，此设置为默认设置。

2. 高级段落样式

如图 5-35 所示，【高级段落】部分包括以下文本属性。

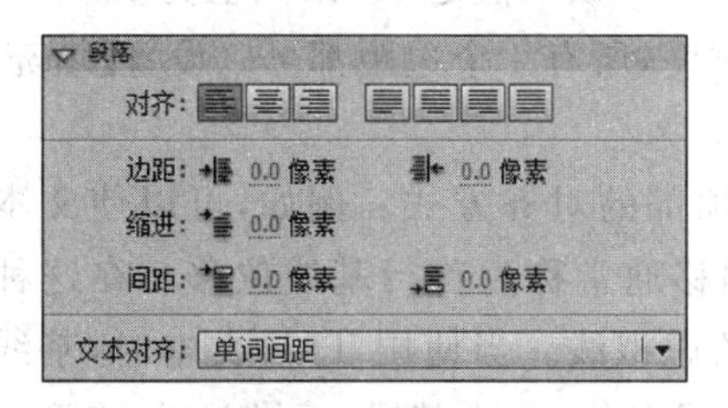

图 5-34　段落样式

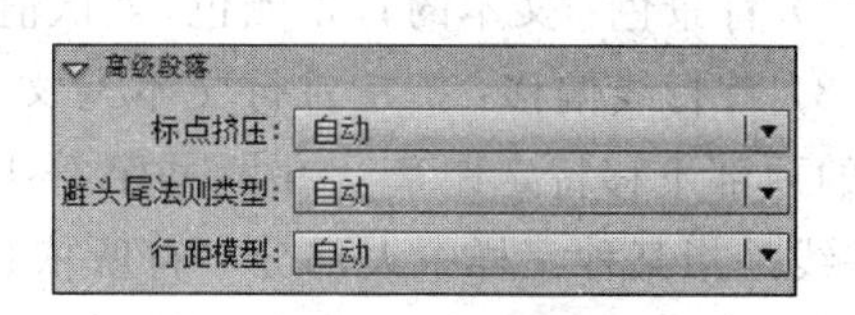

图 5-35　高级段落样式

(1) 标点挤压：又称对齐规则，用于确定如何应用段落对齐。根据此设置应用的字距调整器会影响标点的间距和行距。标点挤压包括以下值。

① 自动：基于在文本属性检查器的【字符和流】部分所选的区域设置应用字距调整，此设置为默认设置。

② 间隔：使用罗马语字距调整规则。

③ 东亚：使用东亚语言字距调整规则。

(2) 避头尾法则类型：此属性有时称为对齐样式，用于指定处理日语避头尾字符的选项，此类字符不能出现在行首或行尾。避头尾法则类型包括以下值。

① 自动：根据文本属性检查器中的【容器和流】部分所选的区域设置进行解析，此设置为默认设置。

② 优先采用最小调整：使字距调整基于展开行或压缩行（视哪个结果最接近于理想宽度而定）。

③ 行尾压缩避头尾字符：使对齐基于压缩行尾的避头尾字符。如果没有发生避头尾或者行尾空间不足，则避头尾字符将展开。

④ 只推出：使字距调整基于展开行。

(3) 行距模型：行距模型是由允许的行距基准和行距方向的组合构成的段落格式。行距基准确定了两个连续行的基线，它们的距离是行高指定的相互距离。例如，对于采用罗马语行距基准的段落中的两个连续行，行高是指它们各自罗马基线之间的距离。

5.4.3 使用【容器和流】属性

TLF 文本属性检查器的【容器和流】部分控制影响整个文本容器的选项，如图 5-36 所示，包括如下属性。

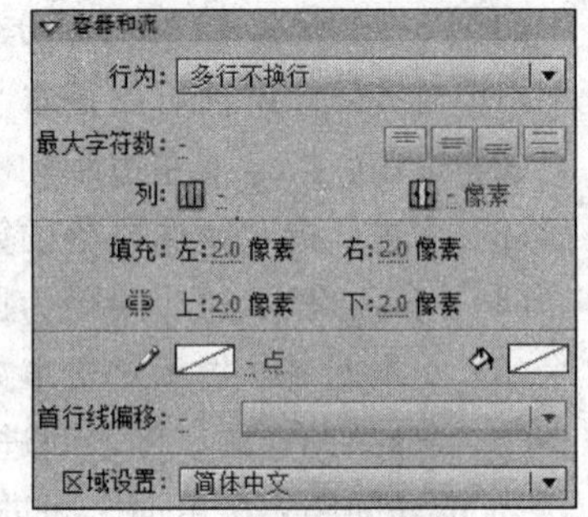

图 5-36 容器和流

(1) 行为：此选项可控制容器如何随文本量的增加而扩展。

(2) 最大字符数：文本容器中允许的最多字符数，仅适用于类型设置为【可编辑】的文本容器，最大值为 65535。

(3) 对齐方式：指定容器内文本的对齐方式。设置包括顶对齐、居中对齐、底对齐、两端对齐。

(4) 列：指定容器内文本的列数，此属性仅适用于区域文本容器。默认值是 1，最大值为 50。

(5) 列间距：指定选定容器中的每列之间的间距。默认值是 20，最大值为 1000。

(6) 填充：指定文本和选定容器之间的边距宽度，所有 4 个边距都可以设置【填充】。

(7) 背景色：文本的背景颜色，默认值是无色。

(8) 首行线偏移：指定首行文本与文本容器顶部的对齐方式。例如，可以使文本相对容器的顶部下移特定距离。在罗马字符中首行偏移通常称为首行基线位移。在这种情况下，基线是指某种字样中大部分字符所依托的一条虚拟线。当使用 TLF 文本时，基线可以是下列任意一种(具体取决于使用的语言)，包括罗马基线、上缘基线、下缘基线、表意字顶端基线、表意字中央基线和表意字底部基线。首行偏移可具有下列值。

① 点：指定首行文本基线和框架上内边距之间的距离(以点为单位)。此设置启用了一个用于指定点距离的字段。

② 自动：将行的顶部(以最高字型为准)与容器的顶部对齐。

③ 上缘：文本容器的上内边距和首行文本的基线之间的距离是字体中最高字型(通常是罗马字体中的“d”字符)的高度。

④ 行高：文本容器的上内边距和首行文本的基线之间的距离是行的行高(行距)。

(9) 区域设置：在流级别设置【区域设置】属性，与字符样式相同。

5.4.4 跨多个容器的流动文本

文本容器之间的串接或链接仅对于 TLF(文本布局框架)文本可用，不适用于传统文本块。文本容器可以在各个帧之间和在元件内串接，只要所有串接容器位于同一时间轴内。要链接两个或更多文本容器，可执行下列操作。

(1) 使用【选择工具】或【文本工具】选择文本容器。

(2) 单击选定文本容器的“进”或“出”端口(文本容器上的进出端口位置基于容器的流动方向和垂直或水平设置。例如，如果文本流向是从左到右并且是水平方向，则进端口位于左上方，出端口位于右下方。如果文本流向是从右到左，则进端口位于右上方，出端口位于左下方)。

指针会变成已加载文本的图标，如图 5-37 所示。

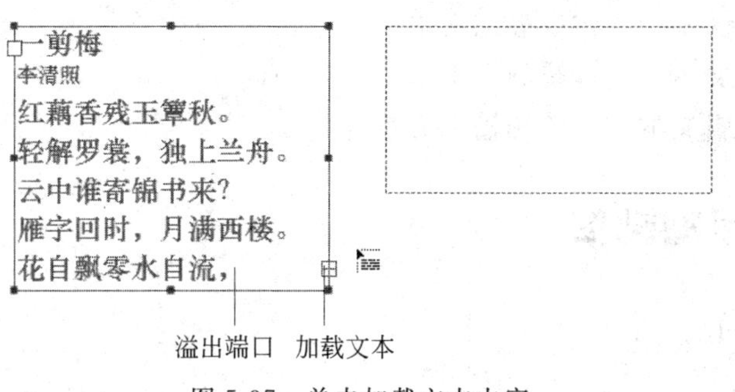

图 5-37 单击加载文本内容

然后执行以下操作之一。

(1) 要链接到现有文本容器，将指针定位在目标文本容器上。单击该文本容器以链接这两个容器。

(2) 要链接到新的文本容器，则在舞台的空白区域单击或拖动。单击操作会创建与原始对象大小和形状相同的对象；拖动操作则可创建任意大小的矩形文本容器。还可以在两个链接的容器之间添加新容器。

如图 5-38 所示，容器现在已链接，文本可以在其间流动。

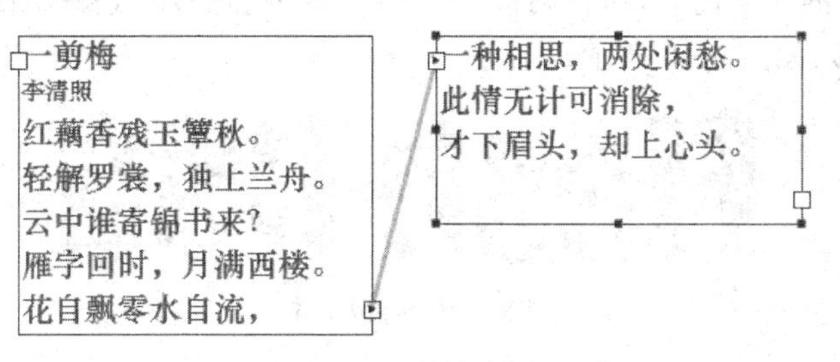

图 5-38 链接容器

要取消两个文本容器之间的链接，执行下列操作之一。

(1) 将容器置于编辑模式，然后双击要取消链接的进端口或出端口，文本将流回到两个容器中的第一个。

(2) 删除其中一个链接的文本容器。

注意：创建链接后，第二个文本容器获得第一个容器的流动方向和区域设置。取消链接后，这些设置仍然留在第二个容器中，而不是回到链接前的设置。

Flash 与 Adobe 公司旗下的其他图形图像软件越来越呈现出融合的趋势，如“跨多个容器的流动文本”功能与 Illustrator 的文本工具功能如出一辙。

5.4.5 传统文本与 TLF 文本之间的转换

在这两个文本引擎间转换文本对象时，Flash 将保留大部分格式。然而，由于文本引擎的功能不同，某些格式可能会稍有不同，包括字母间距和行距。

如果需要将文本从传统转换为 TLF 文本，应该尽可能一次转换成功，而不要多次反复转换。同样，将 TLF 文本转换为传统文本时也应如此。

当在 TLF 文本和传统文本之间转换时，Flash 将按如下形式转换文本类型：

(1) TLF 只读文本——传统静态文本；

(2) TLF 可选文本——传统静态文本；

(3) TLF 可编辑文本——传统输入文本。

5.5 特效文字的制作

5.5.1 制作空心文字

(1) 打开 Flash CS6，新建一个 ActionScript 2.0 文档，选择传统静态【文本工具】在舞台单击并输入文字内容“Flash CS6”，字体设为 impact，如图 5-39 所示。

图 5-39 输入文本内容

(2) 选中输入的文字内容，执行两次【修改】|【分离】命令(或按 Ctrl+B 键两次)，将文字打散成矢量图形，如图 5-40 所示。

图 5-40 打散文本

(3) 选择【墨水瓶工具】，打开【属性】面板，设置笔触颜色为绿色、笔触大小为 2，依次单击文字图形为其描边上色，如图 5-41 所示。

图 5-41 文字描边

(4) 所有文字的边线勾勒完毕后，单击工具箱中的【选择工具】，按住 Shift 键的同时，依次单击选取文字内部的红色填充，按 Delete 键删除，如图 5-42 所示。

图 5-42 空心文字效果

(5) 经过上述几个简单的步骤，空心效果文字就制作完成了。

5.5.2 制作荧光文字

(1) 打开 Flash CS6，新建一个 ActionScript 2.0 文档，打开【属性】面板，设置舞台大小尺寸为 800×300 像素，设置舞台背景颜色为红色。

(2) 从工具箱中选取【文本工具】，在属性面板中设置字体类型为 Stencil Std、字体大小为 100、字体颜色为黑色，在舞台上输入文字内容“Flash CS6”。选择工具箱中的【选择工具】，将文字移动到工作区中间。按 Ctrl+B 键两次将文字打散，效果如图 5-43 所示。

图 5-43 打散文字

(3) 选择工具箱中的【墨水瓶工具】，在【属性】面板上，设置墨水瓶工具笔触颜色为明黄色、线条宽度为 2.0，将鼠标移动到工作区中，鼠标光标将变成墨水瓶形状，用鼠标依次单击文字边框，文字将呈现明黄色边框效果，如图 5-44 所示。

图 5-44 为文本描边

(4) 用【选择工具】全选文字图形，单击工具箱上的【填充颜色】按钮，设置填充颜色为透明色，效果如图 5-45 所示。

图 5-45 空心字效果

(5) 全选文字图形，按 F8 键转为影片剪辑元件，在【属性】面板中为该元件添加滤镜【发光】效果，参数设置如图 5-46 所示。

(6) 在设置发光颜色时，应该设置与文字线框一样的明黄色，最终荧光文字效果如图 5-47 所示。

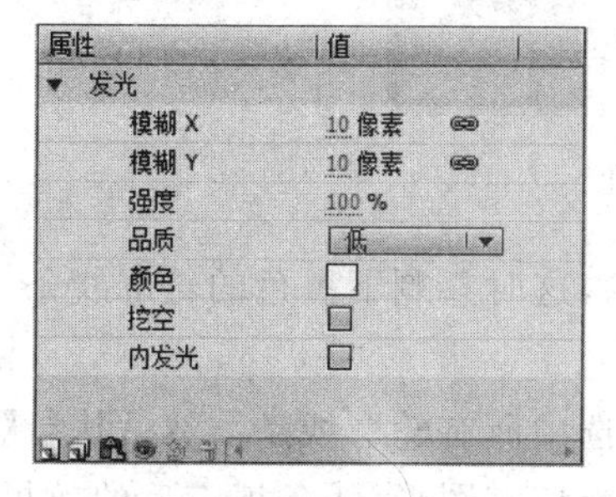

图 5-46 设置滤镜发光效果

图 5-47 荧光文字效果

5.5.3 制作金属文字

(1) 打开 Flash CS6，新建一个 ActionScript 2.0 文档，设置舞台大小为 600×400 像素、舞台背景颜色为红色。

(2) 在工具箱中选择【文本工具】，并在文本属性面板中设置相关属性，本例中设置为传统文本中的静态文本，字体为 Impact、文本大小为 96、文本颜色值为 #3399FF。单击舞台，输入文本内容"Flash CS6"，如图 5-48 所示。

(3) 选中刚输入的文字，执行两次【修改】|【分离】命令或直接按两次 Ctrl+B 键，将文字打散成矢量图形，效果如图 5-49 所示。

图 5-48 输入文字内容

图 5-49 打散后的文字效果

(4) 单击或直接按 S 键，选择工具箱中的【墨水瓶工具】。在【属性】面板中，设置其轮廓颜色为黑色，线条类型设为实线，线条宽度设为 4，然后在工作区中依次单击这几个字母，为文字加上边框，效果如图 5-50 所示。

图 5-50 给文字加上边框

(5) 按住 Shift 键的同时单击选中文字蓝色的填充部分，选择【插入】|【转换为元件】命令，或直接按 F8 键，打开【转换为元件】对话框，将选中的区域转换为图形元件，并将其命名为"金属字"，如图 5-51 所示。

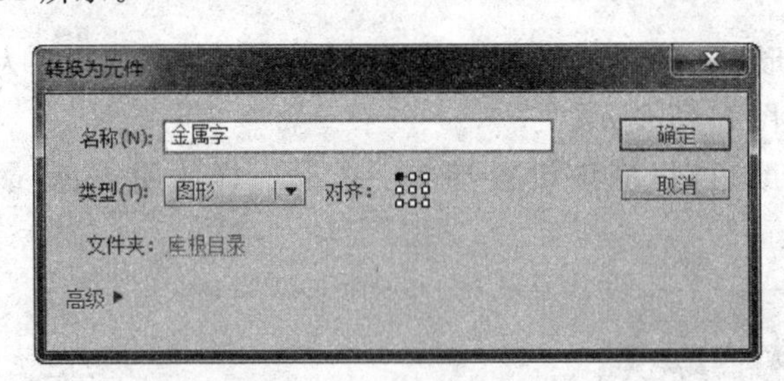

图 5-51 将文字转换为元件

(6) 按 Delete 键，将刚生成的"金属字"图形元件删除，这时只剩下黑色的轮廓线条，效果如图 5-52 所示。

(7) 选择【编辑】|【全选】命令或直接按 Ctrl+A 键，选中所有轮廓线条。然后执行【修改】|【形状】|【将线条转换为填充】命令，将轮廓线条转换为填充图形，线条填充后的效果如

图 5-52　删除元件后的文字效果

图 5-53 所示。

图 5-53　线条转填充后的效果

(8) 单击(或按 K 键)从工具箱中选择【颜料桶工具】。将填充色设定为黑白渐变填充，然后使用【颜料桶工具】从上至下进行填充，得到上白下黑的渐变效果，如图 5-54 所示。

图 5-54　黑白渐变填充后的效果

(9) 使用【选择工具】全选文字图形，执行【插入】|【转换为元件】命令，或直接按 F8 键，打开【转换为元件】对话框，将制作的渐变效果边框转化为图形元件，并为其命名为“边框”。双击该元件进入元件编辑窗口，按 Alt＋Shift＋F9 组合键打开【颜色】面板，设置填充方式为【线型渐变】填充方式，在下面的渐变色条上添加 5 个色彩游标。5 个游标的颜色值从左到右依次为＃CCCCCC、＃FFFFFF、＃999999、＃CCCCCC 和＃FFFFFF，如图 5-55 所示。

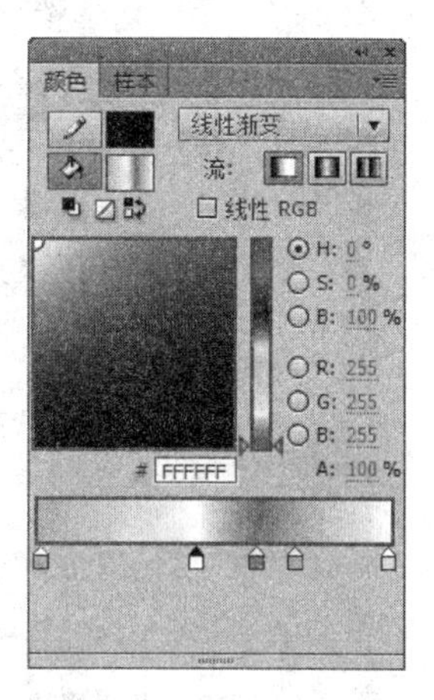

图 5-55　在混色器中添加色彩游标

(10) 参照边框的上色方法，给“金属字”元件中的文字应用新调好的渐变色，如图 5-56 所示。

(11) 回到主场景，打开【库】面板，将库中的“金属字”元件拖到舞台上，并与已存在的边框对齐，这样金属文字效果就制作完成了，效果如图 5-57 所示。

图 5-56　应用渐变色后的文字效果

图 5-57 金属字效果

5.5.4 制作雪花文字

(1) 打开 Flash CS6,新建一个 ActionScript 2.0 文档,打开【属性】面板,设置舞台大小为 600×400 像素、舞台背景颜色为红色。

(2) 在工具箱选中【文本工具】,并在文本【属性】面板中选择文本类型为传统文本中的静态文本,设置字体为 Impact、文本大小为 120 点、文本颜色为黑色,单击舞台并输入文本内容“SNOWMAN”,如图 5-58 所示。

图 5-58 输入文本

(3) 执行两次【修改】|【分离】命令或直接按两次 Ctrl+B 键,将文字打散成矢量图形。

(4) 选择工具箱中的【墨水瓶工具】,在工具【属性】面板上设置笔触颜色为白色、笔触大小为 6,在【样式】列表中选择【点刻线】,如图 5-59 所示。

(5) 单击【点刻线】右侧的【设置笔触样式】铅笔图标,在【笔触样式】面板中,设置【点大小】为中、【点变化】为随机大小、【密度】为密集,单击【确定】按钮,如图 5-60 所示。

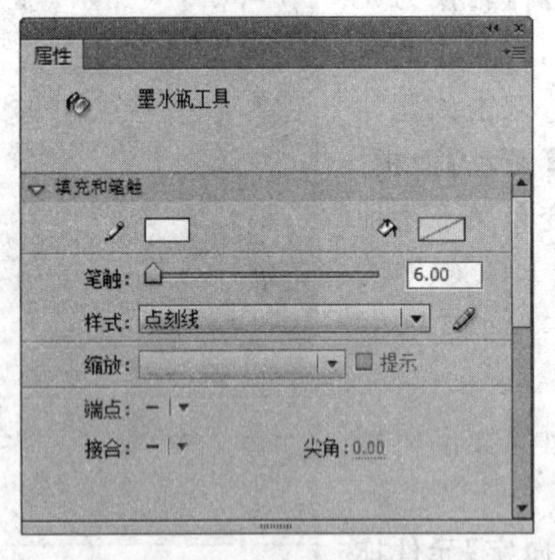

图 5-59 设置墨水瓶工具属性

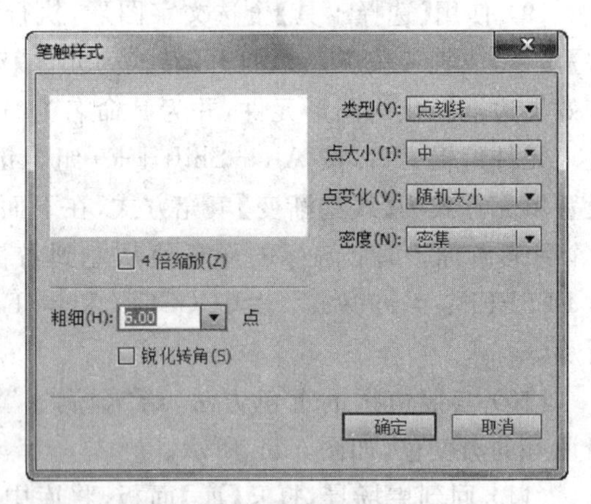

图 5-60 设置笔触样式

(6) 在舞台中,使用【墨水瓶工具】依次单击文字,最终效果如图 5-61 所示。

图 5-61 雪花文字效果

5.5.5 制作三维倒影文字

案例参见配套光盘中的文件“素材与源文件\第 5 章\wave.fla”。

(1) 打开 Flash CS6，新建一个 ActionScript 2.0 文档，设置舞台大小为 600×400 像素、舞台背景颜色为深蓝色，其他参数保持默认。选择工具箱中的【文本工具】，在【属性】面板设置为传统文本中的静态文本、文字大小为 120 点、字体为 Impact、文字颜色值为 #00CCFF，在舞台单击输入文本内容“WAVE”，如图 5-62 所示。

(2) 按两次 Ctrl+B 键打散文字，选择【墨水瓶工具】，设置其笔触颜色为白色、笔触大小为 1，依次单击文字，为文字加上白色边框并删除内部填充颜色。使用【选择工具】框选空心文字，按住 Alt 键，同时拖动鼠标至其他位置，即可复制出一个相同的图形，并调整至合适的位置，如图 5-63 所示。

图 5-62 输入文本

图 5-63 复制文字边框

(3) 为了区分设置的空心文字，将两种空心文字用不同颜色区别开来，如设置后复制的线条轮廓颜色为绿色。根据空间透视原理，将白色线框文字遮挡的绿色线条删除，效果如图 5-64 所示。

(4) 用【选择工具】全选文字，将线条轮廓颜色更改为白色。接下来用白色线条将前后空心文字连接起来，并删除不需要的线段。效果如图 5-65 所示。

图 5-64 删除被遮挡线条

图 5-65 三维线框文字效果

(5) 选择【颜料桶工具】，设置“蓝-白”线性渐变颜色效果，依次单击文字内部填充渐变效果，如图 5-66 所示。

(6) 选择【渐变变形工具】调整文字渐变效果，用【选择工具】双击文字轮廓线，按 Delete 键删除，如图 5-67 所示。

图 5-66 填充渐变颜色

图 5-67 删除轮廓线

(7) 全选该三维文字图形，按 F8 键转为图形元件并命名为 wave，修改图层 1 名称为 wave，将该元件放置在舞台中央稍稍偏上的位置，单击锁定该图层，如图 5-68 所示。

(8) 在图层 wave 下面插入新建图层 wave1，从库中拖入元件 wave 摆放在舞台中三维文字的下方，执行【修改】|【变形】|【垂直翻转】命令，做三维文字的倒影效果，如图 5-69 所示。

图 5-68　转换为元件

图 5-69　复制元件并变形

(9) 右键单击 wave1 图层选择【复制图层】命令，复制一个图层并修改名称为 wave2，调整图层排列顺序，使 wave2 图层在 wave1 图层之下。单击选中 wave2 图层中的文字元件，按小键盘上的方向键分别向左、下方各移动两个像素的距离。

(10) 按快捷键 Ctrl+F8 新建一个名为 mask 的图形元件。选择【矩形工具】，在 mask 元件的场景中拉出一个矩形，不要边线，单选绘制出的矩形，按 Ctrl+C 和 Ctrl+V 键复制粘贴出几个矩形，排列好顺序，如图 5-70 所示。

(11) 单击场景 1 返回动画舞台，在 wave1 图层上方插入新建一个图层，命名为 mask，按 Ctrl+L 键打开【库】面板，把库中的 mask 元件拖曳到 mask 层中。使用【任意变形工具】缩放至合适大小，旋转一定角度并摆放在如图 5-71 所示的位置，在该层第 50 帧插入关键帧，移动元件至文字右侧，右键单击创建【传统补间】动画，如图 5-71 所示。

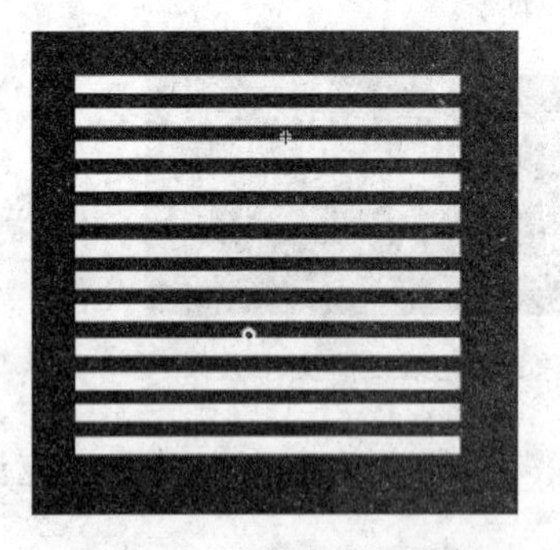

图 5-70　绘制白色矩形条

图 5-71　制作补间动画

(12) 右键单击 mask 层选择【遮罩层】命令，如图 5-72 所示，分别在三个图层的第 50 帧单击并按 F5 键(插入帧)为其他三个图层补齐 50 帧的内容。

(13) 按 Ctrl+Enter 组合键测试播放影片，已经形成三维倒影文字的动画效果。为了使动画效果更逼真，可以做个水面效果，做法如下。

在 mask 图层上方插入一个新建图层 water，用【矩形工具】绘制一个黑色的矩形，遮挡住舞台画面的下半部，将该黑色矩形转为图形元件，设置其透明度 Alpha 值为 50%，效果如图 5-73 所示。

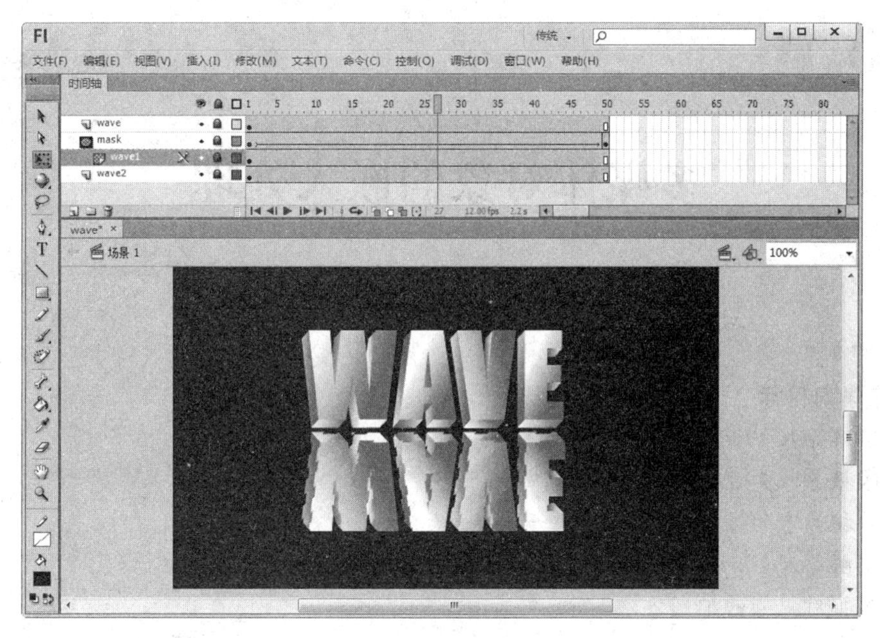

图 5-72　制作遮罩动画

图 5-73　三维文字倒影效果

5.6　本章小结

本章主要介绍了与文本相关的知识与技巧，包括文本的类型、文本的创建、文本的编辑以及特效文字的实例制作。通过本章的学习，读者可以掌握动画制作中文本应用的基本知识和技能。

第6章

Chapter 6

多媒体对象的嵌入处理

本章学习目标

- 了解导入 Flash 中的多种音频格式
- 掌握导入声音的方法
- 掌握声音的编辑方法
- 了解导入 Flash 中的视频格式与类型
- 掌握对视频的控制方法

Flash 中多媒体对象的应用主要是指声音与视频的导入，对于图形图像等素材的导入本章不作特别介绍。本章主要介绍了在 Flash 动画中加入声音和视频的方法。通过这一章的学习，读者应掌握给动画加入背景音乐、动作音效以及视频剪辑的方法。

6.1 添加声音对象

在 Flash 动画设计制作过程当中，声音创作已经作为一种重要的表现形式和手段，它与视觉造型设计相得益彰，共同成为塑造生动动画角色不可或缺的一部分。在任何一部优秀的动画作品中，除了角色的造型令观众过目不忘之外，为这些活灵活现的动画角色所配制的声音，也会给观众留下深刻的印象。可以说画面赋予声音以形态神韵，声音则回报画面以生命、生活气息和现实感。

6.1.1 Flash 中声音的类型

Flash 本身没有制作音频的功能，只能通过导入其他音频编辑工具制作的音频文件的方法来实现对声音的运用。在 Flash 中使用的基本声音有两种类型，即事件声音（Event Sounds）和音频流（Stream Sounds）。

1. 事件声音

表示声音由加载的关键帧处开始播放，直到声音播放完或者被脚本命令中断，否则它将一直连续播放。事件声音是把声音与事件的发生同步起来，与动画时间轴无关，一旦发生就会一直播放下去，除非有命令使它停止。

将声音类型设置为“事件”，可以确保声音有效地播放完毕，不会因为帧已经播放完而引起音效的突然中断，声音会按照指定的重复播放次数一次不漏地全部播放完。

对于事件声音的运用，要注意以下几点。

(1) 插入的音频文件体积尽量小,因为需要下载完整后才开始播放;

(2) 已经下载的声音文件,再次使用时无需重新下载;

(3) 事件声音无论长短,插入时间轴都只占一帧。

2. 音频流

表示声音播放和动画同步,也就是说如果动画在某个关键帧上被停止播放,声音也随之停止,直到动画继续播放的时候声音才开始从停止处继续播放。音频流指的是将声音文件按帧分成每一块,然后再去按时间轴顺序的播放而播放。声音设置为音频流的时候,会迫使动画播放的进度与音效播放进度一致,一旦帧停止,声音也就会停止,即使没有播放完,声音也会停止。

对于音频流的运用,要注意以下几点。

(1) 可以把音频流与影片中的可视元素同步;

(2) 即使是很长的声音,也只需下载很少的部分即可开始播放;

(3) 音频流只在时间轴上它所在的帧中播放。

事件声音常用于制作简短的按钮声音或无限循环的背景音乐;而制作 Flash MTV 动画或应用于网络时一般会选择音频流,因为音频流模式的音乐是音乐与动画同步播放的,动画停止音乐也随之停止,再继续播放动画时音乐也会从刚才的停顿处接着播放。

3. 导入音频文件的格式

能导入到 Flash 中的音频格式一般说来有以下几种格式:MP3、WAV 和 AIFF。在众多的格式里,我们应尽可能使用 MP3 格式的素材,因为 MP3 格式的素材既能够保持高保真的音效,还可以在 Flash 中得到更好的压缩效果。

可导入 Flash 中的音频格式如表 6-1 所示。

表 6-1　可导入 Flash 中的音频格式

文件类型	扩展名	文件类型	扩展名
Adobe Soundbooth	.asnd	只有声音的 QuickTime 影片 *	.aiff
Windows 音频格式	.wav	SUN 音频格式 *	.au
MP3 音频压缩	.mp3		

注:带 * 号标记的音频格式,系统需安装 QuickTime ® 4 或更高版本。

MP3 是目前网上最流行的音乐压缩格式,是一种有损压缩。它最大的特点是能以较小的文件大小、较大的压缩比率达到近乎完美的 CD 音效。一般而言,音乐或时间较长的音效经过 MP3 压缩后,都可以使文件体积减小很多。但如果是事件音效,如滑过或按下按钮所产生的简短音效,就不见得一定要用 MP3 格式,因为使用 MP3 格式的文件需要一些时间来解压缩。

WAV 是微软公司(Microsoft)开发的一种声音文件格式,它符合 RIFF(Resource Interchange File Format)文件规范,用于保存 Windows 平台的音频信息资源,被 Windows 平台及其应用程序所广泛支持,该格式也支持 MSADPCM、CCITT A LAW 等多种压缩运算法,支持多种音频数字、取样频率和声道。标准格式化的 WAV 文件和 CD 格式一样,也是 44.1kHz 的取样频率、16 位量化数字,因此在声音文件质量上和 CD 音质相差无几。

AIFF(Audio Interchange File Format,音频交换文件格式)是苹果(Apple)公司开发的一种声音文件格式,被 Macintosh 平台及其应用程序所支持,属于 QuickTime 技术的一部分。AIFF 是未经过压缩的一种格式,所以文件比较大,这一格式的特点就是格式本身与数据的意义无关。以 AIFF 格式存储的音频,其扩展名是. aif 或. aiff。

6.1.2 在 Flash 中导入声音

导入到 Flash 中的声音文件与导入的位图一样,都会自动记录在库面板中,可以被反复使用。但是声音文件只能被导入到库面板中,而不能自动加载到当前图层中。在导入声音文件时,选择【导入到库】和【导入到舞台】,最终效果都是一样的。

下面介绍如何将一个音频文件导入到 Flash 中。

(1) 打开 Flash CS6,新建一个 ActionScript 文档,执行【文件】|【导入】|【导入到库】命令,在弹出的【导入到库】对话框中,选择准备导入的音频文件,单击【打开】按钮。此时,声音文件就被导入到库中,选中库中的声音,在预览窗口就会看到声音的波形,如图 6-1 所示。在库面板中单击选中该音频文件并拖动至舞台,即可在时间轴面板上显示声音,如图 6-2 所示。

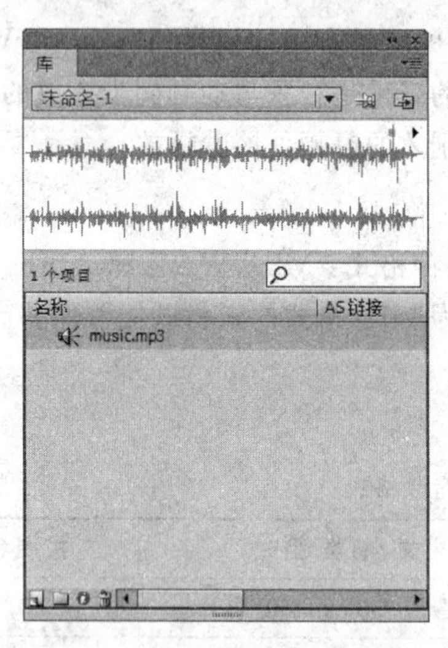

图 6-1 库面板中的音频文件

图 6-2 时间轴上的音频文件

注意:当时间轴只有一帧时,是看不到声音文件的,所以必须插入一定数量的普通帧。

从外部导入声音文件,需要占用相当大的磁盘空间和内存,所以通常情况下,在使用 WAV 格式的文件时最好使用 16 位 22kHz 的单声道声音文件;而 MP3 或 AIFF 声音数据较小,在 Flash 中可以导入频率为 11 kHz、22 kHz 或 40 kHz 的 8 位或 16 位的声音文件。

(2) 使用公共声音库

除了导入外部的声音文件,还可以应用软件本身内置的音频文件,这些音频文件都存储在公用库中。操作方法如下。

① 打开声音库:执行【窗口】|【公用库】|【声音】命令,在打开的【外部库】面板中可以看到内置的各种类型的声音文件,如图 6-3 所示。

图 6-3 外部声音库

② 在外部声音库中选中需要应用的声音文件，单击面板顶端右侧黑色小三角形按钮可预览播放声音。可将声音从库中拖动到 FLA 文件的库面板，也可以将库中的声音拖动到其他共享库。

6.1.3 Flash 中声音的使用

1. 为影片添加声音

为影片添加声音效果时最好创建一个单独的声音图层。此外，还可以通过属性面板为声音设置相关选项。

操作方法如下。

(1) 在时间轴左侧的图层面板上单击【插入图层】按钮，创建一个新的图层命名为“声音”。

(2) 在希望播放声音的帧处插入一个关键帧，并将该帧设为当前帧，从元件库中将声音文件拖到舞台中，这时声音被添加到当前选中的帧上，如图 6-4 所示。

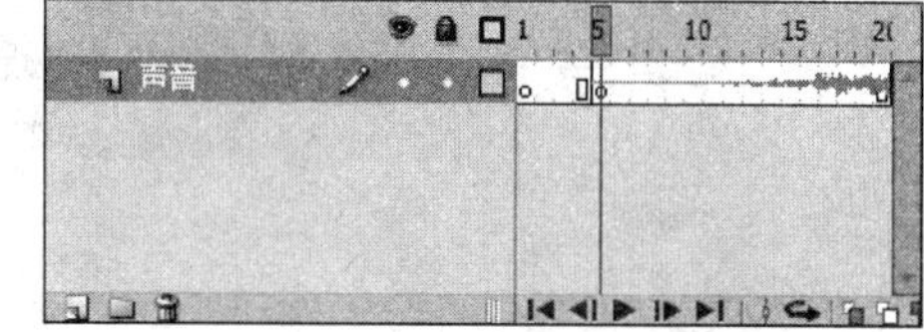

图 6-4　添加声音到指定帧

(3) 单击声音图层中的任意一帧，打开属性面板设置声音的属性。利用【效果】下拉列表可为声音增加效果，利用【声音】下拉列表可选择其他声音文件，单击【同步】下拉列表框可选择一种同步方式，在【声音循环】框中可设置声音的循环次数。

2. 为按钮添加音效

Flash 中的按钮元件有 4 种状态，所以可以为按钮元件的某种状态添加声音特效。当为按钮元件添加了声音后，该元件的所有实例都将有声音。

下面为一个按钮添加单击时发出的声音。

(1) 在 Flash CS6 中新建一个文档，执行【窗口】|【公用库】|【按钮】命令，从库中选择 circle bubble blue 按钮元件，拖放至舞台中心，双击该按钮元件进入元件编辑窗口，如图 6-5 所示。

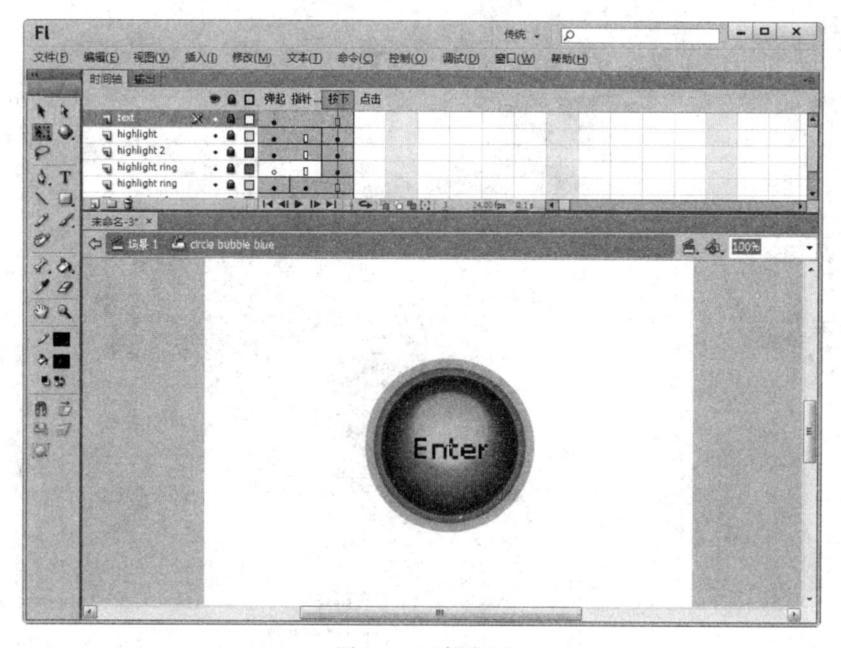

图 6-5　元件窗口

(2) 插入一个新建图层命名为 sound，在该层的“按下”帧中按 F6 键插入一个关键帧。执行【窗口】|【公用库】|【声音】命令，从库中选择 Household Bongo Hit Large Drum Single 01. mp3 声音文件，拖放至舞台，如图 6-6 所示。

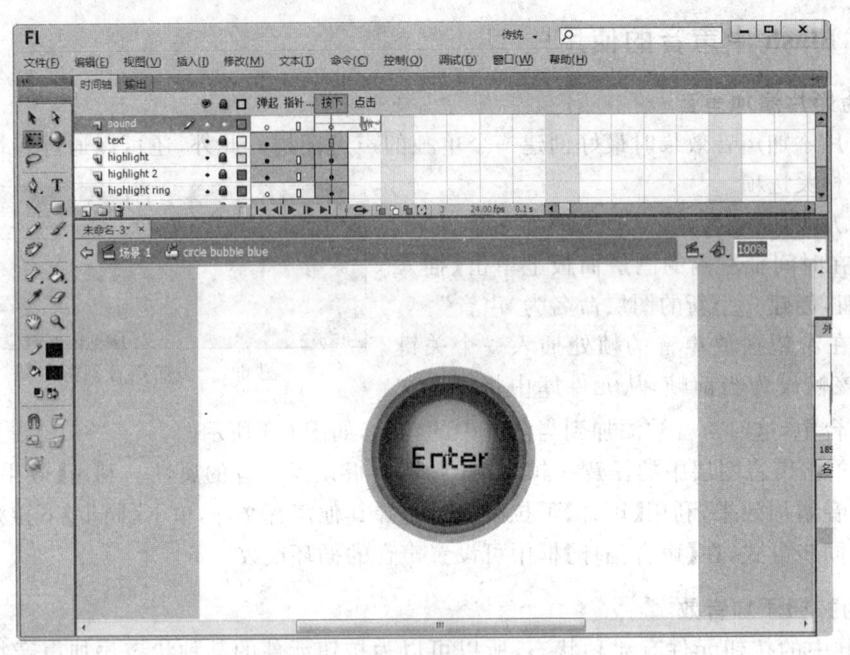

图 6-6　为“按下”帧添加声音文件

(3) 在 sound 图层中选中创建的关键帧，打开【属性】面板，确认在【同步】下拉列表中选择了【事件】选项，如图 6-7 所示。

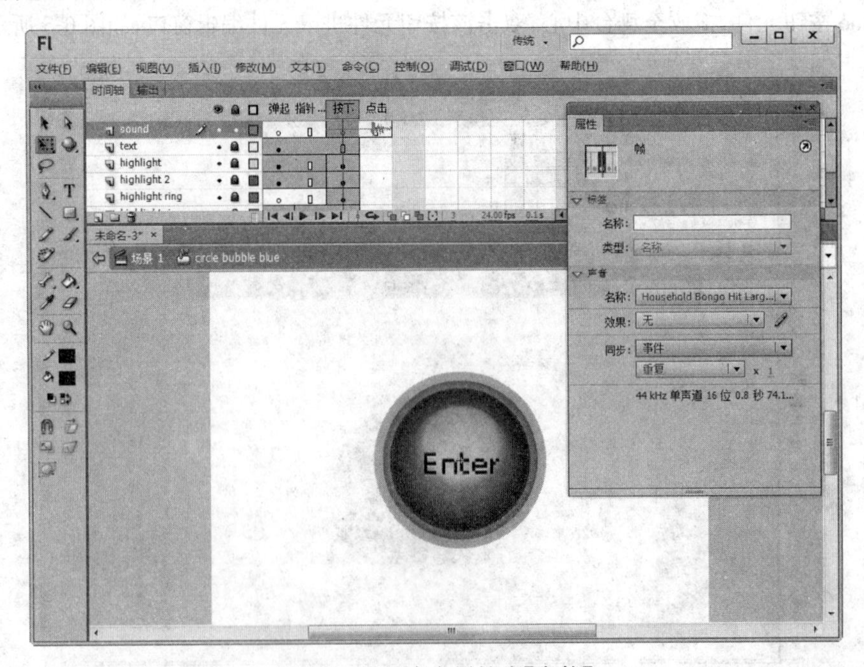

图 6-7　设置声音属性为【事件】

(4) 按 Ctrl+Enter 组合键测试播放，当鼠标指针移动到按钮上并单击时，即可听见声音，如图 6-8 所示。

要将其他声音和按钮的每个关键帧关联在一起，则创建一个空白的关键帧，然后给每个关键帧添加其他声音文件。也可以使用同一个声音文件，然后为按钮的每一个关键帧应用不同的声音效果。

图 6-8　测试按钮音效

3. Flash 声音函数详解

为影片剪辑、按钮等元件对象添加声音相对简单和容易，如果想做出更复杂的效果，或者对声音在动画中进行更为复杂的控制，那么学习 Flash 的 ActionScript 脚本语言中的声音控制函数也是比较重要的。

下面介绍几种常见的声音函数。

(1) 构造声音对象

语法：new Sound()；new Sound(target)；

参数：target，该参数是可选参数(对应于必选参数)，用于指定生成的 Sound 对象所在和控制的影片剪辑。

说明：该函数的作用是产生指定的影片剪辑中的新声音对象，该对象将用于控制这个影片剪辑中的声音，如果没有指定 target 参数，则产生的对象将控制所有时间轴上的声音。

例子：GlobalSound = new Sound()；MovieSound = new Sound(mymovie)；

(2) Sound. attachSound

语法：mySound. attachSound("idName")；

参数：idName，同 attachMovie()一样，在库中右键点击要使用的声音文件，从弹出菜单中选择 linkage，在 Linkage 选项中选择 Export this symbol，然后在上面的 entifier 中输入 inName，对大小写不敏感。

说明：该函数的作用就在于将 idName 所指定的库中的声音绑定到指定的声音对象中，可以使用 Sound. start 来播放声音。

(3) Sound. getPan

语法：mySound. getPan()；

参数：无

说明：该函数返回当前声音的左右均衡值，数值为−100～100 之间的整数。

(4) Sound. getVolume

语法：mySound. getVolume()；

参数：无

说明：该函数返回当前音量值，数值在 0～100 之间，其中 0 为静音、100 为音量最大值，缺省设置为 100。

(5) Sound. setPan

语法：mySound. setPan(pan)；

参数：pan 设置声音左右均衡度的一个整数值，范围在−100～100 之间。−100 表示只有左声道有声音，100 表示只有右声道有声音，等于 0 表示左右声道平均分配。

说明：该函数用于设置左右声道的均衡度值，设置的新均衡值将覆盖原有的值。

(6) Sound. setVolume

语法：mySound. setVolume(volume)；

参数：volume 设置声音音量值，一般为 0～100。

说明：该函数用于设置声音对象的音量值。

(7) Sound. start

语法：mySound. start()；mySound. start(secondOffset，loop)；

参数：secondOffset 用于跳过指定的时间偏移，直接开始播放声音，该参数为可选参数。loop 指定声音播放的循环次数，该参数为可选参数。

说明：该参数用于控制声音对象的播放，如果不指定时间偏移的话，将从头开始播放。

(8) Sound. stop

语法：mySound. stop()；mySound. stop("idName")；

参数：idName 为可选参数，用于指定要停止播放的时间(大家可以参照上面的说明知道，idName 是在库中设置的)。

说明：该函数用于控制声音的停止，没有参数 idName 则为停止当前声音的播放，如果指定了 idName，则停止播放指定的声音。

下面应用 AS 声音函数创建一个简单的音频播放控制动画。

(1) 打开 Flash CS6，创建一个 ActionScript 2.0 文档，从公共声音库中选择一个声音文件，拖入该文档的库面板中，如图 6-9 所示。

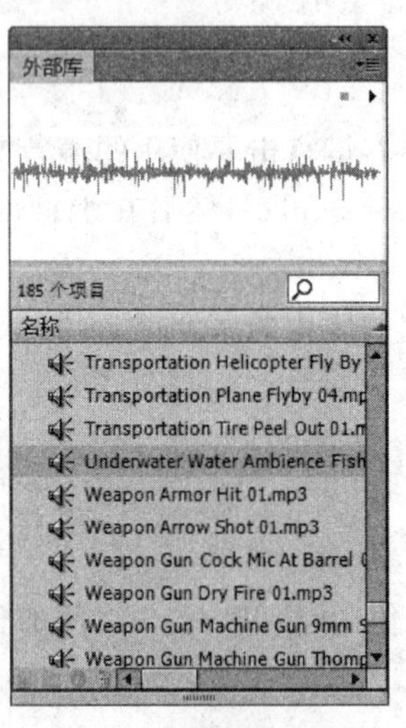

(a) 外部库

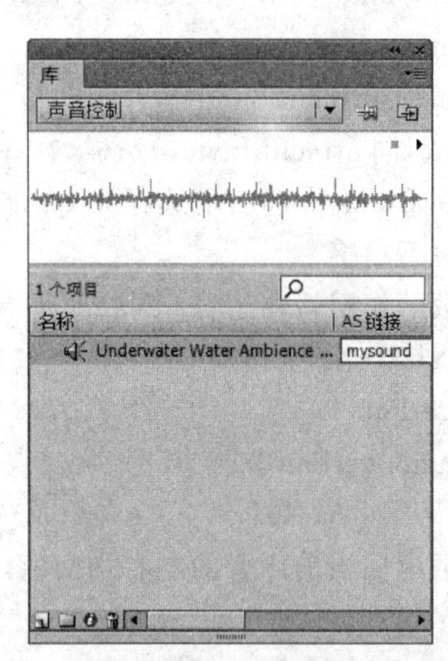

(b) 文档库

图 6-9　将声音文件拖入文档库面板中

(2) 在库面板中，双击导入的声音文件右侧的【AS 链接】选项，输入一个标识符 mysound，如图 6-9 所示。

(3) 回到主舞台，现在要创建一个新的声音对象，并且链接到库里的声音文件，用来控制声音。

选中时间轴的第 1 帧，按 F9 键打开动作面板。输入以下脚本：

```
music=new Sound();              //创建一个名字叫 music 的声音对象
```

```
music.attachSound("mysound"); //将这个声音对象与库里的标识符为 mysound 的声音链接
```

(4) 现在需要在舞台上放置两个按钮分别控制声音的播放与停止。

执行【窗口】|【公用库】|【按钮】命令,打开公用按钮元件库,将 playback rounded 中的 Play 按钮和 Stop 按钮拖放到舞台上,如图 6-10 所示。

(5) 选中 Play 按钮,在动作面板中输入以下 AS 脚本:

```
on (release) {music.start();}   //播放声音
```

(a) 播放　　(b) 停止

图 6-10 "播放"和"停止"按钮

选中 Stop 按钮,输入以下脚本:

```
on (release) {music.stop();}   //停止播放声音
```

(6) 按 Ctrl+Enter 组合键测试播放影片。

6.2 音频对象的编辑

6.2.1 使用【属性】面板

选中含有声音文件的关键帧,在【属性】面板即可对其进行简单的编辑,如设置声音的效果等,如图 6-11 所示。

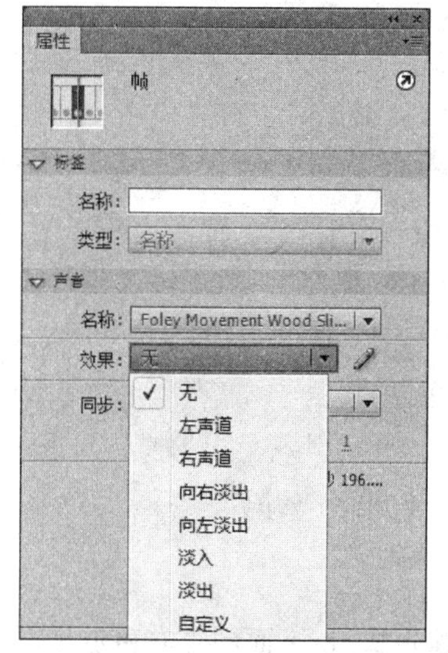

图 6-11 声音属性面板

【效果】下拉列表中各选项的含义如下。

(1) 无:不使用任何声音效果。

(2) 左声道/右声道:仅播放左声道或右声道的声音。

(3) 向右淡出:左声道的声音逐渐小到无,右声道的声音逐渐增大到最大。

(4) 向左淡出:右声道的声音逐渐小到无,左声道的声音逐渐增大到最大。

(5) 淡入:在声道播放过程中逐渐增大声音,选择该项,声音在开始时没有,经过一段时间逐渐增大到最大后保持不变。

(6) 淡出:在声道播放过程中逐渐减小声音,选择该项,在开始一段时间声音保持不变,随后声音逐渐减小到无。

(7) 自定义:可使用【编辑封套】对话框调整左、右声道的高低与变化,自定义声音的变化。

在【同步】下拉列表中可定义声音的 4 种同步方式,它们的含义分别如下所述。

(1) 事件:使用声音与某事件同步发生。当动画播放到被赋予声音的第一帧时,声音就开始播放。由于事件声音独立于动画的时间轴播放,因此,即使动画结束,声音也会完整地播放。此外,如果影片中添加了多个声音文件,则我们听到的将是最终的混音效果,事件声音常用于背景音乐或按钮音效。

(2) 开始:与事件方式相同,区别是在一个时间里只能有一个声音被播放。

(3) 停止:停止声音的播放。

(4) 数据流：在播放动画时，使声音和影片同步。也就是说，声音被分配到了每一帧里，因此，无论从哪里开始播放，声音会像播放动画影片一样，按照分配到帧里的声音进行播放。与事件声音不同，影片停止，数据流声音也将停止，数据流声音常用于音乐 MTV 等需要时间与声音同步的动画类型。

6.2.2 使用【编辑封套】对话框

在 Flash 中应用声音对象时，除了利用属性面板为声音添加一些特殊效果外，也可以使用【编辑封套】对话框手工编辑声音，如改变声音播放和停止播放的点、截取声音片段等。

选中时间轴上的声音文件，单击属性面板上的【编辑】按钮，便可打开【编辑封套】对话框，如图 6-12 所示。

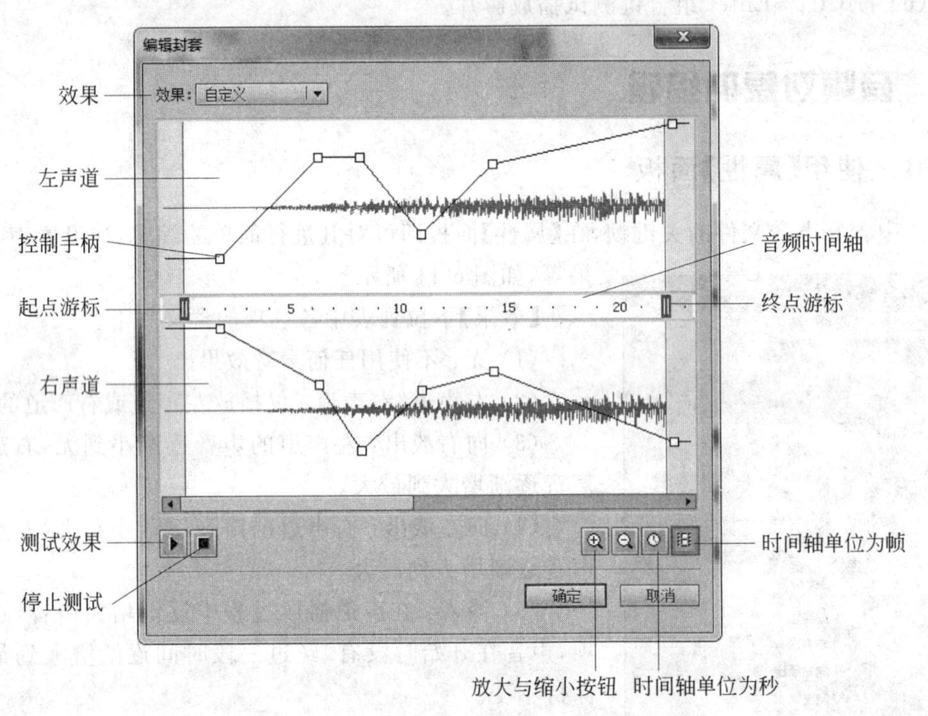

图 6-12 【编辑封套】对话框

【编辑封套】对话框分为上下两部分，上面的是左声道编辑窗口，下面的是右声道编辑窗口，在其中可以执行以下操作。

(1) 单击【编辑封套】对话框右下方的【放大】按钮，可以放大声音视图，便于更准确地定义声音的开始点和音量。

(2) 利用【时间刻度】按钮和【帧刻度】按钮，可以以两种方式显示声音的时间长度，可以根据声音开始的位置和结束的位置来查看声音所占用的时间(秒)或帧数。

(3) 如果要改变声音的长度，可以单击并拖动音频时间轴上的起点和终点游标，此时只有在起点和终点游标之间的声音波形才是有效的，可以被播放。

(4) 包络线反映的是声音音波的幅度，也就是音量。改变声音的幅度包络线，可以改变声音的音量。当某控制点处对应包络线在最顶端，则该点声音的音量为 100%，反之在最底端,则该点声音的音量为0,即无声。通过上下拖动声音大小控制点,即可增大或减小声音,此外还可以通过单击包络线增加控制点,来改变声音控制结的形状,从而创建出更复杂的声音效果。如果想删除声音控制点,只需将其拖出声音编辑窗口即可。

(5) 在声音编辑完后,可单击【播放】按钮播放声音的编辑效果,单击【停止】按钮停止播放。

6.2.3 声音的压缩

Flash 动画总是要求在质量优良的前提下,体积越小越好,相应地,导入到动画中的声音文件也应越小越好。在输出影片时,声音设置不同的取样率和压缩比对影片中声音播放的质量和大小影响很大。压缩比越大、取样率越低,则影片中声音所占的空间越小,但是声音回放的质量却越差,因此必须两者兼顾。

1. 打开【声音属性】对话框

双击声音文件图标打开【声音属性】面板,如图 6-13 所示。

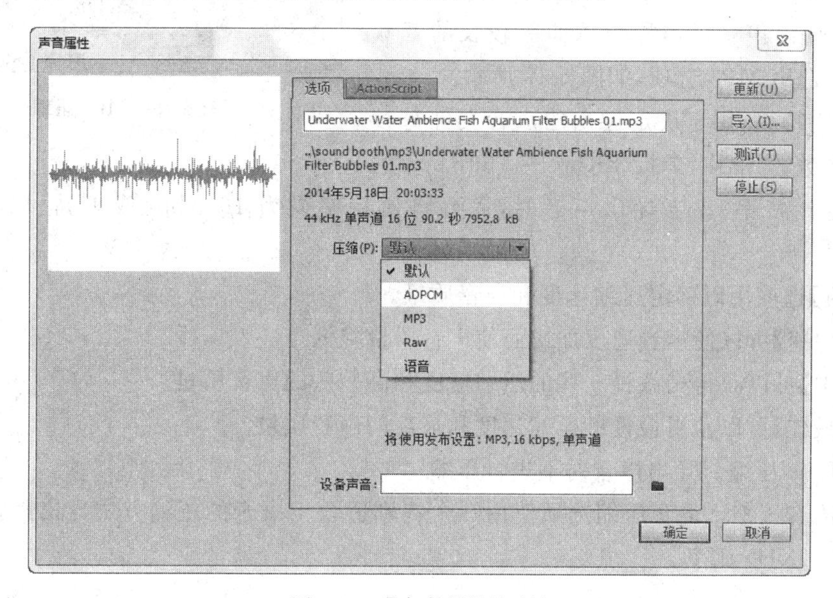

图 6-13 【声音属性】面板

注意:双击的是【小喇叭】的图标,而不是声音的名称,双击声音名称后可以修改声音文件的名称。

Flash CS6 提供了 4 种不同的声音压缩格式,包括 ADPCM、MP3、Raw 和语音格式。选择相应的压缩格式,便可进行压缩。在各种格式中对声音压缩的等级不同,生成的声音文件的质量和大小也不同。要达到最佳效果,就要根据需要反复进行不同的实验,找出最合适的压缩率。

(1) ADPCM 压缩。ADPCM 压缩选项用于 8 位或 16 位声音数据的压缩设置。像点击音这样的短事件声音,一般选用 ADPCM 压缩,如图 6-14 所示。

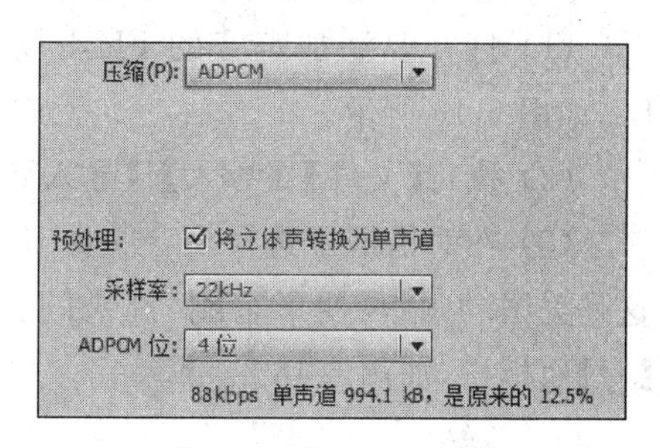

图 6-14 ADPCM 压缩

预处理：选择【将立体声转换为单声道】会将混合立体声转换为单音(非立体声)。

采样率：选项用以控制文件的饱真度和文件大小。较低的采样率可减小文件，但也会降低声音品质。Flash 不能提高导入声音的采样率。如果导入的音频为 11kHz 声音，就算设置为 22kHz，也只是 11kHz 的输出效果。

采样率的选项如下。

① 5kHz 的采样率仅能达到人们讲话的声音质量。

② 11kHz 的采样率是播放小段声音的最低标准，是 CD 音质的四分之一。

③ 22kHz 采样率的声音可以达到 CD 音质的一半，目前大多数网站都选用这样的采样率。

④ 44kHz 的采样率是标准的 CD 音质，可以达到很好的听觉效果。

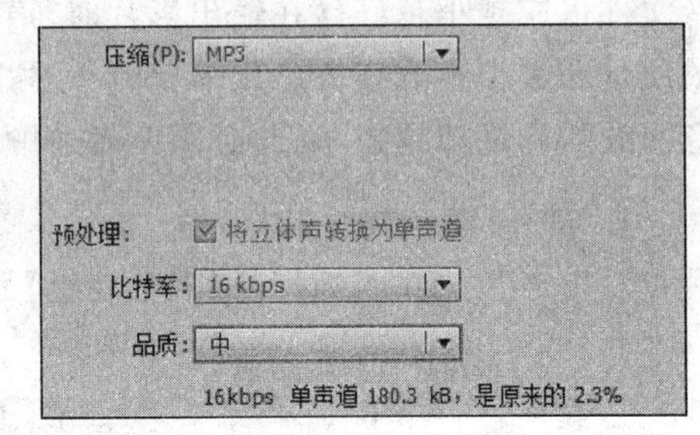

图 6-15　MP3 压缩

(2) MP3 压缩。通过 MP3 压缩选项可以用 MP3 格式输出声音。当导出乐曲等较长的音频流时，建议选用 MP3 选项，如图 6-15 所示。

对于比特率，用于决定导出的声音文件每秒播放的位数。Flash 支持 8Kbps～160Kbps 的 CBR(恒定比特率)。当导出声音时，需要将比特率设为 16 Kbps 或更高，以获得最佳效果。

【品质】选项用以确定压缩速度和声音质量。

① 【快速】可以使声音速度加快而使声音质量降低。

② 【中】可以获得稍微慢一些的压缩速度和高一些的声音质量。

③ 【最佳】可以获得最慢的压缩速度和最高的声音质量。

(3) Raw 压缩。导出声音时不进行压缩。

(4) 语音压缩。语音压缩选项使用一个特别适合于语音的压缩方式导出声音，建议对语音使用 11KHz 比率。

6.2.4　实例制作——为 Flash 动画片头添加背景音乐

本例以第 8 章实例《变形金刚》的电影预告动画为例，介绍如何给 Flash 动画添加背景音乐，具体操作步骤如下。

案例参见配套光盘中的文件“素材与源文件\第 6 章\transformers_sound. fla”。

(1) 打开要添加声音的 Flash 文档 transformers. fla，并另存为 transformers_sound. fla，如图 6-16 所示。

(2) 执行【文件】|【导入】|【导入到库】命令，弹出【导入到库】对话框，如图 6-17 所示。

(3) 在对话框中选择声音文件 tf_sound. mp3(素材与源文件\第 6 章\ tf_sound. mp3)，这是美国动画版《变形金刚》片头的一段主题音乐。单击【打开】按钮，将声音文件导入到【库】面板中，如图 6-18 所示。

图 6-16　《变形金刚》动画

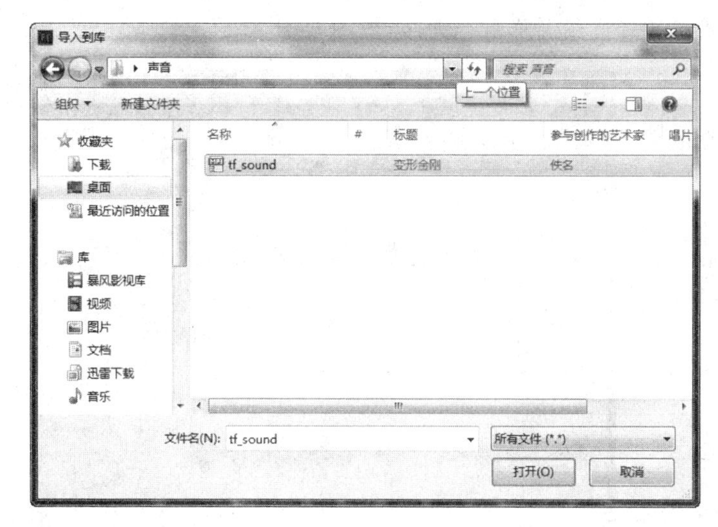

图 6-17　导入声音文件

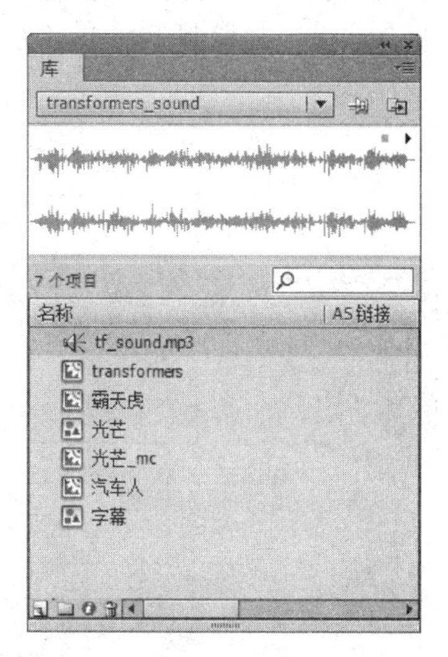

图 6-18　在库面板中预览声音文件

(4) 单击时间轴面板底部的【新建图层】按钮，新建一个图层并命名为“声音”，从库面板中将声音文件拖入到文档窗口，如图 6-19 所示。

(5) 按 Ctrl+Enter 组合键测试播放影片，此时动画已经结合音乐播放了，但是效果并不如预期所想的那样完美。因为音乐总长度有 2 分 55 秒，而动画有 150 帧，帧频为 24FPS，即动画长度为 150/24=6.25 秒，所以需要对声音文件进行编辑。

(6) 在“声音”图层含有声音波形之处单击，打开【属性】面板，如图 6-20 所示，在【效果】列表中选择【自定义】，单击【编辑声音封套】按钮，打开【编辑封套】对话框。

(7) 在【编辑封套】对话框中，单击【测试播放】按钮，仔细观察音效的范围，找到“金属变

图 6-19　将声音文件拖入文档窗口

形"音效所处的时间范围，拖动【起点/终点】游标确定声音有效播放区域，并在影片结束调整左右声道中的控制手柄至下方，使声音音量逐渐降低至无声，如图 6-21 所示。

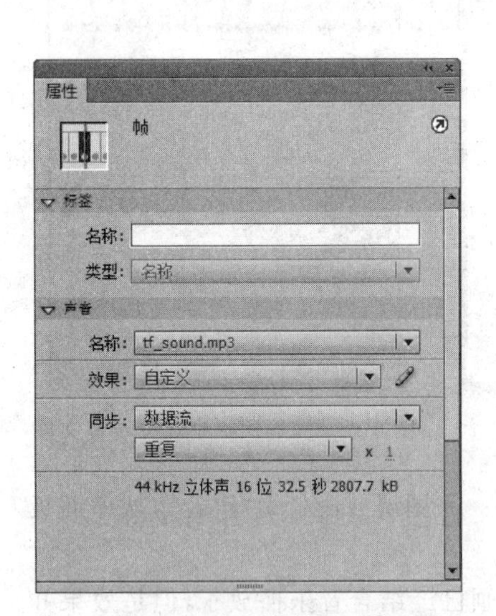

图 6-20　声音【属性】面板

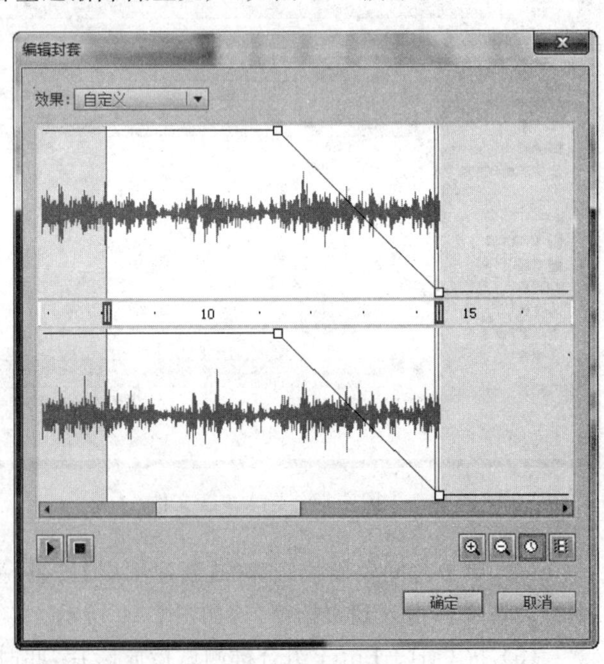

图 6-21　【编辑封套】对话框

(8) 单击 Ctrl+S 键存盘并测试播放影片。如果音效与动画结合效果还不甚理想，再打开【编辑封套】对话框进行微调，直至影片与声音完美地结合在一起。

6.3 导入视频对象

Flash 从 Flash MX 版本开始全面支持视频文件的导入和处理。Flash CS6 在视频处理功能上更是提升到一个新的高度，软件自身具备专业的视频工具，借助随附的 Adobe Media Encoder 应用程序，可将视频轻松并入项目中并高效转换视频剪辑。Flash 视频具备创造性的技术优势，允许把视频、数据、图形、声音和交互式控制融为一体，从而创造出引人入胜的丰富体验。

6.3.1 Flash 支持的视频类型

Flash CS6 支持的视频格式有 FLV、F4V 和所有 H.264 编码的视频格式，又因计算机所安装的软件不同支持的视频格式也会有所不同。如果系统安装了 QuickTime7 以上版本软件，则在导入嵌入视频时支持包括 MOV(QuickTime 影片)、AVI(音频视频交叉文件)和 MPG/MPEG(运动图像专家组文件)等格式的视频文件，如表 6-2 所示。

表 6-2 Flash 支持的视频格式 1

文 件 类 型	扩展名	文 件 类 型	扩展名
音频视频交叉格式文件	.avi	QuickTime 影片	.mov
数字视频	.dv	Flash 视频文件	.flv
运动图像专家组文件	.mpg、.mpeg		

如果系统安装了 DirectX 9.0 或更高版本，则在导入嵌入视频时支持 AVI(音频视频交叉文件)、WMV(Windows Media 文件)、ASF(Windows Media 文件)和 MPG/MPEG(运动图像专家组文件)等格式的视频文件，如表 6-3 所示。

表 6-3 Flash 支持的视频格式 2

文 件 类 型	扩展名	文 件 类 型	扩展名
音频视频交叉格式文件	.avi	Windows Media 文件	.wmv、.asf
运动图像专家组文件	.mpg、.mpeg	Flash 视频文件	.flv

如果导入的视频文件是系统不支持的文件格式，那么 Flash 会显示一条警告消息，如图 6-22 所示，表示无法完成该操作。而在有些情况下，Flash 可能只能导入文件中的视频，而无法导入音频，此时，也会显示警告消息，表示无法导入该文件的音频部分，但是仍然可以导入没有声音的视频。

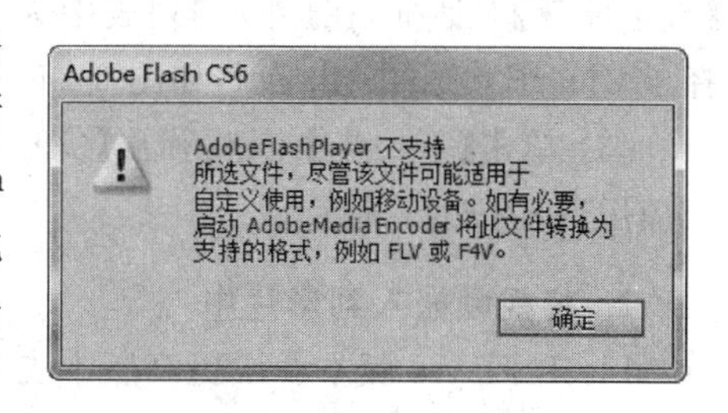

图 6-22 警告对话框

若遇到无法导入的视频格式，可先用视频格式转换工具将其转换为 Flash 支持的格式(如 FLV)。

FLV(Flash Video)是随着Flash MX的推出而发展起来的一种新兴的视频格式。由于它形成的文件极小、加载速度极快,使得网络观看视频文件成为可能。FLV视频格式的出现有效地解决了视频文件导入Flash后,使导出的SWF文件体积庞大,不能在网络上很好地使用等缺点。

清晰的FLV视频1分钟在1MB左右,一部电影在100MB左右,是普通视频文件体积的1/3,而且具有CPU占有率低、视频质量良好等特点。目前各在线视频网站均采用此视频格式。如新浪播客、优酷、土豆、酷6等视频网站,无一例外地采用了FLV视频格式。FLV是目前增长最快、最为广泛的视频传播格式,已经成为当前视频文件的主流格式。

6.3.2 导入视频文件

在Flash中导入视频一般有两种应用方式:一是将视频文件嵌入到Flash动画中,成为输出SWF影片文档的一部分,一般以播放时间较短、文件体积较小的视频文件为主;二是在Flash中加载外部视频文件,也称为渐进式下载播放外部视频。与嵌入的视频相比,渐进式下载有如下优势。

(1) 创作过程中,只需发布SWF界面,即可预览或测试Flash的部分或全部内容,因此能更快速地预览,从而缩短重复试验的时间。

(2) 运行时,视频文件从计算机磁盘驱动器加载到SWF文件上,并且没有文件大小和持续时间的限制,所以不存在音频同步的问题,也没有内存限制。

(3) 视频文件的帧频可以不同于SWF文件的帧频,从而能更灵活地创作影片。

1. 使用播放组件加载外部视频

此种方式导入视频时将创建FLVPlayback组件的实例以控制视频播放。当Flash文档作为SWF发布并将其上传到Web服务器时,还必须将视频文件一起上传到Web服务器或Flash Media Server,并按照已上载视频文件的位置配置FLVPlayback组件。

下面介绍使用播放组件加载外部视频的方法。

(1) 打开Flash CS6,新建一个ActionScript 2.0文件,执行【文件】|【导入】|【导入视频】命令,弹出【选择视频】对话框,单击【浏览】按钮找到所要导入的视频文件,勾选【使用播放组件加载外部视频】选项,如图6-23所示。

(2) 如果遇到无法导入的视频格式,可以单击对话框下方的【启动Adobe Media Encoder】按钮启动该程序,将文件视频格式转成FLV或F4V。单击【下一步】按钮,弹出【设定外观】对话框,在【外观】列表中为FLVPlayback播放控件选择一个外观样式,此处选择了ClearExternalAll.swf,如图6-24所示。

(3) 单击【下一步】按钮,弹出【完成视频导入】对话框,单击【完成】按钮,完成视频的导入操作,如图6-25所示。

2. 将视频嵌入到影片中

Flash Player版本6或更高版本支持在Flash中嵌入视频文件。嵌入式视频有以下限制:Flash不能在超过120秒的嵌入式视频中维持音频同步,嵌入式影片最大长度是16 000帧。下面介绍将视频文件导入到Flash并嵌入到影片中的方法。

(1) 打开Flash CS6,新建一个ActionScript 2.0文件,执行【文件】|【导入】|【导入视频】

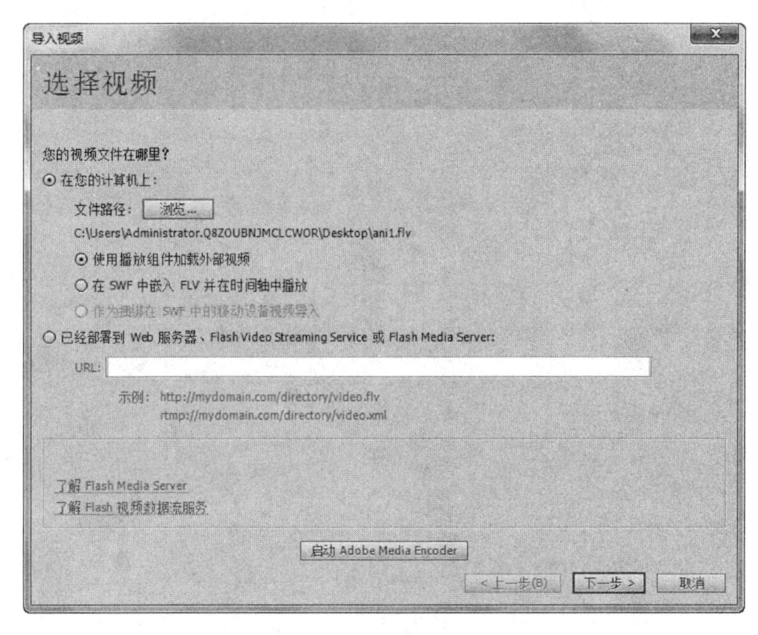

图 6-23 【选择视频】对话框

图 6-24 【设定外观】对话框

命令，弹出【导入视频】对话框，单击【浏览】按钮找到所要导入的视频文件，勾选【在 SWF 中嵌入 FLV 并在时间轴中播放】选项，如图 6-26 所示。

(2) 单击【下一步】按钮，弹出【嵌入】对话框，在【符号类型】中选择【嵌入的视频】时有三个选项，如图 6-27 所示。默认情况下，Flash 将导入的视频放在舞台上。若要仅导入到库中，则取消【将实例放置在舞台上】选项的勾选；默认情况下，Flash 会扩展时间轴，以适应要嵌入的视频剪辑的回放长度；默认情况下，导入视频时会同时导入音频。

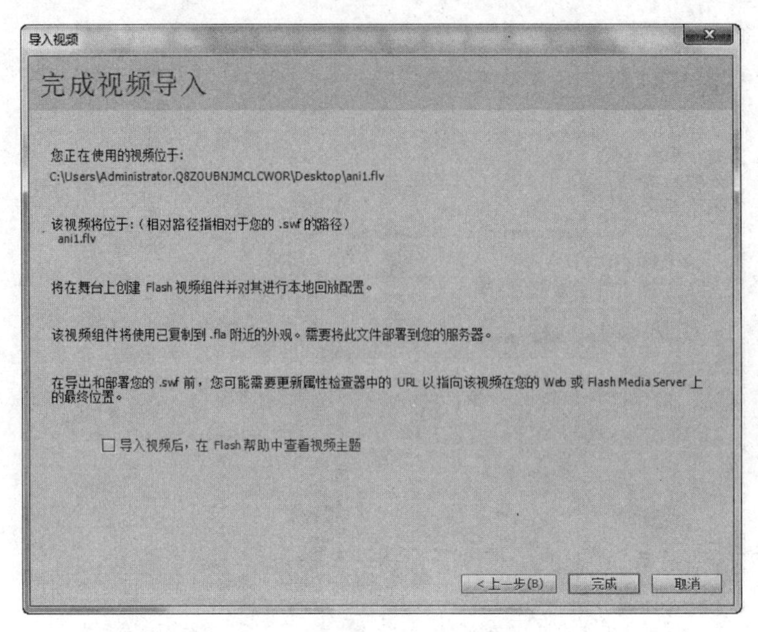

图 6-25 【完成视频导入】对话框

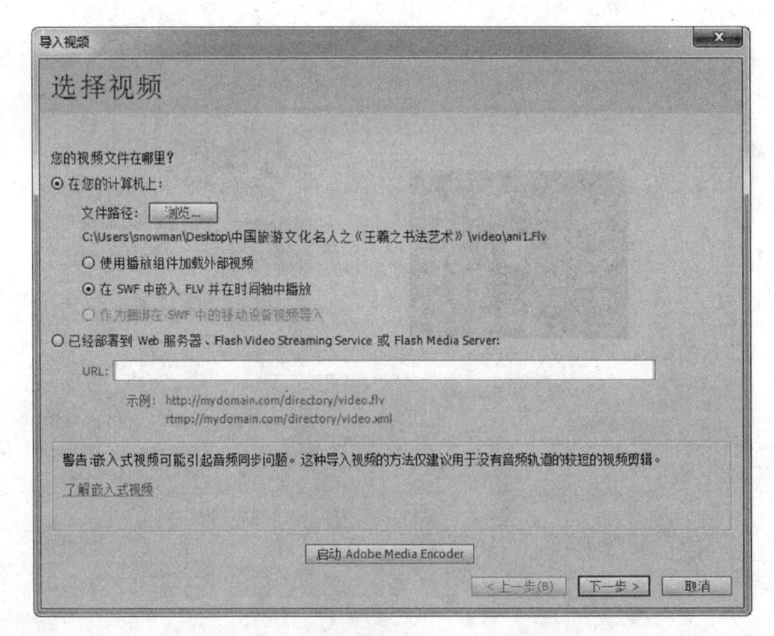

图 6-26 【选择视频】对话框

对于【符号类型】的说明如下。

① 嵌入的视频：导入到舞台中直接播放，除视频文件外不产生其他任何组件。如果要在时间轴上线性播放视频剪辑，那么最合适的方法就是将该视频导入到时间轴。

② 影片剪辑：良好的习惯是将视频置于影片剪辑实例中，这样可以获得对内容的灵活控制。视频的时间轴独立于主时间轴进行播放，库中除视频文件外还有一个影片剪辑元件。

③ 图形：导入舞台的同时还自动生成一个图形元件，但无法使用 ActionScript 与该视

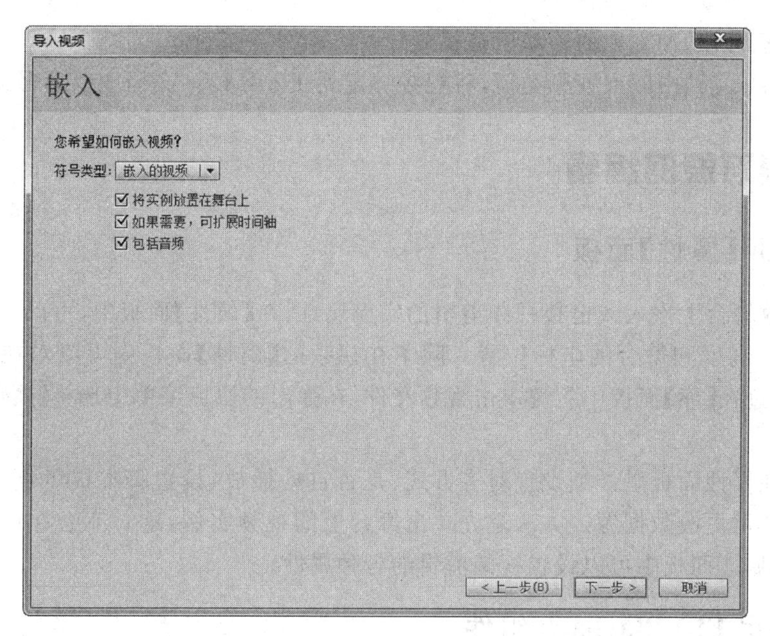

图 6-27　【嵌入】对话框

频进行交互。库中除视频文件外还有一个图形元件。

(3) 单击【下一步】按钮，弹出【完成视频导入】对话框，单击【完成】按钮，完成视频的导入操作，如图 6-28 所示。

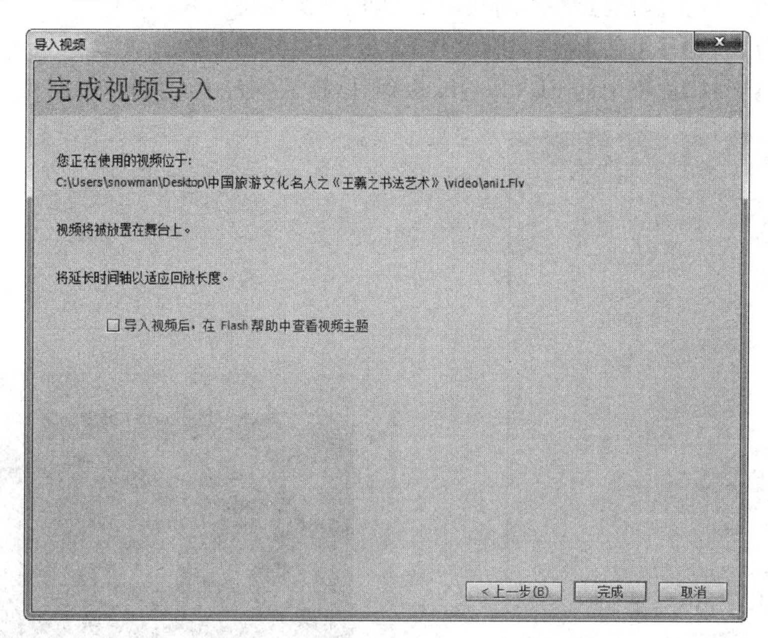

图 6-28　【完成视频导入】对话框

注意：将视频内容直接嵌入到 SWF 文件中会明显增加发布文件的大小，因此仅适合于小的视频文件。此外，在使用 Flash 文档中嵌入的较长视频剪辑时，音频到视频的同步(也称作音频/视频同步)会变得不同步。

3. 作为捆绑在 SWF 中的移动设备视频导入

与在 Flash 文档中嵌入视频类似，将视频绑定到 Flash Lite 文档中以部署到移动设备。

6.4 视频对象的编辑

6.4.1 使用【属性】面板

可以更改舞台上嵌入或链接视频剪辑的实例属性，在【属性】面板中，可以为实例指定名称，设置宽度、高度和舞台的坐标位置。除了在视频的【属性】面板中可以对视频进行设置外，还可以通过在【库】面板中右键单击视频文件，在弹出的快捷菜单中选择【属性】选项进行相应的设置。

还可以在属性面板里详细设置对齐方式、是否自动播放、设置脚本提示点、列表、模式、皮肤、音量，亦可更改数据源。方法是先单击舞台上的视频实例，这时就会在窗口右边出现属性面板，在属性面板中可以设置视频剪辑的各种属性。

6.4.2 使用 FLVPlayback 组件

FLVPlayback 组件的使用过程基本上由两个步骤组成：第一步是将组件放在舞台上，第二步是指定一个供它播放的 FLV 文件。除此之外还可以设置不同的参数，以控制其行为并描述 FLV 文件。

(1) 执行【文件】|【新建】命令，新建一个文件，参数保持默认。

(2) 执行【窗口】|【组件】命令，将【组件】面板打开，如图 6-29 所示。

(3) 选择【组件】面板中的 FLVPlayback 组件，拖入舞台中心位置，如图 6-30 所示。

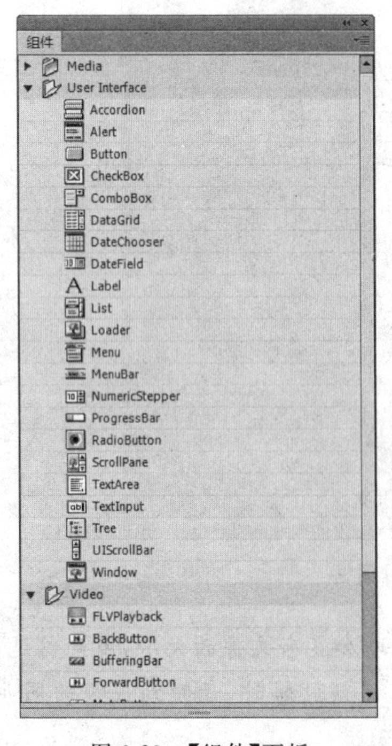

图 6-29 【组件】面板

图 6-30 在舞台中摆放 FLVPlayback 组件

(4) 选中组件，执行【窗口】|【组件检查器】命令，打开【组件检查器】面板，在【参数】标签下提示“在属性检查器中编辑组件实例的参数”，如图 6-31 所示。

(5) 执行【窗口】|【属性】命令，打开【属性】检查器面板，如图 6-32 所示。

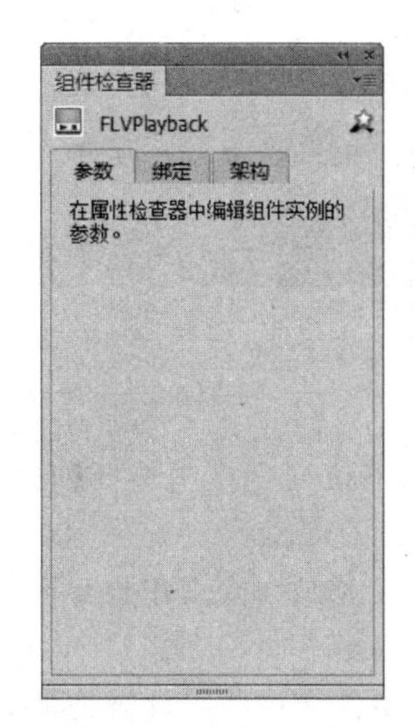

图 6-31　【组件检查器】面板

图 6-32　【属性】检查器面板

组件参数含义如下。

(1) align：在 scaleMode 参数设置为 maintainAspectRatio 或 noScale 时指定视频布局。

(2) autoPlay：勾选此选项，则在设置 source 属性后自动开始播放 FLV 视频文件。

(3) cuePoint：一个数组，定义 ActionScript 提示点。

(4) preview：用于在软件中预览视频效果。

(5) scaleMode：指定在视频加载后如何调整其大小。

(6) skin：一个字符串，指定外观 SWF 文件的 URL。

(7) skinAutoHide：勾选此选项，则鼠标未在视频上时隐藏组件外观。

(8) skinBackgroundAlpha：定义外观背景的 Alpha 透明度。

(9) skinBackgroundColor：定义外观背景的颜色。

(10) source：一个字符串，指定要进行流式处理的 FLV 文件的 URL 以及如何对其进行流式处理。

(11) volume：一个数字，范围为 0～1，指示音量控制设置。

现举例说明参数设置的方法。如果想修改 skin 参数，可单击其右侧的按钮，会弹出【选择外观】对话框，如图 6-33 所示。

该对话框有如下选项。

(1) 在【外观】下拉列表中选择一种预先设计好的外观样式，从而将一组播放组件附加

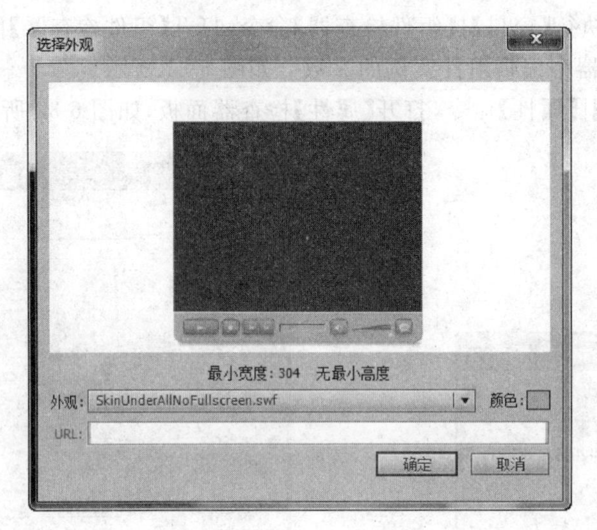

图 6-33 【选择外观】对话框

到组件中。

(2) 如果需要应用创建好的自定义外观，可从【外观】下拉列表框中选择【自定义外观URL】，然后在 URL 文本框中输入包含此外观 SWF 文件的 URL。

(3) 在【外观】下拉列表框中选择【无】，然后将单个 FLV 播放自定义用户界面组件拖到舞台上，以添加播放控制组件。

若要更改自定义用户界面组件的颜色，必须自定义该组件。这些组件被拖放到文档中时是未编译的形式，所以，可以自定义这些用户界面组件。

6.4.3 实例制作——《都市节奏》

下面通过制作一个实例，演示视频的导入与剪辑。如图 6-34 所示，本例采用导入外部视频的方法，制作表现都市快节奏生活的动画效果。

图 6-34 动画《都市节奏》

案例参见配套光盘中的文件“素材与源文件\第 6 章\都市节奏\都市节奏.fla”。

下面是具体制作步骤。

(1) 打开 Flash CS6,新建一个 ActionScript 2.0 文件,设置舞台大小为 800×500 像素、舞台背景颜色为深灰色,其他参数保持默认,保存文件名称为“都市节奏.fla”。

(2) 绘制舞台背景。用鼠标双击并修改图层 1 名称为“天空”,选择工具箱中的【矩形工具】,设置其笔触颜色为无色,设置填充颜色为“蓝-白”线性渐变效果,在舞台中绘制一个矩形,大小覆盖整个舞台,如图 6-35 所示。

图 6-35 绘制蓝天

(3) 绘制草地。插入新建图层“草地”,使用【钢笔工具】和【颜料桶工具】绘制绿色草地形状并为其填充“深绿-浅绿”的线性渐变效果,如图 6-36 所示。

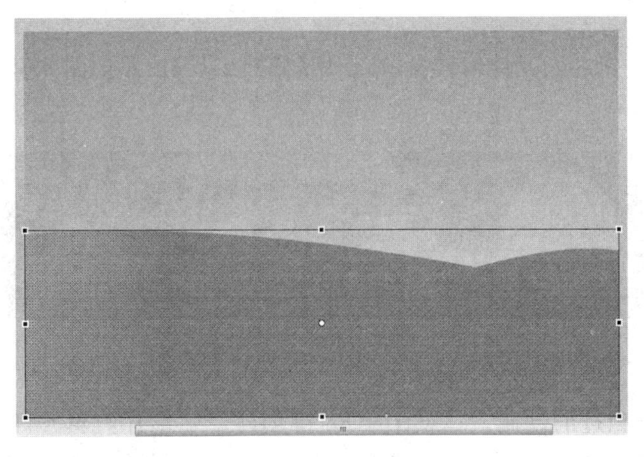

图 6-36 绘制草地

(4) 绘制路面。插入新建图层“路面”,使用【钢笔工具】绘制路面形状轮廓,并用【颜料桶工具】填充颜色,如图 6-37 和图 6-38 所示。

(5) 制作白云飘过的动画效果。首先绘制白云形状。按 Ctrl+F8 键新建图形元件

图 6-37 绘制公路轮廓

图 6-38 填充颜色

“云”,单击【确定】按钮进入元件编辑窗口,使用【椭圆工具】按照如图 6-39 所示的分解步骤,绘制白云图形。

图 6-39 绘制白云图形步骤分解

其次制作白云飘过的动画。按 Ctrl+F8 键创建新建影片剪辑元件“云_mc”,单击【确定】按钮进入元件编辑窗口,如图 6-40 所示,制作三朵白云飘过的传统补间动画。

(6) 单击“场景 1”,返回动画舞台。插入新建图层“白云”,从库中拖入影片剪辑元件“云_mc”放置在舞台右侧超出边界的地方,如图 6-41 所示。

(7) 插入新建三个图层,分别命名为“高楼”、“楼群”、“路牌”,分别导入对应的素材图片文件(文件位置:“素材与源文件\第 6 章\都市节奏\”),放置在场景中的合适位置,如

图 6-40 制作白云飘过动画效果

图 6-41 摆放白云影片剪辑元件

图 6-42 所示。

(8) 插入新建图层“视频”，执行【文件】|【导入】|【导入视频】命令，弹出【选择视频】对话框，单击【浏览】按钮选择导入的视频文件“凡客诚品首支运动形象广告.flv”(文件位置：“素材与源文件\第 6 章\都市节奏\”)，勾选【使用播放组件加载外部视频】选项，单击【下一步】按钮，在【外观设定】对话框中设定外观样式为【无】，将视频文件导入到舞台中，如图 6-43 所示。

(9) 单击选中导入的视频文件，按 F8 键转为影片剪辑元件“视频_mc”，选择工具箱中

图 6-42 放其他背景图像

图 6-43 导入外部视频

的【3D 旋转工具】将影片剪辑元件“视频_mc”向左旋转较小的角度，如图 6-44 所示。

图 6-44 3D 旋转视频元件

(10) 在“视频”图层上插入新建图层“路牌”，以元件“视频_mc”为参照绘制路牌图形，如图 6-45 所示。

(11) 最后插入一个图层“文字”，使用静态【文本工具】输入文字内容“都市节奏”，按 Ctrl+B 键打散，调整角度和大小放置在视频右上角，按 Ctrl+Enter 组合键测试影片播放并存盘。

图 6-45　绘制路牌图形

6.5　本章小结

本章主要介绍了导入多媒体素材的有关知识和技能，如使用声音、导入声音、为影片添加声音，同时还讲解了使用视频、Flash 支持的视频类型和为影片添加视频的方法。通过本章的学习，读者可以掌握使用外部多媒体素材方面的知识，为深入学习 Flash CS6 知识奠定基础。

第7章

快速制作简单动画

本章学习目标

- 掌握用模板快速制作动画的方法
- 掌握用"动画预设"快速制作动画的方法
- 掌握用 Deco 工具快速制作动画的方法
- 掌握逐帧动画的制作方法

Flash CS6 本身自带的一些功能，对于初学者来说，无需太深入学习，便可以快速制作出一些暂时可能制作不出来的动画效果，类似于演示文稿软件 PowerPoint 中的自定义动画功能。只要掌握正确的使用方法，即使是初学者也能轻松、快速地制作出媲美专业效果的动画作品。

7.1 用模板快速制作动画

7.1.1 模板的概念

Flash 模板是一种文档类型，该功能是从 Flash MX 版本开始推出的，模板功能使影片文档的创建更加方便和快捷。Flash 模板实际上是已经编辑完成、具有完整影片架构的文档类型，能够帮助用户简化工作的过程，提高文档创建的效率。在 Flash 模板里已经按照特定的标准设计好了框架、版面、图形、一些组件甚至是 ActionScript 语法规则，并拥有强大的交互扩充功能。使用模板创建新的影片文件，只需要根据原有的架构对影片的可编辑元件进行修改或者更换，就可以快捷和快速地创作出精彩的互动影片。

Flash 升级到 CS6 版本后，Adobe 公司在之前版本的基础上不断对模板功能进行修改和完善，经典的模板类型经过了历代版本更迭的考验被延续至今，并新增了许多新的模板类型，使 Flash CS6 更适合初学者学习上手。下面我们看一看 Flash CS6 中的【从模板创建】功能有哪些升级和扩展。

如图 7-1 所示，打开 Flash CS6 的软件欢迎界面，左侧一栏便是【从模板创建】的功能选项，第一个就是【Air for Android】选项。Flash CS5 是最早支持 Air for Android 的开发工具，使用起来非常方便。在 Flash CS6 中，同样可以方便地模拟屏幕方向、触控手势和加速计等常用的移动设备应用互动测试流程。

如对重力感应（陀螺仪）的测试，如图 7-2 所示，可以执行【从模板新建】| Air for Android |【加速计】命令，文件创建成功后按 Cmd+Return/Ctrl+Enter 组合键测试影片，

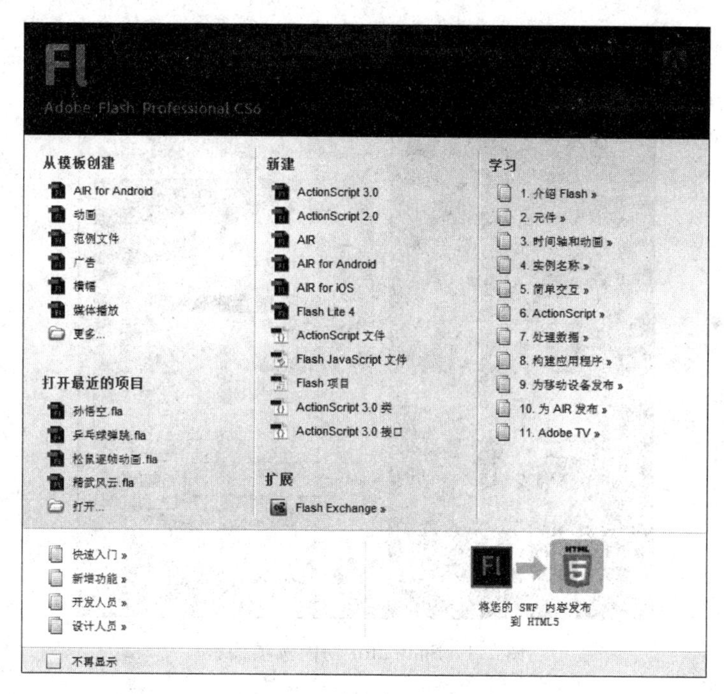

图 7-1 Flash CS6 欢迎界面

Flash 会启动 Simulator 控制面板，通过调整 X、Y、Z 三个滑块可以控制移动设备的旋转，能模拟重力感应控制小球的移动。

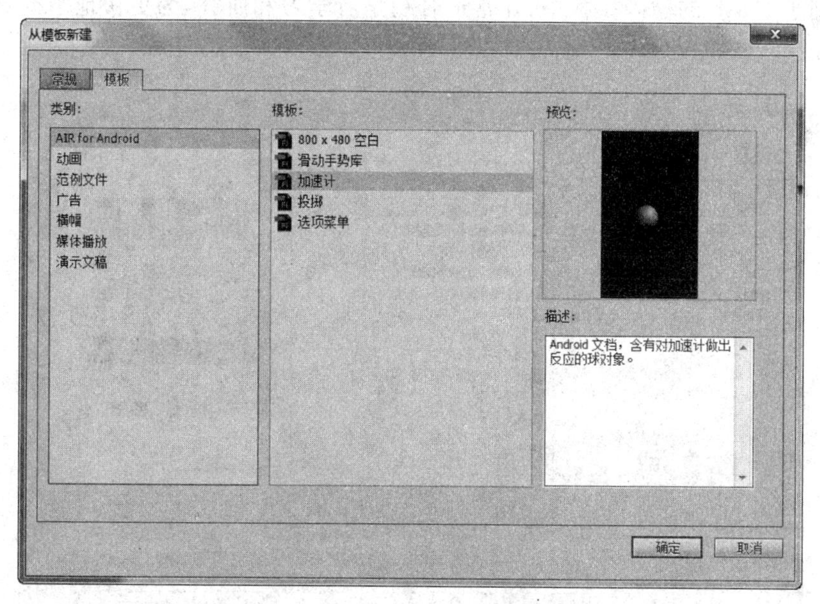

图 7-2 Air for Android 模板选项

如图 7-3 所示，启动 Simulator 控制面板的时候会默认展开 ACCELEROMETER 选项卡，下面还有 TOUCH AND GESTURE 和 GEOLOCATION 两个选项卡，分别用来测试触摸手势和地理位置。

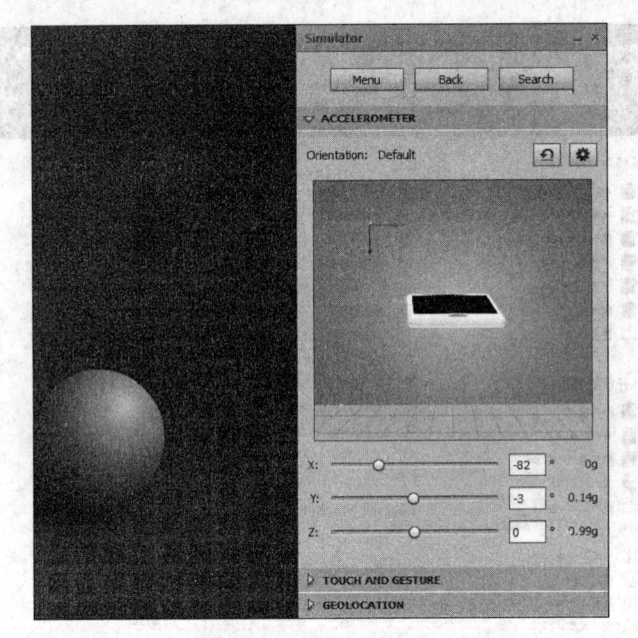

图 7-3 Simulator 功能选项面板

单击【从模板创建】中的【动画】一项，可以看到很多的模板类型，如图 7-4 所示，如经常会使用到的【补间动画的动画遮罩层】、【补间形状的动画遮罩层】、【关键帧之间的缓动】，甚至还有【雪景脚本】和【雨景脚本】，这些在 Flash 动画制作中都会经常使用到，这些常用的制作被集合到了 Flash 的动画模板中，非常适合初学者学习和研究，为更快地掌握 Flash 技巧提供了帮助。

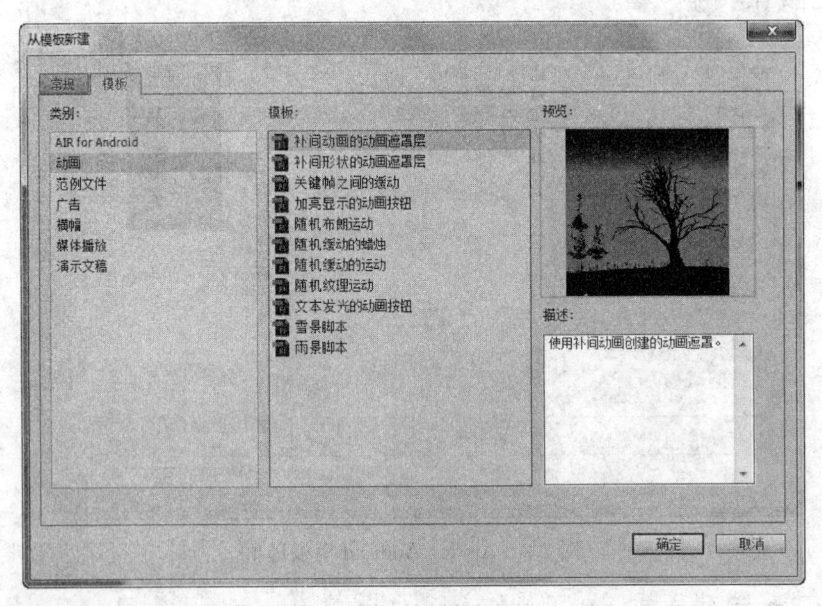

图 7-4 【动画】模板选项

如图 7-5 所示，在【模板】的【范例文件】中，提供了更适合初学者学习的【AIR 窗口实例】、【Alpha 遮罩层范例】、【IK 曲棍球手范例】、【SWF 的预加载器】、【菜单范例】、【平移】、【切换按钮范例】、【日期倒计时范例】、【手写】、【透视缩放】、【拖放范例】、【外部文件的预加载器】、【自定义鼠标光标范例】，以及【嘴形同步】模板。这些源文件为 Flash 初学者提供了更实用的参考使用平台，可以自由创作属于自己的作品。

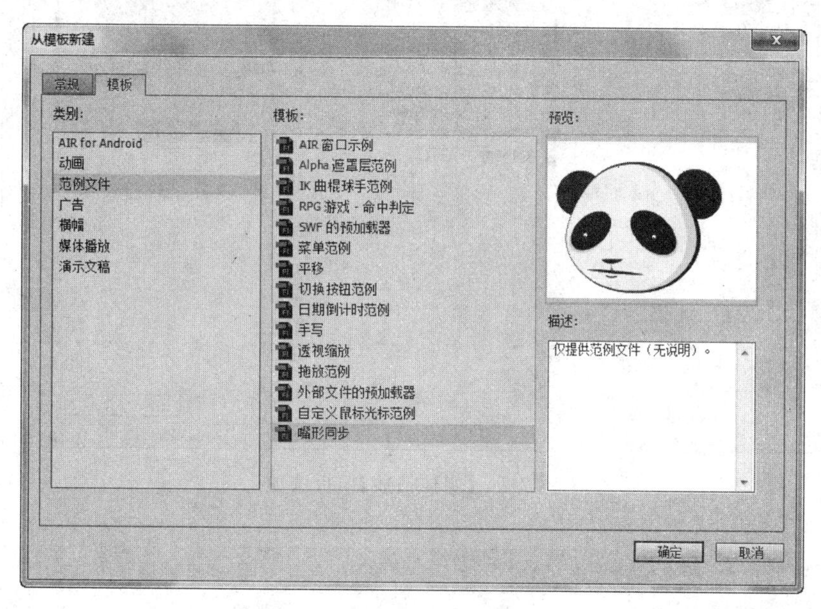

图 7-5 “范例文件”模板选项

除了【动画】和【范例文件】外，在【模板】下还有【广告】、【横幅】、【媒体播放】、【演示文档】，如图 7-6～图 7-8 所示。其中【高级相册】、【简单相册】、【简单演示文档】，【高级演示文档】的模板还为 Flash 初学者提供了快速上手制作专业 Flash 作品的可能性。

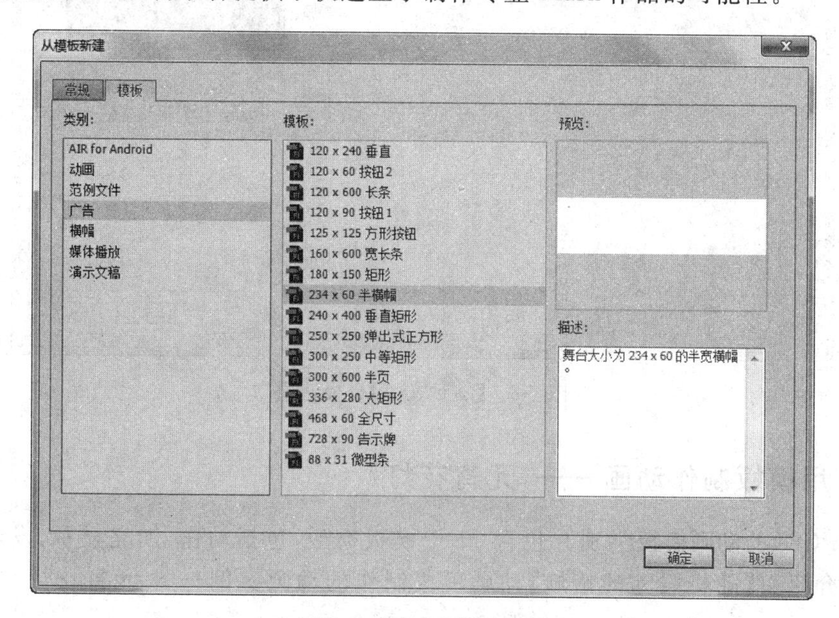

图 7-6 【广告】模板选项

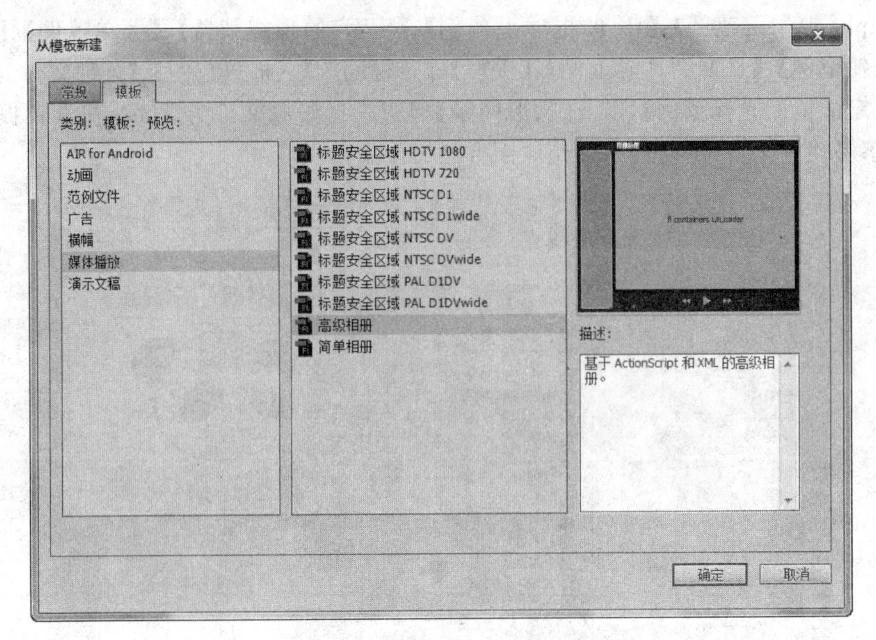

图 7-7 【媒体播放】模板选项

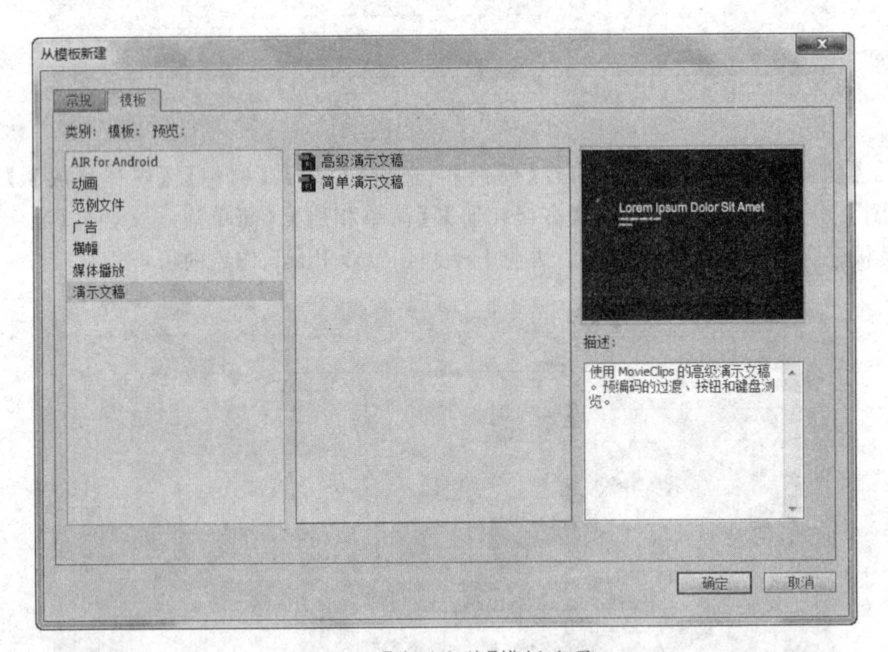

图 7-8 【演示文稿】模板选项

7.1.2 用模板制作动画——《元宵花灯》

Flash CS6 的动画模板类别共包含 11 个模板类型，包括动作、加亮显示、发光和缓动等。下面介绍用【随机缓动的蜡烛】动画模板制作的动画实例——《元宵花灯》，如图 7-9 所示。

案例参见配套光盘中的文件“素材与源文件\第 7 章\元宵花灯\元宵花灯.fla”。

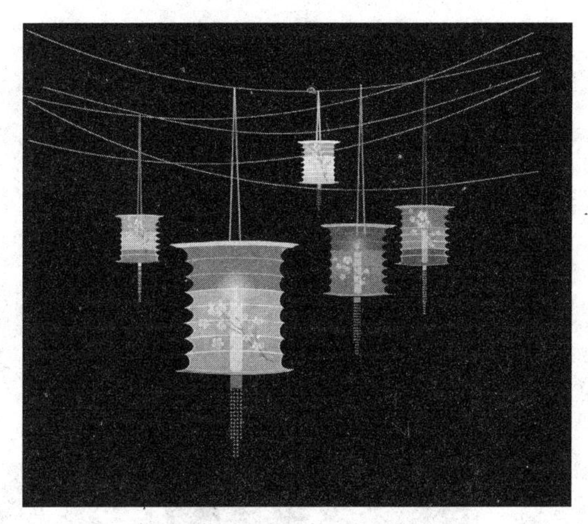

图 7-9　元宵花灯动画效果

(1) 打开 Flash CS6，新建一个 ActionScript 2.0 文档，设置舞台大小为 650×600 像素、背景颜色为黑色，按【确定】按钮，并保存文件名称为“元宵花灯.fla”。

(2) 修改图层 1 名称为“花灯”，按 Ctrl＋R 键导入花灯矢量素材文件“元宵花灯.ai(文件位置：“素材与源文件\第 7 章\元宵花灯\元宵花灯.ai”)”，修改为如图 7-10 所示的效果，分别将“花灯”转为图形元件“花灯 1”、“花灯 2”、“花灯 3”。

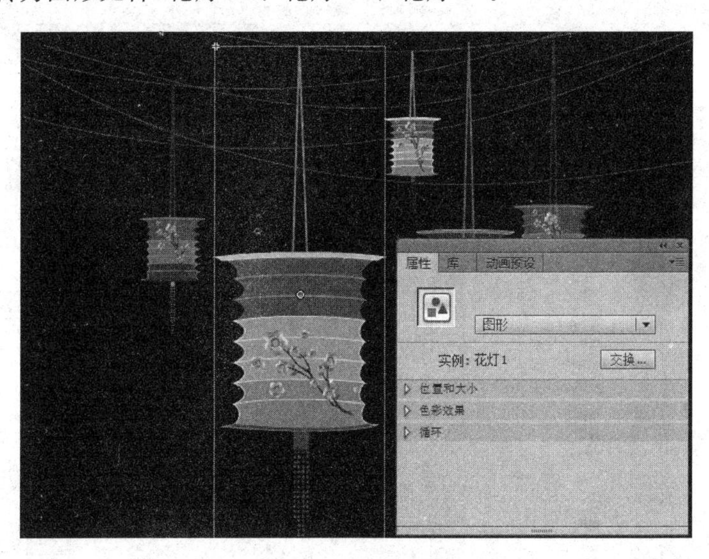

图 7-10　将花灯转为图形元件

(3) 执行【文件】|【新建】命令，在弹出的窗口中单击【模板】标签，单击【动画】选项，在【模板】列表中选择【随机缓动的蜡烛】，按【确定】按钮，如图 7-11 所示。

(4) 如图 7-12 所示，从动画时间轴上看，在“随机缓动蜡烛动画”中起作用的只有【影片剪辑】图层中的影片剪辑元件 candle，所以只需复制该元件就可以。按 Ctrl＋L 键打开库面板，右键单击影片剪辑元件 candle，选择【复制】命令。

(5) 单击文件标签名称“元宵花灯”，返回到该动画舞台，单击图形元件“花灯 1”，打开

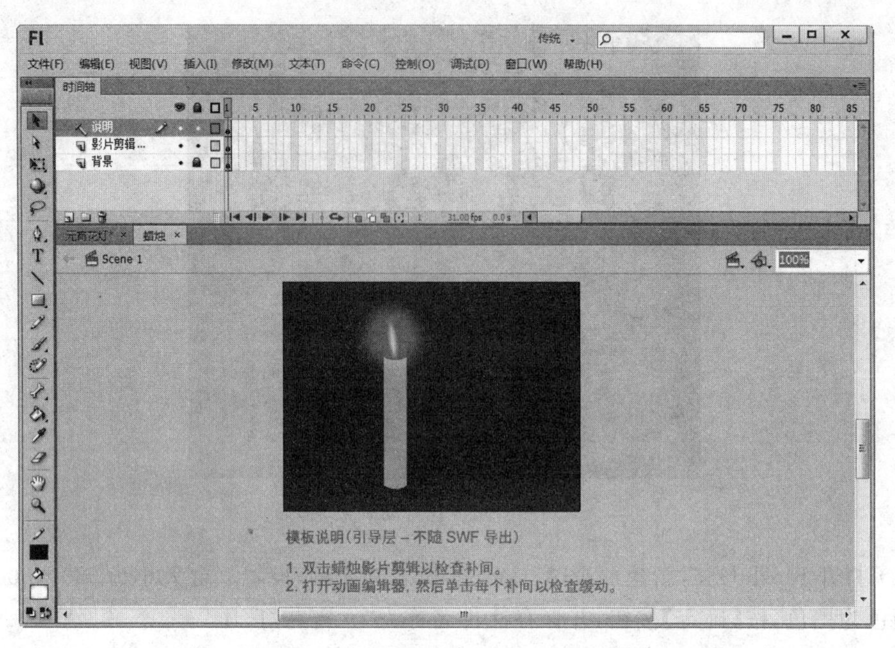

图 7-11　随机缓动的蜡烛动画效果

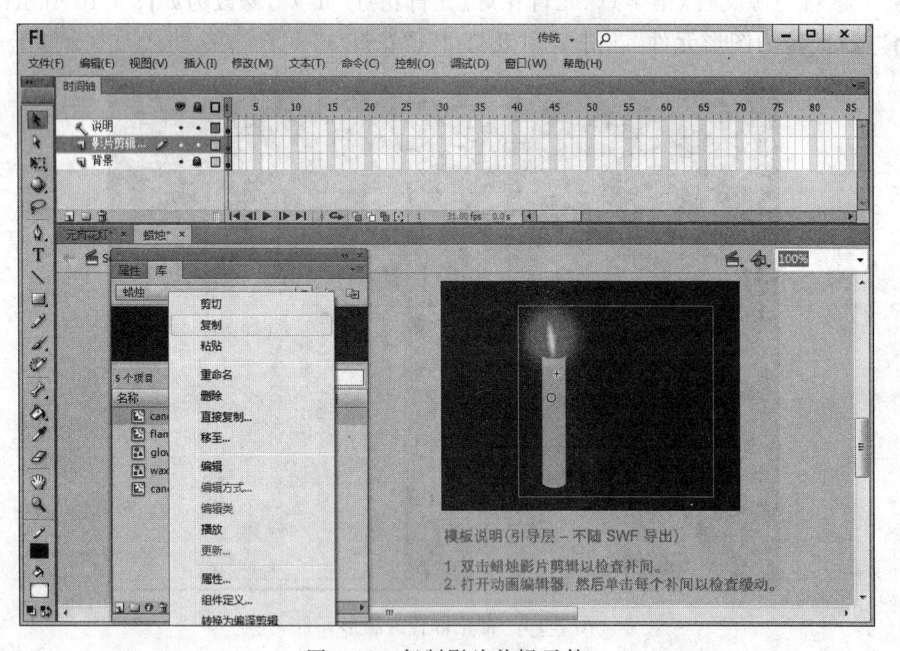

图 7-12　复制影片剪辑元件

【属性】面板，设置其【色彩效果】属性的 Alpha 值为 60%，如图 7-13 所示。

(6) 在“花灯”图层下方插入新建图层“蜡烛”，右键单击选择【粘贴】命令，将影片剪辑元件 candle 粘贴到该图层，以元件“花灯 1”为参照调整大小和位置，如图 7-14 所示。

(7) 再复制两个影片剪辑元件 candle，用【任意变形工具】调整其大小，分别摆放至元件“花灯 2”、“花灯 3”下方，按 Ctrl+Enter 组合键测试播放影片。

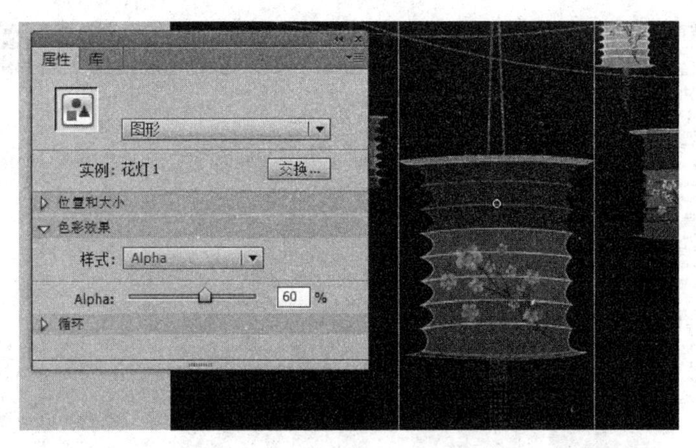

图 7-13 设置花灯的透明度

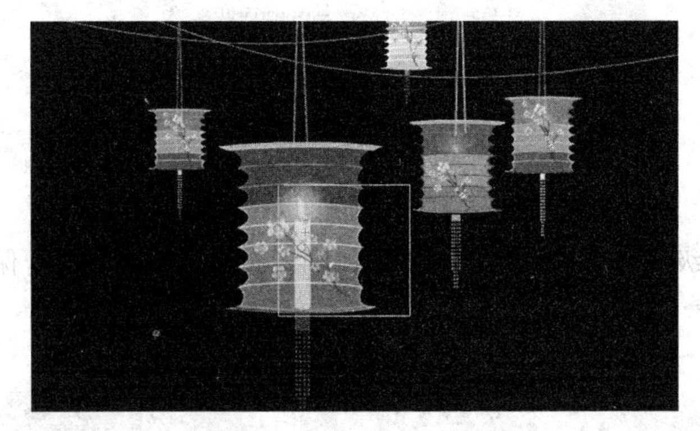

图 7-14 蜡烛与花灯的位置

7.1.3 用模板制作高级演示文稿——《世界名车欣赏》

Flash CS4 之前的版本内置了比较丰富的演示文稿功能，但在 CS6 版本中，相关功能弱化只保留“高级演示文稿”和“简单演示文稿”两种，两者的区别是幻灯片切换效果的不同。简单演示文稿只是简单的翻页切换，而高级演示文稿多了切换过渡效果，是由内置 ActionScript 3.0 脚本控制的。如果需要修改切换过渡效果，可以修改主场景的 AS 脚本，如图 7-15 所示。

```
var transitionType: String =  " Fade "; //Blinds, Fade, Fly, Iris, Photo,
PixelDissolve, Rotate, Squeeze, Wipe, Zoom, Random
```

Flash CS6 内置了 11 种类型的过渡效果，默认是 Fade(淡入、淡出)切换效果，如果更改为 Fly，过渡效果就变成“飞出、飞入”。

需要说明的是，这个模板实际上是将演示文稿的具体内容页放置于一个独立的影片剪辑之中，所以要添加演示文稿内容时只需要双击元件进入编辑状态，再在每一帧上添加内容就可以了。主场景中还提供页脚，同样可以用作自定义的设置，例如加入自定义 Logo 等。

本案例参见配套光盘中的文件“素材与源文件\第 7 章\世界名车欣赏\世界名车欣赏.fla”。

(1) 打开 Flash CS6，单击欢迎界面【从模版新建】中的【更多】选项，选择【模板】标签中

```
import fl.transitions.*;

// USER CONFIG SETTINGS
var buttonsOn:Boolean = true; // true, false
var pageNumberOn:Boolean = true; // true, false
var transitionOn:Boolean = true; // true, false
var transitionType:String = "Fade"; // Blinds, Fade, Fly, Iris, Photo, PixelDissolve, Rotate, Squeeze,
// END USER CONFIG SETTINGS

// EVENTS
stage.a...

// FUNCTIONS AND LOGIC
function fl_prevSlide():void
{
    if(slides_mc.currentFrame > 1)
    {
        slides_mc.gotoAndStop(slides_mc.currentFrame-1);
        if(transitionOn == true)
        {
            fl_doTransition();
        }
        if(pageNumberOn == false)
        {
            slideNumber_txt.text = "";
        } else {
            slideNumber_txt.text = String(slides_mc.currentFrame + "/" + slides_mc.totalFrames);
        }
    }
}
function fl_nextSlide():void
{
    if(slides_mc.currentFrame < slides_mc.totalFrames)
    {
        slides_mc.gotoAndStop(slides_mc.currentFrame+1);
        if(transitionOn == true)
        {
            fl_doTransition();
        }
```

图 7-15　控制高级演示文稿的 AS 脚本

的【演示文稿】|【高级演示文稿】选项，如图 7-16 所示，单击【确定】按钮，保存文件名为“世界名车欣赏.fla”。

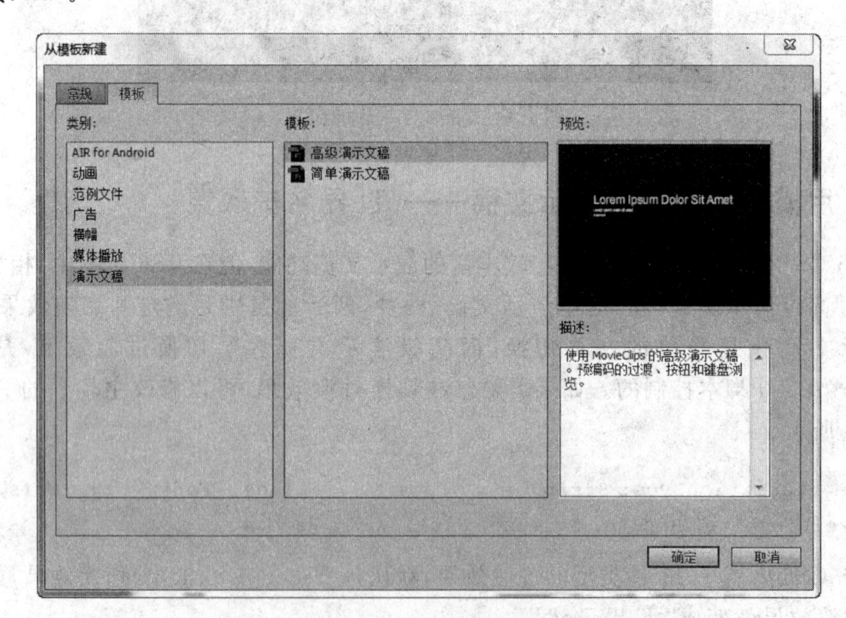

图 7-16　创建高级演示文稿

(2) 如图 7-17 所示，该演示文稿模板时间轴由 4 个图层构成。其中：

①“说明”图层中用红色文本注释、说明了模板的用法，因为该图层属性被设为【引导图层】，所以输出影片时内容不会显示，也可称为“注释层”。

②“动作”图层第 1 帧包含 ActionScript 3.0 脚本程序，主要控制演示文稿切换、过渡效

果以及按钮翻页功能等,可修改脚本语句更改默认演示效果。

③ “背景”图层放置了翻页按钮、日期注脚等信息,可做自定义修改。

④ “幻灯片影片剪辑”图层是模板的主体部分,该图层第 1 帧的影片剪辑元件 Slides MovieClip 包含了演示文稿的全部演示内容,只需更改该影片剪辑元件内容便可做出自定义幻灯片演示文稿了。

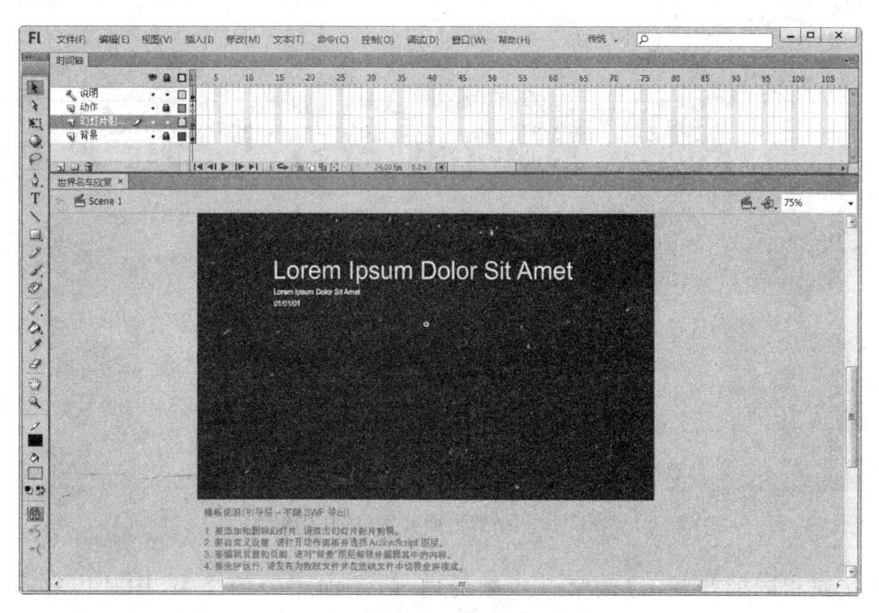

图 7-17 演示文稿模板内部结构

(3) 双击影片剪辑元件 Slides MovieClip 进入该元件的内部编辑窗口,选择【文本工具】,修改“幻灯片”图层第 1 帧处的标题文字内容,输入文本内容“世界名车欣赏”,文本属性设置如图 7-18 所示。按照同样的方法,用【文本工具】修改其他文字内容。当然也可添加或删除相关文字内容,或改变文字其他属性,不一定按照模板设定的风格和样式来制作。

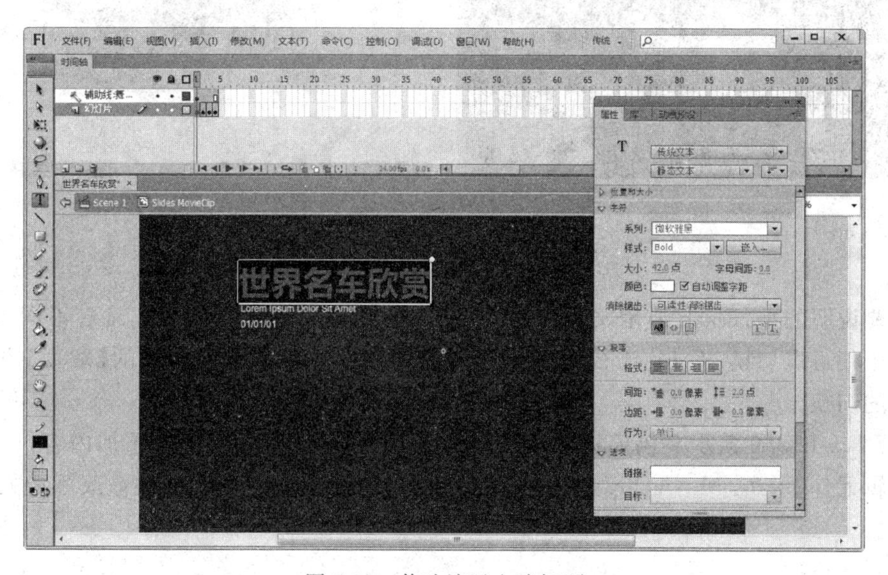

图 7-18 修改演示文稿标题

(4) 单击"幻灯片"图层第 2 帧，用【文本工具】修改页面上的文字内容，按 Ctrl+R 键导入汽车图片素材(文件位置："素材与源文件\第 7 章\世界名车欣赏\汽车.jpg")，如图 7-19 所示。

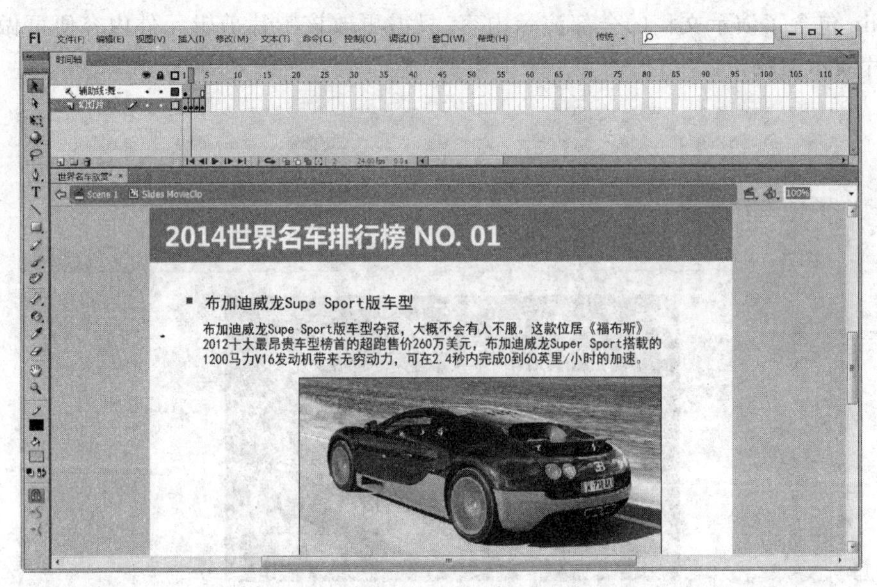

图 7-19 添加页面文字、图片内容

(5) 按照相同的步骤，修改第 3、4 帧的内容，添加相应的文字、图片内容，按 Ctrl+Enter 组合键测试影片，如图 7-20 所示。

(a) 首页

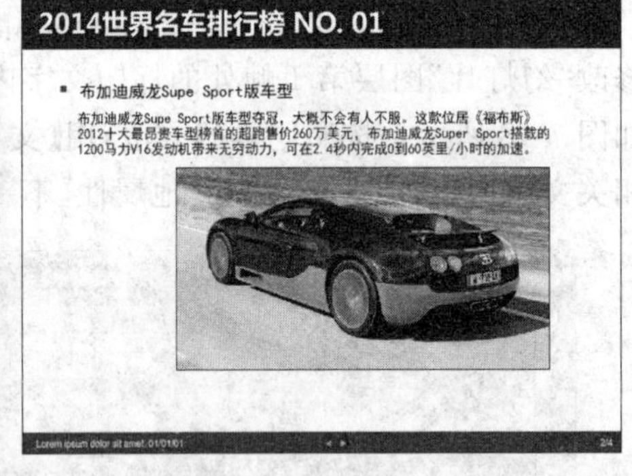

(b) 内容页

图 7-20 演示文稿首页和内容页

需要说明的是，Flash 演示文稿与 PowerPoint 演示文稿播放的方式略有不同，PPT 幻灯片单击便可以切换，而 Flash 幻灯片使用键盘方向键或单击页面底部的【翻页】按钮实现幻灯片的切换。

(6) Flash CS6 演示文稿模板默认只有 4 个页面的内容，如果需要添加内容，应该修改影片剪辑元件 Slides MovieClip 的内容，在该元件内部增加关键帧，然后修改添加关键帧内容即可。

7.1.4 用模板制作高级相册——《最美中国》

同使用模板制作高级演示文稿一样，Flash CS6 在【模板】|【媒体播放】下设置了电子相册模板，同样分为【简单相册】和【高级相册】。下面通过一个高级电子相册《最美中国》实例的制作来说明如何方便快捷地制作一个电子相册。

在制作该高级相册之前，要准备好相册图片素材，可以通过网络搜索等途径下载所需图片素材，该实例以“最美中国”为主题，所以搜集了有代表性的各地风光图片，为了视觉呈现效果的统一，最好用图形处理软件处理成大小尺寸一致，在命名时采用统一规则命名。如image1. jpg、image2. jpg、image3. jpg…，本实例中采用数字为图片统一命名。

案例参见配套光盘中的文件“素材与源文件\第 7 章\最美中国\最美中国. fla”。

(1) 打开 Flash CS6，单击欢迎界面【从模版新建】下的【媒体播放】选项，选择【模板】标签中的【媒体播放】|【高级相册】选项，如图 7-21 所示，单击【确定】按钮，保存文件名为“最美中国. fla”(注：该文件必须与相册素材图片存放在同一文件夹路径下，不然相册程序找不到图片文件会出错，如图 7-22 所示)。

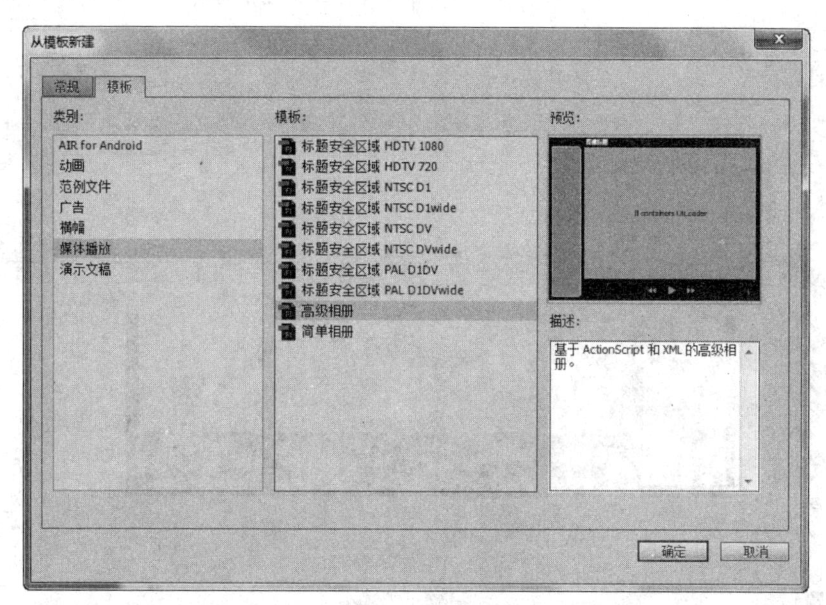

图 7-21 创建高级相册模板

(2) 如图 7-23 所示，在相册模板文档内部，“说明”图层的注释信息如下。

① 相册要求外部图像：外部素材图像已经搜集、处理完毕，命名为 1. jpg、2. jpg、…、8. jpg，文件位置为“素材与源文件\第 7 章\最美中国\”。

② 图像应与 FLA/SWF 文件在同一目录：本例中图片素材文件与 FLA/SWF 文件存放位置相同。

③ 要添加和删除图像，在“动作”图层中编辑 hardcodedXML 变量的 XML。

④ 要自定义设置，打开动作面板并选择“动作”图层。

⑤ 要编辑背景，对“背景”图层解锁并编辑其中的内容：本例中暂不做修改，保持模板默认设置。

图 7-22　图片与相册文件存放位置相同

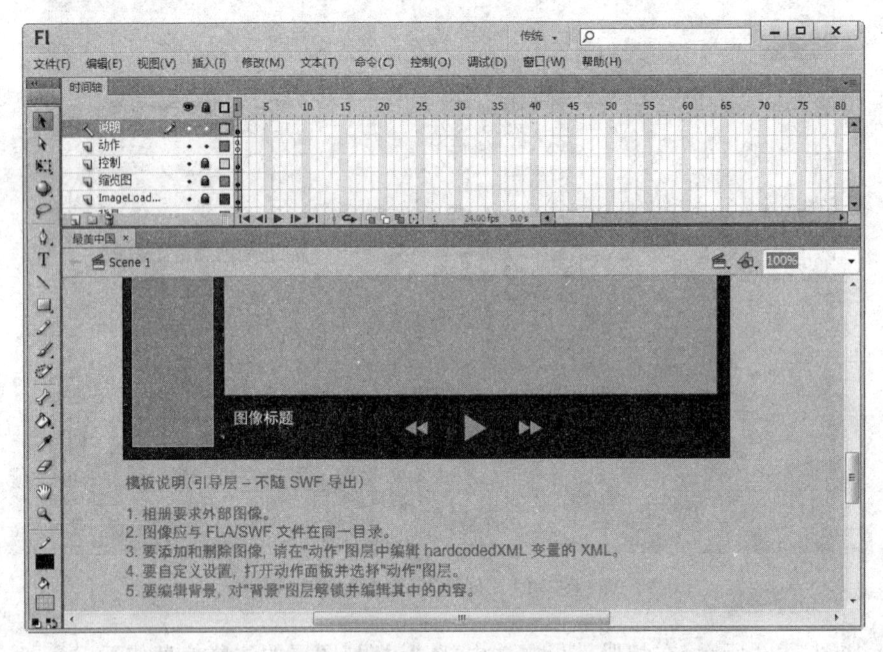

图 7-23　相册模板文档内部结构

从以上说明信息分析来看，目前只剩下对“动作”图层的 AS 3.0 脚本进行自定义设置了。

(3) 单击“动作”图层第 1 帧，按 F9 键打开动作面板，如图 7-24 所示，修改以下 AS 语句：

```
var hardcodedXML:String="<photos><image title='Test 1'>image1.jpg</image>
<image title='Test 2'>image2.jpg</image><image title='Test 3'>image3.jpg
</image><image title='Test 4'>image4.jpg</image></photos>";
```

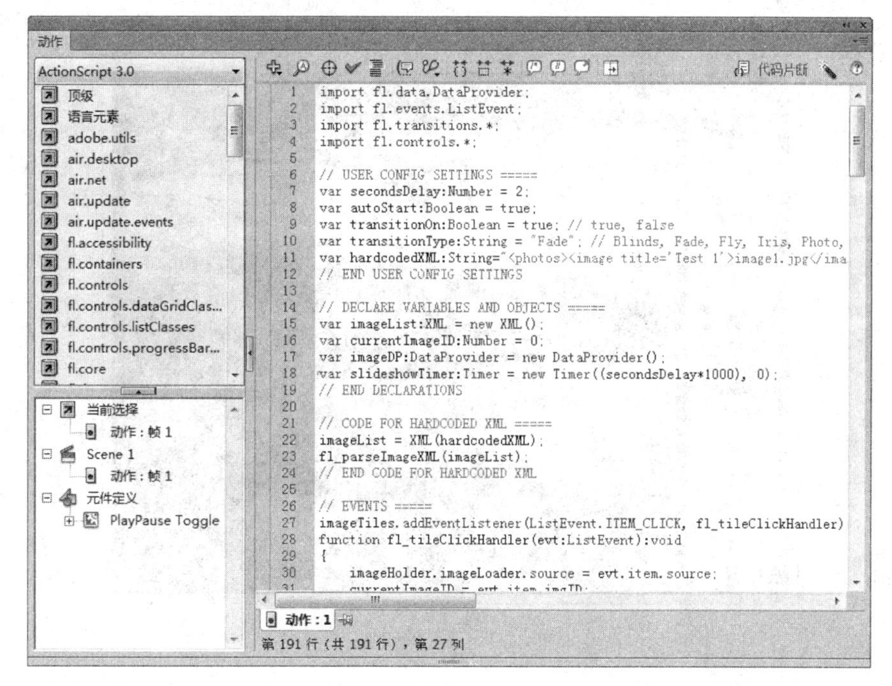

图 7-24 控制相册的 AS 脚本代码

以第一幅图像为例，修改"<image title='Test 1'>image1. jpg</image>"为"<image title='安徽宏村'>1. jpg</image>"，将默认的图片"标题信息"和"图片文件名称"修改成自定义文本内容。

如果更改图片切换过渡效果，需要修改以下 AS 脚本语句：

```
var transitionType: String =" Fade "; //Blinds, Fade, Fly, Iris, Photo,
PixelDissolve, Rotate, Squeeze, Wipe, Zoom, Random
```

改变 var transitionType:String 的值，实现不同的图片切换效果。

(4) 高级相册模板默认为 4 幅图片，如果增加相册图片，直接修改 AS 语句添加"<image title='图片标题'>图片名. jpg</image>"代码即可。最后按 Ctrl+Enter 组合键测试影片，效果如图 7-25 所示。

7.1.5 用【IK 曲棍球手范例】制作动画——《行走的钢铁侠》

Flash CS6 提供的【范例文件】模板功能，内置了常见功能的范例文件。包括：

(1) AIR 窗口实例；

(2) Alpha 遮罩层范例；

(3) IK 曲棍球手范例；

(4) SWF 的预加载器；

(5) 菜单范例；

(6) 平移；

(7) 切换按钮范例；

图 7-25 高级相册

(8) 日期倒计时范例；

(9) 手写；

(10) 透视缩放；

(11) 拖放范例；

(12) 外部文件的预加载器；

(13) 自定义鼠标光标范例；

(14) 嘴形同步。

通过这些范例模板文件，用户可以轻松地创建动画。如图 7-26 所示，是使用【IK 曲棍球手范例】文件模板制作的“钢铁侠”行走的动画效果。

图 7-26 《行走的钢铁侠》动画效果

IK 又称反向运动，是一种使用骨骼的有关节结构对一个对象或彼此相关的一组对象进行动画处理的方法。使用骨骼，元件实例和形状对象可以按复杂而自然的方式移动，只需在时间轴上指定骨骼的开始和结束位置，Flash 会自动在起始帧和结束帧之间对骨架中骨骼的位置进行内插处理。例如，可以将显示头、颈、躯干、手臂、前臂和手的影片剪辑链接起来，每个实例都只有一个骨骼，通过反向运动可以使其彼此协调而逼真地移动，能轻松地创建人物动画。

案例参见配套光盘中的文件“素材与源文件\第 7 章\钢铁侠行走. fla”。

下面是具体制作步骤。

(1) 在 Flash CS6 中，执行【文件】|【新建】命令，在开启的【新建文档】窗口中单击【模板】标签，单击【范例文件】选项，在【模板】列表中选择【IK 曲棍球手范例】，单击【确定】按钮，如图 7-27 所示。

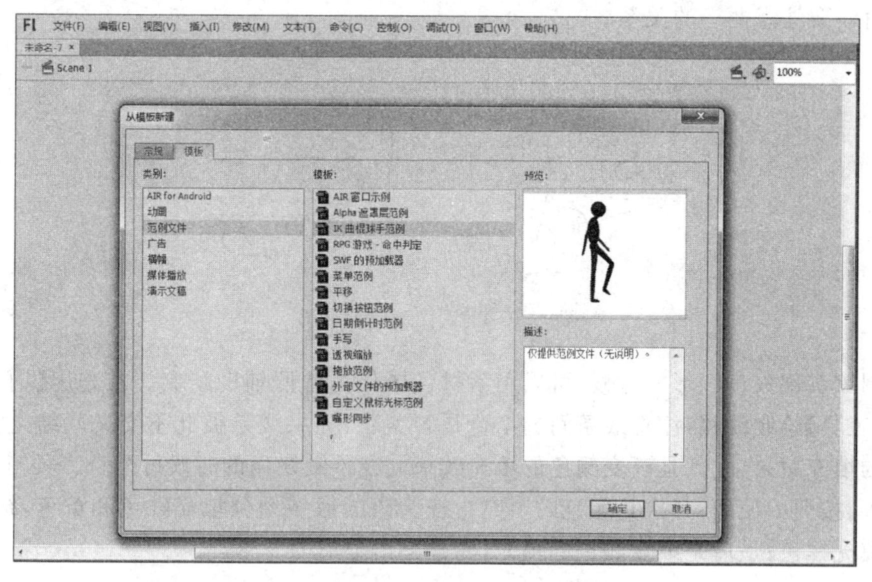

图 7-27 【IK 曲棍球手范例】模板

（2）分析该【IK 曲棍球手范例】模板文件内部结构，可以看出是采用【骨骼工具】制作的人物行走动画效果。打开【库】面板，可以看出“小黑人”身体各个组成部位都是独立的影片剪辑元件，如图 7-28 所示。

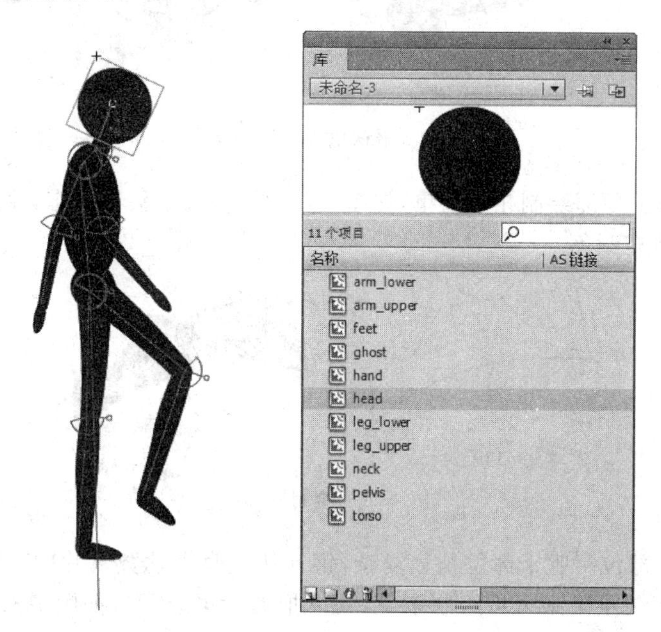

图 7-28 范例文件内部结构

（3）存储文件名称为“行走的钢铁侠. fla”。下面的工作就是绘制“钢铁侠”的各个部位，分别替代“小黑人”身体的各个部位。

（4）接下来绘制钢铁侠的头部。在库中双击影片剪辑元件 head，在元件窗口中用绘图工具绘制钢铁侠的头部。如图 7-29 所示，钢铁侠的头部由“人头”和“头盔”两部分组成，在绘制的时候要注意两者的关系。

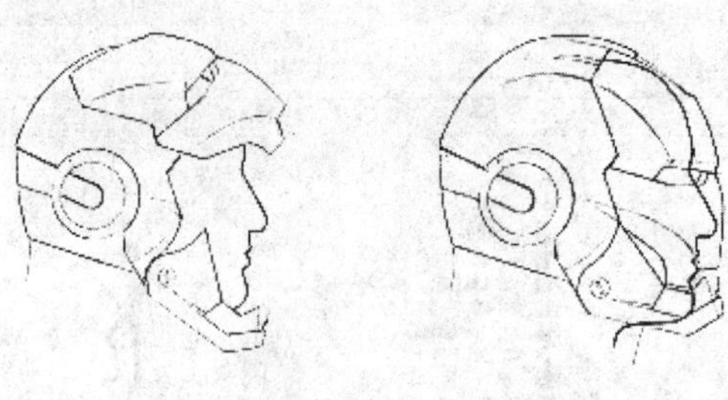

图 7-29　钢铁侠头部示意图

绘制该头部矢量图形的时候，可以用素材位图作为参照辅助绘制。首先用【钢笔工具】和【线条工具】绘制线稿，注意线条间的结合是否紧密，如果线条彼此不交叉联结，会影响填充颜色的填充效果，尤其是渐变颜色的填充效果。在绘制线稿的时候可配合工具箱下方【贴近至对象】按钮的使用；其次是颜色的填充。按头盔的区域划分填充红色和黄色，结合处阴影部分填充黑色；最后是渐变颜色的填充，注意突出金属的质感。

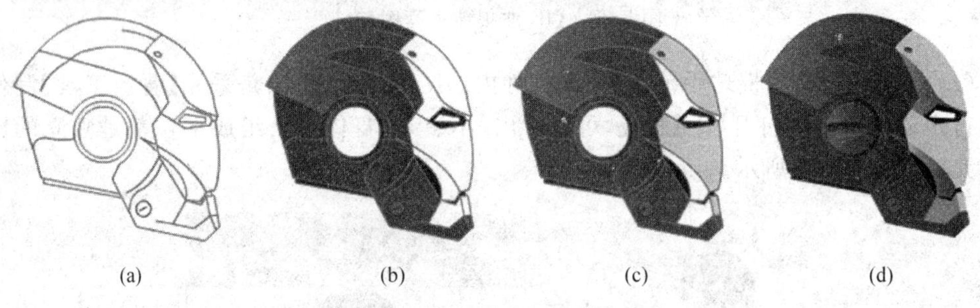

(a)　(b)　(c)　(d)

图 7-30　钢铁侠头部绘制步骤

(5) 绘制颈部。颈部绘制相对简单，如图 7-31 所示，根据头部形态，使用线条工具绘制颈部线框图形并填充颜色。

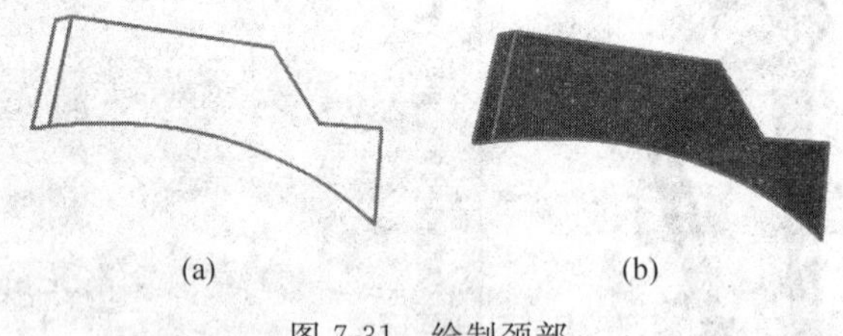

(a)　(b)

图 7-31　绘制颈部

(6) 绘制躯干部位。躯干部位稍显复杂，钢铁侠全身多达数百片的盔甲细节很难用线条一一表现。对于矢量漫画风格绘制来说，大体把握就可以了。如图 7-32 所示，用线条工具绘制盔甲的大致细节，接着按照不同的区域填充纯色，最后用渐变色调整明暗关系。

(7) 绘制手臂。手臂的绘制分为“上臂”、“前臂”和“手”三部分，如图 7-33 所示。

(8) 绘制下肢。下肢的绘制同样分“大腿”、“小腿”和“脚”三个部分，如图 7-34 所示。

(9) 绘制臀部。按照如图 7-35 所示的步骤，绘制臀部。

(10) 最后用“钢铁侠”全身各部位替换“小黑人”各个部位，按 Ctrl＋Enter 组合键测试播放影片。

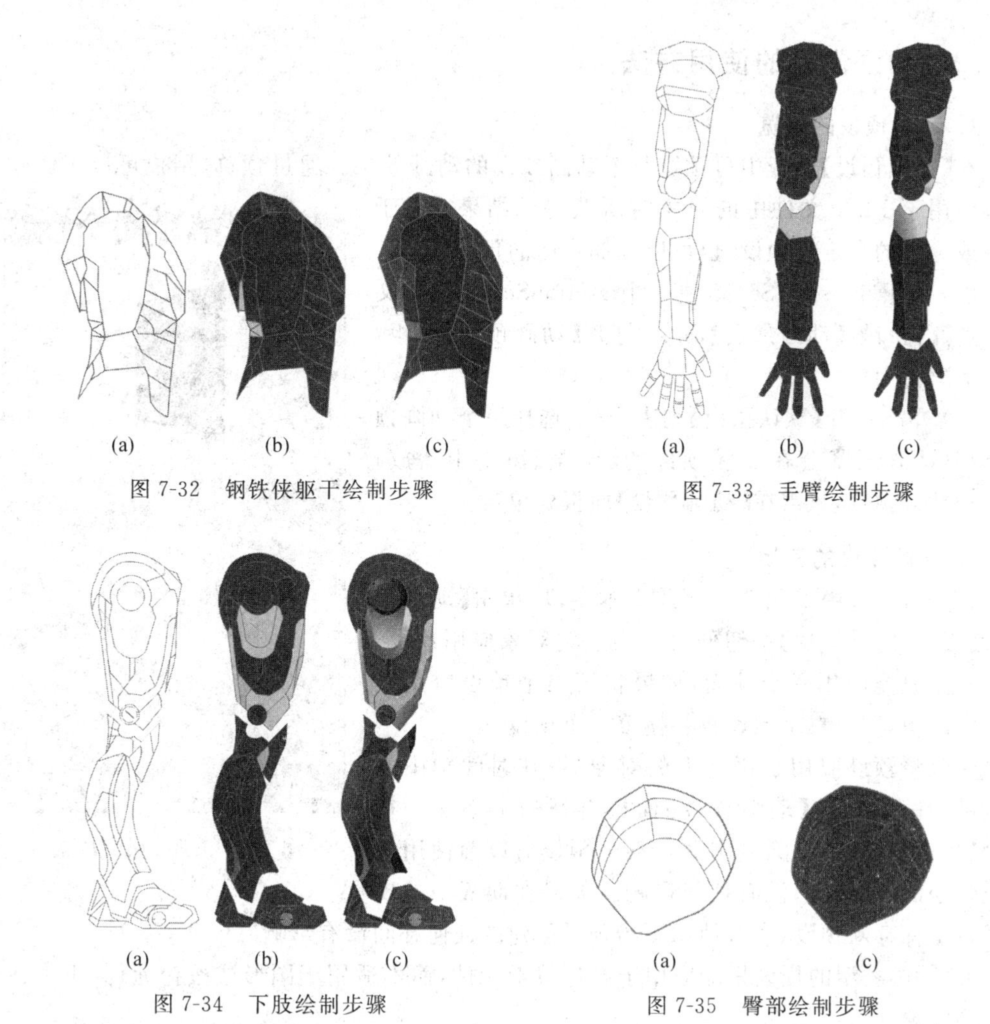

图 7-32 钢铁侠躯干绘制步骤

图 7-33 手臂绘制步骤

图 7-34 下肢绘制步骤

图 7-35 臀部绘制步骤

7.2 用动画预设快速制作动画

7.2.1 动画预设的概念

动画预设(Motion Preset)是从 Flash CS4 版本开始新增的一项快速制作动画的方法与应用。所谓动画预设，就是预先配置的补间动画类型，配合【动画预置】面板的使用，用户能将特定的动画效果方便、快速地重复应用于舞台上某个对象，在某种意义来说，也是一种动画模板。

使用动画预设可极大缩减动画项目设计和开发的时间，特别是在经常使用相似类型的补间时，一旦掌握了动画预设的工作方式后，制作动画往往会事半功倍。使用【动画预设】面板还可导入和导出预设，可以与协作人员共享动画预设成果(注：动画预设只能包含补间动画，传统补间不能保存为动画预设)。

7.2.2 动画预设的使用方法

1. 动画预设的预览

在【动画预设】面板中可预览每个动画预设的动画效果。通过预览，用户可以了解在将动画应用于 FLA 文件中的对象时所获得的结果。对于创建或导入的自定义预设，也可以添加自己的预览。

(1) 打开 Flash CS6，新建一个 ActionScript 3.0 文档，执行【窗口】|【动画预设】命令，打开【动画预设】面板，如图 7-36 所示。

(2) 单击展开【默认预设】列表，从中选择一个动画预设类型，动画预览会在面板顶部的【预览】窗格中播放。要停止播放预览，只需在【动画预设】面板外单击。

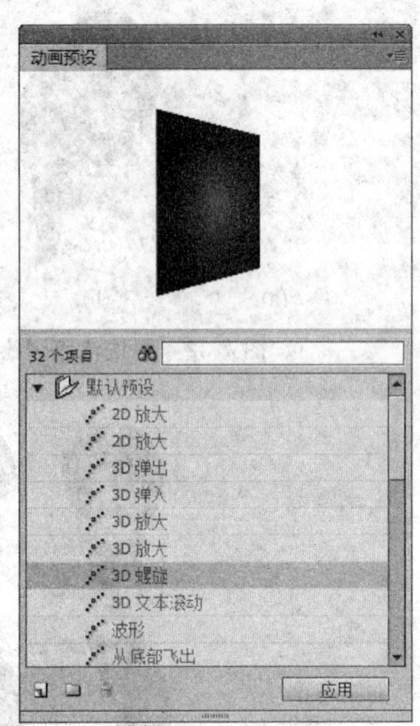

图 7-36 【动画预设】面板

2. 动画预设的应用

在舞台上选中了元件实例或文本字段，单击【动画预设】面板底部的【应用】按钮便可以为选定对象应用预设。每个对象只能应用一个预设，如果将第二个预设应用于相同的对象，则第二个预设将替换第一个预设。

一旦将预设应用于舞台上的对象后，在时间轴中创建的补间就不再与【动画预设】面板有任何关系了。在【动画预设】面板中删除或重命名某个预设对以前使用该预设创建的所有补间没有任何影响。如果在面板中的现有预设上保存新预设，它对使用原始预设创建的任何补间没有影响。

3D 动画类型的预设只能应用于影片剪辑元件，而不适用于图形或按钮元件，也不适用于文本字段。

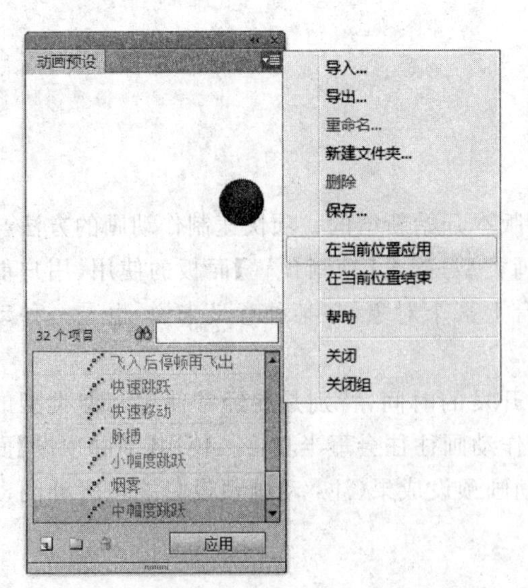

图 7-37 在当前位置应用动画预设

若要应用动画预设，执行下列操作。

(1) 在舞台上选择元件对象，在【动画预设】面板中选择预设类型。

(2) 单击面板中的【应用】按钮，或者从面板菜单中选择【在当前位置应用】，如图 7-37 所示，将为所选元件对象应用动画。如果预设有关联的运动路径，该运动路径将显示在舞台上。

如果想应用预设以便动画在舞台上对象的当前位置结束，则按住 Shift 键单击【应用】按钮，或者从面板菜单中选择【在当前位置结束】。

3. 动画预设的自定义

除了应用默认预设，还可以应用自定义的动画预设，新的自定义预设将显示在【动画预设】面板中的【自定义预设】文件夹中。

若要将自定义补间另存为预设，执行下列操作。

(1) 选择时间轴中自定义的补间范围或者舞台上应用了自定义补间的对象，也可选择舞台上的运动路径。

(2) 单击【动画预设】面板中的【将选区另存为预设】按钮，或从选定内容的上下文菜单中选择【另存为动画预设】。

Flash CS6 会将自定义预设另存为 XML 文件，以 Windows 7 系统为例，这些文件存储在以下目录中：

＜硬盘＞\＜用户＞\AppData\Local\Adobe\Flash CS6\＜语言＞\Configuration\Motion Presets\

注意：保存、删除或重命名自定义预设后无法撤销。

4. 导入动画预设

动画预设存储为 XML 文件，导入 XML 补间文件可将其添加到【动画预设】面板。

操作方法是：从【动画预设】面板菜单中选择【导入】，在【打开】对话框中，找到要导入的 XML 文件，然后单击【打开】，Flash 将打开该 XML 文件，并将动画预设添加到面板中。

5. 导出动画预设

既然能导入动画预设，也能将动画预设导出为 XML 文件，以便与其他 Flash 用户共享。

操作方法是：

(1) 在【动画预设】面板中选择预设，在面板菜单中选择【导出】。

(2) 在【另存为】对话框中，为 XML 文件选择名称和位置，然后单击【保存】按钮。

6. 删除动画预设

可从【动画预设】面板删除预设。在删除预设时，Flash 将从磁盘删除其 XML 文件。请考虑制作要在以后再次使用的任何预设的备份，方法是先导出这些预设的副本。

在【动画预设】面板中选择要删除的预设，执行下列操作之一。

(1) 从面板菜单中选择【删除】。

(2) 在面板中单击【删除项目】按钮。

7. 创建自定义预设的预览

通过将演示补间动画的 SWF 文件存储于动画预设 XML 文件所在的目录中，可以为所创建的自定义动画预设创建预览，操作方法如下。

(1) 创建一个补间动画，并将其另存为自定义预设。

(2) 创建一个只包含补间演示的 FLA 文件，并使用与自定义预设完全相同的名称保存 FLA。

(3) 使用【发布】命令从 FLA 文件创建 SWF 文件。

(4) 将 SWF 文件置于已保存的自定义动画预设 XML 文件所在的目录中，以 Windows 7 系统为例，这些文件存储在以下目录中：

＜硬盘＞\＜用户＞\AppData\Local\Adobe\Flash CS6\＜语言＞\Configuration\Motion Presets\

(5) 打开"动画预设"面板，选择自定义补间后，将会显示动画预览。

7.2.3 制作简单动画——《弹跳的乒乓球》

案例参见配套光盘中的文件“素材与源文件\第7章\弹跳的乒乓球.fla”。

(1) 打开Flash CS6，新建一个ActionScript 3.0文档，设置舞台背景颜色为深灰色，其他参数保持默认，保存文件名称为“弹跳的乒乓球.fla”。

(2) 选择【椭圆工具】，设置笔触颜色为无色，填充颜色为【径向渐变】效果，色彩值设置为#FFFFFF、#C4C0C0、#FFFFFF，如图7-38所示。

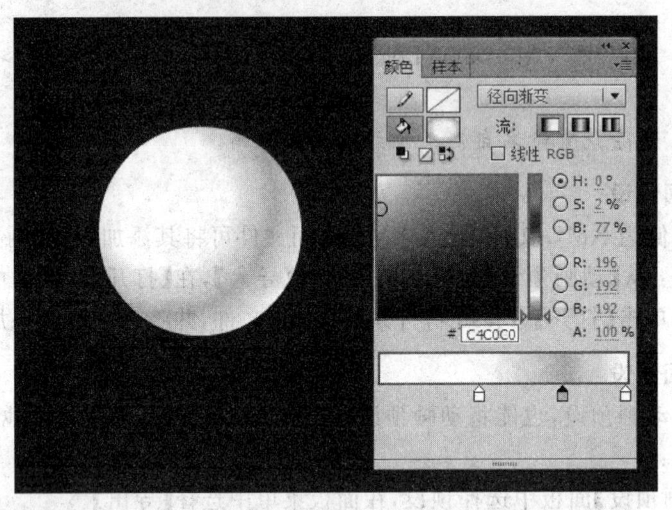

图7-38 绘制乒乓球

(3) 选中圆形，按F8键转为影片剪辑元件“乒乓球”。

(4) 按Ctrl+F8键新建影片剪辑元件“球拍”，按【确定】按钮进入元件编辑窗口。按Ctrl+R键导入球拍矢量图形素材，如图7-39所示。

(5) 单击“场景1”返回动画舞台工作区。修改图层1的名称为“球拍”，从库中拖入元件“球拍”至舞台中间位置。插入新建图层“乒乓球”，从库中拖入元件“乒乓球”至舞台左上角并调整到合适大小，如图7-40所示。

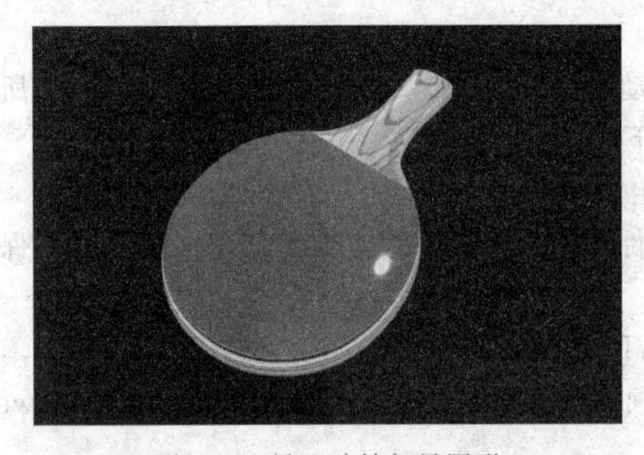

图7-39 导入球拍矢量图形

图7-40 球拍与球的位置关系

(6) 选中元件“乒乓球”，打开【动画预设】面板，选择【默认预设】下的【中幅度跳跃】动画效果，单击面板下方的【应用】按钮，这时在舞台上可以看到，已经为小球自动加上了相应的补间动画路径，如图 7-41 所示。

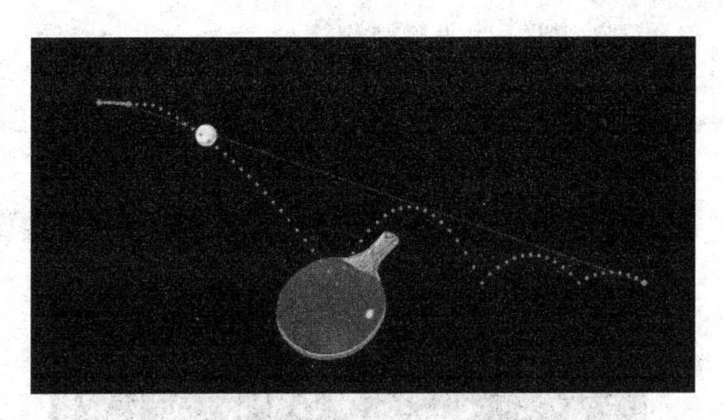

图 7-41　补间动画路径

(7) 按 Ctrl＋Enter 组合键测试播放影片，可以看到乒乓球落到球拍上弹起落地继续弹跳的动画效果。

(8) 为了使动画效果更加真实，可以为乒乓球弹落时加上阴影变化的动画效果。在“球拍”图层上方插入一个新建图层命名为“阴影”，仔细观察“乒乓球”图层时间轴的补间动画过程，大概在第 31 帧时，乒乓球开始进入球拍垂直上方的范围，在第 35 帧时乒乓球落到球拍上并弹起，在第 45 帧跳离球拍范围，如图 7-42 所示。

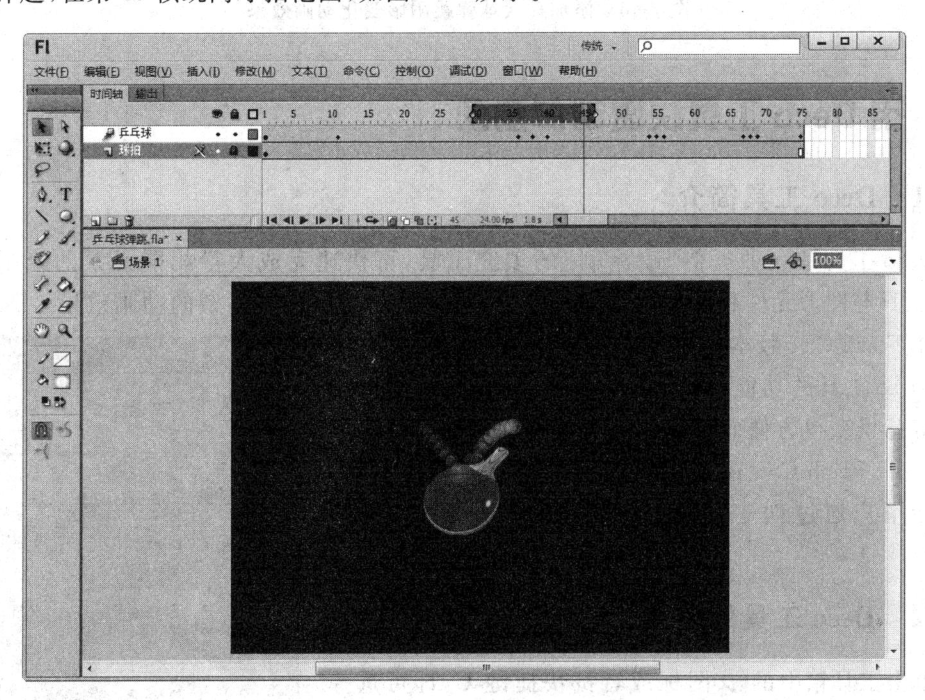

图 7-42　乒乓球在球拍范围弹跳过程分解

(9) 根据(8)的分析，在“阴影”图层第 31、35、45 帧插入关键帧，用【椭圆工具】绘制一个灰色的圆形并转为影片剪辑元件，打开属性面板为每个关键帧的阴影元件设置滤镜模糊效果，创建阴影圆形“由小变大再由大变小并飞出球拍范围”的【传统补间】动画效果，如图 7-43 所示。

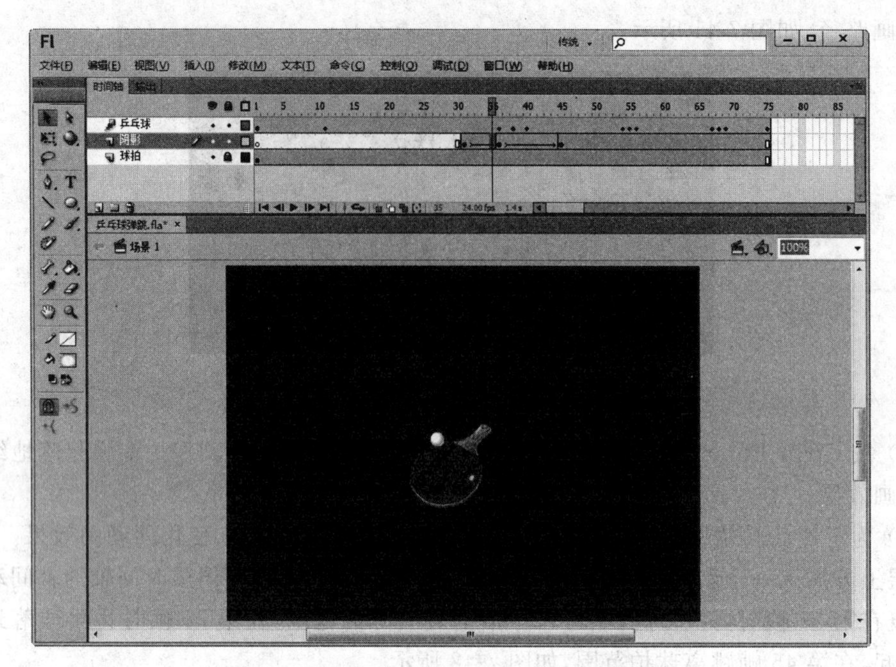

图 7-43 添加乒乓球弹跳阴影变化动画效果

7.3 用 Deco 工具快速制作动画

7.3.1 Deco 工具简介

Deco 工具是一种类似"喷涂刷"的填充工具，可快速完成大量相同元素的绘制。将 Deco 工具与图形元件和影片剪辑元件配合，可快速制作出很多复杂的动画效果。Deco 工具是在 Flash CS4 版本中首次出现的，Flash CS6 大大增强了 Deco 工具的功能，增加了众多的绘图工具，使得绘制丰富背景变得方便而快捷。除了使用默认的一些图形绘制以外，Flash CS6 还为用户提供了开放的创作空间，可以让用户通过创建元件，完成复杂图形或者动画的制作。

7.3.2 Deco 工具的使用

单击工具箱中的图标或者按快捷键 U，即可选择 Deco 工具，打开 Deco 工具的【属性】面板。如图 7-44 所示，面板主要由【绘制效果】和【高级选项】两部分组成。

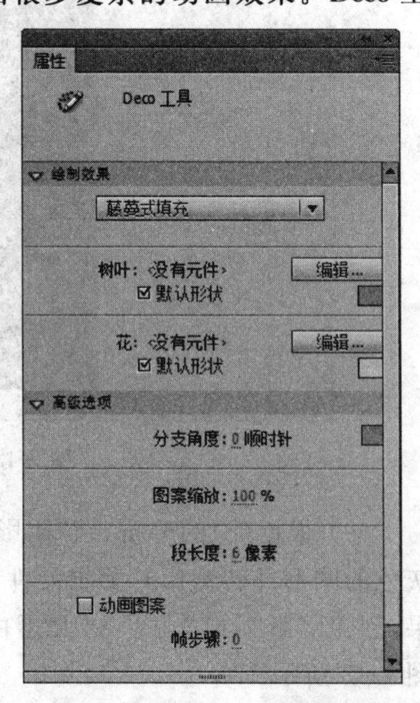

图 7-44 Deco 工具的【属性】面板

1. 绘制效果

在 Flash CS6 中，内置了 13 种绘制效果，分别是蔓藤式填充、网络填充、对称刷子、3D 刷子、建筑物刷子、装饰性刷子、火焰动画、火焰刷子、花刷子、闪电刷子、粒子系统、烟动画、树刷子。

Deco 工具可实现如下效果。

(1) 建筑物刷子：可以在舞台上绘制建筑物，建筑物设置的属性值决定了建筑物外观。

(2) 装饰性刷子：是一个绘制刷子，可以在舞台上绘制各种预制的黑白形状。

(3) 火焰动画：可以为一个动态火焰创建一个逐帧矢量动画。

(4) 火焰刷子：与火焰动画相似，不同的是它在舞台上绘制火焰形状的静态矢量。

(5) 花刷子：与装饰性刷子相似，不同的是它在舞台上绘制彩色的矢量花朵形状。

(6) 闪电刷子：可以在舞台上创建叉状闪电形状，可以使用属性检查器中的动画选项为帧中的画笔描边制作动画。

(7) 粒子系统：是一个动画效果，它使用内建形状或自定义元件，可以创建火、烟、水、气泡及其他效果的粒子动画。

(8) 烟动画：是火动画的附属效果，它可以为烟雾创建一个逐帧矢量动画。

(9) 树刷子：可以在舞台上创建出各种分叉的树木形状。

2. 高级选项

【绘制效果】选项的不同会显示出相应的选项，通过设置选项可以实现不同的绘制。如图 7-45 所示，在【对称刷子】的高级选项中有 4 种类型的对齐方式。

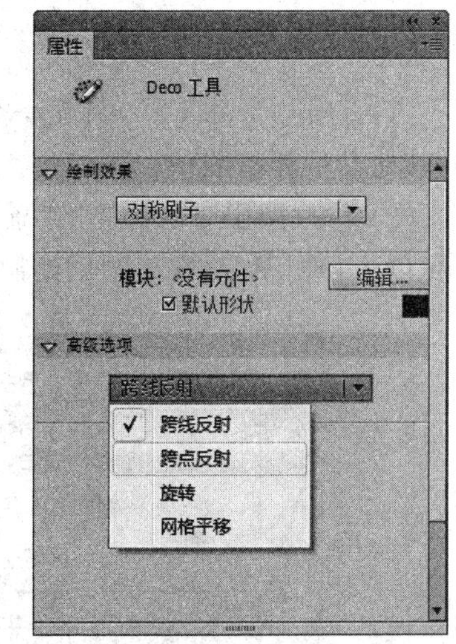

图 7-45　对称刷子的不同对齐方式

(1) 跨线反射：以手柄为轴使图形元素呈轴对称排列。选择【跨线反射】后，舞台上出现一个控制手柄。在单击的位置和手柄的另一侧将出现两个对称的五角星。控制手柄由大小不等的两个圆和一条线段组成。单击小圆可进行移动，可以旋转整组图案；单击大圆拖动，可以移动整组图案。

(2) 跨点反射：以控制点为中心使图形元素呈中心对称图形排列。选择【跨点反射】选项后，舞台上出现一个控制点。在舞台上任意处单击，将出现两个以控制点为对称中心的图形。

(3) 旋转：使图形元素围绕指定的固定控制点排列。选择【旋转】选项后，舞台上出现一组控制手柄。在舞台任意位置单击，将出现若干以此中心点为对称中心旋转排列的图形；移动略长的手柄上的圆圈，可以旋转整组图形，移动中心点可以移动整组图案，移动略短的手柄上的圆圈，可以调整图形元素的数量。

(4) 网格平移：由手柄定义的 X 和 Y 坐标调整图形元素的排列位置。选择【网格平移】后舞台上出现一组控制手柄，在舞台任意处单击，将出现若干排列有序的图形。移动较长手柄上的圆圈可以调整图形元素的数目；移动较短手柄上的圆圈，可以旋转整组图案；移动中心点可以移动整组图案。

7.3.3 用“火焰动画”制作动画——《奥运火炬》

效果如图 7-46 所示,案例源文件及图片素材参见配套光盘中“素材与源文件\第 7 章\奥运火炬\”中的对应文件。

图 7-46　动画《奥运火炬》

(1) 打开 Flash CS6,新建一个 ActionScript 3.0 文档。设置舞台大小为 450×650 像素,其他参数保持默认。

(2) 修改图层 1 名称为“背景”,选择工具箱中的【矩形工具】,设置笔触颜色为无色、填充颜色为径向渐变,在该图层绘制一个与舞台大小相同的矩形,如图 7-47 所示。

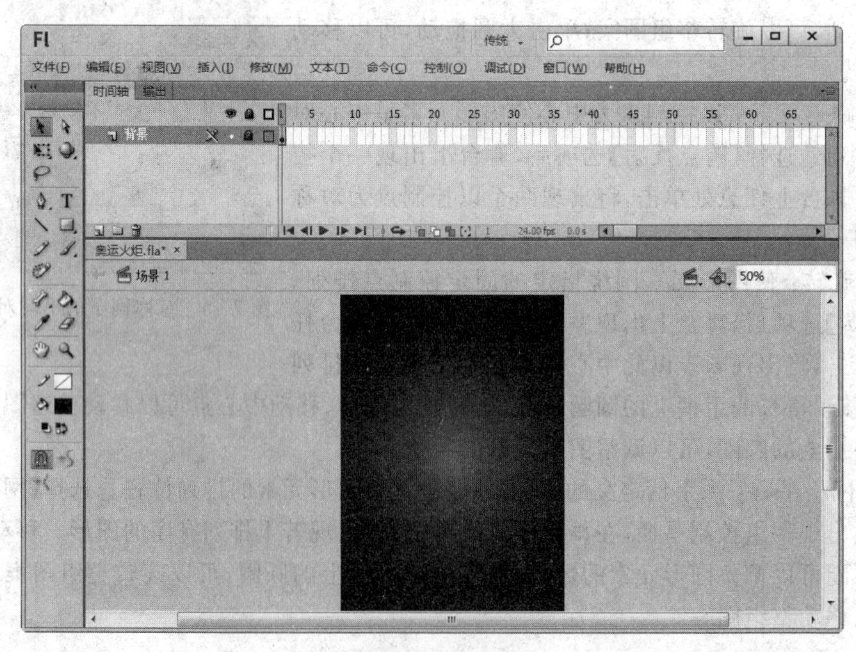

图 7-47　绘制舞台背景

(3) 插入新建图层“背景图”，按 Ctrl＋R 键导入“鸟巢.png”素材图片，摆放至舞台左下角，如图 7-48 所示。

(4) 继续导入“祥云.png”素材图片，按 F8 键转为影片剪辑元件“祥云”，打开【属性】面板，为该元件应用【滤镜】发光效果，参数设置如图 7-49 所示。

图 7-48　摆放鸟巢图片

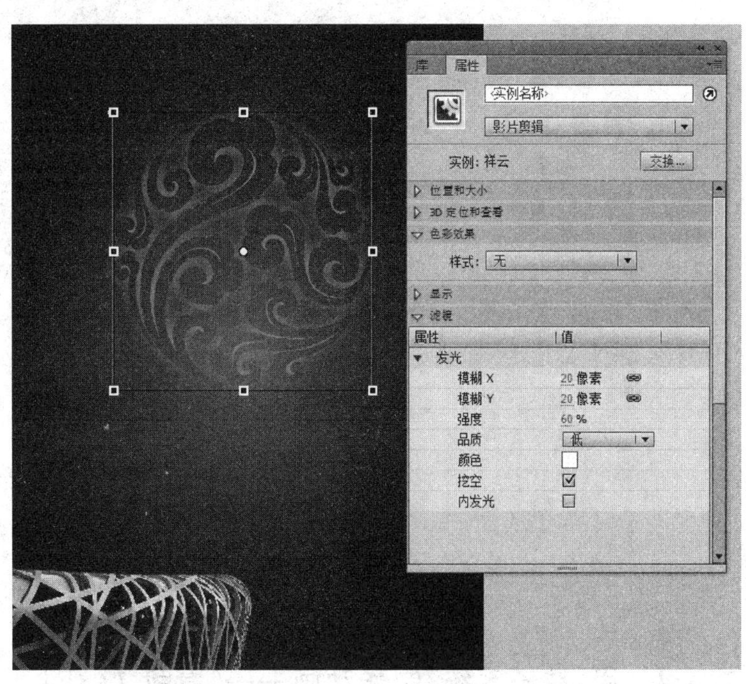

图 7-49　为“祥云”元件应用【滤镜】发光效果

(5) 导入文字素材图片和奥运标志素材图片，摆放位置如图 7-50 所示。

(6) 插入新建图层“火炬”，导入素材图片“祥云火炬.ai”，摆放位置如图 7-51 所示。

(7) 插入新建图层“火焰”，在工具箱中选择【Deco 工具】，打开【属性】面板，在【绘制效果】样式中选择【火焰动画】，设置火大小、火速、火持续时间、火焰颜色、火焰心颜色，如图 7-52 所示。

图 7-50　导入文字和标志素材图片

图 7-51　导入火炬素材图片

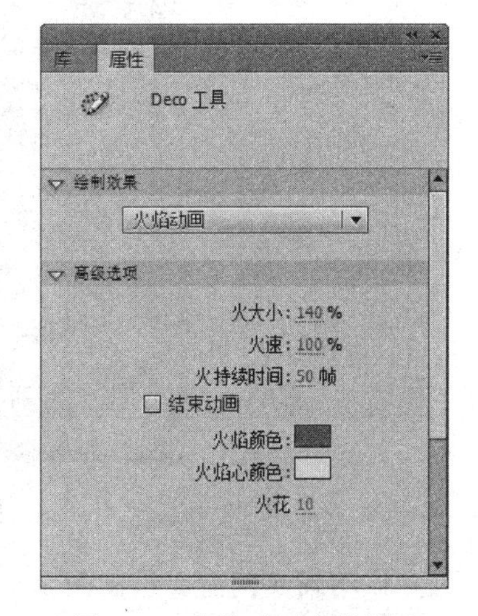

图 7-52　火焰动画参数设置

(8) 在舞台上“火炬”上方单击,火焰的动画便自动生成了。分别在“背景”、“背景图”、“火炬”三个图层的第50帧处单击并按F5键,为三个图层补齐到第50帧,按Ctrl+Enter组合键测试播放影片。生成火焰动画的效果如图7-53所示。

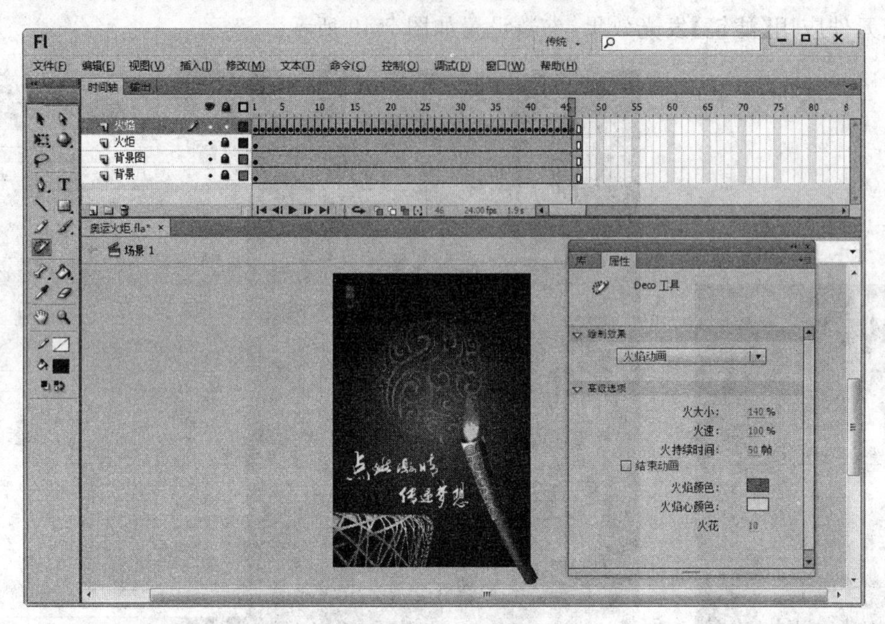

图 7-53 生成火焰动画

7.3.4 用“粒子系统”制作动画——《看我72变》

《西游记》中“齐天大圣”孙悟空的形象深入人心,其中最为读者津津乐道的是他千变万化的神奇本领,如原文中有这样的描述:拔一把毫毛,丢在口中嚼碎,望空喷去,叫一声“变”!即变作三二百个小猴……,堪称人类历史上最早的“克隆”技术。下面就利用“粒子系统”实现这一动画效果(图7-54)。

图 7-54 动画效果《看我72变》

该动画实例需要绘制两个卡通人物孙悟空的形象,一个是施展神通的孙悟空形象,另一个是孙悟空的化身形象。该卡通人物形象取材自我国1962年拍摄的动画美术片《大闹天宫》中孙悟空的形象。

下面简要说明绘制方法。

首先,绘制人物草图线稿。如图 7-55 所示,用钢笔或铅笔在纸上粗略绘制人物形象线稿。草图线条刻画不需要太准确,能把握人物大体比例关系、动作、神态即可。

其次,将草图线稿导入 Flash 软件中并转为图形元件,适当降低其透明度并锁定图片所在图层。在该图层之上新建一个图层,使用钢笔工具和线条工具对人物草图线稿进行加工和修饰。为了方便对比,可将线条颜色设置为红色,如图 7-56 所示。

图 7-55 绘制草图

图 7-56 在 Flash 中描线

最后,隐藏或删除草图所在图层,用颜料桶工具为绘制的线稿填充颜色,最终效果如图 7-57 所示。

按照同样的方法绘制另一个变化的孙悟空形象,如图 7-58 所示。

图 7-57 为线稿上色

图 7-58 孙悟空化身形象

案例源文件及图片素材参见配套光盘中“素材与源文件\第 7 章\七十二变\”中的对应文件。

接下来是动画制作步骤。

(1) 打开 Flash CS6,新建一个 ActionScript 3.0 文档。设置舞台大小为 1000×600 像素,其他参数保持默认,保存文件名称为“看我 72 变.fla”。

(2) 修改图层 1 名称为“背景”,使用工具箱中的绘图工具绘制动画背景,如图 7-59 所示。

(3) 插入新建图层并命名为“真身”,按 Ctrl+F8 键新建影片剪辑元件“真身”,按【确定】按钮进入元件编辑窗口，使用绘图工具绘制的孙悟空形象，将该元件摆放在舞台右下方的位置，如图 7-60 所示。

(4) 插入新建图层并命名为“化身”，单击选择工具箱中的【Deco 工具】，按 Ctrl＋F3 键打开该工具的【属性】面板，在【绘制效果】列表中选择【粒子系统】，单击【编辑】按钮将“粒子1”设置为元件“化身”，其他参数设置如图 7-61 所示。

图 7-59 绘制动画背景

图 7-60 放置孙悟空“真身”

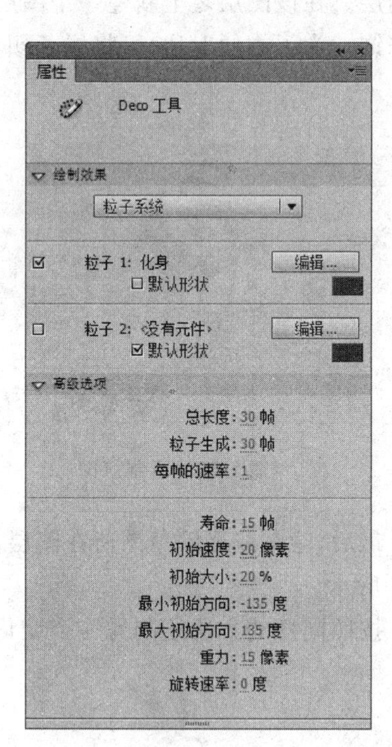

图 7-61 设置动画参数

(5) 单击选中“化身”图层第 1 帧，在舞台中孙悟空手部上方单击，即可生成动画效果，按 Ctrl＋Enter 组合键测试播放影片。

7.4 制作逐帧动画

7.4.1 逐帧动画的概念

逐帧动画(Frame by Frame)是传统动画的制作方式。在传统二维动画制作过程中，一个动作的完成，首先要确定动作的几个关键位置或形态的画面，也称为原画。原画不仅是剧本和导演要求、意图的反映，也是对一个动作的艺术化设计。根据动画的时间安排和原画间画面的变化，把原画间的画面一张张地画出来，称为动画，其中原画之间的中间位置或形态的画面也称为中间画。无论是原画、中间画还是动画，在传统二维动画中所有的画面都是一帧一帧进行绘制的，制作一秒钟需要绘制 24 帧，这种动画制作方式被称为“逐帧动画”。其原理是在“连续的关键帧”中分解动画动作，也就是在时间轴的每帧上逐帧绘制不同的内容，使其连续播放而成动画。如图 7-62 所示为迪斯尼动画原画手稿。

图 7-62　迪斯尼动画原画手稿

7.4.2　逐帧动画的时间轴表现形式

在时间帧上逐帧绘制帧内容称为逐帧动画。逐帧动画在时间帧上表现为连续出现的关键帧，如图 7-63 所示，是逐帧动画在时间轴上常见的两种表现形式。

在 Flash 中，逐帧动画是一种常用的表现方式，因为其具有非常大的灵活性，可以表现细腻、复杂的动画效果，拓展了二维动画的局限性，所以为很多动画制作人员所青睐。虽然逐帧动画具有其他类型动画所没有的优点，但是在 Flash 中也不能滥用逐帧动画，因为逐帧动画的序列帧都是独立内容，不但给制作增加了负担而且最终输出的文件量也很大，会增加 Flash 播放器的负担，所以逐帧动画过多会影响动画播放的流畅程度。

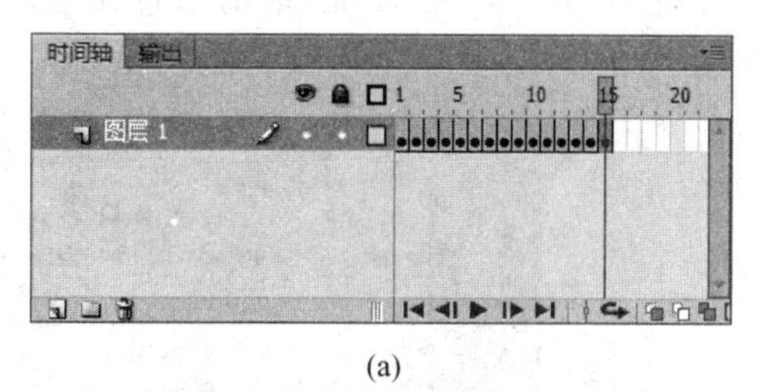

(a)

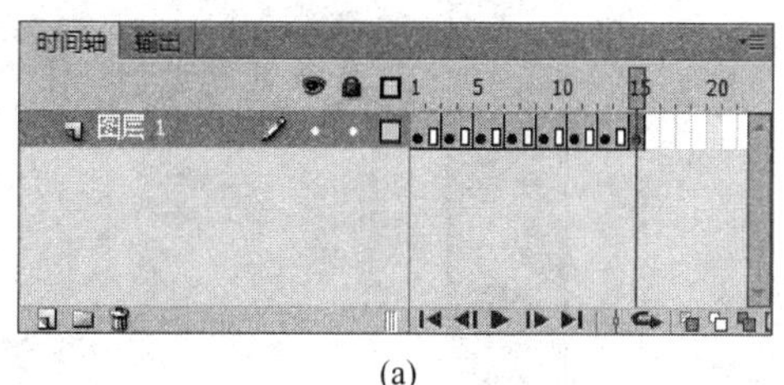

(a)

图 7-63　逐帧动画在时间轴上的表现形式

7.4.3　逐帧动画制作的方法

要创建逐帧动画，需要将每个帧都定义为关键帧，然后为每个关键帧创建或修改不同的图像内容。

可以通过以下三种方法来制作逐帧动画。

1. 导入静态图片制作逐帧动画

用 JPG、PNG 等格式的静态图片连续导入 Flash 中，就会建立一段逐帧动画。导入 GIF 格式的图像与导入同一序列的 JPG 格式的图像类似，只是将 GIF 格式的图像导入到舞台，会在舞台上直接生成动画；而将 GIF 格式的图像导入到【库】面板中，则会生成一个由

GIF 格式转化成的剪辑动画。

2. 逐帧绘制矢量图形

用鼠标或压感笔在场景中一帧帧地画出帧内容。用鼠标或压感笔绘制矢量逐帧动画具有非常大的灵活性,几乎可以表现任何想表现的内容,而不受现有资源的限制,但需要一定的美术基础。如图 7-64 所示,是逐帧绘制的立方体的不同旋转形态。

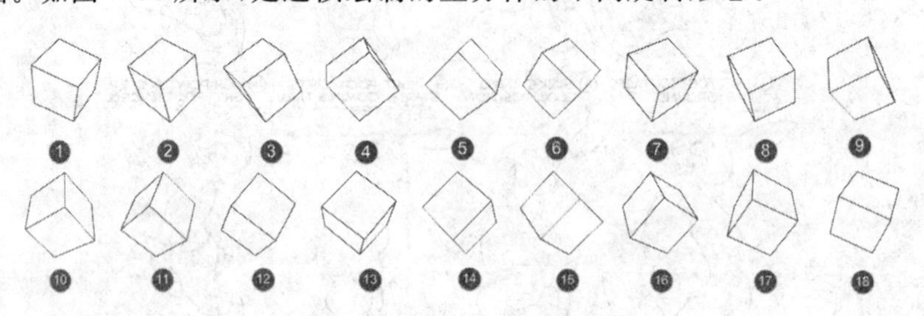

图 7-64 逐帧绘制矢量图形

3. 使用"绘图纸外观"辅助制作

为便于定位和编辑逐帧动画,可以使用"绘图纸外观"功能在舞台上查看两个或更多的帧。当前选定帧的内容以全彩色显示,其余的帧内容半透明显示且无法编辑,这样就可以清晰地看出每帧动画内容的位置关系,便于逐帧动画的制作。如图 7-65 所示,在时间轴面板上开启"绘图纸外观"功能,能清晰看到立方体线框旋转的轨迹。

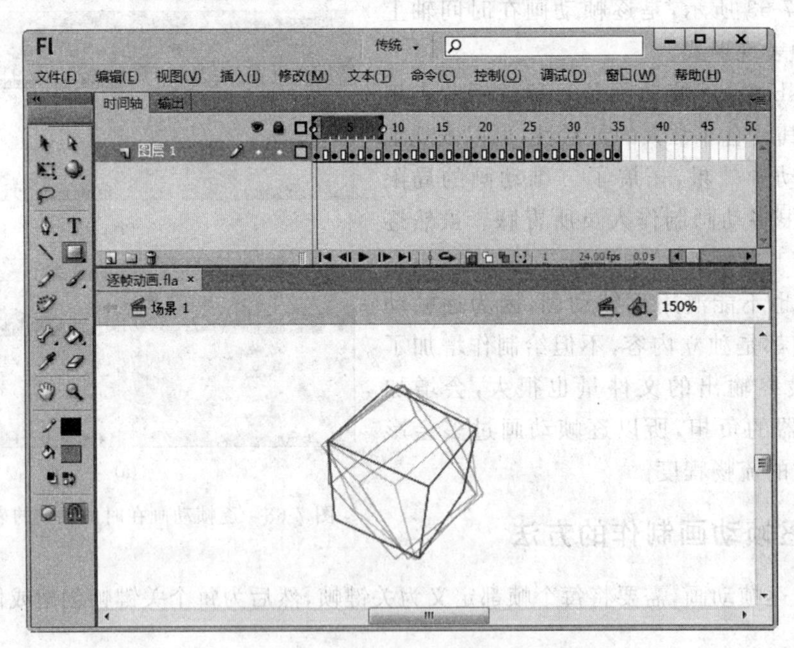

图 7-65 开启"绘图纸外观"功能

7.4.4 制作逐帧动画——《跳跃的松鼠》

如图 7-66 所示,是模仿迪斯尼动画风格制作的"松鼠跳跃"效果的逐帧动画实例,案例参见配套光盘中的文件"素材与源文件\第 7 章\跳跃的松鼠. fla"。

图 7-66 松鼠跳跃的逐帧动画效果

(1) 打开 Flash CS6,新建一个 ActionScript 2.0 文档。设置舞台大小为 1000×400 像素,其他参数保持默认。

(2) 选择工具箱中的【钢笔工具】,设置其笔触颜色为黑色、笔触大小为 1,在图层 1 第 1 帧绘制松鼠图形,如图 7-67 所示。

(3) 单击时间轴面板下方的图标,打开【绘图纸外观】功能;右键单击第 3 帧选择【插入空白关键帧】命令,使用钢笔工具绘制松鼠图形,如图 7-68 所示。

图 7-67 绘制第一帧动画内容

图 7-68 绘制第二帧动画内容

(4) 按照(3)的方法,每隔两帧插入空白关键帧,然后绘制松鼠跳跃的不同形态,直至第 21 帧松鼠捡到松果停止,如图 7-69 所示。

图 7-69 绘制完成跳跃动作

(5) 分别在第 23、25、27、29 帧插入关键帧,将第 21 帧松鼠尾巴线条删除,分别绘制松鼠尾巴"上扬卷起"的不同形态,如图 7-70 所示。

注意:在第 29 帧时,松鼠尾巴卷起遮住了身体一小部分,所以要删除被遮挡的部分。

(6) 测试存盘。执行【控制】|【测试影片】命令(组合键 Ctrl+Enter),观察动画效果,如果满意,执行【文件】|【保存】命令,将文件保存为"跳跃的松鼠.fla"文件,如果要导出 Flash 的播放文件,执行【文件】|【导出】|【导出影片】命令。

7.4.5 制作逐帧动画——《精武风云》

一代功夫巨星李小龙主演的电影《精武门》中令人拍手称快的情节莫过于他一脚踢碎"东亚病夫"的牌匾了,下面介绍用导入静态图片的方法制作逐帧动画——《精武风云》。动

图 7-70 绘制尾巴动作

画所需元素包括李小龙武打动作的 4 幅静态图片、一块“东亚病夫”的牌匾和“精武风云”的文字图形,案例源文件及图片素材参见配套光盘中“素材与源文件\第 7 章\精武风云\”中的对应文件。

(1) 打开 Flash CS6,新建一个 ActionScript 3.0 文档。设置舞台大小为 600×300 像素、背景颜色为黑色,其他参数保持默认,保存文件名称为“精武风云. fla”。

(2) 按 Ctrl+F8 键新建影片剪辑元件“精武风云”,单击【确定】按钮进入元件编辑窗口。按 Ctrl+R 键导入“精武风云. png”素材图片,使用静态【文本工具】输入英文“Legend of the Fist”,如图 7-71 所示。

(3) 按 Ctrl+F8 键新建影片剪辑元件“牌匾”,单击【确定】按钮进入元件编辑窗口。选择工具箱中的【矩形工具】,设置笔触颜色值为 #CC6600、笔触大小为 6、填充颜色为白色,绘制一个长方形。插入新建图层 2,按 Ctrl+R 键导入“东亚病夫. png”素材图片,如图 7-72 所示。

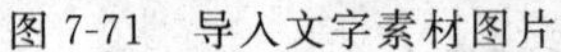
图 7-71 导入文字素材图片

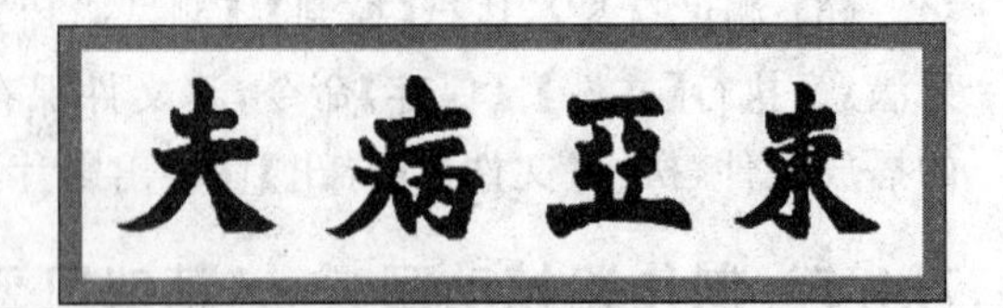

图 7-72 制作牌匾

(4) 单击“场景 1”返回动画舞台。执行【文件】|【导入】|【导入到库】命令,导入素材图片

“李小龙.psd”，此时库面板中的内容如图 7-73 所示。

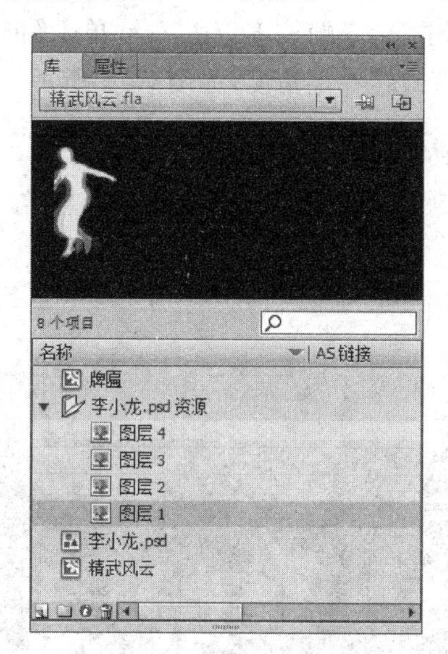

图 7-73 导入序列静态图片

其中“图层 1”～“图层 4”是李小龙侧踢动作的 4 幅静态图片，是用来做逐帧动画的。

(5) 从库中拖入元件“精武风云”放置于舞台中心位置，打开动画预设面板，为该元件应用【从右边模糊飞入】动画效果，如图 7-74 所示。

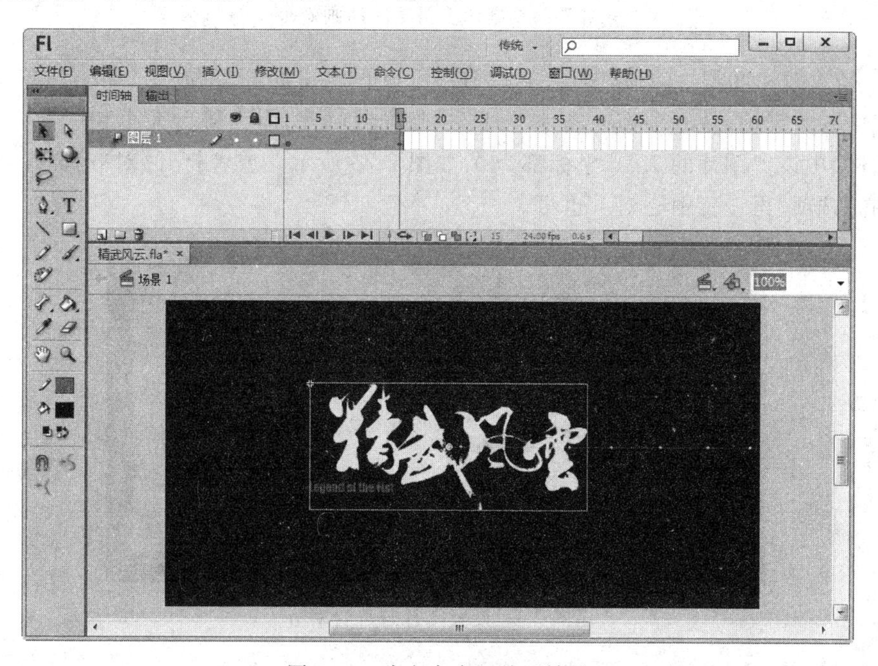

图 7-74 为文字应用动画效果

单击第 45 帧按 F5 键插入帧，右键单击【创建补间动画】，在属性面板中设置元件的 Alpha 值为 0，单击第 35 帧，把元件的 Alpha 值重新设为 100%，给文字做【停顿再消失】的动画效果。

(6) 插入新建图层2,单击第35帧按F6键插入关键帧,从库中拖入元件“牌匾”摆放在舞台中心靠右一点的位置,单击第85帧按F5键,右键单击【创建补间动画】,选择【3D旋转工具】将第35帧处的元件垂直旋转一定角度,如图7-75所示。

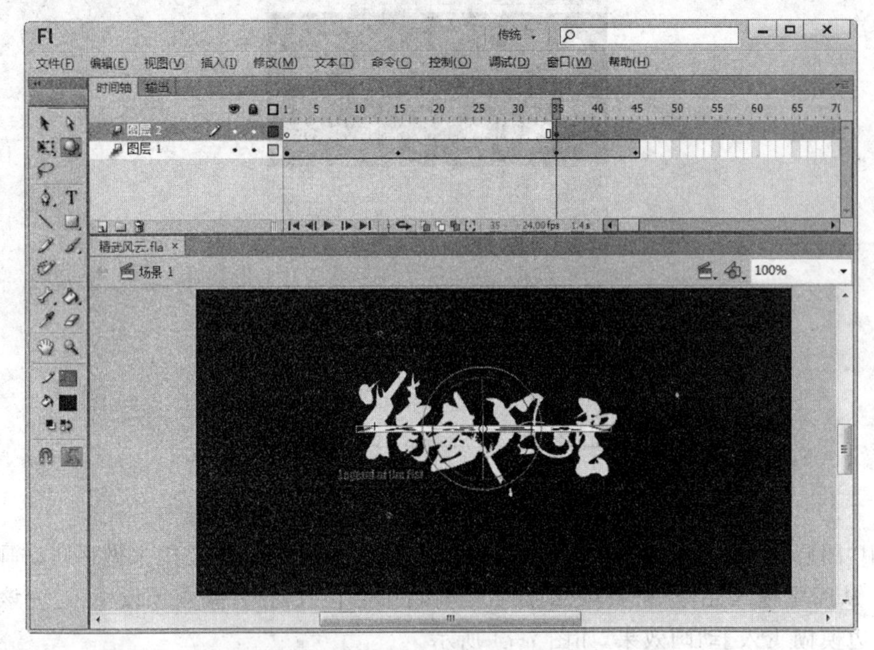

图7-75 制作牌匾翻转动画效果

(7) 插入新建图层3,调整图层的排列顺序,使图层3位于图层2的下方。单击图层3第85帧插入关键帧,从库中拖入图片“图层1”与舞台对齐,因为舞台大小和图片大小一样,可在【属性】中设置图片的X、Y坐标都为0,如图7-76所示。或者打开【对齐】面板,勾选【与舞台对齐】选项,再设置中心对齐也可。

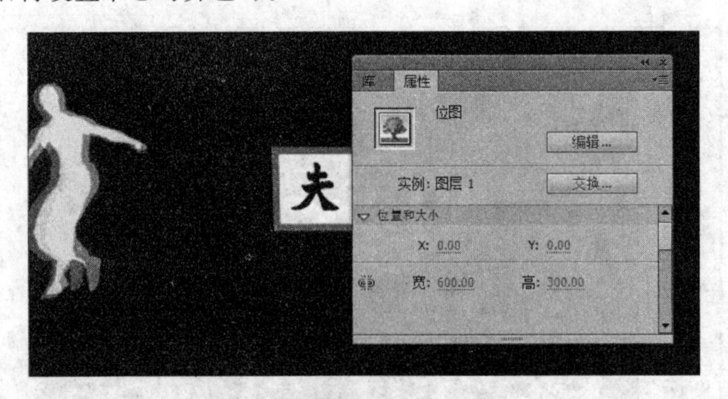

图7-76 设置图片与舞台对齐

(8) 继续在图层3的第97、109、121帧处插入空白关键帧,将其他三幅图片分别置于舞台。

(9) 单击图层2第95帧,按F5键插入帧,因为牌匾被李小龙踢得粉碎,所以第95帧以后牌匾应该消失,如图7-77所示。

图 7-77 补齐帧数

(10) 测试存盘。按 Ctrl+Enter 组合键测试动画效果，如果满意，执行【文件】|【保存】命令；如果要导出 Flash 的播放文件，则执行【文件】|【导出】|【导出影片】命令。

7.5 本章小结

本章主要介绍了快速制作简单动画的方法和技巧，涉及到模板、动画预设、DECO 工具和逐帧动画的概念和有关原理。利用上述方法制作动画过程快速、简单，是制作高级、复杂动画有益的补充。

Chapter 8

制作补间动画

本章学习目标

- 掌握补间形状动画的制作
- 掌握传统补间动画的制作
- 掌握补间动画的制作
- 掌握动画编辑器的使用方法

本章主要介绍 Flash 补间动画的制作方法，补间动画是 Flash 动画一种重要的形式，包括补间形状动画、传统补间动画以及补间动画。

中文“补间”一词翻译自英文原词术语 tween，意指“中间”(in between)。在 Flash 的时间轴上，两个关键帧之间的区域可以理解为“补间”，该区间的动画过程由软件运算形成，所以“补间”的概念也可理解为“过渡”。在传统动画的制作过程中，动画师要对每一帧静止画面分别进行绘制，一分钟的动画大约需要绘制 720～1800 幅图像，工作量非常庞大。而在 Flash 中，不必再像传统动画制作方法那样费时费力，操作者只需绘制出运动的图形对象，然后确定该对象的起始位置和结束位置(这样的位置称为“关键帧”)，那么该对象的所有中间过渡动画效果皆由计算机自动运算生成。这样的动画形式被称为“补间动画”，它极大地提高了动画制作的效率，因此该技术也被视为动画制作中的一次革命。

在 Flash CS3 和之前的软件版本中，补间动画只有两种，分别是形状补间和动作补间。在 Flash CS6 中，补间动画分为三种，分别是补间形状、传统补间和补间动画。

8.1 制作补间形状动画

8.1.1 补间形状动画的概念

在 Flash 动画中，动画的类型可以分为两个基本类别。一种动画类型是图形对象的形状(Shape)动画。这种“形状”的改变不单单指图形的外观，也包括图形的颜色、大小、位置等属性，一般处理对象为矢量图形；另一种动画类型是图形对象的运动(Motion)动画，“运动”包括图形对象的位置、大小、旋转、缩放、色彩效果、滤镜参数等属性的变化，一般处理对象为元件。两种不同的动画类型催生了两种不同的动画形式：补间形状与传统补间。可以说，Flash 中无论多么复杂的动画效果，万变不离其宗，都可以分解、归纳为对两种基本动画类型的综合变换和运用，包括下一章要介绍的高级动画类型——引导动画和遮罩动画，也是从两种基本动画类型演变而来的。

补间形状动画的处理对象为矢量图形，就是说起点和终点关键帧处的图形对象应该都是矢量图形，在【属性】面板上显示为“形状”，是导入或使用Flash绘图工具所绘制的。初学者往往创建动画不成功，往往犯“两个关键帧图形对象属性不一致”的错误，如经常创建“形状”和“元件”之间的补间形状动画效果。

在改变一个矢量图形的形状、颜色、位置，或由一个矢量图变形成为另一个矢量图的过程中，可以使用补间形状动画。在补间形状动画中，只需创建“起始”和“结束”两个关键帧便可完成补间形状动画的创建。在创建补间形状动画时，如果需要对组、实例或位图图像应用补间形状，则必须首先将这些元素进行“分离”（Ctrl＋B键，也叫“打散”）；如果对文本应用补间形状，则必须首先将文本进行两次“分离”处理，使其转换成矢量图形（单个字母或文字的情况，只需一次“分离”命令）。

8.1.2 补间形状动画的制作

制作补间形状动画必须满足以下两个条件。

(1) 创建补间形状动画的图形对象必须是色块或线条，而不能是元件、组或位图图像，如果需要对元件、组或位图进行补间形状动画的创建，则需要先选中它们，执行【修改】|【分离】命令，或按Ctrl＋B键，将它们打散为色块，然后再进行补间形状动画的创建。

(2) 每一个进行补间形状动画的色块，最好单独放置在一个独立图层中，这样才能产生最佳的动画效果；同一个图层如果放置多个色块，在形状变化过程中会彼此影响，从而影响最终动画效果。

补间形状动画最适用于简单的形状变化，避免使用其中具有挖剪图案或虚体空间的形状，对这样的图形进行补间形状的变化，结果往往是不可控的。

下面是创建补间形状动画的操作方法。

当在时间轴面板上选择一个关键帧并绘制图形（一般一帧以一个对象为好），在动画结束处选择一个关键帧并绘制另外的图形，在两个关键帧之间任意之处单击，有两种方法创建补间形状动画。一是执行【插入】|【补间形状】命令来创建，二是单击鼠标右键选择【创建补间形状】命令来创建。此时，会看到时间轴上发生了变化——淡绿色背景和箭头，一个补间形状动画即创建完成。

如图8-1所示，是一个红色正方形逐渐形变成一个蓝色正圆形的动画效果。时间轴第1帧绘制的是红色正方形，在第20帧按F6键插入关键帧，插入关键帧的动作产生的结果是在当前关键帧复制并粘贴上一关键帧内容，即在第20帧复制了第1帧的红色正方形。为了使两个关键帧的内容不同，选择正方形并删除。然后用【椭圆工具】在第20帧绘制一个蓝色正圆形，单击鼠标右键在两个关键帧之间创建【补间形状】动画效果。

8.1.3 使用形状提示完善动画制作

补间形状动画实际上很难控制，形变的结果往往会背离制作者的预期设想。尤其是当两个关键帧图形变化差异较大，往往变化的轨迹是杂乱无章的，好在Flash提供了“添加形状提示”这一软件功能，能针对该种情况做到有效控制。在“起始形状”和“结束形状”中添加相对应的“参考点（形状提示点）”，使Flash在计算变形过渡时会依据制作者的设想意图进行，从而较有效地控制变形过程。

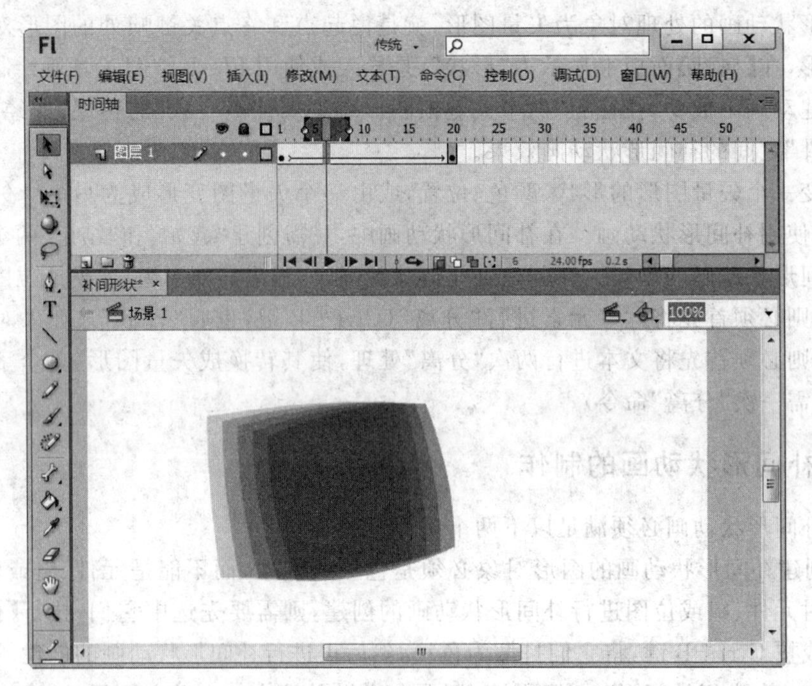

图 8-1 正方形到圆形的补间形状动画

添加形状提示的方法如下。

在补间形状动画的开始帧上单击，执行【修改】|【形状】|【添加形状提示】命令，该帧的形状就会增加一个带字母的红色圆圈，相应地，在结束帧形状中也会出现一个“提示圆圈”，单击并分别按住这两个“提示圆圈”在适当位置安放，安放成功后开始帧上的“提示圆圈”变为黄色、结束帧上的“提示圆圈”变为绿色，安放不成功或不在一条曲线上时，“提示圆圈”颜色不变。

“形状提示”可以连续添加，最多能添加 26 个。按逆时针顺序从形状的左上角开始放置形状提示，它们的工作效果最好。另外要确保添加的“形状提示”是符合逻辑的。例如，前后关键帧中有两个三角形，我们使用三个“形状提示”，那么两个三角形中的“形状提示”顺序必须是一致的，而不能第一个形状提示顺序是 abc，而第二个形状提示顺序是 acb，而且形状提示要在形状的边缘才能起作用。所以，在调整形状提示位置前，打开工具箱下方的【贴紧至对象】开关很关键，它会自动把“形状提示”吸附到边缘上。另外，要删除所有的形状提示，只需执行【修改】|【形状】|【删除所有提示】命令；如果只删除单个形状提示，可以单击鼠标右键，在弹出菜单中选择【删除提示】。

8.1.4 实例制作 1——不停旋转的三棱锥

案例参见配套光盘中的文件“素材与源文件\第 8 章\旋转的三棱锥. fla”。

如图 8-2 所示，该实例制作利用“添加形状提示”功能控制补间形状的变化，制作类似三维旋转的动画效果，下面是具体制作步骤。

(1) 打开 Flash CS6，新建一个 ActionScrip 2.0 文档，舞台参数设置默认，按【确定】按钮。执行【视图】|【网格】|【显示网格】命令，用舞台显示网格来辅助图形的绘制。

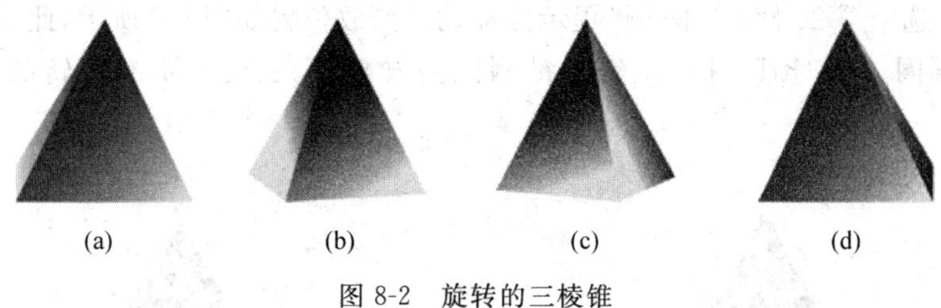

图 8-2　旋转的三棱锥

(2) 选择工具箱中的【线条工具】，设置其笔触颜色为红色、笔触大小为 1，在舞台拖动绘制三棱锥的轮廓图形，如图 8-3 所示。

(3) 在图层 1 第 20 帧按 F6 键插入关键帧，用【选择工具】选中图形左侧两条线段删除，用【线条工具】在右侧绘制如图 8-4 所示的线段，作为旋转后的三棱锥轮廓图形。

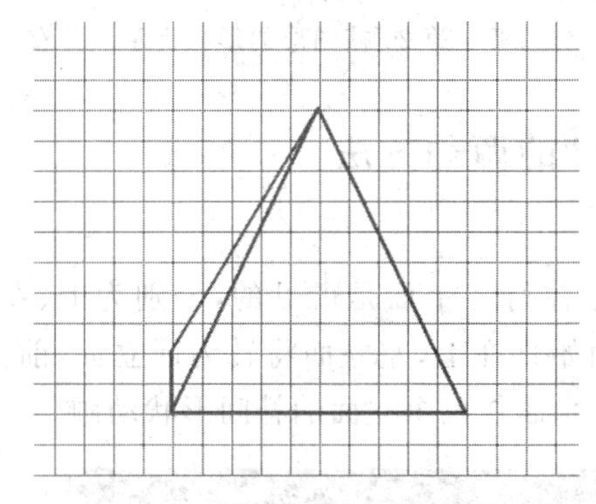

图 8-3　绘制三棱锥轮廓图

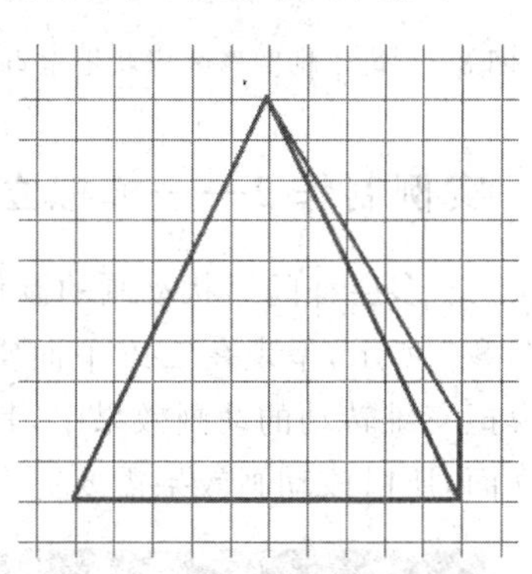

图 8-4　旋转后的三棱锥轮廓

(4) 选择工具箱中的【颜料桶工具】，调整渐变颜色为“蓝-白”线性渐变效果，单击填充两个关键帧图形轮廓，双击选中红色轮廓线并按 Delete 键删除，效果如图 8-5 所示。

(5) 此时为两个图形创建补间形状动画，会发现动画效果不是很理想，如图 8-6 所示，三棱锥图形在三维旋转过程中发生了错位。下面通过“添加形状提示”来控制形变过程。

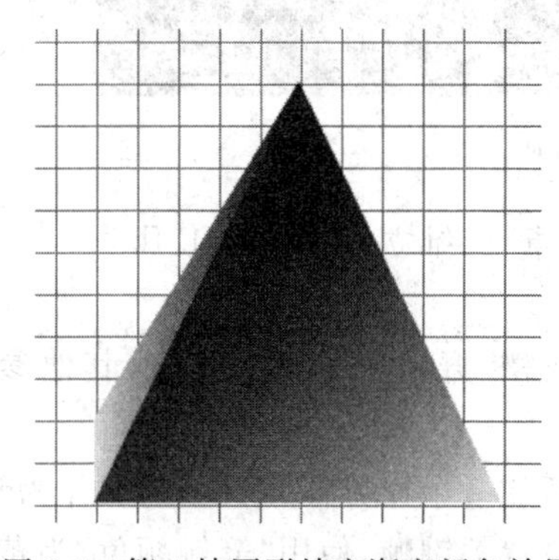

图 8-5　第 1 帧图形填充渐变颜色效果

图 8-6　形变中间过渡帧发生错位

(6) 单击选中第 1 帧，执行【修改】|【形状】|【添加形状提示】命令或按 Ctrl＋Shift＋H 组合键 5 次，为图形添加 a～e 5 个形状提示点，摆放位置如图 8-7 所示，此时 5 个形状提示点为黄色圆圈。

(7) 单击选中第 20 帧，单击选择提示点拖动并摆放位置如图 8-8 所示，此时 5 个形状提示点为绿色圆圈。按 Ctrl＋Enter 组合键测试播放影片，三棱锥不断旋转的效果已经正常了。

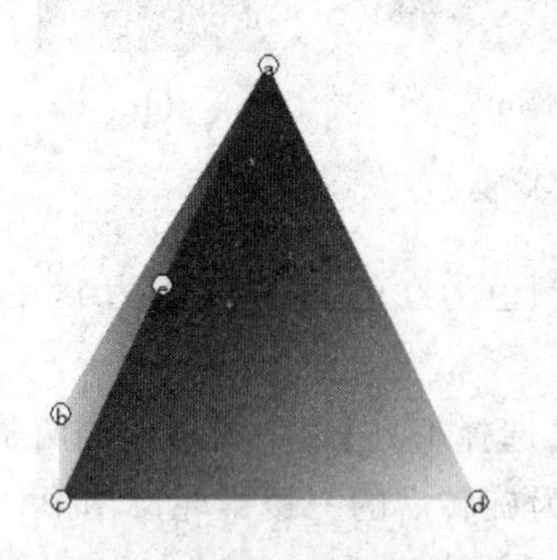

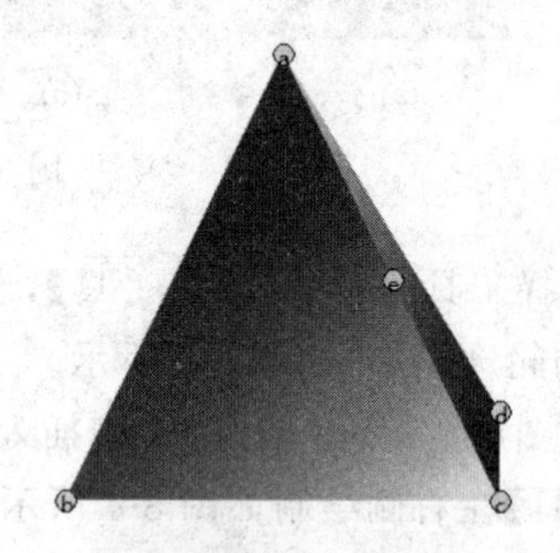

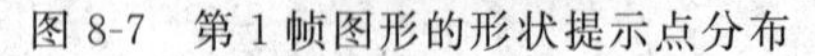

图 8-7 第 1 帧图形的形状提示点分布　　图 8-8 第 20 帧图形的形状提示点分布

8.1.5 实例制作 2——模拟立方体转动的两种方法

方法一：多层补间形状动画的制作

如图 8-9 所示，呈现在二维平面空间的立方体有三个面是可见的，分别为上、左、前立面。在模拟三维转动的动画效果中，其中上立面始终在上，左立面将转为前立面，前立面将转为右立面，所以该动画效果需要三个图层来分别制作三个立面的补间形状动画。

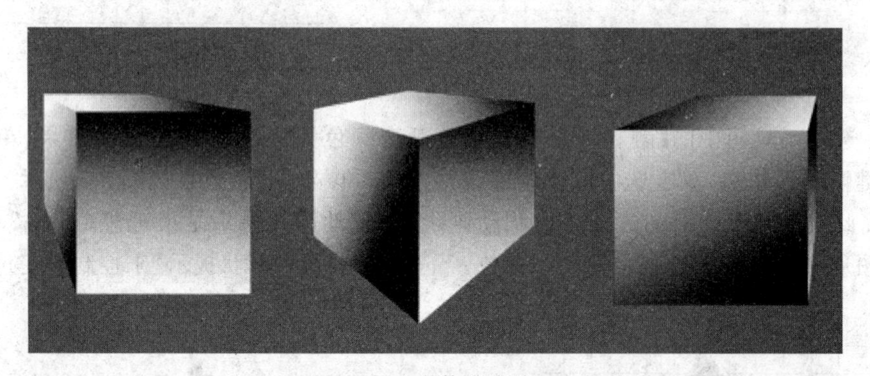

图 8-9 立方体转动动画

案例参见配套光盘中的文件"素材与源文件\第 8 章\三维立方体旋转 1. fla"。

具体操作步骤如下。

(1) 打开 Flash CS6，新建一个 ActionScrip 2. 0 文档，舞台背景设为红色，其他参数保持默认，按【确定】按钮。

为了更加准确地把握立方体转动时的外形，可以新建一个立方体"线框"图层作为参考，所以修改图层 1 名称为"线框"，分别在第 1、15、30 帧设置关键帧，使用"笔触颜色"为黄色的【线条工具】在三个关键帧处绘制立方体线框图形，如图 8-10～图 8-12 所示。

(2) 返回"线框"图层第 1 帧，选择工具箱中的【颜料桶工具】，设置其渐变颜色为"黑-白"线性渐变效果，为第 1 帧处的立方体线框图形填充颜色，并使用【渐变变形工具】调整渐变效果，如图 8-13 所示。

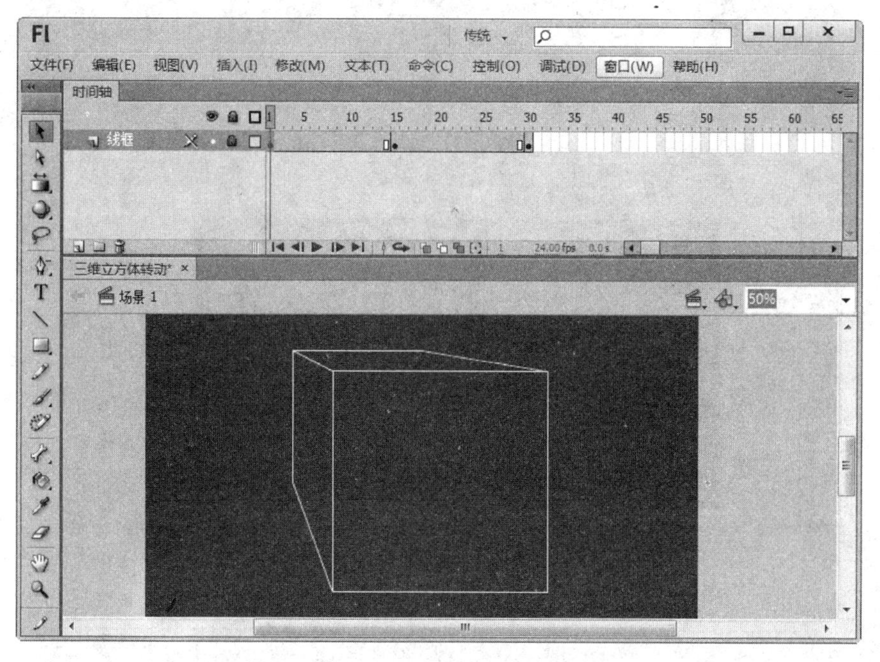

图 8-10　第 1 帧图形

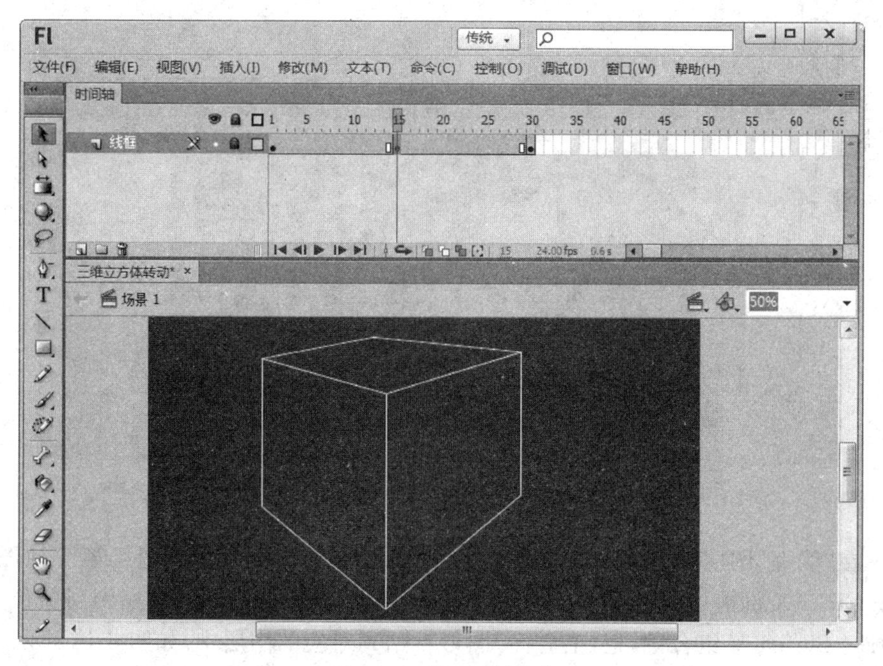

图 8-11　第 15 帧图形

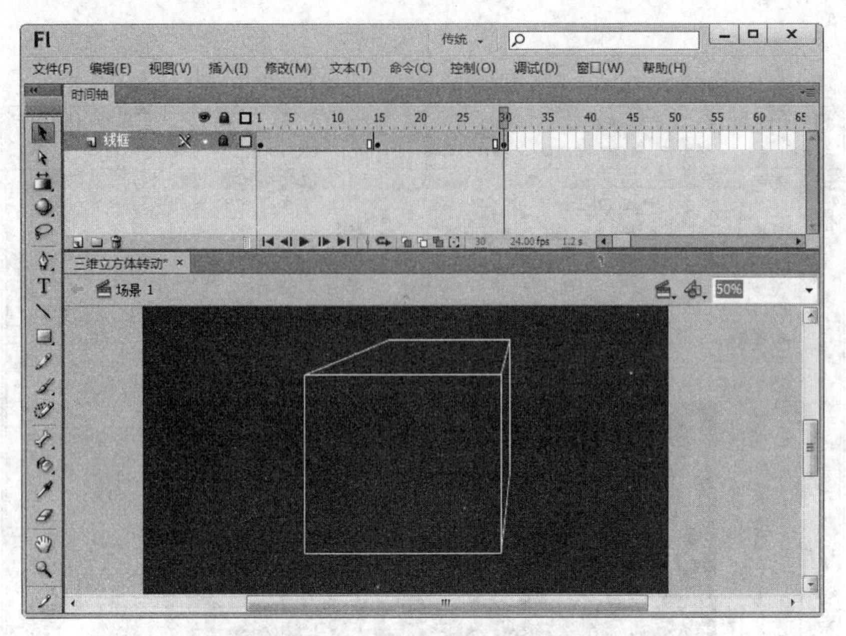

图 8-12 第 30 帧图形

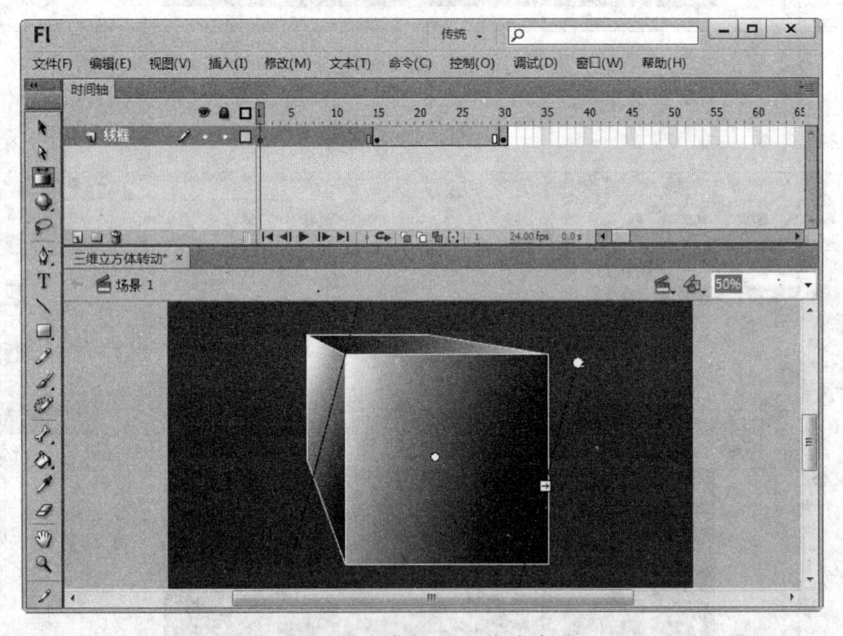

图 8-13 填充、调整渐变色

(3) 在“线框”图层下方插入新建图层“上立面”,单击选中“线框”图层第 1 帧图形的上立面,按 Ctrl+X 键剪切图形,单击选择“上立面”图层,执行【编辑】|【粘贴到当前位置】命令或按 Ctrl+Shift+V 组合键,把“上立面”图形粘贴到对应的图层中,如图 8-14 所示。

(4) 按照相同的方法,新建“左-前立面”和“前-右立面”两个图层,分别将“线框”图层中对应的图形粘贴到对应新建的两个图层中,使立方体的三个面都处于单独的图层中。

(5) 在“上立面”图层的第 15 帧插入关键帧,单击锁定其他三个图层,用【选择工具】调

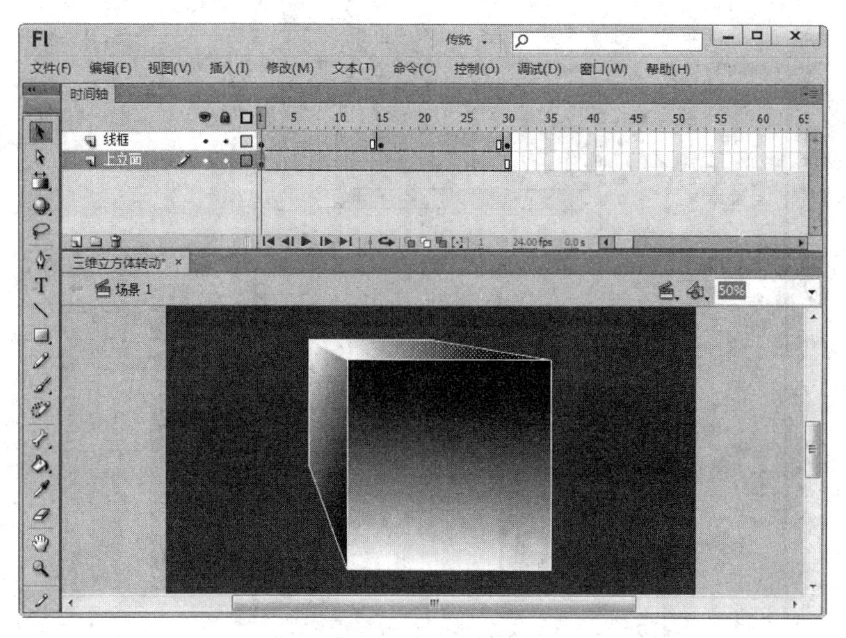

图 8-14　布置上立面图形到单独的图层

整立方体"上立面"的 4 个顶点，调整图形使其与"线框"图层第 15 帧处的黄色线框重合，如图 8-15 所示。

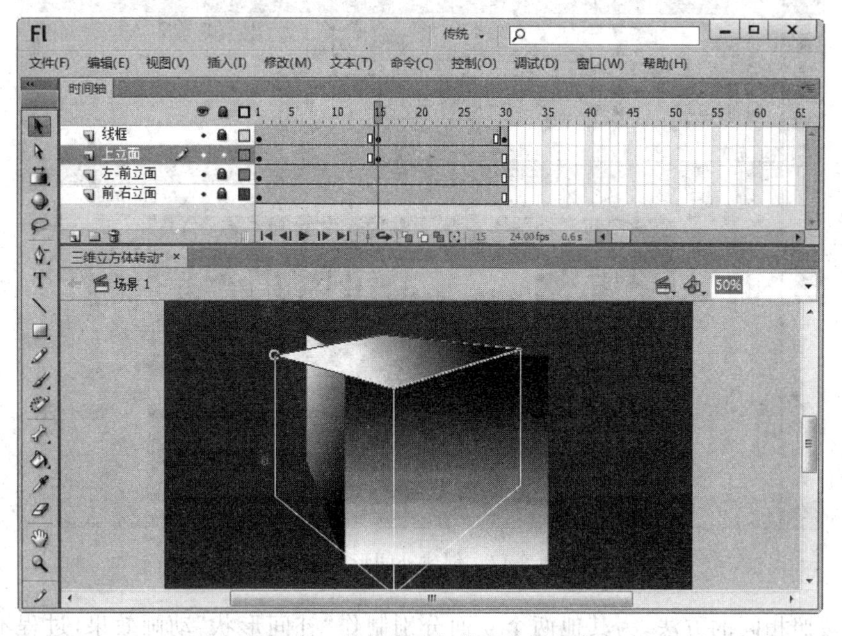

图 8-15　调整图形与黄色线框重合

(6) 继续在"上立面"图层第 30 帧插入关键帧，调整"上立面"图形与"线框"图层第 30 帧处的黄色外框重合，如图 8-16 所示。

(7) 右键单击"上立面"图层的时间轴，为三个"上立面"变化图形应用【创建补间形状】动画效果，如图 8-17 所示。

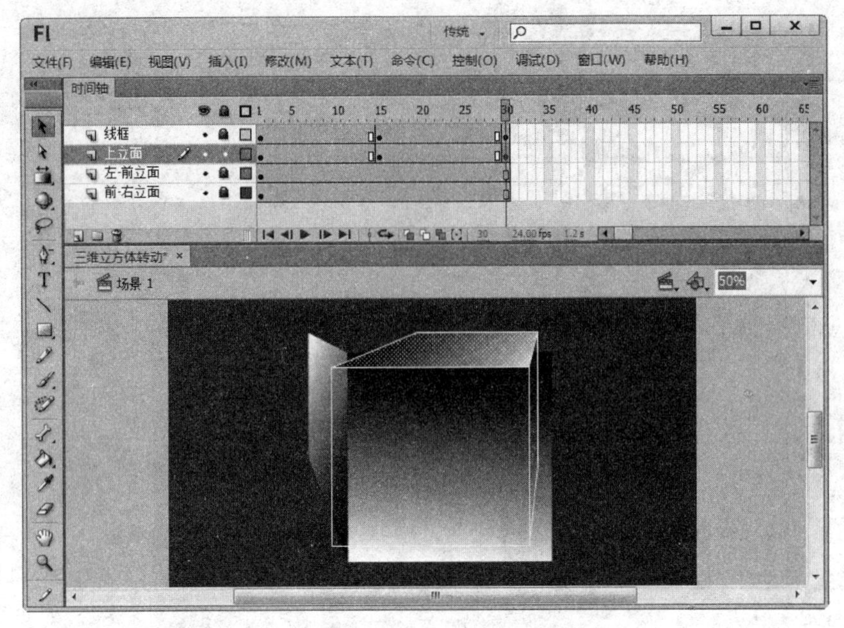

图 8-16　继续调整图形与黄色线框重合

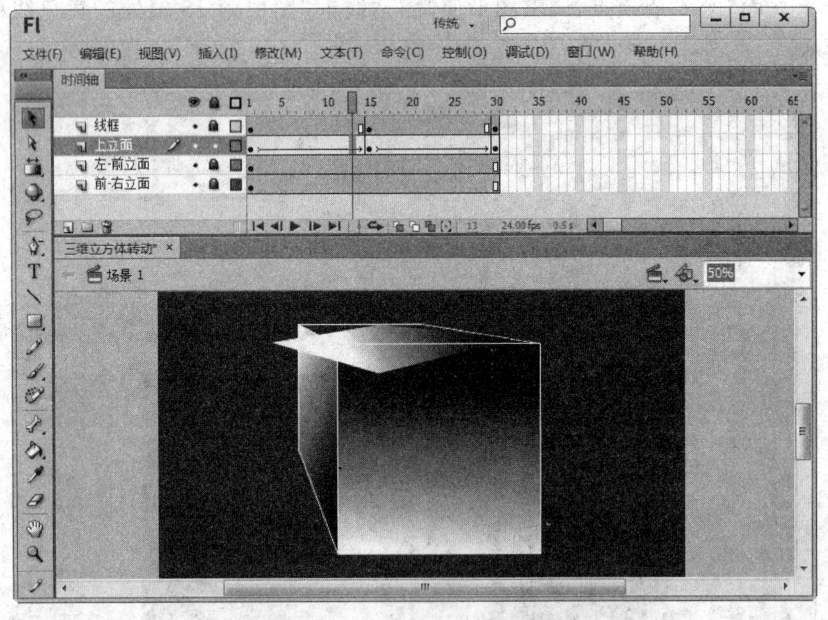

图 8-17　创建补间形状动画

(8) 按照相同的方法，为其他两个立面分别制作“补间形状”动画效果，过程不再赘述，最后删除“线框”图层，按 Ctrl+Enter 组合键测试播放影片。

方法二：使用“添加形状提示”功能制作

如图 8-18 所示，与方法一不同的是，该动画效果没有采用多层分别制作补间形状动画的方法，而是只用一个图层绘制立方体图形，采用“添加形状提示”命令辅助完成补间形状动画的制作。

图 8-18 立方体转动动画

案例参见配套光盘中的文件“素材与源文件\第 8 章\三维立方体旋转 2.fla”。

下面是具体制作步骤。

(1) 新建一个 ActionScrip 2.0 文档，参数设置与方法一实例设置相同，使用【线条工具】、【颜料桶工具】绘制一个立方体图形，如图 8-19 所示。

图 8-19 绘制立方体图形

(2) 在图层 1 第 30 帧按 F6 键插入关键帧，使用【选择工具】调整立方体图形外形，如图 8-20 所示。

(3) 单击鼠标右键为两个关键帧的图形应用【创建补间形状】动画效果。单击第 1 帧，按 Ctrl+Shift+H 组合键 8 次，为第 1 帧处的立方体图形添加形状提示，并分别摆放位置如图 8-21 所示。

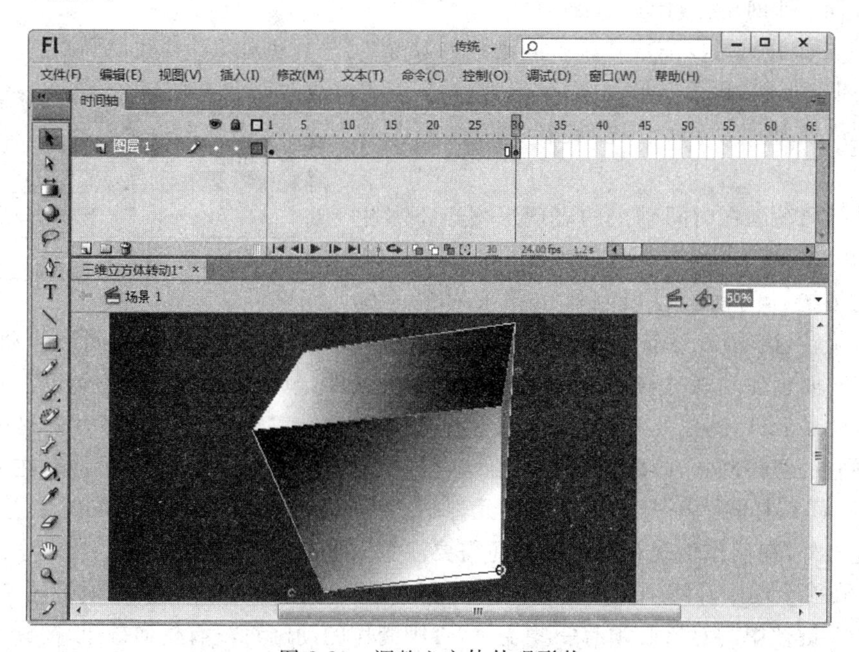

图 8-20 调整立方体外观形状

(4) 单击第 30 帧，以第 1 帧图形为参照物，形状提示点摆放位置如图 8-22 所示。

(5) 至此，该实例制作完毕，按 Ctrl+Enter 组合键测试播放影片。

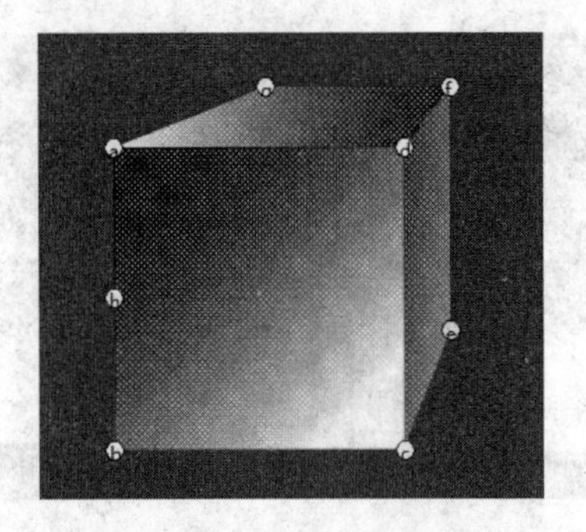

图 8-21 添加形状提示

图 8-22 调整形状提示

8.2 制作传统补间动画

8.2.1 传统补间动画的概念

传统补间一直以来都是 Flash 的主要动画制作模式。其实在 Flash 的早期版本中，特别是 Flash 8 之前的版本里面是没有"传统补间"这一说法的，当时补间动画只有两种形式：一种是动作补间，主要针对元件等图形对象的缩放、旋转、位置、透明变化等属性；另一种是形状补间，主要用于图形的变形动画。到了 Flash CS3 以后，因为加入了一些 3D 功能，以上两种补间没办法实现 3D 旋转等功能，所以为了区别就把以往创建补间动画的方式改为"传统补间动画"。从 Flash CS4 开始，开始出现"传统补间"的概念。

目前有三种创建补间动画的形式：

(1) 补间动画(可以完成传统补间动画的效果，另外可创建 3D 补间动画)。

(2) 补间形状(用于变形动画)。

(3) 传统补间动画(位置、旋转、缩放、透明度变化)。

三种补间动画在时间轴上的表现形式也不尽相同，如图 8-23 所示。

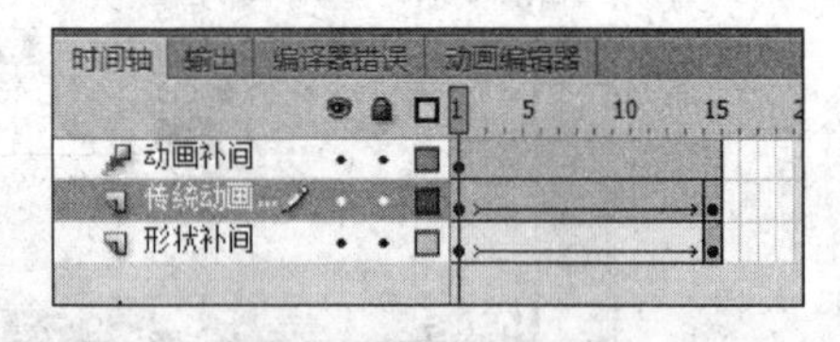

图 8-23 三种补间动画的时间轴表现形式

使用传统补间动画可以制作出图形对象的位移、变形、旋转、透明度、滤镜及色彩变化等动画效果。与 8.1 节介绍的补间形状动画不同，使用传统补间创建动画时，构成补间动画的元素是元件，包括影片剪辑、图形元件、按钮等元件类型。除了元件，其他元素包括文本、位图、绘制的形状都必须为"元件"才能做传统补间动画，否则在创建补间动画的过程中，软件会自动将这些元素转为元件，并自动在库面板中形成以"补间 1、补间 2……"命名的图形元件。

除此之外，在制作传统补间动画时还需要注意以下两点。

(1) 在一个动画补间中至少要有两个关键帧，两个关键帧中的对象必须是同一个对象，而且两个关键帧中的对象必须有一些变化，否则制作的动画将没有任何效果。

(2) 为确保传统补间的成功制作，务必要将制作的图形转换为元件(图形、按钮、影片剪辑)。虽然直接使用绘制对象也可以显示成功制作了传统补间动画，但不会形成真正的补间动画效果。

8.2.2　传统补间动画的创建

传统补间动画的创建方法有以下两种。

1. 通过右键菜单创建传统补间动画

首先在时间轴面板中选择同一图层的两个关键帧之间的任意一帧，然后单击右键，从弹出的快捷菜单中选择【创建传统补间】命令，如图 8-24 所示，这样就在两个关键帧之间创建出了传统补间动画，所创建的传统补间动画会以一个浅蓝色背景显示，并且在关键帧之间有了一个箭头，如图 8-25 所示。

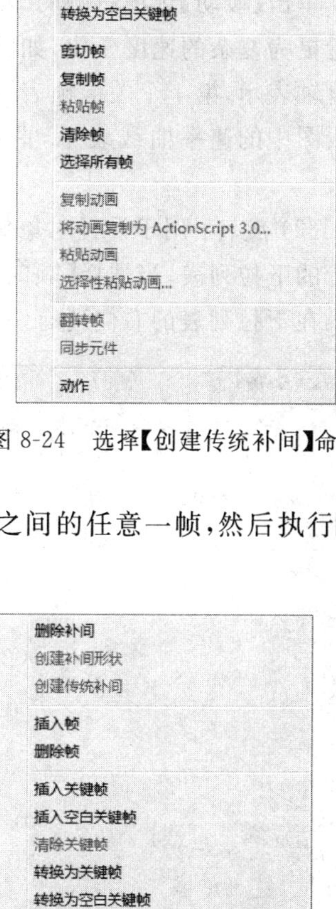

图 8-24　选择【创建传统补间】命令

通过右键菜单除了可以创建传统补间动画外，还可以取消已经创建好的传统补间动画。具体方法为：选择已经创建的传统补间动画的两个关键帧之间的任意一帧，然后单击鼠标右键，从弹出的快捷菜单中选择【删除补间】命令，如图 8-26 所示，即可取消补间动作。

2. 使用菜单命令创建传统补间动画

在使用菜单命令创建传统补间动画的过程中，同样需要选择同一图层两个关键帧之间的任意一帧，然后执行【插入】|【补间动画】命令；如果要取消已经创建好的传统补间动画，可以选择已经创建的传统补间动画的两个关键帧之间的任意一帧，然后执行【插入】|【删除补间】命令。

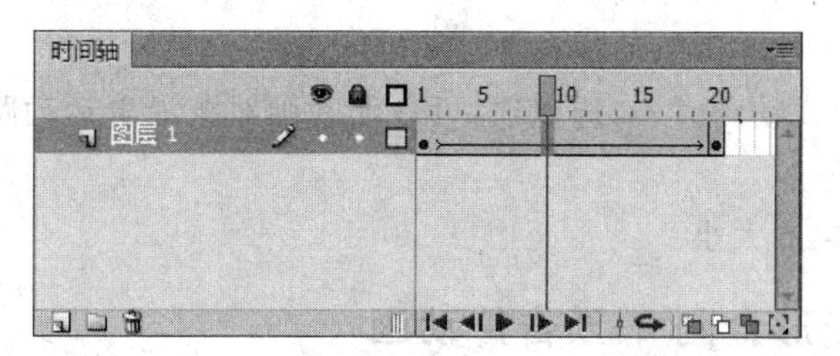

图 8-25　创建传统补间后的时间轴

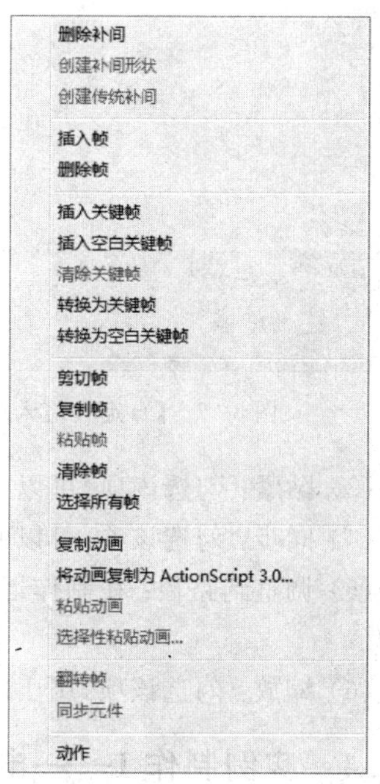

图 8-26　选择【删除补间】命令

8.2.3 传统补间动画属性面板功能选项

在 Flash CS3 之前的版本中，在两个关键帧之间任意处单击，打开【属性】面板可以直接为对象创建补间动画。到了 Flash CS4 版本，这一功能被取消，在 Flash CS6 中一些主要的功能选项被保留，主要有以下几项。

(1) 缓动：在制作动画时会发现，自然界没有什么动作是匀速运动，基本上都有一定的加减速度，这种效果在 Flash 动画中是通过缓动来实现的。因此，动画做的好坏、动作是否自然，缓动是一个不可或缺的功能因素。

单击【缓动】选项右侧的按钮，在弹出的【自定义缓入/缓出】对话框中可以为过渡帧设置更为复杂的速度变化，如图 8-27 所示。其中，“帧”由水平轴表示，补间变化的百分比由垂直轴表示，第 1 个关键帧表示为 0%，最后 1 个关键帧表示为 100%。对象的变化速率用曲线图中的速率曲线表示，曲线水平时(无斜率)，变化速率为 0；曲线垂直时，变化速率最大。

(2) 旋转：用于设置对象旋转的动画。单击右侧的 自动 按钮，会弹出如图 8-28 所示的下拉列表，当选择【顺时针】或【逆时针】选项时，可以创建顺时针或逆时针旋转的动画。在下拉列表的右侧还有一个参数设置，用于设置对象旋转的次数。

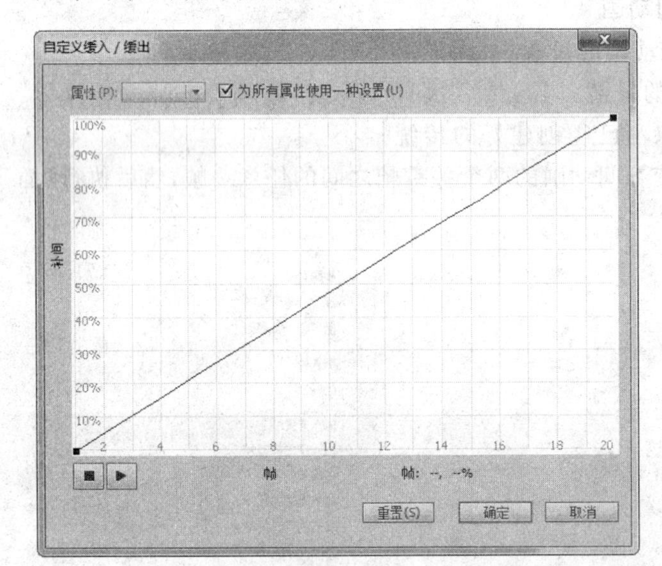

图 8-27 【自定义缓入/缓出】对话框

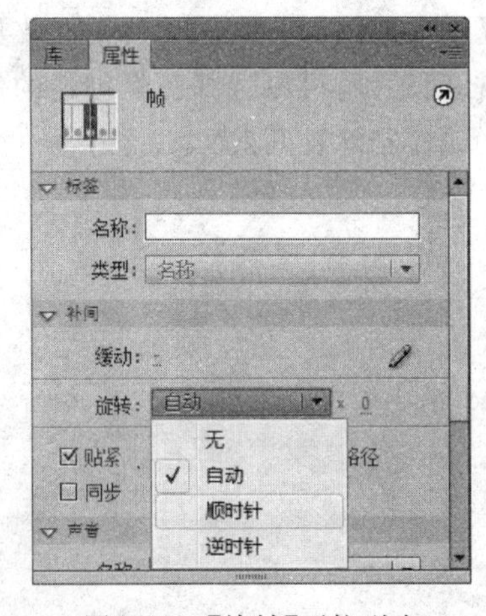

图 8-28 【旋转】下拉列表

(3) 贴紧：勾选该项，可以将对象紧贴到引导线上。

(4) 同步：勾选该项，可以使图形元件实例的动画和主时间轴同步。

(5) 调整到路径：在制作运动引导线动画时，勾选该项，可以使动画对象沿着运动路径运动。

(6) 缩放：勾选该项，用于改变对象的大小。

8.2.4 实例制作 1——电影《变形金刚 4》预告片动画

从 20 世纪 80 年代美国动画片《变形金刚》引进中国以来，它便陪着中国的 70 后、80 后一起成长。一个变形金刚玩具、一句“汽车人,变形出发”,常常能唤起他们关于童年的许多美好回忆。《变形金刚》真人版科幻系列电影自2007年上映以来,在全世界范围获得巨大成功,《变形金刚》第四部(又名《变形金刚4:绝迹重生》)已于2014年6月27日在北美和中国同步上映,在全球范围内再次掀起了一股“变形金刚”狂潮。

如图8-29所示,该实例用传统补间动画形式制作了电影《变形金刚4》的上映预告动画,下面是具体制作步骤。

图8-29 电影《变形金刚4》预告片动画

案例参见配套光盘中的文件“素材与源文件\第8章\变形金刚.fla”。

1. 图形元件的绘制

本实例制作中所需的图形元件主要有代表正义一方的“汽车人标志”和代表邪恶一方的“霸天虎标志”,除此之外还有“Transformers文字”和“闪烁的光芒”图形,下面以“汽车人标志”制作为例说明。

如图8-30所示,是用Flash【线条工具】绘制的“汽车人”标志线稿,对于该图形的绘制,可采用描摹素材位图的方法获得,如图8-31所示是搜集的素材图片,做法是在Flash中导入素材图片,单击锁定素材图片所在图层;在该图层之上插入新建一个图层,在该图层上用线条工具勾勒绘制图形。

图8-30 “汽车人”标志

图8-31 搜集的图片素材

(1) 按照上述方法绘制好标志图形后,使用【选择工具】框选图形,按住Alt键的同时向右上方拖动,复制出一个新的标志线稿图形,如图8-32所示。为了区分两个标志,新复制的图形用红色笔触颜色显示,如图8-33所示。

图 8-32 复制一个新的线框图形

图 8-33 用颜色区分两个图形

(2) 选择工具箱中的【线条工具】,设置笔触颜色为绿色,用直线将前后两个图形联结在一起,如图 8-34 所示(注：可点选工具箱下方的【贴紧至对象】按钮辅助制作)。

(3) 使用【选择工具】选取被遮挡"看不见"的线段,按 Delete 键一一删除,形成三维立体效果图形,如图 8-35 所示。

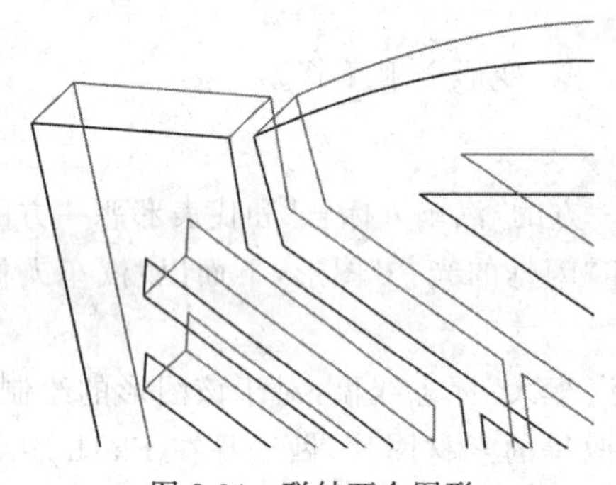

图 8-34 联结两个图形

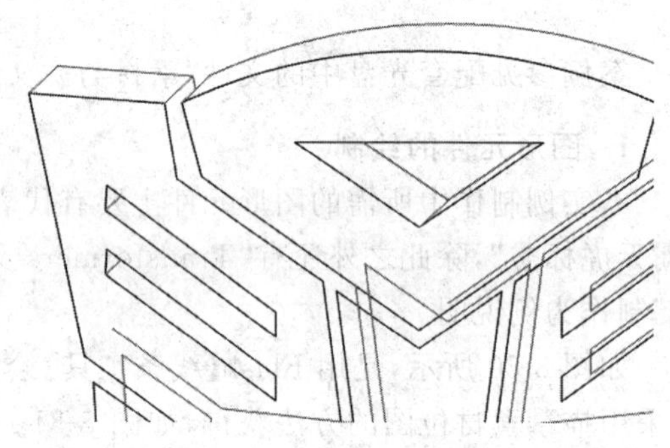

图 8-35 删除多余线段

(4) 删除多余的线段之后,全选图形设置笔触颜色为黑色,效果如图 8-36 所示。

(5) 选择【颜料桶工具】,设置"黑-白"线性渐变颜色,为线稿图形填充渐变颜色,效果如图 8-37 所示。

图 8-36 三维效果标志

图 8-37 填充渐变效果

按照同样的方法制作"霸天虎标志"和"Transformers 文字",如图 8-38 和图 8-39 所示。

图 8-38　霸天虎标志

图 8-39　“变形金刚”英文标题

(6) 绘制“光芒”图形。设置背景色为黑色，选择工具箱中的【矩形工具】，设置笔触颜色为无色、填充颜色为“黑-白”线性渐变效果，在舞台上绘制一个宽度为 100、高度为 2 的矩形。打开【颜色】面板，调整“黑-白”渐变颜色。单击选中面板下方右侧的黑色游标，将黑色改成白色，并设置其透明度为 0%，如图 8-40 所示。

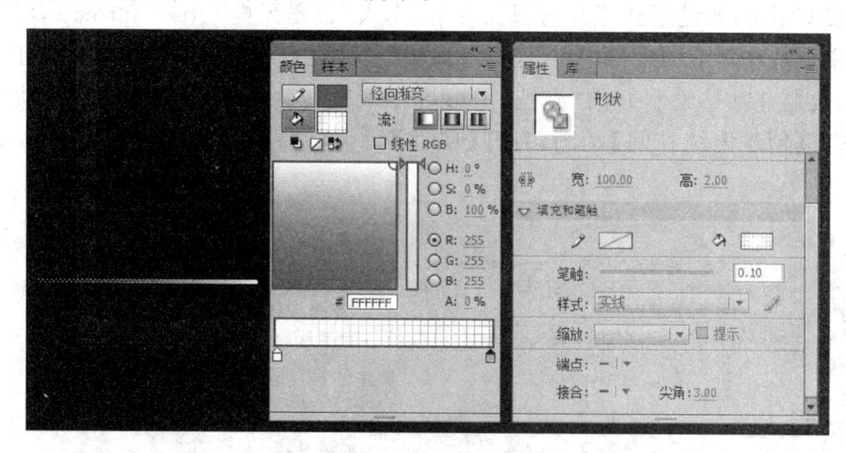

图 8-40　设置透明渐变效果

(7) 确认矩形为选中状态，选择工具箱中的【任意变形工具】，移动矩形图形的注册点至右侧边界处，按 Ctrl+T 键打开【变形】面板，在【旋转】角度中输入 45，单击面板右下方的【重制选区和变形】按钮 8 次，形成如图 8-41 所示的图形效果。

(8) 最后用【椭圆工具】绘制一个半透明渐变效果的圆形，与光线图形一起组成光芒图形，如图 8-42 所示。

2. 制作“传统补间动画”

该动画效果为：画面开始，“霸天虎”标志由大到小闪入舞台，同时颜色不断变化并停在舞台中间，光芒在其上旋转、闪烁，随之标志、光芒图形迅速消失；紧接着“汽车人”标志出现，随后变大、渐隐闪出画面；最后文字 Transformers 从舞台左侧滑入，采用“模糊-清晰”的缓动效果；“汽车人”标志在文字上发光，电影预告字幕出现，动画结束。

(1) 打开 Flash CS6，新建一个 ActionScrip 2.0 文档，设置舞台背景为黑色、舞台大小为 1000×600 像素，其他参数保持默认，单击【确定】按钮，保持文件名称为“Transformers.fla”。

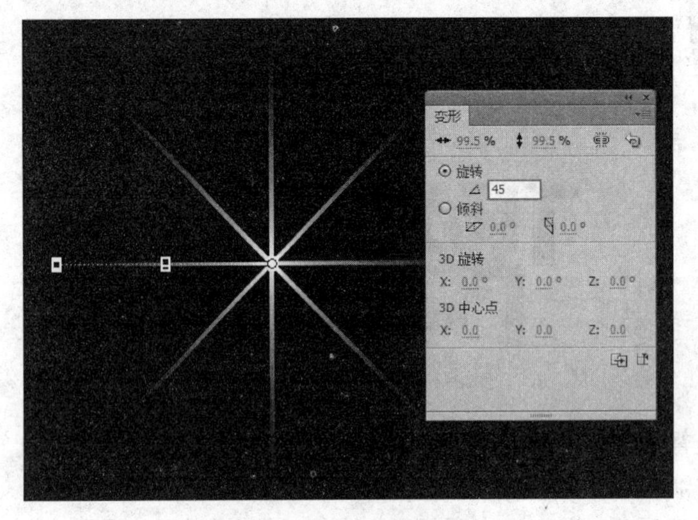

图 8-41 选择并复制图形

图 8-42 光芒图形

(2) 按 Ctrl+F8 键新建影片剪辑元件"汽车人"、"霸天虎"、transformers，将之前创建的图形分别放置在对应的元件中；新建影片剪辑元件"光芒_mc"，单击【确定】按钮进入元件编辑窗口，复制并粘贴绘制好的"光芒"图形，按 F8 键转为图形元件，在第 45 帧插入关键帧，单击右键【创建传统补间】动画，打开【属性】面板，设置元件【顺时针】旋转，如图 8-43 所示。

图 8-43 创建"旋转"动画

(3) 单击"场景 1"返回动画舞台，修改图层 1 名称为"霸天虎"，从库中拖入影片剪辑元件"霸天虎"置于舞台中间，单击第 20 帧并按 F6 键插入关键帧，修改元件的位置和大小、色彩效果属性，如图 8-44 所示。

图 8-44 设置元件属性

(4) 返回第 1 帧，使用【任意变形工具】并配合 Shift 键，放大元件稍稍超过舞台范围，打开【属性】面板，设置元件色彩效果 Alpha 值为 0，使元件变成透明效果，单击右键【创建传统补间】动画，如图 8-45 所示。

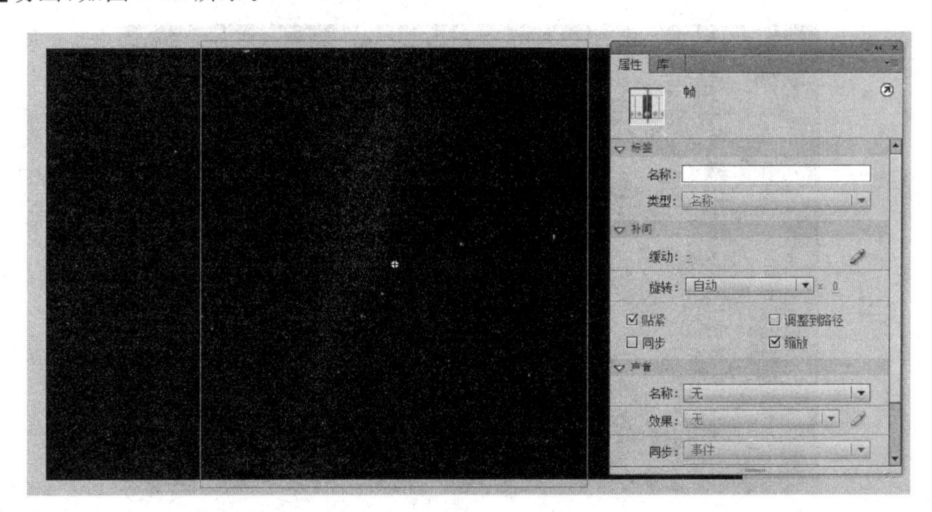

图 8-45 放大并设置元件透明

(5) 在第 30 帧按 F6 键插入关键帧，设置该帧处的元件色彩效果【样式】为无，使其还原本来颜色，单击右键【创建传统补间】；在第 40、50 帧插入关键帧，单击第 50 帧，选中元件，打开【属性】面板，设置其【宽度】为 10，高度保持不变，单击右键【创建传统补间】动画，如图 8-46 所示。

(6) 插入新建图层“光芒”，在该图层第 20 帧按 F6 键插入关键帧，从库中拖入影片剪辑元件“光芒_mc”放在“霸天虎”标志图形上；在第 30 帧插入关键帧，返回第 20 帧，修改元件

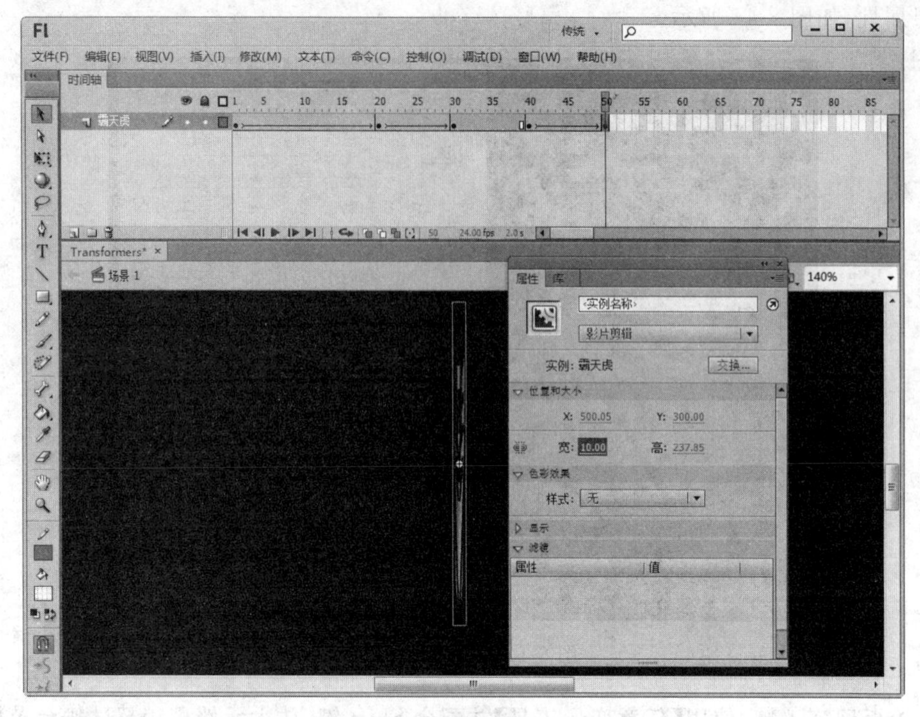

图 8-46 更改元件的宽度

"大小"属性，如图 8-47 所示，单击右键【创建传统补间】动画。

图 8-47 缩小元件尺寸

(7) 在该图层第 40、50 帧插入关键帧，使用【任意变形工具】缩小第 50 帧元件的尺寸，单击右键【创建传统补间】动画，制作光芒逐渐变小的动画效果，与"霸天虎"标志消失保持同步效果，如图 8-48 所示。

(8) 插入新建图层"汽车人"，在该图层第 50 帧按 F6 键插入关键帧，从库中拖入影片剪辑元件"汽车人"，设置合适大小放置在舞台中央，即"霸天虎"标志消失的地方；在第 60 帧插入关键帧，修改第 50 帧元件的【宽度】为 2，单击右键【创建传统补间】动画，如图 8-49 所示。

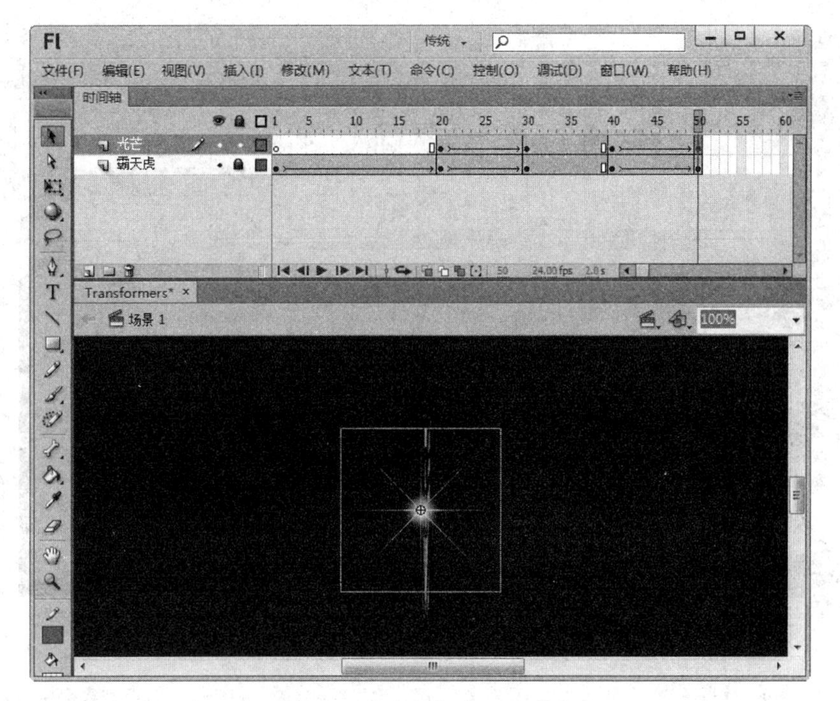

图 8-48　光芒与标志一起消失

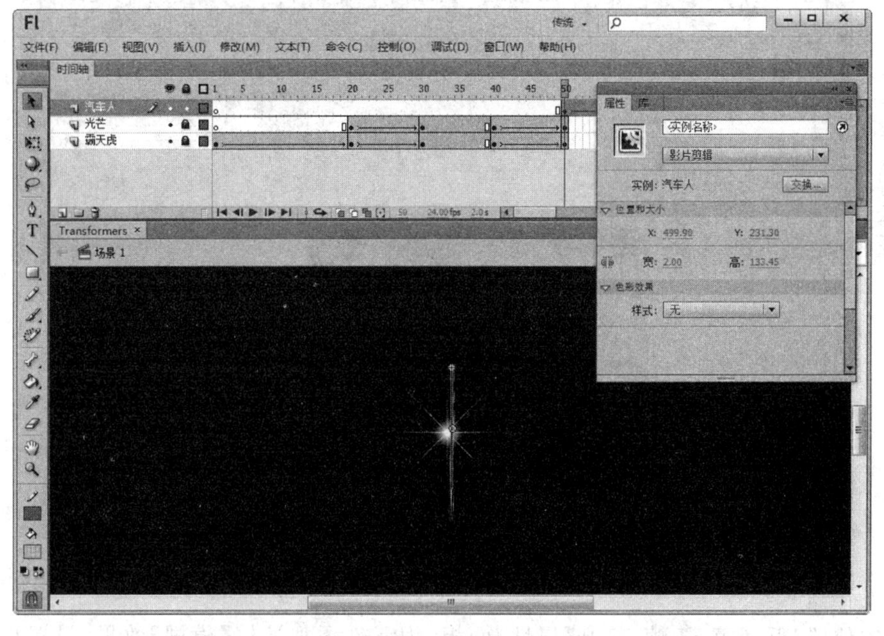

图 8-49　缩小元件的宽度

(9) 在该图层第 70、85、95 帧分别插入关键帧，修改第 85 帧处元件属性，如图 8-50 所示，修改第 95 帧处元件属性如图 8-51 所示，单击右键【创建传统补间】动画。

(10) 插入新建图层 transformers，在该图层第 87 帧按 F6 键插入关键帧，从库中拖入影片剪辑元件 transformers 放置在舞台左侧；在第 100 帧插入关键帧，向右移动元件位置至舞

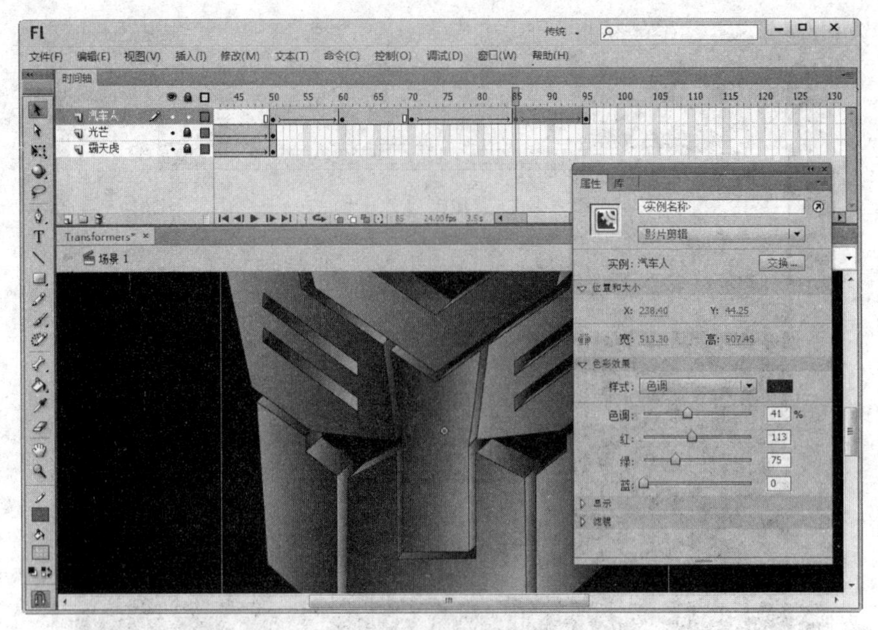

图 8-50 放大元件并更改其色调

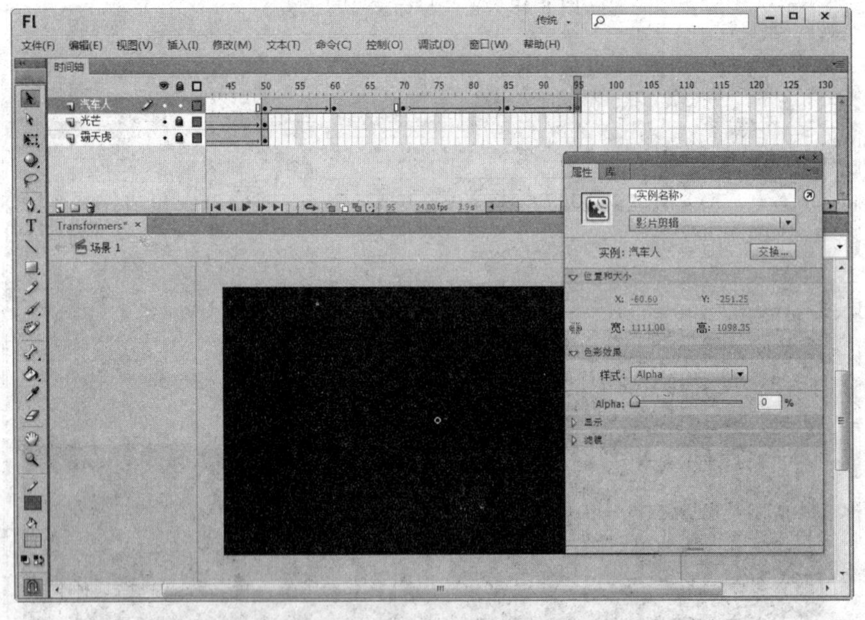

图 8-51 放大元件并使其透明

台中间的位置，返回第 87 帧，打开【属性】面板，为元件添加滤镜【模糊】效果，设置如图 8-52 所示，单击右键【创建传统补间】动画，并设置【缓动】值为 80。

(11) 在第 125 帧插入关键帧，稍稍向右移动文字元件的位置，单击右键【创建传统补间】动画，至此文字动画部分制作完成。

(12) 插入新建图层“汽车人(小)”，在该图层第 118 帧插入关键帧，从库中拖入影片剪辑元件“汽车人”，用【任意变形工具】缩小其尺寸，摆放位置如图 8-53 所示。

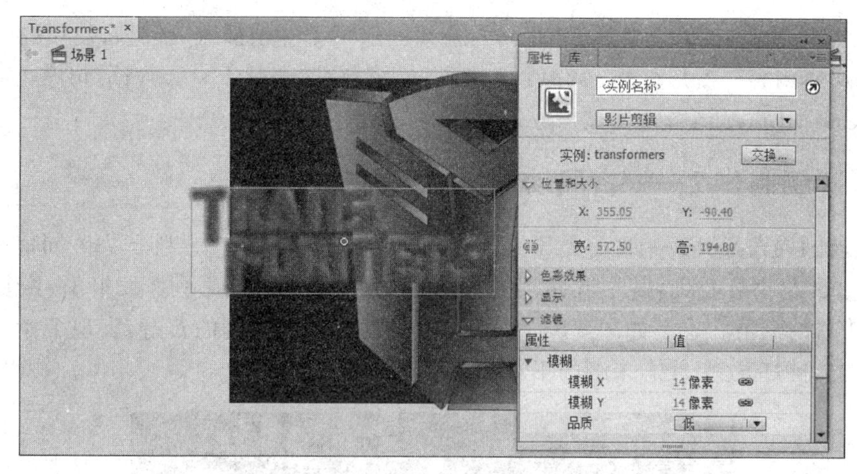

图 8-52　添加滤镜模糊效果

图 8-53　小"汽车人"标志摆放位置

(13) 单击第 125 帧按 F6 键插入关键帧，适当缩小第 118 帧元件尺寸并设其 Alpha 值为 0，单击右键【创建传统补间】动画；继续在第 150 帧插入关键帧，为元件添加滤镜发光效果，参数设置如图 8-54 所示，单击右键【创建传统补间】动画。

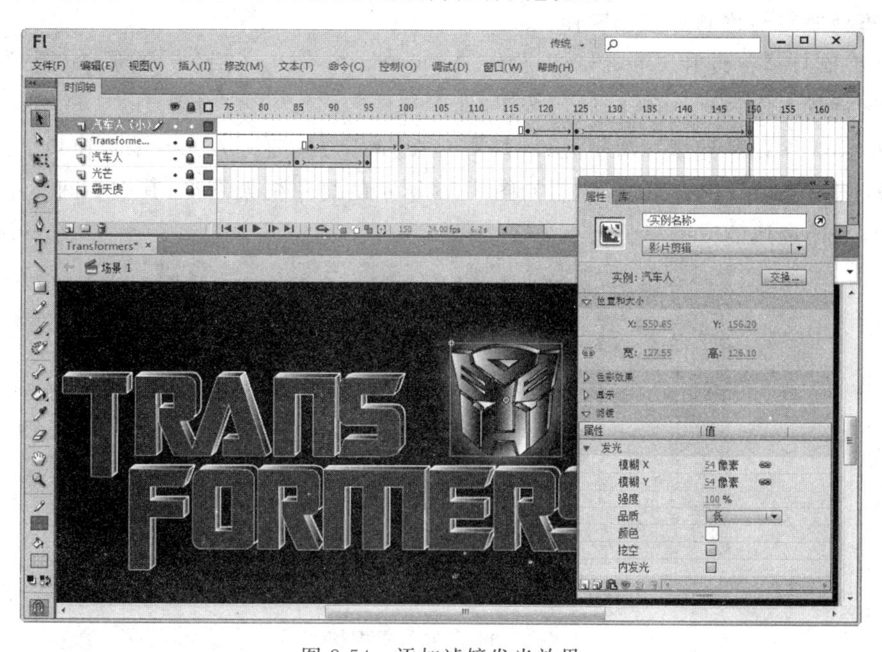

图 8-54　添加滤镜发光效果

(14) 最后一步，插入新建图层“字幕”，在该图层第150帧插入关键帧，使用【文本工具】输入静态文本内容“《变形金刚4》2014.7 绝迹重生”，在该帧赋予 stop();语句停止动画播放功能，按 Ctrl+Enter 组合键测试播放影片。

8.2.5 实例制作2——古风动画《挑灯看剑》

南宋爱国词人辛弃疾一生心系家国前途和命运，其代表词作《破阵子为陈同甫赋壮语以寄》有云：“醉里挑灯看剑，梦回吹角连营”。该词意境雄奇，抒发了杀敌报国、恢复祖国山河、建立功名的豪情壮志。如图8-55所示，本实例通过动画氛围的营造，表现了作者常怀报国杀敌之志，挑灯看剑、壮志未酬的不甘和悲愤。

图8-55 古风动画《挑灯看剑》

案例参见配套光盘中的文件“素材与源文件\第8章\挑灯看剑.fla”。

下面是具体制作步骤。

1. 古典纱灯的绘制与动画制作

(1) 绘制灯罩。打开 Flash CS6，新建 ActionScript 2.0 文档，设置舞台大小为900×550像素、背景颜色为灰色，按【确定】按钮，保存文件名称为“挑灯看剑.fla”。

按 Ctrl+F8 键新建影片剪辑元件“灯罩”，按【确定】按钮进入元件编辑窗口。选择【线条工具】，设置笔触颜色为黑色，绘制如图8-56所示的灯罩框架图形，其中中间三根线条的笔触大小为5，两边的线条笔触大小为3。

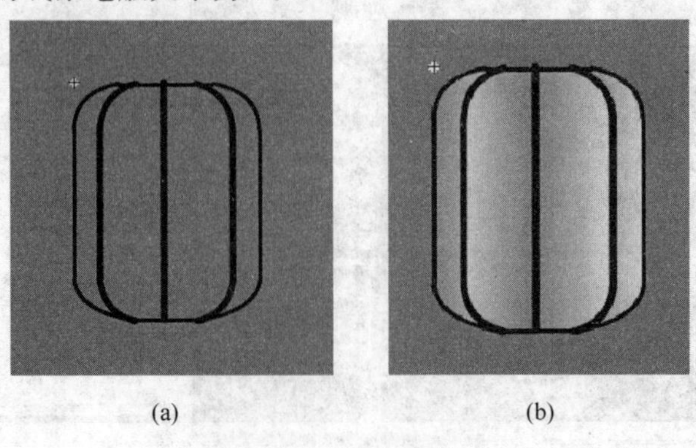

(a) (b)

图8-56 绘制灯罩框架

(2) 选择工具箱中的【颜料桶工具】，设置渐变颜色如图 8-57 所示，为图形填充渐变颜色，并使用【渐变变形工具】调整图形渐变效果，如图 8-58 所示。

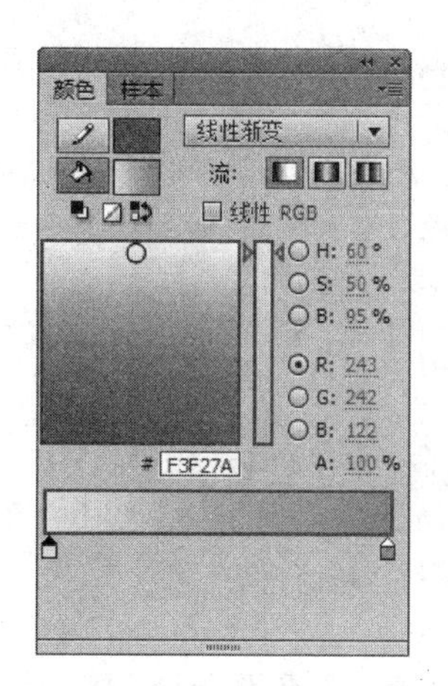

图 8-57　渐变颜色设置(＃F3F27A—＃DEA004)

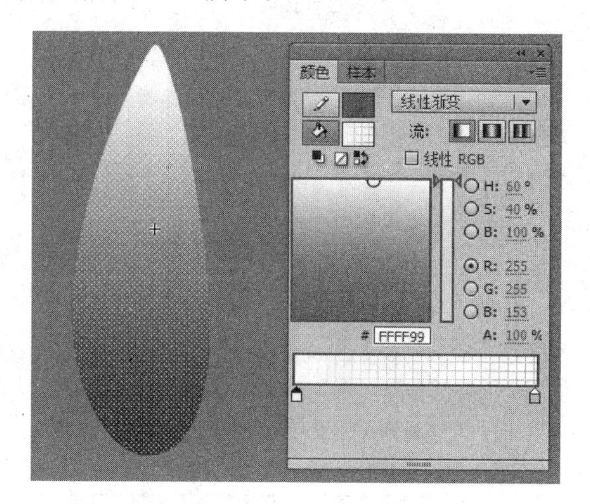

图 8-58　填充渐变颜色

(3) 制作火焰跳动效果。按 Ctrl＋F8 键新建影片剪辑元件“火焰”，按【确定】按钮进入元件编辑窗口。使用【钢笔工具】绘制火焰图形，并填充线性渐变颜色，如图 8-58 所示。颜色值设置为＃FFFF99、＃FFFF1B(Alpha＝30％)。

(4) 在第 1、3、5、7、8、9、10 帧插入关键帧，使用【选择工具】调整每一关键帧“火苗”图形的形状，使其产生“燃烧跳跃”的动态效果，如图 8-59 所示。

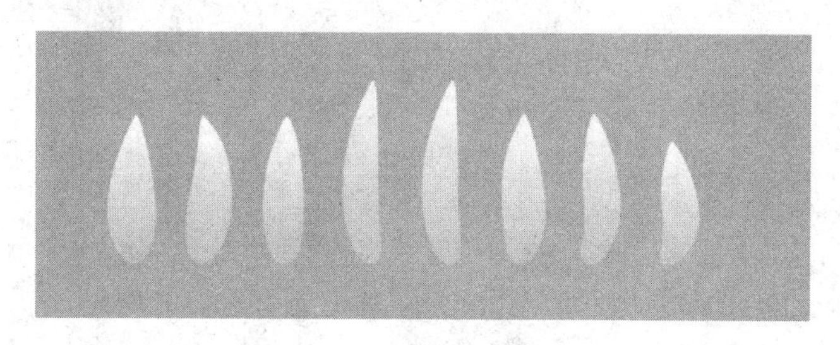

图 8-59　火苗形态的变化

(5) 制作灯光闪烁的动画效果。按 Ctrl＋F8 键新建影片剪辑元件“光”，按【确定】按钮进入元件编辑窗口，选择【椭圆工具】，设置笔触颜色为无色、填充颜色为径向渐变，如图 8-60 所示，由左至右颜色值设置为＃FFFF00、＃FFFF6E(Alpha＝70％)、＃FFFFCC(Alpha＝0％)，绘制一个正圆形，如图 8-61 所示。

(6) 在第 10、20 帧插入关键帧，单击第 10 帧，用【任意变形工具】对图形适当放大，单击右键【创建补间形状】动画，如图 8-62 所示。

(7) 按 Ctrl＋F8 键新建影片剪辑元件“火”，按【确定】按钮进入元件编辑窗口。创建三个图层并分别命名为“灯芯”、“火焰”、“光”，在“灯芯”图层用【铅笔工具】绘制一小段细线作为灯芯，在“火焰”图层放置影片剪辑元件“火焰”，在“光”图层放置影片剪辑元件“光”，如图 8-63 所示。

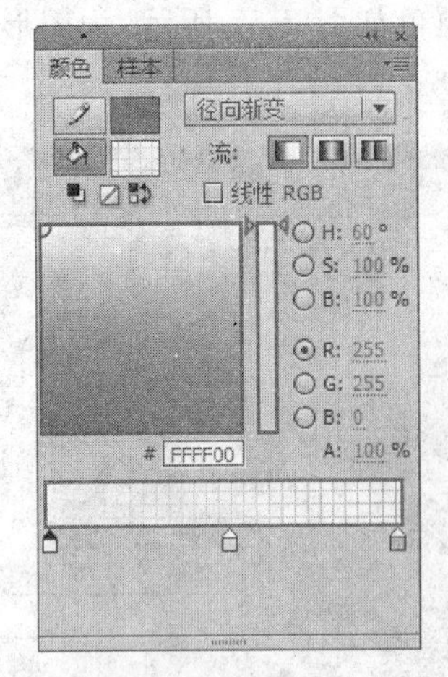

图 8-60　渐变颜色设置

图 8-61　绘制光晕

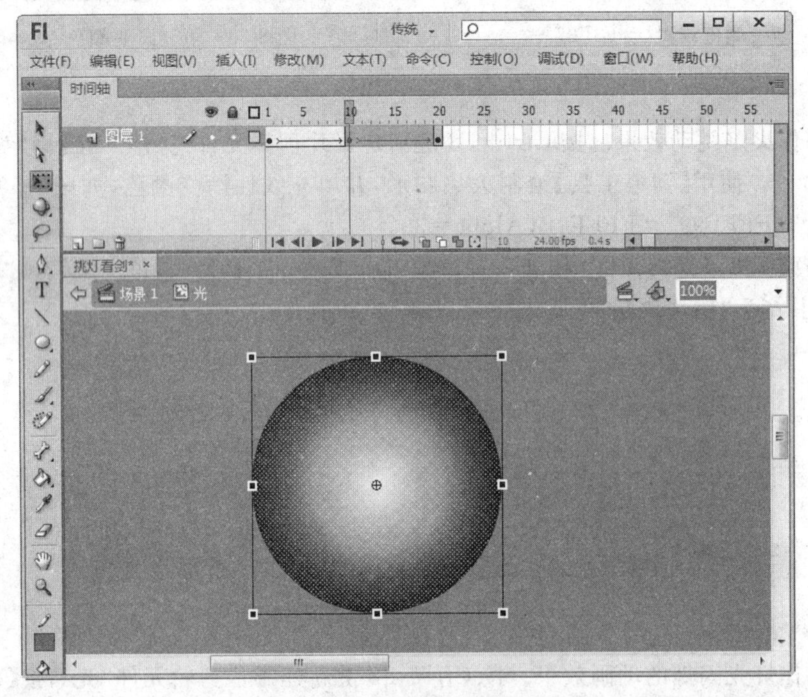

图 8-62　创建补间形状动画

(8) 灯座的绘制。按 Ctrl+F8 键新建图形元件“灯座”,按【确定】按钮进入元件编辑窗口。选择【椭圆工具】绘制一个椭圆形,选中该椭圆形并复制一个,并使用线条工具连接,最后使用颜料桶工具填充渐变颜色,制作步骤分解如图 8-64 所示。

选中该图形复制并粘贴,使用【任意变形工具】放大图形,形成中心对齐的上下底座。接着用【钢笔工具】绘制好中间联结构件,组成灯座图形,效果如图 8-65 所示。

(9) 桌子的绘制。选择工具箱中的【线条工具】,按照透视关系,绘制角落的桌子轮廓,并填充渐变效果,制作步骤分解如图 8-66 所示。

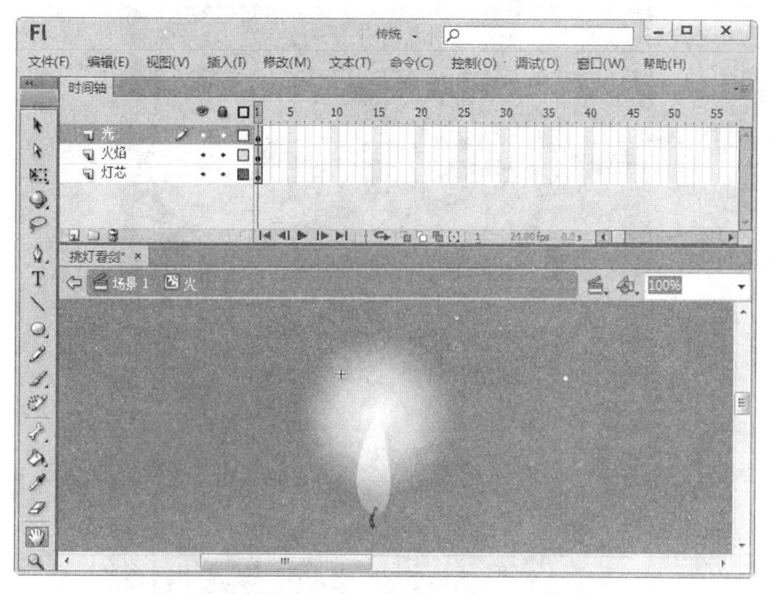

图 8-63　跳动的火焰动画效果

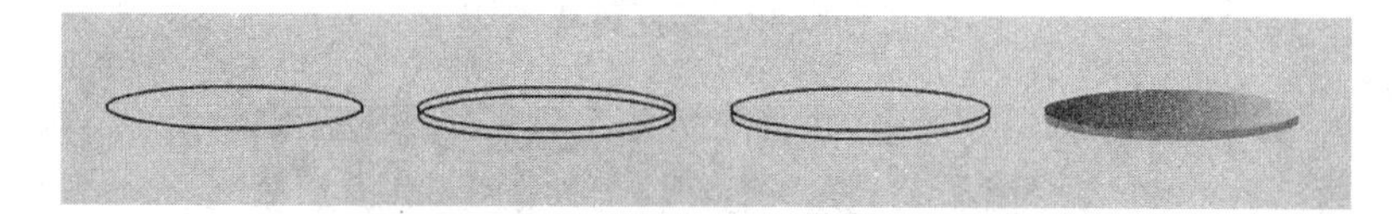

图 8-64　图形绘制步骤

图 8-65　灯座图形

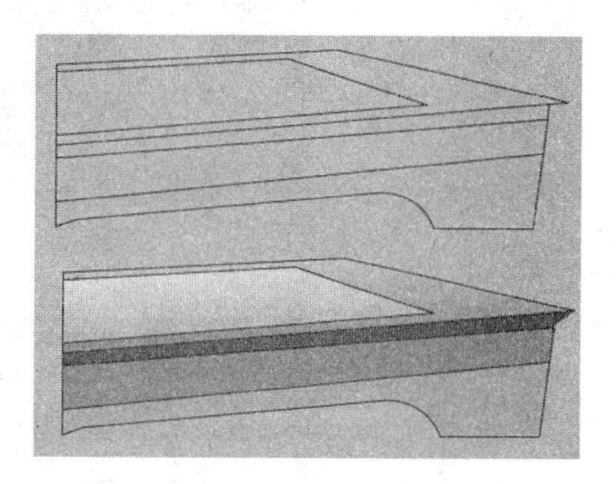

图 8-66　绘制桌子

2. 落叶动画的制作

(1) 叶子的绘制。按 Ctrl+F8 键新建图形元件"叶子",按【确定】按钮进入元件编辑窗口。选择工具箱中的【钢笔工具】绘制叶片的轮廓,并填充线性渐变效果,如图 8-67 所示。

(2) 按 Ctrl+F8 键新建影片剪辑元件"落叶_mc",按【确定】按钮进入元件编辑窗口。修改图层 1 名称为"树枝",用【刷子工具】绘制树枝图形,如图 8-68 所示。

(3) 插入新建图层"树叶",从库中拖入图形元件"叶子"摆放到树枝上,如图 8-69 所示。

(4) 在"树叶"图层第 5、10 帧插入关键帧,用【任意变形工具】先将元件的注册点移至叶片根部,然后将第 5 帧的元件稍稍旋转一下,单击右键【创建传统补间】动画,如图 8-70 所示。

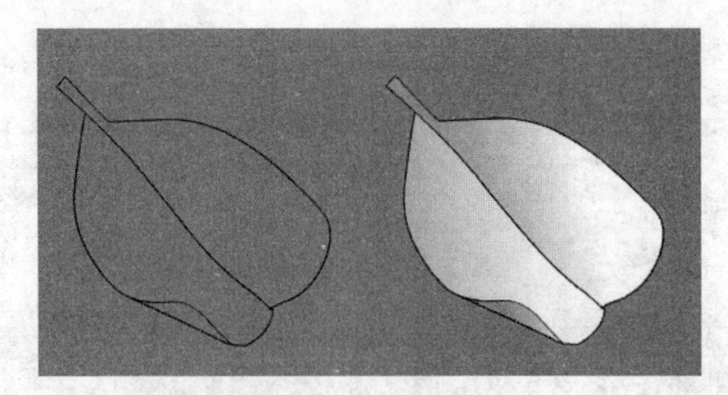

图 8-67　绘制落叶

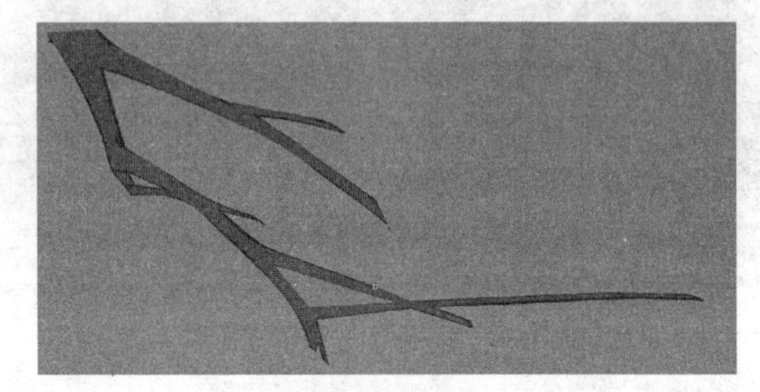

图 8-68　绘制树枝

图 8-69　摆放叶子的位置

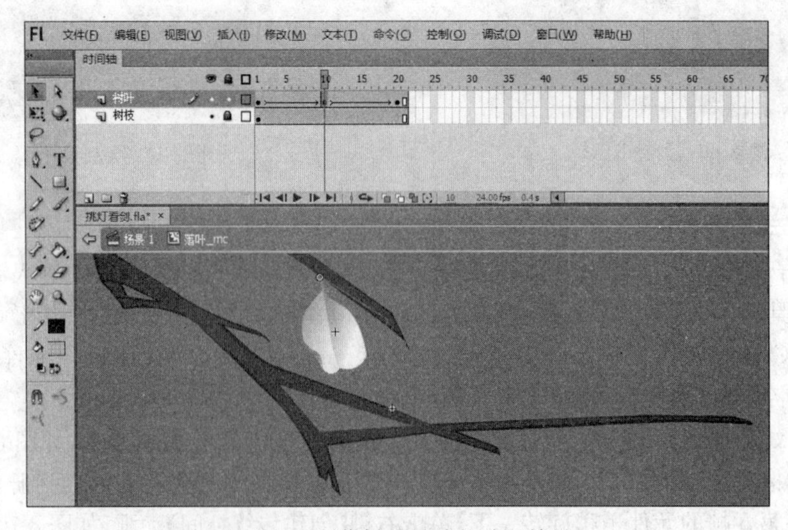

图 8-70　制作树叶晃动的动画效果

（5）继续在第30、40帧插入关键帧，用【任意变形工具】改变第30帧元件的外观，使其稍微倾斜一些，如图8-71所示。单击右键，在第30～40帧之间【创建传统补间】动画。

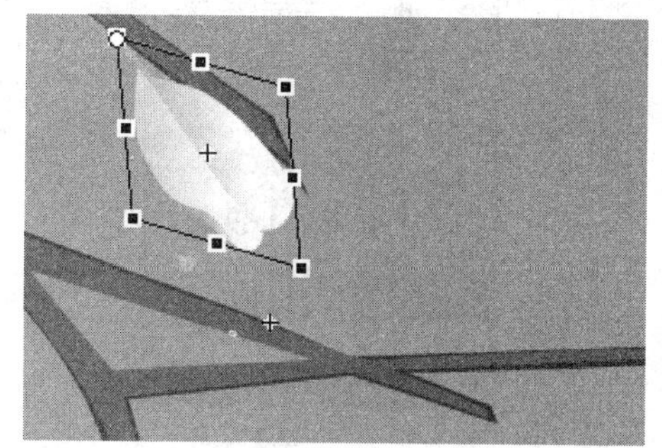

图8-71 使树叶产生"倾斜"效果

（6）在第63、84帧插入关键帧，向下移动第63帧元件，做树叶飘落的动画效果；继续向下移动第84帧元件，并旋转其角度，形成树叶"平躺"的效果，单击右键【创建传统补间】动画，在该帧赋予stop()；命令停止动画播放功能，如图8-72所示。

3. 整体动画制作

（1）单击"场景1"返回动画主场景舞台，修改图层1名称为背景。按Ctrl＋F8键新建影片剪辑元件"背景"，按【确定】按钮进入元件编辑窗口。选择工具箱中的【矩形工具】，设置笔触颜色为无色、填充颜色为【径向填充】，颜色设置如图8-73所示，绘制一个大小为900×550像素的矩形，如图8-74所示。

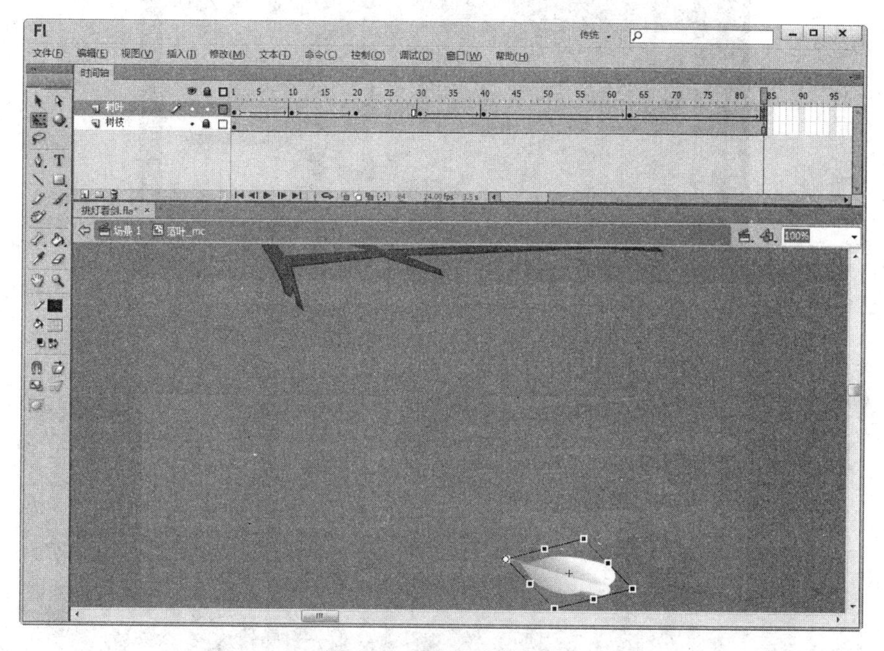

图8-72 树叶下落动画

（2）因为灯光闪烁会造成环境背景明暗光影变化，所以需要为该背景图形做明暗变化的动画效果。在第10、20帧插入关键帧，单击第10帧，选中矩形，向右拖动【颜色】面板下方的黑色游标，使"昏黄"颜色范围扩大，如图8-75所示。

（3）单击右键【创建补件形状】动画，如图8-76所示。

（4）返回动画主场景舞台，在"背景"图层放置影片剪辑元件"背景"，使其位置与舞台重合；插入新建图层"桌子"、"灯座"、"火"、"灯罩"、"落叶"，将之前创建的元件分别布置在对应的图层中，并摆放好位置，效果如图8-77所示。

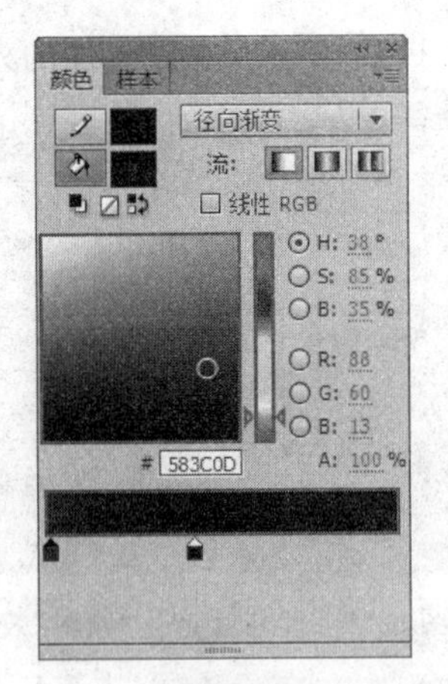

图 8-73　设置渐变颜色(＃583C0D,＃000000)

图 8-74　绘制背景图形

图 8-75　改变颜色渐变效果

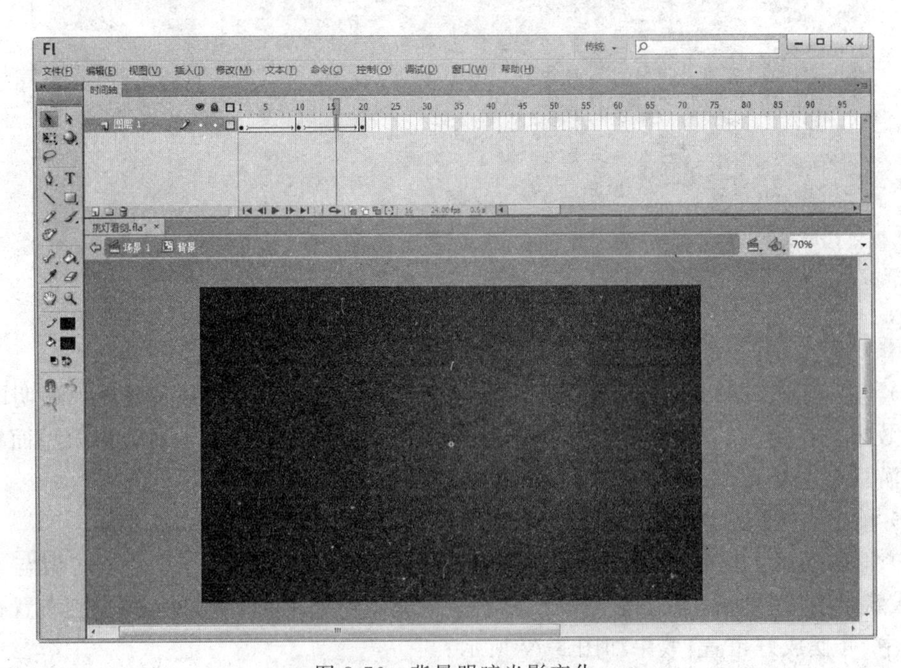

图 8-76　背景明暗光影变化

图 8-77 摆放各图层元件的位置

(5) 下面做“利剑出鞘”的动画效果。该动画效果所用的素材全部为位图素材，前期在图形处理软件中已经处理完成并存为背景透明的 PNG 格式图片，所以先建立三个影片剪辑元件“剑”、“剑鞘”、“剑光”，并分别导入“剑.png”、“剑鞘.png”、“剑光.png”三个位图文件，如图 8-78～图 8-80 所示。

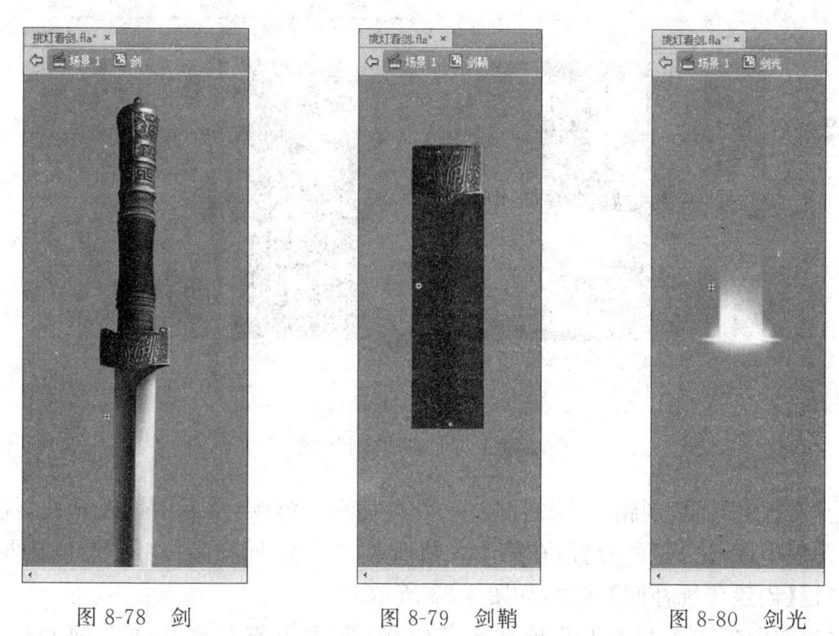

图 8-78 剑　　图 8-79 剑鞘　　图 8-80 剑光

(6) 插入新建图层“剑”，在该图层第 90 帧插入关键帧，从库中拖入元件“剑”摆放在如图 8-81 所示的位置。

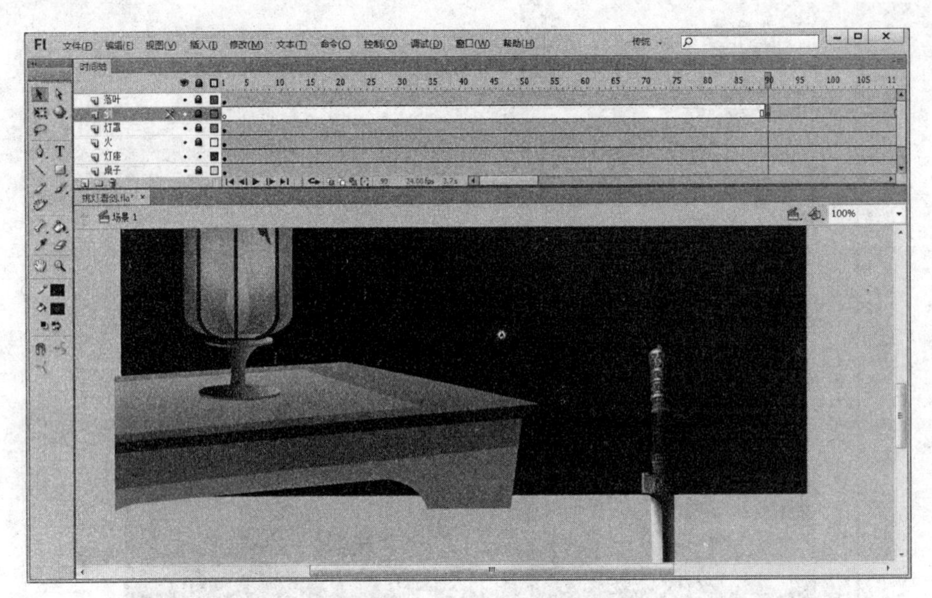

图 8-81 摆放“剑”的位置

(7) 继续在第 102 帧插入关键帧，垂直向上移动元件“剑”的位置，单击右键【创建传统补间】动画，如图 8-82 所示。

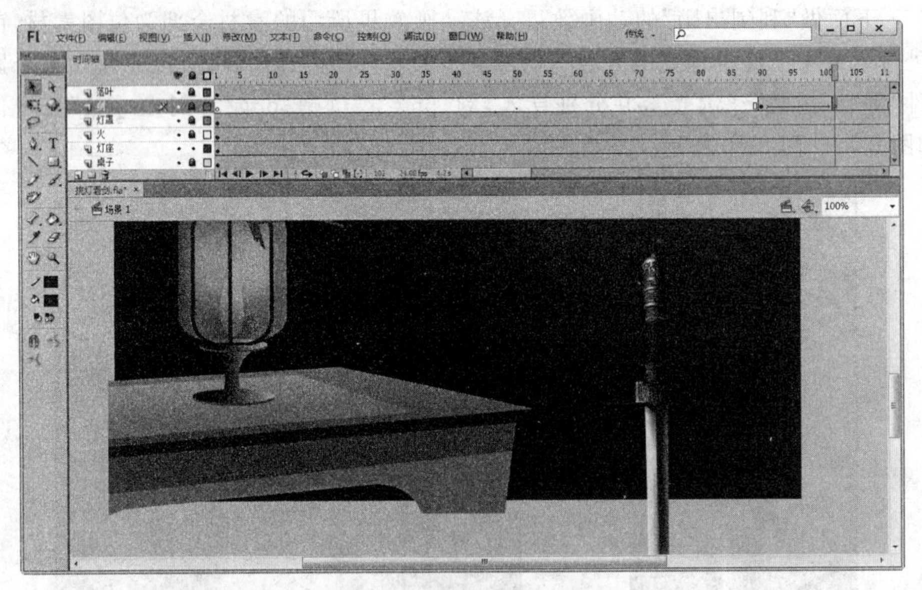

图 8-82 向上移动“剑”的位置

(8) 插入新建图层“剑鞘”，在该图层第 90 帧插入关键帧，从库中拖入元件“剑鞘”，位置参照“剑”图层中元件“剑”的位置；在第 102 帧插入关键帧，同样参照“剑”的位置向上垂直移动，单击右键【创建传统补间】动画，如图 8-83 所示。

(9) 在“剑”图层第 112、135 帧插入关键帧，向上垂直移动第 135 帧元件“剑”的位置，单击右键【创建传统补间】动画，并赋予 stop()；命令停止动画播放功能，如图 8-84 所示。

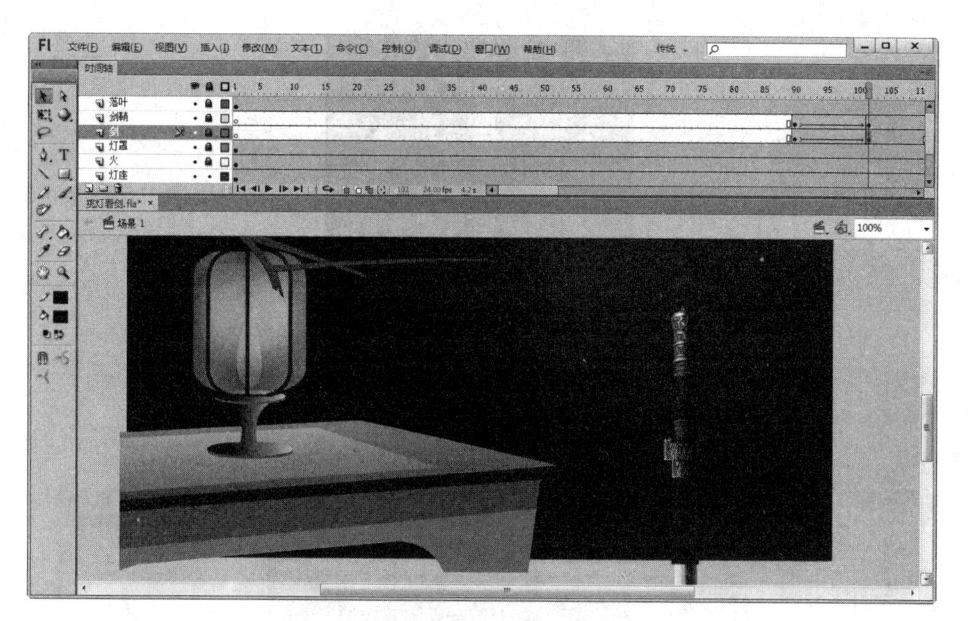

图 8-83 使“剑鞘”与“剑”保持同步运动

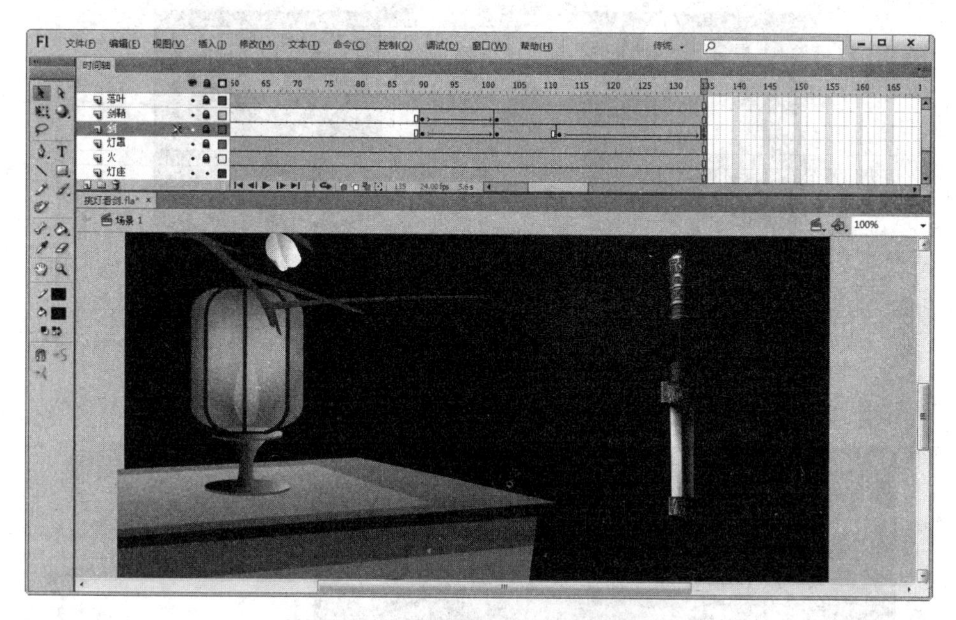

图 8-84 做“利剑出鞘”的动画效果

(10) 插入新建图层“剑光”，在该图层第 114 帧插入关键帧，从库中拖入元件“剑光”，摆放位置如图 8-85 所示。

(11) 继续在第 135 帧插入关键帧，返回修改第 114 帧元件“剑光”的色彩属性，设其 Alpha 值为 0，单击右键【创建传统补间】动画，如图 8-86 所示。

(12) 插入新建图层“标题”，在该图层第 53 帧插入关键帧，导入矢量标题文字素材，按 F8 键转为影片剪辑元件“挑灯看剑”，打开【属性】面板，为其应用滤镜【发光】效果，如图 8-87 所示。

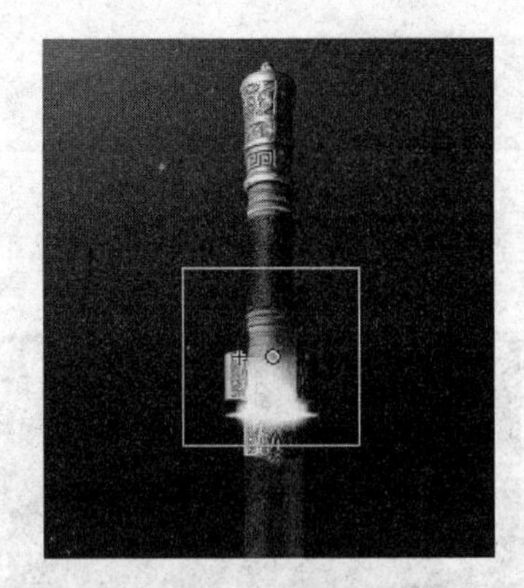

图 8-85 “剑光”的位置

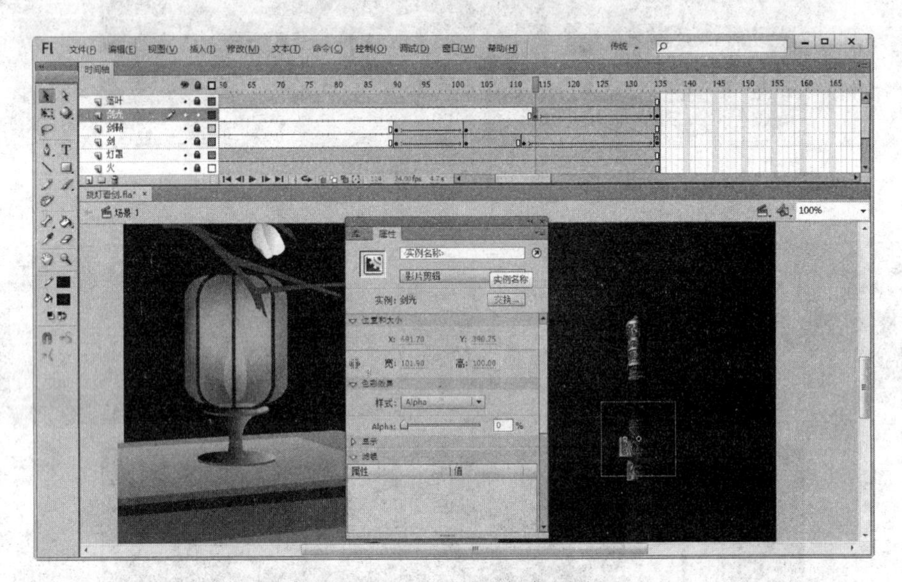

图 8-86 设置“剑光”为透明

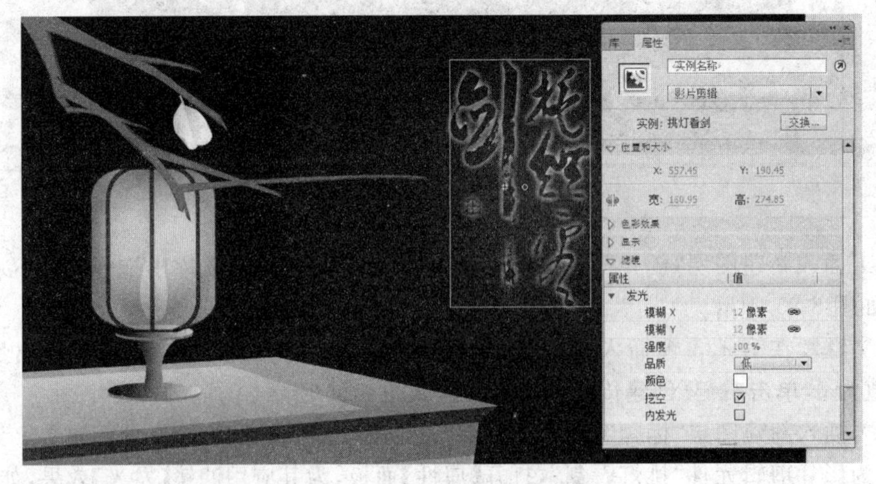

图 8-87 应用滤镜【发光】效果

(13) 在第 81 帧插入关键帧,单击第 53 帧,移动元件位置如图 8-88 所示,并用【任意变形工具】缩小元件,设其色彩属性 Alpha 值为 0,单击右键【创建传统补间】动画。

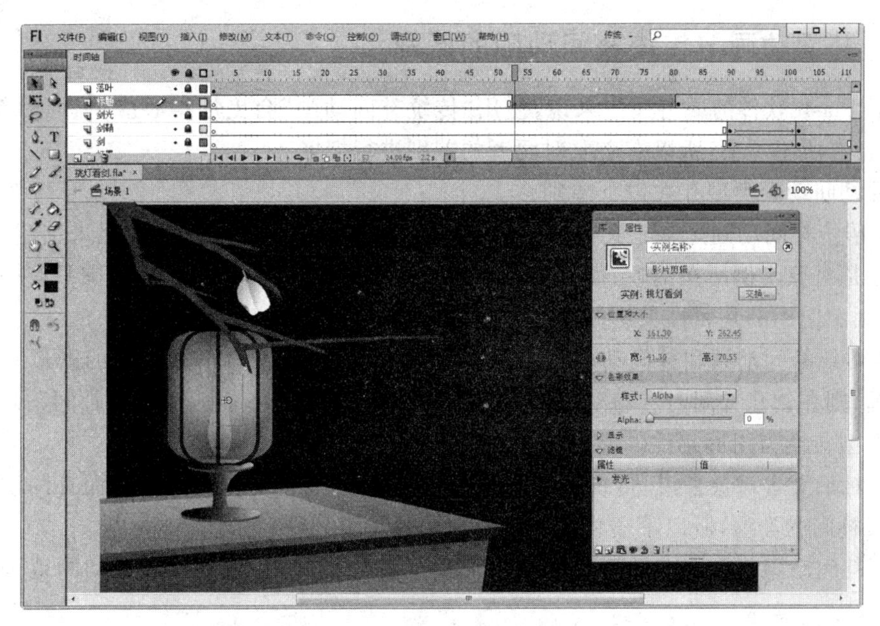

图 8-88 制作标题的动画效果

(14) 至此,该实例动画制作完毕,按 Ctrl+Enter 组合键测试影片播放。

8.3 制作基于对象的补间动画

8.3.1 补间动画的概念

补间动画是从 Flash CS4 开始加入的新的动画类型,与前面两种补间动画基于关键帧的创建机制不同,补间动画是基于对象属性控制的一种动画类型。这种动画可以对舞台上的影片剪辑元件、图形元件、按钮元件以及文本框实例的某些动画属性实现全面控制。

以往创建动画时,需要为某个图形对象设置两个以上的关键帧,当不同关键帧的对象属性发生变化时,可以创建补间动画,Flash 软件会自动计算中间的演变过程。而在全新的补间动画模式中,不一定非要插入第二个关键帧,而是插入一个普通帧,通过鼠标右键来创建动画补间。

在 Flash CS4 之前的版本中,使用者需要在时间轴某个地方有变动的时候插入关键帧,再去改变对象的相应属性,从而创建补间动画。在新版本中,创建补间动画的方式与其他主流动画软件接轨,类似自动关键帧记录器,会自动记录下某个对象发生变化时所在的帧并转为关键帧。在一个补间动画中,只需移动图形对象,就会在时间轴上自动产生关键帧,如图 8-89 所示,关键帧表现为一个黑色"菱形"标志,区别于以往的黑色"圆点"标志。

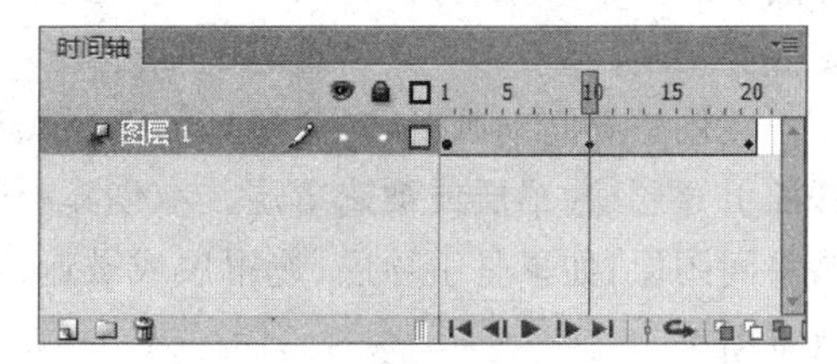

图 8-89 关键帧的标记为黑色"菱形"

补间动画可以说完全颠覆了以往的动画创作方式，不仅大大简化了 Flash 动画的制作过程，而且还提供了更大程度灵活性的控制，使 Flash 的动画制作更趋专业。

8.3.2 补间动画与传统补间动画的区别

对于 Flash 软件的原有用户来说，使用"传统补间动画"会更加得心应手，而对新的"补间动画"会有所不习惯，所以有必要对两者的差别进行把握。

两种补间动画类型存在以下差别。

(1) 传统补间动画是基于关键帧的动画，通过关键帧中对象属性的变化来创建动画，其中关键帧是对象实例所在的帧；而补间动画是基于对象的动画，整个补间范围只有一个动画对象，动画中使用的是属性关键帧而不是关键帧。

(2) 传统补间动画和补间动画的应用对象都是元件，如果对不是元件的图形对象应用补间动画，则在创建补间时会将对象类型转换为影片剪辑元件；而应用传统补间动画会将这些对象类型转换为图形元件。

(3) 对于文本对象来说，传统补间动画会将文本对象转换为图形元件，而补间动画把文本视为可补间的类型，所以不会将文本转换为影片剪辑元件。

(4) 补间动画不允许在动画范围内添加帧标签，而传统补间则允许在动画范围内添加帧标签。

(5) 在时间轴中可以将补间动画范围视为对单个对象进行拉伸和调整大小，而传统补间动画则是对补间范围的局部或整体进行调整。

(6) 对于传统补间动画，缓动可应用于补间内关键帧之间的帧；对于补间动画，缓动可用于补间动画范围的整个长度，如果仅对补间动画的特定帧应用缓动，则需要创建自定义缓动曲线。

(7) 只能使用补间动画来为 3D 对象创建动画效果，而不能使用传统补间动画为 3D 对象创建动画效果。

(8) 只有补间动画才能保存为预设。

(9) 对于补间动画中属性关键帧无法像传统补间动画那样，对动画中单个关键帧的对象应用交互元件的操作，而是将整体动画应用于交互的元件；补间动画也不能在属性面板的【循环】选项下设置图形元件的【单帧】数。

8.3.3 补间动画的创建方法

补间动画对于创建对象的类型也有所限制，只能应用影片剪辑元件实例、图形元件实例、按钮元件实例以及文本框实例，并且要求同一图层中只能选择一个对象。如果选择同一图层中的多个对象，将会弹出一个用于提示是否将选择的多个对象转换为元件的提示框，如图 8-90 所示。

在创建补间动画时，对象所处的图层类型可以是系统默认的常规图层，也可以是比较特殊的引导层、遮罩层或被遮罩层。在创建补间动画后，如果原图层是常规图层，那么它将成为补间图层；如果是引导层、遮罩层或被遮罩层，那么它将成为补间引导、补间遮罩或补间被遮罩图层。

创建补间动画有以下两种方法。

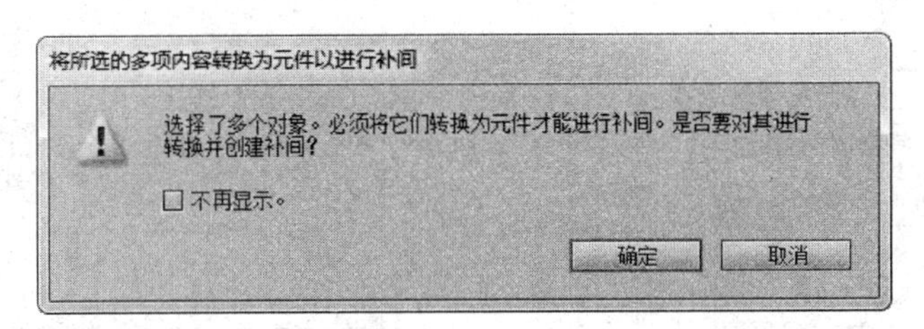

图 8-90 提示对话框

1. 通过右键菜单创建

要创建对象补间动画，首先要在舞台上创建一个对象。例如，在舞台放置一个影片剪辑元件，在时间轴面板中选择某帧，按 F5 键插入帧，在舞台中选择对象或者在时间轴选择某帧，单击右键，从弹出菜单中选择【创建补间动画】命令，如图 8-91 所示，即可创建补间动画。

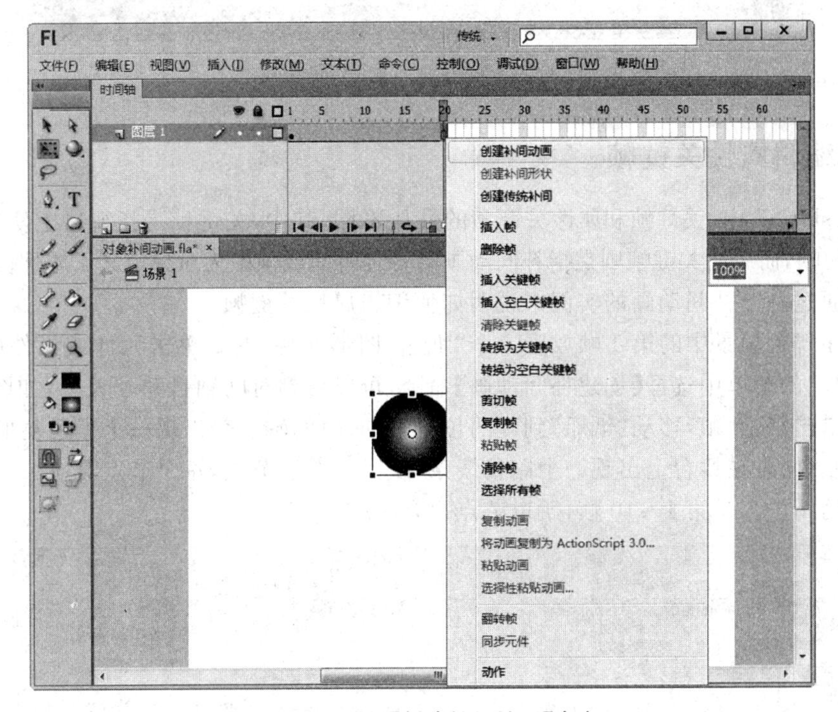

图 8-91 选择【创建补间动画】命令

创建补间动画成功后的时间轴如图 8-92 所示。如果要删除创建的补间动画，可以在时间轴面板中选择已经创建补间动画的帧，或者在舞台中选择已经创建补间动画的对象，然后单击右键，从弹出的菜单中选择【删除补间】命令。

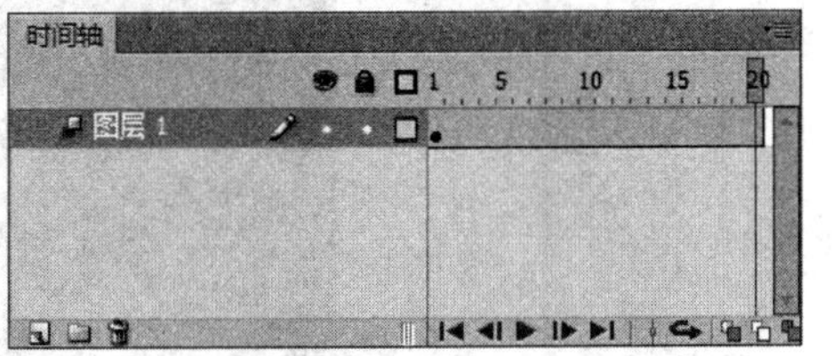

图 8-92 创建补间动画后的时间轴

2. 使用菜单命令创建补间动画

除了使用右键菜单创建补间动画外，Flash CS6 还提供了创建补间动画的菜单命令。方法为：首先在时间轴面板中选择某帧，或者在舞台中选择对象，然后执行【插入】|【补间动画】命令，如图 8-93 所示。

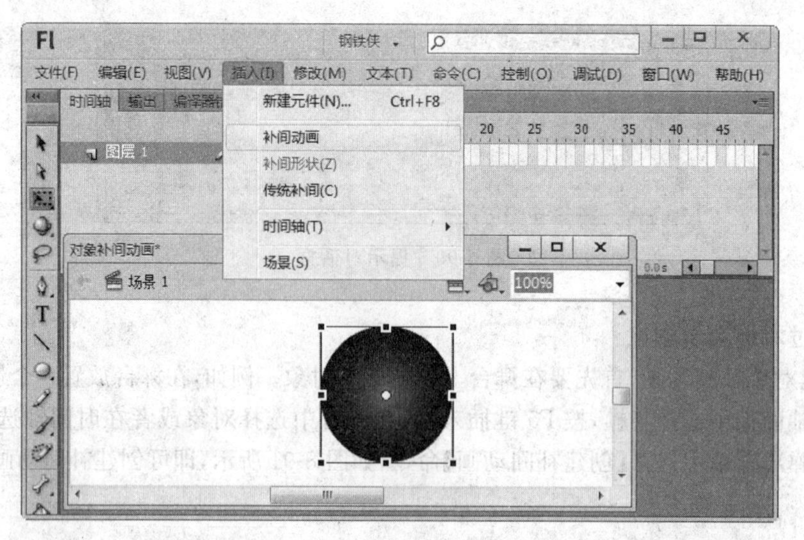

图 8-93 菜单命令创建补间动画

8.3.4 编辑属性关键帧

在 Flash CS6 中，关键帧和属性关键帧的性质不同，其中，关键帧是指舞台上实实在在有动画对象的帧，而属性关键帧则是指补间动画的特定时间或帧中为对象定义了属性值的帧。

下面通过一个补间动画的实例来说明如何编辑属性关键帧。

首先在舞台场景中的第 1 帧放置一个“纸船”图形元件，右键单击元件或元件所在的当前帧，在弹出的菜单中选择【创建补间动画】命令，可以看到时间轴自动延长了，如图 8-94 所示。然后单击第 10 帧，移动“纸船”到新的位置，这时时间轴上会出现一个黑色菱形，这就是属性关键帧，同时在舞台上出现一个路径线条，线条上布满节点，每个节点对应一个帧，因为刚创建的动画内容是第 1～10 帧，所以节点也是 10 个。

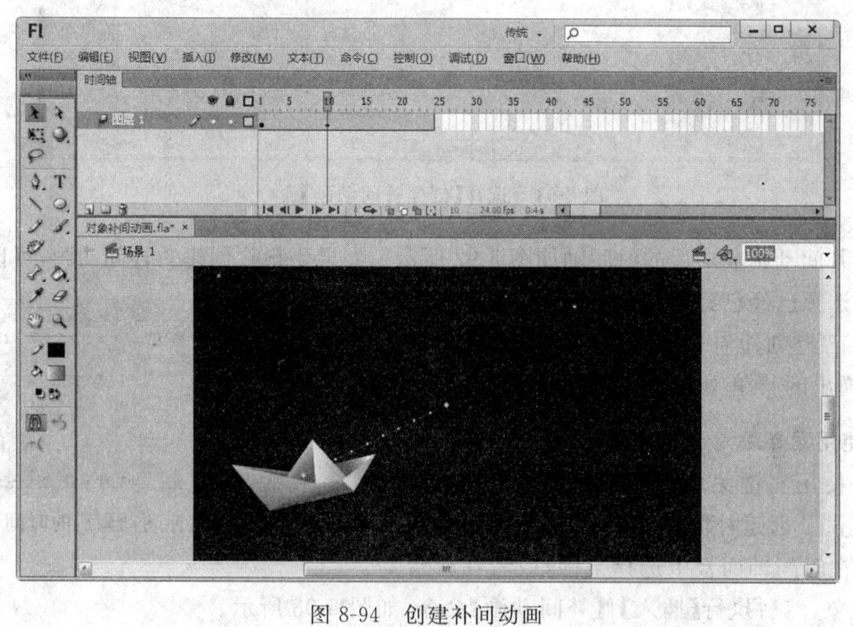

图 8-94 创建补间动画

属性关键帧与普通关键帧不同，该关键帧仅仅是一个符号，它表示在该关键帧上对象的属性有了变化，由于移动元件改变了元件对象 X 和 Y 两个属性值，因此在该帧中为 X 和 Y 添加了属性关键帧，如图 8-95 所示。

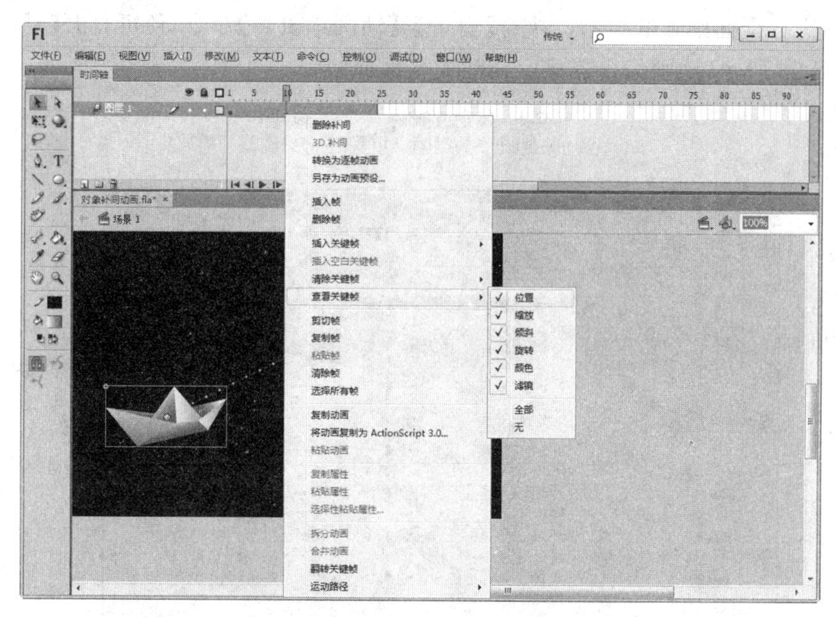

图 8-95　查看属性关键帧

通过鼠标右键单击时间轴上的补间动画范围，在弹出的菜单中选择【查看关键帧】下的命令，可以选择需要显示的属性关键帧的类型。例如本例中元件的 X、Y 坐标位置发生改变，从右键菜单中选择【查看关键帧】|【位置】命令，取消前面的勾选对号，可以看到黑色菱形消失，不再显示为属性关键帧。

在舞台中可以通过变形面板或工具箱中的各种工具进行属性关键帧的各项编辑，包括位置、大小、旋转和倾斜等。例如对对象运动路径的调整，可以使用【选择工具】和【部分选取工具】。当使用【选择工具】时，移动鼠标指针靠近路径，就可以像调整线条一样来调整路径，如图 8-96 所示。

当使用【部分选取工具】时，可以对路径上的每个节点进行贝塞尔曲线的控制，如图 8-97 所示。

图 8-96　改变直线路径为曲线

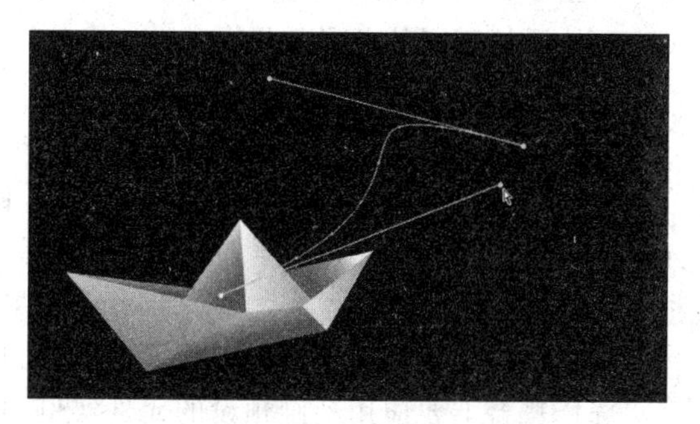

图 8-97　调整路径控制手柄

8.3.5 使用动画编辑器面板

在 Flash CS6 中通过动画编辑器面板可以查看、编辑所有补间属性和属性关键帧，从而对补间动画进行全面细致的控制。执行【窗口】|【动画编辑器】命令，便可打开【动画编辑器】面板，如图 8-98 所示，动画编辑器显示补间的属性曲线。

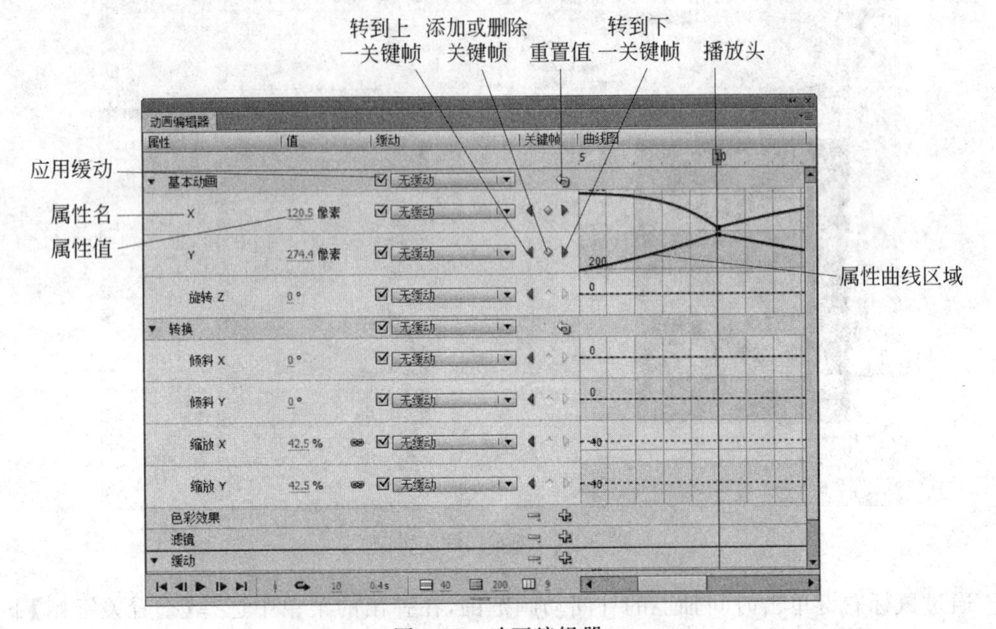

图 8-98 动画编辑器

在动画编辑器中，元件实例的很多属性都可以使用属性曲线来控制。在时间轴面板中选择已经创建的补间范围，或者选择舞台中已经创建补间动画的对象后，在【动画编辑器】面板中自上向下有 5 个属性类别可供调整，分别为【基本动画】、【转换】、【色彩效果】、【滤镜】和【缓动】。

其中，【基本动画】用于设置 *X*、*Y* 和 3D 旋转属性；【转换】用于设置倾斜和缩放属性。如果要设置【色彩效果】、【滤镜】和【缓动】属性，则必须首先单击(【添加颜色】、【滤镜】或【缓动】)按钮，然后在弹出的菜单中选择相关选项，将其添加到列表中才能进行设置。

如图 8-99 所示，为“纸船”元件添加【色彩效果】属性，改变【高级颜色】中各个选项的值，可为元件添加不同的色彩效果。

8.3.6 使用动画预设面板

动画预设的功能就像是一种动画的模板，使用【动画预设】面板可直接应用到所选定的元件上。每个动画预设都包含特定数量的帧。在 Flash CS6 中，默认的动画预设包含了 30 种动画效果。

执行【窗口】|【动画预设】命令，可调出【动画预设】面板，如图 8-100 所示。

选择舞台上要应用动画预设的元件实例，打开【默认预设】文件夹，从中选择一个动画预设效果，然后单击面板底部的【应用】按钮，就可以为选中的元件对象应用动画预设。如图 8-101 所示，为“纸船”元件应用了【从右边模糊飞入】的动画效果。

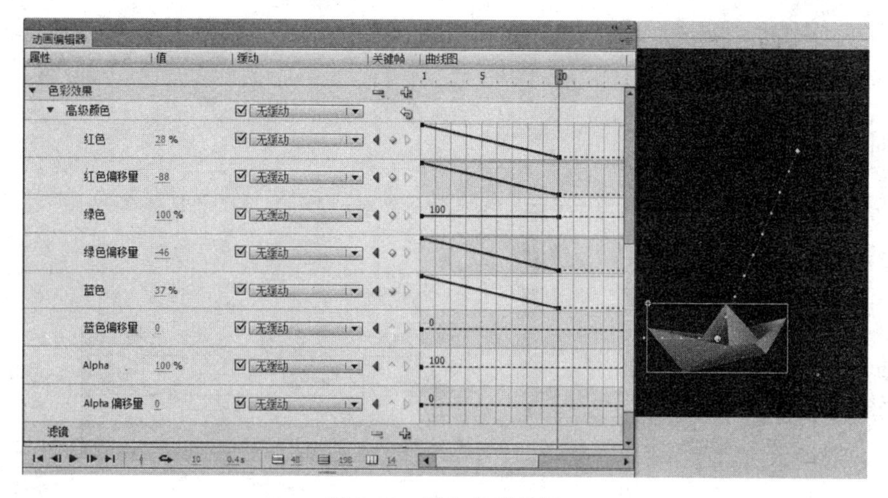

图 8-99 添加色彩效果

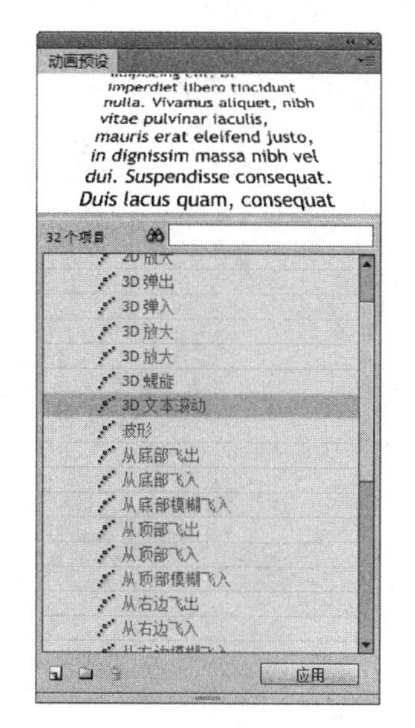

图 8-100 【动画预设】面板

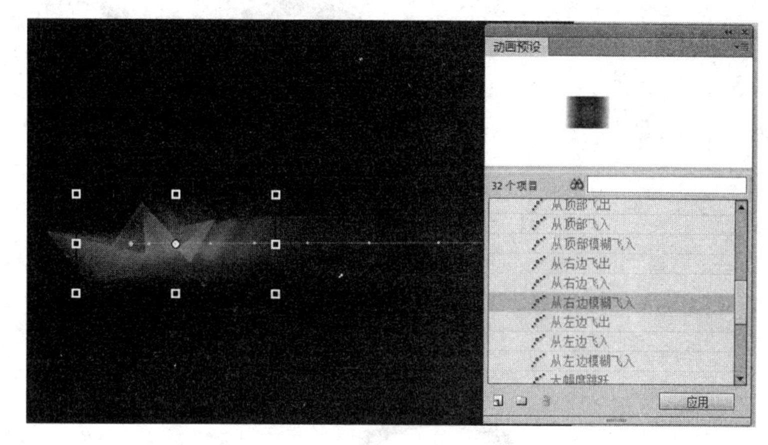

图 8-101 应用动画预设创建动画

除了应用默认的动画预设效果外，还可以将自己创建的动画保存为【自定义预设】，以便以后应用到其他的元件对象上。其做法是：选择已经创建补间动画的元件对象，单击【动画预设】面板底部的【将选区另存为预设】按钮，在对话框中的【预设名称】文本框中输入一个名称，单击【确定】按钮就可以保存，新保存的动画预设将出现在【自定义预设】文件夹中，如图 8-102 所示。

8.3.7 实例制作——射中靶心的箭

如图 8-103 所示，该实例需要制作三个元件实例，分别是“箭”、“箭靶”和“裂纹”，可以通过 Flash 绘图工具绘制而得，也可以导入外部素材图片，本实例通过导入外部矢量素材而得，三个元件实例如图 8-104 所示。

案例参见配套光盘中的文件“素材与源文件\第 8 章\射中靶心的箭.fla”。

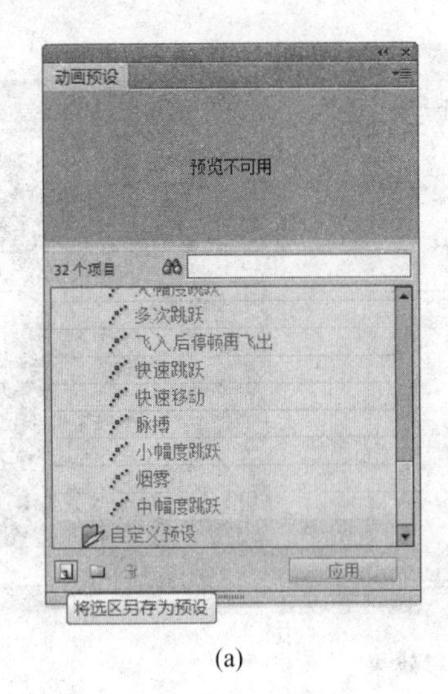

(a) (b)

图 8-102 自定义动画预设

图 8-103 射中靶心的箭

(a) 箭靶 (b) 箭 (c) 裂痕

图 8-104 箭靶、箭、裂痕元件实例

下面是具体制作步骤。

(1) 打开 Flash CS6,新建 ActionScript 2.0 文档,设置舞台大小为 550×400 像素,背景颜色为白色,按【确定】按钮,保存文件名称为“射中靶心的箭.fla”。

(2) 修改图层1名称为“箭靶”,从库中拖入图形元件“箭靶”放置在舞台左下角,在第60帧按F5键插入帧,如图8-105所示。

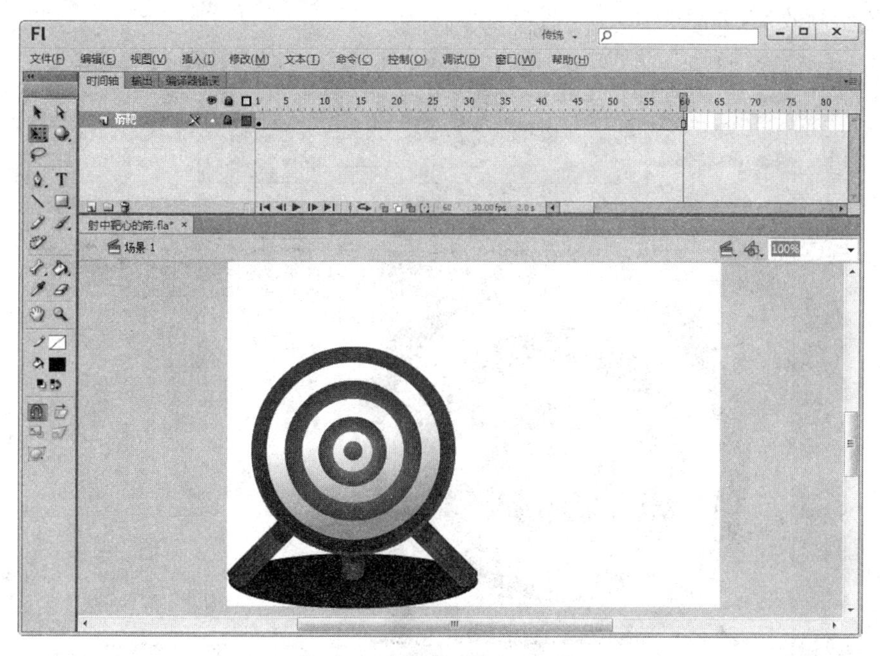

图 8-105 放置“箭靶”元件

(3) 插入新建图层“箭”,从库中拖入影片剪辑元件“箭”放置在舞台右上角并超出舞台边界。单击选中“箭”图层第45帧,右键单击选中元件“箭”,在弹出的菜单中选择【创建补间动画】命令,并移动至靶心中间,如图8-106所示。

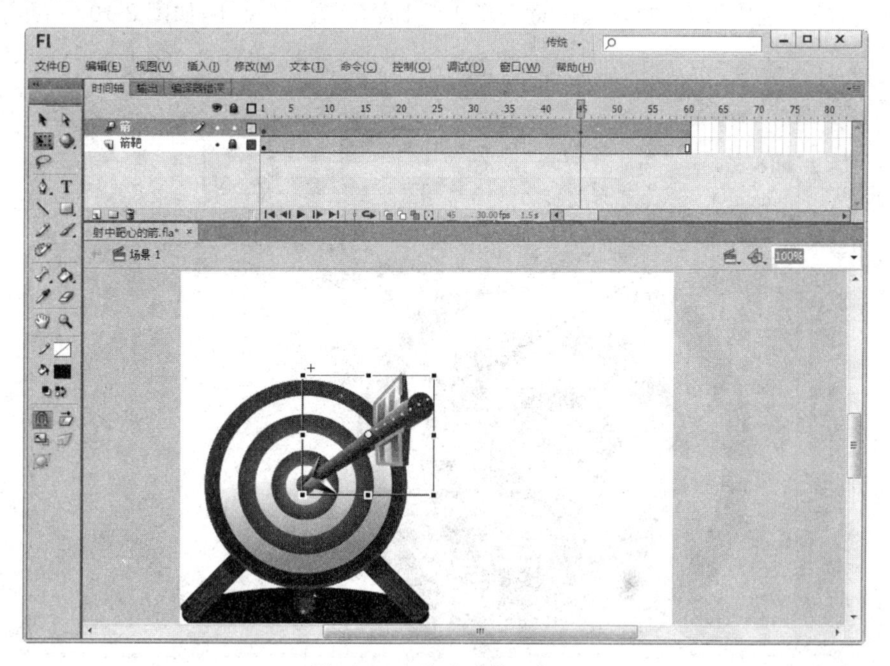

图 8-106 移动元件至靶心

(4) 选择【任意变形工具】，拖动缩小元件“箭”至合适大小，并移动元件注册点至箭头处，单击第48帧，向上旋转较小的角度，同样在第51帧向下旋转较小的角度，体现箭射中靶心晃动的动画效果，如图8-107所示。

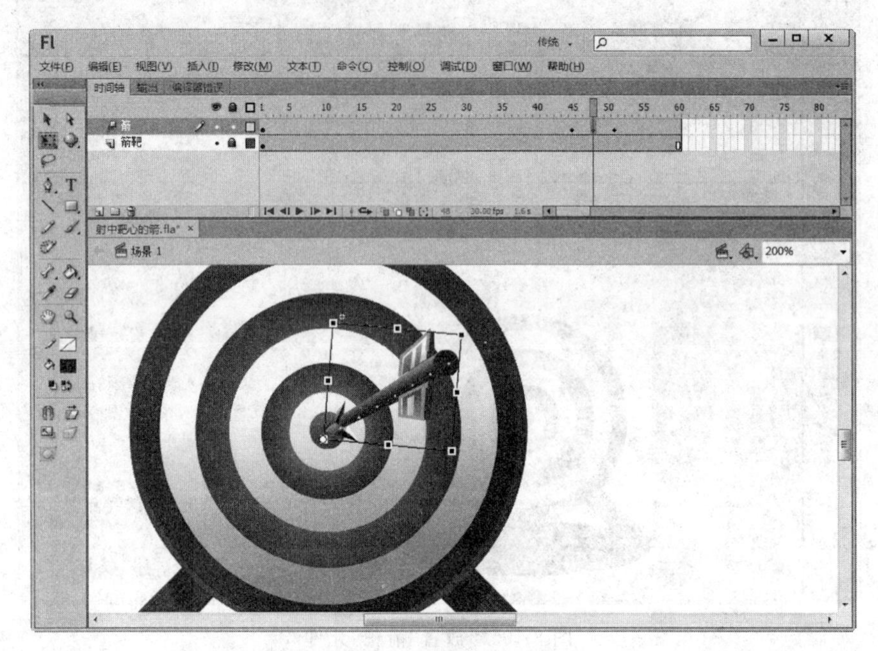

图 8-107　旋转较小的角度

(5) 在图层“箭靶”上方插入一新建图层“裂痕”，在该图层第51帧插入关键帧，从库中拖入元件“裂痕”放置在靶心位置，并用【任意变形工具】缩小元件尺寸，右键单击元件【创建补间动画】；单击选中第54帧，用【任意变形工具】放大“裂痕”尺寸，如图8-108所示。

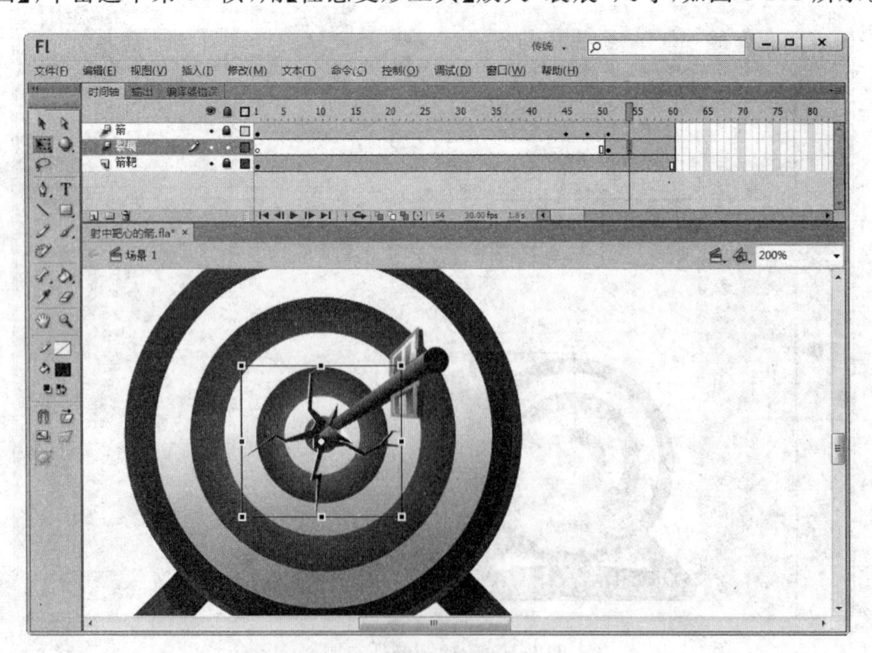

图 8-108　放大“裂痕”元件

(6) 在“箭”图层时间轴任意处单击，打开【属性】面板，如图 8-109 所示，设置【缓动】值为－100；在“箭靶”图层第 60 帧按 F6 键插入关键帧并赋予 stop()；命令，停止动画播放，按 Ctrl＋Enter 组合键测试影片。

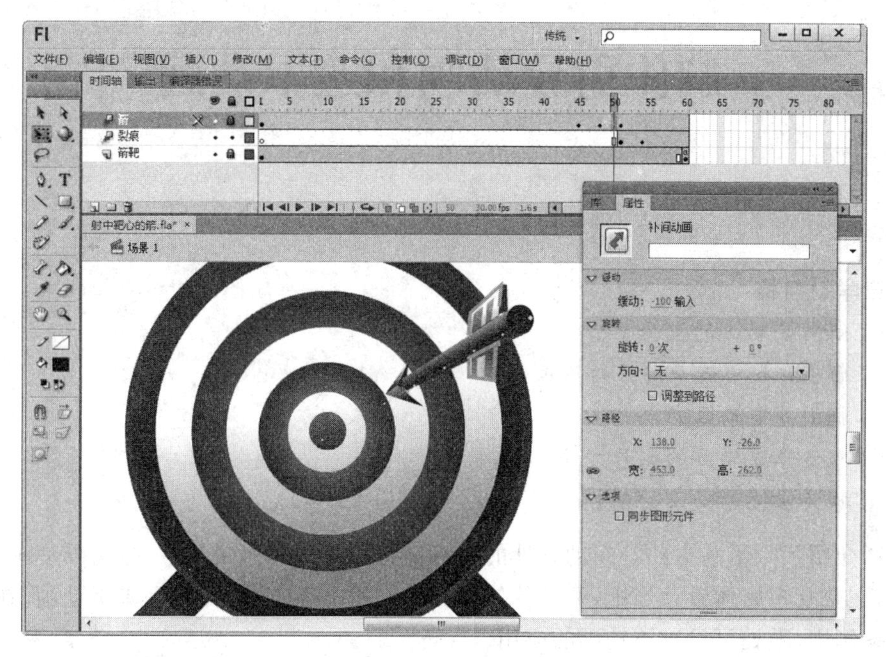

图 8-109　设置缓动效果

8.4　本章小结

本章主要介绍了补间动画的概念、补件动画的三种类型以及不同类型补间动画的创建方法和技巧，对于不同类型的补间动画的区别可以归纳如表 8-1 所示。

表 8-1　三种补间动画的区别

区　别	补间形状动画	传统补间动画	补 间 动 画
时间轴	淡绿色背景，有实心箭头	淡紫色背景，有实心箭头	淡蓝色背景，无实心箭头
应用对象	矢量图形	元件	元件
动画效果	实现两个矢量图形之间的变化，或一个矢量图形的大小、位置、颜色等属性的变化	实现同一个元件的大小、位置、颜色、透明度、旋转等属性的变化	实现同一个元件的大小、位置、颜色、透明度、旋转等属性的变化
关键帧	首尾可为不同对象，可分别打散为矢量图	首尾为同一元件对象	只需首关键帧即可

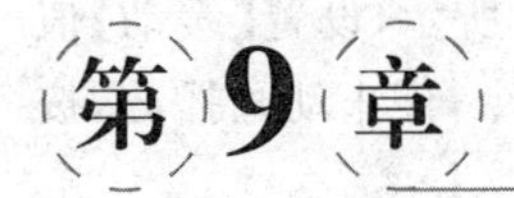

Chapter 9

制作引导动画和遮罩动画

本章学习目标

- 了解引导动画的概念
- 了解 Flash 中遮罩动画的原理
- 掌握引导层动画的制作方法
- 掌握遮罩层动画的制作方法
- 掌握多层遮罩动画的制作

本章介绍了除了基本的补间动画外的两种高级的特效动画类型，一是引导动画，二是遮罩动画，在交互多媒体设计当中，两种特效动画的应用非常普遍，尤其是遮罩动画，在本书中的作品案例中，随处可见遮罩动画的应用。

9.1 制作引导动画

9.1.1 引导动画的概念

在 Flash 动画中，元件在两个关键帧之间位置移动的轨迹是“点到点”的直线运动，尽管可以通过添加多个关键帧的方法来实现元件的不规则运动，但是动画效果未免显得生硬，而且需要手动调节不同关键帧处元件的运动方向，给动画制作带来很多不便之处。为了能让元件按照制作者所设定的轨迹随心所欲地运动，于是在 Flash 中引入了“引导动画”的概念。

引导动画又称“运动引导层动画”，是指元件沿着制作者设定的轨迹进行运动的一种高级图层动画类型，运动轨迹也被称为“路径”或“引导线”。引导动画的制作需要至少两个图层，一个图层称为“引导层”，用于绘制对象运动轨迹(引导线)；一个图层称为“被引导层”，用于放置运动对象，与普通图层无异。在最终生成的动画影片中，引导层中的引导线不会被导出而显示出来。如图 9-1 所示，是一个小球弹跳的引导动画实例，图层 1 为被引导层，图层 2 为引导层，其中黑色的引导线在影片输出时不会显示。

引导层放置元件对象运动的轨迹路径，该路径的创建有多种途径可以实现。如曲线路径的创建，可以使用钢笔、铅笔、刷字工具绘制；规则引导路径可使用椭圆工具、矩形工具来创建。被引导层中的元件类型可以是图形、影片剪辑、按钮元件，也可以是文本工具创建的文字，但是形状不能被引导，因为形状只能创建形状补间动画而不能创建传统补间动画。

在时间轴面板中，一个运动引导层可以引导多个普通图层，也就是说一条路径轨迹上可以有多个对象同时运动，此时运动引导层下方的各图层也就成为被引导层。

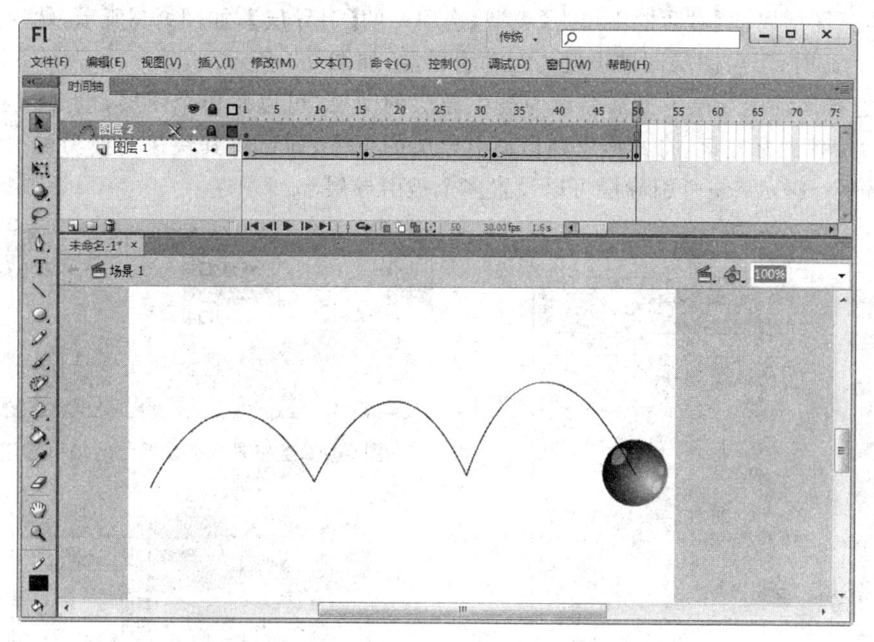

图 9-1 小球弹跳效果的引导动画

9.1.2 制作引导动画的方法

在 Flash 中,制作引导动画通过创建运动引导图层来实现,创建运动引导层有以下两种方法。

(1) 使用【添加传统运动引导层】命令创建运动引导层。

使用右键【添加传统运动引导层】命令创建运动引导层是最为方便的一种方法,具体操作步骤如下。

① 在时间轴面板中,鼠标右键单击需要创建运动引导层动画的图层。

② 从弹出的快捷菜单中选择【添加传统运动引导层】命令,即可在所选图层的上方创建一个运动引导层,此时,创建的运动引导层前面的图标显示为,并且原来所选图层向右收缩,转变为被引导图层,如图 9-2 所示。

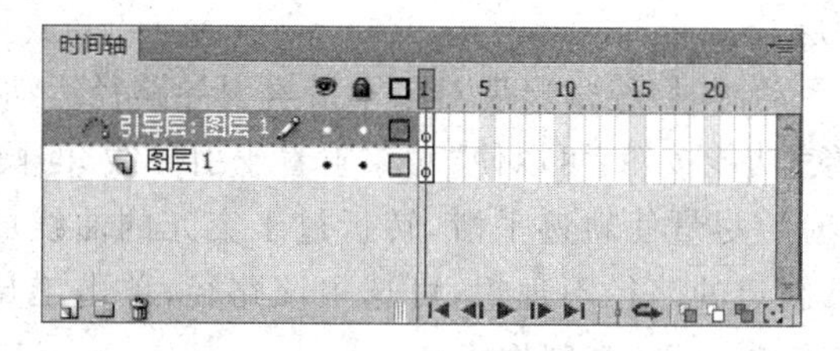

图 9-2 使用【添加传统运动引导层】命令创建运动引导层

(2) 使用【图层属性】对话框创建运动引导层。

【图层属性】对话框用于显示与设置图层的属性,具有设置图层的类型、图层的高度、显示或锁定图层等功能。具体操作步骤如下。

① 选择时间轴面板中需要设置为运动引导层的图层,然后执行【修改】|【时间轴】|【图层属性】命令(或者在该图层处单击右键,在弹出的快捷菜单中选择【属性】命令)。

② 在【图层属性】对话框中单击【类型】选项中的【引导层】，如图 9-3 所示，然后单击【确定】按钮。此时，当前图层即被设置为运动引导层，如图 9-4 所示。

③ 选择运动引导层下方需要设为被引导层的图层（可以是单个图层，也可以是多个图层），然后按住鼠标左键，将其拖曳到运动引导层的下方，即可将其快速转换为被引导层，如图 9-5 所示。提示：一个引导层可以设置多个被引导层。

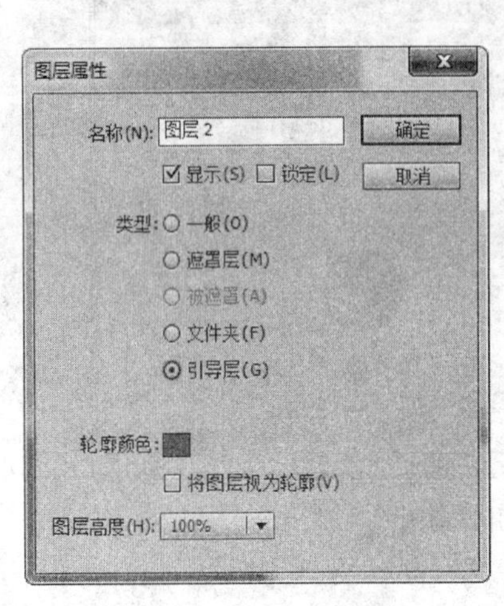

图 9-3 【图层属性】对话框

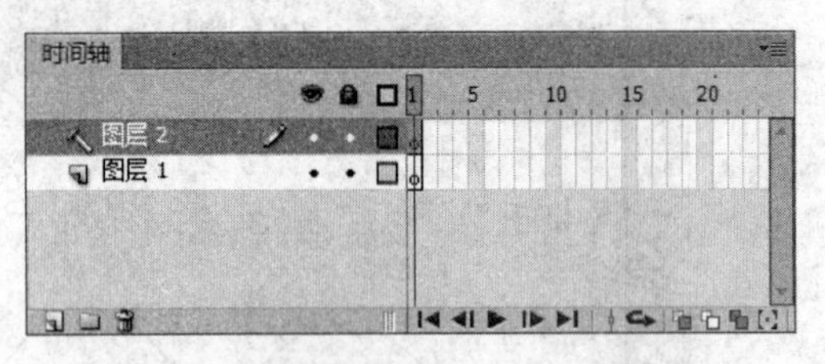

图 9-4 当前图层被设置为运动引导层

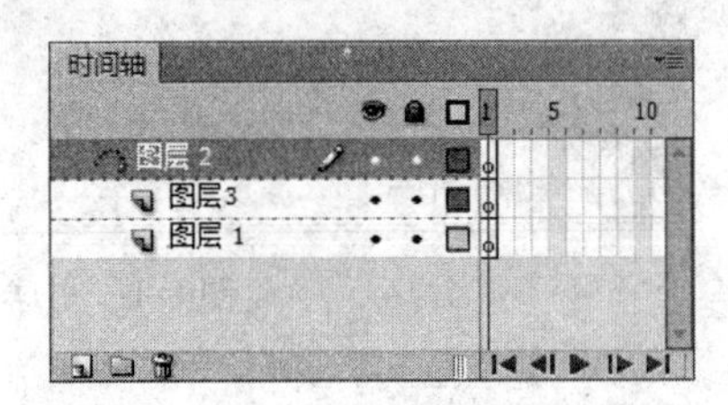

图 9-5 设为被引导层的图层显示

9.1.3 引导动画制作技巧

（1）在对象引导动画成功的基础上，还可以进一步做更细致的设置。如把【属性】面板中的【调整到路径】选项勾选上，动画对象在运动的过程中可以实时自动调整方向，使动画效果更加真实。如果勾选【对齐】选项，元件的注册点便会与运动路径对齐。

（2）引导层中引导线在测试播放时是不输出显示的，利用这一特点，可以单独创建一个不被“引导”的“引导层”，在该引导层中可以放置一些文字说明、元件位置参考等。如制作类似“行星轨迹运行”的动画效果时，除了创建星体运行无形轨迹的“引导层”，还要创建一个含有“有形轨迹”的指示图层。

（3）在创建引导路径动画时，经常出现对象不沿着引导路径运动的现象，这时可点选工具箱下方的【贴紧至对象】功能按钮，可以使“对象附着于引导线”的操作更加容易成功。

（4）创建引导路径时应尽量使轨迹平滑，转折过于突兀的曲线可能会使引导动画失败或动画效果失真。如果创建的路径不理想，可选中该路径，单击工具箱下方的【平滑】按钮对路径进行优化，有利于引导动画制作成功。

（5）被引导对象的中心对齐场景中的“十字星”，也有助于引导动画的成功。

（6）向被引导层中放入元件时，在动画开始和结束的关键帧上，一定要让元件的注册点对准线段的开始和结束的端点，否则无法引导，如果元件为不规则形，可以按下工具栏上的【任意变形工具】按钮，调整注册点。

（7）如果想解除引导，可以把被引导层拖离“引导层”，或在图层区的引导层上单击鼠标右键，在弹出的菜单中选择【属性】，在对话框中选择【正常】作为图层类型。

(8) 如果想让对象作圆周运动，可以使用【椭圆工具】在“引导层”绘制圆形线条，再用橡皮擦去一小段线段，使圆形线段出现两个端点，再把对象的起始、终点分别对准端点即可。

(9) 引导线允许重叠，例如螺旋状引导线，但在重叠处的线段必需保持圆润，让 Flash 能辨认出线段走向，否则会使对象引导失败。

9.1.4　实例制作 1——飞过城市上空的千纸鹤

案例参见配套光盘中的文件“素材与源文件\第 9 章\千纸鹤. fla”。案例的最终效果如图 9-6 所示。

图 9-6　引导动画——千纸鹤

(1) 打开 Flash CS6，新建 ActionScript 2.0 文档，设置舞台大小为 800×450 像素、背景颜色为蓝色，单击【确定】按钮，保存文件名称为“千纸鹤. fla”。

(2) 首先绘制具有动画效果的影片剪辑元件“千纸鹤”。按 Ctrl＋F8 键新建影片剪辑元件“千纸鹤_mc”，由于本实例的重点不是图形的绘制，故而省略具体制作过程，主要分析该元件的内部结构。如图 9-7 所示，用线条工具和填充工具分别绘制千纸鹤的头、身体、翅

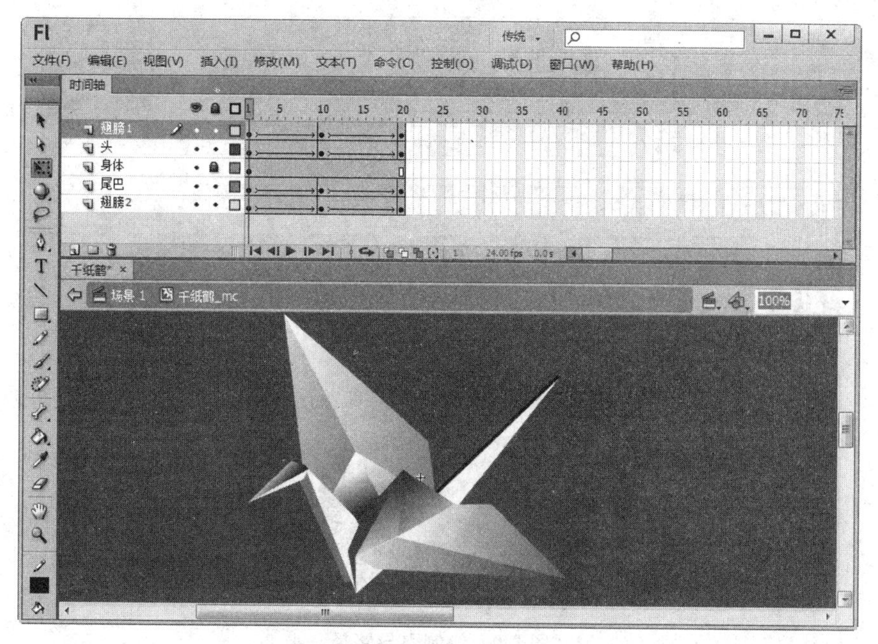

图 9-7　影片剪辑元件内部结构

膀1、翅膀2、尾巴5个部分，每个部分转为元件并分散在单独的图层，调整各个元件的注册点位置并分别作传统补间动画效果，形成千纸鹤扇动翅膀飞翔的动画效果。

(3) 返回主场景舞台，插入新建的三个图层并分别命名为“城市”、“云”、“天空”，在每个图层导入对应的图片素材，并在三个图层的第200帧按F5键插入帧，效果如图9-8所示。

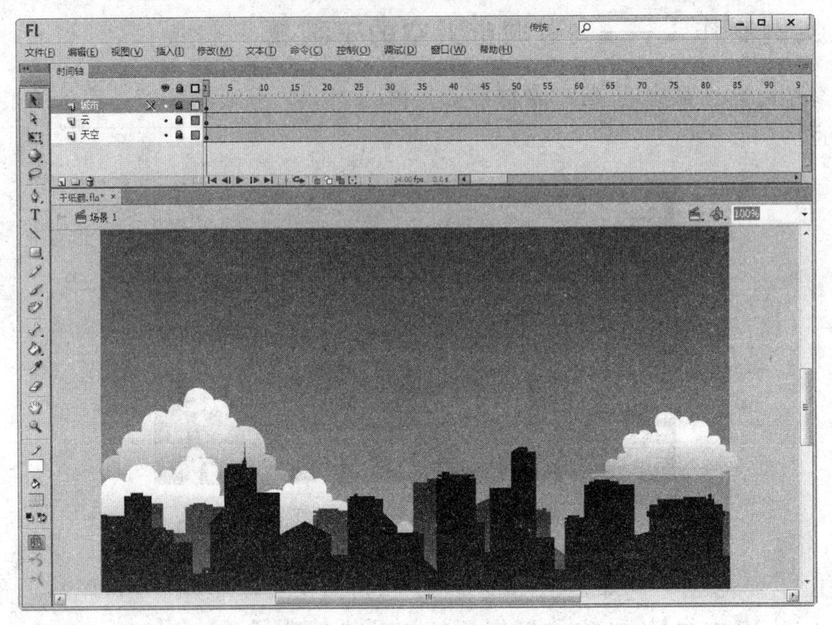

图9-8 插入背景图像素材

(4) 插入新建图层并命名为“引导层”，选择【钢笔工具】绘制如图9-9所示的线条，作为千纸鹤飞翔的轨迹。

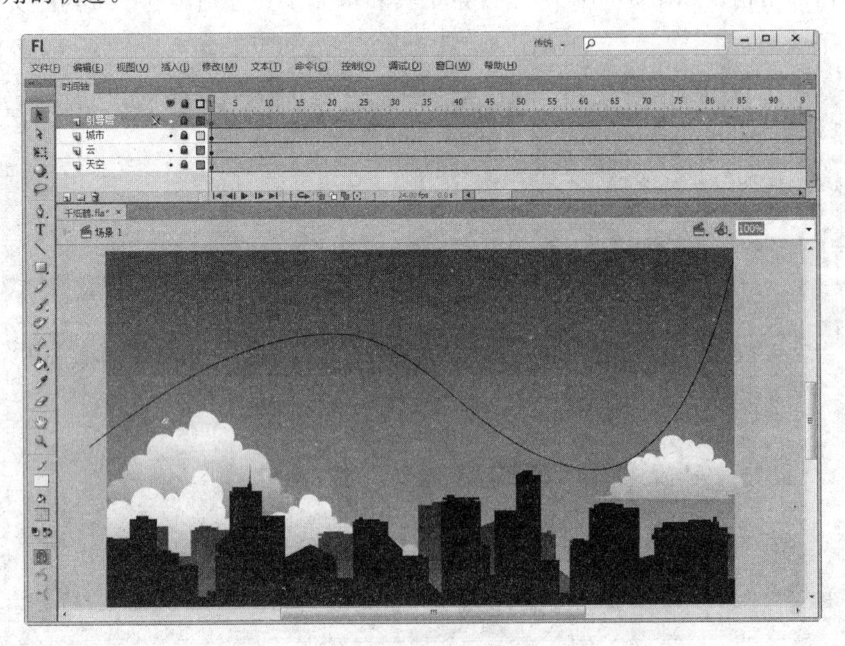

图9-9 绘制引导路径

(5) 插入新建图层“千纸鹤”，调整图层顺序，使其位于“引导层”下方，从库中拖入影片剪辑元件“千纸鹤_mc”放置在舞台右侧，如图 9-10 所示。

图 9-10 调整元件位置

(6) 鼠标右键单击“引导层”图层选择【引导层】命令将其转为引导图层，单击“千纸鹤”图层第 200 帧，按 F6 键插入关键帧，用【选择工具】将元件移动到舞台左侧，并稍微放大元件尺寸，形成“由远及近”的飞行效果。单击选择“千纸鹤”图层向引导层下方拖动，将其转为被引导层，如图 9-11 所示。

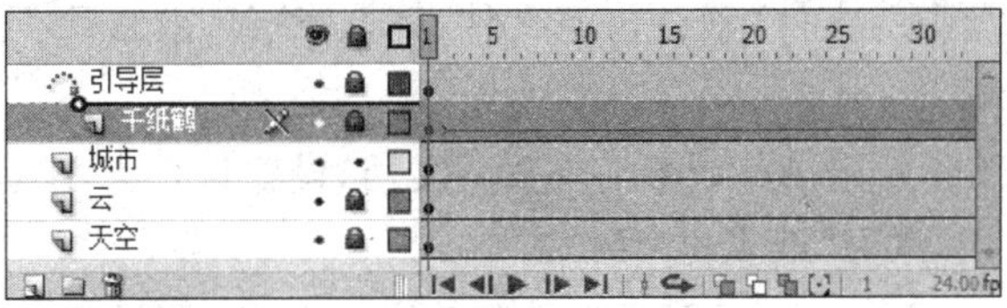

图 9-11 拖动图层转为“被引导层”

(7) 单击工具箱下方的图标打开“贴紧至对象”功能，调整“千纸鹤”图层第 1 帧和第 100 帧的位置，使其“吸附”到引导轨迹路径的开始与结束的位置，如图 9-12 所示。

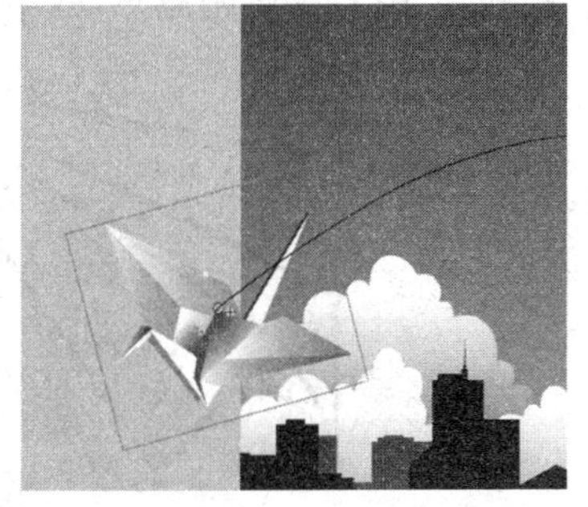

图 9-12 将第 200 帧元件“吸附”在引导线末端

(8) 此时按 Ctrl＋Enter 组合键测试播放，会发现“千纸鹤”已经按照引导路径飞翔了，但是动作生硬、不自然，下面利用【调整到路径】功能解决这一问题。

(9) 打开【属性】面板，在“千纸鹤”图层两个关键帧之间任意位置单击，在【属性】面板上勾选【调整到路径】选项，如图 9-13 所示。

(10) 至此该动画制作完成，按 Ctrl＋Enter 组合键测试影片。

9.1.5 实例制作 2——纸飞机

为了巩固引导动画的制作方法，下面用另一种创建引导动画的方法制作“纸飞机”飞行的动画实例。制作方法与 9.1.4 节实例大同小异，在该实例中可以深刻体会【调整到路径】

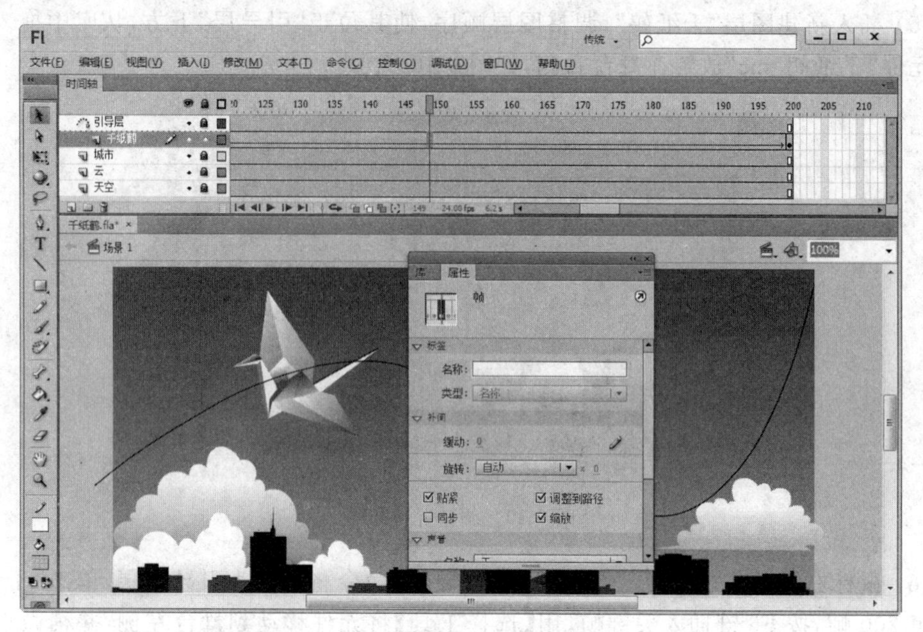

图 9-13　打开【调整至路径】功能

功能的作用，在 9.1.4 节实例中该功能的作用还不是太明显。

案例参见配套光盘中的文件“素材与源文件\第 9 章\纸飞机. fla”。

具体制作步骤如下。

(1) 打开 Flash CS6，新建 ActionScript 2.0 文档，设置舞台大小为 800×450 像素、背景颜色为白色，存储文件名称为“纸飞机. fla”。

(2) 选择工具箱中的【线条工具】，设置笔触颜色为黑色、笔触大小为 1，在舞台上绘制一架纸飞机的图形，如图 9-14 所示。

(3) 选择工具箱中的【颜料桶工具】为纸飞机填充深浅不同的蓝色。双击选中纸飞机图形轮廓线，按 Delete 键删除，效果如图 9-15 所示。

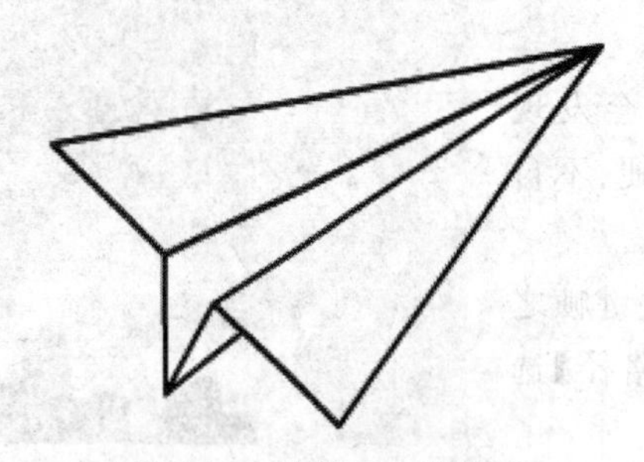

图 9-14　绘制纸飞机轮廓

图 9-15　为纸飞机填充上色

(4) 用【选择工具】框选整个图形，将其移向舞台左侧，并按 F8 键转为图形元件，名称默认为“元件 1”，单击【确定】按钮。

(5) 在图层 1 的第 30 帧处按 F6 键插入关键帧，向右移动纸飞机元件至适当位置，并为其【创建传统补间】动画效果。右击图层 1，在弹出菜单上选择【添加传统运动引导层】命令，在图层 1 的上方添加一个引导层并修改其名称为“图层 2”，如图 9-16 所示。

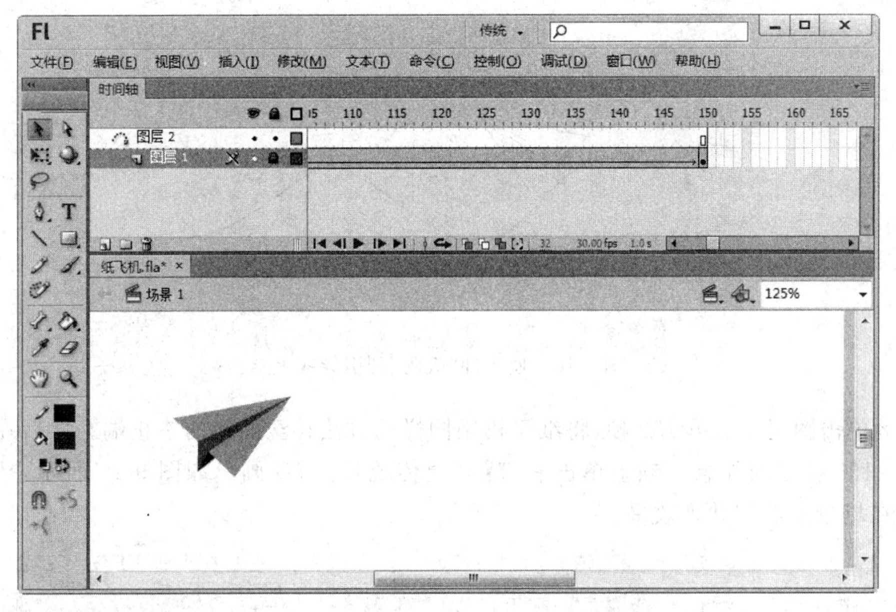

图 9-16 添加引导层

(6) 单击选中引导层“图层 2”,单击工具箱中的【铅笔工具】,并在工具箱下方选择【平滑】模式,在舞台上拖动绘制一条平滑的曲线作为纸飞机的飞行路径,如图 9-17 所示。

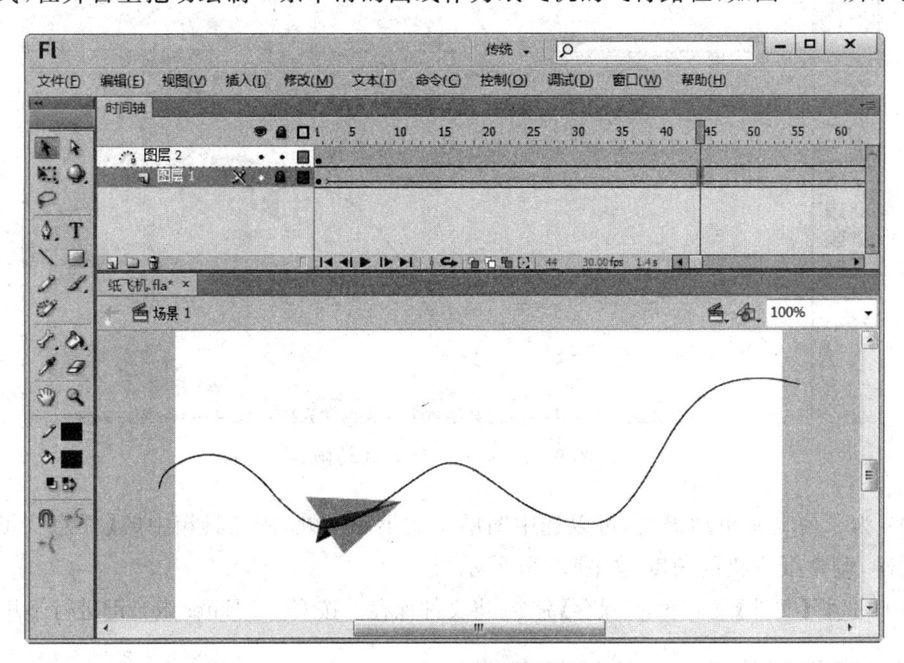

图 9-17 绘制引导路径

(7) 单击图层 1 的第 1 帧,用工具箱中的【选择工具】将纸飞机(元件 1)移至曲线的起始端,如图 9-18 所示(注意: 移动元件时在元件中央会出现一个空心的小圆,一定要使空心小圆与曲线的起始端相重合,可单击工具箱下方的图标开启【贴紧至对象】功能辅助操作)

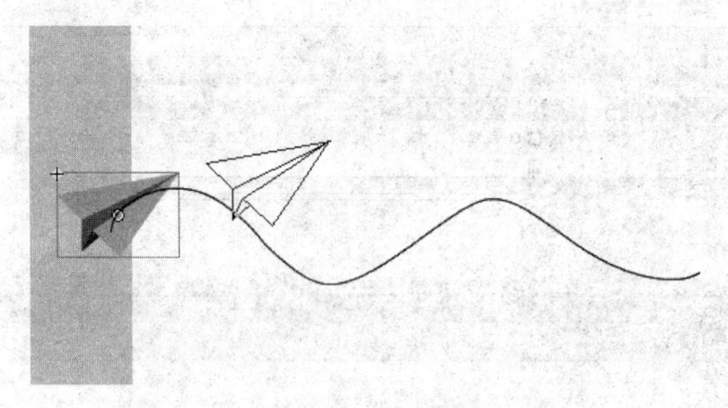

图 9-18 使元件“吸附”到引导线上

(8) 单击图层 1 的第 150 帧,将纸飞机用同样的方法移至曲线的终止端。然后在图层 1 的第 1～150 帧之间任意一帧上单击右键【创建传统补间】动画。如图 9-19 所示,按 Enter 键可以在场景中看到动画效果。

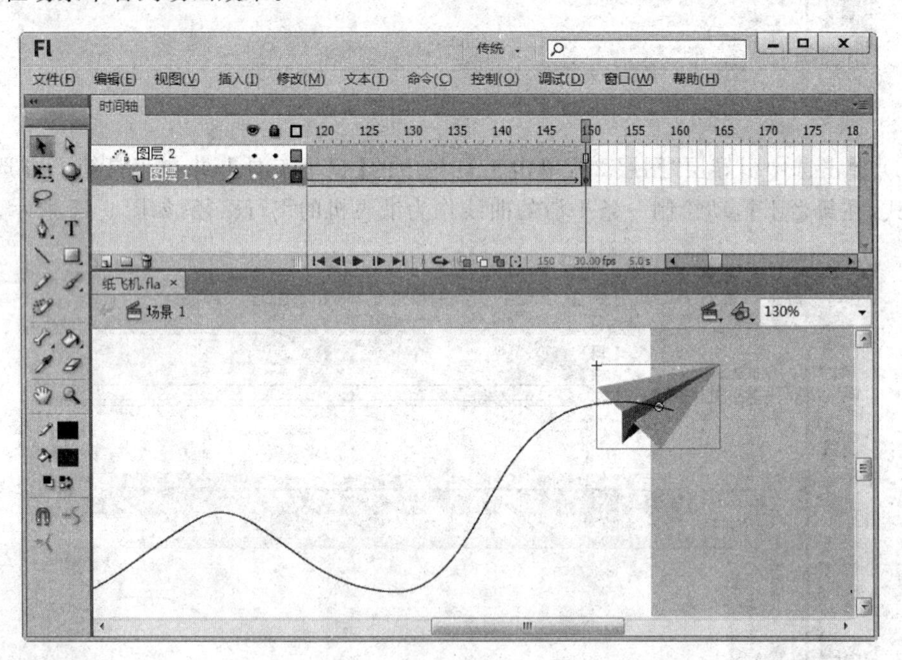

图 9-19 创建传统补间动画

(9) 为了使动画更加逼真,可以选中图层 1 的第 150 帧,用工具箱中的【任意变形工具】旋转元件,调整纸飞机的角度,如图 9-20 所示。

(10) 选择【文件】菜单下的【保存】命令,将文件保存。按 Ctrl+Enter 组合键进行影片测试。

9.1.6 实例制作 3——公转与自转

如图 9-21 所示,该实例利用引导动画的原理,制作地球公转与自转,模拟了地球环绕太阳运行的动画效果,即地球的公转,同时地球本身也在自转。本实例动画制作借用了 9.2.6 小节中的地球旋转的实例动画。

案例参见配套光盘中的文件“素材与源文件\第 9 章\公转与自转.fla”。

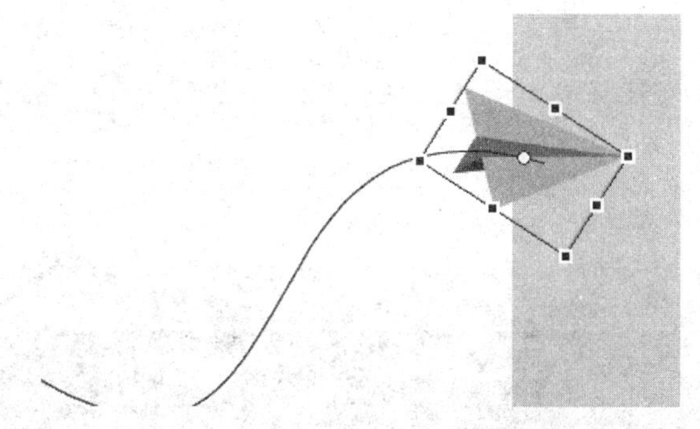

图 9-20 调整元件飞行角度

图 9-21 公转与自转

下面是具体制作步骤。

(1) 打开 Flash CS6，新建 ActionScript 2.0 文档，设置舞台大小为 800×550 像素、背景颜色为深灰色，存储文件名称为“公转与自转.fla”。

(2) 按 Ctrl+F8 键新建一个图形元件，命名为“太阳”，单击【确定】按钮进入元件编辑窗口。按 Ctrl+R 键导入一张太阳的素材图片，如图 9-22 所示。

(3) 按 Ctrl+F8 键新建一个影片剪辑元件，命名为“太阳_mc”，单击【确定】按钮进入元件编辑窗口。从库中拖入元件“太阳”放置在图层 1。在图层 1 下方插入新建图层 2，选择工具箱中的【椭圆工具】，设置笔触颜色为无色，设置填充颜色为径向渐变，打开【颜色】面板，设置渐变颜色如图 9-23 所示。

其中由左至右颜色值分别为＃FF6217、＃000000(Alpha=0%)，按住 Shift 键在舞台中拖动绘制一个大小与“太阳”元件差不多的正圆形作为太阳的光晕，效果如图 9-24 所示。

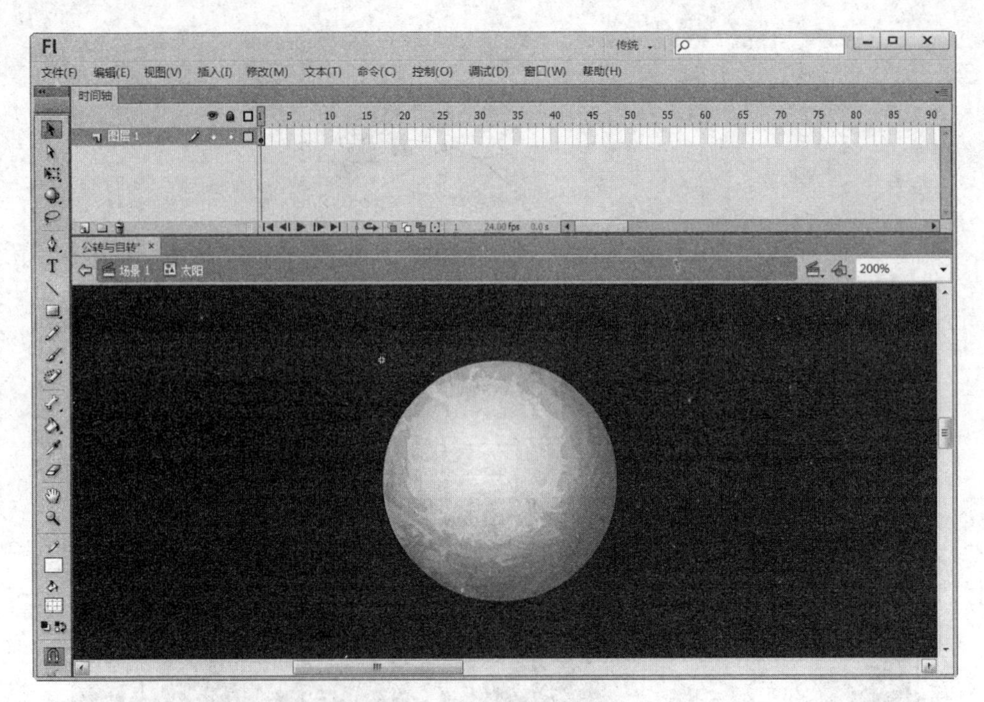

图 9-22　导入太阳素材图片

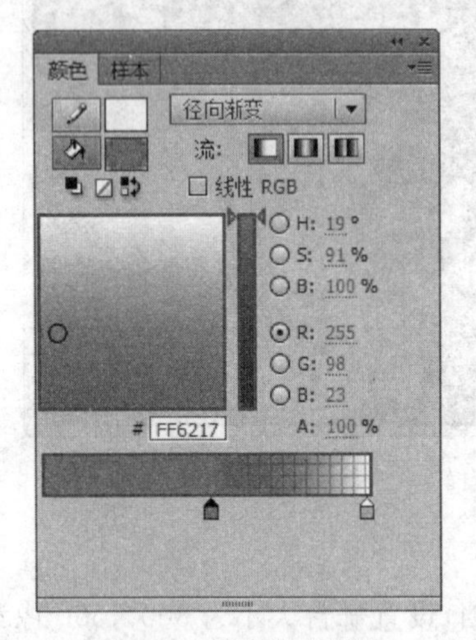

图 9-23　设置渐变颜色

图 9-24　绘制太阳光晕图形

(4) 调整两个图形的位置,使其中心对齐。在图层 2 的第 40、80 帧按 F6 键插入关键帧,使用【任意变形工具】稍微放大第 40 帧处的光晕图形,在第 1～40、40～80 帧之间单击右键【创建传统补间】动画,如图 9-25 所示。

(5) 按 Ctrl+F8 键新建影片剪辑元件"地球_mc",单击【确定】按钮进入元件编辑窗口。打开 9.2.6 小节实例的源文件"旋转的地球.fla",如图 9-26 所示,单击选中图层"地球高光"的第 1 帧,按住 Shift 键,单击图层"地球"第 50 帧,选中该动画全部动画帧内容,右键单击选择【复制帧】命令,切换到剪辑元件元件"地球_mc"的窗口,右键单击图层 1 第一帧选择【粘贴帧】命令,这样地球旋转的影片剪辑元件便制作完成了,如图 9-27 所示。

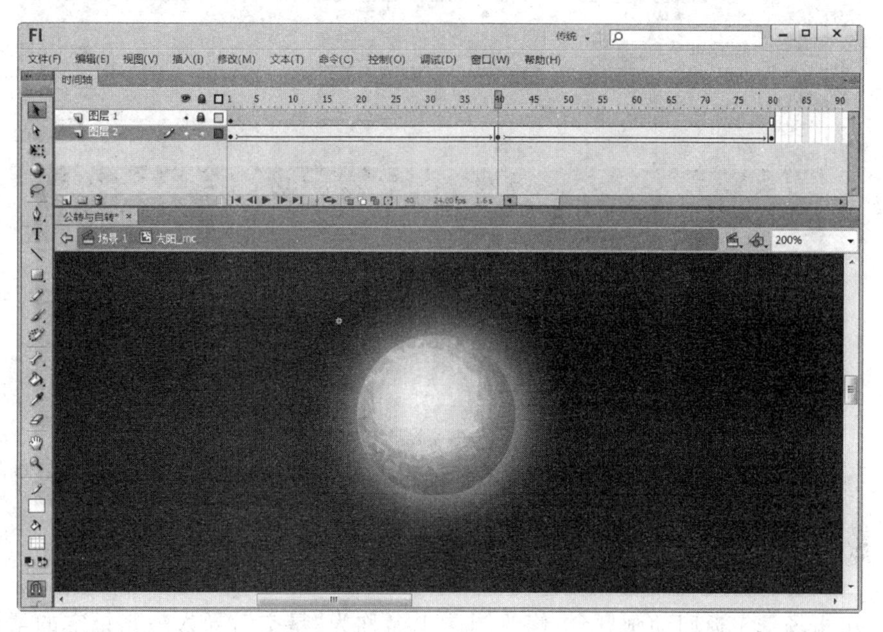

图 9-25　制作太阳光晕动画效果

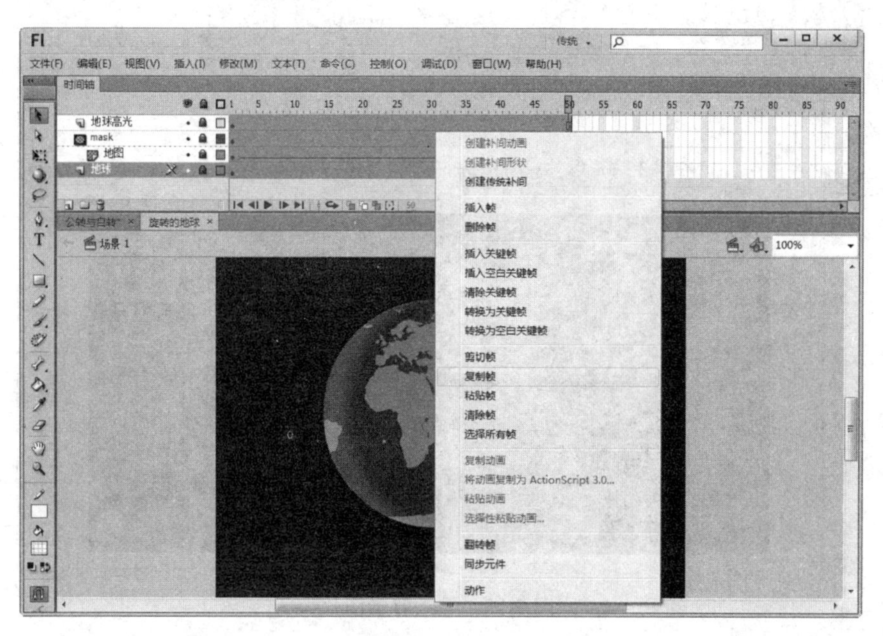

图 9-26　复制帧

图 9-27 粘贴帧

(6) 单击场景 1 返回动画舞台,修改图层 1 名称为“星空”,导入一张星空的素材图片,作为背景,如图 9-28 所示。

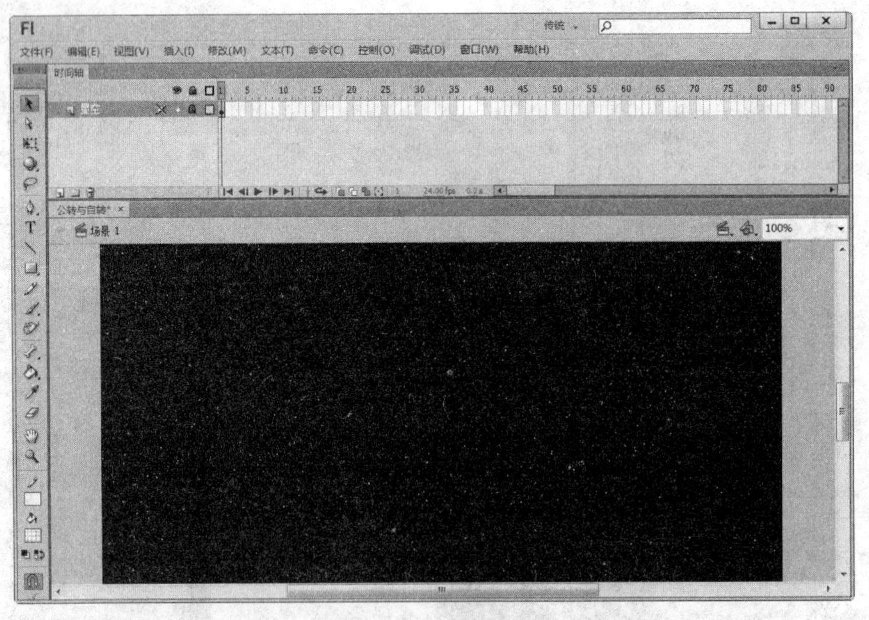

图 9-28 导入背景图片

(7) 插入新建图层“太阳”,按 Ctrl+L 键打开【库】面板,从中拖入影片剪辑元件“太阳_mc”至舞台靠左侧的位置,如图 9-29 所示。

(8) 在“太阳”图层下方新建一个图层“地球”,从【库】面板中拖入影片剪辑元件“地球_mc”至舞台靠右侧的位置,并用【任意变形工具】调整至合适大小;右键单击“地球”图层选择

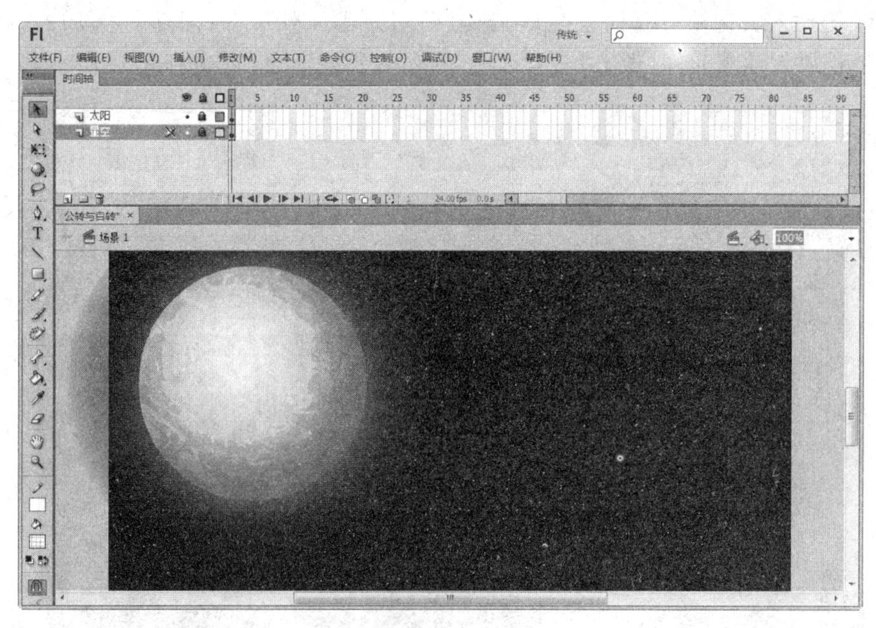

图 9-29　放置太阳元件

【添加传统运动引导层】命令，为地球元件添加一个引导层。选择工具箱中的【椭圆工具】，设置笔触颜色为灰白色、笔触大小为 1、填充颜色为无色，在舞台中绘制一个椭圆形，如图 9-30 所示。

(9) 选择工具箱中的【橡皮擦工具】，在绘制的椭圆上擦除一个“小缺口”，如图 9-31 所示。

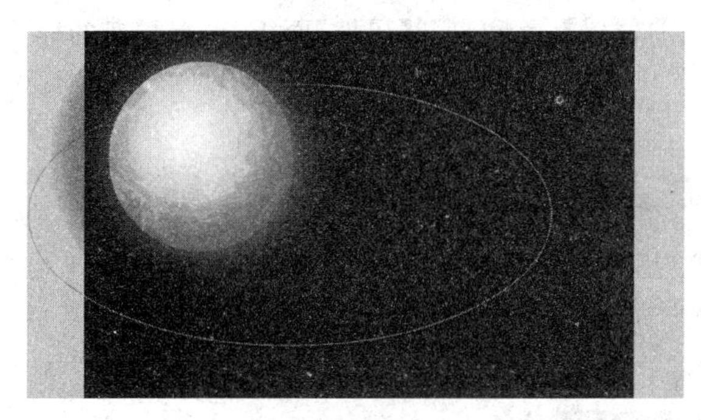

图 9-30　制作圆形轨迹

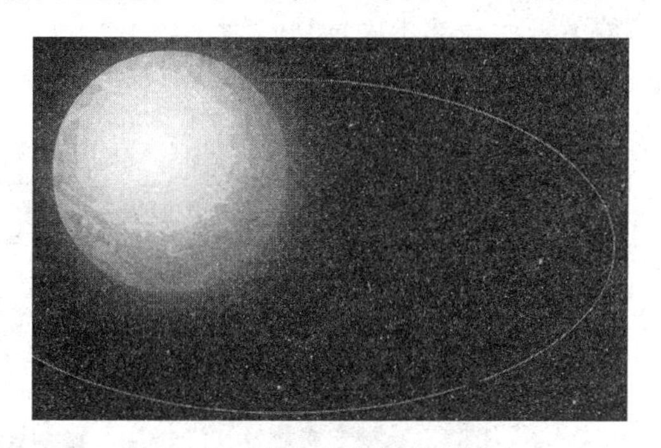

图 9-31　确定轨迹起点和终点

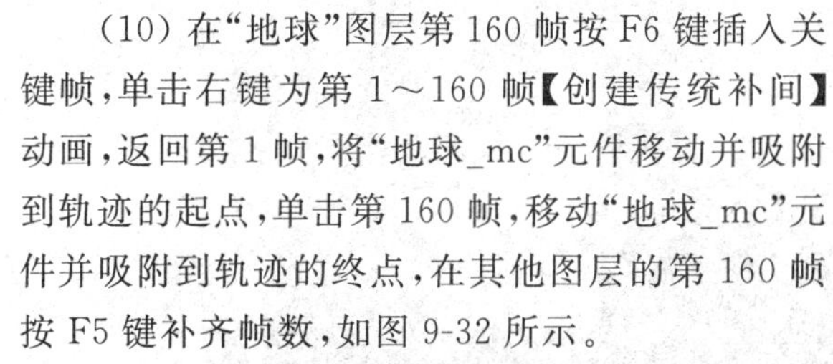

(10) 在“地球”图层第 160 帧按 F6 键插入关键帧，单击右键为第 1～160 帧【创建传统补间】动画，返回第 1 帧，将“地球_mc”元件移动并吸附到轨迹的起点，单击第 160 帧，移动“地球_mc”元件并吸附到轨迹的终点，在其他图层的第 160 帧按 F5 键补齐帧数，如图 9-32 所示。

图 9-32　制作引导动画

(11) 为了使动画效果更加逼真，按 Enter 键观察地球的运动轨迹，在时间轴上第 65 帧时，地球转到太阳后面，所以此处地球应该变小，单击该帧按 F6 键插入关键帧，用【任意变形工具】稍稍缩小元件尺寸；同理，在第 132 帧处插入关键帧，稍稍放大地球元件，做出“近大远小”的动画效果，如图 9-33 所示。

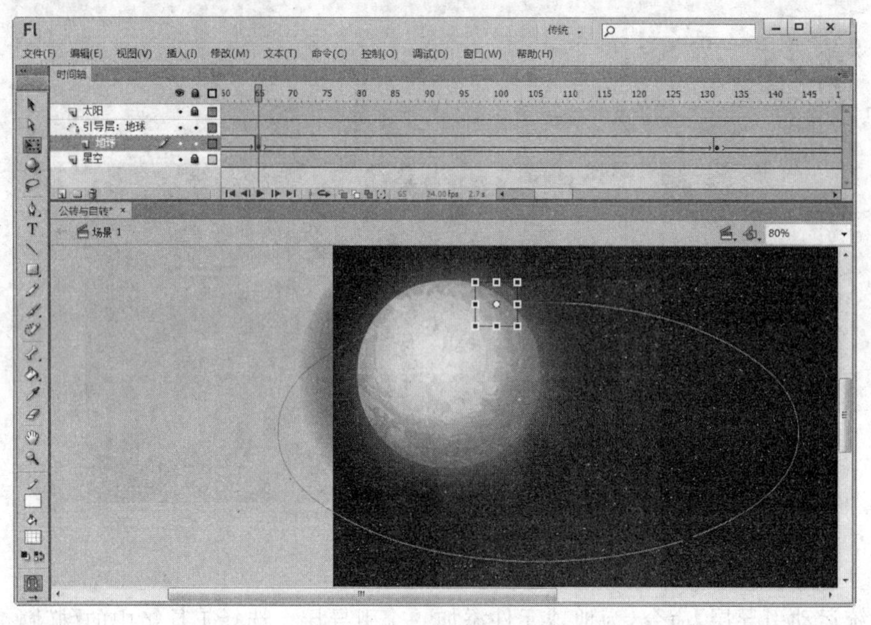

图 9-33　改变地球元件的尺寸

(12) 下面为地球公转添加“可见”的运动轨迹。单击“引导层：地球”第 1 帧，使整个椭圆图形被选中，执行【编辑】|【复制】命令，单击时间轴面板中的【新建图层】按钮，在“星空”图层上方新建一个图层，执行【编辑】|【粘贴到当前位置】命令，打开【属性】面板，设置线条的样式为【虚线】，如图 9-34 所示。

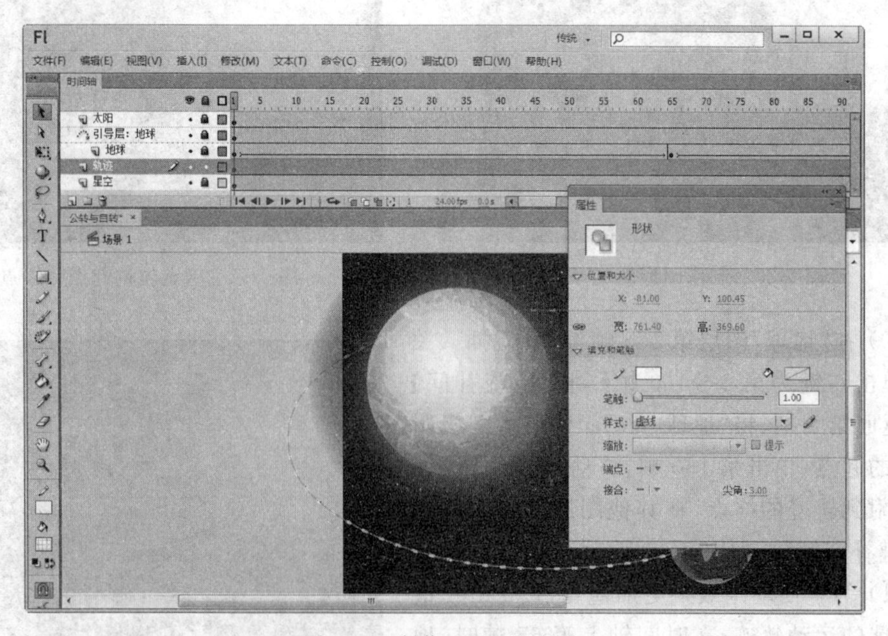

图 9-34　制作可见运行轨迹

(13) 按 Ctrl+S 键存盘。执行【控制】|【测试影片】|【测试】命令,或按 Ctrl+Enter 组合键测试播放影片。

9.2 制作遮罩动画

9.2.1 遮罩动画的概念

严格来讲,遮罩动画应该称为"遮罩层动画"。与 9.1 节中的引导图层类似,遮罩层是 Flash 中的一个比较特殊的图层类型,很多效果丰富的动画效果都是通过"遮罩"的原理实现的。"遮罩"的概念与 Photoshop 中的"蒙版"概念类似,按字面理解就是给某个物体加个罩子把它遮住,但在 Flash 中恰恰相反,为一个图层创建遮罩,只有被遮罩的地方才是能够看到(或显示)的区域,也可以理解为"遮罩"是遮罩层与被遮罩层的一个交集。

为了实现特殊的显示效果,往往在遮罩层上创建一个特殊形状的"视窗",遮罩层下方的对象可以通过该"视窗"显示出来,而"视窗"之外的对象将被隐藏不会显示。如果有亲身游览中国古典园林的经历,就会发现古典园林粉墙上样式繁多的洞窗与"遮罩"的原理很相似,洞窗内的风景五彩纷呈,而洞窗外则是白色的墙壁。

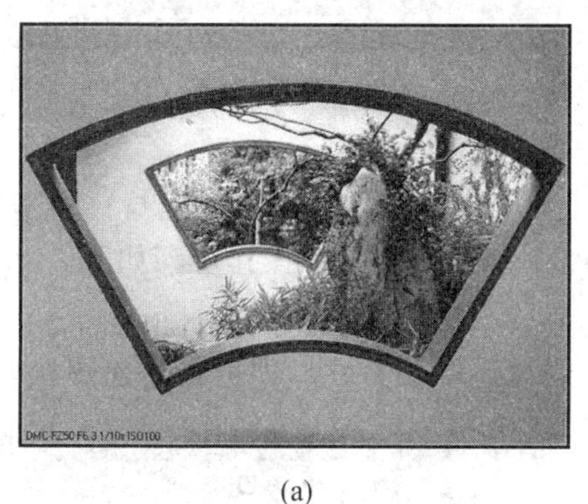

(a)

(b)

图 9-35 中国古典园林中的"洞窗"

9.2.2 制作遮罩动画的方法

与引导动画的制作方法一样,一个遮罩效果的实现至少需要两个图层,上面的图层是遮罩层,下面的图层是被遮罩层。"遮罩层"位于"被遮罩层"之上。与普通图层不同的是,在含有遮罩层的场景中,只能通过遮罩层上对象的形状,才可以看到被遮罩层上的内容。如图 9-36 所示,"遮罩层"上绘制了一个红色的五角星形状,"被遮罩层"上放置一幅风景图片,测试播放的结果是只有五角星内部才显示下层的风景图片,其他部分则被遮挡。

遮罩层其实是由普通图层转化而来的,Flash 会忽略遮罩层中的位图、渐变色、透明、颜色和线条样式。遮罩层中的任何填充区域都是完全透明的,任何非填充区域都是不透明的,因此,遮罩层中的对象将作为镂空的对象存在。

在 Flash 中,创建遮罩层有以下两种方法。

图 9-36 创建遮罩层后的显示效果

1. 使用【遮罩层】命令创建遮罩层

使用【遮罩层】命令创建遮罩层是最为方便的一种方法，具体操作步骤如下。

(1) 在时间轴面板中选择需要设置为遮罩层的图层。

(2) 单击鼠标右键，从弹出的快捷菜单中选择【遮罩层】命令，即可将当前图层转为遮罩层，并且其下的一个图层会被相应地设为被遮罩层，二者以缩进形式显示，如图 9-37 所示。

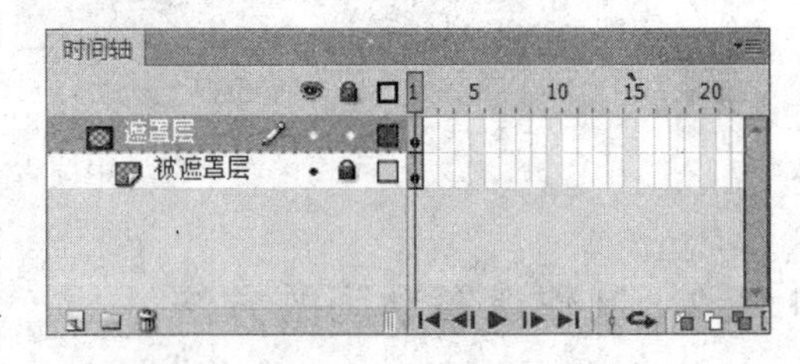

图 9-37 使用【遮罩层】命令创建遮罩层

2. 使用【图层属性】对话框创建遮罩层

在【图层属性】对话框中除了可以设置运动引导层，还可以设置遮罩层和被遮罩层，具体操作步骤如下。

(1) 选择【时间轴】面板中需要设置为遮罩层的图层，然后执行【修改】|【时间轴】|【图层属性】命令(或者在该图层处单击鼠标右键，从弹出的快捷菜单中选择【属性】命令)，弹出【图层属性】对话框。

(2) 在【图层属性】对话框中单击【类型】下的【遮罩层】选项，如图 9-38 所示，然后单击【确定】按钮，即可将当前图层设为遮罩层。此时，时间轴分布如图 9-39 所示。

(3) 同理，在时间轴面板中选择需要设置为被遮罩层的图层，然后单击鼠标右键，从弹出的快捷菜单中选择【属性】命令，接着在弹出的【图层属性】对话框中单击【类型】中的【被遮罩】选项，如图 9-40 所示，即可将当前图层设置为被遮罩层，如图 9-41 所示。

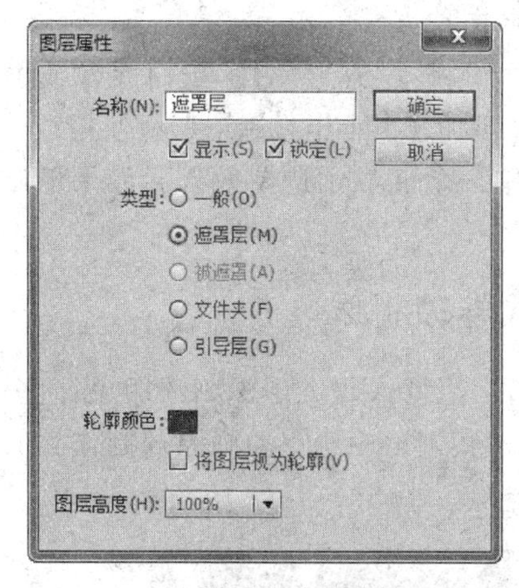

图 9-38 单击【类型】下的【遮罩层】选项

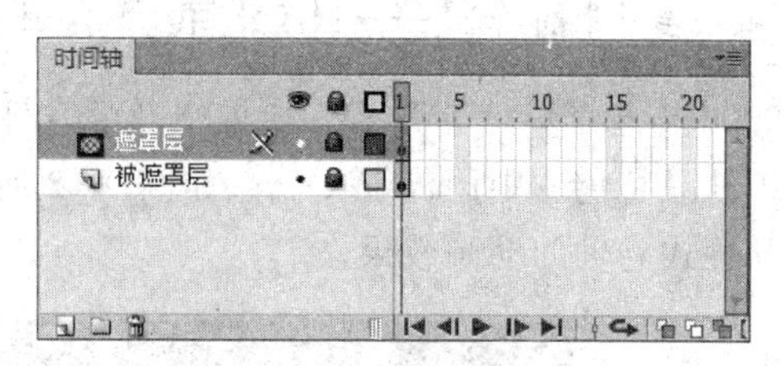

图 9-39 时间轴分布

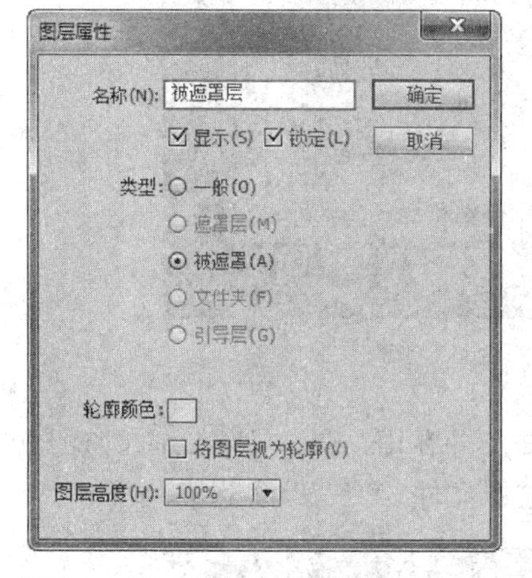

图 9-40 单击【类型】中的【被遮罩】选项

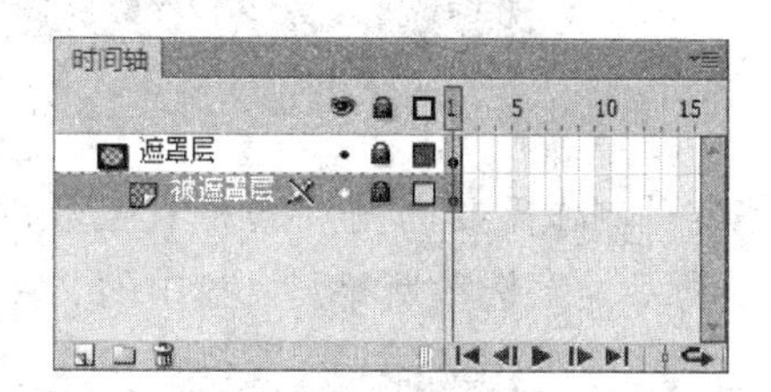

图 9-41 时间轴分布

9.2.3 遮罩动画制作技巧

(1) 遮罩层的基本原理是：能够透过该图层中的形状区域看到“被遮罩层”中的对象及其属性(包括它们的动画过程和效果)，但是遮罩层中的对象的许多属性，如渐变色、透明度、颜色和线条样式等却被忽略。例如，不能通过遮罩层的渐变色来实现被遮罩层的渐变色变化。可以通过在遮罩层之上新建一普通图层放置含有渐变、透明度、颜色和线条变化的图形对象实现。

(2) 要在场景中显示遮罩效果，必须同时锁定遮罩层和被遮罩层。

(3) 可以用 AS 动作语句建立遮罩，但这种情况下只能有一个“被遮罩层”，同时，不能设置_Alpha 属性。

(4) 遮罩层之间不能嵌套，不能用一个遮罩层试图遮蔽另一个遮罩层。

(5) 在制作过程中，遮罩层经常挡住下层的元件，影响视线，无法编辑，可以按下遮罩层时间轴面板的【显示图层轮廓】按钮■，使之变成□，使遮罩层中的图形对象只显示边框形状，方便调整遮罩图形的外形和位置。

（6）在被遮罩层中可以放置静态文本，但是不能放置动态文本。

（7）遮罩层中的对象必须是形状、文字、图形元件、影片剪辑元件、按钮元件或群组对象，线条是不能做遮罩效果的，必须将线条转为【填充形状】才能作为遮罩形状使用。

（8）当遮罩层包含两个以上的元件时，只有其中一个能显示遮罩效果。如果想让元件都显示遮罩效果，只能修改或组合成一个元件。

9.2.4 实例制作1——仿北京奥运开幕式卷轴制作

2008年北京奥运会开幕式惊艳全球的“中国卷轴”给世人留下了深刻的印象，向全世界传播了独具特色的中国传统文化。如图9-42所示，该实例运用遮罩动画原理制作类似北京奥运开幕式卷轴的动画效果。

图9-42 仿奥运卷轴动画效果

本实例制作需要的图片素材有云纹图案底图、《富春山居图》局部底图，如图9-43和图9-44所示。案例参见配套光盘中的文件“素材与源文件\第9章\奥运卷轴.fla”。

图9-43 云纹图案

1. 绘制滚轴

（1）打开Flash CS6，新建ActionScript 2.0文档，设置舞台大小为1000×550像素、背景颜色为红色，单击【确定】按钮，存储文件名称为“奥运卷轴.fla”。

（2）按Ctrl＋F8键新建图形元件“卷轴头”，单击【确定】按钮进入元件编辑窗口。如图9-45所示步骤，选择【矩形工具】绘制轴头图形，并填充线性渐变颜色。

（3）按Ctrl＋F8键新建影片剪辑元件“卷轴滚动”，单击【确定】按钮进入元件编辑窗口。修改图层1名称为“滚轴”，选择【矩形工具】，设置笔触颜色为无色、填充颜色为“白-灰-白”线性渐变效果（颜色设置如图9-46所示，中间灰色值为#999999），在舞台上绘制一个矩形，作为滚轴轴身。

图 9-44 《富春山居图》局部底图

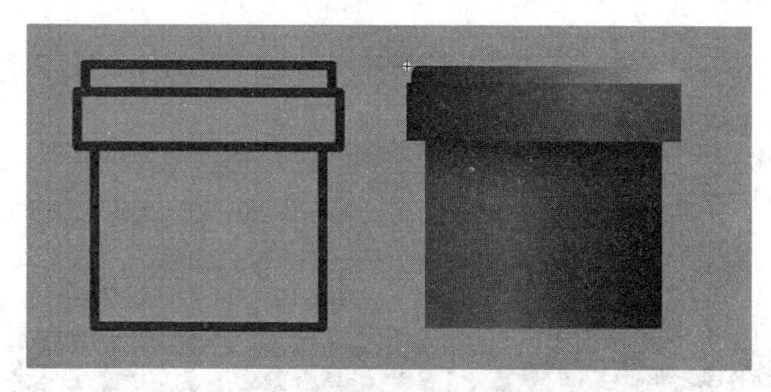

图 9-45 绘制轴头图形并填充渐变颜色

(4) 从库中拖入元件“卷轴头”，与绘制的轴身图形一起组合成完整的滚轴图形效果，如图 9-47 所示。

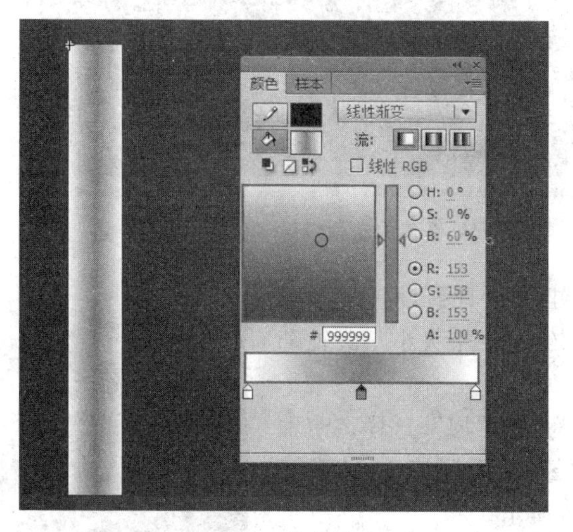

图 9-46 绘制轴身

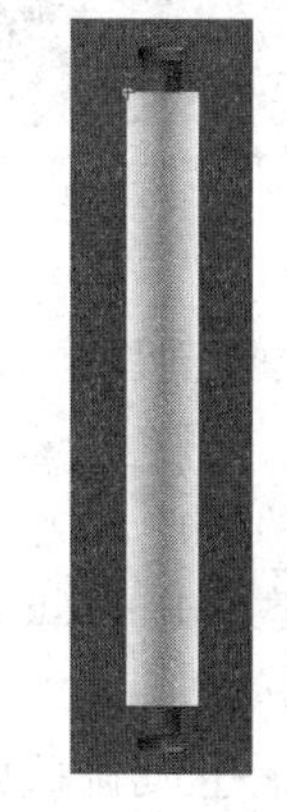

图 9-47 组合成滚轴

2. 制作滚轴“滚动”动画效果

(1) 继续在“滚轴”图层上方插入新建图层并命名为“云纹”，导入云纹素材图片并转为影片剪辑元件“云纹”(图形元件亦可)。摆放位置如图 9-48 所示。

(2) 在“云纹”图层第 90 帧按 F6 键插入关键帧，水平向左移动元件“云纹”一段距离，单

图 9-48 元件“云纹”的位置

击右键为元件【创建传统补间】动画效果。在“滚轴”图层第 90 帧按 F5 键补齐帧数，如图 9-49 所示。

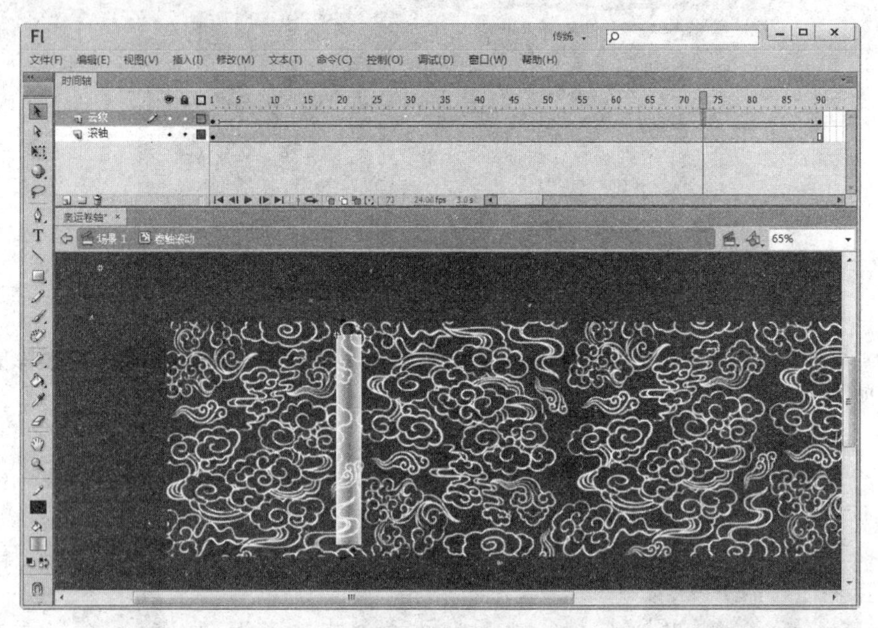

图 9-49 创建云纹平移的动画效果

(3) 插入新建图层 mask，选择【矩形工具】，设置笔触颜色为无色、填充颜色任意，在舞台拖动绘制一个大小与滚轴轴身大小一样的矩形，如图 9-50 所示。

(4) 右键单击 mask 图层将其转为“遮罩层”，这样，“滚轴转动”的动画效果就做好了，最后在“云纹”图层第 90 帧赋予 stop()；语句停止动画播放，如图 9-51 所示。

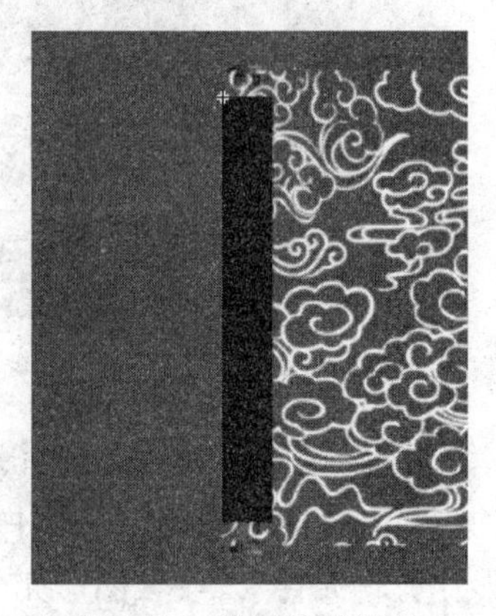

图 9-50 绘制遮罩形状

3. 制作“卷轴展开”遮罩动画

(1) 返回主场景舞台，修改图层 1 名称为“底图”，按 Ctrl+R 键导入卷轴底图素材图片并转为影片剪辑元件“底图”，并应用【滤镜】|【投影】效果，如图 9-52 所示。

(2) 插入新建的两个图层，分别命名为“左轴”和“右轴”，

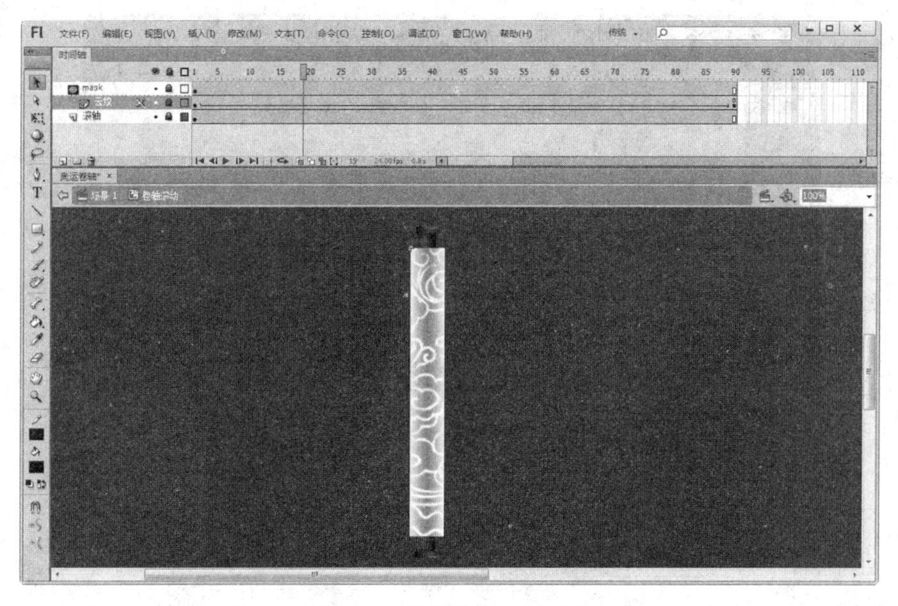

图 9-51 卷轴滚动动画效果

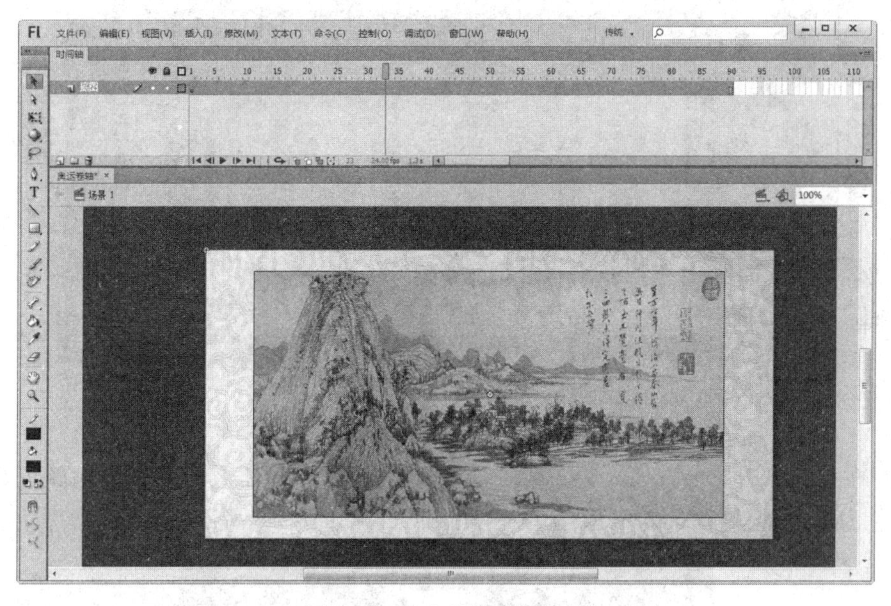

图 9-52 导入卷轴底图素材

从库中拖入影片剪辑元件“卷轴滚动”分别放置在两个图层中，摆放位置如图 9-53 所示（注意：右轴与左轴是水平相反的，不然转动的方向是一样的，所以应该对其中一“轴”执行“水平翻转”的操作命令），同样为两个元件做“投影”滤镜效果。

（3）接下来创建双轴向左右两边移动的动画效果。分别在“左轴”、“右轴”图层的第 90 帧插入关键帧，选中“卷轴滚动”元件，按住 Shift 键并配合“左”、“右”方向键移动双轴至底图左右两边，分别【创建传统补间】动画效果，在“右轴”图层第 90 帧输入 stop()；语句停止动画播放，如图 9-54 所示。

图 9-53　双轴摆放位置

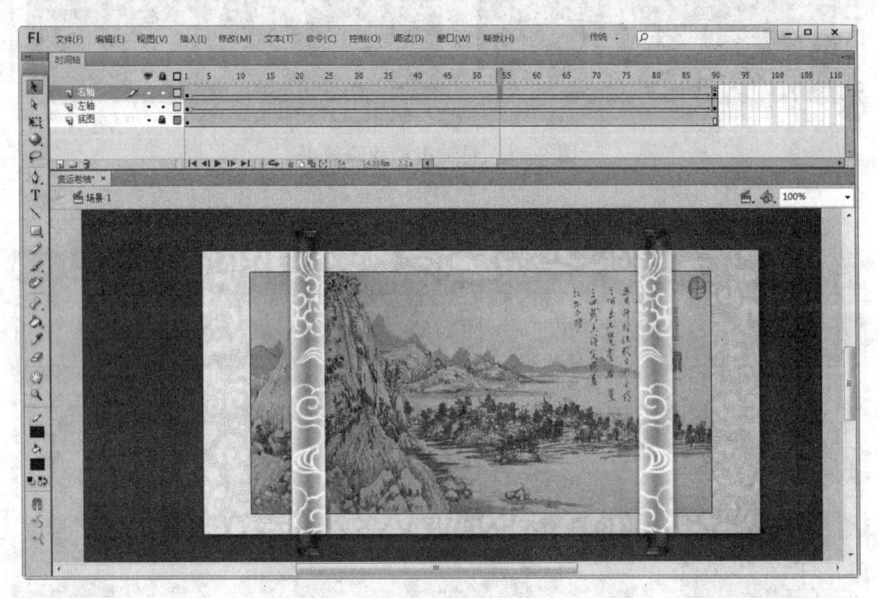

图 9-54　创建双轴平移动画

（4）在“底图”图层上方插入一新建图层 mask，选择【矩形工具】，设置笔触颜色为无色、填充颜色为黑色，绘制一个矩形，大小刚好覆盖底图，如图 9-55 所示。

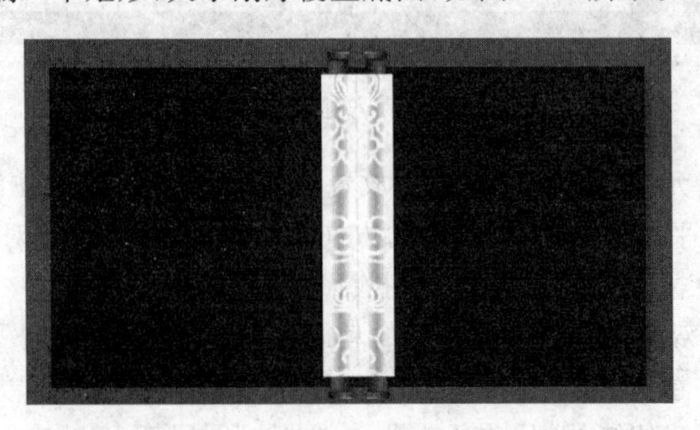

图 9-55　绘制遮罩形状

(5) 返回到 mask 图层第 1 帧，单击隐藏“左轴”、“右轴”图层，选中黑色遮罩矩形，打开【属性】面板，将其【宽度】修改为 1 像素，如图 9-56 所示。

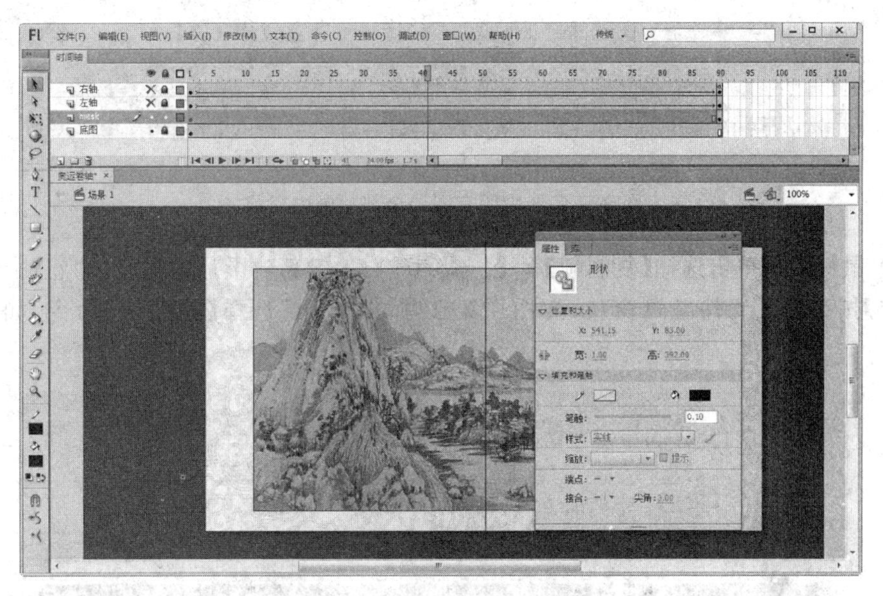

图 9-56 设置遮罩形状的宽度

(6) 右键单击 mask 图层时间轴【创建补间形状】动画，并将该图层设为【遮罩层】，至此，该动画整体效果制作完毕，如图 9-57 所示。

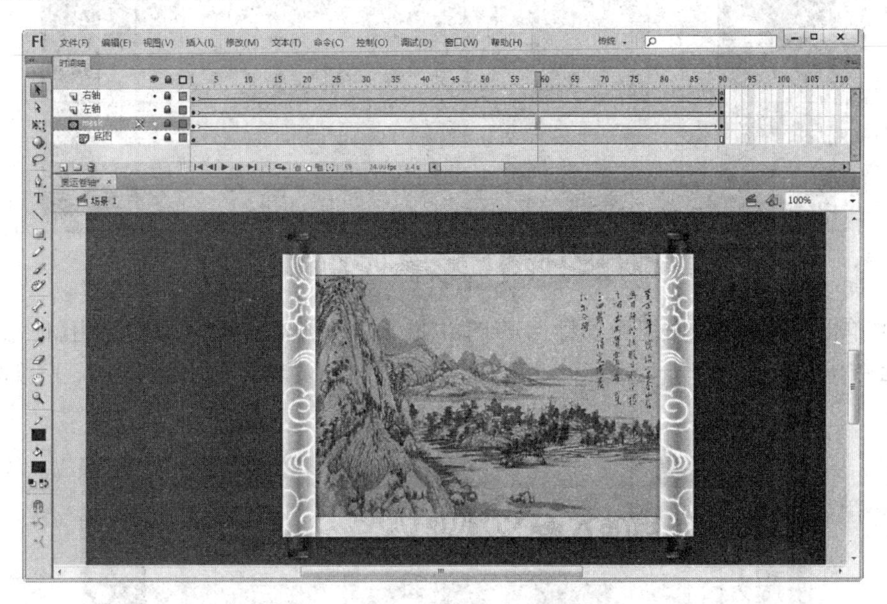

图 9-57 遮罩动画效果

后记：在本实例的最终效果中，可以看出卷轴底图的长、宽比例不是很准确，整体画面在高度上被略微“抻长”了，而奥运卷轴是一幅宽度很长的画卷。为了更贴近真实的情况，可以把场景的动画内容做成一个影片剪辑元件，然后放在场景中，可方便地控制展开卷轴的尺寸大小，具体做法如下。

(1) 用 Flash 打开“奥运卷轴.fla”文件，单击选中“右轴”图层第 1 帧，按住 Shift 键，单击“底图”图层第 90 帧，将包含动画内容的帧数全部选中，如图 9-58 所示。

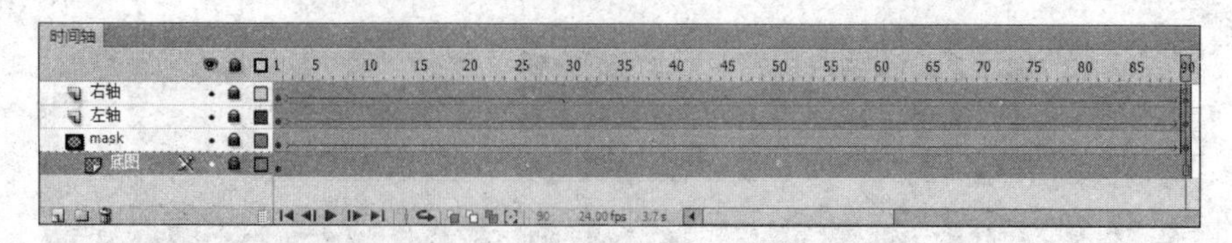

图 9-58 选中所有图层全部动画内容帧

(2) 鼠标右键单击选择【复制帧】命令；按 Ctrl+F8 键新建影片剪辑元件“卷轴_mc”，单击【确定】按钮进入元件编辑窗口，在图层第 1 帧单击右键选择【粘贴帧】命令，如图 9-59 所示。

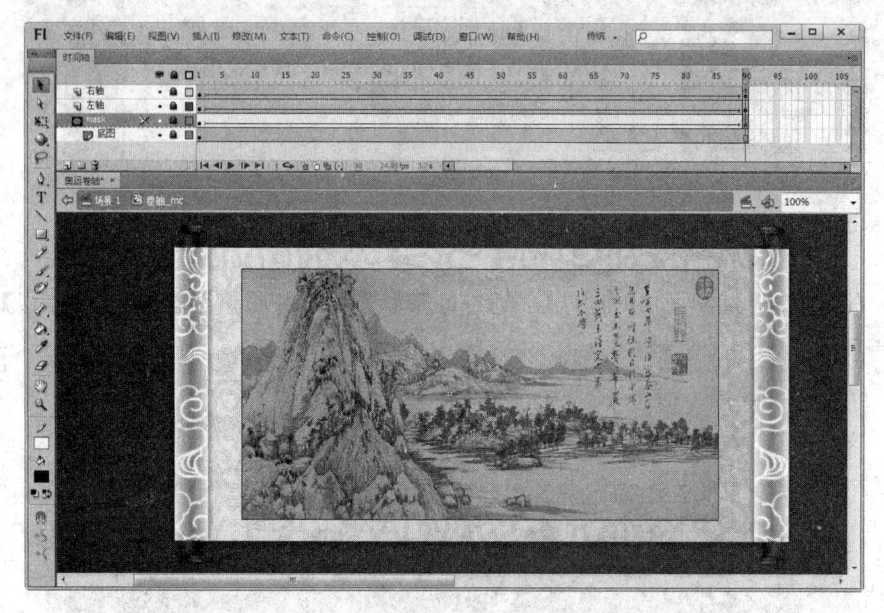

图 9-59 粘贴帧到影片剪辑内部

(3) 单击“场景 1”返回主场景舞台，从库中拖入影片剪辑“卷轴_mc”，使用【任意变心工具】将元件高度降低，按 Ctrl+Enter 组合键测试影片，会发现卷轴比原来变长了，如图 9-60 所示。

图 9-60 变长的影片效果

9.2.5 实例制作 2——佛光普照

如图 9-61 所示，该实例利用遮罩动画原理，制作了金光闪闪的动画效果。

案例参见配套光盘中的文件“素材与源文件\第9 章\佛光普照.fla”。

图 9-61 佛光普照动画效果

下面是具体制作步骤。

(1) 打开 Flash CS6，新建 ActionScript 2.0 文档，设置舞台大小为 550×500 像素、背景颜色为黑色，单击【确定】按钮，存储文件名称为“佛光普照 fla”。

(2) 按 Ctrl+F8 键新建图形元件并命名为“光线”，选择【线条工具】，线条颜色为黄色、笔触大小为 2，在舞台上拖动画一条长直线，选中直线，在【属性】面板上设置直线参数属性：宽 200，x 为 0，y 为 −40，如图 9-62 所示。

(3) 单击工具箱中的【任意变形工具】，拖动框选直线图形，把直线注册点移到如图 9-63 所示的位置，按 Ctrl+T 键打开【变形】面板，设置【旋转】角度为 15°，单击【重制选区和变形】按钮多次，旋转并复制直线至如图 9-64 所示的效果。

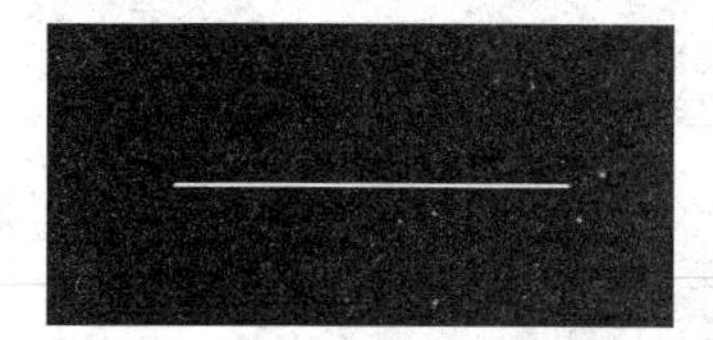

图 9-62 绘制直线

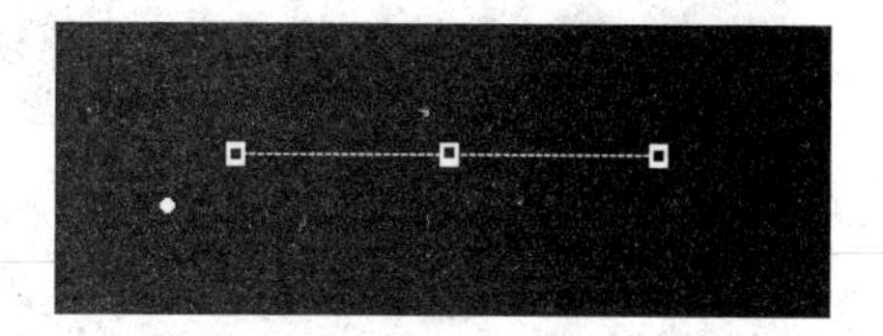

图 9-63 改变直线图形的注册点

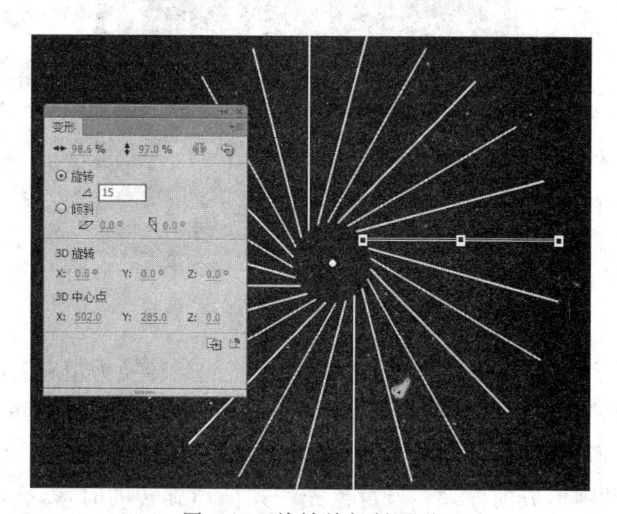

图 9-64 旋转并复制图形

(4) 返回动画主场景舞台，修改图层 1 名称为“背景”，使用【矩形工具】绘制一个黑白渐变效果的矩形作为背景。插入新建图层“光线”，从库中拖入图形元件“光线”，在该图层第 20 帧按 F6 键插入关键帧，为元件【创建传统补间】动画效果。在第 1～20 帧之间任意之处单击，打开【属性】面板，设置元件旋转方式为【顺时针】，如图 9-65 所示。

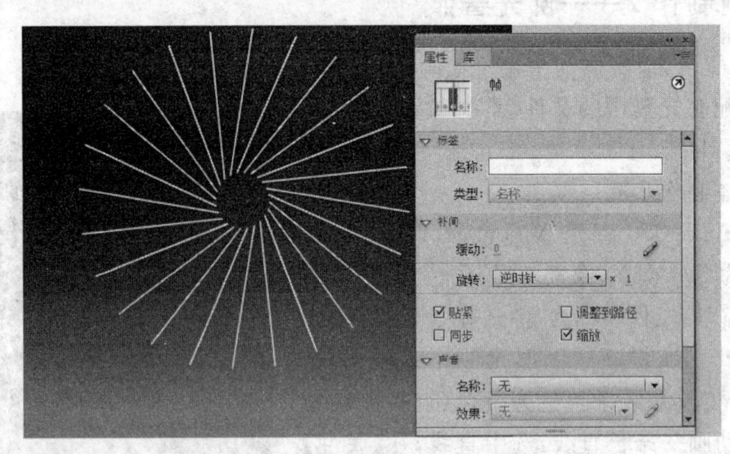

图 9-65　制作光线选装动画效果

(5) 插入新建图层 mask，从库中拖入图形元件“光线”并移动其位置与“光线”图层元件位置重合，选中元件，按 Ctrl+B 键执行【打散】命令，执行【修改】|【变形】|【水平翻转】命令，将图形水平翻转。为与黄色光线区别开来，将颜色改为蓝色，如图 9-66 所示。

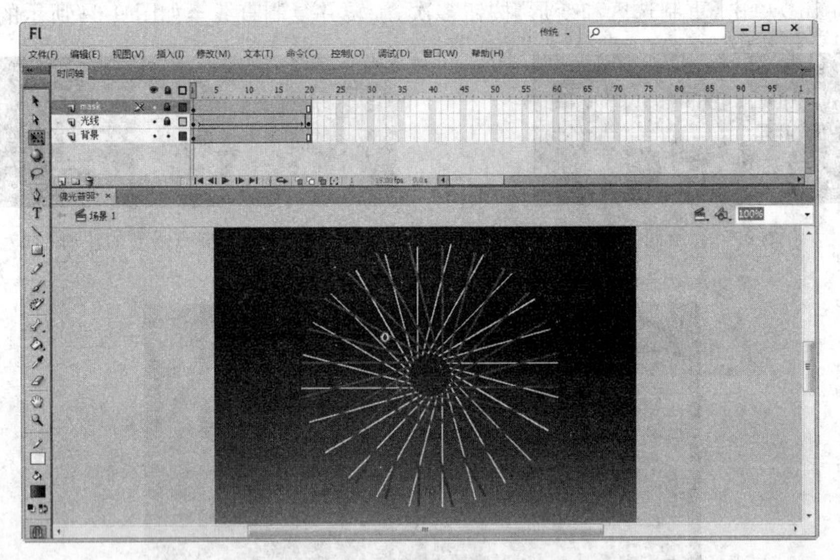

图 9-66　水平翻转蓝色“遮罩”形状

(6) 选中蓝色光线图形，执行【修改】|【形状】|【将线条转换为填充】命令(线条不能作为遮罩图形，所以必须转为填充形状)，右键单击 mask 图层将其设为【遮罩层】，按 Enter 键测试播放，会发现已经形成了“光芒四射”的动画效果，如图 9-67 所示。

现在分析一下动画形成的原理：当黄色光线在循环旋转的时候，会与蓝色“反转”光线不断形成交叉，所以不间断地形成了“菱形”光线四射的效果。放大效果如图 9-68 所示，图中红线所标区域就是形成不断四射光线的菱形区域。

(7) 下面导入“佛像”矢量素材图形。按 Ctrl+F8 键新建图形元件“佛像”，单击【确定】按钮进入元件编辑窗口。按 Ctrl+R 键导入“佛像.ai”文件，单击【确定】按钮，如图 9-69 所示。

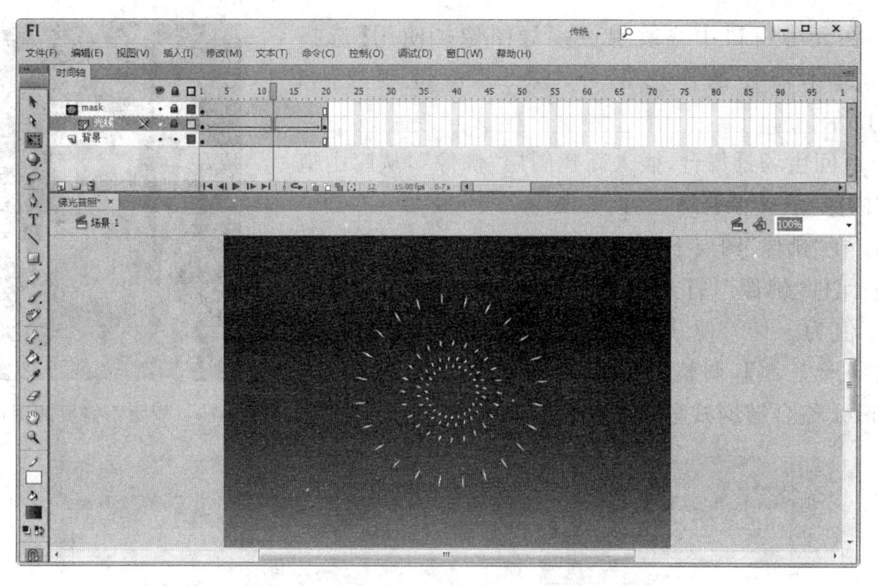

图 9-67　形成“光芒四射”的动画效果

图 9-68　不断形成的菱形射线

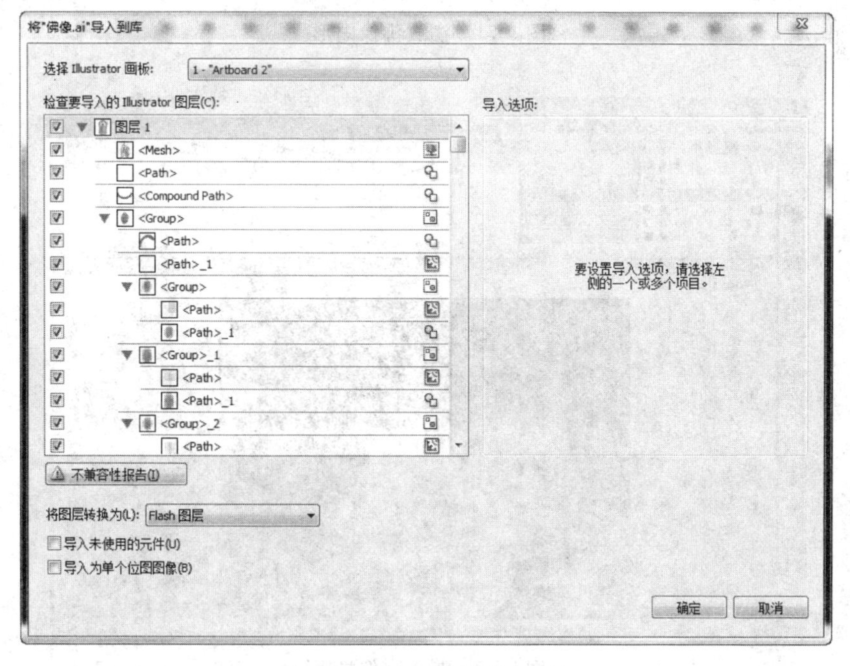

图 9-69　导入矢量图形素材

(8) 在元件窗口中修改佛像素材图像。使用【选择工具】框选不需要的图形部分，按 Delete 键删除，如图 9-70 所示。

图 9-70 删除不需要的图形部分

(9) 返回主场景舞台，插入新建图层“佛像”，从库中拖入元件“佛像”放置在合适位置，如图 9-71 所示。

(10) 在“佛像”图层下方插入一个新建图层“阴影”，从库中拖入元件“佛像”，打开【属性】面板，调整该元件色彩效果亮度值为－100，使其变成黑色，作为佛像的投影，选择【任意变形工具】，调整其外形效果如图 9-72 所示，按 Ctrl＋Enter 组合键测试影片。

图 9-71 摆放佛像图形

图 9-72 制作佛像投影

9.2.6 实例制作 3——旋转的地球

如图 9-73 所示，地球旋转的遮罩动画曾经是非常经典的案例，早期著名闪客邹润曾经以此动画实例在网络上名噪一时，下面我们就以此实例说明遮罩动画原理的应用。

本实例制作需要用到世界地图的素材图片，如图 9-74 所示。可以通过绘图工具手工绘制简单的世界地图图形，如果需要精细的图形，可以通过网络在线搜索很容易得到矢量图形素材。

图 9-73 旋转的地球

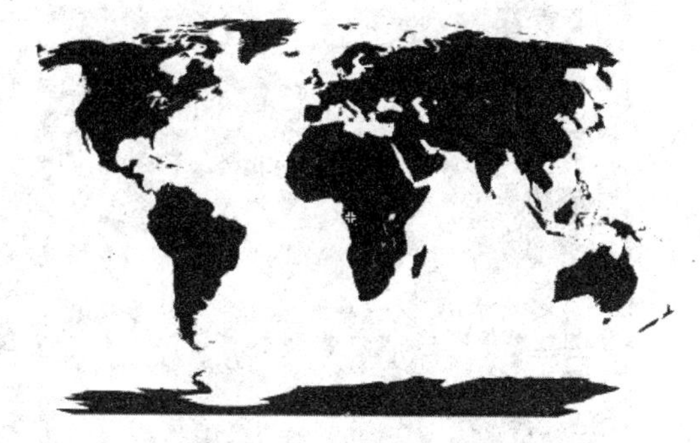

图 9-74 世界地图素材图片

案例参见配套光盘中的文件“素材与源文件\第 9 章\旋转的地球.fla”。

下面是具体制作步骤。

(1) 打开 Flash CS6，新建 ActionScript 2.0 文档，设置舞台大小为 500×400 像素、背景颜色为黑色，单击【确定】按钮，存储文件名称为“旋转的地球.fla”。

(2) 按 Ctrl+F8 键新建一个图形元件并命名为“地球”，单击【确定】按钮进入元件编辑窗口。选择工具箱上的【椭圆工具】，设置笔触颜色为无色，打开【颜色】面板，设置填充颜色为径向渐变，如图 9-75 所示，由左至右渐变颜色值为＃0000FF、＃000038，在舞台拖动绘制一个圆形，使用【渐变变形工具】调整渐变效果，如图 9-76 所示。

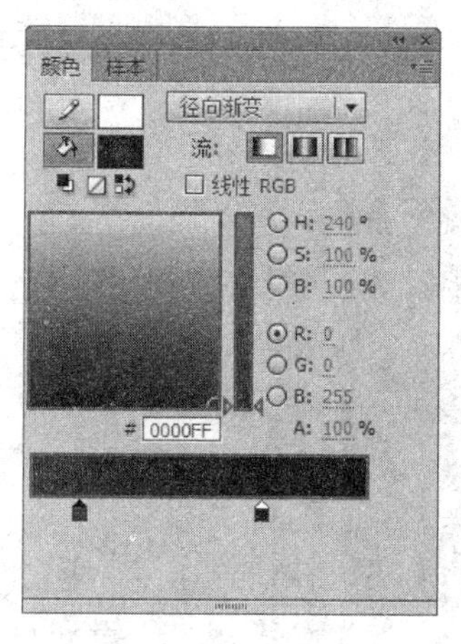

图 9-75 设置渐变

图 9-76 绘制地球图形元件

(3) 按 Ctrl+F8 键新建图形元件并命名为 map，单击【确定】按钮进入元件编辑窗口。按 Ctrl+R 键导入地图矢量素材图片，并将图形填充颜色遮罩设为绿色，复制一个相同的图形，移动、组合两个地图图形组合成一个长的世界地图图形，如图 9-77 所示。

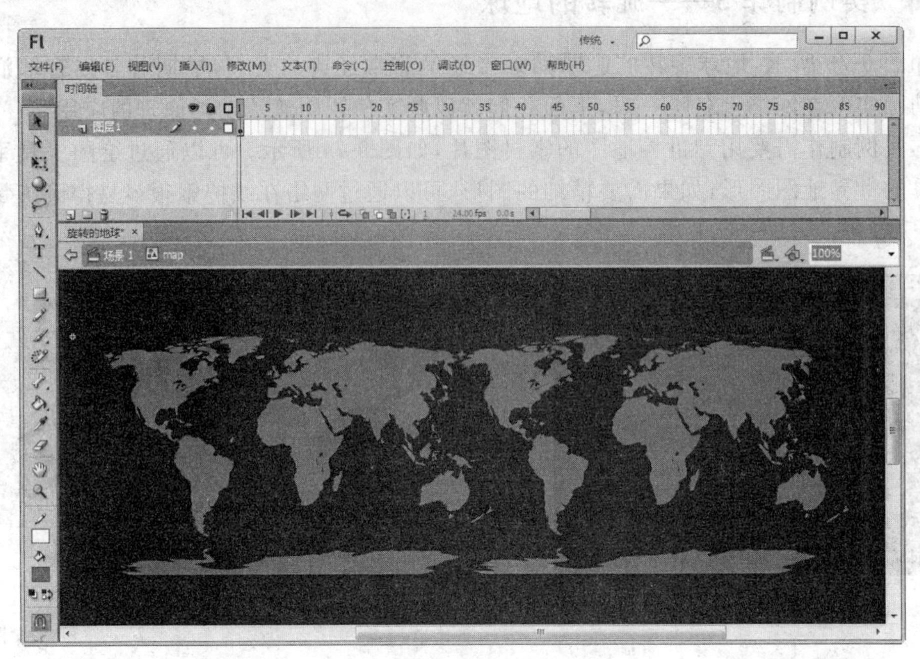

图 9-77　导入世界地图素材图片

(4) 单击场景 1 返回动画舞台，修改图层 1 名称为“地球”，按 Ctrl+L 键打开【库】面板，从中拖入元件“地球”至舞台中心的位置，如图 9-78 所示。

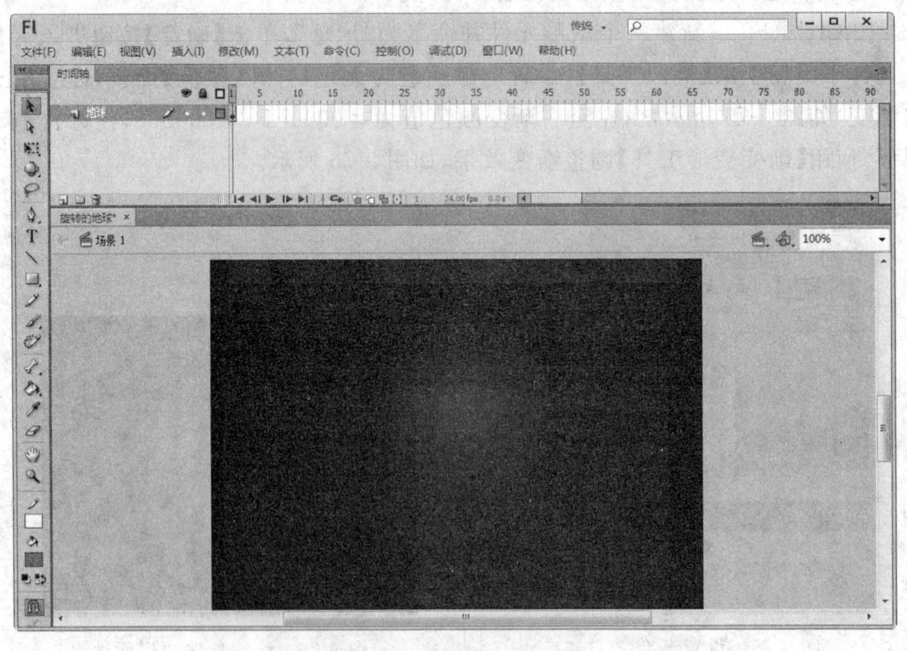

图 9-78　地球元件的位置

(5) 插入新建图层“地图”，从库中拖入元件 map 至舞台，摆放位置如图 9-79 所示。

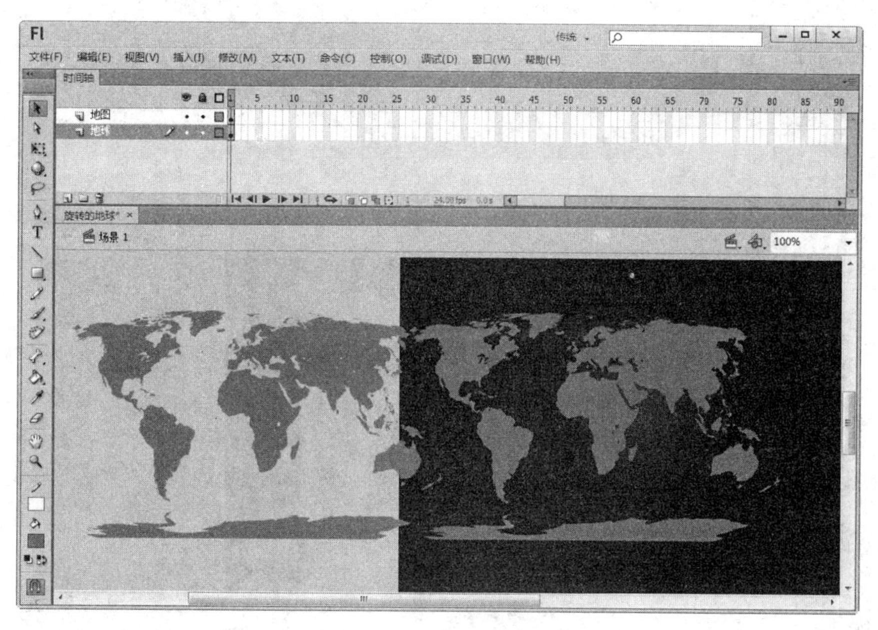

图 9-79 起点处地图的位置

(6) 在“地图”图层第 50 帧右键单击选择【插入关键帧】命令，向右平行移动 map 元件至位置如图 9-80 所示，单击右键【创建传统补间】动画，同时在“地球”图层第 50 帧按 F5 键执行【插入帧】命令，为其补齐到 50 帧。

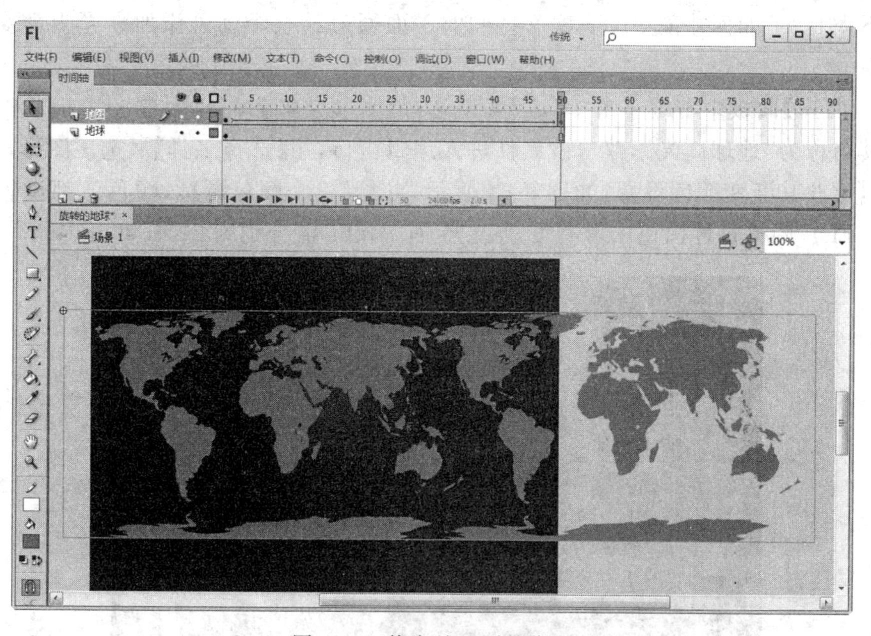

图 9-80 终点处地图的位置

(7) 下面创建遮罩动画效果。右键单击“地球”图层选择【复制图层】命令，复制一个“地球”图层副本并修改其名称为 mask。调整图层的排列顺序，由上到下的排列顺序为 mask、map、“地球”，右键单击 mask 图层选择【遮罩层】命令，遮罩动画效果便创建好了，如图 9-81 所示。

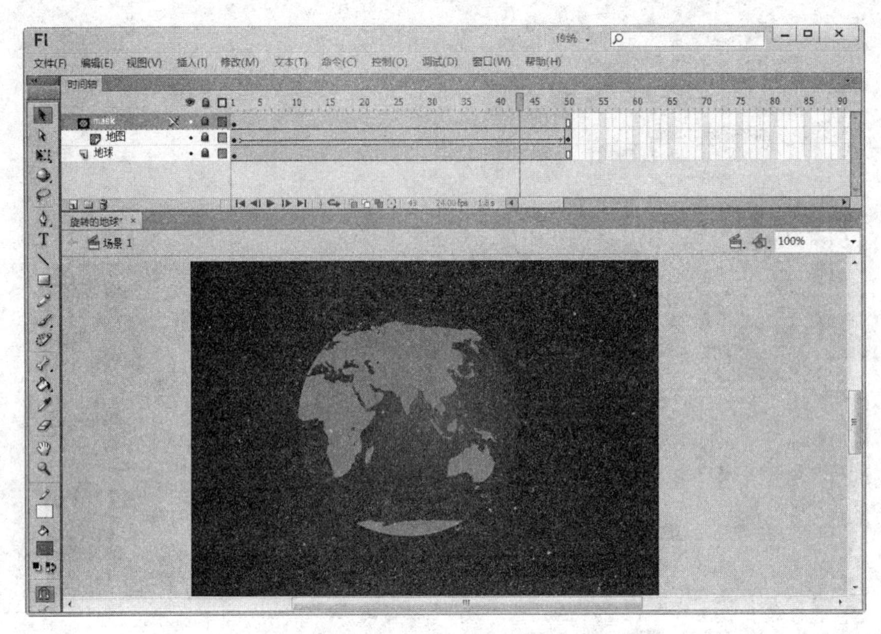

图 9-81 制作遮罩动画效果

此时按 Ctrl+Enter 组合键测试播放影片，会发现地球旋转的动画效果已经形成了，当然这不是真正的“旋转”，是遮罩原理形成的视觉假象。通过测试播放可以发现，动画效果并不是太真实，因为地球是颜色“径向渐变”的三维效果，但是地图始终没有光线阴影变化，所以显得不太真实，如何才能更加真实一些呢？下面通过给整个动画添加高光阴影变化的效果来实现。

(8) 在【库】面板中右键单击“地球”元件选择【直接复制】命令，复制一个该元件的副本并更改其名称为“地球高光”，双击该元件进入编辑窗口，用【选择工具】框选该图形，打开【颜色】面板，更改其渐变颜色设置，如图 9-82 所示。设置 4 个颜色游标，颜色值都设置成白色(#FFFFFF)，调整每种白色的透明度，从左至右 Alpha 值分别为 20%、40%、40%、30%。

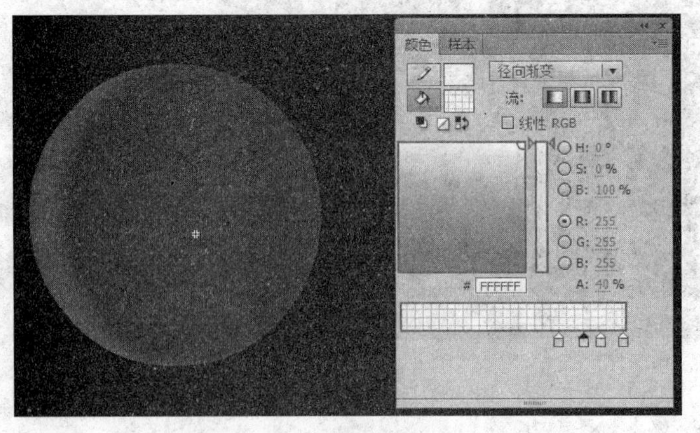

图 9-82 设置渐变颜色

(9) 单击场景 1 返回动画舞台，插入新建图层“地球高光”，从【库】面板中拖入元件“地球高光”至舞台，调整其位置与“地球”图层中的“地球”元件位置重合，如图 9-83 所示。

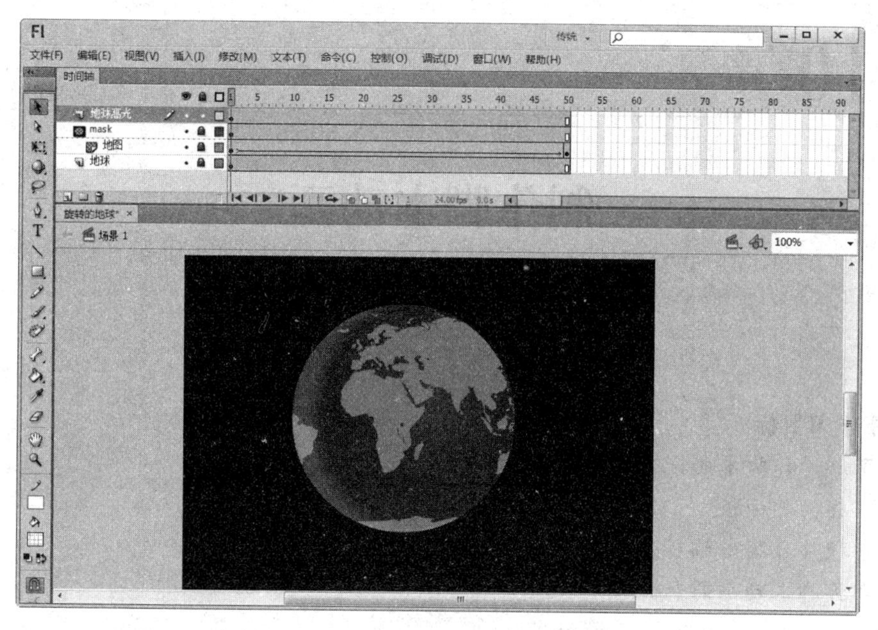

图 9-83 带高光效果的旋转地球

(10) 存盘测试。此时测试播放影片,旋转的地球动画效果变得更加真实了。

9.3 本章小结

本章主要介绍了 Flash 高级动画的基本概念和原理,包括引导层动画和遮罩层动画的制作方法和注意要点,通过实例制作的演示,讲解了在引导层动画制作时注意“调整路径”的补间方式的运用;在遮罩层动画制作过程中,应注重融会贯通和有所创新,这样才能制作出好的作品。

第 10 章 Chapter 10

制作脚本动画

本章学习目标

- 了解动作脚本的概念和特点
- 掌握动作面板
- 掌握动作脚本编程基础
- 掌握脚本动画的制作

本章详细介绍了 Flash 的动作脚本语言 ActionScript 的有关知识内容，包括动作脚本语言的概念和特点、动作面板的使用、动作脚本编程基础及其应用以及交互动画的制作。

10.1 ActionScript 编程基础

Flash 之所以能风行互联网世界而历久弥新，除了能做出匪夷所思的动画特效之外，更多是因为其拥有的强大交互功能。简单地说，“交互”指的是用户能直接参与动画的过程，例如用户通过按钮元件可以控制动画播放、暂停、快进、快退等，这就实现了最简单的交互行为，当然更复杂的交互过程，通过脚本语言程序的编写都能实现。事实上很多特殊的动画效果也是用 AS 来实现的，借用一句俗语：“只有想不到的，没有做不到的！”所以 Flash 并非只是一个单纯的矢量动画创作工具，而是一个凭借脚本语言 ActionScript 在功能和定位上不断演变的网络应用开发工具。

10.1.1 脚本的概念

所谓的脚本（又名动作脚本），是指使用一种特定的描述性语言，依据一定的格式编写的可执行文件，简单来说指的就是一条命令语句或一段代码。Flash 的脚本语言是 ActionScript(AS)，它是 Flash 与程序进行通信的方式。用户可以通过 AS 告诉 Flash 将要执行的任务，并询问在影片运行时发生了什么。这种双向的通信方式，使得用户可以创建具有交互功能的影片，可以说没有 AS，Flash 只是一款普通的二维动画软件，并无特殊之处。

ActionScript 是从 Flash5 开始引入的一种脚本编程语言，是由 Flash Player 中的 ActionScript 虚拟机（AVM）执行的。与其他脚本语言一样，AS 遵循特定的语法规则、保留关键字、提供运算符，并且允许使用变量存储和获取信息，而且还包含内置的对象和函数，允许用户创建自己的对象和函数。使用 AS 编程，可以轻松实现各种动画特效、对影片的良好控制、强大的人机交互以及与网络服务器的交互等功能。

10.1.2 ActionScript 的版本

ActionScript 是不断发展的，最早出现在 Flash 5 中，版本是 ActionScript 1.0，该版本运行速度非常慢，而且灵活性较差，无法实现面向对象的程序设计。到了 Flash MX，ActionScript 解决了以前的一些问题，同时性能、开发模式得到进一步的提升。Flash MX 2004 对 ActionScript 再次进行了全面改进，2.0 版横空出世，ActionScript 终于发展成为真正意义上的专业级的编程语言。随着 Flash CS3 的推出，同时也带来了全新的动作脚本语言——ActionScript 3.0。与之前采用 AVM1 虚拟机的 ActionScript 1.0 或者 ActionScript 2.0 相比，采用 AVM2 虚拟机的 ActionScript 3.0 在编程功能上有了进一步的优化，其操作细节上的完善使动画制作者的编程工作更加得心应手。虽然从名字上看，ActionScript 3.0 是 ActionScript 2.0 的升级版，但实际上，ActionScript 3.0 基本上可以看作是一款全新的编程语言，更加贴近互联网以及交互程序。

对于 Flash 交互媒体设计者来说，AS 编程是一件极度让人头疼的事情，它们往往更专注于动画设计与制作。如果仅仅是学习一些控制影片播放、声音开关等简单的交互功能，所用到的 ActionScript 不会太多，而且相对要简单得多，ActionScript 2.0 就足够使用了。Flash CS6 仍支持 ActionScript 2.0 文档的开发，尽管 Flash Player 运行编译后的 ActionScript 2.0 代码比运行编译后的 ActionScript 3.0 代码的速度慢，但 ActionScript 2.0 对于许多计算量不大的项目仍然十分方便，所以本书所介绍的 ActionScript 以 2.0 版本为主。

10.1.3 认识“动作”面板

在 Flash 中并不是任何对象都可以添加动作脚本的，在 AS 2.0 中只有以下三类对象可以添加动作脚本：

(1) 关键帧(也包括空白关键帧)；

(2) 按钮；

(3) 影片剪辑。

如何给这些对象(包括关键帧、按钮、影片剪辑)添加动作脚本呢？要想为哪个对象添加动作脚本首先要选中该对象，然后打开动作面板就可以添加了。动作面板就是为各对象添加动作脚本的地方。

动作面板是 ActionScript 编程的专用环境，熟悉动作面板是十分必要的。执行【窗口】|【动作】命令，或直接按 F9 键可调出动作面板，如图 10-1 所示，可以看到动作面板的编辑环境由左右两部分组成，左侧部分又分为上下两个窗口。

1. 动作工具箱

使用该工具箱可以浏览 ActionScript 语言元素(函数、类、类型等)的分类列表，然后将其插入到【脚本】窗格中。工具箱列表包含几个大的节点，也根据不同的类型把动作分为几大类，各大类下面又分为几个小类，小类下面包含了程序代码的关键字，这样的区分大大方便了用户的使用。要将脚本元素插入到【脚本】窗格中，可以双击该元素，或直接将它拖动到【脚本】窗格中。还可以使用【动作】面板工具栏中的【添加】按钮来将语言元素添加到脚本中。

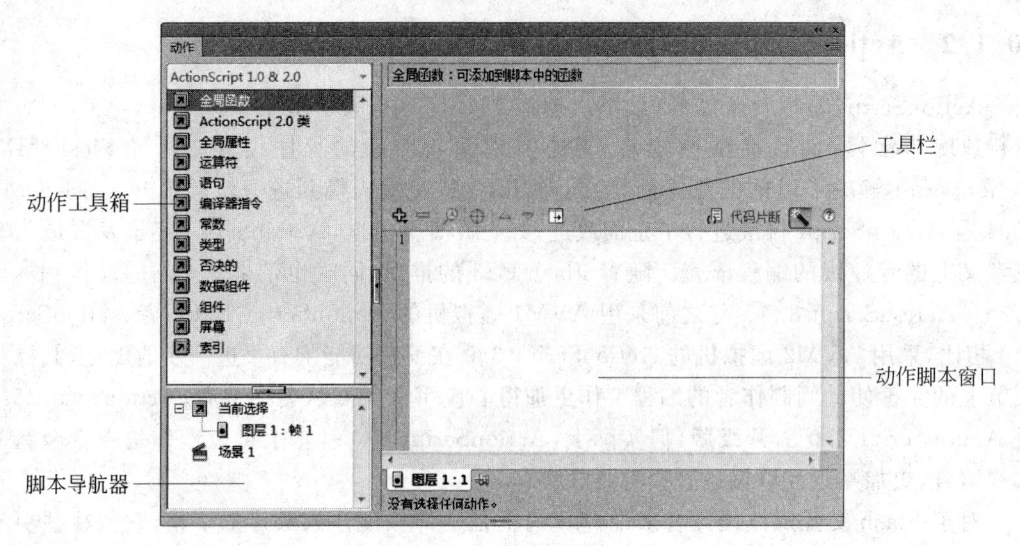

图 10-1 动作面板

2. 脚本导航器

脚本导航器可显示包含脚本的 Flash 元素(影片剪辑、帧和按钮)的分层列表。使用脚本导航器可在 Flash 文档中的各个脚本之间快速移动。如果单击脚本导航器中的某一项目,则与该项目关联的脚本将显示在【脚本】窗格中,并且播放头将移到时间轴上的相应位置。如果双击脚本导航器中的某一项,则该脚本将被固定(就地锁定)。

3. 动作脚本窗口

脚本窗口是动作面板的主要组成部分,用于 AS 脚本程序编写。可以直接在脚本窗口中编辑动作、输入动作参数或删除动作。也可以双击【动作工具箱】中的某一项或【脚本编辑】窗口上方的【添加脚本】工具 ,向【脚本】窗口添加动作,在该窗口中的 AS 动作脚本直接作用于影片,从而使影片产生交互效果与功能。

4. 工具栏按钮功能

工具栏如图 10-2 所示。

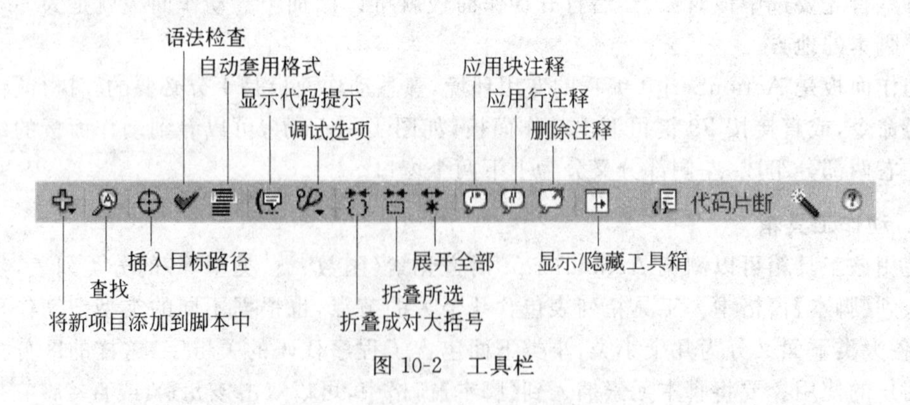

图 10-2 工具栏

(1) 将新项目添加到脚本中：主要用于显示语言元素,可以利用该按钮来选择要添加到脚本中的项目或者元素名称。

(2) 查找：主要用于查找并替换脚本中的语句文本。

(3) 插入目标路径：可以帮助为脚本中的某个动作设置绝对或相对路径。

(4) 语法检查：单击该按钮，能对现有【动作】面板上的脚本进行检查，如果有错误，将会在【输出】窗口显示出错原因。

(5) 调试选项：可切换断点以及删除所有断点选项。

(6) 显示代码提示：能实时地检测输入的程序语句。

(6) 自动套用格式：可以按预先设置的样式和缩进等设置脚本的格式。

(7) 折叠成对大括号：将光标定位在大括号内，单击该按钮，即可将大括号内的程序折叠。

(8) 折叠所选：选中一段程序，单击该按钮可以将其折叠。

(10) 展开全部：可以将折叠的程序全部展开。

(11) 应用块注释：单击即可给选中的程序块添加注释。

(12) 应用行注释：对单行程序添加注释内容。

10.1.4　AS编程基本术语

在交互媒体设计当中，实现比较复杂的交互功能时，AS脚本语言的应用是必不可少的，所以很多不是学计算机相关专业的人，对AS脚本编程往往望而却步。其实大可不必，首先，AS相对来说是比较简单、容易上手的一种脚本语言；其次，编写AS脚本，不需要用户对AS有完全的了解，很多时候我们完全可以参考比较成熟的案例，来实现自己的意图。

1. 常量

常量是一个属性，在程序编写的过程中，它的值是不能被改变的。例如，i<3中的“3”就是一个常量。

2. 变量

顾名思义，变量就是程序运行中可以改变的量。在编写程序时往往要存储很多的信息，这时就需要用变量来存储这些信息。所有的编程语言都使用变量来存储信息。一个变量由两部分构成，包括变量名和变量的值。

(1) 变量名

变量名通常是一个单词或几个单词构成的字符串，也可以是一个字母。一般来说，应该尽可能地为变量指定一个有意义、描述性的名称。

例如，如果要使用变量存储用户的姓名，用userName作为变量名将是一个很好的选择。如果使用n作变量名，似乎太短了一点；如果使用name，又可能与影片中其他对象的名称相混淆。

在ActionScript中变量名通常以小写字母开头，当一个新的单词出现时，大写这个新单词的第一个字母，如userName，长一点的例子如currentUserFirstName。变量名中不允许出现空格，也不允许出现特殊符号，但是可以使用数字。

(2) 变量的类型

可以用变量存储不同类型的数据，其中数字是最简单的变量类型。

也可以在变量中存储字符串,字符串就是由字符组成的序列,可以是一个或多个字符,甚至可以没有字符,即空字符串。

使用引号定义字符串,使其与其他变量相区别。如7是一个数字,而“7”则是一个字符串,这个字符串由一个字符7组成。

在其他的编程语言中,你可能需要在程序的开头部分提前定义程序中要用到的变量的具体类型,但在ActionScript中不需要预先声明变量,你只需要直接使用它们,Flash在第一次遇到它们的时候会自动为它们创建变量。

另外,变量所能存放的数据类型也没有严格的限定,某一变量可以在一个位置存放字符串,而在另一个位置存放数字。这种灵活性并不是经常用得到,但是它可以让程序员们少一些不必要的担心。

ActionScript程序员不必担心的另一个问题是废弃变量的空间回收问题。即当不再需要使用一个变量的时候,你可能需要收回该变量占用的存储空间。大多数现代的计算机语言,如ActionScript都可以自动回收空间。

除数字和字符串类型外还有一些别的变量数据类型。例如,数组可以存放一系列的数据而非单个数据。

(3) 设置变量

在ActionScript中使用变量的方法很简单,只需要为变量名分配一个值,例如:myVariable = 7;该例在创建名为myVariable的变量的同时将其值设置为7,也可以为变量任意取一个名字,而并不需要使用本例中的myVariable。

可以使用输出窗口查看变量的值,如在一个空白影片第一帧的动作面板中添加如下ActionScript代码:

```
x=7; trace(x);
```

首先,数字7被存储在变量x中;然后,使用trace命令将变量x的值发送到输出窗口。影片播放时,输出窗口中会显示数字7。

(4) 变量的作用域

① 全局变量

根据变量作用范围的不同可将变量分为全局变量和局部变量。全局变量就是可以作用在整个Flash影片的所有深度级别上的变量。可以在某一帧中设置它,并在其他帧中使用和改变它的值。不需要使用特别的方法创建全局变量,像前一个例子一样,直接设置并使用它,它会自动成为一个全局变量。

在许多编程语言中,全局变量可以在任何地方使用。Flash影片使用一个叫层级(level)的概念。整修影片的主时间轴作为根(root)层级,影片剪辑是时间轴中的小影片。影片剪辑中的图形和脚本要比根层级低一个级别,影片剪辑不能直接使用根层级中的全局变量。

② 局部变量

局部变量只能存在于当前脚本中,而在其他帧中将不再存在。可以使用同一个变量名在不同的帧中创建不同的局部变量,它们之间将互不影响。局部变量可用来创建模块化的代码。当前脚本执行完时,局部变量将被从内存中删除,而全局变量将保留到影片结束。

创建局部变量需要使用关键字 var。例如，下面的 ActionScript 代码创建值为 15 的局部变量 myLocalVariable：

```
myLocalVariable=15;
```

使用 var 创建局部变量后，在当前代码中就不再需要使用关键字 var 了。例如，下面的代码创建值为 20 的局部变量 myLocalVariable，然后将其值改为 8，再发送到输出窗口中。

```
var myLocalVariable=20;
myLocalVariable=8;
trace(myLocalVariable);
```

如果没有特殊的需要，应尽量使用局部变量。

3. 函数

函数从外观上看是一个语句块，包含至少一条或数条语句；从逻辑上看，它是可以执行某个目标任务的代码块。它可以接受外部传入的对象或值，还可以返回操作的结果。函数(Function)的准确定义是：函数是执行特定任务并可以在程序中重用的代码块。

函数以关键字 function 开头，function 后面是函数名。与变量名相似，可以指定自己的函数名，最好将函数名取得有意义一些。

函数名后面的括号容纳该函数的参数，所谓参数也是一个变量，它的值在调用该函数时予以指定。一个函数可以有若干参数，也可以没有参数。无论有没有参数，函数名后都应紧跟一对括号。

(1) 定义函数

函数也像变量一样，有作用域。全局函数可以在任何时候调用，定义全局函数需要在函数名前添加_global，如：

```
_global.myFunction=function (x){
    return (x * x * x);
}
```

函数 myFunction 的作用是计算一个数的立方值，这个函数是全局的，可以在动画的任何时候调用。x 是函数的参数，调用时需向函数传递这个参数的值。

局部函数是附属在时间轴上的某个影片剪辑，调用局部函数时必须指明影片剪辑的路径。定义局部函数使用 function 命令，后跟函数名、一对圆括号、一对大括号。圆括号内是要传递给函数的参数，大括号内是该函数要做什么的 ActionScript 语句。如：

```
function areaOfCircle(radius){
    this.radius=radius;
    this.area=Math.PI * radius * radius;
    return this.area;
}
```

函数 areaOfCircle 的作用是计算圆的面积。radius 是函数的参数，调用时需向函数传递这个参数的值。

函数体内的 this 指向函数所属的影片剪辑。areaOfCircle 是局部函数，只有所属的影片剪辑执行时,函数才能起作用。当函数重定义时,新定义的函数取代旧定义的函数。

(2) 函数参数传递

参数是函数提供的一个入口,通过改变参数值,可以使函数返回不同的结果。例如以下代码中,函数 fillOutScorecard 有两个参数: initials 和 finalScore。

```
function fillOutScorecard(initials, finalScore){
    scorecard.display=initials;
    scorecard.score=finalScore;
}
```

函数 fillOutScorecard 被调用时,必须传递两个参数值,如:

```
fillOutScorecard("JEB", 45000);
```

"JEB"传给了变量 initials,45000 传给了变量 finalScore。

(3) 函数中使用变量

在函数内部定义的变量是局部变量,此变量只有在函数执行时才有效。全局变量在函数外部定义,可用于任何函数内部。

(4) 函数返回

使用 return 命令使函数有个返回值。返回值是唯一的,即函数只能返回一个值。函数执行到 return 语句时退出函数,返回到调用函数的位置。

如果函数内部没有 return 语句,函数执行完最后一条语句时退出函数,返回一个空字符。如以下代码,返回参数 x 的平方。

```
function sqr(x){
    return x*x;
}
```

(5) 调用函数

调用一个函数时,把要传递的参数值放在圆括号中,如调用函数 sqr:

```
sqr(10);
```

如果调用的函数没有参数,函数名后跟一对空的圆括号。

(6) 预定义函数

ActionScript 内部预定义了一些函数,供用户直接调用。预定义函数如果附属于某个对象,该函数又称为对象的方法。不属于对象的函数列在动作面板的函数类中,常见的预定义函数有 Boolean、getVersion、parseIn、escape、isFinite、String、eval、IsNaN、TargetPath、GetProperty、Number、unescape、getTimer、parseFloat。

4. 语法规范

语句是执行具体操作的指令,书写语句时要遵循下面的语法规则。

(1) 关键字

关键字是 ActionScript 中用于执行一项特定操作的单词,它是程序语言的保留字,不能作为其他用途,如不能作为自定义的变量、函数、对象名等。如表 10-1 所示列出的是 ActionScript 常用的关键字。

表 10-1 常用关键字

break	for	New	var
continue	function	return	void
delete	if	this	while
else	in	typeof	with

(2) 运算符

与一般的编程语言相同，ActionScript 也使用运算符。运算符处理的值称为操作数。运算符分为算术运算符、比较运算符、逻辑运算符、赋值运算符几种。

① 算术运算符

算术运算符如表 10-2 所示。

表 10-2 算术运算符

运算符	执行的运算	运算符	执行的运算
+	加法	%	取余数
-	减法	++	递增
/	除法	--	递减
*	乘法		

② 比较运算符

比较运算符如表 10-3 所示。

表 10-3 比较运算符

运算符	执行的运算	运算符	执行的运算
<	小于	==	等于
>	大于	===	严格等于
<=	小于等于	!=	不等于
>=	大于等于	!==	严格不等于

③ 逻辑运算符

逻辑运算符如表 10-4 所示。

表 10-4 逻辑运算符

运算符	名 称	意 义
!	逻辑非	返回相反的结果
&&	逻辑与(并且)	两个均为 true 时结果为 true
‖	逻辑或(或者)	一个为 true 时，结果即为 true

④ 赋值运算符

赋值运算符如表 10-5 所示。

表 10-5 赋值运算符

运算符	意 义	实 例
+=	相加并赋值	x+=5 等效于 x=x+5
-=	相减并赋值	x-=5 等效于 x=x-5
*=	相乘并赋值	x*=5 等效于 x=x*5
/=	相除并赋值	x/=5 等效于 x=x/5
%=	取模并赋值	x%=5 等效于 x=x%5
&=	换位与并赋值	x&=5 等效于 x=x&5

(3) 表达式

用运算符将运算对象连接起来的式子称为表达式。运算对象包括常量、变量、函数等。例如,下面是一个合法的表达式:

```
a*b/c-2.6+100
```

在一个表达式后面加上“;”,就构成了一个语句,这种语句叫表达式语句。

(4) 语法规则

① 分号的语法规则

ActionScript 语句用分号(;)结束一条语句,但有时不写分号编译也能通过,但是作为初学者要养成使用分号结束语句的好习惯。

② 大小写规则

ActionScript 中只有关键字区分大小写,一般情况下大小写字母通用。例如,下面两条语句是等同的:

```
cat.hilite=true;
Cat.Hilite=True;
```

关键字不正确的大小写会出现语法错误,正确的关键字在默认状态下是蓝色的。为了提高程序的可读性,最好遵循变量名、函数名、属性名、方法名等的第一个字母大写的习惯。由于不区分大小写,变量名应注意不要和预定义对象名相同,下面的语句是错误的:

```
date=new Date();
```

可以把变量名改为 myDate、theDate 等。

③ 点语法规则

点语法用于设置对象或影片剪辑的属性和方法。它也用于标识指向影片剪辑或变量的目标路径。一个点语法表达式以对象或影片剪辑的名字开始,后面跟着一个点,以属性、方法或者变量来结束。在这两组之间可以加入路径。

例如,_x 表示一个影片剪辑实例在 *X* 轴的位置,而 newmc._x 就是指出影片剪辑实例 newmc 的 *X* 轴位置。

④ 大括号语法规则

ActionScript 语句用一对大括号({})分块,如:

```
on(release){
    myDate=new Date();
currentMonth=myDate.getMonth();
}
```

⑤ 圆括号语法规则

当定义函数时,将参数放在圆括号内。如:

```
function myFunction (name, age, reader){
    …
}
```

调用函数时,需要给参数传递值,也要用到此语法。如:

```
myFunction ("Steve", 10, true);
```

此外语句中含有运算符,如算术运算符、比较运算符、逻辑运算符时,使用圆括号可以改变运算的顺序,因为程序总是先计算括号内的运算。

⑥ 注释语句

在动作面板内,使用注释语句注明脚本语言的作用,有助于对编写的脚本的理解,提高程序的可读性。ActionScript 用字符//表明其后的语句是注释语句。注释语句不会增加 Flash 文件的大小,注释内容在脚本窗口显示成灰色。如:

```
on(release){
    myDate=new Date();                    //建立新的日期对象
    currentMonth=myDate.getMonth();       //把用数字表示的月份转换为用文字表示的月份
    monthName=calcMonth(currentMonth);
    year=myDate.getFullYear();
    currentDate=myDate.getDat ();
}
```

⑦ 赋值语句

赋值语句的作用是将值赋给变量或对象的属性。赋值语句使用赋值操作符“=”,如:

```
password="abcdefg";
```

赋值操作符“=”的左边是变量名,右边是值。

ActionScript 还提供了一些复杂的赋值操作符,可以先计算,再将计算结果赋给变量,如下两条语句的作用是完全相同的:

```
x+=15;
x=x+15;
```

其中“+=”就是一种复杂的赋值操作符。

5. 数据类型

ActionScript 支持的数据类型有字符串、数值、逻辑、对象和影片剪辑,是不同种类信息的表达方式。

另外,还有两个特殊的数据类型:空(null)和未定义(undefined)。数据类型的支持使用户能够在 ActionScript 中使用不同类型的信息。

(1) 字符串(String)

字符串是一对双引号括起来的字母、数字、特殊字符的组合,如“Hello World!”、“程序设计”等。引号内的字符是区分大小写的。字符串型数据能进行字符串连接运算,如:

```
"I am a "+"student. "     //结果是 "I am a student."
```

(2) 数值(Number)

数值型数据表示双精度浮点型数,可以进行算术运算。常见的算术运算有加法(+)、减法(-)、乘法(×)、除法(/)、取模(%)、递增(++)、递减(--)。括号和负号(-)也属于算术操作符。ActionScript 预定义的数学对象 Math 的方法可以对数值型数据进行运算。

(3) 逻辑(Boolean)

逻辑型数据只有两个值:真(true)和假(false)。逻辑真和逻辑假通常与 1 和 0 对应。逻辑型数据的基本运算共有三种,分别是!(逻辑非)、&&(逻辑与)、‖(逻辑或)。逻辑非为取反操作;逻辑与是当两个操作数同时为真时结果才为真,其他情况为假;逻辑或则是当有一个操作数为真其结果就为真。其他的逻辑运算,如与或、非或、与或非、异或都是这三种基本逻辑运算的组合。

(4) 对象(Object)

对象数据类型包含大量复杂的信息。对象是属性的集合,每个属性都有名字和值。属性值可以是任何一种 Flash 支持的数据类型,甚至是对象类型。对象及其属性的设定需要使用(.)操作符。如下语句表示 hoursWorked 是 weeklyStats 对象的属性,weeklyStats 又是 employee 对象的属性:

```
employee.weeklyStats.hoursWorked
```

ActionScript 内部预定义了一些对象,如数学对象(Math)、影片剪辑对象(MovieClip)等。可以直接使用这些对象的方法来处理各种类型的信息。数学对象的方法可以对数值型数据进行算术运算。如求平方根的语句为:

```
squareRoot=Math.sqrt(100)
```

影片剪辑对象的方法可以控制舞台上运行的影片剪辑元件,如:

```
mcInstanceName.play()                //播放影片剪辑
mc2InstanceName.nextFrame()          //播放影片剪辑的下一帧
```

ActionScript 也允许用户自定义对象,按用户的需求管理动画中的信息。在交互式动画中,往往需要处理大量的数据信息,利用对象可以将这些信息分类,简化程序。

(5) 影片剪辑(Movie Clips)

影片剪辑是播放动画的一个元件,可以在 Flash 中重复使用。影片剪辑数据类型支持使用影片剪辑对象的方法来控制影片剪辑元件的执行,如:

```
myClip.startDrag(true);
```

```
parentClip.getURL("http://www.adobe.com/flash/support/"+product);
```

myClip 和 parentClip 是影片剪辑数据类型,可以使用影片剪辑对象的方法 startDrag 和 getURL 来控制影片剪辑元件的执行。

10.1.5 程序流程控制

程序流程是程序执行的方向,是语句执行的先后顺序。ActionScript 有三种结构控制程序流程,分别是顺序、条件、循环。任何复杂的程序都可以由这三种结构组成。三种结构可以互相包含,嵌套使用。

1. 顺序结构

顺序结构是程序最基本、最简单的结构,在分支结构和循环结构中也包含有顺序结构。在顺序结构中,程序按照语句出现的先后顺序依次执行,直至到达最后的语句。顺序结构的示意图如图 10-3 所示。

2. 分支结构

分支结构是程序依据预先设定的条件成立与否,决定执行哪个分支。分支结构由 if 条件语句实现。分支结构有时也称条件结构。分支结构的示意图如图 10-4 所示。

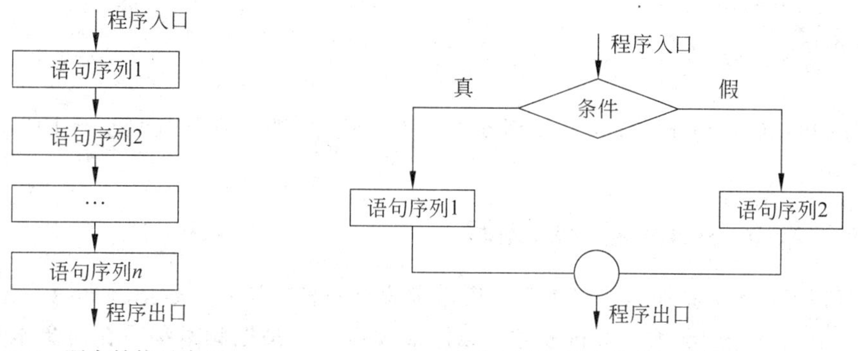

图 10-3 顺序结构示意图　　图 10-4 条件结构示意图

例如,在下面的例子中,如果条件的返回值为 true(例如 number 的值为 3),第一对大括号中的语句被执行;如果条件的返回值为 false(例如 number 的值为 30),第一对大括号中的代码块被跳过,else 语句后的大括号中的语句被执行。

```
if (number<=10){
    alert="The number is less than or equal to 10";
} else{
    alert="The number is greater than 10";
}
```

3. 循环结构

循环结构是程序依据预先设定的条件是否成立,反复执行相同的代码段,当条件不成立时,退出循环。循环结构可以用 for 语句和 while 语句实现。循环结构示意图如图 10-5 所示。

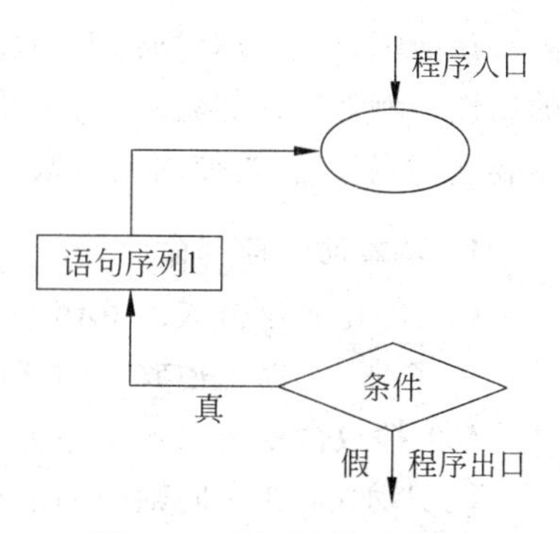

图 10-5 循环结构示意图

例如，以下的代码计算 result 的结果是 10！＝3 628 800。

```
result=1;
for (i=1;i<=10;i++){
    result=result*i;
}
```

本例用的是 for 循环，这种循环的特点就是已知循环次数（重复执行代码的次数），当循环次数到了时退出循环，然后执行循环后面的代码。

ActionScript 还有另一种循环方式，那就是 while 循环，与 for 循环不同的是它的条件控制更加灵活，甚至可以有多种条件的组合。while 循环的语法格式如下：

```
while (循环条件表达式){
    循环代码行
}
```

前例用 while 循环实现的程序如下：

```
result=1;i=1;
while (i<=10){
    result=result*i;
    i++;
}
```

程序执行到 while 语句时，首先判断条件是否成立，即 i 是否小于等于 10。如果成立，执行循环体。

10.1.6 ActionScript 程序的编写

如何在 Flash 中添加编写脚本呢？简单地说有两种方法：一是把脚本编写在时间轴上的关键帧上面（注意，必须是关键帧才可以添加脚本）；二是把脚本编写在对象本身，例如把脚本直接写在影片剪辑元件或按钮元件上。

此外，大家也需要简单理解一下 Fash 是如何执行编写的脚本的。当你在时间轴的关键帧上添加了脚本，那么当 Flash 运行的时候，它会首先执行这个关键帧上的脚本，然后才会显示这个关键帧上的对象。

还有一些简单的知识，AS 中的对象都包括什么呢？它可以包含数据，也可以是舞台上的影片剪辑，也可以是舞台上的按钮等。既然包含了那么多对象，那么每种对象肯定有各自的属性。例如影片剪辑对象，它的属性就有_height（高度）、_rotation（旋转）等，这些属性不需要去特意记忆，当使用的时候可以随时翻阅脚本字典。

1. 基本动作控制命令

（1）停止命令格式：stop()；

说明动作：停止播放头的移动，即强制动画停止播放。

（2）播放命令格式：play()；

说明动作：在时间轴中向前移动播放头，即开始播放动画。

（3）转移命令：gotoAndPlay(scene，frame)；

参数 scene：播放头将转到的场景的名称；参数 frame：播放头将转到的帧的编号或标签。

说明动作：将播放头转到场景中指定的帧并从该帧开始播放。如果未指定场景，则播放头将转到当前场景中的指定帧。

以上三个命令是动作脚本中最常用的基本动作，它们通过对时间轴上播放头的控制来实现特定的功能。在对播放头实施控制时一般有多种方法可供选择，但最常用的是在坐标系内部实施控制和在不同坐标系之间实施控制，前者直接使用命令就可以实现目的，后者则必须使用目标路径才能实现控制功能。

2. 使用按钮

在交互式的动画制作中，经常会用到按钮，例如【播放】、【停止】、【重放】等按钮。使用按钮元件可以在影片中创建响应鼠标点击、滑过或其他等交互动作。在单击或滑过按钮时要让影片执行某个动作，必须将动作指定给按钮的一个实例，该元件的其他实例不受影响。

当为按钮指定动作时，必须将动作嵌套在 on 处理函数中，并指定触发该动作的鼠标或键盘事件。当在标准模式下为按钮指定动作时，会自动插入 on 处理函数，然后可从列表中选择一个事件。

下面通过一个实例的两种不同方式来说明如何给按钮元件赋予 AS 语句，实现打开一个指定网页的功能。

(1) 把脚本写在按钮本身

在舞台上绘制一个矩形，选中矩形并按 F8 键，将这个矩形转换成按钮元件。选中按钮，按 F10 键打开动作面板，在【专家模式】下输入以下脚本：

```
on(release){
    getURL("http://www.tup.com.cn/","_blank")
}
```

从这个例子中可以看到，按钮的 AS 书写规则就是：

```
on(事件){ //要执行的脚本程序}
```

刚才的例子是用 getURL 来打开一个网页。也可以使用脚本程序来执行其他功能，例如跳转到某一个帧，或载入外部的一个动画文件。

分析上面实例中的 AS 语句，其实就是一个简单的 on 语句，这个 on 语句就是按钮的 AS 编写规则。需要注意的是 on 里面的事件可以理解为是鼠标或键盘的动作。

刚才的例子使用的事件是 release（按一下并释放鼠标），常用的按钮事件如表 10-6 所示。

表 10-6 常用按钮事件

事件名字	说明
Press	事件发生于鼠标在按钮上方，并按下鼠标时
Release	事件发生于在按钮上方按下鼠标，接着松开鼠标时。也就是“按一下”鼠标
Releaseoutside	事件发生于在按钮上方按下鼠标，接着把光标移动到按钮之外，然后松开鼠标时

续表

事 件 名 字	说　明
Rollover	当鼠标滑入按钮时
Rollout	当鼠标滑出按钮时
Dragover	事件发生于按着鼠标不放,光标滑入按钮时
Dragout	事件发生于按着鼠标不放,光标滑出按钮时
Keypress	事件发生于用户按下特定的键盘按键时

(2) 把脚本程序写在时间轴上

选中按钮,在属性面板中为按钮起一个名字 bt,选中时间轴的第一帧,按 F9 键打开动作面板,输入如下脚本:

```
bt.onrelease=function(){
getURL("http://http://www.tup.com.cn/", "_blank");
};
```

这种编写 AS 的方法要遵循的规则是下面的公式:

```
按钮实例的名字.事件名称=function(){
//要执行的脚本程序
}
```

3. 影片剪辑的 AS 编写

影片剪辑在 Flash 中可以说是使用最多的一种元件类型了,与按钮元件类似,影片剪辑 AS 的编写规则一般也分为两种:一种是写在影片剪辑本身,一种是写在时间轴上面。

下面通过一个简单的例子"用 AS 实现小球元件的移动"来说明。

(1) 新建一个影片剪辑元件,用椭圆工具与填充工具绘制一个小球,之后把这个影片剪辑拖放到舞台之中(也就是创建一个此影片剪辑的实例)。

(2) 编写 AS 脚本。选中小球影片剪辑元件,按 F9 键打开动作面板,按照图 10-6 的显示选择 onClipEvent,之后在显示的事件中选择 enterFrame,然后在里面编写脚本如下:

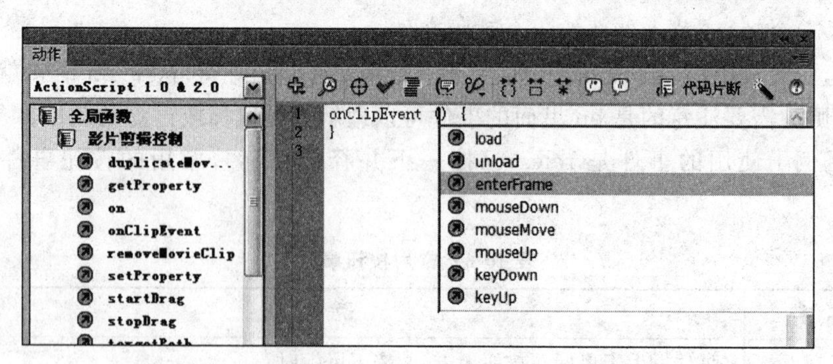

图 10-6　enterFrame 事件

```
this._x+=5
```

完整的 AS 语句为：

```
onClipEvent (enterFrame) {      //enterFrame 的意思是“以影片帧频不断地触发此动作”
this._x+=5;                     //this 代表这个影片剪辑本身；_x 表示影片剪辑的 x 轴坐标
}
```

按 Ctrl＋Enter 组合键测试影片播放，一个简单的小球移动动画就完成了。

从这个例子中不难看出，如果把 AS 写在影片剪辑本身上，它的编写公式为：

```
onClipEvent (事件) {
//需要执行的脚本程序
}
```

该段是写在影片剪辑本身上的，括号里的“事件”其实是个触发器，当事件发生时，执行该事件后面花括号中的语句。

跟影片剪辑相关的事件类型如表 10-7 所示。

表 10-7　影片剪辑事件

事　件	说　　明
load	影片剪辑一旦被实例化并出现在时间轴中时，即启动此动作
unload	在从时间轴中删除影片剪辑之后，此动作在第一帧中启动。处理与 unload 影片剪辑事件关联的动作之前，不向受影响的帧附加任何动作
enterFrame	以影片帧频不断地触发此动作
mouseMove	每次移动鼠标时启动此动作。_xmouse 和_ymouse 属性用于确定当前鼠标位置
mouseDown	当按下鼠标左键时启动此动作
mouseUp	当释放鼠标左键时启动此动作
keyDown	当按下某个键时启动此动作。使用 Key. getCode 方法获取最近按下的键的有关信息
keyUp	当释放某个键时启动此动作。使用 Key. getCode 方法获取最近按下的键的有关信息
data	当在 loadVariables 或 loadMovie 动作中接收数据时启动此动作。当与 loadVariables 动作一起指定时，data 事件只发生一次，即加载最后一个变量时。当与 loadMovie 动作一起指定时，获取数据的每一部分时，data 事件都重复发生

下面看看把 AS 写在时间轴上的方法。首先把刚才的脚本删除，然后在属性面板中为该小球影片剪辑实例命名为 mc。选中时间轴的第一帧，按 F9 键打开动作面板，输入以下脚本：

```
mc.onEnterFrame=function(){
this._x+=5;
};
```

显而易见，在时间轴上的写法应该套用以下公式：

```
实例名.事件名称=function(){
//脚本程序
}
```

需要注意的是，这种写法的事件名称不要忘了在前面加一个 on，例如，事件如果是 enterframe 的话，应该写成 onenterframe。

下面简单介绍一下影片剪辑的属性。例如，影片剪辑有自己的 X、Y 轴坐标，有自己的透明度(_alpha)，这些都是它的属性。可以使用点语法来对属性进行设置。

把上面的脚本修改一下：

```
mc.onenterframe=function(){
mc._x+=5;
mc._alpha=random(100);
};
```

上述代码里加了一句 this._alpha = random(100)，用来设置影片剪辑的透明度属性，使用的语句就是"_alpha"。后面的 random()函数是随机选取一个 100 以内的数字作为它的透明度。从这个句子可以看出，"点"语法使用方法就是：实例名.属性(mc._alpha)，甚至可以简单理解为"点"就是"的"，那么 this._alpha 这句就可以理解为：影片剪辑 mc 的透明度，"mc._alpha=random(100)"该行语句可以理解为：舞台上的影片剪辑 mc 的透明度是随机选择 100 内的值。

表 10-8 影片剪辑的属性

属性的名称	说　明
_x	影片剪辑实例水平坐标 X 的值
_y	影片剪辑实例垂直坐标 X 的值
_xscale	以百分比来缩放影片剪辑实例的宽度
_yscale	以百分比来缩放影片剪辑实例的高度
_alpha	影片剪辑实例的透明度(0 为透明，100 为不透明)
_height	设定影片剪辑实例的高度
_width	设定影片剪辑实例的宽度
_rotation	设定影片剪辑实例的旋转角度(0°～180°为顺时针，－0°～180°为逆时针)
_highquality	设定影片剪辑实例的品质(值 0、1、2 分别为低、高、最佳分辨率)
_name	影片剪辑实例的名称
_soundbuftime	声音保存的时间
_visible	设定影片剪辑实例是否显示(true 为显示，false 为不显示)

10.2 脚本动画实例制作

10.2.1 《石鼓歌》书法碑帖放大镜效果

本实例用 AS 2.0 编程技术模拟跟随鼠标的放大镜的效果，随着鼠标的移动，放大镜会放大显示背景书法碑帖图片，书法题材为唐代文学家韩愈的七言古诗《石鼓歌》，如图 10-7 所示。

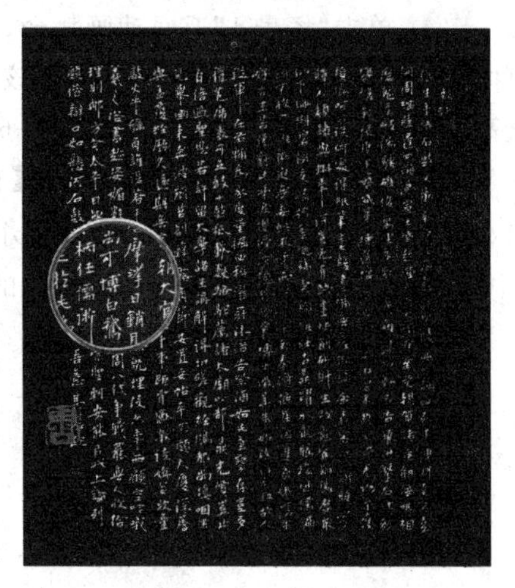

图 10-7　书法碑帖放大镜效果

案例参见配套光盘中的文件“素材与源文件\第 10 章\放大镜. fla”。

1. 程序函数、属性注解

(1) onClipEvent (load)：设定场景中影片剪辑元件的事件处理程序。小括号中填入事件语句，当该事件发生时执行后面大括号中的语句。这里小括号中的 load 指影片剪辑元件一旦被实例化并出现在场景中即启动此动作。

(2) _xscale：设定水平缩放比例。

(3) _yscale：设定垂直缩放比例。

(4) onClipEvent (enterFrame)：设定场景中影片剪辑元件的事件处理程序。小括号中填入事件语句，当该事件发生时执行后面大括号中的语句。如这里小括号中的 enterFrame 指当动画播放到影片剪辑元件所在的帧时启动此动作。

(5) startDrag(true)：设置拖动时影片剪辑元件的位置，这里小括号中为 true，表示拖动时影片剪辑元件的中心点锁定在鼠标的尖端。

2. 具体制作步骤

(1) 打开 Flash CS6，新建 ActionScript 2.0 文档，单击【确定】按钮。按 Ctrl＋F8 键新建影片剪辑元件“碑帖”，单击【确定】按钮进入元件编辑窗口，按 Ctrl＋R 键导入《石鼓歌》书法碑帖图片，如图 10-8 所示。

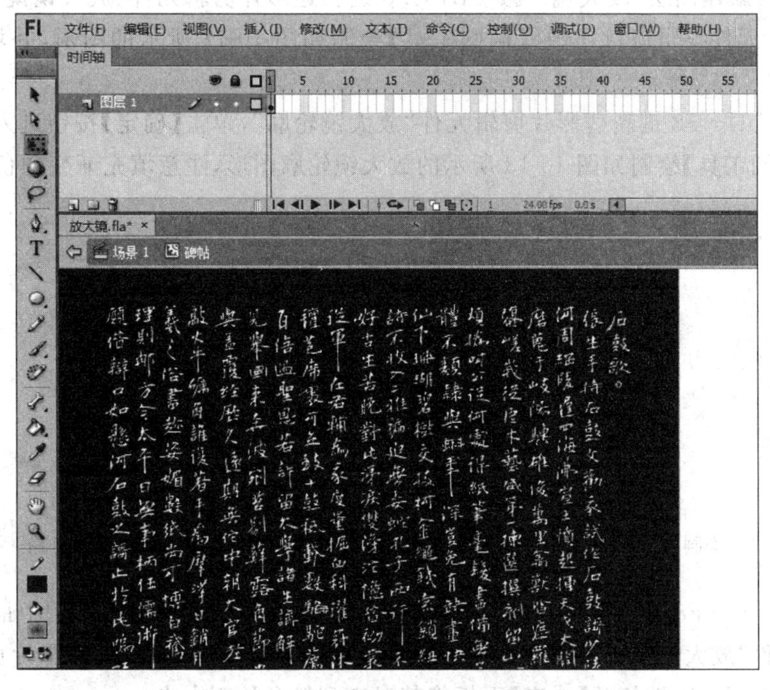

图 10-8　导入书法碑帖素材图片

(2) 单击“场景 1”返回动画舞台，修改“图层 1”名称为“碑帖”，在该图层第 1 帧中将元件“碑帖”拖入，打开【属性】面板，给该元件输入一个实例名字 beitie_mc，设置该元件【宽】、【高】数值与工作区一样大，同样设为 600×667，如图 10-9 所示。

(3) 选中元件“碑帖”，然后选择【窗口】|【对齐】命令，如图 10-10 所示。打开【对齐】面板，如图 10-11 所示，勾选【与舞台对齐】选项，分别单击【垂直居中分布】按钮和【水平居中分布】按钮将图片对齐到工作区的正中央。

图 10-9 修改属性并给元件命名

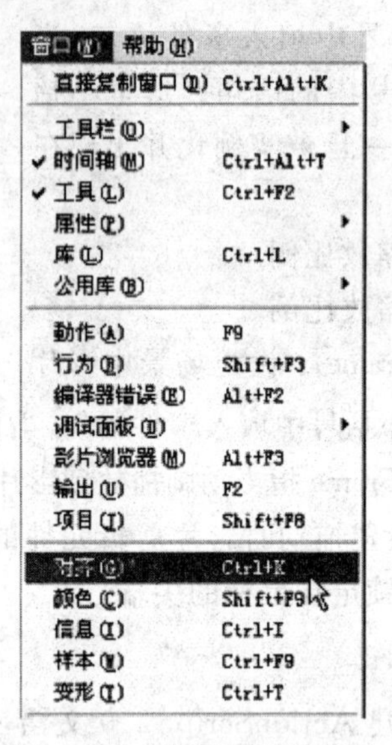

图 10-10 选择【对齐】命令

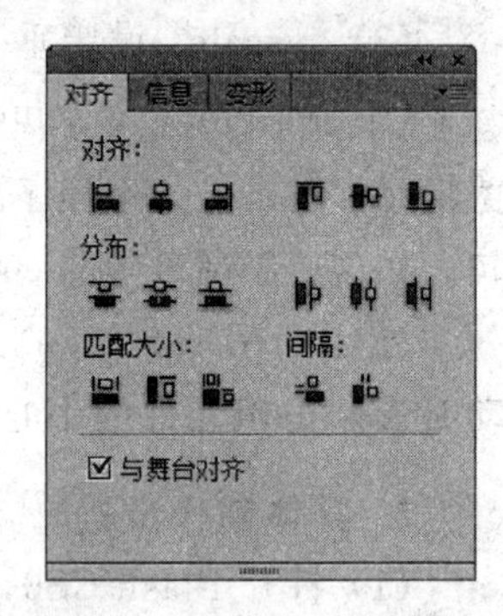

图 10-11 【对齐】面板

(4) 插入新建图层“放大镜”，按 Ctrl+F8 键新建影片剪辑元件“放大镜镜片”，单击【确定】按钮进入元件编辑窗口，选择【椭圆工具】绘制如图 10-12 所示的图形，并填充【径向渐变】效果。

(5) 按 Ctrl+F8 键新建影片剪辑元件“放大镜轮廓”，单击【确定】按钮进入元件编辑窗口，选择【椭圆工具】绘制如图 10-13 所示的放大镜轮廓图形，注意填充渐变颜色来表现金属光泽效果。

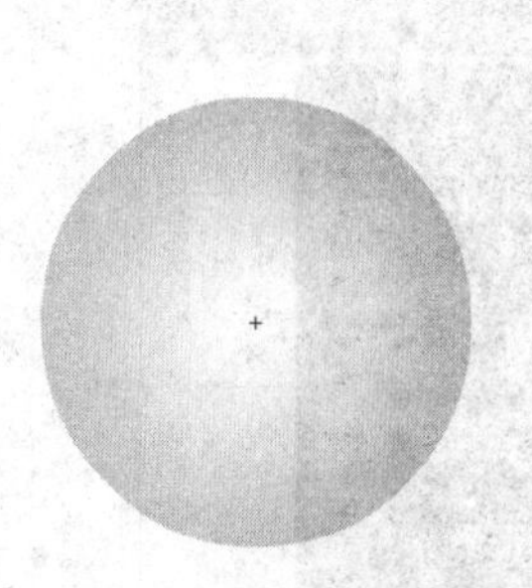

图 10-12 绘制放大镜镜片

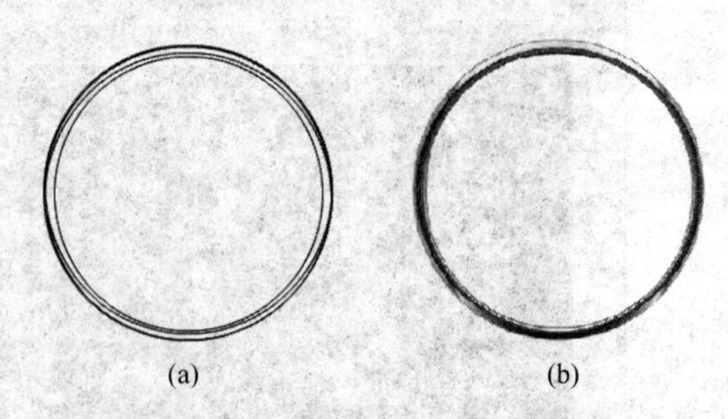

图 10-13 绘制放大镜轮廓步骤分解

(6) 按 Ctrl+F8 键新建影片剪辑元件“放大镜 mask”，该元件是本实例中最关键的一个元件。在元件“放大镜 mask”编辑窗口中，修改图层 1 名称为“碑帖”，将影片剪辑元件“碑帖”拖入，按 Ctrl+K 键打开【对齐】面板将其对齐到舞台的正中央。

在图层“碑帖”上新建一个图层，取名为“遮罩”。将元件“放大镜镜片”拖入，使用【对齐】面板将其对齐到舞台正中央，如图 10-14 所示。

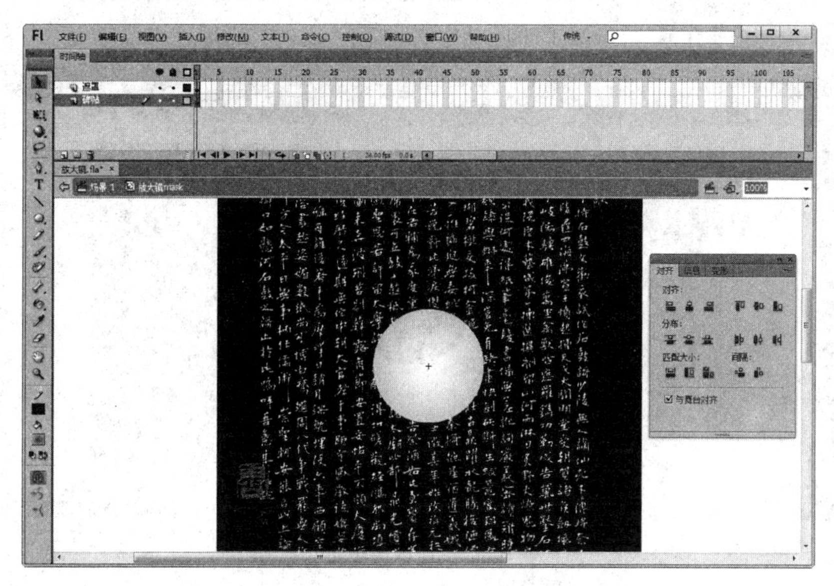

图 10-14 拖入元件“放大镜轮廓”

(7) 在图层“遮罩”上单击右键，在弹出菜单中选择【遮罩层】命令将其设置为遮罩层，如图 10-15 和图 10-16 所示。

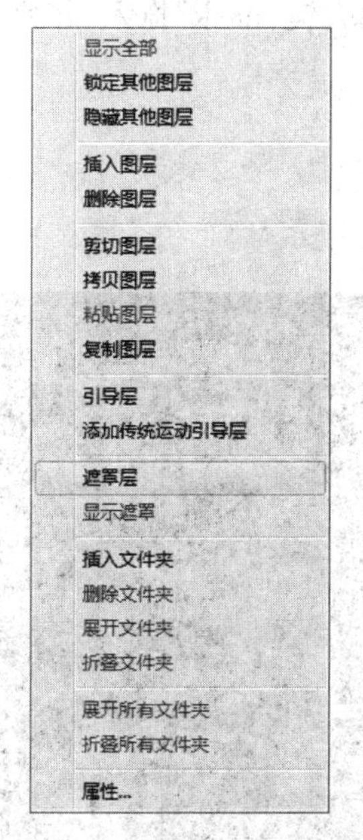

图 10-15 选择【遮罩层】命令

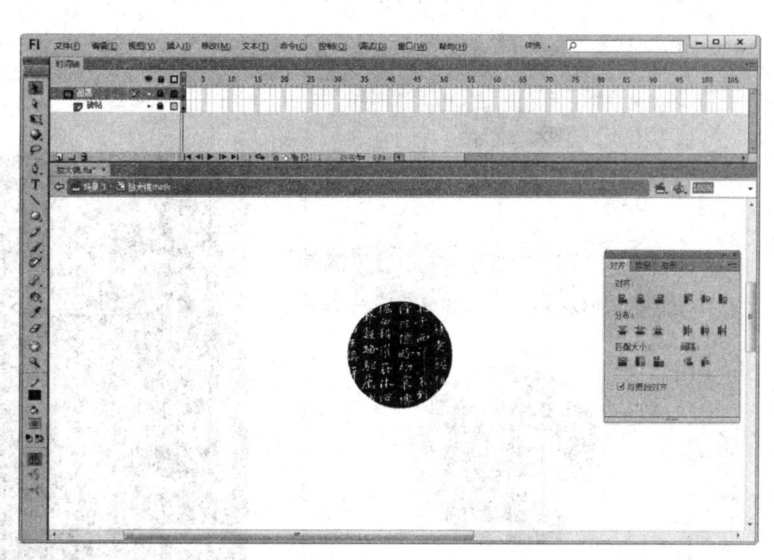

图 10-16 设置遮罩

(8) 在图层“遮罩”上新建一个图层，取名为“放大镜镜片”。将元件“放大镜镜片”拖入，使用【对齐】面板将其对齐到舞台正中央并打开【属性】面板将它的 Alpha 值设置为 30%，如图 10-17 所示。

图 10-17 修改 Alpha 值

(9) 在图层“放大镜镜片”上新建一个图层，取名为“放大镜轮廓”。将元件“放大镜轮廓”拖入，使用【对齐】面板将其对齐到舞台正中央，如图 10-18 所示。

至此元件“放大镜”制作完毕，其时间轴和层次关系如图 10-18 所示。

(10) 返回动画主场景舞台，在“放大镜”图层第 1 帧将元件“放大镜 mask”拖入，并使用【对齐】面板将其对齐到舞台的正中央，如图 10-19 所示。

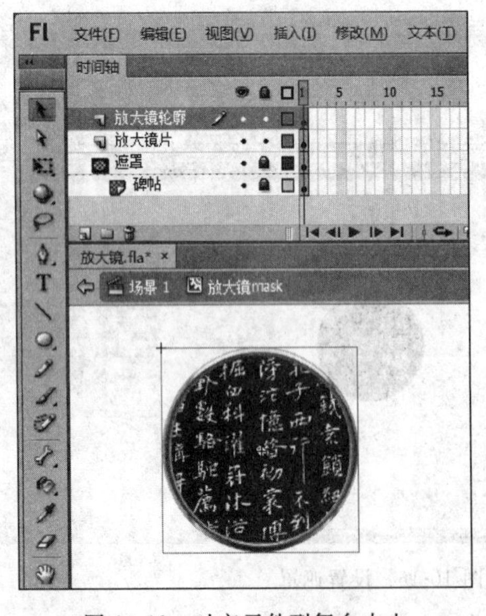

图 10-18 对齐元件到舞台中央

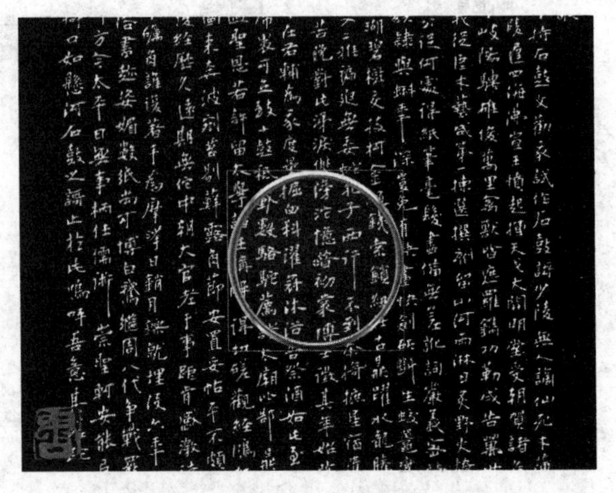

图 10-19 拖入元件“放大镜 mask”

(11) 打开【属性】面板给它输入一个名字 zoom_mc，如图 10-20 所示。

(12) 最后一步设置 AS 程序。先进入元件“放大镜 mask”的工作区中，在图层“碑帖”中选中拖入的元件“碑帖”，按 F9 键打开【动作】面板，输入如下语句：

```
onClipEvent (load){                    //放大图片
  _xscale=_root.SliderVal * 105;
  _yscale=_root.SliderVal * 105;
}
onClipEvent (enterFrame){              //修正放大图片后的坐标
  _x=(_root.beitie_mc._x-_root.zoom_mc._x) * _root.SliderVal;
  _y=(_root.beitie_mc._y-_root.zoom_mc._y) * _root.SliderVal;
}
```

回到场景 1，插入新建图层 AS，选择第 1 帧，按 F9 键打开动作面板，输入如下语句：

```
SliderVal=1.2;                //确定放大倍数
zoom_mc.startDrag(true);      //让放大镜的影片剪辑可以拖动
```

至此该实例制作完毕，其时间轴和层次关系如图 10-21 所示。

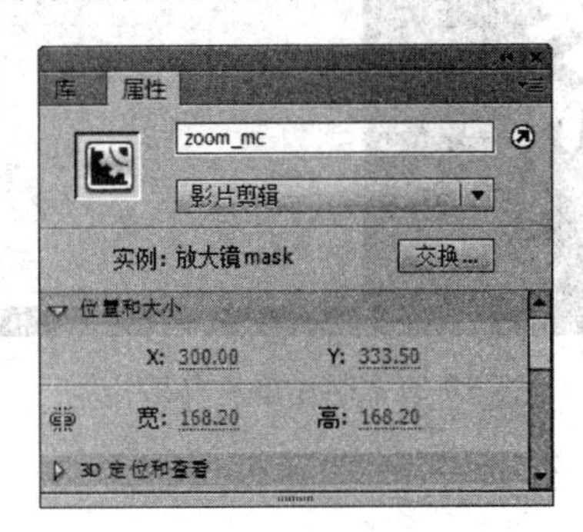

图 10-20 给元件命名

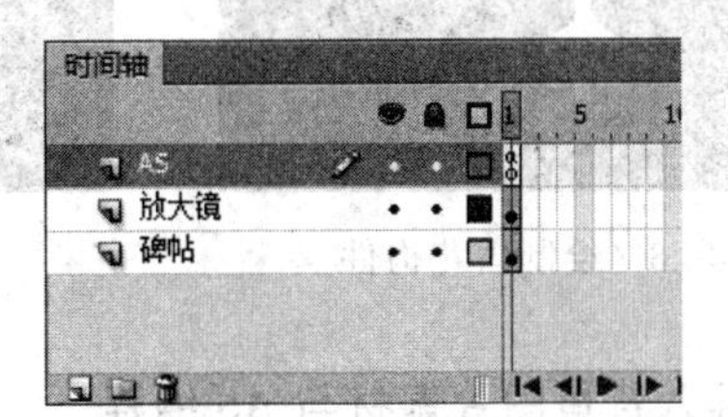

图 10-21 时间轴和层次关系

10.2.2 唐人诗意之一：《江雪》

在该实例中，使用 AS 程序控制雪花从天空中飘洒落下，配合背景素材位图，营造唐诗中所描绘的“千山鸟飞绝，万径人踪灭。孤舟蓑笠翁，独钓寒江雪。”的意境，效果如图 10-22 所示。

图 10-22 动画整体效果

案例参见配套光盘中的文件“素材与源文件\第 10 章\江雪. fla”。

具体制作步骤如下。

1. 绘制雪花元件

(1) 打开 Flash CS6,新建 ActionScript 2.0 文档,单击【确定】按钮。设背景为黑色,舞台大小默认,保存文件名称为"江雪.fla"。

(2) 按 Ctrl+F8 键新建影片剪辑元件 snow,单击【确定】按钮进入元件编辑窗口。使用【线条工具】,设其笔触大小为 0.5、笔触颜色为白色,将工作区放大,绘制如图 10-23 所示的图形。

(3) 选中图形,按 Ctrl+T 键打开【变形】面板,在【旋转】角度中输入 60,单击【重制选取和变形】按钮两次,完成单个雪花图形的制作,如图 10-24 所示。

图 10-23 绘制雪花构件

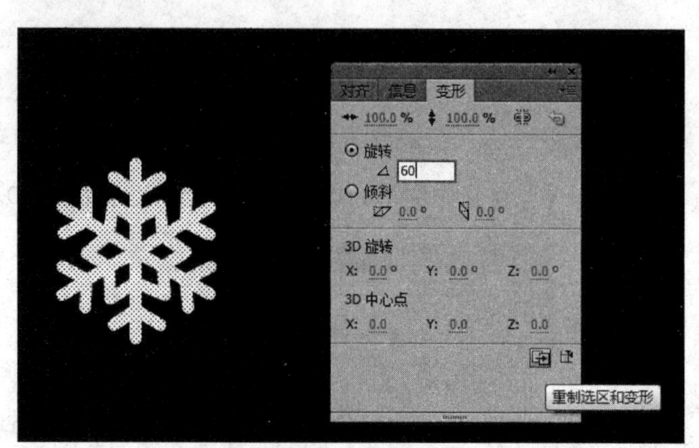

图 10-24 制作单片雪花

2. 导入背景图片素材与 AS 编程

(1) 修改图层 1 名称为"背景",按 Ctrl+R 键导入背景图片素材,并调整舞台大小与图片大小一致,此处为 1000×400 像素,如图 10-25 所示。

图 10-25 导入背景图片

(2) 插入新建图层 AS,从库中拖入影片剪辑元件 snow 放置在舞台左侧,选中该元件,设其实例名为 snowflake,按 F9 键打开动作面板,输入以下 AS 语句:

```
onClipEvent(load){                    //在装载雪花影片剪辑实例时对该雪花实例进行设置
```

```
    this._x=random(1000);
    this._y=-100;                 //设置该雪花的初始位置(其 x 坐标为随机产生的)
    scale=random(100)+30;
    this._xscale=scale;
    this._yscale=scale;           //设置该雪花的缩放大小,范围为 30～130 的随机数值
    speed=random(4)+2;            //设置该雪花的飘落速度,范围为 2～6 的随机数值
}
onClipEvent(enterFrame){
        if(this._y<400){
        this._x=this._x+Math.sin(_y/15);
        this._y=this._y+speed;
    }
    //在该雪花下落还未飘出视野前不断地更新该雪花的位置
    else{
        removeMovieClip(this); //如果该雪花下落已经飘出视野则删除该雪花实例
    }
}
```

(3) 在 AS 图层第 1 帧输入 AS 语句：

```
counter=0;                        //为雪花计数器赋初值
```

在第 2 帧输入 AS 语句：

```
counter++;
duplicateMovieClip("snowflake","snowflake"+counter,counter);    //复制出一个新雪花
```

在第 3 帧输入 AS 语句：

```
gotoAndPlay(2);                   //通过不断返回第 2 帧来实现不断地复制出新雪花
```

至此,该雪花飘落的动画效果制作完成。

10.2.3　唐人诗意之二:《秋夕》

《秋夕》是晚唐诗人杜牧所作的一首七言绝句,描写一名孤单的宫女,于七夕之夜,仰望天河两侧的牛郎织女,不时扇扑流萤,排遣心中寂寞。

诗云:

银烛秋光冷画屏,轻罗小扇扑流萤。

天阶夜色凉如水,卧看牵牛织女星。

换个心境体会,本诗描绘的却是一幅"秋夕乘凉图",宫女的活泼轻快之情跃然纸上。只"卧看"二字,便逗出情思,通身灵动。该实例运用 AS 编程实现静夜里流萤飞舞的动画效果,如图 10-26 所示。

案例参见配套光盘中的文件"素材与源文件\第 10 章\秋夕.fla"。

图 10-26　动画整体效果

具体制作步骤如下。

(1) 打开 Flash CS6,新建 ActionScript 2.0 文档,单击【确定】按钮。设舞台背景为黑色、大小为 600×517 像素,保存文件名称为“秋夕.fla”。

(2) 选择工具箱中的【椭圆工具】,设置笔触颜色为无,填充颜色为径向渐变,渐变颜色值设置从左到右为＃F0EFE8、＃D2B907、＃FBE448(Alpha＝86%)、＃F0F0E1(Alpha＝0%),按住 Shift 键拖动,在舞台上绘制一个圆形,如图 10-27 所示。

(3) 选中该圆形,按 F8 键转为影片剪辑元件,命名为“萤火虫”,使用【任意变形工具】调整至合适大小,打开【属性】面板,赋予其实例名为 bug,如图 10-28 所示。

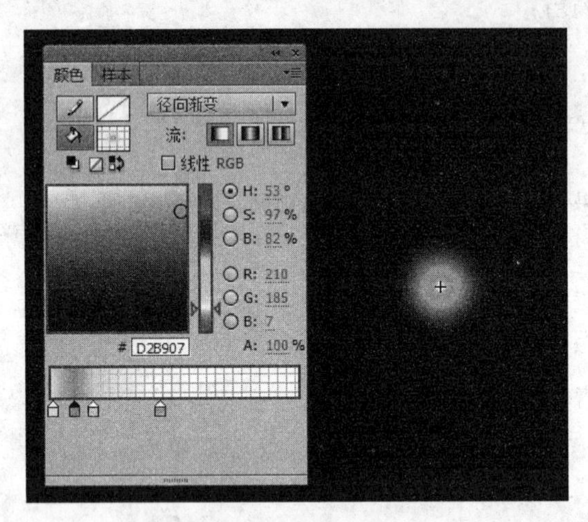

图 10-27 绘制“萤火虫”

图 10-28 为元件赋予实例名称

(4) 返回主场景舞台,单击图层 1 的第 1 帧,按 F9 键打开【动作】面板,输入以下 AS 语句:

```
for(i=1;i<=20;i++){                          //设置循环,复制萤火虫的数量为 20
    bug.duplicateMovieClip("bug"+i,i);       //复制 20 只“萤火虫”元件
    with(this["bug"+i]){
        _x=random(Stage.width);
        _y=randow(Stage.height);             //随机出现在舞台的位置
    }
}
```

(5) 选中影片剪辑元件“萤火虫”,打开【动作】面板输入以下 AS 语句:

```
onClipEvent(load){
    v=3;                                     //设置“萤火虫”飞舞的速度
    _rotation=random(360);                   // 设置“萤火虫”旋转为任意角度
}
onClipEvent(enterFrame){
    k=Math.pow(-1,random(2));                //随机产生 1 和-1
    _rotation+=k*random(11);                 //让“萤火虫”旋转角度为-10 到 10 之间
    a=_rotation*Math.PI/180;                 //将角度转化为弧度
    dx=Math.cos(a)*v;
```

```
    dy=Math.sin(a) * v;                    //横、纵坐标的移动量
    _x+=dx;
    _y+=dy;
    //限定"萤火虫"移动的范围
    //先确定范围(宽: 50-750;高: 50-550)
    if(_x<=50&&dx<0||_x>750&&dx>0){
        _rotation=Math.atan2(dy,-dx) * 180/Math.PI;
    }//超出限定范围时,按照上面条件改变 dx
    //并用 Math.atan2 使旋转角度发生相应变化,让运动方向改变
        if(_y<=50&&dy<0||_y>=550&&dy>0){
            _rotation=Math.atan2(-dy,dx) * 180/Math.PI;
        }//原理同上
}
```

(6) 在图层 1 下方插入新建一图层"背景",导入背景素材图片,按 Ctrl+Enter 组合键测试影片。

10.2.4 杏花·烟雨·江南

该实例用 AS 编程实现下雨效果,结合背景图片构成一幅"斜风细雨"的江南风景,效果如图 10-29 所示,案例参见配套光盘中的文件"素材与源文件\第 10 章\杏花烟雨江南.fla"。

图 10-29 动画整体效果

具体制作步骤如下。

(1) 打开 Flash CS6,新建 ActionScript 2.0 文档,单击【确定】按钮。设舞台背景为黑色、大小为 800×390 像素,保存文件名称为"杏花烟雨江南.fla"。

(2) 按 Ctrl+F8 键新建图形元件"雨滴",单击【确定】按钮进入元件编辑窗口,选择【线条工具】,设置笔触大小为 1、颜色为白色,绘制一高度为 20 的竖线,如图 10-30 所示。

(3) 按 Ctrl+F8 键新建影片剪辑元件"下雨",单击【确定】按钮进入元件编辑窗口,从库中拖入图形元件"雨滴",在第 12 帧插入关键帧,垂直向下移动元件"雨滴"至合适位置,单击鼠标右键【创建传统补间】动画效果,如图 10-31 所示。

(4) 返回主场景舞台,修改图层 1 名称为"背景",导入背景素材图片并单击锁定该图层;插入新建图层"雨滴",从库中拖入影片剪辑元件"下雨",并赋予其实例名称为 rain,如图 10-32 所示。

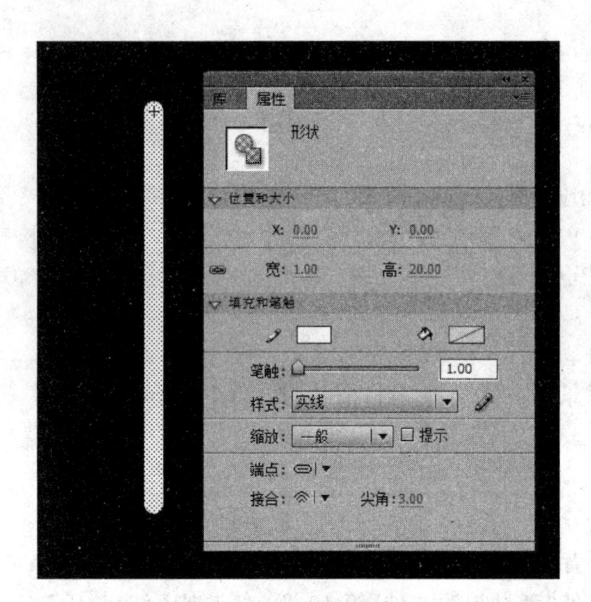

图 10-30 绘制“雨滴”

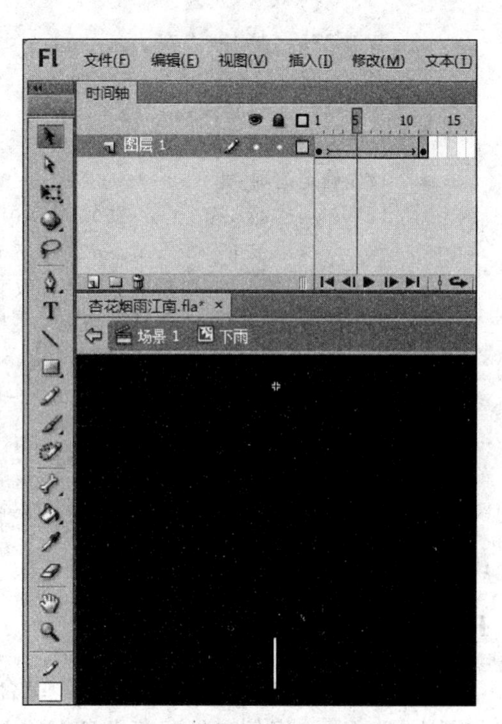

图 10-31 制作“下雨”动画效果

图 10-32 导入背景图片

(5) 插入新建图层 AS,选中第 1 帧按 F9 键打开【动作】面板,输入以下 AS 语句:

```
num=100;                                    //设置雨滴数量
rotate=5;                                   //设置雨滴角度
_root.rain._visible=false;
```

(6) 单击 AS 图层第 2 帧插入关键帧，在【动作】面板中输入以下 AS 语句：

```
for (n=1; n<=num; n++) {
    scale=random(70)+30;                           //设置雨滴大小
    alph=random(70)+20;                            //设置雨滴透明度
    duplicateMovieClip("rain", "rain"+n, n);       //复制雨滴元件
    _root["rain"+n]._x=random(800);
    _root["rain"+n]._y=random(300);                //雨滴出现在舞台的位置
    _root["rain"+n]._xscale=scale;
    _root["rain"+n]._yscale=scale;                 //缩放雨滴大小
    _root["rain"+n]._alpha=alph;
    _root["rain"+n]._rotation=rotate;              //设置雨滴角度
}
```

按 Ctrl+Enter 组合键测试影片效果。

10.2.5 三维旋转太极八卦图的制作

该实例采用 AS 3.0 编程，实现太极八卦图三维旋转的动画效果，如图 10-33 所示。案例参见配套光盘中的文件“素材与源文件\第 10 章\三维旋转太极八卦图.fla”。

图 10-33 动画整体效果

具体制作步骤如下。

(1) 打开 Flash CS6，新建 ActionScript 3.0 文档，单击【确定】按钮。设置舞台背景为灰色、大小 550×400 像素，保存文件名称为“三维旋转太极八卦图.fla”。

(2) 按 Ctrl+F8 键新建图形元件“太极”，单击【确定】按钮进入元件编辑窗口。如图 10-34 所示步骤，用【椭圆工具】配合【颜料筒工具】、【对齐】面板，绘制阴阳太极图形。

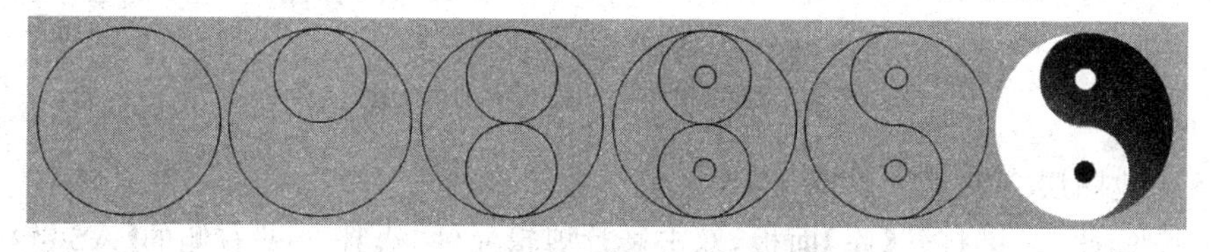

图 10-34 绘制“太极图”步骤分解

(3) 按 Ctrl+F8 键新建影片剪辑元件"太极_mc",单击【确定】按钮进入元件编辑窗口。从库中拖入图形元件"太极",右键单击第 100 帧选择【插入关键帧】命令,为其创建逆时针旋转的传统补间动画效果,如图 10-35 所示。

图 10-35 制作太极图旋转动画

(4) 按 Ctrl+F8 键新建影片剪辑元件"八卦_mc",单击【确定】按钮进入元件编辑窗口。选择静态【文本工具】与【矩形工具】,为第 1～8 帧逐帧绘制八卦图形,如图 10-36 所示。

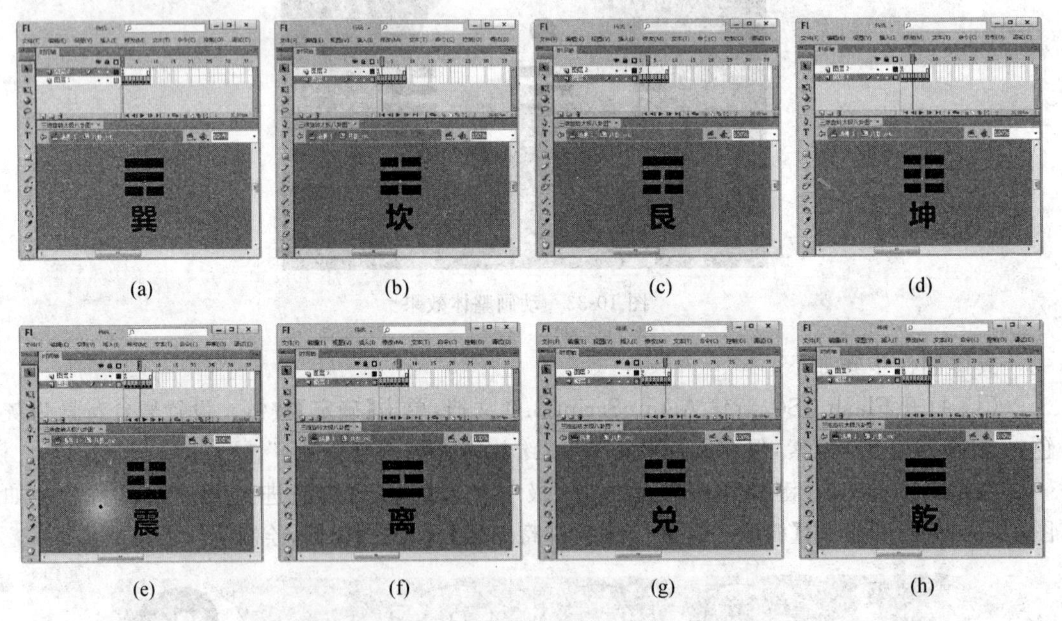

(a) (b) (c) (d) (e) (f) (g) (h)

图 10-36 逐帧制作影片剪辑元件"八卦_mc"

插入新建图层 2,在第 1 帧赋予 stop();。

(5) 按 Ctrl+L 键打开【库】面板,双击影片剪辑元件"八卦_mc"右侧的【AS 链接】选项,输入类名为 IconMenu,如图 10-37 所示。

(6) 返回主场景舞台,修改图层 1 名称为"背景",选择【矩形工具】,设置笔触颜色为无、填充颜色为“红-黑”两色的径向渐变，绘制一个与舞台大小相同的矩形作为背景，如图 10-38 所示。

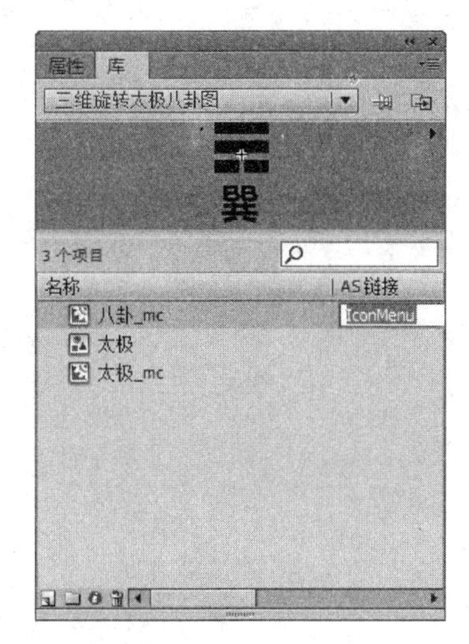

图 10-37 设置元件 AS 链接

图 10-38 绘制渐变效果背景

(7) 插入新建图层“太极转动”，从库中拖入影片剪辑元件“太极_mc”放置在舞台中心位置，如图 10-39 所示。

图 10-39 拖入影片剪辑元件

(8) 插入新建图层 AS，在第 1 帧输入以下 AS 语句：

```
include "Math2.as"
//图片容器
```

```
var menu:Sprite=new Sprite();
//使图标移动
menu.x =300;
menu.y =200;
menu.addEventListener(Event.ENTER_FRAME,moveMenu);
this.addChild(menu);
//椭圆在 x 和 y 轴上的截距
var disx:Number =200;
    var disy:Number =10;
    //旋转速度
    var speed:Number =0;
    initMenu(8);
    function initMenu(n:int) {
        for (var i:int; i<n; i++) {
            var mc:MovieClip =new IconMenu();
            //缩小图标
            mc.scaleX =mc.scaleY =.5;
            menu.addChild(mc);
        }
    }
    //事件侦听器函数
    function moveMenu(e:Event):void {
        //获取图标数
        var iconCount:int =menu.numChildren;
        //定义数组
        var depthArray:Array =new Array();
        //把 360°平分
        var angle:Number =360/iconCount;
        for (var z:int; z<iconCount; z++) {
                //根据深度获取图标
                var mc:MovieClip =menu.getChildAt(z)as MovieClip;
                //跳转到不同帧,来显示不同的图标
                mc.gotoAndStop(z+1);
                //设置图标的位置
                mc.x =cosD(speed +angle * z) * disx;
                mc.y =sinD(speed +angle * z) * disy;
                setProp(mc,"alpha");
                setProp(mc,"scaleX",.2,.7);
                setProp(mc,"scaleY",.2,.7);
                //保存图标到数组
                depthArray[z] =mc;
    }
        //重新设置图标的深度
        arrange(depthArray);
        speed +=2;
```

```
    }
    function arrange(depthArray:Array):void {
        //按照 y 坐标排序
        depthArray.sortOn("y", Array.NUMERIC);
        var i:int =depthArray.length;
        while (i--) {
            menu.setChildIndex(depthArray[i], i);
        }
    }
    function setProp(mc:MovieClip,prop:String,n1:Number =.5, n2:Number =1):void {
        mc[prop] =((mc.y +2 * disy)/disy -1)/2 * (n2 -n1) +n1;
    }
```

(9) 执行【文件】|【新建】命令，新建一个 ActionScript 文件，单击【确定】按钮，保存名为 Math2. as，与“三维旋转太极八卦图. fla”文件放在同一路径下，该 AS 文档用来进行三角函数的计算。

如图 10-40 所示，在代码窗口输入以下 AS 代码：

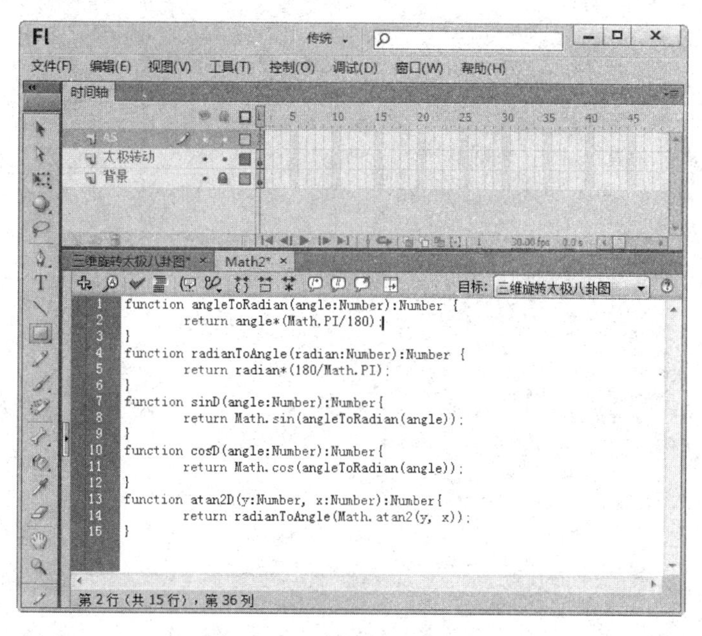

图 10-40 编写 AS 脚本文件

```
function angleToRadian(angle:Number):Number {
    return angle * (Math.PI/180);
} //角度转弧度
function radianToAngle(radian:Number):Number {
    return radian * (180/Math.PI);
} //弧度转角度
function sinD(angle:Number):Number {
    return Math.sin(angleToRadian(angle));
} //计算正弦值
```

```
function cosD(angle:Number):Number {
    return Math.cos(angleToRadian(angle));
} //计算余弦值
function atan2D(y:Number, x:Number):Number {
    return radianToAngle(Math.atan2(y, x));
}//计算反正切
```

(10) 按 Ctrl+Enter 组合键测试影片。

10.3 本章小结

本章主要介绍了 ActionScript 基本常识、ActionScript 编程基础、使用运算符等方面的知识与技巧,同时还讲解了如何使用 ActionScript 的基本语法、数据类型等知识,在本章最后结合交互动画的制作,讲解了认识与使用动作面板、插入 ActionScript 代码及函数和类等方面知识。通过本章的学习,读者可以掌握 ActionScript 脚本基础及其应用方面的知识,为深入学习 Flash 交互设计奠定基础。

Chapter 11

第11章

Flash动画的测试与发布

本章学习目标

- 掌握Flash影片的优化原则和方法
- 掌握Flash影片的测试方法
- 掌握Flash影片发布为各种格式的方法
- 掌握导出Flash影片的方法

在实际的Flash交互多媒体设计中，影片制作完成后的测试和优化非常重要。经过测试和优化之后，Flash影片可以导出为动画作品，也可作为供其他程序调用的动画素材。本章将介绍测试与优化Flash作品的基本方法，另外还将介绍导出和发布动画的方法，使读者掌握动画的测试、优化和发布。

11.1 Flash动画的优化

影片的优化和测试是Flash动画输出之前重要的内容之一。通过对影片的优化和测试，可以使动画文件的体积减小，从而提高动画的下载速度和播放的流畅程度。对制作完成的一段影片进行测试，可以及时检查出影片中的错误，并进行修改，从而保证播放器或浏览器载入影片的速度和质量。

11.1.1 影片优化的必要性

Flash并不是一款大型、专业的动画制作软件，有时在制作大型复杂动画的时候往往显得力不从心。如果不采用科学、有效的方法，使用者经常会碰到由于Flash创作的源文件过大，导致文件打开过慢甚至无法打开，或者从源文件输出的视频文件出现停滞现象等问题。

一般来说，导致Flash影片无法播放或播放过慢的主要原因有以下三个方面。

1. 计算机硬件设备配置过低

虽然Flash动画不像三维动画设计、视频音频处理那样需要“工作站(Workstation)”级别的计算机硬件配置，但是计算机硬件尤其是中央处理器(CPU)与内存的配置直接决定了动画的制作质量和运算速度。有时受到计算机硬件配置的限制，导致很多好的想法和创意无法实现。而且，随着计算机配置的不同，Flash动画播放的流畅程度、色彩效果、音频视频特效都会有所差别。所以在制作Flash动画时，在保证动画质量的前提下，必须做到能适合在大多数计算机平台正常播放。

2. 软件功能有待提升

如前文所说，Flash 并不是一款功能特别强大的动画制作软件，其特长是支持矢量图形制作，以小数据量获得高清晰动画效果，软件本身还有很多不完善和有待改进的地方。例如在制作三维动画效果时就显得捉襟见肘，对于复杂矢量图形的绘制也不是那么得心应手。这时我们往往通过导入位图的方法来实现一些复杂的动画效果。位图文件相对于矢量图能显示更加丰富的色彩信息和细节表现，显示时占用 CPU 资源较少，但是需要占用大量的存取空间。因此，动画质量的高低与文件体积大小之间始终着存在不可调和的矛盾。

3. 使用者自身问题

对于前面两项客观原因，作为软件使用者只能尽量将客观因素最小化。而造成 Flash 动画文件产生不良后果的主要原因还是在于创作过程自身，因为在创作过程中，很多情况下使用者都没有遵循一套合理的创作习惯和规范，没有很好地对动画创作过程和源文件进行实时有效的优化。

例如，在 Flash 中支持位图和矢量图两种基本图像文件格式，使用者为了获得高分辨率的视觉效果，往往在动画中过多地导入了位图格式文件，或者过多采用没有经过优化的矢量图形，这些都是以更多的数据计算和数据存储空间为代价的，这样的结果往往会影响文件的大小和播放效果。

11.1.2 影片的性能优化

1. 前期素材准备阶段

(1) 图形与图像素材

在搜集 Flash 动画制作所需的图形与图像素材时，应本着“尽量使用矢量图形、避免使用像素位图”素材的原则。Flash 本身以绘制、处理矢量图形见长，与位图相比，矢量图可以任意缩放而不影响画质，文件输出小巧，非常适合网络传输。对同一对象而言，用矢量来描述，其存储空间只有位图的几千分之一。而复杂的位图素材一般会占用较大空间，故应避免使用位图图像素材。

Flash 中对位图图像的应用，一般只作为静态元素或背景图。有时考虑动画制作效果需要，必须导入一些位图图片，在导入到 Flash 之前应尽量使用图像处理软件对其进行压缩、修改尺寸等优化操作。例如采集的位图素材是通过数码相机拍摄而得的，图片分辨率往往达到 300dpi 或更高，文件体积和尺寸远远超过动画制作的需要，这时就需要对位图进行尺寸的修改，必要时对其进行裁切的处理，只留下动画制作需要的部分。对于图像分辨率，设为 72dpi 即可，这样的分辨率适合于计算机屏幕和 Web 显示，高分辨率设置只有在打印输出的时候才需要。另外，根据作品的需要合理设置位图的压缩比例，尽量减少位图的数据量，并以 JPEG 或 PNG 格式压缩。

Flash 中几乎可导入所有的位图格式文件，常见的有 GIF、JPG、TIF、PNG 等各种格式的图片以及常见的多种格式的矢量图形，如 Illustrator 软件生成的矢量图形文件格式 AI、EPS 等。要做到在保证不影响画面效果的前提下保持文件体积最小，就必须了解各种图形文件的优缺点。例如，GIF 图片具有文件小的特点，但是支持的颜色少，最多支持 256 色；JPG 图片能够支持几百万的色彩，但是文件比较大；PNG 图片文件也比较大，但是支持背景透明，并且在渲染速度上最快。我们应根据实际要求选择相应的图片文件格式，还可以使用Photoshop等各种处理软件对文件格式进行转化并压缩其大小。对于一些对色彩质量要求并不高的图片，可以将位图转化为矢量的形式，这样可以最大限度地减少文件的大小。

(2) 音频、视频素材

在Flash中导入音频文件，要设置合理的压缩模式和参数。为了避免在网络下载过程中发生长时间等待现象，一般会选择流声音类型。而对于流声音而言，压缩方式则一般选择MP3格式，因为在相同质量下，MP3文件体积要小得多。

Flash对于导入的声音文件有严格的要求，必须是符合11kHz 8位、11kHz 16位、22kHz 8位、22kHz 16位、44kHz 8位、44kHz 16位这6种标准的声音文件，而对于格式没有什么具体要求，只要是Flash支持的格式都可以。Flash提供了ADPCM、MP3、原始(Raw)和语音(Speech)格式4种声音的压缩方式。选择相应的压缩格式，便可进行压缩。

Flash可导入的常见的视频格式有MPG、MP4、AVI、AM、WMV、FLV、F4V等，其中FLV(也称Flash视频)是目前最流行的流媒体视频格式。该视频格式文件体积小，加载速度快，目前国内视频分享网站绝大部分视频资源都采用FLV视频格式。如果搜集该类型的视频素材，在不涉及版权的前提下，可使用专门工具下载，如维棠等软件工具。

2. 中期动画制作阶段

(1) 元件的优化

Flash中有图形元件、按钮元件和影片剪辑元件三种元件类型，元件的类型也在一定程度上影响影片文件的大小，随着Flash版本的不断升级，这一影响不断在减少。在Flash动画制作过程中为了添加滤镜效果，经常会用到“影片剪辑”类型的元件，但是在最后定稿的时候仍然要检查一下将没有包含动画和滤镜效果的元件类型改为图形元件，因为“影片剪辑”元件对CPU的消耗非常明显。而且，图形元件除了不能用AS代码控制外，基本可以实现影片剪辑的所有功能，所以尽量用图形元件取代影片剪辑。

Flash中增加一个新图层或场景不会影响输出SWF文件的大小，新建一个空白影片剪辑元件SWF文件将增加26B，拖动元件到场景中的动作将使SWF文件增加12B，放置一幅位图SWF文件将增加44B，所以应尽量把图形对象转为“影片剪辑”或“图形”元件。在同一帧放置过多的“影片剪辑”、在同一时间内安排多个对象同时产生动作、将有动作的对象与其他静态对象安排在同一图层里都会使SWF文件的体积成倍增加，而将有动作的对象安排在各自专属图层内，可以加速Flash动画的处理过程。

在对图形或文字对象应用动画效果之前应将它们转换为元件。如果不进行处理，则这些对象将被自动转换为图形元件。如果在库面板中看到名称为“补间1”、“补间2”等条目，这意味着Flash已经自动将不是元件的图形对象转为图形元件。

在库面板中，为各元件对象赋予有意义和描述性的名称(如图11-1所示)，是一种科学和有效的做法，因为可以帮助其他开发人员在以后调试项目时跟踪问题，这一命名原则同样适用于图层、场景等其他动画构成元素的命名。

尽量避免为影片剪辑元件和文本对象应用“滤镜”效果，除非必须使用“滤镜”获得特定的效果。例如制作带有阴影效果的图像，应在图形处理软件如Photoshop中实现而不是在Flash中对图像应用滤镜“阴影”效果，因为滤镜会影响动画项目的性能。

即使在应用滤镜效果时，也应尽量避免使用“高”和“中”的品质设置。如果“低”品质能

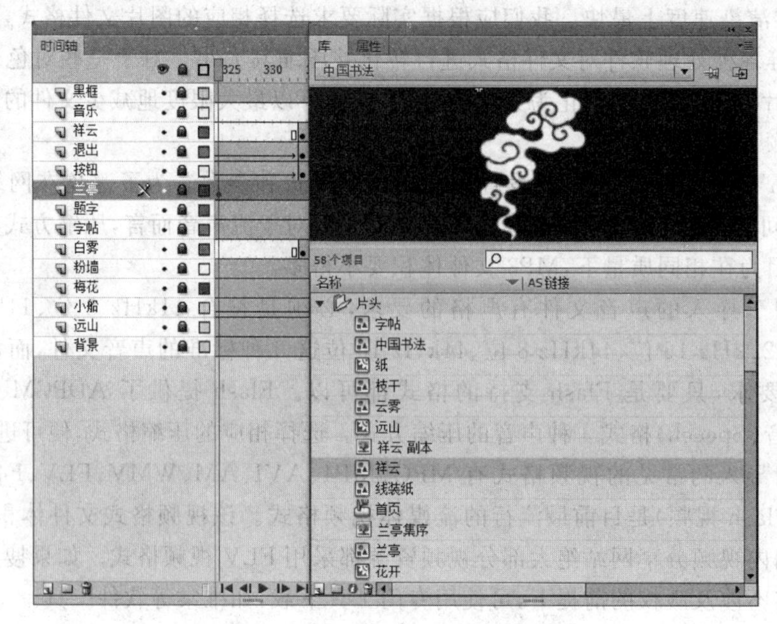

图 11-1 为图层及元件“描述性”命名

满足效果要求就不要设置为“中”或“高”，从而增加不必要的资源消耗。设置滤镜品质的方法如图 11-2 所示。

(2) 动画模式的选择

多使用 Flash 软件“自动生成”的动画类型，尤其多用以运动补间(Create Motion Tween)或形状补间(Create Shape Tween)方式产生的动画效果，尽量少用逐帧动画(Frame by Frame)的方式呈现动画。如果对象的运动路径很复杂，使用路径引导图层动画。谨慎使用“遮罩动画”效果，因为“遮罩”需要额外资源并且图像的隐匿部分将不必要地增加文件的大小。

图 11-2 设置滤镜的品质

(3) 文字的处理

尽量使用“传统文本”而非“TLF 文本”，除非项目特别需要 TLF 文本功能。与“传统文本”相比，“TLF 文本”的渲染速度较慢并且会将更多字节添加到 SWF 文件中。当处理动态、输入或 TLF 文本时，不要嵌入一种字体的整个字符集。而是只嵌入那些在 Flash 项目中使用的字符。这样能够避免将额外的字节添加到相应的 SWF 文件中。如需嵌入字体，选择【文本】|【字体嵌入】命令，并且以描述性名称为嵌入字体命名以便于以后编辑该项目，如图 11-3 所示。

当在 Flash 中使用静态文本的时候，Flash 会插入字体轮廓信息，并进行抗锯齿处理，所以有时输出影片后字体轮廓会显得很模糊。除非需要为文本创建动画效果，否则谨慎使用“动画消除锯齿”字体渲染选项功能，因为使用该功能选项将导致字体不如使用“可读性消除锯齿”选项的文本平滑、清晰。

当选择“使用设备字体”时，Flash 不再插入字体轮廓信息，只在客户端播放时调用客户端的字体信息，也不会进行抗锯齿处理，这样做的结果：一是字体在 12pt 以下时很清晰，但

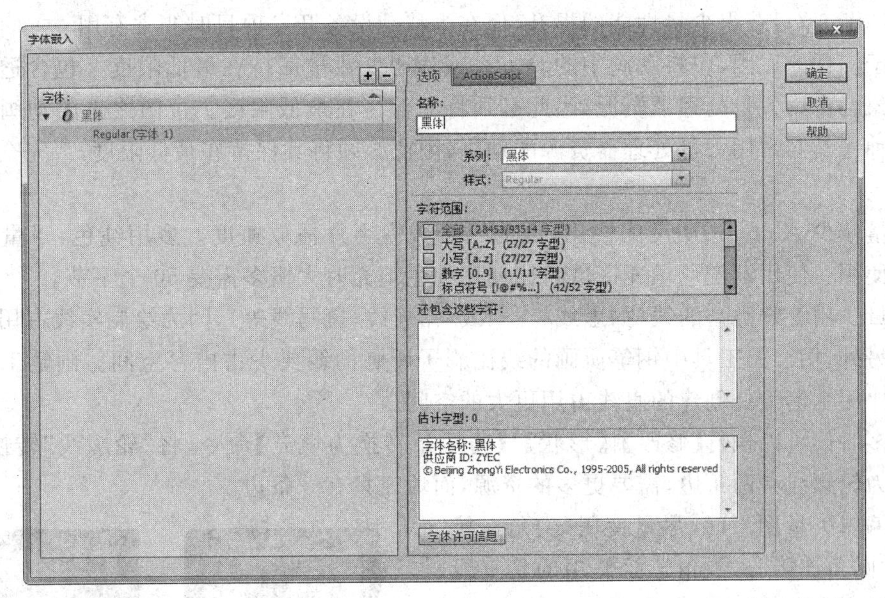

图 11-3 嵌入字体

字号比较大(如在 18pt 以上)时有明显的锯齿;二是如果客户端不存在对应的字体,则会显示出现预料外的情况,与之前设定的字体会不同,所以在选择字体的时候要考虑通用性,如"宋体"、"黑体"等。如图 11-4~图 11-6 所示,是选择了 12pt 大小的"宋体"输入一段静态文本,为该段文本设置不同选项的显示效果对比。

时间都去哪儿了
还没好好感受年轻就老了
生儿养女 一辈子
满脑子都是孩子哭了笑了
时间都去哪儿了
还没好好看看你眼睛就花了
柴米油盐 半辈子
转眼就只剩下满脸的皱纹了

图 11-4 "可读性消除锯齿"效果

时间都去哪儿了
还没好好感受年轻就老了
生儿养女 一辈子
满脑子都是孩子哭了笑了
时间都去哪儿了
还没好好看看你眼睛就花了
柴米油盐 半辈子
转眼就只剩下满脸的皱纹了

图 11-5 "动画消除锯齿"效果

时间都去哪儿了
还没好好感受年轻就老了
生儿养女 一辈子
满脑子都是孩子哭了笑了
时间都去哪儿了
还没好好看看你眼睛就花了
柴米油盐 半辈子
转眼就只剩下满脸的皱纹了

图 11-6 "使用设备字体"效果

除非必需,否则在文本字段禁用【可选】选项。在默认情形下,文本字段的【可选】选项处于禁用状态。如果不需要这一功能,必须禁用这一设置。只有认为用户将在文本字段中进行文本复制操作时,才会启用这一设置,例如显示错误消息的文本字段。

在 Flash 中有的时候为了画面的美观,必须使用一些特别的字体,这个时候一定要注意限制字体和字体样式的数量。作品中的字体最好不要超过三种以上,尽量不要使用太多不同的字体,使用的字体越多,输出文件就越大,因为字体的嵌入会大大增加 Flash 文件的尺寸,并且也不利于作品风格的统一。在实际使用中,还应考虑到特殊字体的可移植性,以免给作品的编辑带来不便。另外,尽量不要将字体打散。字体打散后就变成了图形,也会增大文件的体积。

(4) 颜色与线条的优化

在绘制和处理矢量图形对象时,应尽量使用"纯色填充"而避免使用"渐变填充",因为渐变填充要求对多种颜色和计算进行处理,计算机处理器完成这些操作的难度较大。尽管"纯色”替代“渐变”只获得少量性能的提升,但在为移动设备开发项目时非常有用。

出于同样的原因,应将动画中的 Alpha 或透明度数量保持在最低限度。包含透明度的动画对象会占用大量处理器资源,因此必须将其保持在最低限度。位图之上的动画透明图形是一种尤其会占用大量处理器资源的动画,因此必须将其保持在最低限度,或完全避免使用它。

尽量减少 Alpha 透明度的使用,因为它会减慢影片播放速度。多用纯色,尽量减少渐变色的使用。使用渐变色填充区域时比使用纯色填充时大概多需要 50 个字节。

尽量少用特殊类型的线(如虚线、点状线、锯齿线、斑马线等),因为绘制实线占用的资源较少。另外,用绘图工具中钢笔所画的线比刷子所画的线要少占内存空间。画笔工具创建的描边比用钢笔工具创建的直线占用更大的空间。

更多时候可以执行【修改】|【形状】|【将线条转换为填充】命令,将“轮廓线”转换为“填充”,因为轮廓线有两条边,需要更多的资源,而填充只有一条边。

当编辑矢量图形时,尽量使用“尖角连接”而不使用“圆角连接”。尖角连接使用的是直线,与圆角连接使用曲线相比,需要较少的资源,如图 11-7 所示。此外,当显示小型矢量形状时,也应该使用尖角连接,因为圆角连接不太引入注目而且浪费不必要的资源。

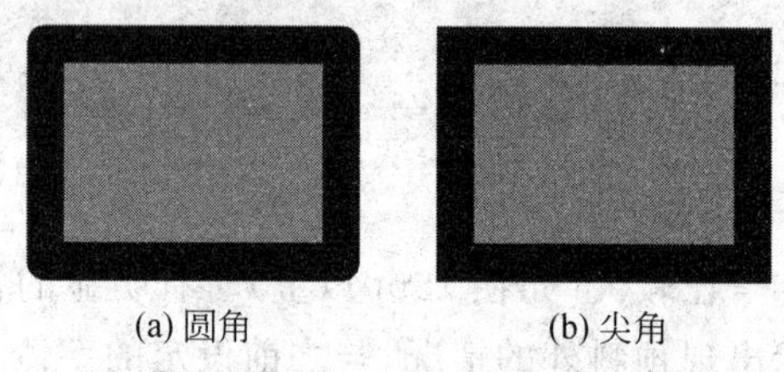

图 11-7 “圆角”与“尖角”连接形式对比

(5) 矢量图与位图的优化

复杂矢量图形通常在直线之间和曲线之间包含很多控制点。通过删除一些不必要的点,能够节省资源而不影响图形的外观。具体做法是:执行【修改】|【形状】|【优化】命令(或使用“平滑” 工具)来优化矢量图形,在矢量复杂性(形状质量)和减少线数之间寻找平衡点,如图 11-8 所示。

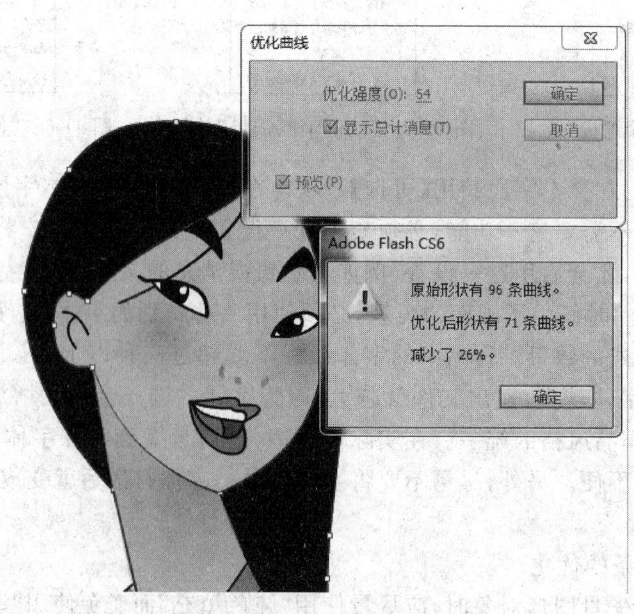

图 11-8 优化矢量图形

在优化和简化矢量图形对象之前，应对整个动画项目进行计划，为文件大小和动画长度制定一个目标，并在整个开发过程中对目标进行测试。

PNG是可导入Flash中的最佳位图格式，它是Adobe推出的Fireworks的专用文件格式。PNG文件具有每个像素的RGB和Alpha信息。如果将一个PNG文件导入Flash，将保留在FLA文件中编辑该图形对象的部分能力。

优化位图时不要对其进行过度压缩。72dpi的分辨率最适合Web使用。压缩位图图像可减小文件大小，但过度的压缩将损害图像质量。检查【发布设置】对话框中的JPEG品质设置，确保未过度压缩图像。在大多数情况下，将图像表示为矢量图形更可取。使用矢量图像可以减小文件大小，因为是通过计算(而非通过许多像素)产生出图像。在保持图像质量的同时限制图像中的颜色数量。

(6) 动画帧频的设置

在Flash动画文件中，帧频(每秒播放的帧数，以fps为单位进行衡量)会对动画的速度产生极大的影响。较高的帧频将生成平滑的动画，但可能占用大量处理器资源，尤其是在较旧的计算机上。以不同的帧频对动画进行测试，以找到尽可能低的帧频。使用可使动画在运行时平滑播放的尽可能低的帧频，这有助于减少最终用户的处理器所承受的压力。高帧频(超过30～40fps)将给处理器施加很大压力，而且在运行时也不会对动画的外观有太大改观(或者根本不会有任何改观)。

但是，还需要考虑帧频设置，因为该设置会影响播放动画的平滑程度。例如，将动画设置为12fps时，则该动画将每秒播放12帧。如果文档的帧频设置为24fps，与帧频为12fps时相比，动画的运行将显得更为平滑。但是，当帧频为24fps时，动画的播放速度要比为12fps时快得多，所以总持续时间(以秒为单位)较短。因此，如果使用较高的帧频制作5s的动画，则意味着与较低的帧频相比，需要添加更多的帧来填充这5s动画(因此，这将使动画的总文件大小增加)。与帧频为12fps的5s动画相比，帧频为24fps的5s动画文件通常较大。

在开发过程中应尽早为动画选定帧频，测试SWF文件时要检查动画的持续时间以及SWF文件大小。

(7) 动作脚本的优化

Flash动画中会用到很多ActionScript程序代码来控制影片的播放和实现一些特殊的效果。这些ActionScript编写的程序代码在运行时会占用存储空间和CPU资源。所谓程序代码的优化，实质上就是对代码进行等价变换，使得变换后的代码运行结果与变换前代码运行结果相同，而加快运行的速度或占用少的内存空间，或两者都有。常用的优化技巧有很多，如删除多余的运算、合并已知变量、变换循环控制条件、删除无用的赋值、削减运算强度等。

3. 后期修改发布阶段

(1) 清除“库”中多余的元件或对象

在创作中多余的元件，尤其是导入的图片、声音，在作品完成后将其删除，可以有效地减少作品的体积。但是一个完整的作品，用到的元件可能有几百个甚至更多，要一个个去检查是否被用到可能要花费很长的时间。下面介绍两种方法可以快速地将多余的元件或对象清除。一是在库面板右上角的下拉菜单中选择【选择未用项目】命令，如

图 11-9 所示，在库中会显示没有应用过的元件或对象，删除即可；二是新建一个 Flash 文档，复制原动画场景里的所有帧并【粘贴帧】到新建的 Flash 文档中，这样没用过的元件和对象就被过滤掉了。

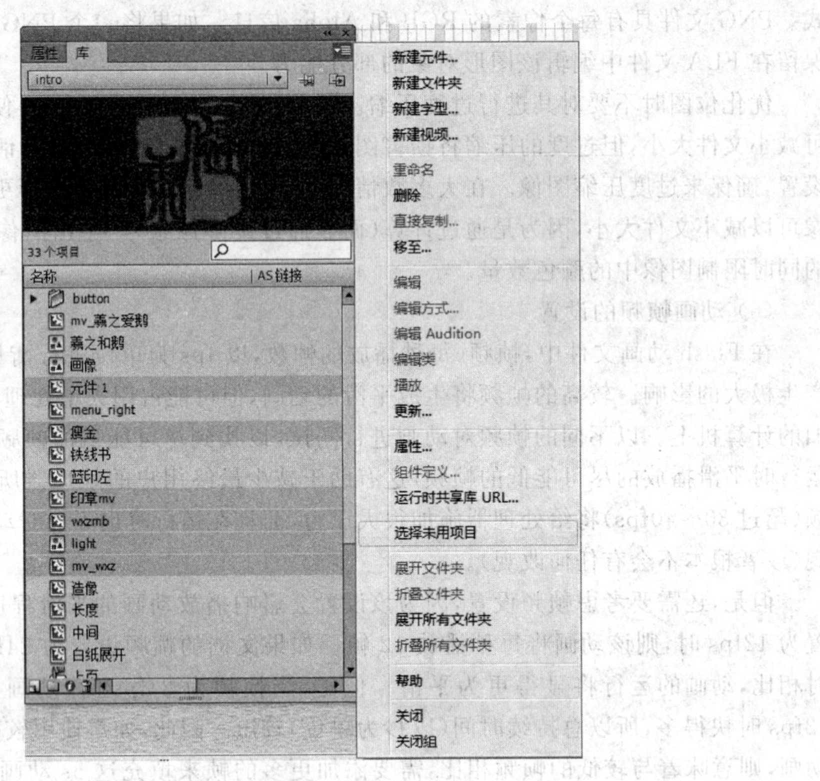

图 11-9　清除库中多余项目

(2) 巧用“发布设置”菜单

在文件输出时的参数设置可以说是减小体积的最好办法了。选择【文件】|【发布设置】命令，在 Flash 选项卡中将图片【品质】统一设置在 50%～80%之间，看情况而定，也可以单独在库里对单张图片的质量进行调整，如果对声音品质要求不高的话也可以把对声音进行适当的压缩。

(3) 对生成后的 Flash 文件压缩

经过前面几个环节的优化处理，Flash 文件已经尽可能精简到最小了，我们甚至还可以对生成的 Flash 文件再次进行压缩处理。下面介绍国外的一款 Flash 文件压缩软件——Flash Optimizer 2.0，如图 11-10 所示。

Flash Optimizer 是一款功能强大并且简单易用的 Flash 动画[*.SWF]文件优化工具，程序采用特殊的算法可以将 Flash 动画文件的体积缩小到原来的 60%～70%，而且可以基本保持动画品质不变，用户只需把 Flash 生成文件拖放到软件的窗口，便可以依次对 Images、Video、Sounds、Shapes、Fonts 几项进行优化设置，最后单击 Compress 按钮输出 Flash 文件，是非常好的 Flash 优化压缩解决方案。

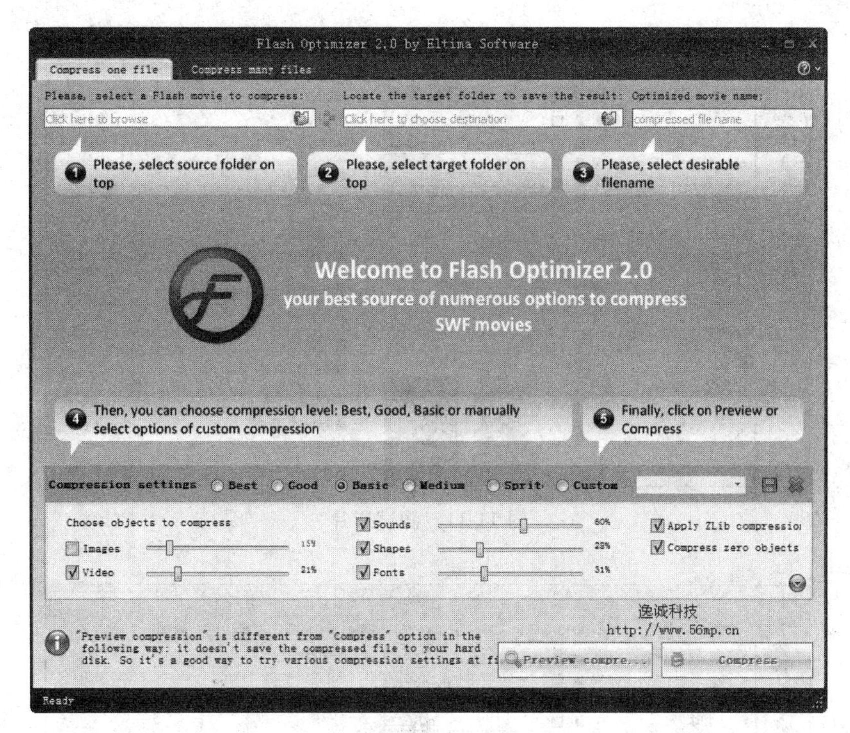

图 11-10 压缩软件 Flash Optimizer 2.0

11.2 Flash 动画的测试

当一个完整的动画制作完成后，如果想将动画作品分享或供其他应用程序使用，必须将动画作为作品发布出来，或将动画作为其他格式的文件导出。一般情况下，在发布和导出影片之前，必须对其进行测试。通过测试，可以确定动画是否达到了预期的效果，并检查动画中出现的明显错误，以及根据模拟不同的网络带宽对动画的加载和播放情况进行检测，从而确保动画的最终质量。动画影片的测试主要分为测试影片与测试场景。

11.2.1 测试影片

启动 Flash CS6，执行【控制】|【测试影片】|【测试】(组合键 Ctrl＋Enter)命令，便可对当前动画影片进行测试。如图 11-11 所示。如果被测试的影片有几个不同的场景，使用此命令测试可以按先后顺序看到每一个场景中的动画。

11.2.2 测试场景

使用调试器可以测试影片中的动作，如果想对具体的交互功能和动画进行预览，也可选择【测试场景】，下面介绍一下测试场景的操作方法。

启动 Flash CS6，执行【控制】|【测试场景】(组合键 Ctrl＋Alt＋Enter)命令，即可测试当前准备查看的场景的播放效果，如图 11-12 所示。

只能对影片中的当前场景进行测试。如果被测试的动画有几个不同的场景，对其他场

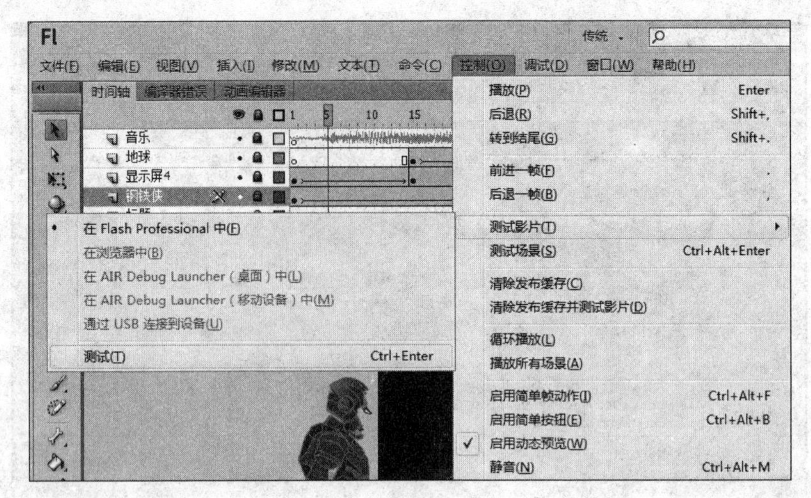

图 11-11　测试影片

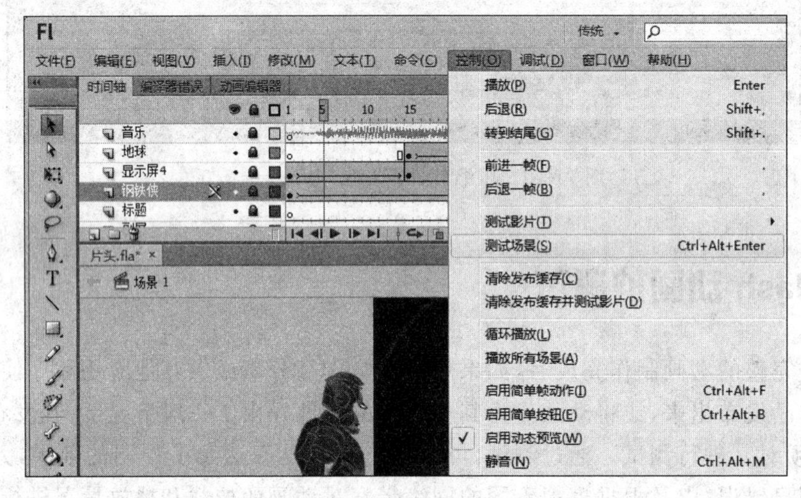

图 11-12　测试场景

景将不进行测试。

11.2.3　测试影片下载性能

当我们选择【控制】|【测试影片】或【测试场景】命令时，在弹出的影片测试窗口中选择【视图】|【带宽设置】命令选项，会将影片的带宽剖面图显示出来，如图 11-13 所示。

利用 Flash 自带的下载性能图表工具可以形象地获得在指定的网速下动画每一帧所发送的数据。这样可以清楚地看到数据传输中的瓶颈所在，这些瓶颈发送数据量大，可能导致影片播放中断。

影片测试窗口中带宽剖面图各部分说明如下。

(1) 在带宽剖面图的图表中，左边窗口显示的是下载性能，包括动画大小、帧速度、文件大小、播放时间、预下载时间、带宽、当前帧大小、已加载比率等。

(2) 右边窗口顶部的标尺代表影片的回放，底部的条形图表显示了下载每一帧时的状

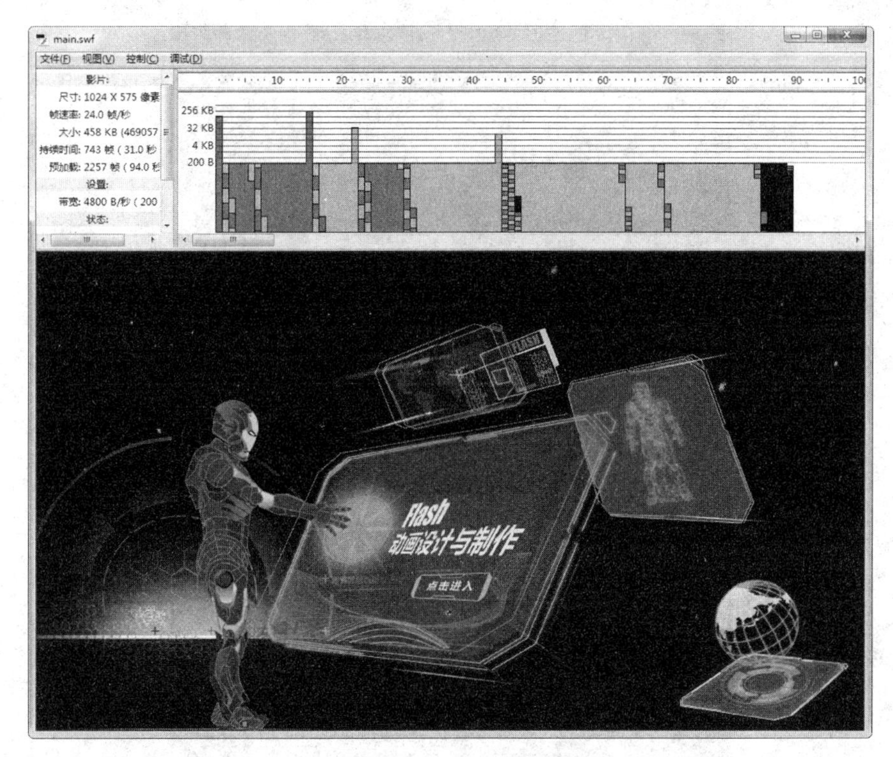

图 11-13 影片测试窗口

态。每个色块代表一帧，单击其中的个色块就可以了解该帧的属性。

(3) 当影片中某一帧的条形图超过红色水平线时，影片有可能中断或出现断断续续的情况，在我们打开一个新的动画文件时经常遇到这种情况。这是因为 Flash CS6 支持流技术，文件边下载边播放，而刚打开的新影片的第 1 帧没有预先下载，所以会看到停顿或断断续续的情况。

11.3 Flash 动画的发布

11.3.1 发布参数设置

对影片测试完毕，确定动画没有错误时就可以对影片进行发布。操作方法是：在 Flash CS6 的菜单栏中，选择【文件】|【发布设置】命令，打开【发布设置】对话框，在此对话框中用户可进行发布前的各项参数设置。

Flash 动画文件可以发布为多种格式的文档形式，下面对各种文档形式的发布设置参数进行说明。

1. Flash(.swf)选项卡设置

当在【发布设置】对话框的【发布】选项区中选择 Flash(.swf)选项时，将显示 Flash(.swf)选项卡，此选项卡中包括目标、脚本、输出文件、JPEG 品质、音频流、音频事件、高级等选项，如图 11-14 所示。各项主要设置说明如下。

(1)【目标】列表：可以选择 Flash 播放器版本。

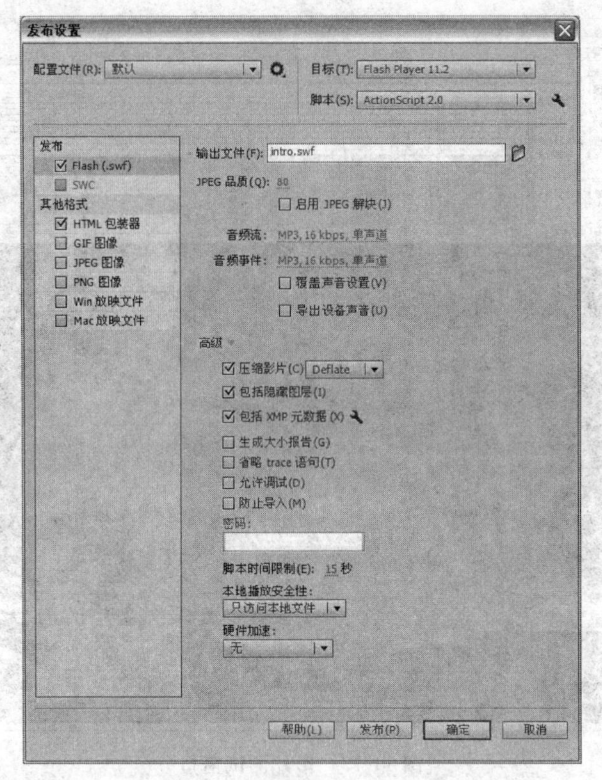

图 11-14 【发布设置】对话框

(2)【脚本】列表：可以选择 ActionScript 版本。

(3)【输出文件】：Flash 文件命名及存放路径。

(4)【JPEG 品质】：拖动该项右侧的滑块可以调整影片中的位图品质，控制位图压缩。值越大，图像越清晰，文件所占空间也越大，压缩比越小。若要使高度压缩的 JPEG 图像显得更加平滑，则选择【启用 JPEG 解块】选项。

(5)【音频流和音频事件】：可以对 SWF 文件中的所有声音流或事件声音的采样率、压缩方式以及品质进行设置。

(6)【高级】选项中包括以下几项设置。

① 压缩影片：选中此选项后，默认压缩 SWF 文件以减小文件大小和缩短下载时间。当文件包含大量文本或 ActionScript 时，使用此选项十分有益。

② 包括隐藏图层：选中此选项后，默认导出 Flash 文档中所有隐藏的图层。取消选择【导出隐藏的图层】将阻止把生成的 Flash 文件中标记为隐藏的所有图层(包括嵌套在影片剪辑内的图层)导出。

③ 包括 XMP 元数据：选中此选项后，默认情况下，将在【文件信息】对话框中导出输入的所有元数据。单击【文件信息】按钮打开此对话框，在 Adobe Bridge 中选定 SWF 文件后，可以查看元数据。

④ 生成大小报告：选中此选项后，将随影片文件生成一个报告，报告中列出各帧的字节数、总共字节数和场景等信息。

⑤ 省略 trace 语句：选中此选项后，可以忽略当前影片的跟踪动作，自动跟踪动作的信

息不会显示在【输出】窗口中。

⑥ 允许调试：选中此选项后，激活调试器并允许远程调试影片。

⑦ 防止导入：选中此项后，防止未授权用户导入影片。

⑧ 密码：在选定【允许调试】或【防止导入】选项后，可以在密码文本框中为影片设置密码。

⑨ 脚本时间限制：若要设置脚本在 SWF 文件中执行时可占用的最大时间量，需在【脚本时间限制】文本框中输入一个数值。FlashPlayer 将取消执行超出此限制的任何脚本。

⑩ 本地播放安全性：从下拉列表中，选择要使用的 Flash 安全模型，指定是授予已发布的 SWF 文件本地安全性访问权，还是网络安全性访问权。

⑪ 硬件加速：若要使 SWF 文件能够使用硬件加速，需从硬件加速下拉列表中选择下列选项之一。

(a) 第 1 级—直接：在【直接】模式中，通过允许 Flash Player 在屏幕上直接绘制，而不是让浏览器进行绘制，从而改善播放性能。

(b) 第 2 级—GPU：在 GPU 模式中，Flash Player 利用图形卡的可用计算能力执行视频播放并对图层化图形进行复合。根据用户的图形硬件的不同，这将提供更高一级的性能优势。

2.【HTML 包装器】选项卡设置

在【发布设置】对话框的【其他格式】选项区中选择【HTML 包装器】选项时，单击此标签，将显示具体设置选项，如图 11-15 所示。在此选项卡中包括目标、脚本、输出文件、模板、大小、播放、品质、窗口模式以及缩放和对齐等选项，各项设置说明如下。

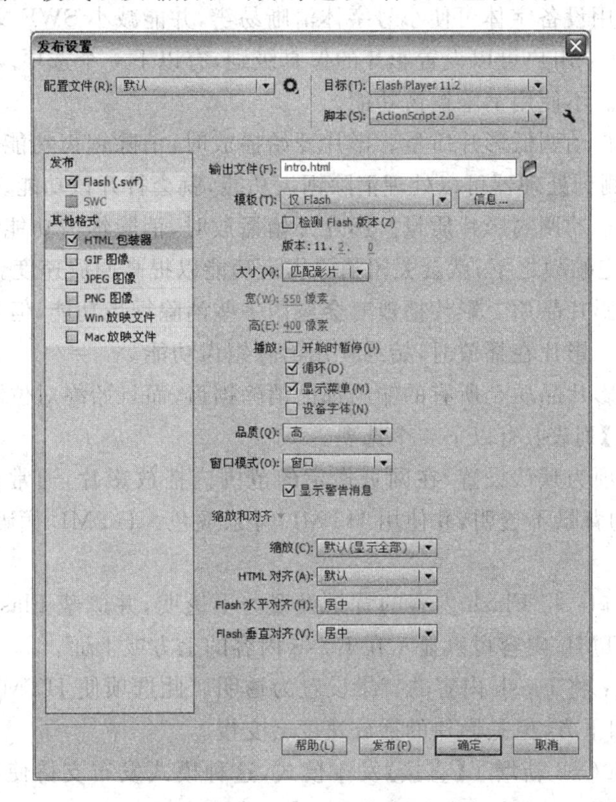

图 11-15　【HTML 包装器】选项卡

(1)【目标】列表：可以选择 Flash 播放器版本。

(2)【脚本】列表：可以选择 ActionScript 版本。

(3)【输出文件】：网页文件命名及存放路径。

(4)【模板】列表：用户可以选择影片中要使用的模板。然后，单击右边的按钮以显示选定模板的说明，默认选项是【仅 Flash】。

(5)【大小】列表：用户可以设置导出动画的尺寸。有三个【大小】选项，分别如下。

① 匹配影片：此选项(默认)使用 SWF 文件的大小。

② 像素：此选项使用输入宽度和高度的像素数量。

③ 百分比：此选项使用指定影片文件所占浏览器窗口的百分比。

(6)【播放】：选项中包括以下几项设置。

① 开始时暂停：选中此选项后，影片传输完毕会一直暂停播放 SWF 文件，直到用户单击按钮或从快捷菜单中选择【播放】后才开始播放。(默认)不选中此选项，即加载内容后就立即开始播放。

② 循环：选中此选项后，使影片文件内容到达最后一帧后再重复播放。取消选择此选项会使内容在到达最后一帧后停止播放。默认情况下，会选中此选项。

③ 显示菜单：选中此选项后，在动画播放的窗口中单击鼠标右键，可以显示一个快捷菜单，含有放大、缩小、显示全部等命令。默认情况下，会选中此选项。

④ 设备字体：选中此选项后，可以使用系统字体替换用户系统上未安装的字体，仅限 Windows 环境。使用设备字体可使小号字体清晰易辨，并能减小 SWF 文件的大小。

(7)【品质】列表：用户可以设置影片的保真级别，有以下 6 个选项。

① 低：低品质。不使用消除锯齿功能。

② 自动降低：自动调低影片质量。影片开始播放时，消除锯齿功能处于关闭状态。如果 Flash Player 检测到处理器可以处理消除锯齿功能，就会打开该功能。

③ 自动升高：自动调高影片质量。影片开始播放时，消除锯齿功能处于打开状态。如果实际帧频降到指定帧频之下，就会关闭消除锯齿功能以提高回放速度。

④ 中等：一般影片品质。影片播放时会应用一些消除锯齿功能，但并不会平滑位图。

⑤ 高：高品质。影片在播放时，始终使用消除锯齿功能。

⑥ 最佳：最佳影片品质。所有的输出都已消除锯齿，而且始终对位图进行光滑处理。

(8)【窗口模式】列表：有以下 4 个选项。

① 窗口：该选项为默认设置，在网页指定的范围内播放影片，通常会得到较佳的影片效果。Flash 内容的背景不透明，并使用 HTML 背景颜色。HTML 代码无法呈现在 Flash 内容的上方或下方。

② 不透明无窗口：将 Flash 内容的背景设置为不透明，并遮蔽 Flash 内容下面的任何内容。此选项使 HTML 内容可以显示在 Flash 内容的上方或上面。

③ 透明无窗口：将 Flash 内容的背景设置为透明。此选项使 HTML 内容可以显示在 Flash 内容的上方和下方，但是影片的播放速度会变慢。

④ 直接：Flash CS6 新增了【直接】发布模式，这种模式发布支持使用 Stage3D 的硬件加速内容(Stage3D 要求使用 Flash Player 11 或更高版本)。

(9)【HTML 对齐】列表：可以选择 SWF 文件窗口在浏览器窗口中的位置，有以下几个对齐选项。

① 默认值：使内容在浏览器窗口内居中显示，如果浏览器窗口小于应用程序，则会裁剪边缘。

② 左对齐、右对齐、顶部和底部：会将 SWF 文件与浏览器窗口的相应边缘对齐，并根据需要裁剪其余的三边。

(10)【缩放】列表：可以设定影片缩放在窗口中的放置方式，有以下几个选项。

① 默认：显示全部、默认在窗口中完全显示，并保持原来的宽高比例。

② 无边框：使用原始尺寸播放，并舍弃超过页面外的部分影片。

③ 精确匹配：可使影片在整个指定区域可见，但不保持原有影片比例，因此可能会发生扭曲。

④ 无缩放：保持原来的宽高比例，不缩放。

(11)【Flash 对齐】选项：可以设置影片水平和垂直方向上的对齐方式。

① 水平：左对齐、居中、右对齐。

② 垂直：顶部、居中、底部。

3. 【GIF 图像】选项卡设置

当在【发布设置】对话框的【其他格式】选项卡中选择【GIF 图像】选项时，将显示 GIF 选项卡，在此选项卡中用户可以设置输出文件、大小、播放、颜色、透明、抖动以及调色板类型等选项。

4. 【JPEG 图像】选项卡设置

当在【发布设置】对话框的【其他格式】选项卡中选择【JPEG 图像】选项时，将显示 JPEG 选项卡，如图 11-16 所示，在此选项卡中用户可以设置输出文件、大小、品质以及渐进等选项。

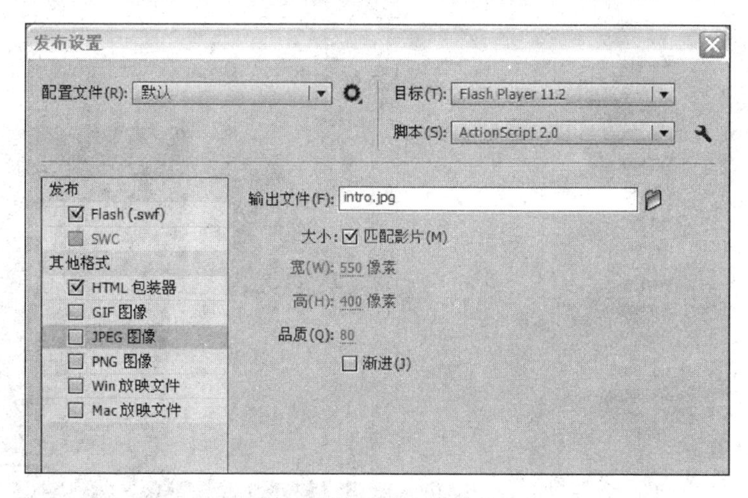

图 11-16　JPEG 选项卡

5. 【PNG 图像】选项卡设置

当我们在【发布设置】对话框的【其他格式】选项卡中选择【PNG 图像】选项时，将显示如图 11-17 所示的选项卡，在此选项卡中用户可以设置输出文件、大小、颜色和滤镜等参数。

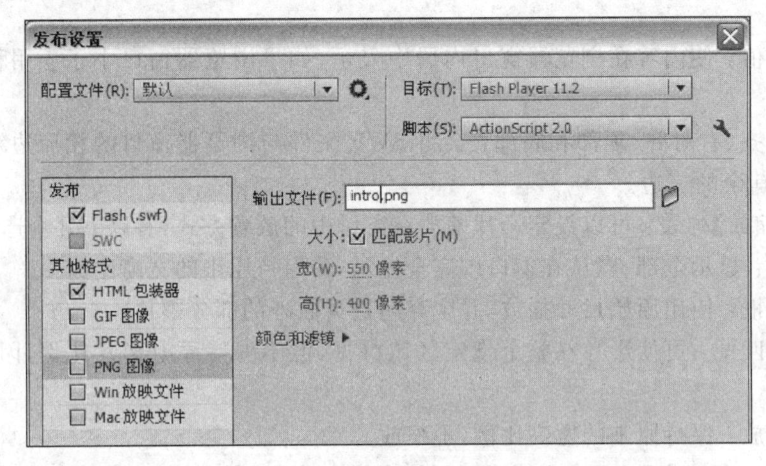

图 11-17 PNG 选项卡

11.3.2 发布预览动画

对动画影片的发布格式进行设置后，还需要对动画格式进行预览。选择【文件】|【发布预览】命令，在弹出的子菜单中选择一种要预览的文件格式，即可在动画预览窗口中看到该动画发布后的效果，如图 11-18 所示。

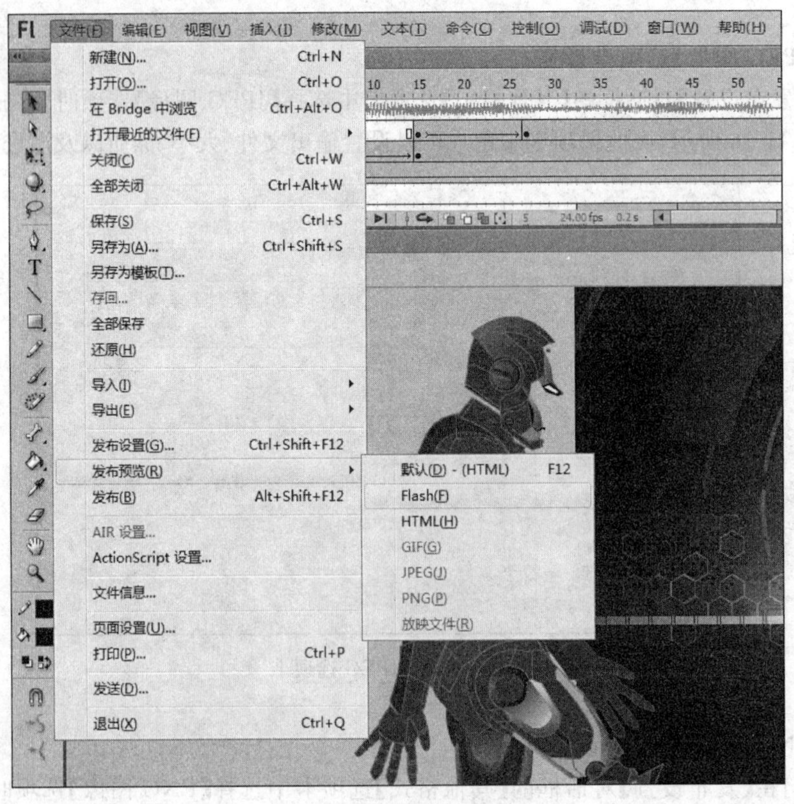

图 11-18 发布预览影片

11.3.3 发布 Flash 动画

在完成发布预览的操作后，就可以对 Flash 动画进行发布了，操作方法与步骤如下：打开制作完成的 Flash 动画作品，执行【文件】|【发布】命令，即可将 Flash 动画文件发布为多种格式的类型文件。

11.4 导出 Flash 动画

11.4.1 导出影片文件

Flash 动画制作完成后，使用导出功能，可以将其直接输出为“影片文件”，即 SWF 文件。其方法是：执行【文件】|【导出】|【导出影片】命令，打开【导出影片】对话框，如图 11-19 所示。

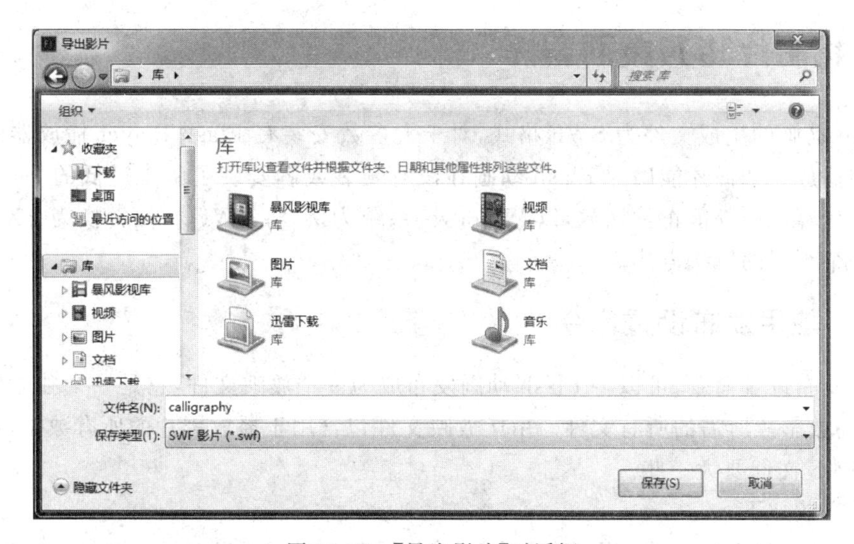

图 11-19 【导出影片】对话框

【导出影片】对话框中各选项说明如下。

(1)【文件名】：可以为输出的影片文件命名。

(2)【保存类型】：可以选择影片输出的格式。Flash CS6 默认格式为 SWF 格式，一切设置完毕后，单击【保存】按钮，将弹出【导出 SWF 影片】对话框，如图 11-20 所示。

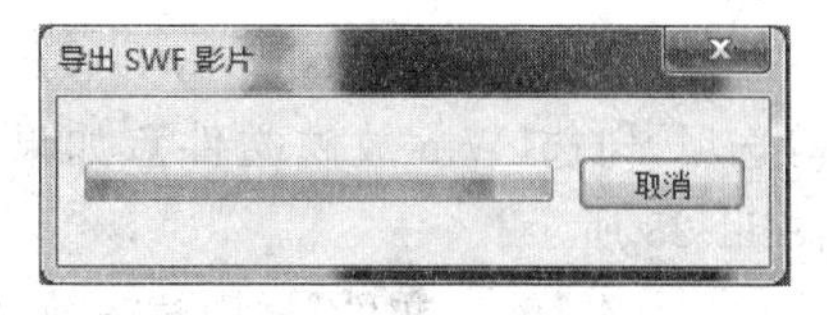

图 11-20 【导出 SWF 影片】对话框

11.4.2 导出图像文件

如果动画中某一帧的图像比较好，可以单独导出此图像，方法如下。

(1) 使用鼠标选中要输出的图像所在帧的位置，使此图像在页面中显示。

(2) 选择【文件】|【导出】|【导出图像】命令，将会弹出【导出图像】对话框。

下面以导出 JPEG 格式图像为例说明。

如图 11-21 所示，第一行为图像尺寸，用来设置 JPEG 图像的宽和高；【分辨率】用来设置图像的分辨率 dpi 值，在这里可以输入 1～1200 之间的数值；在分辨率后面有一个【匹配屏幕】按钮，当单击该按钮后，JPEG 的宽和高数值会自动转换为 JPEG 图像的尺寸，数值越高，图像清晰度越高，文件越大。

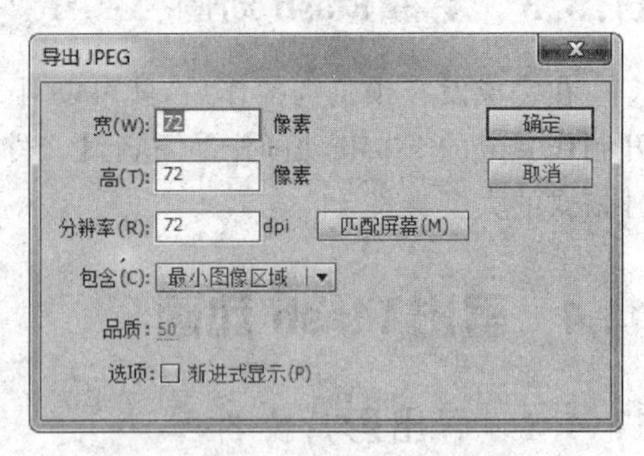

图 11-21 【导出 JPEG】对话框

【包含】列表下包括了两个选项，即【最小图像区域】和【完整文档大小】。当选择【最小图像区域】时，JPEG 的宽和高会自动转换为图像的宽和高；当选择【完整文档大小】时，在尺寸区里的宽和高会自动转换为舞台的宽和高。【品质】区里可以设置图像的品质，可以输入 1～100 之间的数值，数值越高，质量越好。

11.5 将影片转为桌面程序

Flash 动画的生成文件为 SWF 格式，对于大多数安装有 Flash Player 播放器的计算机都能顺利播放。如何才能确保 Flash 动画在没有安装或者安装了版本过低的 Flash Player 播放器的计算机中都能正常播放，以 Windows 系统为例，将 SWF 文件转换为 EXE 可执行文件是一个很好的解决方法。

11.5.1 使用发布设置命令

使用发布设置命令，可以将 Flash 动画发布成为一个放映文件，它是一个独立的应用程序，包括播放影片所需的所有文件。由于放映文件包含用于播放影片的所有数据，所以放映文件比 SWF 文件要大一些。

操作方法如下。

(1) 打开 Flash CS6，执行【文件】|【发布设置】命令，打开【发布设置】对话框，如图 11-22 所示。

(2) 取消选中 Flash(.swf)、【HTML 包装器】、【GIF 图像】、【JPEG 图像】、【PNG 图像】等选项，勾选【Win 放映文件】(如果创建苹果系统放映文件，请选择【Mac 放映文件】)，如图 11-23 所示。

(3) 在【输出文件】栏中输入放映文件的名称，单击【发布】按钮。发布文件后，单击【确定】按钮关闭对话框。

此时便创建好扩展名为.exe 的放映文件，此时无需播放器或浏览器，双击该放映文件即可播放它。

11.5.2 使用播放器转换

(1) 以 Windows 系统为例，双击 Flash CS6 Professional\Players 安装目录下的 FlashPlayer.exe 文件，打开 Flash CS6 Professional 自带的播放器 Adobe Flash Player11，如图 11-24 所示。

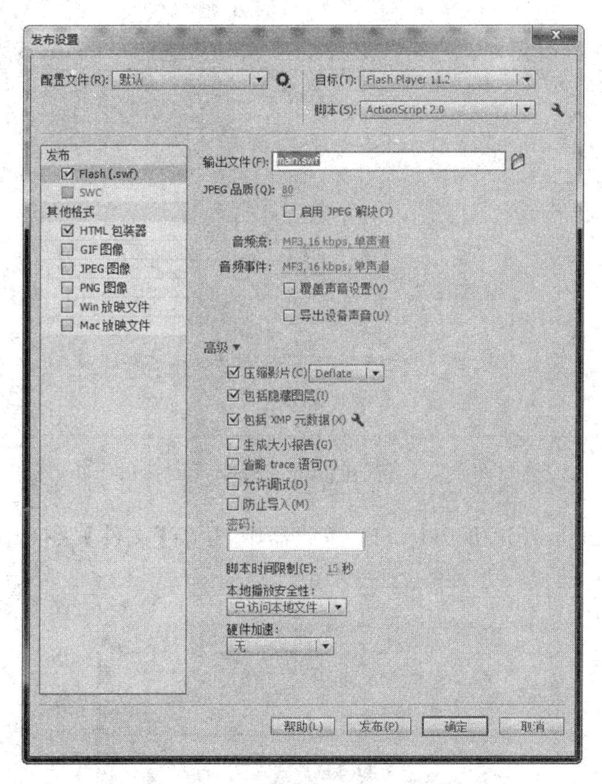

图 11-22 【发布设置】对话框

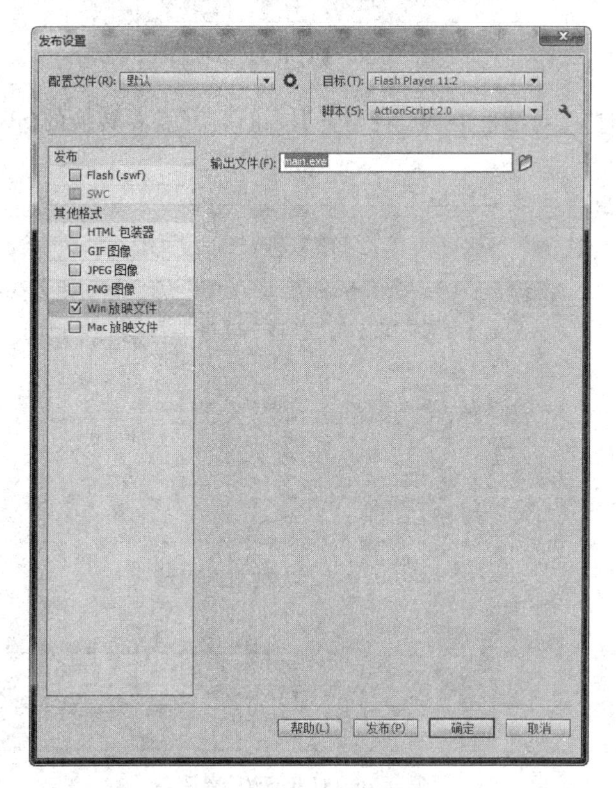

图 11-23 输出放映文件

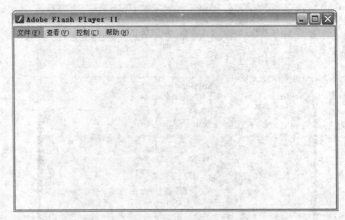

图 11-24　打开 Adobe Flash Player11

(2) 在打开的 Adobe Flash Player11 播放器中，执行【文件】|【打开】命令，弹出【打开】对话框，如图 11-25 所示。

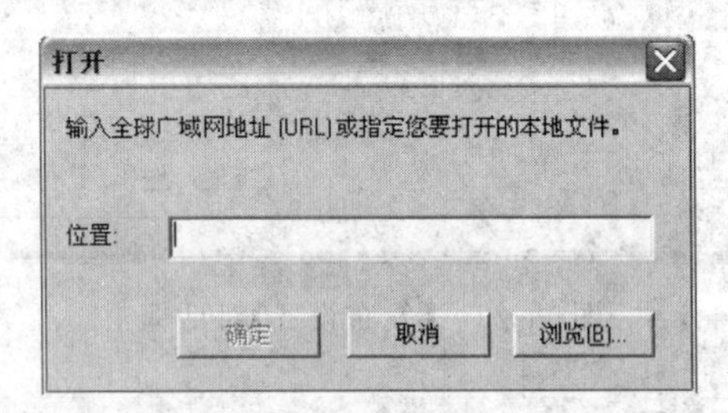

图 11-25　【打开】对话框

(3) 在弹出的【打开】对话框中，单击【浏览】按钮，打开需要转换的 SWF 文件，如图 11-26 所示。

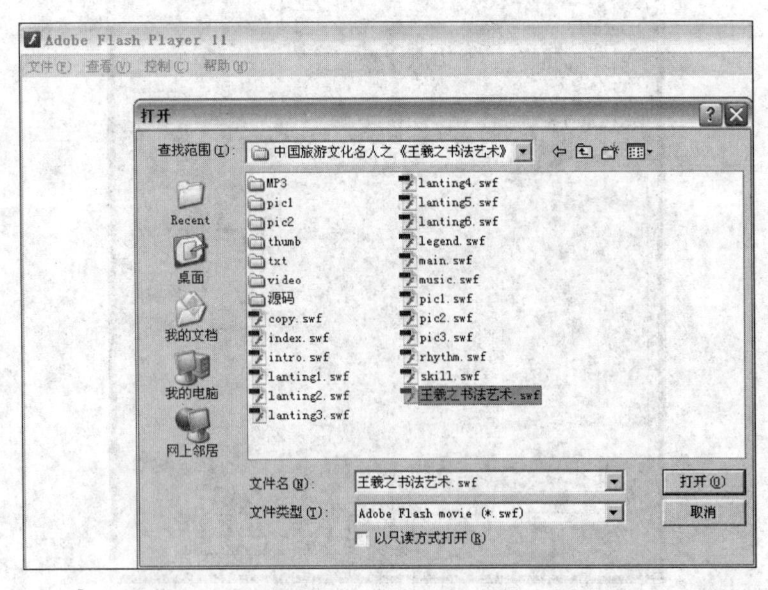

图 11-26　打开 SWF 文件

(4) 将 SWF 文件打开后，选择【文件】|【创建播放器】命令，如图 11-27 所示。

图 11-27 使用 Flash Player 创建播放器

(5) 在弹出的【另存为】对话框中为文件命名后，单击【保存】按钮，即可将 SWF 文件转换为 EXE 格式的可执行文件。

11.6 本章小结

本章主要介绍了 Flash 动画影片的测试、优化、发布、导出等方面的知识与技巧。制作完毕的影片需要进行测试，测试的目的是查找错误。是错误就应该更改，可需要更改的不一定只是错误，这就是测试的另一个目的——优化。通过模拟下载，分析影片中较大的帧，对其中的对象进行优化。优化后的影片体积更小，更容易传播。对影片进行优化后，就要发布影片了，Flash 允许将影片发布成多种格式的文件，每种格式的文件均有其独立的属性，可以设置不同的名字。

另外，还可以将影片导出成 Flash 各种支持格式的影片或图像，导出时可以对导出的文件类型进行重新设置，也可以按照发布设置中的设置导出影片。

第12章

Chapter 12

交互媒体设计综合案例

本章学习目标

- 了解交互媒体设计的结构与流程
- 掌握不同软件之间的协作与互动
- 掌握片头动画的设计与制作
- 掌握主页面及二级页面的设计制作与整合
- 掌握脚本语言在交互功能上的实现与应用

本章通过交互媒体设计的具体案例，展示了如何从宏观创意与策划到微观制作与实施的完整过程，并介绍了不同软件在交互多媒体制作中的协同与应用。软件掌握的熟练与否不是作品成功的必备条件，所谓言之无文，行之不远，深厚的文化底蕴与天马行空的创意才是作品成功的关键所在。

12.1 虚拟全景交互动画《中国旅游文化之“兰亭”》

12.1.1 案例背景分析

旅游既是一种经济现象，也是一种文化现象。近些年的开发实践证明，旅游文化资源的开发已成为当前旅游文化发展的一个热点。兰亭文化是中国特有的文化现象，是魏晋风度和玄学思想的核心，也是中国传统文化体系的重要组成部分。与兰亭有关的书法、绘画、碑帖、器物、工艺品等多个门类涵盖了传统文化的诸多方面，对兰亭文化进行深入研究和探讨具有重要的学术意义和现实意义。

本案例是以“兰亭”为主题的旅游文化交互多媒体项目。兰亭所在地——浙江绍兴历史文化底蕴深厚，尤其是兰亭镇区域范围内拥有众多优质的文化遗存和自然资源。打响“中国兰亭”品牌，对于加快文化旅游产业发展、提高城市知名度具有重要意义。该作品侧重挖掘兰亭文化遗产的深刻内涵，注重确立特色与风格，促进文化元素的渗透与融合，体现教化与熏陶功能。该作品在2013年教育部第十三届全国多媒体课件大赛获得一等奖。

12.1.2 创意与构思

作品采用Flash动画技术，着重对兰亭的历史、文化、旅游景点等内容做全面的展示与介绍，并设计虚拟全景导游系统，增强交互性和沉浸感。

(1) 在作品内容的把握方面,对兰亭文化从以下 6 个方面展开。

① 其为名帖,贵越群品,古今莫二;

② 其为故迹,兴废几度,佳境犹存;

③ 其为集诗,言意玄远,词约理丰;

④ 其为异文,性灵所钟,悲欣交集;

⑤ 其为逸事,高绝千古,慕者如云;

⑥ 其为公案,聚讼纷纭,千年未决。

(2) 在作品创意设计方面,注重传统与现代的碰撞与融合。

在一个传媒技术发达而传统文化传承濒危的时代,兰亭文化所代表的随性、洒脱、放达的价值观与当今社会似乎有些格格不入,该作品在设计上利用现代数字媒体技术将一种体悟而得到的艺术意味传达给受众,再现或者试图接近魏晋时代玄妙的哲学意境和空灵的艺术精神。除了文化传播与介绍,在交互设计上,构建了基于 Flash 技术的虚拟导航与全景 3D 漫游系统,注重用户体验和感受。

12.1.3　作品交互结构规划

在具体作品制作之前,首先要对整个项目的交互架构有所了解,在脑海中要形成整个交互流程规划。为了在制作过程中参考和对比,交互结构流程图的规划与设计显得尤为重要,如图 12-1 所示为该作品的交互架构流程图。

12.1.4　作品效果截图

图 12-2 为作品的片头动画,其中标题中的“兰亭”二字的旋转动画是在 3ds Max 中建模并制作完成的,然后用 Combustion 做发光效果,输出成 PNG 格式的静止序列帧位图后导入 Flash 软件,最后利用逐帧动画原理制作完成。动态水墨效果利用 After Effects 处理视频素材,同样输出静态 PNG 格式序列图片,在 Flash 中制作逐帧动画效果。

图 12-3 为作品主界面,在各个动画元素的编排上匠心独运,背景宣纸效果采用导入像素位图的方式,其他各个图形元件主要采用矢量绘制的方式完成。

12.1.5　片头动画的设计与制作

在片头动画的制作上,采用具有传统艺术效果的“水墨画”来表现主题,应用到的软件有 3ds Max 8.0、Autodesk Combustion 2008、After Effects CS5、Flash CS6 Professional、Photoshop CS5 等,接下来的实例制作基于对上述软件有所掌握的基础之上。

涉及到的主要知识点有:

(1) 用 3ds Max 8.0 实现“兰亭”文字的 3D 建模及动画制作;

(2) 用 Combustion 2008 合成 3D 文字动画光效;

(3) 用 After Effects CS5 制作动态水墨效果;

(4) 用 Photoshop CS5 处理背景图片和兰亭图片;

(5) 用 Flash CS6 制作兰亭图片的遮罩动画效果和交互按钮,并整合其他动画元素。

1. “兰亭”文字 3D 建模与动画制作

(1) 启动 3ds Max 8.0,在【前】视图窗口新建一个【平面】图形对象,打开【材质编辑器】面板,任选一个材质球拖动至新建的【平面】物体上,为其赋予材质,如图 12-4 所示。

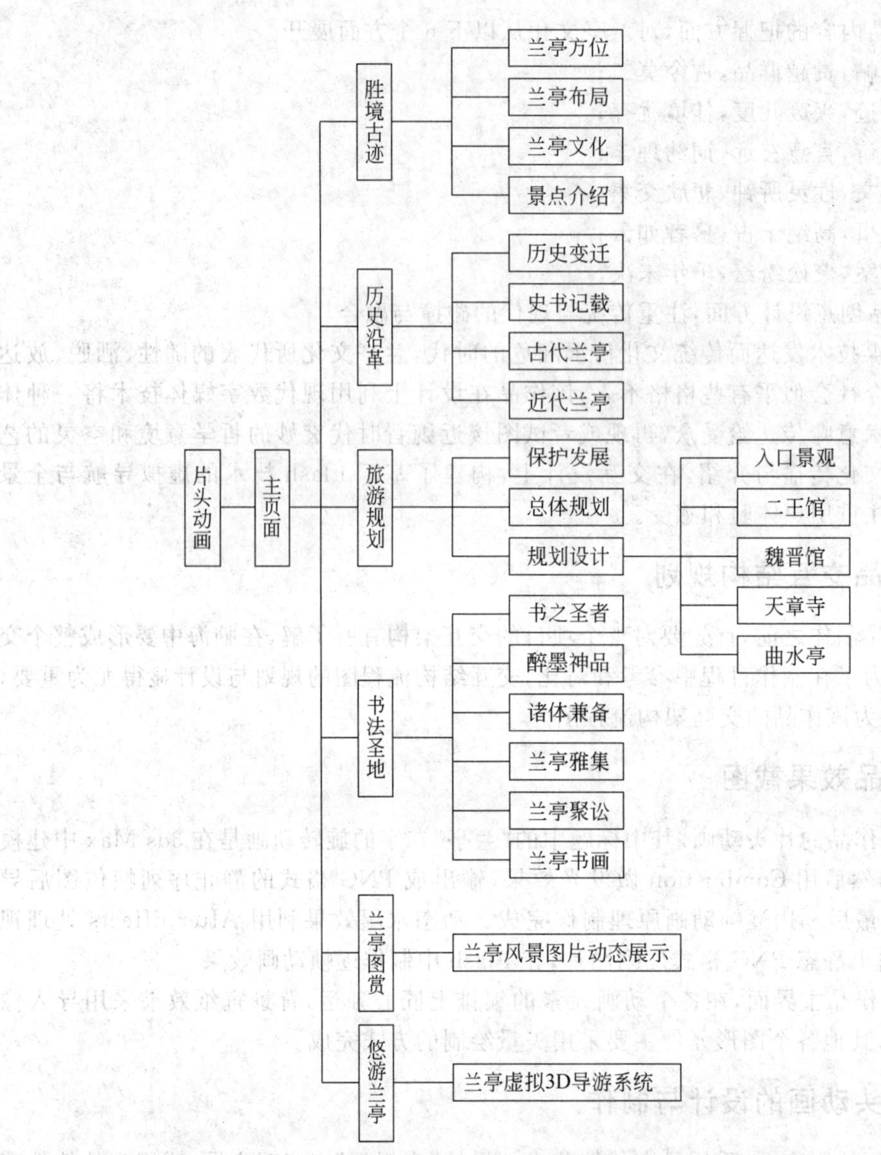

图 12-1 《中国旅游文化之“兰亭”》作品交互架构流程图

图 12-2 《中国旅游文化之“兰亭”》片头动画

图 12-3　《中国旅游文化之“兰亭”》主界面

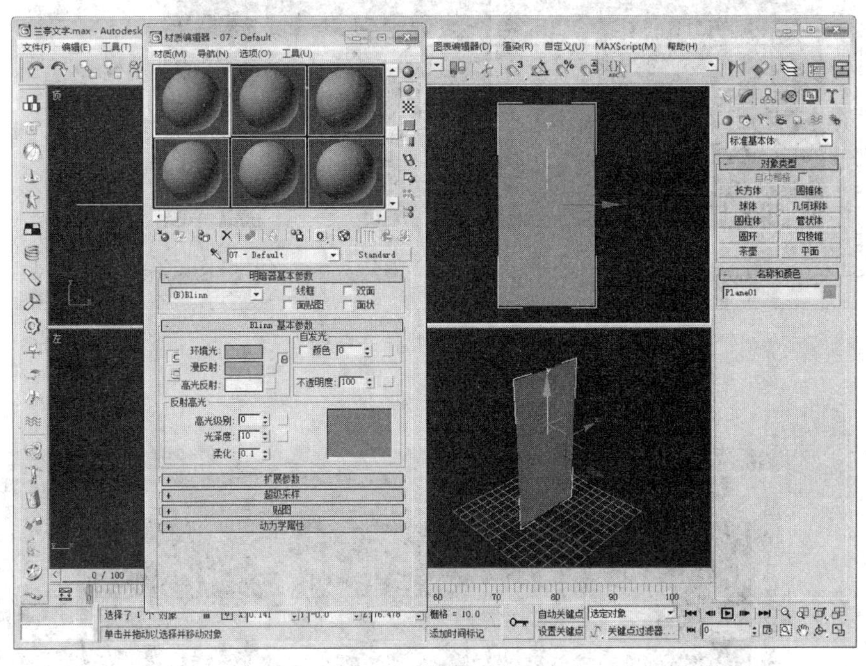

图 12-4　材质编辑器控制面板

(2) 在【材质编辑器】面板中，单击【Blinn 基本参数】下的【漫反射】通道，为选中的材质球贴一张“兰亭”二字的贴图位图文件(图片素材用 Photoshop 处理完成)，单击【在视口中显示贴图】按钮，如图 12-5 所示。

(3) 在【创建】面板中单击【图形】按钮，取消【开始新图形】的勾选，选择【线】工具，用二维线工具对“兰亭”二字轮廓进行勾描，如图 12-6 所示。

(4) 二维线勾描结果如图 12-7 所示。

(5) 选中二维线空心文字，在【修改器列表】中列表中选择【挤出】命令，设置厚度为 20mm，将二维线图形转成 3D 物体，并为其赋予一张金属材质的贴图文件(贴图文件可网络搜索获取)，效果如图 12-8 和图 12-9 所示。

(6) 至此，“兰亭”文字 3D 建模工作完成，下一步制作文字旋转的动画效果。在【创建】面板中单击【摄像机】按钮，在对象类型选项中单击【目标】按钮，在顶视图中创建一个目标摄像机，并调整好角度，如图 12-10～图 12-12 所示。

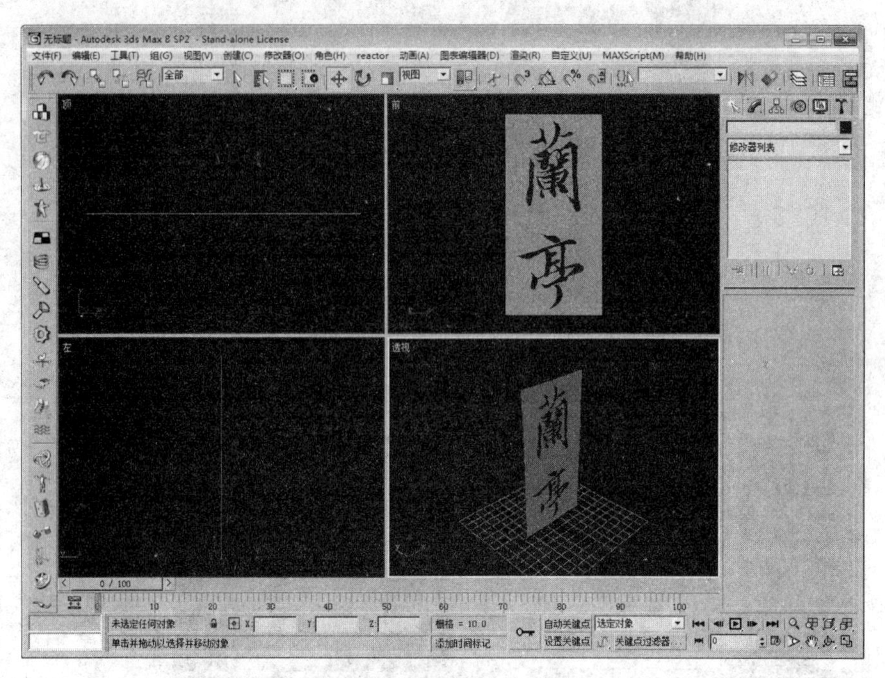

图 12-5　选择物体并贴图

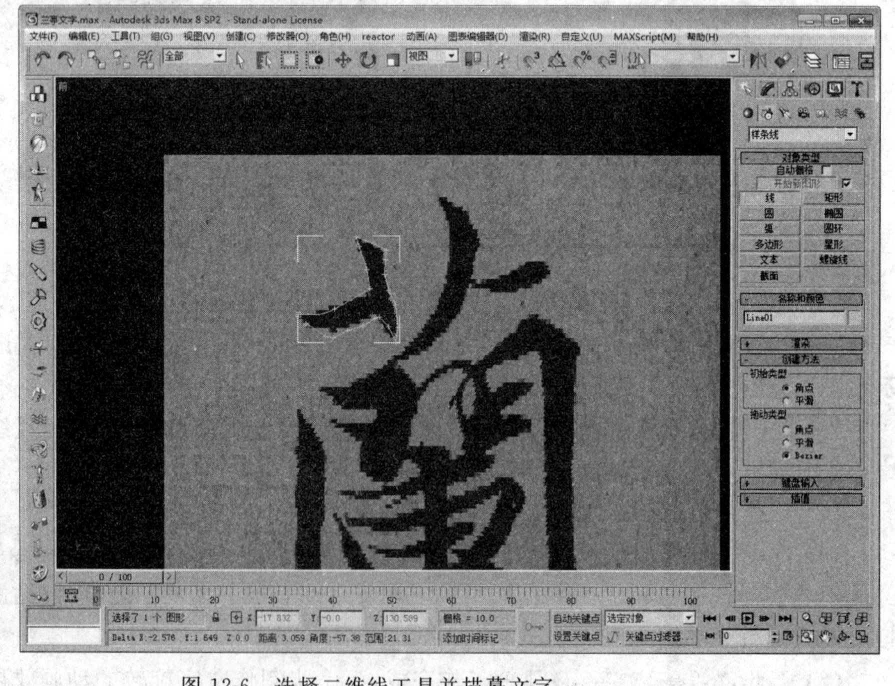

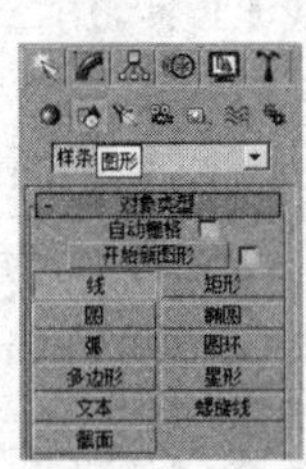

图 12-6　选择二维线工具并描摹文字

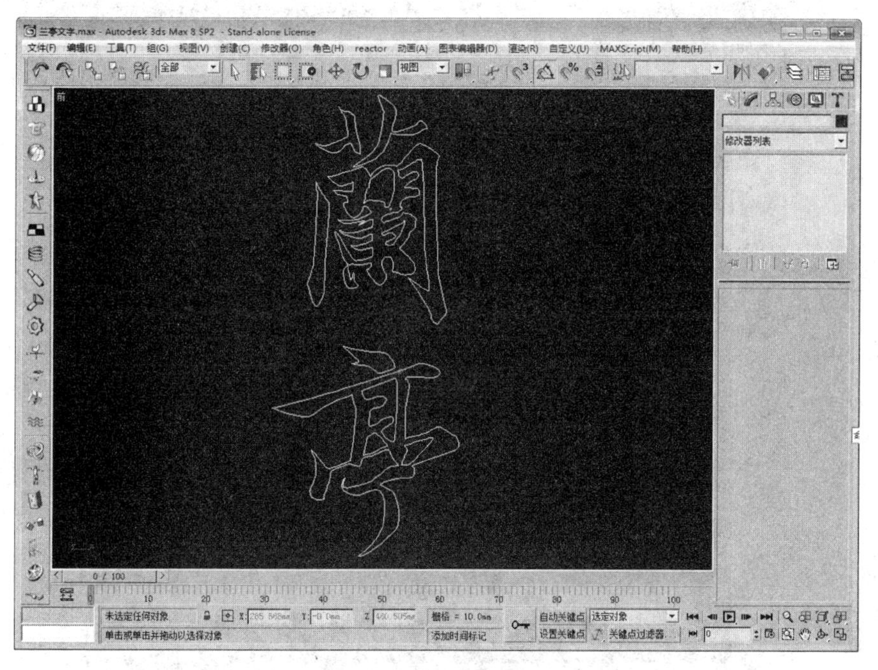

图 12-7 二维线空心文字

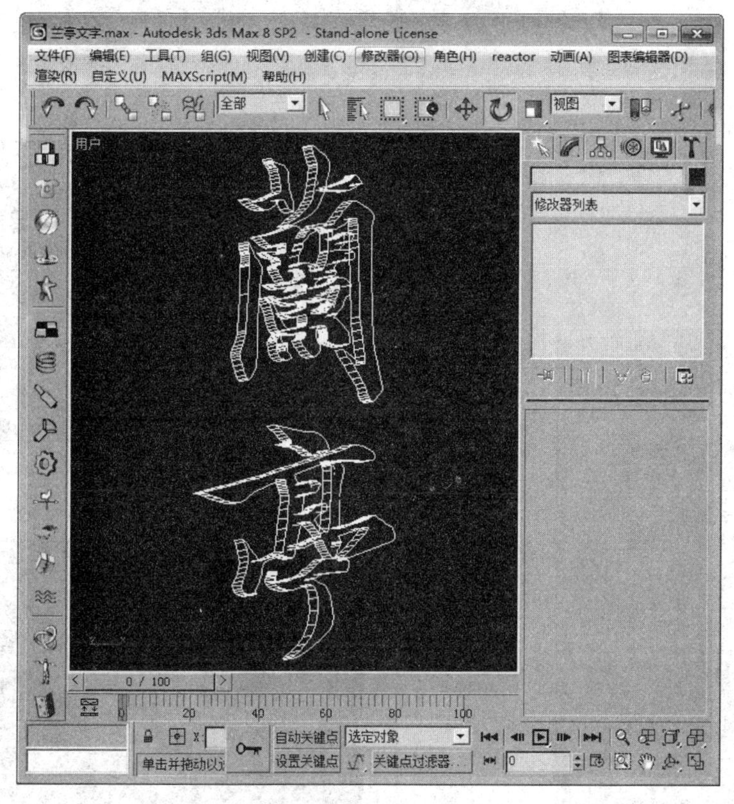

图 12-8 文字线框显示效果

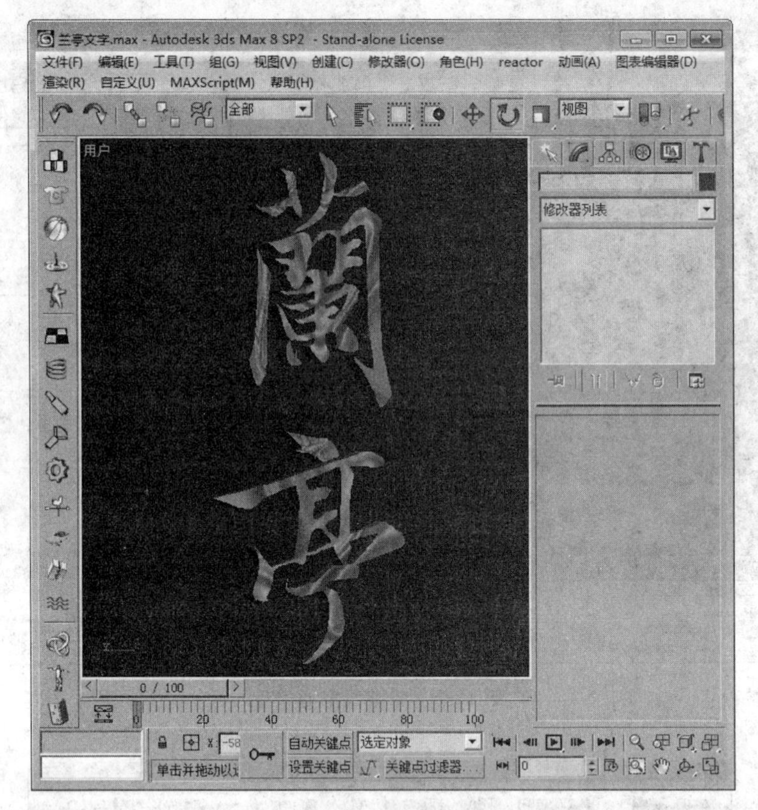

图 12-9 金属文字效果

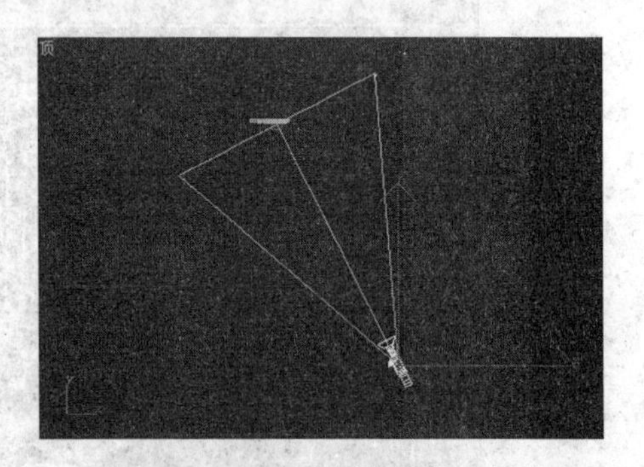

图 12-11 顶视窗摄像机位置摆放

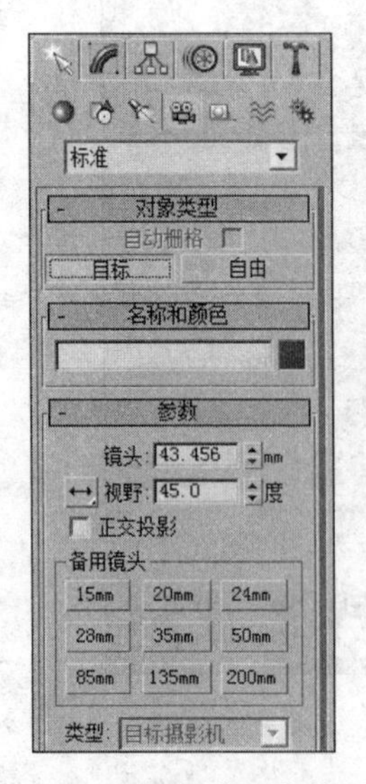

图 12-10 目标摄像机参数设置

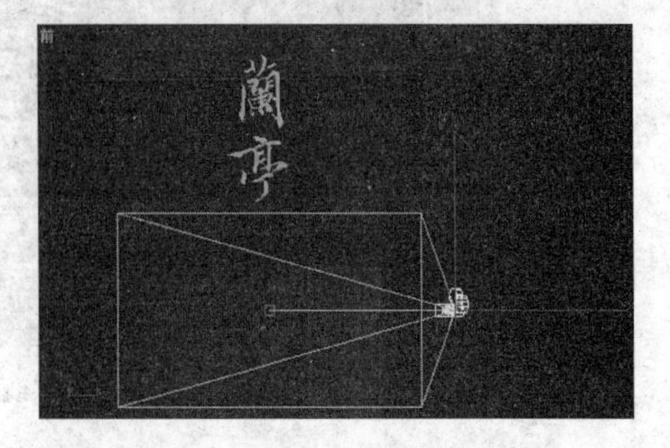

图 12-12 前视窗摄像机摆放位置

(7) 单击【渲染场景】快捷按钮，在选项栏中设置输出尺寸为宽度 1024、高度 575，如图 12-13 所示。

(8) 单击时间轴动画控制区中的【时间配置】按钮，设置动画播放时间和帧率。本案例采用的是每秒 30 帧，保持与 Flash 文件动画帧频一致，如图 12-14 所示。

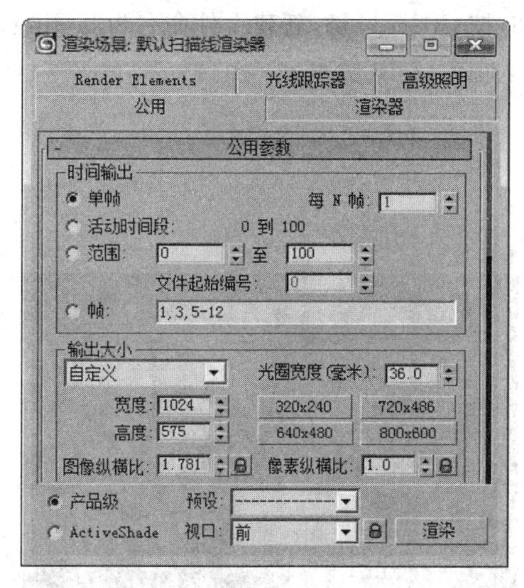

图 12-13　渲染场景参数设置

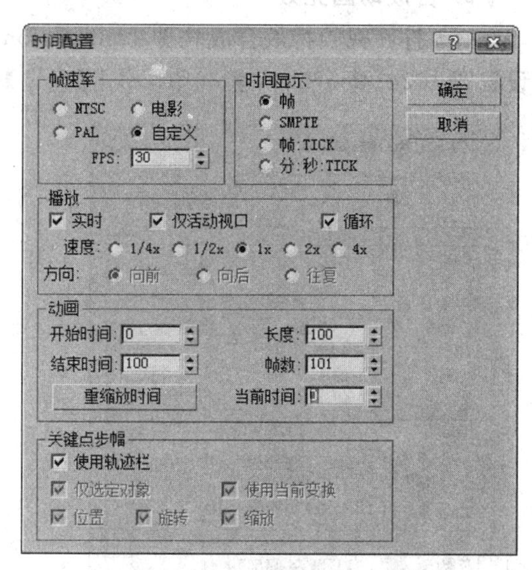

图 12-14　时间配置参数设置

(9) 选中【自动关键点】按钮，打开时间轴动画自动记录功能。选中时间轴第 20 帧，单击【设置关键点】按钮，如图 12-15 所示。

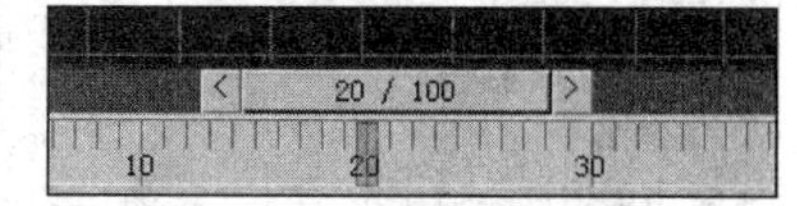

图 12-15　创建关键帧

(10) 选中时间轴第 1 帧，在【前】视窗沿 Y 轴向下垂直移动文字，如图 12-16 所示。

(11) 继续选中时间轴第 100 帧，单击工具栏中的【旋转】按钮，在【摄像机】视窗中顺时针水平旋转物体 360°(可打开【角度捕捉】按钮辅助旋转物体)，如图 12-17 所示。

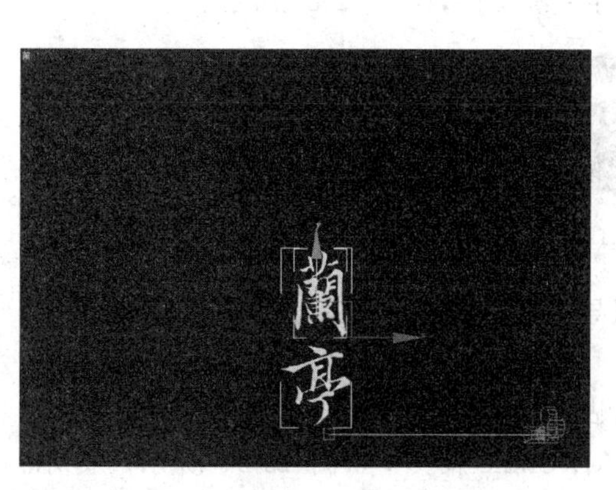

图 12-16　向下垂直移动物体

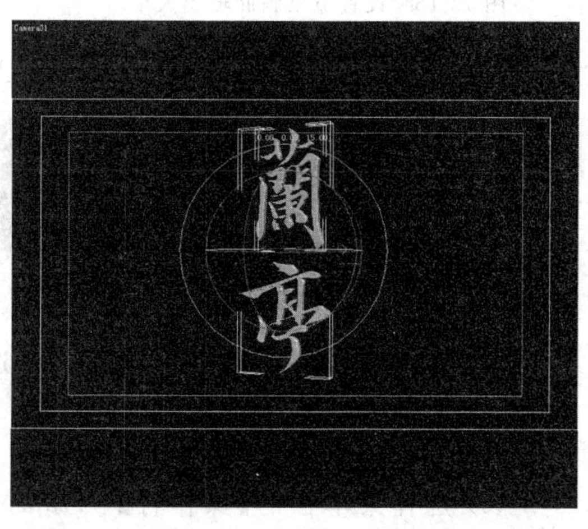

图 12-17　顺时针旋转物体

(12) 单击【渲染场景】快捷按钮，展开【公用】栏面板，如图 12-18 所示，设置渲染动画帧数以及渲染文件的输出存储位置，并渲染帧保存为 TGA 格式文件，文件命名为“兰亭动画. tga”。

(13) 最后，按 F10 键，单击【渲染】按钮，开始动画渲染。

2. 合成动画光效

(1) 打开视频特效合成软件 Combustion 2008，按 Ctrl+N 键，新建文件命名为 lanting。设置宽 1024、高 575、帧速 30fps，单击【确定】按钮，如图 12-19 所示。

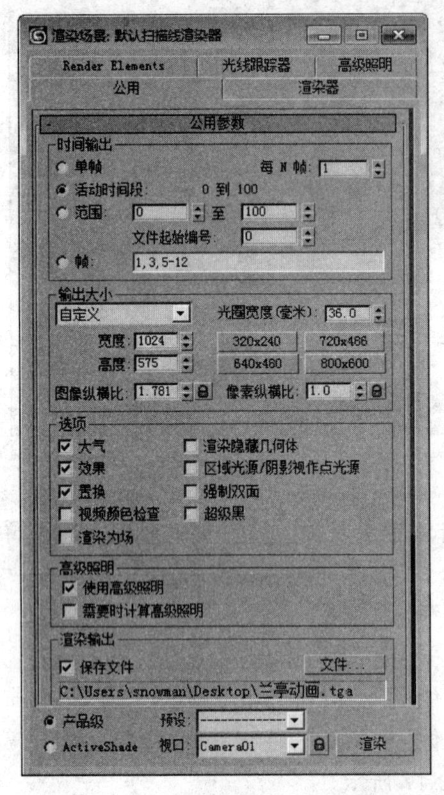

图 12-18 设置渲染画面输出大小

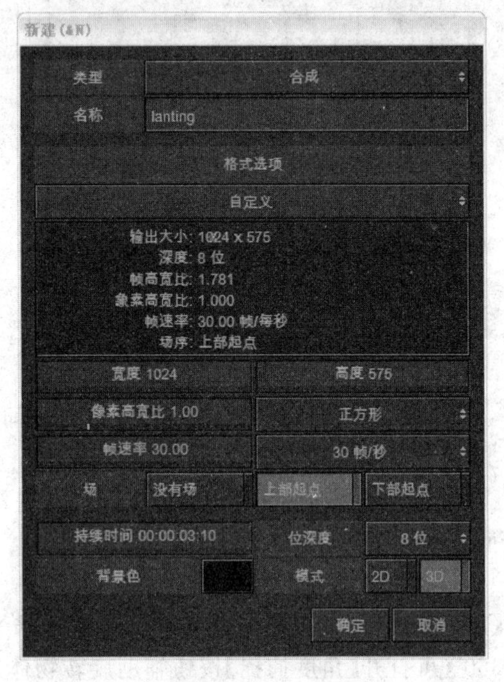

图 12-19 配置工程文件

(2) 进入软件界面后，首先按 Ctrl+S 键，保存一次文件，如图 12-20 所示。

图 12-20 保存工程文件

(3) 选中 Composite-lanting，右键单击选择【导入素材】命令，导入动画素材，如图 12-21 和图 12-22 所示。

(4) 按 Ctrl+C 键，再按 Ctrl+V 键，复制粘贴 3d_text0000(2)图层，如图 12-23 所示。

(5) 选择菜单栏的【操作符】| Trapcode | AE Shine 命令，如图 12-24 所示。提示：Combustion 2008 内部没有 Shine 插件，需下载安装。安装方法：将后缀为. aex 的文件拷贝到软件安装目下的“Plugins\Autodesk\Effects”文件夹中即可。

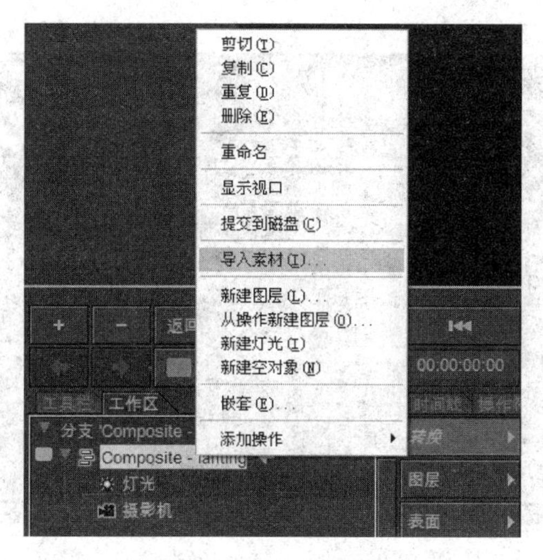

图 12-21　导入动画帧素材

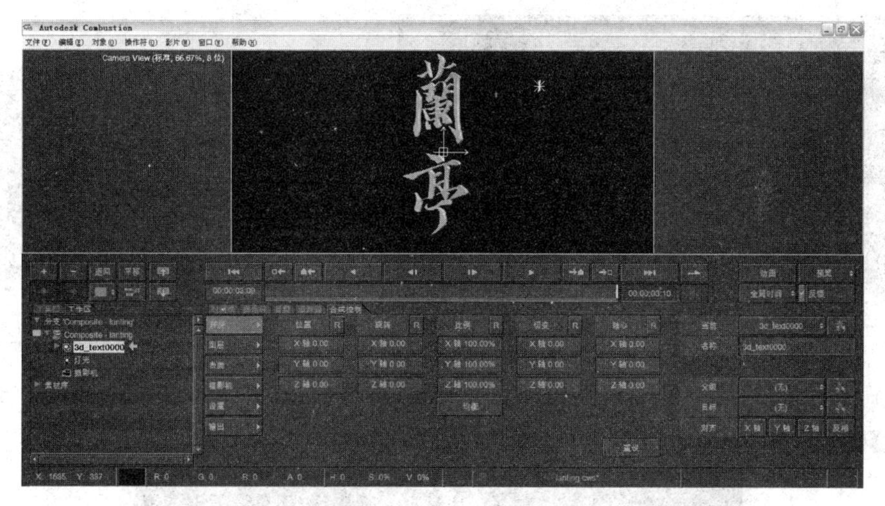

图 12-22　观察动画帧素材

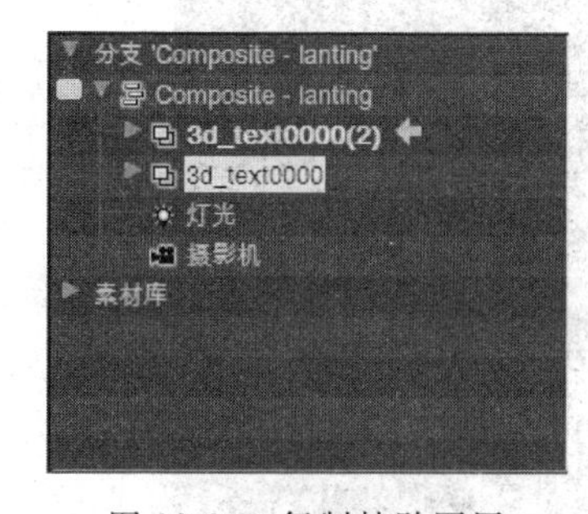

图 12-23　复制粘贴图层

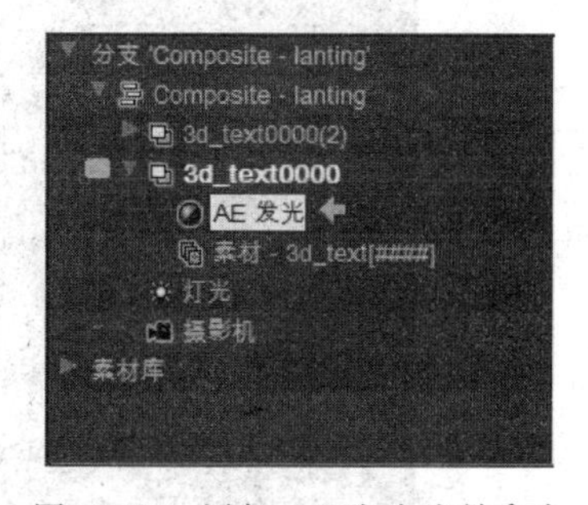

图 12-24　添加 AE 发光光效命令

(6) 展开【AE 发光控制面板】，选中坐标按钮，在视图中移动坐标至如图 12-25 所示的位置。

(7) 选择【彩色化】选项栏中的【无】命令，如图 12-26 所示。

(8) 在工作区中，把 3d_text0000 图层移动到上一层，如图 12-27 所示。

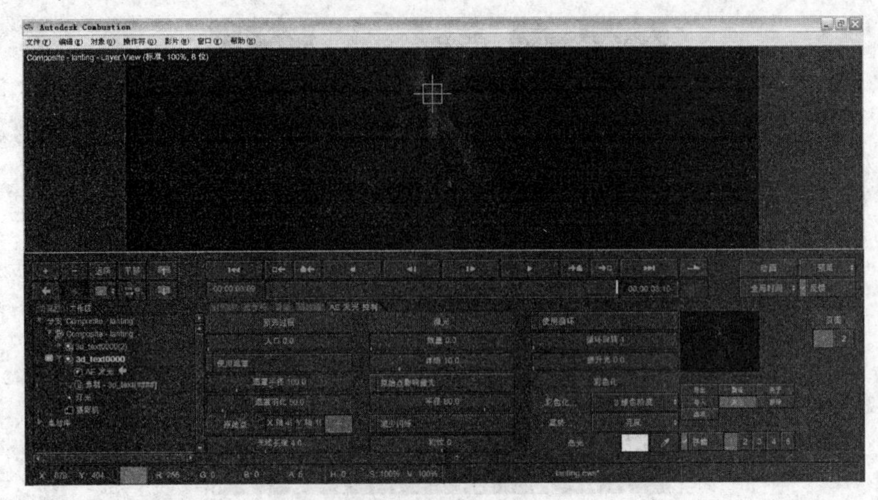

图 12-25　向上移动发射光源坐标

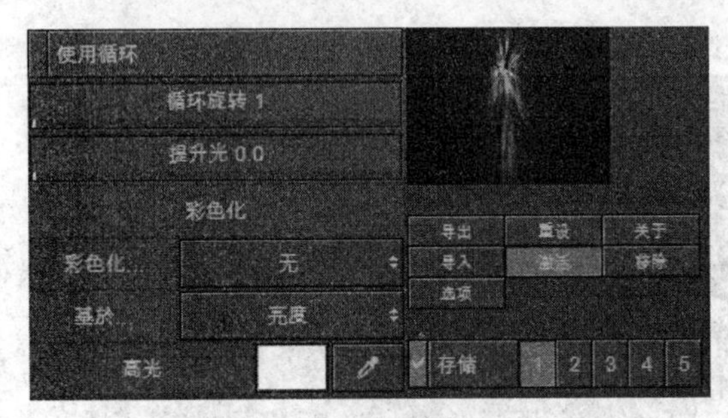

图 12-26　设置发光色彩模式

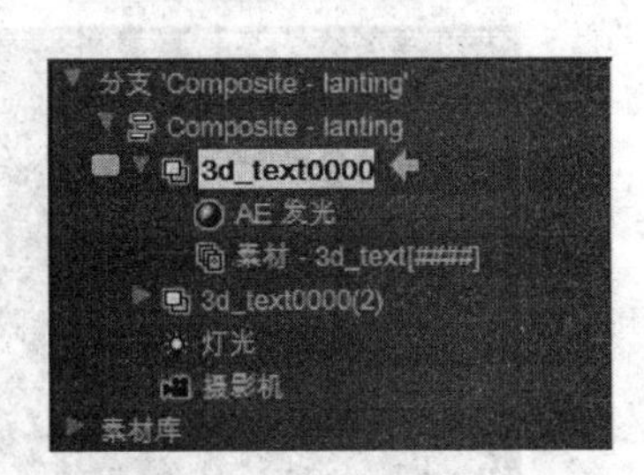

图 12-27　移动 3d_text0000 图层

(9) 选中 3d_text0000 图层内的【AE 发光】特效按钮，展开 AE 发光控制面板，设置【预先过程】|【入口】的值为 30、【微光】|【数量】值为 100，如图 12-28 所示。

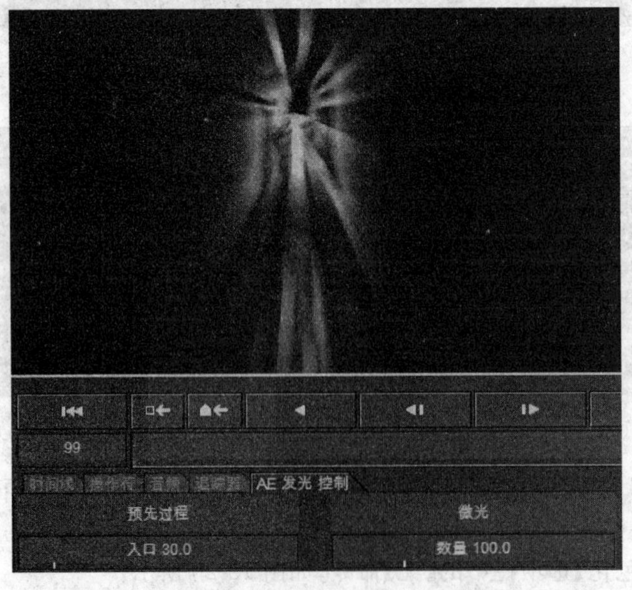

图 12-28　设置【微光】与【预先过程】的值

(10) 选中 3d_text0000 图层，展开【合成控制】选项栏，单击【表面】按钮，设置图层融合模式为【强光】，如图 12-29 所示。

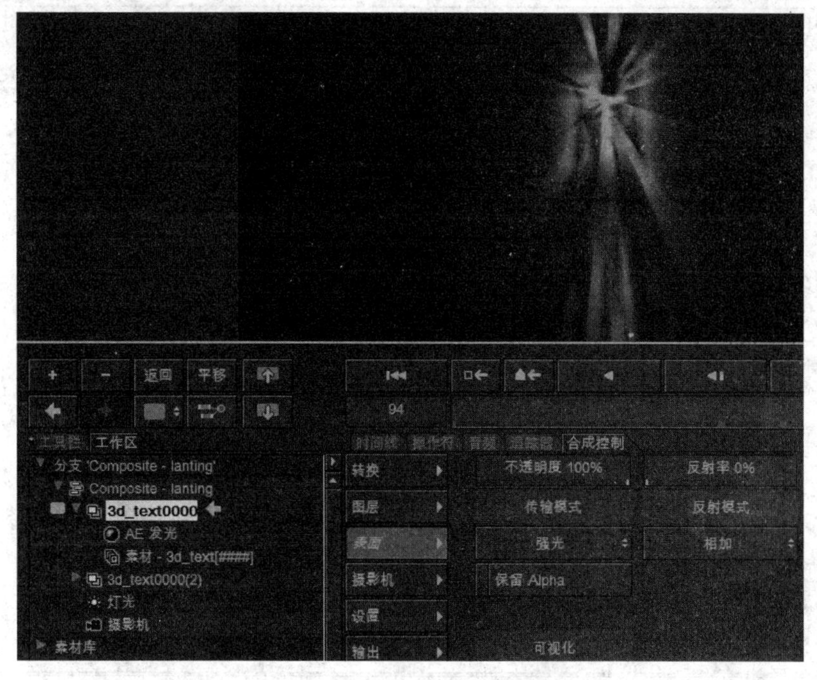

图 12-29 设置图层融合模式

(11) 选中 Composite-lanting，单击【输出】按钮，设置【自定义】的【宽度】为 500，如图 12-30 所示。

图 12-30 设置画面输出尺寸

(12) 按 Ctrl+R 键，弹出视频渲染输出控制面板。文件输出设置为 PNG 图形格式，指定输出文件的存储位置，然后单击【进程】按钮开始渲染工作。如图 12-31 所示，是渲染后输出的部分序列静止 PNG 格式图片。

3. 用 After Effects CS5 制作动态水墨效果

(1) 打开 After Effects CS5，在 Project 窗口双击，弹出 Import File(导入素材)对话框，选择导入“水墨动态素材.m2v”文件，如图 12-32 所示。

(2) 在 Project 窗口单击 Create a new Composition 按钮，弹出 Composition Settings 对话框，设置如图 12-33 和图 12-34 所示，新建合成。

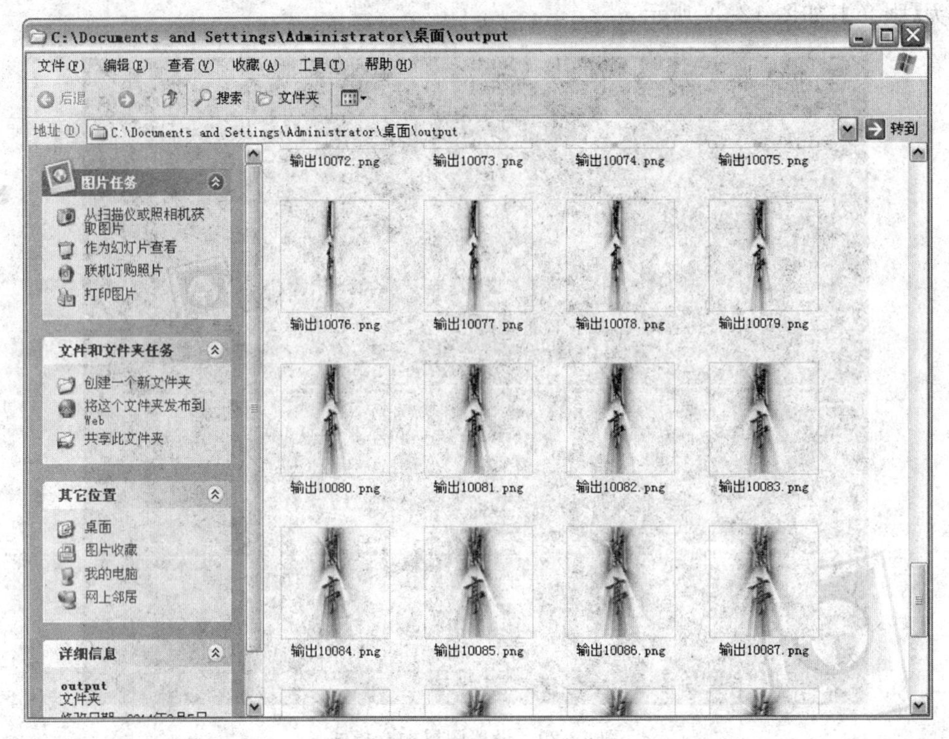

图 12-31 导出的静态 PNG 序列图片

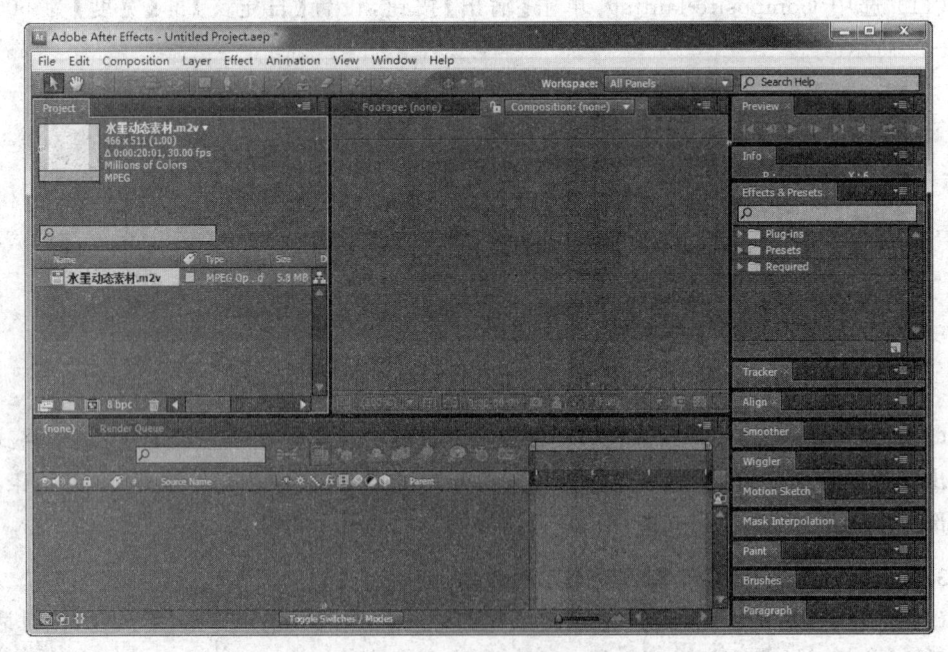

图 12-32 导入水墨动态素材文件

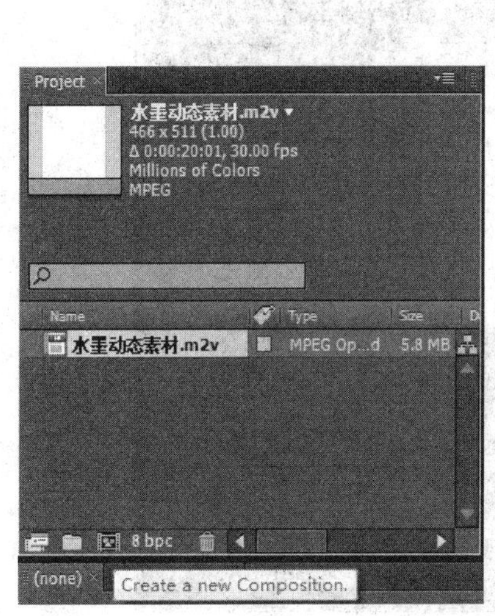

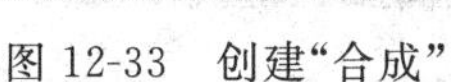

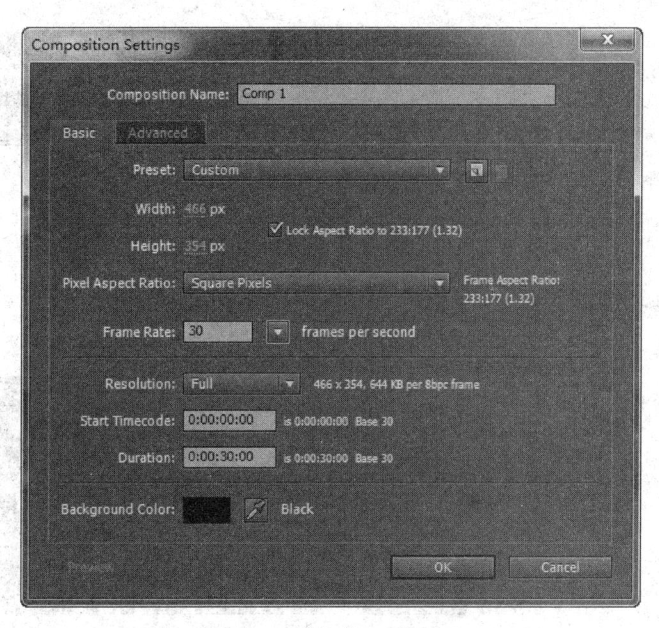

图 12-33　创建“合成”　　　　图 12-34　“合成”参数设置

(3) 在 Project 窗口选择素材文件，按住鼠标左键将其拖入右侧 Comp 窗口中并调整至适当位置，把素材加入合成，如图 12-35 所示。

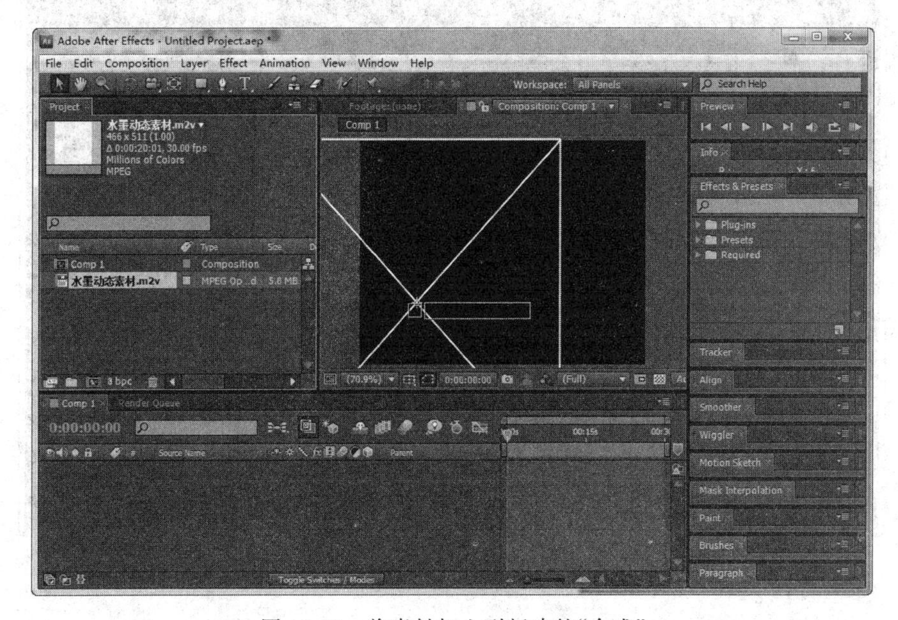

图 12-35　将素材加入到新建的“合成”

(4) 选中“水墨动态素材. m2v”文件，在右侧 Effects&Presets 面板中单击依次展开 Plug-ins/Effects，双击 Tint 选项，将水墨动态素材调成黑白墨色，如图 12-36 所示。

(5) 选择 File|Export|Adobe Professional(XFL)命令，设置如图 12-37 所示，单击 OK 按钮，输出文件命名为 Com1. xfl(注：XFL 文件格式是 Adobe 公司基于项目文件开源考虑新推出的一种公开格式文档)。

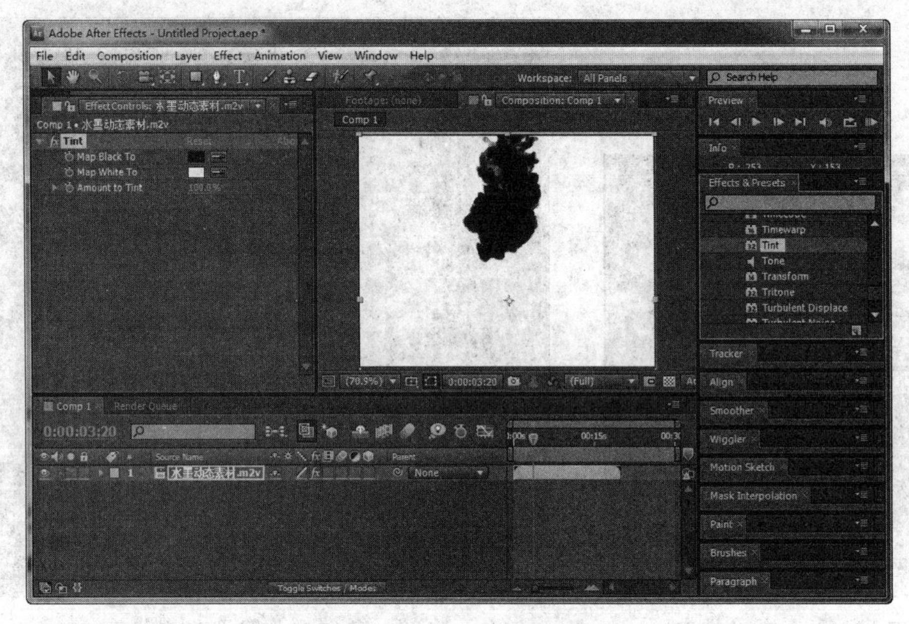

图 12-36　为水墨动态素材调色

图 12-37　输出 Flash 格式文档

(6) 启动 Flash CS6，打开 Com1. xfl 文件，按 Ctrl+L 键打开【库】面板，此时会发现在库中已经新建完成“水墨动态素材”文件的影片剪辑元件，如图 12-38 所示。在后面的动画制作中可以直接通过复制/粘贴命令使用该影片剪辑元件。

4. 制作“兰亭”图片遮罩动画效果

(1) 打开 Flash CS6，新建 ActionScript 2.0 文件，设置舞台大小为 1024×575 像素，帧频 FPS 设为 30，保存文件并命名为“古兰亭遮罩. fla”，如图 12-39 所示。

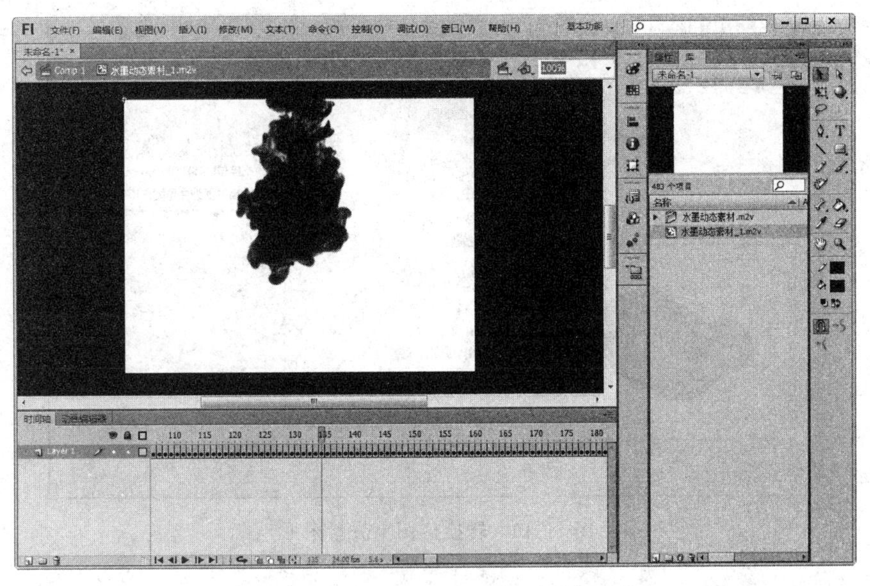

图 12-38　逐帧动画构成的影片剪辑元件

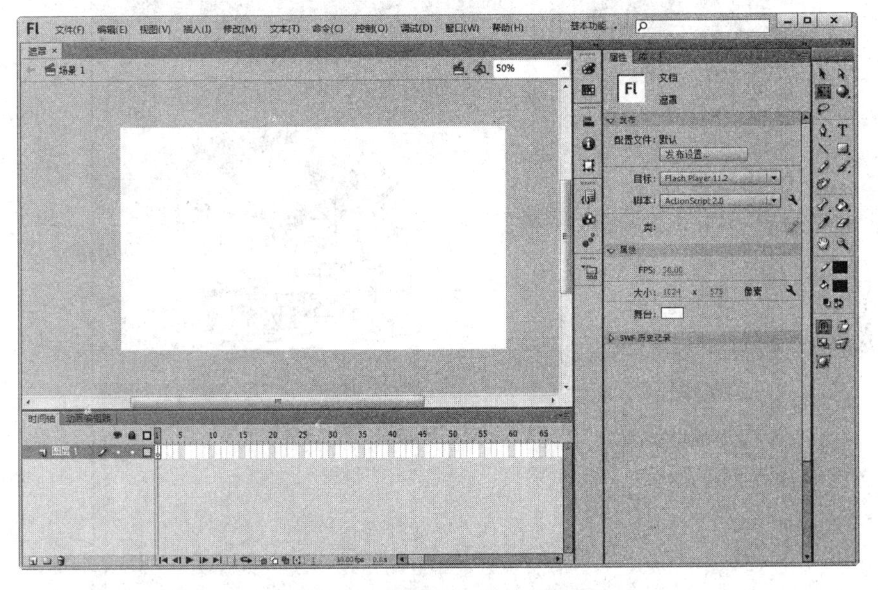

图 12-39　设置 Flash 文档属性

(2) 选择【文件】|【导入】|【导入到舞台】命令，导入“墨迹. png”位图文件，选中素材图片，选择【修改】|【位图】|【转换位图为矢量图】命令，将位图转换为矢量图形，作为兰亭图片的遮罩形状图形，如图 12-40 所示(注：在 Flash 遮罩动画中，只有矢量图形和形状才能作为“遮罩”使用)。

(3) 插入新建图层，命名为 lanting，导入一张“兰亭”黑白效果图片，按 F8 键转为图形类型元件并命名为 lt。双击“图层 1”，修改名称为 mask 并调整图层叠加顺序(为了区分“墨迹”图形和“兰亭”图片，将“墨迹”图形填充为红色，因为遮罩颜色在动画播放过程中不会显示，所以可以填充成任意颜色)，如图 12-41 所示。

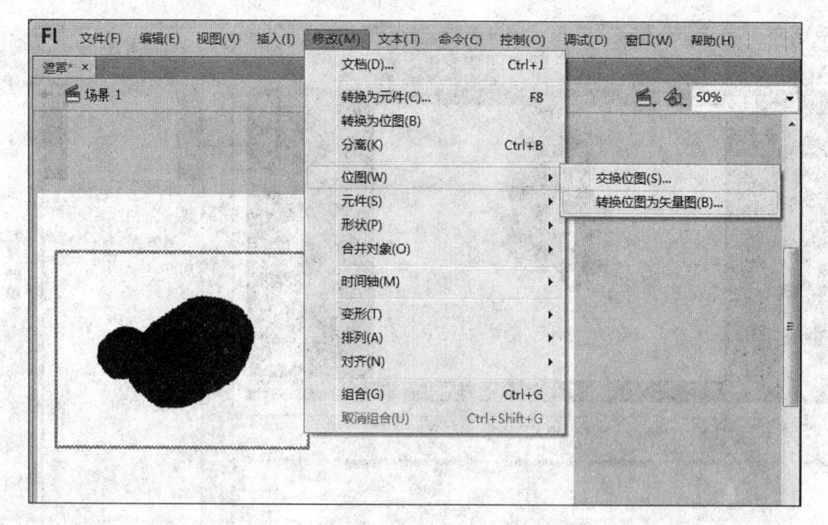

图 12-40 转换位图为矢量图形

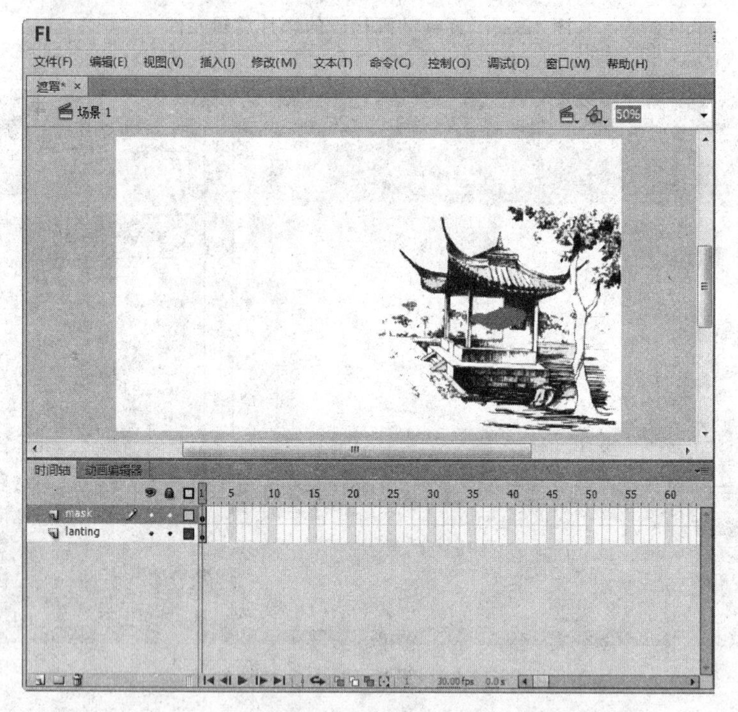

图 12-41 遮罩形状与图形元件的排列顺序

(4) 在两个图层的时间轴第 70 帧插入关键帧，为 mask 图层的墨迹形状做缩放效果的形状补间动画，为 lanting 图层的兰亭图形元件做渐变效果的传统补间动画，右键单击 mask 图层转为【遮罩层】，如图 12-42 所示。

(5) 至此，单层"墨迹晕开"的遮罩动画效果制作完成，下一步制作"墨迹渐次晕开"的多层遮罩动画效果。单击 mask 图层第 1 帧，按住 Shift 键的同时，单击 lanting 图层的第 70 帧，右键单击选择【复制帧】命令；新建一图层，在第 10 帧右键单击并选择【粘贴帧】命令，删除多余添加的帧数，按 Ctrl＋Enter 组合键测试播放影片，如图 12-43 所示。

图 12-42　单层遮罩动画效果

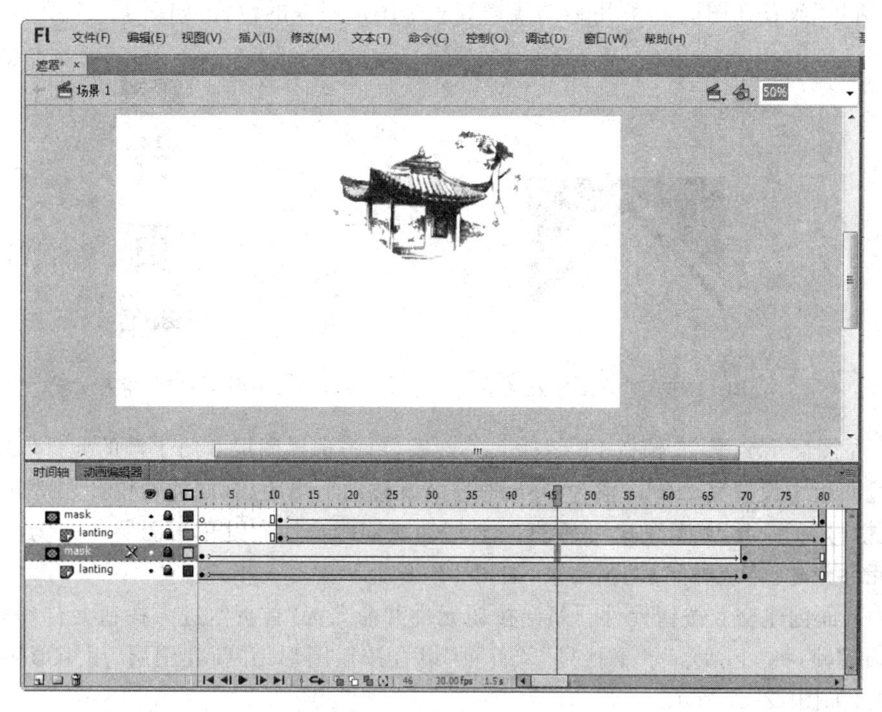

图 12-43　多层遮罩动画效果

5. 制作交互按钮

(1) 按钮图形的绘制。打开 Flash CS6，新建图形元件命名为“上括号”，在元件编辑窗口用矩形工具绘制矩形，描边颜色为红色，填充颜色为黑色，如图 12-44 所示(为了绘制的精确性，可打开【网格】辅助工具)。

(2) 单击【选择工具】，按 Ctrl 键的同时，在矩形底部中心位置向上调整到适当位置，如

图 12-45 所示。

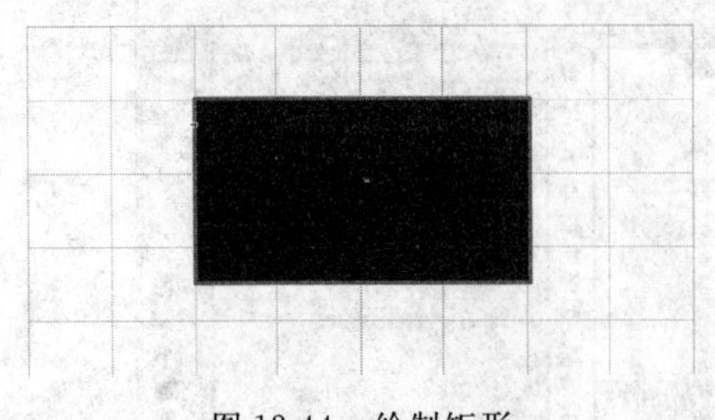

图 12-44　绘制矩形

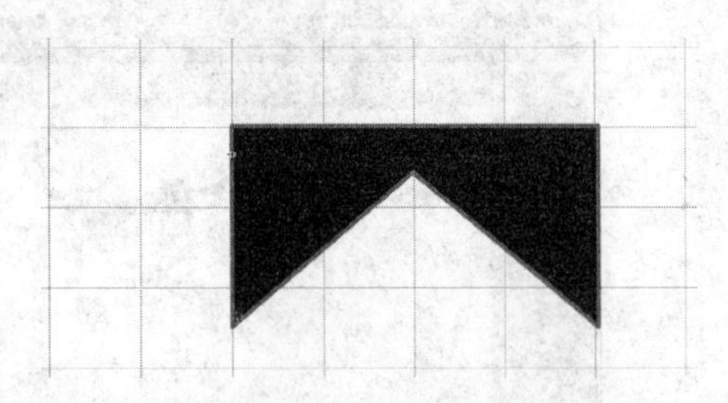

图 12-45　矩形调整后效果

(3) 双击选中轮廓线，按 Delete 键删除描边红线；用【线条工具】绘制倒 V 字图形，与之前所绘制图形的组合效果如图 12-46 所示。

(4) 新建图形元件"下括号"，将刚才绘制的"上括号"复制过来，执行【修改】|【变形】|【垂直翻转】命令即可。

(5) 新建影片剪辑元件，命名为 btn_mc。在该元件编辑窗口，用【文本工具】在图层 1 输入"首页"二字；新建图层 2、图层 3，按 Ctrl＋L 键打开库，将元件"上括号"放置在图层 1，元件"下括号"放置在图层 2，利用辅助线摆好三个图形对象的位置，如图 12-47 所示。

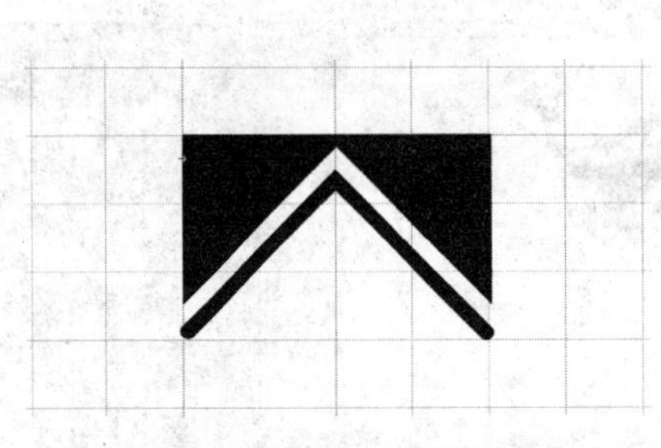

图 12-46　组合图形效果

图 12-47　输入文字

(6) 在图层 1、2 第 25 帧按 F6 键插入关键帧，单击选择图层 2 第 1 帧的元件"下括号"，在【属性】面板中设置其 Alpha 值为 0，并垂直向下移动适当距离；同样设置图层 3 第 1 帧的元件"上括号"的 Alpha 值为 0，并垂直向上移动相同距离。右键单击图层 1、2 为两个图层的图形元件创建【传统补间】动画效果，如图 12-48 所示。

(7) 下面创建交互按钮元件。新建按钮元件并命名为"首页"，进入按钮元件编辑窗口，单击【弹起】帧，将"上括号"、"下括号"、"首页"组合按钮图形，并新建图层，用矩形工具绘制矩形外框，如图 12-49 所示。

(8) 单击【指针经过】帧按 F6 键插入关键帧，删除该帧处内容，从库中把影片剪辑元件 btn_mc 拖入舞台，摆放位置参照【弹起】帧的元件位置（此处可实现当指针滑过按钮时，会不断播放影片剪辑元件 btn_mc 的动画效果），如图 12-50 所示。

(9) 单击【按下】帧，复制【弹起】帧内容，选择菜单命令【粘贴到当前位置】，用选择工具双击外框并删除，使【按下】帧状态与【弹起】帧状态有所差别。

(10) 最后，在【点击】帧绘制一个填充颜色的矩形，大小等于或稍大于按钮图形元件，作为感应用户鼠标指针范围用。

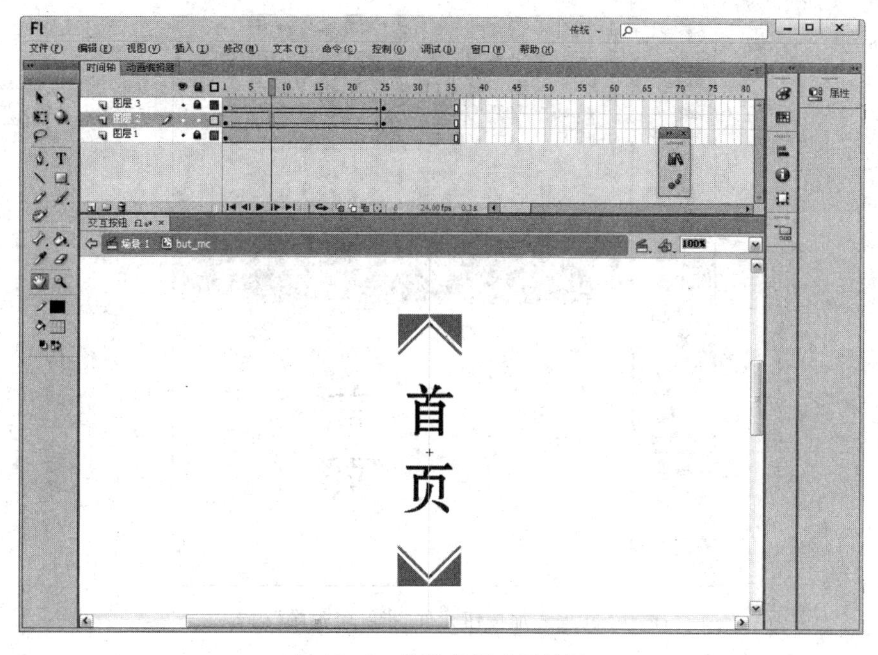

图 12-48 传统补间动画效果

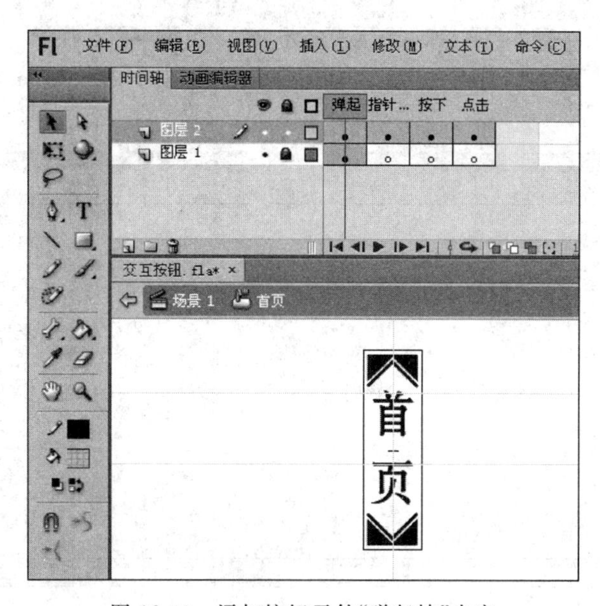

图 12-49 添加按钮元件“弹起帧”内容

至此，交互按钮“首页”动态按钮制作完毕。“退出”按钮元件制作方法与此相同。

6. 在 Flash 中整合各动画元素完成片头动画的制作

(1) 启动 Flash CS6，新建 ActionScript 2.0 文件，在属性面板中设置舞台大小为 1024×575 像素、帧频 FPS 为 30。按 Ctrl＋R 键导入素材文件“宣纸背景.jpg”(图片大小在 Photoshop 中处理成同舞台大小相同，即 1024×575 像素)，并修改“图层 1”名称为“背景”，如图 12-51 所示。

图 12-50 添加按钮元件“指针经过帧”内容

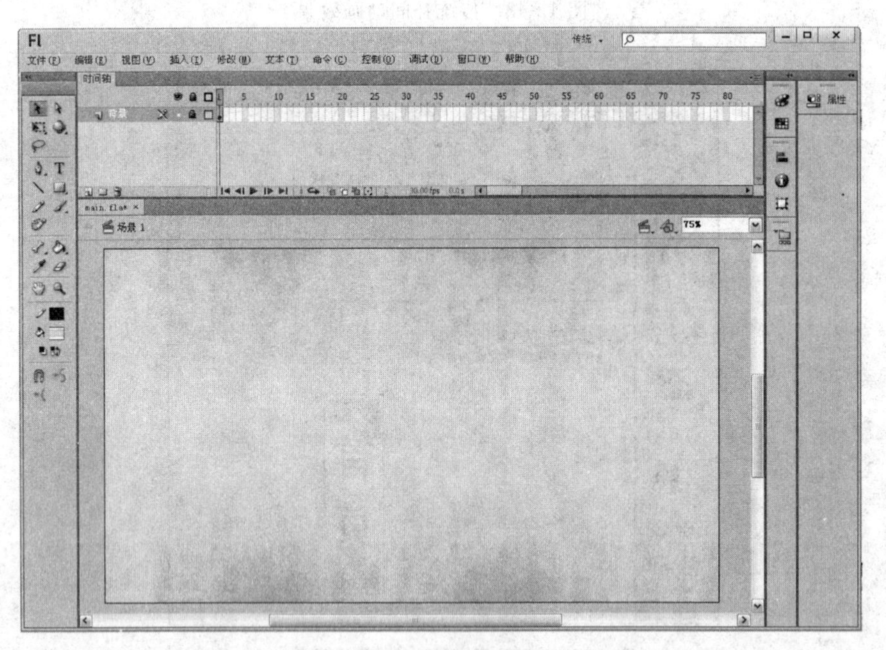

图 12-51 导入背景图片

(2) 按 Ctrl+F8 键新建影片剪辑元件 title，导入标题图片，选中图片转为影片剪辑元件(选择“影片剪辑”元件类型是为了能应用滤镜“模糊”效果)，在 45～80 帧之间做传统补间动画，单击第 80 帧，按 F9 键打开动作面板，输入 AS 语句：stop()；，停止动画播放，如图 12-52 所示。

注意：动画过程向后延迟 45 帧，是为了配合整体动画流程的出场顺序而做的调整，后面步骤有类似的延迟调整，不再一一赘述。

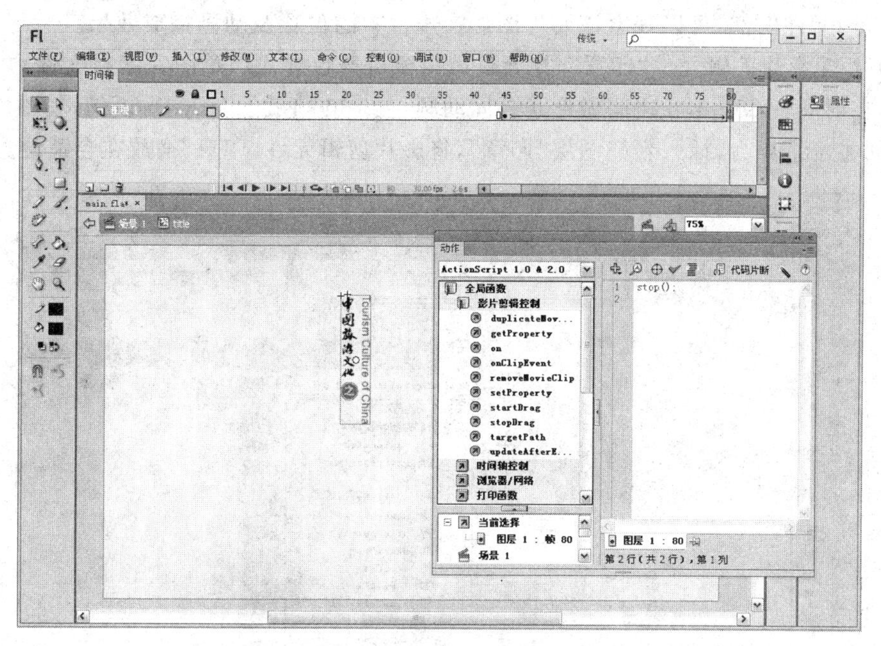

图 12-52　为元件做模糊到清晰的传统补间动画效果

(3) 插入新建图层“标题”，在库面板中把元件 title 拖入舞台中，摆放位置如图 12-53 所示。

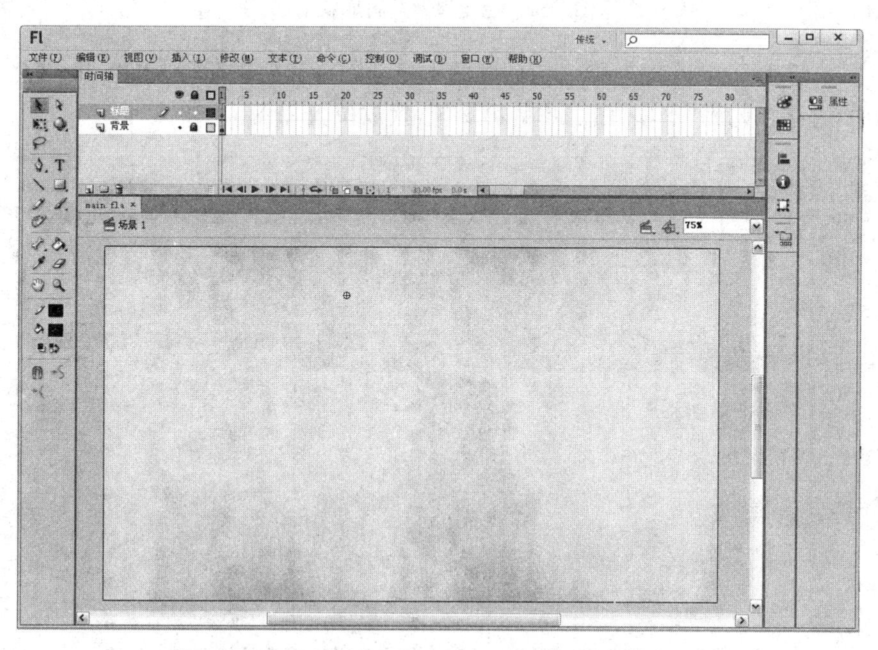

图 12-53　第 1 帧为空的元件在场景中只显示注册点

图 12-53 中空心圆点位置即为影片剪辑元件 title，为什么看不见元件内容？是因为主时间轴只有一帧，而影片剪辑元件 title 前 45 帧的内容为空，所以在主时间轴上看不到任何内容，只有在测试播放影片时才会看到动画效果。此时选中空心圆点(即影片剪辑 title)并

双击进入该元件内部，可以观察该元件图形在舞台中的位置及动画播放效果。

(4) 新建影片剪辑元件“印章”，在元件编辑窗口舞台导入印章图片素材文件，并转为矢量图形，在时间轴 85～130 之间做形状补间动画，在 130 帧赋予 stop()；语句，如图 12-54 所示。返回主场景舞台，插入新建图层“印章”，将影片剪辑元件“印章”摆放在合适位置。

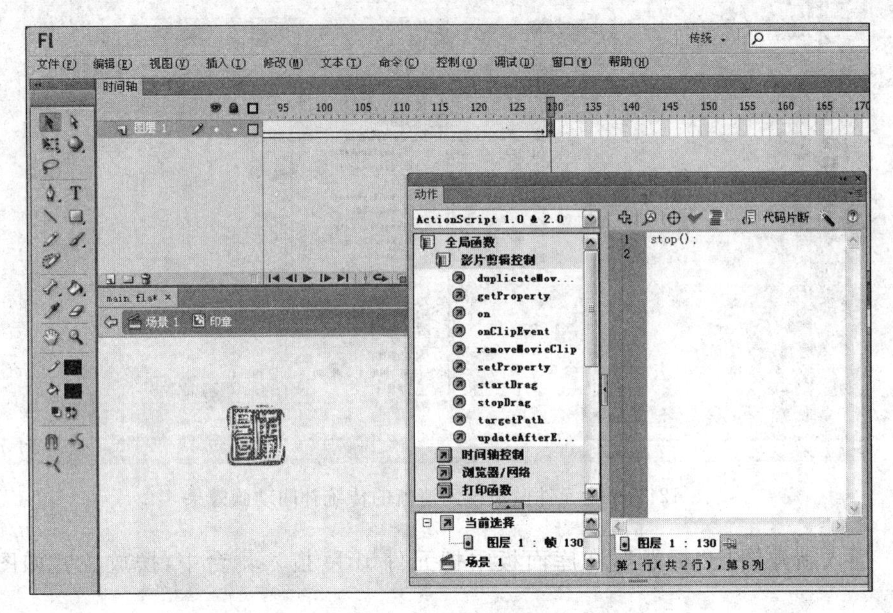

图 12-54　为元件做补间形状动画

(5) 插入新建图层“水墨”，把之前创建的水墨动态影片剪辑元件“水墨_mc”【拷贝】|【粘贴】到库中，直接拖入到“水墨”图层中的第 1 帧，摆放位置如图 12-55 所示。

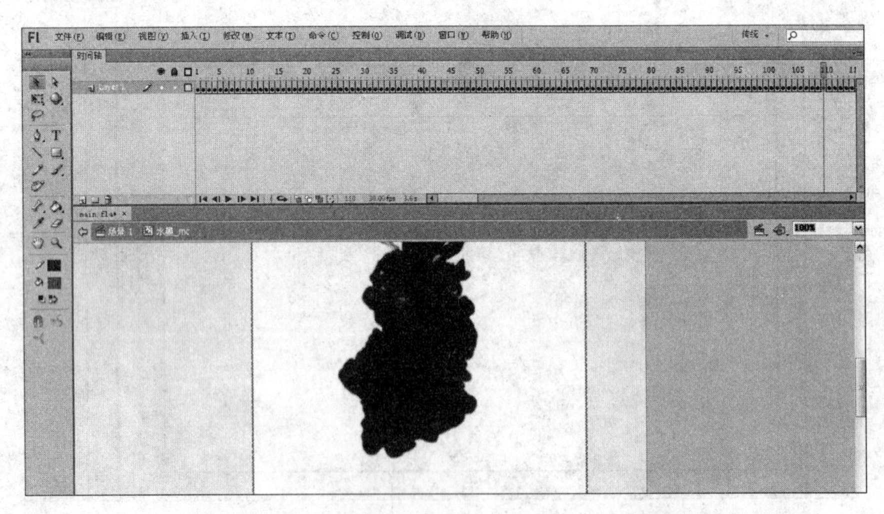

图 12-55　由序列静止 PNG 图片构成的影片剪辑元件

在主场景舞台中，选中“水墨_mc”元件，在【属性】面板中设置【混合】模式为【变暗】，使水墨动态素材的白色背景呈现透明效果，如图 12-56 所示。

(6) 制作“兰亭”3D 文字影片剪辑元件。按 Ctrl＋F8 键新建影片剪辑元件“兰亭_mc”，

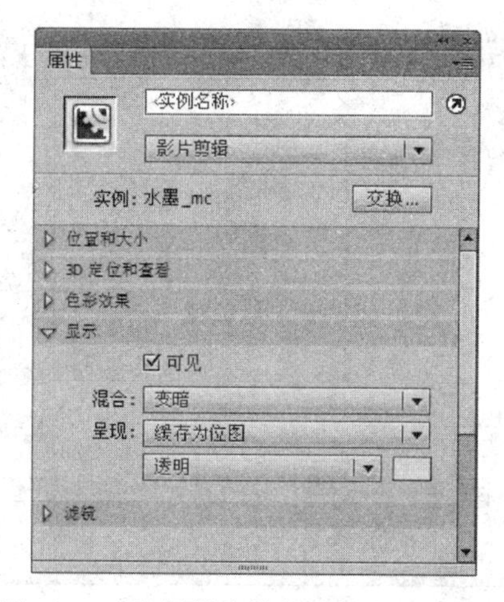

图 12-56 设置影片剪辑元件的混合模式

按 Ctrl+R 键导入序列静止 PNG 图片(参见前节内容——“合成动画光效”)，形成逐帧动画效果，如图 12-57 所示。

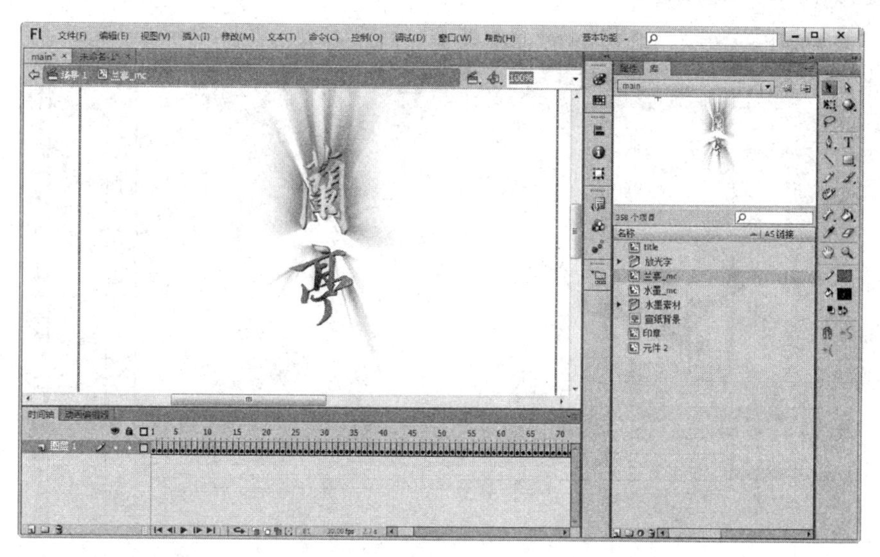

图 12-57 导入发光效果 3D 文字序列位图

下面做影片剪辑元件“兰亭_mc”本身的动画效果。

(7) 按 Ctrl+F8 键新建影片剪辑文件，命名为“兰亭_logo”，单击【确定】按钮进入元件编辑窗口。从库中将元件“兰亭_mc”拖入舞台摆放在合适位置，单击选中时间轴第 1 帧按住鼠标左键不松开并拖动至第 75 帧，松开鼠标左键；单击第 145 帧按 F6 键插入关键帧，返回到时间轴第 75 帧，单击选中元件“兰亭_mc”，用【任意缩放工具】缩小元件至合适尺寸，并设其 Alpha 值为 0，右键单击图层选择【创建传统补间】动画效果，并在第 145 帧赋予 stop()；语句；根据主场景动画出场顺序，在第 205 帧按 F5 键补齐帧数，如图 12-58 所示。

返回主场景舞台，插入新建图层“兰亭 logo”，从库中把影片剪辑元件“兰亭_logo”放置在舞台合适位置。

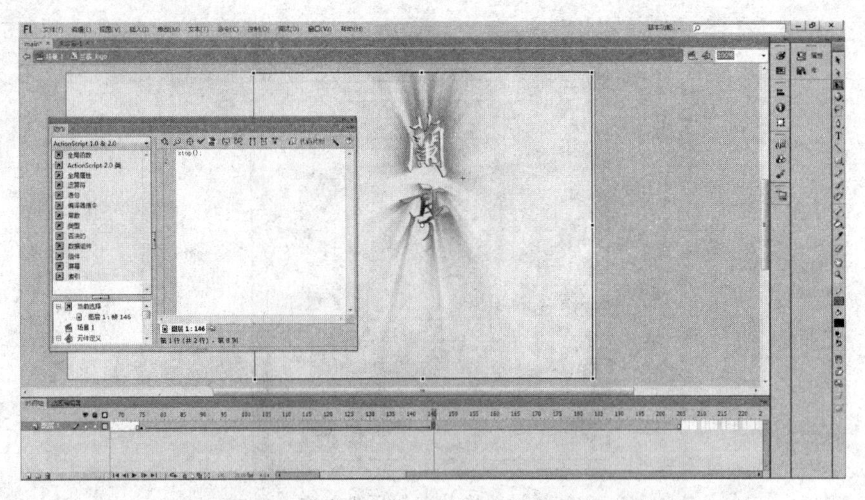

图 12-58　为元件“兰亭_mc”创建渐变缩放动画效果

(8)插入新建图层“兰亭 mask”,将之前制作的兰亭遮罩动画作为影片剪辑元件放置在适当位置,如图 12-59 所示。

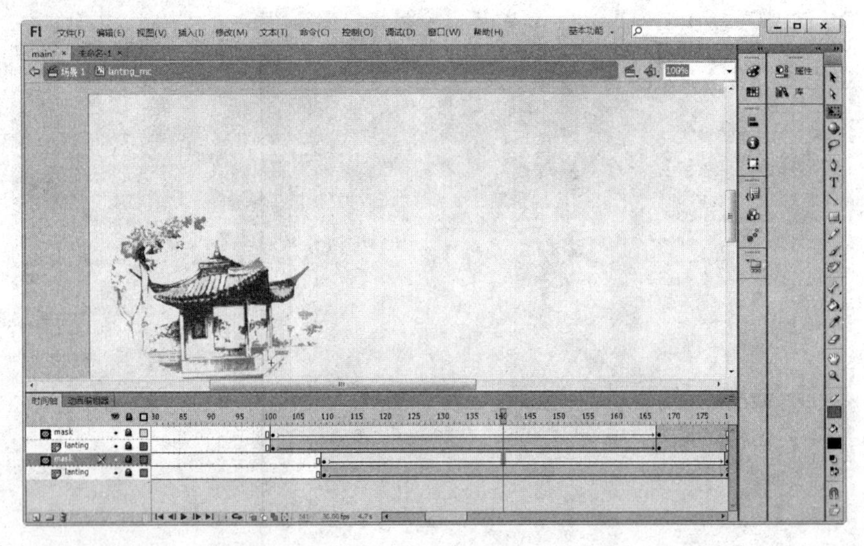

图 12-59　舞台中元件 lanting_mc 的位置

(9) 插入新建图层“按钮”,在库中将“首页”与“退出”按钮元件拖放在舞台右下角的位置,选中“首页”按钮,按 F9 键打开动作面板,输入以下 AS 语句:

```
on (release) {
loadMovieNum("index.swf",1); //单击按钮,加载主页面文件 index.swf,放置在舞台第 1 层
}
```

同样给“退出”按钮赋予下列语句:

```
on (release) {
fscommand("quit");                  //单击按钮,退出界面
}
```

如图 12-60 所示。

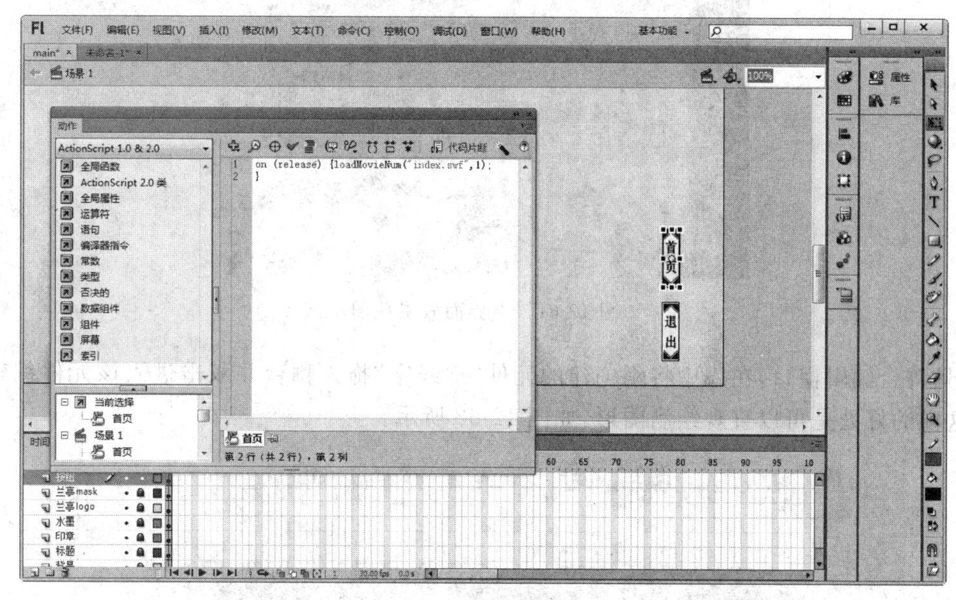

图 12-60 为“首页”交互按钮赋予 AS 脚本控制语句

至此，片头动画的制作完成。在具体的交互媒体设计中，想要实现一个好的创意与想法，有时单靠一两种软件会显得力不从心，所谓“工欲善其事，必先利其器”，作为设计师有必要对一些主流的“视像”类软件有所了解和掌握。

12.1.6 主界面的设计与制作

主界面也可称为“首页”，相当于交互媒体作品的导航页面，是作品内容的索引和整体架构的体现，通过主界面能快速了解作品的核心内容。同网站首页命名惯例类似，一般交互媒体作品主界面文件命名为 index. swf。在本作品案例中，如果说片头动画是恣意泼墨的写意风格，那么主界面的设计则是细腻严谨的工笔重彩，借鉴了传统文化元素的诸多方面来表现。

主界面设计与制作涉及到的主要知识点有：

(1) 古典标题栏的制作；

(2) 场景动画元素的矢量绘制；

(3) 动感导航菜单的制作以及交互功能的实现。

1. 古典标题栏的制作

标题栏的设计灵感来源于中国传统的古籍线装书的装帧形式，并对标题繁体“兰亭”二字做线条变形。古籍线装书无论从内容还是形式都承载了太多的中国传统文化，以致它本身就成了一种意象。

(1) 打开 Flash CS6，新建 ActionScript 2.0 文件，在属性面板中设置舞台大小为 1024×575 像素、帧频 FPS 为 30。按 Ctrl+R 键导入素材文件“宣纸背景. jpg”并修改“图层 1”名称为“背景”。单击【文件】|【保存】命令，命名为 index. fla。

(2) 按 Ctrl+F8 键创建影片剪辑元件“铁线字”，单击【确定】按钮。单击“场景 1”返回

图 12-61　主界面效果截图

主场景舞台编辑窗口，在库中将刚创建的元件“铁线字”拖入舞台并双击进入该元件编辑窗口，这样的好处是可以直观绘制图形，如图 12-62 所示。

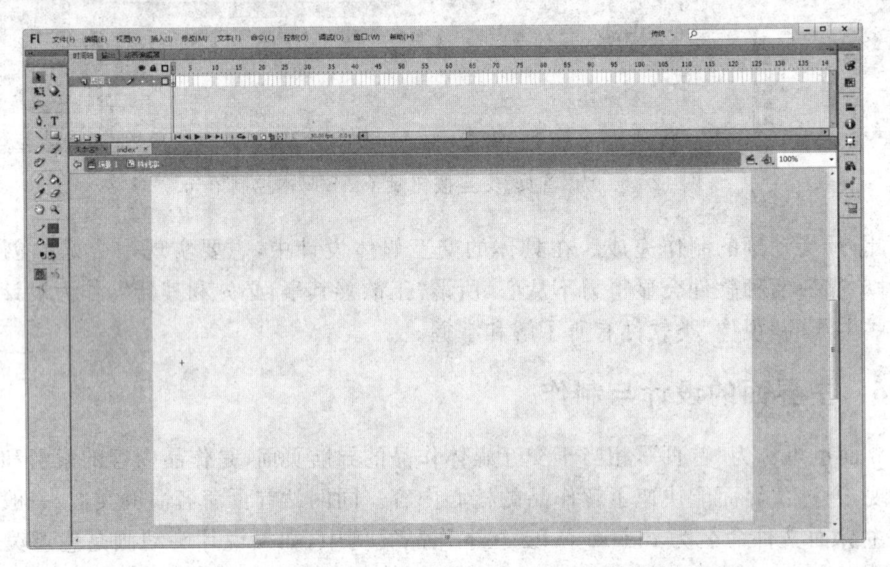

图 12-62　可参照主场景舞台位置的元件编辑窗口

(3) 按 Ctrl＋R 键导入素材图片“底纹. png”到图层 1，并按 F8 键转为影片剪辑元件“底纹 mv”，将图片转为“影片剪辑”的目的是可以对其进行色彩属性及混合模式类型的设置，如图 12-63 和图 12-64 所示。

(4) 单击锁定图层 1，插入新建图层 2，选择【线条工具】，描边色设为白色，线条粗细为 2，在当前图层绘制如图 12-65 所示的“铁线字”效果。最后将标题文字“中国旅游文化”和“之”字图形导入，完成标题栏的制作，如图 12-66 所示。

2. 场景动画元素的矢量绘制

(1) 小船的绘制

该动画效果为一叶扁舟由远及近，小船的绘制采用描摹位图的方法实现，在此过程中使用了 Wacom 影拓数位板进行辅助绘制。如图 12-67 所示，数位板也称为数字绘图板或手写板，同鼠标、键盘一样是计算机的输入设备。在数字 CG 绘画中，结合 Painter、Photoshop 等图形图像软件，可以创作出风格各异的艺术作品，在动画制作领域同样得到了广泛的应用。

图 12-63　导入素材位图效果

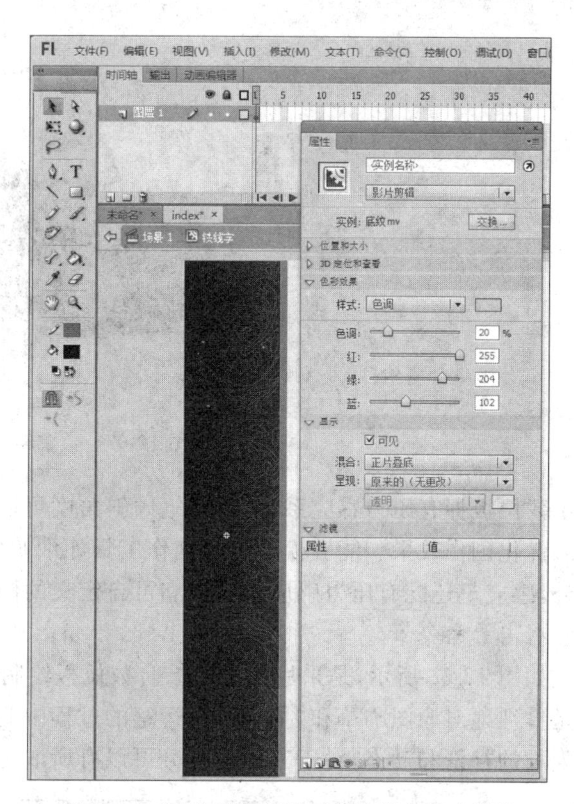

图 12-64　更改影片剪辑元件的混合模式效果

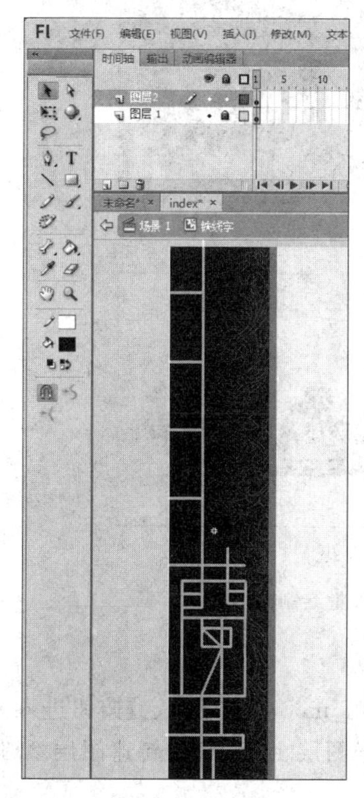

图 12-65　绘制“兰亭”变形文字效果

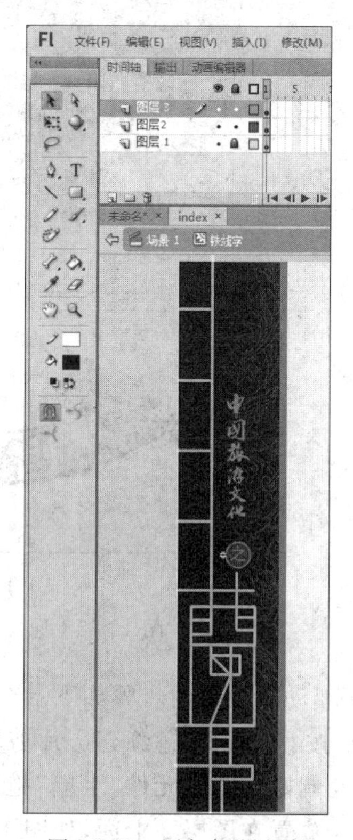

图 12-66　添加标题文字

图 12-67 数字绘图板

数位板拥有压力感应系统，压感笔倾斜角度可以达到 60°，可以通过压力感应或倾斜感应来优化创作效果。能够模仿传统创作工具如油画笔、马克笔和钢笔的笔触和效果。除此之外，感应笔还配有压力感应橡皮擦和可自定义的侧面开关，用户可以将侧面开关设置为双击和右击等命令。

如图 12-68 所示，是采用压感笔结合数位板绘制的小船矢量图形效果，在绘制过程中并不是单纯地对原图临摹和"描线"，在运笔的过程中要尽量还原原作的绘画风格和特点，尤其是人物的神情和动态，对于其他的部分可以有所取舍，例如器皿、用具等次要物品。

(a) 原始位图素材

(b) 重新绘制矢量效果

图 12-68 原始位图素材与矢量绘制图形对比

制作小船动画效果的步骤如下。

Step1：按 Ctrl＋F8 键新建影片剪辑元件"小船_mc"，单击【确定】按钮进入元件编辑窗口，将库中绘制好的图形元件"小船"拖入舞台置于图层 1 第 1 帧；新建图层 2，调整图层顺序，将图层 1 放置在图层 2 上面，如图 12-69 所示。

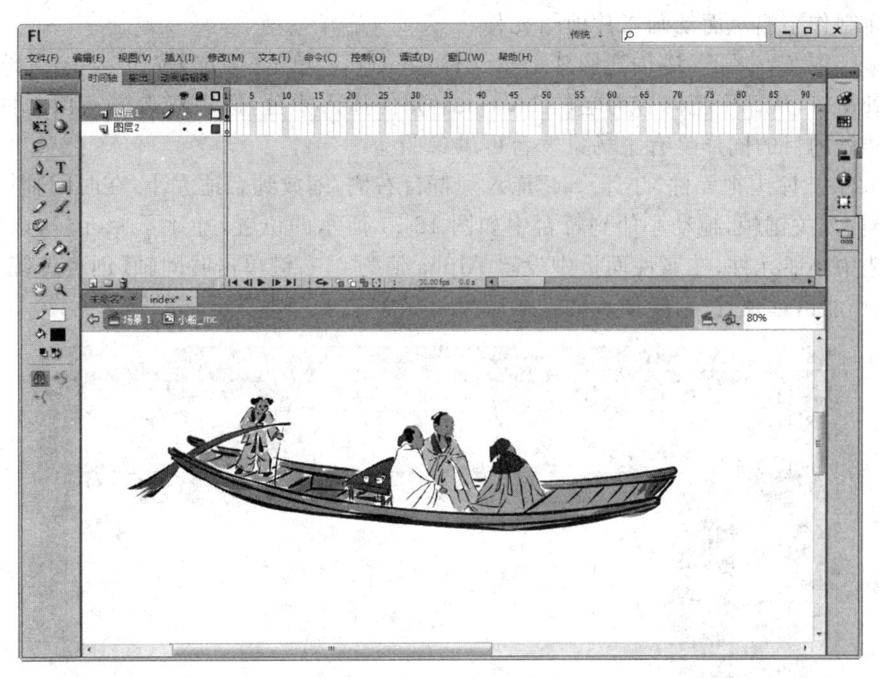

图 12-69 影片剪辑元件内部图层排列顺序

Step2：在图层 1、图层 2 时间轴第 30、60、90 帧按 F6 键分别插入关键帧，在图层 1 中，选中小船元件，用【任意变形工具】在第 30、60 关键帧稍微旋转元件较小的角度；在图层 2 的第 1、30、90 帧用笔刷工具绘制稍有变化的水纹，右键单击图层 1 时间轴【创建传统补间】动画，右键单击图层 2 时间轴【创建补间形状】动画，如图 12-70 所示。

图 12-70 制作船行水面动画效果

下面制作小船水面动画影片剪辑元件。

Step1：按 Ctrl+F8 键创建影片剪辑元件 boat_mv，单击【确定】按钮。单击“场景 1”返回主场景窗口，从库中把内容为空的 boat_mv 元件拖入舞台，选中双击进入该元件编辑窗口。这样做的目的同样是有主场景舞台可供参照。

Step2：从库中把元件“小船_mc”拖入到舞台右侧，缩放到合适大小，在时间轴第 204 帧按 F6 键插入关键帧，拖动小船到舞台中如图 12-71 所示的位置，并赋予 stop()；语句，回到第 1 帧选中小船元件，在属性面板中设置 Alpha 值为 0，右键单击时间轴【创建传统补间】动画，形成小船由远及近、渐隐渐现的动画效果。

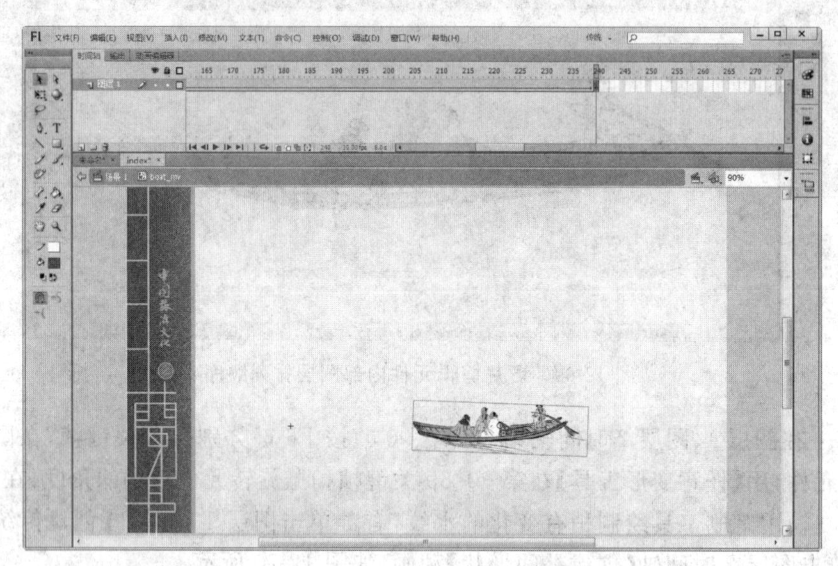

图 12-71　为影片剪辑元件“小船”做位移动画

(2) 荷花的绘制

Step1：绘制花蕊。选择铅笔工具，切换至【平滑】模式，绘制图形如图 12-72 所示。选择【颜料桶工具】，图形上部填充纯色(#A09F01)，下部填充线性渐变(#FD9D3E、#999900)，双击轮廓线并删除，如图 12-72 所示。

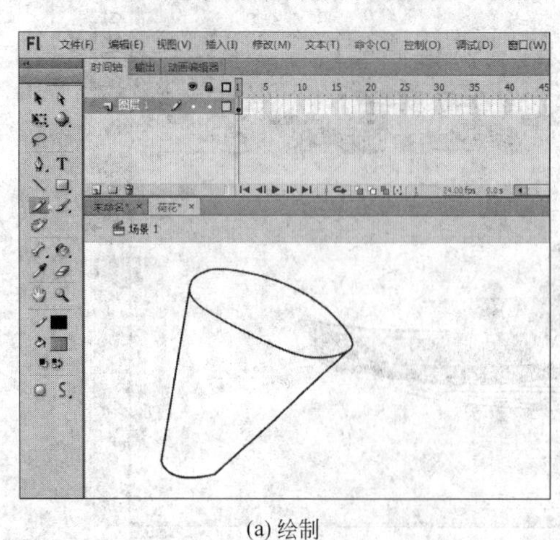

(a) 绘制

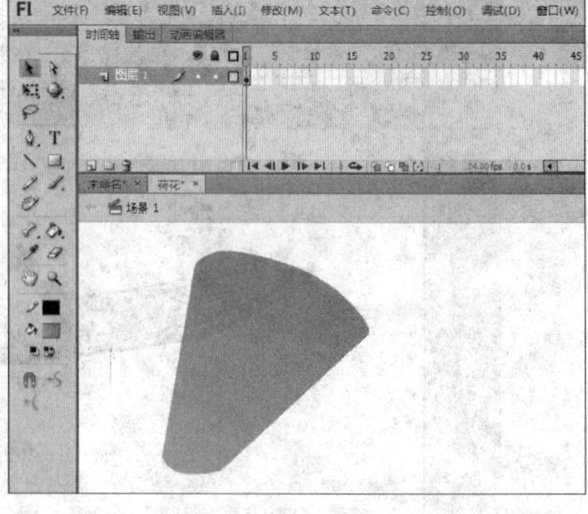

(b) 填色

图 12-72　绘制图形并填色

Step2：选择【刷子工具】，设置填充颜色为明黄色，利用压感笔【使用压力】选项，在周围绘制辐射状蕊丝，并点以红色花药及莲子，如图 12-73 所示。选中全部图形，按 F8 键转为图形元件。

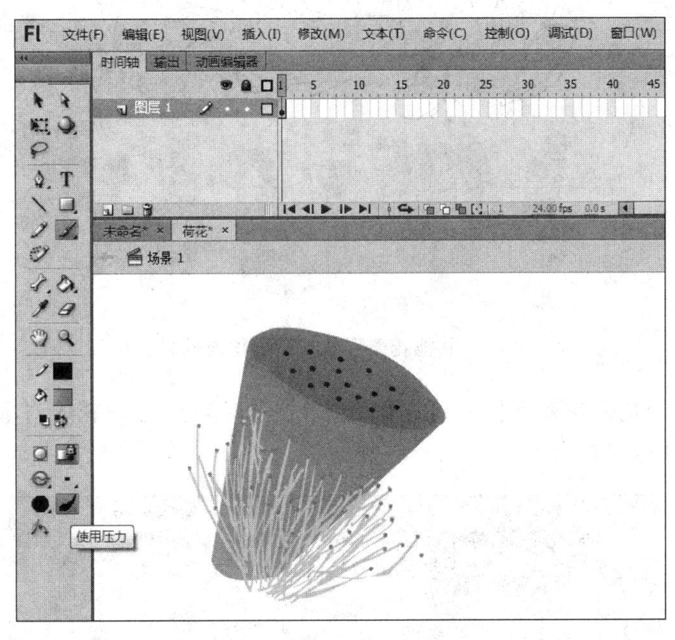

图 12-73　绘制花蕊

Step3：绘制花瓣。选择【钢笔工具】并点选工具箱【对象绘制】按钮，绘制如图 12-74(a)所示的形状。选择【颜料桶工具】为图形填充线性渐变，渐变颜色值由＃FF6699 到＃FFFFFF，并用【渐变变形工具】调整渐变范围和方向，如图 12-74(b)所示。最后双击轮廓线删除。

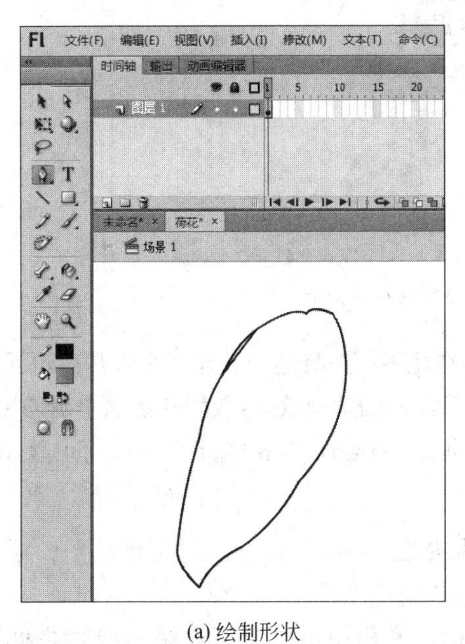

(a) 绘制形状

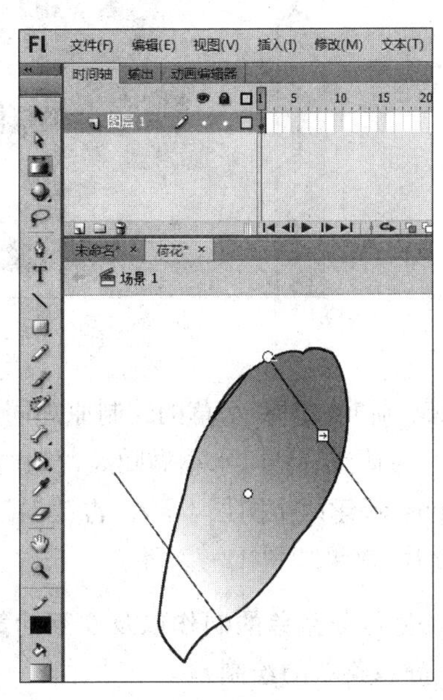

(b) 调整渐变色

图 12-74　绘制花瓣形状并调整渐变色

采用相同的方法绘制其他形态的花瓣，如图 12-75 所示。

图 12-75　其他花瓣形状与渐变填充效果对比

Step4：从库中拖入花蕊元件放置在舞台中，按前后顺序排列花瓣对象位置，组成完整的荷花，效果如图 12-76 所示。

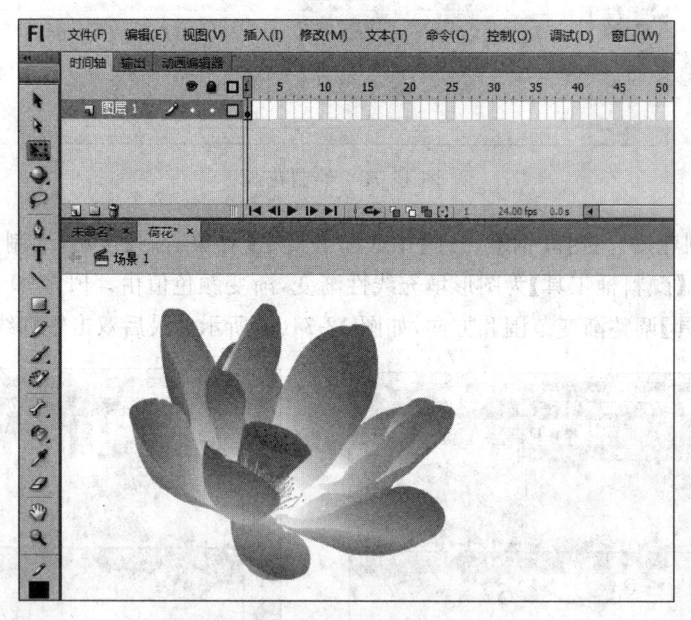

图 12-76　组装完整荷花效果

Step5：荷叶、花梗、水草的绘制原理同上，在此不一一赘述。新建一个影片剪辑元件，按照动画规律，对荷花、荷叶、水草做随风摆动的【传统补间】动画效果，放置在场景单独的层中。

Step6：新建两个图层，导入“古建筑”、“远山”静态图片素材，按 Ctrl＋Enter 组合键测试播放影片，效果如图 12-77 所示。

3. 动感导航菜单的制作以及交互功能的实现

(1) 静态菜单的绘制

按 Ctrl＋F8 键新建图形元件 menu_shape1，利用图形绘制工具绘制静态菜单，方法与片头动画中交互按钮的制作原理相同，效果如图 12-78 所示。

图 12-77 在动画场景中编排动画元素

(2) 动态菜单影片剪辑的制作

Step1：按 Ctrl＋F8 键新建影片剪辑元件 menu_mc1，从库中拖入图形元件 menu_shape1。如图 12-79 所示，在时间轴间隔几帧连续按 F6 键插入若干关键帧，在不同关键帧垂直上下移动元件的位置，右键单击时间轴【创建传统补间】动画，按照物体下落的运动规律，形成菜单“下落并弹起”的动态效果。

图 12-78 绘制静态菜单

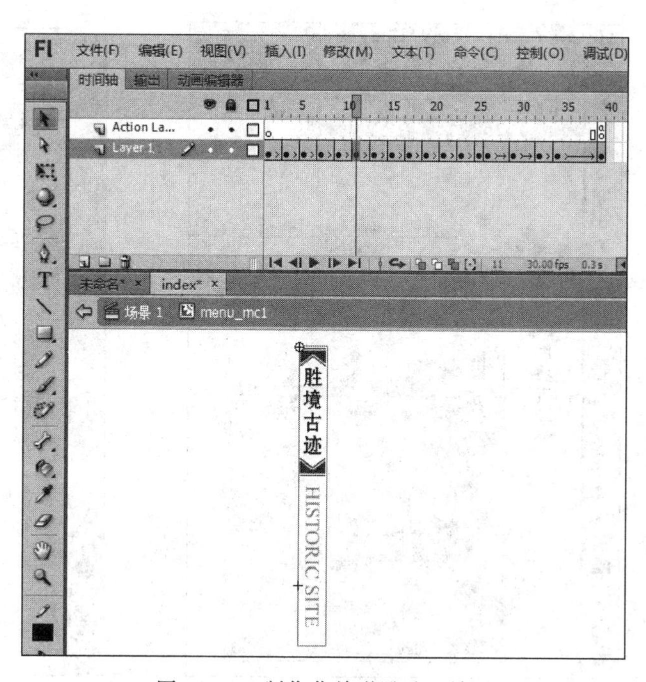

图 12-79 制作菜单弹跳动画效果

Step2：按 Ctrl＋F8 键新建按钮元件 bt1，在【弹起】帧放置影片剪辑元件 menu_mc1，位置如图 12-80 所示。在【指针经过】帧放置图形元件 menu_shape1，位置如图 12-81 所示。在【按下】帧放置图形元件 menu_shape1，位置如图 12-82 所示。在【点击】帧绘制感应鼠标指针的矩形区域，位置、大小如图 12-83 所示。

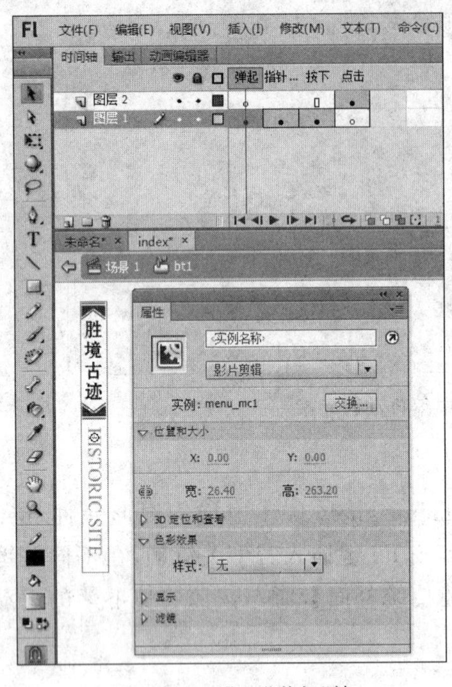

图 12-80　设置“弹起”帧

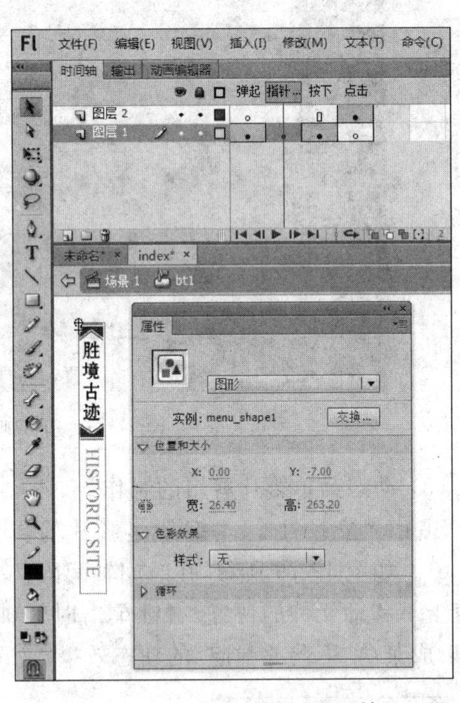

图 12-81　设置“指针经过”帧

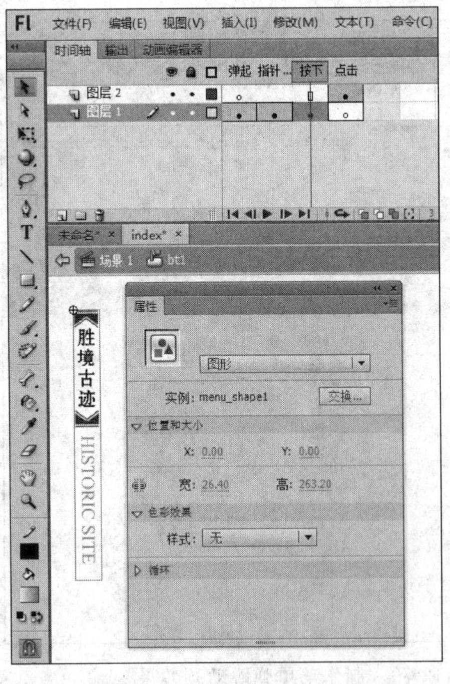

图 12-82　设置“按下”帧

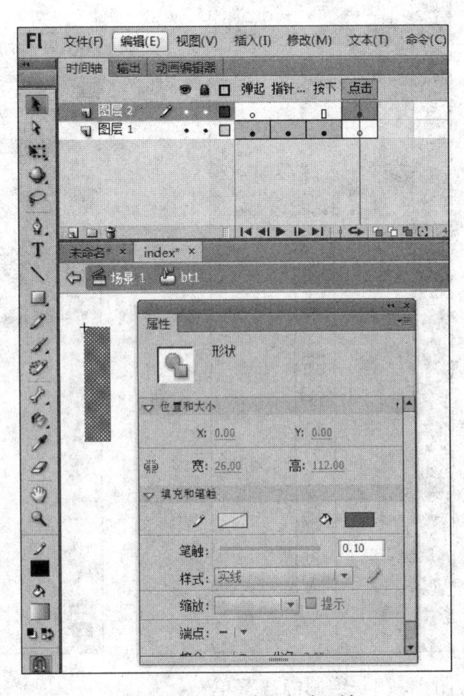

图 12-83　设置“点击”帧

Step3：参照同样的方法与步骤，分别制作其他按钮元件 bt2、bt3、bt4、bt5、bt6。返回主场景舞台，新建 6 个图层，由下到上的顺序分别命名为“菜单 1”～“菜单 6”，在每个图层相隔 5 帧插入关键帧，从库中将 6 个按钮元件摆放到对应图层中的关键帧位置，摆放位置和出现顺序请参照源文件 index.fla。时间轴关键帧设置如图 12-84 所示。

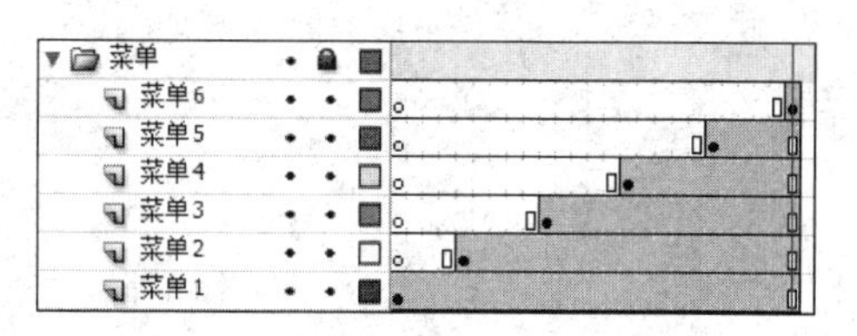

图 12-84 导航菜单时间轴动画设置

为了方便分类管理和增加舞台可视范围，可以在时间轴上新建一个名为“菜单”的文件夹，将所有菜单图层收纳放置在该文件夹中（如图 12-84 所示），根据需要可以收缩或展开，方便动画的制作。

(3) 为菜单赋予 AS 交互语句

在场景中选择按钮元件 bt1，按 F9 键打开动作面板，输入以下 AS 语句：

```
on (release) {
    loadMovieNum("historicsite.swf",1);
                          //加载文件 historicsite.swf,对应栏目为"胜境古迹"
}
```

以此类推，为其他按钮元件赋予对应 AS 语句，加载对应的二级页面文件，最后加入“退出”交互按钮。具体设置内容参见源文件 index.fla。

12.1.7 二级页面的设计与制作

二级页面的风格设计与片头动画、主界面保持一致和统一，整体界面设计要明快、清晰、色彩搭配合理。首先确定统一风格的页面模板，包含主标题、副标题、交互按钮等固有要素；其次依据内容页面的不同，对应制作有关栏目内容；最后根据对应导航菜单调用的 SWF 文件名来对二级页面命名。

由于二级页面的标题、交互按钮等图形元件的制作方法与原理与上述内容有重复或相似，在接下来的二级页面制作的过程中不一一赘述，只选择有代表性的制作步骤加以演示和说明。二级页面模板效果图如图 12-85 所示。

1. 胜境古迹

从兰亭的方位、布局、文化和景点等几个方面，介绍了兰亭旅游景区的概况，使人对兰亭有初步的认识和了解。在二级页面制作中，舞台大小、帧频设置与主界面文件参数保持一致，通过在主时间轴上设置关键帧，通过对交互按钮赋予 nextFrame()；/preFrame()；函数来实现前后关键帧的跳转。该页面文件主时间轴只有 6 个关键帧的长度，每个关键帧里面可能包含了若干内容，如影片剪辑、图片、文字、交互按钮、菜单等，所以虽然时间轴很短，但是内容却能很丰富。

主要知识点有：

① 读取外部纯文本文件，实现拖动控制；

② 遮罩动画的应用；

③ 时间轴跳转动画制作景点概况。

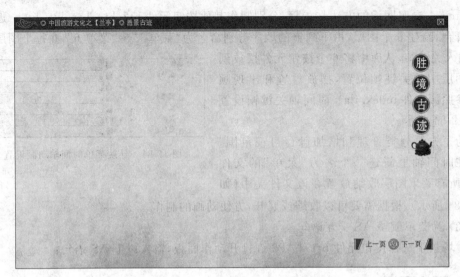

图 12-85　二级页面模板效果图

(1) 第 1 帧：胜境古迹——兰亭的文字介绍，效果如图 12-86 所示，主要动画内容有兰亭碑亭康熙手书“兰亭”二字的遮罩动画、竹影婆娑缤纷下落的传统补间动画、动态古籍册页形状补间动画，实现的交互功能是可读取外部独立文本文件，实现滚动控制。另外，单击【上一页】、【下一页】按钮实现翻页功能，单击【返】按钮加载主界面，单击☒可退出。

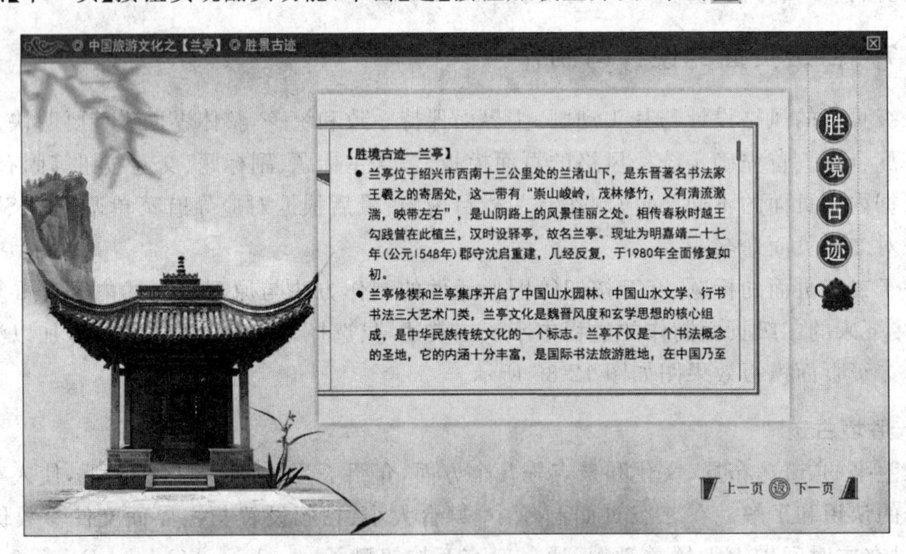

图 12-86　读取外部文本文件

其他动画效果请读者参考素材源文件 historicsite.fla，下面主要介绍一下用 AS 脚本语言实现“读取外部纯文本文件和拖动控制文本内容”的步骤和过程。

Step1：启动 Flash CS6，舞台大小、帧频设置与主界面文件相同，将背景颜色设置为深灰色。按 Ctrl+F8 键新建影片剪辑元件“白纸 mc”，单击【确定】按钮进入元件编辑窗口，单击第 36 帧按 F6 键插入关键帧，选择【矩形工具】绘制矩形，设置填充色为“白色”、描边色为“无”，如图 12-87 所示。

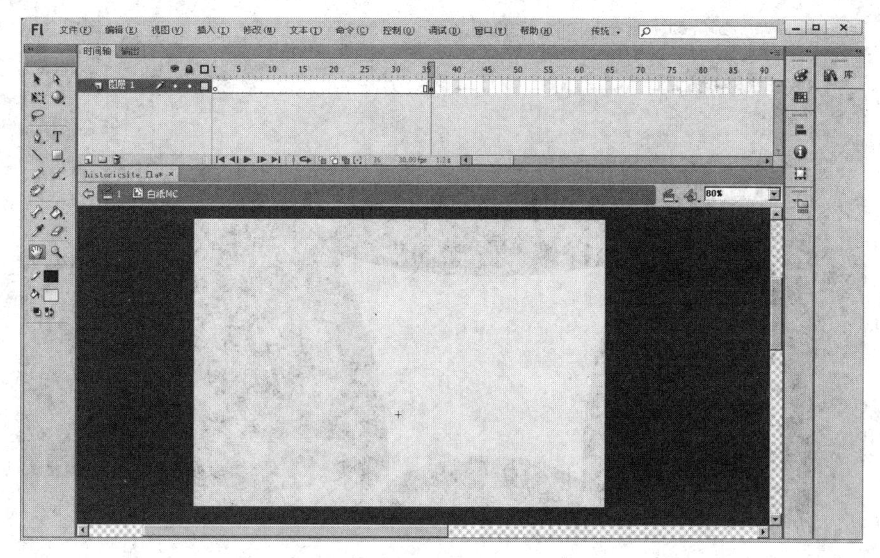

图 12-87　绘制白色矩形

Step2：右键单击第 36 帧选择【复制帧】命令，在第 28 帧处按 F6 键插入关键帧并右键单击选择【粘贴帧】命令，用【选择工具】调整矩形外形如图 12-88 所示。

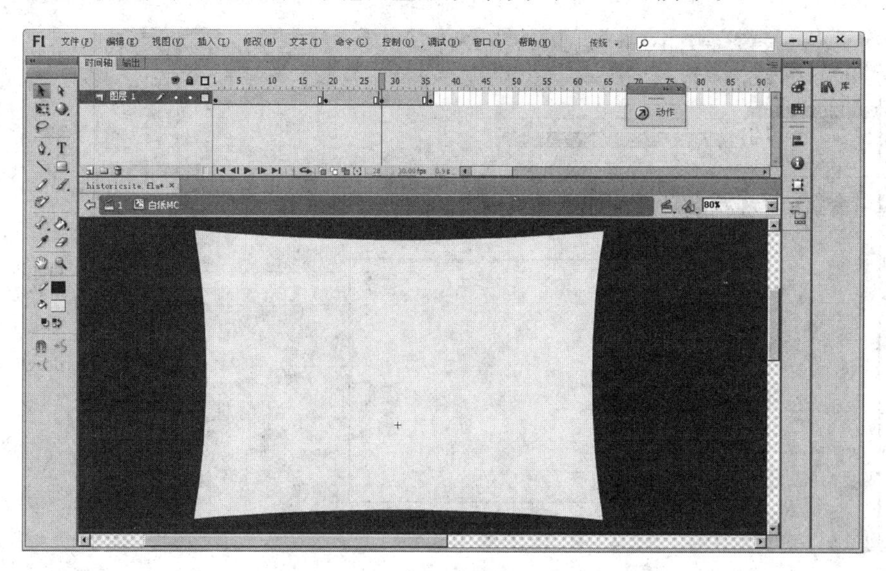

图 12-88　调整矩形形状效果

以此类推，在第 19、1 帧插入关键帧，【复制】|【粘贴】前一关键帧内容，并分别调整外观形状。选中第 1 帧处的图形对象并垂直向下移动一段距离，右键单击时间轴【创建补间形状】动画，如图 12-89 所示。

Step3：按 Ctrl＋F8 键新建影片剪辑元件“白纸展开”，新建 4 个图层，分别命名为“白纸 MC”、“红线框”、“文本框”、AS。

Step4：在图层“白纸 MC”第 1 帧放置影片剪辑元件“白纸 MC”并调整好位置；在图层“红线框”中用【线条工具】绘制如图 12-90 所示的红色古典线框，按 F8 键转为元件做【传统

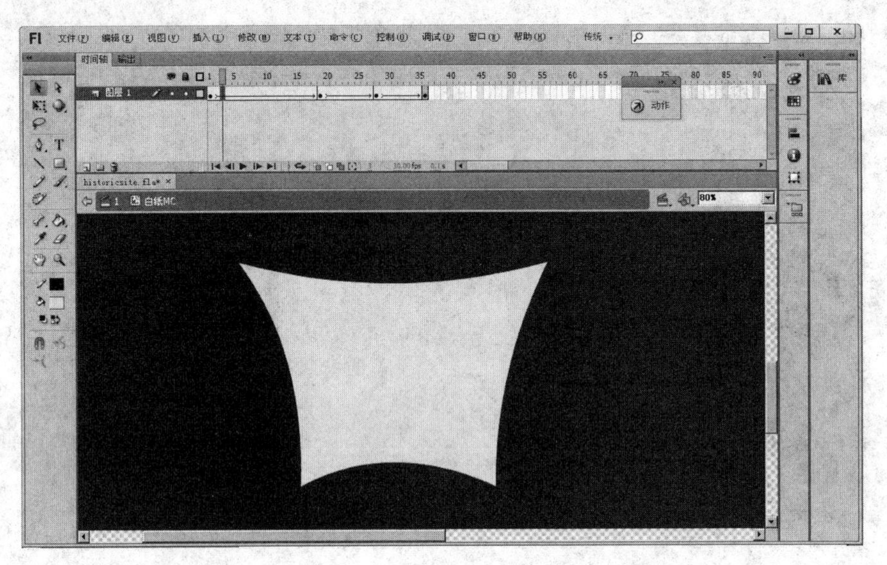

图 12-89　制作形状补间动画

补间】动画效果，并在最后1帧赋予 stop();语句；在图层“文本框”第40帧插入关键帧，选择【文本工具】绘制动态文本框，在属性面板中命名为 field，用来显示调用文本文件内容。

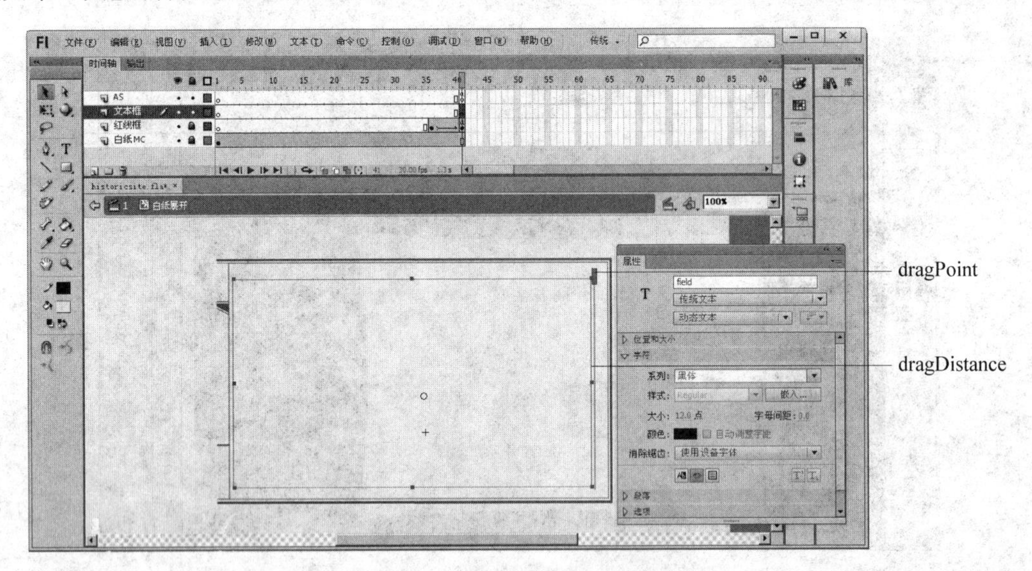

图 12-90　绘制红色古典线框

Step5：创建影片剪辑元件 dragPoint，用【矩形工具】绘制一个红色小矩形，作为拖动滑块。创建影片剪辑元件 dragDistance，用【线条工具】绘制一条垂直竖线，作为计算 dragPoint 实体的拖曳距离。

Step6：在图层 AS 第40帧插入关键帧并按 F9 键打开动作面板，输入以下 AS 代码：

```
this.loadVariables("txt/landscape.txt");   //载入 landscape.txt 文件到现有的时间轴上
field.html =true; //设定 filed 动态文本框的 HTML 属性为 true,可以解译文字的 HTML 格式
field.condenseWhite =true;     //设定 filed 动态文本框的 condenseWhite 属性为 true,
```

可以忽略多余的空白

```
this.onData =function() {
    field.htmlText =inner;
};              //当文字已经载入完成,将 field 动态文本框的文字内容设定为 inner 变量内容
var $m1 =dragPoint._y;              //在$m1 变量上记录 dragPoint 影片剪辑一开始的位置
var $temp1 =$temp2=0;
var $temp3;      //声明$temp1、$temp2、$temp3 变量,$temp1 用在计算 dragPoint 影片剪辑
                  拖曳比例,相对于要滚动的文字行数。$temp2 用在计算延迟文字自动滚动的
                  时间。$temp3 则是用于判断文字要滚动的方向
var $p =false; //设定$p 变量,这个变量要用于判断 dragPoint 影片剪辑是否在拖曳的状态,
                  起始值为 false,代表 dragPoint 影片剪辑未被拖曳
dragPoint.onPress =function() {          //当按下 dragPoint 影片剪辑时,执行下列代码
    startDrag(this, false, dragDistance._x, dragDistance._y, dragDistance._x,
dragDistance._y+dragDistance._height); //当按下 dragPoint 影片剪辑时,dragPoint
影片剪辑可以被拖曳,拖曳的范围控制在 dragPoint 影片剪辑的范围中,也就是说只能在
dragPoint 影片剪辑所限制的范围内上下拖曳
    $p =true;     //设定$p 变量为 true,该变量代表在 dragPoint 影片剪辑处于被按下的状态
};
dragPoint.onRelease =dragPoint.onReleaseOutside=function () {
    stopDrag();
    $p =false;
};  //当放开 dragPoint 影片剪辑实体时,停止拖曳 false 影片剪辑,并设定$p 变量等于 false,
     代表 dragPoint 影片剪辑是在被松开的状态中
dragPoint.onEnterFrame = function () {    //以 dragPoint 影片剪辑为对象执行
onEnterFrame 事件,重复执行以下代码,这段代码的目的在于决定是要由 dragPoint 影片剪辑的
位置来决定文字的滚动位置还是依据文字的滚动位置来决定 dragPoint 影片剪辑的位置
    if ($p) {
        $temp1 =Math.round((dragPoint._y-$m1)/dragDistance._height * field.
        maxscroll);
        field.scroll =$temp1;  //if 判断语句,当$p 变量为 true 时,按 dragPoint 影片剪
                                 辑的拖曳距离等比例地滚动 field 动态文本框内的文字
    } else {
        dragPoint._y =$m1+(field.scroll/field.maxscroll) * dragDistance._height;
    } //与 if 判断语句搭配的 else 判断语句,当$p 变量为 false 时,field 动态文本框已滚动
        的文字行数,等比例地设定 dragPoint 影片剪辑的位置
};     //结束 onEnterFrame 事件
```

本例中所调用的外部独立 TXT 文本文件存放在文件夹 txt 中,格式如图 12-91 所示。

按 Ctrl+Enter 组合键测试播放影片,效果如图 12-86 所示。

(2) 第 2 帧：兰亭方位,用动画和文字介绍兰亭景区所处的地理位置。文字用静态【文本工具】输入,转为图形元件制作一个传统补间动画的影片剪辑。用【遮罩动画】制作动画演示兰亭景区的地理位置,制作方法请参考素材源文件 historicsite.fla。

(3) 第 3、4、5 帧的内容分别是“兰亭布局”、“兰亭”文化的图文介绍,动画类型为传统的

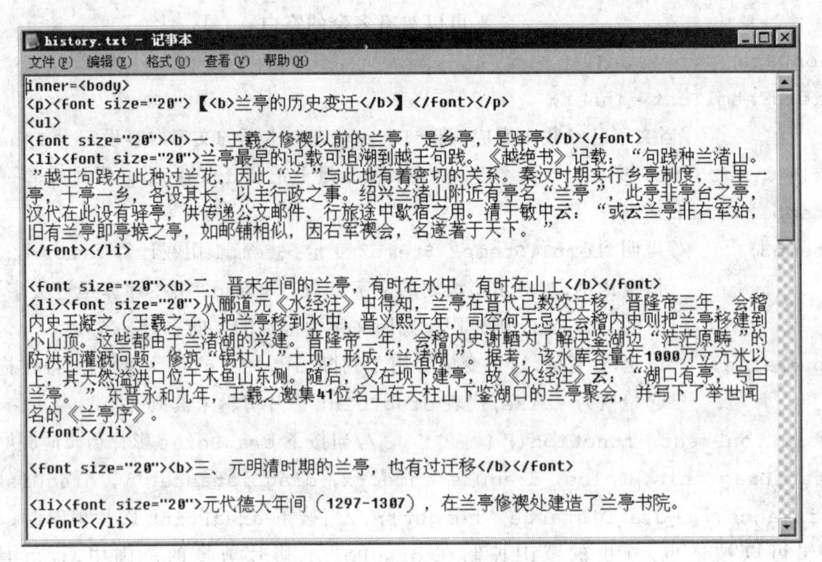


```
inner=<body>
<p><font size="20">【<b>兰亭的历史变迁</b>】</font></p>
<ul>
<font size="20"><b>一、王羲之修禊以前的兰亭，是乡亭，是驿亭</b></font>
<li><font size="20">兰亭最早的记载可追溯到越王句践。《越绝书》记载：“句践种兰渚山。”越王句践在此种过兰花，因此“兰”与此地有着密切的关系。秦汉时期实行乡亭制度，十里一亭，十亭一乡，各设其长，以主行政之事。绍兴兰渚山附近有亭名“兰亭”，此亭非亭台之亭，汉代在此设有驿亭，供传递公文邮件、行旅途中歇宿之用。清于敏中云：“或云兰亭非右军始，旧有兰亭即亭堠之亭，如邮铺相似，因右军禊会，名遂著于天下。”
</font></li>

<font size="20"><b>二、晋宋年间的兰亭，有时在水中，有时在山上</b></font>
<li><font size="20">从郦道元《水经注》中得知，兰亭在晋代已数次迁移，晋隆帝三年，会稽内史王凝之（王羲之子）把兰亭移到水中；晋义熙元年，司空何无忌任会稽内史则把兰亭移建到小山顶。这些都由于兰渚湖的兴建。晋隆帝二年，会稽内史谢輶为了解决鉴湖边“茫茫原畴”的防洪和灌溉问题，修筑“锡杖山”土坝，形成“兰渚湖”。据考，该水库容量在1000万立方米以上，其天然溢洪口位于木鱼山东侧。随后，又在坝下建亭，故《水经注》云：“湖口有亭，号曰兰亭。”东晋永和九年，王羲之邀集41位名士在天柱山下鉴湖口的兰亭聚会，并写下了举世闻名的《兰亭序》。
</font></li>

<font size="20"><b>三、元明清时期的兰亭，也有过迁移</b></font>

<li><font size="20">元代德大年间（1297-1307），在兰亭修禊处建造了兰亭书院。
</font></li>
```

图 12-91　外部文本文件格式

补间动画，制作方法相对简单，请读者自行参考素材源文件 historicsite. fla。

(4) 第 6 帧：景点介绍。该帧内容采用时间轴跳转动画的方法，介绍兰亭景区的主要景点概况。动画效果如图 12-92 所示，在兰亭景区主要景点分布图中，当鼠标移动到景点区域该区域会加亮显示，同时显示该景点名称；在该区域单击会弹出景点图文介绍的对话框，单击【关闭】按钮则可关闭对话框。

图 12-92　景点介绍动画效果

下面以其中一个景点“王右军祠”的制作方法为例说明。

Step1：用 Photoshop 处理兰亭景区分布图，利用套索等选取工具将整个兰亭景区中的各个景区分割成独立的小图片，如图 12-93 所示。

图 12-93 分割景区图片为独立的小图

Step2：用 Photoshop 制作“图文介绍”图片和“关闭”按钮图片，如图 12-94 所示。

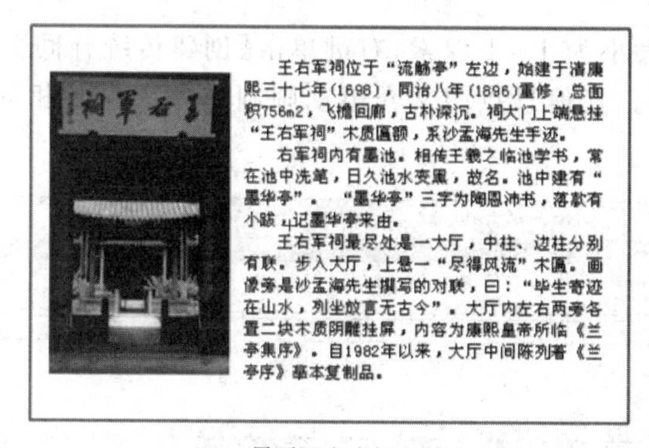

关闭

(a)“景区图文介绍”图片　　　　(b)“关闭”按钮图片

图 12-94 制作“景区图文介绍”图片和“关闭”按钮图片

Step3：在 Flash CS6 中制作按钮元件。打开 Flash CS6，新建按钮元件 button1，单击【确定】按钮进入元件编辑窗口。在【弹起】帧导入用 Photoshop 分割的“王右军祠”小图片，按 F8 键转为图形元件；在【指针经过】帧插入关键帧，调整图形元件的亮度如图 12-95 所示。插入新建图层并导入“王右军祠”名称图标素材，实现鼠标滑过景点图片变亮并且显示景点名称的动画效果。

Step4：设置【按下】、【点击】帧的内容与【弹起】帧相同。

Step5：制作景区介绍动画效果。在主场景舞台第 6 帧插入关键帧，导入兰亭景区分布图素材图片，新建影片剪辑元件“景区介绍 MC”，单击【确定】按钮进入元件编辑窗口。修改图层 1 名称为“按钮”，导入各个景区分割图片按钮元件，根据舞台底图摆放好位置。新建图层命名为“动画”，导入“王右军祠”图文介绍图片并转为图形元件，在第 10、15 帧插入关键

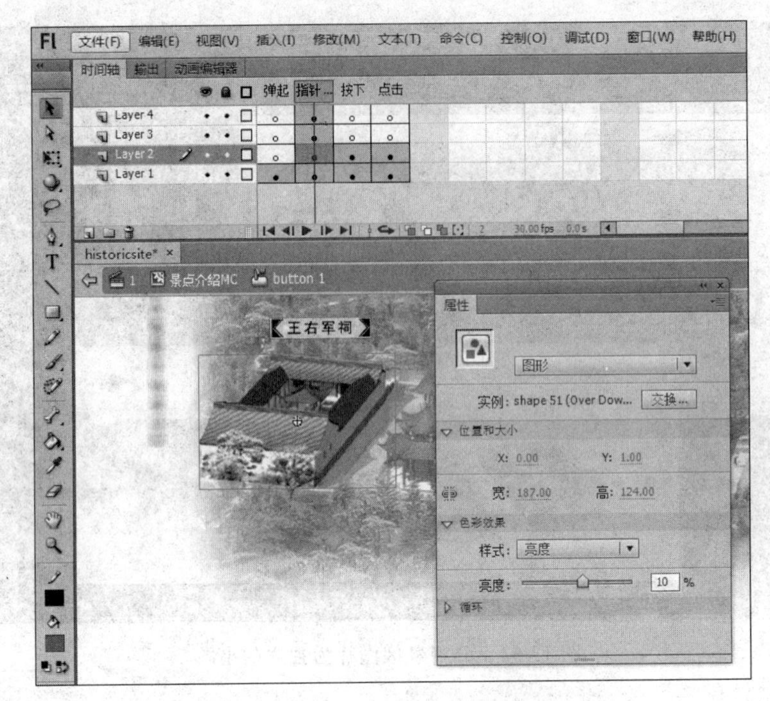

图 12-95　制作景点按钮元件

帧，修改第 1、15 帧处图形元件大小为 1×1 像素，右键单击【创建传统补间】动画，为第 1、10、15 关键帧赋予 stop();语句。其他景点图文介绍动画制作方法与此相同，如图 12-96 所示。

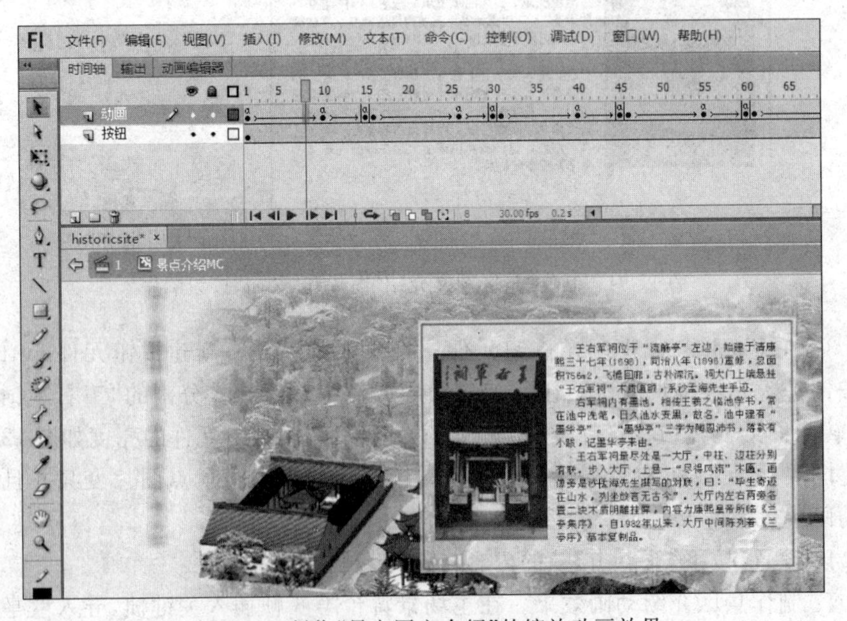

图 12-96　制作“景点图文介绍”的缩放动画效果

Step6：插入新建图层“关闭”，在第 10 帧插入关键帧，导入制作好的“关闭”按钮元件，按 F9 键打开动作面板输入下列语句：

```
on (release) {
    gotoAndPlay(10);      //跳转到时间轴第 10 帧并开始播放
}
```

至此，一个景点介绍的动画效果就制作好了，如图 12-97 所示。

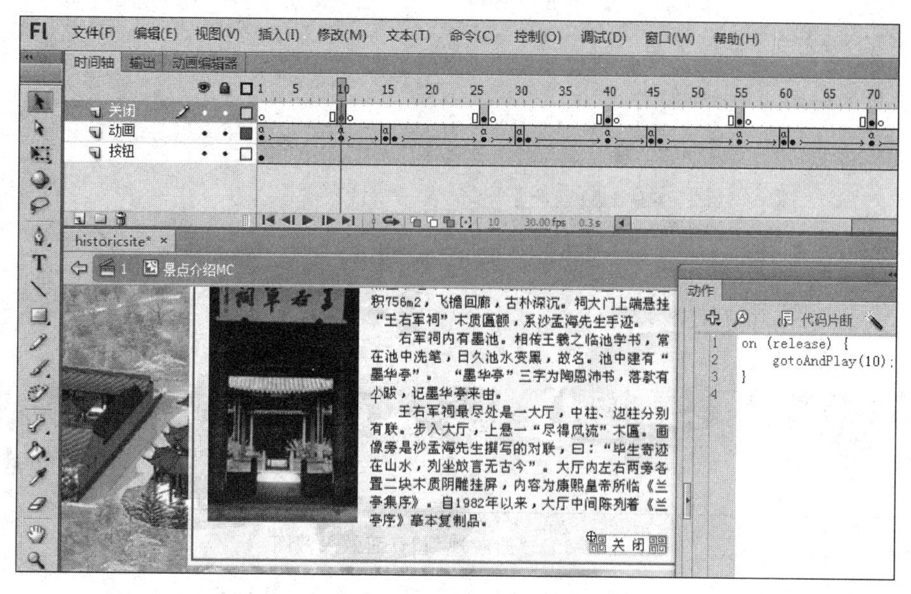

图 12-97　用 AS 语句控制景点介绍动画

2. 历史沿革

整理现有的史书典籍资料和记载，用文字和图片等形式介绍兰亭的历史变迁与演变过程，包括魏晋时期的兰亭古道、宋代、清代和近代的古兰亭图片资料，效果如图 12-98 所示。

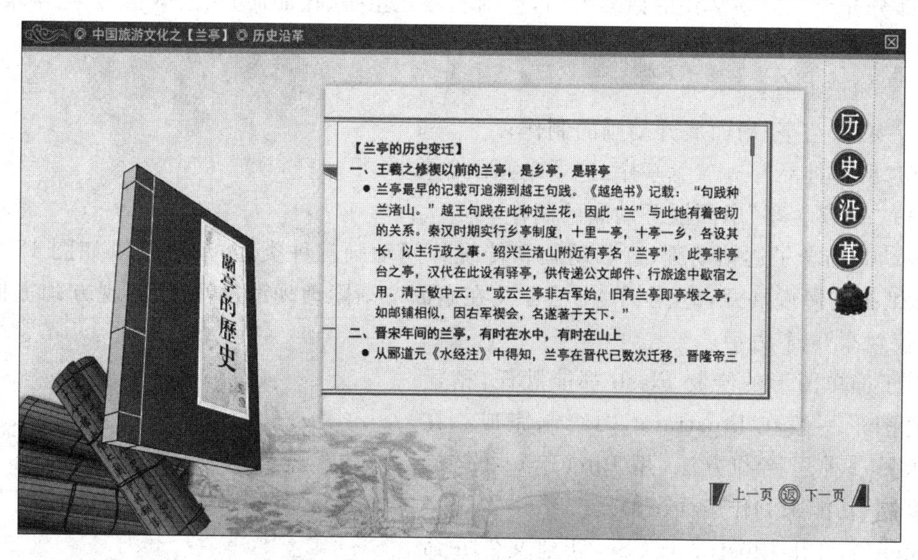

图 12-98　"历史沿革"页面效果截图

3. 旅游规划

“旅游规则”页面效果截图如图 12-99 所示。

图 12-99 “旅游规划”页面效果截图

用多种图片动画形式介绍了由国内东南大学建筑设计研究院所做的关于兰亭景区的未来规划方案《兰亭景观保护规划设计》。

4. 书法圣地

这一部分是作品重点内容所在。兰亭以书圣王羲之 1600 多年前的一场雅聚而闻名天下，该部分介绍了兰亭文化的诸多方面，包括王羲之生平、作品简介、兰亭雅集、兰亭聚讼、兰亭文化，涵盖了绘画、书法、器物、收藏等与兰亭有关的内容。

主要知识点有：

① “心仪兰亭”扇面展开动画的制作；

② “醉墨神品”——《兰亭序》遮罩动画的制作。

(1) “心仪兰亭”扇面展开动画的制作

该动画结合了逐帧动画、遮罩动画和传统补间动画三种类型，动画效果如图 12-100 所示：一纸折扇慢慢展开，《兰亭序》书法原文在扇面中渐隐渐现滑过，随之闪现方劲古拙的隶书“心仪兰亭”4 个大字。

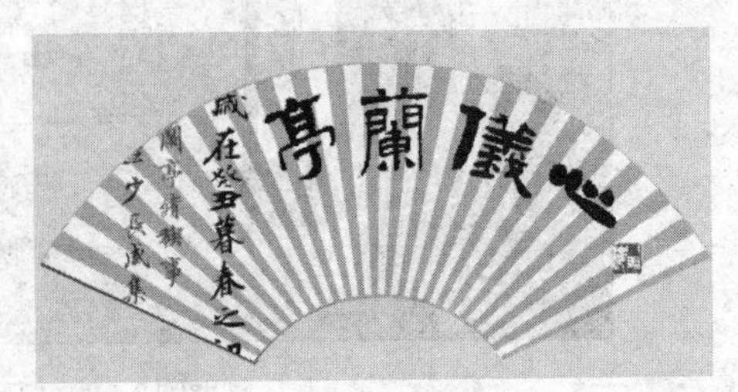

图 12-100 “心仪兰亭”扇面动画效果

对于简单图形的绘制 Flash 都能胜任，稍显复杂的图形一般在 Illustrator 中绘制完成。在此提供另一种思路和方法，用 Illustrator 的“旋转并复制”功能来制作扇面图形。

Step1：打开 Illustrator CS5，新建文件并命名为“扇面. ai”，设置描边色为黑色、填充色为白色，用【矩形工具】绘制一个条状矩形，接着选择

【直接选择】工具调整矩形下方两个顶点,使其稍稍内收,将矩形调整成"上大下小"的形状,如图 12-101 所示。

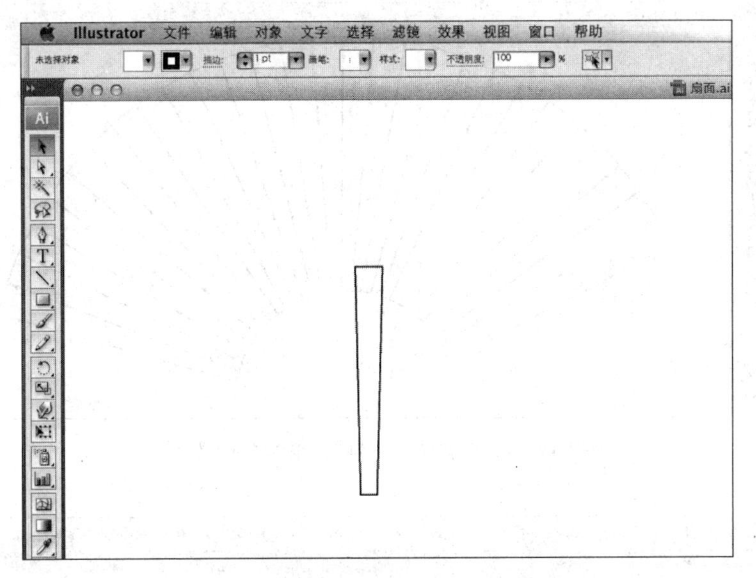

图 12-101 绘制矩形并调整形状

Step2:选择矩形对象并旋转一定角度,如图 12-102 所示。单击工具箱中的【旋转工具】,按 Alt 键的同时单击画布,确定矩形的旋转中心点,在弹出的【旋转】对话框中输入旋转角度为 5,勾选【预览】选项,单击【复制】按钮。

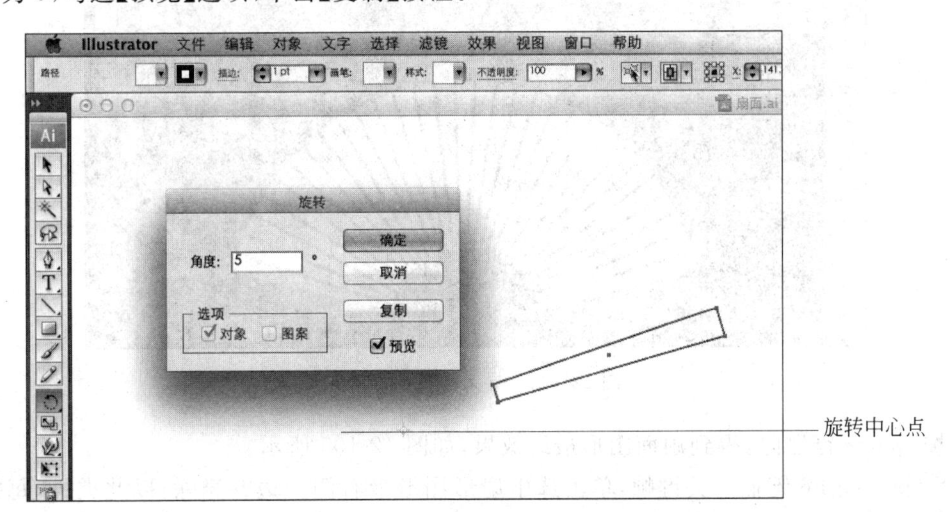

图 12-102 "旋转并复制"参数设置

Step3:按 Ctrl+D 键多次,重复上一步【旋转并复制】命令,得到扇面效果图形如图 12-103 所示,按 Ctrl+S 键保存文件。

Step4:制作扇面展开的逐帧动画。打开 Flash CS6,按 Ctrl+R 键导入"扇面.ai"文件,按 Ctrl+B 键打散图形,如图 12-104 所示。

Step5:选择【颜料桶工具】,设置填充颜色值为#CCCCCC,隔行填充扇面图形,双击轮

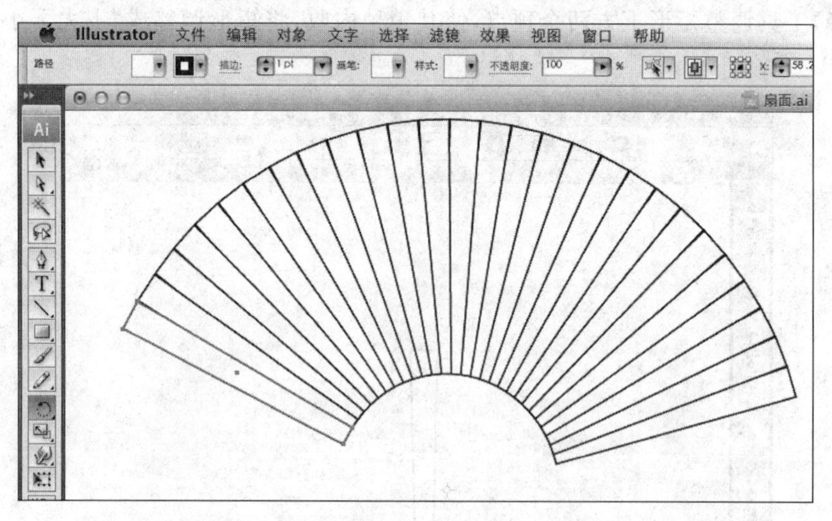

图 12-103 “旋转并复制”矩形为扇面效果

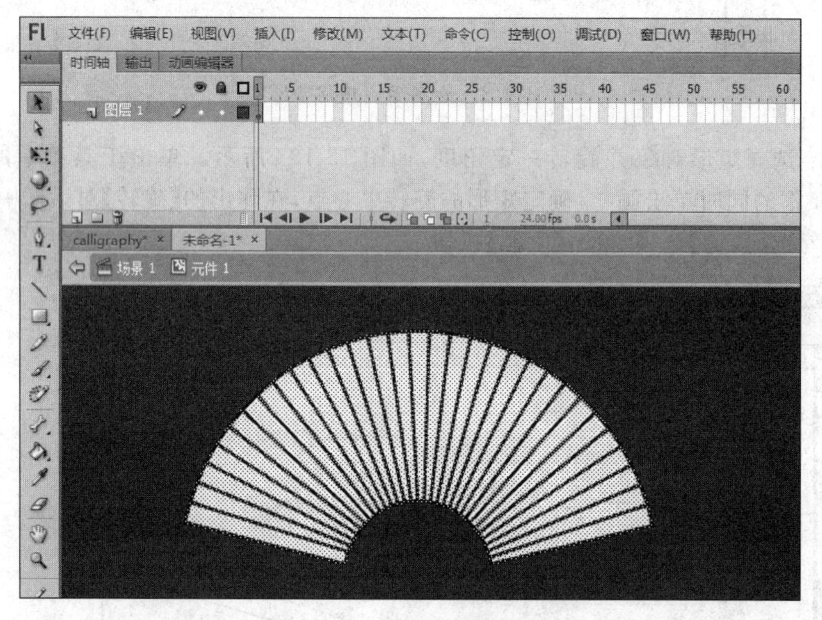

图 12-104 导入图形到 Flash

廓线按 Delete 键删除，得到扇面图形最终效果，如图 12-105 所示。

Step6：按 F6 键插入关键帧，单击选中扇形图形最右侧一边并删除，以此类推，每插入一个关键帧便删除图形最右面一边，直到剩下一条边为止。这时形成的逐帧动画效果是反的，所以需要对时间轴的关键帧执行【翻转帧】的操作。选择第 1 帧，按住 Shift 键的同时单击最后一个关键帧，选中所有的关键帧，右键单击并选择【翻转帧】命令，扇面打开的逐帧动画就完成了，如图 12-106 所示。

Step7：新建影片剪辑元件 mv_lanting，在 Flash 中将《兰亭序》书法原文图片转为矢量图形，新建 10 个影片剪辑元件，每个元件内放置一段《兰亭序》书法文字；新建 10 个图层，每个图层对文字元件做“模糊到清晰”的垂直运动传统补间动画，注意调整动画出场顺序、文字

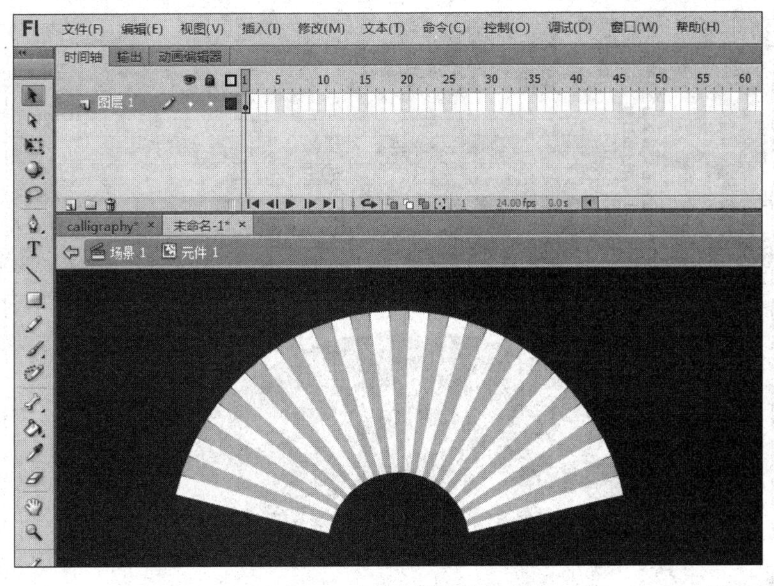

图 12-105 删除轮廓线效果

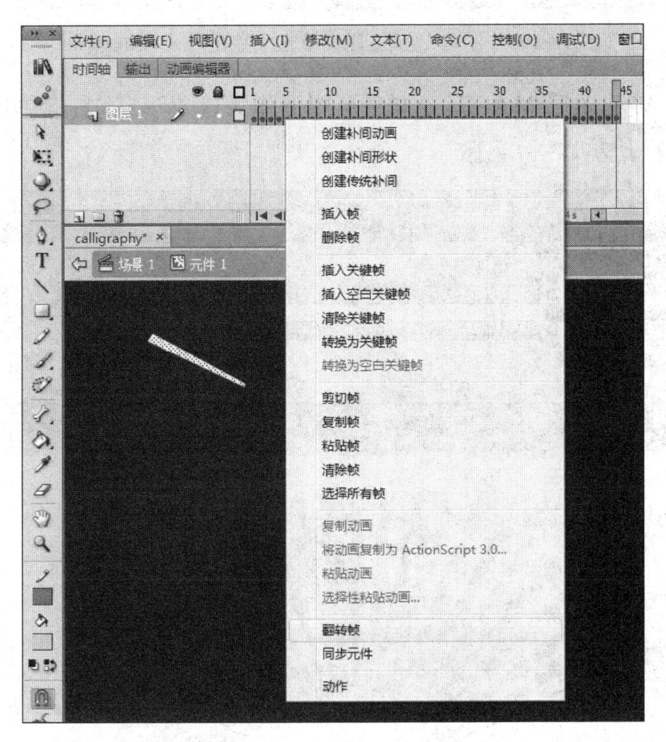

图 12-106 制作扇面打开的逐帧动画

元件之间大小对比及透明度属性的变化，如图 12-107 所示。

Step8：新建影片剪辑元件“扇子展开”，修改图层 1 名称为“扇子展开”，拷贝 Step6 步骤所制作的“扇子展开逐帧动画”并粘贴至该图层；新建图层“心仪兰亭”，导入“心仪兰亭”素材图片并转为图形元件，做【传统补间动画】效果；新建图层“书法”，将影片剪辑元件 mv_

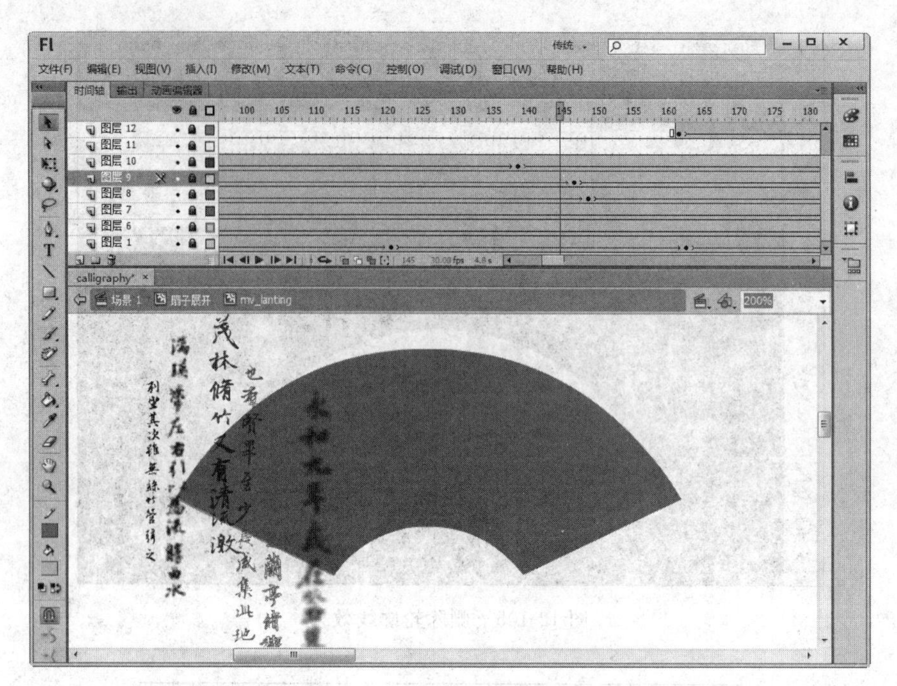

图 12-107 制作《兰亭》原文节选文字的位移动画效果

lanting 置于该层；新建图层 MASK，绘制扇形图形作为遮罩形状，右键单击该图层设为【遮罩层】，如图 12-108 所示。

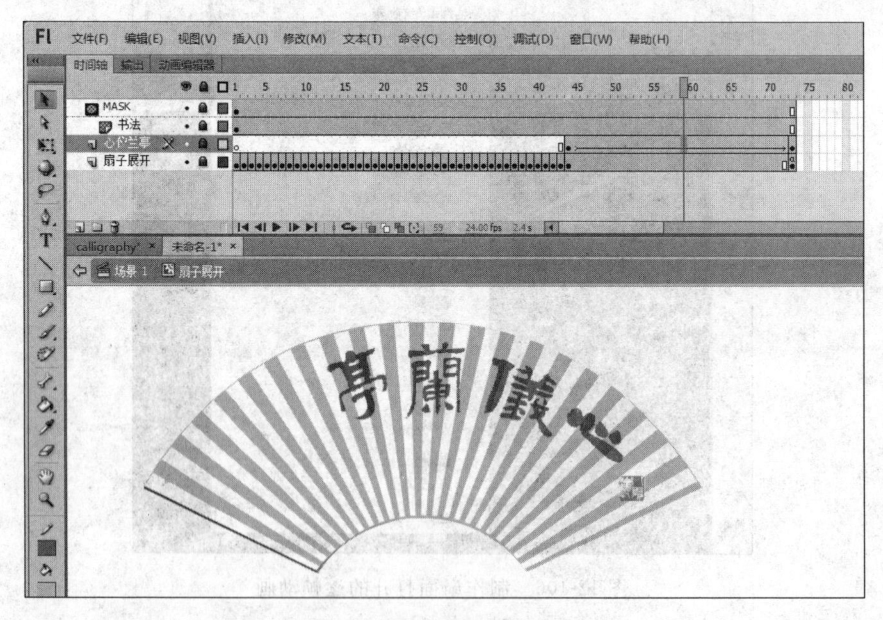

图 12-108 设置遮罩图层

至此，“心仪兰亭”扇面展开动画效果制作完成。

(2) “醉墨神品”——《兰亭序》遮罩动画的制作

利用“遮罩动画”原理制作古典卷轴展开动画的例子屡见不鲜，这是典型的遮罩动画原理应用。本例是关于王羲之代表作品《兰亭序》的卷轴动画效果，区别于一般教程所举实例，卷轴在展开的时候，卷轴本身并不只是简单地位置移动，在展开的同时，卷轴本身的“龙纹”图案也会跟着“转动”，动画效果更为真实和精美，而且用 AS 实现了对《兰亭序》书法图片的拖曳、观察等功能。

本例中用到的图片素材有“龙纹底图”（如图 12-109 所示）、“背景透明龙纹图案”（如图 12-110 所示）、“《兰亭序》摹本全貌”、“拖动滑块”等。

图 12-109　龙纹底图素材

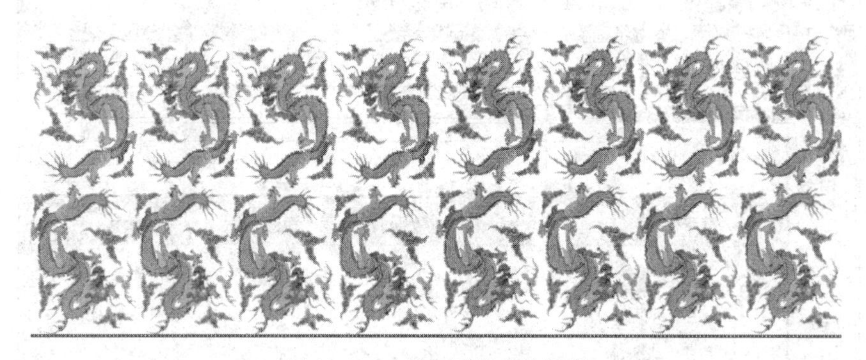

图 12-110　背景透明龙纹图案

Step1：绘制卷轴。打开 Flash CS6，新建影片剪辑元件“卷轴滚动”，单击【确定】按钮进入元件编辑窗口。修改图层 1 名称为“卷轴”，选择工具箱【矩形工具】绘制卷轴形状，并填充线性渐变颜色，效果如图 12-111 所示。

图 12-111　绘制卷轴“轴身”与“轴头“部分

Step2：新建三个图层，分别命名为“龙纹”、mask、AS。在“龙纹”图层中导入龙纹图案素材图片，按 F8 键转为图形元件，摆放位置如图 12-112 所示。单击时间轴第 150 帧插入关键帧，向左平移龙纹元件到适当距离，单击右键【创建传统补间】动画；在 mask 图层第 1 帧绘制红色矩形作为遮罩形状，大小与卷轴一致。在图层 AS 时间轴第 90 帧插入关键帧，并打开动作面板输入 stop()；语句。

Step3：右键单击 mask 图层选择【遮罩层】，卷轴转动的动画效果完成，如图 12-113 所示。

Step4：新建影片剪辑元件“兰亭集序 MC”，单击【确定】

图 12-112　动画元素位置示意图

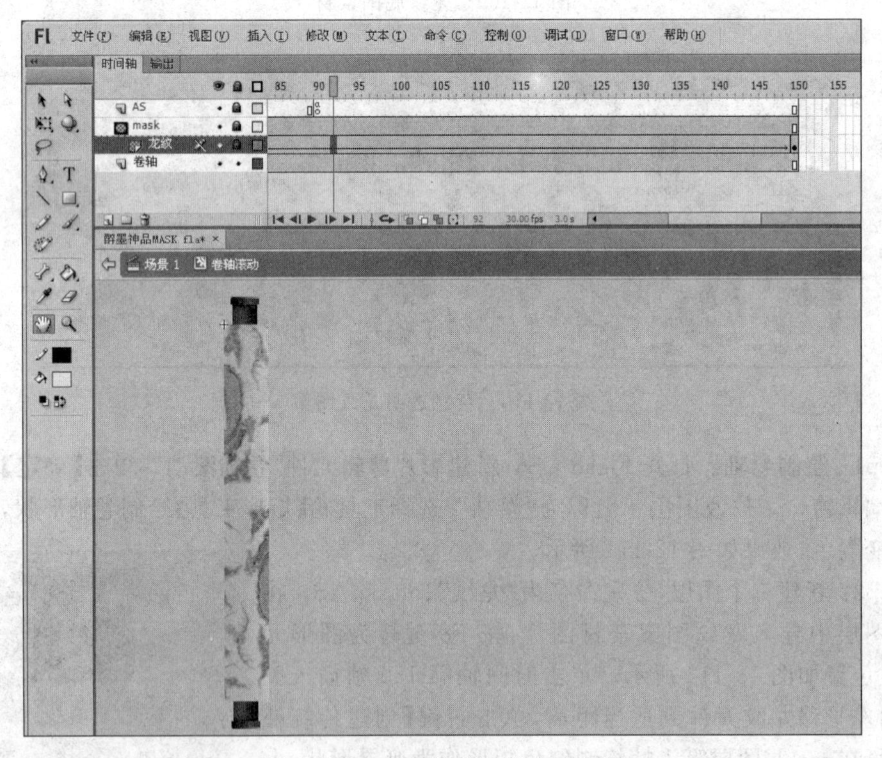

图 12-113　卷轴转动遮罩动画效果

按钮进入元件编辑窗口，修改图层 1 名称为“底图”，导入“龙纹底图”素材图片，并在其上绘制如图 12-114 所示的黑白渐变效果矩形。

Step5：新建两个图层“左轴”和“右轴”，从库中拖入元件“卷轴滚动”到两个图层第 1 帧，并将两个元件贴紧摆放在底图中间位置（注：“右轴”图层中的元件应做“水平翻转”操作，使其转动方向与左轴相反），如图 12-115 所示。

图 12-114　导入底图并绘制渐变效果矩形

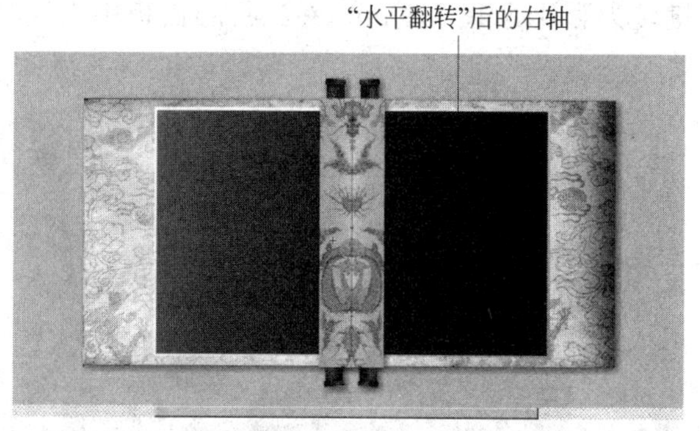

图 12-115　元件“左轴”和“右轴”的摆放位置

Step6：分别在“左轴”和“右轴”图层时间轴第 100 帧处插入关键帧，在“左轴”图层中移动元件“卷轴滚动”至龙纹底图左侧，在“右轴”图层中移动元件“卷轴滚动”至龙纹底图右侧，右键分别单击两个图层并【创建传统补间】动画。

Step7：在“底图”图层之上新建一图层 mask，在时间轴第 100 帧插入关键帧，选择矩形工具，填充色任意，描变色为“无”，绘制一个矩形，大小在左轴和右轴中间恰好盖住龙纹底图。右键单击 100 帧选择【复制帧】命令，回到第 1 帧右键单击选择【粘贴帧】命令，在属性面板修改其宽度为 1 像素，高度不变，右键单击 mask 图层时间轴，选择【创建形状补间】动画，右键单击 mask 图层选择【遮罩层】，该遮罩动画效果制作完成，如图 12-116 所示。

下面制作拖曳图片滑动效果。该效果用 AS 交互编程实现。需要用到的素材图片有《兰亭集序》长幅书法作品(唐 · 冯承素摹本)和一个拖动滑块小图标。

Step1：接上一步，在影片剪辑元件“兰亭集序 MC”编辑窗口中，新建图层“晋唐心印”，在第 100 帧处插入关键帧，导入《兰亭集序》书法作品素材图片，按 F8 键转为影片剪辑元件并命名为 menu，在【属性】面板中设置其实例名称为 picture；导入拖动滑块图片，按 F8 键转为影片剪辑元件并命名为 scrollBar，在【属性】面板中设置其实例名称为 d；用【线条工具】绘

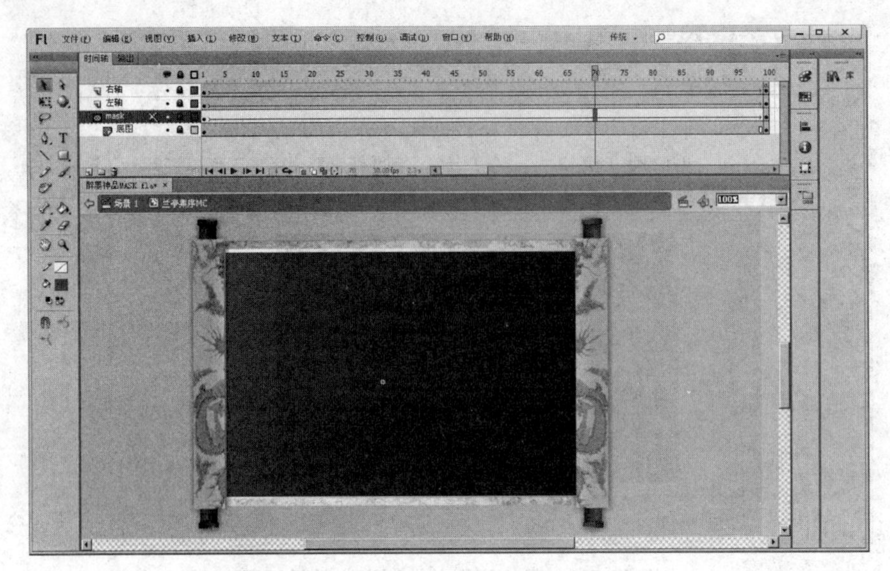

图 12-116 制作卷轴打开遮罩动画效果

制一水平横线,按 F8 键转为影片剪辑元件 line,在【属性】面板中设置其实例名称为 line,如图 12-117 所示。

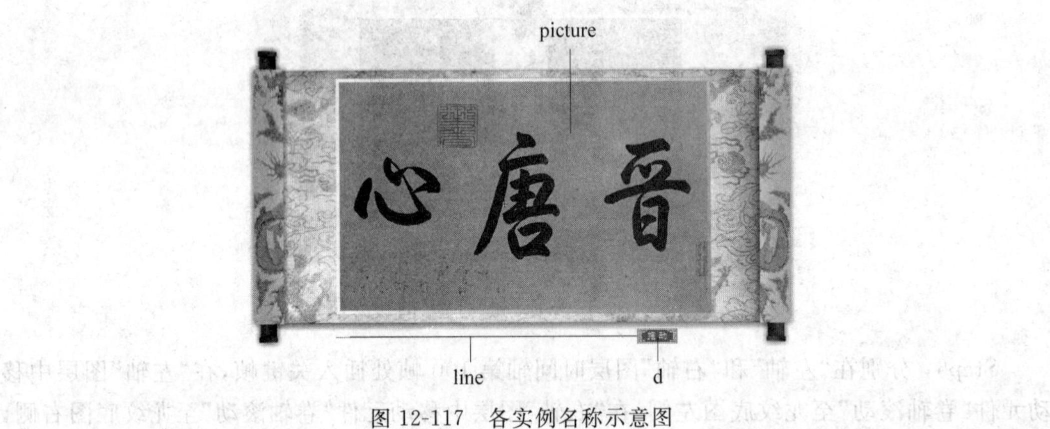

图 12-117 各实例名称示意图

Step2:新建图层 AS,在第 100 帧处插入关键帧,按 F9 键打开动作面板输入下列 AS 语句:

```
menu._x=900;
scrollBar._x=line._x;
var $maxLeft=line._x;
var $maxRight=line._x+line._width;
var $run=0;
var $friction=0.92;
var $speed=0.7;
var $oldXpos=$newXpos=scrollBar._x;
var $moveDist=0;
var $percent=0;
```

```
scrollBar.onPress=function() {
    $run=0;
    startDrag(this, false, $maxLeft, this._y, $maxRight, this._y);
};
scrollBar.onRelease=scrollBar.onReleaseOutside=function () {
    $run=1;
    stopDrag();
};
scrollBar.onEnterFrame=function() {
    $percent=(this._x-line._x)/line._width;
    pw.text=Math.round($percent*100);
    pw._x +=((scrollBar._x-pw._width/2)-pw._x)/10;
    $temp=-$percent*(menu._width-Stage.width);
    menu._x +=($temp-menu._x)/10;
    if ($run==0) {
        $oldXpos=$newXpos;
        $newXpos=this._x;
        $moveDist=($newXpos-$oldXpos)*$speed;
    } else if ($run==1) {
        $oldXpos=this._x;
        $newXpos=$oldXpos+$moveDist;
        if ($newXpos>=$maxRight) {
            $newXpos=$maxRight;
            $moveDist=-$moveDist;
        } else if ($maxLeft>=$newXpos) {
            $newXpos=$maxLeft;
            $moveDist=-$moveDist;
        }
        this._x=$newXpos;
        $moveDist=$moveDist*$friction;
    } else if ($run==2) {
        this._x=this._x+($moveDist-this._x)*0.1;
    }
};
for ($j=1; $j<=5; $j++) {
    this["pr"+$j].$p=this["pr"+$j]._name.slice(2);
    this["pr"+$j].onRelease=function() {
        $run=2;
        $moveDist=line._x+(this.$p-1)*(line._width/4);
    };
}
```

5. 兰亭图赏

该部分用图片集的方式展示兰亭景区的风光风貌,采用 Flash 电子相册技术来实现。

对于 Flash 电子相册的制作，有很多功能类似的软件可自动生成，如 Aneesoft Flash Gallery Classic，该软件使用简单但功能强大，可以把静态数码照片用生动有趣的 Flash 动画方式进行展现。软件内置了丰富精美的模版，无需具备专业的知识就可以轻松制作出专业效果的电子相册。制作好的电子相册可以导出为 SWF 格式的 Flash 动画，或者 EXE 格式的可执行程序，还可以导出为 HTML 格式的网页或者 SCR 格式的屏幕保护程序来使用。

6. 悠游兰亭

该部分构建了基于静态图像的 360°全景漫游系统，采用实景照片模拟出兰亭景区真实环境，把景点的平面布置与全景照片做成热点连接，可以从一个景点(全景照片)直接进入下一个景点，由于全景图具有较好的沉浸感以及立体感，只需要将所拍摄的图像拼接，就能够让人们实现身临其境的虚拟漫游。

制作基于静态图像的全景漫游动画主要分两个步骤。

第一步是拍摄照片素材并合成各个场景的全景图像；第二步是根据全景图像制作拥有交互功能的各个场景的 360°漫游动画。基于静态全景图的漫游动画可以直接使用 Flash 软件进行制作，也可以使用诸如 PixMaker、Pano2QTVR 以及其升级版 Pano2VR 等软件。值得一提的是，近年我国涌现出众多优秀的国产软件，如上海八倍公司出品的全景漫游者系列软件、北京中视典公司出品的 VRP 软件等，在漫游动画虚拟现实技术应用方面均有不俗的表现。

下面我们以兰亭“碑亭”景点的全景漫游制作为例说明，软件选用操作简便、功能强大的 Pano2VR 来实现。

(1) 照片素材的采集

首先，为兰亭景区的主要景点拍摄相应的照片素材，包括景区入口、兰亭碑亭、御碑亭、流觞亭、俯仰亭、曲水流觞、鹅池、乐池、王右军祠、兰亭瓷砚艺术博物馆等处。拍摄全景照片有条件的话最好采用专业摄器材三脚架和云台，没有专业设备使用高像素的单反数码相机亦可。

(2) 景区全景图的制作

将拍摄好的照片素材导入全景图制作软件中进行拼合处理。本例选用“造景师”软件，这是一款行业领先的专业三维全景拼接软件，可以快速生成球形全景图、立方体全景图。软件支持鱼眼照片和普通照片的全景拼合，另外支持批量拼合、HDR、全景图像明暗自动融合等功能。

如图 12-118 所示，是用“造景师”合成的“兰亭碑亭”景点的球形全景图。

(3) 制作 360°全景漫游动画

Step1：将全景图像载入 Pano2VR 中。

启动 Pano2VR 4.1.0，如图 12-119 所示，可以直接将全景图像从目录中拖放到 Pano2VR 界面的【输入】区域中，也可以单击【选择输入】按钮，再单击【输入】对话框中【全景图】后面的【打开】按钮，选择制作好的全景图像，可以设置输入图像的展示类型，默认选项为【自动】。

Step2：设置初始画面。

然后单击工作界面【显示参数】区中的【修改】按钮，打开【全景显示参数】对话框，可以直接拖移鼠标或滚动鼠标滚轮，设置全景图像在动画播放窗口中显示的初始画面，调节左侧参

图 12-118　兰亭景点球形全景图片

图 12-119　Pano2VR 中载入全景图像

数可限制视图摇移角度及缩放程度等，如图 12-120 所示。

Step3：输入用户数据。

单击【用户数据】区中的【修改】按钮，可以修改【用户数据】中的信息，如动画作品标题、作者、日期等，Pano2VR 4.1.0 在【用户数据】栏中还新增了全球定位的功能（如图 12-121 所示）。另外用户数据中的信息在后面的【皮肤】设置中可以进行调用。

Step4：定义交互热点。

交互热点或热区以及后面将提到的“皮肤”功能使得漫游动画也拥有了类似网页“链接”技术的无穷魅力，用户不仅可以观赏动画作品，还可以操作控制动画作品。例如在兰亭碑亭

图 12-120　确定动画播放的初始画面

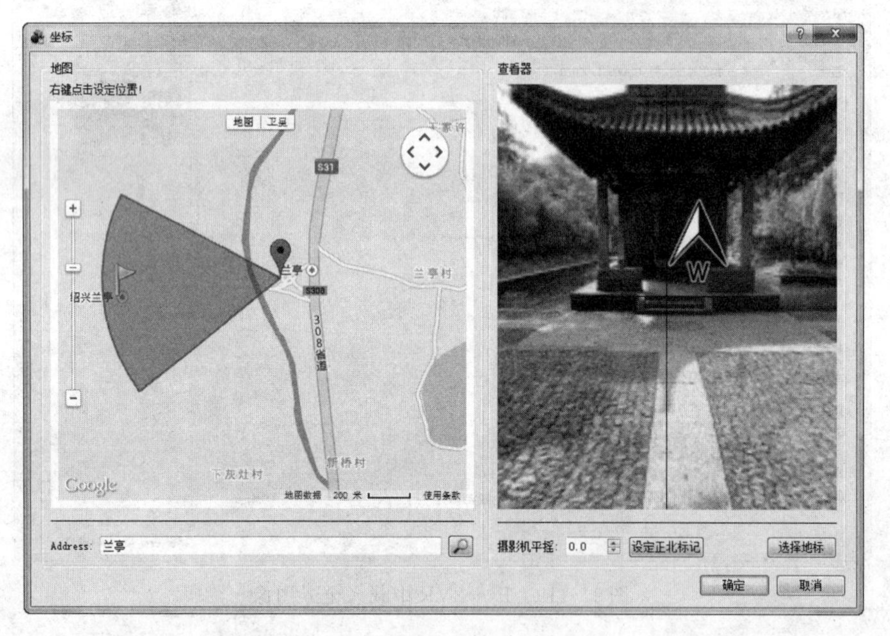

图 12-121　新增的全球定位功能

前设置一个热点，当鼠标移向此热点时，就显示“流觞亭”文本，单击则可以打开另一指定场景动画。

单击【交互热点】区中的【修改】按钮，打开对话框，鼠标拖移图像区至兰亭碑亭位置，双击即生成一新热点，填写热点的相关参数，如图 12-122 所示。

由图 12-122 可知，热点在漫游动画中默认显示为红色圆点，鼠标移上则显示文本，文本框大小在后面输出动画时可以设置，默认显示的圆点也可以由后面【皮肤】设置中的【皮肤ID】所代表的图形所替换，单击此热点，将打开相同路径下的 liushangting. swf 动画文件。

图 12-122 定义交互热点

（4）音频/媒体设置

Pano2VR 4.1.0 版本中左侧最下方是【媒体】设置区，在这儿可以添加音频或视频。Pano2VR 的声音设置也非常神奇，声音可随画面的摇移角度变化，让你有置身于真实空间的感觉。本场景动画我们暂时不作音频和视频设置。

（5）输出动画

单击软件界面右侧【输出】区域中【新输出格式】旁的下拉列表，选择 Flash 格式。然后单击右侧【增加】按钮，打开【Flash 输出】对话框，首先设置第一个选项卡【设定】中的相关参数，将动画作品窗口设置为 800px×600px，缩放为【无边框】或【精确适应大小】，为后续缩略地图定位做准备。开启自动旋转，并将速度设置为 0.1，单击【皮肤】下拉列表，选择其中一种系统样式 simple.ggsk，然后单击【输出】后的【打开】按钮，确定输出的动画文件存储路径及名称，默认动画作品与 Pano2VR 工程源文件存储在同一目录下，最后单击【确定】按钮，生成漫游动画作品，如图 12-123 所示。

打开生成的动画文件，预览漫游动画效果，然后关闭动画文件，单击图 12-123 中 Pano2VR 工作界面右侧【输出】区 Flash 中的【参数】按钮，再次打开【Flash 输出】对话框，继续设置相关参数。勾选【视觉效果】选项卡【过场效果】中的复选框开启穿越效果，选择一种过渡类型，修改过渡效果持续时间为 0.5 秒，这是设置整体动画作品中要用到的一个场景动画切换到另一个场景动画时的过场效果。在【高级设置】选项卡中，设置【热点文本框】宽度为 100px，高度自动适应文本内容。

（6）设置皮肤

Pano2VR 交互功能是由“热点”和“皮肤”完成的。预先使用 Photoshop 制作一幅尺寸为 280px×260px 的半透明的缩略地图以及一些作为按钮和地点标注按钮的 png 格式的图

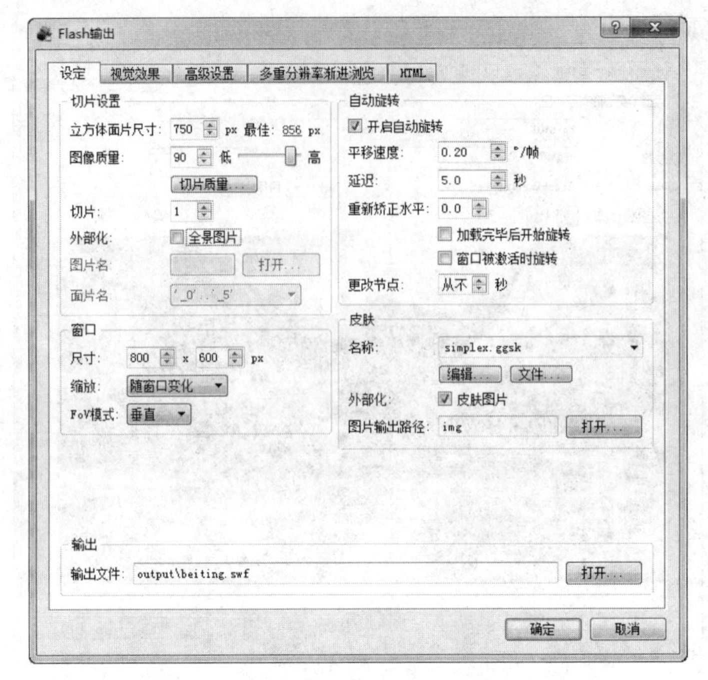

图 12-123 Flash 输出设置

形文件。准备的素材及最终皮肤效果如图 12-124 所示。

图 12-124 带“皮肤”效果的全景虚拟漫游动画

至此，一个景点的全景漫游动画便制作好了，其他景点的制作方法与此相同。

关于该全景虚拟漫游系统的几点说明如下。

(1) 程序文件的说明

① LantingVR. swf：加载 Vr. swf 播放器主文件。由于整个作品采用 AS 2.0 版本，而播放器主文件采用 AS 3.0 版本，所以采用 LantingVR. swf 加载 Vr. swf 的方法。

② Vr. swf：播放器主文件。

③ Config. xml：全景设置参数文件。

④ Map. swf：地图导航文件，存放于 Control 文件夹中，调用绘制的兰亭景区游览图文件 Map1. swf，该文件存放于 Img 文件夹中。

⑤ Thumb. swf：索引图导航文件，调用景区缩略图 PNG 格式小图片，存放于 Img 文件夹中。

⑥ Control 文件夹：放置“左”、“右”、“上”箭头 PNG 图片以及皮肤素材文件。

⑦ Img 文件夹：放置全景图片文件、缩略图文件、地图及热点小图标。

(2) 使用方法

本地可直接运行，网页上嵌入 Flash 需要设置 Vr. swf、Config. xml 的路径，可以使用相对路径，如 * / * /config. xml。

(3) 使用地图导航和场景切换

使用地图需要在 config. xml 里设置 map 标签内容，地图的宽度、高度以及位置都可以自定义。

① 使用转场动画：在 hotspot 里设置 transition 和 transitionFile 以及 pan 值。

② Transition：场景之间的转场效果，可缺省。值有三种，分别是 movie—转场动画、camera—摄像机推拉摇移效果、no—无转场效果。

③ TransitionFile：转场动画文件。当转场为动画(transition 值为 movie 时)必须设置参数，不可缺省，其他情况可缺省。

12.1.8 作品整合与发布

Flash 交互多媒体设计内容繁多、结构复杂，初学者往往会感到无从下手。因此，树立科学的设计思想和掌握科学的设计方法是交互媒制作成功的关键所在。

对于复杂交互媒体的设计可采用计算机程序设计结构化、模块化的方法。它的主要思想是把要解决的问题自上而下逐步细化、模块化、化大为小，分而治之。交互媒体设计从某一方面讲和程序设计是一样的，如果我们将程序设计的思想融入到交互媒体的制作中，并找到它们恰当的结合点，势必会收到事半功倍的效果。因此，在设计制作交互媒体时，要先设计交互媒体的脚本，并且在脚本的设计阶段就应用模块化程序设计的思想进行设计。

根据交互媒体设计的内容先将作品分成若干个大的模块，然后再将每一个模块分成若干个小的模块。为了便于开发和调试，在设计开始之前，尽量使大模块同其下面的小模块保持结构一致，包括外部文件的命名、变量名的定义、图标名称、层的名称的定义等，并设计好各模块之间的衔接，这样才能使用户根据自己的要求在各模块间任意跳转。

下面以本案例说明作品的整合方法。

1. 作品文件架构说明

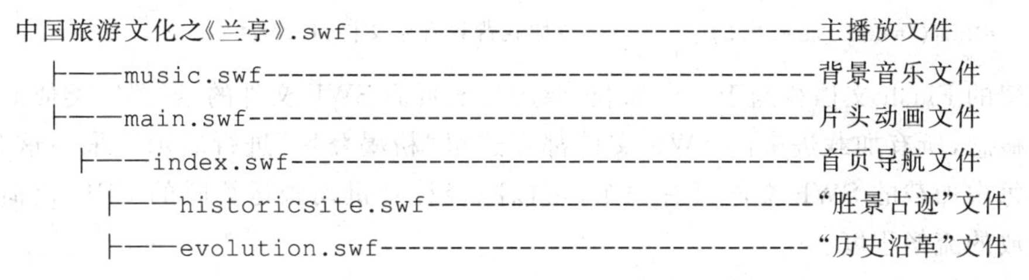
中国旅游文化之《兰亭》.swf--------------------------------主播放文件
  ├——music.swf---------------------------------------背景音乐文件
  ├——main.swf--片头动画文件
    ├——index.swf-------------------------------------首页导航文件
      ├——historicsite.swf---------------------------“胜景古迹”文件
      ├——evolution.swf------------------------------“历史沿革”文件

```
    ├——calligraphy.swf------------------------------“书法圣地”文件
    ├——plan.swf-------------------------------------“旅游规划”文件
    ├——preview.swf----------------------------------“兰亭图赏”文件
    ├—— lantingVR.swf-------------------------------“悠游兰亭”文件
      ├——vr.swf-------------------------------------“兰亭景区虚拟旅游”播放文件
    ├—— config.xml----------------------------------虚拟导游系统 XML 配置文件
control---------------------------放置虚拟导游方向箭头图片以及皮肤素材文件
img-------------------------------放置全景图片文件、缩略图文件、地图及热点小图标
txt-------------------------------放置调用的文本文件
MP3-------------------------------放置背景音乐文件
Gallery1------------------------- 放置“悠游兰亭”景观图片
Gallery2------------------------- 放置“悠游兰亭”景观图片
Gallery3------------------------- 放置“悠游兰亭”景观图片
```

2. SWF 文件的加载和调用

整个作品通过独立 SWF 文件相互加载和调用整合在一起，采用 loadMovieNum();函数来实现。

```
loadMovieNum();函数详解
```

用法：

```
loadMovieNum("url",level[, variables])
```

功能：在 SWF 文件加载到 Flash Player 中的某个级别。

参数：该函数有三个参数，分别是 url、level、variables。variables 是可选参数。

参数 url：加载 SWF 文件的绝对或相对 URL(路径)。

参数 level：一个整数，指定 SWF 文件将加载到 Flash Player 中的哪个级别。需要说明的是，每个级别只能同时存在一个 SWF 文件。如果两个 SWF 文件的级别相同，那么后者将替换掉前者。级别不同的_level，级别大的将覆盖掉级别小的，即数字大的将处于数字小的之上。注意：如果将 SWF 文件加载到级别 0，则 Flash Player 中的每个级别均被卸载，并且级别 0 将替换为该新文件。

下面介绍案例作品文件调用的具体操作方法。

(1) 创建播放文件，加载片头动画及首页文件

新建一个 Flash 文档，舞台大小设为 1024×575 像素，背景颜色为黑色，帧频 FPS 设为 30，命名为“中国旅游文化之《兰亭》.fla”。如图 12-125 所示，在图层 1 第 1 帧输入 AS 语句：

```
loadMovieNum("main.swf",1)          //加载片头动画文件,层级为 1
loadMovieNum("music.swf",2)         //加载背景音乐文件,层级为 2
```

这里新建的 Flash 文档相当于一个加载、调用其他页面 SWF 文件的“容器”，类似 Flash 中“舞台”的概念，所有加载进来的 SWF 文件都在这里“粉墨登场”进行展示。采用这个方法的好处是每次加载的 SWF 文件只有一个，可以减轻计算机动画运算时的 CPU 负荷，能保证动画播放的流畅程度。

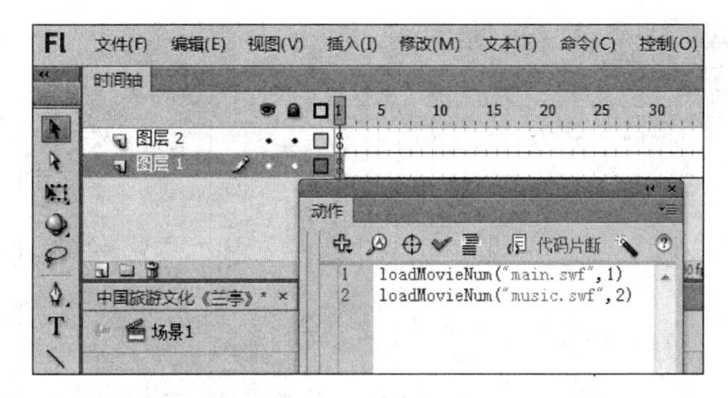

图 12-125 设置 AS 语句载入 SWF 文件

打开片头动画源文件 main. fla，选中【首页】按钮按 F9 键打开动作面板，如图 12-126 所示，输入如下 AS 语句：

```
on (release) {
    loadMovieNum("index.swf",1);    //加载首页导航文件,层级为 1
}
```

该段 AS 代码实现的功能是“单击按钮加载首页文件”，并替换掉片头动画文件，因为两个 SWF 文件加载的位置层级都处在“容器”文件“1”的层级，所以后加载的文件便替换同一层级的当前文件。

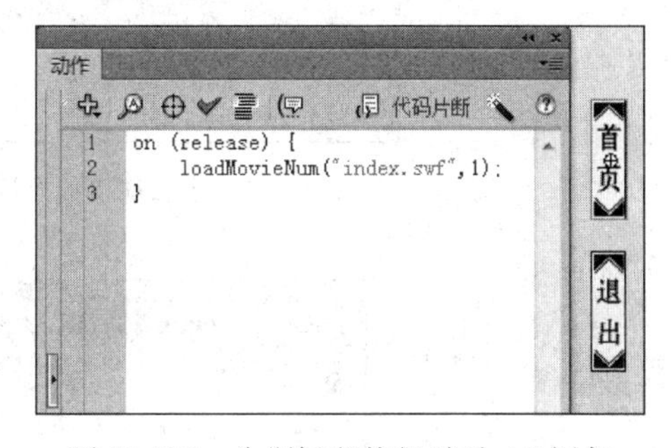

图 12-126 为“首页”按钮赋予 AS 语句

(2) 首页文件加载二级页面文件

打开首页源文件 index. fla，以调用“胜景古迹”文件为例，如图 12-127 所示，在导航菜单按钮上输入以下 AS 语句：

```
on (release) {
    loadMovieNum("historicsite.swf",1);  //调用“胜境古迹”文件,并替换首页文件
}
```

打开“胜境古迹”源文件 historicsite. fla，如图 12-128 所示，在【返】字按钮上输入以下 AS 语句：

```
on (release){
    loadMovieNum("index.swf",1);          //重新加载首页文件,替换当前的 SWF 文件
}
```

3. SWF 文件内部时间轴跳转

与外部 SWF 文件加载与调用不同，在二级页面 SWF 文件内部通过为交互按钮赋予“nextFrame();/preFrame();函数”，实现时间轴跳转的“翻页”功能。

打开“胜境古迹”源文件 historicsite. fla，如图 12-129 所示，在翻页按钮上赋予 AS 语句。其中【上一页】按钮赋予 on (release){prevFrame();}，【下一页】按钮赋予 on (release){nextFrame();}。

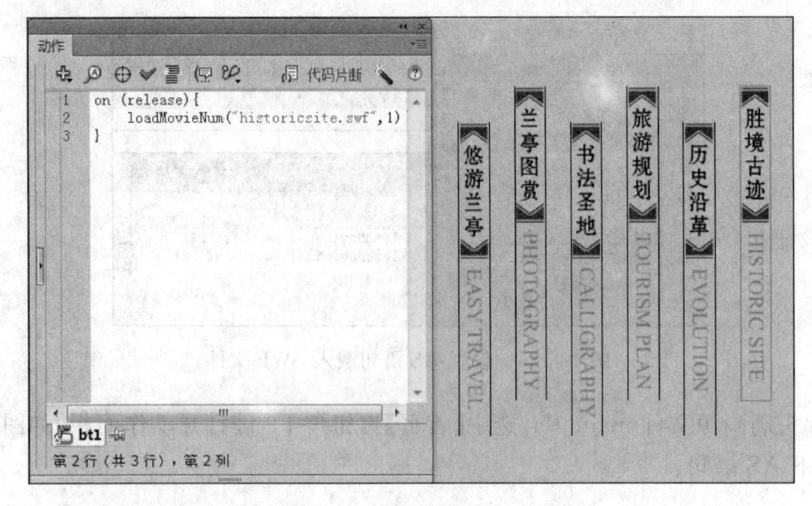

图 12-127　为导航菜单赋予 AS 语句

图 12-128　为【返回】按钮赋予 AS 语句

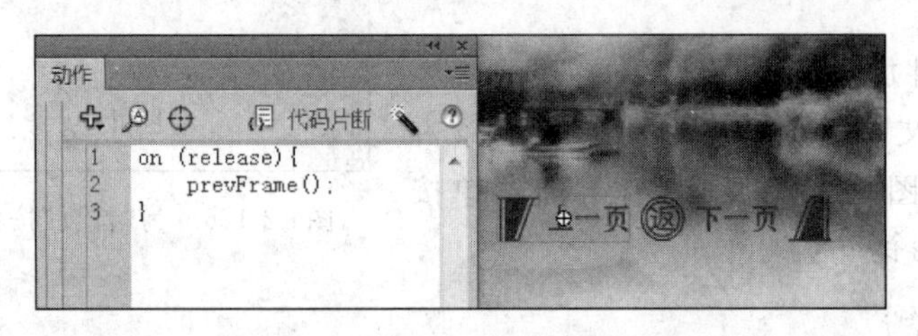

图 12-129　为【上一页】按钮赋予 AS 语句

最后，创建主播放 SWF 文件的可执行 EXE 文件。用 Flash CS6 自带的播放器 Flash Player 打开"中国旅游文化之《兰亭》. swf"文件，选择【文件】|【创建播放器】命令，在弹出的【另存为】对话框中，输入文件名称"中国旅游文化之《兰亭》"，单击【保存】按钮。

12.2　传统文化交互动画《王羲之书法艺术》

12.2.1　案例背景分析

该案例作品与《中国旅游文化之"兰亭"》互相呼应，在设计风格上一脉相承，可以说互为姊妹篇。在教育部第十二届全国多媒体课件大赛上，该作品获得高教文科组二等奖和"最佳艺术效果"单项奖。

书法是中国古老而独特的传统文化艺术形式，是中国文化的一个特有载体。古往今来，书家辈出，风格各异。有的雄健傲岸，气势豪放；有的温婉俏丽，文质彬彬；有的长枪大戟，威风八面；有的流畅豁达，天马行空。通过不同流派、不同风格的书法作品，可以感受到中华民族源远流长的文化脉络，可从中领略其精神风度、心灵意境、生活情趣与审美追求。纵观璨若星辰的书史长河，名家辈出，而“书圣”王羲之无疑是其中最闪亮的一颗。东晋书法家王羲之被后人尊为“书圣”，他一变汉魏质朴书风，开晋后妍美劲健之体，创楷、行、草之典范，代表作品《兰亭序》被誉为“天下第一行书”，千百年来倾倒了无数习书者。

为了弘扬王羲之的书法艺术，交互多媒体动画《王羲之书法艺术》着重对其主要代表作品以及书法艺术成就进行梳理和介绍。

12.2.2 创意与构思

王羲之的书法艺术处处闪耀着璀璨的光芒。本作品着重介绍王羲之作品及其书法艺术对后世的影响，辅之以王羲之生平简介、兰亭轶事、代表作品临摹视频等内容。

具体栏目如下。

(1) 千古书圣：详细介绍了王羲之的生平传记、书法风格及其对后世的影响。在此，主要介绍王羲之的生平简介，而其对后世的影响则在后面“晋韵流衍”一节中详细叙述。

(2) 神乎其技：重点赏析、品鉴王羲之的代表书法作品，精选作品包括“快雪时晴帖”、“平安三帖”和“其他代表作品”。此处利用动画特效进行展示，并设置“缩放工具栏”能对作品放大和缩小，能近距离感受千百年前的纸香墨韵。

(3) 兰亭传奇：共分“曲水流觞”、“兰亭集序”、“兰亭八柱”、“计赚兰亭”、“落水兰亭”、“画说兰亭”6 小部分。在介绍历史典故与轶事的同时，还可以欣赏王羲之书法艺术作品的碑帖、摹本等，有利于增强观者学习的趣味性。

(4) 晋韵流衍：这一节详细叙述了王羲之的书法艺术成就及其对后世的影响，以及历代著名书法家对《兰亭集序》的临摹与仿效，不仅可以对王羲之的成就与影响进行深入的了解，还可以欣赏后世书法家临摹的王羲之书法作品。

(5) 手摹心临：这一节通过视频演示，向学习者直观地展示临摹王羲之书法作品的用笔、章法、布局、结构等相关知识与要领，为书法学习与爱好者展示临帖的要素与技巧。

12.2.3 作品交互结构规划

《王羲之书法艺术》作品交互结构流程图如图 12-130 所示。

12.2.4 作品效果截图

图 12-131 为作品的片头动画，充盈着传统的中国元素风格，色调采用传统的中国红与明黄搭配，使冰冷的信息技术透出深厚的文化底蕴。开场动画采用遮罩动画技术，王羲之代表作《兰亭序》在古书册页中闪现滑过，随之古书收起，翻转由远及近，这一 3D 翻转效果先由 3ds Max 制作，后期导入静态序列图片至 Flash 中逐帧绘制完成。标题行书“王羲之书法”与刻有“艺术”两字的印章，彰显了书法艺术和篆刻艺术之间和谐统一的关系。背景中的青山远黛、流水兰亭逐渐显现，画面将泼墨山水和工笔白描(王羲之画像)和谐地统一起来。在动画的配乐上，悠扬的古筝音乐贯穿始终，用轻柔的音色和节奏衬托悠远静默的古典特色和韵味。

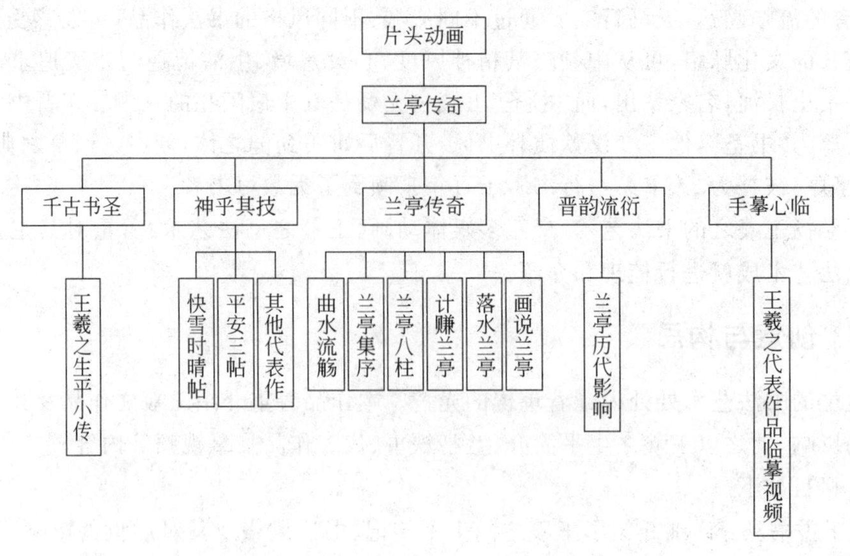

图 12-130 《王羲之书法艺术》作品交互结构流程图

图 12-131 《王羲之书法艺术》片头动画

图 12-132 为作品主界面，设计上力图营造出钟灵毓秀的魏晋风貌。画面纸质泛黄，传达着一份来自远古的宁静。“书圣”王羲之席地而坐，于依依柳荫之下开卷、冥想。他时而眨眼，时而翻书，我们似乎能听到纸张翻动时发出的窸窣声响。垂柳轻拂，不见微风。悦时冥想，乏时假寐，惬意无比。纸上兰花微扬，暗香浮动，让本有古板之感的书籍顿时充满灵动之气。5 个导航菜单由阴文碑帖演变而来，古朴精美。菜单底稿则采用古典白底红框的手札信笺形式，将中国古典元素运用得淋漓尽致。

12.2.5 片头动画的设计与制作

片头动画的制作涉及的主要知识点有：

(1) 线装古书 3D 建模与翻转动画的制作；

图 12-132　《王羲之书法艺术》主界面

(2) 逐帧翻书动画制作；

(3)《兰亭序》遮罩动画效果制作；

(4) 标题书法字体及印章的制作；

(5) 时间轴动画的编排与设置。

1. 线装古书3D建模及翻转动画的制作

线装书出现于公元14世纪的明朝中叶，是我国装订技术史上第一次将零散页张集中起来，用订线方式穿联成册的装订方法。它的出现表明我国的装订技术进入了一个新的阶段。线装是中国传统书籍的册页制度中最为完整的书籍形式，也是古代书籍装帧技术发展最富代表性的阶段，成为我国独有的装帧艺术形式，具有强烈的民族风格。

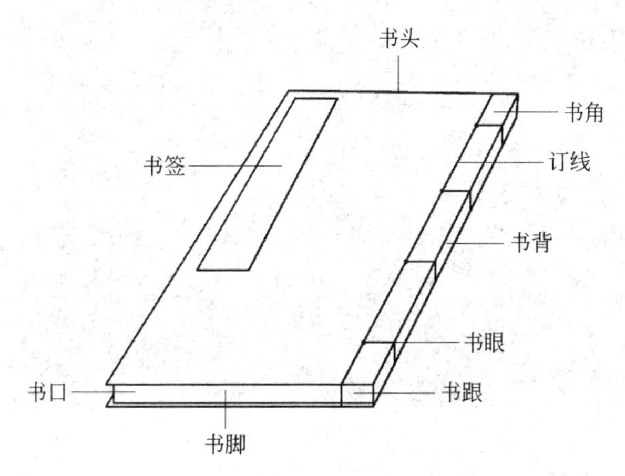

图 12-133　线装书结构示意图

下面介绍线状古书的3D建模过程。

(1) 启动3ds Max 8.0，单击【创建】面板，选择【图形】工具中的【矩形】和【圆】工具，设置矩形长度为260mm、宽度为185mm、圆形半径为1.2mm，在【前】视图窗口绘制如图12-134所示的图形。

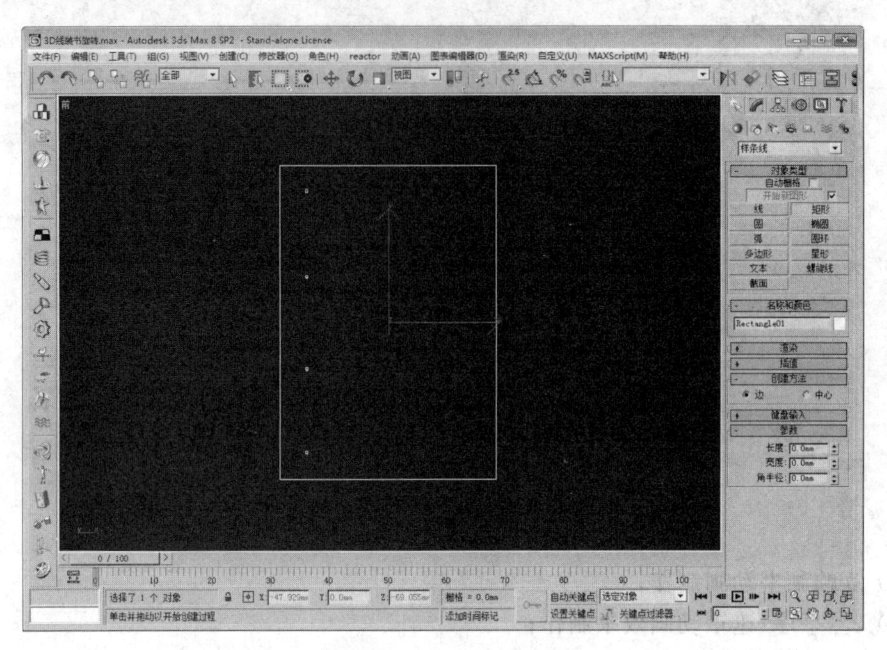

图 12-134 二维线绘制书体

(2) 单击【修改】面板，为所绘制书体图形添加修改器【挤出】命令，数量为 20mm，分段数为 1，将二维线图形转为三维物体，如图 12-135 所示。

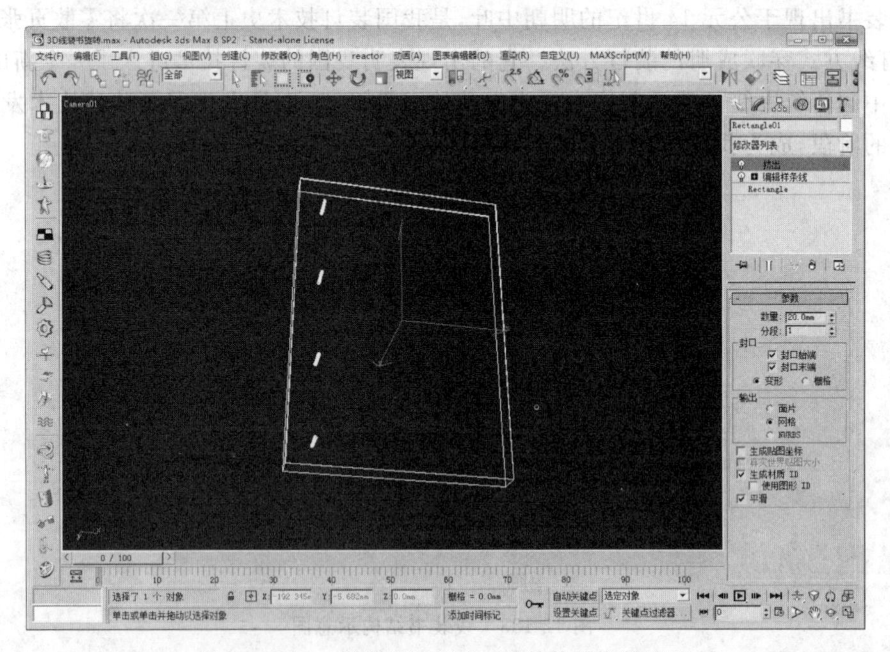

图 12-135 二维线“挤压”成三维物体的参数设置

(3) 切换至【左】视图窗口，选择【矩形工具】，在所创建的书籍物体左侧绘制一个矩形，在修改器列表中选择【编辑样条线】命令，单击【顶点】层级，设置【圆角】参数为 0.5mm，将矩形转为圆角矩形，如图 12-136 所示。

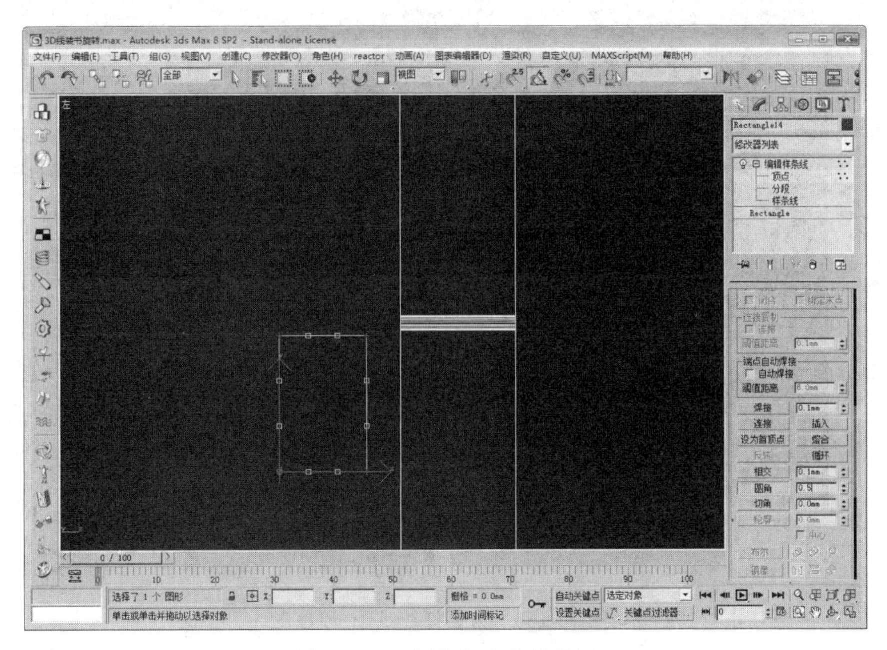

图 12-136　圆角矩形参数设置

(4) 用【选择并移动】工具调整矩形的 4 个顶点，大小如图 12-137 所示，作为书籍装订穿线。

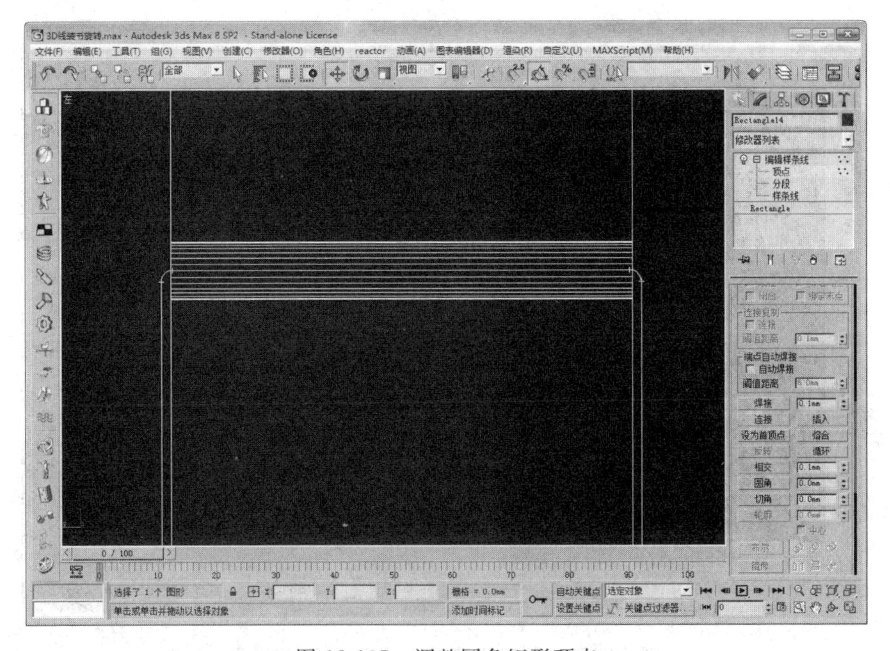

图 12-137　调整圆角矩形顶点

(5) 在堆栈中单击矩形 Retangle 层级，在【渲染】面板中勾选【在渲染中启用】和【在视口中启用】两个选项，使穿线显示 1.0mm 的厚度，如图 12-138 所示。

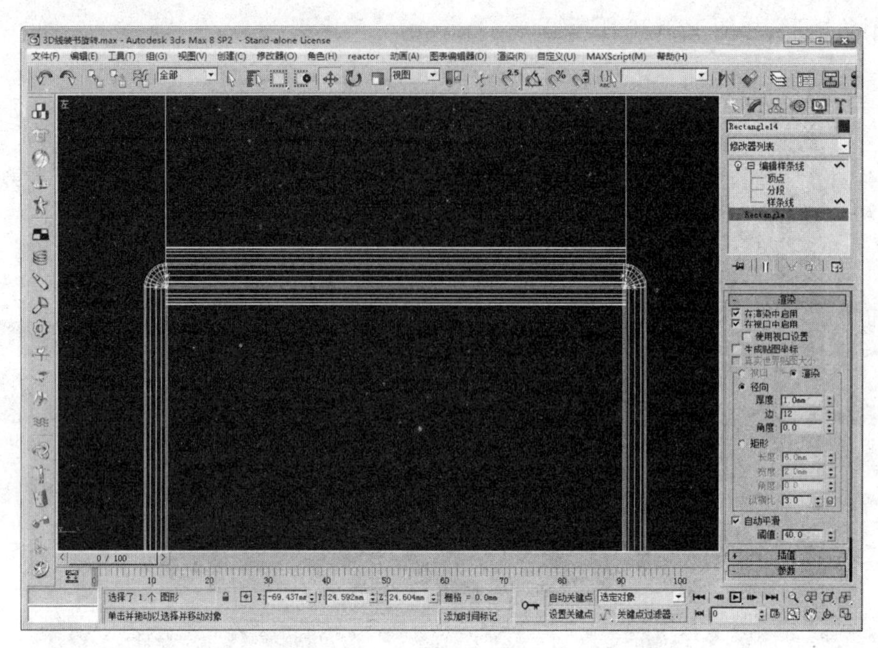

图 12-138　为装订线赋予“厚度”

(6) 按照同样的方法制作其他部分装订穿线(也可通过复制步骤(5)创建的“穿线”物体来获得)。用标准基本体的【长方体】工具,创建三个厚度为 0.2mm 的长方体作为书籍书签、封面及封底,如图 12-139 所示。

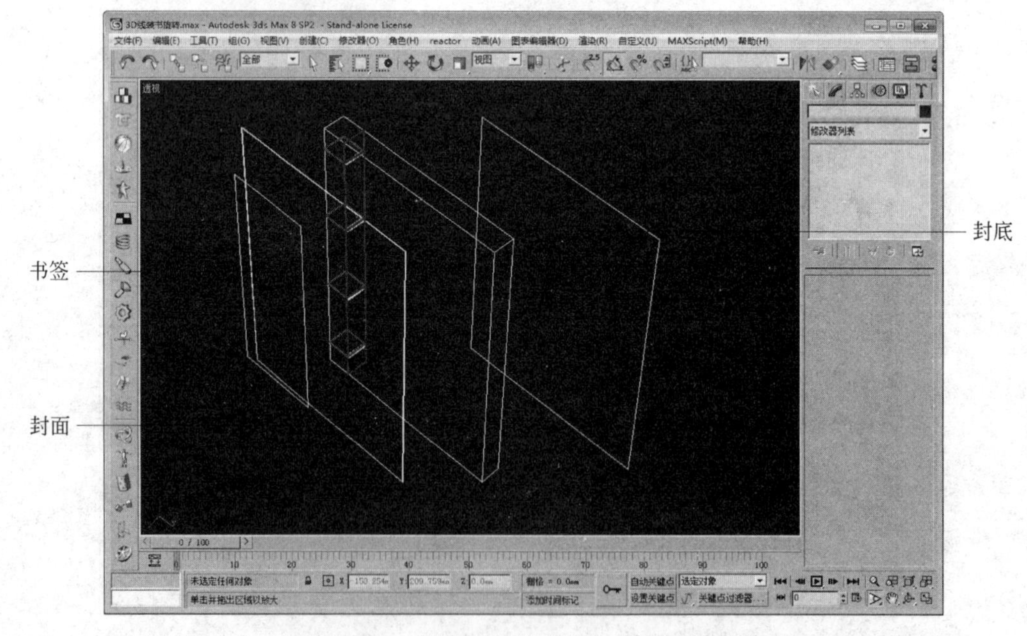

图 12-139　创建线装书的书签、封面及封底

(7) 使用【选择并移动】|【对齐】等工具,将各个部分组合成完整的线装书,如图 12-140 所示。最终渲染效果如图 12-141 所示。

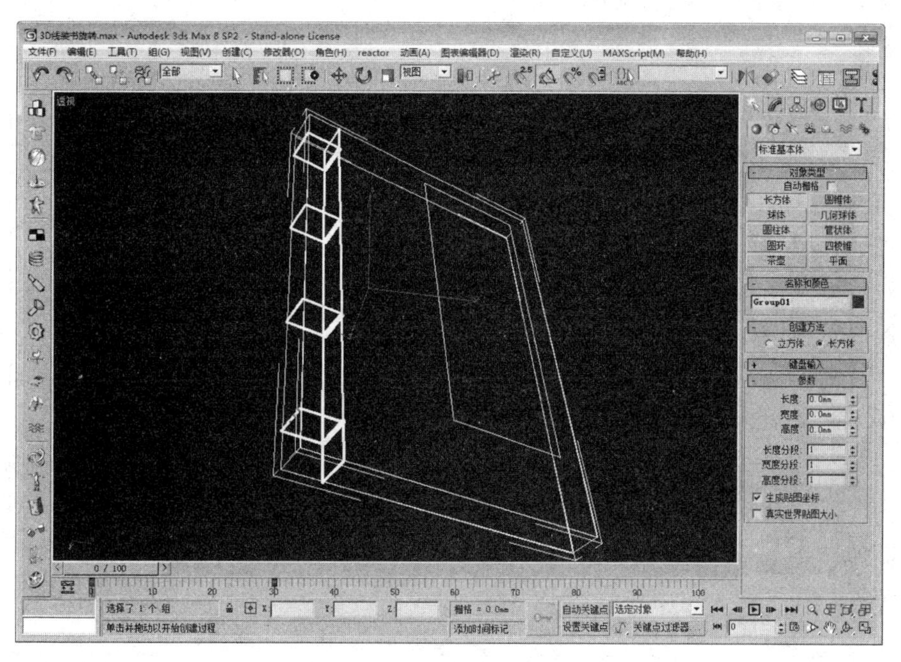

图 12-140　组合成完整线装书

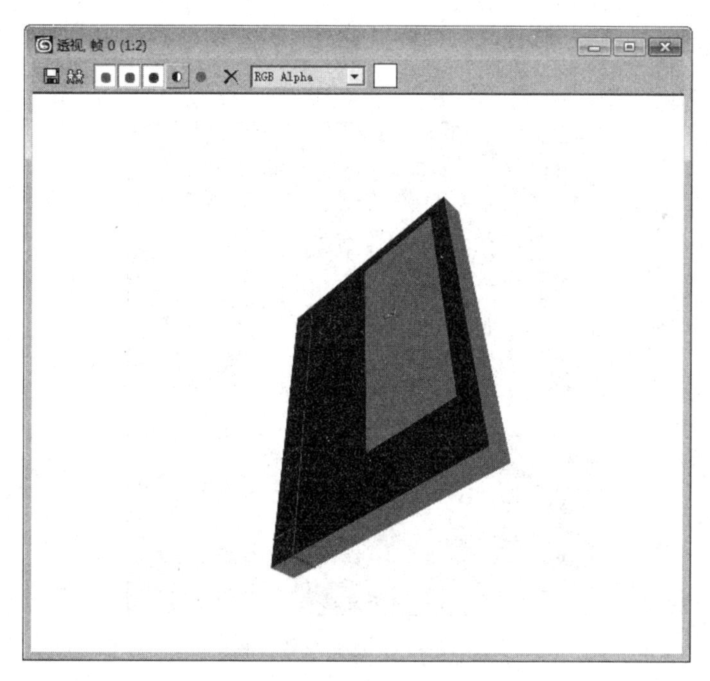

图 12-141　线装书渲染效果

下面制作线装书翻转动画。

(1) 单击控制面板中的【创建】按钮，再单击【摄像机】按钮，在对象类型选项中单击【目标】按钮，在顶视图中创建一个目标摄像机，并调整好角度，参数及位置摆放如图 12-142 所示。

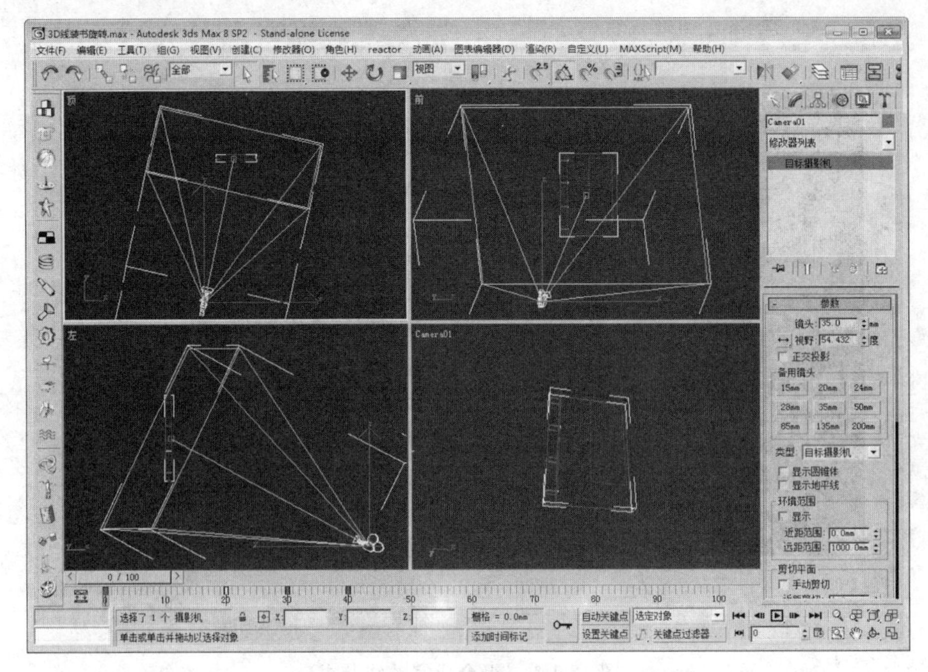

图 12-142　创建目标摄像机

(2) 单击时间轴动画控制区的【时间配置】按钮，设置动画播放时间和帧率，如图 12-143 所示。

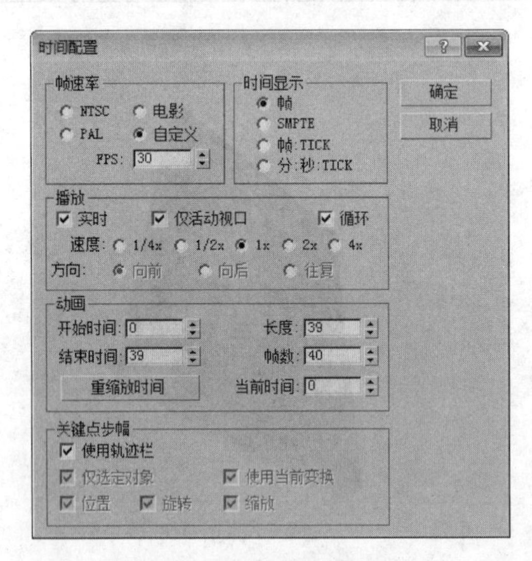

图 12-143　动画参数设置

(3) 选中【自动关键点】按钮，打开时间轴动画自动记录功能。分别在第 20、30、40 帧设置关键点，选中第 20 帧，用【选择并旋转】工具将书籍旋转一定角度，用【选择并移动】工具将摄像机沿 Y 轴向上移动一定距离，如图 12-144 所示。在旋转物体和移动摄像机的过程中，要注意观察 Camera 视图窗口中线装书物体的实时效果，并即时调整旋转角度和移动距离。

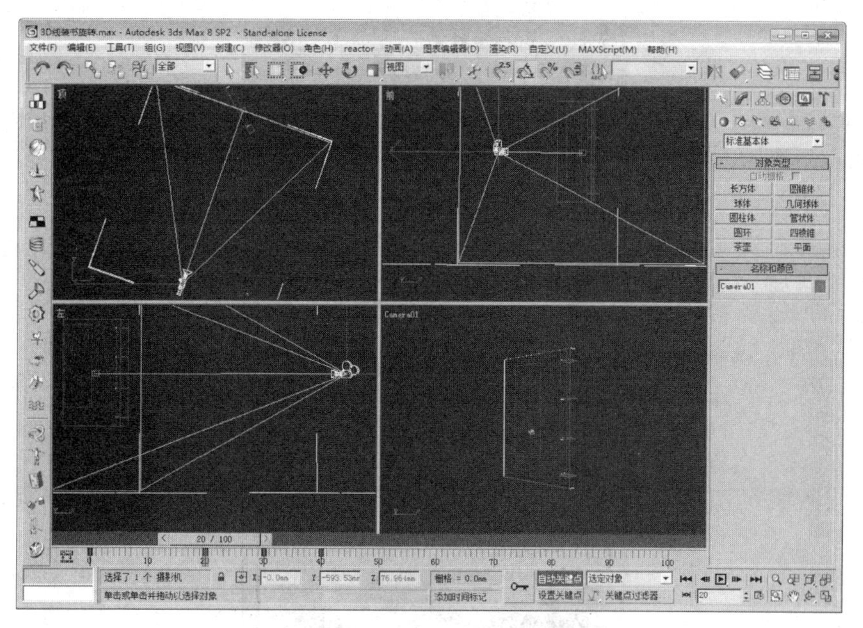

图 12-144　垂直移动摄像机

(4) 继续选中时间轴第 30、40 帧，旋转线装书物体和移动摄像机位置，形成连贯的动画运动轨迹，如图 12-145 所示。

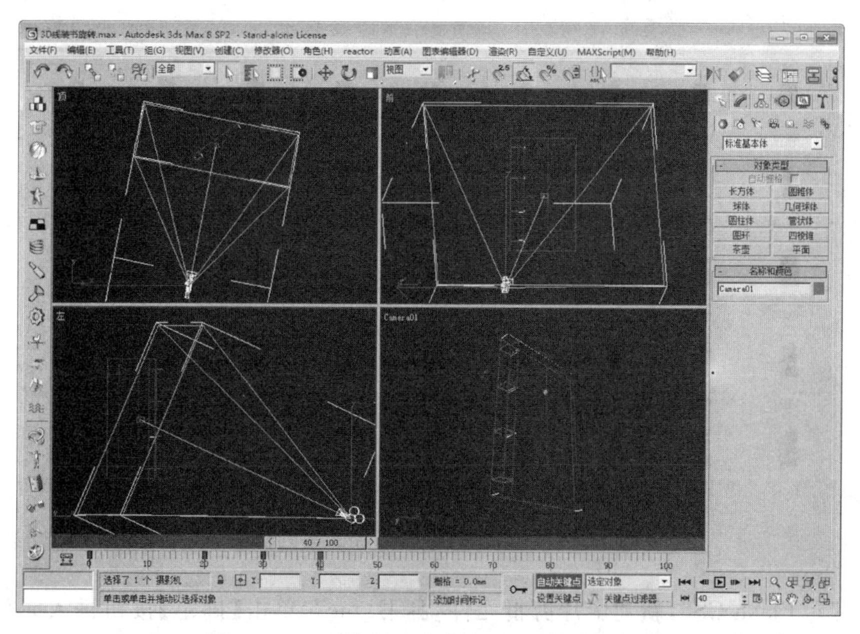

图 12-145　摄像机与书籍在动画关键帧位置

(5) 单击【渲染场景】快捷按钮，展开【公用】栏面板，设置渲染动画帧数以及渲染文件的输出存储位置，并选择渲染帧保存为 PNG 格式文件，如图 12-146 所示。

(6) 最后，按 F10 键，单击【渲染】按钮，开始动画渲染，导出序列 PNG 格式图片，如图 12-147 所示。

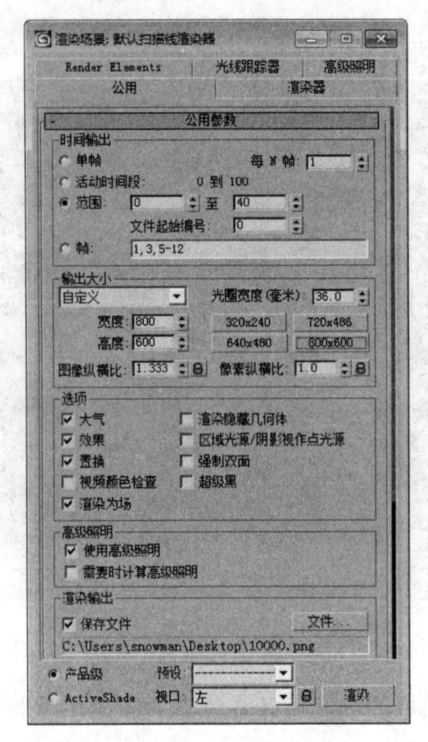

图 12-146 动画渲染参数设置

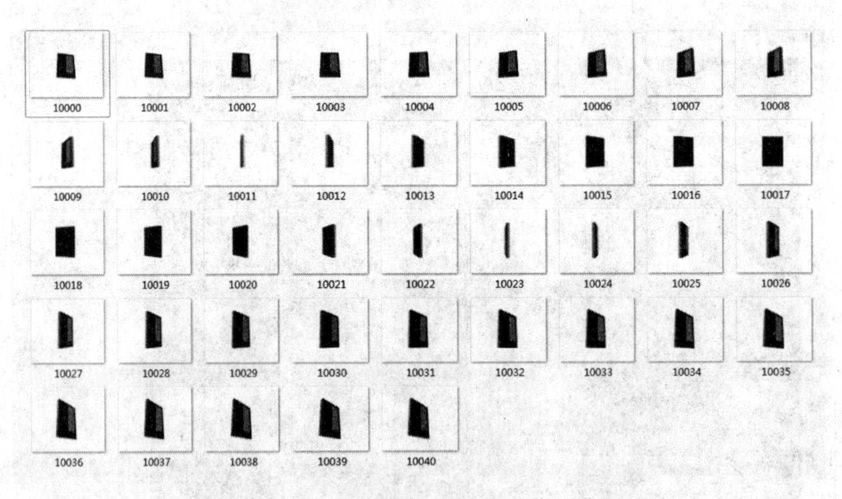

图 12-147 输出静态 PNG 格式序列位图

(7) 打开 Flash CS6,新建影片剪辑元件“翻书_mc”,单击【确定】按钮进入元件编辑窗口,按 Ctrl+R 键导入线装书序列 PNG 格式图片,如图 12-148 所示。

(8) 新建一个图层并单击锁定图层 1,在新建图层上参照图层 1 中的各关键帧内容,用【钢笔工具】和【线条工具】逐帧绘制线装书,将位图绘制成矢量图形,并填充线性渐变效果;新建三个图层,导入文字、标题、标题衬底等素材图片并【创建传统补间】动画,最终效果如图 12-149 所示。

图 12-148　导入线装书序列位图

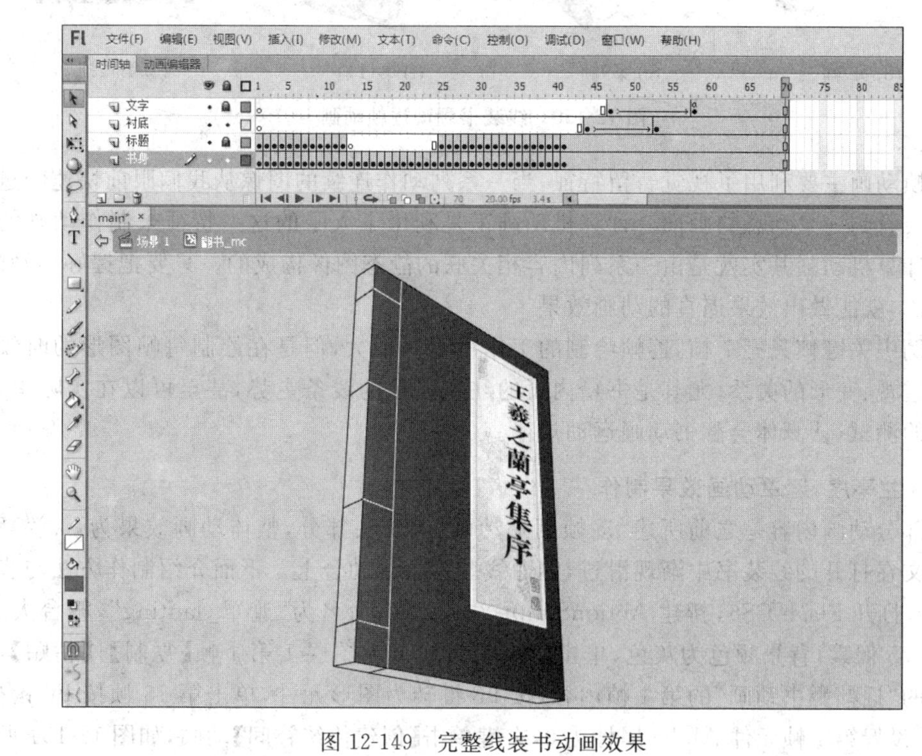

图 12-149　完整线装书动画效果

2. 逐帧翻书动画制作

打开 Flash CS6，新建影片剪辑元件“翻书_mv”，单击【确定】按钮进入元件编辑窗口，新建 10 个图层，利用【钢笔工具】、【线条工具】、【油漆桶工具】分别绘制逐帧动画内容。第 1、3、5、7、9、11、12 帧的动画内容分别如图 12-150 所示。

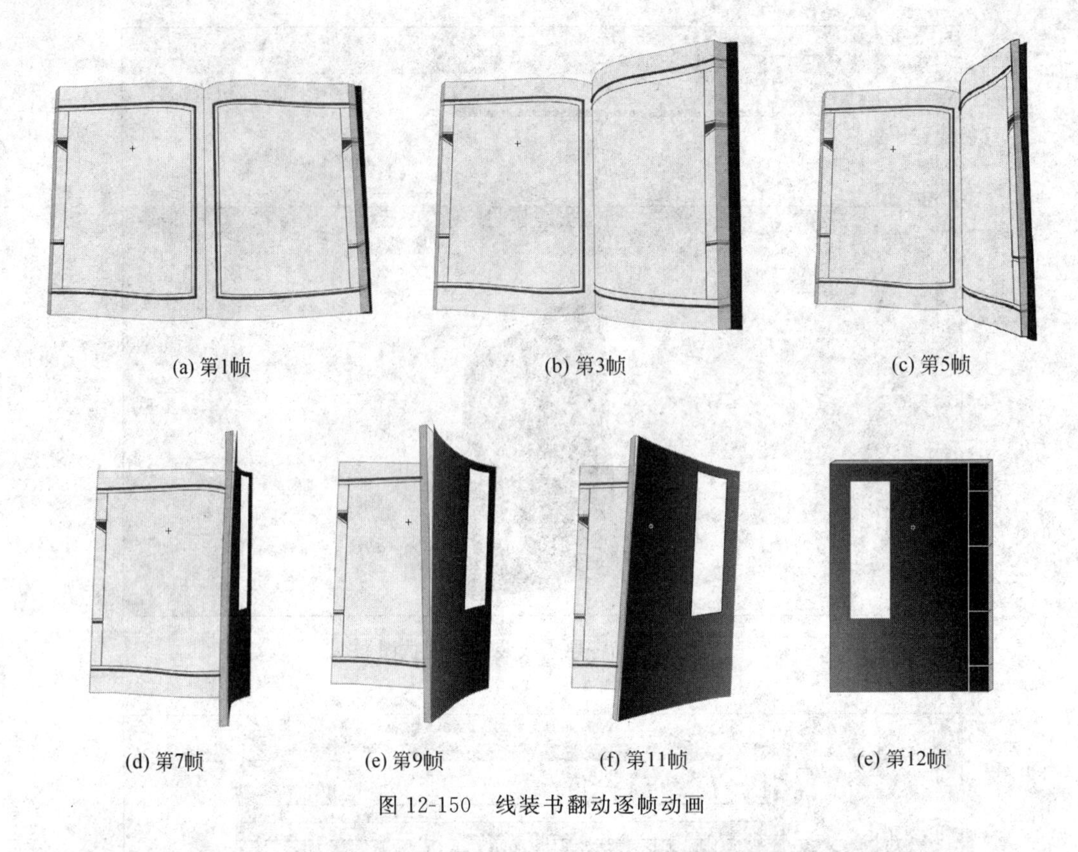

(a) 第1帧　(b) 第3帧　(c) 第5帧

(d) 第7帧　(e) 第9帧　(f) 第11帧　(e) 第12帧

图 12-150　线装书翻动逐帧动画

逐帧动画主要利用了视觉暂留特征，当一系列动作连续的图像从我们眼前快速经过时，我们就会看到一个动态的画面。计算机动画正是利用了人眼的这一特征来制作动画的，也就是说计算机动画其实就是由一系列内容相关联的静态图像构成的。只要把握好动画的原理和规律，就能做出效果逼真的动画效果。

本例中关键帧只有7帧，逐帧绘制的工作量不是很大，但是在绘制每帧图形的时候，要处理好透视、变形的关系，尤其是书籍内页的红色线框的线条走势，甚至可以在实际中亲手做翻书的测试，认真体会翻书动画运动规律。

3.《兰亭序》遮罩动画效果制作

该部分动画内容是之前所述"逐帧翻书动画"的开头部分，整体动画效果为：《兰亭序》书法原文在打开的线装书中渐现滑过，继而线装古书翻动合上。下面介绍制作方法与步骤。

(1) 打开 Flash CS6，新建 ActionScript 2.0 文件，命名为"遮罩_lanting"，舞台大小为1024×575像素，背景颜色为灰色，单击【确定】按钮。在图层1第1帧【复制】|【粘贴】前一节制作的"逐帧翻书动画"的第1帧内容，按F8键转为图形元件，单击第13帧按F6键插入关键帧，设置第1帧元件Alpha属性为0，右键单击【创建传统补间】动画，如图12-151所示。

(2) 插入新建图层"王羲之"，按Ctrl+R键导入王羲之画像素材图片，按F8键转为图形元件，并制作渐变传统补间动画效果，如图12-152所示。

(3) 插入新建图层MASK，选择【钢笔工具】沿着古书右页红色线框内侧绘制如图12-153所示的黑色图形，作为遮罩形状。

插入新建图层"兰亭序"，单击第13帧按F6键插入关键帧，按Ctrl+R键导入《兰亭序》

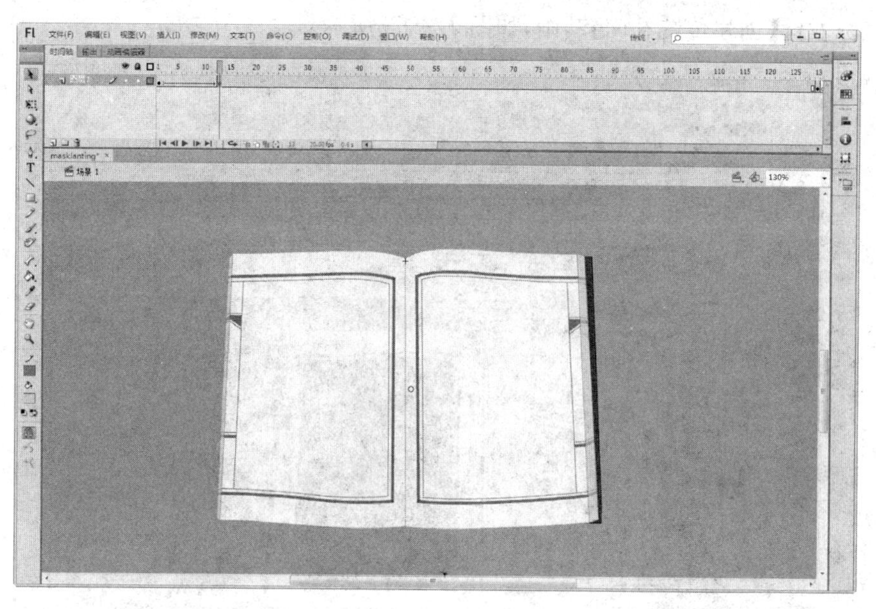

图 12-151 制作线装书渐变动画

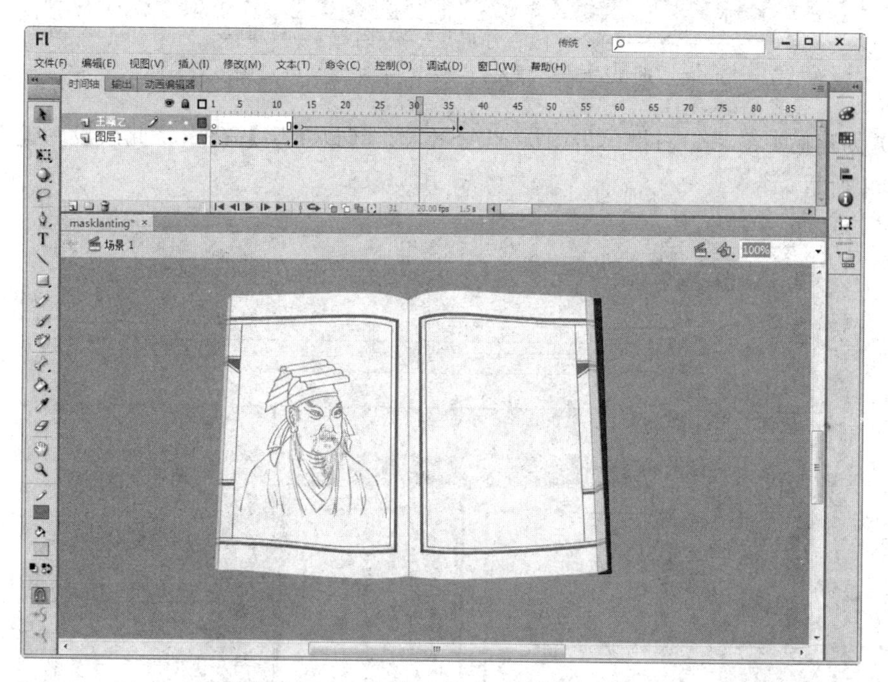

图 12-152 制作王羲之画像渐变动画

书法作品矢量图形，按 F8 键转为图形元件，单击第 37 帧按 F6 键插入关键帧，并将元件水平向右移动适当距离，返回第 13 帧，将图形元件 Alpha 值设为 0，单击鼠标右键【创建传统补间】动画。单击第 108 帧按 F6 键插入关键帧，继续向右移动图形元件位置，单击 130 帧按 F6 键插入关键帧，将图形元件的 Alpha 值设为 0，单击鼠标右键【创建传统补间】动画。

(4) 插入新建图层“王羲之”，在第 13 帧插入关键帧并导入王羲之画像素材图片，按 F8 键转为图形元件，在第 37 帧插入关键帧，返回第 13 帧，将王羲之画像元件的 Alpha 值设为

0,单击鼠标右键【创建传统补间】动画,如图 12-153 所示。

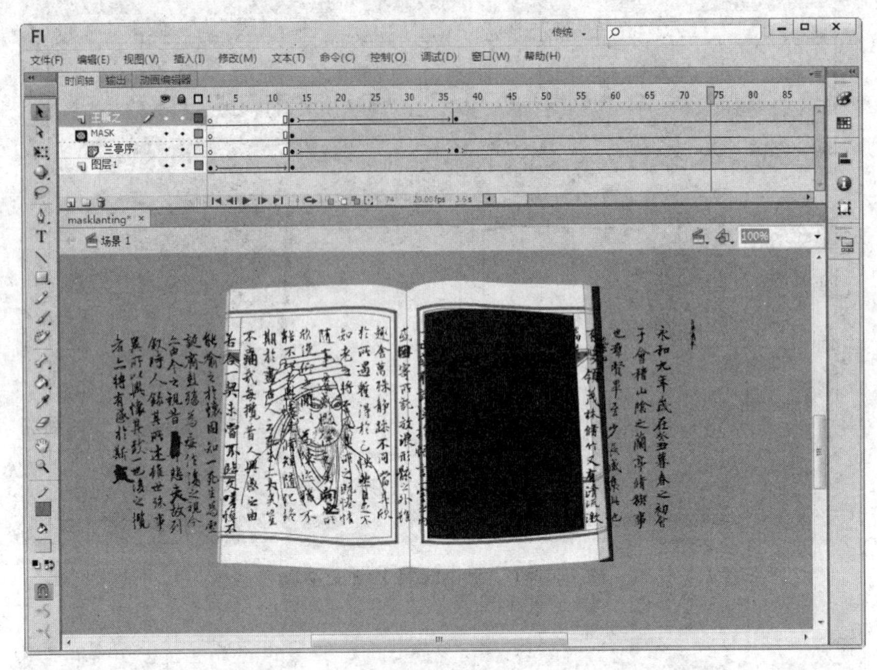

图 12-153　导入《兰亭序》书法原文矢量图

(5) 创建遮罩效果。右键单击图层 MASK,选择【遮罩层】命令,将此层设为遮罩层,如图 12-154 所示。

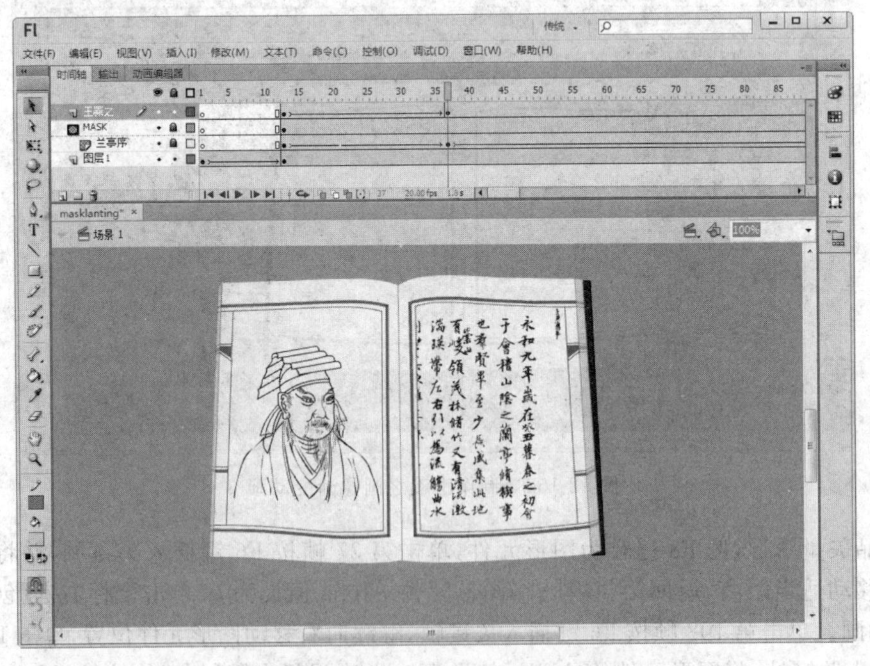

图 12-154　《兰亭序》书法原文遮罩动画

4. 标题书法字体及印章的制作

如图 12-155 所示为作品标题文字“王羲之书法”，并不是计算机字库中的固有字体，而是处理名家书法作品素材图片而成，并带有淡淡墨润的效果。

图 12-155　书法字体效果

对于字体的选择，可以通过安装各种字库选择适合创意与设计的字体类型，如果计算机中的字体满足不了设计的需要，可以通过其他方式获得满意的字体。如图 12-156 所示，有很多网络在线书法字体资源，只需输入所查询的汉字内容及其书体类型，历朝历代书法名家的代表佳作就会显示出来以供选择。

图 12-156　在线书法资源

该作品标题文字制作方法简单步骤如下：按 Ctrl＋F8 键新建图形元件，按 Ctrl＋R 键导入素材图片文件，选择【修改】|【位图】|【转换位图为矢量图】命令，将位图转为矢量图形，如图 12-157 所示。

选择转换的矢量图形，按 F8 键转为影片剪辑类型元件，打开属性面板，为影片剪辑元件设置【滤镜】|【发光】效果（注：只有“影片剪辑”和“按钮”类型元件能设置滤镜），发光颜色为黑色，强度为 54%，模糊 X、Y 值为 5 像素，如图 12-158 所示。

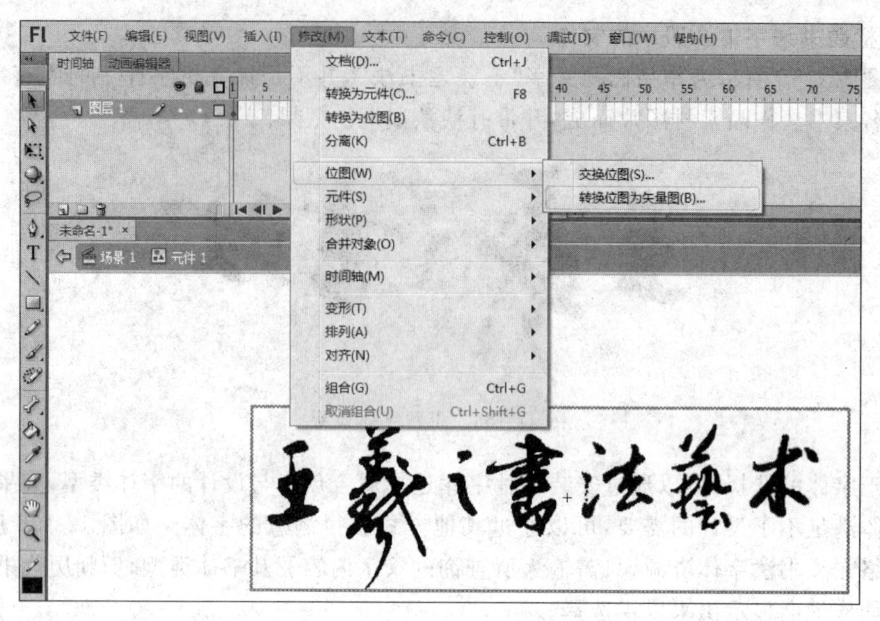

图 12-157 组合标题书法字体效果

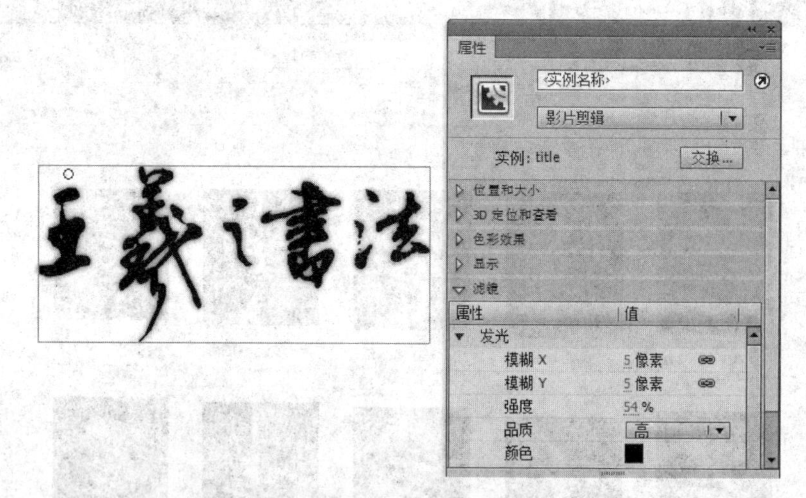

图 12-158 为标题文字应用"滤镜"发光效果

印章的制作方法如下。

(1) 按 Ctrl+F8 键新建图形元件"印章 shape",单击【确定】按钮进入元件编辑窗口,选择【矩形工具】,笔触颜色设为白色,笔触大小设为 20,填充颜色设为无,配合按住 Shift 键拖动绘制一个正方形,并设置结合处【尖角】参数为 3,如图 12-159 所示。

(2) 选择【文本工具】,输入繁体"艺术"二字,字体设为"金桥繁标宋",按 Ctrl+B 键两次打散文字,选择【任意变形工具】调整文字大小,如图 12-160 所示。

5. 时间轴动画的编排与设置

片头动画场景中的主要动画元素基本制作完成,下面介绍如何利用时间轴整合各个动画元素来完成片头动画的制作。

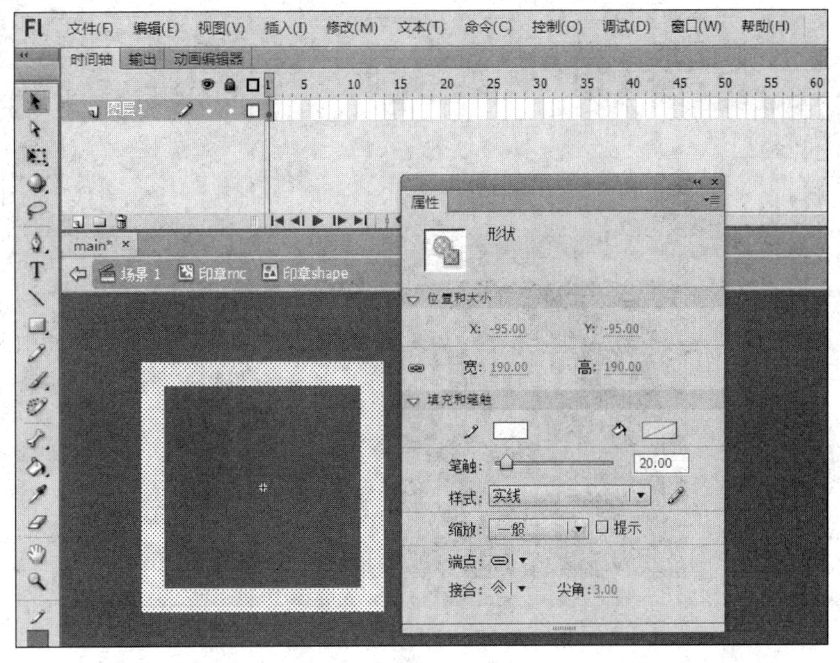

图 12-159 绘制印章轮廓

图 12-160 制作印章文字

(1) 打开 Flash CS6,新建 ActionScript 2.0 文档,设置舞台大小为 1024×575 像素,背景颜色为灰色,单击【确定】按钮进入动画场景。修改图层 1 名称为“背景”,导入一张舞台背景素材图片文件“背景.jpg”并锁定该图层,如图 12-161 所示。

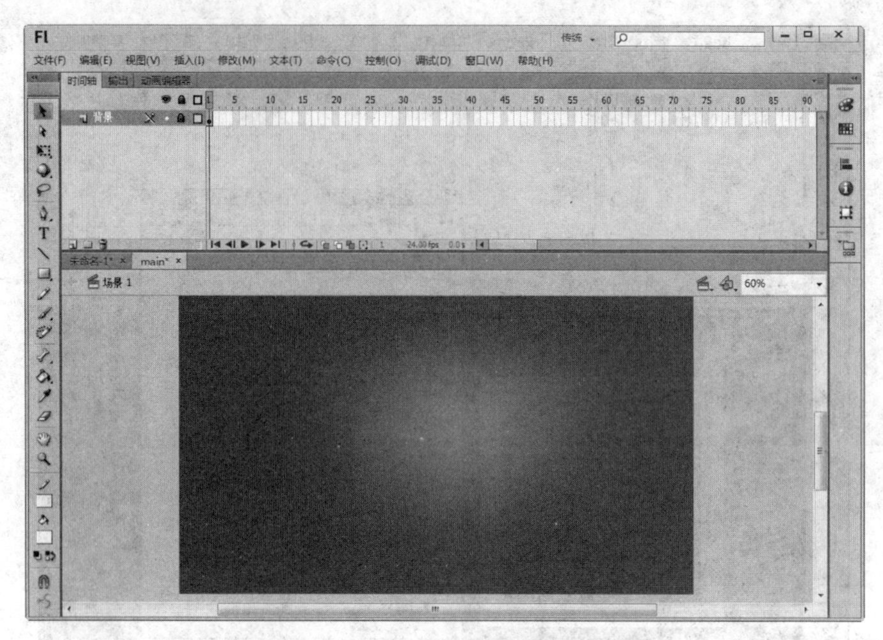

图 12-161　导入舞台背景图片

(2) 插入新建图层"楼阁"、"飞鸟"、"远山"，按 Ctrl＋R 键导入楼阁、远山素材图片文件，并按 F8 键转为图形元件并【创建传统补间】动画；在图层"飞鸟"中放置飞鸟影片剪辑元件，新建文件夹 background，将 4 个图层置入其中，为时间轴帧数不足的图层按 F5 键补足帧数，如图 12-162 所示。

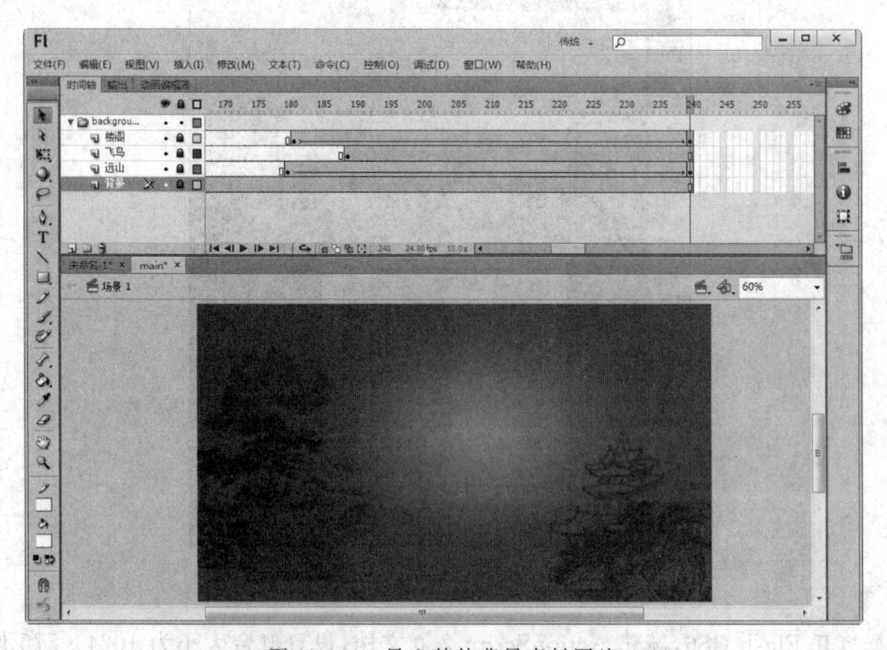

图 12-162　导入其他背景素材图片

(3) 插入新建图层"古书"，分别单击第 160、180、190 帧按 F6 键插入关键帧，在第 160 帧拖入影片剪辑元件"mv_线装书"，改变该元件的【透明度】和【大小】属性，【创建传统补间】

动画，制作线装书由远及近翻转动画效果；新建图层“毛笔”，单击 190、200 帧按 F6 键插入关键帧，在第 190 帧拖入毛笔素材图片文件并转为图形元件，制作“由上到下”位移传统补间动画，如图 12-163 所示。

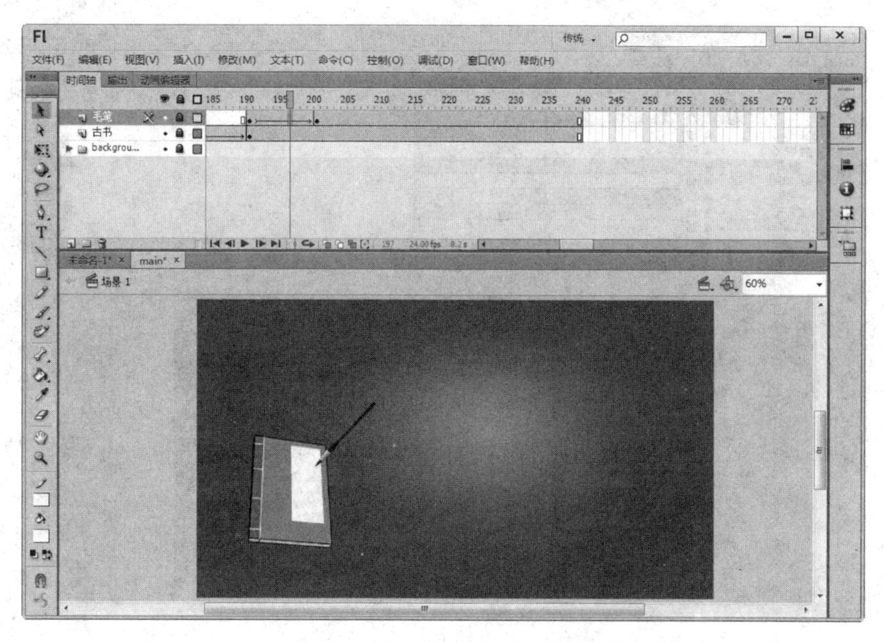

图 12-163 添加“毛笔”书写动画效果

（4）根据前面所述的制作遮罩动画步骤，新建 4 个图层，时间轴编排如图 12-164 所示，具体设置操作请参考素材源文件 main. fla。

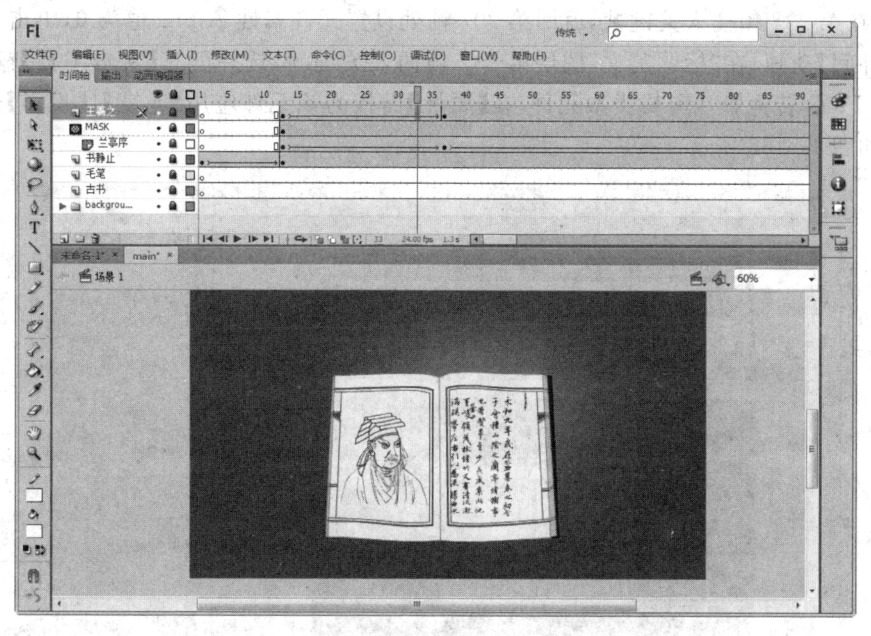

图 12-164 遮罩动画的时间轴编排

(5) 插入新建图层“翻书”，在第130、233、240帧插入关键帧，在第130帧拖入影片剪辑元件“mv_翻书”，制作该元件在130～233帧显示、在233～240帧消失的动画效果，如图12-165所示。

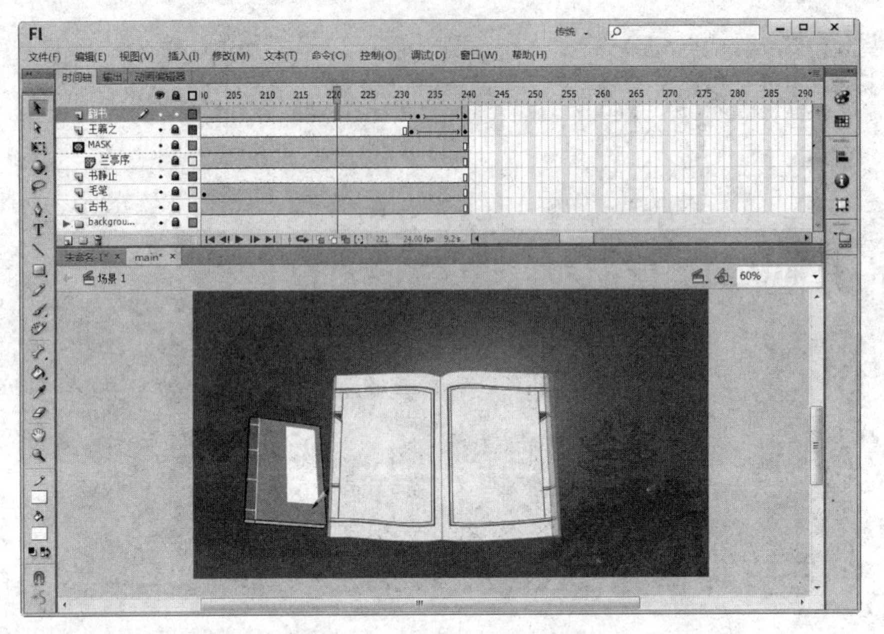

图12-165 制作线装书完整动画

(6) 插入新建图层“竹”，在第1帧拖入影片剪辑元件“竹子摆动”摆放在合适位置；新建图层“标题文字”和“标题英文”，在“标题文字”图层第207帧插入关键帧并拖入影片剪辑元件title，在第232帧插入关键帧，返回第207帧处设置元件属性Alpha值为0，单击右键【创建传统补间】动画；在“标题英文”图层第232帧插入关键帧，选择静态【文本工具】输入标题英文，按F8键转为影片剪辑类型元件，在【属性】面板为该元件应用【滤镜】|【投影】效果，参数设置如图12-166所示。

图12-166 完整片头动画的内部编排

（7）新增一个图层，在动画结束最后一帧插入关键帧，添加交互按钮【首页】和【退出】，并为交互按钮添加 AS 控制语句。交互按钮制作方法参见 12.1 节相关内容。至此，片头动画便制作完成了。

12.2.6　主界面的设计与制作

主界面设计与制作涉及的主要知识点有：

（1）垂杨柳的绘制及动画效果的实现；

（2）王羲之画像的制作及动画效果的实现；

（3）古籍册页的绘制及动画效果的实现；

（4）主界面动画元素的整合。

1. 垂杨柳的绘制及动画效果的实现

（1）打开 Flash CS6，新建 ActionScript 2.0 文档，按 Ctrl＋F8 键新建图形元件“柳叶”，单击【确定】按钮进入元件编辑窗口，选择【钢笔工具】绘制图形，并填充灰色，双击选中轮廓线并删除。按照同样方法绘制其他两片柳叶，并分别转为图形元件，如图 12-167 所示。

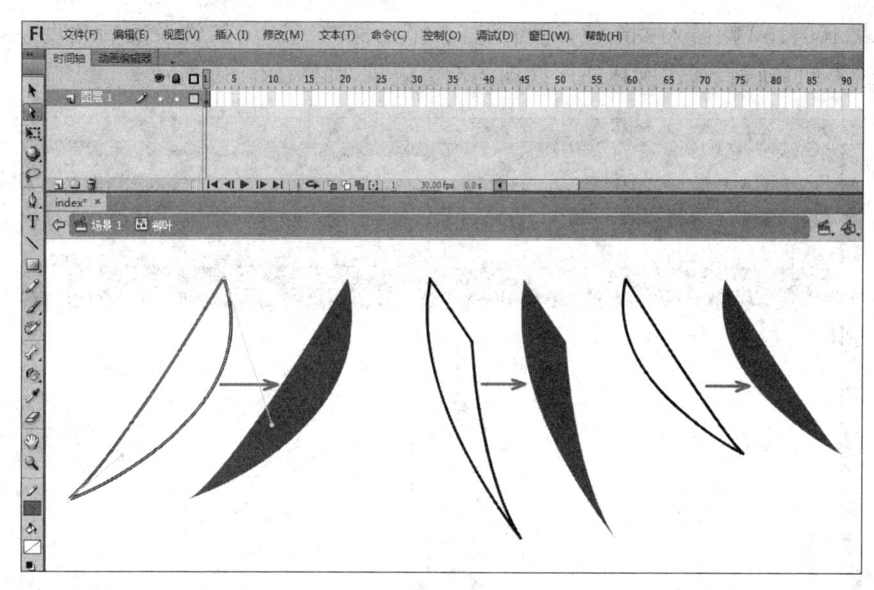

图 12-167　不同形态柳叶绘制示意图

（2）按 Ctrl＋F8 键新建图形元件“柳枝”，单击【确定】按钮进入元件编辑窗口，选择【刷子工具】，选择合适笔触大小，绘制形状如图 12-168 所示的左侧线条。注：如果使用数位板和压感笔绘制，很容易绘制粗细不一的线条形状，如果用鼠标绘制则不容易达到这种效果。如果使用鼠标线条，可以先选中所绘线条，选择【修改】|【形状】|【平滑】命令，对线条进行两次【平滑】变形操作，也可达到想要的效果。

用之前绘制好的三个柳叶基本形状元件，与所绘的柳枝元件组合三条长满叶子的柳枝，并分别转为图形元件“柳枝 1”、“柳枝 2”、“柳枝 3”，如图 12-168 所示。

（3）按 Ctrl＋F8 键新建影片剪辑元件“mv_柳枝”，插入图层 1、图层 2、图层 3，将元件柳枝 1、2、3 分别置于三个不同图层中，调整每个元件的注册点至元件顶端，分别在三个图层时

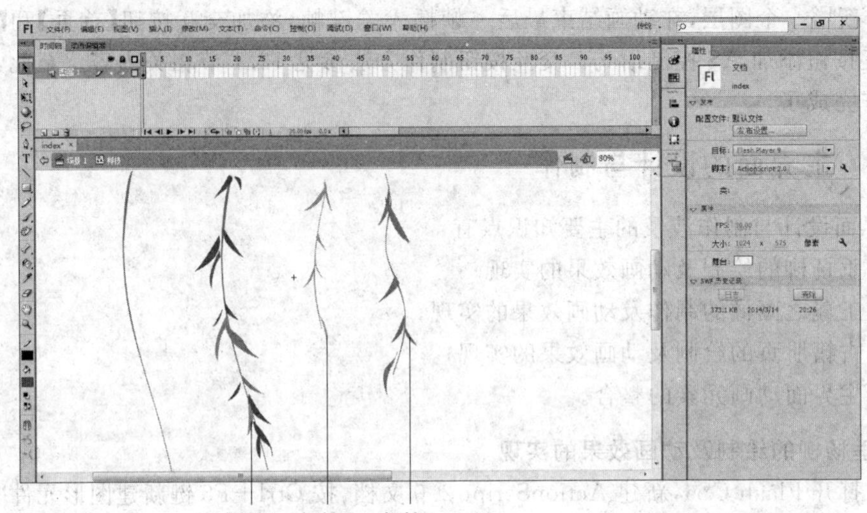

图 12-168 组合成不同形态的柳枝效果

间轴第 50、100、150 帧插入关键帧，适当调整各个元件的 Alpha 属性及旋转角度，单击右键【创建传统补间】动画，制作柳枝随风摆动的动画效果，如图 12-169 所示。

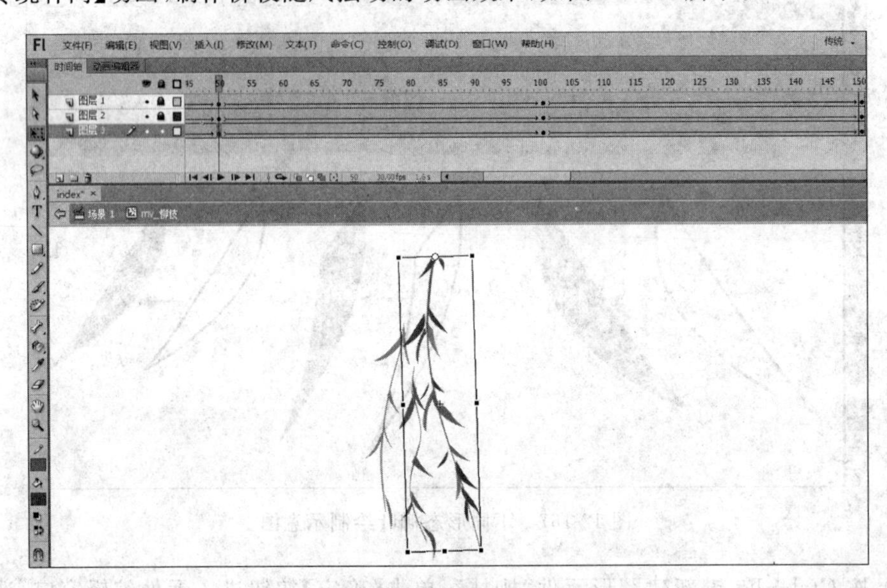

图 12-169 制作柳枝摆动动画效果

至此，柳枝随风轻摆的动画效果就制作好了。

2. 王羲之画像的制作及动画效果的实现

(1) 按 Ctrl＋F8 键新建影片剪辑元件"王羲之"，按 Ctrl＋R 键导入素材图片文件"书圣造像.jpg"，如图 12-170 所示。

(2) 选择【修改】|【位图】|【转换位图为矢量图】命令，并选中填充颜色和印章图案按 Delete 键删除，只剩下人物的线描效果，单击锁定该图层；新建图层置于该图层之下，选择【刷子工具】为线描人物填色，填色时应注意阴影明暗变化；插入新图层，用【钢笔工具】重新

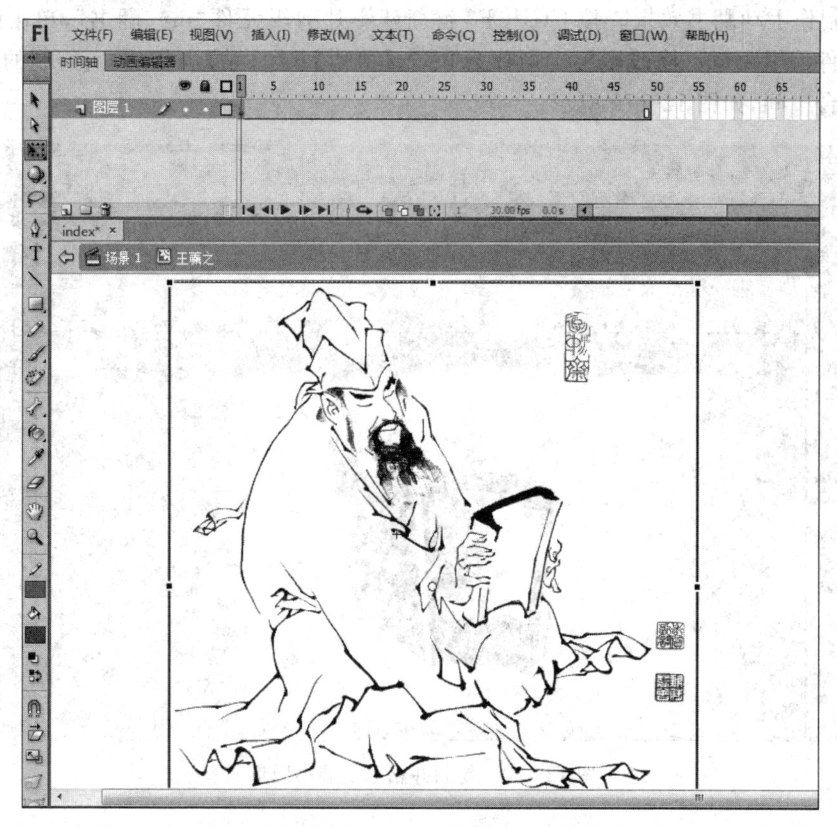

图 12-170 导入人物素材位图

绘制手执书卷效果(为了便于制作接下来的“手动翻书动画”效果,这里人物双手和绘制的书都放置在单独图层),如图 12-171 所示。

图 12-171 线描人物填色示意图

(3) 制作手动翻书效果。按 Ctrl+F8 键新建影片剪辑元件“mv_翻书”,单击【确定】按钮进入元件编辑窗口。修改图层 1 名称为“书”,【剪切】并【粘贴】步骤(2)所绘制的打开的书元件到舞台中间,如图 12-172 所示。

图 12-172 复制并粘贴线装书图形

(4) 为了便于制作“翻页”和“右手移动”的动画效果,可以改变书籍元件的 Alpha 属性,使其呈半透明状态,并锁定该图层。新建图层“翻页”,在第 7、12、15、19 帧插入关键帧,选择【钢笔工具】绘制翻页的书页形状,单击右键【创建补间形状】动画,如图 12-173 所示。

图 12-173 制作翻书形状补间动画效果

(5) 新建图层“左手”、“右手”，将之前处理的矢量图形画像人物左手和右手【剪切】并【粘贴】到对应图层当中，选中“右手”图形按 F8 键转为图形元件，单击该图层第 7、19 帧按 F6 键插入关键帧，在第 7 帧将右手图形元件向右移动适当距离，单击右键【创建传统补间】动画，如图 12-174 所示。

图 12-174　添加人物双手

(6) 返回影片剪辑“王羲之”的编辑窗口，修改图层名称为“填色”、“眨眼”、“线描”、“翻书”，便于区分各个图层动画元件内容。在“翻书”图层第 1 帧放置影片剪辑元件“mv_翻书”，与底层人物组合成完整人物。在“眨眼”图层第 12 帧插入关键帧，选择【刷子工具】对人物眼睛绘制线条如图 12-175 所示。这样关键帧第 1、12 帧眼睛大小不同，就形成了人物眨眼的动画效果。

图 12-175　制作人物眨眼动画

3. 古籍册页的绘制及动画效果的实现

中国传统的书籍装帧形式历经了三千多年的演化过程，不仅仅是文化传播载体形态，更是一种历史的沉淀，它承载了中华民族几千年文明进步的历史。文化的发展赋予我们丰富的文化遗产，作为中国人都应该了解和学习那些曾在文化传播的历史长河中起着举足轻重作用的文化遗产。

中国古籍(如图 12-176 所示)排版中蕴含了中国传统美学的观念，如“空灵之美”、“和谐之美”、“虚实之美”，使得版面在当时来看有着一定的时代独特性和传统继承性，所以我们应该继承这种优良性，并且根据时代特点更好地应用到我们的设计中去。如图 12-177 所示为中国古籍版式图。

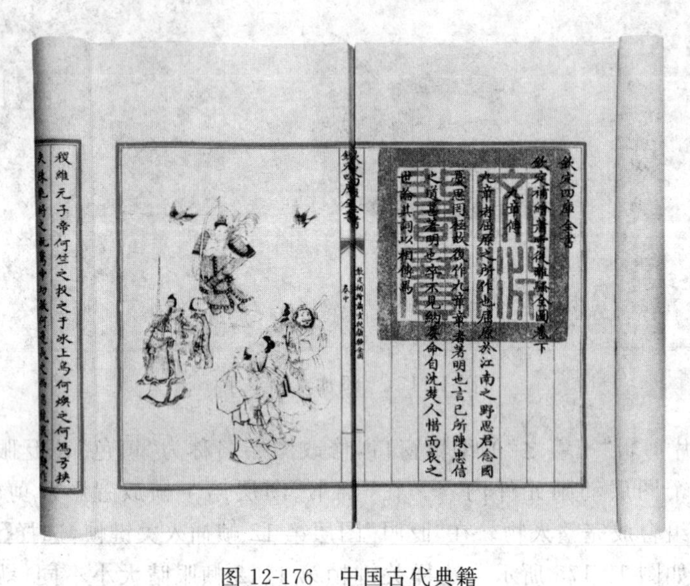

图 12-176　中国古代典籍

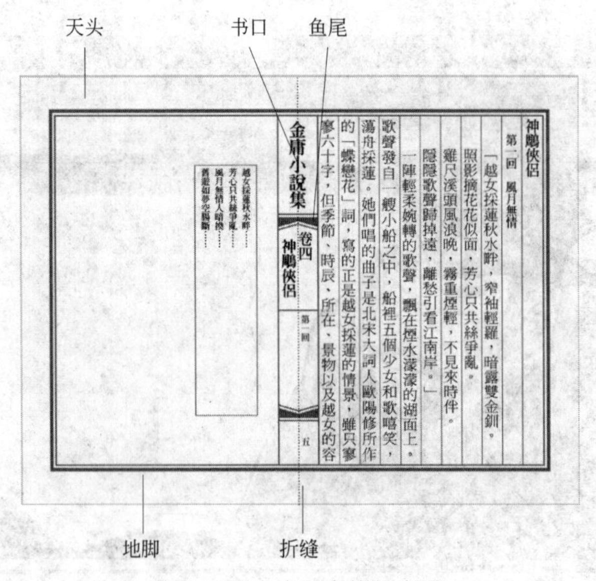

图 12-177　中国古籍版式图

下面介绍一下古籍册页的绘制步骤。

(1) 打开 Flash CS6,按 Ctrl+F8 键新建影片剪辑元件“信札”,单击【确定】按钮进入元件编辑窗口。选择【矩形工具】,设置轮廓颜色为“红色”、大小为 2、填充色为“无”,绘制矩形如图 12-178 所示。

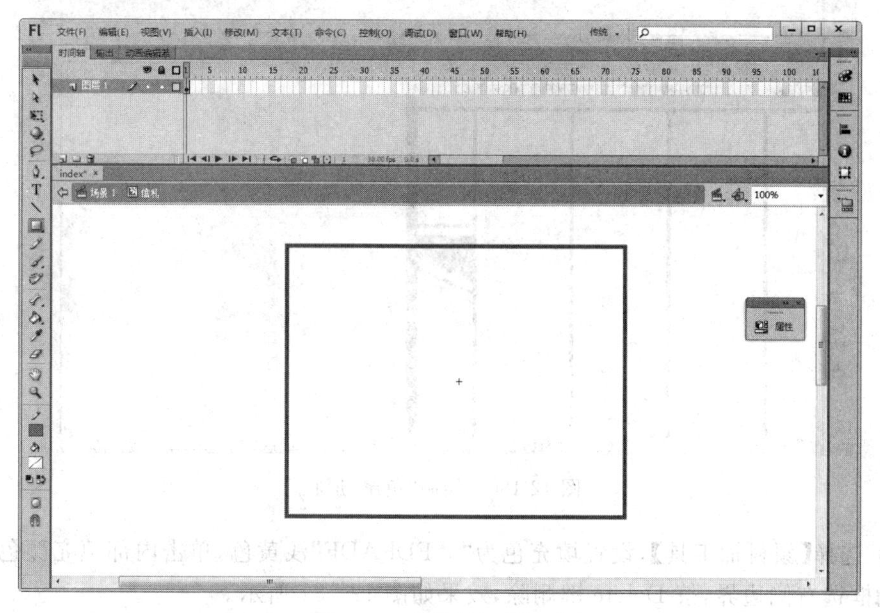

图 12-178　绘制红色矩形

(2) 选择【线条工具】,笔触设为 1.0,在红色矩形内部绘制间隔距离相等的竖线。为了绘制线条的精确性,可以选择【视图】|【网格】|【显示网格】命令,打开网格工具辅助线条的绘制,如图 12-179 所示。

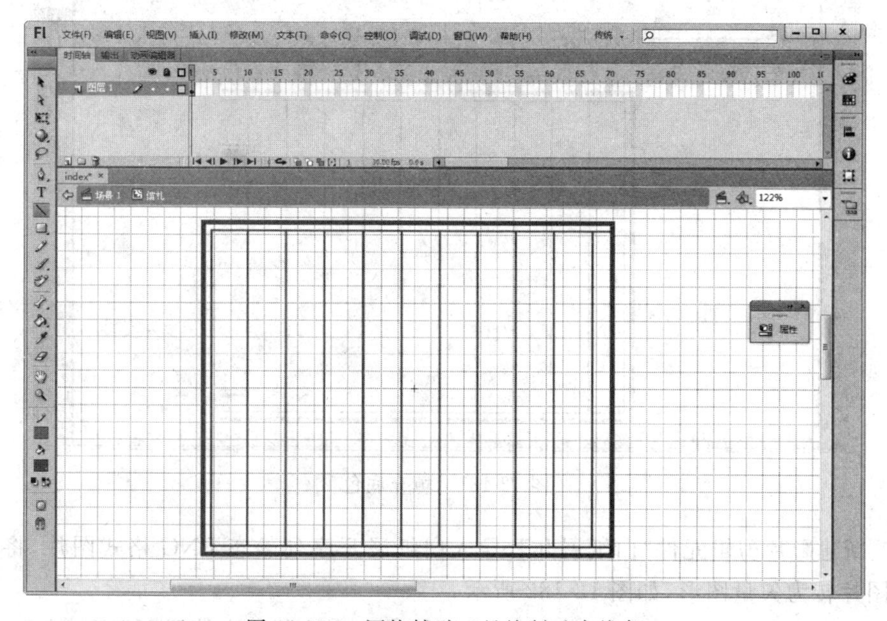

图 12-179　网格辅助工具绘制垂直线条

(3) 接步骤(2),用【线条工具】配合【颜料桶工具】,绘制如图 12-180 所示的“鱼尾”形状。

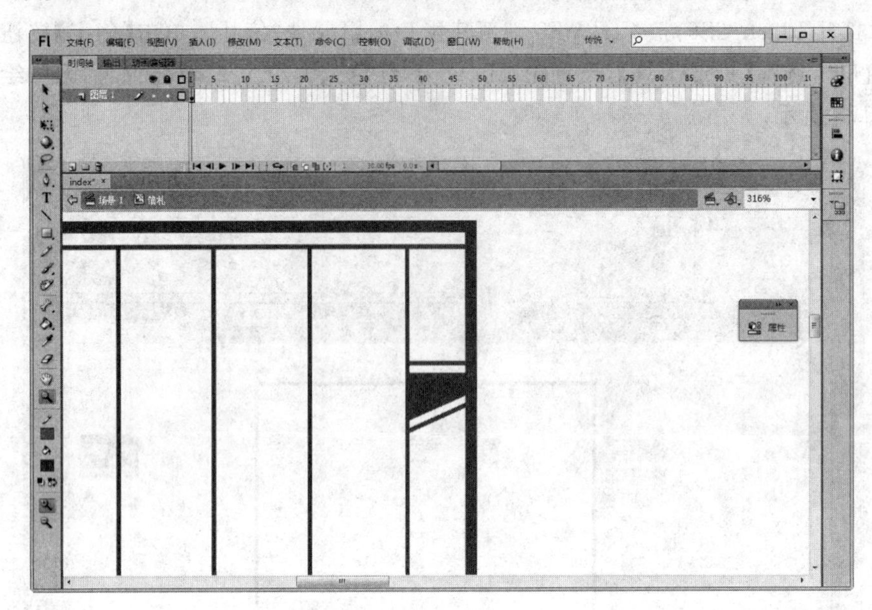

图 12-180 绘制“鱼尾”形状

(4) 选择【颜料桶工具】,设置填充色为“#FDFADF”浅黄色,单击内部填充颜色,用【选择工具】框选右侧边界,按 Delete 键删除,效果如图 12-181 所示。

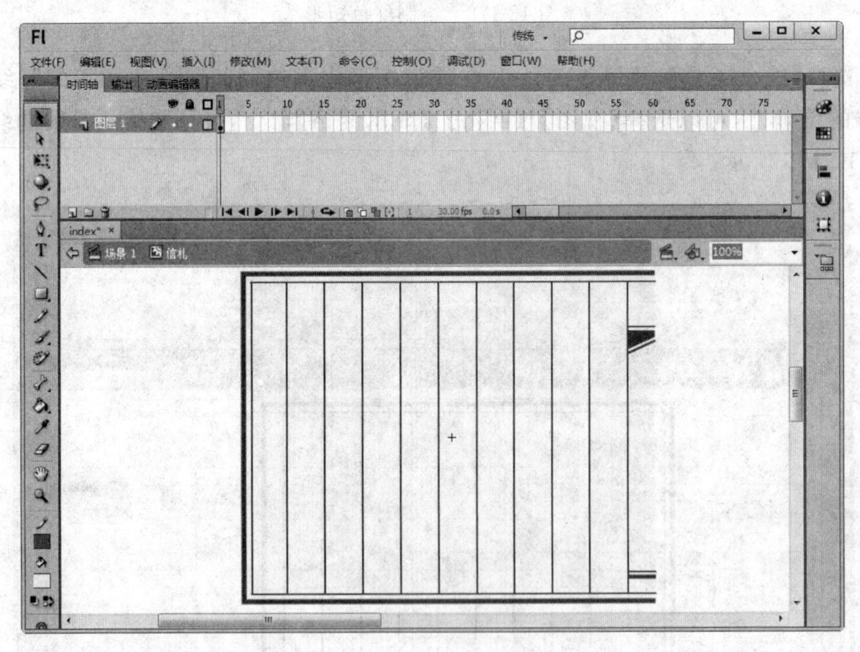

图 12-181 填充底色

(5) 新建影片剪辑元件“白纸展开”,导入白纸展开序列静态 PNG 格式图片,将各个关键帧的图片转为矢量图形,如图 12-182 所示。

(6) 插入新建图层 2,在第 17 帧插入关键帧,导入刚绘制的古籍册页图形,按 F8 键转为

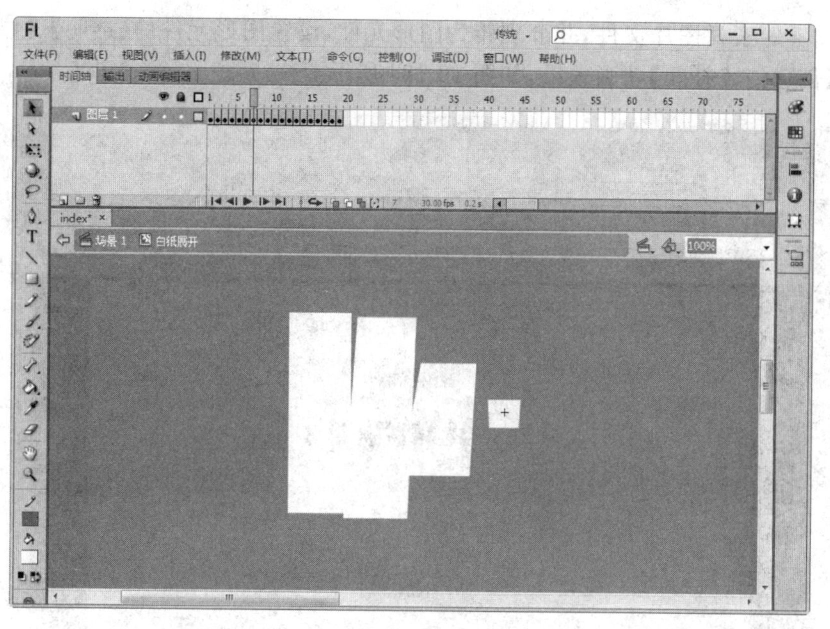

图 12-182 导入“白纸展开”序列位图素材

图形元件，在第 19 帧插入关键帧，返回第 17 帧，将元件属性 Alpha 值设为 0，单击右键【创建传统补间】动画，如图 12-183 所示。

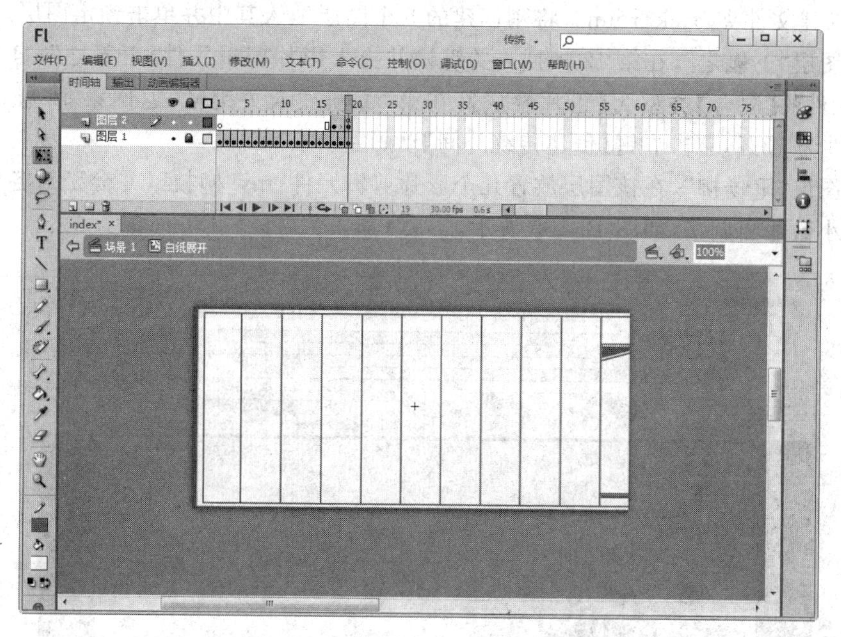

图 12-183 制作古籍册页动画效果

4. 主界面动画元素的整合

(1) 打开 Flash CS6，新建 ActionScript 2.0 文档，设置舞台大小为 1024×575 像素，背景颜色为灰色，单击【确定】按钮进入动画场景。修改图层 1 名称为“背景”，导入背景素材图片。新建 4 个图层，分别命名为“远山 1”、“远山 2”、“树林”、“白雾”，在对应图层分别导入远山、树林、白雾等素材图片文件，并分别转为图形元件，设置图形元件的【透明】、【位置】属性，单击右键【创建传统补间】动画效果，如图 12-184 所示。

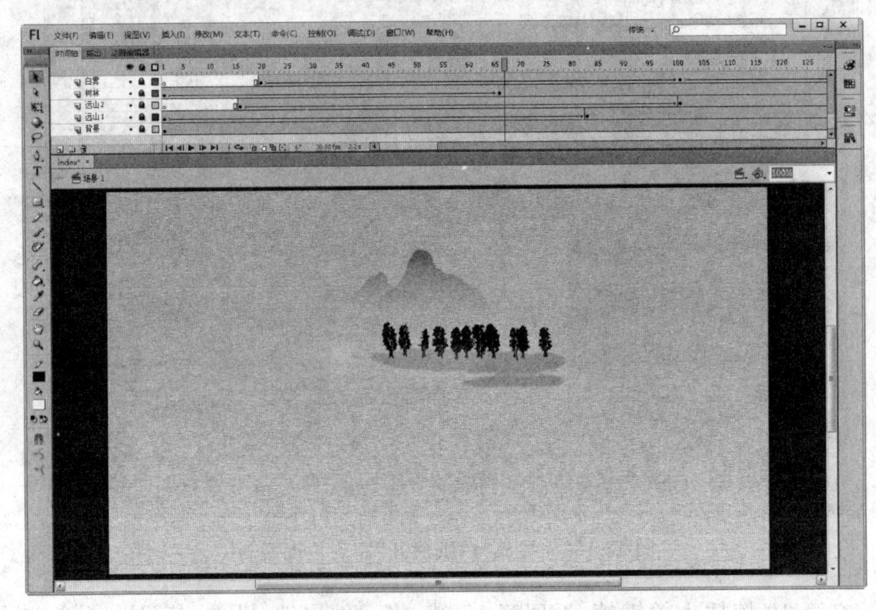

图 12-184 添加“远山”、“树林”、“白雾”等动画元素

(2) 新建文件夹 background，将刚创建的 5 个图层纳入其中并单击锁定图层。

新建图层“王羲之”，在第 12 帧插入关键帧并拖入影片剪辑元件“王羲之”，打开属性面板，设置元件的【混合】类型为【正片叠底】，在第 21 帧插入关键帧，返回第 12 帧改变元件 Alpha 属性为 13%，单击右键【创建传统补间】动画。

新建图层“垂杨柳”，在该图层放置几个影片剪辑元件“mv_柳枝”，并分别对各个元件的位置和大小做适当调整，如图 12-185 所示。

图 12-185 添加“人物”、“垂杨柳”动画元素

(3) 新建图层“白纸展开”，在该图层拖入影片剪辑元件“白纸展开”，调整好位置和大小，如图 12-186 所示。

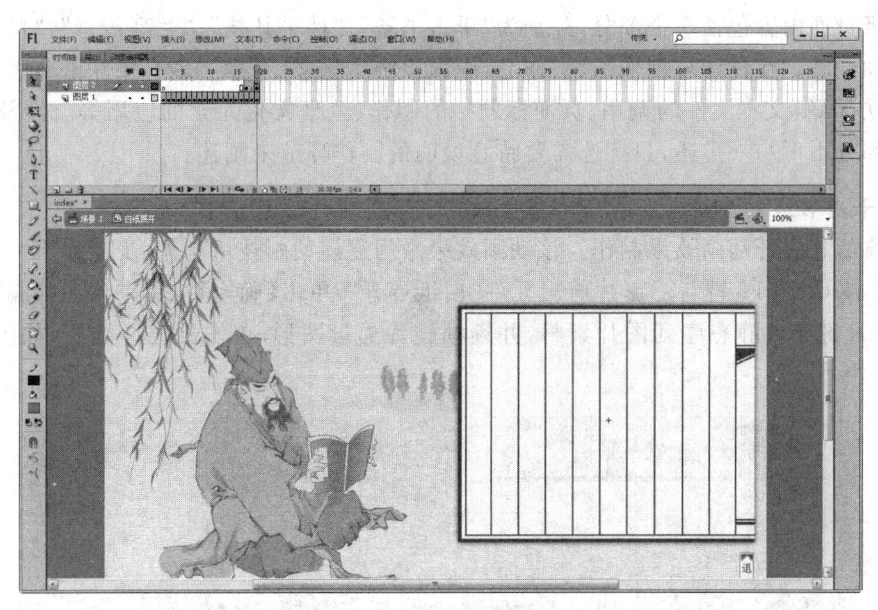

图 12-186　添加古籍册页动画元素

(4) 插入新建 5 个图层，分别拖入按钮元件 button1～5(按钮元件的制作方法参照第一节“导航菜单”的制作方法)；插入新建图层“兰花”、“落款”、“印章 1”、“印章 2”、“按钮”，分别放置对应的动画元件，单击右键【创建传统补间】动画，具体设置内容参见素材源文件，如图 12-187 所示。

图 12-187　添加导航菜单

12.2.7 二级页面的设计与制作

二级页面内容包括5个部分，分别为“千古书圣”、“神乎其技”、“兰亭传奇”、“晋韵流衍”和“手摹心临”。在设计与制作上，与作品《中国旅游文化之“兰亭”》多有相互借鉴之处，如对外部独立TXT文本文件的调用、页面标题栏的制作、兰亭文化元素的应用等。涉及到相似的制作部分不再一一重述，只拣选需要特意说明的制作环节来阐述。

1. 千古书圣

古典信札展开动画效果制作。该动画效果采用逐帧动画技术制作，步骤如下。

(1) 按Ctrl+F8键新建影片剪辑元件“白纸展开”，单击【确定】按钮进入元件编辑窗口。按Ctrl+R键导入静态序列图片素材，并逐帧转为矢量图形，单击锁定该图层，如图12-188所示。

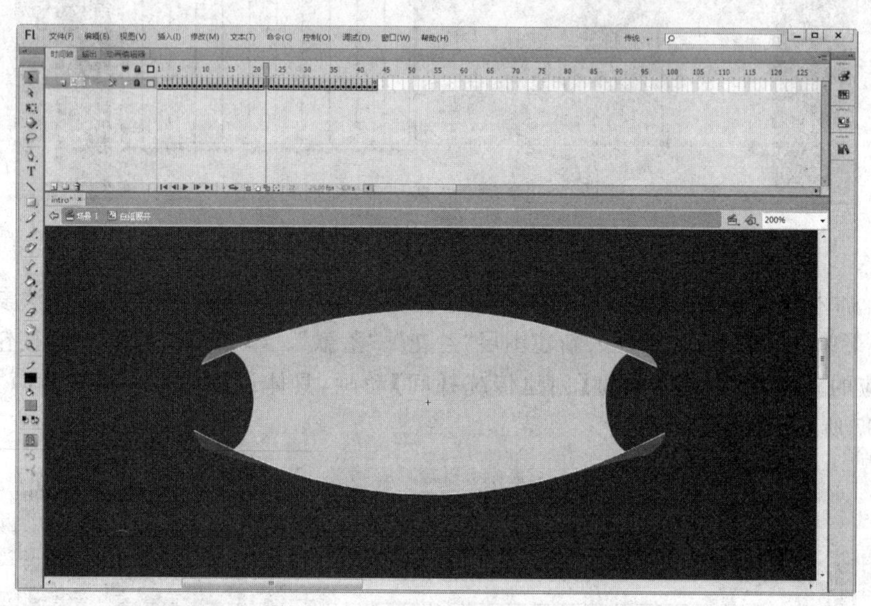

图12-188 导入“白纸展开”序列位图素材

(2) 插入新建图层2，在第20～40帧插入关键帧，选择【线条工具】，设【笔触颜色】为红色，在20～40帧分别绘制图12-189中序号①～⑪所示的线条样式。

(3) 插入新建图层3和图层4，在图层3第40帧插入关键帧，使用【文本工具】绘制动态文本框，设置其【实例名称】为field，如图12-190所示，摆放【实例名称】为dragDistance和dragPoint的影片剪辑元件，其中dragPoint为拖动滑块图形、dragDistance为拖动距离。在图层4第40帧插入关键帧，按F9键打开动作面板，输入调用外部独立文本文件的AS代码，如图12-190所示。

2. 神乎其技

该部分介绍了王羲之代表书法作品，通过设置图片浏览器可以对其大幅书法作品实现拖曳、缩放等操作，能近距离感受1600多年前的纸香墨韵。王羲之代表作品《兰亭集序》又称《兰亭序》，被誉为“天下第一行书”。《兰亭序》结体欹侧多姿，错落有致，千变万化，曲尽其

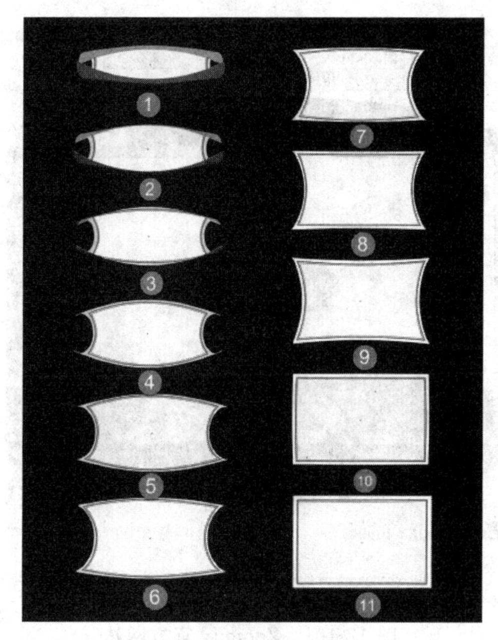

图 12-189 绘制红色线条

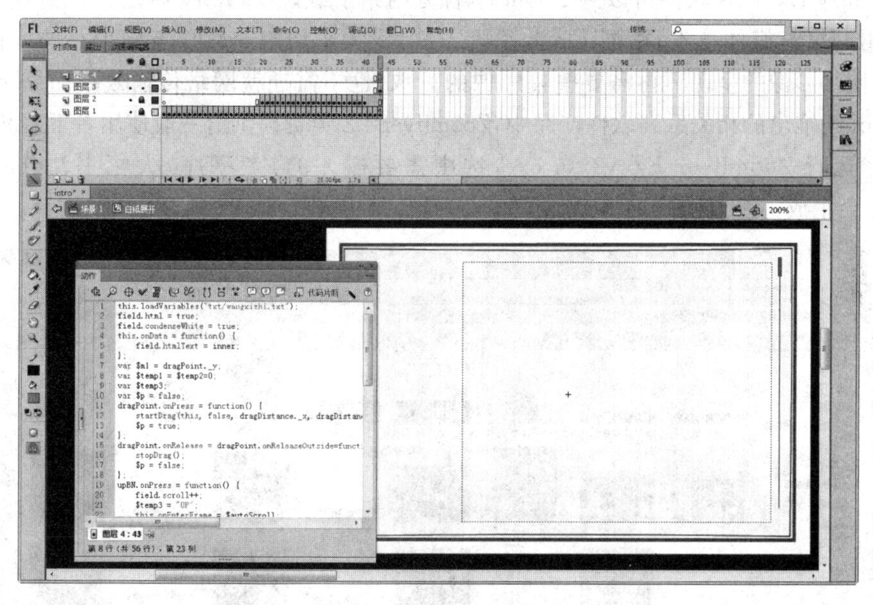

图 12-190 输入 AS 代码

态，帖中二十个“之”字皆别具姿态，无一雷同。最难能可贵的是，在《兰亭序》那“不激不厉”的风格中，蕴藏着作者圆熟的笔墨技巧、深厚的传统功力、广博的文化素养和高尚的艺术情操。下面以《兰亭序》大幅书法作品图片为例介绍图片浏览器的制作。

本实例采用 Zoomify Express 来制作。Zoomify 能完美解决嵌入巨型图片的问题，把大图片文件分割处理成小图片后，通过 XML 加载图片载入 Flash Player。XML(Extensible Markup Language)是 W3C 组织采取简化 SGML 的策略而制定的一种可扩充的标记语言，用户可以根据数据提供者的需要自行定义标记、属性名及描述法。

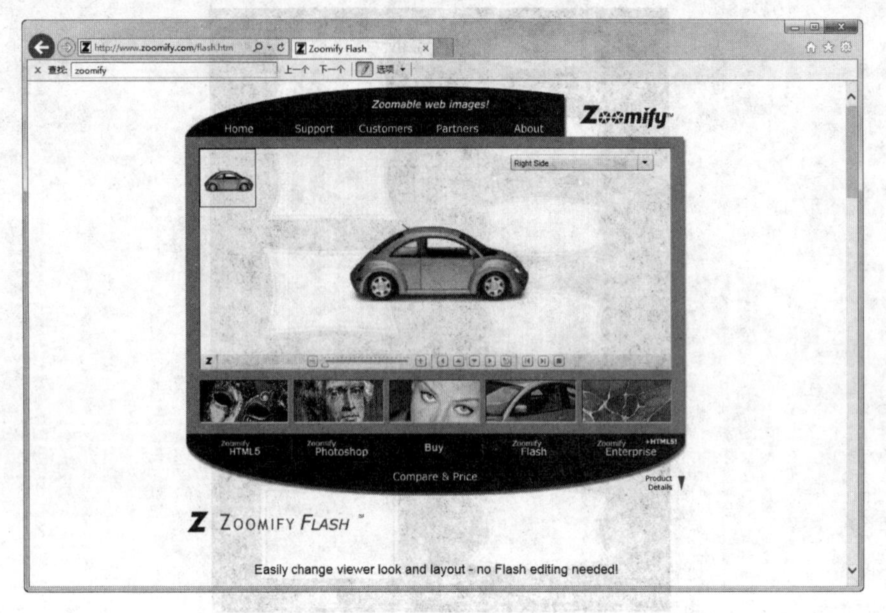

图 12-191 Zoomify 官方网站

Zoomify Express 软件可以到 Zoomify 官方网站下载。Zoomify 原是一家商业公司，开发出利用网络流媒体技术，搭配 Flash 呈现方式，将大图切割成数层不同大小的影像，并加以编码，使得影像的呈现不再需要整幅影像的读取，也不需迁就网络传输效率而缩小影像尺寸。Zoomify 推出的相关系列软件产品中，Zoomifyer EZ 免费提供给一般使用者下载和使用。

(1) 运行 Zoomifyer EZ v3.0.exe，选中需要嵌入的《兰亭序》大幅书法作品图片，Zoomify 会生成一个以图片名 lanting 为名称的目录，如图 12-192 所示。

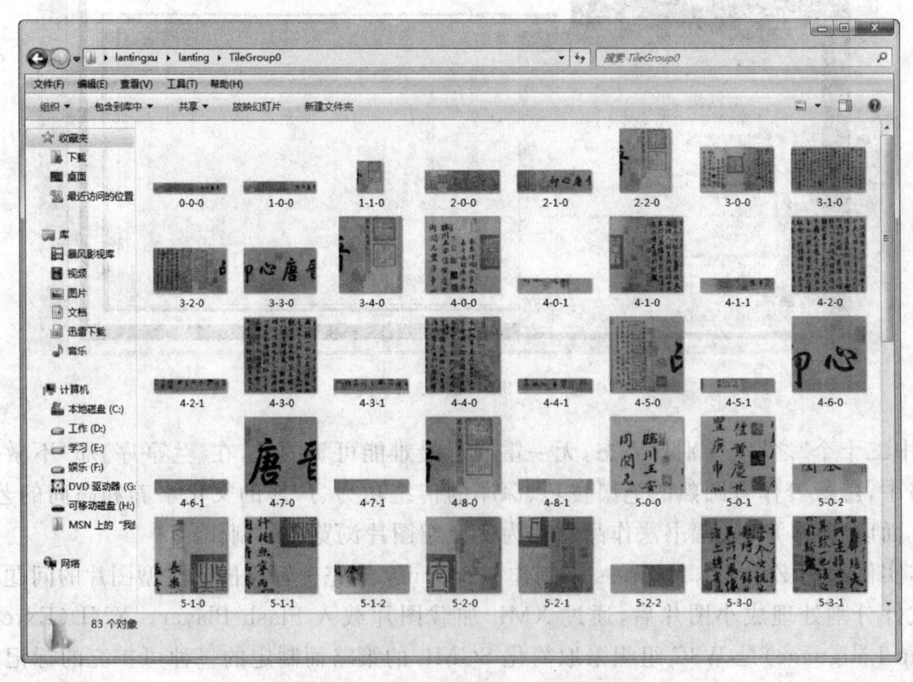

图 12-192 《兰亭序》书法作品切片图

（2）打开 Flash CS6，修改图片浏览器源文件 ZoomifyViewer.fla，选中“缩放区域”图层中的影片剪辑 map，单击按 F9 键打开动作面板，修改图片路径为_imagePath="lanting"，如图 12-193 所示。

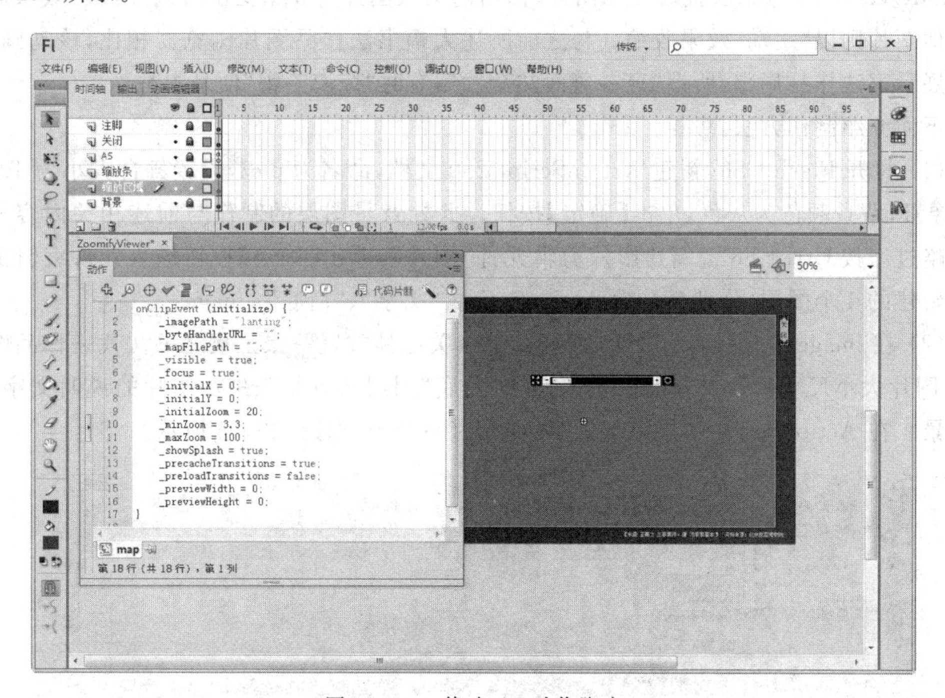

图 12-193　修改 AS 动作脚本

（3）按 Ctrl+Enter 组合键测试播放文件，效果如图 12-194 所示。

图 12-194　图片浏览器效果

该部分实例中的《快雪时晴帖》、《平安、何如、奉橘三帖》的图片浏览效果制作方法与此原理相同。

王羲之诸体兼备，楷书、行书、草书无所不能。《其他代表作品》动画效果制作部分主要介绍王羲之其他代表作品，以动画效果展示。该部分动画特效响应用户鼠标动作，当鼠标滑过(RollOver)每一张书法代表作品图片时，当前书法图片与介绍文字将以“缓动”效果展开，而其他图片则以“缓动”效果收缩。与之前所述大幅书法作品图片浏览器相比，该动画效果只能展示书法作品局部，所谓“窥一斑而知全豹”，有时“惊鸿一瞥”便是永恒。

下面介绍制作方法。

(1) 打开 Flash CS6，新建 ActionScript 2.0 文档，命名为 pic3，设置舞台大小为 1024×575 像素，背景颜色为灰色，单击【确定】按钮。此处背景图层的制作与前述相关内容相同，此处略过。按 Ctrl＋F8 键新建影片剪辑元件“图片”，单击【确定】按钮进入元件编辑窗口。插入新建的 4 个图层，分别命名为 ActionScript、“文字”、“白底”、images。

(2) 在 images 图层插入 10 个关键帧，每个关键帧放置一张王羲之书法代表作品图片，10 张图片大小尺寸一致。分别在“文字”和“白底”图层放置每张书法图片的说明文字和白色背景。在 ActionScript 图层第 1 帧赋予 stop();命令，如图 12-195 所示。

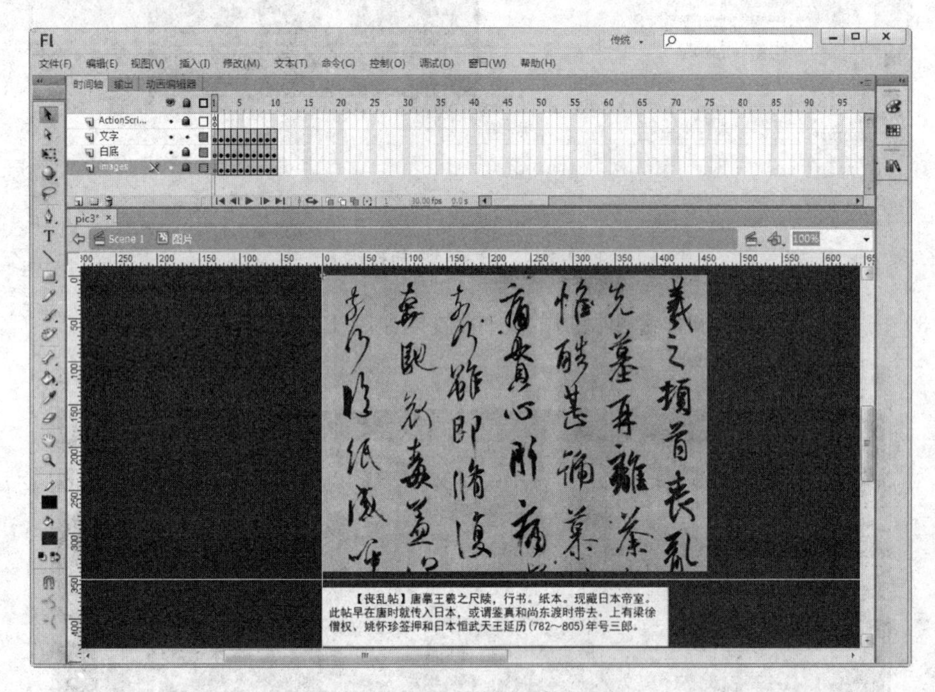

图 12-195 影片剪辑元件“图片”

(3) 按 Ctrl＋F8 键新建影片剪辑元件“图片动画”，单击【确定】按钮进入元件编辑窗口。新建 4 个图层 layer1、MASK、border、ActionScript，在 layer1 图层放置影片剪辑元件“图片”，赋予实例名称 pic。在 MASK 图层做黑色矩形缩放的传统补间动画。在 border 图层做白色线框缩放的传统补间动画。在 ActionScript 图层 22 帧设置关键帧，赋予 Stop();命令，目的是让动画在播放完后停在最后一帧，如图 12-196 所示。

(4) 返回主场景舞台，在图层 1 上放置 10 个影片剪辑“图片动画”，分别设置【实例名称】为 p1～p10，如图 12-197 所示。

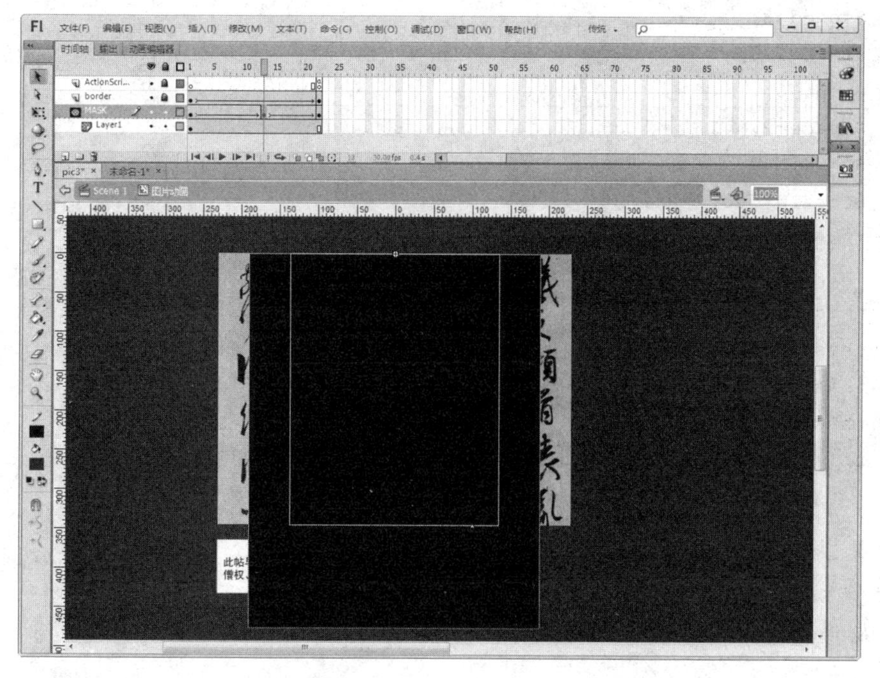

图 12-196　影片剪辑元件“图片动画”

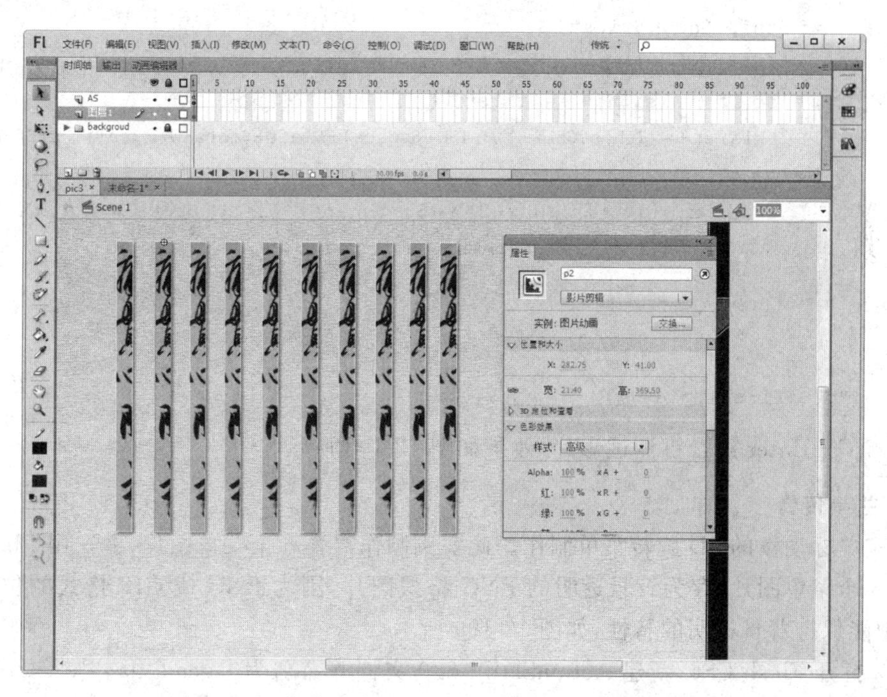

图 12-197　舞台上布置 10 个影片剪辑元件“图片动画”

(5) 在 AS 图层第一帧按 F9 键打开动作面板，输入以下 AS 代码：

```
var $num=10;
var $first=Math.ceil(Math.random() * 10);
```

```
var $speed=8;
var $left=200;
var $top=70;
var $space=2;
var $w=20;
var $totalW=500;
for ($i=1; $i<=$num; $i++) {
    this["p"+$i].pic.gotoAndStop($i);
    this["p"+$i]._x=($left+($i-1)*($w+$space))+$w/2;
    this["p"+$i]._y=$top;
    this["p"+$i].stop();
    this["p"+$i].$now=$i;
    this["p"+$i].onRollOver=function() {
        if ($first !=this.$now) {
            this._parent["p"+$first].gotoAndStop(1);
            $first=this.$now;
            this.play();
        }
    };
    this["p"+$i].onEnterFrame=function() {
        if (this.$now<$first) {
            this._x +=((this.$now-1)*($w+$space)+$left+$w/2-this._x)/$speed;
        } else if (this.$now ==$first) {
            this._x +=((this.$now-1)*($w+$space)+$left+$totalW/2-this._x)/$speed;
        } else {
            this._x +=((this.$now-2)*($w+$space)+$left+$totalW+$space+$w/2-
                    this._x)/$speed;
        }
    };
}
this["p"+$first].play();
```

按 Ctrl＋Enter 组合键测试影片，效果如图 12-198 所示。

3. 兰亭传奇

响应鼠标动作的 3D 旋转菜单制作。此实例制作需要 6 个菜单图片，事先用 Photoshop 制作好 6 个菜单图片，存为背景透明的 PNG 格式图片，因为 PNG 或 GIF 格式的位图导入 Flash 中能保持背景透明的特性，如图 12-199 所示。

(1) 打开 Flash CS6，新建 ActionScript 2.0 文档并命名为 legend.fla。按 Ctrl＋F8 键新建按钮元件“透明按钮”，单击【确定】按钮进入元件编辑窗口，保持前三个关键帧内容为空，在第四个关键帧绘制菜单大小的矩形，如图 12-200 所示。

(2) 按 Ctrl＋F8 键新建影片剪辑元件“菜单 1”，单击【确定】按钮进入元件编辑窗口，在图层 1 导入菜单图片，图层 2 放置透明按钮元件，如图 12-201 所示。按照同样的方法，制作其他 5 个菜单。

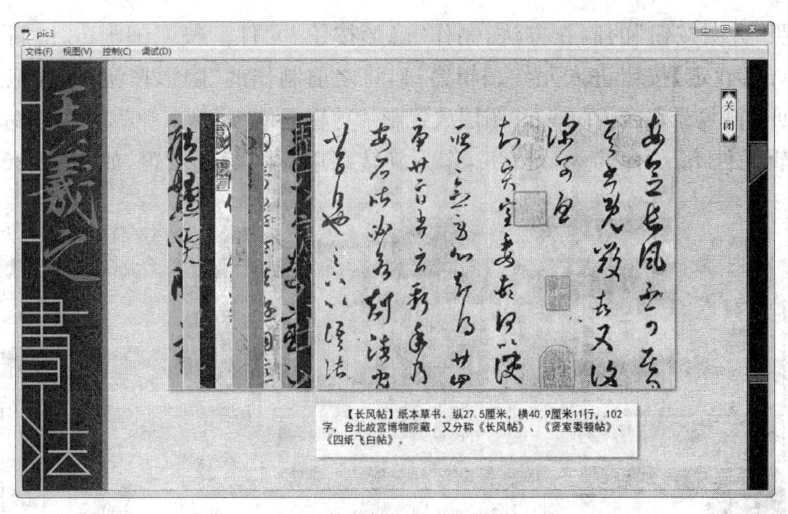

图 12-198 图片缓动缩放动画效果

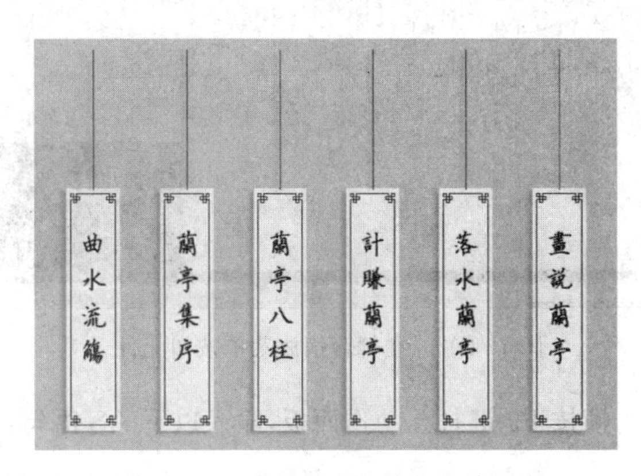

图 12-199 背景透明的导航菜单图片

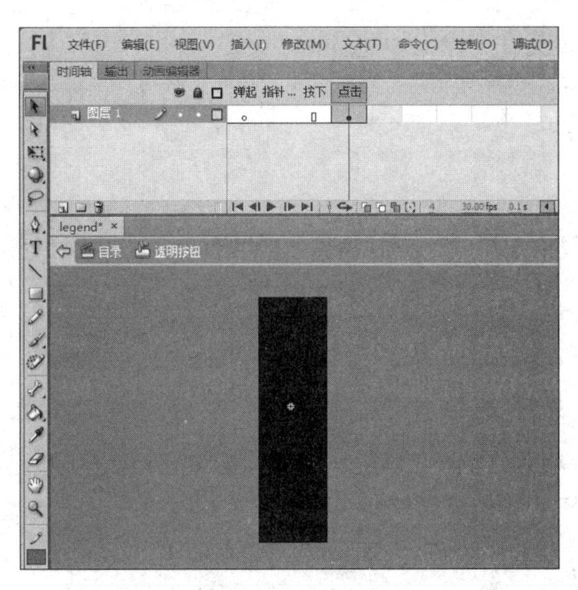

图 12-200 制作透明按钮

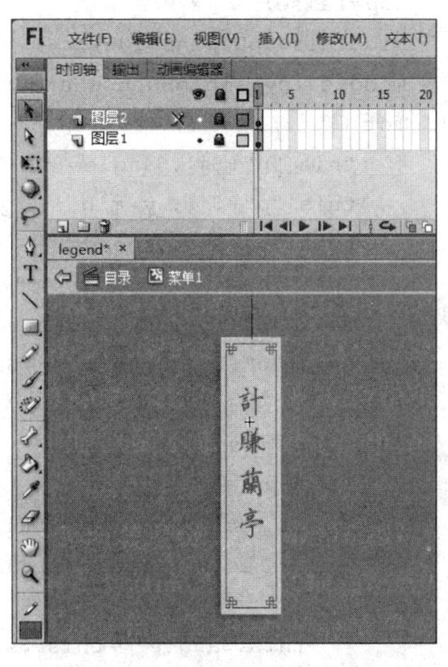

图 12-201 制作菜单影片剪辑元件

(3) 按照"透明按钮"的制作方法,制作"隐形按钮"元件。按 Ctrl+F8 键新建影片剪辑元件 face,单击【确定】按钮进入元件编辑窗口,将之前制作的"隐形按钮"元件拖入舞台。

(4) 返回动画场景舞台,在 menu 图层放置影片剪辑元件"菜单 1~6",并分别命名为 p1~6。放置影片剪辑元件 face,命名为 middle,作为旋转菜单显示所处位置,如图 12-202 所示。

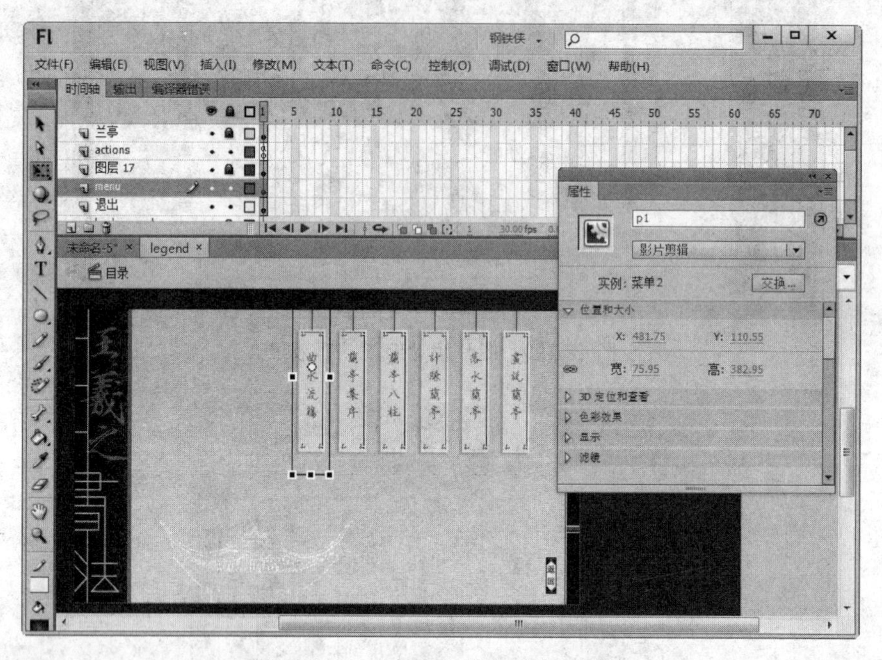

图 12-202 在舞台摆放菜单按钮元件

在 actions 图层第 1 帧按 F9 键打开动作面板,输入以下 AS 语句:

```
$radius=120;
$pp=false;
middle.swapDepths(100);
middle.invisibleBN.useHandCursor=false;
for ($j=1; $j<=6; $j++) {
    this["p"+$j].$angle=$j*360/6;
    this["p"+$j]._y=middle._y;
    this["p"+$j].$speed=2;
    this["p"+$j].$rad=this["p"+$j].$dsin=this["p"+$j].$dcos=this["p"+$j].$stack=0;
    this["p"+$j].onEnterFrame=$move;
    this["p"+$j].onRelease=$show;
}
function $move() {
    if (!$pp) {
        if (this._ymouse>-this._height/2 and this._ymouse<this._height/2) {
            this.$speed=(middle._x-_root._xmouse)/50;
        }
        this.$angle +=this.$speed;
        this.$rad=this.$angle*Math.PI/180;
```

```
        this.$dsin=Math.sin(this.$rad);
        this.$dcos=Math.cos(this.$rad);
        this._x=middle._x+$radius*this.$dsin;
        this._xscale=1+this.$dcos*99;
        this._alpha=10+(this.$dcos+1)*80;
        this.$stack=Math.round((this.$dcos+1)*100);
        this.swapDepths(this.$stack);
    }
}
```

按 Ctrl+Enter 组合键测试影片播放效果，如图 12-203 所示。

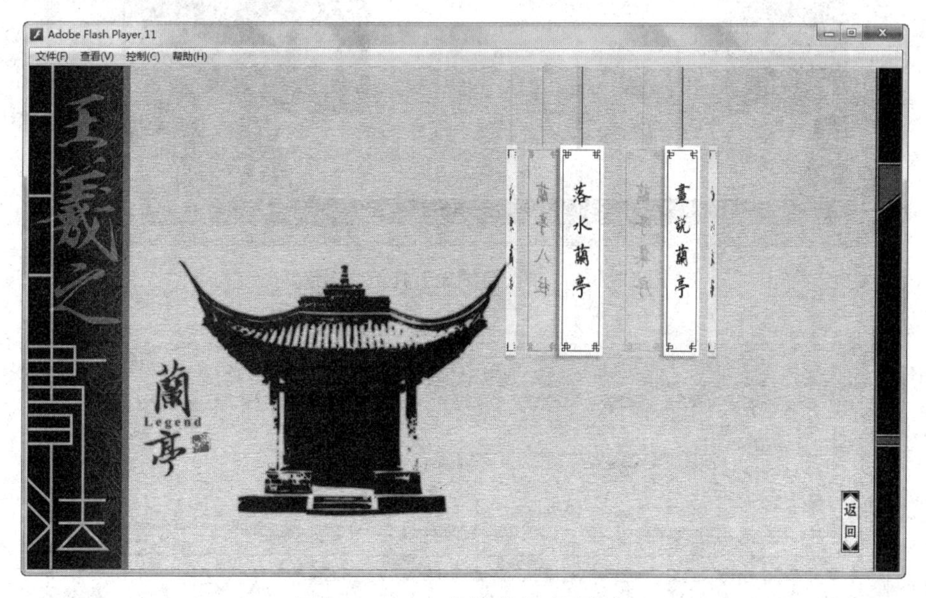

图 12-203　3D 旋转菜单动画效果

该三维旋转菜单能响应鼠标动作，旋转方向和速度随鼠标指针的位置和距离改变而相应变化。单击各个菜单，能打开对应栏目内容页面，有的内容动画元素的制作与 12.1 节所述的原理和步骤相同或相近，在此不一一赘述。

总结“兰亭传奇”的 6 个子栏目中，有两个知识点有必要做简单介绍：

① 古籍册页翻卷逐帧动画的制作；

② “落水兰亭图”赵子固人物动画的制作。

(1) 古籍册页翻卷逐帧动画的制作

Step1：按 Ctrl+F8 键新建影片剪辑元件 mv_paper，单击【确定】按钮进入元件编辑窗口。按 Ctrl+R 键导入静态序列图片素材，并逐帧转为矢量图形，如图 12-204 所示。

Step2：单击锁定图层 1，插入新建图层“红线描”，单击第 8 帧按 F6 键插入关键帧，复制并粘贴先前所绘制的“古籍册页”中的红色线框图形，用【选择工具】框选超出白纸卷部分线框形状，按 Delete 键删除，如图 12-205 所示。

Step3：继续按 F6 键插入关键帧，用【选择工具】选择红色线框的下部（除顶端横线外的竖线部分），选择【任意变形工具】拉长至底层白纸卷动部分的上边缘。其他关键帧的做法以

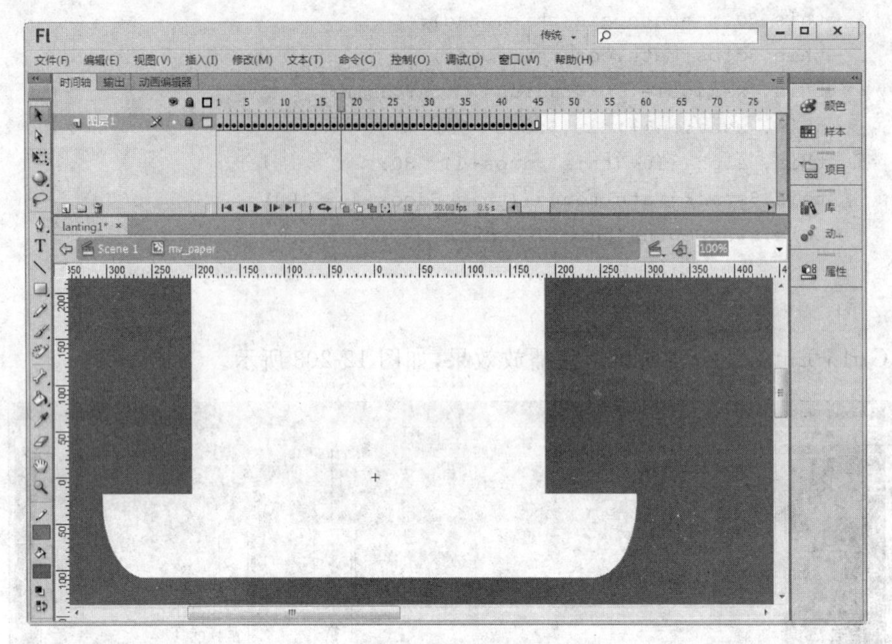

图 12-204 导入白纸展开序列图片素材

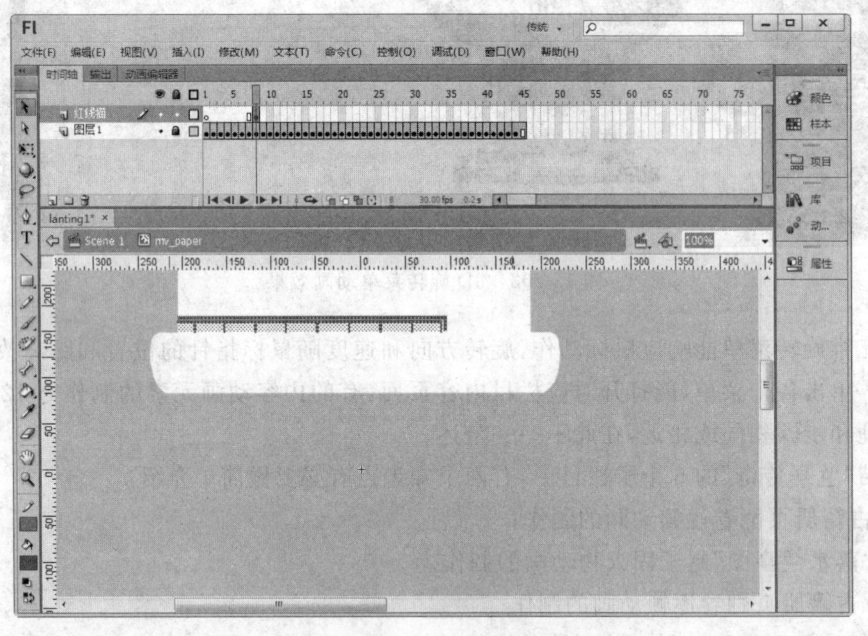

图 12-205 绘制红色线框

此类推。根据白纸的展开进程，从“红线描”图层时间轴的第 19 帧开始，根据白纸的形态，使用【选择工具】调整红色线框直线为曲线，以配合底层白纸展开的走势，如图 12-206 所示。

Step4：按照相同的操作方法，一直调整到第 45 关键帧，整个动画效果制作完毕。

逐帧动画的制作是一个“慢工出细活”的过程，虽然过程看起来比较繁琐，但是动画效果却是出人意料的，细腻、真实，几乎可以实现任何想要的动画效果。

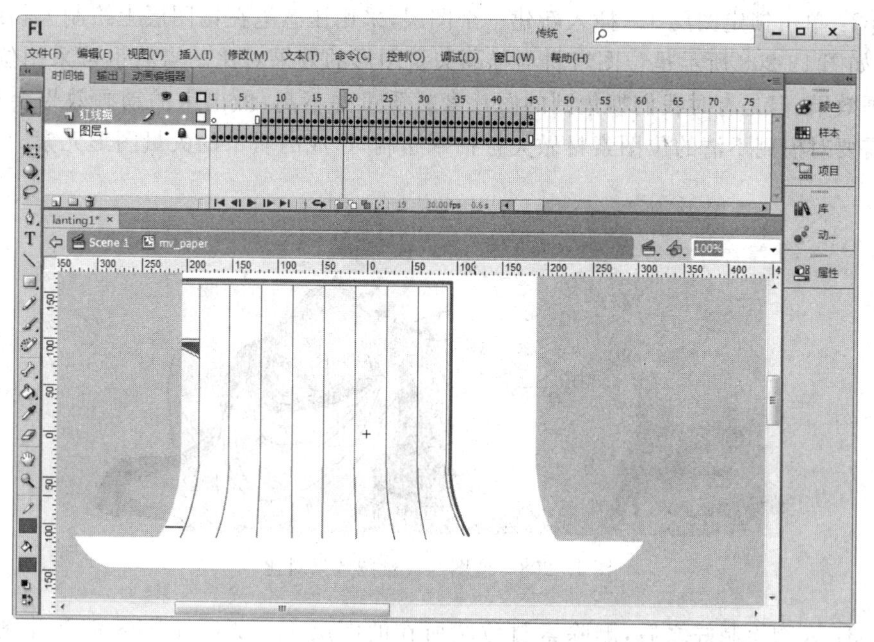

图 12-206 逐帧绘制红色线框

(2)“落水兰亭图”赵子固人物动画的制作

人物绘制采用描摹古画位图素材的方法来实现。

Step1：打开 Flash CS6，新建 ActionScript 2.0 文档，按 Ctrl+F8 键新建图形元件“人物”，单击【确定】进入元件编辑窗口。按 Ctrl+R 键导入人物素材图片文件至舞台中间，并转为图形元件，在属性面板中改变元件的透明属性，使其呈半透明状态，如图 12-207 所示。

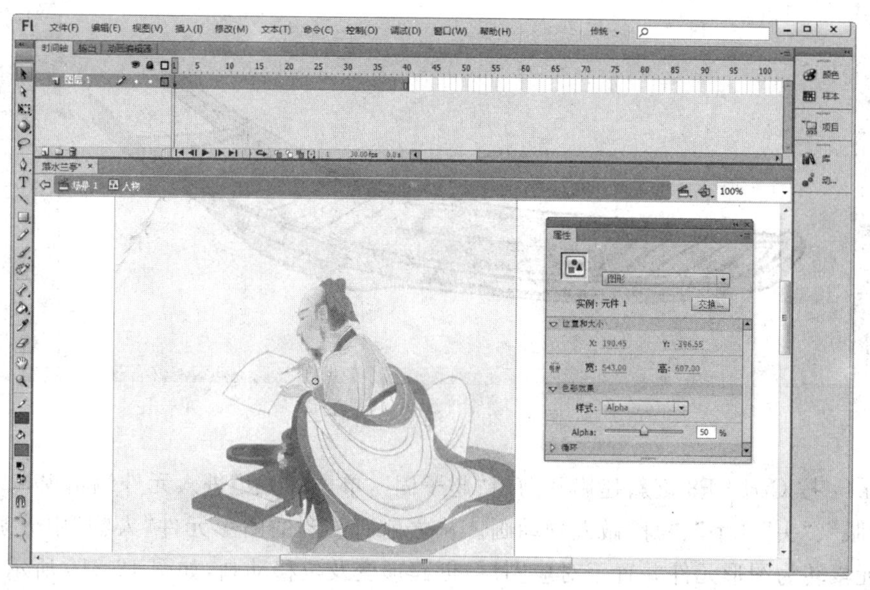

图 12-207 导入人物位图素材图片

Step2：单击锁定图层 1。插入新建一个图层，采用压感笔在该图层上绘制人物线描，最后上色，如图 12-208 所示是位图素材与描摹矢量图形的效果对比。当然也可采用位图素材来做动画效果，但是有时我们搜集到的图片素材质量并不高，做出来的动画效果会很粗糙，这时就需要对模糊不清的位图素材做矢量描摹绘制，形成高质量的矢量图形元素。

图 12-208　位图与矢量图效果对比

Step3：人物绘制好之后，删除素材位图所在的图层 1。按 Ctrl＋F8 键新建图形元件"小船"，单击【确定】进入元件编辑窗口，同样利用压感笔结合数码绘图板绘制"小船"图形，效果如图 12-209 所示。

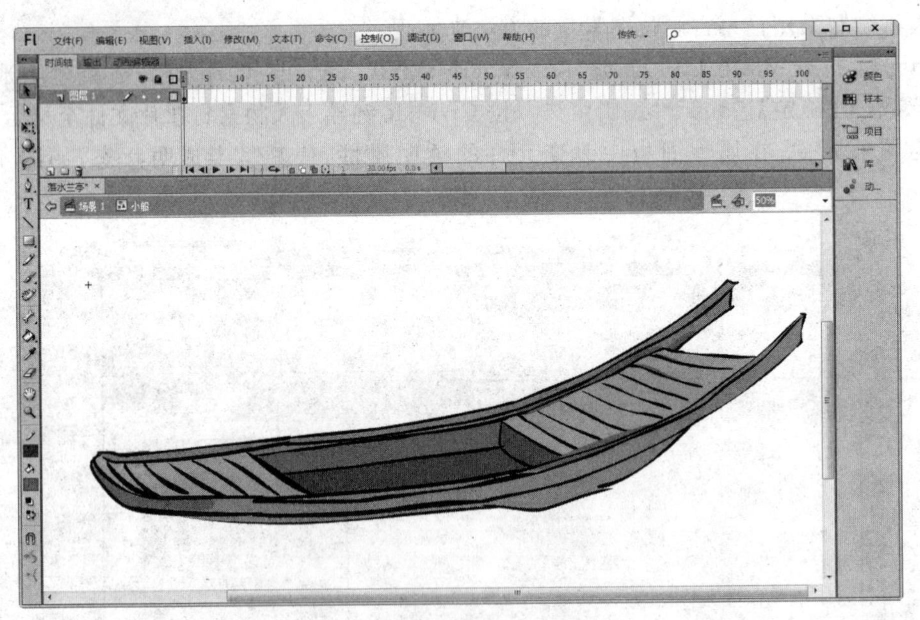

图 12-209　矢量绘制船体

Step4：按 Ctrl＋F8 键新建影片剪辑"赵子固"，单击【确定】进入元件编辑窗口。布置 4 个图层"眼"、"头"、"手"、"身"做人物动画。从之前所绘制的图形元件"人物"中分别提取对应图形元素转为图形元件并置于对应图层，创建形变及位移动画，如图 12-210 所示。

Step5：其中"身"图层中的身体部分静止不动，在第 50 帧处单击按 F5 键补齐帧即可；其他三个图层分别在第 25、50 帧按 F6 键插入关键帧，回到第 25 帧，使用【任意变形工具】分

图 12-210　制作人物动画

别选择“头”、“手”元件，向下移动两个元件的“注册点”，为了创建人物动态的传统补间动画效果，用【任意变形工具】将元件旋转较小的角度；“眼睛”图形直接改变大小，做形变动画即可，如图 12-211 所示。

图 12-211　制作人物眨眼动画效果

Step6：按 Ctrl＋F8 键新建影片剪辑“mv_赵子固”，单击【确定】进入元件编辑窗口。布置三个图层分别为“人物”、“小船”和“江水”。在“人物”图层放置影片剪辑元件“赵子固”，做1～100 帧的传统补间动画，方法与 Step5 相同；同样在“小船”图层放置图形元件“小船”，做1～100 帧的传统补间动画；在“江水”图层利用压感笔在第 1、50、100 关键帧处绘制形状不同的灰色线条并做补间形状动画，作为变化的水纹效果，如图 12-212 所示。

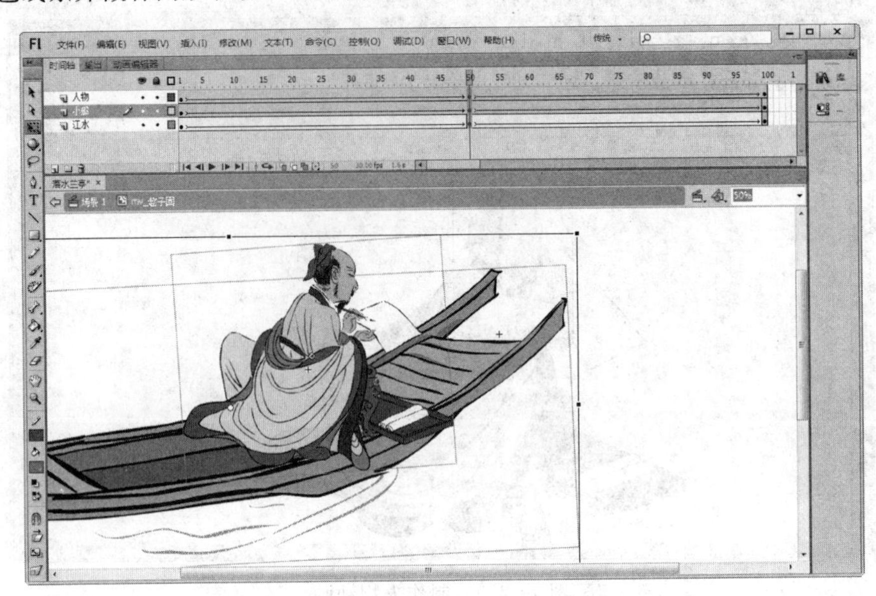

图 12-212　制作船行水面动画效果

至此，该人物动画效果制作完成，放置在主动画场景中的效果如图 12-213 所示。

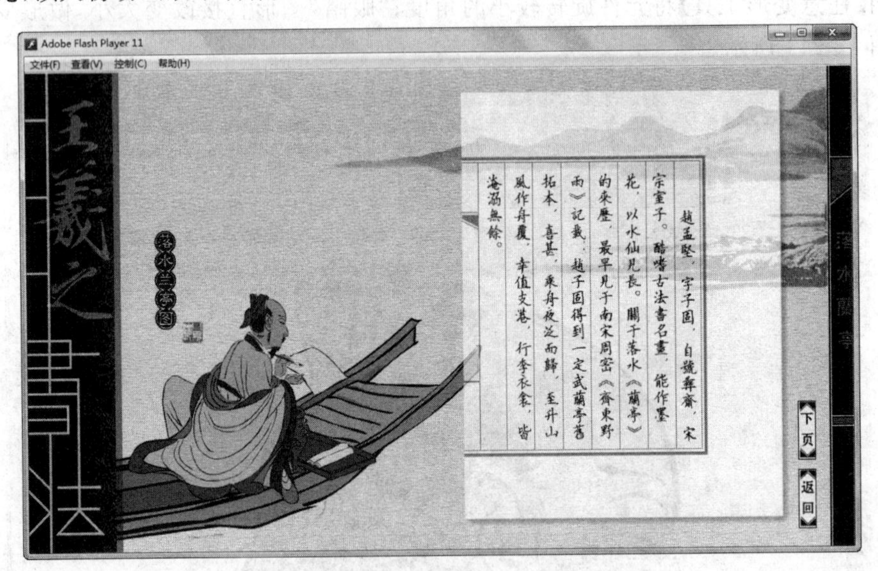

图 12-213　页面整体动画效果

4. 晋韵流衍

荷花的绘制步骤如下。

(1) 选择【钢笔工具】绘制花瓣的轮廓形状，如图 12-214 所示，选择【颜料筒工具】，为图形填充线性渐变效果，设置轮廓颜色值为＃F5B8EB，渐变颜色设置如图 12-215 所示。

(2) 按照同样的方法，绘制其他形态花瓣，选择【刷子】工具绘制花蕊，最后组合成一朵荷花，效果如图 12-216 和图 12-217 所示。

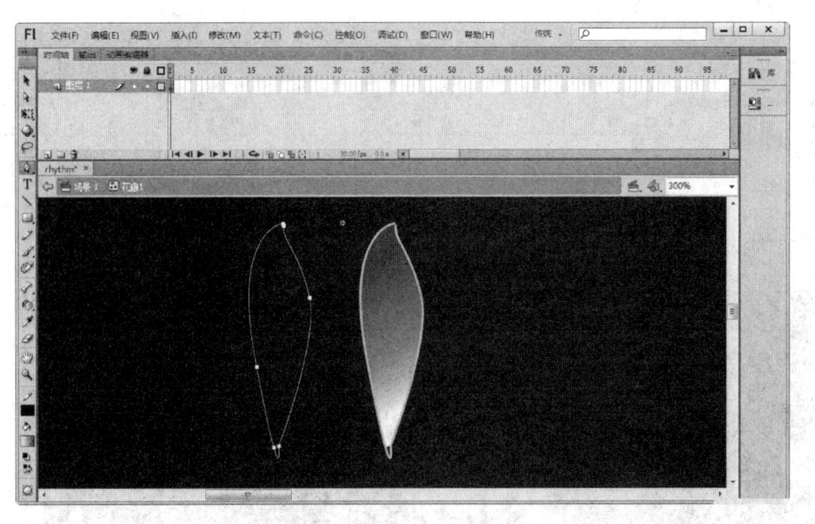

图 12-214　绘制花瓣

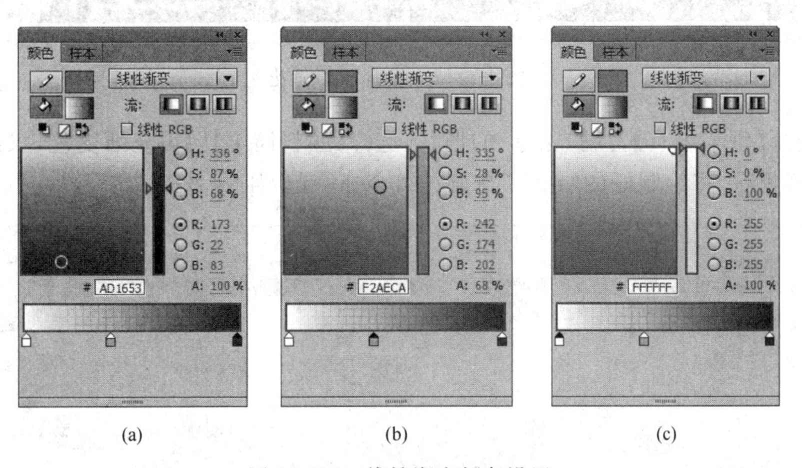

(a)　(b)　(c)

图 12-215　线性渐变颜色设置

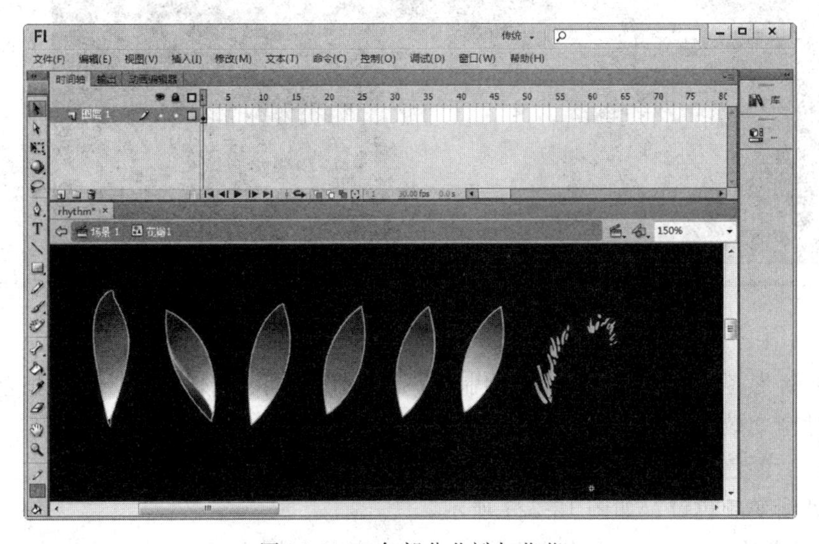

图 12-216　各部分花瓣与花蕊

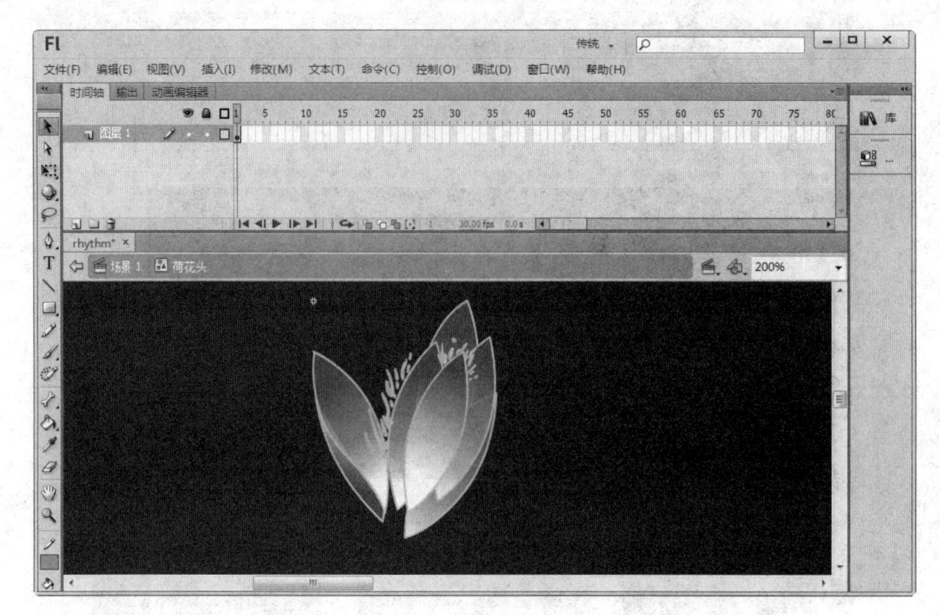

图 12-217　组合成的荷花

(3) 选择【钢笔工具】勾勒“花萼”的形状，选择【颜料筒工具】填充渐变色，双击轮廓线并按 Delete 键删除，将绘制好的“花萼”与荷花组合在一起，如图 12-218 所示。

图 12-218　添加花萼效果

(4) 绘制花茎。选择【钢笔工具】绘制如图 12-219 所示的形状，并分别为根茎和高光部分填充线性渐变效果。

根茎渐变颜色设置如图 12-220 所示。

高光处渐变颜色设置如图 12-221 所示。

至此，荷花绘制完成，放置在主动画场景中的效果如图 12-222 所示。

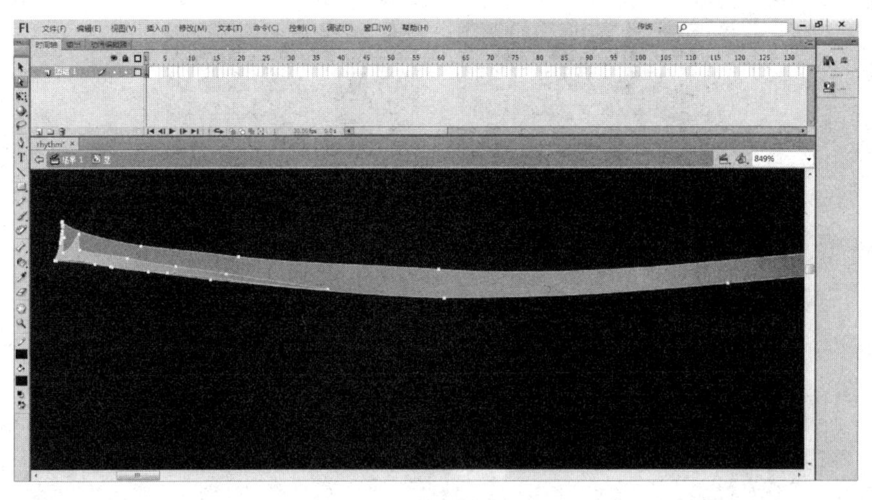

图 12-219 绘制花径

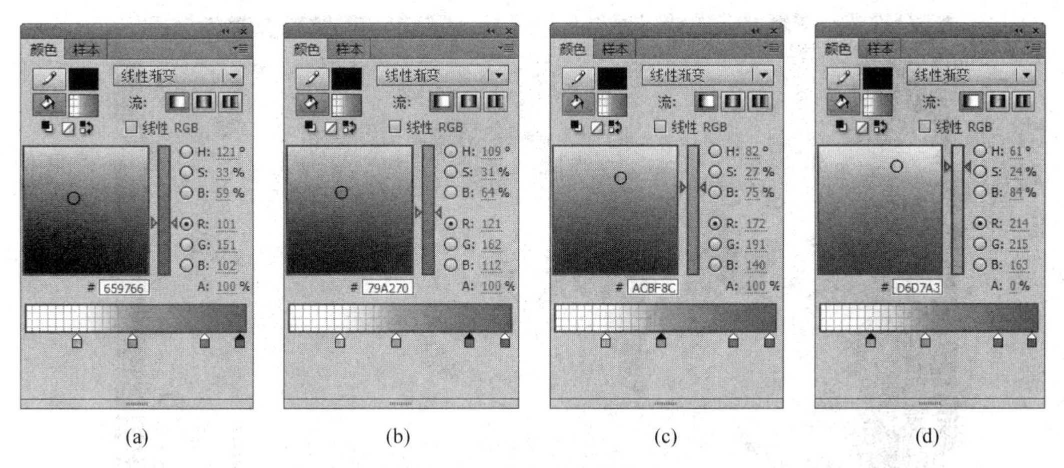

(a) (b) (c) (d)

图 12-220 线性渐变颜色设置

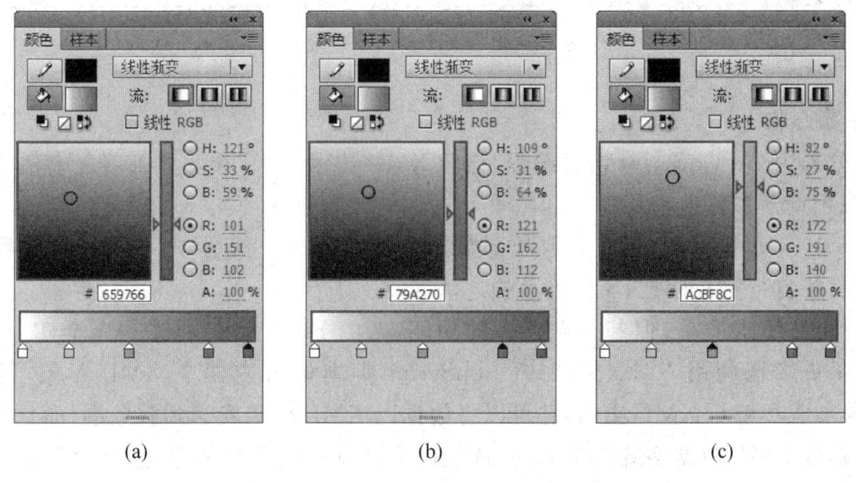

(a) (b) (c)

图 12-221 高光部分线性渐变颜色设置

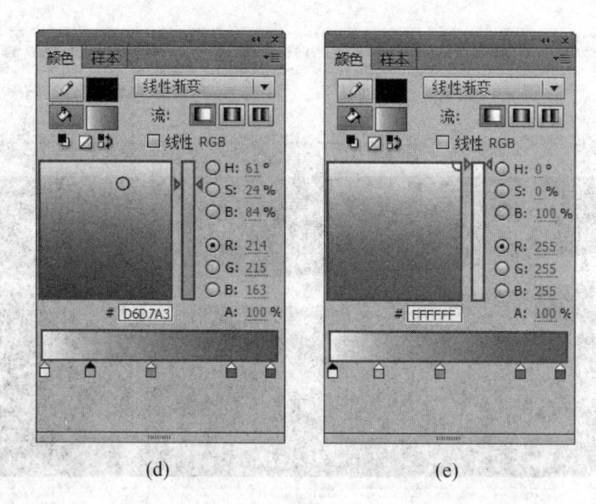

(d) (e)

图 12-221(续)

图 12-222　页面整体动画效果

5. 手摹心临

该部分采用 ActionScript 语言编程,结合 XML 技术,设计开发了王羲之书法临写讲座的 FLV 视频点播系统。

在 Flash 中使用 XML 接口获取外部数据是最有效的方法之一。XML 可以根据数据提供者的需要自行定义标记、属性名及描述法。

XML 虽然格式简单,但却有着强大的功能,新的 Flash 已经将架构完全建立在 XML 之上。为了更好地利用 XML 文档,ActionScript 脚本语言内建了 XML 对象,可以使用 XML 对象加载和解析 XML 文档,并可以将数据以 XML 格式发送到服务端;而且新的数据组件也都是以 XML 数据格式为基础的,这就使得开发环境更具诱惑力,更加符合产业发展的方向。在 Flash 中,通常会把许多素材的名称、特点、存放路径、链接信息等用规范的

XML 文档记录下来，保存在一个 XML 的文档中，素材本身放到一个文件夹中，而不是真正地将所有素材直接导入到 Flash 软件的库面板，然后利用 ActionScript 编程来读取 XML 中的素材信息。

FLV(Flash Video)是随着 Flash MX 的推出而发展起来的一种新兴的流媒体视频格式，是目前增长最快、最为广泛的视频传播格式。FLV 格式文件体积小巧、CPU 占有率低、视频质量良好，不仅可以轻松地导入 Flash 中，速度极快，并且可以不通过本地的微软或者 REAL 播放器播放视频。它的出现有效地解决了视频文件导入 Flash 后，使导出的 SWF 文件体积庞大，不能在网络上很好地使用等缺点，已成为一种众多网站支持的新兴的网络视频格式。

该视频点播系统程序文件说明：

① Copy. swf 文件——主播放文件；

② Video 文件夹——存放 list. xml 文件及 FLV 格式视频文件；

③ Thumb 文件夹——存放缩略图文件。

(1) 舞台各实体元件的布置

舞台各实体元件的布置如图 12-223 所示，其中的元件分别介绍如下。

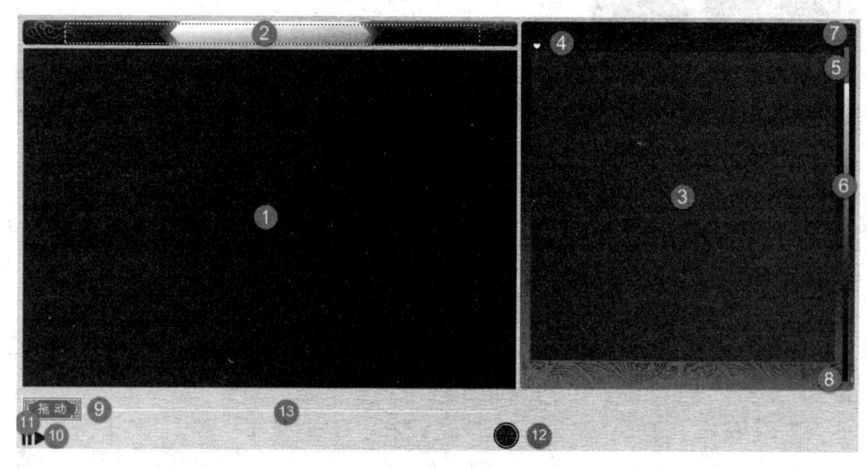

图 12-223 视频点播系统组成部分分解示意图

① VideoDisplay：视频播放区域；

② Vtitle_txt：动态文本框，显示视频标题；

③ Maskedview：显示视频目录；

④ ContentMain：空影片剪辑；

⑤ Dragger：滑块；

⑥ Scrollbg：滑块背景；

⑦ Btnup：向上箭头按钮；

⑧ Btndown：向下箭头按钮；

⑨ ScrubBut：拖动视频进程滑块；

⑩ PlayBut：播放按钮；

⑪ PauseBut：暂停按钮；

⑫ VolBut：音响开/关按钮；

⑬ ProgressBar：视频播放进程进度条。

（2）AS 脚本语言编程

在 ActionScript 图层第 1 帧输入如图 12-224 所示的 AS 代码（详细代码内容请参考素材源文件 copy.fla）。

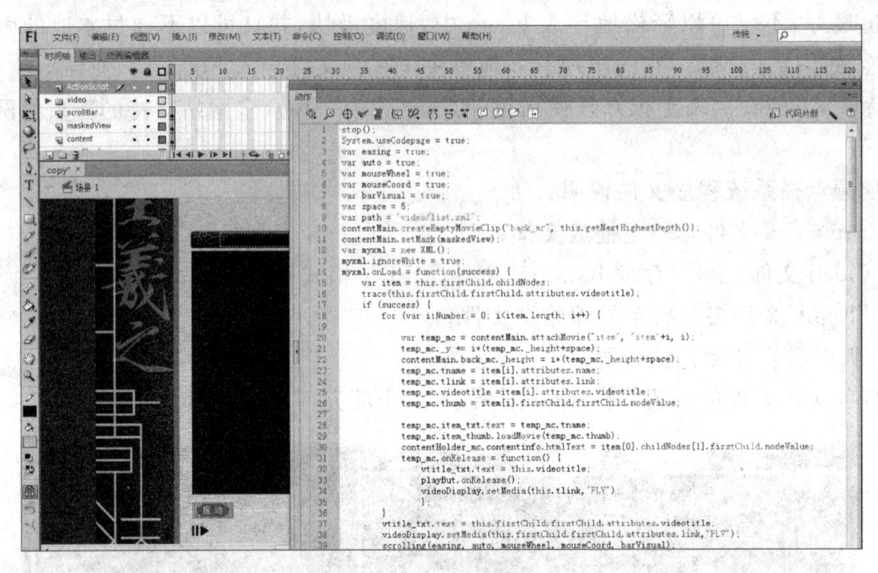

图 12-224　AS 动作脚本

这段代码的作用主要是设置 XML 路径并加载 XML 文件、加载视频播放文件在指定区域播放、显示播放视频标题文字内容、读取视频目录并在指定区域显示信息列表，并设置相应鼠标坐标位置自动滚动等。

继续在 video 文件夹下的 Actionscript 图层第 1 帧输入如图 12-225 所示的 AS 代码。

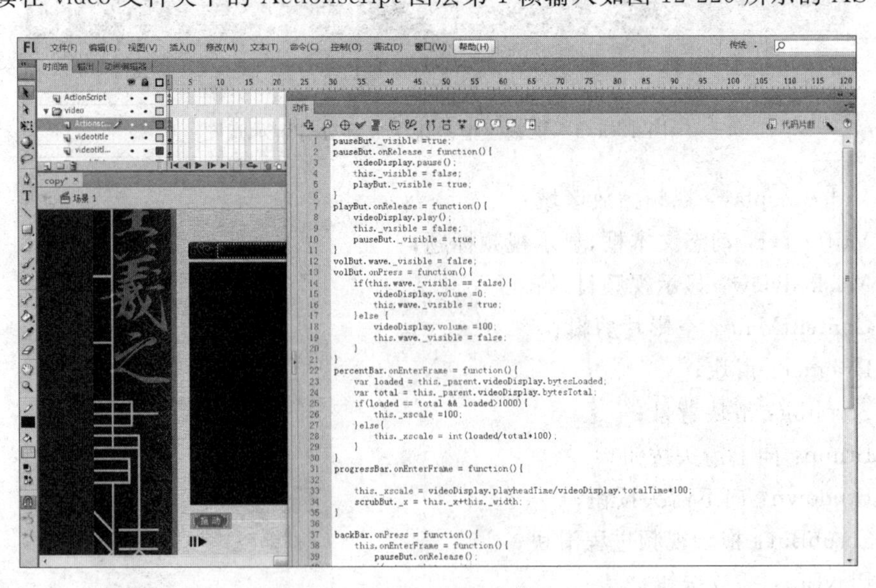

图 12-225　AS 动作脚本

该段代码的作用主要设置控制视频的播放，如暂停、播放、拖动播放进程等功能、关闭或打开视频播放声音等。

(3) 外部 XML 数据文件的创建

按照下面的格式编写一个 XML 文件，命名为 list. xml，可用网页编辑软件 Dreamweaver 进行编辑。如果没有 XML 编辑器，也可以用记事本、写字板等应用程序来编写，编写完成后将文件另存，【文件扩展名】改为. xml，【编码】项选择 UTF-8，【存放路径】为/video/list. xml。

格式如下：

```
<?xml version="1.0" encoding="utf-8"?>
<item>
    <list name="十七帖《积雪凝寒帖》临写示范"videotitle="王羲之十七帖临帖示范"
        link="video/ani1.flv" ><thumb>thumb/3.jpg</thumb>
    </list>
    <list name="神龙本《兰亭序》临写示范) "videotitle="王羲之兰亭序临帖示范"
        link="video/ani2.flv" ><thumb>thumb/4.jpg</thumb>
    </list>
    <list name="《丧乱帖》临写示范)" videotitle="王羲之丧乱帖临帖示范"
        link="video/ani3.flv" ><thumb>thumb/5.jpg</thumb>
    </list>
    <list name="《远宦帖》临写示范" videotitle="王羲之远宦帖临帖示范"
        link="video/ani4.flv" ><thumb>thumb/2.jpg</thumb>
    </list>
    <list name="《游目帖》临写示范" videotitle="王羲之游目帖临帖示范"
        link="video/ani5.flv" ><thumb>thumb/6.jpg</thumb>
    </list>
    <list name="《快雪时晴帖》临写示范" videotitle="王羲之快雪时晴帖临帖示范"
        link="video/ani6.flv" ><thumb>thumb/5.jpg</thumb>
    </list>
    <list name="《得示帖》与《孔侍中帖》临写示范" videotitle="得示帖、孔侍中帖临帖示范"
        link="video/ani7.flv" ><thumb>thumb/2.jpg</thumb>
    </list>
    <list name="《乐毅论》临写示范" videotitle="小楷《乐毅论》临帖示范"
        link="video/ani8.flv" ><thumb>thumb/1.jpg</thumb>
    </list>
</item>
```

注：list 属性对应视频点播列表；

videotitle 属性对应播放视频显示的标题内容；

link 属性对应要调用视频文件的路径；

thumb 属性对应视频缩略图文件路径。

12.2.8 作品整合与发布

1. 作品文件架构说明

```
王羲之书法艺术.swf------------------------------------------主播放文件
  ├——music.swf-----------------------------------------背景音乐文件
```

```
├──main.swf-------------------------------------------片头动画文件
  ├──index.swf-----------------------------------------首页导航文件
    ├──intro.swf---------------------------------------“千古书圣”文件
    ├──skill.swf---------------------------------------“神乎其技”文件
    ├──pic1.swf----------------------------------------“快雪时晴帖”文件
    ├──pic2.swf----------------------------------------“平安、何如、奉橘三帖”文件
    ├──pic3.swf----------------------------------------“其他代表作品”文件
  ├──legend.swf----------------------------------------“兰亭传奇”文件
    ├──lanting1.swf------------------------------------“曲水流觞”文件
    ├──lanting2.swf------------------------------------“兰亭雅集”文件
    ├──lanting3.swf------------------------------------“兰亭八柱”文件
    ├──lanting4.swf------------------------------------“计赚兰亭”文件
    ├──lanting5.swf------------------------------------“落水兰亭”文件
    ├──lanting6.swf------------------------------------“画说兰亭”文件
  ├──rhythm.swf----------------------------------------“晋韵流衍”文件
  ├──copy.swf------------------------------------------“手摹心临”文件
pic1--------------------------------放置《快雪时晴帖》切片图形文件
pic2--------------------------------放置《平安、何如、奉橘三帖》切片图形文件
thumb-------------------------------放置视频播放器缩略图文件
txt---------------------------------放置调用的文本文件
MP3---------------------------------放置背景音乐文件
```

2. SWF文件的加载和调用

与12.1节案例作品相似，本实例作品也采用一个“空”SWF文件作为主播放文件，分别调用加载其他栏目SWF文件，下面简要说明一下做法。

(1) 设置主播放文件

新建一个Flash文档，舞台大小设为1024×575像素，背景颜色为深灰色，帧频FPS设为25，命名为“王羲之书法艺术.fla”，在图层1第1帧输入AS语句：

```
loadMovieNum("main.swf",1)          //加载片头动画文件,层级为1
loadMovieNum("music.swf",2)         //加载背景音乐文件,层级为2
```

在图层2第1帧输入AS语句：

```
fscommand("fullscreen","true");     //设置影片全屏打开
fscommand("allowscale","false");    //锁定影片的播放尺寸,不随窗口大小缩放
```

(2) 片头动画加载主界面播放文件

用Flash CS6打开片头动画源文件main.fla，单击“首页”按钮元件按F9键打开动作面板，如图12-226所示，输入AS语句：

```
on (release){
    loadMovieNum("index.swf",1);  //加载主界面播放文件,替换片头动画文件“main.swf”
}
```

(3) 加载二级页面文件

通过对主界面上的导航菜单按钮元件赋予相应的AS语句来调用二级页面文件。以调

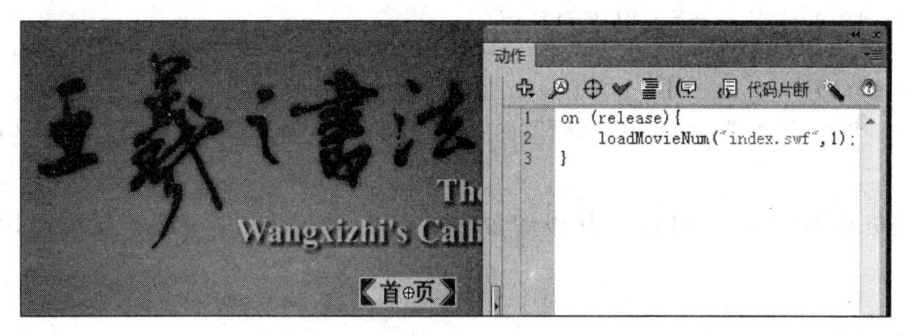

图 12-226　加载主界面播放文件

用“千古书圣”为例说明。用 Flash CS6 打开主界面源文件 index.fla，单击“千古书圣”按钮元件按 F9 键打开动作面板，如图 12-227 所示，输入 AS 语句：

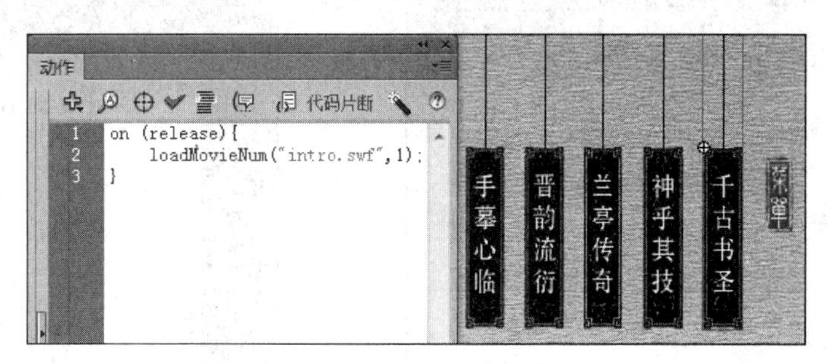

图 12-227　加载内容页文件

```
on (release){
    loadMovieNum("intro.swf",1);
                          //加载“千古书圣”文件 intro.swf,替换主界面文件 index.swf
}
```

如果返回主界面，可以在二级页面设置“返回”交互按钮，并赋予 AS 语句如下：

```
on (release) {
    loadMovieNum("index.swf",1);    //加载主界面文件"index.swf"并置于层级 1 的位置
}
```

即用主播放文件重新加载主界面文件，替换当前正在播放的二级页面文件。

(4) 三级页面文件的加载与卸载

从“作品文件架构示意图”中可以看出，课件“神乎其技”和“兰亭传奇”两个部分又细分有三级页面，如“兰亭传奇”部分由 6 个子栏目组成，也就是 6 个三级页面 SWF 文件。二级页面对于三级页面的加载同样使用 loadMovieNum()函数来实现。首先要为每个三级页面分配加载的层级编号，如全部二级页面加载的层级编号都为“1”，加载到主播放文件中是互相替换的关系。由于在主播放文件加载背景音乐文件 music.swf 时置于层级 2，那么三级页面文件的加载层级编号可以从 3 开始算起。如 pic1.swf 的加载层级为 3，pic2.swf 的加载层级为 4……，以此类推，设置 lanting1.swf 的加载层级为 7，lanting2.swf 的加载层级为 8……等。下面以加载 lanting1.swf(曲水流觞)为例说明。

打开“兰亭传奇”源文件 legend.fla，单击【曲水流觞】导航菜单按钮元件按 F9 键打开动

作面板,如图 12-228 所示,输入以下 AS 语句:

```
on (release){
    loadMovieNum("lanting1.swf",7);   //加载"曲水流觞(lanting1.swf)"文件,层级为 7
}
```

对于三级页面的卸载,可以为其设置如图 12-229 所示的"返回"交互按钮,并赋予 AS 语句如下:

```
on (release){
    unloadMovieNum(7);                    //卸载层级为 7 的 SWF 文件,即 lanting1.swf
}
```

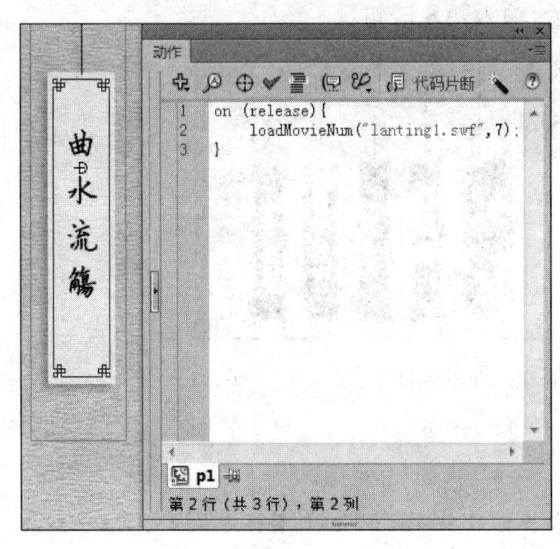

图 12-228　加载三级页面文件

图 12-229　三级页面文件的卸载

其他三级页面的加载与卸载方法以此类推。

12.3 多媒体教学课件《中国书法》

12.3.1 案例背景分析

随着现代教育技术的飞快发展,数字信息技术深刻影响了传统的教学方式、方法和手段,多媒体教学课件已经成为现代教师教学中使用的一种常规辅助性教学工具。在多媒体课件制作方面,以美国微软公司出品的 Office 套装软件中的 PowerPoint 应用得最为普遍,但是从多媒体课件的艺术创意、交互功能角度来说,目前 Flash 才是最佳的选择。它功能强大、界面精美、交互性强、应用广泛,具有其他课件制作软件不可比拟的多方面优势。

多媒体教学课件《中国书法》基于汉语言文学专业基础课程教材《大学书法》(洪丕谟、晏海林编著,复旦大学出版社,2009 年版)部分章节制作而成。中国书法博大精深、源远流长,无色而具图画的灿烂,无声而有音乐的和谐,引人欣赏、心旷神怡。该课件从中国书法的四大书体真(楷)、草、隶、篆入手,介绍了各种书体的历史演变与发展以及历代书法家的代表作品。

《中国书法》多媒体教学课件在 2011 年教育部举办的"第四届中国大学生(文科)计算机

设计大赛"中获得一等奖。

12.3.2　创意与构思

自古书画同源，"工画如楷书，写意如草圣"，在课件的界面设计上，运用了中国传统水墨画中虚实相生、计白当黑、阴阳互补等一些表现手法，充分利用水墨艺术自身的构成符号、色泽、层次等阐释课件设计的主题及其想要表达的感受。整体风格清新淡雅，水墨意境悠远，寻求古典与现代最佳的契合点，使观者能感受到中国书法艺术所特有的气势之美、意境之妙。中国文字的书写形式一般分为真(楷)、草、隶、篆四大类，本课件介绍了四大书体的起源和发展脉络以及历代书法家传世作品，辅以书史典故、书法知识测试、书法碑帖欣赏等学习内容，具体栏目设置如下。

(1) 楷书：从"楷书简介"、"代表人物——二王"、"楷书'四大家'"、"楷书的快写——行书"等4个方面，介绍了楷书的起源与发展，该部分内容没有把"行书"单列出来做介绍，而是作为"楷书的快写形式"来阐释，重点对天下第一、二、三行书作品与作者进行介绍。

(2) 隶书：分"隶书简介"、"隶书传世之作"两部分介绍隶书的起源与发展，重点是汉隶碑刻的学习。

(3) 草书：分"草书简介"、"草书名家名作"两部分介绍草书的起源与发展。

(4) 篆书：分"篆书简介"、"篆书名家名作"两部分介绍篆书的起源与发展。

(5) 课件简介：简要介绍课件制作的背景、特色。

(6) 碑帖图赏：精选历代传世书法作品，利用动画特效展示，供浏览者赏析。

(7) 牛刀小试：书法知识小测试，可以检验学习者对书法知识的掌握程度。

(8) 书史典故：关于历代书家的典故、轶事介绍，增强浏览者学习的趣味性。

(9) 关于我们：有关课件制作团队的文字介绍。

12.3.3　课件交互结构规划

《中国书法》多媒体课件交互架构流程图如图12-230所示。

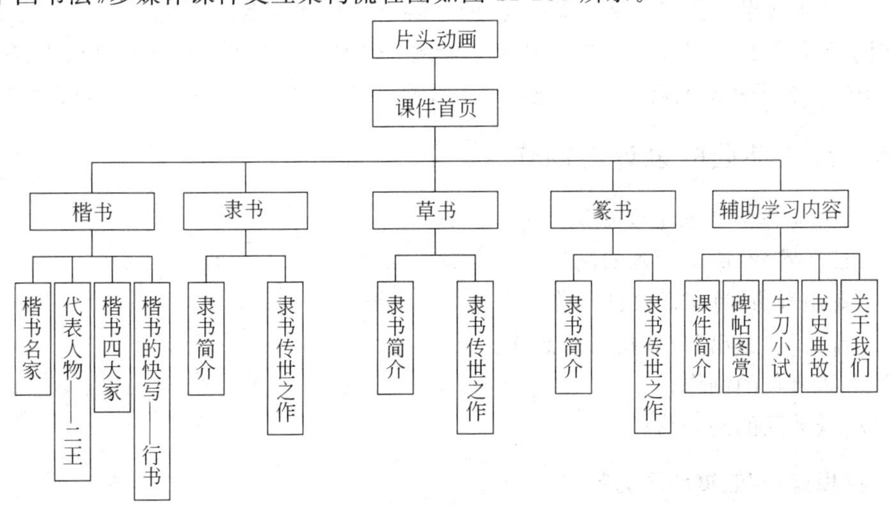

图12-230　《中国书法》多媒体课件交互架构流程图

12.3.4 作品效果截图

图 12-231 为课件的片头动画，设计上以“兰亭雅集”为主题，借助现代数码软件“穿越”回到那个率性洒脱、玄远放旷的魏晋时代。片头动画中，古典风格的粉墙黛瓦外，一树红梅悄然盛开，随即一笔浓墨晕开化为青山远黛，动画效果利用多层遮罩动画原理实现；紧接着一幅古籍册页渐显，标题文字“中国书法”出现。册页文字内容节选自王羲之传世名作《兰亭集序》。中国古籍之于文明的意义弥足珍贵，它墨香纸润，版式疏朗，素雅而端正，讲究总体和谐而富有文化书卷之气，洋溢着鲜明的中国民族气派，蕴涵了意念的空灵美、淡雅的色彩美、严整的秩序美等中国传统美学精神。最后一叶扁舟由远及近，“舟楫相配，得水而行”，舟中三人促膝而坐，舟尾小童摇橹从容，清风徐来，水波不兴，我们仿佛能感受到王羲之与友人寄情山水、畅叙幽情的恬淡处世情怀。

图 12-231 《中国书法》多媒体课件片头动画

图 12-232 为课件首页，图片菜单以古典扇面的形式表现，依次落下且鼠标悬停会有“模糊、清晰”的动画效果。文字菜单回旋往复，两三游鱼在荷叶间追逐嬉戏，一丛墨竹点缀其中，背景采用了天蓝色调，暗合《兰亭集序》中所描绘的“天朗气清，惠风和畅”的意境。纵观动画整体效果，仿佛穿越千年梦回魏晋：“此地有崇山峻岭，茂林修竹；又有清流激湍，映带左右”。

12.3.5 片头动画的设计与制作

片头动画制作涉及的主要知识点有：

(1)“红梅盛开”遮罩动画的制作；

(2)“青山远黛”遮罩动画的制作；

(3)“首页”、“退出”交互按钮的制作；

(4) 古籍册页的制作；

(5) 场景动画的编排与整合。

1.“红梅盛开”遮罩动画的制作

绘制梅花花瓣。

(1) 打开 Flash CS6，新建 ActionScript 2.0 文档，命名为“红梅.fla”，设置舞台大小为

图 12-232 《中国书法》多媒体课件首页

1024×575 像素、背景颜色为白色，帧频设为 30，单击【确定】按钮。

(2) 按 Ctrl+F8 键新建图形元件“花瓣 1”，单击【确定】按钮进入元件编辑窗口，选择【钢笔工具】绘制单个花瓣轮廓。设置轮廓笔触为 1、颜色值为＃FF6600，为花瓣轮廓填充【线性渐变】效果，颜色值设置为＃FF0000 到＃BB0000 的过渡，如图 12-233 所示。

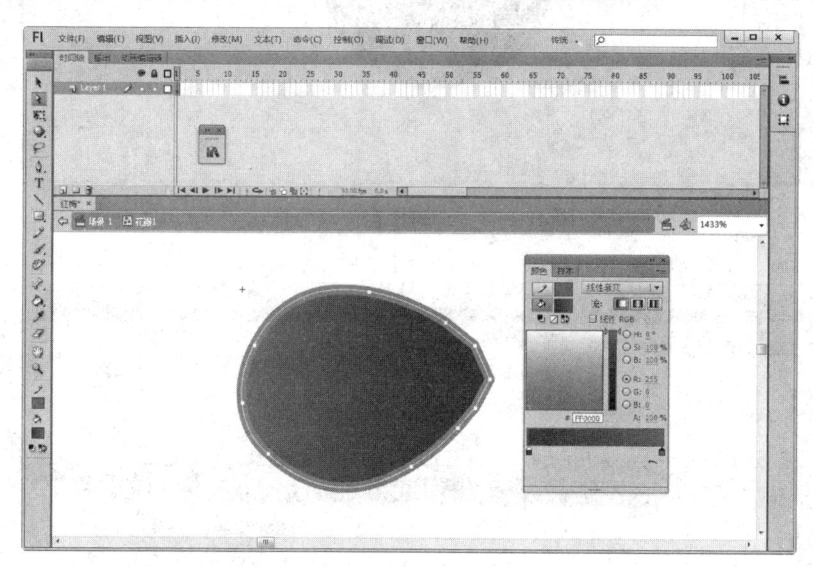

图 12-233 绘制单个花瓣

(3) 按照上述方法和步骤，制作图形元件“花瓣 2”、“花瓣 3”、“花瓣 4”、“花瓣 5”，如图 12-234 所示。

(4) 按 Ctrl+F8 键新建图形元件“花瓣单独”，单击【确定】按钮进入元件编辑窗口，选择【钢笔工具】绘制如图 12-235 所示的图形，并设置与前一步相同的轮廓颜色和填充颜色。

(5) 按 Ctrl+F8 键新建图形元件“花心”，单击【确定】按钮进入元件编辑窗口，选择【椭圆工具】绘制如图 12-236 所示图形，设置轮廓笔触颜色为无，设置【线性渐变】填充颜色为＃FF9900 到＃FF6600 的过渡。

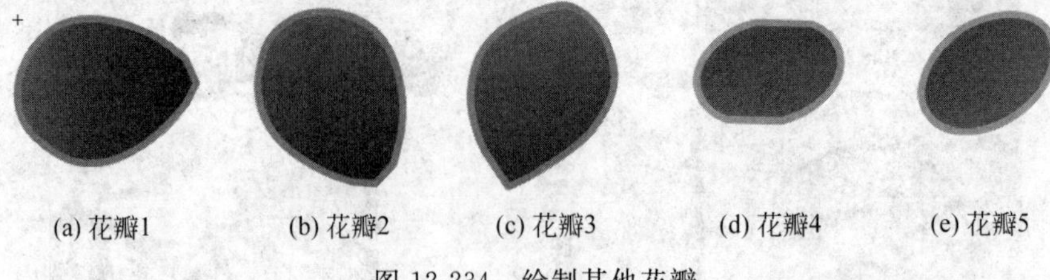

图 12-234 绘制其他花瓣

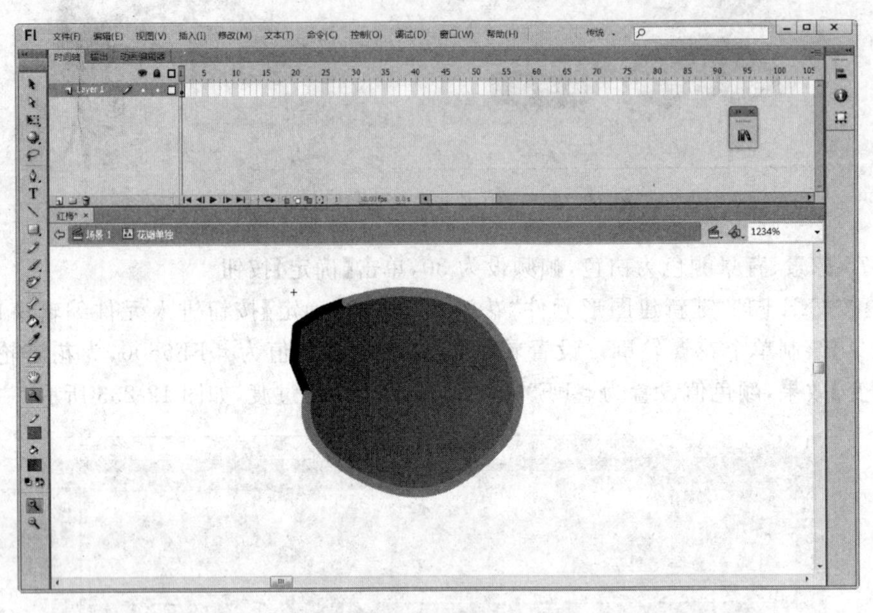

图 12-235 绘制含苞待放的梅花

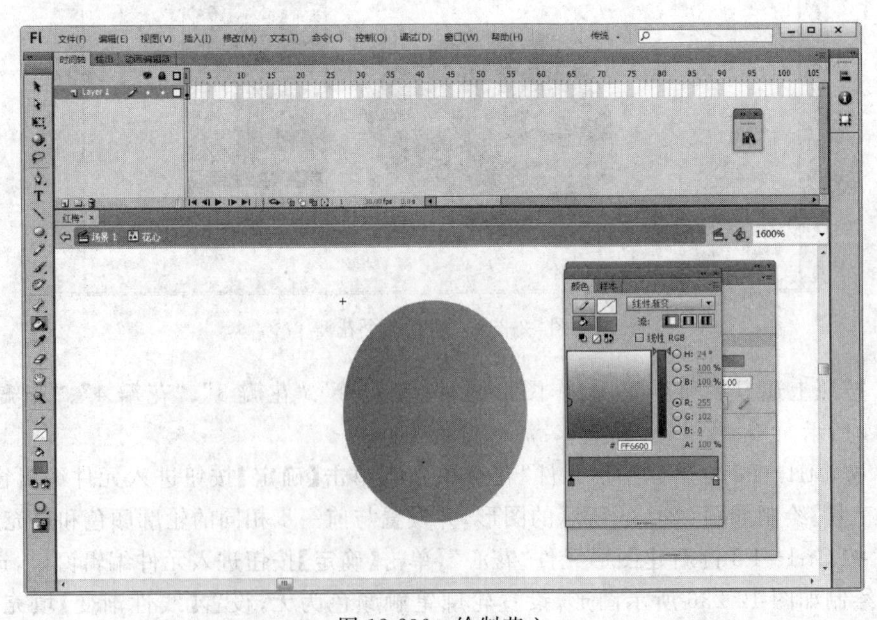

图 12-236 绘制花心

(6) 按 Ctrl＋F8 键新建图形元件“花蕊”，单击【确定】按钮进入元件编辑窗口，选择【线条工具】设置描边颜色值为＃FFCC00，选择【刷子工具】设置填充颜色值为＃FFFF99，绘制如图 12-237 所示的花蕊形状。

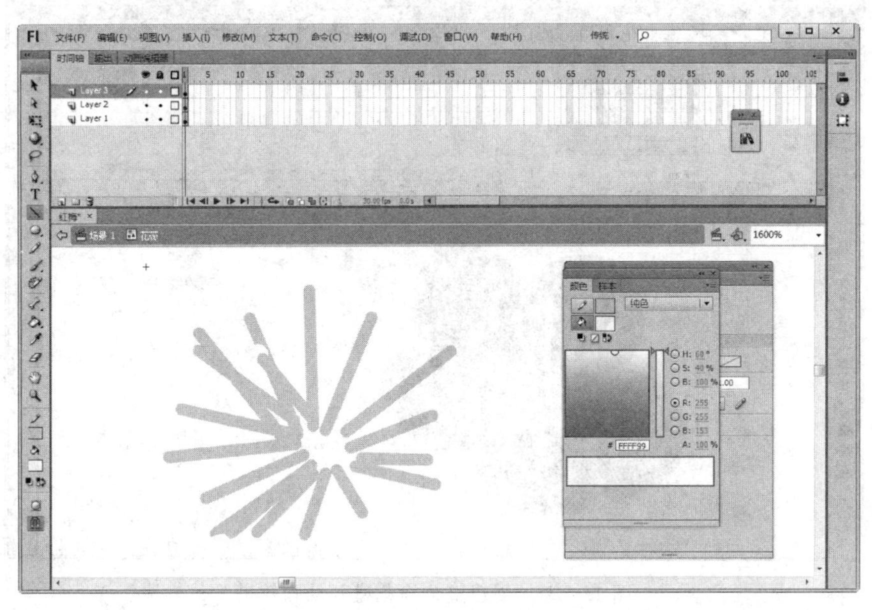

图 12-237 绘制花蕊

(7) 按 Ctrl＋F8 键新建影片剪辑元件“mv_花开”，单击【确定】按钮进入元件编辑窗口，修改图层 1 名称为“花瓣 1”，从库中拖入元件“花瓣 1”至舞台，在第 10、14、16、23 帧按 F6 键插入关键帧，选择【任意变形工具】，放大第 10、14 帧处的元件的尺寸，用【移动工具】稍稍移动第 16、23 帧元件的位置，单击右键【创建传统补间】动画，如图 12-238 所示。

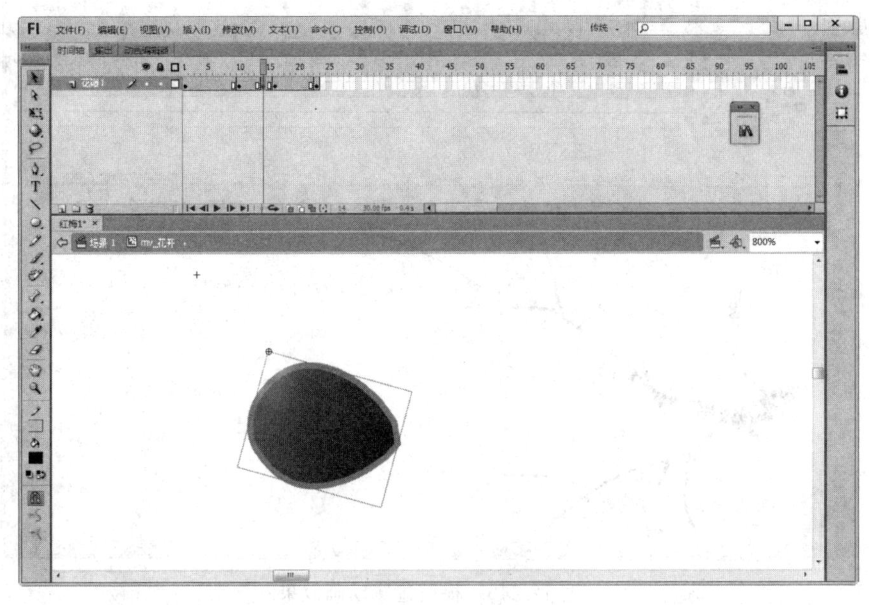

图 12-238 创建单个花瓣缩放动画效果

(8) 按照相同的方法,创建其他花瓣元件“开放”的传统补间动画效果,并新建图层 AS,在最右一帧赋予 stop();命令,让动画在最右一帧停止播放,如图 12-239 所示。

图 12-239 创建整朵梅花盛开动画效果

(9) 按 Ctrl+F8 键新建影片剪辑元件“mv_红梅”,单击【确定】按钮进入元件编辑窗口,布置 4 个图层“梅枝 1”、“梅枝 2”、mask1、mask2。将 mask1、mask2 图层转为遮罩层。在“梅枝 1”图层中导入素材图片文件“梅枝 1. png”,选择【椭圆工具】,调整填充色为半透明的红色,在图层 mask1 第一帧绘制一个小椭圆,正好盖住梅枝的根部,如图 12-240 所示。

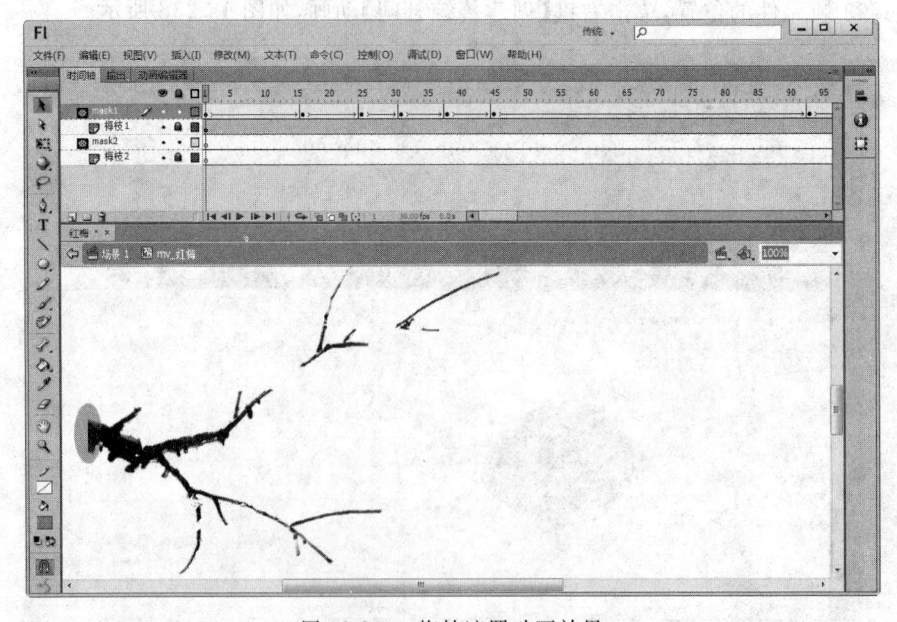

图 12-240 梅枝遮罩动画效果

(10) 按 F6 键插入若干关键帧,用【选择工具】调整不同关键帧处的椭圆大小,覆盖梅枝的枝丫走向,单击右键【创建补间形状】动画,如图 12-241 所示。

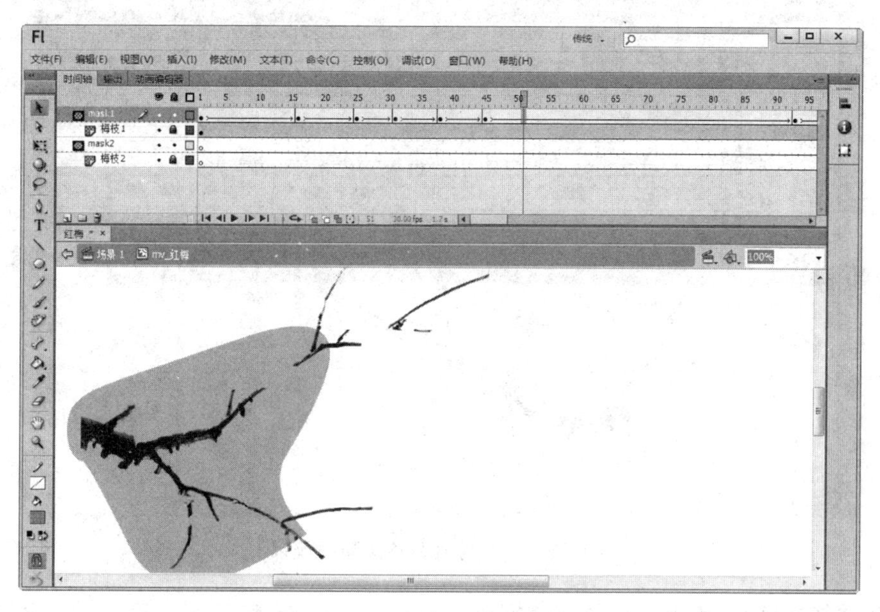

图 12-241 遮罩图形的形态变化

(11) 在“梅枝 2”图层第 125 帧插入关键帧,导入素材图片文件“梅枝 2.png”,按照相同方法,在 mask2 图层第 125 帧插入关键帧,绘制、调整半透明红色图形并【创建补间形状】动画,如图 12-242 所示。

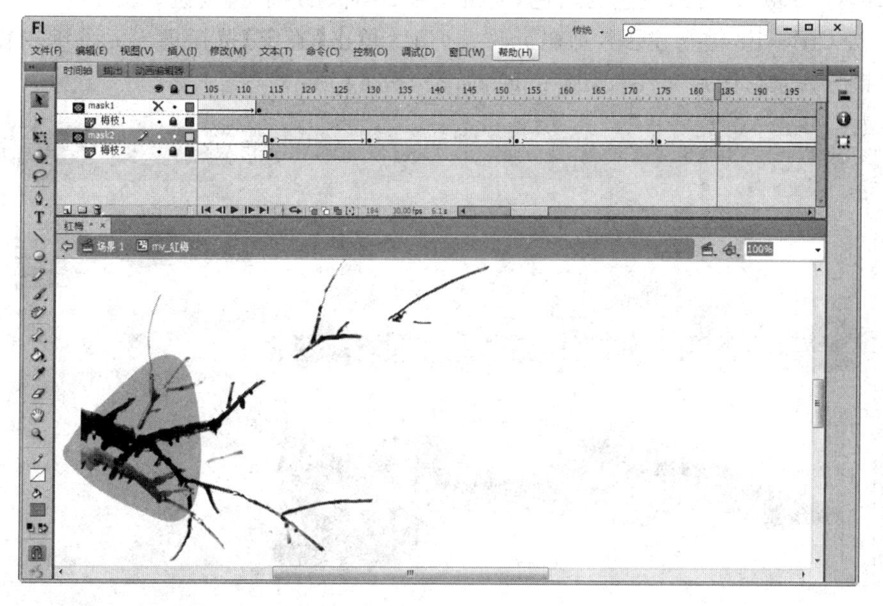

图 12-242 梅枝遮罩动画效果

(12) 新建若干图层,将之前创建的影片剪辑元件“mv_红梅”和图形元件“花瓣单独”排列在梅枝上,注意梅枝生长走向和元件出现的时间顺序,最后形成整体动画效果,如

图 12-243 所示。

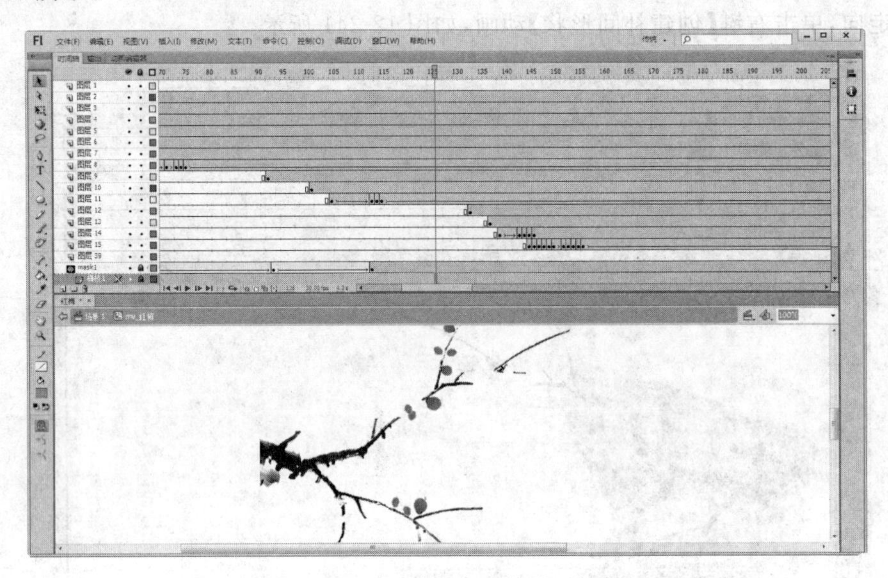

图 12-243　红梅盛开整体动画效果

至此,"红梅盛开"遮罩动画的制作完成。

2. "青山远黛"遮罩动画的制作

该动画效果采用多层遮罩动画的方法制作而成。

(1) 打开 Flash CS6,新建 ActionScript 2.0 文档,命名为"青山远黛.fla",设置舞台大小为 1024×575 像素、背景颜色为白色,帧频设为 30,单击【确定】按钮。

(2) 按 Ctrl+F8 键新建影片剪辑元件"远山",单击【确定】按钮进入元件编辑窗口,按 Ctrl+R 键导入素材图片文件"远山.png",如图 12-244 所示。

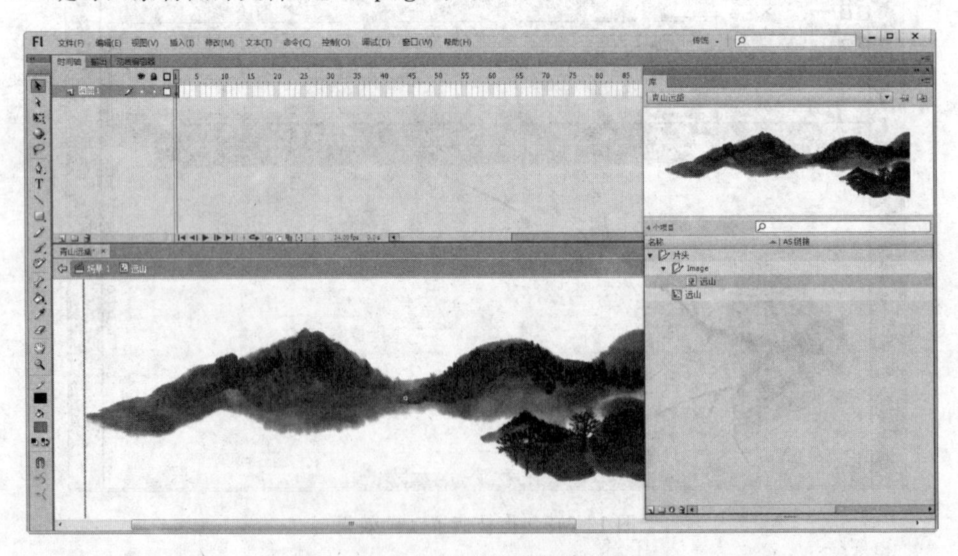

图 12-244　导入位图素材

(3) 返回主场景舞台。修改图层 1 为"远山",新建图层 mask1。按 Ctrl+R 键导入墨迹遮罩图形素材文件“墨迹.ai”，如图 12-245 所示。

将"墨迹.ai"导入到舞台

选择 Illustrator 画板：1 - "Artboard 2"

检查要导入的 Illustrator 图层(C)：

<Layer>
<Group>
<Compound Path>
<Path>
<Path>_1
<Path>_2
<Path>_3
<Path>_4
<Path>_5
<Path>_6
<Path>_7
<Path>_8
<Path>_9
<Path>_10
<Path>_11

"<Layer>"的图层导入选项：

导入为位图(O)

创建影片剪辑(M)

实例名称(N)：

注册(A)：

将图层转换为(L)：Flash 图层

将对象置于原始位置(P)

将舞台大小设置为与 Illustrator 画板 (283 x 283) 相同(Z)

导入未使用的元件(U)

导入为单个位图图像(B)

确定　取消

图 12-245　导入矢量图形素材

(4) 按住 Shift 键，同时选择两个图层的第 1 帧拖至 16 帧，让两个图层的前 15 帧保持空白，是为了配合时间轴动画的出场时间差。同时选中两图层的第 37 帧按 F6 键插入关键帧，为“墨迹”图形做缩放的【形状补间】动画，为“远山”做渐变的【传统补间】动画，如图 12-246 所示。

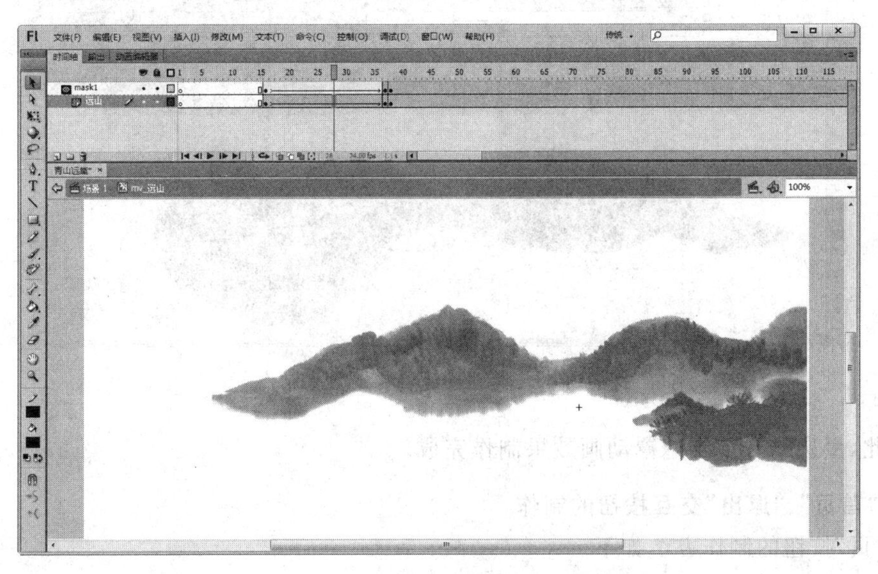

图 12-246　制作遮罩图形形变动画

(5) 继续插入新建图层 mask2 和"远山",在两个图层第 20、50 帧插入关键帧,做与步骤(4)同样的动画效果,注意此时 mask2 图层的"墨迹"形状在第 50 帧时的变化,要大于 mask1 图层的墨迹形状,形成墨迹晕开的动画效果,如图 12-247 所示。

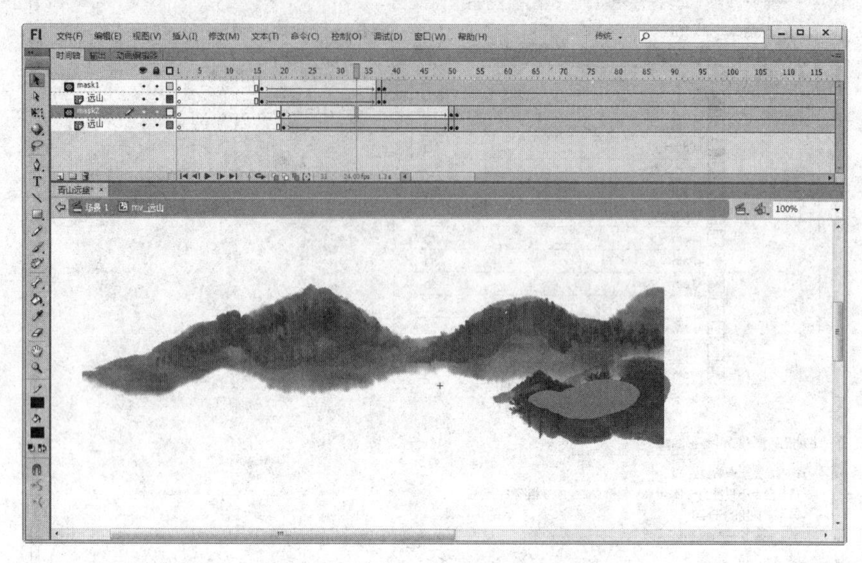

图 12-247 多层遮罩动画效果制作

(6) 按照类似的操作方法,分别做其他多层遮罩动画效果,如图 12-248 所示。

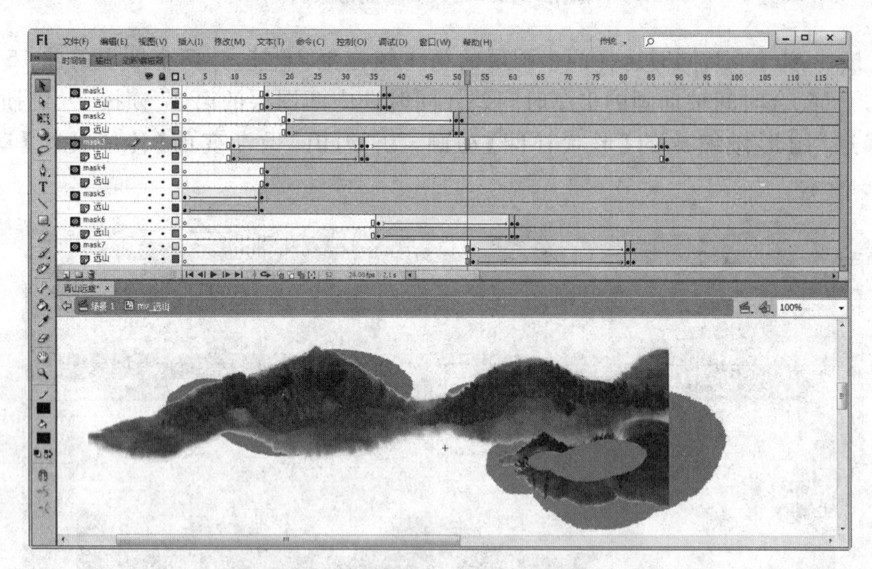

图 12-248 其他层遮罩动画效果制作

至此,墨迹晕开多层遮罩动画效果制作完成。

3. "首页"、"退出"交互按钮的制作

"首页"按钮的制作方法如下。

(1) 按 Ctrl+F8 键新建影片剪辑元件 light,单击【确定】按钮进入元件编辑窗口,选择【矩形工具】绘制一个矩形,设置填充为"中间白色两边透明"的线性渐变效果,设置描边色为无，如图 12-249 所示。

图 12-249 为矩形填充线性渐变效果

(2) 按 Ctrl＋F8 键新建影片剪辑元件“mv_印章”，单击【确定】按钮进入元件编辑窗口，使用图形绘制工具和文本工具，制作印章效果的按钮图形，如图 12-250 所示。

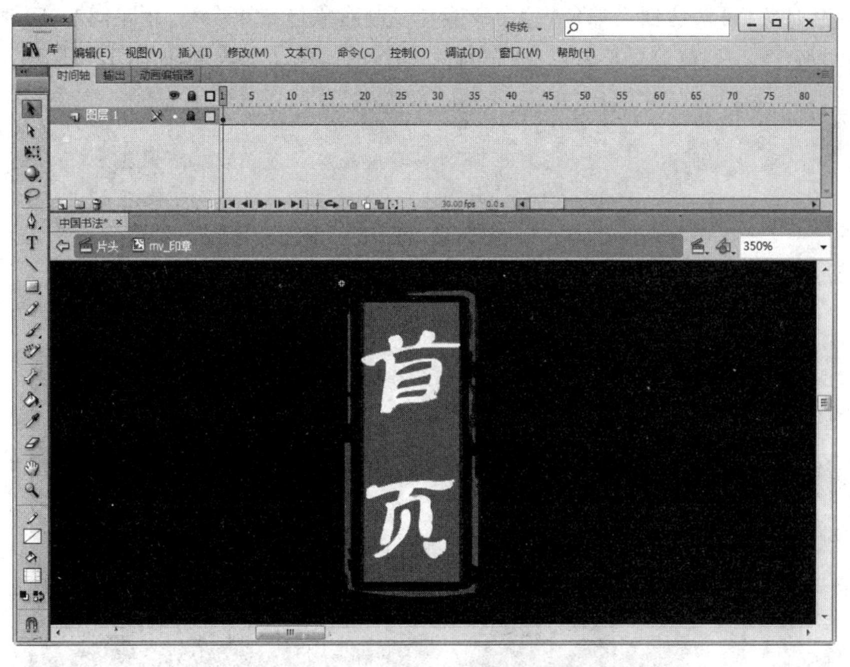

图 12-250 制作印章效果图形

(3) 插入新建图层 light，将影片剪辑元件 light 置于舞台印章图形的左侧并旋转一定的角度，单击第 50 帧按 F6 键插入关键帧，用【移动工具】向右平移元件 light 至印章图形右侧，单击右键【创建传统补间】动画，如图 12-251 所示。

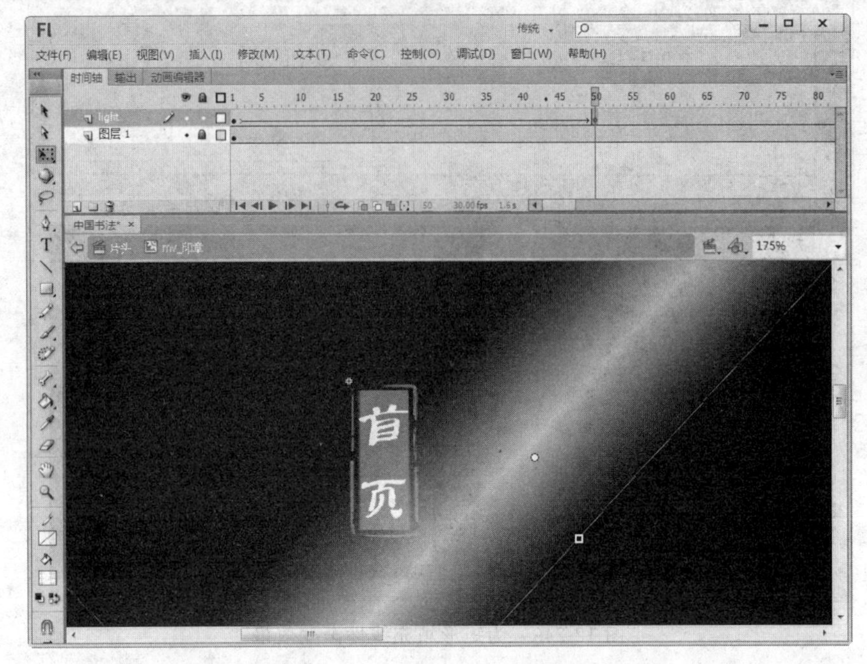

图 12-251 制作闪光位移动画

（4）插入新建图层 2，复制图层 1 第 1 帧印章图形对象并粘贴至图层 2 第 1 帧（注：复制图形对象，粘贴时选择【粘贴到当前位置】命令能与复制对象位置重合）。稍稍向左、向上移动该图形，右键单击图层 2 选择【遮罩层】，形成“光闪过”印章的遮罩动画效果，如图 12-252 所示。

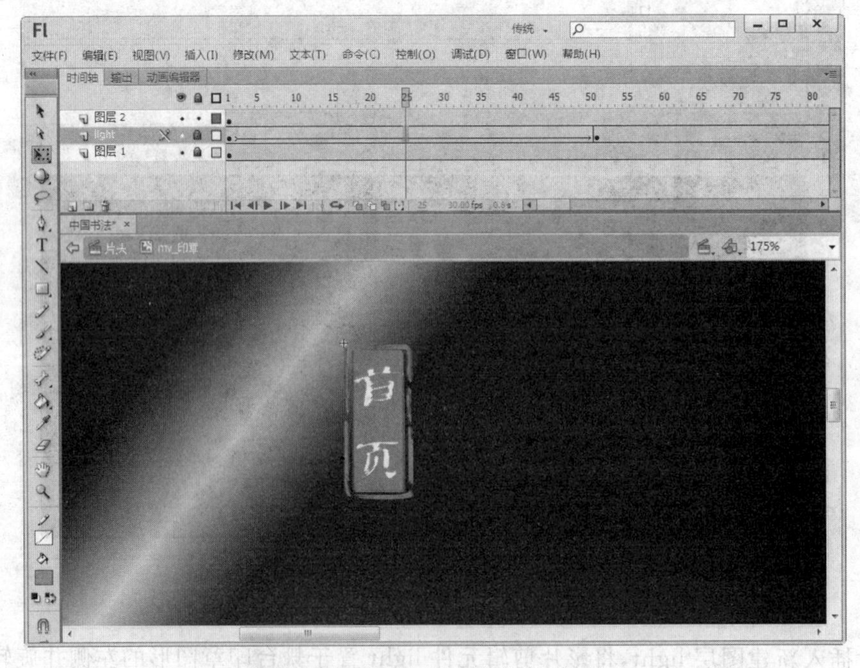

图 12-252 制作闪光遮罩动画效果

(5) 按 Ctrl+F8 键新建按钮元件"首页",单击【确定】按钮进入元件编辑窗口,在【弹起】帧放置影片剪辑元件"mv_印章",如图 12-253 所示。

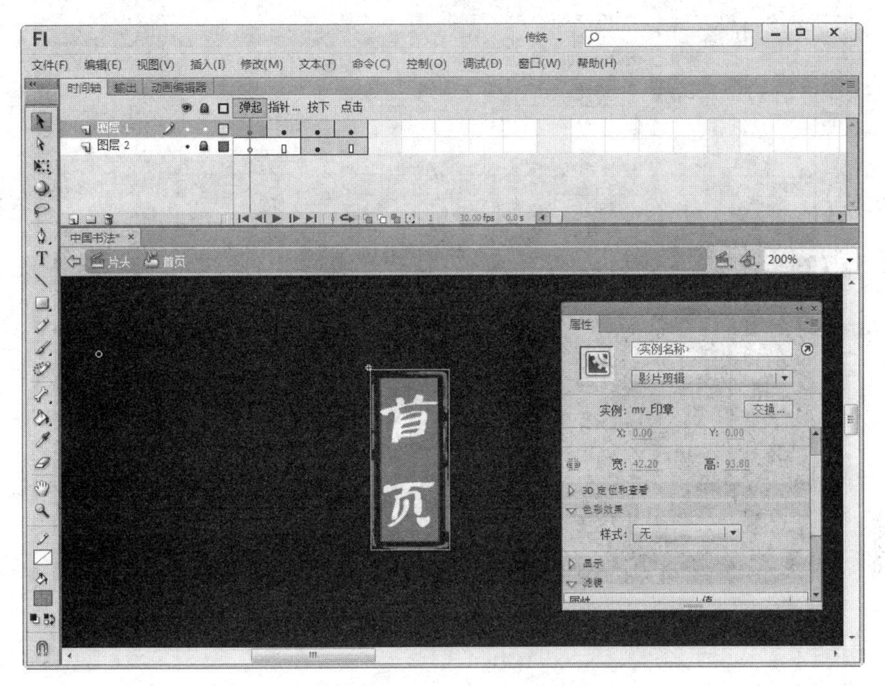

图 12-253 设置按钮元件【弹起】帧内容

(6) 设置【指针经过】帧内容。按 F6 键插入关键帧,按 Ctrl+B 键打散影片剪辑元件"mv_印章",修改图形样式如图 12-254 所示。

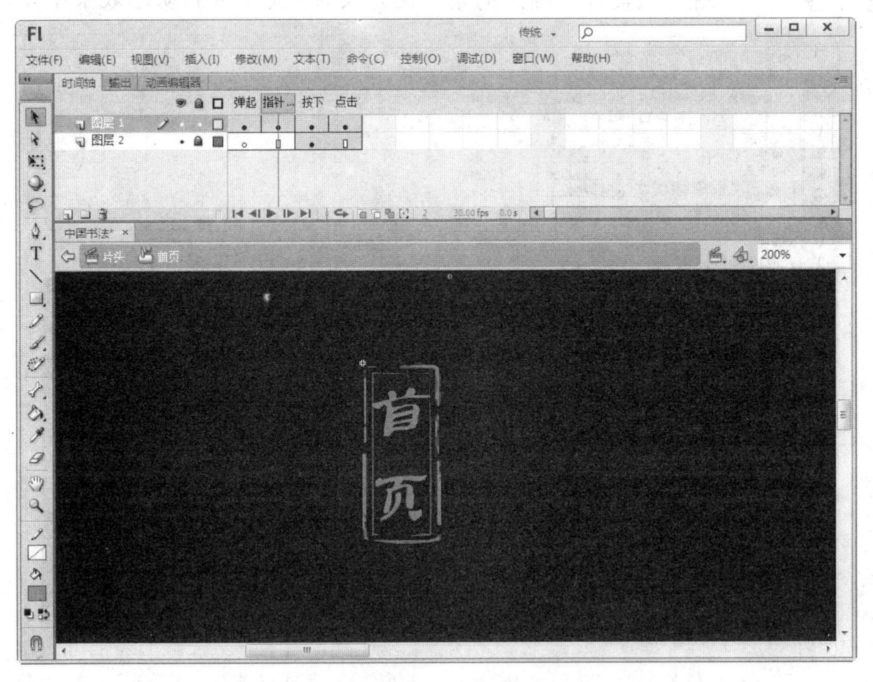

图 12-254 设置按钮元件【指针经过】帧内容

(7) 按照相同方法,修改【按下】帧图形样式如图 12-255 所示。

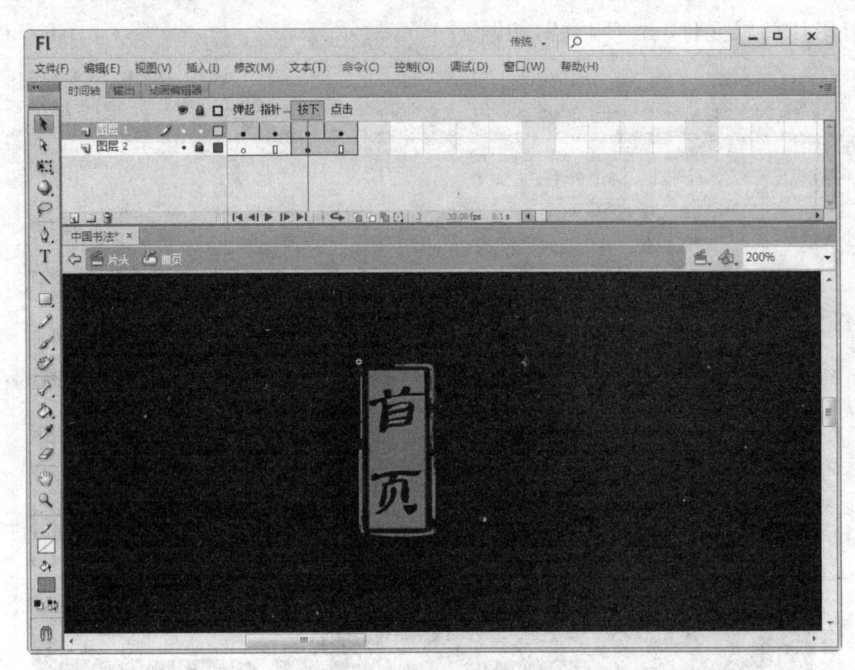

图 12-255 设置按钮元件【按下】帧内容

(8)最有在【点击】帧绘制感应矩形图形。至此,“首页”按钮制作完成。

“退出”按钮制作方法如下。

如图 12-256 所示是“退出”按钮元件“btn_退出”的元件编辑窗口,总共包括 4 个图层,其中“笔”、“墨”、“纸”图形元素皆为导入的素材图片文件,该按钮的动态效果主要体现了带

图 12-256 “退出”按钮元件内部关键帧设置

圈文字“退”的变化。

（1）【弹起】帧是文字“阳文”效果，如图 12-257 所示。

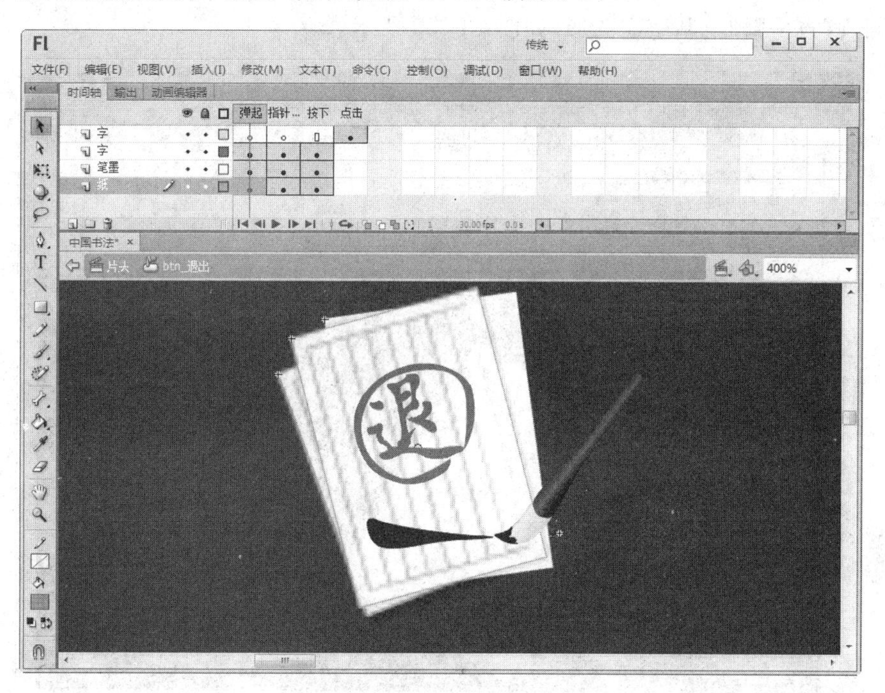

图 12-257　元件【弹起】帧状态

（2）【指针经过】帧是文字“阴文”效果，如图 12-258 所示。

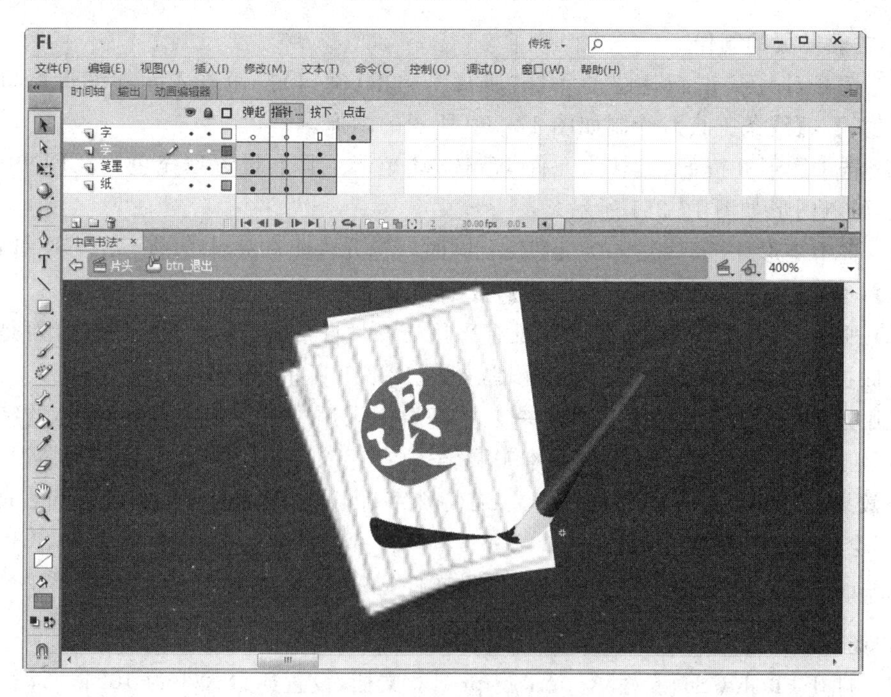

图 12-258　元件【指针经过】帧状态

(3)【按下】帧表面看起来与【弹起】帧图形样式一样,其实该帧处的图形位置稍有变化,所以在按下鼠标时,会伴随着按钮"凹陷"的动态效果。

最后在【点击】帧绘制感应图形,如图 12-259 所示。

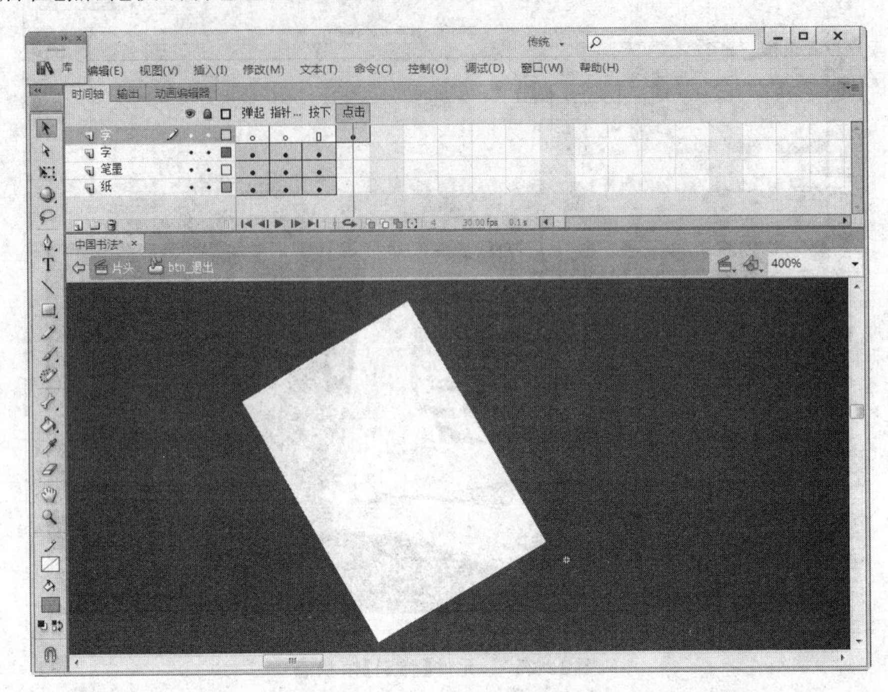

图 12-259　按钮元件【点击】帧状态

4. 古籍册页的制作

(1) 按 Ctrl+F8 键新建图形元件"册页",单击【确定】按钮进入元件编辑窗口。选择【矩形工具】与【线条工具】,绘制如图 12-260 所示的图形。

(2) 选中图形并按 F8 键转为元件 1。选择【矩形工具】,设置填充色为 #FF9933,描边色为无,绘制图形如图 12-261 所示。

(3) 选中矩形并按 F8 键转为元件 2。同时框选元件 1 和元件 2,按 Ctrl+K 键打开【对齐面板】,设置【水平中齐】和【垂直中齐】,效果如图 12-262 所示。

(4) 册页上《兰亭序》节选文字并没有采用 Flash 自带的【文本工具】输入,而是采用制作背景保持透明的 PNG 格式图片来处理,如图 12-263 所示。

采用这种方式有两方面的考量:一是兰亭原文采用"繁黑"字体,这种字体的特点是笔画较多且工整,如果采用 Flash 的文本工具输入,打散文字时会出现"粘连"的情况,影响艺术表现效果;二是"兰亭集序"的标题文字有特殊字符,采用图片的方式来处理和表现是最安全的,不会出现变形或乱码等情况。

(5) 最后导入"中国书法"书法字体素材文件,整体效果如图 12-264 所示。

5. 场景动画的编排与整合

(1) 打开 Flash CS6,新建 ActionScript 2.0 文档,设置舞台大小为 1024×575 像素、帧频 FPS 为 30、背景色为灰色,单击【确定】按钮。

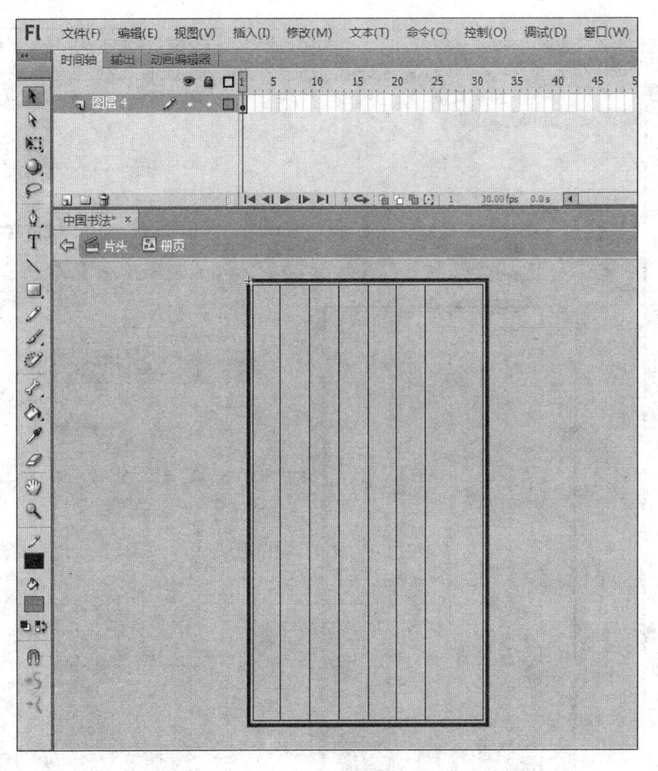

图 12-260　绘制黑色线框

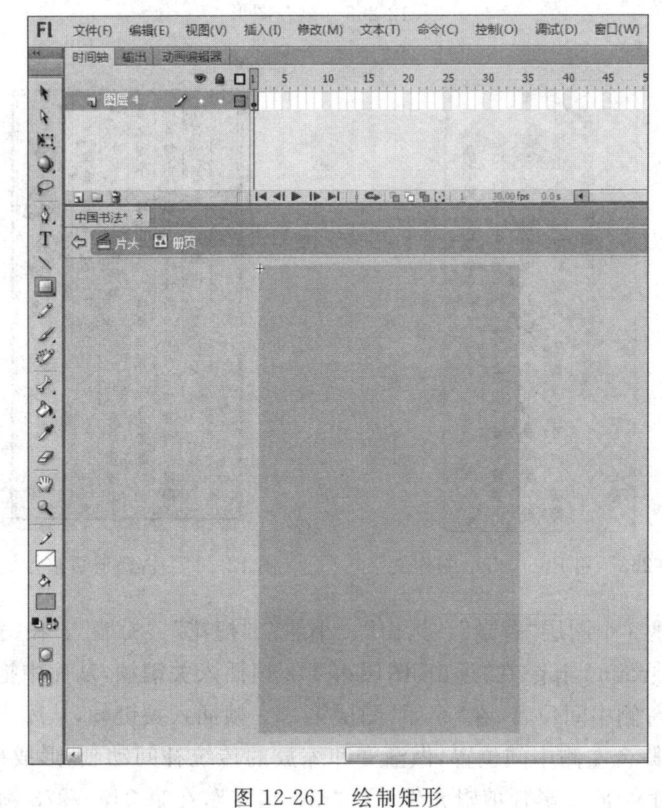

图 12-261　绘制矩形

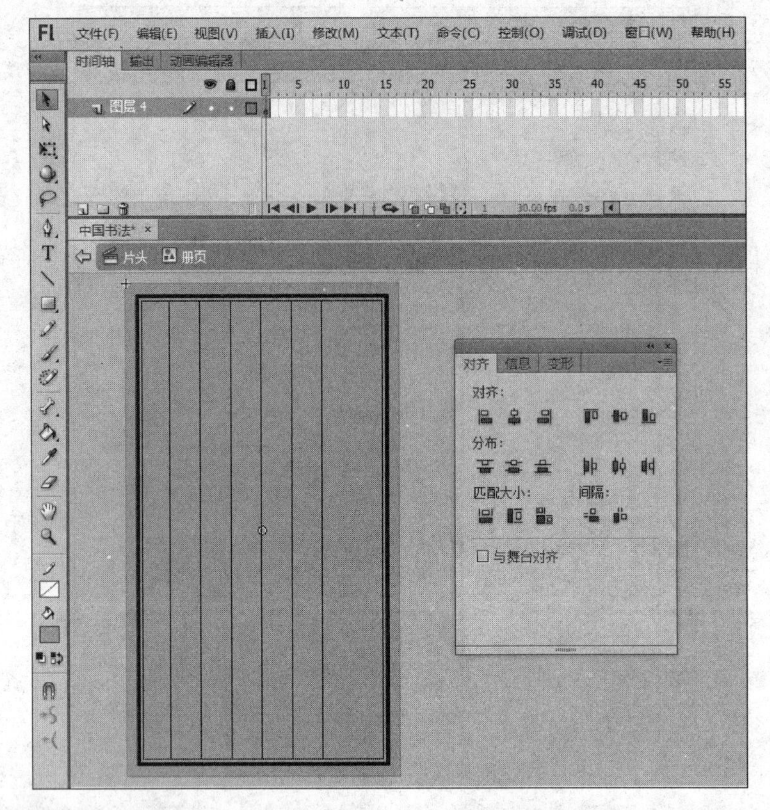

图 12-262 组合图形

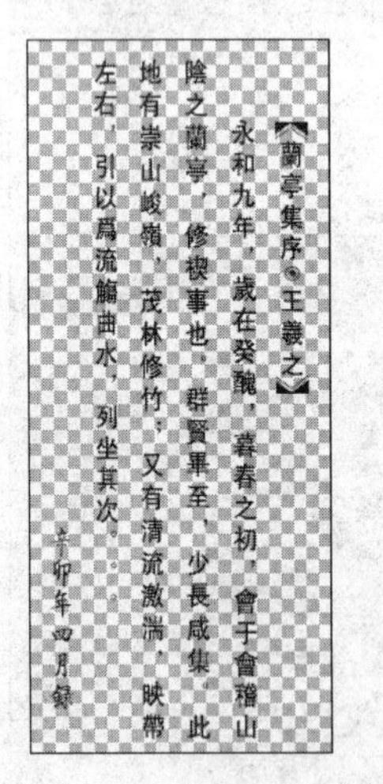

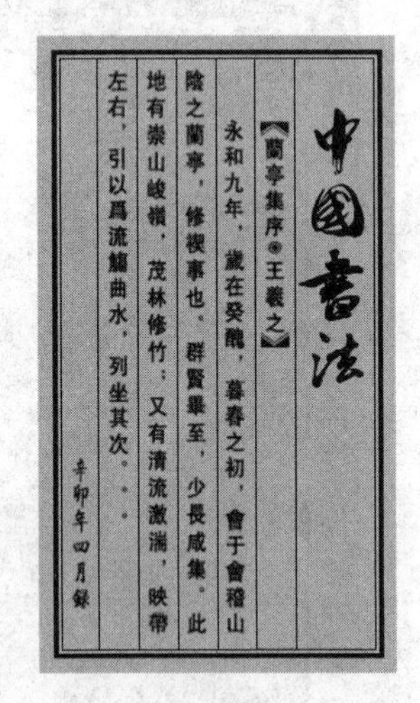

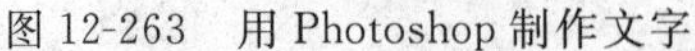
图 12-263 用 Photoshop 制作文字　　图 12-264 古籍册页整体效果

(2) 插入新建 5 个图层“背景”、“远山”、“小船”、“梅花”、“粉墙”。在“背景”图层导入素材图片文件 background.jpg；在“远山”图层第 142 帧插入关键帧，从库中拖入影片剪辑元件“远山”置于舞台右侧中间位置；在“小船”图层第 278 帧插入关键帧，从库中拖入影片剪辑元件 mv_boat 置于舞台左侧中间位置，做渐变和缩放的传统补间动画，形成由远及近的效果。在“梅花”图层第 1 帧放置影片剪辑元件元件“mv_梅花”，在第 245～278 帧之间做向上位移变小的传统补间动画，目的是营造镜头推移、视角转换的动画效果，如图 12-265 所示。

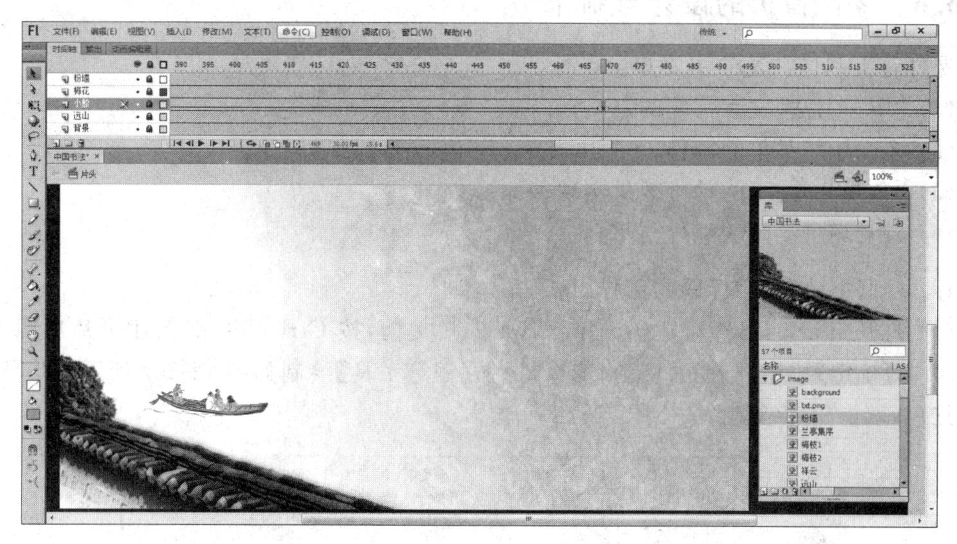

图 12-265 场景各动画元素的编排

同时，在“粉墙”图层的第 246～278 帧做同样的动画效果，而“远山”图层的第 245～278 帧也做位移的动画效果。

(3) 插入新建图层“白雾”、“册页”、“标题”、“兰亭”、“按钮”、“退出”6 个图层。在“白雾”图层第 334 帧插入关键帧，导入白雾素材图片文件并转为元件，做缓缓移动传统补间动画效果；在“册页”图层第 277、294 帧插入关键帧，置入图形元件“册页”做渐变动画效果；在“标题”图层第 294、313 帧插入关键帧，置入图形元件“中国书法”做渐变动画效果；在“兰亭”图层第 313、324 帧插入关键帧，置入图形元件“兰亭”做渐变动画效果；最后在舞台放置交互按钮“首页”和“退出”，整体效果如图 12-266 所示。

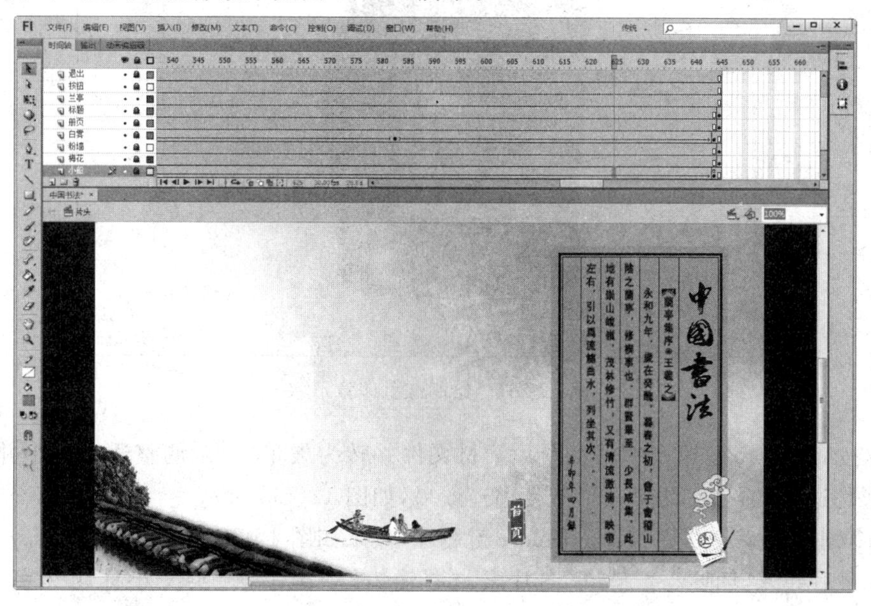

图 12-266 片头动画整体效果

12.3.6 课件首页的设计与制作

课件首页制作涉及的主要知识点有：

(1)“中国书法”文字标题的制作；

(2) 扇面导航菜单的制作；

(3)“鱼戏荷叶间”的动画效果实现；

(4) 首页场景动画的编排与整合。

1. “中国书法”文字标题的制作

(1) 打开 Flash CS6，新建 ActionScript 2.0 文档，按 Ctrl＋F8 键新建影片剪辑元件 logo，单击【确定】按钮进入元件编辑窗口，选择【钢笔工具】绘制如图 12-267 所示的形状，并填充红色，双击轮廓线删除。

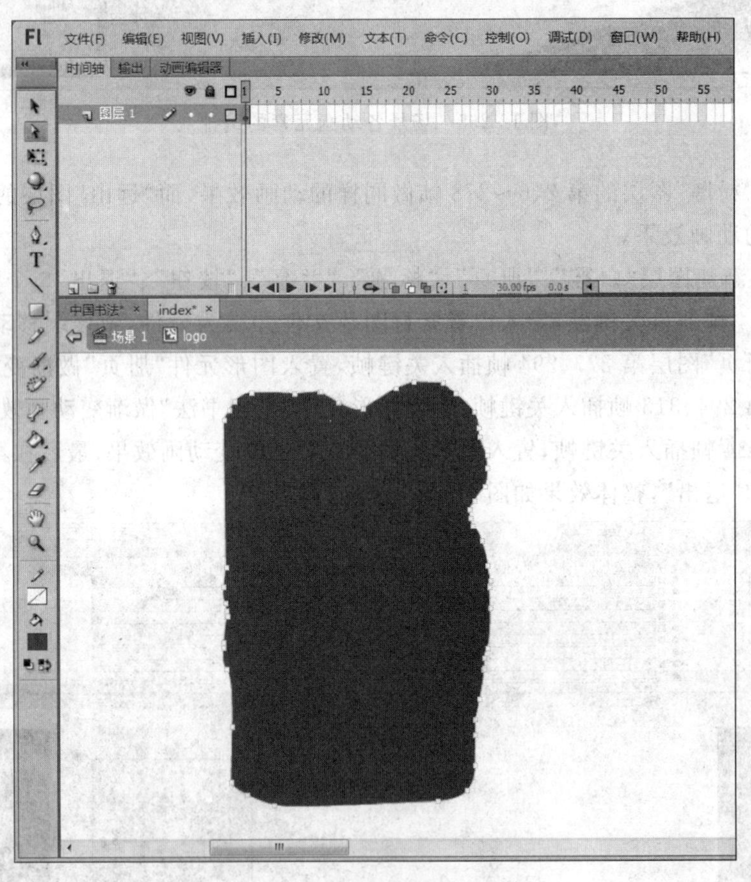

图 12-267 绘制红色印章形状

(2) 按 Ctrl＋R 键导入“书”字图片素材文件并转为矢量图形，调整适当大小并移至所绘制图形的适当位置，使两个图形产生粘连效果，如图 12-268 所示。

(3) 双击选中黑色“书”字，按 Delete 键删除，效果如图 12-269 所示。

(4) 最后导入其他文字、马车图片素材并输入“中国书法”英文小标题文字，效果如图 12-270 所示。

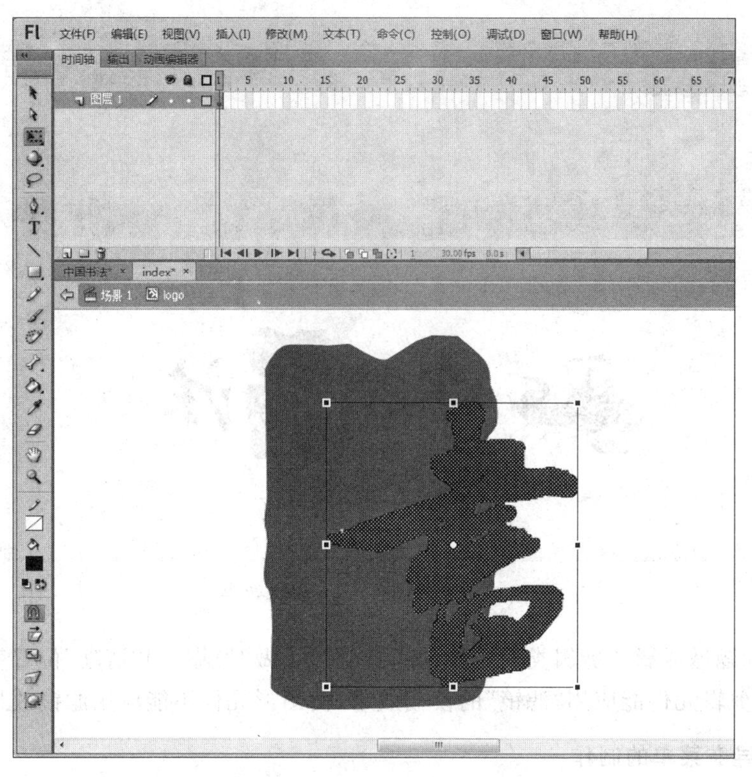

图 12-268　导入“书”字图片素材

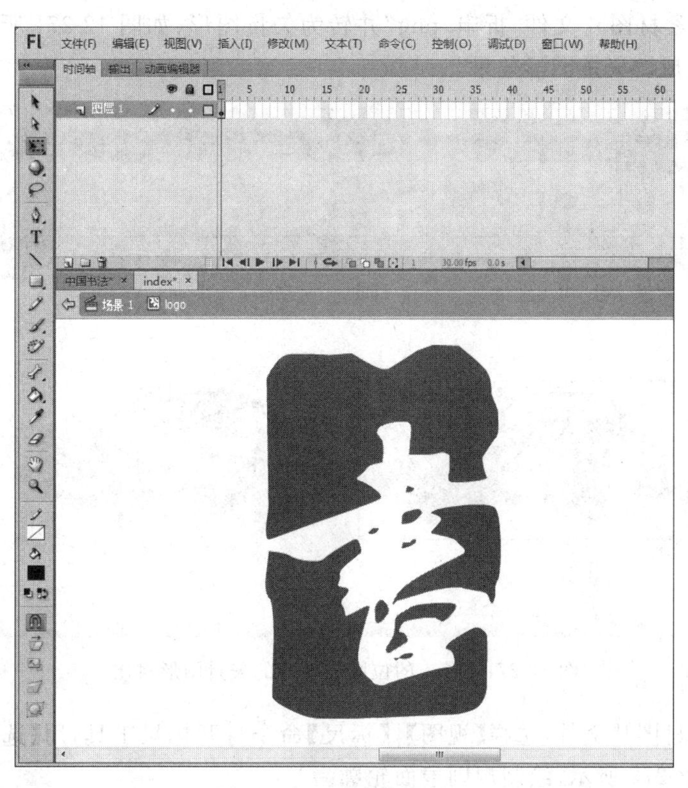

图 12-269　文字印章效果

图 12-270 课件 logo 整体效果

该文字标题做成影片剪辑类型元件的用意是为了做“模糊”到“清晰”位置变换的动画效果，因为影片剪辑元件能应用“滤镜”的模糊效果，而图形元件不能应用滤镜效果。

2. 扇面导航菜单的制作

(1) 按 Ctrl＋F8 键新建影片剪辑元件“扇_楷书”，单击【确定】进入元件编辑窗口，按 Ctrl＋R 键导入素材图片文件“折扇. png”并转为矢量图形，如图 12-271 所示，右侧扇形是左侧位图转化而成的矢量图形效果。

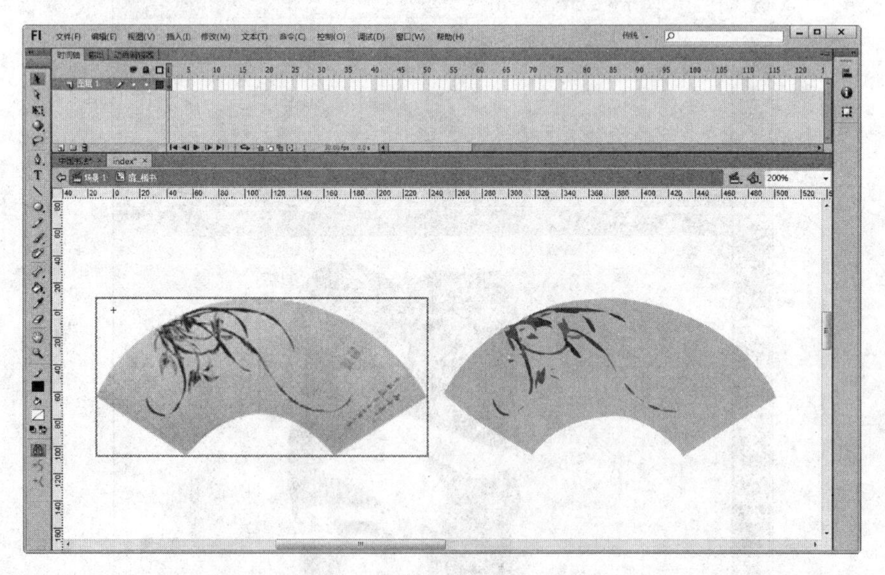

图 12-271 导入的位图与转成的矢量图形对比

(2) 删除素材图片文件，选择【视图】|【标尺】命令打开标尺工具，用【选择工具】拖出布置辅助线如图 12-272 所示，绘制规则扇面轮廓。

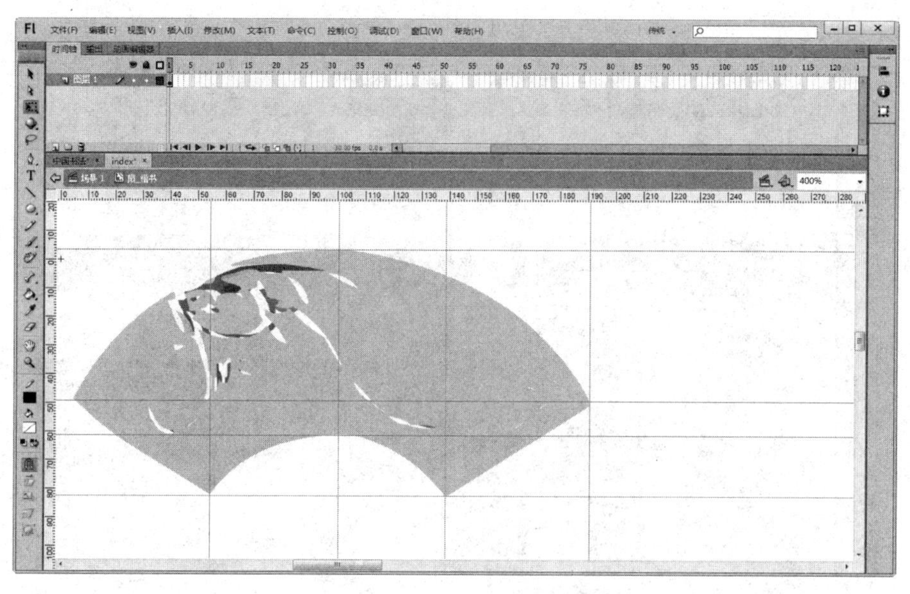

图 12-272　利用参考线辅助绘制

(3) 选择【钢笔工具】绘制扇面右侧轮廓如图 12-273 所示，复制该轮廓选择【粘贴到当前位置】命令，选择【修改】|【变形】|【水平翻转】命令，按住 Shift 键配合键盘方向键向右平移该图形，如图 12-274 所示。

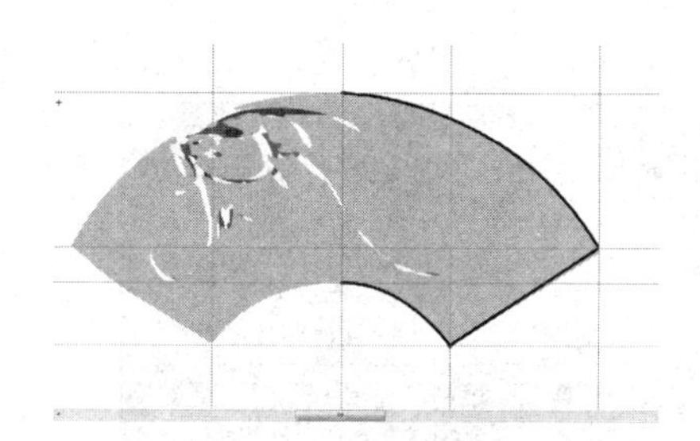

图 12-273　绘制半边规则轮廓

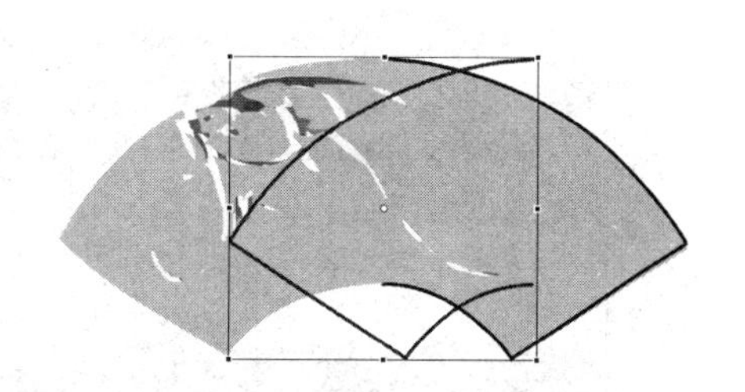

图 12-274　复制另一半规则轮廓

(4) 修改轮廓线属性，设其描边色为＃686B5F、大小为 7、结合处为尖角、数值为 3，导入"楷书"二字文字图片（浮雕、斑驳效果在 Photoshop 中制作）并转为矢量图形，效果如图 12-275 所示。

(5) 按 Ctrl＋F8 键新建影片剪辑元件"mc_楷"，单击【确定】进入元件编辑窗口，置入影片剪辑元件"扇_楷书"，在第 13 帧插入关键帧，并设置该帧处元件的属性，应用【滤镜】|【模糊】效果，单击右键【创建传统补间】动画效果，如图 12-276 所示。

(6) 按 Ctrl＋F8 键新建按钮元件"bt 楷书"，单击【确定】进入元件编辑窗口，在【弹起】帧置入影片剪辑元件"扇_楷书"，在【指针经过】帧置入影片剪辑元件"mc_楷"，在【按下】帧置入影片剪辑插入元件"扇_楷书"，并用【任意变形工具】对其稍作缩放变小，最后在【点击】帧绘制感应矩形，如图 12-277 所示。

按照同样的方法，制作其他三个按钮元件"bt 隶书"、"bt 篆书"和"bt 草书"。

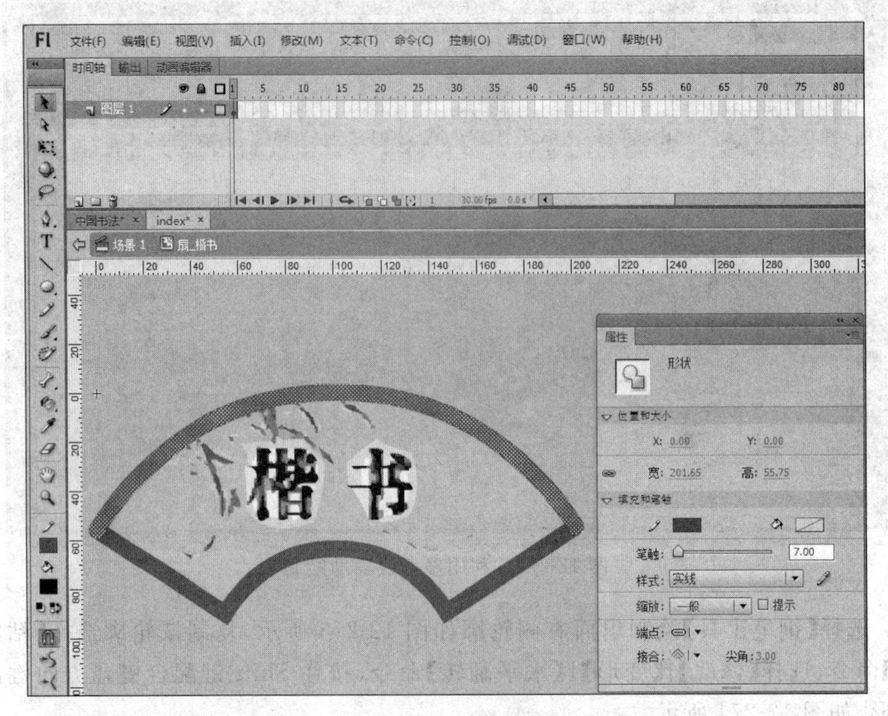

图 12-275　添加文字

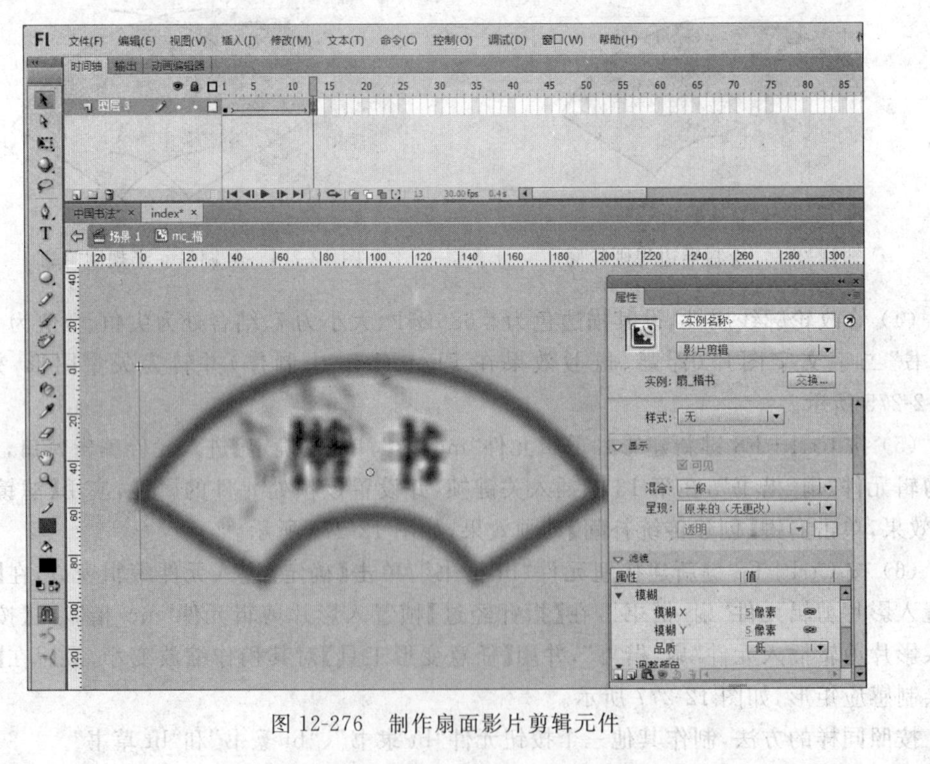

图 12-276　制作扇面影片剪辑元件

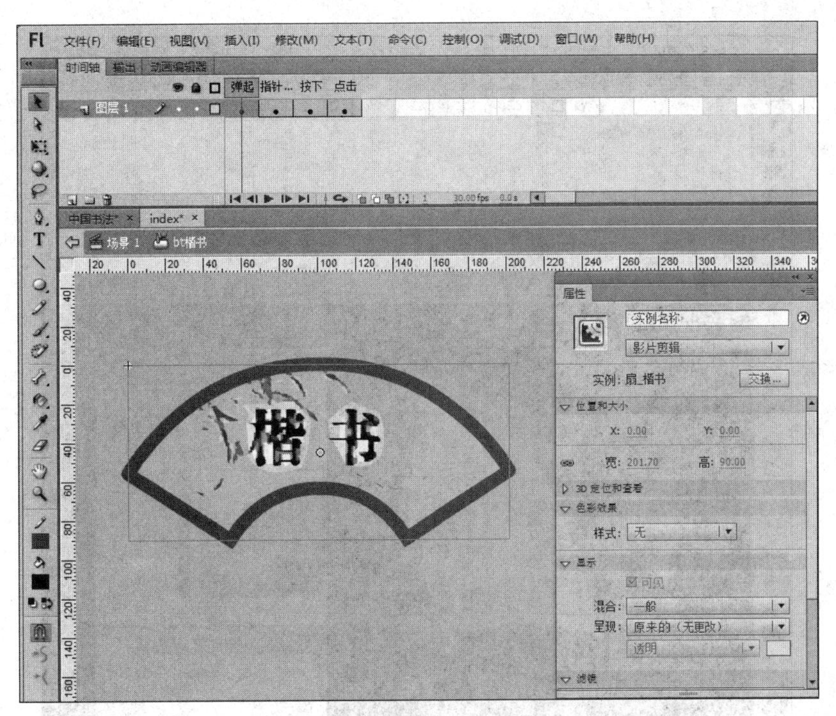

图 12-277　制作扇面按钮元件

3. “鱼戏荷叶间”的动画效果实现

在制作鱼在水中游动的动画效果之前，首先了解一下鱼的结构，如图 12-178 所示。鱼之所以能在水中游动，是因为鱼在水中时，水流会沿脊椎的方向从头部流经尾部，鱼鳍不断地推动水流，不同方向排列的肌肉可以使它朝任意方向运动。鱼鳍是鱼类游动及平衡的器官，根据鳍的位置不同而各有不同的作用。

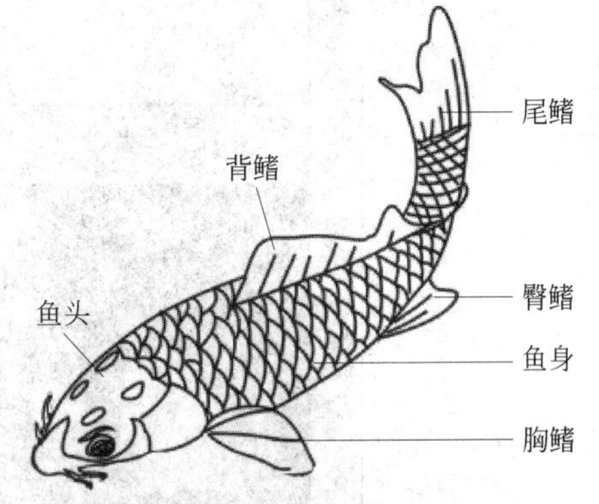

图 12-278　鱼身构造示意图

鱼头的绘制方法如下。

(1) 按 Ctrl+F8 键新建图形元件“鱼头”，单击【确定】进入元件编辑窗口。选择【钢笔工具】绘制如图 12-279 所示的图形，填充渐变颜色。

三色渐变设置从左至右分别为：#D84709、#FF9F13、#FFD855(Alpha=63%)。

(2) 插入新建图层 2，用钢笔绘制如图 12-280 所示的形状，并填充径向渐变，大块区域四色渐变设置从左至右分别为 #F1810F、#D64420、#FF8841、#D13827；条状区域二色线性渐变设置分别为#CC3300、#D43817。

(3) 插入新建图层 3，用钢笔绘制如图 12-281 所示的形状，并填充径向渐变如图 12-281 所示。三色渐变设置从左至右分别为#D84709、#FF9F13、#FFD855(Alpha=63%)；小块区域填充纯色#D43817。

(4) 将三个图层的图形对象复制粘贴到同一图层上，组合三个绘制的图形并绘制鱼眼，组成半侧鱼头的形状，双击轮廓线按 Delete 键删除，效果如图 12-282 所示。

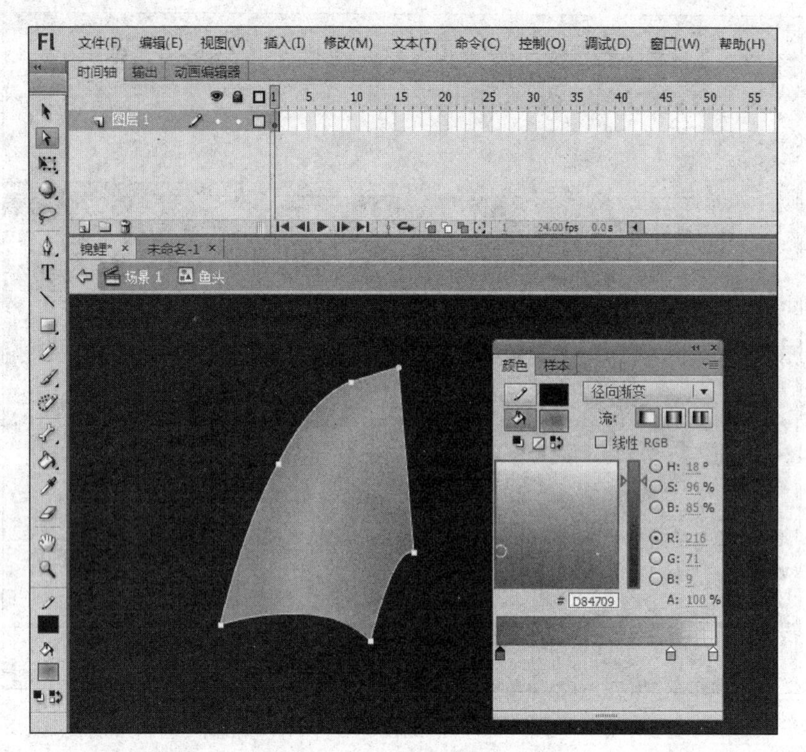

图 12-279 绘制鱼头部分形状 1

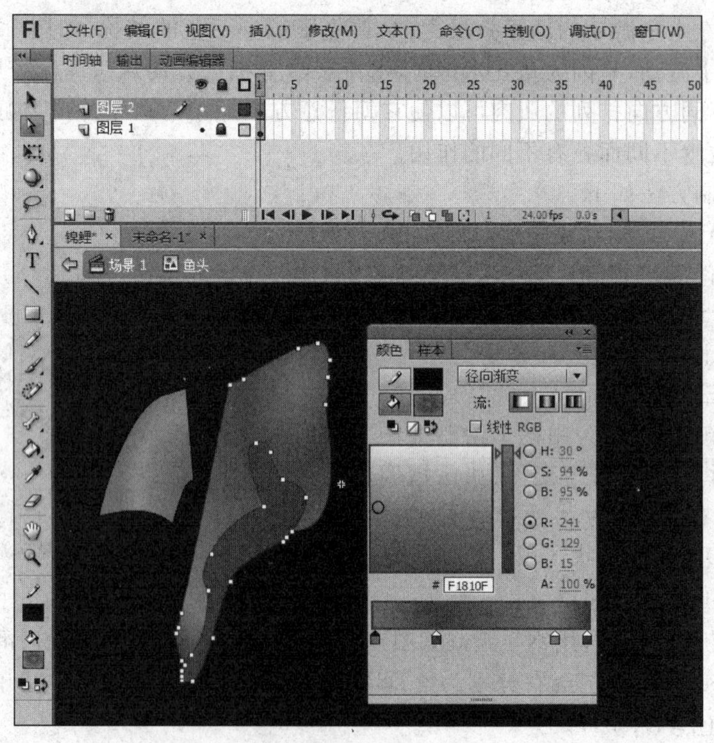

图 12-280 绘制鱼头部分形状 2

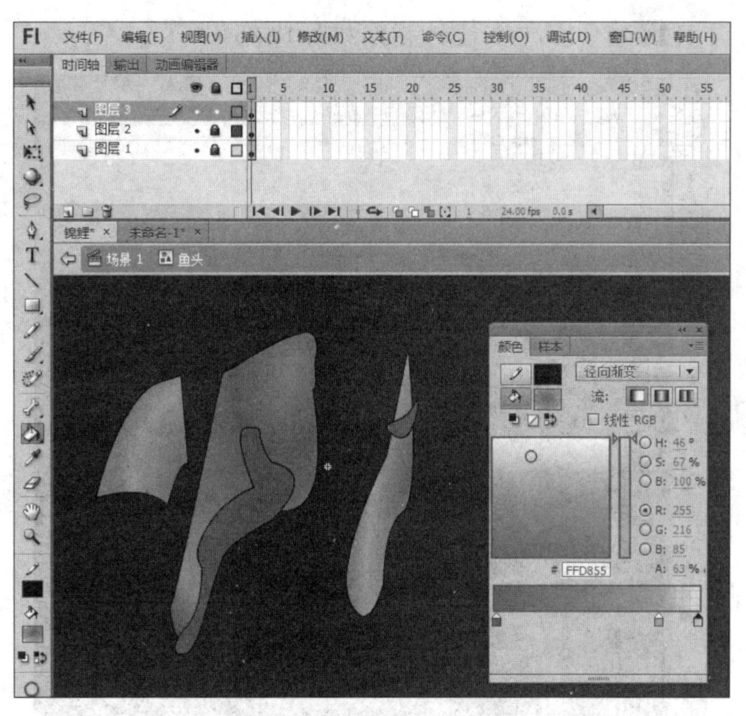

图 12-281　绘制鱼头部分形状 3

(5) 框选图形,选择【复制】并【粘贴到当前位置】,选择【修改】|【变形】|【水平翻转】命令,移动图形组成鱼头效果,如图 12-283 所示。

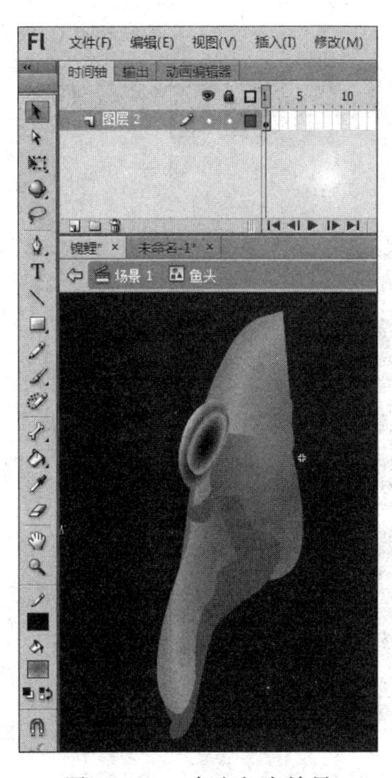

图 12-282　半边鱼头效果

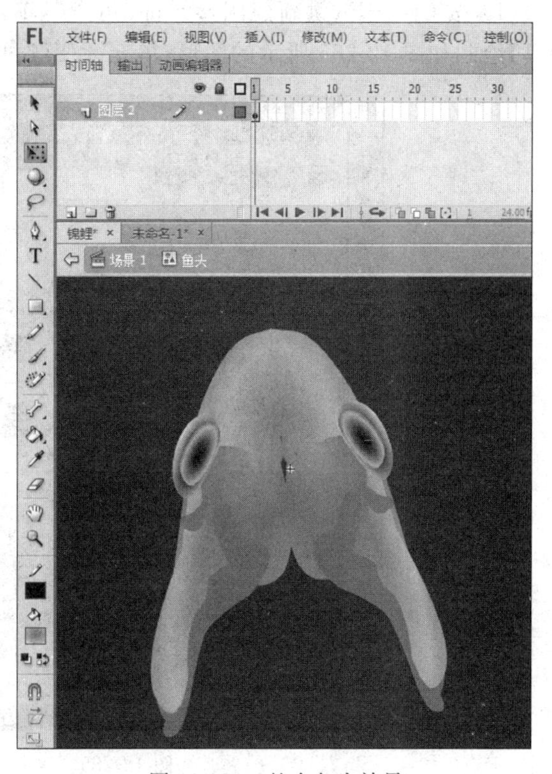

图 12-283　整个鱼头效果

选择【椭圆工具】绘制鱼嘴，鱼头绘制完成，如图12-284所示。

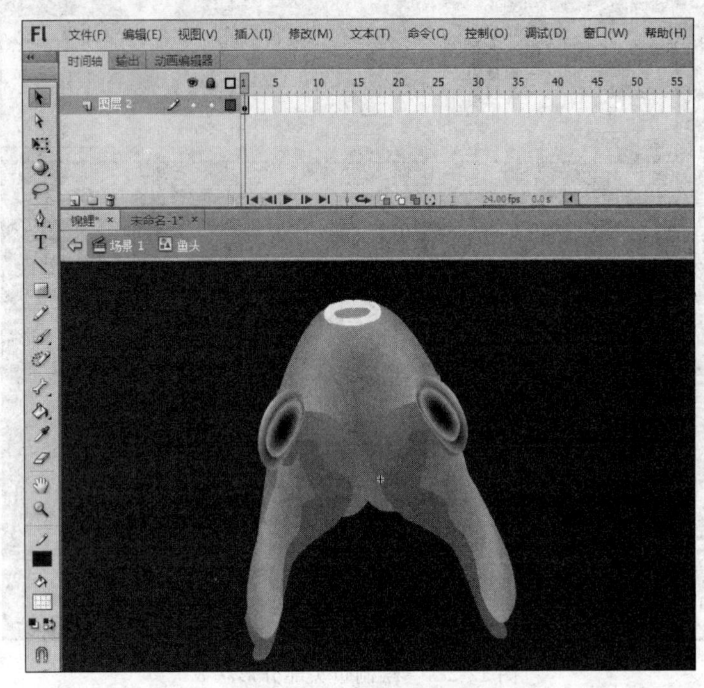

图12-284　添加鱼嘴

接下来绘制鱼身，方法如下。

(1) 按Ctrl+F8键新建图形元件“鱼身”，单击【确定】进入元件编辑窗口。选择【钢笔工具】绘制如图12-285所示的图形，填充渐变颜色。

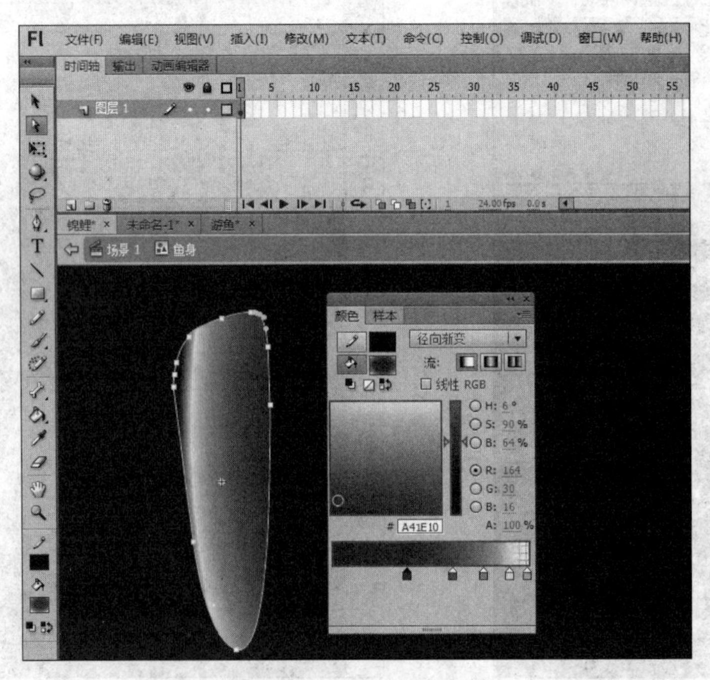

图12-285　绘制半边鱼身

渐变颜色设置请参考素材源文件“锦鲤.fla”，接下来不特意说明。

(2) 双击轮廓线按 Delete 键删除，复制该图形后执行【粘贴到当前位置】命令，对图形对象进行水平翻转，与原图形组成鱼身形状，如图 12-286 所示。

(3) 选择【刷子工具】，在鱼身上绘制不规则斑点，如图 12-287 所示。

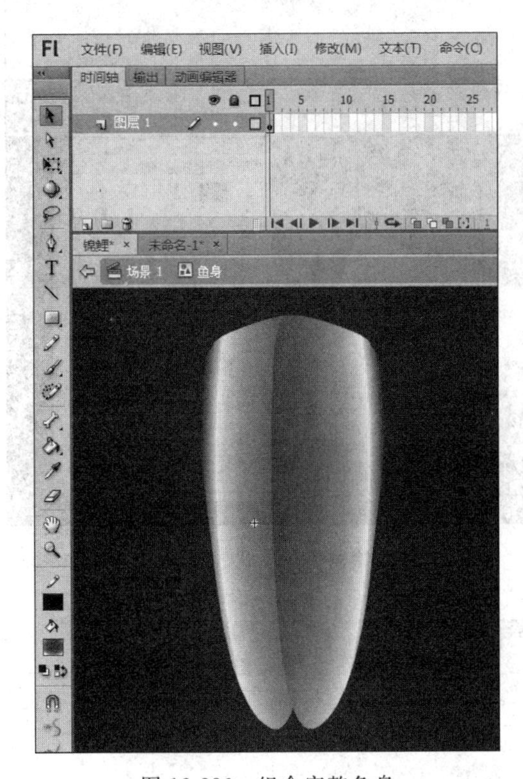

图 12-286 组合完整鱼身

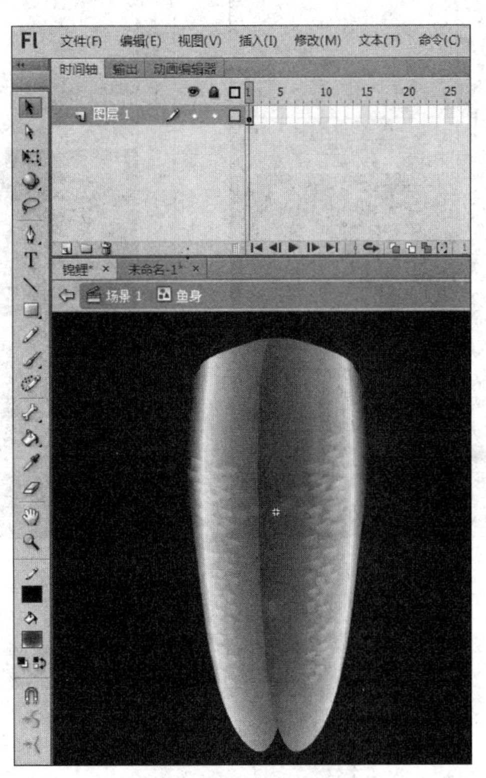

图 12-287 绘制鱼身斑点

(4) 绘制背鳍效果如图 12-288 所示，转为图形元件命名为“背鳍”。

(5) 按 Ctrl+F8 键新建图形元件“鱼鳍”，使用【钢笔工具】绘制鱼鳍形状并填充径向渐变，如图 12-289 所示。

(6) 新建图层 2，选择【线条工具】绘制白色发散状线条，如图 12-290 所示。

组合图形，双击轮廓线按 Delete 键删除，效果如图 12-291 所示，鱼鳍绘制完毕。

(7) 按 Ctrl+F8 键新建图形元件“鱼尾”，按照绘制“鱼鳍”的方法绘制“鱼尾”，效果如图 12-292 所示。

(8) 按 Ctrl+F8 键新建图形元件“构件”，绘制图形如图 12-293 所示。

(9) 按 Ctrl+F8 键新建影片剪辑元件“下身摆动”，单击【确定】进入元件编辑窗口，从库中将元件“构件”拖入，改变透明度及大小，叠加排列，如图 12-294 所示。

(10) 排列成鱼下身效果如图 12-295 所示，全选所有元件，右键选择【分散到图层】命令，使每个“构件”元件分别处于单独图层，选中全部图层的第 10、20 帧插入关键帧，调整全部图层第 10 帧元件向右做【传统补间动画】效果，做鱼摆尾的动作效果，如图 12-296 所示。

(11) 插入新建图层“鱼尾”，从库中拖入图形元件“鱼尾”，在第 10、20 帧插入关键帧，配合鱼摆动下身的轨迹做【传统补间动画】效果，如图 12-297 所示。

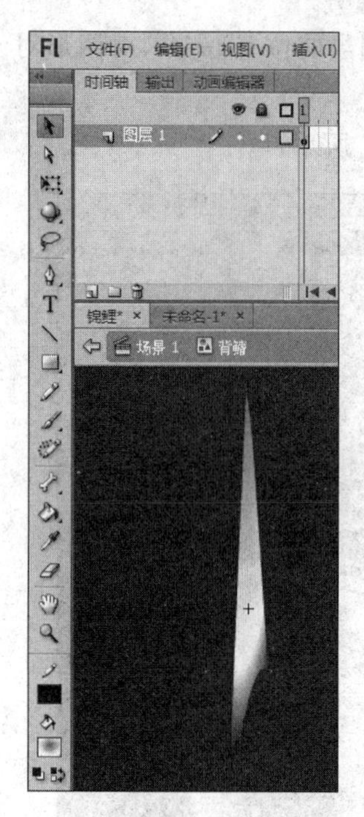

图 12-288 绘制背鳍

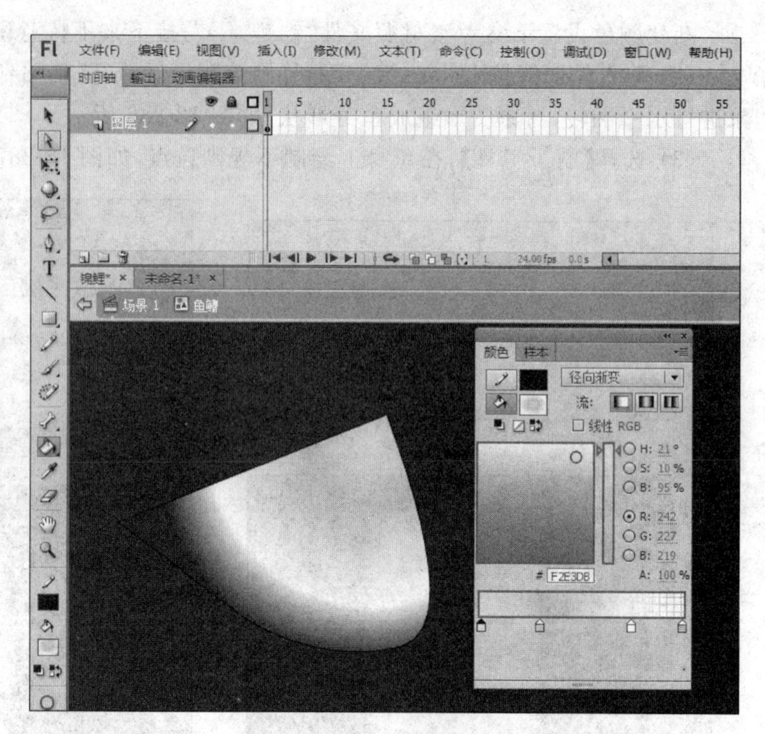

图 12-289 绘制鱼鳍形状

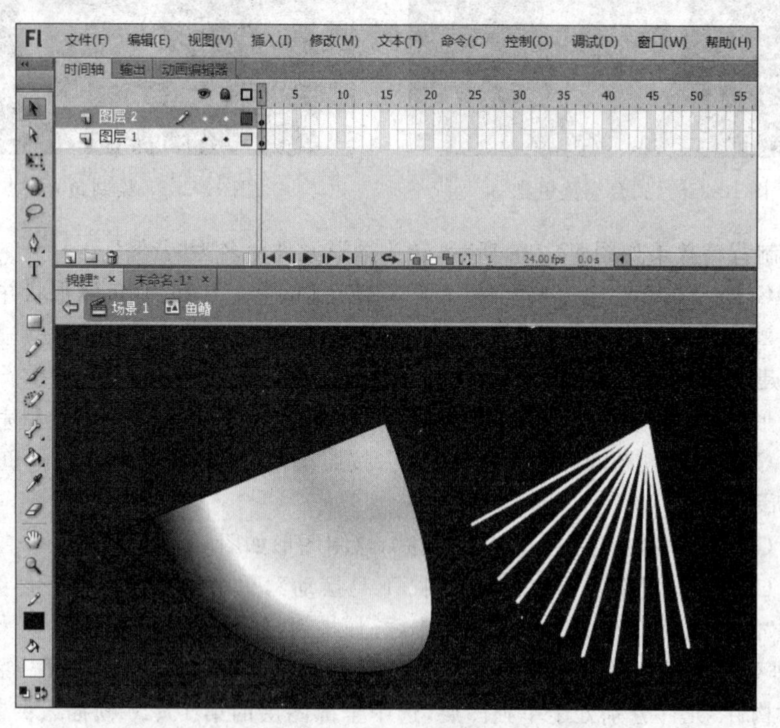

图 12-290 绘制鱼鳍经络

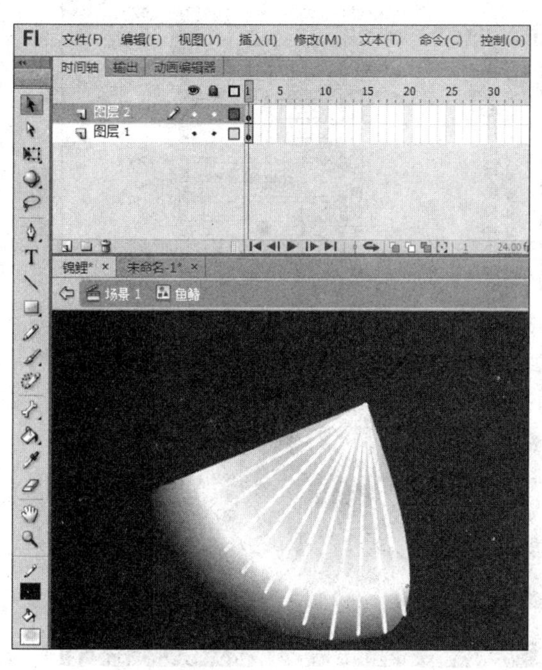

图 12-291　组成完整鱼鳍

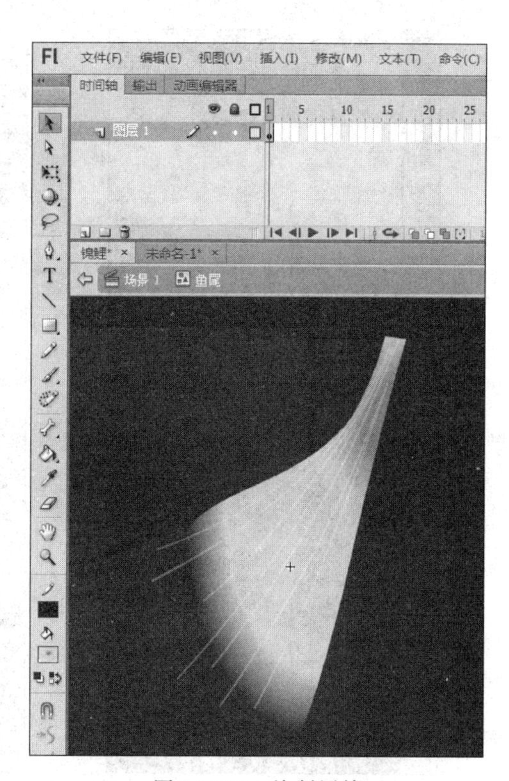

图 12-292　绘制尾鳍

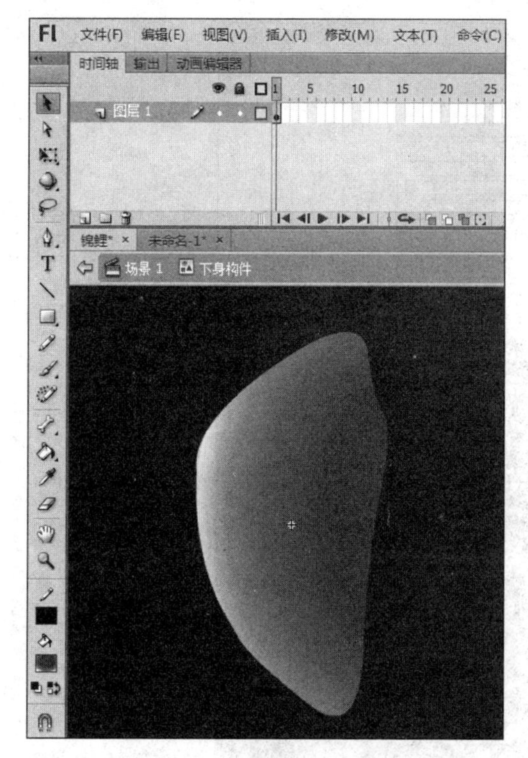

图 12-293　绘制鱼身构件形状

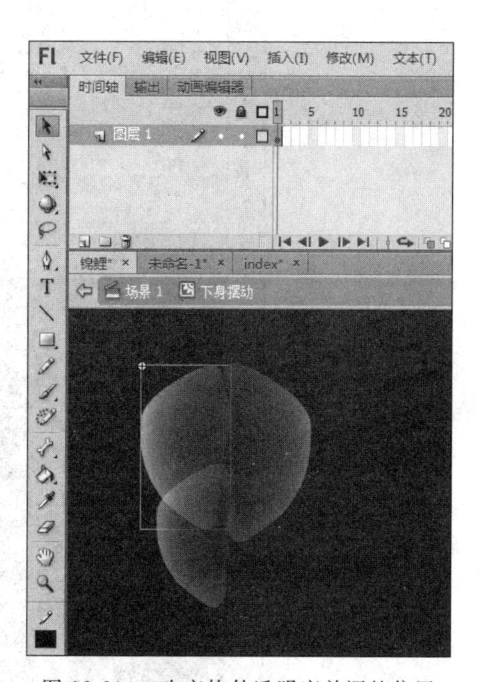

图 12-294　改变构件透明度并调整位置

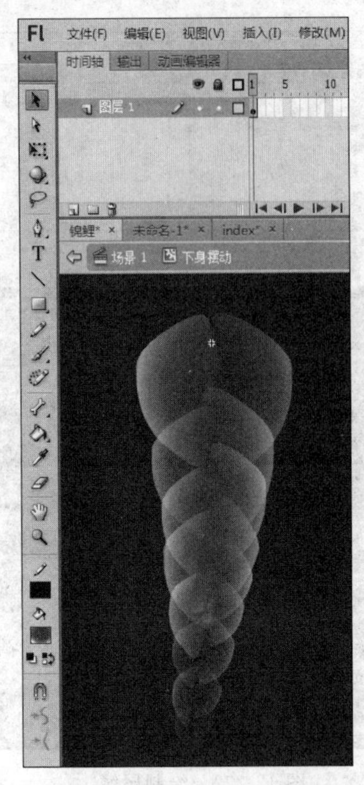

图 12-295　组成完整鱼身效果

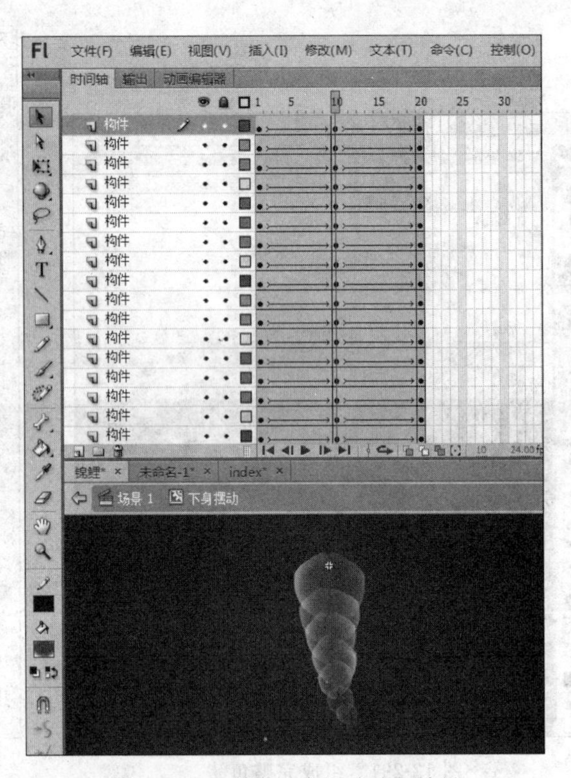

图 12-296　制作鱼身摆动动画效果

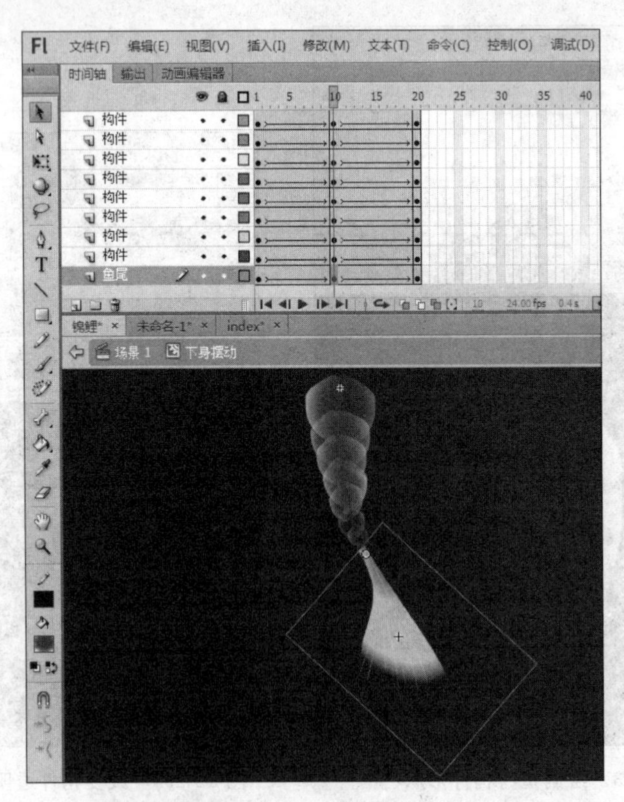

图 12-297　添加鱼尾摆动动画效果

(12) 按 Ctrl+F8 键新建影片剪辑元件“mv_锦鲤”，单击【确定】进入元件编辑窗口，布置 7 个图层“背鳍”、“鱼头”、“鱼身”、“左鳍”、“右鳍”、“鱼尾”、“臀鳍”。各个图层分别放置对应的图形元件对象，并分别【创建传统补间】动画效果，如图 12-298 所示。

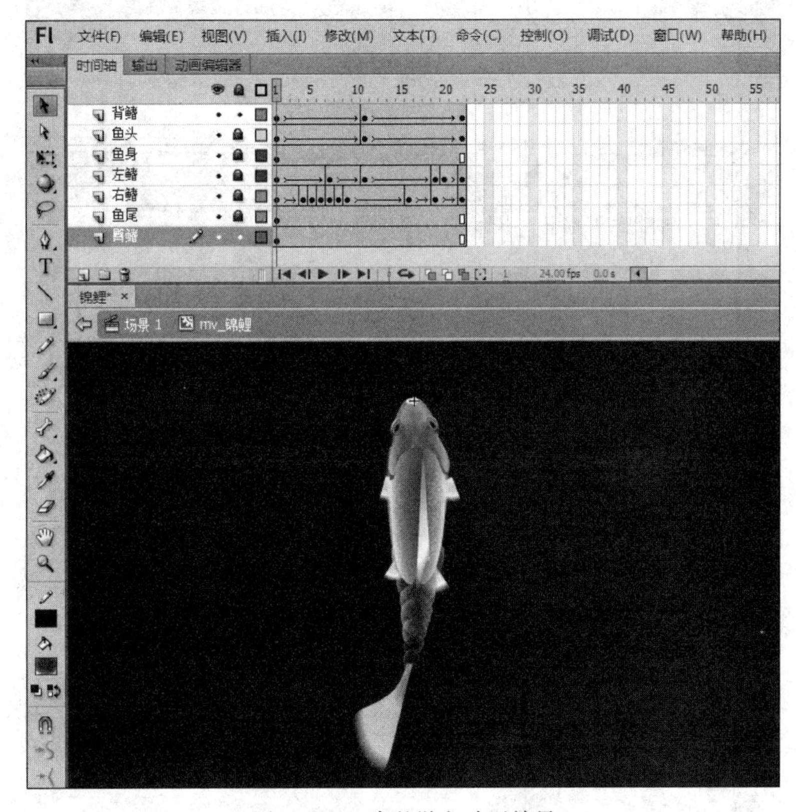

图 12-298　完整游鱼动画效果

具体设置请参考源文件“锦鲤. fla”，此处不再一一赘述。

荷叶的绘制方法如下。

(1) 按 Ctrl+F8 键新建图形元件“荷叶 1”，单击【确定】进入元件编辑窗口。选择【椭圆工具】，配合 Shift 键画一个正圆形，填充线性渐变(渐变色设置为＃3E7972、＃4D956B)，如图 12-299 所示。

(2) 选择【钢笔工具】绘制如图 12-300 所示的形状，单击选中形状内部图形按 Delete 键删除，双击轮廓线删除。

(3) 用同样的方法制作另外两个缺口，如图 12-301 所示。选中图形，选择【复制】命令，改变当前图形的填充色为深灰色，按 Ctrl+Shift+V 组合键将刚复制的图形粘贴到当前位置，稍微改变图形位置，效果如图 12-302 所示。

(4) 使用【椭圆工具】和【线条工具】绘制荷叶脉络，效果如图 12-303 所示。

注意：线条应用【修改】|【形状】|【将线条转为填充】命令后，可使用【选择工具】调整线段为如图 12-303 所示的尖角效果。

(5) 按 Ctrl+F8 键新建图形元件“荷叶 2”，单击【确定】进入元件编辑窗口。从库中拖入图形元件“荷叶 1”，选择【任意变形工具】，变形、组合图形效果如图 12-304 所示。

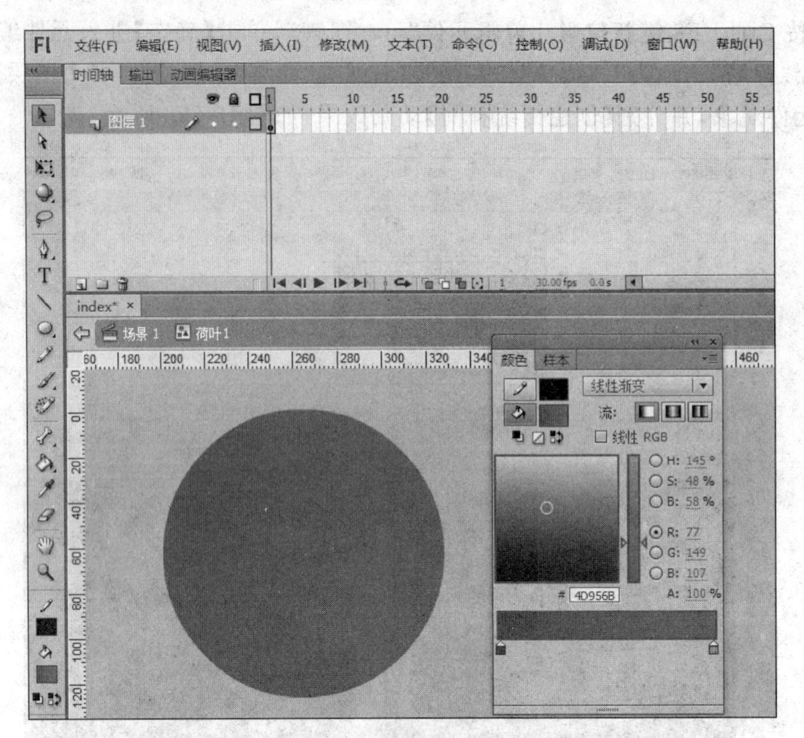

图 12-299 绘制正圆形并填充线性渐变效果

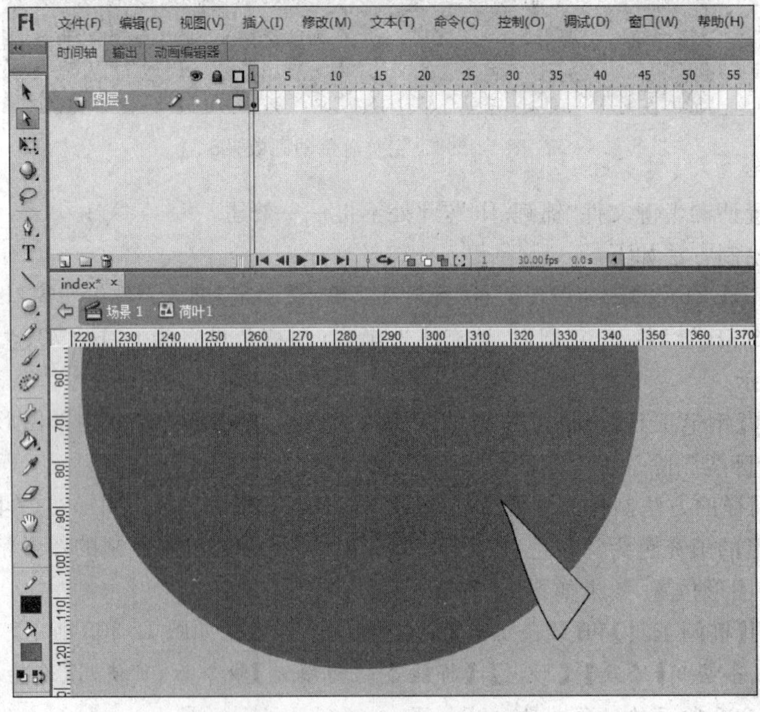

图 12-300 绘制荷叶缺口形状

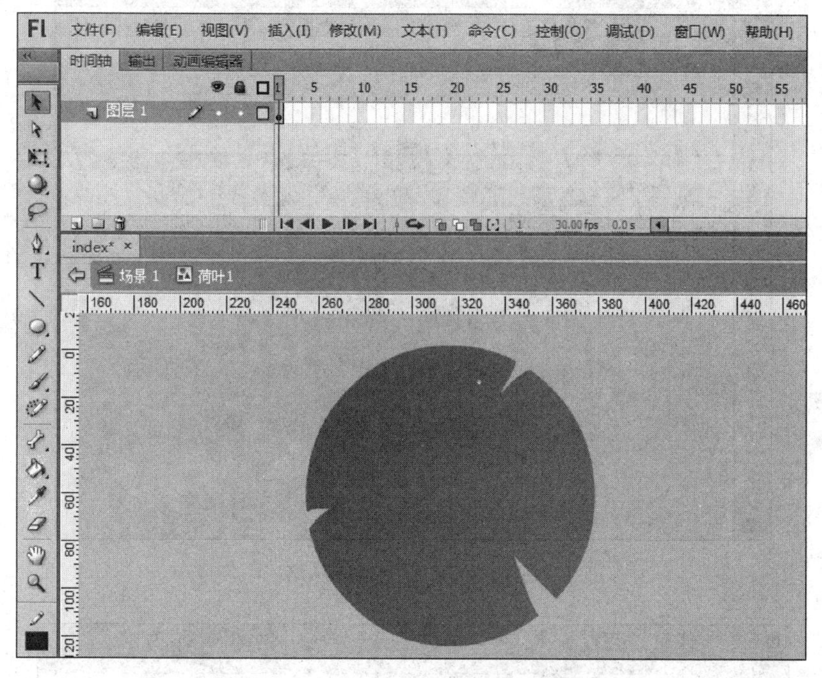

图 12-301　制作其他荷叶缺口效果

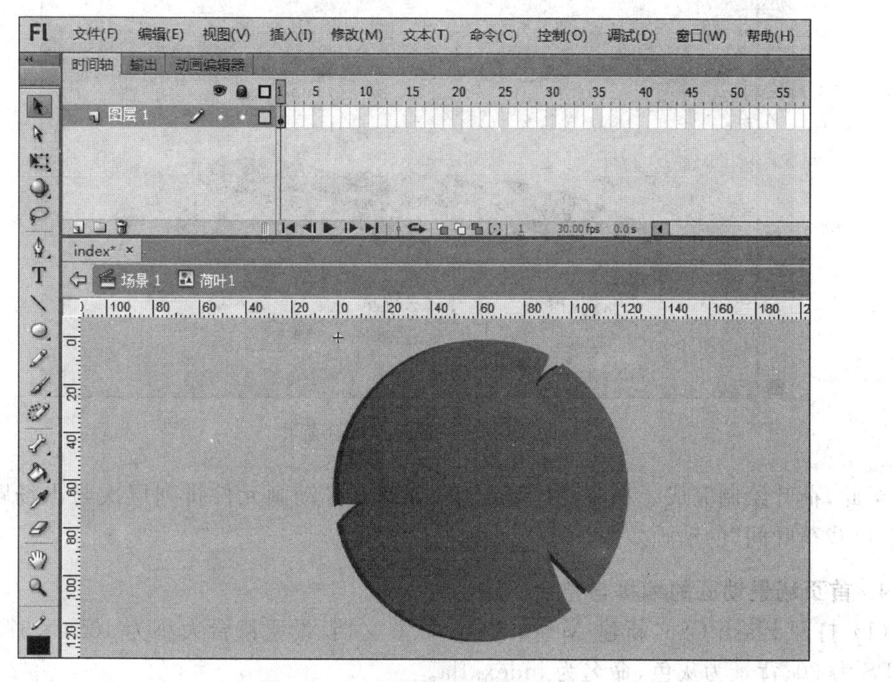

图 12-302　制作荷叶投影效果

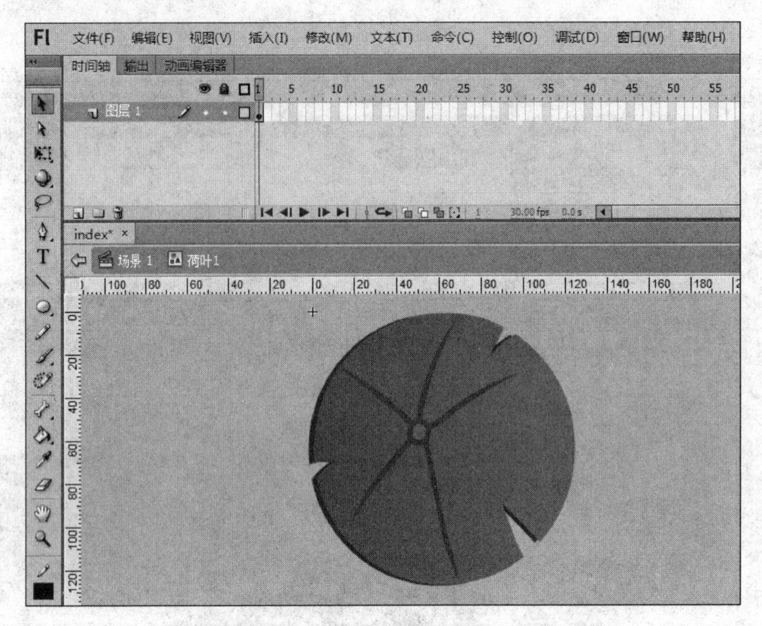

图 12-303　绘制荷叶脉络

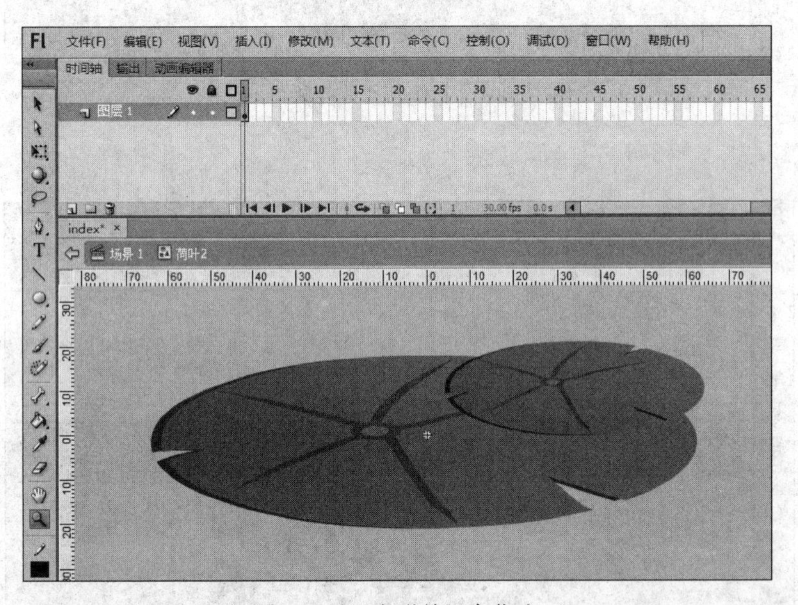

图 12-304　变形并组合荷叶

至此，荷叶绘制完成。在主动画场景中，合理安排动画元件排列层次与出场顺序，就能实现"鱼戏荷叶间"的动画效果。

4. 首页场景动画的编排与整合

(1) 打开 Flash CS6，新建 ActionScript 2.0 文档，设置舞台大小为 1024×575 像素、帧频 FPS 为 30、背景为灰色，命名为 index.fla。

(2) 修改图层 1 名称为 bg，按 Ctrl+R 键导入素材图片 bg.png。插入新建图层"文字"，该图层放置三维旋转文字菜单。在第 1 帧输入以下 AS 语句：

```
if (Math.abs(420-_xmouse)/200) {
    tspeed=(420-_xmouse)/200;
} else {
    tspeed=0.01;
}
```

(3) 以“课件简介”菜单为例，单击该影片剪辑元件，打开动作面板输入如图 12-305 所示的 AS 语句。

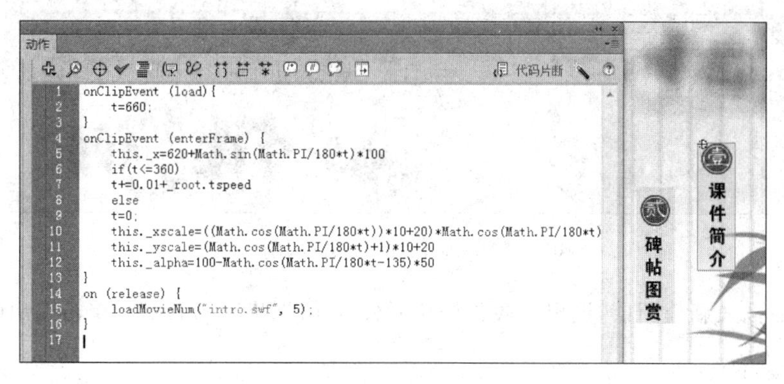

图 12-305 用 AS 动作脚本制作三维旋转菜单

其中 intro.swf 是单击该菜单时调用的“课件简介”swf 文件。

(4) 插入新建图层“池塘”，将之前做好的荷叶、游鱼影片剪辑元件置于舞台合适位置。

(5) 插入新建图层“扇形菜单”，放置影片剪辑元件“mv_扇形菜单”，该影片剪辑内部为每个菜单做垂直下落的传统补间动画，如图 12-306 所示。

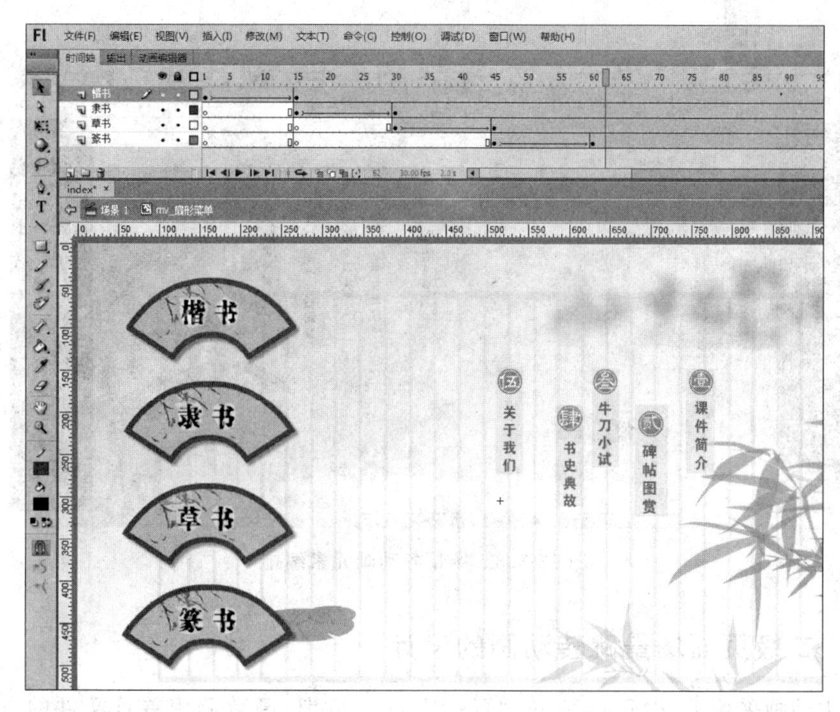

图 12-306 导航菜单影片剪辑元件内部动画编排

(6) 插入新建图层 logo，放置影片剪辑元件 mv_logo，该元件内部动画是模糊到清晰的位移传统补间动画，如图 12-307 所示。

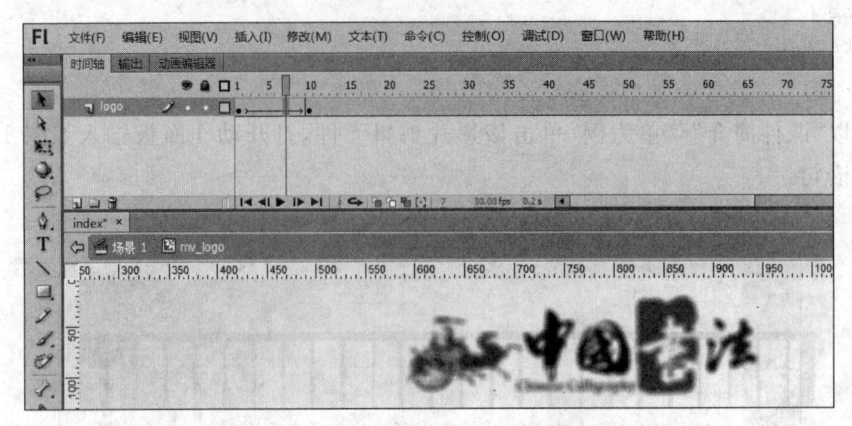

图 12-307　制作标题 logo 动画效果

(7) 最后插入新建图层“退出”，放置按钮元件“btn_退出”，为其赋予单击退出的 AS 语句：

```
on (release) {
    fscommand("quit");
}
```

整个场景动画的编排布置如图 12-308 所示。

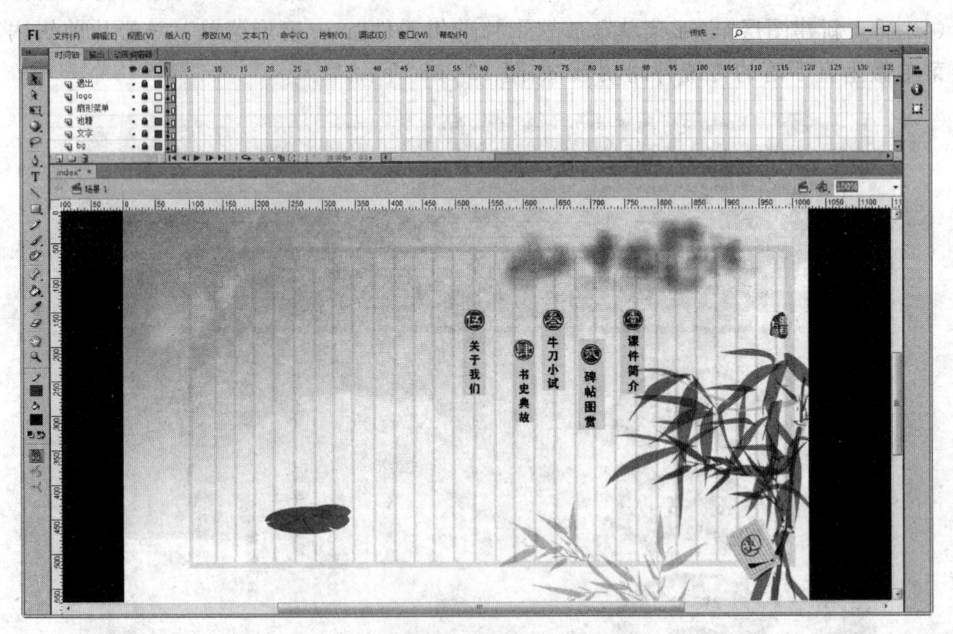

图 12-308　场景各动画元素编排

12.3.7　二级页面场景跳转动画的设计

与片头动画采用 loadMovieNum(“目标文件”，级别)函数调用首页文件的方式不同，

“楷书”、“隶书”、“草书”和“篆书”4 个二级页面采用了场景跳转的方式实现内容浏览。通过在二级页面文件中添加不同的场景，设置交互按钮元件并赋予“on (release) {gotoAndPlay ("场景名称",帧)；}”语句实现跳转到指定场景和帧开始播放，如在“楷书”页面文件中，设置了主场景“楷书目录”和分场景“楷书 1～4”，通过主场景的 4 个按钮菜单元件，单击可以跳转到分场景页面，如图 12-309 所示。

图 12-309　二级导航页面——楷书

在分场景中，通过给“上一页”和“下一页”按钮元件设置“preFrame()；/nextFrame()；”函数语句实现翻页功能，给“返回目录”按钮元件赋予“on (release) {gotoAndPlay("楷书目录",1)； }”语句，实现返回主场景并开始播放的功能，如图 12-310 所示。

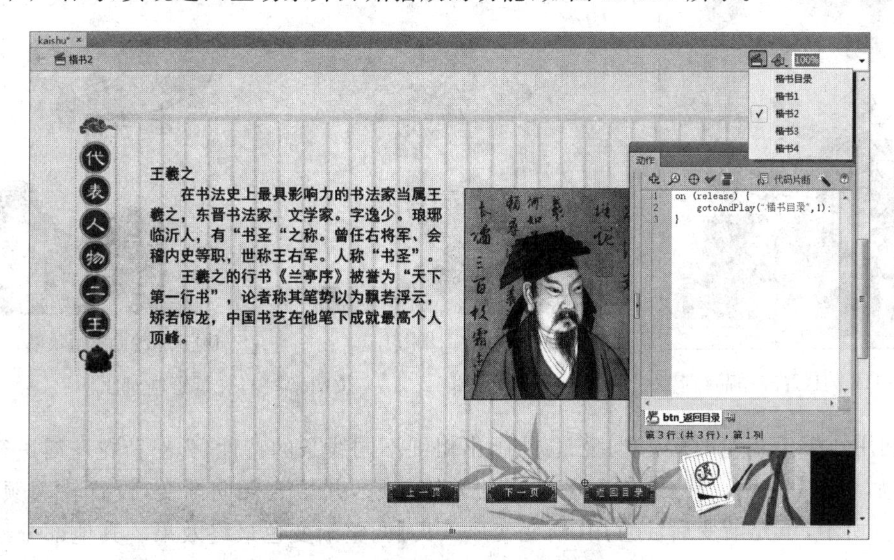

图 12-310　AS 脚本实现返回目录场景

下面介绍一下各二级页面主要动画效果的制作原理和过程。

(1)“楷书”页面荷花蜻蜓的制作,效果如图 12-311 所示。

图 12-311　荷花蜻蜓动画

荷花出尘离染,清洁无瑕,代表着中国传统文化中的清淡、雅致、飘逸等诸多美德。该矢量荷花的绘制借鉴了现代著名写意花鸟画家王雪涛的作品风格,如图 12-312 所示。

Flash 绘制的是矢量图形,特点是线条洗练而简洁,色彩明快而夺目且装饰风格强烈,这样的特点恰恰与水墨画写意的风格是相悖的。这幅作品采用了数位板和压感笔绘制图形,结合把位图转换为矢量图形的方法,达到了意想不到的艺术效果,如图 12-313 所示。

图 12-312　王雪涛作品《荷》

(a) 原始位图素材

(b) 重新绘制矢量效果

图 12-313　位图素材与矢量绘制对比

先利用压感笔运笔时轻、重、缓、急能画出粗细不同线条的特性,先对荷花花瓣进行勾边绘制,然后利用【钢笔工具】绘制每朵花瓣的大体轮廓,并填充径向渐变,设置轮廓颜色,如图 12-314 所示,填充渐变后注意用【渐变变形工具】调整渐变色最终效果。其他部分绘制不再一一列出,请读者自行练习和体会。

具体动画效果的编排与制作,请参考源文件 kaishu.fla 中的影片剪辑元件“mv_荷花”,在此不再赘述。

图 12-314　荷花的绘制

(2)"隶书"页面白石笔意的动画制作

动画效果如图 12-315 所示。国画大师齐白石擅画花鸟、虫鱼、山水、人物，笔墨雄浑滋润，色彩浓艳明快，造型简练生动，意境淳厚朴实。所作鱼虾虫蟹，天趣横生。在吸取八大山人以及吴昌硕笔墨精神的基础上，自创了"红花墨叶"画荷法：用饱满的洋红直接泼写荷花，衬以黑色的浓墨叶和用焦墨写就的荷梗，在红黑、浓淡、干湿的对比变化中形成鲜明奔放的视觉效果。表现出浓郁的民间审美趣味，传达了强烈的生命勃发意识。

图 12-315　"白石笔意"动画效果

下面介绍一下该动画效果的实现步骤。

Step1：打开 Flash CS6，新建 ActionScript 2.0 文档，舞台大小设为 1024×575 像素，帧频 FPS 设为 30，舞台背景为淡黄色，单击【确定】按钮。

Step2：选择【刷子工具】，为表现红荷花瓣颜色的变化，设置填充颜色为＃CC0000（大红）和＃F19191（浅红），绘制荷花花瓣，调整【刷子工具】填充颜色为纯黑色，绘制花蕊形状。把绘制的图形分别转为图形元件，命名为"花瓣 1～5"和"花蕊"，如图 12-316 所示。

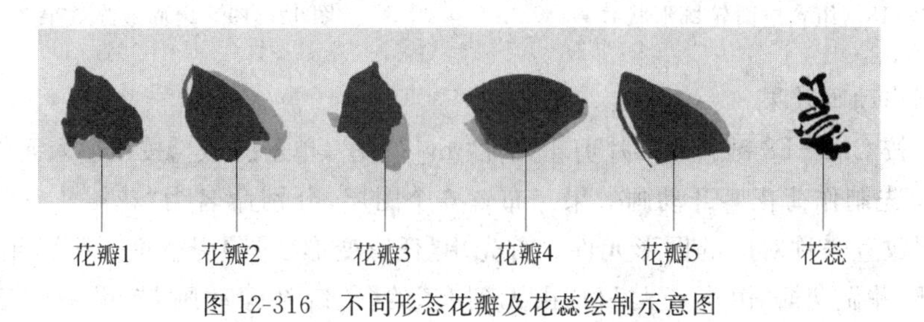

图 12-316　不同形态花瓣及花蕊绘制示意图

Step3：按 Ctrl＋F8 键新建图形元件“荷花 shape”，单击【确定】按钮进入元件编辑窗口，从库中拖入绘制的花瓣、花蕊元件，按 Ctrl＋R 键导入荷叶等图片素材并转为矢量图形，组合成完成荷花，如图 12-317 所示。

图 12-317 完整荷花效果

Step4：按 Ctrl＋F8 键新建影片剪辑元件“扇面”，单击【确定】按钮进入元件编辑窗口，首先选择【椭圆工具】，配合辅助线绘制两个同心圆，用【线条工具】划出“扇面”区域，如图 12-318 所示。

Step5：用【选择工具】选择不需要的部分按 Delete 键删除，效果如图 12-319 所示。填充白色，双击轮廓线并删除。

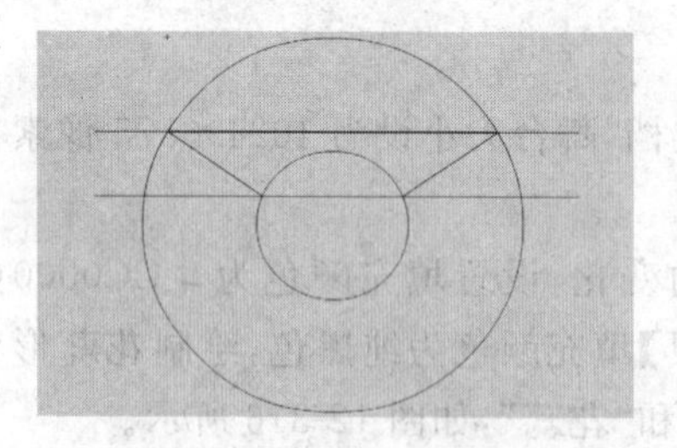

图 12-318 组合扇面轮廓形状

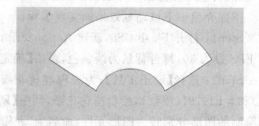

图 12-319 扇面最终效果图

下面制作动画效果。

Step1：按 Ctrl＋F8 键新建影片剪辑元件“mv_荷花”，单击【确定】按钮进入元件编辑窗口。

Step2：先制作荷花盛开动画效果。布置 6 个图层，分别命名为“花瓣 1～5”和“花蕊”，在每个图层放置名称对应的图形元件。首先用【任意变形工具】调整每个花瓣元件的注册点到花瓣根部，并做花瓣“由小变大”和“由无到有”的【传统补间动画】效果，对花蕊做渐变效果，注意花瓣的前后排列顺序和出场顺序，如图 12-320 所示。

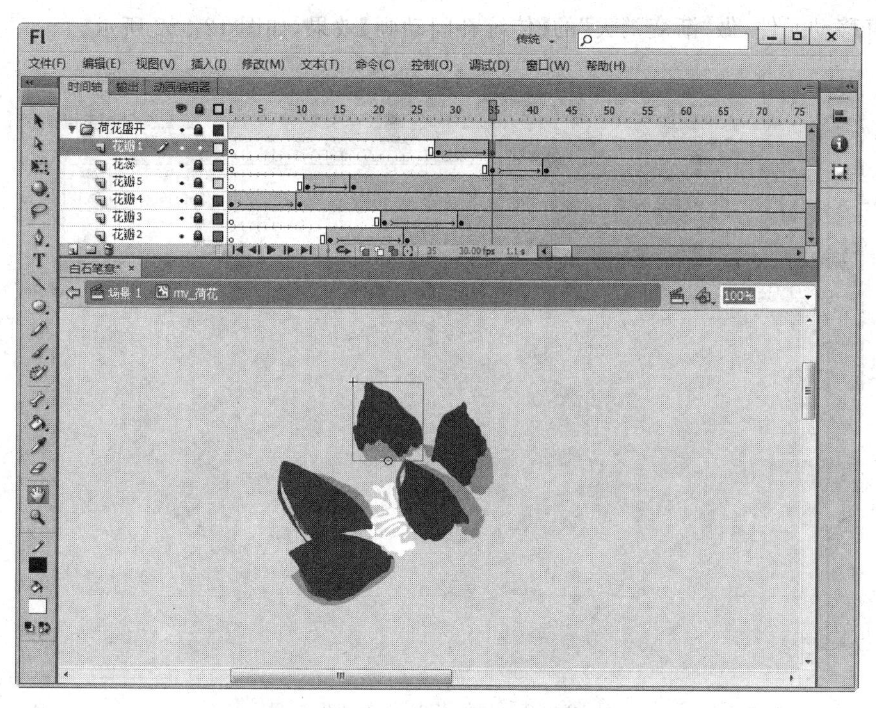

图 12-320 制作荷花开放动画

Step3：接下来做荷叶的多层遮罩动画效果，方法参考 12.1 节兰亭遮罩动画原理，效果如图 12-321 所示。

图 12-321 添加荷叶遮罩动画

Step4：插入新建图层“荷花消失”，在第 156 帧插入关键帧，放置图形元件“荷花 shape”，在第 190 帧插入关键帧，改变该帧的图形元件“荷花 shape”的属性 Alpha 值为 0，并向下垂直移动元件，做"渐变消失"的【传统补间动画】效果，如图 12-322 所示。

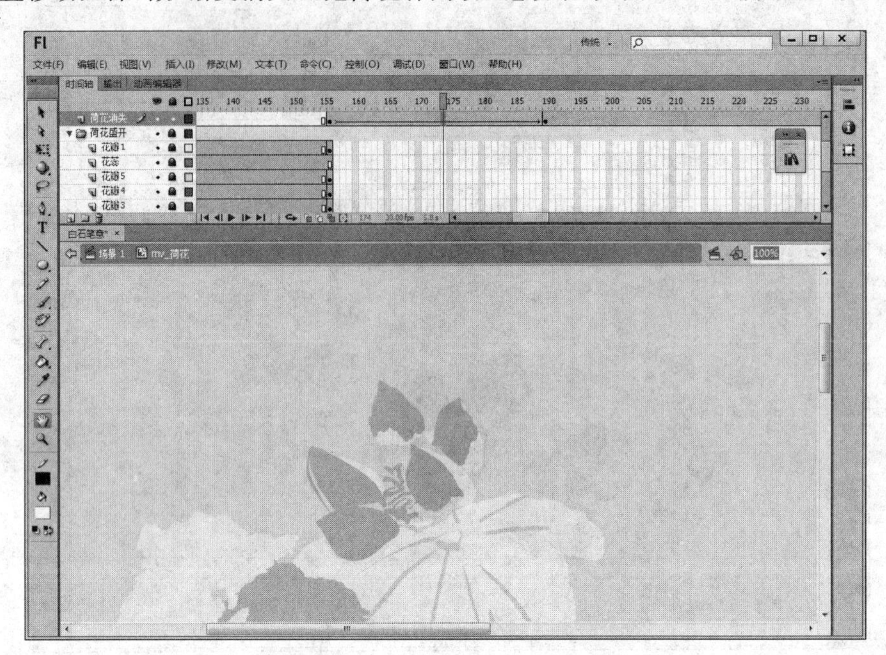

图 12-322 制作荷花渐变消失效果

Step5：插入新建图层"扇面底图"，在第 178 帧插入关键帧，放置影片剪辑元件"扇面"，设置元件属性，应用【滤镜】|【投影】|【内阴影】效果，具体参数设置如图 12-323 所示。单击 195 帧按 F6 键插入关键帧，设置第 178 帧处的元件 Alpha 属性值为 0，单击右键【创建传统补间】动画。

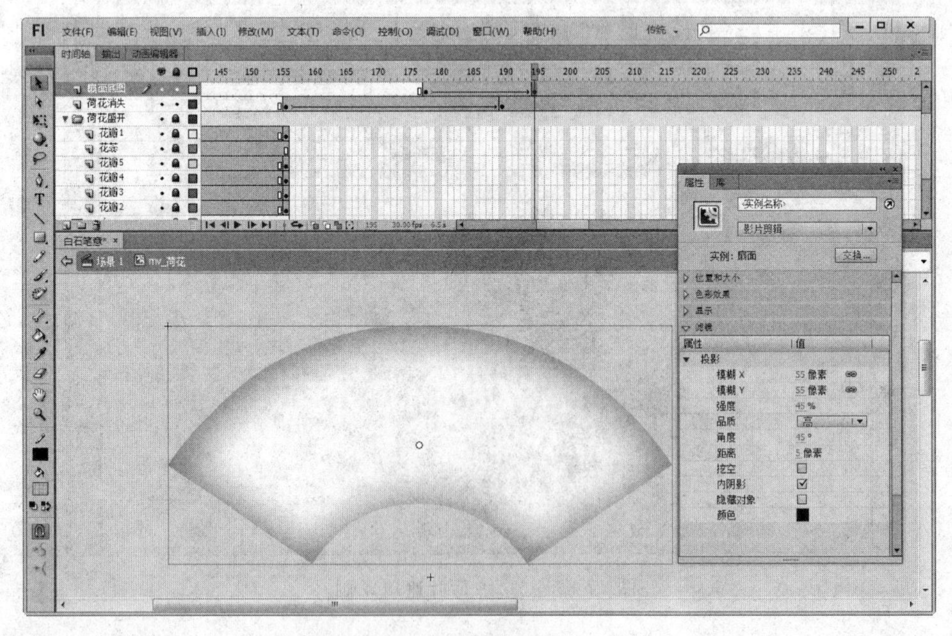

图 12-323 制作扇面渐变动画

Step6：插入新建图层"荷花出现"，在第195帧插入关键帧，放置图形元件"荷花 shape"于扇面右侧，分别在第275、320帧插入关键帧，修改第195帧处元件属性 Alpha 值为0。单击选中第275帧，移动元件至扇面区域内。单击第320帧，选择【任意变形工具】缩放元件到合适大小。

Step7：插入新建图层 mask，在第195帧处按 F6 键插入关键帧，拷贝并粘贴之前所绘制的扇面图形，移动位置使其与"扇面底图"图层的扇面重合，右键单击该图层选择【遮罩层】，如图12-324所示。

图12-324　整体动画效果制作

Step8：最后导入"白石笔意"书法字体与印章素材图片，该动画效果制作完成。

(3)"课件简介"卷轴文字效果

如图12-325所示是"课件简介"页面的动画效果，单击首页"课件简介"文字菜单会打开

图12-325　内容页——课件简介

卷轴，内有关于课件的文字介绍，单击卷轴下方的黑色箭头，可左右滑动文字内容，单击【关闭】按钮卷轴消失。

下面介绍一下制作过程。

Step1：打开 Flash CS6，新建 ActionScript 2.0 文档，设置舞台大小为 1024×575 像素、帧频 FPS 为 30、背景为灰色，单击【确定】按钮。修改图层 1 为“卷轴”，按 Ctrl＋R 键导入卷轴素材图片，并转为影片剪辑元件“卷轴”。在第 7、21、27 帧插入关键帧。在第 1～7 帧创建“从无到有”渐变效果的传统补间动画，在第 21～27 帧创建“从有到无”的传统补间动画，并为第 21 关键帧设置帧标签 end，如图 12-326 所示。

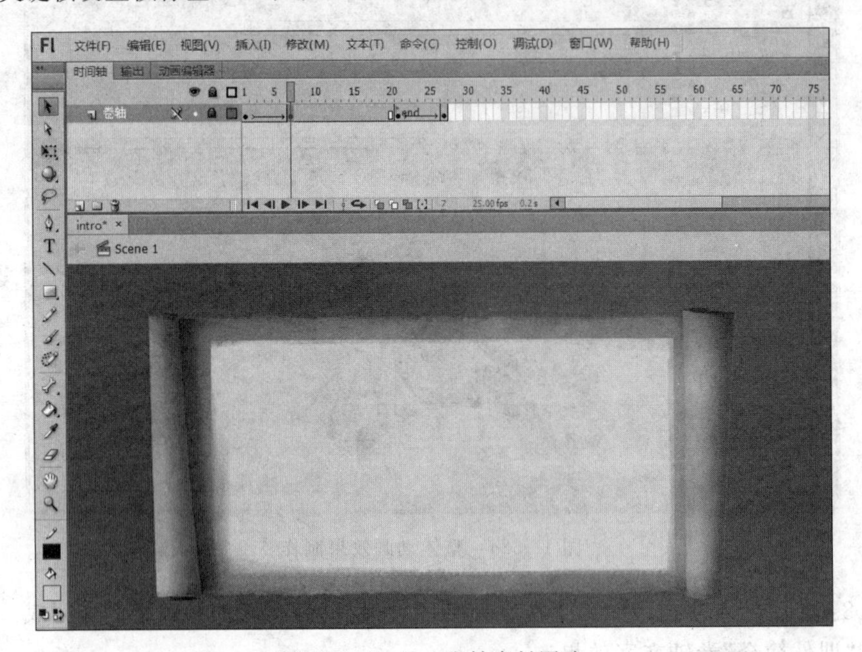

图 12-326　导入卷轴素材图片

Step2：插入新建图层“文字”，在第 7 帧插入关键帧，导入简介文字 PNG 格式图片，并转为影片剪辑元件“文字”，在第 7～21 帧之间做渐变位移动画。新建图层 mask 并转为【遮罩层】，绘制白色矩形作为遮罩形状，按 F5 键补齐至 21 帧，如图 12-327 所示。

Step3：插入新建图层“箭头”，在第 21 帧插入关键帧，放置影片剪辑元件“黑箭头 mc”于卷轴左下角，如图 12-328 所示。

该影片剪辑包含了两个按钮元件，如图 12-329 所示。第 1 帧赋予 stop()；语句，第 1 帧箭头按钮赋予 AS 语句的含义是当单击该按钮时，主场景中的影片剪辑元件“文字”向右平移，紧接着跳到第 2 帧，也就是右侧箭头所在的关键帧；第 2 帧箭头按钮赋予 AS 语句的含义是当单击该按钮时，主场景中的影片剪辑元件“文字”向左平移，紧接着跳到前一帧，也就是第 1 帧。

Step4：插入新建图层“关闭”和 actions。在图层“关闭”的第 7 帧插入关键帧，放置“关闭”按钮，在第 13 帧插入关键帧，两帧之间做渐变效果的【传统补间】动画。在按钮上赋予 AS 语句：

```
on (release){
    gotoAndPlay("end");
}
```

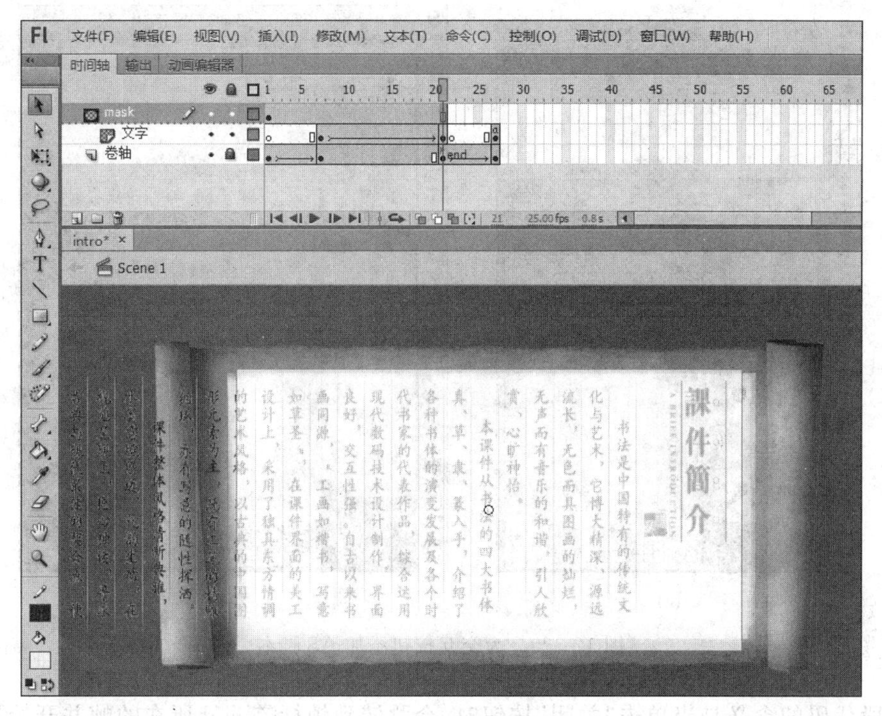

图 12-327　导入简介文字

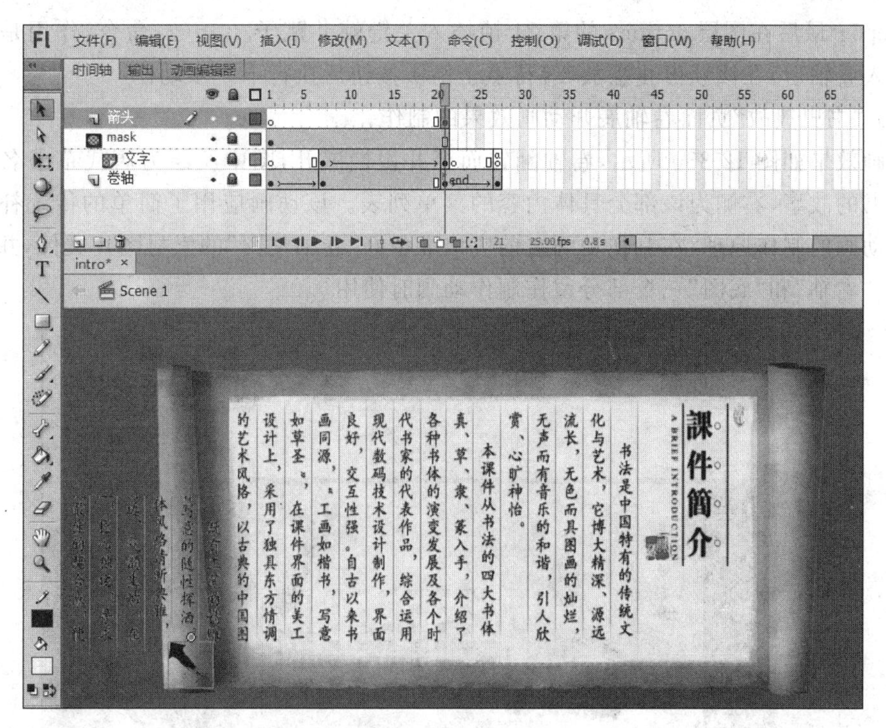

图 12-328　添加交互按钮

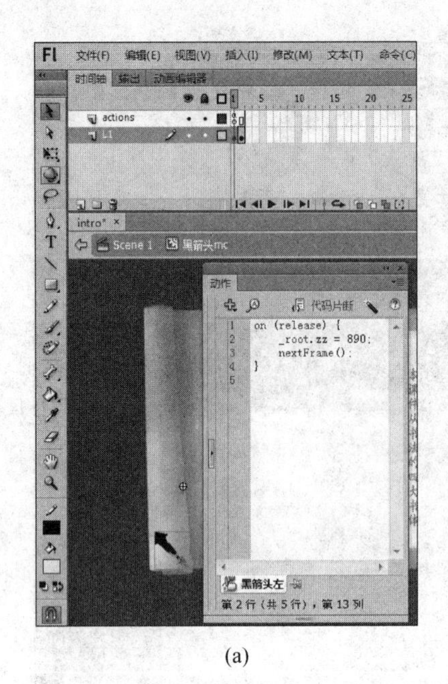

(a)

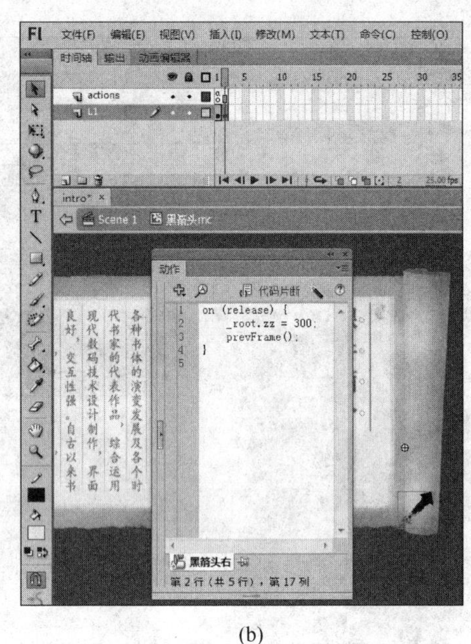

(b)

图 12-329　为交互按钮添加 AS 脚本

该段代码的含义是当单击“关闭”按钮时，会跳转到帧标签 end 所在的帧并开始播放，也就是卷轴消失不见的动画效果。

Step5：最后在图层 actions 的第 21 帧插入关键帧并赋予 stop();命令，作用是文字自左侧滑入卷轴后，在该帧停止播放，等待点击箭头按钮后执行下一步动作。

(4)“书史典故”页面卷轴展开动画效果的制作

动画效果如图 12-330 所示，卷轴翻转而至并慢慢展开，图中所绘为唐代草书名家怀素和尚学书的故事，右侧为该部分具体内容的菜单列表。该动画应用了简单的传统补间动画和遮罩动画的制作原理，在制作动画之前应该准备好“卷轴整图”的素材图片文件，并分割为“左轴”、“右轴”和“底图”三个部分留作制作动画时使用。

图 12-330　“书史典故”二级导航页面

下面介绍一下制作过程。

Step1：打开 Flash CS6，新建 ActionScript 2.0 文档，单击【确定】按钮。修改图层 1 名称为 bg，导入背景图片并锁定该图层。

Step2：按 Ctrl+F8 键新建影片剪辑元件“左轴”，导入左轴素材图片文件，如图 12-331 所示。同理制作影片剪辑元件“右轴”（也可复制左轴并“水平翻转”），如图 12-332 所示。

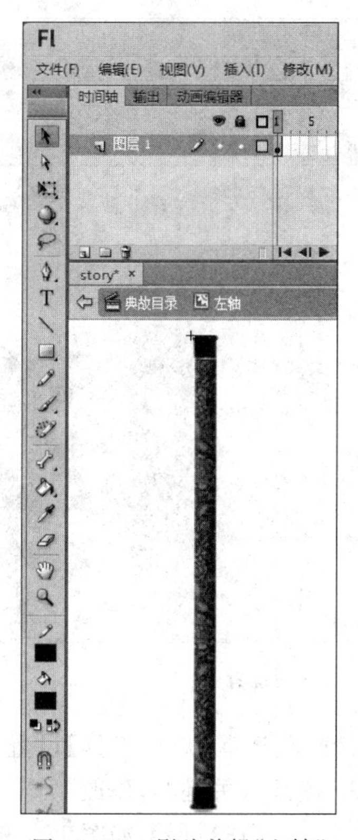

图 12-331 影片剪辑“左轴”

图 12-332 影片剪辑“右轴”

Step3：按 Ctrl+F8 键新建影片剪辑元件“卷轴底图”，导入底图素材图片文件，如图 12-333 所示。

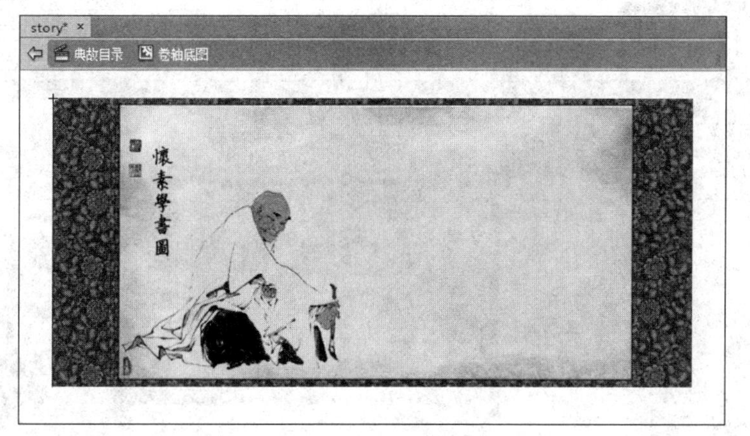

图 12-333 导入底图素材图片

Step4：插入新建三个图层“左轴”、“右轴”和“底图”，将元件“左轴”和“右轴”从库中拖入对应的图层，在两个图层的14、36帧插入关键帧，为两个元件做翻转及近然后向右移动的【传统补间动画】效果。在“底图”图层拖入元件“卷轴底图”摆放合至适位置，在第56、76、95帧处插入关键帧，通过设置元件的滤镜模糊效果属性，创建【传统补间动画】效果。接着在图层“左轴”第95帧插入关键帧，向左平移元件“左轴”至底图左侧边缘，如图12-334所示。

图12-334 摆放左、右轴元件的位置

Step5：插入新建图层mask，在第36帧插入关键帧，选择【矩形工具】设置轮廓线为无色，绘制黑色矩形，大小刚好盖住卷轴底图。在第95帧插入关键帧，修改第36帧处矩形的宽度为1，单击右键【创建补间形状】动画，并将该图层设为【遮罩层】，如图12-335所示。

图12-335 制作遮罩动画效果

Step6：最后插入"竹影"动画素材和文字菜单，该动画效果制作完成。

(5)"牛刀小试"页面书法知识测试的制作

这一部分测试包含了"单项选择题"和"连线题"两种类型，可以检测学生对课件内容的掌握程度。"单项选择题"是教学中最常见的一种练习与测试类题型，利用 Flash 可以轻松制作交互性较强的选择题，并可以显示结果、查出对错、算出得分。

下面以单项选择题的制作为例说明。

Step1：在影片的第 1 帧插入 AS 语句 stop()；命令，设置"开始测试"按钮元件，单击按钮进入测试环节，如图 12-336 所示。

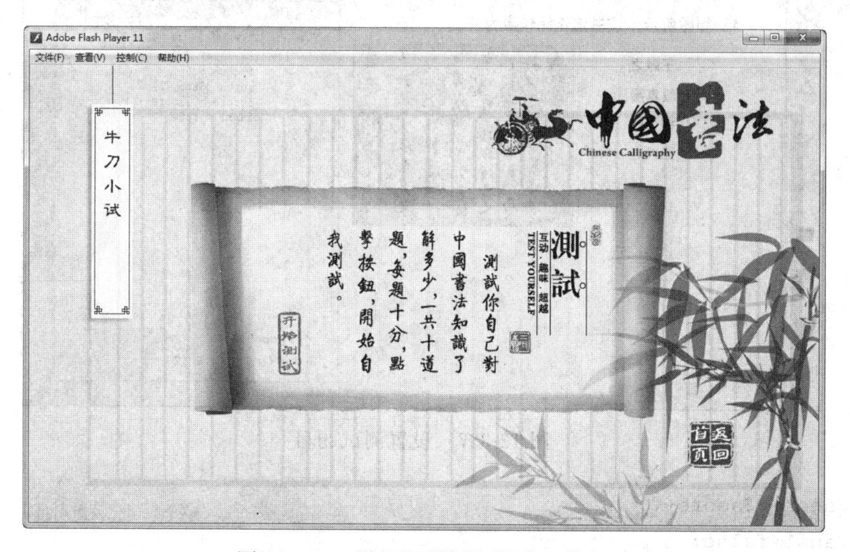

图 12-336　设置"开始测试"交互按钮

该部分单项选择题共设置 10 道"四选一"的题目，是中国书法基本知识的测试，每道题目包括题干、选项、题目插图、显示结果 4 个部分，所以在制作之前应制作好题目所需的素材图片。

接下来设置测试具体题目内容，如图 12-337 所示。

Step2：插入新建图层"选项 A—D"、"题目与图"、"选项文字"、"动态文本"，其中在图层"选项 A—D"第 2 帧放置第 1 题的选项按钮，正确选项的按钮赋予 AS 语句如下：

```
on (release) {
    $score=0;
    gotoAndStop (3);
    $score=$score+10;
    $ans1=true;
}
```

该段代码实现的功能是：当点击该选项时，时间轴在第 3 帧停止(也就是下一题)，分数变量 $score 累加 10 分。

错误选项的按钮赋予 AS 语句如下：

```
on (release) {
    $score=0;
    gotoAndStop (3);
```

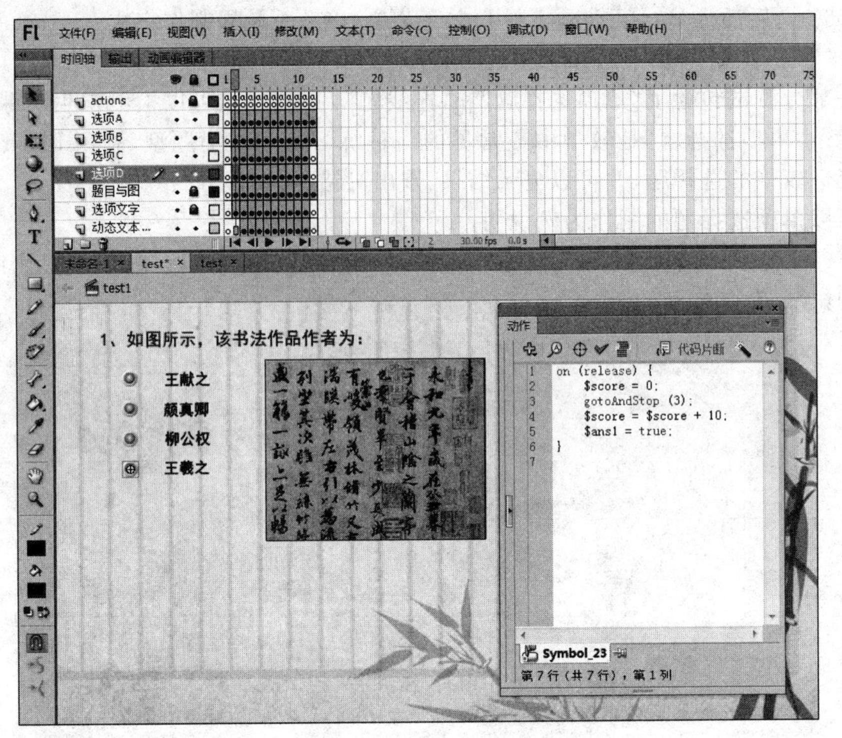

图 12-337　设置测试题目

```
    $score=$score+0;
    $ans1=false;
}
```

该段代码的含义：当点击该选项时，跳转到时间轴第 2 帧停止，分数不累加。

在 actions 图层的第 2 帧插入如下 AS 代码：

```
stop();                          //停止播放
$score=0;                        //设置分数初始值为 0
```

Step3：在“动态文本”图层放置动态文本框，设置其变量名为 $ score，用来输出判断结果，为真时累加 10 分，为假时不累加。在“题目与图”、“选项文字”图层分别放置题目其他信息，详细步骤不再赘述。

Step4：在影片的第 3 帧设置第 2 题。选项按钮的 AS 语句与前一题设置相同。在 actions 图层第 3 帧输入如下 AS 语句：

```
$score=$score;
$ans1=$ans1;
if ($ans1 ==true) {
    $a1.gotoAndStop(2);
    } else {
    $b1.gotoAndStop(2);
}
trace(($ans1+"+")+$score);
```

这段代码主要实现的功能是在动态文本框中显示结果，判断正确输出累加 10 分的结果，判断失误不累加。

其他题目设置以此类推。

Step5：在所有题目做完以后，在最后一帧设置动态文本框，设置其变量名称为 $ answer，判断结束输出结果。

Step6：在 actions 图层第 12 帧输入以下 AS 语句：

```
$score=$score;
$ans10=$ans10;
if ($score ==0) {
    $answer="0 分！要认真学习喔！";
} else if ($score < =59) {
    $answer="不及格！要再努力！";
} else if ($score < =80) {
    $answer="中等！再继续加油！";
} else if ($score < =99) {
    $answer="中上！不错喔！";
} else {
    $answer="满分！你真了不起！";
}
trace(($ans10+"+")+$score);
```

根据得分结果不同，输出不同的文字内容。

(6)“碑帖图赏”图片动画特效的制作

如图 12-338 所示，该实例用“缓动”、“缩放”的动画效果展示传世书法代表作品。单击舞台左侧书法作品缩略图时，缩略图会以缓动的效果滑向画面右下角，随之在舞台右侧显示高清大图。单击其他缩略图时，当前显示的大图会还原成缩略图，被单击的缩略图对应的高清大图会在该区域显示。

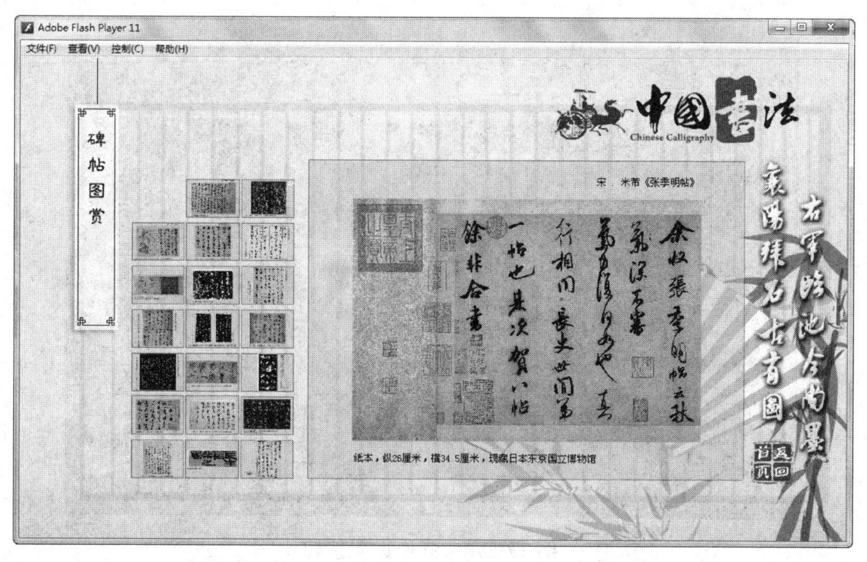

图 12-338　二级导航页面——碑帖图赏

Step1：制作该实例之前需要准备 21 张古代碑帖的素材图片并转为影片剪辑类型元件，命名为 IMAGE1～IMAGE21，如图 12-339 所示。

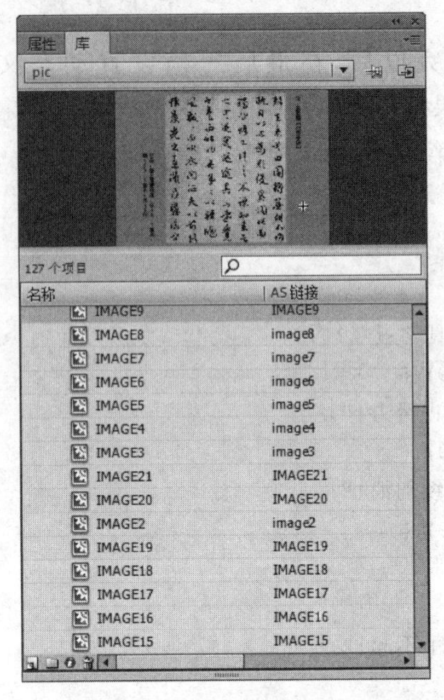

图 12-339　图片影片剪辑元件

Step2：新建按钮元件 bt，保持其他帧空白，只在【点击】帧绘制一感应矩形区域即可，如图 12-340 所示。

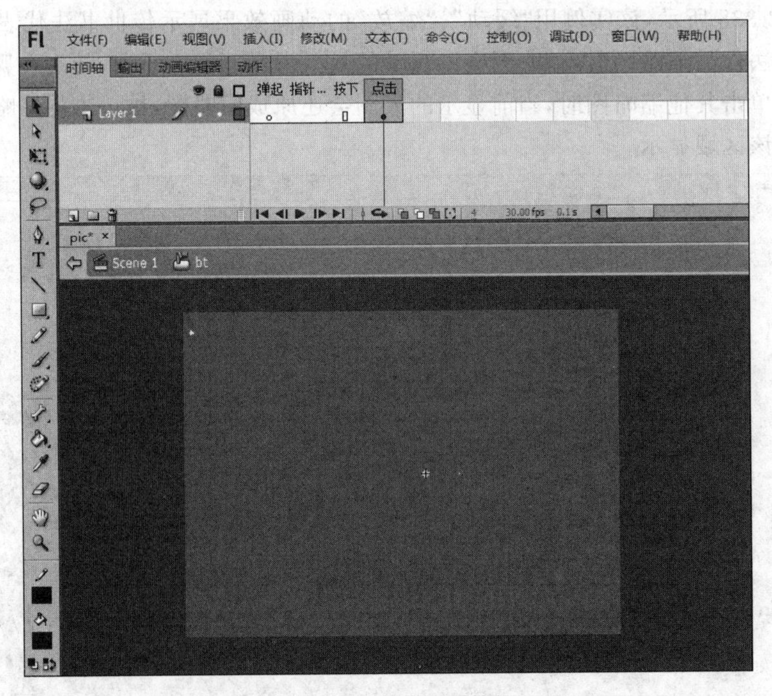

图 12-340　制作透明按钮

Step3：新建影片剪辑元件 IMAGE_CLIP，插入新建图层 SCRIPT、BUTTON，在 SCRIPT 图层第 1、2 帧插入关键帧并赋予 stop()；命令；在 BUTTON 图层放置按钮元件 bt，单击选中按钮元件按 F9 键打开动作面板，输入以下 AS 语句：

```
on(release,releaseOutside){
    image_on=true;
    _parent[_parent.now_clip].image_on=false;
    _parent[_parent.now_clip].system=true;
    _parent.now_clip=_name;
    System=true;
    run=true;
    first=true;
}
```

如图 12-341 所示。

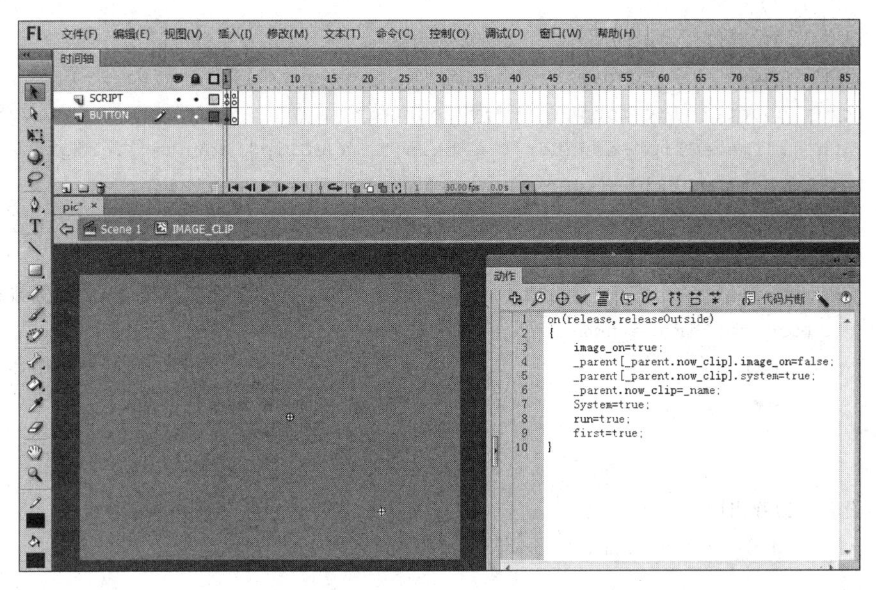

图 12-341　AS 脚本设置

Step4：新建一个空的影片剪辑元件并命名为 SYSTEM，将该影片剪辑元件置于舞台靠左边界的位置。单击该影片剪辑元件按 F9 键打开动作面板，输入以下 AS 语句：

```
onClipEvent(load){
  image_num=21;                         //设置图片数目
  sumnail_size=50;                      //设置图片间距
  x_revision=-150;                      //设置图片 X 坐标
  y_revision=-350;                      //设置图片 Y 坐标
  main_x=595;
  main_y=250;
  //放大的图片出现位置
  ratio=0.3;                            //放大的图片出现速度
  friction=0.6;                         //摩擦系数
```

```
total_depth=30;                           //深度
now_clip=0;                               //当前影片剪辑的序号
//下面是设置左边缩略图
for(counter=1;counter<=image_num;counter++){
  this.attachMovie("imageClip","imageClip"+counter,counter);
                                          //循环加载库中的 imageClip
  this["imageClip"+counter].attachMovie("image"+counter,"image",1);
                                          //循环加载图片到 imageClip 里
  this["imageClip"+counter]._xscale=this["imageClip"+counter]._yscale=12;
                                          //设置缩略图的大小
  this["imageClip"+counter].system=false;
  this["imageClip"+counter].run=true;
  this["imageClip"+counter].first=true;
}
counter=1;
//以上代码设置每行显示的图片
for(h_counter=1;h_counter<=Math.ceil(image_num/7);h_counter++){  //行
  for(v_counter=1;v_counter<=7;v_counter++) {                     //列
    this["imageClip"+counter]._x=this["imageClip"+counter].origin_x=
    (17.5*v_counter)+(sumnail_size*v_counter)-x_revision;
    this["imageClip"+counter]._y=this["imageClip"+counter].origin_y=
    (2*h_counter)+(sumnail_size*h_counter)-y_revision;
    counter++;                            //以上代码实现的是把图片按 3×3 横竖排列
    if(counter>image_num) {
      break;                              //如果图片数量小于循环数量,则停止循环
    }
  }
}
//设置右边弹出图片
MovieClip.prototype.imageShow=function(){
  if(run){
    if(first){
      this.swapDepths(++_parent.total_depth);
      next_x=-(random(50)+50);
      next_y=random(200)-100;
      first=false;
      gotoAndStop(2);
    }
    next_x=((_parent.main_x-_x)*_parent.ratio+next_x)*_parent.friction;
    next_y=((_parent.main_y-_y)*_parent.ratio+next_y)*_parent.friction;
    _x+=next_x;
    _y+=next_y;
    //根据移动速度调整缓动效果
    if(Math.abs(_x-_parent.main_x)<0.2&& Math.abs(_y-_parent.main_y)<0.2){
    _x=main_x;
```

```
      _y=main_y;
      //超出规定边界停止
      run=false;
    }
  }else {
    next_scale=(100-_xscale)*_parent.ratio;    //放大图片弹出后放大比率
    _xscale=_yscale+=next_scale;
    if(next_scale<0.01)
    {
      _xscale=_yscale=100;                      //最后图片大小
      system=false;
    }
  }
}
MovieClip.prototype.imageOff=function(){       //定义影片剪辑关闭图片函数
  if(_currentframe==2){
    gotoAndStop(1);
    counter=1;
  }
  if(counter>30){
    next_x=(origin_x-_x)*_parent.ratio;
    next_y=(origin_y-_y)*_parent.ratio;
    _x+=next_x;
    _y+=next_y;
    next_scale=(12-_xscale)*_parent.ratio;
    _xscale=_yscale+=next_scale;
    if(Math.abs(next_scale)<0.01)
    {
      _xscale=_yscale=12;
    }
    if(Math.abs(next_x)<0.01 && Math.abs(next_y<0.01)){
      _x=origin_x;
      _y=origin_y;
      system=false;
    }
  }
  else
  {
    imageShow();
    system=true;
    counter++;
  }
  }
}
//以影片剪辑帧频不断触发的动作
```

```
onClipEvent(enterFrame){
  for(counter=1;counter<=image_num;counter++){
    if(this["imageClip"+counter].system){
      //显示放大影片
      if(this["imageClip"+counter].image_on){
      this["imageClip"+counter].imageShow();
      }
      else
      {
       //缩小影片
       this["imageClip"+counter].imageoff();
      }
    }
  }
}
```

12.3.8 课件整合与发布

1. 课件文件架构说明

```
中国书法.swf------------------------------------------片头动画文件
  ├——music.swf--------------------------------------背景音乐文件
  ├——index.swf--------------------------------------首页导航文件
      ├——kaishu.swf---------------------------------“楷书”文件
      ├——lishu.swf----------------------------------“隶书”文件
      ├——caoshu.swf---------------------------------“草书”文件
      ├——zhuanshu.swf-------------------------------“篆书”文件
      ├——intro.swf----------------------------------“课件简介”文件
      ├——pic.swf------------------------------------“碑帖图赏”文件
      ├——test.swf-----------------------------------“牛刀小试”文件
      ├——story.swf----------------------------------“书史典故”文件
      ├——about.swf----------------------------------“关于我们”文件
      ├——help.swf-----------------------------------帮助文件
MP3-------------------------------------------------放置背景音乐文件
```

2. SWF 文件的加载和调用

片头动画加载首页导航文件、首页导航文件加载内容页文件，都是用 loadMovieNum();函数来实现的。如图 12-342 所示，打开片头动画源文件“中国书法.fla”，在“首页”交互按钮上赋予 AS 语句：

```
on (release){
    loadMovieNum("index.swf",0);          //加载首页导航文件，并替换片头动画文件
    loadMovieNum("music.swf",50);         //加载背景音乐文件
}
```

对内容页文件的加载同样使用 loadMovieNum();函数实现。以调用“楷书”页面为例说明。

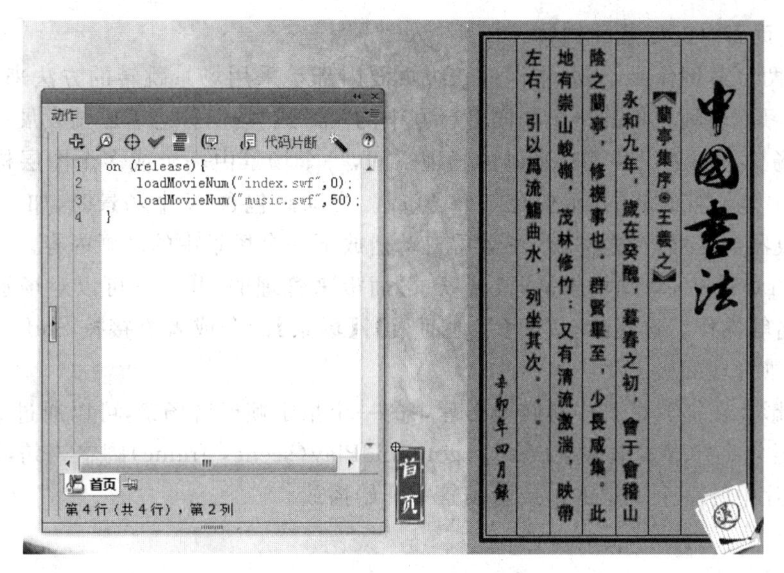

(a) AS语句代码　　　　　　　　　　(b) 外部首页文件

图 12-342　加载外部首页文件和背景音乐文件

打开首页导航源文件 index.fla，按 Ctrl＋L 键打开库面板，双击影片剪辑元件“mv_扇形菜单”，单击“楷书”扇形菜单按 F9 键打开动作面板，如图 12-343 所示，赋予 AS 语句：

```
on (release){
    loadMovieNum("kaishu.swf",1);        //加载“楷书”页面文件，置于层级 1
}
```

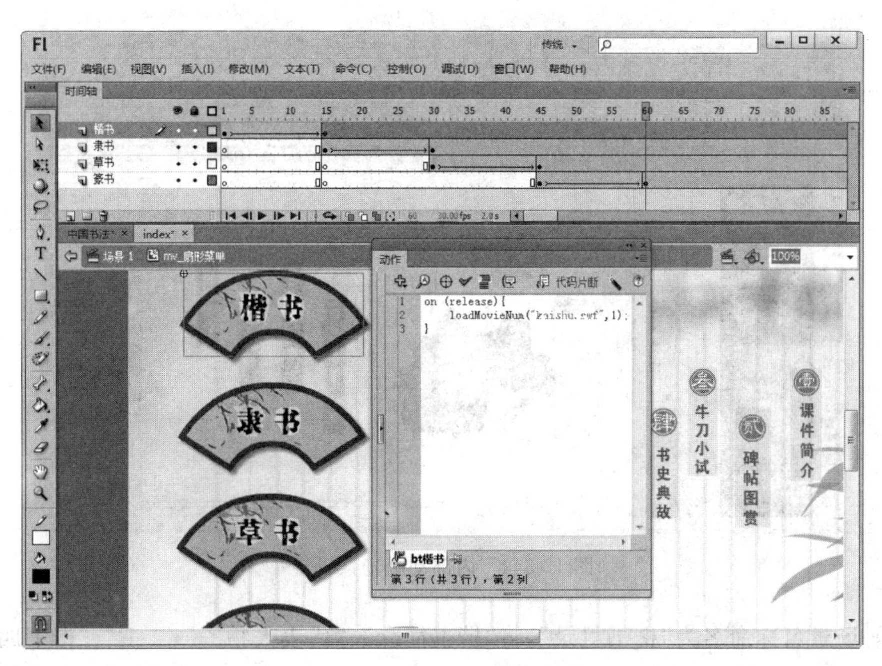

图 12-343　加载二级页面文件

3. 二级页面内部场景的跳转

与前面两节案例作品不同，本课件二级页面内部是采用场景跳转的方法来实现对内容的浏览和学习。动画场景的概念如同舞台剧中的“幕”或“场”，标志着剧情发展的不同段落。Flash中的场景是用来组装测试动画的场地空间，一个场景由一个或多个图层构成，所以场景在Flash中是不可或缺的(至少有一个场景)。当动画包含N个场景时，如果没有AS语句控制，播放器会在播放完第一个场景后自动播放下一个场景中的动画内容。

在Flash CS6中，动画场景是通过【场景】面板来管理的，利用它可以对场景进行添加、删除、重命名等操作。选择【窗口】|【其他面板】|【场景】命令或者直接按Shift+F2组合键即可打开场景管理面板。

要想使影片在播放过程中跳转至影片中的一个指定帧或者场景，可以通过goto语句来实现，goto语句将在脚本框中生成一个gotoAndPlay(scene, frame)脚本语句，使时间轴指针跳转至影片中的一个指定的帧或者场景并开始播放。

语法：

```
gotoAndPlay(scene, frame)
```

功能：将播放头转到场景中指定的帧并从该帧开始播放。如果未指定场景，则播放头将转到当前场景中的指定帧。

参数：scene为播放头将转到场景的名称。frame为播放头将转到的帧的编号或标签。

下面以内容页面“楷书”文件内部的场景跳转为例加以说明。

如图12-344所示，打开“楷书”页面源文件kaishu.fla，按Shift+F2键打开场景面板，可以看出该动画文件包含了5个场景，分别是“楷书目录”和“楷书1～4”。

图12-344 内部动画场景设置

当前场景名称命名为“楷书目录”，将“楷书简介”、“代表人物——二王”、“楷书四大家”、“楷书的快写——行书”的动画场景分别命名为“楷书1～4”。单击“楷书简介”菜单按F9键打开动作面板，输入AS语句，如图12-345所示。

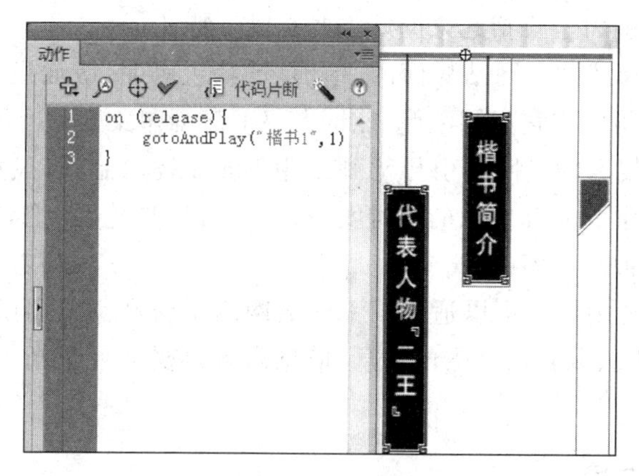

图 12-345 指定场景跳转

```
on (release){
    gotoAndPlay("楷书 1",1);          //跳转到场景"楷书 1"的第 1 帧并开始播放
}
```

同理,在场景"楷书 1"中设置"返回目录"交互按钮,赋予 AS 语句:

```
on (release){
    gotoAndPlay("楷书目录",1);        //跳转到场景"楷书目录"的第 1 帧并开始播放
}
```

由二级内容页返回导航首页可使用 unloadMovieNum();函数卸载当前 SWF 文件。如在"楷书目录"场景中设置了"返回首页"交互按钮,对其赋予 AS 语句:

```
on(release){
    unloadMovieNum(1);                //卸载层级为 1 的 SWF 文件,即 kaishu.swf
}
```

其他二级内容页面内部场景的切换和跳转方法与此相同,翻页功能同样采用 nextFrame();/preFrame();函数来实现。

12.4 网站《观澜阁》引导动画及广告条制作

12.4.1 案例背景分析

网站引导动画又称为网站片头动画,是进入网站主页之前的一个动态画面,多采用 Flash 动画技术制作,其大小一般占计算机屏幕的三分之二,方便浏览者对网站的内容了然于胸,从而迅速了解其提供的信息。引导动画对于整个网站的信息与视觉传达都具有非常重要的意义,一个好的 Flash 片头动画,能够令人反复玩味,其主要作用是引导网站整体风格和文化氛围,突出网站特征形象,从而达到网络宣传和提高访问率的目的。

《观澜阁》网站是语言文学专业课程——《中国古代文学》的专题学习交流平台,在界面的设计上另辟蹊径,有别于一般教学网站的界面特点,重点考虑如何利用先进的计算机技术和独特的视觉艺术表现形式,清晰、准确地传达信息,在授业、解惑的同时,使浏览者感受到中国传统文化的独特魅力。概括起来网站主要有以下特征。

(1) 视觉呈现的独特性。网站界面的“中国风”特色鲜明，版面设计简洁、精美，布局合理，色调和谐，古风古韵中文化氛围浓厚，能给人留下深刻印象。

(2) 动静结合的技术性。网站引导动画采用 Flash 技术制作，风格清新，意境高远；主页能动态实现教师教学经验和信息的实时发布，学生可以浏览、评论和提出质疑，教师在后台管理模块中能在线做出解答。

(3) 信息传播的适用性。可以适用于不同的网络平台和浏览器版本，浏览者可以有选择地、主动地从网站中获取自己所需的信息，信息内容接受方便灵活，不受时间和地理位置的约束。

12.4.2 创意与构思

从古至今，在“天人合一”哲学思想的影响下，中国人形成了崇尚自然，喜欢和谐安宁的观念，更倾向于寻求内心的祥和、平静。静态和谐、含蓄内敛的文化一直占据着中国文化的主流。动画设计元素编排采用了传统文化符号的表现形式，如中国画、书法、古建筑物等。尤其是仿效传统的线描绘画技法，在计算机软件中利用画笔工具进行勾线填色，对一丛翠竹进行绘制，用动画效果模拟竹子生长过程，与纸上作画有异曲同工之妙，丝丝细线，刚劲而秀妍。

中国文人对竹子情有独钟，乐于咏竹、画竹，甚至以竹自喻，青青翠竹不知吸引了多少文人墨客争相吟咏，有关竹子的诗词歌赋更是不计其数。“竹文化”已成为世界独树一帜的文化遗风，深深影响着中国人的审美观和审美意识以及伦理道德。中国文人以竹为表现对象，本质上源自他们意识深处的祖先记忆和农业文化的道德取向，源自于中国文人的审美倾向。

12.4.3 引导动画与广告条效果截图

图 12-346 为网站引导动画。动画伊始，伴随着悠扬的古筝背景音乐“高山流水”，Loading(载入进度条)开始显示动画下载进度。Loading 是网站 Flash 引导动画不可缺少的元素，创意新颖的 Loading 可以为网站带来极好的用户体验，从而提升网站品牌形象和增加访问率。

图 12-346 《观澜阁》网站引导动画

接着一丛翠竹顺势生长，在 Flash 中利用遮罩形变动画的原理实现这一效果；翠竹由近而远渐隐又现，同时楼阁、远山渐次浮现，一行白鹭从天际掠过；标题“观澜阁”三字书法字体的“书写”动画效果及印章出现；最后一叶小舟飘然而出，“首页”按钮出现并不断闪烁，提示浏览者点击，至此网站引导动画播放完成。

此时，竹影摇曳，舟楫轻飏，使人仿佛置身于陶渊明所描绘的世外桃源，武陵缘溪而忘路之远近，云淡风轻带给人以无限遐想，循环往复中有一探究竟的趣味。

动画效果的整合过程中，要注意每个要素的先后顺序和位置关系，以及在软件时间轴上出现的时机及速度，对某些动画元件属性适当做透明度的改变，会起到意想不到的效果。最后动画制作完成发布后，需在不同的网络环境和浏览器版本下测试运行，模拟网络下载的不同情况，测试动画播放的时间间隔和流畅程度，观察有无丢帧、跳帧现象，以便进行必要的修改和完善。

图 12-347 为网站首页截图，页面右上角为 Flash 广告条，动画制作综合应用了遮罩、位移、形变等技术，设计风格沿袭引导动画的“中国风”特色，“观澜随笔”四字不断闪现滑过，对网站的主题起到了很好的宣传、揭示作用。

图 12-347 《观澜阁》网站首页

12.4.4 片头引导动画的设计与制作

片头引导动画制作涉及的主要知识点有：

(1)“翠竹”的绘制及遮罩动画制作；

(2) 小船的绘制及动画制作；

(3) 标题“观澜阁”书法动画制作；

(4) 预载进度条 loading 动画的制作；

(5) 网页中 Flash 动画【透明】属性的设置。

1. “翠竹”的绘制及遮罩动画制作

(1) 打开 Flash CS6，新建 ActionScript 2.0 文档，命名为 default_flash.fla，设置舞台大小为 880×520 像素、背景颜色为白色、帧频为 30，单击【确定】按钮。按 Ctrl+F8 键新建图形元件“竹节”，单击【确定】按钮进入元件编辑窗口，选择【钢笔工具】绘制如图 12-348 所示的竹节图形。

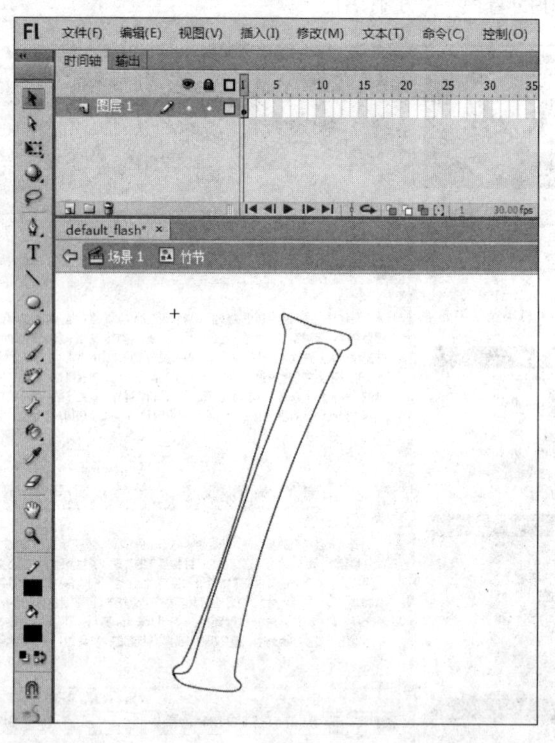

图 12-348 绘制竹节轮廓

(2) 选择【颜料桶工具】，为竹节填充纯色，其中深绿色设为#15A04A，浅绿色设为#7AC35D，效果如图 12-349 所示。双击轮廓线并按 Delete 键删除，效果如图 12-350 所示。

(3) 按 Ctrl+F8 键新建图形元件“竹竿 1”，单击【确定】按钮进入元件编辑窗口，从库中拖入元件“竹节”，选择【任意变形工具】，配合 Ctrl 键对竹节图形进行变形并复制若干竹节元件副本，组合成竹竿形状，如图 12-351 所示。

(4) 按照相同的方法，分别制作图形元件“竹竿 2”和“竹竿 3”，如图 12-352 所示。

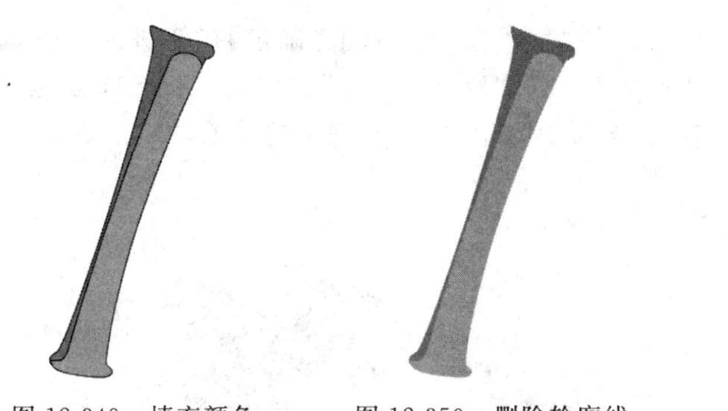

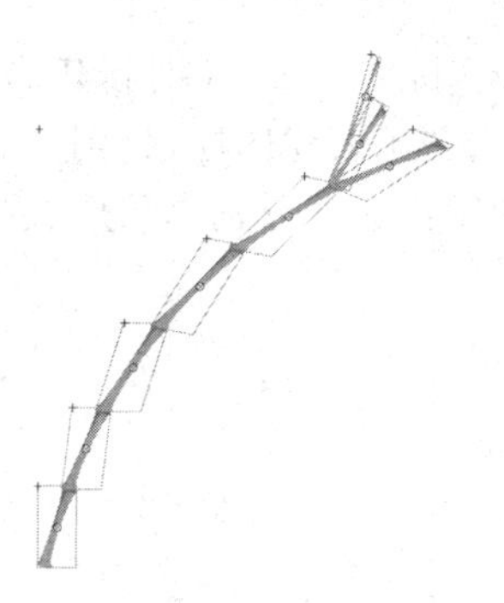

图 12-349　填充颜色　　图 12-350　删除轮廓线　　图 12-351　组合成竹竿

(5) 按 Ctrl＋F8 键新建图形元件“竹叶 1”，选择【钢笔工具】并单击工具箱下方的【对象绘制】按钮，绘制如图 12-353 所示的一组竹叶图形，选择【颜料桶工具】为绘制的竹叶填充纯色“绿色”(＃129F49)。

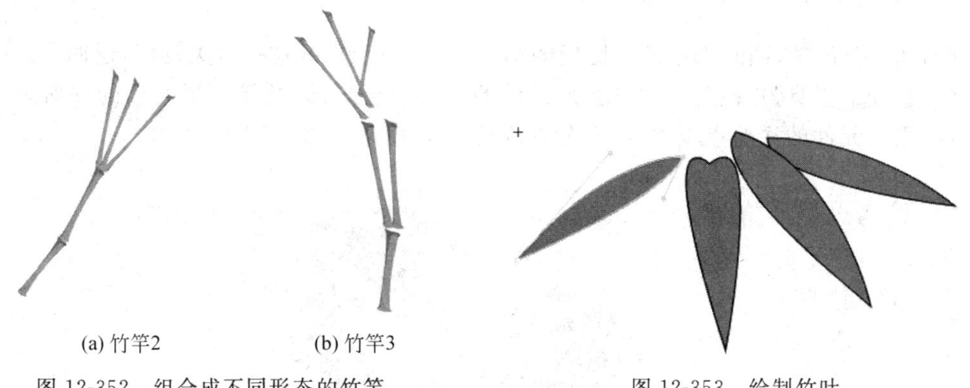

图 12-352　组合成不同形态的竹竿　　图 12-353　绘制竹叶

(6) 按照相同的方法，分别制作其他组竹叶图形元件，注意竹叶的前后摆列顺序，体现层次感，如图 12-354 所示。

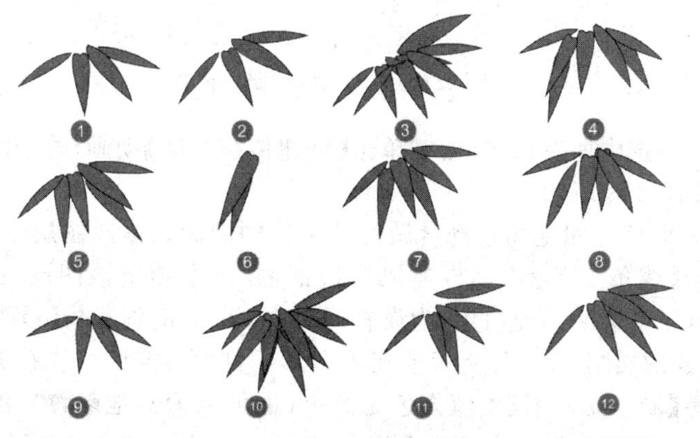

图 12-354　形态各异的竹叶

图 12-354 中序号①～⑫分别对应图形元件“竹叶 1～12”。

(7) 按 Ctrl＋F8 键新建图形元件“竹梢”，选择【钢笔工具】绘制如图 12-355 所示的竹梢图形，选择【颜料桶工具】为绘制的竹梢填充纯色＃ 16A049(深绿色)和＃B3D8A8(浅绿色)。

(8) 按 Ctrl＋F8 键新建影片剪辑元件“竹子摆动”，单击【确定】按钮进入元件编辑窗口，插入若干新建图层，分别命名为“竹竿 1～3”、“竹叶 1～12”、“竹梢”，将之前创建的名称对应的图形元件分别单独放置在相应的图层中，组合成一丛完整的竹子，如图 12-356 所示。

图 12-355　绘制竹梢　　　　图 12-356　完整竹子效果

(9) 按 Shift 键，同时选中所有图层的第 50、100 帧，按 F6 键插入关键帧，返回第 50 帧，选择【任意变形工具】更改每个竹叶图形元件的注册点至顶部、竹竿图形元件的注册点至根部、竹梢图形元件的注册点至底部，并分别旋转一定角度，如图 12-357 所示。

图 12-357　更改元件注册点位置

(10) 按 Shift 键选中所有图层，右键单击【创建传统补间】动画，竹子随风摆动的动画效果就做好了，如图 12-358 所示。

(11) 单击“场景 1”返回主场景舞台做竹子生长的动画。修改图层 1 名称为“边框”，选择【铅笔工具】配合【线条工具】绘制古典风格边框，并单击锁定该图层，如图 12-359 所示。注：该边框内部填充不透明的纯白色，为设置网页中 Flash 动画背景【透明】效果做准备。

(12) 插入新建图层“竹竿 1”，从库中拖入图形元件“竹竿 1”放置在舞台合适位置。新建图层 mask，选择【刷子工具】设置填充色为黑色(也可以为其他颜色)，沿着竹竿顺序开始涂抹，涂抹的过程中按 F6 键在时间轴适当位置插入几个关键帧，直到涂满整根竹竿，如图 12-360 和图 12-361 所示。

(13) 右键单击图层 mask 的时间轴【创建补间形状】动画并设置该图层为“遮照层”，这样一根竹竿生长的动画效果制作完成。按照相同的方法，分别制作另外两根竹竿的生长动画效果，如图 12-362 所示。

图 12-358 制作竹子摆动动画效果

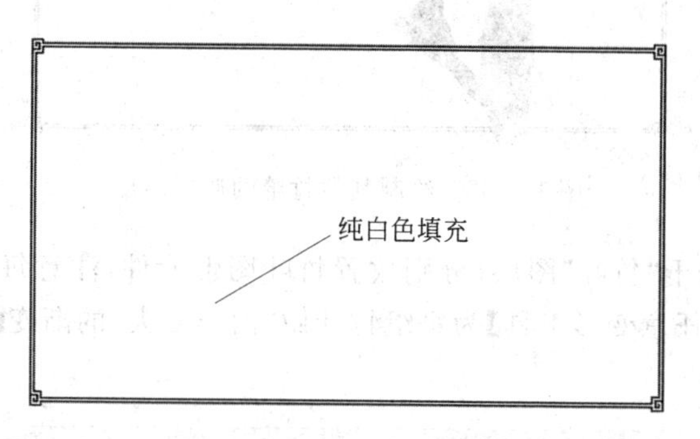

图 12-359 绘制古典边框

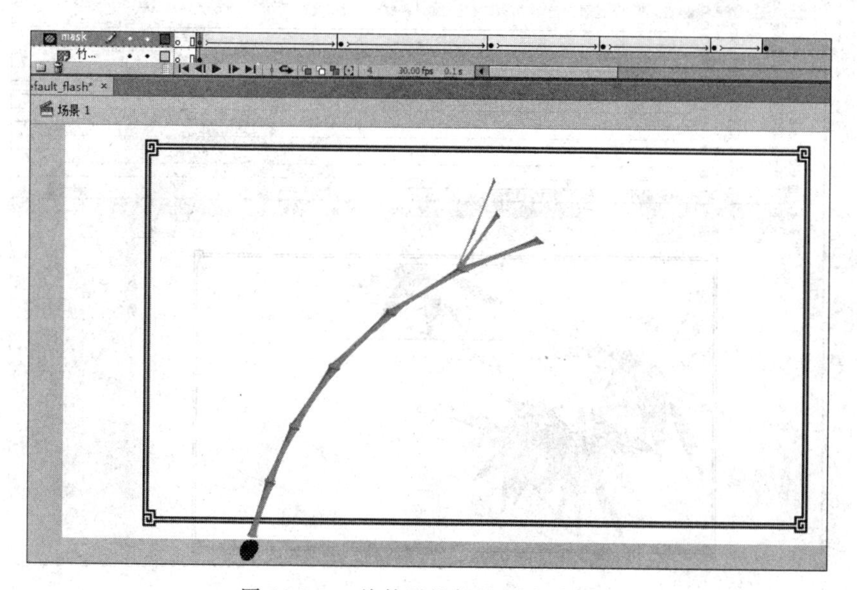

图 12-360 从竹子根部绘制遮罩图形

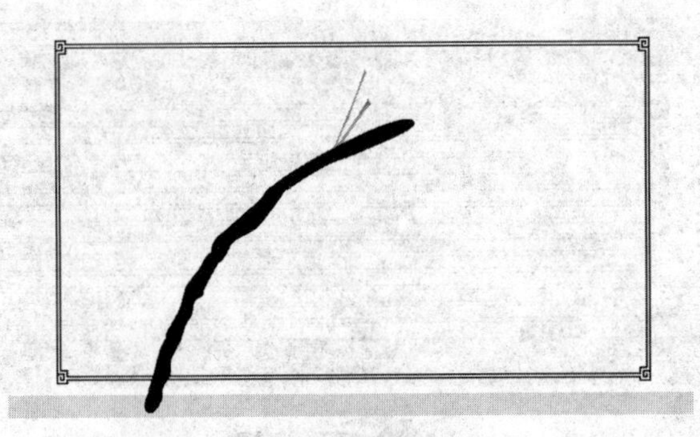

图 12-361 遮罩图形覆盖竹竿全部

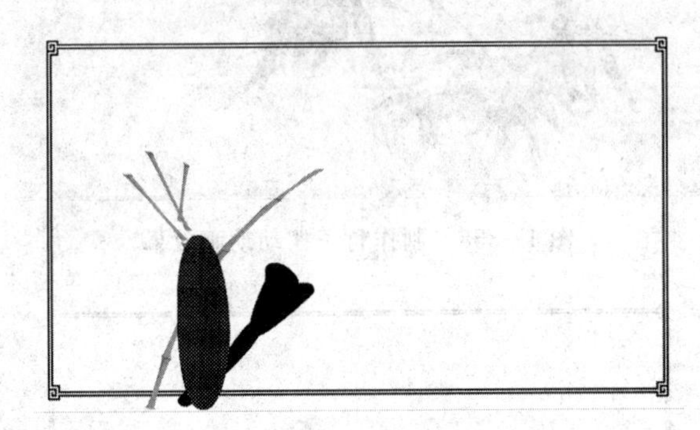

图 12-362 绘制其他竹竿的遮罩图形

(14) 插入新建若干“竹叶”图层，分别放置竹叶图形元件，注意每组竹叶的先后排列顺序和位置关系，利用【任意变形工具】为每组竹叶做“由小变大”的渐变【传统补间】动画效果，如图 12-363 所示。

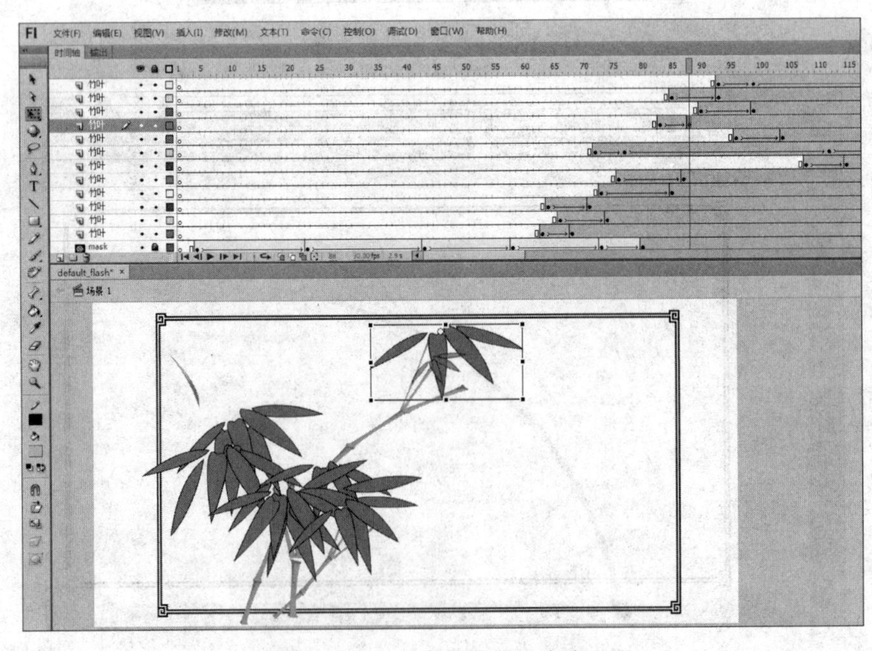

图 12-363 制作竹叶的缩放动画

（15）至此，一丛翠竹顺势生长的动画效果制作完成。时间轴上的第163帧是竹子动画完成的时间点，配合Shift键，选中所有图层的第163、171帧，按F6键插入关键帧，这样做的目的是让完整的竹子在画面停留一段时间，在所有图层的第177帧再次插入关键帧，做整体竹子的消失传统补间动画。

（16）插入新建图层"竹子整体"，从库中拖入影片剪辑元件"竹子摆动"，做渐变动画效果后停在舞台左侧上方，如图12-364所示。

图12-364 设置竹子整体动画效果

2. 小船的绘制及动画制作

如果说竹子的绘制采用了传统绘画中的工笔技法，那么一叶扁舟的绘制更多是写意的表现手法，寥寥数笔，人物和小舟跃然"屏"上，配以远山、近水、楼台，组成了一幅幽静、令人神往的桃源胜景。在这诗情画意之中，尤其是在翠竹的形象里，寄托了中国文人高洁的情怀和审美理想：竹杖芒鞋轻胜马，一蓑烟雨任平生，这是何等洒脱的人生境界啊！

图形的绘制采用数位板和压感笔，克服了鼠标绘图带来的生硬感与粗糙感。绘制完成将图形转成图形元件boat，如图12-365所示。

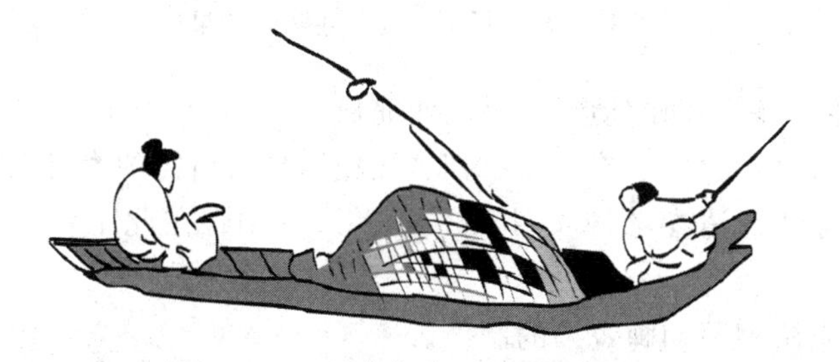

图12-365 用数位绘图板绘制的小船

按Ctrl+F8键新建影片剪辑元件boat_mc，单击【确定】按钮进入元件编辑窗口。在图层1放置图形元件boat。在该图层的第30、60、90帧按F6键插入关键帧，选择【任意变形工具】，将第30、60帧的小船元件旋转较小的角度，单击右键【创建传统补间】动画效果，如图12-366所示。

插入新建图层2，配合图层1小船的动态，插入几个关键帧，选择【刷子工具】，设置填充颜色为#999999（深灰色），绘制水纹波形状，并作补间形状动画效果，如图12-367所示。

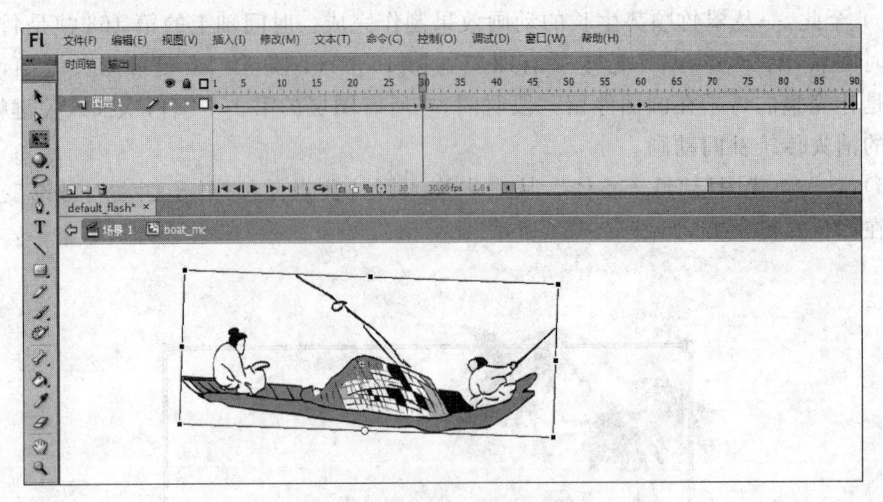

图 12-366　制作小船晃动动画效果

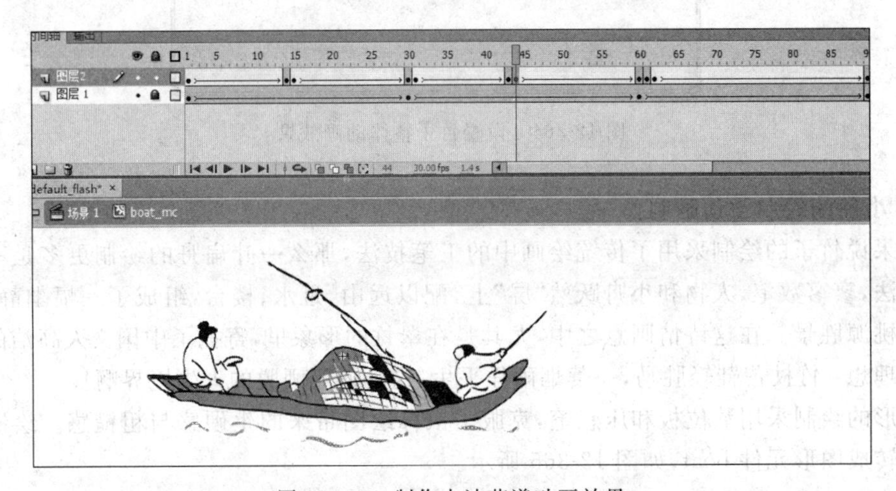

图 12-367　制作水波荡漾动画效果

至此，水波荡漾、小船晃动的动画效果制作完成。

插入新建图层“远山”、“古建筑”、“飞鸟”、“按钮”，导入所需的素材图片文件和相关的动画元件，具体编排与设置请参考源文件 default_flash.fla，在此不一一赘述，整体效果如图 12-368 所示。

下面介绍标题书法书写动画效果的制作。

3. 标题“观澜阁”书法动画制作

(1) 按 Ctrl+F8 键新建影片剪辑元件“mv_观澜阁”，单击【确定】按钮进入元件编辑窗口，按 Ctrl+R 键导入“观澜阁”三字的素材图片文件，并转为矢量图形，如图 12-369 所示。

(2) 毛笔字书写的动画效果是利用逐帧动画的原理，使用橡皮擦工具，将文字按照笔画相反的顺序，“倒退”着将文字擦除，每擦一次按 F6 键一次(即插入一个关键帧)，每次擦去多少决定写字的速度快慢。直到擦除掉所有文字，按 Shift 键单击第 1 帧和最后 1 帧，全部选中，右键单击选择【翻转帧】命令，测试播放便形成了文字书写动画效果。如图 12-370 所示。

图 12-368　片头动画整体效果

图 12-369　导入标题文字位图素材

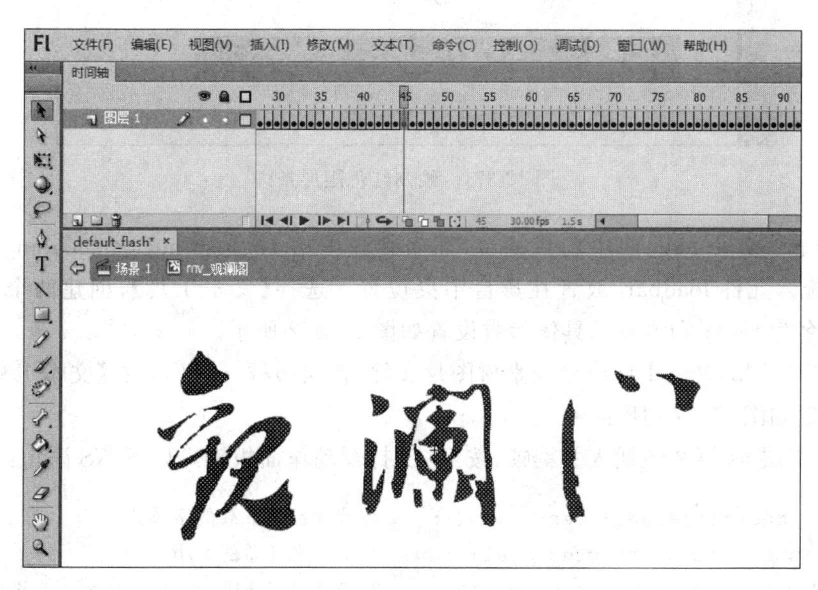

图 12-370　制作毛笔书写动画效果

(3) 插入新建图层 2,导入印章素材图片文件,制作渐变【传统补间】动画效果,整个标题文字“观澜阁”书写动画制作完毕。

(4) 返回主场景,插入新增图层“标题”,从库中拖入影片剪辑元件“mv_观澜阁”,调整文字合适位置和大小,整个片头引导动画制作完毕。

4. 预载进度条 loading 动画的制作

loading 英文原意为“装载、装填”,在 Flash 里面叫做预载画面。loading 预载进度画面在 Flash 中是很常见的,它是构成一件完整的 Flash 作品不可或缺的组成部分。因为 Flash 动画播放是否流畅取决于网络带宽,在网络传输速度较慢的情况下,loading 会预先加载一部分,浏览者能实时了解动画加载的进度信息。特别是动画中有音乐或者位图的情况下,loading 的作用就显而易见了。loading 发展到现在已经不是一个简单的下载动画的工具了,它已经成为体现与衬托主体动画的一个载体。

为了达到动画的流畅播放,我们要使动画在网络上全部加载完成以后再播放,这样就要使用 AS 语句来设定。

下面介绍具体制作步骤。

(1) 按 Ctrl+F8 键新建影片剪辑元件 loadbar,单击【确定】按钮进入元件编辑窗口,选择【矩形工具】绘制如图 12-371 所示的矩形。

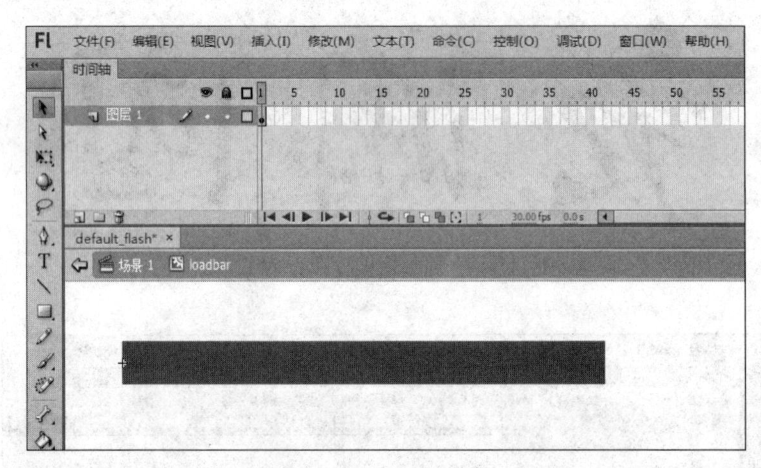

图 12-371 绘制红色矩形条

(2) 单击“场景 1”返回主场景舞台,插入新建图层 as、loading_bar、loading。在图层 loading 中拖入元件 loadbar,放置在舞台中央位置。选择【文本工具】,创建两个动态文本框,分别命名为 text1 和 text2,具体参数设置如图 12-372 所示。

(3) 在图层 loading_bar 中导入素材图片文件“古典边框.png”,选择【文本工具】输入文字内容,设置如图 12-373 所示。

(4) 在图层 as 第 2 帧插入关键帧,按 F9 键打开动作面板输入以下 AS 语句:

```
var a:Number=this.getBytesLoaded();     //统计已经下载的字节数
var b:Number=this.getBytesTotal();      //统计文件总的大小
var bfb:Number=Math.round((a/b) * 100);  //换算成百分比,Math.round()相当于四舍五入
text1.text="Loading: "+bfb+"%";
```

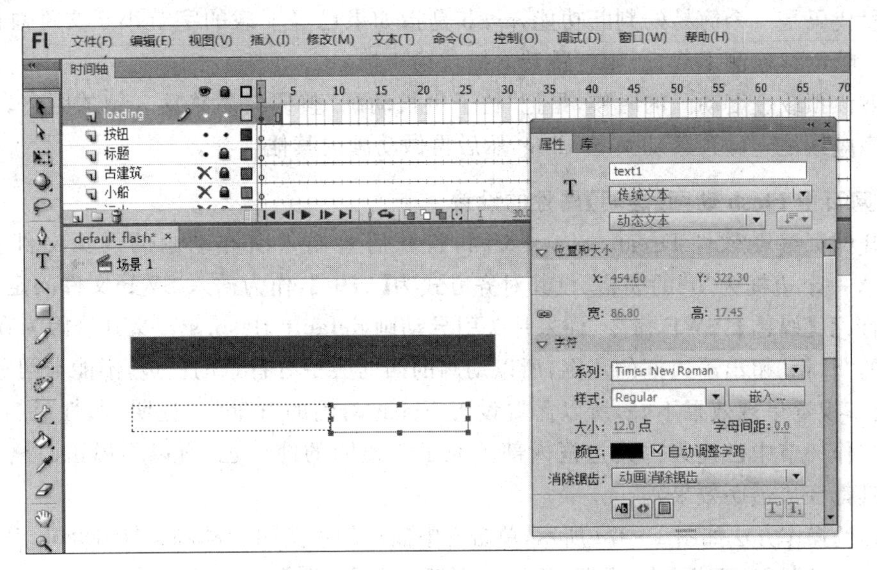

图 12-372 创建动态文本框

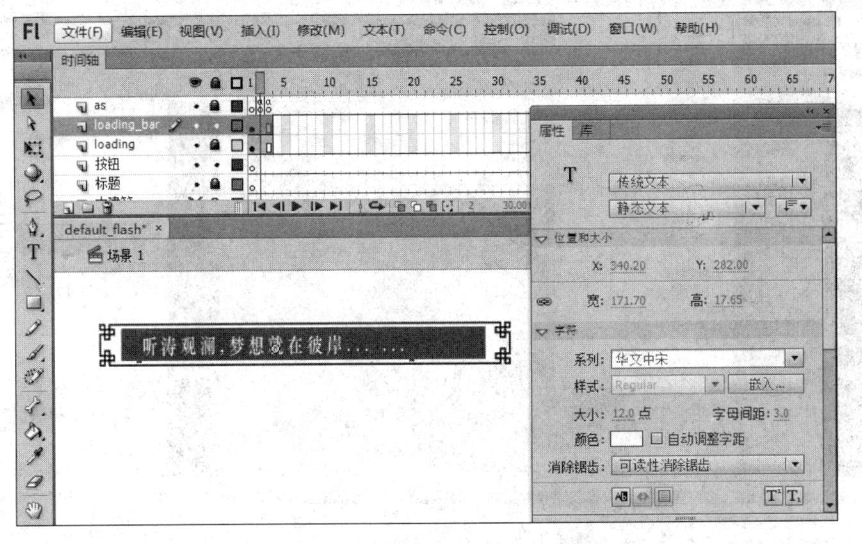

图 12-373 导入古典边框图片素材

```
text2.text="正在下载,请稍候……";
loadbar._xscale=bfb;  //进度的长度与百分比相等。_xscale 属性值表示宽度,可以看到红色矩
                        形进度条 loadbar 与下载的百分比对应向右延长的动画效果
```

在图层 as 第 3 帧插入关键帧,按 F9 键打开动作面板输入以下 AS 语句:

```
if (a<b) {
   gotoAndPlay(1);
} else {
   gotoAndPlay(4);
}
```

这段代码是一个简易的判断功能，a<b 是指如果已经下载的字节小于文件总的字节，返回第一帧继续检测下载，否则就跳转并播放第 4 帧。

在做该预载进度动画的时候，是把“竹子生长动画”整体向后移动 3 帧的距离。其实合理的顺序应该是先做预载动画 loading，然后再做动画的其他内容。

5. 网页中 Flash 动画【透明】属性的设置

打开网页编辑软件 Dreamweaver CS4，打开需要插入引导动画的网页文件 default.htm，插入一个边框为“0”的表格，设其对齐方式为【居中】，作为插入 SWF 文件的定位表格。选择【插入】|【媒体】|SWF 命令，插入片头引导动画 default_flash.swf 文件。因为在该动画中竹子的“竹梢”超出了边框的范围，所以动画的四周会留有背景的白边，不能与网页背景和谐的融合，视觉呈现效果不好，所以需要设置 Flash 动画的背景为“透明”属性(注：因为在之前的制作环节中已经为古典边框内部填充了不透明的纯白色，所以不用担心整个 Flash 动画背景都变成透明效果)。

具体的操作方法如图 12-374 所示，单击选中插入的片头引导动画文件 default_flash.swf，在软件下方的【属性面板】中，设置 Wmode 的选项为【透明】。

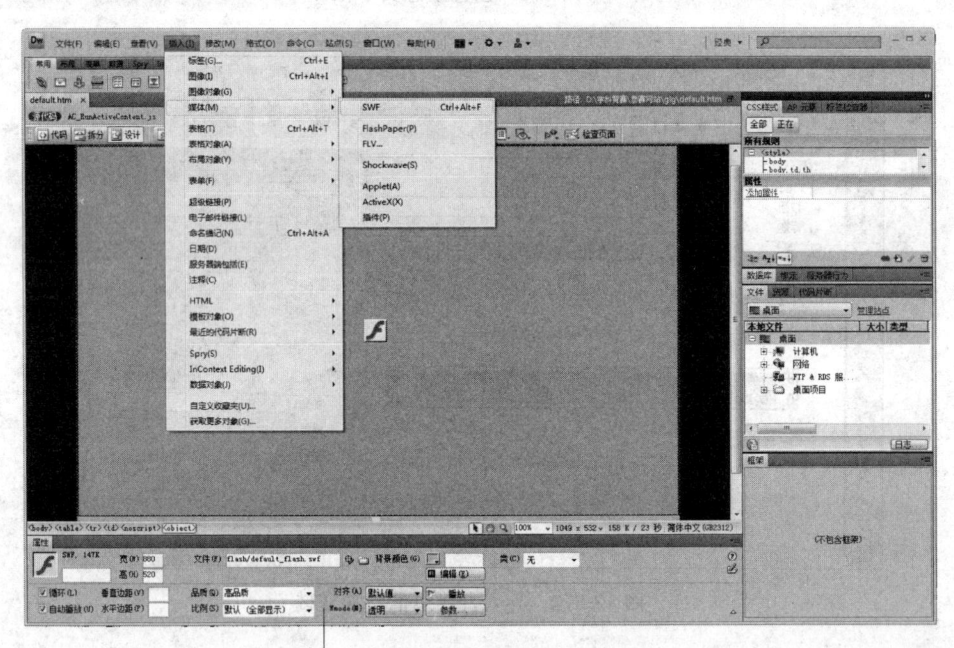

图 12-374 设置 Flash 文件背景透明属性

需要说明的是，在 Dreamweaver CS4 之前的软件版本中，这一参数设置在属性面板中是不提供的，需要在属性面板中或网页源文件里手工输入控制语句“wmode="transparent"”来实现。

12.4.5 Flash 广告条的设计与制作

网站广告条在制作之前，应清楚所要制作 Flash 的尺寸规格。可以用网页编辑软件查看网页文件，确定好广告条的尺寸再着手进行制作。如果所制作的 Flash 广告条大于或小于所要插入的网页区域(一般是用边框为“0”的表格定位)，都可能造成 Flash 动画显示出现瑕疵的情况。

(1) 打开 Flash CS6，新建 ActionScript 2.0 文档，命名为 banner.fla，设置舞台大小为518×125像素、背景颜色为白色、帧频为30，单击【确定】按钮。修改图层1名称为“背景”，按 Ctrl+R 键导入素材图片文件作为背景，如图 12-375 所示。选中图片，按 F8 键转为图形元件 back，在第 35 帧插入关键帧，修改第 1 帧元件的【属性】|【色彩效果】，如图 12-376 所示，单击右键【创建传统补间】动画效果。

图 12-375　导入背景素材图片

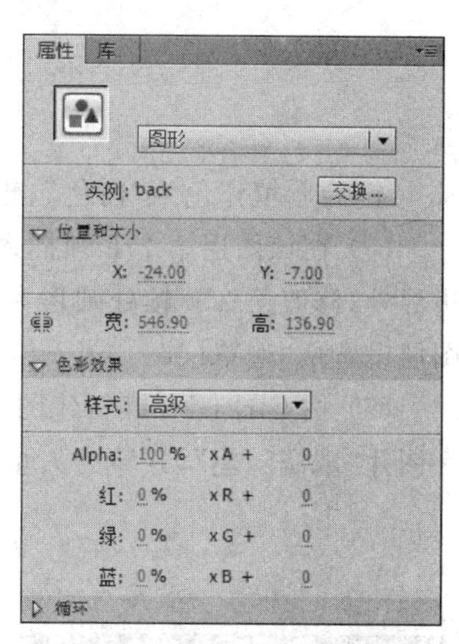

图 12-376　更改元件色彩属性

(2) 插入新建图层“牌坊”，导入素材图片文件 paifang.png，并按 F8 键转为图形元件 shape_paifang，如图 12-377 所示。

图 12-377　导入素材图片

该 png 格式图片已在 Photoshop 中处理成背景透明并加上了“外发光”的图层样式特效，当然这一效果也可以在 Flash 中实现，方法是将位图选中转为影片剪辑元件，对该元件应用【滤镜】的【外发光】或【投影】效果。

(3) 在图层“牌坊”第 35 帧插入关键帧，同样修改第 1 帧该元件的色彩属性与元件 back 相同，单击右键【创建传统补间】动画，都能实现“黑场转亮”的动画效果。

(4) 插入新建图层“梅树”，在第 200 帧按 F6 键插入关键帧。按 Ctrl+R 键导入素材图片文件“梅树.png”，按 F8 键转为图形元件 tree，如图 12-378 所示。

(5) 插入新建图层 mask，在第 200 帧处按 F6 键插入关键帧。选择【椭圆工具】，配合

图 12-378　导入素材图片

Shift 键绘制填充色为“白色”、轮廓为“无”的正圆形，如图 12-379 所示。

（6）在该图层第 276 帧插入关键帧，选择【任意变形工具】，将该帧处的圆形放大至舞台边界外，修改第 200 帧处圆形大小为 8×8 像素，单击右键【创建补间形状】动画效果，并将该图层设置成“遮罩层”。

（7）按 Ctrl＋F8 键新建图形元件 sb，单击【确定】按钮进入元件编辑窗口，导入素材文字图片“观澜随笔”，并转为矢量图形，如图 12-380 所示。

图 12-379　绘制遮罩形状

图 12-380　导入素材图片

（8）单击“场景 1”返回主场景舞台，插入三个新建图层并命名为“文字”，对刚创建的图形元件 sb 做“垂直滑过”的位移动画效果，注意变换元件的大小和透明度属性，如图 12-381 所示。

（9）插入新建 4 个图层“飞鸟”，布置影片剪辑元件 bird_mc，做位移动画效果，该影片剪辑元件内部是飞鸟的逐帧动画，由导入序列静止 png 格式图片而成，如图 12-382 所示。

（10）按 Ctrl＋F8 键新建影片剪辑元件 sb_mc，单击【确定】按钮进入元件编辑窗口，插入三个新建图层。图层 1 放置图形元件 sb，图层 2 放置【线性渐变填充】效果的矩形（渐变颜色设置“白色”到“透明”），旋转一定的角度，图层 3 放置图形元件 sb 并改变填充颜色为黑色。

（11）为图层 2 的矩形做水平方向的位移动画，使其滑过 4 个文字的表面，将图层 1 设置成“遮罩层”，注意将图层 1 和图层 2 的图形元件 sb 稍稍错开位置，遮罩文字效果制作完成，如图 12-383 所示。

（12）返回场景 1，插入新建图层“文字 mask”，在第 247、276 帧插入关键帧，从库中拖入影片剪辑元件 sb_mc 做“透明渐变”的【传统补间】动画效果，在动画结束最后 1 帧插入关键帧，赋予 stop()；语句，停止动画播放。至此，网站 banner 广告条制作完成，整体效果如图 12-384 所示。

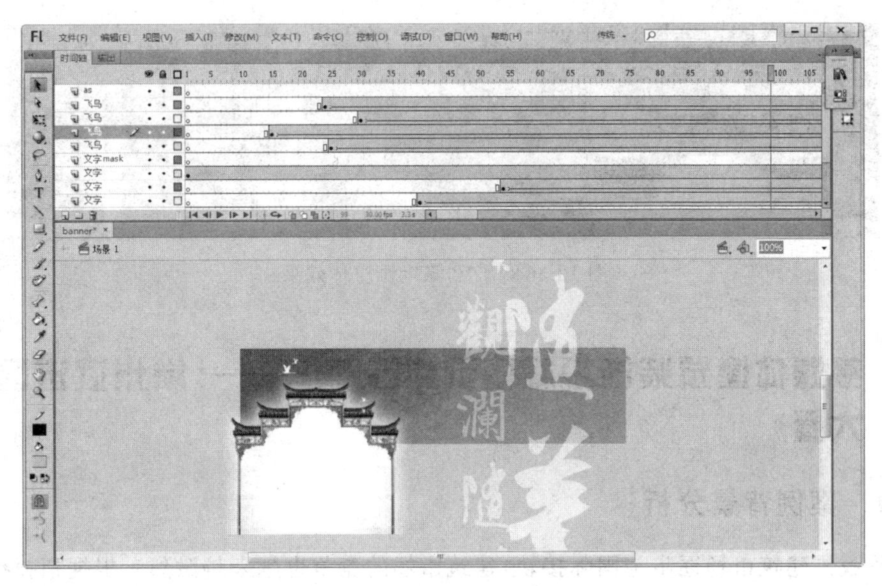

图 12-381　制作文字移动动画

图 12-382　逐帧动画的构成分解

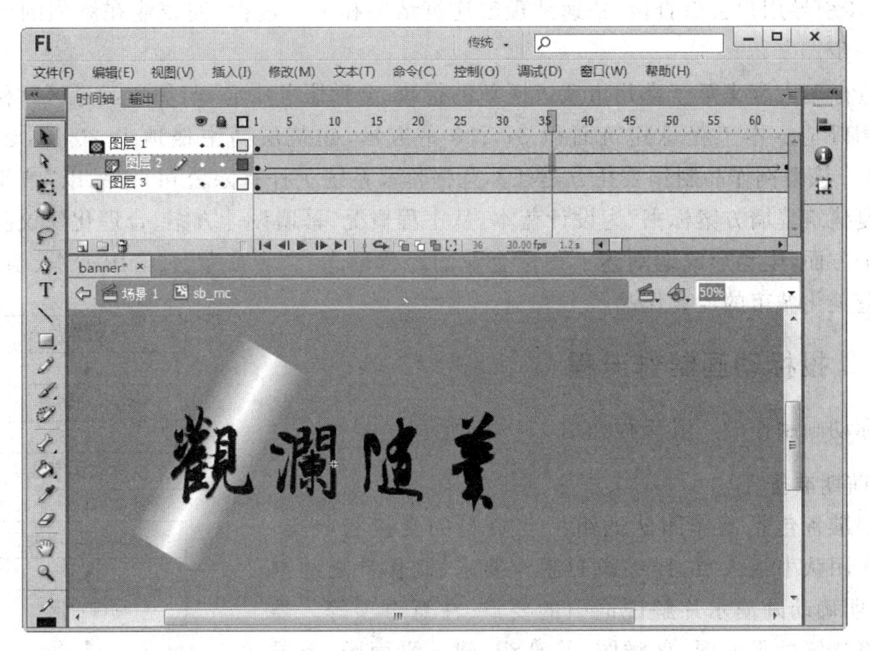

图 12-383　制作光闪遮罩动画

图 12-384 广告条动画整体效果

12.5 多媒体建筑装饰投标演示动画制作——《常州武进区金融大厦》

12.5.1 案例背景分析

随着我国建筑市场逐步与国际接轨，建筑市场的竞争也越来越激烈。根据招投标法，各工程项目都是通过招投标获得。对于一些大型或重点工程，招标单位要求除提供经济标、技术标外，在评标要点中，还要求投标单位提供竞标项目多媒体动画演示片来说明整个施工过程及诠释施工组织设计。多媒体建筑投标动画综合运用各种动画技术，将设计理念、方案设计、交通分析、投资概算等内容生动逼真地表现出来，为标书表现手法的多样性开启了的新的思路。摆脱了简单的图片、表格、PPT 展示，进而使用更人性化的、直观的人机交互方式，在美妙的音乐衬托下，加上专业的配音解说，将设计方案、工程组织方案生动直观地展示出来，进一步引导用户去更直接、快速地理解建筑结构和施工过程，使企业在激烈的市场竞争中领先一步。

武进金融大厦坐落于常州市武进区新的行政、金融服务中心，与周边武进区财税大楼等建筑遥相呼应。本工程总建筑面积 31 220 平方米，建筑层高主楼地上 20 层，建筑高度 81.40 米。该案例作品制作委托方是江苏九格幕墙系统工程有限公司，作品以“常州武进区金融大厦建筑幕墙方案标书”为设计蓝本，从工程概况、幕墙设计方案、合理化建议及投资概算等几个方面，生动形象地阐述了竞标企业的经营理念：“品质为上、信用为本、创新为先，不断创造美化城市的经典作品”。

12.5.2 投标动画制作流程

投标动画制作的一般流程如图 12-385 所示。

1. 前期准备

前期准备包括制作团队的组织与资料的交接与收集。召集制作团队小组人员，详细说明制作要求、制作计划和制作安排，明确动画演示片解说词中的要点、注意事项等。委托单位将建筑总平面图、鸟瞰图、等高线、建筑平面图、效果图、结构施工图等交付于动画制作人员，作为多媒体建筑投标动画的制作准备素材和资料。

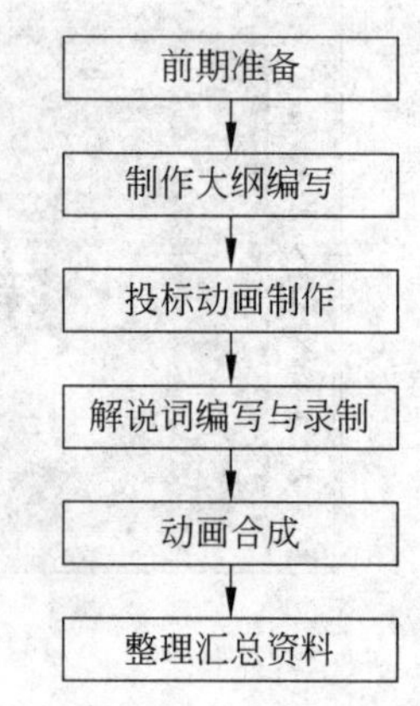

图 12-385 投标动画制作流程图

2. 制作大纲编写

一般投标文件内容较多，而招标动画要求演示时间只有 20 分钟或更少，能否在规定的时间内，达到模拟整个施工过程及诠释施工组织设计的目的是制作大纲编制的关键，故编制制作大纲是一个关键技术。为此，根据招标文件要求和技术标内容，制定出投标动画演示片的制作大纲，其中包括演示片基本结构和风格、分段影片长度、最终目标和完成时间及制作标准等，制作大纲对整个投标动画演示片制作起到指导和控制作用。

3. 投标演示动画制作

在前期工作基础上，着手进行具体演示动画的制作过程。一般分为片头展示动画与项目分类动画制作。片头动画制作主要是表现拟建项目建筑主体完成后的真实场景及周边环境。项目动画严格按照制作大纲的要求，注意施工过程的先后顺序，要做到规范和符合实际施工情况。演示内容分段制作，方便后期修改和完善。

4. 解说词编写与配音录制

根据总体策划中所构思的整个动画的表现要素和影片的时间要求，细化每一部分演示的重点内容和关键点来编写解说词。寻找合适的配音人员录制解说词，录制的速度可设为 3.5～4.0 字/秒。解说词的录制既要专业又不缺乏趣味性，言简意赅、说服力强，有条件的可邀请音色纯正优美的专业播音员来录制解说词配音。

5. 动画合成

各部分动画制作完成后，加入配音、背景音乐，规范、合理地对各个部分文件命名，在各个文件内部设置 AS 脚本语言，使文件可以相互调用、彼此连接起来，最后转换片头文件为可执行文件。动画成品由制作小组检查合成后的输出效果，满足要求后方可最终出片。

6. 整理汇总资料

将制作中新做的今后可以重复利用的素材、动画片段进行整理，汇总成资料库，以备后续工程的需要。

12.5.3 片头展示与项目动画效果截图

图 12-386 为投标演示动画片头展示，通过富有创意的动画表现和轻柔、舒缓的背景音乐，引导用户进入项目演示。片头动画既是竞标开场的铺垫也是企业形象的宣传与展示。与前面作品“中国风”特色的设计风格不同，该投标演示动画传达的是商业、规范与专业的风格特点。《孟子·离娄上》有云：“离娄之明，公输子之巧，不以规矩，不能成方圆。”动画中的“方格”动态变幻与“圆环”不断旋转，象征着“没有规矩不成方圆”的中国古训，与竞标企业名称“九格”相呼应，体现了企业文化与经营理念。武进金融大厦的整体鸟瞰图在方格中缓缓滑过，揭示了演示的主题内容。画面右下方的红色菜单栏，是该演示系统的项目动画组成部分。

图 12-387 和图 12-388 为项目动画文件，按项目内容不同分别单独制作，在屏幕右下方设置菜单按钮可以方便相互调用和切换。总体色调以深蓝色为主，搭配藏青色。蓝色的色彩属性代表博大、永恒、平静、理智、纯净、遥远，就像辽阔的天空和大海，具有平静情绪的力量，让人感受到无限的舒畅和清澈。动画色彩搭配整体感觉大度、庄重，科技感强烈。

图 12-386 片头动画

图 12-387 项目动画"工程概况"

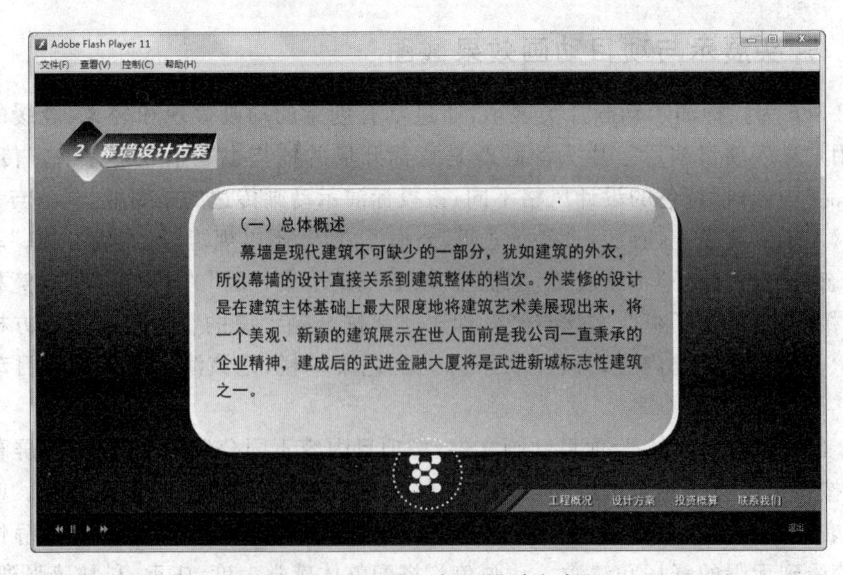

图 12-388 项目动画"设计方案"

12.5.4 片头动画的设计与制作

片头引导动画的制作涉及到的主要知识点有：

(1) 3D效果线框文字的制作；

(2) 企业 logo 的制作；

(3) 时间轴动画元素的编排；

(4) 配乐音频文件的导入。

1. 3D效果线框文字的制作

(1) 打开 Flash CS6，新建 ActionScript 2.0 文档，命名为 main.fla，设置舞台大小为 1000×500 像素、背景颜色为黑色、帧频为 30，单击【确定】按钮。按 Ctrl+F8 键新建图形元件“常州 3D 文字”，单击【确定】按钮进入元件编辑窗口。

(2) 选择【文本工具】，在属性面板设置【传统文本】|【静态文本】，字体为“方正大黑”，大小为 70 点，单击输入“常州”二字，如图 12-389 所示。

图 12-389 输入文字内容

(3) 用【选择工具】选中文字，按两次 Ctrl+B 键将文字打散；选择【墨水瓶工具】，设置其轮廓色为白色，笔触大小为 0.5，单击“常州”二字为其描边，选择二字内部填充颜色，按 Delete 键删除形成空心文字效果，如图 12-390 所示。

(4) 用【选择工具】框选两个空心字，按住 Alt 键向右上方拖动，复制一个空心文字副本，调整好副本的角度和位置，如图 12-391 所示。

(5) 选择【线条工具】，笔触为白色，笔触大小为 0.5，单击工具箱下方的【贴紧至对象】按钮，用直线连接文字，如图 12-392 所示。

(6) 用【选择工具】选择文字内部不需要的线条，按 Delete 键删除，如图 12-393 所示。对于笔画结构比较复杂的文字，需要一点空间感和耐心，最后效果如图 12-394 所示。

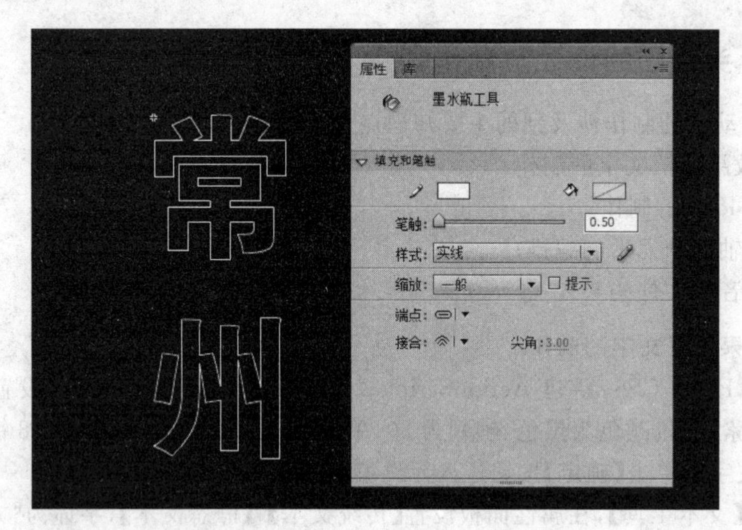

图 12-390　制作空心文字

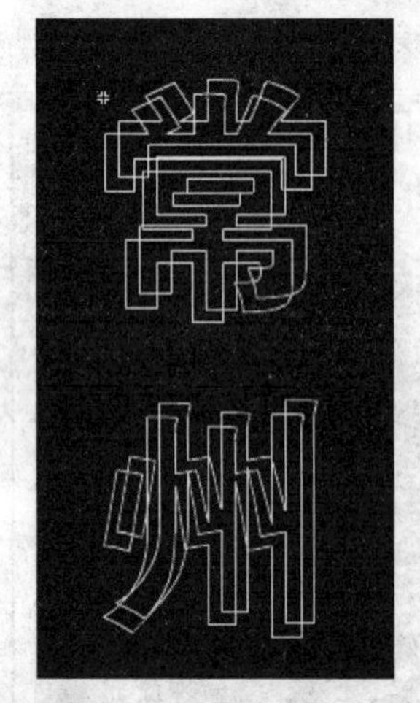

图 12-391　复制并粘贴空心字

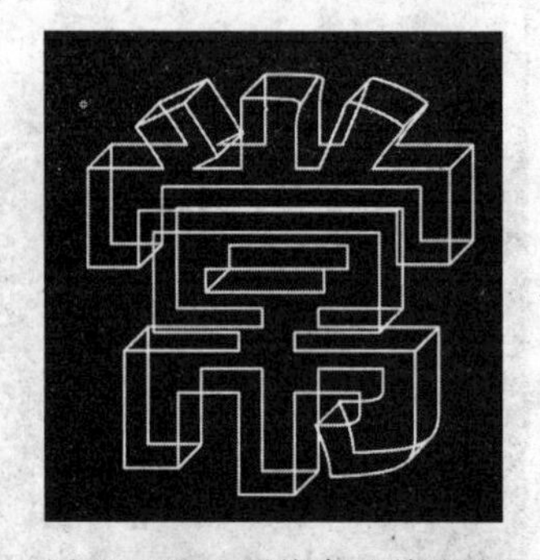

图 12-392　用线条连接文字

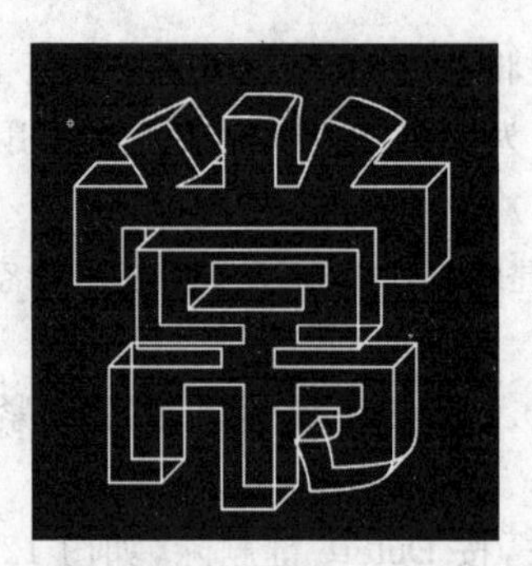

图 12-393　删除多余线条形成三维效果

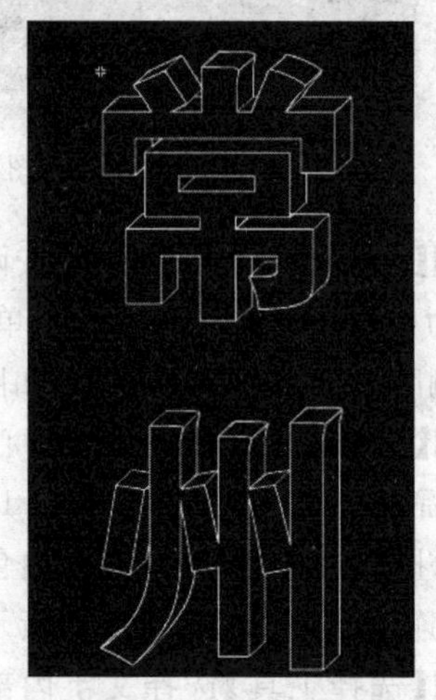

图 12-394　三维文字整体效果

2. 企业 logo 的制作

(1) 按 Ctrl+F8 键新建影片剪辑元件 logo,单击【确定】按钮。选择【矩形工具】,设置笔触颜色为白色、填充色为无色、笔触大小为 1,绘制如图 12-395 所示的三个矩形。

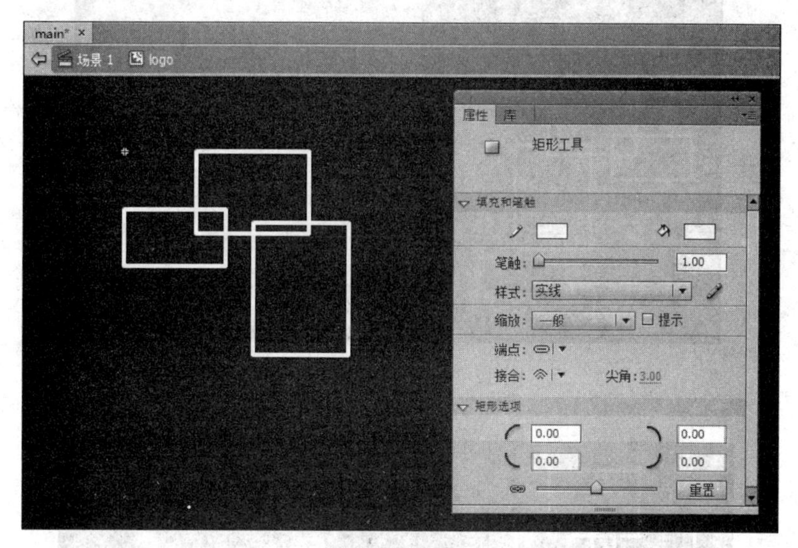

图 12-395 绘制矩形

(2) 继续使用矩形工具,设置笔触颜色为无色,填充颜色为白色,按 J 键打开【对象绘制】功能按钮,绘制如图 12-396 所示的两个矩形,打开【颜色面板】,设置两个矩形填充色的 Alpha 值分别为 18%和 45%。

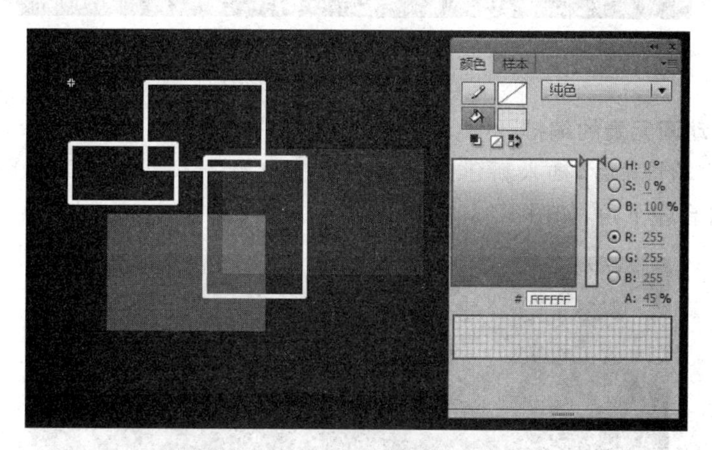

图 12-396 改变矩形的透明度属性

(3) 选择【文本工具】,属性设置如图 12-397 所示,在图形下方输入企业名称"江苏九格幕墙系统工程有限公司"。

(4) 按 Ctrl+F8 键新建影片剪辑元件"九"和"格",按 Ctrl+R 键分别导入"九"和"格"字的素材图片文件,并转换成矢量图形,与刚才所绘制的图形组合成企业 logo 整体效果,如图 12-398 所示。

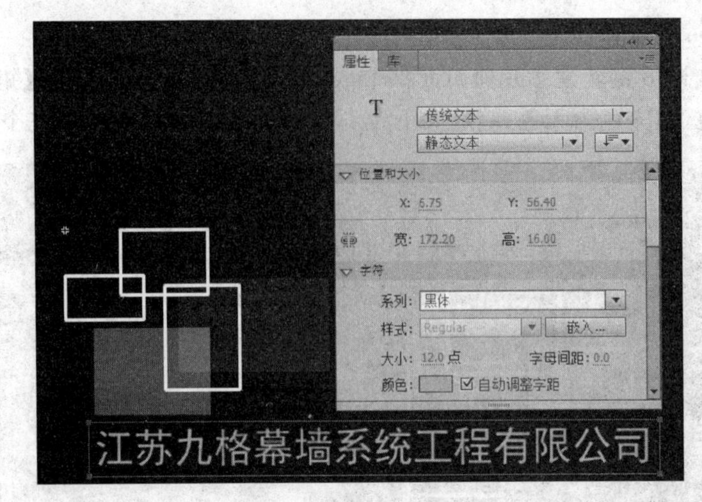

图 12-397　输入企业名称

图 12-398　企业 logo 整体效果

3. 时间轴动画元素的编排

(1) 返回主场景舞台，插入新建图层“背景”，按 Ctrl＋R 键导入素材图片文件“楼群.png”，放置于舞台左下角，如图 12-399 所示。

图 12-399　导入位图素材

(2) 按 Ctrl＋F8 键新建图形元件“方框”，单击【确定】按钮进入元件编辑窗口，选择【矩形工具】，设置笔触大小为 15、颜色为白色、填充颜色为黑色，绘制一个 220×220 像素大小的正方形，如图 12-400 所示。

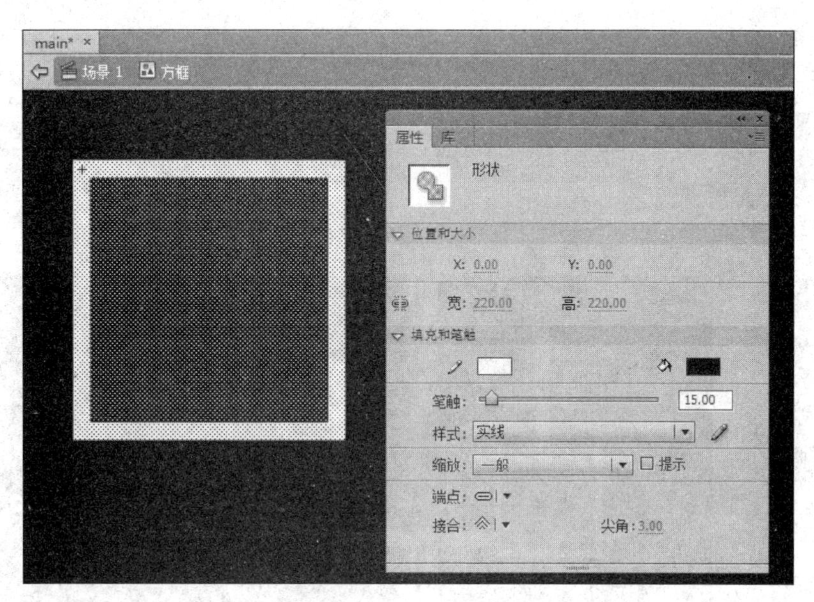

图 12-400 绘制正方形

(3) 返回主场景舞台,插入 4 个新建图层分别命名为"方框 1~4",在各个图层分别为元件"方框"做缩放渐变动画效果,时间轴布置如图 12-401 所示。

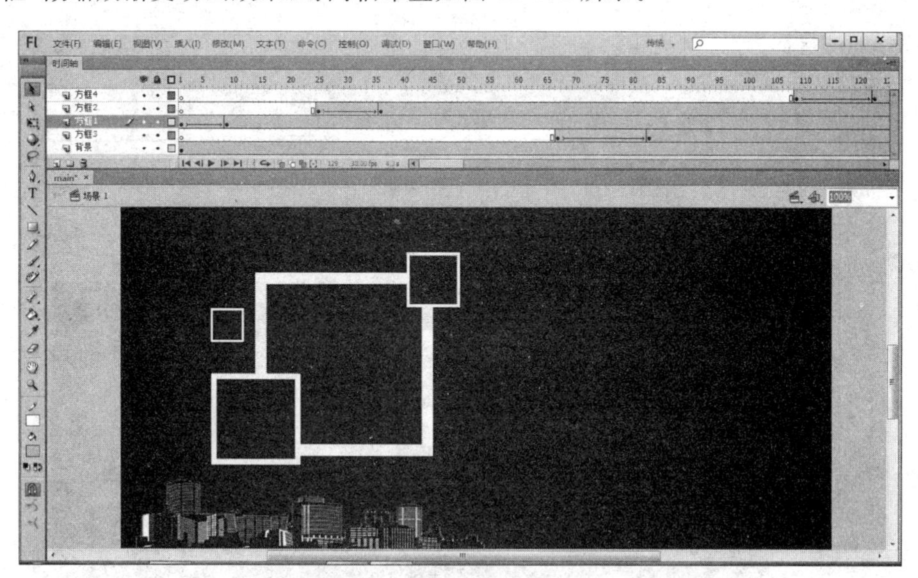

图 12-401 制作方框补间动画效果

(4) 插入新建图层"竖线",在该图层第 134、147 帧按 F6 键插入关键帧,选择【矩形工具】绘制两条宽度不一的矩形条,垂直贯穿舞台。返回第 134 帧,选中元件并打开【属性面板】,修改图形高度为"1"像素,单击右键【创建补间形状】动画效果,如图 12-402 所示。

按照相同步骤,创建横线的动画效果。

(5) 插入新两个新建图层并分别命名为"九"和"格",为图形元件"九"和"格"做"出现并停留片刻再隐退"的【传统补间动画】效果,如图 12-403 所示。

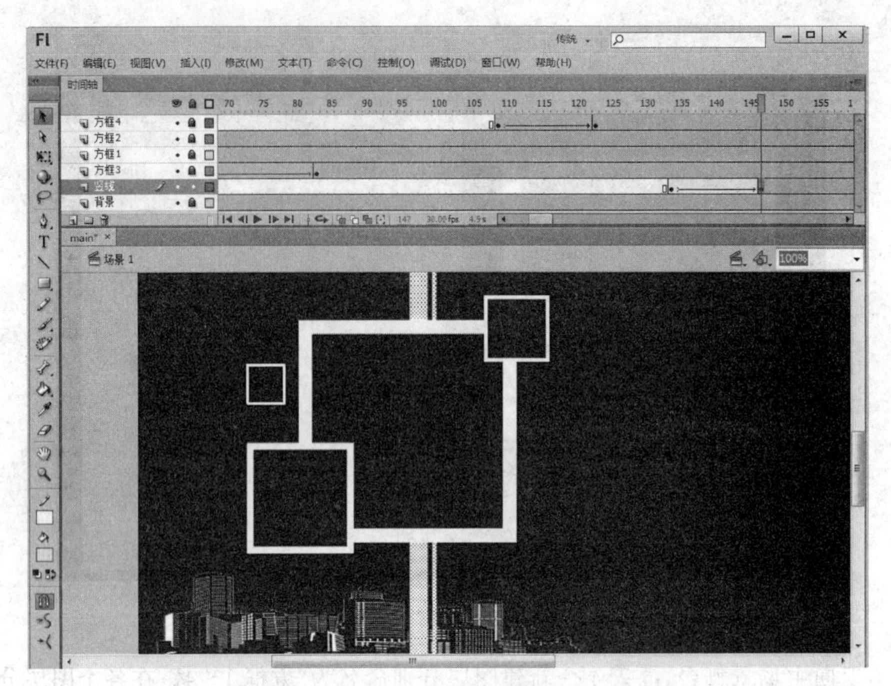

图 12-402　绘制矩形条

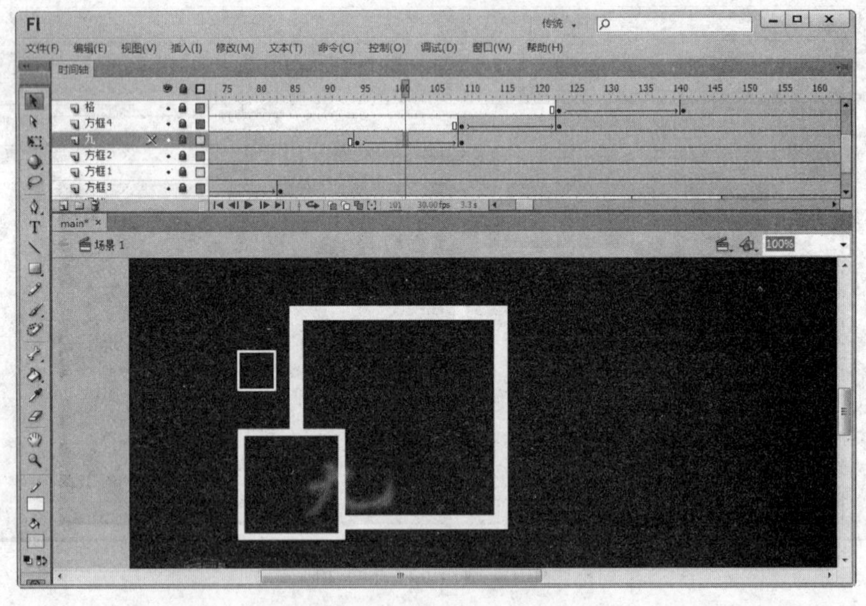

图 12-403　添加文字动画效果

(6) 插入新建图层“矩形条”和“文字 mask”，在图层“文字 mask”第 185 帧插入关键帧，从库中拖入图形元件“常州 3D 文字”，为遮罩动画做准备。新建图形元件“条纹 mask”，使用矩形工具绘制 4 条白色横条，如图 12-404 所示。

(7) 在图层“矩形条”拖入元件“条纹 mask”并旋转一定角度，在该图层第 185、278 帧之间为其做“滑过”3D 文字的【传统补间】动画效果，如图 12-405 所示。

图 12-404　绘制白色条纹

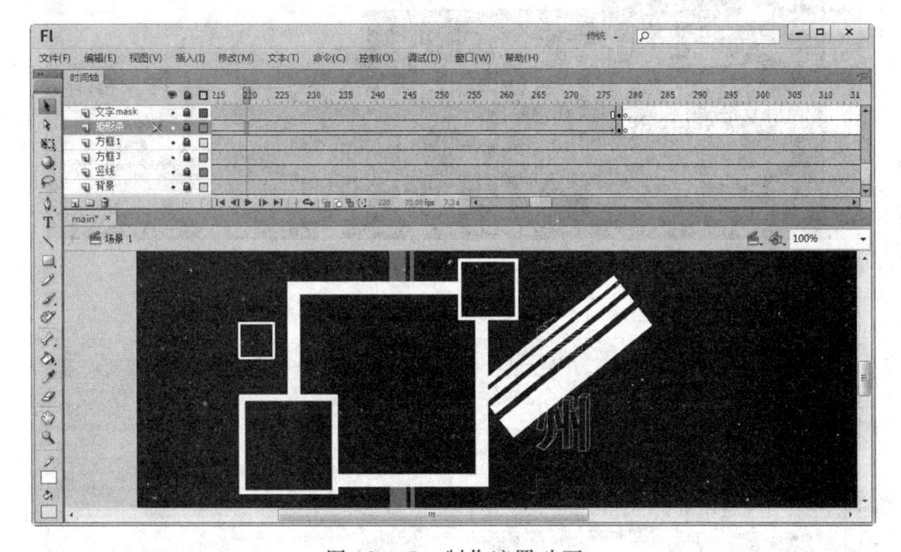

图 12-405　制作遮罩动画

(8) 右键单击图层“文字 mask”将其设为遮罩层，这时测试播放影片时会发现并没有遮罩动画效果，原因是“文字”不能作为遮罩应用，必须转为形状才能做遮罩动画效果。做法如图 12-406 所示，先选中文字元件，按 Ctrl＋B 键打散文字，接着选择【修改】|【形状】|【将线条转换为填充】命令，将文字转换为填充形状即可。

在以上两个图层的第 278 帧插入关键帧、第 279 帧插入空白关键帧，消除这两层的动画内容。

(9) 插入新建图层“文字动画”和“文字”，在图层“文字动画”第 278 帧插入关键帧，放置图形元件“常州 3D 文字”，单击第 299 帧按 F6 键插入关键帧，放大文字图形元件，修改其 Alpha 属性值为 0，右键单击【创建传统补间】动画效果，在图层“文字”第 278 帧插入关键帧，放置图形元件“常州 3D 文字”，调整其位置与图层“文字动画”中的文字位置重合，如图 12-407 所示。

(10) 插入新建图层“鸟瞰图”，在第 193 帧插入关键帧，按 Ctrl＋R 键导入素材图片文件“金融鸟瞰 05. jpg”，按 F8 键转为图形元件并命名为“鸟瞰 shape”，在该图层第 216、321、470、671 帧分别插入关键帧，用【选择工具】选中元件对象，在大方框范围移动各个关键帧的位置，分别创建【传统补间动画】；插入新建图层“方框 mask”，选择【矩形工具】绘制与大方框

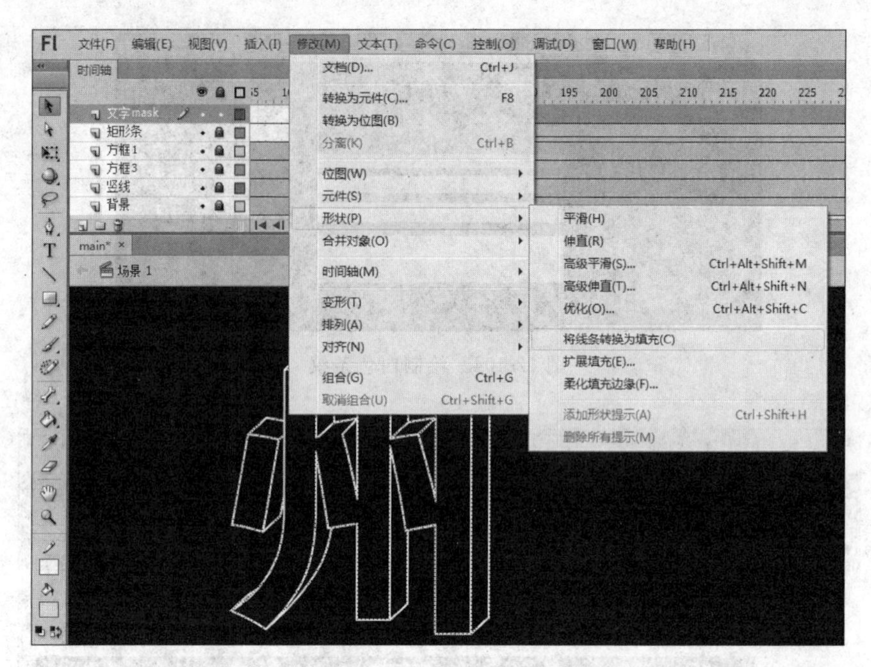

图 12-406　将文字转为填充形状

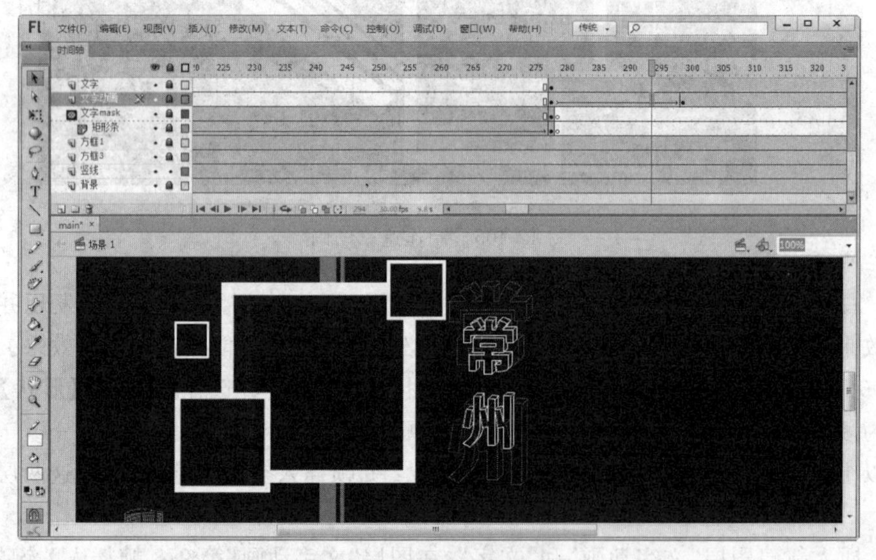

图 12-407　制作文字动画

内部大小相同的填色矩形,右键单击该图层并设置成遮罩层,如图 12-408 所示。

(11) 按 Ctrl+F8 键新建影片剪辑元件“圆环_mc”,单击【确定】按钮。选择椭圆工具,绘制如图 12-409 所示的圆环图形,并按 F8 键转为元件。在图层第 34 帧插入关键帧,右键单击【创建传统补间】动画效果并打开【属性】面板,设置【补间】旋转方式为【顺时针】。

(12) 插入新建图层“圆环”,在图层第 289 帧插入关键帧,拖入影片剪辑元件“圆环_mc”,单击第 299 帧按 F6 键插入关键帧,返回第 289 帧修改影片剪辑元件“圆环_mc”属性的 Alpha 值为 0,并将其向左移动一小段距离,单击右键【创建传统补间】动画。

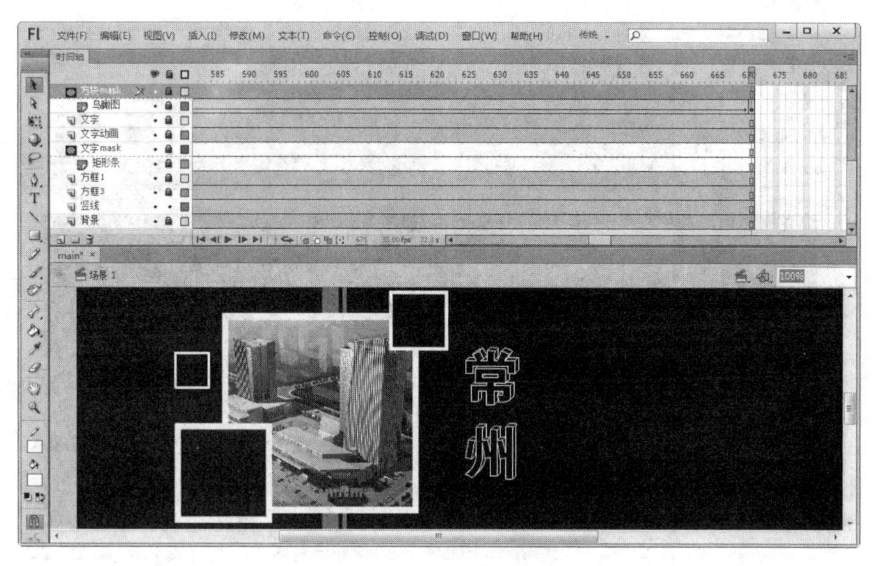

图 12-408　制作鸟瞰图遮罩动画

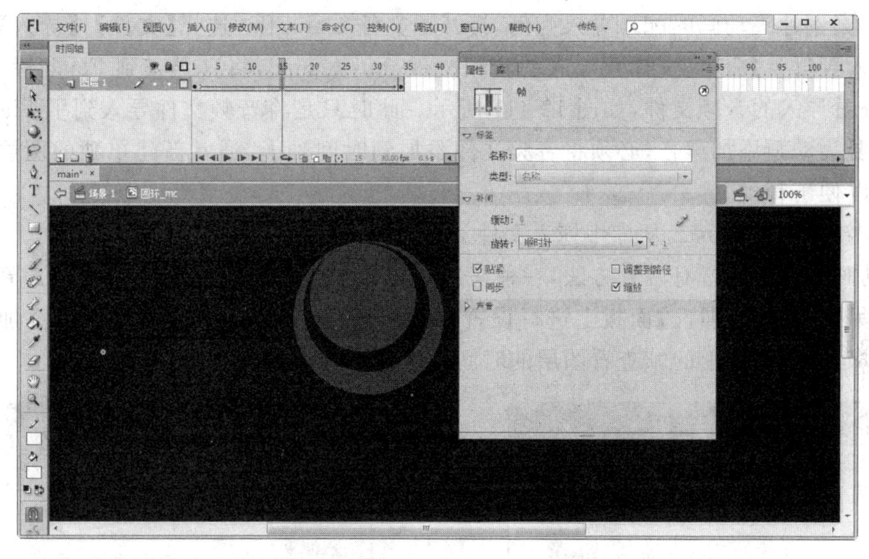

图 12-409　圆环转动动画效果

(13) 插入新建图层"标题"、"副标题",创建标题、副标题文字图形元件,在时间轴上创建位置变换的传统补间动画效果;插入新建图层 logo,在该图层第 345、375 帧插入关键帧,为影片剪辑元件 logo 创建"由模糊到清晰"的传统补间动画效果;在图层"九"和"格"的第 346、375 帧插入关键帧,为二字创建"由无到有"的位移渐变传统补间动画效果,最后与 logo 图形组成完整的企业标志,如图 12-410 所示。

4. 配乐音频文件的导入

Flash 中的【文件】|【导入】命令有【导入到库】和【导入到舞台】两种选项。当导入的文件是图片等类型的素材,两种方式的导入有所差别,而对于音频素材文件的导入,两种方式是等效的。即只能将音频文件导入到库里,而不会直接将音频文件导入到舞台上。

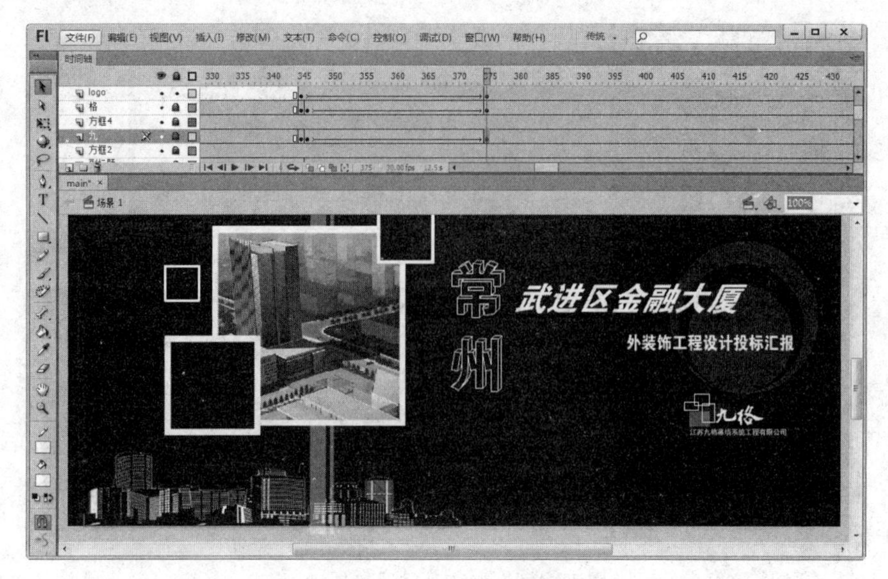

图 12-410 片头动画整体效果

以本案例片头动画的配乐导入为例，打开源文件 main. fla，选择【文件】|【导入】|【导入到库/导入到舞台】命令，选择要导入的音频文件 music. mp3，将其导入到 Flash 库中，打开库面板查看导入的音频文件，如图 12-411 所示。此时只是将音频文件导入到了 Flash 的库中，如果要为动画添加声音，必须将音频文件添加到时间轴上，通常新建单独的图层放置音频文件，以便于管理。

插入新建图层 music，从库中拖入文件 music. mp3 至该图层。

在动画中添加声音有两种方法，一种是选择需要添加声音的关键帧，然后将声音拖动到舞台上；另一种是在【属性】面板上进行设置，如图 12-412 所示。当声音图层中添加声音成功后可以延长该图层上的帧查看图层的时间轴呈现声音波型图。

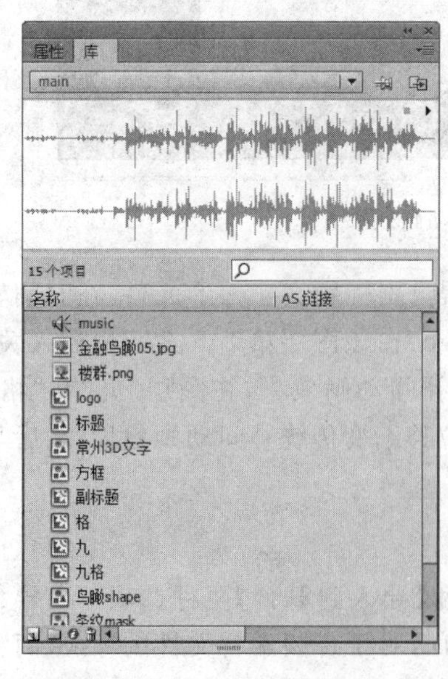

图 12-411 导入音频文件

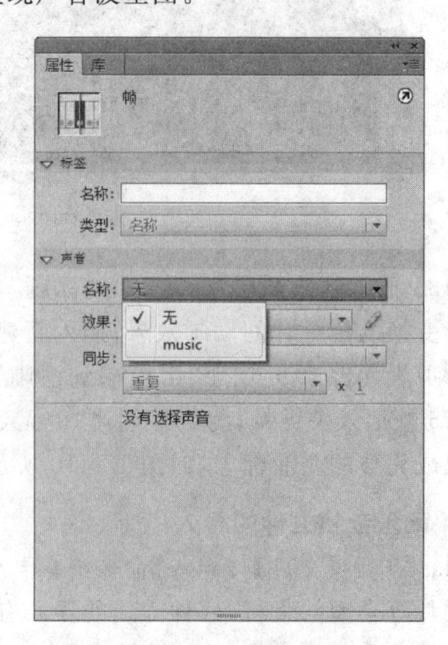

图 12-412 添加声音

当音频文件导入到 Flash 中并应用在舞台上时，音频的同步方式有事件、开始、停止和数据流等 4 种方式。

事件同步方式是指音频文件在正常情况下不播放，只在某一事件触发时才会播放，且播放的声音独立于时间轴，当事件声音正在播放时，如果事件再次被触发，则另一个声音同时开始播放，会产生声音重叠的情况，所以事件同步方式一般用于效果声，声音播放时间短，一旦播放就不会停止，除非遇到了声音停止命令或者停止代码。

开始同步方式不会产生第二次播放，除非声音对象播放完成以后再一次从时间轴上触发声音对象时才会第二次播放，但不产生二部声音效果。

数据流同步方式是指数据流声音与画面保持同步，并且当画面播放速度不同时音频的速度和频率高低也会不同，声音与画面保持同步，当声音需要和动画同步时就应采用数据流同步方式。特别是在制作 MTV 的时候，必须要使音画同步，要将音频文件以流的方式分布在动画对应的帧中，一定要选择数据流同步方式。

停止同步方式是指当时间轴上播放头遇到结束标志时，所有图层上的同一音频对象都会停止播放。

本案例音频同步方式设置如图 12-413 所示。

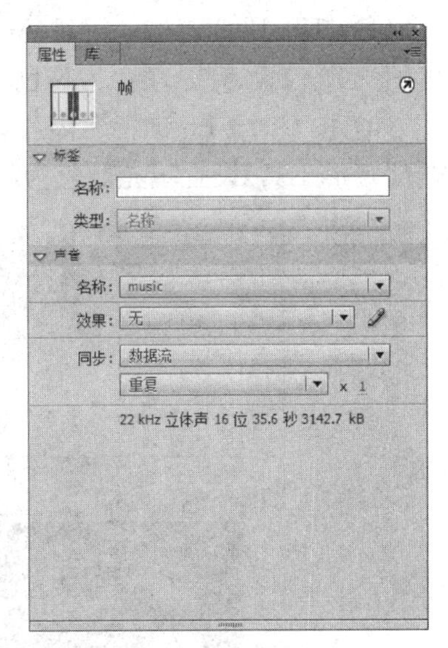

图 12-413 音频同步效果设置

在该图层第 671 帧插入关键帧，打开属性面板，设置如图 12-414 所示。因为在第 671 帧虽然动画停止，但是音乐没有结束，还会继续播放，如果这时从头播放会显得突兀，所以可以为音乐添加效果“音效”，例如本例中添加了【淡出】的音效，动画从头播放时就不会显得生硬和突兀。

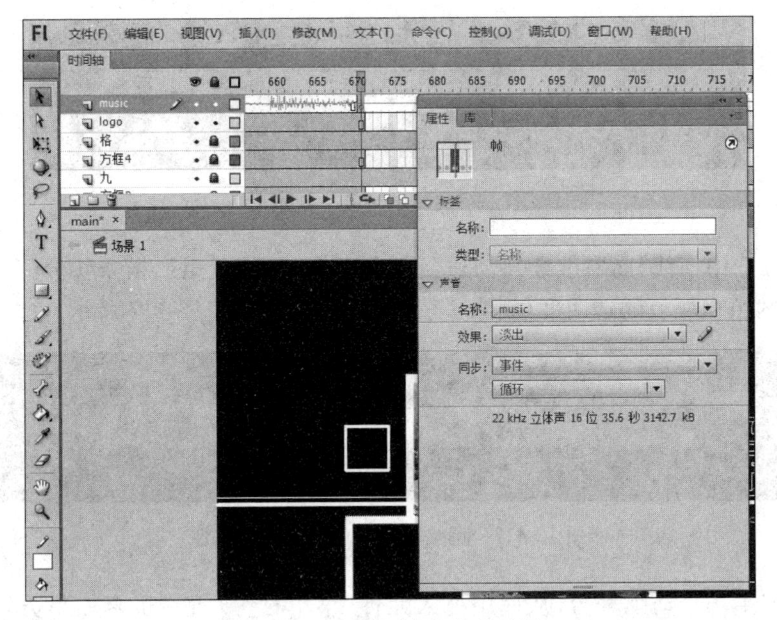

图 12-414 设置声音淡出效果

第 671 帧动画播放结束，单击屏幕下方菜单按钮便可进入具体项目动画的演示播放，如果没有任何交互行为发生，则音乐开始从头循环播放。

12.5.5 项目动画的设计与制作

1. 项目动画菜单的制作

(1) 打开 Flash CS6，新建 ActionScript 2.0 文档，命名为 index.fla，设置舞台大小为 1000×500 像素、背景颜色为黑色、帧频为 30，单击【确定】按钮。

(2) 按 Ctrl+F8 键新建影片剪辑元件“菜单栏”，单击【确定】按钮进入元件编辑窗口。选择【矩形工具】设置填充颜色为红色、笔触颜色为无，绘制如图 12-415 所示的矩形。

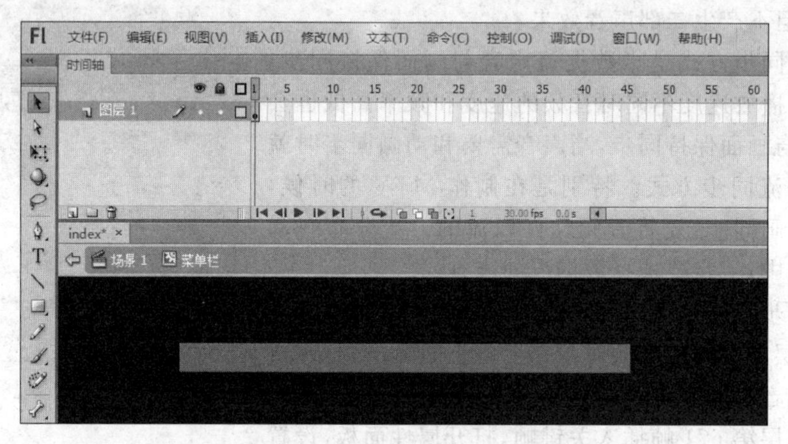

图 12-415 绘制红色矩形条

(3) 选择【线条工具】，按住 Shift 键绘制一倾斜 45°的直线穿过红色矩形横条，用【选择工具】选择左边切分的部分水平向左移动适当距离，如图 12-416 所示。

图 12-416 用线段分割矩形

(4) 继续选中横线，向左继续移动适当距离两次，将红色矩形横条切分三部分，改变左边两个部分的填充颜色的透明度，删除多余的部分，效果如图 12-417 所示。

图 12-417 调整填充颜色的不透明属性

(5) 返回主场景动画舞台，从库中拖入元件“菜单栏”放置在屏幕右下方，并为其添加【投影】的滤镜效果，如图 12-418 所示。

图 12-418 为元件添加滤镜效果

(6) 按 Ctrl+F8 键新建按钮元件 bt1,单击【确定】按钮进入元件编辑窗口。在【弹起】帧输入静态文本内容“工程概况”,选中文字按 F8 键将其转为影片剪辑元件,并应用【滤镜】|【投影】效果,如图 12-419 所示。

(7) 在【指针经过】帧插入关键帧,删除文字影片剪辑元件的【投影】滤镜效果,并为其加上左右括号,如图 12-420 所示。

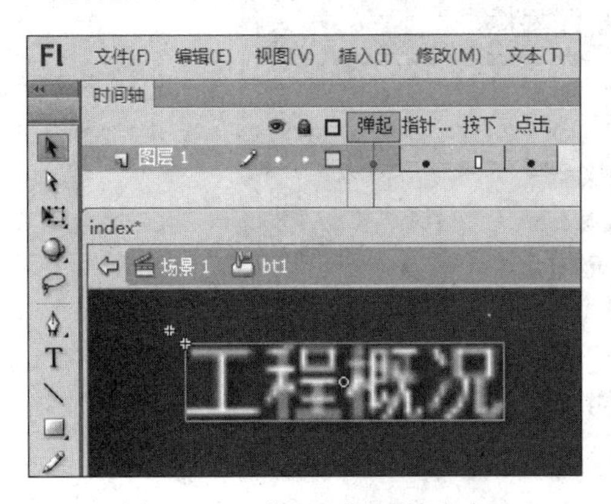

图 12-419 设置【弹起】帧内容

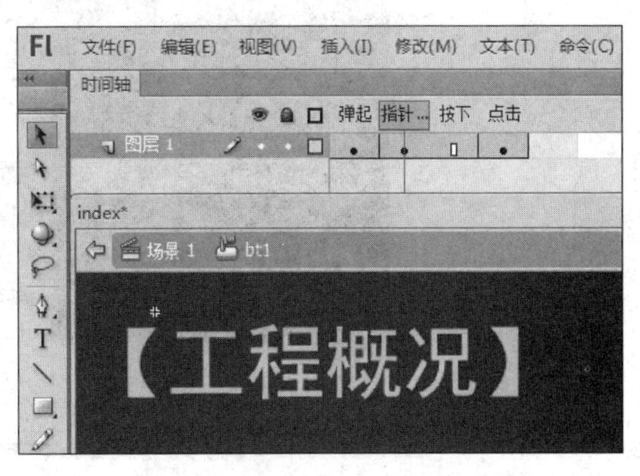

图 12-420 设置【指针经过】帧内容

【按下】帧可以不做设置,在【点击】帧绘制填充纯色的矩形即可。同理制作其他按钮元件。

(8) 返回主场景动画舞台,插入新建图层,从库中拖入按钮元件“bt1～4”,排列在红色菜单栏之上,可以按 Ctrl+K 键打开【对齐】面板,全选 4 个按钮元件,单击【底对齐】和【水平居中分布】按钮,达到如图 12-421 所示的效果。

2. 项目动画《工程概况》的制作

(1) 打开 Flash CS6,新建 ActionScript 2.0 文档,命名为 m1.fla,设置舞台大小为 1000×500 像素、背景颜色为黑色、帧频为 30,单击【确定】按钮。

(2) 修改图层 1 名称为 bg,选择【矩形工具】绘制一个矩形,打开【属性】面板设置,如图 12-422 所示。

其中矩形的填充颜色类型为【线性渐变】,颜色设置由左到右如图 12-423 所示。

(3) 单击锁定该背景图层。插入新建图层“标题”,按 Ctrl+R 键导入矢量素材图片作为标题文本框,输入标题文字“工程概况”,字体为“微软雅黑”,选择图形和文字按 F8 键转

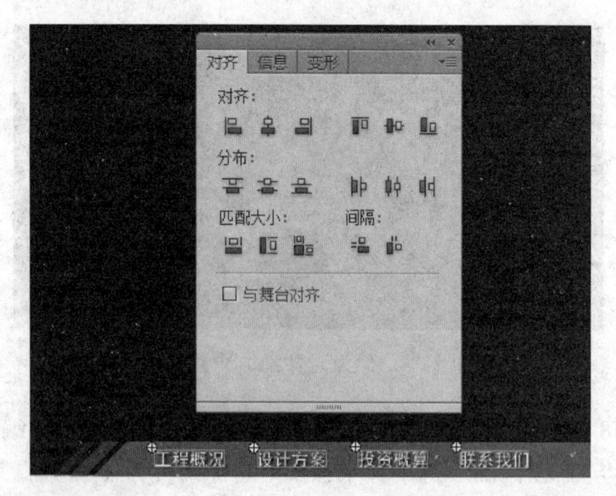

图 12-421 规则排列按钮元件

图 12-422 为矩形填充线性渐变效果

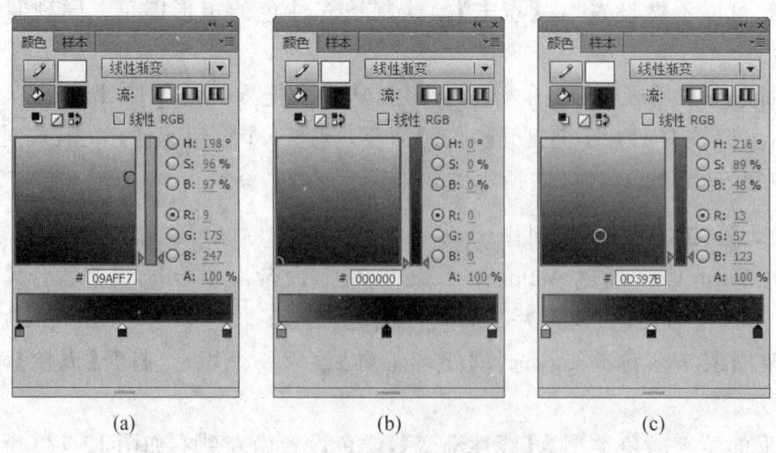

(a) (b) (c)

图 12-423 渐变颜色设置

为影片剪辑元件，在该图层第 20 帧插入关键帧，返回第 1 帧为元件添加【滤镜模糊】效果，修改其 Alpha 值为 0 并水平向左移动元件位置，单击右键【创建传统补间】动画效果，如图 12-424 所示。

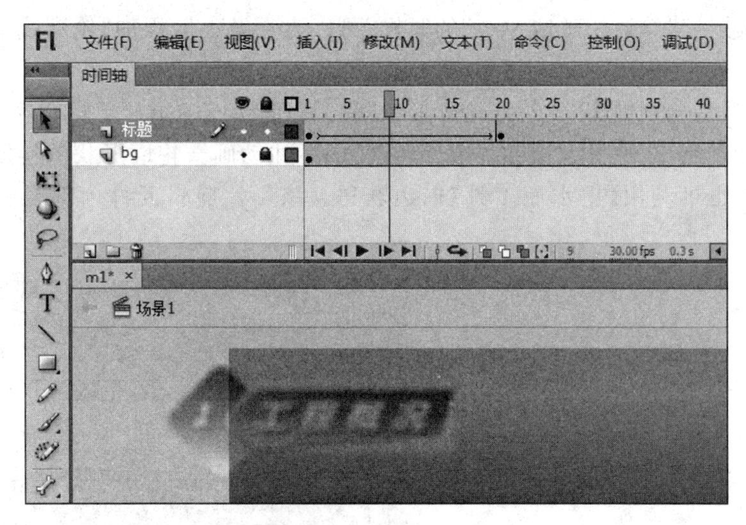

图 12-424　制作标题动画

(4) 插入新建图层“图片”，在该图层第 60 帧插入关键帧，按 Ctrl＋R 键导入素材图片文件“金融鸟瞰.jpg”，按 F8 键转为图形元件，在该图层插入若干关键帧，分别设置不同关键帧元件的透明属性和位置属性，创建【传统补间】动画效果，实现图片渐变并缓慢移动的动画效果。

此时注意图片元件的尺寸是大于舞台的。下面创建遮罩图层，制作图片在舞台区域内移动的动画效果，具体做法是新建图层，绘制与舞台大小的矩形形状，将该图层设为【遮罩层】，如图 12-425 所示。

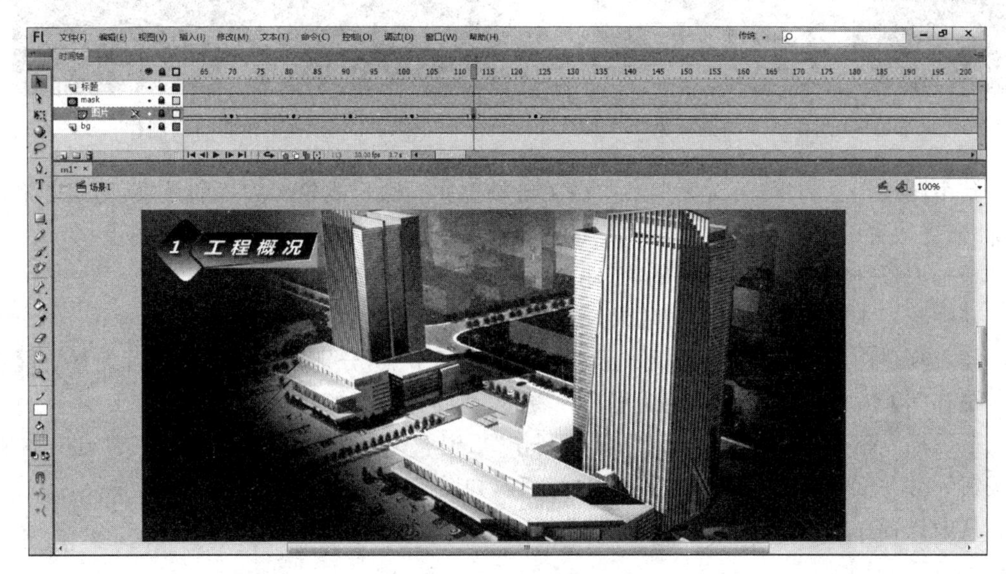

图 12-425　遮罩动画效果

(5) 插入新建图层"配音",在该图层第45帧插入关键帧,按Ctrl+R键导入配音文件sound.wav至舞台,此时根据配音文件内容,可以合理安排时间轴其他动画元素的出场时间和顺序。例如在配音解说到"……金融大厦坐落于常州市新的行政、金融服务中心,与周边武进区财税大楼等建筑遥相呼应……"的时候,可以为金融大厦添加"轮廓线框扩散"和"圆环转动"的动画效果,如图12-426所示。

制作的方法是分别制作"建筑外轮廓形状"和"圆环转动"的影片剪辑元件并分别放置在单独的层中,同理制作"财税大楼"的"圆环转动"的标注动画。轮廓形状的绘制可依据建筑图片外形勾勒,也可利用【墨水瓶工具】描边获得。该影片剪辑元件内部设置如图12-427所示。

图12-426 制作圆环动画效果

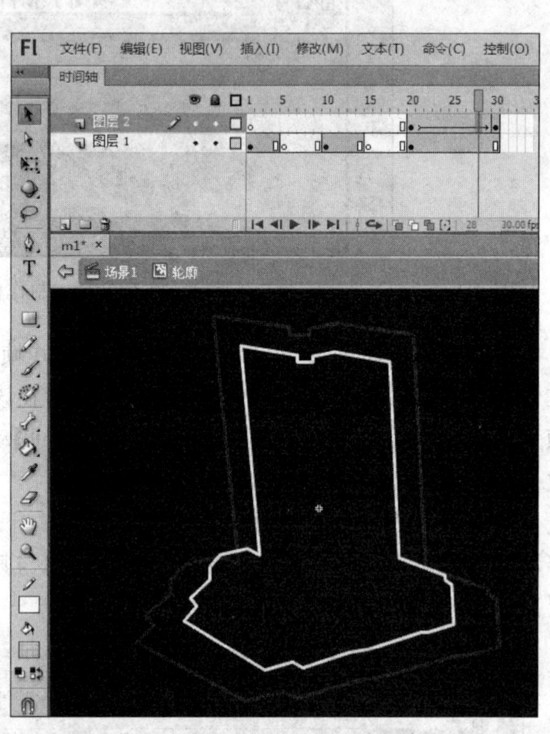

图12-427 建筑轮廓动画制作

其中图层1是利用"关键帧"和"空白关键帧"的交替,形成轮廓闪烁的效果;图层2形成轮廓"渐变放大消失"效果。

金融大厦"圆环转动"影片剪辑元件内部设置如图12-428所示。

其中图层1是圆环图形转动效果,图层2输入文字内容"金融大厦"。

插入新建图层"图片轮换",根据配音解说的时间节点,分别插入对应的图片元件,并【创建传统补间】动画效果,步骤和做法不一一赘述,请读者自行参考源文件。

最后插入新建图层"控制按钮",分别制作"后退"、"暂停"、"播放"、"快进"、"退出"等5个按钮元件并赋予AS语句控制影片播放进程,如图12-429所示。

其中设置在"后退"按钮元件上的AS语句为:

```
on (release) {gotoAndPlay(_currentframe-50);}
                                //单击按钮在时间轴上以50帧的幅度向后跳转
```

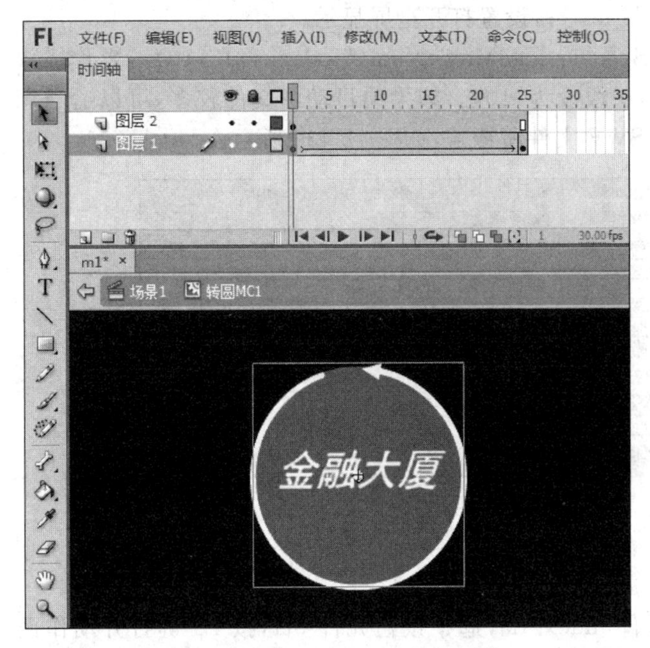

图 12-428　标识用的影片剪辑元件

图 12-429　控制影片播放的交互按钮

设置在“暂停”按钮元件上的 AS 语句为：

```
on (release){stop();}                    //单击按钮停止播放
```

设置在“播放”按钮元件上的 AS 语句为：

```
on (release){play();}                    //单击按钮开始播放影片
```

设置在“前进”按钮元件上的 AS 语句为：

```
on (release) {gotoAndPlay(_currentframe+50);} //单击按钮在时间轴上以 50 帧的幅度向前跳转
```

设置在“退出”按钮元件上的 AS 语句为：

```
on (release){ fscommand("quit");}        //单击按钮退出影片播放界面
```

其他项目动画制作方法和步骤与该案例大同小异，在此不详加叙述和说明了，在制作过程中注意画面与解说配音的同步与配合，对于图片轮换的动画效果尽量多加变化，重点突出需要说明的地方，做到主次分明、详略得当。

12.5.6　动画的合成与发布

本案例中 main.swf 为片头动画，也是主播放文件，通过 main.swf 加载项目动画菜单文件 index.swf，在 index.swf 文件中设置各个项目动画的交互按钮，单击按钮加载对应的项目动画文件，如【项目概况】按钮调用 m1.swf 文件，即“项目概况”项目动画。下面简要说明如何设置 AS 脚本实现 SWF 文件相互加载和调用。

1. 片头动画调用项目菜单

用 Flash CS6 打开片头动画源文件 main.fla，插入新建图层命名为 as，在第 1 帧输入

AS语句：fscommand("fullscreen", "true");，设置打开全屏显示。

在第375帧插入关键帧，输入AS语句：loadMovieNum("index.swf",10);，影片播放到此处加载项目菜单文件index.swf，层级设为“10”。如果项目动画文件较多，可以适当调高层级，保证项目菜单文件不被其他SWF文件所覆盖，如图12-430所示。

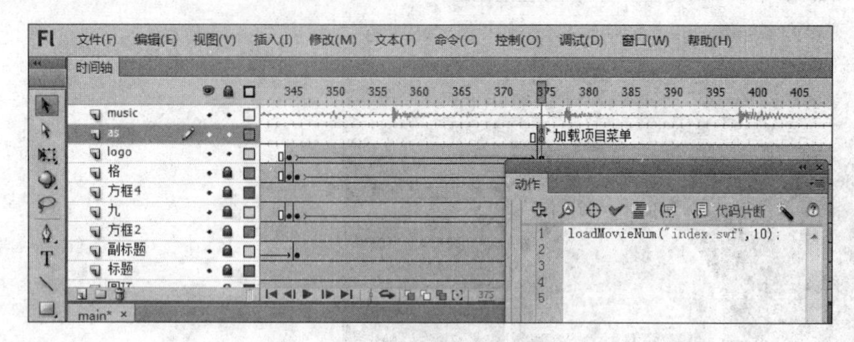

图12-430 加载项目菜单文件

2. 项目菜单调用项目动画文件

用Flash CS6打开项目菜单源文件index.fla，选中按钮元件bt1，按F9键打开动作面板，输入以下AS语句：

```
on (release) {
    loadMovieNum("m1.swf",0);    //加载项目动画“工程概况”，层级为0，替换掉main.swf文件
    loadMovieNum("index.swf",10);    //依然加载项目动画菜单，层级为10
}
```

如图12-431所示。

图12-431 加载项目动画文件和项目菜单文件

3. 项目动画文件调用背景配乐

用Flash CS6打开“工程概况”项目动画源文件m1.fla，插入新建图层as，在第1帧输入

以下 AS 语句：

```
loadMovieNum("music.swf", 2);            //加载背景音乐文件 music.swf
```

因为该项目动画文件内部已含有解说配音的独立音频文件，而背景音乐文件是重复被其他项目动画文件所调用的，所以为了不增加文件的体积，采用了将背景音乐音频文件导入一个空的 music. swf 文件中的做法，这样可以反复调用该文件，而不会增加整个文件的体积，如图 12-432 所示。

图 12-432　加载背景音乐文件

SWF 文件相互加载和调用时，注意加载文件所处的层级不能相互冲突，否则会出现加载出错，应予以注意。

至此，单独的 Flash 影片 SWF 文件就通过内部所设置的 AS 语句相互串联起来，形成了一个完整的投标演示动画文件，最后一步创建主播放文件的可执行文件。方法是：用 Flash CS6 自带的播放器 Flash Player 打开 main. swf 文件，选择【文件】|【创建播放器】命令，在弹出的【另存为】对话框中，输入投标动画名称“常州武进区金融大厦”，选择与其他调用的 SWF 文件所在文件夹，单击【保存】按钮，这样，动画的可执行文件“常州武进区金融大厦. exe”文件便创建好了，如图 12-433 所示。

图 12-433　创建动画播放的可执行文件

创建 Flash 动画可执行文件是为了应对某些计算机并未安装 Flash 插件或播放程序的情况。在任何 Windows 操作系统平台，即使没有安装 Flash 播放应用程序，只需双击“常州武进区金融大厦. exe”文件，就能正常演示播放该投标动画。另一种解决方法是可以在 Adobe 官方网站免费下载单独的 Flash Player 播放应用程序，可以与播放文件放在一起，以备不时之需。

12.6 本章小结

本章是全书重点内容和精华所在，通过 5 个典型的交互媒体设计案例作品，从背景分析、创意与构思、交互结构规划、设计与制作、整合与发布等方面，介绍了一个完整作品的相关流程。通过本章详细的设计分析和制作过程讲解，读者可以掌握如何利用前面章节学过的知识进行综合应用，分别制作交互动画、多媒体教学课件、网站片头及网页广告条、投标演示动画等。

参考文献

[1] 李四达.交互设计概论.北京：清华大学出版社,2009.

[2] 李四达.数字媒体艺术概论.北京：清华大学出版社,2006.

[3] 鲁晓波.数字图形界面设计.北京：高等教育出版社,2007.

[4] 黄鸣奋.数码艺术学.北京：学林出版社,2004.

[5] Donald Arthur Norman.付秋芳等译.情感化设计.北京：电子工业出版社,2004.

[6] Alan Cooper,Robert Reimann.詹剑锋,等译.软件观念革命—交互设计精髓.北京：电子工业出版社,2005.

[7] 上海博物馆编.兰亭.北京：北京大学出版社,2011.

[8] 喻革良.王羲之与兰亭序.北京：高等教育出版社,2007.

[9] 周汝昌.兰亭秋夜录.桂林：广西师范大学出版社,2011.

[10] Adobe公司.姚军译.Adobe Flash CS6中文版经典教程.北京：人民邮电出版社,2014.

[11] 数字艺术教育研究室.中文版Flash CS6基础培训教程.北京：人民邮电出版社,2012.

[12] 梁栋.中文版Flash CS6动画制作实用教程.北京：清华大学出版社,2014.

本书特色

本书有别于一般软件操作与应用教材，不局限于软件功能的介绍与使用，而是强调文化创意在交互媒体设计上的体现，探索传统文化与现代艺术表现形式之间的契合点，探寻具象背后所蕴含的深层次文化审美根源，借助新兴交互媒体形式，传播中华文化和传递东方文明。书中所举案例皆为全国大赛获奖佳作，既可以辅助教育、教学，也可以用于文化场馆、旅游景点和相关展示单位，进行文化传播和展示推广。

定价：59.50元